제2개정판

교통공학원론 하

공학박사 도철웅 지음

교문사

제2개정판

교통공학원론(하)

2006년 8월 5일 3판 1쇄 펴냄 | 2020년 6월 10일 3판 8쇄 펴냄
지은이 도철웅
펴낸이 류원식 | **펴낸곳** **교문사**

편집팀장 모은영 | **표지디자인** 신나리
제작 김선형 | **홍보** 김은주 | **영업** 함승형 · 박현수 · 이훈섭

주소 (10881) 경기도 파주시 문발로 116(문발동 536-2)
전화 1644-0965(대표) | **팩스** 070-8650-0965
등록 1968. 10. 28. 제406-2006-000035호
홈페이지 www.cheongmoon.com | E-mail genie@cheongmoon.com
ISBN 978-89-7088-879-8 (93530), 978-89-7088-877-4 (전 2권)
값 28,000원

* 잘못된 책은 바꿔 드립니다.

제2개정판을 내면서

교통공학원론 하권이 처음 나온지 꼭 15년이 지났다. 그 동안 여러 차례 수정을 하였고, 특히 1995년에는 대폭 개정한 바 있다. 그 이후 여러분들의 충고와 격려에 힘입어 부족한 부분을 다시 다듬고 보완하였다.

개정된 내용을 요약하면 :

(1) 교통계획 부분(14~18장)은 용어 수정 외에는 크게 변경된 것이 없다.

(2) 19장의 교통체계관리(TSM)는 그 내용을 축소하여 상권에 포함시켰다.
따라서 개정판의 19장은 교통경제, 20장은 교통환경, 21장은 교통안전으로 바뀌었다.

(3) 교통환경(20장)은 새로운 배출기준을 적용하여 기술되었다.

(4) 교통안전(21장)에서는 사고 잦은 지점 선정 기법과 교통사고재현 기법이 좀더 체계적으로 설명되었다.

이 책을 대학에서 교재로 사용하려면 교통계획 부분(14~18장)은 완전한 하나의 과목, 예를 들어 교통계획의 기초라는 과목으로 다루어야 할 정도의 내용이다. 그러나 이 중에서 교통계획대안의 평가(17장)와 19장 뒷부분의 경제성 분석은 별도의 과목인 공학경제학(Engineering Economy) 또는 교통의 경제성 분석(Transportation Economy)에서 다루는 것이 그 내용 면에서 적합하다.

19장도 완전한 하나의 과목, 즉 교통경제(Transportation Economics)의 기초라는 과목으로 취급을 해도 손색이 없다. 20장과 21장도 마찬가지로 교통환경과 교통안전의 기초지식을 이해하는 데 꼭 필요한 부분이므로 각 장의 범위를 조금만 확충하여 하나의 독립된 전공과목으로 가르칠 수 있다. 따라서 이 책의 내용이 기초가 되는 전공과목은 다음과 같다.

(1) 교통계획의 기초(14-18장), (2) 교통의 경제성 분석(17장, 19장의 공공투자), (3) 교통경제의 기초(19장), (4) 교통환경(20장), (5) 교통안전의 기초(21장)

끝으로 본 개정판이 나오기까지 번거로운 일을 도맡아준 한양대학교 교통운영연구실 여러분들과 원고교정 및 발산을 위해 애써 수신 청문각의 류원식 대표님과 편집부 여러분께 감사의 뜻을 전한다.

2006년 7월
도 철 웅

머 리 말

우리나라에 **교통공학**(Transportation Engineering)이란 학문이 소개된 지 벌써 20여 년이 지났고, 또 지금은 많은 사람들이 강단에서, 연구소에서, 또 실무에서 이 분야에 종사하고 있다. 그러나 지금까지 이 분야에 관한 우리나라 서적이 별로 없었기 때문에 많은 사람들이 외국서적 중에서 자기가 필요로 한 분야만 단편적으로 참고하는 정도에 그친 감이 없지 않았다. 그러므로 교통공학 전반에 관한 개념상의 혼돈이 증대되고 있고, 학생들은 어려운 외국서적으로 씨름하느라 효율적인 공부를 할 수가 없었다. 이러한 현실로 비추어 볼 때, 이유야 어떻든 이 분야에 종사하고 있는 한 사람으로서 부끄러운 마음을 금할 수가 없다.

이 책은 대학 3, 4학년 및 대학원 수준에서 **교통공학**에 관한 개론을 소개하기 위한 것으로서, 교통시스템의 계획, 설계, 운영에 필요한 기본원리나 방법을 기술하는 데 주안점을 두었고 그 외에 교통정책의 수립이나 평가에 필요한 **교통경제**와 앞으로 중요한 문제점으로 부각될 **교통환경** 및 **교통안전**을 다루었다.

이 책은 상, 하 2권, 5편으로 구성되어 있다. 제 1 편은 **교통공학의 기초**, 제 2 편은 **교통설계**, 제 3 편은 **교통운영**으로서 상권에 수록되어 있으며, 하권은 제 4 편 **교통계획**, 제 5 편은 **교통경제**, **교통환경** 및 **교통안전**을 포함한다.

교통공학의 기초에는 교통공학의 정의 및 교통과 사회, 경제, 환경의 관계를 설명했으며, 교통특성, 차량 및 인간특성, 교통류의 특성 및 이론, 교통측정 및 조사를 성명하고, 요근래 많은 교통공학도가 관여하고 있는 용량과 서비스기준에 관해서 상세히 언급을 했다.

교통설계 부분은 교통류 및 차량운행특성을 고려한 도로의 계획과 기하설계, 교차로 및 인터체인지 설계, 주차 및 터미널시설 설계에 관해서 취급을 했다. 포장설계와 시공은 분량관계상 생략을 했다.

교통운영편은 안전하고 원활한 소통을 위해서 교통시설을 효과적으로 사용하는 방법에 관한 것으로서, 교통통제설비, 교차로운영, 신호시스템 운영, 교차로 이외의 교통통제기법을 소개하였다.

교통계획편은 시스템 접근방법을 통한 계획의 원리와 교통조사분석, 교통모형, 교통계획대안의 설정과 평가를 다루고, 대중교통의 특성과 운영을 취급하였다. 또 단기교통계획의 하나인 교통체계관리(TSM)의 과정과 그 대책 및 평가방법 등을 기술하였다. 사실상 우리나라 실정에 맞는 TSM의 실무에서는 교통공학의 기초 이론이나 교통설계 및 교통운영을 이해하지 못하고는 TSM에 접근할 수가 없기 때문에 이를 교통운영분야에 포함시키는 사람도 있으나, 여기에는 대중교통에 관한 것도 상당한 부분을 차지하고 있으므로 대중교통을 이해한 후에 다루도록 순서를 배열하였다.

교통경제, **교통환경** 및 **교통안전**편은 교통활동과 교통시설의 최적화를 위한 경제 이론과, 교통시스템의 운임결정 및 그 효과, 교통기업의 독점, 공공투자, 정부규제 등 교통에 관련된 경제이론을 소개하였다. 뿐만 아니라 맨 마지막에는 토지이용 및 경관, 교통소음, 배기가스, 진동 등 교통환경과 교통사고 원인분석, 사고방지대책 등에 대해 기술하였다.

이 책에 사용된 용어는 대한교통학회에서 발간한 용어집에 실린 것들이다.

끝으로 이 책의 上·下권이 발간되기까지 6여 년 동안 음으로 양으로 내조를 아끼지 않은 집사람과 아이들, 그리고 많은 격려와 성원을 해주신 동료 敎授님들과 後學들에게 감사드리고, 그 동안 積阻했던 친구들에게 사과하는 뜻에서 이 책을 바친다.

이 책의 발간을 위해 애써 주신 淸文閣의 **류원식 대표**님, 申大泳 상무님께 감사드리며, 원고 교정을 위해 수고해 준 蔡巨錫군과 尹爀烈군에게 깊은 감사의 뜻을 전한다.

1991년 7월

태능에서 都哲雄 씀

차 례

4편 교통계획

제 Ⅳ 편

교통계획

교통계획이란 사람이나 화물을 안전하고, 효율적이며, 경제적이고, 질서 있게 이동시키기 위하여 교통시설을 개선하고 교통망을 체계적으로 구상하여, 현재와 장래에 그 시설의 적절성을 검토하며, 장래의 건설을 계획하는 과정이다. 그러기 위해서는 교통시스템의 이력, 상태, 사용빈도, 효과, 비용 및 필요성 등에 관한 자료를 계속적으로 수집하고 분석하여 효율적이며 효과적인 교통시스템을 개발하도록 해야 한다. 교통계획은 끝이 없이 반복되는 과정이다.

제 14 장 교통계획의 구성요소

계획이란 앞을 내다보고 장래에 대비하는 과정이다. 따라서 교통계획은 교통시설의 위치와 설계에 대한 어떤 결정을 내리기 위해 다음과 같은 의문점이나 과제를 제기하고 이에 대한 해답을 구하는 과정이다.[1)]

- 교통문제가 전반적으로 어느 정도 심각하며, 또 장래 어느 시점에서는 어떻게 변할 것인가?
- 요구되는 교통서비스를 충족시키는 교통수단은 어떤 것인가?
- 교통시스템이 변함에 따라 통행수요는 어떻게 변하는가?
- 교통계획안이 어떻게 하면 사람과 환경에 미치는 역효과를 최소화할 수 있는가?
- 이를 시행하는 데 예산이 부족하다면, 단기해결책으로는 어떤 것이 있는가?

교통계획의 기능은 그 지역 사회의 구성원이 경제적, 사회적, 환경적인 대가를 지불하면서 요망하는 수준 이상의 서비스를 보장받도록 하는 것이다. 계획의 산출물(output), 즉 계획안(plan)은 교통에 대한 요구가 무엇이며, 어떤 대안을 사용하며, 이 대안이 그 지역 사회의 욕구를 얼마나 충족시키며, 그 계획안을 만족스럽게 시행하기 위해서 궁극적으로 행해야 할 활동이 무엇인지를 제시하는 것이다.

교통계획을 그 계획기간에 따라 분류하면 단기 및 중기계획과 장기계획이 있다. 이 중에서 단기 및 중기계획은 건설이 간단하고, 또 큰 예산을 필요로 하지 않기 때문에 장기계획에 비해 간단하다. 대체로 단기계획은 기존시설의 용량을 극대화하거나 운영방법을 개선하는 것이 고작이다. 또 해결책을 제시함에 있어서 대안의 수도 몇 개 안 되며, 그 대안들은 교통에 할당된 예산범위 내에 있는 것들이다. 그러므로 문제의 범위가 한정적이며, 분석과 평가도 소수의 기준을 사용하기 때문에 간단하다.

반면에 장기 또는 종합적 교통계획은 20~25년 앞을 내다보는 계획으로서 대단히 복잡하다. 이것은 대규모의 예산을 필요로 하고, 또 경제, 사회, 환경에 영향을 미칠 수 있는 대규모의 건설계획을 수반한다. 더욱이 요망되는 해결책은 정부 및 해당 행정부서의 정책결정을 통하여 수립된다. 이처럼 복잡한 문제점은 지금까지 시스템접근방법을 사용하여 비교적 성공적으로 해결할 수 있었다.

이 장은 크게 5개 부분으로 나누어진다. 첫째 부분은 교통계획의 의의와 역할 및 역사, 기타 다른 계획의 연관성에 대해서 언급을 했으며, 둘째 부분은 시스템접근방법의 필요성과 한계성에 대해서 설명을 하였다. 셋째 부분은 도시교통계획의 과정을 개략적으로 설명하고 여기서 더 자세한 내용은 15~17장에 별도로 취급했다. 넷째 부분은 전국 또는 지역교통계획의 원리와 그 특징적인 절차를 소개하였다. 마지막 부분은 종합교통계획에서 사용되는 각종 교통수단의 특성을 설명하였다.

이 책의 전체를 통하여 많이 사용되는 용어 중에서 혼동하기 쉬운 몇 가지를 여기서 미리 정의한다.[2)]

- 계획(planning) : 어떤 행위를 준비하는 것으로서 현재상황을 검토하고, 장래의 상황을 예측하며, 어떤 목적을 달성하기 위하여 정책과 장래의 대책을 수립하는 과정을 말한다. 여기서 나온 결과, 즉 정적인 계획을 계획안(plan)이라 한다.
- 프로그래밍(programming) : 어떤 일의 목표를 특정기간 동안에 달성하기 위하여 그 일을 구성하는 과업(project)들의 상대적인 절박성을 고려하여 세부계획을 세우는 과정을 말하며, 최종결과로 나온 문서화된 계획을 프로그램이라 한다. 여기에는 전체 가용예산을 가장 효율적으로 사용할 수 있도록 각 과업들이 논리적인 순서로 배열되어 있다. 프로그래밍이나 프로그램이 간혹 계획 또는 세부계획이라는 말로 사용되기도 한다. 예로서 capital program을 투자계획이라는 용어로 사용한다.
- 스케줄링(scheduling) : 세부계획을 수행하기 위해서 운영계획을 발전시키는 과정을 말하며, 처음에 프로젝트를 활동(activity)별로 세분하고, 이들 활동의 시작 및 종료시간을 정한 다음, 그 활동에 필요한 자원을 결정하여 배분한다. 자원의 제약으로 인해 필요한 경우에는 어떤 활동의 시간을 조정하는 수도 있다.
- 통행(trip, travel) : trip이란 사람 또는 차량이 두 지점(보통 두 존)간을 어떠한 목적을 가지고 한 수단을 이용하여 한 노선상을 이동하는 것 또는 그 이동횟수의 단위를 말한다. 그리고 travel이란 어떤 주어진 기간 동안에(보통 1일 기준) 목적이나 수단에 관계없이 모든 trip을 합한 것 또는 그 크기를 말한다. 따라서 travel은 통행 또는 통행량이라 하고, trip을 통행 또는 그냥 트립이란 말로 사용한다. 예를 들어 "A, B 두 존간의 하루 통행량(travel)은 500 통행(trip)이며, 이 중에서 출근목적 통행(trip)이 400 통행(trip)이고, 이들 가운데 200 통행(trip)이 버스를 이용한다."는 말

로 사용할 수 있다. trip에는 이용하는 수단에 관계없이 한 목적을 가진 통행을 한 trip으로 보는 목적통행(linked trip)과 한 목적통행이 여러 개의 수단을 이용할 때 각 수단별 통행을 각각의 trip으로 보는 수단통행(unlinked trip)이 있다. 전자는 일반적으로 계획목적으로 많이 사용되며, 후자는 분석목적으로 많이 사용된다.

- 이용자 총 통행시간(journey time) : 교통수단 이용자가 출발지에서부터 목적지까지 도달하는 데 걸리는 총 시간으로서, 이용자 통행시간(travel time)과 교통수단으로의 접근시간을 합한 것이다. 이용자 통행시간은 다시 차량(교통수단) 통행시간(trip time)과 교통수단 대기시간을 합한 것을 말한다.

14.1 교통계획의 개요

국민의 생활수준이 급격히 향상되고 인구의 도시집중 현상으로 말미암아 도시부나 지방부를 막론하고 효율적인 경제 및 사회생활을 유지하기 위하여 교통수요가 급증하게 되었다. 이로 인해 절대적으로 부족한 교통시설을 정비하고 확충하는 일이 시급한 문제로 대두되었으나, 예산의 제약이나 환경문제, 안전성 문제로 인해 교통시설의 정비 및 확충에 많은 제약을 받고 있다. 이러한 경향은 도시부에서 특히 현저히 나타났고, 그 결과 사람들의 생활패턴에 큰 변화가 일어나고 있어 교통계획에 대한 관심이 더욱 고조되고 있다.

교통계획이란 사람이나 화물이 공간적인 이동을 효율적으로 하기 위하여 여러 가지 기법을 조직적으로 구성하는 계획 또는 교통시설의 배치와 기능에 대한 계획이다. 다시 말하면 국토계획 및 지역계획의 입장에서 그 지역에 적합한 교통로와 교통수단을 어떻게 배치하고, 또 이들의 기능을 어떻게 발휘하게 할 것인가를 계획하는 것이다.

교통계획에 있어서의 중요한 당면과제로는 도시교통, 종합교통시스템, 화물교통의 합리화, 환경 및 안전문제를 들 수 있다. 이와 같은 과제들은 이 장에서는 물론이고 다음의 여러 장에서 다루어진다. 장기적이며 종합적인 교통계획의 틀은 계획대상지역내의 각종 교통수단을 그 특성이나 기능에 따라 유기적으로 결합시켜, 현재 및 장래에 그 지역내의 전체교통수요에 부응할 수 있도록 공간적으로 배치하고 기능적으로 분담을 시키는 것이다. 이렇게 함으로써 단일수단(도로 또는 철도 등 한 가지만)에 대한 계획에 비해 효율적인 투자를 할 수 있고, 국토 및 도시공간의 효율적인 이용이 가능하며, 환경보전 및 안전성을 기대할 수 있을 뿐만 아니라 교통개선 및 교통시설에 대한 투자우선순위를 결정할 수 있다.

미국의 FHWA에서는 교통계획을 다음과 같이 정의했다.

'교통계획이란 사람과 화물의 이동을 위한 모든 시설을 대상으로 하는 것이며, 여기에는 터미널 시설과 교통통제 시설도 포함된다. 교통계획의 과정은 현재와 과거의 성장에 대한 자료를 수집하고 분석하는 것, 대상지역 또는 도시의 목적과 목표를 설정하는 것, 지역 또는 도시의 장래발전 및 교통수요를 예측하는 것, 실행 가능한 대안을 검토하여 교통계획안을 작성하고 평가하는 것뿐만 아니라 상황의 변화에 따라 정기적인 검토 및 계획변경을 하는 것도 포함한다.'

이러한 정의에 입각하여 계획을 진행하는 순서대로 다시 상세히 설명하면 다음과 같다.

① 교통계획은 독립적인 계획이 아니다. 교통계획은 국통종합개발계획, 지역계획, 도시계획 등의 일부분이며, 이들 상위계획의 목적 및 목표에 따라 교통계획의 목적을 정하고 이 목적을 달성할 수 있도록 목표를 세워야 한다.
② 교통계획의 목표가 수립되면 이 목표를 달성하는 데 필요한 각종 조사 및 자료수집의 범위를 정한다.
③ 수집한 자료 및 조사결과로부터 교통현황을 분석하고 장래의 교통수요를 예측한다.
④ 예측된 장래의 교통수요와 현 교통시설의 용량을 비교・검토하여 교통계획을 수립한다.
⑤ 수립된 교통계획이 상위계획의 목표에 부응하는가 혹은 같은 수준의 다른 계획과 저촉되는 점이 없는가를 검토한다.
⑥ 교통계획의 경제적 타당성을 평가하고, 계획시행에 필요한 재정계획을 수립한다.

14.1.1 교통계획의 분류

교통계획이란 용어는 정적(靜的)계획인 plan과 동적(動的)계획인 planning이란 두 가지 의미로 사용된다. plan이란 의사결정 과정인 planning의 결과를 의미하므로 여기서는 계획안이라 부른다. 이 계획안에는 계획의 목적을 달성하기 위한 수단, 방법, 순서 등이 구체적으로 나열되어 있다. 따라서 이 장에서 말하는 교통계획이란 대부분 계획안을 만드는 과정을 의미한다.

교통계획은 그 대상지역에 따라 전국교통계획, 지역교통계획, 도시교통계획, 지구교통계획으로 나눈다. 또 계획기간에 따라 장기교통계획, 중기교통계획, 단기교통계획으로 나눈다. 계획대상이 되는 교통시설에 따라 분류하면, 도로계획, 철도계획, 항만계획, 공항계획, 파이프라인계획, 주차장계획, 화물터미널계획 등이 있다. 또 계획의 목적에 따라 도로, 철도, 항만, 공항, 파이프라인 등의 신설, 개선, 보수, 복구 등의 계획이 있다.

교통계획은 종적으로 위계를 가진다. 지역계획이 국통종합개발계획의 하위계획인 것처럼 지역계획의 일부분인 지역교통계획은 국토종합개발계획의 일부분인 전국교통계획의 하위계획이다. 또 도시계획의 일부분인 도시교통계획의 하위계획은 도시가로망계획이며 그보다 더 하위계획은 도로계획이다.

횡적계획은 동위(同位)계획이다. 도시종합교통계획은 토지이용계획과 횡적인 동위계획이며, 또 도시종합교통계획의 하위계획인 도로망계획과 지하철망계획은 서로 동위계획이다. 종적인 계획에서는 상·하위계획 간에, 또 횡적인 계획에서는 동위계획 간에 밀접한 관계가 있으므로 이들은 서로 유기적으로 연관되어야 한다.

동적계획(planning)은 계획을 하는 사람이 어떤 의사결정 과정을 거쳐 어떤 결과를 도출하는 계획활동 분야로서, 형성(形成)과정과 사고(思考)과정이 있다. 이를 도식화한 것이 〔그림 14-1〕이며, 이를 각 요소별로 행렬화한 것이 〔그림 14-2〕이다.

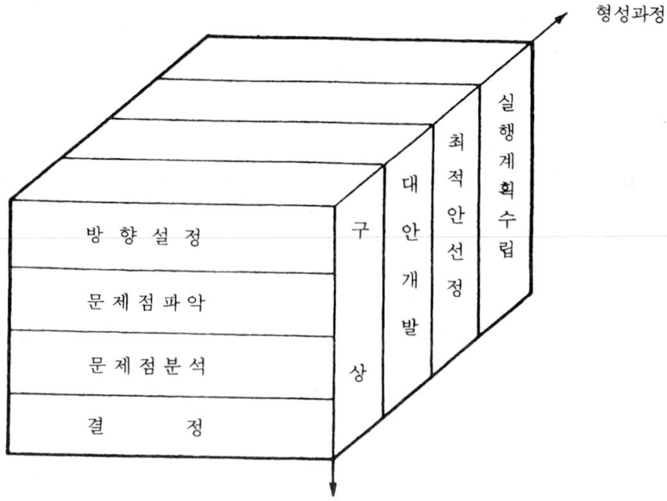

〔그림 14-1〕 교통계획의 진행과정

1 계획의 형성과정

계획의 형성과정은 구상, 대안개발, 최적안 선정, 실행계획 수립의 단계가 있다.

(1) 구 상

구상(構想)이란 vision 또는 image란 의미이다. 계획대상의 문제점을 명확하게 하고, 충족해야 할 요망사항을 명확히 제시하고, 계획의 목적을 설정하는 것이다. 매우 창조적인 식견이 요구되며, 자원에 제약을 고려하지 않는다.

대도시의 교통에서 앞으로의 도시규모와 교통수요를 현재의 교통시설로 감당할 수 있는가? 없다면 어떤 도시종합교통체계를 수립해야 하는가? 도로, 철도와 도시고속도로, 도로와 지하철 등 여러 가지의 안을 구상할 수 있다.

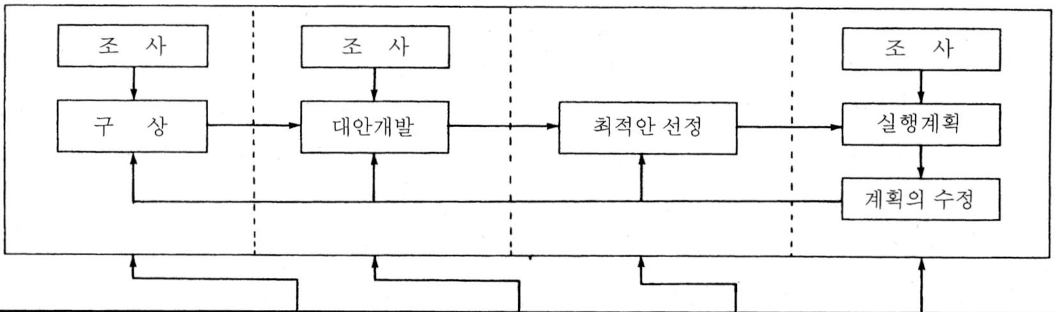

형성과정 / 사고과정	구 상	대안개발	최적안 선정	실행계획 수립
방향설정	거시적 현상분석	구상안 중에서 대안으로 채택하기 위한 방향설정	최적안 선정의 방향결정	실행계획 수립의 방향결정
문제점 파악	명확한 목적수립 목적달성 방안 구상	미시적 현상분석 대안의 목표 대안의 골격	대안평가에 대한 문제점	계획과 실행 간의 조정
문제점 분석	창조적인 여러 구상안 제시	대안의 문제점 조사 · 분석	평가기준 적용	계획의 구체화 · 분석계획의 평가
결 정	각 구상안을 평가하고 결정	실행 가능한 대안을 확정	최적안 선정	최종계획안 마련

〔그림 14-2〕 계획의 형성과 사고과정

(2) 대안개발

구상단계에서 나온 구상안 중에서 사고과정을 거쳐 몇 가지의 실행 가능한 계획안을 만드는 과정을 말한다. 대안개발이란 구상단계의 조사 · 분석으로는 실행 가능성 여부를 판단하거나 우열을 가리지 못한 여러 개의 계획안에 대하여 보다 상세한 조사 · 분석을 하여, 그래도 우열을 가리기 힘든 몇 개의 실행 가능한 계획안을 만들어 내는 단계이다. 이때의 조사 · 분석은 주로 각 안에 대해서 개별적으로 행하며 다른 안과 비교하는 것이 아니다. 여기서 선정된 몇 개의 대안은 상호배타적인 성질을 가지고 있다. 즉 한 안이 최종적으로 선정되면(그 다음 단계에서) 나머지 안은 폐기된다.

(3) 최적안 선정

여러 대안 가운데 하나를 최적안으로 선정하는 과정이다. 최적안의 선정은 의사결정자가 하는 것이지 계획하는 사람이 하는 것이 아니다. 계획하는 사람은 의사결정자가 최적안을 선정하는 데 필요한 각종 계획결과로부터 얻은 자료를 정리해서 제공하기만 한다. 각 계획대안의 평가는 주로 경제적 효과를 기준으로 하며, 정량적으로 그 효과를 나타낼 수 없는 항목에 대해서는 그 장단점을 열거한다.

(4) 실행계획 수립

최적안이 선정되면 그것의 실행계획을 수립한다. 예를 들어 도로와 지하철을 같이 건설하는 안이 선택되었으면, 기존가로망을 어떻게 정비하며, 가로와 지하철을 기능적으로 어떻게 유기적으로 연관시킬 것인가에 대한 계획을 수립한다. 지금까지 조사·분석한 것을 세부적으로 더 보완해서 지하철계획, 가로계획을 할 수 있도록 하는 것이 이 단계이다.

2 계획의 사고과정

계획하는 사람이 계획 형성과정의 각 단계에서 계획을 어떻게 구체화시켜 나가느냐에 대한 정신활동을 사고과정이라 한다. 여기에는 방향설정, 문제점 파악, 문제점 분석, 결정 등의 단계가 있다.

(1) 방향설정

방향설정이란 motivation의 뜻이며, 이 말은 본래 교육심리학에서 학습자의 학습의욕을 고취시키는 의미로 사용되었으며, 일반적으로 어떤 행동을 일으켜 그것을 일정한 방향으로 유도하는 과정이다. 형성과정의 각 단계에서 계획을 어떤 방향으로 이끌어 가느냐 하는 방향을 결정하는 것을 말한다.

도시종합교통계획의 구상단계에서 교통시스템을 도로, 도로와 도시고속도로, 도로와 지하철, 도로와 도시고속도로와 지하철 등 네 가지로 구상했을 때, 이들 각 안에 대하여 어떻게 조사·분석·비교할 것인가에 대한 방향을 결정한다. 조사의 방향은 주로 통계자료를 이용해서 현 교통시설의 교통용량과 장래의 교통수요를 개략적으로 추정하는 것이다.

(2) 문제점 파악

문제점의 파악도 계획의 형성과정에 따라 그 대상이 다르다. 계획에 있어서의 종적관계 및 횡적관계에서 생기는 모순과 현재 및 장래에 예상되는 문제점을 파악하는 것이 이 과정이다. 구상단계에서의 문제점 파악이란, 계획의 목적을 명확하게 하고, 계획의 환경 중에서 문제점이 생기는 요인의 파악과 그 성격 및 상관관계를 명확하게 하는 과정이라 할 수 있다.

도시종합교통계획의 구상단계에서 방향을 결정하고, 이에 따라 도시현황, 도시계획에 의한 도시의 성격 및 장래의 도시규모, 현 교통시설 및 용량, 현재의 교통량과 장래의 교통수요 등의 자료를 사용하여 문제점을 파악한다. 특히 교통량과 관계되는 요인은 어떤 것인지를 알아내고 그 상관모형 등을 파악한다.

(3) 문제점 분석

이것도 계획의 형성과정에 따라 다르나, 앞 단계에서 파악된 문제점을 분석하는 과정이다. 문제점의 분석단계는 두 가지로 나눌 수 있다. 그 하나는, 예를 들어 도로만 사용하든가 도로와 지하철을 같이 사용하는 두 구상안 가운데 어느 것을 택하느냐 하는 기능적 대안 즉 무엇을 하느냐(what to do)를 결정하기 위한 분석이며, 다른 하나는 활동의 대안, 즉 지하철과 도로를 어느 정도의 서비스 수준과 용량을 갖도록 건설하느냐(how to do)를 결정하기 위한 것이다.

대도시의 종합교통계획은 여러 분야에서 많은 조사·분석·예측의 과정을 거치게 되나 결론적으로 말하면 장래의 교통수요를 안전·신속·저렴·쾌적하게 감당할 수 있는 교통시설을 그 도시의 재정상태에 맞게 결정하는 것이다. 각 구상안에 대하여 장래의 교통수요를 감당하려면 어느 정도의 시설을 해야 하고, 그 투자액은 얼마이며, 시민들의 편익은 얼마인가를 분석하여 각 형성과정을 종결시키는 자료를 만든다.

(4) 결 정

각 형성과정을 종결시키는 의사결정단계이다. 이 결정은 의사결정자가 하는 것이 원칙이나 그다지 중요하지 않는 과정에서는 계획을 하는 사람이 결정한다. 계획대안 중에서 최적안을 선정하든가 실행계획을 최종적으로 확정하는 결정은 주로 의사결정자가 한다.

의사결정에 있어서 우선 각 계획대안을 비교·평가할 수 있는 평가기준을 마련해야 하며, 계획대안의 성과(편익 및 비용, 영향 등)를 정량화할 수 없으면 그들의 장단점을 기술한다.

대도시 종합교통계획 구상단계에서의 의사결정은 앞에서 설명한 여러 가지 구상안에 대해 사고과정을 거쳐 비교·평가하고 정리하여 우열을 가릴 수 없는 몇 개의 구상안을 채택하는 것이다. 구상단계의 조사·분석 정도로 우열을 가릴 수 없으면, 이것을 대안개발단계로 넘겨 보다 광범위하고 정도(精度) 높은 조사·분석을 한다.

14.1.2 교통계획 방법의 변천

사회가 발전하고 사람들의 가치관이 변함에 따라, 또 교통시설의 상태에 따라 사회가 요구하는 교통문제의 내용이 바뀌어 가고, 따라서 교통계획의 목표와 과제도 정책변화에 따라 변화한다. 이와 같은 현상은 교통계획의 방법에서도 예외가 아니다.

교통계획의 초기에는 교량, 터널, 우회도로와 같은 도로의 단일구간을 현재의 교통량에 맞추어 설계하는 링크계획(link planning)이 고작이었다. 이때는 차량교통과 차도폭과의 관계를 이용하여 도로폭을 구하면 되었다. 그 후에 도시간 도로나 고속도로의 전체노선을 계획하는 노선계획(route planning)으로 관심이 이전되었다. 1885년 미국의 몇몇 도시지역에서 교통조사(traffic studies)를 실시하고 도로를 이용하는 교통량을 정기적으로 조사하여 도로폭을 정하고 교통규제대책을 수립하는 것이 교통계획의 효시라고 볼 수 있으며, 이러한 방법은 그 후에 지방부 도로계획에 더 많이 사용되었다.[3] 이와 같은 방법은 1930년대까지 계속되었다. 이때쯤 해서 교통의 기·종점에 대한 자료를 얻기 위해 노상면접 조사방법이 사용되었다. 이렇게 해서 얻은 자료는 도시지역에서 우회도로의 필요성을 검토하는데 주로 사용되었다. 1940년대에 들어와서는 도시가로망이 크게 개선되어야 한다는 인식이 널리 퍼졌고, 정부의 재정지원으로 도시도로의 건설이 활발해졌다. 이때의 관심은 주로 단일수단 시스템계획(single mode system planning), 즉 단일시스템으로 완전한 도로망이나 대중교통망을 계획하는 것이었다.

노상면접 조사방법은 도시지역 교통의 O-D 특성조사로 확대되고, 그 뒤 직·주(職·住)에서의 통행행태에 관한 자료를 얻는 데까지 적용되었다. 1940년대와 1950년대 초 사이에는 도시주민들의 표본을 이용하여 수백 회의 가구면접 O-D 조사가 수행되었다. 이와 같은 조사로부터 도시지역간 또는 도시지역내에 있는 사람, 화물 및 차량의 이동방향과 그 교통량에 대한 자료를 얻을 수 있었다. 그러나 이러한 조사로부터 장래교통수요를 예측한 것은 1953년도에 실시한 Detroit Metropolitan Area Transportation Study가 처음이며, 이 연구에서는 교통과 토지이용을 연관시켜 장래교통량을 예측하기 위해 해석적인 방법을 처음으로 사용했다. 이때 사용된 모형은 통행발생, 통행분포, 교통배분의 3단계 예측 모형이었다.

1950년대의 교통조사 및 분석(transportation studies)에서는 여전히 종래의 가구면접 조사방법으로부터 얻은 자료를 사용했으나, 분석을 할 때는 조사된 통행특성과 인구 및 토지이용 활동특성과의 상관관계를 규명했으며, 이러한 관계가 시간이 지나도 변하지 않는다는 가정하에 토지이용과 인구변화에 관한 예측값을 사용하여 장래의 통행행태를 예측했다. 조사지역내의 모든 O-D 존간의 교통수단별 통행수요 예측값을 사용하여 도로와 대중교통시설을 개선하기 위한 여러 가지 계획대안을 만들었다. 이러한 대안들을 평가한 다음, 비용-편익 기준을 이용하여 최적안을 선정했다. 최적안이란 교통시설 이용자의 통행비용 및 기타비용과 그 시설을 건설하고 유지하는 데 드는 비용을 비교하여 가장 이득이 큰 대안을 말한다.

이와 같은 Detroit와 Chicago의 교통조사 및 분석을 시작으로 하여, 그 후에 미국의 다른 도시와 유럽에서도 이러한 해석적 방법을 이용하여 도시교통계획을 수행해 왔다.

이러한 도시교통계획 활동의 중요성을 인식하고 미국정부에서는 장기도로계획을 수립할 때는 다른 교통개발 및 토지이용계획과 서로 협조·조정하도록 입법화하였다. 1965년 이 법에 의하면 앞으로 인구 50,000명이 넘는 도시는 주정부와 지방정부가 협조하여(cooperative) 지속적(continuing)이고도 종합적인(comprehensive) 교통계획을 수립하지 않으면 어떠한 도로건설에 대해서도 연방정부의 보조금을 지급하지 않기로 했다(이를 소위 말하는 3C 방침이라 한다).

이러한 교통계획의 개념은 다(多)수단 교통망계획(multi-mode network planning)으로 볼 수 있으며, 모든 교통수단은 그들 특유의 장점을 살려 함께 균형을 이루도록 계획된다. 즉 도로계획과 철도계획의 균형 또는 개별수송과 대량수송의 균형을 이루기 위한 계획을 말한다. 여기서는 여러 가지 교통수단을 고려해야 하기 때문에 통행조사는 개인통행(person trip)을 기준으로 해야 하며, 그 자료를 이용하여 통행발생, 통행분포, 수단분담, 교통배분의 4단계 추정법을 사용하여 교통수요 예측이 이루어졌다.

영국에서는 1963년에 발간된 도시교통(Traffic in Town)이라는 보고서에서 토지이용계획과 교통계획과의 관계를 더욱 긴밀히 할 필요성을 강조했다. 거의 같은 시기에 미국에서 정형화시킨 교통계획 방법이 영국의 주요 도시에서도 사용되었으며, 토지개발과 교통 및 환경에 대한 장기정책을 제시한 도시개발계획을 수립하게 되었다.

근래에 와서 교통계획의 범위는 더욱 넓어지고 계획방법은 더욱 정교해졌다. 중요한 발전 중의 하나는 토지이용 예측에 대한 것이다. 즉 새로운 교통시설의 위치와 건설시기에 따라 토지이용 패턴이 달라지는 것을 예측하는 방법이 개발되었다. 이것은 1960년대에 들어와서 일어난 일로서, 교통계획 과정에서 결과된 수요예측의 유효성은 토지이용 패턴 예측의 정확도에 크게 좌우된다는 사실을 깊이 인식했기 때문이다. 또 미국의 Northeast Corridor Transportation Study에서는 교통시설의 변화에 따라 경제 및 인구활동의 공간적 분포의 변화를 예측하기 위한 모형이 개발되었다. 이 조사·분석은 또 정치적인 성향이 여러 가지 교통계획의 시행에 미치는 영향을 고려했다.

그러나 근래에 와서는 대중교통을 포함한 적절한 교통서비스의 확보, 주거환경파괴의 방지, 자동차교통의 억제, 신교통시스템의 출현, 자전거나 보행자의 재평가 등 여러 가지 당면과제로 인해 4단계 예측기법으로는 한계를 느끼고 있어 1975년 이후부터는 비집계 행태모형(disaggregate behavior model)에 대한 연구가 이루어지고 있다. 사실상 통행의 주체가 되는 사람의 통행은 반드시 집계모형(aggregate model)에서 보이는 4단계 과정을 밟아 의사결정을 하는 것이 아니라 오히려 복합적인 방법으로 의사결정을 하기 때문에 이것을 감안하여 통행분포, 수단분담 및 교통배분을 복합시킨 모형이 개발되었다.[4] 또 발생에서부터 배분까지 한 과정으로 종합한 모형도 있으나[5], [6] 여기서는 설명을 생략한다.

지금까지 설명한 모형을 이용한 교통수요 예측과정은 장기계획의 관점에서 볼 때 많은 결함을 가지고 있다. 전통적으로 전략적 토지이용·교통모형에 사용된 모형은 대부분 미국이나 유럽 등지에서 경제적, 사회적, 정치적으로 안정된 시기인 1950년대 중반에서부터 1970년대 중반에 개발된 것이다. 따라서 이 모형들은 계획기간 동안 변화의 범위가 비교적 적은 소수의 변수만을 취급한 것으로서, 이들의 성과를 시험해 보면 시간에 따른 안정성이 매우 큰 것을 알 수 있다.[7), 8), 9)] 통행수요를 예측하는 데 사용된 변수는 통행비용, 대기시간 및 보행시간 등과 같은 통행서비스의 수준, 상대적인 통행시간, 통행을 하는 사람의 상대적 소득 수준, 여러 가지 교통수단으로의 접근성 등이다. 이들 변수들이 변하는 범위는 비교적 한정되어 있으므로 서방국가들이 경제적 성장과 번영을 계속한다면 이 모형들은 장래에 대해서 매우 정확한 예측을 할 수 있을 것이다.

그러나 1970년대 후반부터는 예측하기 힘든 여러 가지 불확실성이 가미되어 전통적인 모형화 과정에서는 다음과 같은 요인을 취급할 수 없게 되었다.

- 원유가의 급격한 상승으로 각종 비용이 증가하고 정치적인 유류통제로 공급부족 초래
- 구조적인 실업률의 증가 및 노사관계 악화
- 자동차기술의 급격한 발전으로 직장의 위치, 작업시간 및 퇴직연령의 변화
- 세계적인 에너지수요의 증가
- 인구증가율의 감소 및 도시화 패턴의 변화; 대도시는 예상보다 팽창속도가 느리나 중소도시는 예상보다 빠른 속도로 성장
- 환경에 대한 관심 증대
- 국내외의 정치적 변화가 많고 저소득층은 교통정책에 큰 영향을 미치며, 이러한 정책은 단순히 비용-편익 방법으로는 결정될 수 없음
- 인플레이션은 정부의 큰 부담이 될 뿐만 아니라 케인즈 경제이론하에서의 공공부문에 대한 지출정책에 영향을 준다. 또 앞으로 지속적인 경제성장은 불확실하다고 볼 수 있음

이러한 여러 측면에서의 불확실성 때문에 종래의 모형화 과정은 과거의 안정된 틀에 너무 의존한 것처럼 인식되었다. 따라서 이와 같은 결점을 극복하고 장래를 모형화하는 데 사용되는 기법이 시나리오 구축(scenario building)이다.

이 모형화 기법에서는 여러 개의 시나리오를 작성하고 이에 따른 장래의 최종상태(end state)를 예측한다. 이 최종상태는 실체가 없는 요인을 사용해서 구하는 것으로서 종래의 분석방법으로 모형화하기는 매우 어렵다. 그래서 종래의 모형으로 정확히 예측할 수 없을 때는 이러한 실체가 없는 요인들이 교통수요에 미치는 영향을 모형을 이용하지 않고 추정한다. 예를 들어 국가의 어떤 계획을 위하여 하나의 최종상태는 다음과 같은 가상적인 시나리오에서 구한다.

- 향후 20년간 경제성장이 저조하다.
- 환경에 대한 관심이 높다.
- 강력한 중앙집권 정부형태이다.

- 노조활동이 미약하다.
- 산업자동화 수준이 높다.
- 인구증가율은 중간 정도이다.

이와 같은 요인들이 다른 조건을 가질 때는 최종상태가 다르게 예측된다. 이와 같이 여러 가지 시나리오를 만들고 그에 따른 최종상태를 예측하는 기법에는 다음과 같은 몇 가지 장점이 있다.

- 최종상태는 구체적인 시기에 대한 것이 아니기 때문에 장기계획에 사용하면 현실성이 크다.
- 실체가 없는 요인들 간의 상호관계를 예측할 수 있다.
- 사회적, 기술적, 경제적 불연속성을 초월하여 예측할 수 있는 강력한 모형이다.
- 단기 또는 중기계획에는 부적합할지 모르나 장기계획에는 매우 좋다.

14.1.3 종합교통시스템의 의의

교통수요는 생활수준의 향상으로 점차 증대되고 다양화하고 있으며 더 높은 수준의 서비스를 요구하고 있다. 이러한 수요에 부응하기 위해서는 각 교통수단의 특성을 종합적으로 평가하여 투자효율이 큰 교통시설을 정비함과 동시에 기존의 교통시설을 효율적으로 사용하는 대책을 세워야 한다.

종합교통시스템이란 이용자의 기호와 각 교통수단이 가지는 신속성, 대량성, 편리성, 정확성, 안전성, 경제성 등의 특성을 고려하고 사회적인 제약조건을 감안하여 현재뿐만 아니라 장래에도 적합한 교통수단 분담관계와 그들 간의 협력 및 보완관계를 확립하는 데 의의가 있다. 종합교통시스템의 과제는 다음과 같은 것이다.

- 교통수단 및 바람직한 분담률 설정
- 교통수요의 조정
- 국토계획, 도시계획 및 다른 사회자본과 조화된 교통시설 정비
- 경제성 및 이용상 적절하고 효율적인 교통시스템의 실현
- 안전성 확보 및 환경보전
- 합리적인 비용분담관계 또는 운임, 요금체계의 확립

국가적인 차원에서 볼 때 교통수단의 특성을 고려하여 중복 투자를 피하고, 수단 상호 간에 조화를 이루면서 발전하기 위해서는 종합적인 관점에서 국내의 교통정책을 수립할 필요가 있다. 또한 대도시로 집중되는 인구와 산업을 억제하고, 지방부를 발전시켜 과

밀·과소 문제를 해결하면서 국토이용의 균형을 유지하고, 쾌적한 주거환경을 형성하기 위하여 종합교통시스템의 확립이 긴요하다.

14.1.4 도시교통계획

도시교통은 사람이나 화물의 이동으로 구성되어 있으며 이들은 각기 다른 교통행태를 가지며 다른 교통수단을 선택하는 경향이 있다. 사람의 이동은 여러 가지 교통목적을 가지는 통행으로 구성되어 있으며, 교통목적에 따라 O-D 패턴, 통행길이, 시간에 따른 변동 등 교통특성이 크게 다르다. 예를 들면 도시교통의 대부분을 차지하는 출퇴근통행과 업무통행은 전자(前者)가 도심부와 주변부를 연결하는 방향성이 있고 아침·저녁 첨두시에 집중되는 특성을 가진 데 반해, 후자(後者)는 낮 시간 동안에 폭넓게 분포되고 도심부를 중심으로 중심시가지 전체에 분포되어 있다. 또 도시운행은 몇 개의 교통수단을 이용할 수 있고, 교통목적이나 교통행태에 따라 이용되는 교통수단이 크게 다르다.

한편 도시교통계획은 행정구역의 범위를 넘어 광역도시권 전체를 계획대상으로 삼아야 하지만, 동시에 도심지구, 주거지구 등과 같이 지구단위의 교통계획도 도시교통계획의 중요한 지주가 된다. 즉 도시교통계획은 광역도시권 수준-도시수준-지구수준 등 3단계의 계획수준이 있으며, 이들이 상호 체계화된 계획을 이루어야 한다.

다음으로 도시교통은 도시구조 및 토지이용 패턴과 밀접한 관계를 가지고 있고, 특히 도시교통의 형태, 즉 O-D 패턴은 토지이용 패턴에 크게 좌우된다. 따라서 도시교통계획에서는 도시구조, 토지이용 등과 교통상황과의 관계를 분석하고 장래의 도시구조, 토지이용을 예측하여 계획을 수립할 필요가 있다.

또, 도시교통은 여러 개의 교통수단으로 구성되기 때문에 교통계획을 할 때에는 이 수단들 간의 합리적인 분담을 고려하여 종합적인 교통시스템을 실현할 수 있도록 해야 한다. 이 경우 특히 대중교통수단과 승용차에 대해서 각자의 특성을 살린 합리적인 분담을 검토하는 것이 도시교통계획의 요체이다. 모든 교통수단을 하나의 교통시스템으로 통합할 때에는 각 수단을 연결할 수 있는 교통 결절점(結節点)(역전광장, 환승주차시설 등)의 계획에도 유의해야 한다.

한편, 도시교통에서는 교통시설의 계획뿐만 아니라 각 시설을 효율적으로 이용하기 위한 대책 및 교통통제대책의 계획도 필수적이기 때문에 도시교통시설계획과 함께 도시종합교통운영(관리)계획도 수립할 필요가 있다.

지금까지 설명한 여러 가지 사항을 고려하면서 도시종합교통계획을 진행할 때, 다음과 같은 계획과제에 특히 유의해야 한다.

- 혼합대책 및 장래 교통수요 증가에 대한 대응
- 바람직한 서비스 수준 달성
- 교통시스템의 경제성, 효율성 확보
- 교통시스템과 도시구조와의 조화 및 효율성 확보
- 각종 제약요인에 대한 검토
- 단기계획과 장기계획의 조화
- 시설계획과 운영계획의 조화
- 광역계획에서 지구계획까지의 체계성

14.1.5 도시계획과 교통계획

앞에서 언급한 교통계획의 수준은 교통계획 대상지역의 단위에 따라 구분한 것이다. 그러나 교통계획이 지역계획이나 도시계획의 주요한 근간(根幹)이기 때문에 각 계획수준에서 교통계획이 차지하는 위상을 파악하는 것도 대단히 중요하다.

교통계획은 앞에서도 설명한 바와 같이 정부와 지역사회간의 상호작용을 나타내는 지속적인 과정이다. 또 계획활동은 여러 가지 계획수준에 따른 위계를 가진다. 지금까지 수행된 도시교통시스템계획의 중요한 결함은 이 계획수준을 다른 계획수준과 제대로 연관시키지 못한 데 있었다. 〔그림 14-3〕은 교통시스템계획의 위상을 나타내는 여러 가지 계획활동의 위계를 보인 것이다.

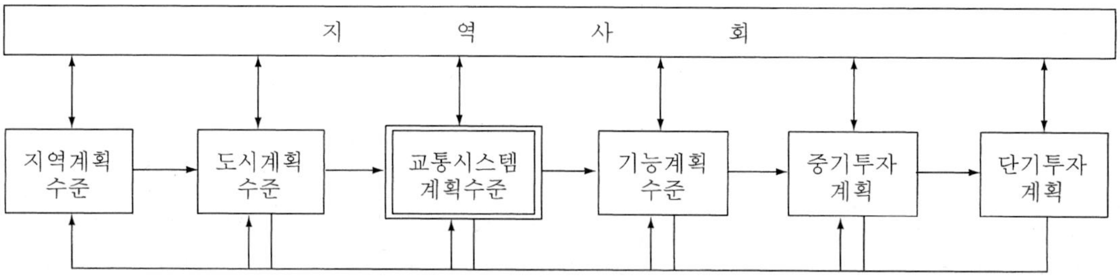

〔그림 14-3〕 계획의 위계

교통시스템계획 과정에서 확정된 계획안의 일부 또는 전부가 투자계획(capital programming) 수준에서 거부될 수도 있다. 그 이유는 지역사회의 태도가 바뀌었거나 또는 경험으로 비추어 봐서 그 시설이 지역사회에 나쁜 영향을 미친다는 것을 인지했기 때문이다. 이러한 교통시스템계획안이 거부되면 반대로 도시개발계획을 전면 수정하거나 또는 거부될 수도 있다.

정부와 지역사회의 상호작용을 유지시키고, 각 계획수준의 활동을 유기적으로 만드는 데 사용되는 좋은 방법은 다음 절에서 설명되는 시스템접근방법이다.

1 계획수준

(1) 지역계획수준

지금까지 개발된 도시교통시스템계획의 큰 결점은 그 도시지역의 지역적인 배경을 그다지 고려하지 않았다는 것이다.[10] 지역계획은 20~25년을 계획기간으로 하여 개략적인 도시화 패턴과 그것이 자연환경에 미치는 영향에 주안점을 두어야 한다. 또 경제성장·사회발전 및 기술혁신에 대한 장기 전망도 탐색을 해야 한다.

지역개발의 목적은 여러 가지가 있을 수 있으나 그 중에서 자주 사용되는 중요한 몇 가지를 들면 다음과 같다.

- 고유한 지역경관을 보존
- 생산녹지의 훼손을 최소화
- 수질 및 대기오염 최소화
- 지역사회의 패턴을 유지
- 최소의 비용으로 필수적인 교통시설, 상하수도시설 확보
- 장래의 기술혁신에 부합되도록 개발
- 장래 경제 및 기술개발에 따른 사회변화로부터 야기되는 필요성에 부합되도록 개발

지역계획의 산출물(output) 중에서 중요한 것은 그 지역 내에 있는 각 도시지역의 인구목표, 적절한 고용수준과 형태, 공공시설(public utilities) 및 교통시설과 같이 지역전체에 제공되는 서비스의 단계와 그 종류 등에 관한 파라미터이다. 이와 같은 파라미터는 물론 장차 그 지역개발의 구조를 형성하는 데 필요한 공공정책과 부합되어야 하고, 또 도시기본계획에 사용되는 기본적인 입력자료가 된다.

(2) 도시기본계획수준

교통시스템계획 과정의 결점은 교통투자와 토지개발 및 다른 공공사업계획 간의 상호작용을 적절히 반영하지 못한 데 있었다. 도시기본계획의 중요한 목표는 여러 가지 도시개발 개념을 세부적으로 명시하는 것이다. 도시구조는 주거, 제조, 서비스 및 상업활동의 공간적인 위치에 따라 여러 가지 대안이 개발된다. 대안개발을 좌우하는 중요한 제약사항은 지형 및 환경이다. 각 대안에서 교통관련 사항은 간단한 중력 모형을 사용하여 추정하고, 서비스에 관한 것은 주관적으로 추정되는 것이 보통이다. 상업시설을 위치시키는 전략은 여러 가지가 있으나 일반적으로 지구중심 상업시설을 활성화시키는 전략이 포함되어야 한다.

도시기본계획의 중요한 산출물은 인구 및 고용의 공간적인 분포를 나타내는 것으로서 시스템계획이 진행될 수 있을 정도로 세부적이어야 한다. 또 이 계획에서는 개발의 공간적인 분포와 교통 또는 편의시설간의 일차적인 상호작용을 설명해야 한다. 대안의 분석은 통행 및 기타 서비스 수요를 처리할 수 있는 그럴듯한 시스템을 제안할 수 있을 정도로 진행되어야 한다. 도시기본개념에는 도시활동의 공간적 분포를 의도한 대로 진행시키는 데 필요한 공공정책방향에 대한 언급이 있어야 한다.

(3) 교통시스템계획수준

도시기본계획 과정에서 나오는 결과는 어떤 공공정책방향을 추구하기 위하여 인구 및 고용을 공간적으로 할당한 것이다. 여기서 공공정책방향이란 교통시스템의 특성을 폭넓게 기술한 것으로서, 도시 내의 예상통행시간으로 나타낸다. 도시기본계획수준에서 수행되는 통행수요분석은 비교적 개략적이면서도 장래 교통수요가 기존 도시교통축에 미칠 영향을 평가하기에 충분할 정도이면 된다.

Creighton Hamburg[11)]는 도시교통기본계획을 다음과 같이 정의했다. "도시지역에 대한 기본교통계획이란, ① 교통에 대한 장기투자규모를 결정하고, ② 통행수단 부문(고속도로, 간선도로, 대중교통)간의 투자를 적절히 분할하며, ③ 고속도로축과 고속철도(또는 규모가 작은 도시지역에서는 간선도로)의 노선을 선정하고, ④ 투자순위와 그 시기를 결정하는 과정이다."

교통시스템계획안은 보통 20년을 기준으로 하며, 약 5년 간격으로 수정해 준다. 다른 공공시스템과 마찬가지로 이 계획안은 약 10개년 투자계획(capital program)을 준비하는 데 필요한 기능계획 및 설계용 입력자료를 얻을 수 있을 정도로 세부적으로 발전되어야 한다. 교통시스템계획수준의 자세한 내용은 뒤에서 다시 설명된다.

(4) 기능계획 및 투자계획수준

교통시스템계획수준의 산출물은 주요도로와 대중교통망의 위치 및 용량을 나타내는 계획안이다. 기능계획수준에서의 목적은 교통시스템을 여러 개의 프로젝트로 세분하고, 이들을 설계하여 세부설계 및 건설이 시작될 수 있게끔 하는 것이다.

투자계획은 10개년 단위로 하며 매년 수정되어야 한다. 기능 및 세부설계를 완성하고, 공청회를 개최하며, 토지를 사들이고, 광고 및 계약을 하기 위해서는 이 정도의 기간이 필요하다. 또 주요 교통시설을 건설할 경우 그 도로망이 다 완성되기까지는 5~10년의 프로젝트가 연속된다. 투자계획을 매년 수정하는 이유는 예산의 제약 또는 토지구입이 지연되기 때문이다.

2 도시기본계획과 광역도시교통기본계획

도시교통계획은 토지이용계획과 함께 도시계획의 중요한 두 개의 근간이다. 그러나 우리나라의 도시계획 관련 법령은 교통계획에 관한 내용이 매우 미약하여 도시계획과 교통계획의 상호작용을 고려하여 전략적이고 종합적인 교통계획을 수립하는 데 필요한 선언조항이나 지침이 없다.

도시기본계획 중에서의 교통계획은 장래의 교통수요를 추정하고, 모든 도로 및 대중교통시스템을 통합한 종합교통계획을 수립하는 것이어야 한다. 뿐만 아니라 도시계획지역을 넘어 도시교통권 단위의 광역도시교통기본계획이 필요하다. 여기에 포함시켜 검토해야 할 사항은 다음과 같다.

① 도시교통의 현황과 장래전망
- 현황과 문제점
- 장래의 구도(인구, 경제, 사회지표, 도시교통, 토지이용)

② 도시교통계획의 표준(standards)
- 교통수단별 분담 표준
- 교통시설개선의 표준(혼잡도, 소요시간, 쾌적성, 운행빈도)
- 교통관리의 표준

③ 도시교통시스템의 기본계획
- 도시구조 및 토지이용의 기본구상
- 주요 교통시설의 기본계획(철도, 도로 등)
- 교통결절점의 기본계획(터미널, 주차장, 역 광장)
- 교통관리계획

④ 도시교통시스템 실행을 위한 세부계획
- 개선계획
- 개선방법

광역도시 교통시스템 기본계획을 위한 자료조사는 각 도시권별로 개인통행조사, 화물유통조사, 자동차 O-D 조사 등이 정기적으로 수행되어야 하고, 또 교통의 문제점을 파악하고 교통기본계획을 검토하기 위해 종합 도시교통시스템조사가 실시된다. 도시계획법 제10조 2의 "도시기본계획의 수립"에서는 20년을 단위로 하여 장기도시개발의 방향 및 도시계획안의 지침이 되는 도시기본계획을 수립하도록 규정하고, 또 그 계획을 매 5년마다 한 번씩 타당성 여부를 검토하여 이를 반영하도록 규정하고 있으므로 도시교통기본계획의 수립이나 이에 대한 검토시기도 이것과 일치하도록 해야 할 것이다.

'도시계획법' 제 2 조 및 동법 시행령 제 3 조에 의하여 도시계획시설로 규정된 교통시설은 도로, 교통광장, 주차장, 자동차 터미널, 고속철도 등이며 이들의 종류, 명칭, 위치, 구역 및 구조(또는 면적) 등을 도시계획에서 정하여야 한다.

연차별 집행계획은 매 1년 단위로 수립하는 것을 원칙으로 하나, 집행계획 수립시점을 기준으로 하여 당해 도시계획에 대한 사업시행이 4년 이후에 착수될 것으로 예정되는 경우와 사업시행기간이 5년 이상 소요되는 사업인 경우에는 2년 내지 3년 단위로 이를 수립할 수 있다(도시계획법 시행령 제 10 조 2의 3항).

14.2 교통계획의 시스템적 접근

오늘날의 교통계획은 하나하나의 독립적인 시설에 대한 것이 아니라 총체적인 시스템에 주안점을 둔다. 즉 국가나 지역 또는 도시에 대해서 경제적으로 타당한 모든 교통수단을 고려할 뿐만 아니라 모든 종류의 개선, 즉 효율적인 신호시스템, 교차로의 도류화(導流化), 표지개선 또는 노외(路外)주차시설 등과 같은 교통공학적인 개선과 도로확장과 같은 기존 시설의 재건설은 물론이고, 새로운 도로 및 대중교통시설을 건설하는 것까지 포함한다.

그러므로 교통계획을 한다는 것은 결코 쉬운 일이 아니다. 그 가장 큰 이유는 교통에 관련되는 여러 가지 요소들이 서로 독자성을 가지는 것이 아니기 때문이다. 예를 들어 도시교통 해결책은 여러 개의 작은 교통공학적인 해결책을 합한 것이다. 또 도시교통시스템은 전국 및 지역의 교통기반시설 중에서 작은 일부분에 지나지 않기 때문이다. 전반적인 교통계획을 하는 데는 여러 수준에서 문제점을 검토할 필요가 있다. 왜냐하면 어느 한 수준에서의 정책결정은 제안된 계획안에 심각한 영향을 미칠 수 있기 때문이다. 그러나 계획을 입안하는 데 있어서 가장 큰 문제는 공학적 해결과는 달리 교통계획안이 시행되었을 때 그 자신의 환경에 영향을 미친다는 사실이다. 이와 같은 환경의 변화는 시스템상의 수요를 변화시킴으로써 처음 그 계획입안에 사용되었던 기준이나 입력자료가 쓸모 없게 된다. 교통시설과 토지이용 간의 상호작용은 〔그림 14-4〕에 보인다.

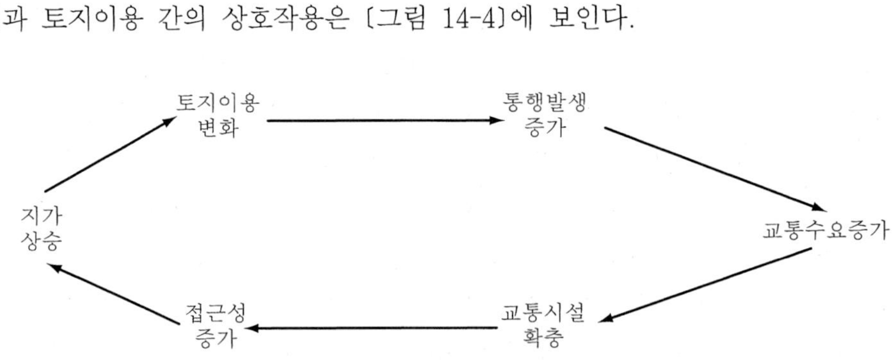

〔그림 14-4〕 토지이용과 교통의 순환관계

토지이용은 통행발생 활동의 가장 중요한 결정요인으로 여겨진다. 통행발생 활동의 수준과 해당지역 내에서의 통행방향은 교통시설의 필요성을 결정한다. 이들 시설이 건설되면 그 토지의 접근성은 변화되고 이로 말미암아 지가(地價)가 변하게 된다. 지가는 토지이용의 주요 결정요인이므로 결국 이 순환과정 내에서 어느 한 요소가 변화되면 나머지 모든 요소가 변하는 순환을 계속한다.

14.2.1 시스템 분석의 원리

교통문제의 해결책을 도출하는 과정을 살펴볼 때 시스템 분석(system analysis)적인 접근방법을 사용하면 매우 편리하다는 것을 쉽게 알 수 있다. 특히 컴퓨터의 발달로 말미암아 교통수요의 예측과 경제성 분석을 손쉽게 할 수 있었기 때문에, 1960년대에 와서는 도시교통계획 대안을 평가하는 데 시스템 접근방법을 더욱 쉽게 사용할 수 있게 되었다. 특히 장기적인 문제점을 해결하는 데 있어서 단기적인 해결책을 적용하는 것을 피하기 위해서는 시스템 접근방법이 필수적일 수밖에 없다. 시스템 분석방법을 교통문제에 적용시키기 위해서는 시스템에 관한 용어를 이해할 필요가 있다.

(1) 시스템(system)

고정 또는 이동 가능한 요소(시설, 인원, 장비, 전략 등)들의 집합 또는 이들 사이에 존재하는 모든 상관관계를 말한다. 모든 시스템은 상위시스템을 가짐과 동시에 상위시스템의 구성요소이기도 하다(도로망의 일부분으로서의 간선도로 등).

(2) 시스템 분석(system analysis)

어떤 공통된 목적이나 목표를 향해서 개별적인 시스템 구성요소들(elements)을 총체적으로 고찰하는 것을 말한다.

(3) 시스템 공학(system engineering)

시스템 분석과정에서 문제해결을 위한 복잡한 전략을 조직하고, 물적 자원, 에너지 및 정보들을 배분하고 통제함으로써 이들을 유기적으로 결합시키고 상호 연관시키는 기술 또는 그 학문을 말한다.

(4) 환경(environment)

시스템 밖에 있으면서 그 시스템에 현저한 영향을 주는 고정 또는 이동 가능한 요소들의 집합을 말한다. 예를 들어 도로망은 그 지역의 토지이용에 의해 영향을 받으며, 또 시차출근제나 차량합승제 등에 의해서도 영향을 받는다.

(5) 개방시스템(open system)

환경의 변화가 시스템의 변화를 초래하며, 반대로 시스템의 변화가 환경에 영향을 주는 시스템을 말한다. 대부분의 교통시스템은 개방시스템이다.

(6) 폐쇄시스템(closed system)

환경이 시스템에 아무런 영향을 주지 않는 시스템을 말한다.

공학자(engineer)는 계획과 설계활동을 통해 사회의 편익과 복지에 기여하는 기능을 수행하는 사람이며 그 활동이 창조성을 띤다는 점에서 과학자(scientist)와 구별된다. 과학자는 관찰된 어떤 현상의 분석, 이해, 설명을 통하여 유일하고 종합적인 해답을 추구하는 데 비해, 공학자는 이전에 없던 것을 새로이 창출하여 당면한 필요성을 만족시켜야 하기 때문에 계획하고 설계한 여러 가지 대안들이 완전치 못해도 그 중에서 최적안을 택해야만 하는 것이다.

계획은 목표를 설정하고 우선순위를 정하는 활동이라 한다면, 설계는 목표가 지향하는 최종결과의 형태를 구체적으로 결정하는 행위로서 계획과 설계는 상호보완적인 특성을 가지고 있다.

복잡한 건설사업의 경우 프로젝트에 관련된 여러 요소들에 대한 예비설계활동이 계획에 해당되며, 공사가 진행되기 직전까지 준비된 계획을 수정과 보완을 통하여 계속하여 다듬어 세부적인 사항까지 결정하는 것이 설계에 해당된다.

14.2.2 시스템 분석가의 요건

시스템은 서로 다른 여러 요소로 구성되어 있어 해당분야의 전문지식이 요구되므로 시스템 분석가는 우선 개별 요소들의 전문성을 구분해야 하고, 개인적 관계나 출판된 정보에 의해 각 분야가 갖추어야 할 지식이나 기술을 잘 결합하고 각 팀의 다양한 활동을 조정하여 원하는 결과를 얻을 수 있어야 한다.

조정자로서의 시스템 공학자는 각 계획단계마다 프로젝트 전체에 대한 전반적인 식견을 가져야 하며, 특정요소의 세부적인 해석이나 설계에 지나치게 편중하는 것을 피해야 한다. 그렇지만 시스템의 어떤 요소가 전체시스템의 비용이나 역할수행에 영향을 줄 때에는 해당요소에 대한 상세한 연구를 수행해야 한다.

시스템 공학자는 시스템의 전체적인 기능과 시스템 내부의 개별요소 간의 관계에 주의를 집중해야 한다. 이와 같은 이유 때문에 시스템 공학자에게는 수학적인 지식이 요구된다. 어떤 현상을 수학적인 접근방법을 통해 수리모형으로 나타내듯이 어떤 프로젝트의 분석으로부터 비용과 편익을 객관적으로 측정할 수가 있다. 특히 사람의 행위가 연관되는 경우에는 불확실성이 주는 영향을 확률모형으로 나타낼 수가 있다. 많은 수학적 시뮬레이션이 컴퓨터를 사용하여 이루어지므로 시스템 공학자는 수학적인 기본소양과 함께 수치해석과 컴퓨터프로그래밍의 지식을 어느 정도 갖추는 것이 바람직하다.

시뮬레이션에 대한 지식이 우선적으로 중요한 것이기는 하지만 시스템 공학자는 수학자이기보다는 오히려 공학자이어야 한다. 시스템설계의 전체적인 과정은 본질적으로 실제성에 바탕을 두므로 비록 OR(Operations Research)이라는 현대적 기법을 쓰긴 하지만, 어떤 절충안을 선택하고자 할 때에는 공학적인 상식에 비추어 보아야 할 경우가 종종 있다. 실행 가능성에 대한 제약조건이 기술적이거나 경제적일 뿐만 아니라 사회적, 정치적, 또는 법적인 문제를 포함할 때에는 많은 대안으로부터 최적안을 선택하는 과정을 과학이라기보다는 일종의 기교로 볼 수 있다. 대규모 시스템의 경우 여러 전문분야가 함께 관여하는 만큼 시스템 공학자는 다양한 분야에 대한 최소한의 기본지식은 갖추어야 한다.

시스템 분석에 종사하는 팀이나 그 구성원은 서로 유기적인 관계를 유지해야 하며, 문제점에 접근할 때에는 원칙적인 측면뿐만 아니라 문제점의 모든 측면을 고려해야 한다. 또 이때 이용되는 방법은 과학적인 방법이어야 한다. 이는 이론이 관측된 사실을 비교적 정확하게 나타낼 수 있어야 한다는 뜻이다. 그 이론이 알려진 사실을 올바르게 설명하고 있느냐의 여부를 판단하고, 또 예측의 신뢰성을 판단하기 위해서는 그 이론의 효율성을 검증할 필요가 있다.

복잡한 문제를 해결하고자 할 때, 시스템 접근방법과 같이 조직적이며 반복적인 방법을 사용한다면 다른 사람이 이 문제에 접근하더라도 매우 유사한 결론에 도달할 수 있는 장점이 있다. 따라서 의사결정자는 그 결론에 대한 확신을 가질 수 있다.

14.2.3 시스템 접근방법의 현실성

시스템 분석방법은 복잡한 문제를 푸는 데 도움을 주지만, 현실적으로 볼 때 이 방법은 제도적인 틀에 얽매이게 된다. 예를 들어, 다수단(multi-mode)교통을 계획하고 운영한다는 것이 여러 가지 관점에서 볼 때 매우 이상적이라고 생각될지 모르지만, 각 교통수단이 오랜 세월 동안 서로 다른 여건에서 분리되어 발전하여 왔고, 또 앞으로도 그와 같은 경향을 지속할 것이라는 것이 제도적인 현실이다. 대부분의 경우 실현가능한 것은 다수단 통합보다는 다수단 협동일 수 있다. 계획하는 사람이나 설계하는 사람 또는 운영하는 사람의 훈련, 경험, 또는 이익은 전통적으로 각 수단별로 형성되어 왔으며, 또 각 수단들은 서로 다른 행정부서에서 관장을 하거나 재정지원을 받는 경우가 대부분이었다. 1960년대 후반 미국에서는 PPBS(Planning, Programming, Budgeting, Scheduling) 기법을 사용하여 중앙정부에서 총체적 교통운영을 위하여 시스템 접근방법을 적용하려고 시도했으나, 관할행정부서의 중복과 많은 행정 운영부서를 다시 만들어야 하는 이유 때문에 이 시도는 실패로 끝이 났다. 따라서 교통계획에서 과학적인 의사결정을 하는 데 전반적인 시스템 접근방법을 사용하는 것은 좋으나 현실에 적용하는 데 상당한 주의를 필요로 한다.

14.2.4 시스템계획의 특성

계획이란 교통시스템을 위한 세부계획을 준비하는 첫 단계이다. 계획은 자료수집, 분석 및 교통시스템의 모든 측면에 관한 자료를 제시하기 위한 조직적이고도 합리적인 과정이다. 계획을 위한 구체적인 활동은 기존의 도로망 상태와 현재의 요구조건 및 장래수요를 비교하여 시스템의 필요성을 파악하고, 소요자원을 공급할 수 있는 재원을 판단하고, 시스템 중에서 필요성이 가장 큰 부분의 개선에 예산과 인력을 할당하는 것이다.

이러한 계획활동으로 그 시스템의 적절성, 사용도, 필요성, 비용 및 자금조달에 관한 정보를 얻을 수 있다. 기타 행정적인 실무 및 규정에 관한 연구도 이러한 계획과정에서 수행된다.

교통계획의 특성을 요약하면 다음과 같다.

① 계획은 향후 15~20년의 계획기간에 걸쳐 발생하는 교통의 필요성을 예측한다.
② 계획은 다음과 같은 사항을 포함하는 종합적(comprehensive)인 것이다.
  - 경제, 인구 및 토지이용 등이 충분히 고려되어야 한다.
  - 사람과 화물의 모든 이동에 대한 장래수요를 예측해야 한다.
  - 터미널 시설 및 교통통제시스템도 계획에 포함되어야 한다.
  - 현재뿐만 아니라 예측기간 동안에 개발이 예상되는 전 지역을 포함해야 한다.
③ 계획은 관련 부처 간 협조(cooperative)가 잘 이루어져야 한다.
④ 계획은 정기적으로 재평가하고 계속적(continuous)으로 수정하는 것이어야 한다.
⑤ 계획은 의사결정을 뜻하는 것이지 결론이나 최종적인 해답을 의미하는 것이 아니다.

14.2.5 장기계획의 기조

간단히 말해서 종합교통계획의 목표는 이동성에 대한 그 지역사회의 목적 및 목표를 적정수준으로 만족시키는 것이다. 지금까지의 많은 종합교통계획이 만족스럽지 못했다는 것이 그 후에 판명되었다. 이러한 실패는 교통계획과 넓은 의미에서의 종합계획의 상호작용을 잘 인식하지 못했기 때문이라는 것을 나중에야 알게 되었다. 예를 들어, 도로의 건설이 환경에 미치는 나쁜 영향을 과소평가했다든가, 저소득계층의 교통수요를 제대로 반영하지 않았다든가, 혹은 과도한 예산을 투입했다든가 하는 이유로 해서 교통계획이 실패로 끝난 예가 허다하다.

〔그림 14-5〕는 한 지역 사회의 교통욕구를 충족시키기 위하여 설계된 전략적 교통계획을 발전시키기 위한 접근방법의 시스템분석도이다. 계획의 기조와 운영측면 간에 상호작용이 존재하며, 이들 두 영역이 서로 균형을 이루고 한 영역에서의 의사결정이 다른 영역의 의사결정에 영향을 준다는 사실을 인식할 때 비로소 성공적인 계획을 할 수 있다.

계획기조는 적절한 실행계획을 발전시키는 데 필수적이다. 계획과정에서 이 기조를 잘 고려하지 않으면 두 가지의 난관에 봉착한다. 첫째 어려움은 어떤 것이 적정계획인지를 확실하게 정의할 방법이 없으며, 또 사실상 좋은 계획과 나쁜 계획의 차이를 명확하게 파악할 수가 없다. 둘째 어려움은 지역사회의 가치로부터 괴리된 계획은 시행하는 데 있어서 큰 저항에 직면할 수도 있다.

계획기조는 다음과 같은 위계에 따라 이해할 필요가 있다.

- 가치(values) : 사회나 집단 또는 개인의 윤리, 도덕, 기호(嗜好)의 근간이 되는 기본적인 성질. 적어도 중기적으로는 이들이 줄어들거나 변하지 않는다.
- 목적(goals) : 계획활동이 추구하는 이상적인 요망사항. 계획안은 이러한 이상적인 목적을 향해서 움직이는 사회를 겨냥한다.
- 목표(objectives) : 예산이나 자원의 획득가능성을 고려하지 않고 단지 개개의 목적을 측정 가능한 운영적인 측면에서 기술한 것.
- 기준(criteria) : 목적이나 목표의 달성 정도를 재는 측정의 척도.

〔그림 14-5〕는 교통에 관한 그 지역사회의 목적이나 목표를 달성하기 위하여 투자계획을 하는 과정을 보여준다. 여기서 지역사회란 국제적일 수도 있고, 국가 또는 근린(近隣) 단위일 수도 있다. 교통계획의 목적과 목표는 사회의 가치기조의 틀 안에서 수립되고, 기준은 운영계획의 평가단계에서 설정된다. 이들 기준은 목적과 목표뿐만 아니라 모형화 과정의 방식에 따라 달라진다.

일단 교통계획과정의 기조가 합리적으로 구축되면 운영측면의 계획이 뒤따른다. 모형화

과정은 지역사회의 목적과 자원제약 및 가능한 대안을 고려하여 진행되는 것이 이상적이다. 모형화의 결과는 시스템에 미치는 여러 가지 영향으로 나타나며, 이것은 평가과정에서 이미 수립된 기준에 따라 분석된다. 이 시스템평가의 과정은 교통계획의 중요한 부분이므로 17장에서 별도로 취급된다.

제안된 시스템을 평가한 결과는 어느 한 시스템이 적절하다고 판정되거나 혹은 모든 시스템 대안이 전부 거부되는 것으로 나타낸다. 첫 번째 경우에서는 건설과 장비에 대한 자본투자의 순서를 나타내는 세부계획을 작성하며, 두 번째 경우에는 모형화 과정을 통해서 새로운 시스템 대안을 만들고 이를 다시 평가해야 한다. 이러한 과정을 몇 번 거친 후에도 만족할 만한 대안이 없거나 대안을 더 이상 만들어 낼 수 없는 경우가 있다. 이러한 경우는 자원가용성이 희박하기 때문에 그 시스템을 연기시킬 수밖에 없을 때 일어난다. 이때에는 목적과 목표를 재평가하여 적어도 한 대안은 평가기준을 만족시키도록 해야 한다.

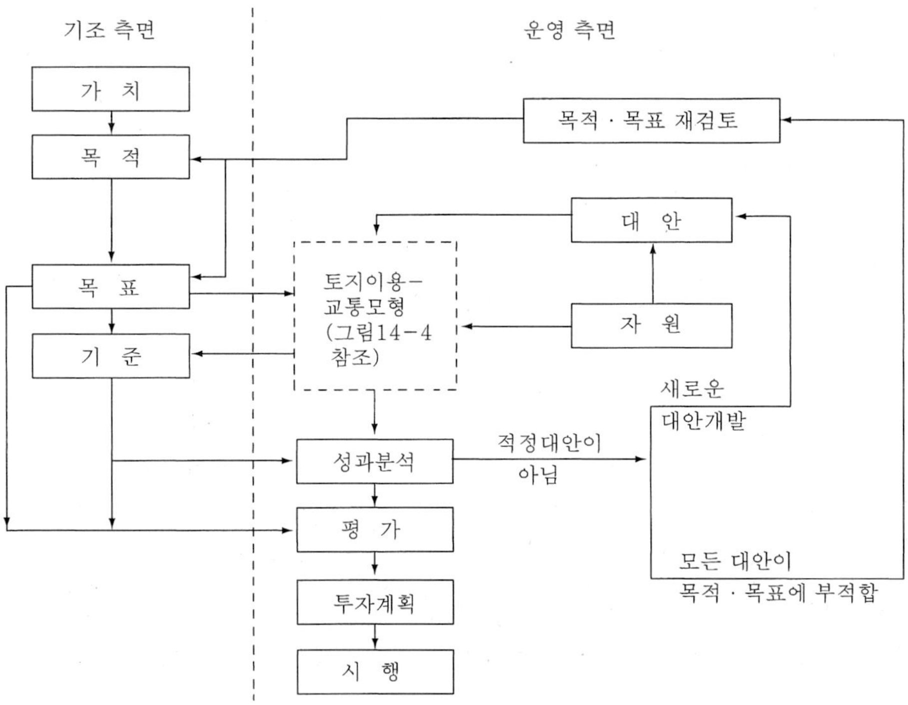

〔그림 14-5〕 장기기본계획의 시스템구조

14.2.6 장기교통계획의 요소

장기교통계획 과정은 다음과 같은 세 가지 기본요소로 되어 있다.

- 시스템의 수요예측
- 시스템개발에 따른 경제, 사회, 환경변화를 파악
- 시스템의 편익과 불편익을 평가

시스템을 분석할 때 시스템의 적합성에 대해서 서로 다른 견해를 가지는 세 가지 계층, 즉 운영자, 사용자 및 비사용자를 생각할 수 있다. 운영자는 자본비용, 운영비용, 운영수익 및 정부의 규제 등에 대해서 관심을 가지며, 사용자는 요금이나 운임, 통행시간, 안전성, 신뢰성, 편리성, 쾌적성 등에 관심을 가진다. 비사용자는 대기, 수질, 또는 쓰레기, 소음, 시계(視界), 안전성, 토지이용 변화, 주거지 이전 및 경제적인 효과에 관심을 가진다. 성공적인 교통계획이란 비사용자에 미치는 편익 및 불편익과 운영자, 사용자의 욕구 사이에 균형을 이루는 계획이다.

14.2.7 토지이용 - 교통모형

〔그림 14-5〕에 보인 체계도는 모든 장기교통계획 과정을 나타내는 데 일반적으로 사용될 수 있다. 〔그림 14-6〕은 종합토지이용－교통계획에 사용된 가장 보편적인 모형화 절차를 자세히 나타낸 것이다. 정확히 말하면 〔그림 14-6〕은 〔그림 14-5〕에서 보인 전략계획시스템의 하위시스템이라고 할 수 있다. 토지이용－교통모형은 두 단계로 명확히 구분된다. 즉 모형을 설정하고 기준연도의 자료로부터 이를 검증하는 calibration 단계와 계획연도의 사회·경제예측에 근거하여 장래교통수요를 예측하는 예측단계이다. 장기계획 과정에 사용되는 7개의 주요 모형은 다음과 같다.

- 인구 모형
- 통행분포 모형
- 경제활동 모형
- 수단분담 모형
- 토지이용 모형
- 교통배분 모형
- 통행발생 모형

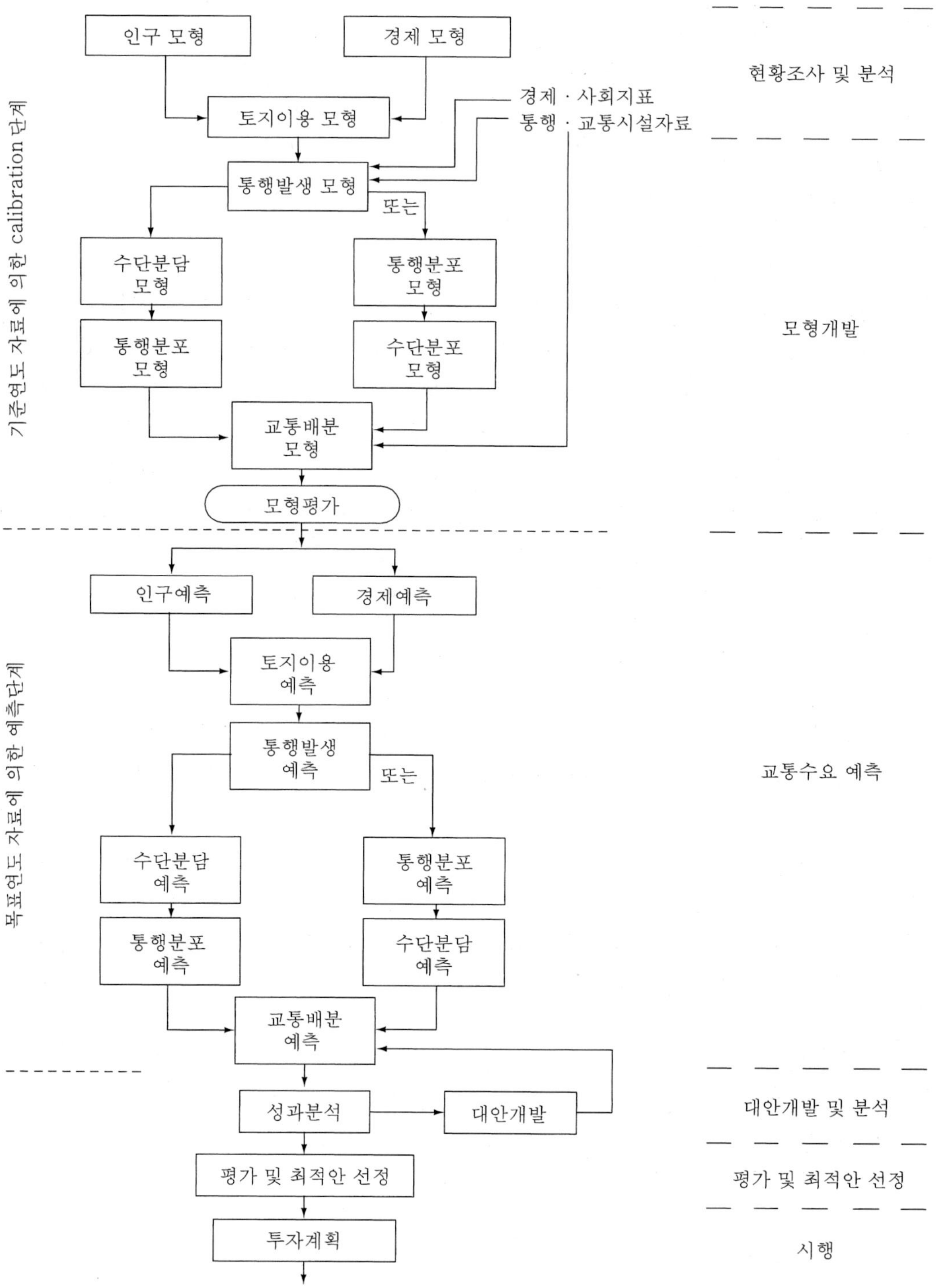

〔그림 14-6〕 토지이용–교통 모형

인구 및 경제활동 예측은 일반적으로 교통계획의 범위 밖에서 인구 및 경제전문가에 의해 이루어진다. 이 영역들은 통상적인 장기교통계획안을 작성할 때 교통전문가에 의해 세부적인 검토를 필요로 하지 않는 것이 보통이므로 이 부분에 대해서는 언급하지 않기로 한다.

토지이용에 관한 모형은 많이 개발되어 있으나 대부분 아직도 논란의 대상이 되고 있다. 이들은 다음과 같은 여러 가지 독립변수와 토지이용 간의 상관관계를 나타내는 것이다.

- 직장까지의 접근성
- 기준연도의 순(純) 개발밀도
- 가용한 공지(空地)의 비율
- 토지이용별 고용자 수
- 지가(地價)
- 가장 지가가 높은 곳까지의 시간 및 거리
- 토지이용밀도
- 대중교통의 접근성
- 용도별 토지의 크기
- 상하수도 서비스의 질

토지이용 모형에서 예측되는 종속변수는 다음과 같다.

- 주거단위의 변화
- 상업용 토지의 변화
- 산업용 토지의 변화
- 근린상업용 토지의 변화

지금까지 여러 가지 많은 모형이 개발되었으며 이 중에서 어떤 것은 매우 정교하고 정확한 것도 있다. 이 모형들은 모두 교통시설과 도시성장 간의 상호작용에 기초를 두고 있다. 그러나 순전히 도시성장을 예측하기 위해 토지이용 모형을 사용하는 것에는 강하게 반대하는 입장이 있다. 계획을 하는 사람들은 토지이용계획이 어떤 지역사회를 적절하게 발전시키는 데 매우 중요한 것이라는 것을 알고, 계획에 필요한 이러한 기본 입력자료를 모형으로 구하고자 하는 데 강력히 반대한다. 토지이용의 형태별로 필요한 토지를 구하기 위해서 넓은 의미의 토지이용 모형을 사용할 수도 있다. 그러나 이 경우에도 지구의 변경을 모형화하지는 않는다. 토지이용 모형이 토지이용－교통모형화 과정에 적용가능하다고 입증된 바가 없기 때문에 이 문제에 대해서는 더 이상 언급하지 않는다. 종합적으로 말하면, 교통계획을 하는 사람에게는 토지이용계획이 주어지는데, 이것은 모형의 결과로부터 얻는 것이 아니라 이미 정해진 토지이용의 형태와 밀도를 사용하는 것이다.

나머지 네 가지 모형, 즉 통행발생, 분포, 수단분담 및 교통배분 모형은 전략적 교통계획에서 매우 중요한 것이다. 계획대상지역은 여러 개의 비교적 균일한 교통발생존으로 나누어진다. 모든 교통은 각 존의 중심에서 발생하여 주요 교통망을 이용하여 존간 혹은 존내를 이동하는 것으로 보고 전체교통을 모형화한다. 전통적으로 이 모형화는 순차적으로 진행된다. 통행발생 모형은 어떤 특정 통행목적으로 각 존에서 얼마나 많은 통행이 발생되는가를 나타낸다. 통행분포 모형은 어떤 존에서 발생한 통행이 다른 존으로 얼마나 많이 이동하는가를 나타낸다. 수단분담 모형은 경쟁관계에 있는 여러 교통수단을 이용하는 통행비율을 구하기 위한 것이며, 교통배분 모형은 통행이 O-D간의 어느 노선을 얼마나 선택하느냐 하는 것을 구하는 것이다.

14.3 도시교통계획

도시교통계획은 현재 또는 장래의 토지이용에 이바지하는 도로나 대중교통시설을 평가 또는 선정하는 것을 의미한다. 예를 들어, 새로 건설하는 쇼핑센터나 공항, 대회의장, 또는 주거단지나 산업단지 등은 새로운 교통을 발생시킴으로써 도로나 대중교통 서비스가 신설되거나 확장될 필요가 있다.

도시교통계획에는 장기계획과 단기계획이 있다. 장기계획은 20년 이상의 장기적인 교통수요를 처리하는 데 필요한 교통시설 및 서비스를 계획하는 것으로서 새로운 도로구간 건설, 버스노선이나 고속도로 확장, 고속대중교통 확장, 공항이나 쇼핑센터의 접근로 개선 등과 같은 것이 있다. 반면에 단기계획은 1~3년 이내에 시행될 수 있는 프로젝트를 선정하는 것으로서 신호개선, 차량합승제, 환승주차장 건설, 대중교통 개선 등 주로 기존시설을 효율적으로 관리하는 대책을 결정하는 것이다.

14.3.1 개 요

사람이나 화물을 수송하는 것은 목적이 아니라 다른 목적을 위한 수단이다. 예를 들어, 교통개선은 수송시간을 단축시킴으로써 화물과 서비스의 비용을 절감시킨다. 한정된 가용자원을 절감하면 그것을 다른 목적에 사용할 수 있다. 또 교통개선은 화물, 서비스 및 활동들을 다양화시킴으로써 사회적인 편익을 발생시킨다. 사람은 거주지와 직장, 쇼핑장소들을 자유로이 선택할 수 있으며, 더욱 폭넓은 교육, 문화 및 위락 활동을 추구할 수 있다. 사람과 조직은 이러한 교통편익을 얻는 쪽으로 그들의 활동을 만든다. 그래서 교통은 도시발전의 형태와 도시민의 생활방식에 영향을 미친다. 교통시스템을 계획하고 시행하는 사람은 장래의 발전양상이 보다 더 바람직한 형태로 나아가도록 영향을 행사할 수 있다.

교통개선의 중요성을 충분히 인식한다면, 도시가로의 노선선정과 설계는 경제 및 사회적인 발전이 이루어질 수 있는 방향으로 나아가야 할 것이다. 만약 도로가 모든 시민의 복지를 극대화시키기 위한 것이라면 도로사업에 참여하는 전문가는 계획된 도시교통시스템의 기초를 명확히 이해할 필요가 있다. 이 기초란 종합도시계획의 일부분으로 수행되는 도시교통계획 과정을 말한다.

종합도시계획은 도시발전에 관련된 어떤 목적을 달성하기 위한 대책을 모색해 내는 것이다. 이것이 이상적으로 이루어진다면 종합계획은 공익을 위하여 학교, 공원, 병원, 편의시설 및 교통시스템 등과 같은 모든 공공시설의 위치선정에 길잡이 역할을 할 것이다. 종합계획은 또 산업, 기업, 주거 등과 같은 개인의 위치선정에도 영향을 미칠 것이다.

도시교통계획은 종합도시계획의 한 요소로서 교통시스템의 목적에 따라 그 성격과 규모가 결정된다. 도시교통계획은 모든 교통수단이 서로 균형을 이루고 최적수준을 유지함으로써 도시의 목적을 달성하기 위한 대책을 개발하는 계속적인 과정이다.

도시교통계획은 일반적으로 〔그림 14-5〕와 〔그림 14-6〕에서 보는 바와 같은 과정을 통하여 수행된다. 처음에 일반적인 문제점이 파악되고 목적이 수립되며, 과정이 진행됨에 따라 문제점이 더욱 상세히 나열되고, 목적이 다시 검토된다. 그 다음에 계획에 참여하는 사람을 조직하고, 필요한 자료를 수집하기 위하여 현황조사를 실시하며, 통행량과 통행목적간의 상관관계를 나타내는 모형을 설정한다. 이 모형들은 장래의 교통수요를 예측하는 데 사용된다. 예측된 통행을 이용해서 교통계획안을 만들고 그것이 목적을 어느 정도 만족시키는가를 분석한다. 이때 목적은 대안을 개발하고 분석하는 과정에서 변경될 수도 있다. 그 다음 적합하다고 여겨지는 대안들을 비교·평가하여 최적안을 선택하고 이를 더욱 구체화시킨다. 선택된 교통계획안은 노선선정, 설계, 건설 및 운영 과정을 거친다. 계획의 연속성을 유지하고, 시행을 편하게 하고, 또 계획을 항상 최신의 상태로 유지하기 위하여 전 기간에 걸쳐 이 과정을 반복하므로 이를 '계속적인 과정'이라 한다.

14.3.2 문제점 정의

도시교통계획은 올바른 의문에서부터 출발해야 한다. 즉 해결하고자 하는 문제점을 명확히 정의하는 것으로부터 시작된다. 도시지역(urban region)이란 무엇인가? 도시지역은 광역도시권(metropolitan region)에서 개발 정도의 차이가 현저히 나는 인구밀도가 비교적 높은 지역을 말한다. 그러나 계획목적상 그 지역의 경계선은 계획기간 동안(20~30년)에 개발이 예상되는 주변지역까지 포함해야 한다. 도시지역은 하나 이상의 CBD를 가지고 있으며 도시지역개발의 경계선은 행정적인 경계선과 무관한 경우가 많다. 미국의 경우는 도심인구가 5만 명 이상인 지역을 도시지역이라 부른다.

도시교통시스템이란 무엇인가? 도시교통시스템은 사람과 화물의 이동을 위하여 도시지역까지, 도시지역내, 또는 도시지역을 통과하는 육상, 해상, 항공의 모든 공공 또는 개인 교통수단을 말한다. 오늘날 도시지역에서 사용되고 있는 교통수단은 도로, 철도, 항공, 수로 및 보행자로이다.

교통개선이 필요한가? 지역의 성장과 그 역사 및 경향을 종합하면 중요한 문제점, 즉 생활공간, 개인통행 및 화물이동에 대한 수요가 계속적으로 증가하면서도 서비스 수준은 만족할 만한 정도에 이르지 못하고 있다는 것을 알 수 있다. 도시인구가 급격히 증가하면 개인통행 및 화물이동이 증가하며, 이러한 교통수요를 만족시키는 수준이나 방법은 바로 개인이나 가정 또는 사회의 기본적인 욕구충족을 가늠하는 척도가 된다.

도시가로 체계란 무엇인가? 도시가로 체계는 도시교통 체계 중에서 사람이나 화물을 차량으로 이동시키는 부분을 말한다. 차량이란 승용차, 버스, 화물차 등을 일컬으며, 그 소유와 운영이 개인에게 있든 공공기관에 있든 상관이 없다. 여기서 '도로'란 자동차가 통행하는 모든 종류의 도시시설을 광범위하게 말할 때 쓰인다.

도로개선은 필요한가? 도로는 오늘날 도시교통 체계의 주요 구성요소이며 앞으로도 상당한 기간 동안 그러리라 예상된다. 〔그림 14-7〕의 (가)는 1인당 연간도로통행량의 연도별 변화를 보인다. 도로에서 화물의 1인당 통행량도 〔그림 14-7〕 (나)에서 보이는 것처럼 국가경제적인 상황에 따라 크게 변함을 알 수 있다. 앞으로 자동차 이외의 교통수단이 출현할지라도 도로는 도시교통의 중요 수단으로 남아 도시 이동성의 대부분을 담당하게 되리라 예상된다. 도시지역에 따라 중요성이 서로 다른 여러 개의 도시교통수단이 공존하고 있으면, 각 도시지역의 특성에 따라 이들 교통수단을 계획해야 한다.

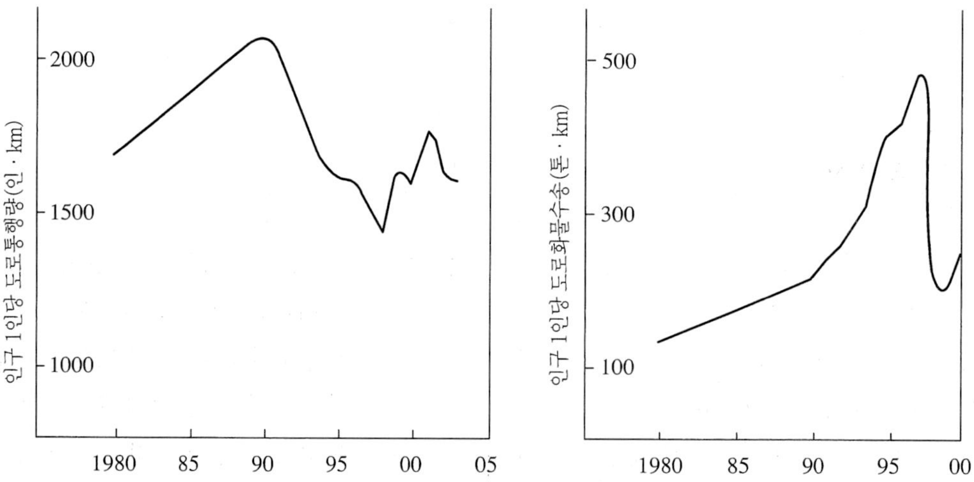

〔그림 14-7〕 도로교통 성장추세

14.3.3 목적 파악

모든 계획활동에서 문제점을 이해하기 전에 취해야 할 첫 번째 단계는 목적을 파악하는 것이다. 교통의 목적은 항상 명확하거나 공통된 것이 아니므로 추상적이기 쉬운 목적을 명료하게 기술하는 것이 교통계획에서 매우 중요하다. 국가적인 목적에 추가하여 교통계획에 영향을 주는 도시목적(urban goal)에는 지역개발목적(regional development goal)과 국지목적(local goal)이 있다.

지역개발목적은 그 지역 전반의 주거환경에 관한 지역적 욕구를 나타낸다. 예를 들어, 토지이용(주거, 산업, 공지 등)에 관한 목적, 연결체계(교통, 편의시설 등)에 관한 목적, 기타 서비스(학교, 병원 등) 및 환경적인 고려사항(미관, 대기질 및 수질 등)에 관한 목적이 있다. 지역교통목적은 지역개발목적의 일부분이다. 예를 들어 여기에는 접근성, 안전성, 선택성, 쾌적성, 토지이용에의 영향, 경제성장, 시스템효율성 및 경제성, 기타 지역환경의 다른 부분에 미치는 영향에 관한 목적들이 있다.

국지목적은 교통시설이 그 지역내의 주민에게 미치는 구체적인 효과를 감안하여 그 주민들의 욕구를 나타낸다. 예를 들어 주거지 이전, 지역사업에 미치는 영향, 미관, 국지도로 패턴과의 조화와 같은 주민의 사회·경제·환경 등에 관한 목적이 그것이다. 대부분의 국지목적은 지역목적과 본질적으로는 같으나 적용의 범위나 그 주안점이 다르다.

지역개발목적은 그 지역의 행정부서가 수립하고, 이해관계가 있는 여러 집단의 참여를 통하여 충분히 달성될 수 있다.

효과적인 교통계획을 계속적으로 하기 위해서는 교통계획 기능이 종합도시계획을 수행하는 기구에 들어가야 하며, 도시의 규모가 클수록 이의 필요성이 더 커진다. 만약 이와 같은 기구가 없다면 교통계획을 위해서라도 그와 같은 기구를 창설할 필요가 있다.

14.3.4 현황조사 및 분석

도시교통계획 과정을 밟아가는 데에는 교통조사 및 분석(transportation studies)이라는 기술적인 노력을 통하여 여러 가지 대안의 성과를 분석하게 된다. 여기에는 현황조사, 현재상황 분석, 예측기법의 개발, 장래교통수요의 예측, 장래상태 분석 및 결함파악 등 5개의 과정이 있다. 이 절에서는 현황조사와 분석을 설명하고 그 후의 것은 다음 절에서 다룬다.

현황조사는 어떤 지역의 장래상황을 예측하는 기준이 되는 현재상황을 파악하기 위해서 행해진다. 대부분의 자료는 가구단위, 분석존(zone) 및 도로 또는 대중교통구간과 같이 작은 단위로 수집된다. 이 자료수집의 목적은 그 지역내의 활동의 분포와 교통시스템 및 이에 수반되는 통행수요 간의 상관관계를 파악하기 위함이다. 이때 수집되는 자료로는 통행 자료, 교통시설 자료, 토지이용 자료, 인구 및 경제관련 자료, 법령관련 자료, 지역사회가치 자료, 투자재원 자료 등이다.

여기서는 현황조사의 개요만 설명을 하고 더욱 자세한 것은 다음 장 교통조사 및 분석에서 다룬다.

1 통행 자료

통행 조사의 일차적인 목적은 뒤에서 언급되는 통행모형을 개발하고 calibration하는데 필요한 자료를 얻기 위함이다. 이러한 조사는 대부분 표본의 크기를 달리하는 체계적 표본추출(systematic sampling) 방법을 사용한다.

조사에 드는 비용과 노력뿐만 아니라 과거로부터 현재까지의 많은 자료 때문에 요즈음의 추세는 새로운 대규모의 조사를 될수록 피하고 있다. 이 조사는 기존자료로부터 통행모형을 calibration하고, 그 calibration을 개선·보완하기 위해서 소규모의 표본조사를 하고, 이들 모형의 정확도를 여러 가지 방법으로 점검하는 것을 포함한다.

다음에 설명하는 것은 표본의 크기와 자료의 이용에 큰 차이가 있기는 하지만 일반적으로 전수조사나 소규모의 표본조사에 모두 적용된다.

(1) 가구면접 조사

이 조사의 목적은 어떤 가구에 속한 사람이 어떤 통행을 만드는가, 즉 기·종점, 통행목적, 통행시간 및 통행수단이 무엇인가를 파악하기 위한 것이다. 또 그 가구의 구성원의 특성, 예를 들어 연령, 성별, 직업, 자동차 보유대수, 통행단(端)이 가정이 아닌 통행(비가정기반 통행)에 관한 자료 등과 통행발생원인을 파악할 목적으로 조사된다.

(2) 화물차 및 택시 조사

이 조사는 직접 운수사업자와 접촉하거나 운전자면접을 통해 이루어진다. 이것도 마찬가지로 그 통행이 언제, 어디서, 어디로, 왜 발생했는지를 파악하는 것이다. 이 통행의 원인은 운전자나 회사에 있는 것이 아니고 교통서비스가 요청되는 토지이용에 있는 것인 만큼 운전자나 회사의 특성에 관한 자료는 필요 없다. 그러나 다른 목적으로 이 자료가 사용될 때도 있다.

(3) 외부 경제선 조사

조사지역을 출입하는 차량을 정지시켜(표본으로 추출하여) 그 승객을 면접한다. 조사사항은 그 사람의 통행 기·종점, 목적, 거주지 등이다.

(4) 교통량 조사

조사지역을 가로지르는 물리적인 경계선 혹은 가상선(假想線)을 지나는 차량의 종류를 조사한다. 이를 검사선 조사(screen line counts)라 하며, 통행 조사로부터 추정된 통행 결과를 검증하거나 조정하는 데 사용된다. 그 지역 전체의 다른 시설에 대한 조사도 필요하다. 이 조사는 통행 조사의 정확도를 점검하기 위해서 뿐만 아니라 뒤에 설명되는 교통배분 모형의 결과를 검증하는 데 사용된다. 대중교통 승객수 조사도 여기에 해당된다.

(5) 주차 조사

이 조사의 목적은 주차수요를 파악하기 위한 것이며 주로 도심지역에 국한된다(공급측면의 현황조사는 뒤의 터미널 및 환승시설에서 취급된다). 주차수요는 운전자면접을 통해서, 또는 기·종점자료 및 위에서 언급한 다른 통행 조사 자료로부터 유도해낼 수 있다. 주차이용도는 주차수요보다 적으며 차량번호 조사나 항공사진을 사용하여 얻을 수 있다.

2 교통시설 자료

(1) 통행시설

도로 및 가로, 주요 교통통제설비, 주차시설, 철도, 환승시설, 각종 터미널(트럭, 버스, 철도, 항공) 및 대중교통 운행특성 등을 조사한다. 시스템의 모든 구간의 용량을 계산하고 그 서비스 수준을 파악하기 위하여 전 교통노선의 물리적 특성과 운행특성에 관한 자료를 상세히 조사한다. 대중교통에 관한 자료는 요금, 배차간격, 정거장 위치, 노선, 용량, 속도, 부하계수 등이다. 도로와 가로는 기능별로 분류되어야 한다.

(2) 도로의 분류

도로의 기하특성에 따른 설계형태별 분류(고속도로, 일반도로)는 노선계획이나 설계목적으로 유용하며, 노선번호별 분류(국도 5번, 지방도 745번 등)는 교통운영에 도움이 되고, 행정적 분류(국도, 지방도, 시도, 군도 등)는 그 시설의 건설과 관리책임을 나타내는 데 사용된다.

교통계획을 위해서는 도로를 기능별로 분류하는 것이 좋다. 모든 도로는 그 도로가 가지는 기능에 따라 주간선, 보조간선, 집산, 국지도로로 나눌 수 있으며, 그 분류방법에는 ASF 체크리스트 방법, CGRA 설계표준방법(캐나다), Trade Area Hierarchy 방법(BPR) 등이 있으나 여기서는 설명을 생략한다. 각 기능별 도로가 가지는 특성은 교통공학원론(상)의 7장 2절에 자세히 설명되어 있다.

(3) 터미널 및 환승시설

앞에서 설명한 주차 조사는 주차수요를 조사하기 위함이다. 그러나 터미널 및 환승시설 조사에서는 대중교통이나 트럭터미널과 같은 시설과 주차장의 공급에 관한 자료를 수집한다.

3 토지이용 자료

토지이용 조사를 완전하게 하자면 조사지역내의 모든 상점, 집, 또는 모든 건물의 이용 상태를 100% 조사해야 한다. 그러나 규모가 매우 큰 조사라 하더라도 모든 토지이용을 다 조사할 수는 없고 CBD 안과 주요 상업중심지에 있는 건물에 대해서만 그 안에 있는 회사 또는 상점의 목록을 작성하는 데 그친다. 이와 같은 자료는 도시의 자료나 전화번호부, 회사목록, 또는 개발된 지역의 토지이용 상황을 알 수 있는 자료로부터 간접적으로 얻는 수가 더 많다. 현장조사는 단지 이 간접적인 자료를 보완하고 spot check하는 데 사용된다.

중요한 교통조사의 대부분은 항공사진을 이용하여 이미 개발된 지역의 윤곽을 찾아내고, 미개발된 토지의 적합성을 분류하며, 주거지역을 직접 분류한다. 토지이용을 분류한 후에 각 용도별 이용면적을 지도나 항공사진을 이용해서 구하고, 특히 고밀도로 개발된 지역은 건물의 상면적도 구한다. 또 상하수도와 같은 서비스와 기존의 용도지구 또는 지역에 대한 현황조사도 필요하다. 이러한 자료의 이용은 뒤에서 설명된다.

4 인구 및 경제지표 자료

인구 및 경제에 대한 자료는 연구방법에 따라 다르나 대부분이 현장조사보다는 기존의 자료로부터 얻을 수 있으며, 소규모 지구 단위별로 구한다. 이러한 자료로는 다음과 같은 것이 있다.

- 인구(연령, 성별, 가구인원, 가구의 소득 수준별)
- 자동차 보유대수
- 직업별 고용자 수
- 가구수
- 학생수
- 상점수(종류별)

여기에 추가해서 그 지역 전체의 경제적 여건을 평가(경제기반 조사)하여 장차 그 지역의 성장을 예측하는 데 기초로 사용한다. 이 자료는 앞에서 말한 토지이용 자료와 함께 여러 가지 목적으로 다양하게 사용되며, 그 중 가장 중요한 용도는 다음과 같다.

- 지역의 토지이용계획안을 수립하고 인구와 고용기회를 분포시키는 기초자료로 사용

- 통행 조사에 나타난 통행발생의 설명변수로 사용
- 가구면접 조사 표본을 분석지구 전체에 대해 전수화시키는 데 총량지표로 사용
- 다른 현황조사의 정확도를 점검하기 위한 독립적인 추정치로 사용

5 법령조사 자료

그 지역의 교통과 토지이용에 영향을 주는 법령을 검토한다. 이 법령은 현재까지의 토지이용 추세를 분석하고 장래의 토지이용을 예측하는 데 필요한 자료를 제공한다.

6 지역사회의 가치조사 자료

목적의 기저를 이루는 그 지역사회의 가치관을 파악하기 위한 것으로서 계획과정에 일반대중의 가치를 반영시켜 이를 지침화한다는 것은 바람직한 일이다. 예를 들어, TV나 라디오 또는 공청회를 이용하여 일반의 성향을 조사하는 방법이 있다.

7 투자재원 조사 자료

이 지역의 교통에 관련된 수입과 지출이 지금까지 어떻게 이루어져 왔고, 또 앞으로의 전망이 어떤지를 알 필요가 있다. 국가 또는 지방정부의 세금구조와 예산할당규정 등을 분석하고, 아울러 지방정부의 부채와 수입 및 지출을 조사한다. 그 지역이 사용할 수 있는 모든 재원을 장기적으로 예측하기는 대단히 어렵지만 지금까지의 추세가 그대로 지속된다는 가정 하에 이를 추정한다. 이러한 예측에는 그 지역의 장래 교통발전에 쓰일 재정자금뿐만 아니라 사용자부담금, 통행료 등과 같이 그 지역을 통행하거나 그 지역에 사는 사람으로부터 거두어들이는 재원까지를 포함한다.

투자재원 조사의 목적은 계획기간 동안에 교통시설에 사용될 자금을 추정하고, 그 계획이 행정단위(정부, 시, 도 등)의 예산능력 범위 내에 있는지를 확인하는 것이다.

8 기타 현황조사 자료

교통계획 조사분석에서는 그 지역의 필요성에 따라 다음과 같은 자료도 조사된다.

- 화물이동
- 교통사고 잦은 지점 및 사고율
- 시스템내의 속도 및 지체
- 특별 통행발생원(공항, 운동장 등)

14.3.5 모 형

교통계획에 사용되는 모형은 사회·경제지표, 토지이용, 교통시스템 변수 및 이에 따른 통행패턴 간의 관계를 알아내기 위한 수식이나 절차를 말한다. 물론 그와 같은 모든 관계를 모두 수식으로 나타낼 수 있는 것은 아니다. 예컨대, 토지이용 예측기법은 대부분 경험과 지식에 기초를 둔 순차적인 절차이지 수식이 아니다. 모형의 개발과 검증을 할 때에는 그 모형에 기존변수를 사용하여 현재의 통행패턴을 재현시키는 방법을 쓴다. 즉 교통배분의 결과를 실제의 교통량과 비교하여 그 모형의 유효성을 나타낸다. 개발된 모형이 모순이 되는 결과를 나타내는 특별한 경우에는 개개의 주요 통행발생원을 개별적으로 취급할 수도 있다. 만약 모형변수 간의 기본관계가 상당한 기간 동안 지속된다고 가정한다면, 장래의 토지이용과 교통시스템 대안을 검증하는 데 그 모형의 결과를 사용할 수 있다. 그런 다음, 목표에 비추어 이들 대안을 비교·평가하여 가장 좋은 대안을 선정한다. 모형을 설명하기 위해서 자주 사용되는 수식과 절차를 요약하면 다음과 같다.

- 토지이용 모형 : 통행을 구성하는 활동범위가 그 지역의 어디에 위치하는가를 구함
- 통행발생 모형 : 이 활동범위에서 얼마나 많은 통행이 시작되고 끝이 나는가를 구함
- 통행분포 모형 : 이 지역내의 여러 존간에 얼마나 많은 통행이 이루어지는가를 구함
- 수단분담 모형 : 어떤 교통수단에 의해 얼마의 통행이 이루어지는가를 구함
- 통행배분 모형 : 이들 통행이 수단별로 어느 노선을 이용해서 이루어지는가를 구함

① 토지이용 모형

토지이용 모형은 분석존별로 장래의 개발을 예측하는 절차를 나타낸다. 이 예측은 토지이용뿐만 아니라 통행발생 모형에서 사용되는 사회·경제변수(인구, 가구수, 자동차 보유대수, 소득 수준, 고용 수준, 상점수 등)의 예측도 포함한다.

이 과정은 일반적으로 그 지역에 대한 사회·경제 및 토지이용 변수의 장래 총량 예측치를 구하고, 이를 토지의 적합성, 접근성, 용도지구 분할, 상하수도 계획 및 기타 여건과 정책에 근거하여 각 분석존에 할당하는 과정이다. 장래의 접근성을 중요한 요인으로 고려해야 하므로 교통발전에 대한 어떤 가정을 해야 한다. 이 가정은 최종적인 교통계획이 완성될 때 필요하다면 재검토되고 변경될 필요성이 있을 것이다. 그래서 토지이용·교통계획은 다른 교통계획대안이 개발되고 검증될 때에는 이를 토지이용에 feedback시킬 필요가 있는 반복과정이라 할 수 있다.

실제로 장래의 토지이용분포와 사회·경제 특성은 계획과 예측의 혼합이라 볼 수 있다. 즉 계획이란 장래에 바람직한 패턴을 얻기 위해서 도시개발에 어떤 통제를 가하는 것을

뜻한다. 예측은 발전의 경향을 확장시키는 것을 의미한다. 예상되는 통제로 인해 발전경향이 수정되어 바람직한 장래의 개발패턴에 도달하기 위해서는 계획과 예측을 조심스럽게 혼합해야 할 필요가 있다.

2 통행발생 모형

이 모형은 분석존에서 시작하거나 끝나는 통행의 수를 추정하는 데 사용되며 일반적으로 통행목적별로 구한다. 통행발생은 토지이용 및 인구의 함수로서 이 변수에는 인구, 가구수, 자동차 보유수, 소득 수준, 고용 수준, 상점수 등이 있다. 통행발생과 이들 변수와의 상관관계는 통행 조사의 결과와 토지이용, 인구 및 경제현황조사로부터 구해진다. 이 관계는 몇 개의 독립변수를 가진 수식으로 표시되거나, 또는 특성에 따라 각 존을 분류하고 그 존에 기·종점을 둔(통행단을 둔) 통행수를 표시하는 표로 나타낸다.

토지이용 모형에서 나온 결과를 이 관계에 적용하여 각 존에 통행단을 둔 장래의 통행수를 추정한다. 이 통행발생 모형은 통행의 기·종점을 나타내는 것이 아니고 다만 분석존에 기·종점을 둔 통행수를 나타낸다는 것을 알아야 한다.

3 통행분포 모형

통행분포 모형은 앞에서 구한 각 존별, 통행목적별 통행수가 어느 존으로부터 몇 통행이 오고, 어느 존으로 몇 통행이 갈 것인가를 구하기 위한 것이다. 이것은 여러 가지 교통시스템대안 중에서 어느 하나에 대한 것으로서 이 값은 교통시스템대안이 바뀌면 토지이용 모형이 받는 영향보다 더 예민하게 영향을 받는다.

통행분포 모형의 여러 변수 간의 관계는 통행 조사와 교통시스템의 현황조사로부터 얻을 수 있다. 일반적으로 사용되는 모형으로는 중력 모형, 간섭기회 모형, Fratar 모형이 있다. 중력 모형과 간섭기회 모형은 존간의 통행저항(시간, 거리, 비용 등)과 통행인력(중력) 혹은 간섭기회의 수를 이용하여 통행을 예측한다. Fratar 모형은 각 존의 통행발생량과 존간의 기존 통행량의 장래성장을 변수로 하여 존간의 장래 통행량을 추정하는 반복기법이다.

여기서 중요한 사실은 교통시스템대안이 달라지면 통행연결이 바뀌고, 따라서 장래의 토지이용 패턴과 통행수요가 변한다는 것이다. 그러므로 적합한 교통시스템을 결정해야 할 때 고정된 값의 장래 통행수요를 기준으로 하는 개념은 엄밀히 말해서 옳지 않다. 여기에 대해서는 뒤에 다시 설명이 된다.

4 수단분담 모형

수단분담 모형은 앞에서 예측한 통행량(일반적으로 사람통행)이 이용 가능한 여러 교통수단을 어느 정도로 이용하는가를 추정하는 것이다. 이 모형은 통행 조사, 토지이용 조사 및 교통시스템 현황조사로부터 얻은 자료를 이용하여 구한다.

수단분담 모형은 보통 여러 개의 변수를 가진 수식이나 표(통행의 종류와 통행자의 특성에 따라 분류한)와 곡선(여러 수단의 통행시간, 비용 등을 대비하여 나타낸)으로 나타난다. 수단은 보통 자가용과 대중교통 두 가지로 나누어진다. 그러나 운행특성이 매우 다른 대중교통이 또 있다면 대중교통을 다시 세분해서 분석할 필요가 있다.

이 모형이 개발되고 적용되는 시점에 따라 두 가지로 나누어진다. 즉 수단분담 모형이 통행분포 이전에 사용되어 각 존내의 통행발생량을 각 수단별로 분할하는 것을 '통행단 모형(trip end model)'이라 하며, 통행분포 이후에 적용하여 존간의 분포통행량(사람통행)을 이용 가능한 교통수단에 분담시키는 것을 '통행교차 모형(trip interchange model)'이라 한다. 어떤 경우에는 대중교통통행과 자가용통행을 통행발생 단계에서부터 분리시키는 방법을 사용하기도 하는데, 이를 '직접발생 모형(direct generation model)'이라 한다.

적합한 교통시스템을 결정해야 할 때, 고정된 값의 장래 자가용통행수요를 기준으로 하면 옳지 않은 이유는 이 수단분담 때문이다. 왜냐하면 고정된 값의 수단분담률을 기준으로 하여 교통시스템 중의 도로부분을 계획하거나 대중교통을 변환시키면 이것이 다시 feedback되어 수단분담이 변하기 때문이다.

5 통행배분 모형

통행배분 모형은 모든 교통시스템대안에 대해서 수단별 분담을 구하고, 그 통행이 시스템을 어떻게 이용하는가를 구하는 것이다. 이 과정에서는 통행목적별로 세분하지 않아도 좋다.

이 모형은 통행 조사 자료와 시스템 현황조사 자료로부터 구한다. 이러한 모형의 기본가정은 어떤 수단을 선택한 통행이 기점에서 종점으로 움직일 때 최소저항(시간, 거리, 비용 등) 경로를 선택한다는 것이다. 이것을 '자유배분' 가정이라 한다. '용량제약배분'에서는 어떤 시설의 교통량이 변함에 따라 그 저항이 계속적으로 변화된다. '전환배분'에서는 같은 기·종점을 가진 모든 통행이 반드시 같은 최소저항경로를 이용하는 것은 아니고, 대부분은 최소저항경로를 이용하지만 일부분은 차로의 경로를 이용하며, 그보다 더 작은 부분은 그보다 조금 못한 경로를 이용한다고 본다.

이 모형의 결과는 교통시스템 대안을 시험하고 평가하는 데 매우 유용하며, 계획과 설계를 연결하는 역할을 한다. 이 모형이 결과를 이용하고 해석하는 문제는 뒤에 시스템 대안을 개발하고 평가하는 과정에서 다시 자세히 설명된다.

14.3.6 예 측

가장 기본적인 예측은 인구 및 경제 예측이다. 이것은 보통 맨 처음, 지역에 대한 총량 예측을 하고 그 다음에 이를 앞에서 설명한 토지이용 모형과 절차를 사용하여 분석존에 할당하는 방법을 쓴다. 그 지역에 대한 장래의 개발대안이 각 분석존에서의 활동으로 구체화되는 것은 이때이다. 앞에서 언급한 바와 같이 토지이용 모형이나 절차는 정책대안의 효과는 물론이고 그 지역의 여러 가지 물리적 특성을 포함한다. 현실적인 지역개발대안들은 고정되지 않은 물리적 특성(교통과 같은)과 정책(용도지구 지정과 같은)상의 변화를 통해서 만들어진다.

예측에 사용되는 연한은 보통 20년으로 하며, 평균적인 평일 하루를 기준으로 한다. 그 이유는 기준연도의 평균적인 평일 통행 조사 자료로부터 모형이 개발되기 때문이다. 평균평일 가운데 일반적으로 첨두시간이 명시된다. 첨두시간교통량은 기준연도의 첨두시간계수와 시설의 종류 및 위치에 따른 방향별 분포를 구하고, 이를 목표연도의 평균평일 교통량에 적용시켜 얻는다. 더욱 좋은 방법은 존간의 첨두시간통행을 구하여 이를 최종계획안에 배분함으로써 시설의 종류와 위치별로 보정하는 것을 생략할 수 있다. 첨두시간통행은 기준연도에서 얻은 계수를 목표연도 평균평일 통행(보통 통행목적별)에 적용시키거나, 또는 기준연도 현황조사에서 얻은 첨두시간자료를 근거로 순차적인 4단계 모형(통행발생에서부터 통행배분까지)을 발전시킴으로써 구할 수 있다.

교통분포에 대한 지금까지 연구에 의하면 평균평일의 첨두시간은 일년 중 30번째 교통량이 많은 시간과 같다고 알려졌다. 따라서 목표연도의 첨두시간교통량은 노선계획과 설계에 많이 사용되는 30번째 높은 시간 교통량과 같다고 할 수 있다.

이러한 교통량예측은 얼마나 정확한가? 만약 최종적으로 선정된 교통시스템이 완벽하게 건설되고, 인구 및 경제예측과 토지이용분포가 목표연도에 정확하게 이루어지고, 계획기간 동안 통행을 크게 변화시키는 변수를 교통모형이 잘 반영한다면(예를 들어, 특이한 교통수단의 출현이나 통행수요를 감소시킬 수 있는 획기적인 통신기술 개발이 없다면), 아마도 통행예측 과정의 정확도는 대단히 높을 것이다. 그러나 여기서 제시한 조건이 얼마나 충족이 되는지 알 수가 없기 때문에 엄밀한 의미에서 예측의 정확도를 사전에 알 수 있는 방법이 없다. 그러나 한 가지 분명한 것은 이러한 계획과정에서 예측을 한다는 것이 아무것도 하지 않고 가만히 있거나 혹은 교통혼잡이 걷잡을 수 없게 된 후에야 해결책을 찾으려고 애쓰는 것보다도 훨씬 더 합리적이라는 사실이다.

새로운 시설이 계획되고 설계·건설되었을 때 목표연도에 도달하기도 전에 혼잡이 생기는 이유는 무엇 때문인가? 물론 계획하는 사람이 인구, 경제, 토지이용을 예측할 때 도시지역의 성장을 과소평가했기 때문에 이런 일이 일어난다. 그러나 또다른 이유는 사용된 모형의 오차 때문이다. 또 간과할 수 없는 이유 중 하나는 최종적으로 선정된 시스템계획안이 승용차와 대중교통 모두를 위한 시설이기 때문이다. 만약 단계적으로 그 시설의 일부분만 건설되고 나머지가 지연된다면, 건설된 부분은 앞으로 건설되어야 할 부분을 이용할 통행도 함께 이용을 하게 된다. 이러한 상황은 예상되는 토지이용 패턴을 왜곡시켜, 건설된 부분의 교통축(交通軸)이 기대했던 것보다 더 많이 개발되고, 그로 인해 문제를 더욱 악화시킨다. 도시지역에서 어떤 시설을 이용하는 통행이 얼마가 될 것인가를 추정할 때, 관련되는 노선(사실상 대단히 많을 것이다)의 상황을 고려하지 않고는 그 추정이 불가능하다는 것은 자명한 사실이다.

14.3.7 시스템대안의 개발과 분석

현황조사와 예측모형을 이용하여 각 교통시스템 대안에 대한 수단별 장래통행을 예측하는 데에 필요한 자료를 얻을 수 있다. 앞에서 설명한 바와 같이 목적을 분명히 명시하여 좋은 교통시스템으로부터 기대하는 것이 무엇인지를 더욱 명확하게 기술할 수 있도록 해야 한다.

이 절에서는 일반적인 목적을 종합하여 교통시스템을 판단하는 데 도움이 되게 기술하는 과정, 시스템대안을 개발하는 방법과 목적을 달성하는 데 좋은 대안이 무엇인지를 찾기 위해 이들 대안을 분석하는 방법을 설명한다.

1 목적기술

지역교통의 목표는 지역개발의 목표로부터 나온다. 어떤 지역은 뚜렷한 지역개발 목표가 없거나 또는 교통계획에 그다지 도움이 되지 않는 목표를 가진 경우도 있다. 대부분의 경우, 지역개발 목표는 교통계획에서 필요로 하는 수준만큼 자세하게 되어 있지 않다. 그러므로 필요한 목적을 잘 기술하고 이에 대한 정책승인을 얻는 것은 교통계획을 하는 사람들의 임무이다.

목적기술을 하는 데 사용되는 특수한 용어를 정의하면 다음과 같다.

- 가치(values) : 어떤 사회의 활동이나 행위를 지배하는 우선체계, 즉 인간의 행태를 지배하는 기본적인 사회의 흐름이다. 여기에는 생존욕구, 소유욕구, 질서욕구, 안전욕구 등이 있다.
- 목적(goals) : 가치체계 내에 있는 열망 또는 추구하는 결과, 즉 가치극대화에 유리한 환경과 같은 것으로서 달성되어야 할 조건을 나타낸다. 이 성취도는 명확히 나타낼 수는 없지만 말로써 표현할 수 있다. '기회균등'은 안전 및 소유라는 가치에 기초를

둔 목적이다.

- 목표(objectives) : 목적의 구성요소 또는 목적을 달성하는 데 필요한 발판 및 수단으로서 구체적이며 도달할 수 있고 측정가능하다. 기회균등의 목적과 관련된 교통목표는 '그 도시내의 위치에 관계없이 모든 시민의 동일한 대중교통 비용'이다.
- 평가기준(evaluation criteria) : 어떤 계획의 목표달성 효과를 평가하는 척도. 예를 들어, 개인소득에 대한 버스요금의 비는 앞의 교통비용 균등의 목표달성 여부를 판단하는 기준이다.
- 표준(standards) : 성과수준의 어떤 정해진 값보다 적거나, 같거나, 혹은 클 것을 요구하는 제약조건이다. 앞의 예에서 '버스서비스는 모든 주거지역의 400 m 이내에서 가능할 것'이 표준이 될 수 있다.

평가기준은 다음과 같은 세 가지로 분류할 수 있다.

- 금전화 가능 기준 : 건설비용, 교통사고, 차량비용, 부지비용 등과 같이 척도와 표준이 명확히 금액으로 나타낼 수 있는 평가요소
- 정량화 가능 기준 : 통행시간, v/c비, 이전된 가구수 등과 같이 금전화시킬 수는 없으나 다른 단위를 사용하여 측정할 수 있는 평가요소
- 정성화(定性化) 가능 기준 : 사회적 영향, 미관 등과 같이 금액으로나 정량적으로 나타낼 수 없고 주관적인 판단에 의해 나타낼 수 있는 평가요소

목적기술에 관해서 일반적으로 사용되는 예는 아래와 같으나 시스템을 완전하게 평가하기 위해서는 이외에도 많은 다른 목적, 목표, 평가기준 및 표준이 필요할 수 있다.

예 1

목적 : 효율적이며 경제적인 교통서비스를 제공

목표 : 혼잡을 최소화

평가기준 : 첨두시간의 교통량

표준 : v/c비가 0.75를 초과하지 않도록

예 2

목적 : 안전한 교통시스템을 제공

목표 : 사고 건수와 사망자를 최소화

평가기준 : 각 시설별 MVK(million vehicle kilometers)당 현재의 사고율과 사망자를 기준으로 하여 추정한 목표연도의 사고 건수와 사망자수

표준 : 사고율과 치사율이 기준연도에 비해 증가되어서는 안 됨

예 3

목적 : 환경오염 감소

목표 : 차량의 배출가스 최소화

평가기준 : 속도, 차량 배출가스의 방출규제표준 및 운행조건에 따른 차량대·km당 배출가스 방출률을 기준으로 하여 추정한 목표연도의 배출가스량(kg으로 나타낸 HC, CO, NO_x의 양)

표준 : 목표연도의 총 배출가스 방출량이 현재의 총 방출량보다 적어야 함

예 4

목적 : 주거환경 및 지역사회를 보호하고 현재의 생활방식을 유지

목표 : 신규 교통시설이 지역사회를 분리하는 것을 최소화

평가기준 : 기존 지역사회의 위치와 구조를 철저히 조사한 것을 기준으로 하여 그 지역사회의 분리구조를 분석

표준 : (이 기준으로는 적합하지 않음)

어떤 평가기준은 순전히 주관적인 정성적인 판단에 따르고, 또 표준이 없는 경우도 있다. 이와는 달리 측정이 가능한 기준이라 하더라도 표준을 정하기에 적합하지 않을 수도 있다. 그러나 가장 중요한 통행서비스에 대한 목표(혼잡을 최소화하는 등)는 측정 가능한 평가기준과 표준을 가지는 경우가 많다.

이 목적기술은 바로 그 지역의 교통정책에 관한 기술이 되고, 또 정식 승인을 필요로 한다는 사실을 알아야 한다. 시스템 대안의 개발과 분석이 진행되는 동안 정해진 목적기술이 비실용적이거나 불완전하다고 여겨질 수도 있으며, 다른 이유로 해서 수정될 필요성이 있을 수 있다. 그러므로 목적기술은 정태적(情態的)인 것이 아니라 계획하는 사람이 끊임없이 추구해야 하는 목표이다.

2 초기대안 개발 및 분석

사실상 교통시스템 대안의 개발 및 분석은 개발에서 분석으로, 분석에서 다시 개발로 feedback되는 순환의 연속이다. 시스템의 개발은 교통시스템 대안을 분명하고 조직적으로 나타내는 것을 말하며, 대안의 분석은 어떤 한 대안이 최소한 받아들일 수 있는 해결책인지를 결정하는 것을 말한다. 분석을 하자면 어떤 한 시스템이 표준을 만족시키는지 알기

위해서 측정을 해야 하고, 또 표준이 없는 기준을 사용하는 경우 이 시스템이 그 기준에 대해서 적합한지를 주관적으로 판단해야 한다. 여기서 받아들여질 수 있다고 여겨지는 시스템은 평가과정으로 넘어간다.

대안을 찾아내는 일은 완전히 개인의 창의력에 달려있지만, 이와 같은 창의적인 기능에 도움이 되는 개념을 대안개발목표에 따라 몇 가지를 소개하면 다음과 같다.

(1) 혼잡 최소화

대안개발의 단계는 일반적으로 기존 시스템에다 이미 내정(內定)된 교통시설의 일부분을 추가하는 것으로 시작된다. 내정된 시설이란 건설되지는 않았지만 계획, 노선선정, 설계 및 때에 따라서는 부지확보까지 진행된, 즉 현재의 연구결과에 의한 계획결정과는 상관없이 앞으로 건설한다는 정책결정이 이미 내려진 시설을 말한다. 이러한 시설들이 기존 교통망에 추가된다.

분석단계의 시작은 첫 번째 도로망 대안으로서 기존 + 내정시스템 대안의 목표연도 교통수요를 모든 교통모형을 적용하여 구하는 것이다. 존별 토지이용분포(토지이용 모형 또는 절차)가 목표연도에 대해서 추정된 다음, 존별 통행발생량(통행발생 모형)이 토지이용분포결과를 이용하여 추정된다. 이 첫 교통망 대안에서 통행분포 모형의 입력자료는 존별 통행발생량이다. 이 통행량을 수단별로 세분하거나(수단분담 모형) 또는 이 첫 대안에 대해서는 수단분담을 무시할 수도 있다. 이 지역의 대중교통 분담률이 현저히 많으면 일반적으로 수단분담 모형을 사용하지 않고 현재의 분담률을 목표연도에 적용한다. 이렇게 해서 얻은 결과가 기존 + 내정시스템 대안에 대한 목표연도의 통행수요 예측(수단별 또는 총량)이다. 이 통행을 도로망에 자유배분하는 것으로 분석단계의 모형적용이 끝나게 된다.

분석단계의 다음 순서는 이 시스템이 평가기준에 비추어 볼 때 최소한 받아들일 수 있는 것인가를 결정하는 것이다. 이 시스템의 결함을 파악하기 위해서는 가장 기본적인 통행서비스 형태의 평가기준(첨두시간의 교통량 등)을 기존 + 내정시스템 대안에 적용만 하면 된다. 이때 만약 그 기준값이 표준에 미치지 못한다면 이 시스템을 다른 평가기준으로 검토할 필요 없이 새로운 시스템 대안을 개발하는 단계로 되돌아가야 한다.

새로운 시스템 대안을 개발하기 위해서는 혼잡한 그 시설을 개선하거나 부근의 다른 시설을 개선하면 된다고 생각할지 모른다. 그러나 얼핏 보아서 분명한 해결책이라 할지라도 그것이 반드시 옳은 해결책이 아닐 수도 있다. 예를 들어, 혼잡한 노선과 가까이 있지 않은 지역에 완전히 새로운 도로 또는 대중교통노선을 건설하거나, 서비스(속도 또는 비용)를 변경시키는 것이 혼잡한 시설 자체를 개선하는 것보다 더 나은 해결책이 될 수도 있다. 새로운 우회도로를 건설하는 것이 이와 같은 이유 때문이다.

(2) 통행욕구 충족

통행의 기·종점, 길이 및 기타 특성을 그림으로 나타내면 문제점의 해결책을 구상하는 데 큰 도움이 된다. 이와 같은 방법은 다음과 같은 것이 있다.

① 특정링크 분석 : 혼잡한 노선의 한 구간을 선정하여 컴퓨터를 이용하여 그 구간을 이용하는 모든 통행의 기·종점을 파악한다. 이 결과를 〔그림 14-8〕과 같이 나타낸다. 이로부터 이 노선을 이용하는 사람들의 통행희망을 만족시키면서 이 노선 이외의 다른 개선책을 고안해 낼 수 있다.

② 거미줄망 배분 : 거미줄망은 모든 도로가 같은 속도를 가진다고 가정하여 도로망을 만든 것으로서 해당 지역에 상당히 조밀한 거미줄망을 형성한다. 이러한 가상도로망에 배분된 통행은 기존 + 내정시스템에 배분된 통행보다 통행희망을 더 잘 나타낸다(〔그림 14-9〕). 왜냐하면 이 거미줄망은 기존 노선에 의한 제약을 받지 않기 때문이다. 그래서 이 분석은 통행의 기·종점을 나타내지는 않지만 링크에 누적된 통행희망을 잘 나타낸다.

③ 특정 통행교차 표시 : 특정 지역간의 모든 통행을 나타내기 위한 것이다. 예컨대, 도심지에 종점을 둔 모든 통행의 기점을 알 필요가 있거나(대중교통개선책을 수립하는 데 도움이 됨), 또는 CBD로부터 공항까지의 통행량을 알고 싶거나, 도심지를 통과하는 통행이 얼마인지를 알고 싶을 때(우회도로의 가능성을 검토하기 위해) 사용한다. 이 방법은 시스템을 개발하는 데 큰 도움이 된다.

④ 통행길이와 통행목적별 배분 : 통행길이와 통행목적을 분석하는 데 사용된다. 예컨대, 출퇴근통행만을 배분한 것을 가지고 대중교통개선책을 개발하는 데 사용하면 좋다. 또 통행길이별로 통행배분한 것을 가지고 고속도로를 건설할 것인가(긴 통행에 대한) 혹은 간선도로를 개선할 것인가(짧은 통행에 대한)를 결정하는 데 사용하면 좋다.

그 외에도 대안개발에 따른 문제점을 해결하는 방법은 여러 가지가 있다. 예를 들어, 도로의 적절한 간격을 지침(spacing guidelines)으로 정하고 이에 따르는 방법, 통행의 주발생원에 접근하는 행태를 분석하는 방법, 저소득층 위주의 접근방법, 기능별 분류 및 도로의 연속성에 의한 방법, 일반화된 토지이용 패턴에 대한 서비스 방법, 시스템 배치지침 방법 등이 그것이다.

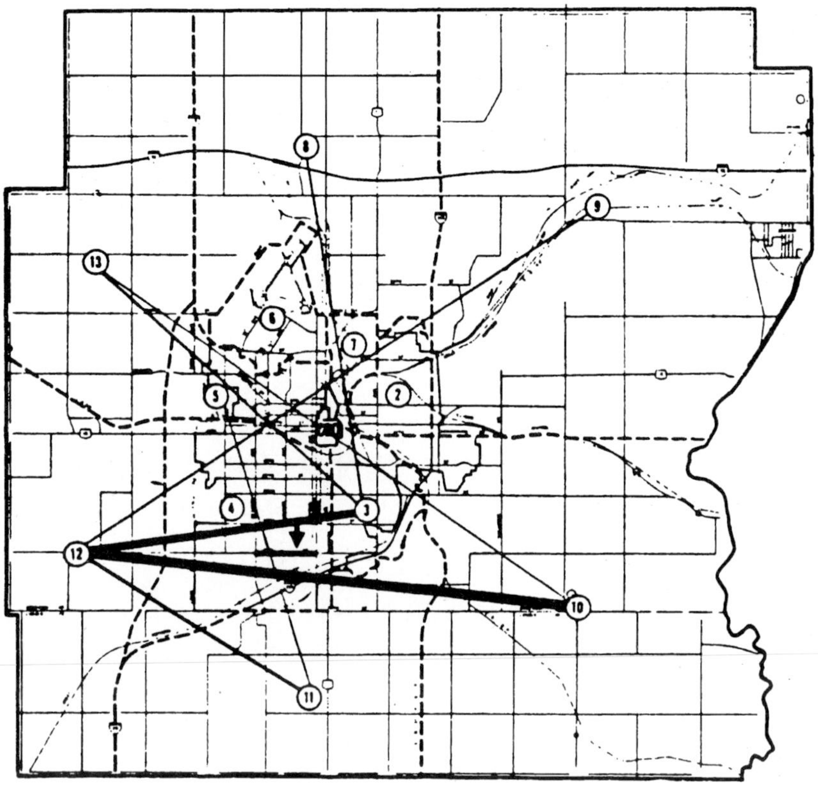

〔그림 14-8〕 특정링크 분석

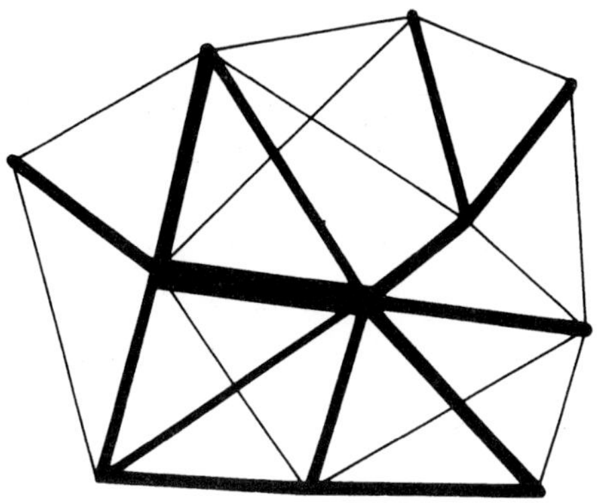

〔그림 14-9〕 거미줄망 배분

(3) 토지이용 접근성 제공

교통시스템 대안을 개발하는 데 또 하나 도움을 주는 것은 토지이용계획안이다. 교통시스템 대안은 기존 및 장래 토지이용에 대한 계획에서 파악된 접근성의 욕구를 충족시키기 위해 개발된다. 이 접근방법은 도시형태와 도시발전의 모양을 만들게 되는 다수단(多數段) 교통시스템을 직접적으로 고려한다.

현재 또는 장래 통행발생원이 필요로 하는 접근성을 고려하고, 다양한 계층, 특히 자가용을 갖지 않은 시민들의 접근성 요구를 고려해야 한다.

(4) 시스템의 연속성 제공

이론적으로는, 그 지역에 적용할 수 있는 교통시스템의 배치나 패턴은 무한정 많다. 그러나 이것은 결국 연속통행의 필요성과 건설 및 운영조건에 제약을 받으며, 기본적인 골격은 격자형, 방사순환형 및 불규칙형으로 대별된다([그림 14-10]).

지형적, 문화적인 국지조건 때문에 균형 있게 배치하지 못하거나 그 일부의 배치가 불가능할 때도 있다. 도시의 규모가 적어질수록 지역간 도로체계가 그 도시도로의 패턴에 미치는 영향은 커진다.

대부분의 도시지역에서 방사순환형 고속도로시스템은 수요에 비례해서 용량을 균등하게 분포시키는 결과가 되나(수요가 많은 곳에 도로밀도가 높다) 중앙으로 몰리게 되어 용량과 주차문제가 발생하게 된다. 이 고속도로시스템은 또 방사형 이동서비스를 하는 대량 대중교통수단과 경쟁관계에 놓일 수 있다. 격자형 고속도로시스템은 중앙으로 집중되는 문제점은 없으나 차로수나 도로간격을 달리하지 않고는 그 지역내의 다양한 수요밀도를 충족시킬 수가 없다. 이 두 기본형을 조합하면 인터체인지에서 기하설계상의 어려움이 따른다. 배치계획을 세우는 데 있어서의 중요한 원칙은 도시고속도로시스템이 중앙에 집중되지 않도록 설계하는 것이다. 방사형 시스템이 환상 또는 통과노선을 설치하지 않은 채 도시중심으로 집중되어서는 안 된다. 이 원칙은 큰 도시지역에서 방사형보다는 격자형 간선도로 시스템이 전반적으로 더 바람직하다는 것을 의미한다.

고속도로는 노선 및 용량상의 연속성을 반드시 확보해야 한다. 고속도로가 짧게 끝이 나서는 안 되며, 교외지역으로 연장될 때에는 지역간 고속도로체계와 연속성을 유지해야 한다. 그러한 연속이 불가능한 곳이나, 수요가 적어 더 이상 고속도로가 필요 없는 지점은 그 노선의 연속성에 적합한 다른 도로에 직접 연결해야 한다. 고속도로가 도시지역 안에서 일시적으로나 영구히 끝나야 할 필요성이 있는 곳에서는 고속도로용량을 수용할 수 있는 충분한 용량의 간선도로와 직접 연결해야 한다.

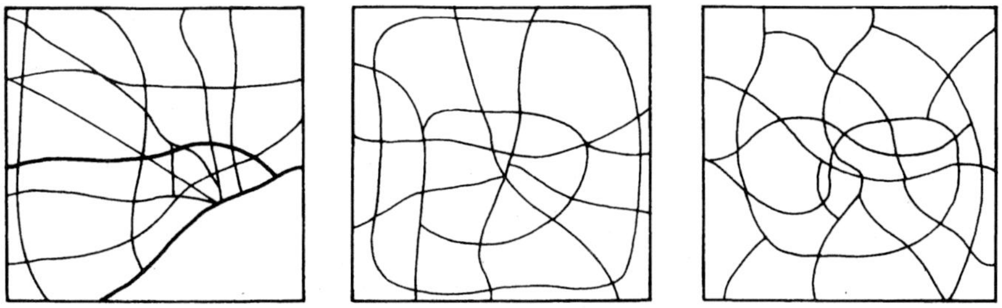

〔그림 14-10〕 기본적인 교통망 패턴

지형적으로 어려움이 있거나 특별한 상황이 아니고는 인터체인지는 모든 방향으로 연결되어야 한다. 이 경우는 두 개의 고속도로가 만나는 인터체인지에서는 특히 그러하다. 고속도로가 T형으로 만나는 경우는 되도록 피하는 것이 좋다.

(5) 시설간격의 최적화

고속도로의 규모와 간격에 어떤 제한을 두면 대안개발의 융통성이 줄어든다. 더욱 중요한 것은 객관적인 시스템 배치계획을 수립하기 위해서는 규모와 간격에 대한 원칙이 필요하다.

고속도로시스템의 크기와 간격은 통행밀도와 통행길이를 이용하여 구한다. 고속도로시스템의 크기와 간격을 구하는 한 가지 기법은 모든 통행이 평균통행길이만큼 고속도로를 이용하고, 용량과 통행수요 사이에 평형을 이룬다고 가정을 한다. 이 가정에 의하면 간격은 인구밀도와 고속도로용량에 따라 변한다(〔표 14-1〕).

또다른 기법은 지역 사회의 교통비용을 최소화하도록 간격을 결정하는 방법이다. 이 기법에서는 어떤 간격을 가지는 교통시스템의 건설비용과 통행비용의 합이 다른 간격에서의 비용보다 적을 때 그 간격이 최적이라고 가정한다(〔그림 14-11〕 참조).

〔표 14-1〕 고속도로 간격

인구밀도 (인/km²)	도로 간격 (km)		
	4차로	6차로	8차로
1,500	8.0	12.0	16.0
3,000	4.0	6.0	8.0
4,500	3.0	4.0	5.5

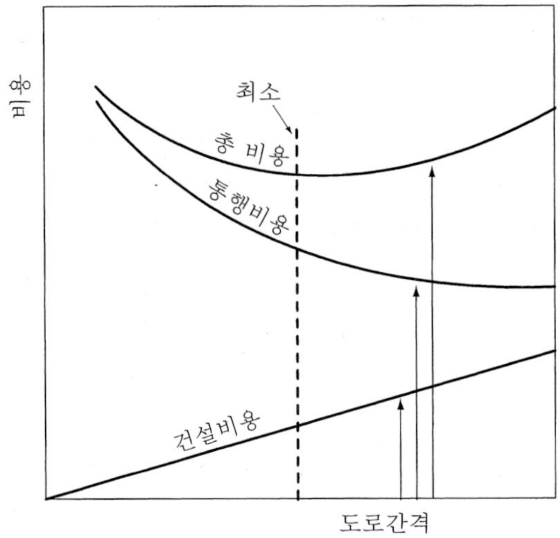

〔그림 14-11〕 도로간격 결정의 최소비용방법

어떤 기법을 사용하든 고속도로의 간격이 12 km보다 크거나 1.5 km보다 작은 경우는 드물다. 고속도로의 간격을 결정하는 세 가지 변수는 통행밀도, 통행특성 및 그 지역의 물리적 특성이며, 이 특성은 도시지역내에서는 물론이고 도시지역간에도 서로 다르다.

통행밀도, 즉 평방 km당 차량의 통행발생은 토지이용의 종류와 강도, 인구밀도 및 차량보유수, 그리고 대중교통의 비중과 직접 관계가 있다. 이러한 특성을 이용하여 지역계획의 목적을 수립하고 기초예측자료를 마련한 후에 고속도로시스템의 크기와 간격을 검토해야 한다.

통행특성 역시 도시에 따라 다르다. 도시의 크기에 따라 통행길이의 분포가 다르므로 총통행량 중에서 어떤 간격의 고속도로시스템을 이용할 수 있는 통행의 비율이 도시마다 다르다. 또 평균일교통량 중에서 첨두시간 교통량의 비율과 첨두시간의 지속시간도 달라진다. 일교통량에 대한 첨두시간 교통량의 비가 다른 지역보다 크면 평균일교통량이 같다고 하더라고 간격을 좁힐 필요가 있다. 마찬가지로 첨두교통량의 방향별 분포특성도 지역마다 다르며, 또 이에 따라 간격을 달리한다.

고속도로시스템의 간격을 결정하는 또 하나의 요소는 설계 및 물리적 특성이다. 예를 들어, 개발지역을 제외하고는 간선도로의 간격을 바꾸기가 어렵기 때문에 이 간격이 고속도로시스템의 간격에 영향을 미치는 수도 있다. 또 고속도로시스템이 그 지역의 물리적(지형적) 특성과 변경시킬 수 없는 기존의 도로패턴에 영향을 받는다는 것은 명확한 사실이다. 그렇지만 더욱 중요한 것은 고속도로간격이 고속도로시스템과 그 하위 도로체계 간의 서비스 수준의 차이에 따라 영향을 받는다는 것이다. 두 도로체계 간의 속도 차이가 클수록 간격은 좁아지고, 또 용량이나 건설비용의 차이가 작을수록 간격이 좁아진다.

따라서 도시지역간의 통행밀도나 교통특성 또는 물리적인 특성이 서로 다르기 때문에 고속도로간격을 표준화할 수는 없고 여기서 언급한 기법은 다만 고속도로시스템계획대안을 개발하는 데 필요한 기초를 제공한 것이다.

지금까지의 간격 결정요인은 모두 정량적인 것이었으나 계량이 어려운 안전, 위락욕구, 대기오염, 소음 및 경제적 여건 등 그 지역의 환경적 목적에 대한 요인도 고려해야 한다. 그러나 앞에서 말한 정량적 요인을 기초로 하여 광범위한 시스템계획을 먼저 한 다음에, 노선선정 단계에서 환경적인 요인을 자세히 고려한다.

3 최종 대안개발 및 분석

일단 기존 및 내정된 도로체계 외에 다른 몇 개의 대안이 개발되면, 분석단계로 되돌아가서 성과를 분석할 필요가 있다. 첫 시스템 대안에 대하여 교통예측 모형을 사용했으므로, 여기서 예측된 교통수요가 새로운 대안에 대해서도 적합한지를 검토할 필요가 있다. 두 대안 간의 토지이용분포가 꼭 같지는 않을 것이므로 통행발생이 변하게 된다. 통행분포는 새로운 대안을 사용하여 다시 구해야 할 것이고 이는 다시 교통수요를 변화시킨다. 따라서 수단분담도 다시 구해야 할 필요가 있으며, 새로운 교통배분도 필요하다.

이와 같이 모든 모형을 사용하는 데에는 많은 시간과 비용이 소모되므로 새로운 대안이 그 이전 대안과 얼마나 차이가 나는가를 판단하여 차이가 별로 없으면 모형을 다시 사용하지 않아도 결과는 큰 차이가 없다. 어떤 대안이 최종적으로 선택되려면 그 모형을 다시 한 번 컴퓨터를 이용하여 돌려야 하기 때문에 위의 판단에 잘못이 있다 하더라도 나중에 발견이 되므로 문제가 없다.

최소한 교통배분 모형은 자유배분 방법을 사용하여 새로운 대안에 적용시켜 본다. 여기서 혼잡이 가장 우선적인 기준이 된다. 즉 기존의 혼잡이 해소되었는가? 또 새로운 혼잡이 생기지 않았는가를 검토한다.

개발과 분석의 순환과정은 대안이 개발될 때마다 계속된다. 대안이 혼잡기준치를 만족시킨다면 다른 통행서비스 기준(통행시간, 통행거리, 안전, 주차, 사용자비용, 혼잡한 업무지역의 통과교통, 저소득층 지역의 접근성 등)의 관점에서 더 자세히 평가한다. 이렇게 해서 다듬어진 대안은 대기오염, 소음, 이전되는 가구와 사업체, 교통시설의 미관 또는 조경, 국지도로의 연속성 등의 기준에 미치는 영향을 알기 위해서 분석된다.

이처럼 자세한 분석을 하자면 용량제약배분, VKT 종합, 운행비용 결정, 노선선정 및 설계 가능성의 예비조사, 소규모 지역의 토지이용계획에 대한 세밀한 조사 등과 같은 광범위한 조사를 해야 한다.

개발한 대안들이 받아들일만한 대안이 되지 못하면 표준을 완화하거나 기준을 변경시키도록 정책부서에 건의하는 것이 이 과정의 어느 시점에서 필요하게 된다. 만약 너무 많은 대안이 통과되면 반대로 표준을 높게 하거나 기준을 확대하는 것이 좋다.

개발과 분석은 취급 가능한 몇 개의 대안을 얻을 때까지 계속되며, 이들은 모든 평가기준 내에서 측정되고 판단되고 받아들일 수 있다고 여겨진 것이다. 이러한 대안들은 다음의 평가단계로 넘어간다.

14.3.8 평 가

받아들여질 수 있는 몇 개의 대안들을 서로 비교하여 최적안을 선정하는 과정이다. 재원조사에서 나타난 예산의 한계도 이 과정에서 고려할 수 있다. 평가에 가장 널리 사용되는 방법은 각 대안을 평가기준에 대해서 검토하고, 정책기관이 판단하여 가장 좋은 대안을 선정할 수 있게끔 이것을 정책기관에 제출하는 것이다. 이 방법은 정책기관에 의한 일련의 절충과정(trade-offs)을 필요로 한다(예컨대, 통행에서 X분이 단축되는 것을 Y가구수가 이전되는 것과 바꿀 수 있다). 정책결정자가 이러한 절충을 하는 데 도움을 주는 방법은 크게 나누어 금전적 방법과 종합적 방법이 있다.

1 금전적 방법

금전적 방법에서는 어떤 대안을 평가할 때 금액으로 나타낼 수 있는 기준만 적용하고, 정량적 및 정성적인 요소는 단지 정책결정자의 주관적인 판단에 의존한다.

금전적 평가기준에는 다음과 같은 것이 있다.

① 사용자비용 발생 또는 절감
- 차량운행
- 대중교통승객 요금
- 주차
- 통행시간
- 교통사고
- 통행료

② 시스템비용 발생 또는 절감
- 기술적 측면
- 건설
- 부지
- 유지관리
- 운영

또, 금전적인 절충을 나타내는 데 사용되는 가장 흔한 방법은 노선계획에 사용되는 방법과 유사한 것으로 다음과 같은 것이 있다.

- 연간비용 방법
- 현재가치 방법
- 편익/비용비 방법
- 수익률 방법

시스템 평가에 이 방법을 사용하는 요령은 노선선정분석에서와 아주 비슷하다. 노선계획단계에서의 평가요령은 7장에 잘 나와 있으므로 여기서는 노선계획평가와 시스템 계획 간의 차이점만 간단히 설명한다.

이러한 방법을 사용하기 위해서는 시간의 가치를 금액으로 나타낼 필요가 있으며, 또 경제적 측면에서 본 평가기간 동안 비용발생 또는 절감이 일어나는 때를 추정할 필요가 있다. 노선계획평가에서는 이 추정이 비교적 쉽지만, 이 경우는 여러 가지 교통수단을 고려해야 하고 20년 정도의 긴 기간을 생각해야 하기 때문에 통행의 크기와 패턴이 계속 변하므로, 비용발생과 절감이 일어나는 시기를 추정하는 데 주의를 기울여야 한다.

완전한 도시교통시스템의 성격과 그 중요성은 한 노선구간의 성격이나 중요성과는 완전히 다르다. 한 시스템의 경제성 평가에서 금전적인 평가기준은 그 시스템에 어떤 지역 안에 있는 사람과 그 생활에 미치는 영향의 일부분만을 나타낼 뿐이다. 그래서 최적 시스템 대안을 선정할 때에는 이러한 금전적 기준에 너무 큰 비중을 두지 않도록 해야 한다.

2 종합적 방법

이 방법은 금전적 기준, 정량적 기준, 정성적 기준을 모두 고려하는 평가방법이다. 앞에서도 언급한 것처럼 분석하는 사람이 가장 많이 사용하면서도 간단한 방법은 모든 대안들을 평가기준으로 나타내고, 또 최적안을 결정하는 데 있어서 절충이 가능해야 한다. 그러나 금전적 기준 간의 절충만으로는 불완전한 평가가 되기 쉽다.

종합적인 평가를 하는 데 사용되는 방법은 여러 가지가 있으나 그들의 일반적인 개념은 다음과 같다.

① 각 평가기준의 중요성에 따라 가중치를 부여한다. 정책기관이 각 기준의 순위를 정하거나(ranking), 평점을 매기거나(rating) 하여 정량화함으로써 정책결정자의 주관적인 절충을 배제한다.

② 각 기준에 관한 모든 대안의 상대적인 성과를 평점한다. 금전적 또는 정량적인 기준은 객관적인 평점을 할 수 있지만 정성적 기준은 주관적인 평점을 할 수 밖에 없다.

③ 각 대안의 평점을 그 기준의 가중치로 곱하여 모든 대안에 대하여 합산한다.

④ 사용된 기준이 모두 금전적인 기준이라면 앞에서 합산한 점수가 가장 큰 것이 가장 좋은 대안이다. 그러나 정성적 기준도 포함된다면 이들을 따로 구분하여 금전적 기준에 의한 '비용'과 정성적 기준에 의한 '효과'를 절충하여 최적안을 선정한다.

실제로는 이와 같은 종합적 방법을 사용하는 경우에 숫자로 나타난 결과에만 전적으로 의존하는 것이 아니라 정책기관에서 고려하는 정치적 또는 기타 관심사항에 따라 최적안이 선정된다. 그렇더라도 정책결정자가 올바른 결정을 내리는 데 도움을 주는 종합적인 자료를 준비하는 것은 분석하는 사람의 의무이다.

선정된 최적안은 어떤 지역전체의 교통축체계이거나 혹은 각 교통축에 대하여 구체화된 개선책이다. 앞에서도 언급한 바와 같이 분석단계를 거치는 동안 각 교통축 내에서의 위치선정 및 설계 가능성을 사전에 검토할 수 있다. 다음 과정은 선정된 계획안의 시행과 조정이다.

14.3.9 시 행

선정된 계획안을 시행하는 것은 계획과정에 포함되지 않는다. 계획의 존재 이유는 목적달성을 위해서 어떤 기간에 걸쳐 시행해야 할 대책을 세우는 데 지침을 제공하는 것이다. 이러한 지침을 마련하기 위해서 계획과정 동안에 해야 할 일은 문제점을 찾아내고, 목적을 설정하며, 현황조사, 모형구축, 수요예측 등 지금까지 설명한 여러 가지 활동을 수행하는 것이다. 계획하는 기구를 만드는 것도 매우 중요하다. 계획평가와 최적안 선정단계에서 효율적인 절차를 밟고, 정책결정자를 포함시키는 것이 대단히 중요하다. 계획과정에서의 현황조사나 위원회, 공청회 등을 통하여 일반시민을 참여시키는 일은 시행과정에서 중요한 의미를 가진다.

또 계획하는 사람과 계획을 시행하는 사람 간의 비공식적인 교류도 중요하다. 계획의 시행은 변화되는 상황과 미지의 상황에 적응시켜 나가는 계속적인 과정이다. 국지적인 교통의 목적이나 목표도 변할 수 있다. 계획하는 사람은 계획을 시행하는 사람에게 끊임없이 국지적인 목표를 이해시켜야 한다.

계획은 시행을 책임지고 있는 사람에게 필요한 자료나 조언을 제공해야 한다. 여기에는 토지이용자료, 교통자료(인터체인지의 회전 및 엇갈림 교통량, 단지계획검토 등 계획 각 부분의 세부적인 분석에 필요한), 지도 등이 포함된다. 교통축 내에 있는 교통시설의 위치선정 및 설계를 위한 기초자료도 제공해야 한다.

계획과정에 이어 노선계획, 설계, 부지확보, 건설 등의 과정이 뒤따른다. 이때 국지적인 교통목적이 더욱 더 직접적으로 연관이 된다. 교통축 내의 결정사항이 그 지역 교통의 결정사항에 영향을 미치게 될 때에는(예컨대, 교통축 내에 터널구간 건설이 결정되었다면, 이에 따른 추가비용은 그 지역의 결정사항에 큰 영향을 주며 이는 다시 도로시스템 대안의 평가단계에 feedback될 필요가 있다) 계속적인 계획과정을 통하여 필요한 자료를 제공해 줌으로써 계획이 시행과정에 참여하게 되는 작용을 한다. 물론 계획은 시간이 경과함에 따라 변하고, 따라서 새로운 계획을 수립하려면 계획과정이 새로이 반복된다.

14.3.10 감시 및 재평가

도시지역은 놀랄만하게 빨리 변한다. 불과 몇 년 전에 실시한 20년 교통계획이 오늘날 거의 쓸모가 없을 수도 있다. 이와 같은 현상의 중요한 원인은 예기치 않은 토지이용의 변화와 이에 따른 교통수요의 변화이다. 이러한 결과는 토지이용에 대한 통제가 적을수록 커진다. 또다른 중요한 원인은 목적의 변화, 목적 내에서 중점의 변화, 투자재원의 변화, 행정상의 변화 및 교통계획을 하는 절차나 수단의 개선 등이다.

따라서 계획의 '유지관리'라 부를 수 있는 어떤 대책이 필요하다. 여기에는 여러 변화를 중간 점검하고, 그것이 계획의 유효성에 미치는 효과를 추정하고, 필요할 경우 그 계획을 변경시키고, 시일이 경과함에 따라 목표연도를 연장하기도 한다. 또 계획에서부터 시행까지 정보의 흐름을 유지하고 계획과정 자체를 새롭게 변경시킬 필요도 있다. 간단히 말해서 계획과정 자체를 변화에 맞추어 계속적으로 만들어 줄 필요가 있다.

감시는 토지이용과 교통시스템 특성에 관련된 기존 토지이용 및 사회·경제자료의 유지관리를 필요로 한다. 이러한 자료들은 예측되고 계획된 개발이 이루어지고 있는지, 개발된 모형이 통행예측에 여전히 유효한지를 결정하는 데 기초가 된다. 더 구체적으로 말하면, 감시는 존별 인구 및 고용성장을 중간 점검하고, 교통량을 조사하며, 시스템의 물리적 또는 특성상의 변화에 유의하며, 용도지역지구에 관한 법령과 그 변화를 기록하는 활동이다.

재평가는 시간이 경과함에 따라 변화가 일어날 때, 이전에 이루어진 계획과정과 선정된 계획안이 여전히 만족스러운가를 판단하는 데 필요한 각종 연구조사를 말한다. 앞의 감시단계에서 얻은 자료는 이런 판단을 할 근거를 제공한다.

이 지역에서 일어난 변화를 감시한 결과, 이 변화가 예상한 것보다 크게 다르다면 통행예측과 교통계획안이 여전히 타당한가를 판단해야 할 필요가 있다. 통행예측과 교통계획안을 그와 같이 점검하는 데에는 교통모형을 완전히 다시 컴퓨터로 돌릴 필요는 없고, 그 지역의 몇 개 부분에 몇 개의 모형을 적용시켜 간단한 점검을 하면 된다. 이 점검 결과에 따라 그 지역 전체에 모든 모형을 모두 적용시킬 것인가를 판단하고, 적용시킨다면 새로운 통행자료를 구하고 계획안을 수정한다.

설사 개발이 예상대로 이루어지더라도 예측을 다시하고, 모형을 돌리고 주기적으로(예를 들어 매 5년마다) 계획목표연도를 연장하는 것이 바람직하다. 이것은 시간이 경과함에 따라 장기계획을 유지하는 데 필요하다. 또 가끔 모형의 유효성을 종합적으로 점검하기 위해서도 필요하다. 결과에 따라서는 몇 개의 모형을 다시 개발해야 할 경우도 있을 수 있다.

더 긴 간격(예컨대 매 10년마다)으로 재평가하는 경우 계획과정과 모든 예측 및 모형, 그리고 계획안을 완전히 다시 검토할 필요가 있다. 이 경우는 최초의 계획과 거의 맞먹는 노력을 필요로 한다.

14.4 전국 및 지역교통계획

교통계획의 대상이 전국 및 광역지역으로 넓어지게 되면 그 계획은 경제계획, 국토종합개발계획, 국방정책 등과 같은 상위계획의 지배를 받게 된다. 전국 또는 지역교통계획은 이들 상위계획 또는 정책에 부응하면서 교통수요를 감당하고 경제적인 교통투자가 되도록 종합적인 교통계획이 되어야 한다.

전국교통계획은 1930년대 미국의 주 단위 도로계획조사에서부터 시작되었다고 볼 수 있다. 그 후 1960년대 이후부터 여러 가지 상황의 변화로 인해 각종 교통수단의 특성을 고려한 종합적인 전국교통계획의 필요성에 대두되었다. 이와 같은 상황변화란 교통기술의 발달(자동차 및 항공기 기술 등)에 따른 교통수단 영역의 개편과 자원의 낭비를 방지하기 위해서 국가가 모든 교통시스템을 총체적으로 관리하고 교통정책 간의 상충을 방지할 필요성이 증대되고 있는 것을 의미한다. 더욱이 우리나라에서는 최근 들어 교통행정의 지방이관이 가속화되고 있으며 지방자치제가 실시됨에 따라 이러한 경향이 더욱 두드러질 것이 예상되기 때문에 국가 전체의 교통계획을 수립하여 지방 또는 지역단위의 교통정책 간의 상충을 예방할 기틀을 마련하는 일이 시급하게 되었다. 뿐만 아니라 국가자원을 효율적으로 사용하기 위해서 각종 교통수단을 조정하고, 교통 외적인 목적, 즉 사회 · 경제 · 환경적인 목적을 달성하는 중요한 수단으로서 전국적인 규모의 교통계획을 수립해야 할 필요성이 생기게 되었다.

전국교통계획의 내용과 방법은 빠른 속도로 발전되어 왔다. 1970년대 초반에는 도시교통계획기법을 전국교통계획에 접합시키려는 노력이 활발했기 때문에 시스템 계획으로 지향하려는 경향이 두드러졌다. 그러나 이와 같은 전국적인 규모의 교통계획뿐만 아니라 철도지선의 폐기 여부, 지방의 대중교통시스템 등과 같은 지역적인 문제도 발생하기 때문에 계획에 참여하는 전문가는 일반적으로 지역교통계획도 함께 다루게 된다.

14.4.1 전국종합교통계획의 정의

교통은 그 자체만이 전부가 아니다. 왜냐하면 교통이란 어떤 지역의 개발에 기여하고, 또 그 개발형태를 구체화시키기 때문이다. 교통은 "생활의 질"을 좌우하는 한 요소로서 지역사회 또는 국가의 종합적인 발전계획과 연관지어 취급되어야 한다.

전국 및 지역교통계획은 다음과 같은 사항을 고려하여 계획안을 도출해 내는 일련의 과정이다.

- 일련의 목적에 도달하거나 교통성과(어떤 기준에 의해 측정되는)를 개선하기 위한 것이다.
- 여러 계층, 즉 교통시설 이용자, 화물의 송하자 및 수하자, 교통서비스 제공자, 일반대중을 모두 망라한다.
- 건설, 관리, 투자, 기술, 가격, 보조금, 규제 등에서의 조화된 변화를 추구한다.
- 교통시설뿐만 아니라 모든 종류의 서비스를 대상으로 한다.
- 사람과 화물의 이동을 위한 것이다.
- 체계적이며 측정에 기초를 둔 객관적인 과정을 통해서 계획된다.
- 토지이용, 경제, 환경, 에너지계획과 밀접하게 통합·조정된다.
- 어떤 특정 지역 또는 광역권, 나아가서 전국을 대상으로 한다.
- 계획기간이 10년에서 30년 이상이다.

전국 및 지역교통계획은 모든 종류의 교통수단과 여러 가지 목적, 교통에 관련되는 모든 사람이나 기관과 연관이 있으며, 시설의 건설뿐만 아니라 가격(운임, 요금), 규칙, 관리기법을 사용한다. 또 전국교통계획은 인구 및 토지개발정책과 밀접한 관련을 맺고 있으며, 에너지, 환경 및 경제적 관련성이 매우 크다.

오늘날의 전국교통계획은 종합계획의 일부분으로서 시스템계획 접근방법을 따르고 있으며, 다음과 같은 활동을 포함한다.

- 모든 요인과 영향을 충분히 고려하여 물리적인 변화와 개발의 길잡이가 되도록 한다.
- 영향을 파악하기 위한 가장 좋은 기법을 사용한다.
- 계획안을 개발하는 데 정해진 원리를 적용한다.

전국교통계획에서 시스템계획 방법을 사용하는 이유는 다음과 같다.

① 시스템계획법은 아래 분야에 대한 지역 또는 국가정책을 입안하는 데 필요한 자료를 제공한다.

- 교통투자의 수준을 결정하고, 교통관련 계획과 비(非)교통계획(교육, 후생, 위락,

수자원 계획 등) 간의 절충을 위해서

- 토지개발정책, 관광개발목표, 지역 및 국지적인 관심사에 대한 부처 간 협력, 수자원 및 자연자원 보존 등에 대한 국가정책 결정에 도움을 주기 위해서
- 요금, 운임규제와 운수사업 인·허가 등과 같은 사항에 대해서 규제에 대한 결정과 투자에 대한 결정을 효과적으로 접목시키기 위해서
- 위치선정, 개발계획 및 경제성장에 대한 민간부문의 결정사항과 공공정책을 효과적으로 종합하기 위해서
- 화물과 승객의 수송에 영향을 주는 사항들을 효과적으로 종합하기 위해서

② 시스템계획법은 교통수단 간 또는 수단 내에서 자원을 효과적으로 할당하는 데 도움을 준다. 투자재원(중앙 또는 지자체의)을 예측하고, 이 재원의 불확실성을 예측하며, 추가자금을 조달하거나 수단의 예산제약을 파악하기 위한 메커니즘을 마련하는 데 국가적인 차원에서의 계획의 필요하다. 또 투자계획의 우선순위를 정하고 세부계획대안 가운데서 수단 간의 절충을 판단하기 위해서도 이 계획이 필요하다.

③ 전국적으로 교통서비스의 형평성을 유지하는 데 도움을 주기 때문이다. 여기에는 지역적으로 서비스 수준을 절충시키고(도시부 대 지방부), 계층별, 연령별, 신체장애인 등을 포함하여 사용자와 비사용자를 절충시킨다.

교통시스템 분석의 일반적인 절차는 다음과 같다.

- 목적 및 목표의 선정, 문제점 정의
- 해당 시스템에서의 중요한 사항과 변수를 결정
- 시스템 모형을 구축
- 설계대안을 개발하고 구체화
- 설계대안의 평가
- 최적설계안 선정
- 선정된 설계안 시행
- 문제점 검토 및 재(再)정의 : 계속적인 절차를 수립

실제 전국 및 지역교통계획은 다른 계획과는 달리 다음과 같은 어려움을 가지고 있다.

① 차량 O-D 조사와 개인통행 조사를 할 수가 없다. 대상지역이 광범위하면 도시에서는 할 수 있는 이 조사가 조사비용이 과다하기 때문에 불가능하게 된다. 따라서 존간의 교통현황을 직접 조사자료로써 분석할 수 없고 장래 교통수요도 예측할 수 없다. 결국 간접적인 자료를 사용해야 하는데 여기에 대한 설명은 뒤로 미룬다.

② 교통수단의 특성을 살리는 계획이 어렵다. 철도는 원거리 대량운송인데 여기에 화물

자동차나 고속버스가 참여하고, 중거리 고속버스의 영역에 지방버스가 참여하면 교통수단 간의 경쟁이 치열하기 때문에 경영난에 직면하게 될 뿐만 아니라 국가적으로도 비경제적인 수송이 된다. 이런 문제는 사람의 수송보다 화물의 수송에서 더욱 심하다.

14.4.2 전국교통의 당면과제 및 문제점

지금까지 정의한 전국교통계획은 매우 광범위하고 포괄적이다. 이론적으로도 철도 지선의 중요성을 결정하는 것에서부터 지방부 도로대신 도시대중교통에 얼마의 예산을 할당해야 하는가 하는 정책결정에 이르기까지 그 범위가 넓다. 그래서 당면과제들을 전국교통계획과 직접 관련이 있는 것과 관련이 적은 것으로 나누어 더욱 완전하게 명시함으로써 앞에서 정의된 것을 보충한다.

〔표 14-2〕는 전국교통계획과 직접적으로 관계되는 당면과제와 관련이 적은 과제를 나타낸 것이다. 시간이 경과되면 국가의 관심이 현저하게 변할 수도 있으므로 그때는 이 표의 내용을 수정해 주어야 한다. 이 표에서 보는 바와 같이 전국교통계획에서 다루는 관심분야는 다음과 같다.

- 공공투자의 규모
- 도로, 버스, 철도의 교통축 위치, 항공, 철도, 트럭 및 해운시스템의 터미널 위치
- 각 수단 내에서의 시설종류(도로의 종류, 공항의 종류 등)
- 요망되는 서비스 수준
- 건설시기 또는 기타 시행활동
- 요금 및 운임
- 규제
- 안전
- 교통과 토지이용, 경제, 환경 및 에너지와의 관계

전국교통계획이란 이러한 당면과제의 해결책을 말한다. 이 계획은 도시지역이나 광역도시지역까지도 포함하지만, 도시지역은(그것이 크든 작든 간에) 그 나름대로의 특수한 문제점이 있기 때문에 별도의 방법으로 정밀한 모형을 사용하여 더욱 구체적인 계획을 한다. 따라서 도시교통계획은 전국교통계획의 일부분으로 취급되지 않는다. 그러나 도시지역에 대한 계획된 교통투자의 규모와 그 시기는 국가전체에 대해서 뿐만 아니라 다른 도시지역에도 영향을 미치기 때문에 전국교통계획에서 이를 고려해야 한다. 또 이 계획의 고속도로, 철도 및 기타 교통수단의 노선이 도시지역을 벗어날 때 이들의 형태에 관심을 가져야

〔표 14-2〕 전국교통계획의 당면과제

수 단	관 련 과 제	직접 관련이 없는 과제
도 로	모든 시스템에 대한 원칙적인 시스템 설계. 주간선도로(고속도로 포함)의 교통축의 위치선정. 도로의 종류, 위치, 시기별 투자수준(도시내 및 전국). 안전성. 사용자 비용, 환경영향.	노선의 위치선정. 기술설계. 보조간선의 교통축. 교통통제 방법.
버 스	노선체계(설계와 노선 간 협조조정). 서비스 수준(배차간격). 개략적인 터미널 위치선정. 안전성. 운임결정. 버스 크기.	터미널의 구체적 위치결정. 스케줄링.
항공여객 및 항 공 화 물	항공노선체계와 공항. 개략적인 공항위치, 규모, 투자. 환경영향. 운임 결정. 영공사용.	구체적인 공항위치. 스케줄링, 내부운영. 안전성. 항공교통통제
철 도 여 객	철도여객 시스템, 일반적인 역위치. 운임. 서비스 수준(배차간격). 보조금. 철길 건널목 입체화.	스케줄링 및 운영. 안전성.
철 도 화 물	시스템의 크기와 설계, 투자규모. 터미널(특히 TOFC와 COFC). 시스템의 속도와 서비스 빈도. 철도-트럭 협동. 운임결정. 철길 건널목 입체화.	스케줄링 및 운영. 안전성.
트 럭	TOFC, COFC 위치결정. 고속노선 위치결정. 트럭 크기. 안정성. 운임결정.	운영. TOFC, COFC의 위치 구체화. 안전성.
수 로	투자 및 유지관리 비용. 철도 및 도로와 연계.	운영. 위락용으로 사용.
항 만	투자. 철도 및 도로와 협동. 항만간 협동.	운영. 관리. 운영.
파이프라인	철도, 수로, 항만에 미치는 영향	안전성. 관리. 운영.

주) TOFC : Trailer On Flat Car
COFC : Container On Flat Car

한다. 왜냐하면 이 노선은 전국시스템의 일부분이 되기 때문이다. 경우에 따라서는 도시지역내 또는 그 부근의 공항, 항구, 철도역(특히 COFC와 TOFC 터미널)의 일반적인 위치와 다른 도시 또는 국가 전체에 대한 서비스에 영향을 주기 때문에 전국교통계획을 수립할 때 여기에 대한 관심을 가져야 한다.

1 문제점 및 과제

〔표 14-2〕에서 제시된 과제들은 전국교통계획에 종사하는 사람들에게 관계되는 모든 분야를 총망라한 것이기 때문에 전문가의 영역에서 다루기에는 너무 벅찬 것이다. 따라서 이들을 교통분야에 대한 문제점과 중요과제 중심으로 나열한 것이 〔표 14-3〕이다.

2 계획 단계별, 수준별 및 교통수단별 분류

전국교통계획에 포함되는 당면과제를 몇 개의 그룹으로 분류하면 결과를 나타내기도 편리할 뿐만 아니라 책임이 다른 여러 기구에 업무를 할당하기도 좋다. 가장 일반적으로 사용되는 분류방법은 ① 계획과정상의 단계별, ② 계획수준별, ③ 수단별로 분류하는 것이다.

〔표 14-3〕 전국교통의 전형적인 문제점 및 과제

철도화물 수송 과제	
• 이용도가 낮은 노선 폐지	• 폐기된 노선의 부지 처리
• 이용도가 높은 노선의 전동화	• 서비스 수준(속도, 신뢰성, 안전성)
• 도시전철 합리화	• 신규서비스 개발, 분석 및 마케팅
• 도시지역 주변에 우회노선 건설	• 운임, 규제의 현대화
• 터미널, 주차장 이전 및 현대화	• 시설에 대한 과세
• 환승시설 개선 및 설치	• 자본증식의 불가능성
• 수단 간 환승을 위한 하역장 접근 불량	• 철길건널목의 안전성
• 선로의 노상, 궤도, 구조상태	• 안전성(탈선, 위험물)
철도여객에 관한 과제(도시간 서비스)	
• 높은 수준의 보조금	• 객차 노후
• 노상상태	• 역 상태
• 저속의 운행속도	• 서비스의 신뢰성 부족
도로화물 수송 과제	
• 도로의 유지관리 상태 불량	• 도로의 안전성
• 교통혼잡(특히 도시부)	• 시스템의 부적절(용량 부족, 연결성 부족)
• 차량 크기 및 중량 제약	• 차량 안전성
• 터미널비용 과다	• 열악한 지방부 도로
• 화물의 도난, 손괴	• 대형차량이 지방부 도로 및 차량에 미치는 영향
• 규제 현대화의 필요성	
도로여객 수송 과제(도시간 버스)	
• 정부보조를 받는 철도여객 서비스와의 경쟁	• 터미널 위치 및 유지관리 상태
• 도로의 안전성	• 정기서비스 간의 협조부족
• 도시교통 혼잡	• 지방부 서비스에 대한 높은 비용
도로여객 수송 과제(승용차)	
• 많은 화물차 교통	• 도로변 개발의 무질서
• 도로의 유지관리 상태 불량	• 차량통행과 도로변 개발 간의 상충
• 교통혼잡(특히 도시부: 공휴일 위락 교통혼잡)	• 도로시스템의 부적절(용량 부족, 연속성 부족)
• 도로 또는 통행의 안전성	• 지방부 도로의 건설, 유지관리 상태불량
항만 및 수로 과제(화물수송)	
• 새로운 항만의 필요성(특히 대형유조선, 위험물질 하역을 위한 해안에서 떨어지고 수심이 깊은 항만)	• 항만 터미널 접근철도 불비 • 항만, 수로의 수심을 증가시킬 필요성
• 항만확장 및 현대화를 위한 자금부족	• 수단 간 환승시설을 개선하는 데 제도적 장애
• 항만 터미널 건물의 확장, 현대화를 위한 자금부족	• 규제의 현대화 필요
• 항만, 터미널 접근도로 불비	• 사용료의 형평성
항공 과제(항공화물)	
• 항공화물 터미널의 현대화, 확장 필요	• 화물의 안전
• 규제의 현대화	
항공 과제(여객 서비스)	
• 시스템의 안전성	• 지상 접근 불비
• 여객 보호	• 대중교통연결 불량
• 부적절한 주차시설	• 중소도시지역의 서비스
파이프라인 수송 과제	
• 시스템용량 제약	• 안전성
• 서비스되지 않는 지역으로 확장	
환경, 에너지, 경제적, 사회적 과제	
• 환경영향(대기오염, 소음, 수질오염, 진동, 경관)	• 경제발전 촉진
• 지역사회 개발	• 에너지 소모

(1) 계획단계별 분류

기업이나 정부에서 하는 어떤 계획이든 간에 대부분의 계획과정은 7개의 단계를 거친다.

- 목적 명시 : 교통시스템의 성과는 여러 가지 목적의 달성여부를 나타낸다. 목적은 교통계획 과정의 맨 처음에 기술되어야 한다.
- 자료 수집 : 정확하고 객관화된 자료를 수집하여 예측과 분석에 사용한다.
- 예측 : 계획된 교통시설의 용량과 장래 교통상황을 예측. 교통개선으로 인한 경제·인구부문의 변화를 알기 위해서는 계획과정에 feedback 과정이 포함되어야 한다.
- 계획안 마련 : 교통시스템이나 서비스에 관한 실현가능한 몇 개의 대안을 만든다. 이때 기존시스템도 하나의 대안이 되어야 한다.
- 분석 : 대안의 교통성과를 예측하는 과정으로서 비용, 에너지, 환경영향 예측 등이 포함된다.
- 평가 : 각 대안의 목적과 목표의 달성 정도를 비교·평가하여 최적안을 선택할 수 있도록 한다.
- 시행 : 시행을 위한 추천안을 마련하여 제출한다.

(2) 계획수준별 분류

전국교통계획이 수행되는 수준에는 정책계획, 시스템계획, 교통축(프로젝트)계획, 사전기술검토, 공학적 설계, 기존시스템 또는 서비스의 운영계획 등이 있다. 이 중에서 정책계획을 제외하고는 모두 실시계획으로 볼 수 있다(실시계획이란 도로프로젝트가 시스템계획에서부터 설계단계에 이르기까지 그 프로젝트의 사회, 경제, 환경적인 영향을 충분히 고려하여 계획되도록 하는 조직과 절차를 기술한 공식 문서이다). 전국교통계획은 처음의 세 가지 수준에만 관심을 가지기 때문에 이들만 설명한다.

- 정책계획 : 예산, 세제, 연료소비세, 운임, 요금 등의 통제를 통해 인적, 물적, 에너지 자원을 배분하고 철도나 대중교통시스템 운영을 개편하는 것과 같은(공동배차제 등) 제도적 개편을 하고, 천연자원, 경제, 에너지, 인구, 주택, 토지이용, 환경 등 교통에 영향을 주는 다른 부문의 정책을 조화시키는 과정이다. 일반적으로 정책계획은 구체적인 교통시설이나 운영을 다루지는 않는다.
- 시스템계획 : 도로, 철도, 대중교통, 수로, 관로의 망을 물리적으로 개편하고, 공항과 항구의 위치선정을 한다. 개별 구성요소가 아니라 시스템 전체를 총체적으로 취급하며, 한 요소의 위치가 다른 요소의 성과나 이용도에 영향을 줄 때 이 계획방법을 사용하면 좋다.
- 교통축(프로젝트)계획 : 국가적으로 볼 때 대규모 단일시스템을 계획하는 것이다. 경

부고속철도의 경제성 분석이나 도시간 교통시설의 적정위치 선정 등이 그 좋은 예이다. 이 계획은 노선 위치에 관한 대안뿐만 아니라 수단 대안까지도 검토하며 시스템 계획보다 더 세부적이다.

(3) 수단별 분류

교통수단을 크게 ① 고정시설의 분류, ② 차량 종류, ③ 수송대상에 따른 용도(승객용, 화물용)로 분류한다.

14.4.3 전국교통계획 과정

전국교통계획을 만들거나 기존계획을 재검토하기 위해서는 여러 가지 당면과제에 대한 아이디어와 현황 및 의견들을 수집한 다음 필요성을 충족시키는 실행계획을 종합해야 한다.

1 문제점(필요성) 파악

교통계획을 새로 만들거나 개정하기 위해서는 가장 심각한 문제점이 무엇인가를 우선 찾아내야 한다. 이와 같이 문제점을 찾아내고 그 해결책을 개발하는 프로그램에는 국가의 교통목적이 항상 내포되어 있어야 한다. 문제점을 파악하고 여기에 필요한 실행계획을 개발하기 위해서는 다음과 같은 절차를 밟으면 좋다.

① 먼저 〔표 14-2〕를 이용하여 계획과 관련된 관심사항을 파악한다. 어느 당면과제가 관심사항인가? 이러한 과제는 전국교통계획을 담당하는 부서의 행정권한 내에 있는가? 계획팀이 각 관심영역을 취급할 수가 있는가?(이러한 의문에 대한 답은 기술적인 능력과 시간 및 계획팀의 크기에 따라 달라진다.)
② 〔표 14-3〕을 이용하여 국가의 교통현안과 과제를 나열하되 가능하면 문제가 있는 곳의 위치나 문제의 크기 등을 포함해서 구체적으로 하는 것이 좋다.
③ ①, ② 단계의 결과를 독자적으로 검토할 방법을 생각한다(기술요원을 필요한 부서의 고위 책임자를 만나게 하거나 교통자문위원회를 구성하는 방법 등).
④ 앞의 결과를 종합하여 관심사항과 문제점을 확정하고 이들의 우선순위를 각각 정하여 어떤 것을 먼저 시작하고 어떤 것을 나중에 해야 할 것인지를 결정한다.

이렇게 해서 얻은 결과와 담당 계획기관의 인력, 시간, 예산범위를 고려하여 실행계획을 만든다. 이 실행계획을 만들기 위해서는 앞에서 설명한 바와 같이 계획단계별, 계획수준별,

수단별로 분류를 하고, 개인이나 소수의 전문가 또는 자문기관에 회부될 수 있게끔 세분되어야 한다. 통상적인 교통계획 과정은 이때부터 시작된다.

2 문제해결의 접근방법

전국교통계획을 만들거나 개정할 때 전국적으로 영향을 미치는 문제점을 해결하는 데 사용될 접근방법을 결정해야만 한다. 여기서 우리가 관심을 가지는 것은 구체적이며, 국지적이고, 기술적인 문제를 다루는 기법이 아니라 대규모 시스템문제를 해결하는 방법 또는 이 시스템 구성요소의 상대적인 장점을 파악하는 방법이다.

기본적으로 이러한 문제를 해결하는 방법에는 세 가지가 있다. 첫째는 필요성-표준(needs-standards) 방법으로서 의사결정의 기준으로 표준을 정하는 방법이다. 이때의 표준은 판단이나 경험을 기초로 하여 정해진다. 둘째는 단일수단 시뮬레이션-평가(single-mode simulation-evaluation) 방법으로서 시스템의 상황을 여러 가지 목적에 비추어 시뮬레이션하고 평가하는 방법이다. 세 번째는 프로그래밍 방법으로서 주어진 프로젝트들에 대해서, 예를 들어 비용-편익 비를 적용하여 우선순위를 매기는 방법이다.

(1) 필요성-표준 방법

각 교통수단의 표준을 정한 다음 현재상황을 조사하고 장래수요를 예측한다. 여기서 표준은 도로의 기하구조와 같은 물리적인 표준과 v/c비, 대중교통서비스의 빈도와 같은 서비스 수준에 관한 표준, 그리고 안전에 관한 표준이 있다. 이 표준과 현재상황(또는 장래상황)의 차이가 필요성을 나타낸다. 일반적으로 필요성이 예산을 초과하게 되므로 우선순위를 가진 프로젝트를 찾아내야 한다.

이 방법은 사용하기 간편하고, 직접적이며, 신뢰성이 있다는 것이 장점이다. 단점은 필요성이 표준에 따라 좌우되며, 또 이 표준에 논란의 소지가 있다. 더욱이 사용자와 비사용자 편익을 직접 구할 수 없으며, 수단 간의 투자생산성을 직접 비교할 수 없다.

(2) 단일수단 시뮬레이션-평가 방법

도시교통계획 과정으로부터 유래된 것으로서, ① 자료수집, ② 목적 및 기준 명시, ③ 그 목적과 기준에 비추어 교통성과를 개선하기 위한 계획수립, ④ 계획된 시스템의 현재 또는 장래의 성과 시뮬레이션, ⑤ 결과의 평가, ⑥ 세부계획 및 시행의 순서를 밟는다.

앞의 방법과 근본적인 차이점은 목적의 성격에 있다. 앞 방법에서의 표준은 교통시설에 관한 크기를 나타내는 경우가 많으나 이 방법에 사용되는 목적은 사용자 또는 비사용자에 의해 관측된 교통상황으로부터 나온다. 이 과정에서 계획 시스템의 장래 교통상황을 예측하는 데 필요한 정량적인 자료는 매우 중요하다.

이 방법의 장점은 사용자와 비사용자의 관점에서 통행시간, 실지출비용, 안전성 등의 관점에서 직접 평가할 수 있으며, 여러 개의 수단을 동일한 기준으로 비교할 수 있다는 것이다. 단점으로는 방법이 복잡하고 어려우며, 많은 자료와 긴 시간을 요한다.

이 방법을 변형시킨 것이 다(多)수단 시뮬레이션-평가 방법으로, 소위 말하는 전국교통계획의 제3세대 접근방법이다. 사람과 화물의 교통수요를 전국적으로 추정하고 이를 수단간에 배분한 다음, 앞에서 설명한 단일수단 과정에서처럼 모든 수단에 대한 시뮬레이션을 수행한다(그러나 단일수단 과정에서는 서비스 수준의 변화가 수단선택에 영향을 미칠 때의 feedback은 고려하지 않는다).

이 변형의 장점은 모든 수단을 동시에 취급함으로써 모든 수단 간의 협조·조정이 가능하고, 더욱 효과적인 계획을 할 수 있다는 것이다. 단점으로는, ① 지나치게 복잡하며, ② 필요한 자료가 불충분하고, ③ 이에 대한 경험이 그다지 많지 않다는 것이다. 〔그림 14-12〕는 이 방법을 이용한 전국교통계획 과정을 나타낸 것이다.

(3) 프로그래밍 방법

앞의 두 가지 방법 모두 또는 어느 한 가지와 함께 혹은 독자적으로 사용될 수 있다. 이 방법의 요체는 여러 경로를 통해 프로젝트의 목록을 획득하고, 평가절차를 거쳐 우선순위를 매기며, 가용자원을 검토한 후에 건설이나 개선을 위한 스케줄을 작성하는 것이다.

이 방법의 장점은 ① 직접적이며, ② 잠재적 적용가능성이 있고, ③ 예산과 시행을 직접 연결할 수 있다는 것이다. 프로그래밍은 간단하거나 또는 매우 정교한 평가과정을 거친다. 또 이것은 각 행정부서 간의 협력 과정과 정책적인 의사결정 과정을 통하여 이루어지는 일종의 관리적인 도구이다.

프로그래밍 방법의 단점은 만약 그것이 다른 계획기법의 뒷받침이 없다면 장래의 수요나 장래 시스템을 전망할 수 없다는 것이다. 기본적으로 이 방법은 독창적인 것이 아니기 때문에 사실상 기계적이며 무비판적일 수 있다. 그래서 프로그래밍 방법이 전국교통계획의 중요한 부분이긴 하지만 독자적인 계획방법으로 생각해서는 안 된다.

3 목적과 목표

우리나라는 국토종합개발계획이 수립되어 있으므로 전국 및 지역교통계획을 수립할 때 이 상위계획의 목적을 달성할 수 있도록 해야 한다. 또 계획목적을 설정하는 데 염두에 두어야 할 사항은 다음과 같다.

- 지역교통계획의 경우 계획대상지역이 국토종합개발계획상 어떤 지역권에 속하고 있으며, 그 지역이 담당할 기능은 무엇인가

- 전(全)지역의 교통체계상 그 지역의 교통의 입지조건
- 경제발전과 국토개발로 발생하는 장래의 교통수요량
- 현교통시설과 시설용량
- 그 지역에 적합한 교통체계
- 교통시설의 건설비, 유지관리비와 그 지역의 재정
- 각 교통수단의 특성

전국교통계획이 시작되면 목적과 표준을 정식으로 작성해야 하며, 이것은 기존교통시스템 및 서비스의 수준을 판단하고, 이들에 대한 장래의 변화를 평가하는 데 사용된다.

목적과 표준은 엄격하게 구별된다. 목적은 교통시설로부터 바라는 질(質)로서, 그 시설이 사람에게 미치는 영향으로 나타낸다. 예를 들어 안전은 사람이 바라는 질로서, 사람들은 도로나 항공서비스를 사고위험 측면에서 평가한다. 표준은 차도폭, v/c비, 대중교통 또는 항공서비스의 빈도처럼 교통시설의 구체적인 특성값을 나타낸다.

표준에 도달하기 위해서는 얼마만한 대가를 치러야 하는가, 즉 표준에 도달하는 것이 얼마만한 가치가 있는가 하는 것을 판단하기란 매우 어렵다. 그래서 개선비용과 그로 인한 사용자의 이득(또는 기타 인지된 가치)을 비교하는 것이다.

다음에 나열하는 목적은 특정 지역에 알맞는 구체적인 목적을 정하는 데 기준으로 사용된다. 목적에 관련되는 사람이나 계층을 관점에 따라 구분하면 ① 교통시설의 이용자 또는 탁송인, ② 교통시설의 제공자, ③ 일반대중으로 나눌 수 있다. 절차상으로 볼 때 실무진에서 목적을 기술하고, 정부의 정책라인에서 검토한다. 일단 정책라인에서 채택되면, 교통시설 및 서비스의 현재조건과 장래의 변화를 평가하는 데 사용된다.

(1) 교통이용자의 목적

일반사용자의 목적은 이동성 제고, 신뢰성(정시성 및 악천후 등에서도 서비스가 가능한) 제고, 통행시간 단축, 쾌적성 제고, 안전성 제고, 사용자비용 절감, 미관증대 등이 있다.

(2) 교통서비스 제공자의 목적

자본비용 절감, 유지관리비용 절감, 운행비용 절감, 수익 증대, 다른 수단과의 협조체제 확대, 자연자원 보존, 경제성장 등이 있다.

(3) 지역사회 주민의 목적

접근성 제고, 오염 감소, 바람직한 정주(定住)패턴 촉진, 환경영향 감소 등이 있다.

4 현황조사 및 분석

먼저 대상지역을 교통존으로 분할하되 대상지역이 넓으면 존도 커진다. 국토종합개발계획에 필요한 전국교통계획인 경우는 전국을 수도권, 태백권, 충청권, 전주권, 대구권, 부산권, 광주권, 제주권과 같이 8개의 권역으로 분할한다. 권역교통계획은 시·도 단위로, 군의 교통계획은 면 단위로, 시의 교통계획은 동 단위와 같이 행정구역 단위로 존 분할을 하는 것이 경제지표 등 여러 통계자료를 이용하는 데 편리하다.

교통계획을 위한 현황조사에는 경제조사와 같이 관계기관으로부터 통계자료를 수집하는 것과 교통량 조사와 같은 현장 실측조사가 있다.

(1) 경제현황조사 및 분석

인구, 토지이용, 생산물 등 〔그림 14-12〕에 나타난 각 항목에 대하여 통계집 또는 행정기록으로부터 자료를 수집한다. 이들 자료는 경제지표의 성장모형을 시계열로 분석하는 데 필요하므로 되도록 장기간에 걸친 자료이어야 한다.

(2) 교통시설현황조사 및 분석

현재의 도로, 철도, 항만, 공항 등에 관한 각종 시설을 관계기관의 협조를 얻어 조사한다. 이 자료로부터 그 시설의 용량을 분석한다.

(3) 교통현황조사 및 분석

일반 교통량 조사는 도로의 경우 건설교통부에서 조사하며, 고속도로 교통량은 도로공사에서 조사하고 있다. 여기서 누락된 도로의 교통량은 별도로 조사를 해야 한다. 철도, 항만, 공항 등에서는 운행 열차수, 출입 선박수, 이착륙 항공기수 등을 조사한다.

차량 O-D 및 개인통행 조사는 교통계획에서 가장 중요한 것이지만 대상지역이 너무 넓으면 실시하지 못할 경우가 많다. 시·군 단위의 교통계획에서는 실시할 수 있으나 도(道) 단위 이상의 넓은 지역에 대해서는 비용관계로 조사하기가 곤란하다. 조사된 자료를 이용해서 O-D 표를 만든다.

(4) 수송현황조사 및 분석

차량 O-D 조사 및 개인통행조사를 실시하지 못할 경우에는 각 교통수단별 수송실적을 조사해서 이를 대신 이용할 수 있다. 철도, 항만, 공항 등에서는 승객에 대한 매표수, 화물에 대한 탁송기록으로부터 사람 및 화물의 행선지를 알 수 있을 뿐만 아니라 장기간의 통계자료도 얻을 수 있으므로 구태여 O-D 조사를 할 필요가 없다.

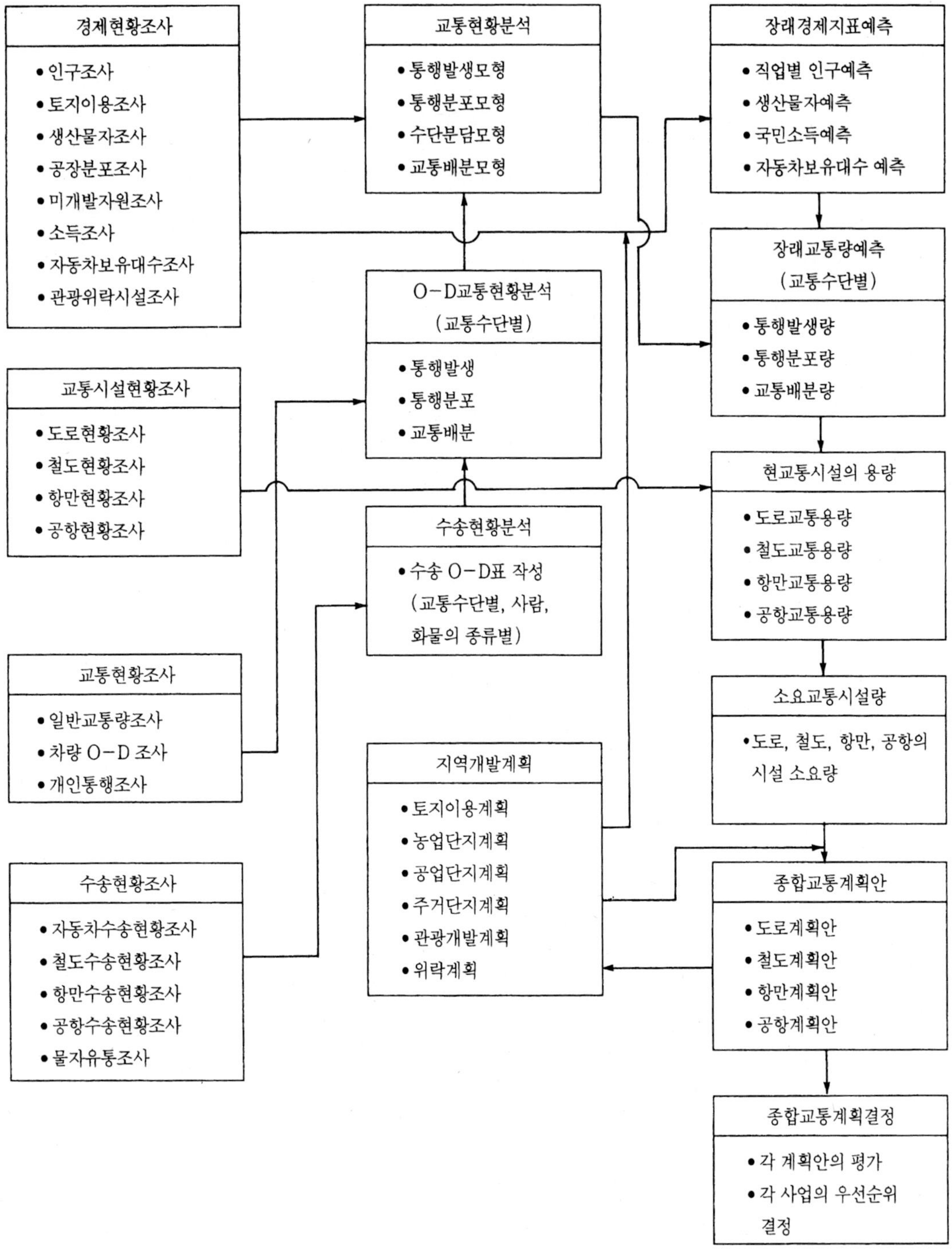

〔그림 14-12〕 전국교통계획 과정

도로교통도 고속버스터미널, 시외버스터미널, 일반버스터미널 및 정류장에서의 매표조사로 사람의 O-D를 알 수 있다. 도로의 화물수송량은 화물터미널, 화물운송회사, 각 산업단지의 입하 및 출하조사 등으로 화물유통조사를 할 수 있다.

도로교통에 있어서 매표통계로 조사하기가 불가능한 것이 영업용 택시, 개인승용차, 개인화물차에 의한 사람 및 화물의 이동이다. 넓은 지역의 교통계획에서는 이들은 무시할 수 있을 정도로 적다. 하지만 시·군 단위의 좁은 지역의 교통계획에서는 이들이 차지하는 비중이 상당히 크므로 이에 대한 O-D 조사를 실시한다. 이들 수송자료를 이용해서 교통수단별 수송 O-D 표를 작성한다.

(5) 교통현황 분석

위에서 설명한 각 항목별 조사·분석을 종합해서 경제지표(인구, 토지, 생산품, 공장, 소득, 자동차 보유대수)를 설명변수로 하여 교통발생, 분포, 배분모형을 만든다. 이에 대한 것은 16장에 설명된다.

전국 또는 지역교통계획에 필요한 자료를 화물이동과 승객이동에 관한 자료로 나누어 정리하면 다음과 같다.

① 승객자료

- 도로망에 관한 자료(링크위치, 폭, 속도 포장상태 등), 항공회사로부터의 항공스케줄 자료, 철도스케줄 및 버스스케줄 자료와 같은 교통망 자료
- 터미널의 위치, 용량, 상태에 대한 터미널 자료
- 인구, 수단별 개인통행 발생량(수단의 가용성, 인구밀도, 도시의 모양, 소득 수준, 직업 등에 따라 다르다. 항공, 철도, 버스통행의 통행발생은 터미널에서 조사해야 하며, 도로통행의 경우는 표본조사를 한다.)
- O-D 자료
- 기타 통행비용, 속도, 신뢰성, 쾌적성, 안전성, 승객수, 접근시간, 접근비용, 차량-km당 연료비용에 대한 자료

② 화물자료

- 상품의 생산과 소비, 상품의 종류별, O-D별 상품이동량, 기점에서 종점까지의 화물이동량, 차량교통량, 수입·수출량, 화물이동 노선에 대한 자료 등 화물이동자료
- 운송회사에 대한 자료
- 탁송자, 수하자 특성
- 고정시설, 차량, 운행특성(스케줄, 속도 등), 용량, 단위비용 등 시설 및 운행자료
- 화물수송시스템이 경제, 환경, 사회, 에너지 등에 미치는 직접 간접적인 영향에 대한 자료

5 장래 교통량의 예측 및 교통계획

교통량을 예측하는 방법은 앞의 도시교통계획에서 언급한 바와 같이 과거의 경향을 그대로 연장하여 직접적으로 추정하는 현재패턴법과 어떤 설명변수와의 상관관계를 규명하여 모형을 만들고 이를 이용하여 예측하는 간접적인 방법이 있다. 전자는 과거의 자료가 풍부해야 하며, 후자는 현재의 여러 변수 간의 상관관계가 그대로 지속된다고 가정한 것이다. 즉 현황조사 및 분석으로 경제지표와 교통수요의 상관관계식을 만들고 이 모형에다 예측된 경제지표값을 대입하여 장래 교통수요를 예측한다.

교통수요 예측방법에는 개별적 예측방법과 종합적 예측방법이 있다. 개별적 예측방법은 소규모 기존도로의 개량 또는 신설도로의 계획을 할 때 기본교통량, 자연증가교통량, 유발교통량(파생교통량, 이전교통량, 전환교통량) 및 개발교통량을 예측하는 데 사용된다. 종합교통계획에서는 주로 종합적 예측방법이 사용되며, 이것의 대표적인 예는 앞 절의 도시교통계획에서 잘 설명한 바 있으며 더욱 자세한 것은 16장에 별도로 언급된다.

전국 및 지역종합교통계획이라고 해서 특별한 예측방법이 있는 것은 아니며, 다만 대상지역이 광범위하면 종합적 예측방법에 필요한 차량 O-D 조사와 개인통행조사를 실시할 수 없으므로 여러 가지 방법을 고안해서 사용하고 있다. 앞에서 설명한 교통수단별 수송량의 조사·분석도 이러한 방법 중의 하나이다. 전국 및 지역종합교통계획에서 사용하는 교통수요 예측방법은 다음과 같다.

(1) 국내 교통수요의 거시적 예측

승객과 화물의 교통수요와 자동차 보유대수에 대한 회귀식을 만들어 예측을 한다. 승객교통수요는 각 수단별로 예측을 하며, 종속변수는 각 수단 이용승객의 수(100만 인 단위)와 통행량(10억 인·km 단위)이며, 설명변수는 실개인소비지출(억원 단위)이다. 화물교통수요는 마찬가지로 각 수단별로 예측을 하며, 종속변수는 각 수단 이용화물의 톤수(100만 톤 단위)와 수송량(억 톤·km)이며, 설명변수는 광공업, 생산지수이다. 자동차 보유대수의 설명변수로는 실개인소비지출(승용차), 광공업생산지수(트럭), 또는 GNP(기타 차량)를 사용한다.

(2) 교통수단별 교통분포 예측

교통수단은 각기 나름대로의 특성을 가지고 있으므로 화물의 종류에 따라 교통수단의 선택이 달라진다. 앞에서 예측한 수단별 교통수요를 화물의 종류별로 교통존간에 분포시킨다. 이때 사용되는 방법이 산업연관분석 방법이다.

한 산업에 투자가 증대되면 그 산업은 생산확대를 위하여 수요가 증대되고 공급이 증가한다. 수요・공급의 증대는 다른 관련산업에 영향을 주어 수요・공급을 촉진시킨다. 이와 같이 어떤 산업에 충격이 가해지면 그 영향이 파급되어 지금까지의 경제균형을 깨뜨리고 새로운 균형을 이룬다. 어떤 시점에서 여러 산업의 구조가 어떤 형태로 수요에 대응하고 있는가를 금액으로 나타낸 것이 산업연관표이며, 그것을 분석하는 것을 산업연관분석이라 한다. 각 산업에서 나오는 총 생산액과 그것을 위해 투입되는 총 투입액을 구하여 산업별로 행렬표를 만들고, 이를 이용하여 각 존간의 화물의 유통량을 구하면 이것이 바로 수송수요가 된다. 이 방법은 교통계획대상지역이 상당히 넓어야 하며, 분석에 필요한 자료를 구하기 어려운 단점이 있다.

이렇게 해서 구한 장래 교통수요를 교통현황조사로부터 나온 교통시설의 용량과 비교해서 교통수단별로 공간적인 시설계획량을 결정한다. 이 시설을 건설하기 위한 예산의 규모가 한정되어 있으므로 여기에 적합하게 세부계획을 세워 프로젝트의 우선순위를 정한다.

6 계획의 평가 및 세부계획 수립

종합교통계획안이 마련되면 전국 및 지역종합개발계획의 목적과 목표에 잘 부합되는가를 검토한다. 상위계획에 저촉이 되든가 혹은 모순이 되면 교통계획안을 재조정해야 한다.

계획의 평가 및 프로젝트의 우선순위를 결정하는 방법은 다음에 설명하며, 기술적인 것은 17장에서 상세히 언급할 것이다.

14.4.4 계획 수립시의 협조

전국적인 교통계획을 하는 데 있어서 끊임없이 제기되는 문제는 각종 조사연구, 대책 및 의사결정 간에 서로 협조를 이루는 문제이다. 이때 의사결정은 운수회사나 행정부서가 더 나은 서비스를 제공하기 위해서 교통시스템을 조정할 때 항상 제기되는 사항이다. 이러한 협조의 문제가 제기되는 곳은 다음과 같다.

- 다양한 목적과 관점 : 앞에서 언급한 바와 같이 교통에 관한 의사결정에 영향을 주는 세 그룹 간의 서로 다른 목적
- 그 지역의 다양한 분야에 대한 여러 가지 목표(〔표 14-4〕)
- 교통계획을 하는 사람이 직면한 각종 과제 : 전국적인 규모의 과제와 국지적 규모의 과제

이러한 수많은 과제에 직면하거나 동시에 서로 상충되는 목표를 대할 때, 교통계획가나 정책결정자는 어떤 과제를 먼저 제기할 것인가를 결정해야 하지만 아울러 더욱 어려운 문제, 즉 연구결과가 잘된 것인지 잘못된 것인지도 판단해야 한다. 어려운 문제의 예를 몇

〔표 14-4〕 여러 가지 분야별 목표

분 야	목 표
경 제	• 기술적인 효율성 유지 • 경제활동 증대 • 무역적자 감소 • 생산성 증대 • 실업률 감소
사 회	• 개인의 실질소득 증대 • 빈곤퇴치 • 안전 • 보건후생 • 주택 • 교육기회의 증대 • 부의 균등분배 • 균등한 고용기회 • 문화 및 여가선용 기회 증대
토지이용	• 생산녹지 보존 • 자연경관 보존 • 해안지역 보존 • 역사 · 유적지 보존 • 도시미관, 도시기능, 도시경제 증대 • 도시쇠퇴방지 • 공원 및 공지 확보
천연자원	• 에너지의 효율적 이용 • 야생동물 보존 • 자연환경 보존 및 오염감소 • 멸종동식물 보존

가지 들면 다음과 같다.

① 주요 고속도로계획은 환경적인 목표와 상충되기 때문에 건설이 지연되는 수가 있다. 이 때문에 장기적으로나 단기적으로 볼 때 도시경제에 심각한 영향을 준다.

② 철도화물운송을 위한 계획에 의하면 화물운송량이 적은 몇몇 노선을 폐기해야 좋을 때가 있다. 그러나 정부의 산업입지정책이나 운임정책을 능동적으로 시행하여 노선 이용률을 높임으로써 그 노선을 존속시킬 수 있다.

③ 전국적인 철도 및 항공 승객서비스 계획에 따라 서비스를 개선하려면 운영비용이 부족할 수도 있다. 이때 이 돈을 도로부문에서 충당해야 하는가 하는 문제가 생긴다.

이러한 경우들은 모두 어떤 목표를 위한 개선이 다른 목표의 달성을 어렵게 하는 것들이다. 이와 같은 상황하에서 의사결정의 협조를 이루는 방법은 일상적인 전국교통계획 사이클 동안에 어떤 총괄조정(unifying control)을 하는 것이다. 이러한 조정 가운데서 가장 중요한 것은 세부계획 활동이다.

1 전국교통계획 과정에서의 협조

〔그림 14-13〕은 전국교통계획 과정을 도식으로 나타낸 것이다.

기술적인 계획은 〔표 14-3〕에 나타난 바와 같이 여러 가지 중요한 과제를 반영해야 한다. 이러한 과제는 단일철도를 계획하는 것과 같이 특정적일 수도 있고, 전국의 비행장들을 계획하는 것과 같이 일반적인 것일 수도 있다. 단일수단을 취급하든 어떤 시설의 위치결정문제를 취급하든 간에 협조의 문제는 항상 생기게 마련이다.

그러나 세부적인 조사연구를 통하여 중요과제를 다룰 때, 협조가 잘 이루어지기 위해서는 몇 개의 요건을 갖추어야 한다.

- 세부적인 조사연구를 할 때, 수요추정의 입력자료로서 국가에서 정한 인구, 경제성장, 예측값(소구역별)을 그대로 받아들여야 할 것이다.
- 모든 세부조사연구는 경제, 사회, 환경 및 에너지에 미치는 영향을 추정해야 할 것이다. 이 추정값은 어떤 총괄조정과 관련을 가질 것이다.
- 모든 세부조사연구는 국가 교통의 세부계획 과정에 맞게 자본 및 운영비용을 추정해야 할 것이다.

세부연구나 단일수단 조사연구에서 요구되는 이러한 요건들은 세부연구결과가 바람직한가를 판단하는 수단으로서 국가가 행사하는 총괄조정과 일치해야 한다. 총괄조정이 이루어지게 되는 네 가지의 중요한 분야는 다음과 같다.

(1) 교통수요 추정

세부조사연구에서 승객이나 화물수요를 추정하는 것이 관례이며, 때로는 이들을 추정할 때 국가의 장래인구 및 경제성장에 대해서 다른 가정치를 사용할 때도 있다. 이것은 협조역행하는 것이다. 그래서 국가가 인구 및 경제지표에 대한 공통된 가정치를 가지고 통행수요를 추정하도록 하기 위한 통합노력이 필요하다.

(2) 국토계획

교통이 국토계획에 기여해야 한다는 것은 너무나 당연하며, 그 방법으로는 인구 및 경제활동과 각 지역의 개발밀도를 분산하고 자연자원을 보존하는 것이다. 이러한 개발목표가 구체적이고 더욱 세부적일수록, 세부조사연구와 토지수요 및 경제성장과 인구배치에 미치는 영향을 비판하기 위한 기준으로서의 개발목표는 바로 총괄조정의 기준이 된다.

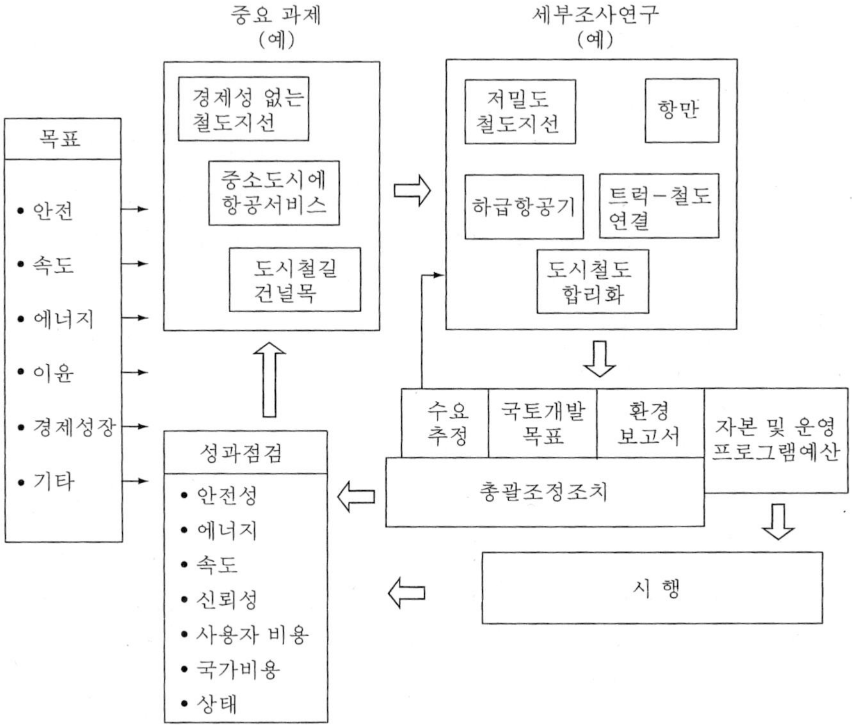

〔그림 14-13〕 전국교통계획 과정

(3) 환경계획

국가의 환경을 유지하고 개선하는 것은 교통분야에 영향을 줄 수 있는 매우 중요한 목적이다. 전국환경보고서는 현재의 환경여건, 즉 대기의 질, 수질, 야생동식물, 멸종동식물, 그리고 더욱 광범위하게는 국민 전체의 사회, 경제 및 생활환경 등을 포함해야 한다. 에너지에 관한 당면과제가 환경보고서에 취급되는데, 이것은 에너지소비가 환경오염의 주요 원인이 되기 때문이기도 하다. 이 환경목표와 교통프로젝트의 환경영향이 서로 총괄조정되어야 한다.

(4) 자금 및 운영계획 예산

세부조사연구에서 추정된 자본 운영비용은 국가교통의 세부계획 과정에 반영되어야 하므로 이 둘은 서로 총괄조정된다.

앞에서 언급한 것들은 어떤 방법으로든 거의 모든 세부조사연구에 영향을 미치며, 세부연구의 결과를 평가하기 위한 기틀을 마련하는 통합조치들이다.

전국교통계획 과정의 최종적인 단계는 성과를 점검하는 것이다. 국가의 모든 개별적인 교통수단과 시스템은 그들의 성과수준을 파악하기 위해서 정기적으로 점검되어야 한다. 성과는 다음과 같은 몇 개의 중요한 목표에 대해서 측정되어야 한다.

- 안전성
- 에너지소모
- 속도 및 교통량
- 신뢰성
- 사용자 비용
- 국가비용
- 수단 및 시스템의 상태

점검활동으로부터 중요한 문제점을 찾아내고 이에 대한 세부조사연구를 통하여 전국교통계획을 완성한다. 계획을 하고 협조하는 데 있어서 이 방법을 사용하면 네 가지 이점이 있다. 첫째, 세부조사연구에서 개별적인 수단과 개별적인 과제를 제기할 수밖에 없다는 것을 인식할 수 있다. 둘째, 국가가 균일하고 객관적인 기준을 세워 세부조사연구를 평가하고 의식적으로 통제할 수 있는 수단을 마련한다. 셋째, 계획과정 안에서 성과점검의 중요성을 인정받을 수 있다. 넷째, 정부의 기구를 극히 일부 변경하여 전 과정을 쉽게 시행할 수 있다.

2 세부계획의 총괄조정 역할

정부가 보조금이나 직접건설로 재정지원을 하는 모든 교통수단에 대해서는 세부계획이 협조 및 통제를 위한 가장 좋은 수단이 된다. 여기서 세부계획이란 가용예산 범위 내에서 각 프로젝트의 상대적인 중요성과 국가정책에 따라 프로젝트를 scheduleing하는 것을 말한다. 이를 프로젝트 세부계획 또는 우선순위 계획이라고도 하고, 부분적으로 계획기능이기도 하며, 한편으로는 정부의 최고위 교통관리기능이기도 하다. 흔히 세부계획은 도로건설프로젝트를 scheduling하는 수단으로 사용되기도 했으나 본래 과정 그 자체로 다수단 프로젝트를 취급하는 것도 가능하다. 그러나 어떤 경우든 세부계획의 외면성을 인정해야 한다. 왜냐하면 그것이 우선순위에 따라 프로젝트의 순위를 매기는 내면적인 과정만큼이나 중요하기 때문이다.

(1) 세부계획의 개요

〔그림 14-14〕는 미국 켄터키 주의 세부계획 구도를 예시한 것이다. 이 중에서 중요한 사항은 다음과 같다.

① 주교통부 : 세부계획을 담당하는 행정부서를 나타내지만 넓은 의미에서는 교통에 관한 주요정책 사항에 대하여 주지사 및 주의회와의 연결점을 나타낸다.

② 재정정책 계획 : 주교통부장관의 요청에 의해서 수행되는 진행 중인 행정활동으로서

재원을 추정하고, 수단 또는 과업별 세부계획(고속도로, 교량 재건설, 지역 대중교통 등) 간의 예산배정지침을 수립하고, 기존 세부계획의 가치를 평가한다.

③ 실행통로 및 과정 : 교통시스템계획이 수립되고, 프로젝트가 계획되며, 기술적인 설계가 이루어지고, 공사입찰, 건설, 완성된 시설의 운영, 관리가 이루어지는 모든 과정을 합한 것을 말한다.

④ 점검 : 실행과정 내에서의 프로젝트 진행을 관측하고, 프로젝트 비용이나 범위의 변화를 점검하는 활동이다. 점검보고서는 최고관리자뿐만 아니라 교통부 내의 각종 계획 및 설계그룹의 책임자에게 배부된다.

⑤ 회계보고 : 프로젝트 과정 내에서 프로젝트에 대한 지출 및 부채를 기록하고 이것을 최고관리자와 교통부 내의 관련 예하기관에 배부한다.

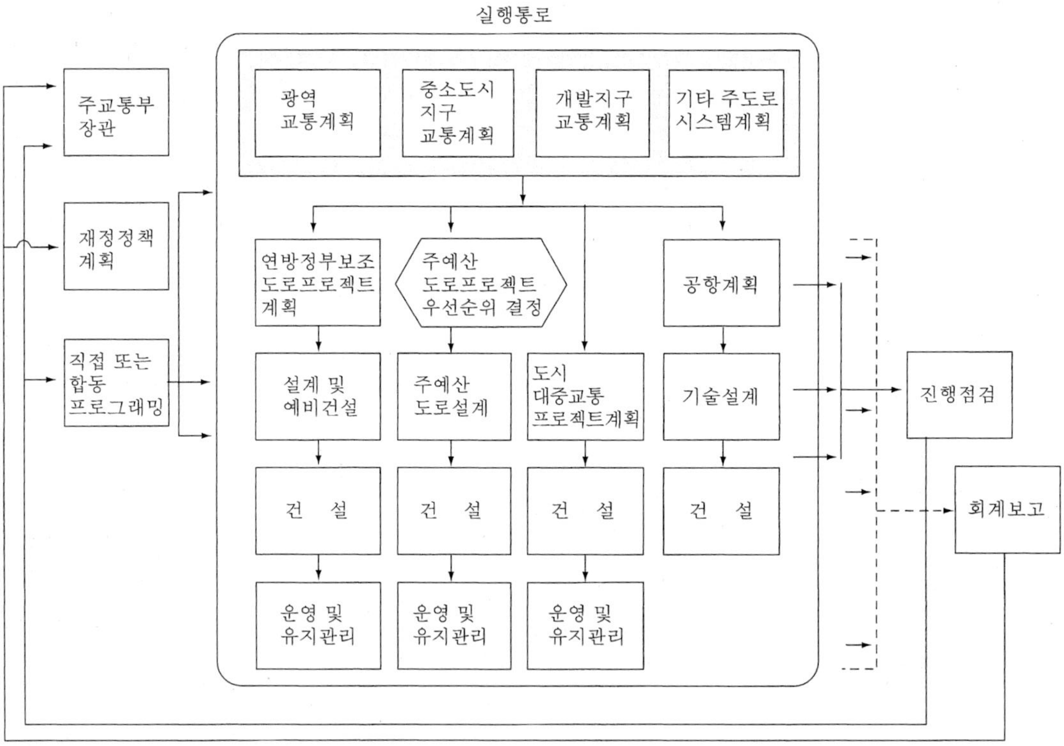

〔그림 14-14〕 세부계획 수립 개요(켄터키 교통부)

세부계획 활동은 위와 같은 사항들과 직접적인 관계가 있다. 첫째, 세부계획은 주어진 재정정책에 따라 수행되어야 한다. 어떤 재정정책은 교통부에서 수립되기도 하나 대부분의 주(州)예산, 행정정책 등은 주의회에서 결정된다. 둘째, 세부계획은 프로젝트가 생성되고 발전되며, 최종적으로 건설 또는 시행단계로 넘겨지는 실행과정과 일정한 상호작용을 유지해야 한다. 이 과정을 통한 프로젝트의 진행은 결코 같은 속도로 진행되는 것은 아니다. 어떤 종류의 프로젝트는 법적인 조치나 환경에 대한 검토 때문에 지체되어 건설에 이르기까지 1년 이상 걸리기도 하며, 어떤 프로젝트는 1~2년에 완결되기도 한다. 세부계획은 프로젝트를 가용한 예산에 맞추어야 하기 때문에 이와 같은 지체는 끊임없이 점검되어야 한다. 이 때문에 세부계획에 종사하는 사람은 프로젝트의 진행상황과 재정적인 문제점에 대해 정기적인 보고를 받아야 한다.

지금까지 설명한 개념은 지나치게 간단한 것처럼 보인다. 그러나 실행과정은 한 가지만의 계획이 아니고 서로 다른 계획과정을 가진 여러 가지 계획을 포함하고 있다. 즉 중앙정부보조예산의 도로계획, 지방예산도로계획, 대중교통계획, 항공계획, 철도계획, 해운계획 등을 포함하고 이들 모든 계획그룹은 세부계획에 대한 책임을 가지고 있다고 볼 수 있으므로 정부의 책임하에 이들 간의 협조체제를 유지하는 것도 큰 일 중의 하나이다.

지금까지 언급한 것은 세부계획의 복잡성을 합리적으로 설명한 것으로서 이 때문에 주정부 수준에서의 세부계획 기능이 필요한 것이다. 세부계획은 기술적인 과정일 뿐만 아니라 제도적인 과정이기 때문에 제도적인 현실성을 인정해야 한다.

(2) 세부계획 과정

실제 세부계획을 작성하는 데 있어서 그 내부작업의 과정은 매우 복잡하다. 그 과정의 핵심은 다음과 같은 기본적인 몇 개의 질문에 답함으로써 그 프로그램을 구성하는 것이다.

- 프로젝트 1이 프로젝트 2, 3, 4보다 더 중요한가? 만약 그렇다면 2, 3, 4보다 먼저 스케줄링이 되어야 한다.
- 프로젝트 1, 2, 3, 4를 시행할 충분한 예산이 있는가? 그렇지 않다면 예산이 충분히 반영된 프로젝트만 세부계획을 수립하고 그 나머지는 연기되어야 한다.
- 우선순위를 변경시켜야 할 외부적인 요인(지역적인 형평성과 같은)이 있는가?
- 몇 개의 연속된 프로젝트를 위해 따로 마련해 둔 별도의 예산이 있는가? 만약 있다면 세부계획 과정은 별도로 다른 것과 병행하여 진행시킬 수 있다.

이러한 질문은 수작업 또는 컴퓨터를 이용하여 경제성 분석방법으로 그 해답을 얻을 수 있다. 어떤 방법을 사용하든 의사결정에 필요한 입력자료는 필요하며 그 중에서 중요한 입력자료는 다음과 같은 것이다.

① 재정정책 : 어떤 프로그램의 예산을 결정하는 재정정책은 여러 수준의 정부기관(의회, 교통부, 주의회, 주행정부서 등)에서 정한다. 그러나 실제 사용할 수 있는 예산규모는 거의 임박해서 알 수 있기 때문에 향후 5년의 예산도 추정을 해야 할 경우가 많다.

이것을 추정하는 일은 세부계획에 종사하는 사람의 임무이기도 하다.

② 프로젝트 착수 : 어떤 종류의 계획이나 기술적인 조사 및 설계를 위한 프로젝트가 주정부의 어느 기관에 의해 승인이 나면 계획–설계–건설–운영의 과정을 거치기 위해 세부계획 작업에 들어간다.

③ 세부계획 운영 : 세부계획은 다음과 같은 분리된 작업과정을 거쳐 이루어진다.

- 가용한 예산의 종류에 따라 프로젝트를 몇 개의 범주로 나눈다.
- 각 범주 내에 있는 프로젝트의 우선순위를 정한다. 우선순위의 결정은 B/C비, 필요성(안전성, 물리적 상태, 기하설계 및 서비스 표준달성도, 혼잡도 등), 또는 이들을 조합한 지표를 이용하여 순위를 결정한다.
- 우선순위가 높은 프로젝트는 몇 년(2~5년) 간 매년 예산을 할당받는다.
- 이와 같은 과정을 모든 범주의 프로젝트와 예산에 대해서 반복한다.
- 이렇게 해서 나온 프로그램은 지역적으로 분포가 잘 되었는지, 도시–지방 간의 분포가 잘 되었는지, 또는 다른 기준을 잘 만족시키는지에 대해서 교통부의 고위직이 검토를 한다. 이 프로그램은 매년 또는 2년에 한 번씩 책자로 출판되는 것이 좋다.

④ 수정 : 세부계획은 계속적인 과정이다. 대상지역이 전국과 같이 넓으면 규모가 작은 프로젝트는 지방으로 위임된다. 프로젝트가 법적 절차 때문에 지체되거나 홍수와 같은 긴급사태로 예산이 전용되어 버리면 세부계획의 수정이 필요하다. 더욱이 계획과 설계 또는 부지매입 등의 진도가 늦어질 수도 있다. 지체 가능성이 생기면 모든 프로젝트의 진도를 점검하여 예산을 재할당하여야 한다.

14.4.5 도로시스템 계획요소

앞에서 설명한 전국교통계획의 과정을 요약해서 도식으로 나타내면 〔그림 14-15〕와 같다. 전국교통계획이 시스템계획의 모양을 갖추기 위해서는 기능별 분류, 현황조사 및 필요성 조사, 예측, 경제성 분석, 평가 등 5가지의 주요 활동을 수행한다.

1 기능별 분류

교통계획에서 가장 중요한 것은 교통시설의 기능별 분류이다. 교통시설을 기능별로 분류하면 ① 여러 시설의 상대적인 중요성을 판단하고, ② 서비스 수준 또는 설계표준 수립 기준을 만들고, ③ 현재의 서비스 수준 또는 구조와 표준치를 비교함으로써 그 시설의 결함을 평가하고, ④ 이에 따른 필요성(needs)을 결정하며, ⑤ 개선비용을 판단할 수 있으므

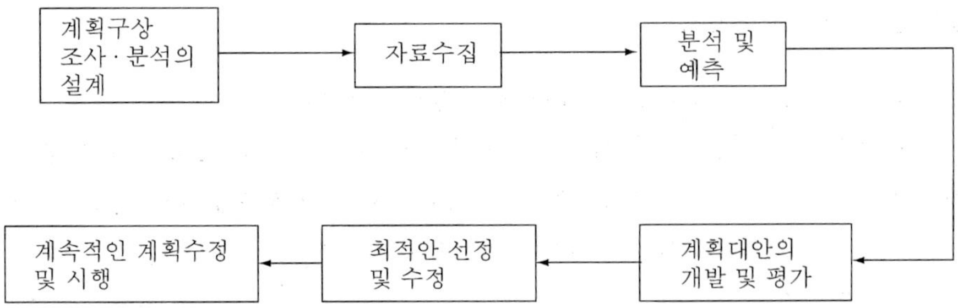

〔그림 14-15〕 교통계획의 과정

로 많은 문제점을 체계적으로 해결하는 데 도움이 된다. 따라서 기능별 분류는 각 시설 그룹에 대한 책임을 가장 관련이 큰 정부기관에 할당할 수 있게 하고, 각 시설 그룹에 대해서 동일한 설계기준을 적용시킬 수 있게 하며, 장기우선순위 계획의 개선 및 자금조달계획을 위한 근거를 수립할 수 있게 한다. 좀더 자세한 내용은 7장과 앞 절에서 설명한 바 있다.

2 현황조사 및 필요성 조사

교통계획에 사용되는 자료는 쉽게 얻을 수 있고, 또 주기적으로 수정될 수 있어야 한다. 따라서 방대한 자료를 취급하기 위해서는 전산화되고 통합조정된 정보시스템이 요구된다. 일반적으로 정부의 교통계획부서에서는 자료를 수집하고 처리하는 부서와 이를 필요로 하는 사람이나 기관에 제공하는 부서가 따로 있어야 하나 대부분의 경우 자료를 처리하고 보관하는 업무가 중복되어 있다.

자료를 취급하는 어떤 부서에서는 도로현황조사, 교통특성, 도로상태의 평가, 도로수명, 유지관리이력, 사고자료 등을 별도의 서류철에 정리한다. 다른 부서에서는 재정, 비용 지표, 도로관계통계 등을 별도로 취급하지만 이들 자료를 실무에 이용하려면 다른 부서에서 나온 자료를 사용해야 할 때도 있다.

도로관련 부서에서는 통제구간별로 자료를 측정하고 기록하며 교환하는 것이 좋다. 통제구간이란 ① 토질조건, ② 교통조건, ③ 설계표준, ④ 관할부처, ⑤ 개발의 종류, ⑥ 건설형태에 관해서 균일한 특성을 가지는 도로구간을 말한다. 또 통제구간의 정확한 위치를 사무실에서 쉽게 파악할 수 있도록 어떤 기준점으로부터 이정, 좌표 등의 방법으로 표시할 수 있어야 한다.

또 종래의 도로현황조사뿐만 아니라 도로수명조사, 통행현황조사, 사회 · 경제현황조사도 필요하다. 모든 교통수단에 대한 현황조사를 하여 기본적인 데이터베이스를 구축해 두는 것이 좋다.

(1) 필요성 조사(Needs Study)

과거 전국교통계획은 이 필요성 조사에 주안점을 두었다. 근본적으로 필요성 조사는 한 수단, 즉 도로시스템에 대한 것만 다룬다. 종합적인 도로필요성 조사는 도시부 및 지방부 도로의 차량통행에 영향을 주는 여러 조건을 평가하고 세부적으로 점검하는 것을 말한다. 필요성 조사의 목적은 전국도로시스템의 적절성을 파악하고, 개선안을 제시하며, 정해진 표준까지 도로조건을 향상시키는 데 필요한 비용을 조사하기 위한 것이다. 이 조사가 완료되면 교통개선의 입법화 및 행정적인 조치를 취하기 위한 확고한 기준을 마련할 수 있다.

필요성 조사에서 탐색되는 의문점으로는 다음과 같은 것이다.

① 도로개선의 필요성을 야기할 가능성이 있는 사회・경제적인 요인은 무엇이며, 이 요인을 어떻게 측정하는가?
② 어떤 종류의 도로가 얼마나 필요하며, 그것을 건설하고 유지관리하는 데 드는 비용은 얼마나 필요한가?
③ 정부가 필요한 비용을 조달할 수 있는가? 만약 없다면 다른 자금조달계획은 무엇인가?
④ 어떻게 하면 그 도로시스템을 효과적으로 관리할 수 있는가?

필요성 조사의 진행과정은 다음과 같다.

① 기존도로망의 현황조사 : 모든 도로구간의 현황과 현재의 서비스 수준을 조사
② 교통량 및 특성 : 도로구간별, 차종별 현재교통량 조사
③ 현재의 도로조건 : 각 도로구간의 구조 및 노면상태 조사, 유리관리비용과 잔여수명 추정
④ 분류 : 도로망 내에서 그 도로의 행정적, 재정적, 기능적 체계를 분류
⑤ 분석 및 장래 교통증가 예측 : 도로필요성 조사에서 가장 중요한 사항이다.
⑥ 적절하고 충분한 설계표준 수립 : 계획연도의 예상교통수요와 도로망 배분교통량 및 표준의 결정. 이 표준이란 바람직한 차로폭, 갓길폭, 중앙분리대폭, 설계속도, 용량, 정지시거, 최대경사 및 곡선반경, 구조형태, 노면, 교차로 및 출입제한에 대한 명세를 말한다.
⑦ 기존도로상태와 허용표준 비교(앞의 ③항과 ⑥항을 비교) : 최소표준이 정해졌으므로 기존도로망의 각 구간은 결함을 파악하기 위해서 이 표준과 비교된다. 이때 계획연도까지 결함이 생길 구간을 찾는 것은 물론이고, 계획연도 이전에 결함이 생길 구간도 파악한다.
⑧ 필요한 개선책 파악 : 위에서 비교한 것을 가지고 현재 도로의 결함구간과 이 결함

의 개선책에 관한 목록을 만든다. 이 개선책에는 기존도로의 재포장, 확폭, 재건설 등이 있으며 필요한 경우 새로운 도로의 건설도 포함된다. 어떤 경우이든 ⑥항에서 나온 설계표준을 사용해야 한다.

⑨ 재무 : 개선할 도로 또는 신설도로의 모든 구간에 대한 비용을 추정하여 담당 행정부서로 하여금 과업시행에 관한 결정을 쉽게 내리게 한다. 이와 함께 과업계획의 윤곽과 그 비용을 제시하되 긴급한 필요성을 우선 고려해야 한다.

〔그림 14-16〕은 도로필요성 조사의 여러 단계를 나타낸 것으로서, 각종 조사·분석이나 필요성 조사 안에서 어떻게 서로 관련이 있는가를 나타낸다. 필요성 조사에서 중요한 사항은 재무분석이다. 결함을 수정하는 데 필요한 정부의 예산이 확보될 때까지는 그 필요성이란 어디까지나 희망사항의 목록에 불과하다. 그러므로 종합적인 필요성 조사의 최종적인 결과는 그 필요성을 예산 사정에 맞는 우선순위로 나열한 것이다.

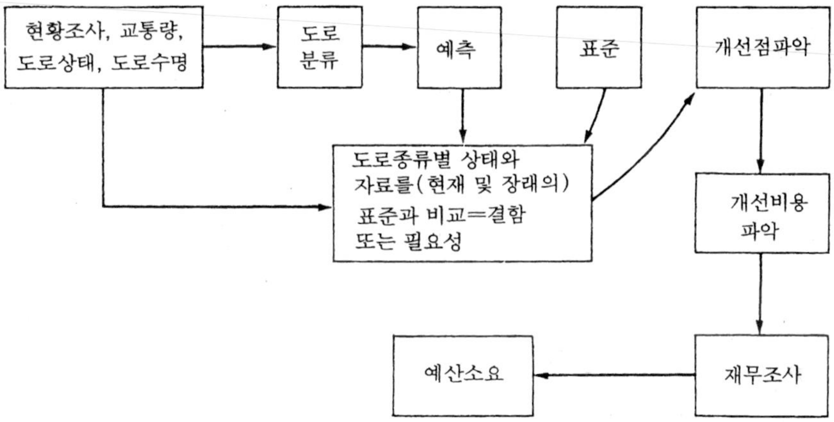

〔그림 14-16〕 필요성 조사

3 예 측

예측이란 어떤 시스템상의 통행량(VKT), 두 지역간의 개인 및 차량통행수 등에 대한 장래의 값을 추정하는 것이다. 전국 및 지역교통계획에서 인구 및 경제활동 예측은 통행수요를 예측하는 데 기본적인 입력자료이다. 그러나 예측에는 항상 불확실성이 따른다는 것을 알아야 한다. 예측에 소요되는 시간과 비용 때문에 정확도와 복잡성은 서로 절충되어야 한다. 훌륭한 계획은 정확한 예측에 기초를 두고 있으며, 장기교통계획은 전반적인 종합계획을 위한 뼈대의 한 부분이어야 한다. 이 종합계획은 또 전국계획의 한 부분이어야 한다. 훌륭한 예측을 하자면 예측값에 영향을 주는 요인을 고려해야 한다. 따라서 예측능력 및 정확도를 높이기 위해서는 통행행태를 잘 이해해야 한다. 즉 통행의 동기가 무엇이며, 차량보유대수, 소득, 교육, 여가시간 등과 같은 요인이 통행패턴에 미치는 영향이 무엇인지를 잘 파악해야 한다. 수요예측은 다음과 같은 질문에 답을 하기 위한 것이다.

① 링크상의 교통량이 얼마나 빨리 증가 또는 감소하는가?
② 이 링크상의 교통은 어디서 오는 것이며 어디로 향하는 것인가? 또 이 링크는 전체 도로망과 얼마나 조화를 이루는가?
③ 이 링크를 개선하면 다른 링크로부터(또는 다른 교통수단으로부터)의 교통전환이 이루어지며, 다른 링크에서의 변화가 이 링크의 교통에 영향을 미칠 것인가?
④ 이 링크를 개선하면 잠재성 교통수요를 충족시키는 파생교통이 발생하는가? 또는 사회·경제개발을 촉진시킴으로써 생기는 개발교통이 발생하는가?
⑤ 링크단(노드, 터미널)에서 혼잡이나 변화가 발생하면, 그 링크상의 교통은 변하는가?
⑥ 다른 공공 또는 개인투자계획이 있다면 그것이 교통을 변화시키거나 이 링크개선에 사용될 수 있는 자원을 경쟁적으로 사용함으로써 이 링크에 영향을 미치는가?

예측이란 사실상 통행수요 추정에 주안점을 두어 교통시설의 신설 또는 개선을 위한 투자결정의 근거로 삼는다. 그러나 통행예측은 또 토지이용, 인구, 경제활동의 예측도 포함한다. 예측방법은 순수한 추정방법에서부터 매우 정교한 수리모형을 사용하는 방법 등 다양하나 대부분의 교통수요 예측은 경향분석이나 다중회귀분석방법을 이용한다. 경향분석방법은 자료에 가장 적합한 선으로서 상관관계를 나타내며, 이 경향선을 연장하여 목표연도의 값을 예측한다. 경향선은 시계열분석(time-series analysis)이나 상관분석(correlation analysis)을 사용하여 얻는다. 시계열분석은 단지 한 가지 통계계열(statistical series)의 분석이며, 상관분석은 둘 이상의 통계계열을 분석하고 시간에 따른 상관관계의 이동패턴을 발견하기 위해 이 계열들을 상호연관시키는 과정이다.

예측은 훌륭한 교통계획과 의사결정을 위해서 대단히 중요하다. 부정확한 예측은 좋지 않은 계획을 만들 수밖에 없다. 그래서 통행예측 과정을 개선하는 데 관심을 두는 것은 당연하다. 계획과 마찬가지로 교통수요 예측은 "인간의 통행행태는 측정이 가능하고 설명이 가능한 어떤 규칙을 가진다"는 기본적인 전제에 기초를 두고 있다. 통행에서의 규칙은 합리적인 예측을 할 수 있게 하며, 따라서 장래의 문제점을 해결하는 방법을 모색할 수 있게 한다. 통행수요 예측에 대해서는 16장에서 별도로 취급한다.

4 경제성 분석

교통 특히 시스템 전체의 교통에 대한 의사결정을 하는 데는 확고한 근거를 필요로 한다. 완전한 분석을 하는 데는 경제성 분석만으로는 부족하지만 이것이 모든 의사결정에 가장 중요한 근거가 된다. 교통의 경제성 분석은 다음과 같은 단계를 거친다.

① 문제점을 파악
② 실현가능한 해결대안을 찾아내고 대안 간의 차이점에 대한 임시추정치를 파악
③ 임시추정치를 분석하고 어떤 대안이 더 깊이 분석할 필요가 있는지를 파악
④ 비교해서 선정된 이들 대안의 세부 추정치를 계산
⑤ 이자율 또는 최소수익률을 결정하고 경제성 분석을 수행
⑥ 최적안 선택

공학경제성 분석에서 가장 많이 사용되는 6가지 방법은 ① 연균등 비용(Equivalent Uniform Annual Cost), ② 현재가(Present Worth), ③ 연균등 순수익(Equivalent Uniform Annual Net Return), ④ 순 현재가(Net Present Value), ⑤ B/C비(Benefit/Cost Ratio), ⑥ 수익률(Rate of Return) 방법 등이다. 이들에 대한 자세한 설명과 적용 예는 17장에서 별도로 취급된다. B/C비 또는 수익률 방법을 사용해서 몇 개의 대안을 비교할 때에는 증분수익률(Incremental Rate of Return)과 증분 B/C 분석이 시행된다. 공학경제성 분석기법에서 가장 중요하고 예민한 두 가지 요인은 이자율 i와 분석기간 n의 길이이다. 이 중에서 이자율은 현재 시장에서 통용되는 차용이자율과 가까워야 하고, 분석기간의 길이는 그 시설의 최소수명 또는 예측기간과 같아야 한다. 좀더 자세한 내용은 17장 및 20장에 나와 있다.

공학경제성 분석으로 최종결론에 도달하는 것이 아니다. 여기서 얻은 결과는 금전적으로 나타낼 수 없는 사회 및 환경요인에 관한 결과와 함께 의사결정자에게 제출되어야 한다.

5 평 가

평가과정에서는 그 지역의 교통목적과 합치되는 여러 대안들을 고려해야 한다. 그러기 위해서는 합리적인 평가방법이 사용되어야 한다. 여러 대안 중에서 최적안을 선택하는 데는 사용자와 지역 사회의 가치를 반영하는 요인을 고려해야 한다. 이 요인에는 다음과 같은 것이 있다.

- 물리적, 환경적, 미적 요인
- 재정적 요인
- 정치, 경제, 사회적 요인

대안평가에서 검토되는 사항은 다음과 같다.

- 분석 및 예측

- 영향 파악
- 영향의 가치를 유도
- 각 대안에 대한 모든 영향의 총체적 가치를 파악

또 이때 고려해야 할 사항은 다음과 같다.

- 불확실성에 대한 고려
- 시간제약
- 자료의 신뢰도
- 주관적인 견해

교통대안을 평가하는 데에는 많은 복잡한 요인이 포함되기 때문에 순전히 수학적인 계산만으로는 적정대안을 찾아낼 수 없다. 오히려 그 시스템의 목표를 가능한 한 최대한 확보하면서 제약조건을 만족시키는 대안을 선택하는 것이 목적이다. 교통계획의 평가방법은 지난 20년 동안 비교적 간단한 B/C비 방법에서부터 복잡한 비용－효과 분석방법으로 발전되어 왔다. 효율(efficiency) 평가방법에는 앞에서 설명한 공학경제성 분석기법이 있고, 효과(effectiveness) 평가방법에는 일반적으로 다음과 같은 것이 있다.

- 순위 기법(ranking techniques)
- 평점 기법(rating techniques)
- 시각적 기법(visual techniques)
- 비용－효과 기법(cost-effectiveness techniques)

평가분석 방법은 일반적으로 다음과 같은 단계를 거친다.

- 특정대안이 개별효과 척도를 달성하는 크기를 측정
  - 순위를 매기거나(이산값)
  - 평점을 하거나(연속값)
  - 계량화할 수 없는 것은 주관적으로 평가
- 각 효과척도의 상대적 중요도 결정
- 각 대안에 대한 종합점수 계산

6 세부계획 및 시행

교통시스템계획에서 매우 중요한 사항이면서도 등한시되어 온 것은 선택된 대안을 세부적으로 계획하는 것이다. 바꾸어 말하면 전국교통계획이란 그것이 세부계획 과정을 통하여 일련의 프로젝트로 만들어질 때까지는 탁상계획에 불과하다.

교통개발을 위한 세부계획은 제안된 프로젝트를 상대적인 긴박성에 따라 우선순위를 결정하는 것으로서, 법적, 행정적인 목표를 수행하기 위하여 가용자원의 범위 내에서 체계화된다. 이와 같은 원리는 모든 교통관련기관의 프로그램에 적용된다. 세부사항은 문제점의 복잡성과 시스템개발 정책목표에 따라 시스템 간에 큰 차이가 있으나 모든 시스템은 일반적으로 입법 및 행정적인 조치에 의해 영향을 받는다.

정부부처별 책임을 정하고, 각 시스템의 재정계획을 수립하고, 시스템개발을 위한 장기목표를 수립하는 것을 입법화함으로써 교통프로그램의 모양이 갖추어진다.

법적인 한도 내에서 우선순위 계획 과정에 영향을 주는 행정적 조치에는 다음과 같은 것이 있다.

- 확고한 세부계획의 방침과 절차를 수립. 이들은 필요성과 관계되며, 여러 프로젝트에 사용 가능한 재원의 예상범위 안에 있어야 한다.
- 개선의 상대적인 긴급성을 평가하기 위한 체계분석절차를 수립
- 계속적인 스케줄링. 이것은 가용예산 및 인력을 적절히 사용하게끔 검토하고 통제하는 과정으로서 변화하는 상황과 비상시를 대비해서 필요한 조치를 취할 수 있게 한다.

모든 필요성을 즉각 만족시키기에는 예산이 부족하므로 어떤 개선책이 먼저 시행되어야 하는지 우선순위를 결정해야 한다. 비록 예산이 충분하다 하더라도 프로젝트의 우선순위 결정은 필요하다. 왜냐하면 모든 일을 동시에 시행하기란 불가능하기 때문이다.

수단 간이든 주어진 수단 내에서든 간에 모든 교통시설은 기능적으로 동등한 중요성을 갖지는 않는다. 마찬가지로 모든 필요성이 꼭 같이 시급한 것은 아니다. 가용예산으로부터 최대의 편익을 얻기 위한 개선프로젝트를 선정하는 일은 계속적인 경제발전을 위해 매우 중요하다.

시스템개발을 위한 목적을 설정하는 데 있어서의 기본방침은 가능한 재원으로부터 최대한의 편익을 얻는 것이다. 그러기 위해서는 일반적으로 기능적으로 더 중요한 시설을 더 빨리 건설하고, 동시에 중요성이 덜한 시설에는 필수적인 요건만 충족시키도록 한다.

각 시스템에는 여러 가지 예산할당기준이 있다. 그 중에는 여러 시스템의 상대적인 필요성, 총 통행량 중에서 그 시스템에 의해 처리되는 비율, 더 중요한 시설의 바람직한 건설속도, 예산의 지역적 분배방침 등이 있다. 이 변수들의 조합을 비용－효과면에서 비교하기 위해서는 기능적 특징과 제공된 서비스에 따라 달라지는 중요성을 명확히 해야 할 필요가 있다.

필요성과 재무조사의 결과가 나오면 각 시스템에 대한 여러 가지 건설예산은 신중하게 조사 및 평가된다. 예산은 운영의 연속성을 유지하기 위해서 적절한 시기 동안 확보되어야 한다. 무엇보다도 시스템계획을 위한 방침과 목표를 명확히 기술하고, 또 이를 잘 이해해

야 한다.

설계표준은 통합교통망의 안전성과 경제성을 달성하기 위한 개선책의 기술적인 비교척도로서 시설의 기능별 분류에 따라 달라지는 것이지 몇 개의 다른 기능을 가진 행정적 또는 법적 시스템과는 무관하다.

기본개념과 기준은 훌륭한 기술적인 실무와 잘 부합되어야 한다. 모든 개선은 정해진 원칙에 입각해서 합리적이며 정당화되어야 할 필요가 있다. 정기적인 평가는 우선순위 계획의 기초가 되는 것으로서 변화되는 상황을 반영시켜 기초자료를 수정할 수 있게 한다.

교통필요성 조사 또는 이와 유사한 조사로부터 도로의 결함, 결함수정비용, 사회, 경제 및 환경에 미치는 영향 등에 관한 자료를 얻을 수 있어야 한다. 도로의 경우 각 프로젝트는 다음과 같은 사항에 관해 비교·평가해야 한다.

- 도로의 구조와 재하능력
- 도로의 용량
- 도로 선형(평면 및 수직)의 적절성
- 노폭과 포장폭의 적절성
- 도로의 사고율

각 교량프로젝트들은 다음과 같은 사항을 비교·평가해야 한다.

- 교량의 재하능력
- 교량의 유효높이와 측방여유폭

매우 중대한 결함이 있거나 개선의 필요성이 있는 도로구간이나 구조를 파악하기 위해서는 각종 결함을 별도로 평가해야 한다. 프로젝트들이 모든 결함에 대해서 평균점수 또는 종합점수로 평가되면, 매우 중대한 한두 가지의 결함을 찾아내기가 어렵다. 또한 각종 결함의 평가절차가 너무 복잡해서는 안 된다. 균일하고, 일관성 있으며, 상대적인 평가를 하기 위해서는 평가절차가 매우 세부적이어야 한다. 그렇지 않으면 그 결과는 의미가 없다. 평가는 현장에서 관측된 조건과 각종 결함에 관한 모든 사실 자료에 기초를 두어야 한다.

각종 결함 하나하나에 대한 평가는 이를 위해 개발된 개별프로젝트 자료처리카드에 기록되어야 한다. 이 카드는 프로젝트를 비교하거나 개선의 우선순위를 정하는 데 필요한 기본적인 기술자료를 제공한다.

현재 상태와 필요성을 평가할 수 있는 현재 사실 자료를 가지고 우선순위 계획절차를 거치면 가용예산으로부터 최대한의 편익을 얻을 수 있다. 전국적인 규모로 모든 교통수단에 대한 세부계획을 할 때, 계획과 세부계획이 완전히 연결되지 못하는 경우도 있다. 예를 들어 여러 개의 공항개선책과 도로개선책, 항만개발의 필요성, 기타 교통필요성이 함께 비교되어 어느 것이 가장 긴급한 것인가를 결정해야 하는 경우, 문제는 더욱 복잡해진다. 그러나 정부가 이러한 문제점을 해결하고자 노력을 계속한다면, 전체교통을 세부적으로 계획하는 새로운 기법을 발전시킬 수 있을 것이다.

14.4.6 화물수송의 합리화

화물이 시간적·공간적으로 이동하는 것, 또는 그 이동에 따른 인위적 행위를 화물유통이라 한다. 우리나라는 유통부문이 생산부문에 비해서 뒤지고 있는 관계로 유통구조의 합리화는 물가정책의 중요한 과제가 되고 있다. 유통구조의 합리화는 화물수송의 합리화를 통하여 달성된다.

1 복합일괄 수송

복합일괄 수송이란 각 수송수단의 특성, 즉 수송단계별 비용, 수송시간, 안전성 등을 고려하여 어느 수송수단을 선택할 것인가를 종합적으로 판단하고, 최적 수송수단을 결정하는 것으로 생산으로부터 소비까지 일괄하여 합리적으로 수송하는 것을 말한다. [표 14-5]는 일괄수송방법을 요약한 것이다.

(1) 컨테이너수송

컨테이너 수송은 신속성, 안전성, 경제성 등 모든 면에서 종래의 수송방식보다 우수하다. 즉 하역을 철저히 기계화하여 각종 수송수단의 적환을 신속, 안전, 용이하게 하여 집 앞에서부터 집 앞까지 일괄수송하게 할 수 있을 뿐만 아니라 도난, 파손의 우려도 없다. 그러나 전용차량의 제작, 컨테이너 선박건조, 컨테이너 터미널건설 등에 많은 돈이 들고, 또 컨테이너 수송을 경제적으로 하려면 집·배 양단에 컨테이너에 적합한 화물이 대량으로 있어야 한다. 현재는 지역격차로 화물이 편재해 있으므로 편도수송이 되는 단점이 있다.

(2) 복합터미널

복합일괄수송의 목적은 각 수송수단의 특성을 최대한 활용하여 복잡 다양한 수송수요에 대처하려는 것으로 각종 교통수단의 결절점에서의 연결이 원활하지 못하면 좋은 수송시스템을 실현시킬 수 없다. 각 교통수단별 단독터미널은 단순한 적환장소에 불과하여 일괄수송으로서의 터미널 기능을 발휘할 수 없으므로 복합터미널이 출현하게 되었다.

복합터미널의 장점은 혼재(混載)업무와 집배업무를 일원화할 수 있는 데 있다. 혼재업무를 일원화하면 대규모화, 기계화할 수 있어 효율적이고, 집배업무의 일원화는 각 교통수단의 집배를 공동으로 운영할 수 있으므로 경제적인 동시에 도로교통의 혼잡을 줄이고 이용자에게도 편리하다.

(3) 전용수송

석유, 석탄, 철광석, 곡물 등과 같은 대량 살화물(撒貨物, bulk cargo)인 경우에는 컨테이너 방식을 이용할 수 없으므로 전용수송 방식이 유리하다. 각종 수송수단의 수송비용을 줄이기 위해서 살화물의 형태 및 특성에 맞는 전용수송기관을 만들었다. 예를 들어 해운에서 유조선, 철광석 전용선, 철도수송에서는 석탄, 석회, 시멘트, 석유, 생선, 식료품 등의 각종 전용화차, 자동차에 있어서는 유조차, 콘크리트 수송트럭, 컨테이너 수송트럭, 그 외에 파이프라인 수송 등이 발달되어 왔다.

그러나 앞으로는 수송, 보관, 하역 등의 각 부문을 어떻게 조직화하느냐가 큰 과제의 하나이다. 전용의 하역보관시설을 갖춘 발착기지건설, 소비지 부근의 저장기지건설을 추진함과 동시에 미개발된 전용수송 분야를 발전시킬 필요가 있다.

〔표 14-5〕 일괄수송 방식

<table>
<tr><th>수송단계
방식</th><th colspan="3">광역수집</th><th>터미널</th><th>노선수송</th><th>터미널</th><th colspan="3">광역배달</th></tr>
<tr><td>고속도로
방 식</td><td colspan="3">수집 전용차</td><td>리프트, 컨베이어
등에 의한 하역</td><td>대형 고속트레
일러(평균
70 kph 이상)
접속도로-
고속도로-
접속도로</td><td>리프트,
컨베이어 등에
의한 하역</td><td colspan="3">배달 전용차</td></tr>
<tr><td rowspan="2">Flat
Liner
방식</td><td colspan="3">대형 트레일러</td><td rowspan="2">대형 크레인에
의한 하역</td><td rowspan="2">고속직행
컨테이너 열차
(평균 80 kph
이상)</td><td rowspan="2">대형 크레인에
의한 하역</td><td colspan="3">대형 트레일러</td></tr>
<tr><td>수
집
차</td><td>복합터
미널에
서 혼재</td><td>대형
트레
일러</td><td>대형
트레
일러</td><td>복합터
미널에
서 혼재</td><td>배
달
차</td></tr>
<tr><td>해 상
컨테이너
방 식</td><td colspan="3">위와 같음</td><td>대형 크레인에
의한 하역</td><td>대형 컨테이너
선(평균 10~
13 노트)</td><td>대형 크레인에
의한 하역</td><td colspan="3">위와 같음</td></tr>
<tr><td>Ferry
방식</td><td colspan="3">위와 같음</td><td>트레일러와
트렉터</td><td>대형 페리선
(평균 10~17
노트)</td><td>트레일러와
트렉터</td><td colspan="3">위와 같음</td></tr>
</table>

14.5 교통수단의 특성

현재 우리가 이용하고 있는 주요 교통수단은 자동차, 철도, 선박, 항공기, 파이프라인 등이며 넓은 의미에서는 도보와 자전거도 포함된다. 이들 교통수단은 각기 고유한 특성을 가지고 있으며, 이용자는 각각의 특성을 고려하여 이용수단을 선택한다.

교통수단의 특성을 기능면, 교통서비스면, 교통에너지면으로 분류하면 다음과 같다.

1 각 교통수단의 기능

각 교통수단의 기능을 요약하면 〔표 14-6〕과 같다.

〔표 14-6〕 각 교통수단의 기능

수단	승 객	화 물	기 타
자동차	• 단거리, 면수송(지역내, 도시내) • 지역간, 도시간 중거리 수송 • 업무, 관광 및 생활 교통 • 버스, 택시 기능 - 지방생활권내의 공공 수송기관 - 대도시의 지하철, 고속철도의 보완역할 -고속철도간의 링크수송	• 단거리, 면(面)수송(지역내, 도시내) • 복합일괄 수송의 터미널 수송 • 간선, 중거리 이하의 수송 • 가공도가 높은 소량화물의 장거리수송	• 국토보전 기능 • 도시공간으로서 재해방지, 대피, 위생 기능 • 도시인구의 분산, 균형화 기능 • 일상생활에 밀접한 생활환경형성 기능
철도	• 도시간 승객수송 • 대도시 통근, 통학수송	• 건선, 중장거리 대량 수송	• 도시인구의 집중 기능 • 도시의 선형적 발전기능
선박	• 관광여행	• 간선, 장거리 대량 수송	• 대규모 공업지역 개발기능
항공	• 장거리수송 • 시간절약의 효과가 큰 구간	• 신속성 운임부담력이 있는 수송	–
파이프라인	–	• 중단거리 대량 수송	–

2 서비스 및 수송비용 측면

교통수단이 생산하는 이동서비스, 시간, 공간, 기회의 네 가지 서비스를 그 비용 및 수요의 질과 양에 대하여 분류하면 〔표 14-7〕과 같다.

〔표 14-7〕 각 교통수단의 수송서비스와 비용

교통수단	이동서비스	시간생산	공간생산	기회생산	비 교	수요내용(질과 양)
도 보	• 개인통행 단위 • 인도, 육교, 엘리베이터	• 다른 교통수단이 접근할 수 없는 곳을 제외하고는 비효율적	• 좁은 공간의 고밀도이용 • 입체공간생산	• 원칙적으로 무한대	• 자기부담 • 시설-사적부담, 공적부담	• 고밀도일수록 효율적
자동차	• 400 km까지 단거리 소량 이동 • 부정기적 이용으로 편리	• 시속 100 kph까지의 범위 • 버스는 소량, 높은 빈도에 의한 시간생산	• 도로망에 의한 생활공간 생산이 크다. • 버스교통의 공간생산이 크다.	• 도로시설망에 의한 기회생산 증대 • 과소지역에서 안전	• 도로망의 비용 • 자가용 차량비용 • 버스-사적부담, 공적부담 • 차량운행비용	• 생활지역의 변화에 적응성이 높다. • 고밀도일수록 효율적
철 도	• 500 km 이상 1000 km까지의 이동 • 대량, 고속, 고빈도 이동	• 대량, 고속, 높은 빈도에 의한 장거리, 단거리 모두 시간 생산증대	• 광역 공간의 생산 • 통근 고속망의 구축은 고밀도의 공간 확대	• 시설만으로는 기회생산 불가 • 차량을 주행시키면 기회생산비용 증대 • 가장 부적합	• 시설-사적, 공적부담 • 차량비용-사적, 공적부담 • 운행비용-사적, 공적부담	• 고밀도일수록 시간, 공간생산이 효율적이며 수요증대 • 기회생산은 저밀도 지대가 많을수록 수요가 크다.
해 운	• 대량, 저속 장거리	• 시간소비형 교통	• 대부분 관계가 없다. • 위락의 경우 광역 공간 확대	• 극히 한정적	• 선박 및 항만시설 비용	• 장거리 증대
항 공	• 소량, 고가, 고속, 장거리	• 시간생산이 크다 • 총생산은 적다	• 가장 긴 정보공간생산	• 극히 한정적	• 항공기 및 공항비용	• 증대 경향 • 장거리 증대

3 교통수단의 에너지 측면

1973년 세계적인 유류파동은 각국의 교통수단에도 영향을 미쳤으며, 따라서 각국마다 교통수단의 유류절약 및 대체에너지 개발에 부심하고 있다.

1988년 우리나라 총에너지 1차 소비량의 14%가 교통에너지이며, 이 중에서 99%가 유류에 의존하고 있다. 에너지의 효율은 교통수단의 운행, 이용형태에 따라 크게 변하며, 하중 등을 고려한 비교를 해야 하기 때문에 교통수단의 수송 특성과 에너지 특성을 종합적으로 평가하여 교통정책을 수립해야 할 필요가 있다. 〔표 14-8〕은 교통수단의 에너지 원단위를 나타낸 것이며(1974년도 일본자료), 〔표 14-9〕는 수송부문에서의 에너지 정책을 제안한 것이다.

〔표 14-8〕 교통수단별 에너지 원단위

승 객 (Kcal/인 · km)	철도	버 스			승 용 차			항공기
		영업용	자가용	계	영업용	자가용	계	
	85.1	140.3	103.9	130.4	1342.9	654.3	695.6	759.0
화 물 (Kcal/톤 · km)	**철도**	**트 럭**			**내항해운**			
		영업용	**자가용**	**계**				
	195.6	649.6	1993.1	1275.8	295.8			

〔표 14-9〕 수송부문의 에너지 정책

정책분야 \ 정책수단		규 제	유도(세별, 운임, 보조금)	투 자
원단위 개선	기술개선 (신기술 개발)	연비가 높은 차량을 규제	• 자동차연비의 효율화 촉진 • 자동차경량화, 대형화 억제 • 디젤차, 전기자동차 보급촉진	• 낮은 연비, 저공해 수송수단의 개발(자동차, 선박 위주) • 디젤승용차, 전기자동차 개발 • 차량에너지 장치의 기술 개발 • 대체에너지 개발
	경제적 원단위 개선(적재효율 향상)	–	• 공동수송체제(트럭) 추진 • 택시 합승제 • 트럭수송 합리화	• 택시 승하차장 정비
수송수요 조절	대량 수송수단의 강화, 수송조건 개선	버스우선대책	• 운임체계 검토 • 연료가격체계 검토 • 대량수송수단의 세부담 경감 • 복합일괄수송 추진 (철도, 내항해운, 트럭)	• 대, 중량 수송망 정비 • 건설투자(신도시교통시스템 포함) • 철도, 해운용 터미널 정비
	개별 수송수단 (자동차)의 억제	• 주차 규제 • 승용차 통행금지 지구 강화 • 일반교통규제 강화	• 개인승용차의 보유세, 휘발유세 인상	

14.5.1 교통수단 비교

각 교통수단은 서로 보완하고 협조하여 교통수요를 경제적으로 분담하여 수송하는 것이 이상적이나 현실적으로는 그렇지 못하고 서로 경쟁하는 경우가 생긴다. 19세기의 주된 교통수단이 철도, 수로, 연안해운이던 것이 20세기에 들어와서는 철도의 수송분담률이 점차 적어지고, 자동차, 항공기의 분담률이 높아지고 있다. 철도는 항공기와 장거리버스에 승객을 빼앗기고, 단거리화물과 고가화물을 트럭에 빼앗겨 적자운영을 경험하고 있다.

1 비용-편익 분석

교통수단을 선택할 때 국가경제적인 관점에서 비용-편익 분석을 하면 좋다. 이 방법은 어떤 교통수단의 연간등가균등비용(또는 그 비용의 현재가치)과 연간등가균등편익(또는 그것의 현재가치)를 비교하는 것으로서, 편익이 비용보다 크면 경제적으로 타당성이 있다. 두 개의 교통수단을 비교할 때에는 두 수단의 차등편익과 차등비용을 비교해야 한다. 어느 한 수단의 편익과 비용은 다음과 같이 나타낼 수 있다(더 자세한 내용은 17장 참조).

$$B=\sum_{0}^{T}\frac{B_t}{(1+r)^t} \qquad C=\sum_{0}^{T}\frac{C_t}{(1+r)^t}$$

여기서, B_t = 어떤 교통수단을 선택했을 때 t 년도에 발생하는 편익으로서 수송비절감(차량비, 차량운영비 포함), 수송시간, 쾌적성 등에 관한 편익이다.

C_t = 같은 교통수단에 대하여 t 년도에 발생하는 비용으로서 건설비, 용지비, 유지관리비, 교통사고 비용, 교통공해비용 등이다.

r = 이자율

T = 교통시설의 경제적 수명

2 수송과정의 비용 비교

화물수송수단의 경제성을 비교할 때에는 전체수송 과정 중에서 각 과정의 비용을 알아야 할 필요가 있다. 비용에 가장 큰 영향을 주는 요인은 터미널비용과 고정비 및 가변비용이다. 터미널비용은 노선수송거리와는 무관하고, 화물량에 좌우된다. 철도수송의 예를 들면, 역까지 출하하고, 또 역에 도착한 화물을 인수하여 목적지까지 운반하는 비용, 즉 집배비용과 하역비용, 비용청구 및 수취비용의 합이다.

고정비는 시설, 교통수단의 감가상각비, 영업비 등으로 구성되며, 일정한 범위까지는 수송량의 증가에 대하여 거의 변하지 않고, 수송량이 그 한계를 넘으면 크게 증가한다. 가변비는 순 수송비와 기타의 비용으로 구성되며 수송거리에 따라 변한다. 〔표 14-10〕 및

〔표 14-10〕 교통수단별 수송거리에 따른 터미널비용의 %

수송거리(km) / 수송수단	하역비 제외		하역비 포함	
	100	500	100	500
철 도	62	25	85	54
해 운	91	68	94	92
자 동 차	4.5	0.9	16	4
항 공	—	—	14	3
파이프라인	14	3	—	—

〔표 14-11〕 교통수단별 수송거리별 원가(10 km를 100으로 했을 때)

수송수단 \ 수송거리(km)	10	20	50	100	200	500	800	1000
철 도	100	53.4	25.6	16.4	11.6	7.7	6.9	6.2
해 운	100	50.2	20.6	10.8	5.8	2.9	2.1	1.9
자 동 차	100	84.7	72.8	68.5	67.0	66.1	65.0	65.8

〔표 14-11〕은 터미널비용 및 수송거리에 따른 원가의 감소현상에 대한 외국의 예를 나타낸 것이다.

3 투자효율의 비교

각 교통수단의 고정비와 가변비가 서로 다른 것은 근본적으로 각 교통수단의 가동시설과 고정시설에 대한 투자비율이 다르기 때문이다. 〔표 14-12〕는 교통수단별 가동시설투자와 고정시설투자의 비율을 나타낸 것이며, 〔표 14-13〕은 연간 50만 톤을 수송하는 철도의 10톤·km 수송에 대한 수송비 가운데 고정비를 100으로 했을 때 교통수단별 고정비와 가변비의 비율이다. 철도와 도로를 비교하면 50만 톤에서 고정비는 서로 비슷하나 100만 톤 이상이 되면 철도가 유리하다.

〔표 14-12〕 교통수단별 고정시설 및 가변시설 투자비율

수송수단 \ 시설	고정시설	가변시설
철 도	43	57
해 운	18	82
자 동 차	38	62
항 공	19	81
파이프라인	100	-

〔표 14-13〕 교통수단별 투자별 수송비의 %

수송수단 \ 연간수송(만톤)	10		50		100		1000		2000	
투자	고정	가변	고정	가변	고정	가변	고정	가변	고정	가변
철 도	462	5.2	100*	4.1	53.9	2.0	10.0	2.0	4.6	2.0
도 로	258	11.9	91.5	11.0	72.0	9.4	–	–	–	–
파이프라인			27.1		15.2	–	4.5	–	2.6	–

4 운송속도 비교

각 수송수단을 비교할 때 속도도 중요한 요소의 하나이다. 각 교통수단은 기술 및 구조상 특유의 운행속도를 가지고 있으며, 재래식 교통수단(고속철도, 고속도로 제외)의 화물

운송속도는 〔표 14-14〕와 같다. 또 이 화물운송속도는 순수한 운행시간과 터미널 체류시간에 의해 결정되며 이들 두 요소의 구성비는 〔표 14-15〕와 같다.

〔표 14-14〕 교통수단(화물수송)의 표준속도 (kph)

철 도		해 운	지 동 차	항 공 기	파이프 라인
디젤	전기	화물선	도시 간 화물 트럭	터 빈	파이프
55～60	60～70	25～33	35～40	1200～2500	3～6

〔표 14-15〕 교통수단의 총 수송시간 중 운송시간과 터미널 체류기간

구성 / 수송수단	총 수송시간	운송시간		터미널 체류시간		평균수송거리 (km)
		시간	%	시간	%	
철 도	82.5	61.2	74.2	21.3	25.8	800
해 운	213.0	68.1	41.4	124.9	58.6	2200
자동차	1.6	0.6	37.5	1.0	62.5	12.0
항 공	3.5	1.5	42.8	2.0	57.2	800
파이프라인	114.5	114.5	100.0	–	–	526

주 : 터미널에서의 보관시간은 제외

14.5.2 교통수단의 선택

① 교통수단 선택요인

교통수단의 선택은 시장원리에 따라 이용자가 자유로이 결정한다. 따라서 교통이용자의 가치기준에 따라 교통별로 각 교통수단의 특성을 종합적으로 평가하여 결정한다. 근래에 와서 소득 수준의 향상, 부가가치가 큰 화물의 증가, 통행시간의 증가 등으로 인해 이용자의 가치기준이 다양화되고 있으며, 또 교통수단의 속도 및 서비스 질의 향상 등으로 인해 교통수단 선택의 메커니즘은 대단히 복잡하게 되어가고 있다.

교통수단 선택에 영향을 주는 요인을 이용자 측면과 교통수단 측면에서 정리하면 〔표 14-16〕과 같다.

그러나 이 표에 나타난 요인 이외에 특정 교통수단에 대한 개인적인 선호도와 역사적으로 특정 지역에 정착된 습관, 지리적 조건 등에 의해 선택되는 경우도 많다. 이와 같이 복잡한 교통시장에서 교통수단별 수요와 그 분담률을 예측하려면 이들 선택요인들을 계량화하고 가중치를 붙여 교통수단 선택모형에 적용시켜야 한다.

〔표 14-16〕 교통수단의 선택요인

	교통이용자 요인	교통수단 요인
승객	• 통행목적(업무, 관광, 개인적…) • 비용 부담력(자가 부담, 회사 부담) • 연령 • 성별 • 인원(단체, 가족, 개인) • 소요시간 • 소득 수준	• 운임(서비스 대가) • 속도 • 운행빈도 • 신뢰성 • 안전성 • 쾌적성(혼잡도) • 환승 유무
화물	• 품목(시장가격의 탄력성) • 긴급성 • 화물량 • 비용	• 운임(서비스 대가) • 속도와 도착일시 • 운행빈도 • 신뢰성(안정성) • 안전성 • 환적의 유무

2 교통수단 선택모형

교통수단 선택에 대한 여러 가지 이론적인 모형이 개발되어 있으나 선택요인을 계량화하기 어렵고 자료의 부족으로 인해 만족할 만한 모형이 없다. 현재 실용화되어 있는 모형에는 시간과 비용을 변수로 한 다음과 같은 직선모형이 있다.

$$S_i = C_i + T_i \cdot w$$

여기서 S_i = 교통수단 i를 이용하여 두 지점을 연결할 때의 총 비용

C_i = 교통수단 i의 운임(원)

T_i = 교통수단 i를 이용할 때의 소요시간(시간)

w = 시간가치(원/시간)

만약 A지역과 B지역을 연결하는 교통수단으로서 철도와 도로를 고려할 때 각 수단의 총 비용 S_R과 S_H는 다음과 같다.

$$S_R = C_R + T_R \cdot w$$

$$S_H = C_H + T_H \cdot w$$

이것을 그림으로 나타내면 〔그림 14-17〕의 윗그림과 같다. 이 두 식의 교점을 w_0라 하고 시간가치 w의 분포를 나타내는 확률밀도함수를 $f(w)$라 하면 철도와 자동차의 분담률은 다음과 같이 얻을 수 있다.

$$\text{철도의 분담률} = \int_0^{w_0} f(w)\, dw$$

$$\text{도로의 분담률} = \int_{w_0}^{\infty} f(w)\, dw$$

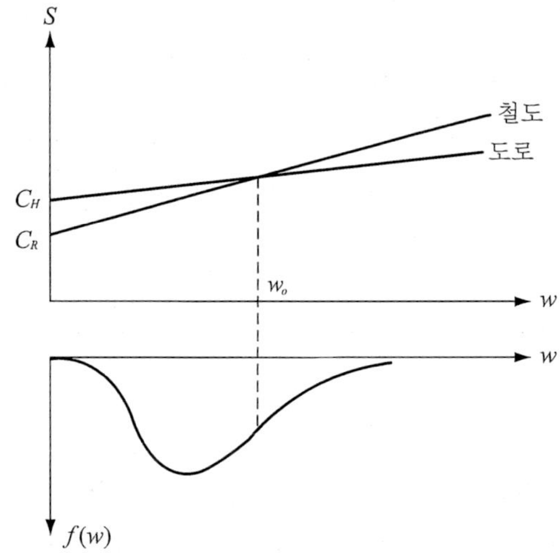

〔그림 14-17〕 시간가치와 교통수단의 총 비용

14.5.3 균등기초(equal footing) 이론과 종합교통시스템

경제발전과 사회가 다양해짐에 따라 각 교통수단은 독자적으로 발전되어 왔으나 그 결과 교통수단 간에 심한 경쟁이 생기게 되었다. 교통수단의 근본목적은 경제·사회의 발전에 적응할 수 있도록 각 교통수단의 특성을 살리면서 서로 보완·협조하여 합리적인 종합교통체계를 이룩하는 데 있다. 교통수단 간의 심한 경쟁은 국가 또는 지역적으로 큰 손실이 되므로 이것을 정책적으로 시정하려고 하는 것이 균등기초(equal footing) 이론이다.

균등기초란 철도, 자동차 등 각종 교통수단의 경쟁여건을 균등화시킴으로써 교통시장에서 교통수단 간의 자유롭고 공정한 경쟁을 하도록 하여 종합교통시스템을 확립하는 것을 말한다. 이 이론의 배경은 철도가 자동차에게 수송시장을 침식당해 경영위기에 처하고 있기 때문에 철도를 재건하려는 목적으로 등장한 것이다.

균등기초 이론의 구체적인 내용은 여러 가지가 있으나 그 중에서 대표적인 것에는 다음과 같은 것이 있다.

- 철도에 대한 도로의 통행료 부담의 불균형을 적정화시키는 개념
- 통행료뿐만 아니라 운임규제, 겸업규제, 공공부담 등 제도적인 면을 포함해서 적정화

시키는 개념

- 통행료, 제도면에 추가하여 공해, 사고 등 경제외적인 요인까지 포함시켜 적정화시키는 개념

각 통행수단의 경쟁조건을 균등화시키는 데 적합한 운임이나 요금을 결정하기 위해서는 투자정책에 있어서 투자결정기준, 투자를 위한 보조정책, 투자비의 부담방법과 공공정책에 있어서의 공공의무부과, 공공요금규제, 기타 인허가규제 등에 대해서 균등기초가 성립되어야 한다. 이 가운데서 공공부담과 운임 및 통행료 등에 대해서 간단하게 설명한다.

1 공공부담

철도는 산업정책, 교육정책 등에 의해 농산물이나 석탄, 학생 등에 대하여 특별운임 또는 할인운임을 적용하고 있다. 이러한 운임제도는 철도의 경쟁력을 높이기는 하나 경영면에서 볼 때에는 적자운영의 한 요인이 되고 있다. 철도사업을 국가가 경영하는 우리나라와 같은 경우에는 이와 같은 공공부담은 국가가 떠맡도록 되어 있다.

2 운 임

철도는 전국적으로 종합원가주의로 획일적인 운임제도를 실시하고 있다. 그 결과 몇 개의 주요간선에서는 흑자운영을 하고 있으나 나머지 지방지선과 같은 곳에서는 대부분 적자운영을 하고 있다. 획일적인 운임제도가 우리나라와 같은 철도독점상태에서 적용되면 철도수송망 건설, 지역개발촉진, 소득재분배 등의 효과는 있으나 자동차에 대한 경쟁력이 약하게 되는 부분(지방부 지선과 같은)이 생기게 된다. 따라서 개별적이고 다양한 원가운임제도를 적용하여 적자를 나타내는 지방철도선 가운데 도로수송으로 전환할 수 있는 것을 빨리 폐선시키는 것이 좋다. 그러나 사회・경제적으로 존속시킬 필요가 있는 것은 국가에서 보조를 하도록 해야 한다.

3 운임과 비용

수송시장의 경쟁은 수요자의 지불비용으로 결정된다. 이 지불비용이란 영업용 수송서비스를 이용하는 경우는 운임이 되고, 자가용 수송서비스를 이용하면 주행비용을 의미하게 된다. 이들 운임이나 주행비용이 실제 수송서비스의 공급비용과 일치하지 않으면 경쟁조건이 불균등하여 경쟁에 의한 합리화를 기대할 수가 없다.

철도는 기초시설의 비용 일부를 이용자의 지불비용으로 충당하고 있으나 도로, 항공, 해운 등은 그 기초시설비를 일반예산으로 충당하고 있다. 사용자부담과 원칙에 따라 항공에

서는 착지요금, 해운에서는 항만이용요금 등으로 기초시설의 재원을 조달하고 있으나 그것은 일부분에 지나지 않는다. 도로의 경우도 사용자부담 원칙에 따라 운행료를 징수하지만 그것은 고속도로와 같은 특정도로의 경우에 한하고 일반도로의 경우에는 불특정 다수인에게 사용료를 받을 수 없으므로 일반세수에서 충당하는 수밖에 없다. 그러나 사용자부담의 원칙에 충실하기 위해서는 휘발유세와 같은 목적세를 신설하여 도로만을 위한 기금(fund)을 만들어 운용해야 할 필요가 있다.

4 통행료

통행료에 대해서는 지금까지 그 계측방법이 확립되어 있지 않다. 도로의 경우 건설, 유지관리비뿐만 아니라 안전시설비, 경찰비와 경제외적비용(사고, 공해, 혼잡비용 등) 등을 통행료로 회수해야 철도와의 경쟁여건을 균등화시킬 수 있다.

통행료의 계산방법은 EEC(유럽경제 공동체)의 한계비용계산법, 예산균형방식계산법, 자산재평가에 의한 감가상각비를 기초로 하여 계산하는 총비용법(total cost method)이 있으며, 독일에서는 총원가계산방식, 프랑스에서는 한계비용방식을 택하고 있다. 혼잡비용에 대해서는 여러 가지 이론적인 연구가 진행되고 있으나 여기서는 설명을 생략한다.

도로와 철도를 비교할 때 전체의 평균수송비용은 큰 의미가 없다. 왜냐하면 도로와 철도는 거시적으로 보면 대체성보다는 상호보완성이 강하기 때문이다. 따라서 균등기초 이론은 어떤 한계를 가진다.

도로와 철도 간의 균등기초를 달성하기란 이론적으로는 가능하나 현실적으로는 매우 어려운 문제이다. 특히 우리나라와 같이 국토의 종합개발을 위해서 국가경제적인 측면에서 전략적인 프로젝트에 대해 투자를 할 때에는 자원의 적정배분을 목적으로 하는 균등기초 이론과는 다른 차원의 정책이 필요하므로 여기서도 균등기초 이론은 한계성을 지닌다.

최근 유럽의 종합교통정책은 균등기초 이론에 의해 자유경쟁주의의 교통정책을 실시하면서도, 다른 면에서는 수송조정을 중요시하는 정책으로 전환하고 있다. 예를 들어 도시교통에서 균등기초 이론과는 맞지 않는 도시고속철도를 적극적으로 건설하고 있는 것이라든가, 독일의 경우처럼 사회·경제적 입장에서 장거리 중량트럭의 수송은 어느 정도 억제하고(4톤 이상의 트럭에 대한 운송세 부과, 주말 및 공휴일에 고속도로 사용금지 등), 화물을 철도와 트럭의 복합일괄수송으로 유도하고 있다. 영국에서는 1968년 Transport Act에 의해 중량트럭에 대해서 질적 및 양적규제를 하고 있다. 대도시교통에 대해서 미국에서는 1969년 Public Transportation Assistance Act에 의해 도시고속철도의 건설에 대해서는 2/3를 국고보조하고 있다. 독일에서는 지하철 건설비 50%를 국가에서 보조하고 이 재원은 휘발유세 특별인상분의 40%에서 충당하고 있다.

교통에 관련되거나 교통에 의한 여러 가지 문제점을 해결하기 위한 종합교통시스템을 구축하기 위해서는 각종 교통수단의 특성을 충분히 이해하고 다음과 같은 사항에 유의하여 종합교통체계를 수립해야 한다.

① 투자결정의 기준을 각 교통수단에 대해서 통일하고, 서로 경쟁 및 보완관계에 있는 교통수단에 대한 투자배분을 적정화하고, 국가경제와 사회정책상 필요한 투자(지역개발, 소득재분배를 위한)는 수익성에 관계없이 투자할 수 있도록 한다.
② 철도, 도로, 항만, 항공 등을 장기적인 안목에서 계획한다.
③ 각 교통수단의 이용가격에 공해, 교통사고의 비용을 포함시켜야 한다.
④ 각 교통수단의 유지관리에는 국가경제적, 사회정책적 관점에서 필요한 유인조치를 취할 수 있도록 해야 한다.
⑤ 국가에너지 관점에서 교통정책을 수립해야 한다.

참 고 문 헌

1. R.J. Paquette, N.J. Ashford, P.H. Wright, *Transportation Engineering-planning and design-*, 2nd ed., 1982.
2. E.C. Carter, *Regional Transportation Planning*, University of Maryland, Lecture Note, 1973.
3. A. Whittick, *Encyclopedia of Urban Planning*, 1974.
4. A.G. Wilson, "The Use of Entropy Maximizing Models in the Theory of Trip Distribution, Modal split, and Route Split", *Journal of Transport Economics and Policy*, Vol, 3., No. 1, 1969.
5. M. Schneider, "Direct Estimation of Traffic Volume at a Point", *Highway Research Record*, No. 165, HRB., 1967.
6. P.R. Stopher and A.H. Meyburg, *Urban Transportation Modeling and Planning*, 1975.
7. N. Ashford and F.M. Holloway, "Validity of Zonal Trip Production Models over Time", *Transportation Engineering Journal*, ASCE., Dec. 1972.
8. R.L. Smith and D.E. Cleveland, "Time Stability Analysis of Trip Generation and Predistribution Modal Split Models", *Transportation Research Record*, No. 569, TRB., 1976.
9. N. Ashford and D.O. Covault, "The Mathematical Form of Travel Time Factors", *Highway Research Record*, No. 289, HRB., 1970.
10. B.G. Hutchinson, *Principles of Urban Transport Systems Planning*, 1974.
11. C. Hamburg, *Data Requirements for Metropolitan Transportation Planning*, NCHRP Report 120, HRB., 1971.
12. AASHTO., *A Policy in Design of Urban Highways and Arterial Streets*, 1973.
13. Bureau of Public Roads, *Evaluating Urban Transportation Systems*, USDOT., FHWA., BPR., 1969
14. Bureau of Public Roads, *Guidelines for Trip Generation Analysis*, USDOT.,

FHWA., BPR., 1967.

15. Bureau of Public Roads, *National Highway Functional Classification and Needs Study Manual*, USDOT., FHWA., BPR., 1970.
16. Bureau of Public Roads, *Policy and Procedure Memorandum* 50-9 : *Urban Transportation Planning*, USDOT., FHWA., BPR., 1969.
17. Bureau of Public Roads, *Traffic Assignment Manual*, USDOC., BPR., 1964.
18. Chicago Area Transportation Study, *Final Report : Volume Two; Data Projections* (1960), *Volume Three; Transportation Plan*(1962).
19. Fertal, Martin J., E. Weiner, A.J. Balek, A.F. Sevin, *Modal Split-Documentation of Nine Methods for Estimating Transit Usage*, USDOC., BPR., GPO., 1966.
20. Institute of Traffic Engineers, *System Considerations for Urban Freeways*, ITE., 1967.
21. National Committee on Urban Transportation, *Better Transportation for Your City*, Public Administration Service, 1966.
22. Pittsburgh Area Transportation Study, *Final Report : Volume One, Study Findings*(1960); *Volume Tow, Forecasts and Plans*(1962).
23. Southeastern Wisconsin Regional Planning Commission, 1968 *Annual Report*, 1969.
24. State Highway Commission of Wisconsin, *Highway I, the Basis for Planning*, Wisconsin Development Series, Wisconsin Dept. of Resource Development, 1967.
25. Bureau of Public Roads, "Programming and Scheduling Highway Improvements", *Highway Planning Technical Report*, No. 4, April, 1966.
26. TRB., *Issues in Statewide Transportation Planning*, Special Report 146, TRB., 1974.
27. R. Grunow, "Functional System Classification", *Panel paper presented at the Region 3 Highway Planning and Research Conference*, March 25-27, 1963.
28. BPR., *1968 National Highway Functional Classification Study Manual*, USDOT., April 1969.
29. D.S. Berry, "Highway Classification and Needs Studies", *Paper presented ant Illinois Highway Engineering Conference*, Univ. of Illinois, March 3, 1965.
30. R. Horonjeff, *Planning and Desi후 of Airports*, McGraw-Hill Book Co., 1975.
31. W. Blessing, "Coordinated Data System for Highway Planning", BPR., *Highway Planning Technical Report*, No. 7, BPR., May 1968.
32. D.S. Berry, Lectures on Highway Inventories, Road Life Studies, and Highway

planning Studies, Northwestern Univ. and Univ. of California, 1955-1967.

33. C. Mc Cormack, "Creating, Organizing and Reporting Highway Needs Studies", BPR., *Highway Planning Technical Report*, No. 1, BPR., September 1963.
34. USDOT., *1972 National Transportation Report*, July 1972, *1972 National Highway Needs Report*, Government Printing office, May 1972.
35. USDOT., *1974 National Transportation Report*, 1974, *1974 National Highway Needs Report*, Government Printing Office, Jan. 1975.
36. Governor's Committee for Transportation, *Transportation and Pennsylvania's Future*, Commonwealth of Pennsylvania, Jan. 1969.
37. W. Oi, P. Shuldiner, *An Analysis of Urban Travel Demands*, Transportation Center, Northwestern Univ., 1962.
38. H. Peskin, *Some Problems in Forecasting Transportation Demands*, Mathematica, 1965.
39. B.G. Hutchinson, *Principles of Urban Transport System Planning*, McGraw-Hill Book Co., 1974.
40. R. Winfrey, *Economic Analysis for Highway*, International Textbook Co., 1969.
41. E.L. Grant, W.G. Ireson, *Principles of Engineering Economy*, 6th ed., Ronald Press, 1975.
42. E.C. Carter, L.E. Haefner, J.W. Hall, Report to the FHWA., DOT., *Techniques for the Evaluation of Factors Relevant to Decision Making in the Federal-Aid Highway Program*, FHWA., Jan. 1972.
43. NCHPR., *Evaluating Options in Statewide Transportation Planning/Programming, Techniques and Application*, NCHRP. Report 199, Mar. 1979.
44. TRB., *Issues in Statewide Transportation Planning*, Special Report 146, 1974.
45. JWK International Corporation and Roger Creighton Associates Incorporated, *Rail Planning Manual, Vol. 2, Guide for Planners*, FRA., July 1978.
46. National Transportation Policy Study Commission, *National Transportation Policies through the year 2000*, June 1979.
47. NCHRP., *Priority Programming and Project Selection*, NCHRP Synthesis 48, 1978.
48. TRB., *State Transportation Issues and Actions*, Special Report 189, 1978.
49. USDOT., *A Statement of National Transportation Policy*, Sept. 1975.

제 15 장 교통조사 및 분석

교통조사 및 분석(Transportation Studies)은 자료를 수집하고, 분석하며, 예측하는 과정을 말하며, 이때 특히 교통과 토지이용과의 관계에 유의를 한다. 협의의 교통조사 및 분석은 일반적으로 각종의 토지이용에 따른 통행발생률을 구하기 위한 O-D를 조사하고, 교통시설 각 부분의 용량을 평가하며, 기존 교통시설의 결함을 파악하는 것, 즉 현황조사와 분석에 국한된다. 그러나 1953년 "Detroit 광역도시권 교통조사분석"에서부터는 현황조사 및 분석은 물론이고, 여기에 장래 교통수요 예측과 이에 따른 장래 교통시설의 결함을 파악하는 수준까지 발전되었다.[1)] 장래 교통수요 예측과 이를 위한 교통예측 모형개발에 대해서는 16장에서 별도로 취급을 하고 여기서는 현황조사와 분석 및 교통시설의 결함파악에 대해서만 언급을 한다. 교통조사 및 분석은 교통계획에 필요한 교통계획조사(Transportation Planning Studies)와 시설의 건설 또는 개선이나 운영개선을 위한 교통공학조사(Traffic Engineering Studies)로 나누어지나 엄밀한 의미에서 어떤 조사들은 이 둘 중 어디에 속한다고 명확히 구분지을 수 없는 경우가 많다. 이 장에서 취급되는 조사 중에서 교통공학적인 조사에 대해서는 이 책의 상권 5장과 참고문헌 (2)와 (3)을 참조하면 좋다.

15.1 교통조사의 개요

15.1.1 교통조사의 목적

지금까지 대부분의 도시교통시설계획은 각 교통수단별로 수송실적을 조사하고 장래예측을 하여 계획을 입안해 왔다. 그러나 도시교통시설을 종합적이며 효과적으로 계획하기 위해서는 각 교통수단을 개별적으로 취급하지 않고 종합적인 교통시스템으로 취급해야 한다.

더욱이 종합교통시스템계획은 토지이용계획과 조화를 이루고 도시활동에 적합해야 한다. 수단별 또는 시설별로 개별적인 조사를 하여 이를 기초로 하여 분석 및 예측을 하면 도시교통 전체를 파악할 수가 없기 때문에 각 교통수단 상호간의 관련성이 충분히 반영되지 않을 뿐만 아니라 예측결과도 부정확할 수밖에 없다.

물론 종래의 조사방법으로도 당면 교통대책이나 단기계획의 기초자료를 얻을 수는 있으나 도시교통이 지금과 같이 다양화되고 대량화된 상태에서 재래식방법만으로는 도시교통 전반에 대한 균형적인 검토나 합리적인 계획을 할 수가 없다. 따라서 통근, 통학, 업무, 유통 등의 도시 통행수요를 충족시키기 위한 모든 시설을 망라한 종합적인 대책을 강구해야 했으며, 이러한 종합적인 교통계획수립을 위해서는 종합적인 현황조사가 필요하게 되었다.

교통현황을 종합적으로 파악하기 위해서는 먼저 교통발생원을 알아야 한다. 교통발생의 근원은 사람과 물자의 이동으로부터 생기는 것이기 때문에 이동의 근본 원인을 정확하게 조사·분석해야 한다.

도시활동에 있어서 사람이나 물자는 어떤 목적에 따라 그 공간적 위치가 변경되기 때문에 교통이 발생하며, 교통수단은 이를 위한 수단에 지나지 않는다. 따라서 교통수단의 통행량 또는 사람이나 물자의 수송량을 조사하는 것은 교통수요를 파악하는 것이 아니라 교통이용현황을 파악하는 것이 된다.

도시교통수요를 파악하기 위해서는 통행발생의 원인이 되는 사람과 물자에 대한 이동요인과 그 양을 조사해야 한다. 물자의 이동에 대한 조사는 그 조사방법이나 예측방법이 아직도 초보적인 단계에 머물러 있을 뿐만 아니라 조사비용도 많이 들기 때문에 지금까지는 주로 개인통행조사(person trip survey)에 치중하였다. 화물조사에 대해서는 이 장의 끝부분에서 다시 언급된다.

개인통행조사는 어떤 지역에 있어서 사람의 이동을 통행목적, 수단, 시간, 출발지, 목적지, 토지이용 등의 관점에서 조사한 다음, 분석을 하여 교통현상을 본질적으로 파악하기 위해 실시한다. 즉,

- 개인통행의 발생원단위를 파악하고 그 요인을 분석
- 교통수요의 수단별 분담의 현황을 파악하고 그 요인을 분석
- 사람의 이동상황과 그 양을 파악
- 장래의 토지이용에서 발생되는(trip generation) 개인통행의 양과 지역적인 분포를 파악한다.

사람은 어떤 활동의 목적과 사회·경제적 조건(직업, 산업, 연령, 소득 수준 등)에 따라 통행의 성질(목적, 출발·도착시간, 장소 등), 교통수단의 특성(이용시간, 비용, 쾌적성 등)에 맞는 교통수단을 선택하기 때문에 결과적으로 각 교통수단에 교통수요가 배분된다.

개인통행에 의한 교통수요 예측방법은 다음과 같은 특성을 가진다.

① 사람을 조사대상으로 하기 때문에 교통현상을 파악할 수 있음은 물론이고, 교통발생 원인까지 파악할 수 있다. 또 사람의 활동을 종합적으로 파악함과 동시에 직업, 소득, 연령, 성별 등을 조사하며 인간활동 관계를 파악할 수 있다. 따라서 직업이나 소득 수준의 변화 등 장래 예상되는 사회적 변화에 대한 교통수요의 변화를 충분히 예측할 수 있다.
② 각 교통수단의 이용도는 대체할 수 있는 교통수단이 있는지 없는지에 따라 달라지며, 개인통행은 사람의 하루 동안의 활동을 나타내며, 통근, 통학, 업무, 쇼핑을 위한 활동이 대부분을 차지하므로 소득 수준에 따라 크게 변하지는 않는다. 따라서 장래에 대한 예측을 하더라도 비교적 안정된 값을 얻을 수 있다.
③ O-D 통행발생영역을 모든 교통수단에 걸쳐 종합적으로 파악함으로써 교통수단별 체크가 가능하다. 만일 장차 신교통수단이 도입되는 경우에도 그 영향을 고려한 장래 통행예측이 가능하다.

이와 같은 개인통행의 특성을 충분히 활용하기 위해서는 물자유동 조사, 인구 조사, 사업소 조사, 토지이용, 건물 및 도시시설의 현황조사, 가계 및 생활시간 조사 등을 보완하고, 이들과 조사구역을 서로 일치시켜 시계열적으로 분석할 필요가 있다.

일반적으로 개인통행조사는 가구면접 조사(조사구역내), 경계선 조사(조사대상구역 밖에서 안으로 진입하는 통행), 공공교통수단 이용자 조사, 영업차 조사 등이 있으며, 역 외에 거주하는 사람이 역내에서 만드는 업무상의 이동이 파악되지 않을 우려가 있기 때문에 조사대상구역을 일일생활권(통근권) 정도의 크기로 정하는 것이 가장 좋으나 조사비용이 많이 드는 단점이 있다. 중소도시에서는 통근권을 비교적 쉽게 결정할 수 있으나 대도시에서는 어려우므로 일반적으로 도시 중심으로의 통근 인구가 행정구역 인구의 5% 이상인 지역을 조사권에 포함시킨다.

Zoning을 할 때에는 교차로, 철도역 등의 교통시설 배치현황, 존내의 토지이용 균일성, 존내의 인구 및 통행량의 균일성 등을 고려해야 하며, 가능하면 행정단위(시, 구, 동, 통, 반)를 존과 일치시키는 것이 모집단을 파악하고 자료수집을 하기가 쉽다.

개인을 조사대상으로 하여 표본추출을 하는 경우 모집단으로 주민등록대장, 선거인명부, 취업자와 그 가족, 건물단위의 거주자 등이 사용된다. 표본추출은 개인단위보다 세대단위로 하는 것이 표본수를 적게 할 수 있어 시간과 비용을 절약할 수 있다. 그러나 이 경우에는 추출된 표본의 연령구성비와 모집단의 연령구성비를 비교・검토할 필요가 있다.

표본추출의 방법으로는 무작위추출법(random sampling), 집락추출법(cluster sampling : 통, 반 단위로 전부 또는 일부를 집중적으로 조사하는 방법), Mesh법 등이 있으며, 지역

특성이나 교통조건이 불분명할 경우에는 무작위추출법을 사용하는 것이 좋다.

15.1.2 조사대상지역과 지구분할(zoning)

도시교통계획 또는 도로계획을 위한 교통조사가 필요하다면 그 계획대상지역에 적합한 조사대상지역을 정해야 한다. 조사대상지역은 계획하는 교통시설이 영향을 미치는 범위, 즉 도시세력권으로 한다. 그러나 세력권이란 편의상 정하는 범위로서 그 경계선이 명확히 있는 것이 아니다.

도시교통은 도심으로 향하는 경향이 있으므로 도시세력권은 도시의 일상생활권을 나타내는 경우가 많다. 생활권이란 일상생활의 움직임이 가장 명확하게 나타나는 권역을 말하는 것으로서 주로 통근, 통학권이나 쇼핑 및 위락권을 나타낸다.

설정된 세력권의 안쪽을 조사대상지역으로 하고, 그 범위를 나타내는 선을 경계선(cordon line)이라 부른다. 경계선을 설정할 때 고려해야 할 사항은 다음과 같다.

- 경계선을 횡단하는 도로는 가능한 적어야 한다. 이 때문에 가능한 한 하천이나 철도 또는 산의 능선을 경계선으로 이용한다.
- 행정구역의 경계선과 가능한 한 일치시킨다. 왜냐하면 그렇게 하면 각종 자료를 이용하기가 쉽다.
- 매우 큰 규모의 주거지역이 경계선 바깥에 있으면 이를 될수록 경계선 안에 포함시킨다.

이와 같이 해서 조사대상지역이 정해지면 이를 다시 작게 분할을 한다. 이때 가능한 한 여러 개의 존으로 나누는 것이 바람직하지만 사실상 기술적으로나 경제적으로 많은 제약을 받는다.

zoning의 원칙은 다음과 같다.

- 존의 모양은 원형에 가까워야 한다.
- 존 내부의 사회·경제적 특성이 균일해야 한다.
- 존 내부의 통행이 적어야 한다(존 내부에 하나의 중심만 가지도록 한다).
- 가능한 한 지형적이거나 행정적인 경계선을 사용해야 한다.
- 존내에 다른 존이 포함되지 않아야 한다.
- 각 존의 가구수, 인구 및 통행량이 비슷한 것이 좋다.

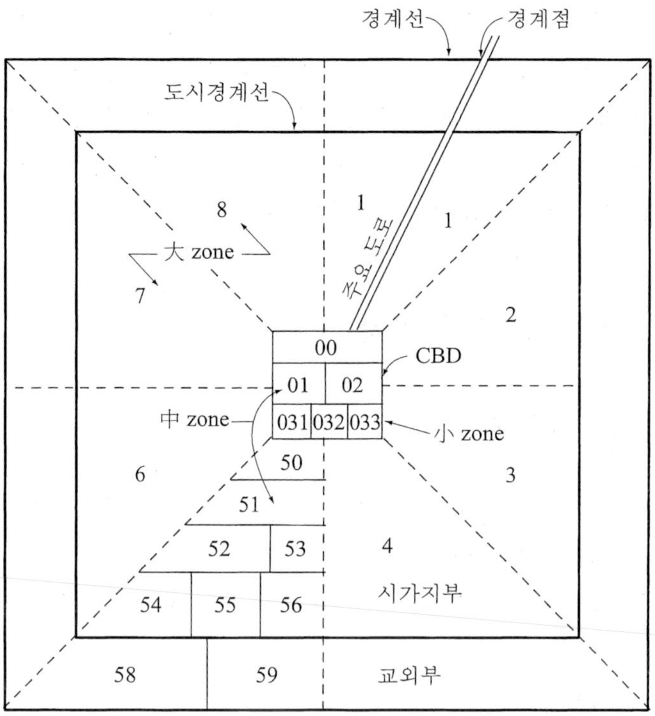

〔그림 15-1〕 zoning 방법

도시권을 대상으로 한 zoning 방법의 예를 〔그림 15-1〕에 나타내었으며, 이때 지역의 분할순서는 다음과 같다.

① 대상지역(area)
② 대(大)존(sector)
③ 중(中)존(district)
④ 소(小)존(zone)
⑤ 세(細)존(subzone)

대존을 1차 존이라고도 하며, 대상지역을 9개로 나누어 도심을 0, 그 주변을 시계방향으로 1~8번까지의 번호를 부여한다. 중존은 2차 존이라고도 하며, 대존을 10개로 분할하여 대존 번호 다음에 0~9까지의 번호를 붙여서 두 자리 숫자의 존 번호를 부여한다. 소존은 3차 존이라고도 하며, 중존을 10개 이내로 나누어 중존 번호 다음에 0~9까지의 번호를 붙여 3자리 숫자의 존 번호를 부여한다. 또 소존내의 특이한 성질을 가진 시설이 있거나 도시활동이 복잡하여 더 작은 존 단위로 조사·분석을 해야 할 경우에는 소존을 다시 세분하여 세존을 만든다.

이와 같은 zoning 방법으로는 역(域) 외의 zoning은 할 수가 없다. 그래서 경계선과 주요 도로의 교점을 경계점(cordon station)이라 하고 이를 하나의 역외(域外)존으로 취급한다. 역외존의 수는 경계선을 통과하는 교통량의 95% 이상을 파악할 수 있는 정도로 많아야 하며, 각 역외존에 대해서는 900번부터의 존 번호를 붙여준다. 역외존은 총 통행유출량(trip production)과 통행유입량(trip attraction)의 균형을 유지하기 위하여 설정을 하며 이를 가상(假想)존(dummy zone)이라 한다.

15.2 교통공급 및 수요조사 분석

15.2.1 도로 및 대중교통 자료

기존의 도로 및 대중교통시설과 도시지역내 통행행태에 대한 현황은 현장조사와 여러 부서에서 사용하는 자료를 종합하여 얻을 수 있다. 과거의 경제 및 인구성장경향은 뒤에서 언급되는 O-D조사, 토지이용조사 및 다른 자료를 수집하여 얻는다.

1 도로분류 및 교통량도

이 조사의 목적은 모든 도로에 대해서 현재 이용되고 있는 교통량과 그 기능을 파악하기 위한 것이다.

도시지역내의 모든 도로는 잠정적으로 고속도로, 주간선도로, 보조간선도로, 집산도로 및 국지도로로 분류된다. 지방부 도로는 국도 및 지방도(특별시, 시, 군도 포함)의 위계에 따라 기능별 및 설계수준별(2차로 도로, 다차로 도로, 고속도로 등)로 분류된다. 이와 같이 잠정적으로 분류하여 각 도로구간별 교통량을 나타내는 교통량도(圖)를 만든다.

2 교통서비스 현황조사

현재의 교통수요에 대해서 기존 시설이 제공하는 교통서비스의 현황을 조사하는 것으로서 여기서는 주로 교통계획에 관계되는 자료만 다룬다.

(1) 교통량조사

교통량조사의 종류에는 특정지점의 교통량조사, 광역교통량조사, 경계선(cordon line) 교통량조사, 검사선(screen line) 교통량조사가 있다. 이 중에서 처음 두 가지는 5장 및 7장에서 자세히 설명한 바 있다. 경계선 교통량조사는 CBD 또는 전체 도시지역으로 출입하는 교통량을 조사하거나 O-D 조사에서 역내, 역외 통행의 정확성을 체크하기 위하여 O-D조사 또는 주차조사 등과 병행해서 실시하는 경우가 많다. 이 조사에서는 조사지역을 둘러싼 경계선과 이와 교차하는 도로와의 교점, 즉 경계점(cordon station)을 조사지점으로 하여 출입교통량을 측정한다.

검사선 교통량조사는 강, 철도, 도로 등과 같은 자연적이거나 인공적인 경계선 또는 임의로 설정한 가상선을 통과하는 교통량을 조사하는 것이다. 이 검사선은 조사지역을 크게 분할을 하기 때문에 이 선을 통과하는 O-D자료와 교통배분자료를 체크할 수 있다. 또 토지이용이나 통행패턴이 크게 변함으로써 야기되는 교통량 및 교통이동방향의 변화를 장기적으로 파악하는 데 사용된다.

(2) 통행시간조사

주요 도로시스템에서의 통행시간을 측정하면 기존 도로망을 구성하고 있는 여러 도로구간에서의 서비스수준을 비교할 수 있다. 또 이 조사를 하루 중 서로 다른 시간대에 실시하여(첨두시간과 비첨두시간) 서로 비교할 수 있다. 이 조사는 평균속도방법 또는 교통류적응방법(floating car method)을 사용하여 운전자가 시험차량을 운전하고 관측자가 측정하는 방법을 쓴다. 여기서 평균속도방법(average speed method)이란 운전자가 전반적인 교통류의 평균속도에 가깝다고 판단되는 속도로 주행하면서 통행시간을 측정하는 방법이며, 교통류적응방법은 시험차가 다른 차에 의해서 추월당하는 횟수와 같은 횟수만큼 다른 차량을 추월하면서 주행할 때의 통행시간을 측정하는 방법을 말한다.

(3) 용량조사

주요 도로의 모든 구간에 대한 용량은 그 도로의 기하구조, 교통통제의 형태 및 교통류내의 차종구성에 근거를 두고 계산된다. 이 계산방법은 일반적으로 각 나라마다 독자적으로 가지고 있는 '도로용량편람'에 자세히 설명되어 있다. 우리나라의 도로용량편람 중에서 몇 가지의 교통시설에 대한 용량계산 방법은 6장에 비교적 상세하게 기술되어 있다. 이 편람에서 취급되지 않는 특이한 여건에서의 용량을 계산하는 방법은 교통공학자가 스스로 개발해야 한다. 도시지역에서는 두 개의 주요 도로가 만나는 모든 교차로에 대한 용량을 분석한다. 이것은 일반적으로 모든 교차로의 약 5% 정도에 해당된다.

(4) 사고조사

승용차 및 트럭 사고에 대한 자료를 수집하고 지방 행정부서와 경찰서의 자료철 등에 수집되어 있는 기존자료들과 종합한다. 사고자료는 도로시스템의 안전성을 나타내는 척도가 될 뿐만 아니라 안전성은 또 혼잡 및 편리성과 함께 서비스수준을 결정하는 또다른 기준이 된다.

(5) 주차조사

모든 교통계획에는 승용차와 트럭터미널에서 적절한 주차시설을 마련하는 대책이 포함되어 있기 때문에 주차조사는 현황조사에 매우 중요한 사항이다. 주차조사에는 지금까지 두 가지의 기법, 즉 종합적 주차조사와 제한적 주차조사가 사용되었다.

종합적 주차조사는 CBD 및 기타 중요한 지역에서 승용차의 주차시설의 문제점을 전반적으로 분석할 필요성이 있을 때 실시된다. 종합적 주차조사에 포함되는 사항은 다음과 같다.

- 현재 주차시설의 현황
- 현재 주차관련법규의 적절성 검토
- 행정적인 책임의 한계 분석
- 기존 주차시설의 이용패턴(주차시간길이 및 보행거리 포함)
- 현재의 주차수요 패턴
- 가능한 재원조달 방법
- 교통류
- 주차특성
- 대규모 교통발생원의 영향

제한적 주차조사는 종합적 주차조사보다 그 범위가 훨씬 좁으며, 다음과 같은 네 가지 사항만을 검토하는 것이다.

- 주차공급
- 주차이용도
- 주차시간길이
- 주차미터 수입

(6) 교통통제설비조사

교통통제설비가 도로망의 용량에 미치는 효과가 너무나 크기 때문에 다음과 같은 사항을 파악하기 위해 종합적인 조사가 필요하다.

- 중요한 모든 교통통제설비의 위치, 종류 및 기능적인 특성
- 도로구간별 주차규제 내용
- 대중교통노선 및 대중교통 승하차 구역

3 대중교통현황조사

대중교통이 승객의 서비스 수요를 얼마나 잘 충족시키는가를 알기 위해서는 현재의 대중교통 서비스수준과 수요를 종합적으로 파악할 필요가 있다. 이를 위한 조사에는 다음과 같은 것이 있다.

(1) 노선 및 서비스 범위조사

적절한 보행거리 내에서 서비스를 받을 수 있는 지역이 전체지역 중에서 어느 정도를 차지하는가를 알기 위해서는 대중교통의 역할, 구조, 현황이 조사된다. 서비스가 통행의 희망축선을 따르고 있는지, 대중교통이 점증하는 지역사회의 통행수요를 처리할 수 있는지를 알기 위해서는 노선을 세밀히 검토해야 한다.

(2) 대중교통노선의 현황조사

모든 대중교통노선의 물리적인 특성을 조사한다.

(3) 서비스 빈도, 규칙성 및 주행시간 조사

대중교통의 운행서비스 현황을 조사하여 요망되는 표준과 비교할 수 있다.

(4) 재차인원 조사

서비스 빈도가 현재의 수요를 만족시키기에 적합하며, 적절한 쾌적성을 유지할 수 있는지를 판단하기 위해 이 조사를 실시한다. 배차간격의 타당성은 이 자료로부터 평가할 수 있다.

(5) 대중교통속도 및 지체조사

실제 운행 중인 대중교통에서 속도 및 지체조사를 실시하여 지체의 원인과 종류를 파악할 수 있다. 개선책을 수립하기 위해서는 이들 지체의 내적, 외적 원인을 다각도로 분석해야 한다.

(6) 전반적인 운행조사

일반적으로 6가지의 척도를 구하여 서로 비교하는 데 사용된다.

- 인구당 차량·km(서비스 질의 척도)
- 승객당 차량·km(서비스 질의 척도)
- 차량·km당 노선주행시간(서비스 효율 척도)

- 인구당 승객수(서비스 이용 척도)
- 인구당 노선 km(서비스 범위 척도)
- 운행시스템의 속도(시간의 편리성)

기타 기준으로써 비용, 편리성 및 시스템 전체의 쾌적성 등이 있다.

(7) 승차습관

승객의 승차습관, O-D 및 그들의 경제적·사회적 지위 등에 대한 자료를 표본조사한다. 필요하다면 그들의 성향조사도 함께 한다.

4 도로시스템의 물리적 현황조사

도로시스템의 현재와 장래의 용량을 구하기 위해서 다음과 같은 사항에 대한 물리적 현황조사를 실시할 필요가 있다.

- 도로폭
- 블럭길이
- 포장상태
- 기하설계
- 노면배수 및 우수거(雨水渠)

15.2.2 항공교통 자료

항공교통의 현재상태는 물리적인 설비 현황, 수요 및 이용도 현황에 대한 여러 가지 조사를 통하여 얻을 수 있다.

1 공항의 분류

어떤 지역내 항공교통의 전반적인 현황은 공항 간의 공간적인 상호관계와 도시지역과의 관계를 고려하여 모든 항공시설을 검토함으로써 얻을 수 있다. 공항을 분류할 때에는 각 공항의 기능과 발전계획을 포함시켜야 한다.

2 항공교통 현황조사

항공교통의 현재 패턴 및 이들이 기존 공항시설에 미치는 영향을 다음과 같은 여러 가지 조사를 통해서 분석한다.

(1) 교통량

항공교통량은 각 공항의 기록으로부터 얻을 수 있으며, 개별 항공기에 대한 취항자료도 얻을 수 있다.

(2) 통행시간

공항과 공항 간의 통행시간은 비행기 운행스케줄로부터 구할 수 있다.

(3) 공항용량

공항의 시간 및 연간용량은 그 공항시설이 시간 또는 연간 취급할 수 있는 최대이동률이다. 용량은 최대평균 허용지체시간(4분)을 기준으로 계산된다.

(4) 최대탑승

교통수요와 승객수송의 월별, 일별 및 시간별 변동자료는 공항자료 또는 표본조사를 통하여 구할 수 있다.

3 공항시설 현황

공항의 전반적인 현황은 다음과 같은 물리적 특성에 대한 자료로부터 얻는다.

- 활주로, taxiway, 탈출램프, 조명, 배수로, 애프론
- 항공기 대기소, 격납고, 정비소
- 관제시설
- 승객, 수화물, 화물용 터미널 시설
- 일반 항공 지원시설
- 육상 수송시설
- 주차장 및 접근로
- 확장을 위한 주변 토지이용의 적합성

15.2.3 항만 및 항구자료

항만 및 항구시설의 적절성과 기능적인 성과를 분석하는 데에는 현재 교통의 서비스 수준과 그 시설의 물리적 특성에 대한 깊은 지식이 필요하다.

1 교통서비스

교통서비스의 평가는 기존시설이 현재의 수요를 얼마나 충족시키며, 또 장래의 필요성에 얼마나 잘 부응할 수 있는가를 판단하기 위한 것이다. 이를 위한 자료를 수집하기 위해서는 다음과 같은 조사를 해야 한다.

(1) 교통량

항만운영기록으로부터 승객 및 화물량이 추정되어야 한다. 화물의 종류에 따라 하역, 적환, 저장 및 지상수송을 하는 데 필요한 시설이 다르기 때문에 화물량은 종류별로 분류되어야 한다.

(2) 계절별 변동

화물은 계절을 타기 때문에 교통량은 연간 계절별로 큰 변동을 보인다. 전년도의 계절별 변동자료는 항만운영기록으로부터 얻을 수 있다.

(3) 접안용량

접안용량에 대한 자료는 해운터미널의 종류별로 분류될 필요가 있다. 즉, 선착순으로 운영되는 공공시설이나 임차 또는 사적 운영을 하는 시설로 분류를 한다.

(4) 하역용량

화물 취급장비의 기동력에 따라 화물을 하역하는 용량이 달라진다. 고정화물 취급시설이 있으면 개개의 접안대(接岸垈)에 화물을 부리는 용량에 제한을 받는다.

(5) 저장용량

저장용량은 단기저장, 장기저장, 궤도저장, 무개(無蓋)저장, 컨테이너저장 등으로 분류된다. 또 냉동시설과 비냉동시설로 구분해야 한다.

(6) 지상수송접속

지상수송으로의 연결이 가능한지를 검토해야 한다. 재래식 해운터미널은 수직화물 이동시설을 가지고 있었으나 요즘은 화물을 더욱 쉽게 취급할 수 있는 수평이동식 시설을 갖추고 있는 곳이 많다. 옛날 터미널은 또 트럭으로 적환을 할 때 매우 혼잡했다. 왜냐하면 그 당시에는 지상수송은 사실상 철도에 의해서 이루어졌기 때문이다. 그와 같은 터미널에서의 철도하역용량은 지나치게 많은 반면에 트럭하역장소는 매우 협소한 경우가 많다.

(7) 컨테이너화

현재 컨테이너화할 수 있는 용량을 공간적으로나 하역능력면에서 분석해야 한다. 급성장하고 있는 해상운송을 감안한다면 컨테이너화 문제는 매우 중요하다.

(8) 살화물(撒貨物 : bulk cargo)

살화물의 증가로 항만이나 접안공간에 있어서 전반적인 저장용량을 얼마만큼 공급해야 할 것인가를 분석할 필요가 있다.

(9) 특화서비스

어떤 항만이든 항만 자체의 특정한 필요성에 부응할 수 있는 서비스를 제공한다. 이 서비스는 해운을 이용하게 하는 유인책이 될 수 있으므로 특별히 관심을 쏟아야 한다. 이와 같은 서비스의 종류에는 포장, 중개, 화물발송, 건조 및 특별 취급장비 등이 있다.

2 시설현황조사

항만시설의 현황조사는 다음과 같은 시설의 물리적 특성을 포함한다.

- 항구, 수로, 내만(內灣)
- 사로(斜路), 부두, 배 매는 시설
- 항해지원시설
- 애프론
- 창고
- 철도 및 무개(無蓋)저장소
- 살화물, 화공약품, 유류저장소
- 하역설비
- 지상수송접속시설
- 주위의 토지이용

15.2.4 철도 자료

철도의 소유나 운영권이 모두 국가기관에서 독점하고 있기 때문에 철도계획에 대한 관심은 다른 수단에 비해 제한적일 수밖에 없다. 그러나 계획이 필요하다면 다음과 같은 조사가 실시되어야 한다.

1 분 류

그 지역의 철도시설을 수입면, 용도면에서 분류하고, 또 기능별로 분류할 수도 있다.

2 교통서비스 현황

공급되고 있는 현재 교통의 서비스수준을 파악하기 위해서는 다음과 같은 몇 가지 사항을 분석해야 한다.

- 화물 및 승객의 노선 현황
- 각 노선에서의 서비스 빈도
- 노선의 용량
- 분류장(classification yards)의 용량 및 서비스 특성
- 터미널시설
- 승객의 승차습관
- 전반적인 운행자료
- 노선 및 분류장의 크기
- 교통통제설비

3 시설현황조사

현재의 철도설비상태를 파악하기 위해서 기관차, 동력설비, 교량, 궤도, 구조물, 노상, 교통통제설비, 기하설계, 부지폭 및 터미널시설 등과 같은 항목에 대한 현황조사를 해야 한다. 이와 같은 자료의 대부분은 철도공사에서 보유하고 있으며, 자료가 불충분하다면 현장에서 조사하여 보완할 수 있다.

4 기타 운영 패턴

현황조사가 끝난 후에 다른 교통수단 간의 관계가 정립되어야 한다. 그러기 위해서는 공동시설의 운영을 분석해야 하고, 상호교환협정, 교환노선 및 전반적으로 처리되는 교통량에 대해서 분석을 해야 한다.

15.3 수요현황조사(O - D조사)

15.3.1 기 · 종점조사의 종류

아마도 가장 중요하고, 많은 시간과 경비가 소요되는 계획 조사는 O-D조사일 것이다. 이 조사는 개인통행이 언제, 어디서 시작되고 끝나며, 통행인의 사회 · 경제적 특성과 통행의 목적, 통행의 수단 및 통행 기 · 종점의 토지이용 형태가 무엇인지를 파악하는 것이다. 화물유동에 대해서는 하주 및 적하서비스의 여러 가지 특성과 화물의 종류를 파악한다.

O-D 조사는 그 지역내에서 평일에 일어나는 모든 이동의 표본적인 양상을 조사하는 것이다. 이 양상은 그 조사가 수행되는 시기에 그 시스템의 평균통행수요를 대표하는 것이어야 한다. 이 수요와 그 지역의 특성 및 인구와의 상관관계를 파악함으로써 장래의 경제발전 및 인구증가를 예측한 것을 가지고 장래의 통행수요를 구할 수 있다. 그러므로 O-D 조사는 교통 조사에서 가장 근본적이며 중요한 자료를 제공한다. 〔그림 15-2〕와 〔그림 15-3〕은 O-D 조사를 위한 설문지의 한 예를 보인 것이다.

도시의 크기가 커질수록 도시를 통과하거나 도시 안에서 일어나는 통행발생의 양상은 변한다. 〔표 15-1〕은 도시의 크기가 커질 때 도시지역으로 들어오는 교통의 특성이 변하는 것을 보인 것이다. 도시를 통과하는 교통의 비율을 볼 때 인구 5,000명 이하인 도시에서는 50% 정도이던 것이 인구 50만이 넘으면 8%로 현저하게 감소한다. 이러한 차이에 따라 통행패턴을 설정하기 위해서 행하는 O-D 조사의 종류가 달라진다. O-D 조사의 종류에는 다음과 같은 것들이 있다.

대구도시권 사람통행 실태조사

세 대 특 성 조 사 표

대구직할시

조사일 1988년 7월 일

본 조사는 대구시민의 1일 통행실태를 조사하여 과학적이고 합리적인 교통계획을 수립할 목적으로 실시합니다. 조사결과는 목적 외에는 사용되지 않습니다.

지역번호	동	통	세대

① 귀댁의 주소는?	구 동 통 번지 ☎ –	⑦ 소유한 차종은?	1.승용차 2.봉고 3.픽업 4.트럭 5.기타
② 귀댁의 가족수는?	전체 인, 5세 이상 인, 취업자 인	⑧ 자동차 운행실태는?	일일평균 운행회수 회 1개월 유지 관리비 만원
③ 주거의 형태는?	1.단독주택 2.연립주택 3.아파트 4. 병용주택(점포 등과 병용) 5.기타	⑨ 귀댁의 생활수준은?	월 총수입 만원 가계규모 만원
④ 주택의 소유형태는?	1. 자가 2. 전세 3. 월세 4. 기타		
⑤ 주택의 사용면적은?	대지 평, 연건평 평, 방수 개	⑩ 가족이 행한 통행수는?	통행
⑥ 자동차 보유대수는?	대	⑪ 평상시 주로 시내버스를 이용하는 가족수는?	인

〔그림 15-2〕 O-D 조사를 위한 가구 특성조사표(예)

개 인 통 행 실 태 조 사 표

가족번호	1

조사일 : 1988년 7월 일 오전 3시에서 다음날 오전 3시까지

① 성별	② 나이	③운전면허	④승용차유무	⑤ 직업	⑥ 산업	⑦근무지 또는통학지	⑧통행여부	⑨통행하지 않는 이유	⑩월소득
1. 남자 2. 여자	만 세	1. 있다 2. 없다	1. 있다 2. 없다	번	번	구 동 번	1. 통 행 2. 비통행	번	만원

통행번호		1	2	3	4	5	6
⑪출발	장 소	동	동	동	동	동	동
	시 설	번	번	번	번	번	번
	시 각	시 분	시 분	시 분	시 분	시 분	시 분
⑫ 도착	장 소	동	동	동	동	동	동
	시 설	번	번	번	번	번	번
	시 각	시 분	시 분	시 분	시 분	시 분	시 분
⑬ 교통목적		번	번	번	번	번	번
⑭ 교통수단		수단 / 이용시간 / 갈아탄 장소	수단 / 이용시간 / 갈아탄 장소	수단 / 이용시간 / 갈아탄 장소	수단 / 이용시간 / 갈아탄 장소	수단 / 이용시간 / 갈아탄 장소	수단 / 이용시간 / 갈아탄 장소
	첫 째	분	분	분	분	분	분
	둘 째	분	분	분	분	분	분
	셋 째	분	분	분	분	분	분
	넷 째	분	분	분	분	분	분
	다섯째	분	분	분	분	분	분
목적지까지 자동차를 이용한 경우 (교통수단 3~7까지)	⑮승차인수	인	인	인	인	인	인
	⑯주차장소	번	번	번	번	번	번
	⑰손수운전	1. 예 2. 아니오	1. 예 2. 아니오	1. 예 2. 아니오	1. 예 2. 아니오	1. 예 2. 아니오	1. 예 2. 아니오

가족번호	2

① 성별	② 나이	③운전면허	④승용차유무	⑤ 직업	⑥ 산업	⑦근무지 또는통학지	⑧통행여부	⑨통행하지 않는 이유	⑩월소득
1. 남자 2. 여자	만 세	1. 있다 2. 없다	1. 있다 2. 없다	번	번	구 동 번	1. 통 행 2. 비통행	번	만원

통행번호		1	2	3	4	5	6
⑪출발	장 소	동	동	동	동	동	동
	시 설	번	번	번	번	번	번
	시 각	시 분	시 분	시 분	시 분	시 분	시 분
⑫ 도착	장 소	동	동	동	동	동	동
	시 설	번	번	번	번	번	번
	시 각	시 분	시 분	시 분	시 분	시 분	시 분
⑬ 교통목적		번	번	번	번	번	번
⑭ 교통수단		수단 / 이용시간 / 갈아탄 장소	수단 / 이용시간 / 갈아탄 장소	수단 / 이용시간 / 갈아탄 장소	수단 / 이용시간 / 갈아탄 장소	수단 / 이용시간 / 갈아탄 장소	수단 / 이용시간 / 갈아탄 장소
	첫 째	분	분	분	분	분	분
	둘 째	분	분	분	분	분	분
	셋 째	분	분	분	분	분	분
	넷 째	분	분	분	분	분	분
	다섯째	분	분	분	분	분	분
목적지까지 자동차를 이용한 경우 (교통수단 3~7까지)	⑮승차인수	인	인	인	인	인	인
	⑯주차장소	번	번	번	번	번	번
	⑰손수운전	1. 예 2. 아니오	1. 예 2. 아니오	1. 예 2. 아니오	1. 예 2. 아니오	1. 예 2. 아니오	1. 예 2. 아니오

〔그림 15-3〕 개인 O-D 조사표(예)

〔표 15-1〕 도시유입 교통의 목적지별 구성비(%)

도시인구(천 명)	CBD	도시내 기타지점	도시 밖의 지점
5 이하	29	22	49
5~ 10	29	29	42
10~ 25	28	37	35
25~ 50	26	49	25
50~100	24	57	19
100~250	21	62	17
250~500	18	70	12
500~1000	15	77	8

1 외부 경계선 조사

보통 역외교통이 주종을 이루는 인구 5,000명 이하의 도시에서 수행된다. 표본의 크기는 교통량이 많은 도로에서 20%로부터 교통량이 적은 도로에서는 100%의 범위를 가지도록 하면 좋다.

2 내부-외부 경계선 조사

인구 5,000에서 50,000의 도시에 적용하면 좋다. 두 경계선에서 직접면접 조사방법을 쓴다. 외부 경계선은 도시지역의 외곽에 설치되며, 내부 경계선은 CBD의 가장자리에 설치된다. 이 조사로 완전한 통행패턴을 구할 수 있으며, 표본의 크기는 약 20%이면 충분하다.

3 외부 경계선-주차 조사

대중교통이 잘 발달되어 있지 않고 도심에 문제점이 많은 인구 5,000에서 50,000 사이의 도시에 적용하면 좋다. 외부 경계선 조사는 앞에서 언급한 바와 같은 방법으로 실시되며, 주차 조사는 다음과 같은 세 가지 사항으로 구성된다.

- 현재 주차공간의 현황조사
- 노상 및 노외주차장에서 모든 주차차량 운전자를 면접하여, 통행의 기·종점, 통행목적, 주차시간길이 등을 조사
- 도심을 진출입하는 교통량 조사(경계선에서)

4 외부 경계선-가구면접 조사

모든 크기의 도시에 적용할 수 있는 종합적인 조사이다. 외부 경계선 조사는 경계선을 지나는 모든 차량의 20%를 표본으로 하여 앞에서와 같은 방법으로 수행한다. 뿐만 아니라 경계선 내에서는 표본을 추출하여 가구면접 조사가 실시된다. 이때 표본의 크기는 그 지역

의 인구와 인구밀도에 따라 달라진다. 인구 5만 이하의 지역에서는 전체 가구수의 20%를 표본으로 하며 100만을 넘는 지역에서 4% 정도를 표본으로 한다.

표본의 크기는 허용오차와 신뢰수준 및 통행량에 따라 변한다. 조사자는 모든 표본가구를 방문하여 그 가구의 인원수와 나이 및 직업, 자동차 보유대수 등을 조사하고 가구구성원 개개인의 그 전날에 대한 통행수, 통행목적, 기·종점, 통행수단, 통행시작 시간과 끝나는 시간을 조사한다. 〔그림 15-3〕은 이러한 가구면접 조사의 양식을 예로 든 것이다.

가구면접 조사를 실시할 때 "트럭 및 택시 조사"를 실시할 필요가 있다. 이때 만약 이 조사를 하지 않으면 외부 경계선을 가로지르지 않는 트럭 및 택시의 자료를 얻을 방법이 없다. 이러한 조사를 하기 위해서는 트럭 및 택시소유자로부터 일일보고서를 분석하여 통행패턴을 파악하는 것이 관례이다. 이때 표본의 수는 가구면접 조사의 표본율보다 높아야 한다. 또 트럭소유자의 표본율은 택시소유자의 표본율보다 두 배 정도가 되는 것이 일반적이다.

5 대중교통조사

대중교통 이용패턴을 파악하기 위해 사용되는 조사과정은 두 가지가 있다.

(1) 대중교통 터미널승객조사

버스나 지하철을 타기 위해 기다리는 승객에게 설문지를 나누어 주고 이것을 작성한 후에 반송우편으로 보내게 한다. 이 방법의 변형으로 조사자가 대중교통에 탑승하여 설문지를 나누어 주기도 한다.

(2) 대중교통 노선승객조사

버스에 탄 두 사람의 조사자가 승객들에게 설문지를 나누어 주고, 버스 안에서 작성한 후 승객이 내리면서 제출하게 하는 방법으로서 우편으로 회답을 받는 앞의 방법보다 회수율이 높다. 그러나 이 방법은 앞의 방법보다 비용이 많이 든다. 대중교통수단의 분담률이 전반적으로 낮은 곳에서는 터미널승객조사와 노선승객조사를 같이 한다. 이러한 방법은 신속히 설문지를 작성해야 하기 때문에 가구면접조사보다 덜 상세할 뿐만 아니라 신뢰성도 떨어진다.

6 기타 승객 O-D조사

철도, 항공 및 해운의 승객에 대한 O-D자료는 그들의 터미널에서 승객들을 상대로 한 설문을 통하여 가장 잘 얻을 수 있다. 경우에 따라서는 비행기에 탑승하여 O-D조사를 할 수도 있으나 공항이 대단히 큰 경우 여러 노선의 비행기에 대한 표본을 선택하는 데 어려움이 따른다. 일반적인 항공승객의 패턴은 공항에서 개인적인 면접을 통하여 표본을 얻을 수 있다.

7 화물 O-D조사

화물의 O-D패턴을 알아내는 일은 대단히 중요하다. 항공과 해운의 경우에는 터미널에서 화물운송장(waybill)으로부터 필요한 자료를 얻을 수 있다. 철도에서도 같은 종류의 자료를 얻을 수 있기는 하나 좀 어려운 편이다. 트럭화물의 경우는 거점화된 터미널이 불비하기 때문에 이러한 자료를 얻기가 힘들다. 어떤 지역 안에서 화물유통에 대한 자료가 신뢰성을 가지려면 정기적인 조사계획에 의한 계속적인 교통조사가 이루어져야 한다.

대중교통이나 화물 O-D조사를 위하여 주로 사용되는 조사방법에는 다음과 같은 것이 있다.

① 우편엽서에 의한 방법(Controlled Postcard Survey)
② 우편설문지법(Postcard Questionnaire Handouts)
③ 차량번호판기록방법(Recording of License Plate Numbers)
④ 차량추적조사방법(Tagging or Marking of Vehicles)
⑤ 합성방법(Synthetic type)

이 중에서 첫 번째 방법과 마지막 방법을 제외하고는 참고문헌 (2)에 자세히 설명되어 있다.

우편엽서방법은 차량에 관한 O-D만 얻는 데 사용되는 방법으로서 도시지역내에 등록된 승용차, 트럭, 택시의 소유자에게 우편엽서를 보내어 그날 그 차량이 운행한 O-D를 기록하여(운행시간과 함께) 우송하게 하는 방법이다. 이와 함께 같은 날 외부 경계점에서의 인터뷰도 동시에 이루어진다.

이 조사방법의 결점은 통행목적과 같이 가구면접조사에서 얻을 수 있는 자료를 얻지 못하며, 또 대중교통을 이용하는 통행에 대한 자료를 얻을 수 없다는 것이다. 그러나 이 조사로 차량에 관한 교통자료를 효과적으로 갱신할 수 있다. 반면에 이 방법은 비용이 적게 들며 기술적인 어려움이 크게 따르지 않는다.[4), 5)]

합성방법은 어떤 토지이용과 통행행태의 경험적인 상관관계를 이용하는 것으로서 CBD로 유입되는 통행을 판단하는 데 사용되는 방법이다.[6)] 이와 유사한 방법으로 쇼핑통행에 적용한 것이 참고문헌 (7)에 잘 설명되어 있으며, 이 방법은 상가지역에서 매우 높은 정밀도를 보인다고 알려져있다. 또다른 방법으로는 참고문헌 (8)에 나와 있는 것으로서 도시지역내의 모든 통행의 O-D를 설명하는 데 사용된다.

15.3.2 표본조사와 표본수

O-D조사는 설문지를 이용하여 조사하는 것으로서 조사자가 알고 싶은 사항을 조사표에 인쇄하여 여러 조사대상자에게 배포한 다음 그들로부터 동일한 질문에 대한 답을 얻어 이를 집계하여 결과를 얻는 방법이다. 이 조사방법은 인문사회적 현상을 수량적으로 파악할 수 있으며, 주관적인 개인의 관찰이나 청취로부터 얻을 수 있는 방법보다 객관적이고 균일한 조사를 할 수가 있다. 이 방법은 도시조사에서도 널리 사용되고 있다. 예를 들어 공업실태 조사, 상업실태 조사, 상권 조사, 소비생활 조사, 통근교통 조사, 주민이동 조사, 시민생활실태 조사, 도시권 조사 등과 같은 조사에도 널리 이용되므로 충분히 이해해 둘 필요가 있다.

이 조사방법에는 보고식과 면접식이 있다. 보고식은 조사대상자에게 설문지를 나누어 주고 이를 기록한 후에 현장에서 회수하거나 우편으로 반송하게 하는 방법으로 많은 사람으로부터 동시에 회답을 얻을 수 있는 반면에 복잡한 내용의 조사를 할 수가 없다. 질문내용에 대한 이해가 쉽도록 해야 하고, 질문문항이 많으면 회수율이 나빠지므로 6개항을 초과하지 않도록 설문지를 작성해야 한다. 면접식은 조사원이 조사대상자를 직접대면하여 조사사항을 청취한 후에 설문지에 기입하는 방법으로서 개인통행조사 등 상당히 복잡한 내용을 조사할 수 있으나 많은 인력과 비용이 들고 방대한 조사조직이 요구되는 단점이 있다.

설문의 문항이 작성되면 많은 사람들의 의견을 들은 후, 소수의 피조사자를 대상으로 예비조사를 실시하여 질문사항이 적합한지, 조사목적을 달성할 수 있는지를 검토한 후에 본조사를 시작하는 것이 바람직하다.

설문지를 배포하는 방법에는 조사대상자 전체에게 나누어 주어 조사하는 전수조사법(complete enumeration 또는 census 조사)과 조사대상자의 일부를 선별하여 조사하는 표본조사법(sampling method)이 있다. 소규모의 도시나 도시내의 좁은 범위 또는 특정한 소수를 조사대상으로 하는 경우에는 전수조사가 필요하겠지만, 일반적으로 도시 전체의 조사에는 조사인원, 조사비용, 조사시간 등을 고려하여 표본조사를 실시한다.

표본을 선별하는 방법에는 조사대상 가운데서 대표적인 것을 추출하는 대표표본법(representative sampling)과 조사대상자의 직업이나 연령 등의 구성비에 비례하여 표본을 추출하는 층화표본법(stratified sampling) 등이 있으며, 그 중에서 후자가 더 좋은 결과를 가져올 수 있다.

설문지를 배포하는 방법으로는 학교, 정부기관 등에 배포를 의뢰하는 의뢰법과 우편을 이용하는 우편법, 조사원이 직접 방문하여 나누어 주는 직접법이 있다. 의뢰법은 회수율과 비용면에서 가장 유리하나 표본이 편향되는 단점이 있다.

1 표본의 크기

O-D 조사에 사용되는 표본의 크기를 결정함에 있어서 먼저 표본선정과정에서 반드시 있게 마련인 정확도를 평가해야 한다. 의도적으로 계획된 기준에 의해 피조사자가 표본으로 선정되는 모든 조사에서는 그 표본선정과정에서 생기는 통계적인 변동량은 알려진 어떤 편차에 따라 좌우된다. 〔그림 15-4〕는 어떤 주어진 통행량에 대한 표본의 크기와 정확도의 관계를 나타낸 것이다.

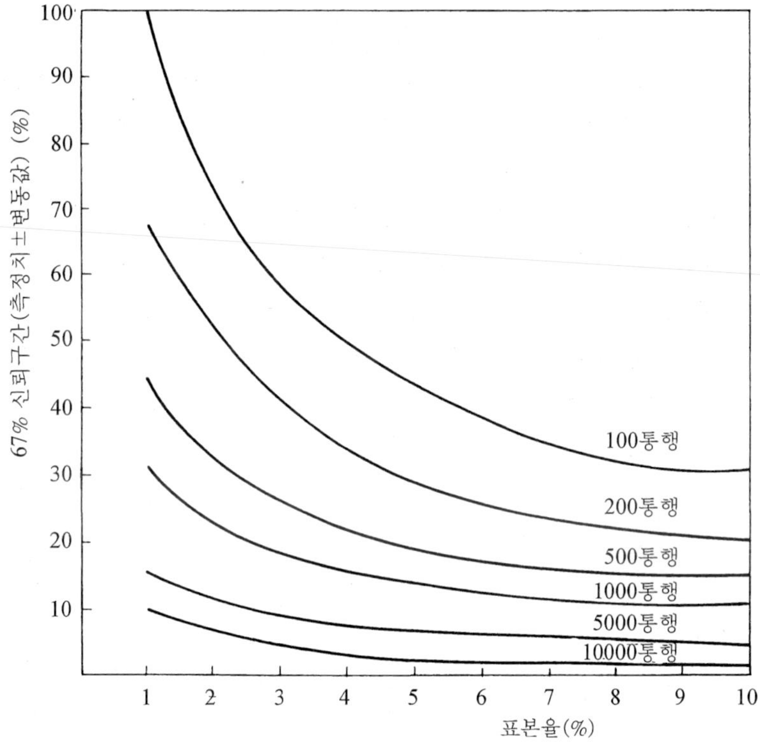

〔그림 15-4〕 표본율과 67% 신뢰구간의 관계

그림으로 볼 때 표본의 크기가 증가하면 정확도는 증가하면서, 또 그 증가율이 점차 줄어드는 것을 알 수 있다. 예를 들어, 경계선 조사에서 총 통행량이 10,000통행일 때 표본의 크기가 1%에서 2%로 증가한다면 67% 신뢰구간은 ±10%에서부터 ±7%로 줄어들어 오차의 범위가 줄어들지만, 표본의 크기가 9%에서 10%로 증가한다면 추정의 정확도는 거의 개선되지 않는다. 이 말의 앞부분은, 1%의 표본으로부터 추정한 값의 ±10% 이내에 참값(전수조사에서 얻은 값)이 놓일 확률이 67%이던 것이 표본수를 2%로 증가시키면 추정값의 ±7% 이내에 참값이 놓일 확률이 67%가 된다는 의미이다. 다시 말하면 1%의 표본으로 추정한 값의 오차가 그 값의 ±10%보다 적을 확률은 67%이다(67%의 신뢰수준에서 신뢰한계는 상한이 '추정값 + 그 값의 10%', 하한은 '추정값 − 그 값의 10%'이다).

반면에 통행량이 적은 경우에 표본선정을 할 때 표본수를 증가시키면 통행량이 많을 때보다 67% 신뢰구간은 큰 폭으로 감소한다(오차의 범위가 줄어든다). 예를 들어, 〔그림 15-4〕에서 보는 것처럼 100통행일 때에 표본의 크기를 1%에서 2%로 증가시키면 67%의 신뢰구간은 추정값 ±100%에서 추정값 ±71%로 줄어들므로 앞에서 예시한 통행량 10,000 때보다 개선폭이 훨씬 커진다. 더욱이 표본수가 10%가 되면(통행수 100에서) 67%의 신뢰구간은 추정값 ±32%로 줄어든다. 결국 통행량이 적을 경우에는 같은 표본율이라 하더라도 통행량이 많을 때보다 정확한 추정값을 얻기가 어렵다.

다행히도 총체적인 교통계획을 수립함에 있어서 대부분의 경우 많은 통행량을 취급하기 때문에 매우 높은 정확도를 얻을 수 있다. 더욱이 개선의 필요성이 높은 곳은 교통량이 많은 곳이기 때문에 더욱 정확한 추정을 할 수 있다.

광범위한 교통정책이나 계획을 수립할 때 도시의 주요 교통발생원(CBD와 교외의 주요 상업 및 산업지역)에서 하루에 발생되는 통행량을 알아야만 한다. 뿐만 아니라 이 지역에서 일어나는 통행의 수단과 통행목적에 관한 정보도 알 필요가 있다.

일반적인 교통계획을 수립하는 데 있어서 표본율은 〔표 15-2〕에 나타난 최소값보다 적어서는 안 된다. 더 상세한 계획을 필요로 한다면 미국의 공로청(Bureau of Public Road : BPR)에서 추천한 표본율을 따르는 것이 좋다.[10]

〔표 15-2〕 표본추출의 비율(표본율)

도시인구	최소표본율(%)	BPR추천 표본율(%)
50,000 이하	10	20
50,000～150,000	5	12.5
150,000～300,000	3	10
300,000～500,000	2	6.7
500,000～100만	1.5	5
100만 이상	1	4

주 : BRP추천 표본율은 가구면접 조사 때에도 이 값을 사용한다.
자료 : 참고문헌 (9)

화물차의 이동은 가구면접 조사에서 사용하는 표본율의 2배로 하여 조사하는 것이 현실적이다. 택시 조사의 경우는 가구면접 조사 때와 같은 표본율을 사용해도 좋다. 왜냐하면 택시는 일반적으로 조사목적상 개인승용차와 함께 분류되기 때문이다.

특정 조사에서 표본율을 결정하는 데 고려해야 할 사항은 다음과 같다.

① 표본율을 증가시킬 때 조사에 소요되는 인원과 시간을 고려해야 한다. 종종 숙련된

조사인원이나 이들을 훈련시키는 일이 조사 자체에 영향을 미치는 수가 있다.

② 조사하는 데 시간적인 제약이 있을 수 있다.

③ 자료를 분석하는 방법(특히 컴퓨터를 이용할 때)에 유의해야 한다.

④ 자료를 제시하는 형식을 검토해야 한다. 예를 들어 자료를 희망선도(desire line map) 또는 통행등고선도(trip contour map) 중에서 어떤 것으로 나타낼 것인가를 결정해야 한다.

⑤ 면접, 자료의 분석 및 제시에 드는 비용을 고려해야 한다. 비용은 반드시 표본의 크기에 비례하지는 않는다. 표본율이 적을수록 표본 하나당 비용은 커진다.

2 조사의 빈도

교통패턴의 변화를 파악하기 위해서는 O-D 조사를 주기적으로 실시해야 할 필요가 있다. 이러한 변화는 경제적인 여건이나 토지이용 패턴의 변화 때문에 일어나는 것이므로 단기간에 일어나지는 않는다.

통행패턴의 변화경향을 보면 매 10년에 한 번씩 종합적인 조사를 할 필요가 있다. 그러나 이외에 각 지역은 O-D 자료를 수시로 개정하는 것이 바람직하다. 그러기 위해서는 구체적인 절차가 없더라도 토지이용과 교통량을 계속적으로 조사하는 제도가 마련되어야 한다.

어떤 도시이든 간에 토지이용상의 주요 변화가 통행패턴에 미치는 영향을 정기적으로 파악할 수 있다. 이것은 토지이용변화를 근거로 하여 각 존의 성장계수를 추정하고, 존간의 통행을 연속적으로 실제의 통행과 유사하게 분배함으로써 이루어진다.

원래 O-D 조사는 인구센서스 조사를 하는 해에 실시하면 더 좋다. 그렇게 하면 표본선정에 어려움이 없고, 동시에 수집된 자료를 수정할 필요성이 없어진다. 종합적인 O-D 자료를 정기적으로 검토하여 교통 이외의 분야에서도 이용할 수 있다. 예를 들어 성장패턴을 알 수 있을 뿐만 아니라 도시지역에서 토지이용상 어떠한 기능적 변화가 일어나고 있는지를 알 수가 있다.

3 기술적인 절차

O-D 조사를 실시하기 전에 이 자료들을 수집하고 평가·분석하는 방법을 결정하는 일이 매우 중요하다. 왜냐하면 이에 따라 설문지의 양식과 면접의 방법이 달라지기 때문이다. 조사된 자료를 컴퓨터로 분석을 하고 도표 등으로 나타내며, 또 이를 확장하여 사용한다. 확장된 자료를 검사하는 방법에는 ① 어떤 통제점의 교통량과 비교하는 법, ② 이미 알고 있는 대중교통 승객수와 비교하는 법, ③ 경계선 조사값과 비교하는 법, ④ 검사선 조사

(screen line count)값과 비교하는 법, ⑤인구, 주거단위, 총 취업자 수를 비교하는 법, ⑥특정 장소의 취업자 수를 체크하는 법 등이 있다.

검사선 조사란 가구면접 조사, 영업차면접 조사, 경계선면접 조사 등으로부터 합성된 통행의 정확도를 검토하기 위해서 실시되는 조사로서 조사대상구역내에 설정된 검사선을 횡단하는 도로상에서 교통조사를 실시하는 것을 말한다.

검사선은 하천이나 철도 등과 같이 경계구분이 명확한 선을 이용하는 것이 보통이다. 일반적으로 조사지점에 교통량조사기(traffic counter)를 설치하고 교통량을 계속적으로 측정함과 동시에 교통량의 시간변동을 조사한다.

지금까지 언급한 O-D 조사에 포함되는 여러 가지 조사방법 및 검사방법은 참고문헌 (10)에 상세히 기술되어 있다.

15.4 현재 및 장래의 교통여건 분석

15.4.1 현재의 교통여건 분석

조사·분석의 자료수집단계에서 얻은 대부분의 정보는 교통과 관련되는 그 지역의 여건을 한 눈에 알아볼 수 있도록 여러 가지 방법으로 종합된다. 그러나 이 자료의 용도는 그것만이 전부가 아니다. 나중에 그 지역의 발전과 교통수요를 모형화하는 데 사용될 뿐만 아니라 새로운 교통시스템을 설계하고, 평가하며, programming하는 데 매우 요긴하게 사용된다.

조사·분석의 종류에 따라 자료를 종합하고 이것을 나타내는 방법이 다르지만, 일반적인 조사·분석에서 반드시 포함되어야 할 사항은 다음과 같다.

1 인 구

인구분포를 파악하는 것은 교통조사를 하거나 교통수요를 예측하는 데 매우 필요하다. 그러나 이를 위해 특별히 인구조사를 하는 일은 드물고 대부분의 경우 센서스 조사의 결과를 이용한다. 인구에 대한 지표에는 야간인구(상주인구), 주간인구, 취업인구, 고용인구 등이 있으며 이들 각각에 의한 자료는 주민등록대장이나 센서스 조사에서 얻을 수 있다.

어떤 지역의 연대별 인구성장패턴을 지도에 표시하면 한 눈에 도시성장추세를 알 수 있어 편리하다.

2 토지이용 밀도

토지이용의 밀도는 도시지역에서 토지이용의 위치만큼이나 중요하다. 이것은 인구밀도로 표시되는 경우가 많다. 교통조사에서 이 밀도 대신에 사용되는 지표로는 통행단밀도로서 이것은 주거용 토지이용만 나타내는 것이 아니라 모든 토지이용의 밀도를 나타내는 것이다.

3 토지이용

여러 가지 종류의 토지이용 현황을 그 지역의 주된 특성과 함께 토지이용 지도에 쉽게 나타낼 수 있다. 이 특성은 주택 용지(저밀도, 중밀도, 고밀도), 소매점포 용지, 교통·통신·편의시설 용지, 산업 및 관련시설 용지, 도매업 및 관련시설 용지, 공공문화시설 및 도시공간 용지, 공공건축물 용지, 공한지 및 비도시화 지역 용지 등으로 분류하면 좋다.

4 사회·경제지표

교통시설의 수요와 관련되는 사항들의 경향을 나타내는 것으로서 다음과 같은 것이 포함된다.

- 인구 증가추세
- 평균소득 증가추세
- 자동차보유대수의 증가추세
- 대중교통이용과 수입의 증가추세
- 차량통행 증가추세
- 고용의 구성비
- 항공승객의 증가추세
- 항공화물운송의 증가추세
- 항공기종의 변화추세
- 지역내 철도승객수와 수입현황
- 철도를 이용하는 주요 화물현황
- 해운을 이용하는 주요 화물현황
- 해운·항만의 수입추세
- 지역내 개인통행량(인·km)의 수단분담률 변화추세
- 지역내 화물통행량(톤·km)의 수단분담률 변화추세
- 파이프라인과 같은 기타 수단이용의 변화추세

5 O-D 자료

O-D 정보는 지역지도에 희망선도를 이용해서 명확하게 나타낼 수 있다. 일반적으로 승

용차와 대중교통을 이용하는 개인통행을 나타내는 데 사용되지만, 때에 따라서는 개인이나 화물이동을 위한 모든 교통수단의 통행을 나타낼 수도 있다. 〔그림 15-5〕는 어떤 도시지역에서의 통행패턴을 나타낸 것이다.

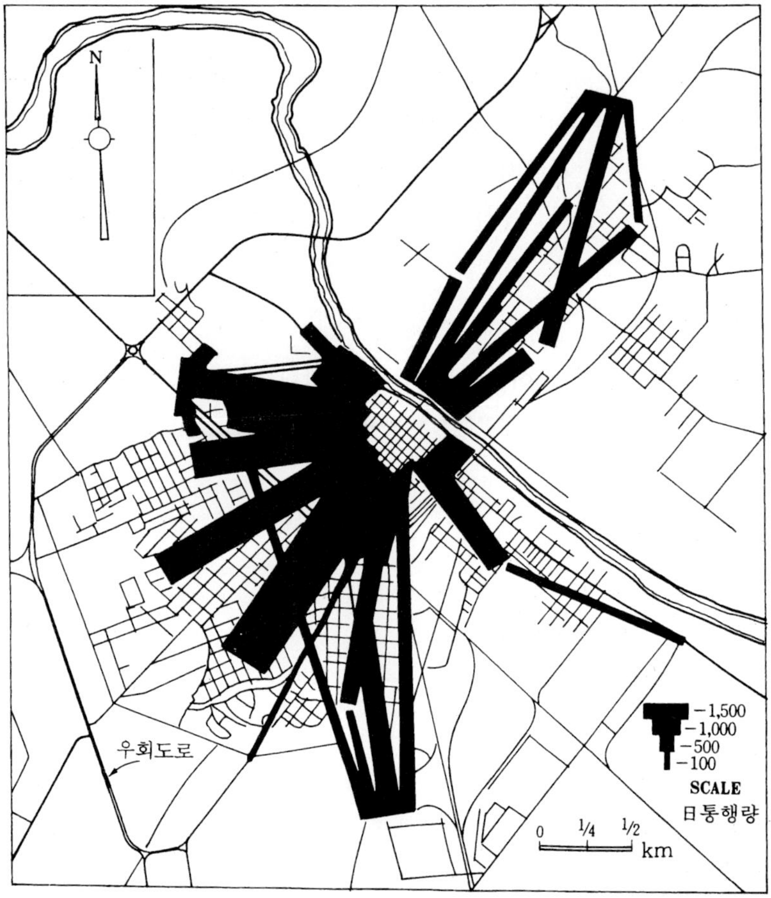

〔그림 15-5〕 도시지역 내의 희망선도

6 시설 및 기능적 특성

조사지역내의 여러 가지 교통시설의 위치를 지도에 나타낸다. 이들 교통시설을 간결하게 나타냄으로써 토지이용, 인구 및 교통시설 간의 상관관계를 분명히 알 수가 있다.

뿐만 아니라 문제점 지역을 찾아내는 데 도움이 되게끔 여러 가지 시스템특성을 나타낼 필요가 있다. 시스템이 가지는 특성은 도로시스템의 기능별 분류, 기본연도의 교통량 및 통행시간 등고선 등으로 나타내며, 이 중에서 앞의 두 가지는 〔그림 7-2〕와 〔그림 5-1〕에서 설명한 바 있다.

15.4.2 장래의 교통여건 분석

1 토지이용, 인구 및 사회 · 경제지표 예측

현황조사와 기초조사에서 수집된 자료를 분석한 후에는 조사지역에서의 장래의 토지이용, 인구 및 사회 · 경제지표를 예측하는 단계에 이른다. 인구와 경제예측은 그 지역의 계획부서에서 설정한 그 지역의 목적과 함께 맨 처음 이루어진다. 이 예측을 사용하여 적어도 한 개의 장래 토지이용계획안을 만든다. 일반적으로 대규모 조사에서는 여러 개의 토지이용계획안을 만들고, 이들을 평가한 후에 목적과 목표를 가장 잘 만족시킬 수 있는 계획안을 선정하여 통행예측을 한다.[11] 계획통제가 비교적 자유로운 지역에서는 여러 가지 토지이용 모형을 사용하여 훌륭한 토지이용 대안을 만들어낼 수가 있다.[12] 제한된 인력을 가진 소규모 조사 때나 매우 강력한 계획통제를 하는 지역에서는 토지이용계획 대안이 매우 주관적이며 목표지향적인 기법에 의존하는 경우가 많다. 인구 및 경제예측 기법에 대해서는 지역계획 및 지역경제 분야에서 상세히 다루는 것이 일반적이지만[13], [14] 16장에서도 비교적 자세히 언급된다.

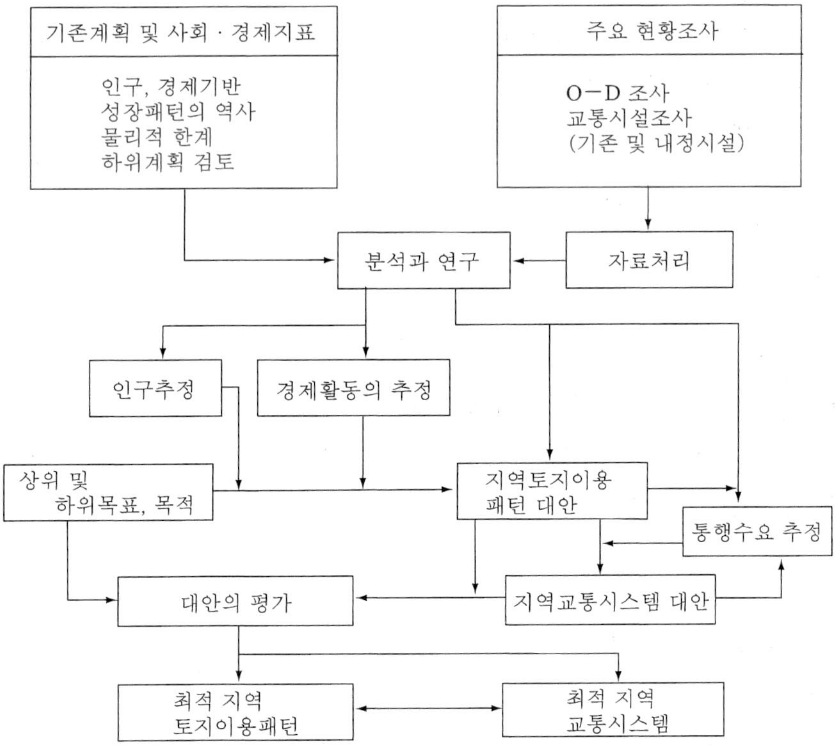

자료 : Puget Sound Regional Transportation Study

〔그림 15-6〕 퓨겟 사운드 지역교통 계획과정

2 통행예측

인구, 사회경제 여건 및 토지이용을 예측한 후에는 〔그림 15-6〕에서 보이는 것처럼 통행수요에 관한 예측을 하게 된다. 이때 사용되는 모형화 과정이 대단히 복잡하기 때문에 통행수요 예측은 다음 장에서 자세히 설명된다.

15.4.3 표준의 채택

현재와 장래 시스템의 결함을 객관적으로 평가하기 위해서는 서비스 수준과 설계에 대한 표준을 채택할 필요가 있다. 현재 또는 앞으로 전개될 문제점 영역을 명확히 나타내려면, 모든 교통수단의 운행특성을 수요특성의 변화에 맞추어야 한다. 모든 통행수단은 그 종류에 따라 여러 가지 최소표준을 가지고 있을 것이다. 여러 가지 교통수단에 대한 몇 개의 전형적인 표준을 열거하면 다음과 같다.

(1) 설계표준

- 도로 및 대중교통
  - 지방부 도로의 최저 평균도로속도(AHS)
  - 포장의 최소 바퀴하중내력(耐力)
  - 최소 차로폭
  - 적정 버스베이 면적
  - 주차터미널표준
  - 대중교통수단의 용량
- 공항
  - 최소 활주로길이
  - 예상되는 항공기를 수용하기 위한 최소 애프론크기
  - 탑승객 1,000명당 터미널면적
  - 활주로, 유도로, 애프론의 지압강도
- 수로, 해운
  - 운하 깊이
  - 부두의 하역 애프론 폭
  - 접안대당 운반창고의 적정면적
  - 컨테이너 취급 용량

- 철도
  - 최소 선로 곡선반경
  - 최소 총 구간운행속도
  - 최대 가속 및 감속도

(2) 서비스 수준 표준

- 도로
  - 총 구간통행속도
  - 서비스 수준
  - 1억대-km당 사고 건수
  - 대중교통의 배차간격
  - 대중교통이용권(보행거리 이내) 내에 있는 인구비율
  - 적절한 주차공급/주차수요의 비
- 공항
  - 개별 항공기운행의 최대 지체시간
  - 기상조건으로 인한 연간 공항폐쇄시간
  - 항공기의 부하계수
- 수로, 해운
  - 배가 도착하고 접안대를 기다리는 평균대기시간
  - 컨테이너 선박의 짐 부리는 속도
  - 항구에서 하역창고를 이용할 수 없는 시간의 비율
- 철도
  - 서비스 간격
  - 승객수요 대 좌석 비
  - 서비스 취소율
  - 차량의 연령

15.4.4 현재 및 장래의 결함 파악

기본적인 계획조사와 중요한 현황조사에서 얻은 정보를 근거로 해서 결함을 나타내는 교통망의 영역을 파악하게 된다. 결함은 교통시설이 설정된 표준에 미치지 못하는 것을 말한다. 설계나 서비스 수준에 대해서 시설이 부적절하다면 운행상 지체가 생기거나 혼잡,

총 통행시간의 증가, 길고 불편한 배차간격, 불안전한 운행, 쾌적성과 편리성 감소 등의 결과를 초래하며 극단적인 경우에는 서비스가 완전 마비된다. 사실상 교통분석가는 기존이 교통망을 검토하고 현재의 결함을 평가하여 이 부적절한 것을 여러 가지 도표와 결함지도에 나타낸다. 예를 들어 기존도로를 평가할 때에는 시설의 종류별로 현재의 운행속도를 나타내고, 또 마찬가지로 시설별로 사고율을 나타내며, 위치별로 주차결함을 나타낼 필요가 있을 것이다. 또 대중교통서비스가 부적절하거나 부족한 지역, CBD로부터 승용차 및 대중교통수단을 이용한 등(等)운행시간지역, 개별시설이나 교통축에 대한 용량−수요의 관계 등을 도식적으로 나타낼 필요가 있을 것이다.

현재의 결함을 파악하는 것 이외에, 장래의 통행수요를 예측하고 이 수요를 내정된 시스템에 적용시키는 것이 일반적인 절차이다. 여기서 내정된 시스템이란 말은 더 이상 수정할 수가 없는 현재 시행과정에 있는 시설을 말한다. 그러나 어떤 곳에서는 시설용지를 매입하기 시작한 시설을 말하기도 하며, 또 다른 곳에서는 최종계약단계가 시작된 시설을 의미하기도 한다. 내정된 시스템에 대해서는 14장 3절에서도 언급한 바 있다. 장래의 교통수요를 내정된 시스템에 적용함으로써 시설을 더 이상 건설하지 않을 때 야기되는 결함을 알 수 있게 된다. 지역 전반의 결함을 도면으로 나타내면 부적절하거나 불충분한 시설이 있는 지역이나 교통축을 쉽게 찾아낼 수 있다.

기존 및 내정된 교통망이 장래 교통수요를 충분히 처리할 수 있는가 하는 수요와 공급을 비교하기 위해서는 그 초기대안의 용량과 이 교통망 대안에 배분시킨 교통량을 지역별 또는 노선별로 비교한다. 어떤 지역내의 모든 도로망 링크에 대하여 그 길이와 용량을 곱하여 합하면 그 지역내의 모든 도로망의 교통공급을 대·km로 나타낸 결과가 된다. 같은 방법으로 각 링크에 배분된 교통량과 그 길이를 곱하여 모든 링크에 대해서 합하면 초기 도로망 대안의 교통수요를 대·km로 나타낸 것이 되어 앞에서 구한 교통공급과 비교가 된다. 이와 같은 전체지역에 대하여 수요와 공급을 비교한 결과 용량이 부족하다고 판단되면 새로운 교통망 대안을 개발해야 한다. 만약 전체지역에 대하여 비교하지 않고 특정 노선에 대해서 앞에서와 같은 방법으로 수요와 공급을 비교하여 공급이 부족하다고 판단이 되면 같은 교통축 내에서 새로운 노선건설을 고려해야 한다.

물론 이 두 가지의 대안개발개념이 반드시 옳다고는 할 수 없다. 예를 들어, 한 노선의 용량이 부족하다고 판단될 때 다른 여러 노선도 같은 상황일 수도 있으며, 이때는 차라리 지역 전반의 새로운 도로망 대안을 구상하는 것이 더 합리적일 수 있기 때문이다.

이때 주의해야 할 것은 새로운 도로망 또는 노선이 건설된다면 유발교통이 생긴다는 것을 염두에 두어야 한다. 따라서 그 지역의 모든 교통수요를 충족하고도 여유가 있는 시설을 공급할 필요가 있다. 이와 같은 여유용량의 크기를 결정하는 일은 교통용량과 교통수요에 대한 자료를 올바르게 분석하고 판단할 수 있는 계획가의 능력에 달려 있다.

15.5 기타 계획조사

총체적이고 종합적인 교통계획안을 마련하는 과정에는 여러 가지 특수조사가 필요하다. 계획과정의 연속성을 유지하기 위해서는 다음에 설명하는 몇 개의 특수조사를 이해해야 할 필요가 있다.

15.5.1 도로용량 조사

어떤 도로구간의 용량이란 통상적인 도로 및 교통조건하에서 주어진 시간 동안 그 도로구간을 통과하는 최대차량대수를 말한다. 용량이 도로가 처리할 수 있는 최대차량대수를 나타내지만 높은 통행속도와 낮은 혼잡수준을 유지하기 위해서는 이 도로구간이 수용할 수 있는 교통량은 이보다 적다. 이처럼 다양한 통행속도와 혼잡수준은 그 시설이 운영되는 여러 가지 서비스 수준으로 설명된다.

서비스 수준은 어떤 차로 또는 도로가 여러 수준의 교통량을 처리할 때의 운행상태를 문자로 나타낸 것이다. 어떤 시설이 운영되는 여러 가지 서비스 수준은 자유류 상태인 서비스 수준 A에서부터 혼잡상태인 서비스 수준 F까지 변한다. 주어진 시설에서 각 서비스 수준에 따른 서비스교통량이 정해진다. 서비스교통량이란 그 도로의 운영상태가 어떤 서비스 수준을 유지할 때 그 도로를 지나는 최대교통량을 말한다. 서비스 수준은 6장에서 설명한 일반적인 개념에 따르면 통행속도 및 교통량/용량 비와 관계된다.

높은 통행속도와 낮은 교통량에서는 운전자가 자유롭게 주행할 수 있기 때문에 이러한 상태를 이 도로가 서비스 수준 A상태로 운영된다고 말한다. 교통량이 증가하면 통행속도는 감소한다. 서비스 수준 B는 운전자의 운행의 자유도가 조금 감소된 상태이지만 교통류는 안전류를 유지한다. 서비스 수준 C는 여전히 안정류 상태에 있으나 운전자는 많은 교통량 때문에 어느 정도 제약을 받는다. 결과적으로 운전자는 추월하거나 그가 원하는 속도를 선택할 자유가 적어진다. 지방부 도로는 보통 서비스 수준 C상태의 서비스교통량을 처리할 수 있게끔 설계된다. 서비스 수준 D는 불안정류에 도달한 상태로서 속도는 아직도 만족스러운 상태이나 운전자가 교통류 내에서 자유로운 이동을 할 수가 없다. 서비스 수준 E는 교통량이 용량에 도달한 상태를 말한다. 이때의 시설은 가장 낮은 속도로 운영되며 운행의 자유도는 거의 완전히 없는 상태이다. 교통량이 조금만 증가해도 불안정류 범위 내에서 속도가 크게 떨어진다. 서비스 수준 F에서는 혼잡이 발생하며, 밀도가 갑자기 증가하고 교통량이 감소하며, 속도는 거북이속도에서 거의 정지할 정도로 떨어진다. 주어진 어떤 시설에 대한 용량분석과 서비스교통량을 계산하는 방법은 6장에 잘 설명되어 있다. 시설의 종류에 따라 서비스 수준을 결정하는 기준이 다르다([표 15-3 참조]). 용량과 서비스 수준의 분석은 다음과 같은 두 가지 분야로 나누어서 생각할 수 있다.

- 연속교통류(고속도로, 고속화도로, 기타 도로구간)
- 단속교통류(평면교차로)

〔표 15-3〕 서비스 수준의 평가기준

평 가 요 소	고속도로	다차로도로	2차로도로	도시도로
기본요소				
-밀도	○	○		
-평균통행속도			○	○
-교통량/용량 비	○	○	○	
-지체차량비			○	
관련요소				
-평균도로속도	○			
-자유속도		○		
-시 거			○	

시설위를 운행하는 교통형태를 광범위하게 현장관측한 결과 연속교통류에서의 서비스 수준 및 용량은 도로조건과 교통조건에 의해서 좌우된다는 것을 알았다.

(1) 도로조건

시설의 물리적 특성에 관계되는 것으로서, 다음과 같은 요소가 용량분석에 관련된다.

① 차로폭
② 포장 끝단으로부터 측방여유폭
③ 갓길폭
④ 보조 차로의 유무와 그 특성
- 주차 차로
- 속도변환 차로
- 고장난 차량처리 차로
- 엇갈림구간의 보조 차로
- 트럭 오르막 차로

⑤ 선형
⑥ 경사

(2) 교통조건

시설을 이용하는 교통의 구성과 사용되고 있는 교통통제의 종류와 관계가 되는 것으로서 다음과 같은 것이 용량에 영향을 미치며, 또 분석하는 데 사용된다.

① 교통류 중에서 트럭의 구성비
② 교통류 중에서 버스의 구성비
③ 교통량의 방향별 분포
④ 교통량의 차로별 분포

평면교차로시설은 단속교통류를 만들어낸다. 이러한 교차로에서 용량과 서비스 수준에 영향을 주는 요소는 다음과 같은 것이 있다.

① 교차로 접근로 폭
② 접근로구배
③ 교차로진입 대형차량 %
④ 좌·우회전 %
⑤ 교차로부근의 버스정차활동
⑥ 교차로부근의 노상주차활동

15.5.2 토지이용조사

1950년대 초반까지 여러 가지 연구조사로부터 통행의 특성은 토지이용의 위치와 그 강도와 밀접한 관련을 가진다는 것이 판명되었다.[15)]

교통모형을 개발하고 교통시설의 물리적인 영향을 명확하게 이해하기 위해서는 그 지역 전반의 최신 토지이용 자료가 필요하다. 이 자료를 얻기 위해서는 보통 다음과 같은 방법을 사용한다.

- 토지이용조사
- 토지이용 분류
- 공한지 이용조사
- 토지이용 자료의 제시 및 보관

(1) 토지이용조사

지역내에 있는 모든 토지의 이용형태를 알아내기 위하여 현장조사가 실시된다. 이 조사에 주로 사용되는 두 가지 방법은 현장답사방법과 현장답사－면접방법이 있다.

현장답사방법은 걸어서 또는 운전자와 조사자가 차를 몰고 다니면서 모든 필지의 용도를 직접 지도에 표시하거나 조사용지에 기록하는 방법을 말한다. 현장답사-면접방법은 토지이용도가 높은 지역에서 실시하는 방법으로서 토지이용의 종류별 실제 상면적(floor area)을 정확하게 조사하고자 할 때 사용되는 방법이며, 조사결과는 준비된 조사용지에 기록된다.

(2) 토지이용 분류

토지이용의 공간적인 배치나 활동패턴을 구별하는 과정에서 표준분류방법으로 토지이용을 분류할 필요가 있다. 토지이용을 세부적으로 구별하는 토지이용 분류방법에는 여러 가지가 있으나 교통계획의 측면에서 보면 중요한 몇 개의 범주로 나누어 분석하면 된다. 〔표 15-4〕는 토지이용을 8개의 범주로 나누어 알기 쉽게 색깔로 나타내도록 한 것이며, 용도에 따른 이 색깔은 표준화하는 것이 좋다.

〔표 15-4〕 도시토지이용의 분류

종 류	표 시 색 깔
주택용지	
저밀도	황 색
중밀도	오렌지색
고밀도	갈 색
소매점포 시설 용지	적 색
교통·통신 편의시설 용지	군 청 색
산업 및 관련시설 용지	청 남 색
도매업 및 관련시설 용지	보 라 색
공공문화시설 및 도시공간 용지	녹 색
공공건축물 용지	회 색
공한지 및 비도시화지역 용지	흰 색

자료 : 참고문헌 (13)

(3) 공한지 이용조사

장래의 토지이용계획안을 설계하기에 앞서 지역 내의 공한지에 대한 개발가능성을 판단할 필요가 있다. 이와 같은 분석을 공한지 조사 또는 개발능력분석(development capability analysis)이라 부른다.

공한지는 크게 다음과 같은 두 가지 기준에 의해서 분류된다.

- 지형과 배수의 표준
- 편의시설과 가용한 개선책

계획을 위해서는 토지를 상급지(prime land)와 하급지(marginal land)로 나눈다.

상급지란 심한 경사가 아니고 배수가 잘 되는 땅을 말하며, 하급지란 저지대 또는 가파른 경사이거나 버려진 땅으로서 큰 자본을 투입하여 정지를 해야만 상급지로 바뀔 수 있는 땅이다. 하급지는 토지의 경사에 따라 다시 세분할 수 있다. 예를 들어 경사도가 10~15%로서 주거지역으로 개발하는 데에는 문제점이 없으나 대규모의 1층짜리 산업시설부지로는 부적합한 땅이 있을 수 있으므로 상급지를 다시 1등 상급지, 2등 상급지로 나눈다.

또 가능한 개선책을 고려하여 더욱 세분하기도 한다. 예를 들어, A급은 모든 편의시설과 개선이 가능한 토지, B급은 상하수도만 가능한 토지, C급은 전력만 들어올 수 있는 토지 등으로 나눌 수 있다.

따라서 전 지역을 각 지구별로 2등 상급 A지 등으로 분류할 수 있다.

(4) 토지이용 자료의 제시 및 보관

수집된 토지이용 패턴의 자료는 정리·보관되고 다음과 같은 방법을 사용하여 표현된다.

- 토지이용 지도 : 전지역 도면에 〔표 15-4〕와 색깔을 이용하여 토지이용 패턴을 나타낸다.
- 종합표 : 여러 가지 조사로부터 나온 자료를 이용하여 만든 토지이용 조사에 대한 종합표로서 그 지역의 성격을 명확히 해준다.
- 전산 data bank : 인적사항, 필지, 도로시설 등에 관한 정보를 컴퓨터에 입력시킨다. 전산입력자료를 이용하여 컴퓨터로 토지이용 지도를 아주 자세하게 그릴 수도 있다.

15.5.3 교통량 조사

승용차와 트럭은 다른 수단과는 달리, 공공기관에서 도로시설을 건설하면서도 그 도로를 이용하는 교통량에 대해서는 통제를 가하지 않는 특성을 가지고 있으므로 별도의 조사를 하지 않으면 도로를 이용하는 교통량을 알 수가 없다. 자동차교통량 조사는 지금까지 오랜 경험을 가지고 있기 때문에 그 절차와 과정은 잘 알려져 있다. 여기서는 그 개요만 설명하고 더욱 자세한 것은 7장이나 참고문헌 (2)를 참고하도록 한다.

1 도시부 조사

종합적인 교통량 조사는 대부분 표본조사에 의존하며, 이 표본값을 이용하여 연평균일 교통량(AADT)를 구하기 위해서는 보정계수(補整係數)를 사용한다. 이 계수는 도로시스템 전체에 걸친 상시조사(permanent count)와 보정조사(control count)를 통하여 얻어진다. 상시조사는 전국적으로 대표적인 몇 개의 도로에서 일 년 내내 하루종일 교통량을 측정하는 것을 말하며, 보정조사에는 다음과 같은 세 가지 종류가 있다.

- 특정 보정조사(key control count) : 시간별, 일별, 연도별 교통량 변동을 파악하기 위해서 실시한다. 1년에 한 번의 7일간 조사하면서 매월 24시간의 연속 조사를 한다. 각 도로의 종류(기능별)마다 최소한 1개의 조사지점을 필요로 하며, 양방향의 교통량을 방향 구별 없이 조사한다.
- 주보정조사(major control count) : 모든 주요 도로의 교통량을 추정하기 위해서는 이 도로상에서 교통량의 표본을 추출하기 위한 조사지점를 설치한다. 그러므로 모든 고속도로, 고속화도로, 주요간선도로 및 집산도로에서는 2년에 한 번씩 24시간 양방향 교통량이 조사된다.
- 부보정조사(minor control count) : 부도로의 교통량을 추정하기 위해서 표본조사를 하는 것이다. 2년에 한 번씩 24시간 양방향 교통량을 조사한다.

전역조사(coverage count)는 가로시스템 전체의 AADT를 추정하기 위한 표본조사를 하는 것을 말한다. 고속도로, 고속화도로, 간선도로 및 집산도로 등의 주요 도로에서는 4년마다 한 번씩 각 조사지점에서 한 번의 24시간 양방향 교통량이 측정된다. 부도로에서는 보통 2 km당 1개소의 전역조사가 실시되며 이 조사는 4년에 한 번씩 행해진다.

2 지방부 조사

도로는 관할권으로 분류되기도 하고, 또 기능별로 분류되기도 한다. 지방부 도로의 보정조사도 도시부의 보정조사와 마찬가지 방법으로 계절별 교통량 변동을 조사한다. 보통 매달 7일간의 보정조사를 하며, 상시조사는 일 년간 계속적인 조사를 하는 것이다. 전역조사는 모든 도로구간에서 실시되며, 2~4일간 계속해서 측정하고 변동계수를 적용시켜 AADT를 추정한다. 교통량 조사결과는 구간별로 종합되어 교통량도로 만들어진다.

경계선 조사(境界線調査, cordon count)는 어떤 특정 지역의 교통패턴을 파악하기 위해서 사용된다. 이 조사는 CBD나 대학교와 같은 큰 기관 및 외부 경계선의 경우와 같은 곳의 교통조사를 할 때 사용된다. 이러한 조사에서 얻을 수 있는 정보는 다음과 같은 것이 있다.

- 그 지역을 출입하는 사람수
- 통행수단
- 시간별 변동
- 경계선 내에서 사람과 차량의 누적량

경계선의 목적에 따라 24시간 조사를 하거나 또는 교통량이 현저하게 적은 밤시간을 제외하고 조사한다. 일반적으로 경계선은 가능하다면 그 선을 횡단하는 도로가 적도록 하여 정보가 누락되지 않도록 하는 것이 바람직하다. 〔그림 15-7〕은 CBD 경계선 조사결과를 도표로 나타낸 것이다.

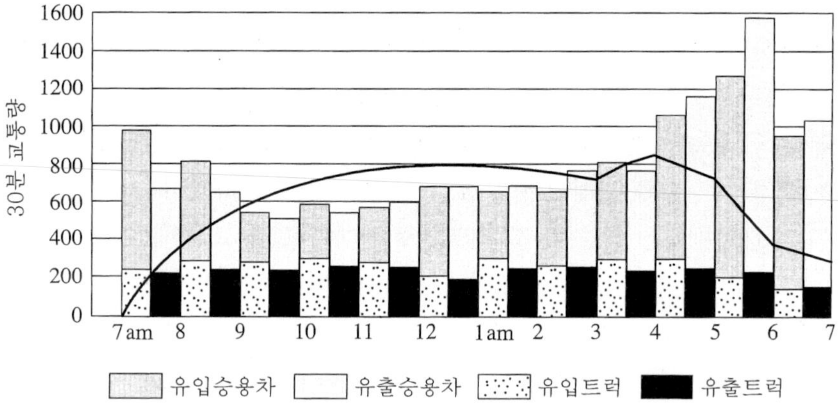

〔그림 15-7〕 CBD 경계선을 통과하는 차량이동분석

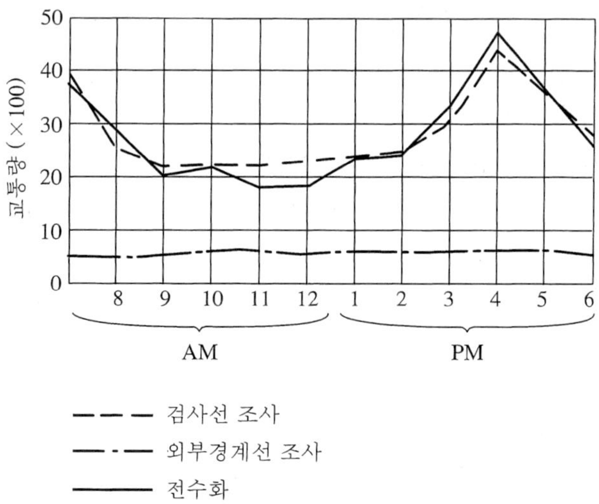

〔그림 15-8〕 검사선 조사와 전수화 자료의 비교

검사선 조사(screen line count)는 O-D 표본조사로부터 추정된 교통량을 검증하기 위해서 실시된다. 다시 말하면 실제로 조사한 교통량과 표본조사를 전수화시킨 자료를 비교하기 위한 것이다. 내부존의 경계선과 일치하는 검사선은 어떤 존그룹에서부터 다른 존그룹으로 향하는 통행수를 파악하는 데 사용된다. 일반적으로 이 선을 횡단하는 도로수를 줄이기 위해서는 이 선이 강이나 철도선 및 고속도로 등과 같은 자연적이거나 인공적인 장애물과 일치되는 것이 좋다. 〔그림 15-8〕은 검사선 조사와 표본조사를 전수화시킨 결과를 그림으로 나타낸 것이다.

15.5.4 성향조사

교통에 종사하는 사람이 필연적으로 직면하는 것 중에서 가장 어려운 분야는 어떤 계획을 수립하기 이전에 그 지역사회의 가치관을 평가하는 일이다. 선형, 계획속도 및 용량에 대해서 나무랄 곳 없는 어떤 시설이 그 지역사회의 관점에서 볼 때 환경을 보존하는 데 필수적이라고 생각되는 것에 위배된다고 해서 맹렬한 반대에 부딪치는 것은 조금도 이상할 것이 못 된다. 교통계획을 세울 때 그 지역사회의 가치관을 고려해야 하지만 사실상 지역주민 또는 국민의 성향을 평가하는 기법은 모든 계획기법 가운데서도 가장 개발이 늦은 분야 중의 하나이다.

지역사회의 가치를 파악하는 데에는 그 지역에 살고 있는 사람들의 성향을 알 필요가 있다. 성향이란 여론보다는 더욱 본원적인 감정으로서 사회적인 압력에 영향을 받는다면 시간이 지남에 따라 변할 수도 있다. 성향은 기본적인 가치판단과 연관이 된다. "성향이란 어떤 주어진 상황에서 일관된 태도로 행동하는 몸에 밴 성질이다. 즉 이것은 여론보다는 훨씬 더 영속적인 것이다. 그러므로 성향조사는 최종행동을 예측하는 데 있어서 여론조사보다 훨씬 신뢰성 있는 자료 제공한다.[16)]"

기본성향을 조사하는 데에는 여러 가지 방법이 있다. 가구면접과 우편설문을 통하여 주택이나 거주지의 시 또는 군 및 관광·위락 등에 대한 성향을 조사할 수 있다. 이에 대한 반응을 분석하여 여러 소득계층별 또는 거주밀도별 성향을 파악한다. 지역사회의 기본적인 성향을 파악하기 위하여 사용되는 기법들은 대부분 사회학 및 심리학에서 널리 쓰이는 것으로서 다음과 같은 것이 있다.

- 어휘연상법(word association)
- 문장완성법(sentence completion technique)
- 어의구별법(semantic differential technique)

지역사회의 가치관을 판단하는 데 사용되는 또다른 좋은 방법은 임의표본 대신에 특별히 선정한 사람들로부터 의견을 듣는 방법이다. 공무원이나 그 지역의 유수한 사업가 또는 지도급 인사들로 구성된 실무검토위원회에서 반대여론의 소지가 있는 초기계획서를 평가한다. 또 공통된 경험이나 관심을 가진 사람들로 focus group을 만들어 계획에서 고려해야 할 여러 가지 관점을 하나하나 토론하게 하는 방법도 있다. 계획분야의 전문가들로 구성된 평가단(rating panel)을 만들어 그 지역 전반의 목적과 목표에 관한 기준에 비추어 여러 가지 개발대안의 장단점을 평가하기도 한다. 학자나 경영자 및 자문위원으로 Delphi panel을 구성하여 여러 번에 걸쳐 질문을 하여 여론을 수집하는 방법도 있다.

15.5.5 환경영향

교통시스템의 건설과 그 환경과의 상호관계는 앞에서도 여러 번 언급한 바 있다. 여기서 교통시설은 그 수명 동안 토지이용에 매우 오랜 기간에 걸쳐 영향을 미친다는 사실을 강조했다. 그러나 교통프로젝트가 환경에 미치는 영향은 단지 토지이용에 대해서만이 아니라 그보다 훨씬 광범위한 분야에 영향을 미친다고 알려지고 있다. 교통시설의 건설은 그 프로젝트에 바로 인접한 환경의 범위를 훨씬 넘어 그 지역 전반의 환경변화를 초래할 수 있다. 선진국에서는 1950년대와 60년대에 지방부 고속도로와 도시고속도로를 건설할 때 환경문제를 등한시했기 때문에 지역사회의 환경보호론자들의 강력한 반발에 직면한 적이 있었다. 도로건설을 반대하는 이 운동은 그 후에 제트항공기의 출현과 함께 급증하는 항공교통수요로 인한 소음을 반대하는 사람들과 합류하게 된다. 현대도시의 환경파괴에 대한 관심이 고조됨에 따라 환경에 관한 입법이 이루어져서 교통시설을 계획하고 건설하는 것을 통제할 뿐만 아니라 이 시설을 이용하는 차량의 설계와 운영까지도 통제하게 되었다. 환경에 대한 초창기의 지나친 관심은 1970년대 초반 OPEC 연합이 결성되고 난 이후 에너지 사용을 적정화해야 하는 필요성이 대두되자 많이 진정되었다. 원유가가 급등하자 교통수요의 증가가 둔화되었고, 사람들은 일반적인 환경문제보다 자기 자신의 경제적인 문제에 더욱 관심을 집중하게 되었다.

그러나 환경영향분석은 아직도 교통에 종사하는 사람들에게는 중요한 관심사항이 되고 있다. 결과적으로 어떤 교통계획을 수립하는 데에는 다음과 같은 분야를 검토할 필요가 있다.

- 소음
- 대기오염
- 장·단기 토지이용 및 사회·경제의 변화
- 수질오염 및 유출의 변화

15.5.6 소음공해

원하지 않는 소리인 소음은 차량의 운행에 필연적인 부산물이다. 자동차는 엔진, 타이어 및 속도변환장치와 같은 곳에서 소음을 발생시킨다.

항공기는 동체와 날개를 스치는 공기의 기체역학적인 흐름과 엔진으로부터 소음이 생긴다. 기차는 철로와 차량바퀴의 접촉, 기관차의 모터소리뿐만 아니라 차량표면의 기체역학적인 흐름이 소음의 근원이 된다. 〔그림 15-9〕는 각 교통기관의 발생소음 크기를 일상적으로 경험하는 소리의 크기와 비교하여 나타낸 것이다.

주관적인 소리의 크기(loudness)는 음의 강도가 10 dB씩 증가함에 따라 두 배가 된다고 일반적으로 생각된다. 사람의 청각은 A영역에 있는 주파수에 대해서 특히 예민하다. 그래서 소리는 통상 이와 같이 가장 예민한 영역(A)을 나타내는 데시벨(dBA)을 사용하여 측정된다.

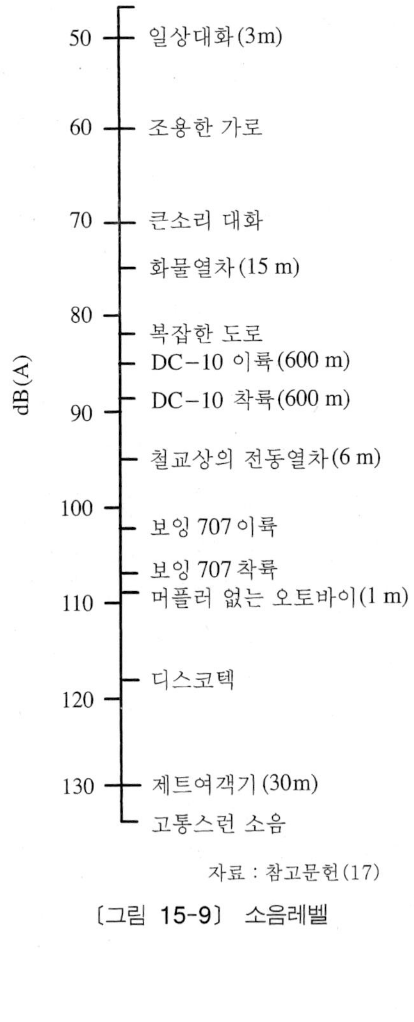

자료 : 참고문헌(17)

〔그림 15-9〕 소음레벨

개인이나 혹은 지역사회의 소음에 대한 반응에 영향을 주는 또 하나의 요인은 시간이다. 소리란 시간에 따라 일정한 경우는 드물다. 시간이 소음효과에 영향을 미치는 요소는 다음과 같다.

- 소리의 지속시간
- 소리가 반복되는 횟수
- 하루 중 소음이 발생하는 시간대

소음공해에 대한 더 자세한 내용은 20장에서 다시 언급된다.

15.5.7 대기오염

대기오염은 완전연소되지 않았거나 부분적으로는 연소된 엔진연료가 완전연소되었을 때의 부산물과 함께 방출됨으로써 생긴다. 이 오염물질의 농도와 구성성분은 차량의 운행사이클, 즉 순행, 가속, 감속, 또는 공회전(空廻轉)에 따라 달라진다. 대기오염을 발생시키는 교통의 주요 원인은 승용차이다. 트럭과 버스에 사용되는 디젤엔진과 항공기의 제트엔진은 외견상 막대한 양의 대기오염물질을 방출하는 것처럼 보이지만 이처럼 눈에 보이는 미세입자, 즉 매연은 사실상 이보다 훨씬 더 양이 많으면서도 눈에 보이지 않는 오염물질인 배출가스에 비하면 그다지 중요하지 않다. 실제로 큰 국제공항 주위의 대기오염 조사결과 그 지역의 대기오염 수준이 주거지나 상업 또는 공업지역의 대기오염 수준보다 낮다는 것이 판명되었다.[18] 교통에 의한 대기오염물질에는 다음과 같은 것이 있다.

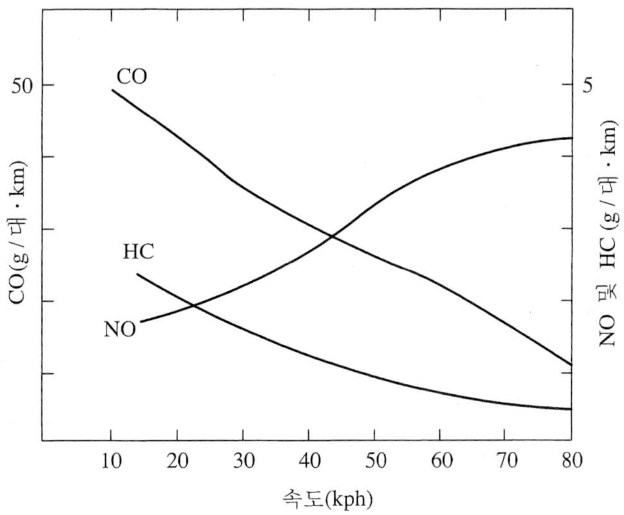

〔그림 15-10〕 차량속도와 배출가스 방출률

(1) 일산화탄소(CO)

내연기관 승용차가 배출하는 주된 배출가스이다. 이 가스는 엔진이 공회전하거나 혹은 정상적인 순행속도보다 낮은 속도로 운행될 때 많은 양이 배출된다. 이 가스는 비록 농도가 낮더라도 인체에 메스꺼움, 두통 및 현기증을 유발하는 유독가스이다. 농도가 크면 혈중 헤모글로빈과 작용하여 인체에 치명적이 될 수도 있다.

(2) 질소산화물(NO_x)

연소의 부산물로서 일산화질소(NO)와 이산화질소(NO_2)가 있으며, 이 중에서 이산화질소가 더 자극성이 있다. 이것은 스모그(smog)의 주성분으로서 고농도에서 심각한 호흡기 장애를 일으킨다.

(3) 탄화수소(HC)

불완전연소의 결과로 생기는 가스로서 배출 때 방출되는 것과 크랑크케이스에서 누설되는 것이 있다. 대기 중에서 광화학작용을 일으켜 스모그 중에서 매우 산화력이 강한 화학물질을 만든다. 또 탄화수소는 발암물질로 알려지고 있다.

(4) 유황산화물(SO_x)

유황을 포함한 휘발유는 연소과정에서 이산화황(SO_2)을 만든다. 대기 중의 수증기와 혼합되면 눈, 코, 목구멍에 불쾌감을 주는 매우 자극적인 화학물질을 만들며, 고농도에서는 폐질환을 유발시킨다. 이 물질은 부식성이 강해서 강구조물이나 석조물을 부식시킨다.

(5) 미립자(particulates)

불완전연소의 생성물질로서 눈에 보이는 먼지와 탄소입자이다. 비교적 큰 입자는 가라앉지만 작은 입자는 공기 중에 떠다니면서 스모그와 안개의 원인이 된다. 입자 그 자체는 독이 없지만 유독성 오염물질을 폐로 옮기는 역할을 한다.

도로교통수단은 소비하는 연료가 비교적 많기 때문에 교통이 유발하는 대기오염의 주원인이 된다. 디젤엔진은 가솔린엔진에 비해서 단위연료당 두 배 이상의 탄화수소를 방출하며, 질소산화물의 방출량은 거의 비슷하다. 반면에 촉매변환기가 없는 가솔린엔진은 디젤엔진에 비해 무려 58배의 일산화탄소를 방출한다. 우리나라에서는 도로차량의 배출가스 방출률을 규제하고 있으며, 비행기에 대해서는 미립자 방출을 감소시키기 위한 장치를 하도록 권하고 있다.

대기오염에 대한 더 자세한 내용은 20장에서 다시 언급된다.

15.5.8 수질오염

일반적으로 교통프로젝트가 수질오염에 미치는 효과는 소음이나 대기오염에 비해 그다지 크지 않다. 그러나 공항과 같이 넓은 포장면적을 가지는 곳에서는 대단히 많은 유출수가 부근의 하천으로 흘러들어가며, 그 주위의 표면수위의 변화에 영향을 준다. 미국에서는 국제공항을 건설하는 계획이 그 지역의 표면수의 흐름을 차단하는 문제 때문에 중단된 적이 있다.

15.5.9 장단기 토지이용의 효과

교통시설의 건설은 장기적인 토지이용에 여러 가지 방법으로 영향을 미친다. 이러한 토지이용의 변화는 그 지역 사회의 복합적인 편익을 주어 이에 영향을 받은 사람으로부터 복합적인 반응을 불러일으킨다. 다음은 주요 교통프로젝트와 관계되는 여러 가지 장기변화를 설명한 것이다.

① 고속대중 교통시스템이 건설된 다음에 고밀도교통축과 거점이 개발된다. 그러나 교외에 거주하는 사람은 고밀도개발을 반대하는 경우도 있다.
② 고속대중 교통노선에 대규모 환승주차장(park-and-ride parking lots)을 건설함으로써 기존 지역사회 구조를 변경시킨다.
③ 고밀도사용을 위해서 재개발을 기다릴 동안 장기적인 계획의 부재현상이 생긴다.
④ 고속도로 또는 고속대중교통의 부지가 사회적으로 결집된 지역사회를 분할시킨다.
⑤ 이동하거나 주차한 차량이 크게 증가하면서 동시에 소음, 악취, 먼지 및 전반적인 불쾌감이 커지므로 교통에 주름이 진다.
⑥ 교외지역을 더욱 접근성 좋게 만들어 줌으로써 경제적 분리현상이 생기게 되어 장기적으로 볼 때 부유한 계층이 도시중심을 버리고, 저소득 계층이 도시 안으로 이주하는 현상이 생긴다.

단기적으로 볼 때도 건설기간 동안에 기존의 토지이용에 큰 변화가 있을 수도 있다. 이와 같은 효과는 그 프로젝트에 관한 전반적인 사회적 비용을 평가할 때 흔히 무시되는 경우가 많으니 유의해야 한다. 이러한 효과에는 다음과 같은 것들이 있다.

① 주민이나 사업자가 영구적으로나 일시적으로 이전
② 건설기간의 혼란으로 말미암아 사업이나 산업에 미치는 경제적 손실
③ 건설시의 교통으로 야기되는 손상이나 혼란

15.5.10 환경영향 조사

교통시설을 새로이 건설하거나 기존 시설을 대규모로 확장할 때에 환경에 큰 영향을 주기 때문에 교통에 관련되는 사업계획은 여러 단계의 행정부서에서 엄밀한 검토를 받는다.

현행 우리나라의 환경보전에 대한 법령에는 도시개발, 산업입지 및 공업단지의 조성, 도로건설, 철도건설 등 환경보전에 영향을 미치는 사업(구체적으로 아파트지구 개발사업, 수자원 개발사업, 매립 및 개간사업, 도시의 개발사업, 산업입지 및 공업단지 조성사업, 도로건설사업, 철도건설사업, 관광단지 개발사업, 항만건설사업, 공항건설사업, 에너지 개발사업 등 11가지의 사업)을 하고자 하는 사람은 환경처장관이 규정하는 "환경영향 평가서 작성에 대한 규정"에 따라 환경영향 평가서를 작성하여 미리 환경처장관에게 협의를 받도록 규정하고 있다.

그러나 현재 이 규정은 개발사업의 종류, 규모 등 그 특성을 충분히 고려하지 아니하고 포괄적이며 획일적으로 환경영향 평가서를 작성하도록 규정하고 있기 때문에 환경영향이 틀린 각각의 개발사업의 특성에 알맞게 작성하기가 어렵다. 뿐만 아니라 교통프로젝트를 수행함에 있어서 고려해야 할 환경에 대한 법령은 사실상 환경정책기본법, 환경오염피해분쟁조정법, 대기환경보전법, 소음·진동규제법, 수질환경보전법, 문화재보호법, 오물청소법 밖에 없는 실정이다. 물론 환경보존법과 다른 법에서도 각종 환경에 대한 고려사항이 포함되어 있지만 명확하게 구체적인 입법근거를 제시하지 못할 뿐만 아니라 교통프로젝트에 적용이 되지 않고 있다.

환경에 대한 법령이 가장 잘 정비되어 있고, 또 이에 따라 환경영향 평가의 절차 등이 구조적으로 가장 잘 정의되고 실시되고 있는 나라는 미국이라고 알려져 있다. 다음은 교통프로젝트를 다룰 때 고려해야 하는 환경에 대한 내용을 포함하는 미국의 법령들이다.

- 대기청정법(1962)
- 환경정책법(1969)
- 공항 및 항로 개발법(1970)
- 대기질법(1970)
- 균일이전 보조 및 부동산 매입정책법(1970)
- 문화재보호법(1966)
- 소음규제법(1972)
- 멸종동식물법(1973)
- 해안지구관리법(1972)
- 어족 및 야생동식물 협동법(1972)

- 제방법(堤防法)
- 연방도로법(1970)

환경영향 평가서에서 다루는 환경의 영향에는 다음과 같은 것들이 있다.

① 논쟁의 소지가 있는 환경의 영향
② 자연, 문화, 생태계, 경관, 습지대, 멸종동식물군에 미치는 중대한 영향
③ 보호유적지에 미치는 중대한 영향
④ 노면교통혼잡의 심각한 증가
⑤ 국지 및 지역계획과 개발에 미치는 현저한 영향
⑥ 다른 행정단위의 환경평가서와 일치되지 않는 영향
⑦ 대규모의 이전이 필요하거나 적당한 이전지가 없는 경우
⑧ 소음의 증가
⑨ 대기질의 악화
⑩ 인간환경에 중대한 영향을 미치는 기타 사업

환경영향 평가서 작성양식에서 반드시 갖추어야 할 사항은 다음과 같다.

① 계획사업과 사업대안의 설명과 그 타당성
② 계획과정의 설명과 영향권의 구성
③ 계획사업으로부터 야기되는 환경영향 예측
④ 계획사업의 대안과 그것의 영향
⑤ 환경에 불가피하게 작용하는 악영향의 기술
⑥ 단기적인 환경이용과 이로 인한 장기적 편익 사이의 절충관계분석
⑦ 회복할 수 없거나 취소할 수 없는 자원을 기술
⑧ 문화재나 그 장소에 미치는 영향 기술
⑨ 계획과정에서 일반시민의 참여방안

환경영향 평가서 작성을 위한 지침은 또 조사되어야 할 환경적인 요소를 명시한다. 즉 여기에는 소음, 대기오염, 수질오염, 고형폐기물오염, 주변의 토지이용, 생태계, 자원이용, 역사적·문화적·경제적인 분야에 미치는 영향 등이 있다.

예를 들어 공항에서 환경영향 평가가 필요한 경우는 다음과 같다.

① 신공항부지 선정
② 신공항 개발
③ 활주로 신설 및 활주로 확장

④ 주차시설을 포함한 승객시설 확장 또는 신설
⑤ 제트여객기용 활주로 개선
⑥ 토지매입으로 주택지나 사업지 이전의 필요성이 있을 경우
⑦ 항행보조시설(접근등, 활주로 표시등 등)의 설치 및 이전
⑧ 멸종 또는 보호동식물에 영향을 주는 공항개발
⑨ 역사적, 건축학적, 고고학적 및 문화적으로 이용되는 토지에 영향을 주는 공항개발

15.6 화물유동조사

화물유동(goods movement)에 대한 교통계획을 수립하고자 할 때에는 그 지역의 장래 경제지표와 연관시켜 화물유동을 예측하고, 그 유동량이나 특성에 적합한 시설의 건설이나 운영을 계획한다.

화물유동조사의 목적은 도시내에서의 '화물의 움직임' 현황을 파악하고 아울러 화물유동에 관련되는 교통의 현황을 해명하는 동시에 장래의 트럭교통량을 예측하고 화물이 유출(production) 및 유입(attraction)되는 거점(據點)과 시설을 체계적으로 배치하는 방안을 강구함으로써 전체 교통망계획수립에 도움을 주기 위한 것이다. 또 전국적인 화물출하구조 및 화물의 O-D현황을 파악하여 효율적인 수송체계를 수립하고, 교통계획, 산업배치계획 등 국토개발의 방향을 검토하는 전국간선 화물유동조사가 있다. 이 조사는 전국의 사업소(광업, 제조업, 도매업, 창고업, 농업, 임업, 건설업, 소매업) 중에서 표본을 추출하여 출하품목, 목적지, 수량, 이용교통수단, 소요시간 등을 5년에 한 번 정도 조사를 하는 것이다.

15.6.1 화물유동조사의 내용

화물유동조사를 하자면 대개 다음과 같은 요구조건을 충족시키도록 조사계획을 수립해야 한다.

(1) 화물유동의 현황과 도시활동의 관련성 파악

- 화물 및 트럭유동량의 유출 및 유입점을 파악할 수 있을 것
- 실제의 O-D(화물을 싣고 내리는) 지점을 알 수 있을 것
- 도시권에 관계되는 전유동량을 존별로 파악할 수 있을 것
- 화물의 유동량과 트럭의 교통량이 서로 부합될 것
- 화물유동에서 특히 중요한 지구, 시설 및 업종의 특성을 파악할 수 있을 것

- 화물유동 시설의 양과 기능을 파악할 수 있을 것
- 화물유동과 관계되는 업무통행을 파악할 수 있을 것

(2) 화물유동 예측 및 시설계획

- 장래의 화물 및 트럭유동량 예측에 도움이 될 것
- 유통센터 및 화물유동 거점의 시설계획을 하는 데 도움이 될 것
- 화물유동에 관계되는 수송망의 배치계획을 수립하는 데 도움이 될 것
- 화물유통에 유리하게끔 도시의 공간적 구성을 하는 데 도움을 줄 것

이와 같은 것들을 달성하기 위한 유동조사는 사업소를 대상으로 하여 표본조사를 실시하는 것이 보통이다.

15.6.2 화물유동조사의 종류

화물유동의 현황조사는 파악해야 할 내용에 따라 다음과 같이 나누어지며 이들은 모두 조사설문지를 이용해서 조사된다.

(1) 물류(화물 및 트럭) 시설의 조사

일반지구 및 터미널지구에 있는 사업소의 보유시설 등 사업소의 특성과 개요를 조사하는 것으로서 사업소 개요설문지를 사용하여 사업소의 업종, 종업원수, 부지면적, 시설, 연상면적, 트럭대수, 연간 취급량, 판매액 등을 조사한다.

(2) 화물의 유동량조사

대상 사업소에서 반출·반입되는 물자를 조사하는 것으로서 반출·반입 설문지를 사용한다. 이 조사는 사업소 개요조사와 결부시켜 조사일(하루)에 반출·반입된 물자의 품목, 중량, 형태, 반출·반입지의 시설, 업종, 수송하단, 중계지 등을 조사한다.

(3) 트럭유동조사

트럭운행을 조사하는 것으로서 트럭운행 설문지를 사용한다. 이 조사에서는 트럭의 종류, 용도, 출발·목적지의 위치, 시설과 함께 물자의 품목, 중량, 시간 등을 조사한다. 트럭표본은 등록대수를 기초로 하여 직접표본을 추출하거나 사업소의 보유트럭에서 표본을 추출하기도 한다.

좋은 자료를 효율적으로 조사하기 위해서는 업종에 따른 지구별로 조사하는 것이 좋다.

즉 항만지구, 유통업무단지지구, 트럭터미널지구, 철도화물역지구, 공업단지지구, 도매상업단지지구 등 물자유동의 거점이 되는 지구를 상세히 조사한다. 이들 지구를 특정지구(또는 터미널지구)라 하여 특별히 조사하고 기타 지구를 일반지구라 하여 조사한다.

특정지구의 사업소는 일반적으로 표본조사가 아니라 모두 조사한다.

15.6.3 화물유동조사의 특성

화물유동조사로부터 얻은 현황자료는 장래의 교통시설계획을 수립하는 데 필요한 장래의 화물유동량을 예측하는 데 사용하기 위해서 집계되고 종합된다.

(1) 사업소 개요에 대한 종합

- 사업소 분포 현황
- 시설분포 등 사업소의 특성

(2) 화물의 유동특성에 대한 종합

- 화물의 유출 · 유입 현황(유출 · 유입량의 분포, 원단위, 사업소 특성과의 관련품목 등)
- 화물의 분포특성(존간, 업종 간, 시설 간)
- 화물의 수송수단 특성(노선수송수단, 터미널수송수단, 중계시설의 이용 현황)

(3) 트럭운행 특성에 대한 종합

- 유출 · 유입, 분포 현황
- 운행목적, 짐을 내리고 싣는 패턴, 통행연결(trip chain) 등 운행 특성
- 적재율, 공차율 현황

(4) 특정지구의 화물유동 현황파악 종합

현황을 종합하여 얻어지는 결과는 다음과 같은 것이다.

- 화물의 유출 · 유입 원단위 : 화물유동조사에는 각 사업소의 화물유동량을 파악할 수 있기 때문에 사업소당 화물유동량, 종업원 1인당의 화물유동량, 부지면적당의 화물유동량 원단위를 구할 수 있다.
- 화물유동 형태(pattern) : 지역간의 화물유동 특성, 업종 간, 유동시설 간의 유동패턴을 명확히 알 수 있기 때문에 산업활동과 화물유동의 관련성을 파악할 수 있다.
- 수송수단의 신호 : 수송수단별 수송량, 품목에 따른 수송수단의 특성, 수송수단별 운

행길이 등을 파악할 수 있다.

- 터미널이용 현황 : 트럭터미널, 철도역, 항만 등의 터미널이용 현황 및 터미널을 이용하는 화물의 특성파악을 한다.
- 트럭수송 실태 : 트럭을 이용하는 화물량, 적재중량, 평균통행횟수, 트럭의 유출·유입 교통량, 운행목적, 평균통행길이 등이 파악되므로 화물유동과 트럭유동과의 관련성을 파악한다.

참 고 문 헌

1. A. Whittick, *Encyclopedia of Urban Planning*, McGraw-Hill Book, Co., 1974.
2. ITE., *Manual of Traffic Engineering Studies*, 4th ed., ITE., 1976.
3. L.J. Pignataro, *Traffic Engineering-theory and practice-*, Prentice-Hall, Inc., 1973.
4. HRB., *Traffic Surveys by Post Cards*, HRB., Bulletin No. 41, 1951.
5. F.J. Murray, *A Comparative Study of the O-D Traffic Survey Data Obtained by Home Interview and Controlled Post Card Methods*, Ohio DOT., HRB. 37th Annual Meeting Paper, 1957.
6. F.H. Wynn, *Intra-City Traffic Movements*, HRB. 34th Annual Meeting Paper, 1955.
7. HRB., *Shopping Habits and Travel Patterns*, Special Report 11B, 1955.
8. A.M. Voorhees, *Proceedings of 34th Annual Meeting*, A General Theory of Traffic Movement, ITE., 1955.
9. National Committee on Urban Transportation, *Procedure Manual(2A) : Origin-Destination and Land use*, Public Administration Service, 1958.
10. National Committee of Urban Transportation, *Procedure Manual(2B) : Conducting a Home Interview-Origin-Destination Survey*, Public Administration Service, 1958.
11. N.J. Rajanikant and F. Utevsky, *Alternative Patterns of Development-Puget Sound Region*, Staff Report No. 5, Seattle : Puget Sound Regional Transportation Study, 1964.
12. HRB., *Urban Development Models*, Special Report No. 97, HRB., 1968.
13. F.S. Chaplin and E.J. Kaiser, *Urban Land Use Planning*, Univ. of Illinois Press, 1979.
14. H. Perloff and Wingo(eds), *Issues in Urban Economics*, Baltimore : Johns Hopkins Press, 1968.
15. A.M. Voorhees, "A General Theory of Traffic Movement", *Proceeding of the ITE.*, 1955.

16. M.T. Shaffer, "Attitudes, Community Values and Highway Planning", *HRR.*, No. 187, HRB., 1967.

17. U.S. Environmental Protection Agency, *Noise Pollution*, 1972.

18. J. Parker, *Air Pollution at Heathrow Airport London, April-Sep.*, 1970, SAE paper 710324, Society of Automotive Engineers, Feb., 1971.

제 16 장 교통수요의 예측

16.1 개 설

교통계획을 수립한다는 것은 교통시설의 위치와 그 규모를 정하고 그것을 어떻게 배치할 것인가를 결정하는 것을 말하며, 이러한 과정에서 국토계획, 지역계획, 도시계획 및 산업입지를 반드시 고려해야 한다.

경제규모가 확대되면 이에 따라 인간활동의 범위가 확대되고 통행의 빈도가 증가되므로 교통계획을 위해서는 이와 같은 교통수요가 파악되어야 한다. 다시 말하면 교통계획안을 작성하기 위해서는 대상지역에서의 교통수요를 알아야 하며, 또 정해진 어떤 교통계획안이 장차 어느 시점에서 어떤 상태로 기능할 것인가를 알기 위해서는 교통수요를 예측해야 한다.

교통수요 분석은 그 수요의 현상을 분석하는 과정과 여기서 발견된 결과를 이용하여 수요량을 예측하는 과정으로 나누어진다. 비교적 간단한 장래계획은 직관적인 판단으로도 가능하나 거대하고 복잡한 계획은 체계적이고 종합적이며 과학적인 방법으로 수요를 예측해야만 한다.

통행발생은 원자재의 공장수송, 제품의 시장수송, 인간의 통근통행, 직장에서의 업무통행 등 경제활동을 위한 생산활동으로부터 일상적인 쇼핑통행, 사교나 위락통행 등의 생활통행에 이르기까지 여러 가지가 있다. 생산통행이 인간의 경제활동과 직접적인 관련을 가지고 있는 것은 분명하나 생활통행도 그 동기는 경제활동과 직접적인 관련이 없다고 하더라도 간접적으로는 경제활동의 영향을 받는 것만은 분명하다. 예를 들면, 관광위락통행은 산업구조의 변화와 소득 수준이 향상함에 따라 증가한다. 교통이 경제 외적인 요인, 즉 사회적・문화적인 요인에 의해서도 큰 영향을 받으며, 특히 최근에 이와 같은 생활통행의 증가가 현저해지고 있다.

교통수요 예측방법은 대상지역의 면적, 교통시설의 종류 및 계획의 목적에 따라 달라지지만 이 장에서는 도시교통계획에서의 교통수요 예측을 주로 취급한다.

도시교통계획의 과정과 그 방법은 1950년대 미국의 각 도시권에서 실시한 Transportation Study를 통하여 그 기초가 이루어졌다고 볼 수 있다. 즉, 1953년 Detroit시를 시작으로 하여 Chicago, Washington D.C., Pittsburgh, Philadelphia 등에서 차례대로 실시되면서 그 계획방법이 점차 발전되어 왔다. 1962년 미국연방정부는 '연방보조도로법(The Federal Aid Highway Act of 1962)'에 의해서 인구 5만 명 이상의 도시지역에 대해서 거의 강제적으로 종합적인 도시교통 조사를 실시하여 도시교통계획을 수립하게 함으로써 도시교통 연구분야에 획기적인 발전을 가져오게 되었다. 또 일본에서는 1960년대 후반에 들어와서 도시교통의 주체인 '사람'의 통행뿐만 아니라 '화물'의 유동에 대한 조사를 실시하고 그 현황 및 특성을 체계적으로 파악하여 종합적 교통계획을 수립하는 데 이용하였다. 한편, 이와 같은 도시 수준의 종합교통계획을 넘어 보다 생활감각과 밀착되는 계획을 요구하는 경향이 생기고 있다. 즉, 지구 수준에서의 이른바 생활도로나 철도, 버스의 터미널서비스 등 micro한 교통계획이 도시교통계획의 중요한 과제로 대두되고 있다.

이 장에서는 이상과 같은 배경을 가지고 도시교통계획을 위한 전형적인 교통수요 예측기법인 4단계 예측법을 중점적으로 설명한다.

16.2 교통수요 예측과정

16.2.1 교통수요 예측기법의 구조

현재 교통계획을 위한 교통수요 예측기법으로 가장 널리 사용되고 있는 방법은 수요예측과정을 통행발생(trip generation), 통행분포(trip distribution), 수단분담(modal split), 교통배분(traffic assignment)의 4단계로 분할하여 각각의 모형을 만들고 이들을 순차적으로 연쇄시켜 나아가는 4단계의 수요예측 모형기법이다. 그러나 최근에는 각 단계의 모형을 개량하여 개인통행을 모형화한다든가, 통행의 발생, 목적지, 이용수단, 경로 등을 동시에 모형화하는 접근방법이 개발되고 있다. 이와 같은 교통수요 예측모형은 그 분석구조에 따라 몇 가지의 관점으로 분류할 수 있다.

1 집계형(Aggregate)과 비집계형(Disaggregate)

집계형 모형은 기본적인 행동단위를 존이나 기타 요소별로 분류하지 않고 집계하여 그것들의 macro한 현상을 평균가구특성이라는 집계형 변수로 설명하려고 하는 것이다. 이 경우, 집계단위 중에 교통행동이 동질의 것이 아니면 집계 level에서 교통행동을 정확하게 나타낼 수 없기 때문에 교통행동과 집계결과 간의 인과관계가 애매해진다. 그러나 현재로서는 자료수집 및 이론전개가 보편화되어 집계형 모형(4단계 예측모형과 같은)에 의한 예측이 일반화되어 있다.

한편 비집계모형은 교통현상의 최소단위인 개인 혹은 가구를 대상으로 하여 그 교통행동을 모형화하려는 것으로서, 도시활동이나 교통서비스는 물론이고 개인의 특성을 고려하여 그 개인의 통행수, 목적지, 이용수단, 경로의 일부 혹은 전부를 결정하는 것을 말한다.

2 확률형(Probabilistic 또는 Stochastic)과 결정형(Deterministic)

확률형 모형은 통행수, 목적지, 이용수단, 경로에 관한 여러 가지 선택 가능성에 대하여 그들 중에서 상대적으로 일어나기 쉬운 예측하고자 하는 모형이다. 한편, 결정형 모형에서는 그들의 선택 가능성 중에서 유일한 조합만을 선택하여 예측하려고 하는 것이다. 일반적으로 비집계모형의 대부분은 확률모형으로 이루어지며, 집계모형은 결정모형을 이루고 있는 것이 많다.

3 동시형(Direct 또는 Simultaneous)과 연쇄형(Indirect 또는 Sequential)

통행수, 목적지, 이용수단, 경로 등 통행에 관계되는 선택요소를 동시에 결정하는 것이 동시모형이며, 4단계 기법과 같이 통행수를 우선 추정한 다음 이 값을 이용하여 통행분포 예측을 하고, 다시 다음의 수단분담 예측과 통행배분단계로 진행해 나가는 방법을 연쇄모형이라 한다.

지금까지의 각종 교통수요 모형은 이상의 세 가지 분석구조의 관점에서 정리할 수 있으며, 그 대표적인 예를 들면 다음과 같은 두 가지가 있다.

(1) 집계－결정－연쇄형 모형

지금까지의 4단계 예측모형은 이러한 형태의 모형이다.

(2) 집계－결정－동시형 모형

통행의 발생단계로부터 수단분담까지를 동시에 결정하는 B-Q모형(Baumol-Quant Model)으로 대표되는 일반배분법(General Share Model)이 이 형태의 모형이다.

그 외에 수단분담 모형이라 하여 최근에 비집계－확률－연쇄형 모형이나 집계－확률－연쇄형 모형에 속하는 여러 가지 행동모형이 개발되고 있다. 이후에 설명되는 대부분은 집계형 모형에 대한 것이다.

16.2.2 예측기법의 종류와 과정

1 4단계 예측모형

4단계 예측기법은 통행을 통행발생, 통행분포, 수단분담, 교통배분의 4단계로 나누어서 예측하는 것이다. 통행발생의 예측은 대상지역에 관계되는 총 통행생성량(T) 및 존별 유출량(O_i), 유입량(D_j)을 예측하는 단계이며, 통행분포 예측은 존간의 통행량(T_{ij})을 예측하는 것이며, 수단분담 예측은 존간의 통행량을 각 교통수단별(m) 수요로 분할하고 ($_mT_{ij}$), 교통배분은 이것을 링크(l)와 노드로 나타낸 교통망에 할당하여 각 링크의 교통량(V_l)을 예측하는 단계이다.

이 4가지 단계의 조합방법은 〔그림 16-1〕에서 보인 바와 같이 (가)형이 표준이지만 수단분담과 통행분포가 뒤바뀌는 (나)형이 되는 수도 있다. 그러나 (나)형의 경우는 수단분담에서 network의 서비스 수준을 직접적으로 예측과정에 삽입할 수가 없다. 이 (나)형은 1960년도 전반에 미국의 도시교통계획에 많이 이용되었으나 현재는 대부분의 선진국에서 (가)형을 많이 이용하고 있다. (가)형의 수단분담 모형을 통행교차 수단분담 모형(trip-interchange modal split model)이라 하고, (나)형의 수단분담 모형을 통행단 수단분담 모형(trip-end modal split model)이라 한다.

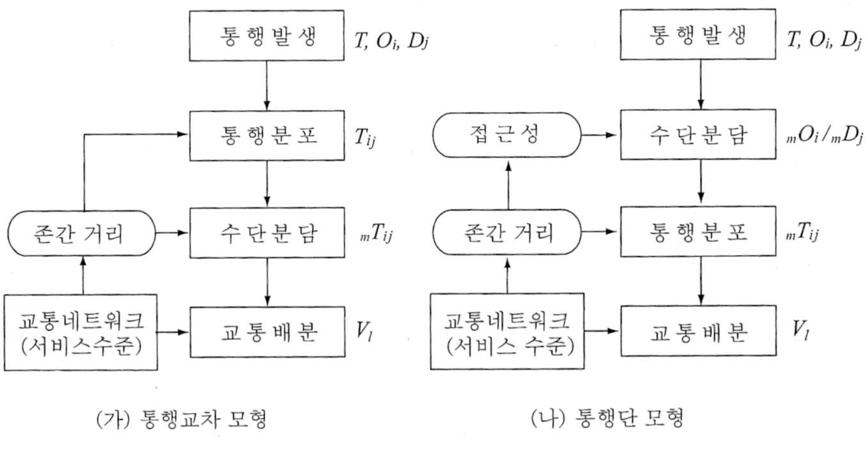

〔그림 16-1〕 4단계 예측기법의 과정

차량통행을 예측할 경우에는 기초로 하는 조사자료를 어느 것으로 하느냐에 따라 이와 같은 과정이 약간 달라진다. 즉 차량 O-D를 기초로 할 경우, 앞에서 설명한 4단계 중에서 수단분담 예측은 불필요하기 때문에 3단계 과정이 된다(〔그림 16-2〕 참조).

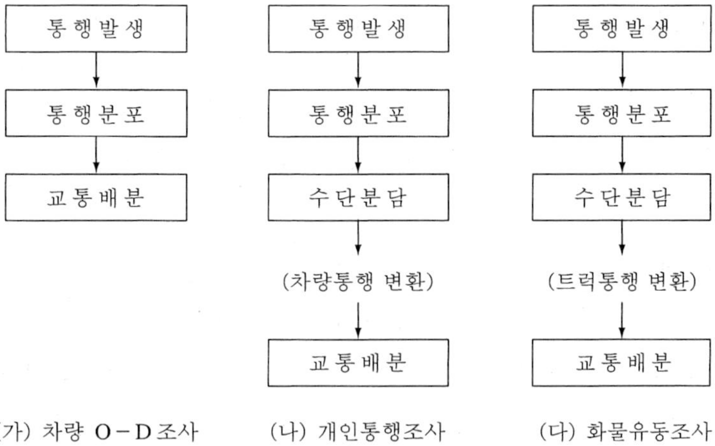

〔그림 16-2〕 4단계 예측기법에서 차량통행의 예측

또 개인통행 조사자료를 기초로 할 경우에는, 수단분담은 개인통행으로 추정할 수 있기 때문에 이것을 차량통행으로 변환시키는 단계가 필요하게 된다. 이 경우 영업용차량의 이동은 가구면접 조사에서 충분히 파악할 수 없기 때문에 다른 자료로 보완할 필요가 있다.

화물유동 조사자료를 기초로 할 경우에는, 화물유동으로부터 수단분담이 예측되기 때문에 트럭통행으로 변화시키는 과정이 필요하게 된다. 또 철도 등의 터미널수단으로 이용되는 트럭에 대해서도 별도로 예측하는 것이 보통이다.

2 일반배분모형(General Share Model)

이것은 처음에 미국의 북동교통축(The Northeast Corridor) 프로젝트의 도시간 승객수요예측용으로 개발된 모형으로서, 앞에서와 같은 4단계 예측기법의 4단계 과정을 밟지 않고 직접 하나의 모형을 사용하여 예측하는 것이다. 그러므로 4단계 예측기법을 간접적 단계예측법이라 부르는 반면에 이 일반배분법을 직접적 동시결정예측법이라 부르고 있다.

일반배분법의 대표적인 것으로 3개의 모형을 예로 들면 다음과 같다.

(1) KRAFT－SARC 모형

$$ {}_mT_{ij} = \alpha_{1no}(P_iP_j)^{\alpha_m} \cdot (Y_iY_j)^{\alpha_{m_1}} \prod \left(t_{ijq}^{\beta q_1} c_{ijq}^{\beta q_2} \right) \tag{16.1} $$

(2) McLynn 모형

$$ {}_mT_{ij} = \alpha_0(P_iP_j)^{\alpha_1}(Y_iY_j)^{\alpha_2} \frac{t_{ijm}^{\beta m_1} c_{ijm}^{\beta m_2}}{\sum_q \left(t_{ijq}^{\beta q_1} c_{ijq}^{\beta q_2} \right)} \sum \left(t_{ijq}^{\beta q_1} c_{ijq}^{\beta q_2} \right)^{\delta} \tag{16.2} $$

(3) Baumol-Quant 모형

$$_mT_{ij} = \alpha_0(P_iP_j)^{\alpha_1}(Y_iY_j)^{\alpha_2}(t_{ijm}^{\beta_1}c_{ijm}^{\beta_2})(t_{ijb}^{\beta_3}c_{ijb}^{\beta_4}) \quad (16.3)$$

여기서 $_mT_{ij}$: 존 i, j간에 교통수단 m을 이용하는 통행량

P_i : 존 i의 인구

Y_i : 존 i의 평균소득

t_{ijm}, c_{ijm} : 존 i, j간 수단 m의 소요시간과 요금 및 비용

t_{ijb} : 존 i, j간의 최소 소요시간을 가지는 수단 b의 소요시간

c_{ijb} : 존 i, j간의 요금 및 비용이 최소인 수단 b의 요금 및 비용(단 t_{ijb}의 수단과 같은 수단일 필요는 없다.)

α, β, δ : 모형의 매개변수, 첨자는 수단과 독립일 경우(예 : α_1)와 수단에 종속일 경우(예 : α_m)를 나타낸다.

(1), (2) 모형은 북동교통축 프로젝트에서 개발된 것이고, (3)은 캘리포니아에서 개발한 것이며, 이들을 다시 도시내에서 사용할 수 있는 모형으로 개량한 것도 있다.

3 비집계모형(Disaggregate Model)

4단계 예측기법은 일반배분법과 마찬가지로 현재의 통행수요를 표본조사하여 그것을 전통행량으로 확대(aggregation)한 값을 현재의 통행수요로 간주한다. 이에 반해 비집계모형은 개인의 통행행태에 관한 표본자료를 그대로 이용하여 교통수요를 예측하고자 하는 것이다. 이 모형은 개인의 통행행태를 명시적으로 모형화하여 소수의 자료로 많은 정책변수를 삽입하여 모형을 만들 수 있기 때문에 1960년대부터 미국을 중심으로 활발히 연구가 수행되어 왔다.

이 모형의 이론적인 배경은 개인의 선택행위이론에 근거하고 있으며, 개인의 선택행동을 확률효용함수를 이용하여 미시경제학에서의 소비자행동이론인 기대효용 최대화이론에 의해 설명하려고 하는 것이다. 두 개의 대안 l, m 중에서 양자택일(binary choice)의 문제를 생각하면, 개인 i가 대안 l을 선택하는 확률 P_{il}은 다음과 같이 나타낼 수 있다.

$$P_{il} = \text{Prob}\ [U_{il} > U_{im}]$$

여기서 U_{il}, U_{im} : 개인 i가 대안 l, m을 선택했을 때 얻어지는 효율

개인 i가 대안 l을 선택했을 때 얻어지는 효율 U_{il}은 대안 l의 특성이나 개인 i의 사

회 · 경제적 수준에 따른 가치 V_{il}과 확률적 오차항 ε_{il}로 구성된다. 즉,

$$U_{il} = V_{il} + \varepsilon_{il} \tag{16.4}$$

또한 개인 i가 대안 m을 선택했을 때 얻어지는 효용 U_{im}도 꼭 같은 방법으로 표시된다. 즉,

$$U_{im} = V_{im} + \varepsilon_{im} \tag{16.5}$$

따라서 개인 i가 대안 l을 선택하는 확률 P_{il}은 다음과 같다.

$$\begin{aligned} P_{il} &= \text{Prob}\,[U_{il} > U_{im}] = \text{Prob}\,[V_{il} + \varepsilon_{il} > V_{im} + \varepsilon_{im}] \\ &= \text{Prob}\,[V_{il} - V_{im} > \varepsilon_{im} - \varepsilon_{il}] \end{aligned} \tag{16.6}$$

비집계모형의 구체적인 형식은 이 ε의 확률분포를 어떻게 가정하느냐에 따라 결정된다. ε_{il}, ε_{im}이 서로 독립적인 정규분포를 가진다면 P_{il}은 다음과 같은 프로빗 모형(probit model)을 나타낸다. 대안이 3개 이상인 다항프로빗 모형은 계산이 어렵기 때문에 그다지 잘 이용되지 않는다.

$$P_{il} = \int_{-\infty}^{V_{il}-V_{im}} \frac{1}{\sqrt{2\pi}} e^{-\left(\frac{1}{2}\right)u^2} \cdot du \qquad (\text{프로빗 모형}) \tag{16.7}$$

이 밖에 ε_{il}, ε_{im}이 서로 독립된 logistic 분포를 나타낸다고 가정할 때 P_{il}은 다음과 같은 로짓 모형(logit model)을 나타낸다.

$$P_{il} = \frac{e^{V_{il}}}{e^{V_{il}} + e^{V_{im}}} = \frac{1}{1 + e^{V_{im} - V_{il}}} \qquad (\text{로짓 모형}) \tag{16.8}$$

비집계모형이 갖는 장점은 표본의 수가 적더라도 모형을 만들 수 있으며, 여러 가지 정책변수를 사용할 수 있고, 존 개념에 구애받지 않는다는 것이다. 그러나 이를 적용하기 위해서는 상세한 분석과 검토가 필요하다.

16.3 외생변수의 예측

16.3.1 교통수요 예측을 위한 외생변수

교통은 도시지역이든 전국적 혹은 소규모지역이든 간에 교통만으로 독립해 있는 것이 아니라 다른 여러 가지 지역활동을 위해서 파생되는 종속적인 것이다. 따라서 교통계획을

할 때에는 이러한 여러 가지 지역활동을 고려해야 한다. 특히 교통계획은 토지이용계획과 밀접하게 연관시킬 필요가 있다. 현재까지 교통수요 예측에 사용되는 외생변수는 인구, 토지이용 및 기타 사회경제지표로 대별된다. 그 중에서도 가장 많이 사용되는 변수는 상주인구, 취업인구, 고용인구, 공장 출하액, 상품판매액, 자동차 보유대수, 용도별 토지면적 또는 상면적이다. 이들에 대한 기본적인 자료는 시, 구, 동별로 얻을 수 있다.

외생변수를 예측하기 위한 기본개념을 다음과 같다.

1 개발구도의 예측

교통계획을 할 때 계획대상지역의 개발구도는 독자적으로 예측하기도 하지만 교통계획이란 다른 상위계획과 연관시켜 생각해야 하기 때문에 각종 상위계획에 나타나 있는 지표의 예측값을 참고로 하여 결정하는 경우가 많다. 상위계획으로는 전국계획(예를 들어 국토종합개발계획), 시·도계획, 광역계획(예를 들어 수도권 정비계획) 등이 있다. 이들 상위계획들은 반드시 서로 모순 없이 잘 들어맞는 것이 아니기 때문에 그 가운데서 중심이 되는 상위계획을 선정해야만 한다.

대상지역의 개발구도는 전국 또는 시·도와 대비시켜 그 경향을 예측하는 수가 많다.

2 존별 예측

존별로 예측을 할 때에는 그 예측에 영향을 주는 대상지역내의 여러 가지 계획행위를 고려해야 한다. 그 중에는 주택단지계획, 신도시계획, 공업단지계획, 유통센터계획, 매립지계획 등 대규모적인 것이 포함되어 있다. 이것들은 어느 것이나 인구, 공산품 출하액, 상품판매액 예측에 영향을 미치게 하는 것이지만 이 계획들이 이들 지표에 대한 계획수치를 명시하지 않을 경우에는 이것을 예측해야 한다. 그러기 위해서는 토지면적당 거주인구밀도, 취업인구밀도, 공산품 출하액당 취업인구밀도 등과 같은 원단위를 사용해야 한다.

16.3.2 인구 및 사회경제지표 예측

1 인구 예측

교통수요를 예측하기 위해서는 도시인구의 증가를 반드시 고려해야 하며, 이때 그 증가율은 도시내에서도 일정하지 않다. 인구예측의 가장 간단한 방법은 인구통계를 기초로 하여 인구표를 작성하고 과거의 연도별 인구변화를 이용하여 장래 도시인구를 예측한다. 도심부의 인구증가 경향은 매우 완만하지만 주변부의 인구증가 경향은 매우 급속한 것이 일반적이다.

존별 상주인구를 예측하기 위해서는 존별 인구성장 경향을 일차회귀식 혹은 logistic 곡선 $p=k/(1+e^{\alpha+\beta t})$ (p : 인구, t : 연차, k, α, β : 매개상수), 또는 지수곡선 $p=\alpha t^{\beta}$에 적합시키는 방법을 쓰고 있다. 그러나 이 방법은 존의 크기가 너무 작을 때에는 적합하지 않고 적어도 시, 구, 동 정도의 크기는 되어야 한다. 이보다 작을 때에는 차라리 상주인구밀도를 사용하는 것이 좋다. 더구나 이 경우에는 계획적으로 주택환경 등을 고려하면서 앞에서 말한 성장경향 예측치를 참고하여 인구밀도를 설정하는 방법도 사용할 수 있다.

수리적 모형을 사용하는 경우에는 다음과 같은 모형이 있다.

$$D_{ij}(t)=A_i(t)\cdot e^{\alpha_i(t)x_{ij}} \tag{16.9}$$

여기서 $D_{ij}(t)$: i sector, j 존에서 t년의 인구밀도
$A_i(t)$: i sector에서 t년의 가장 높은 인구밀도
$\alpha_i(t)$: i sector의 t년의 밀도감소를 나타내는 계수
x_{ij} : i sector의 도심부로부터 j 존까지의 거리

또 인구의 증가분을 배분하는 모형으로는 다음과 같은 것이 있다.

$$G_i=G_t\frac{A_i^{\alpha}V_i}{\sum A_k^{\alpha}V_k} \tag{16.10}$$

여기서 G_i : i 존의 상주인구 증가량
G_t : 모든 존의 상주인구 증가량의 합
A_i : i 존의 접근성 계수
V_i : i 존의 수용가능 인구
α : 매개상수

취업인구는 상주인구에 취업률을 곱해서 예측할 수 있다. 반대로 취업인구에 부양률(취업률의 역수)을 곱함으로써 상주인구를 구하는 방법도 있다. 고용인구는 계획적 배치인구를 이용해서 시계열분석 모형으로 예측하거나 한꺼번에 예측하지 않고 1, 2, 3차 산업별로 분류하여 예측하는 수도 있다. 또 1차 산업에 대해서는 시계열분석, 2차 산업(특히 공업 또는 제조업)에 대해서는 공산품 출하액당 취업인구 원단위를 사용하여 예측하고, 3차 산업에 대해서는 상주인구 의존형, 1, 2차 산업의존형으로 나누어 각각의 의존을 곱함으로써 구하는 방법도 있다.

2 경제활동 예측

경제활동은 도시의 부를 증대시키는 기본이 되며, 교통발생을 예측하는 데 기초가 된다. 경제활동의 분석은 산업의 생산성, 생산구조의 변화 등과 같이 고용에 대한 것과 소비구조, 소득구조의 변화 등과 같은 개인소득에 대한 것이 있다.

고용분석의 방법에는 고용률을 파악하거나 고용인구의 변화경향을 파악하는 방법이 있는데, 제조업은 도시경제 중에서 가장 활동적인 부문으로서 제조업 고용인구의 변화경향을 조사하고 전체고용자에 대한 비율이 일정하다고 가정하여 장래 고용자수를 예측한다. 그 밖에 물자의 투입·산출에 대해서 도시내외부의 관계를 규명하고 그 가운데서 생산·고용을 결정해 가는 산업연관분석이 있다. 특정한 제조업이 고정된 도시에서는 앞에서 말한 제조업 고용자 예측방법을 사용하는 것이 좋다. 산업연관분석은 산업구조변화에 대응할 수 있는 장점을 가지고 있다.

경제발전은 실질임금을 상승시키므로 가계 중에서 필수지출비용의 비중이 줄어들고, 가구, 주거, 옷, 교육, 위락, 교통 등 임의지출비용의 비중이 커지는 소비패턴을 보인다고 알려져 있다.

3 자동차 보유대수의 예측

자동차 보유상황은 차종에 따라 다르기 때문에 승용차, 트럭, 버스 등으로 구분하여 생각한다. 승용차에는 개인용, 영업용, 업무용, 관용 등이 있으며 예측방법으로는 가구소득분석법과 시계열분석법이 있다. 승용차 보유율은 소득 수준과 깊은 관계가 있기 때문에 소득분포를 알고 소득 수준과 보유율과의 관계를 알면 승용차 보유대수를 구할 수 있다. 또 승용차 보유율은 1인당 연평균소득액과 관계가 밀접하므로 연평균소득액에 대한 시계열분석을 통하여 승용차 보유대수를 구할 수 있다.

가구소득분석에 승용차 보유율과 소득 수준과의 관계는 장래에도 변하지 않는다고 가정하면 소득분포의 변화가 바로 보유율의 변화에 같게 되나 실제로는 보유율과 소득 수준의 관계는 시간적으로 변하는 경향이 있기 때문에 과소 예측되기 쉽다. 그러므로 가구소득-보유율 곡선을 시계열적으로 이동시켜 사용하는 방법을 쓴다.

도시내의 트럭이나 버스대수의 증가는 과거의 자료를 이용한 시계열분석법으로 구한다. 도시의 경제활동이 증가함에 따라 화물수송수요가 증가하므로 트럭대수를 광공업생산지수와 비교하여 예측할 수 있다.

각 존의 자동차 보유는 승용차의 경우 현재 존별 보유율을 알며 각 존의 가구소득의 증가에 따른 장래 보유율을 구하여 보유대수를 계산할 수 있다. 존별 자동차 보유대수를 구할 때는 모든 존을 포함한 전 지역의 자동차 보유대수를 조정총량(control total)으로 사용해야 한다. 존별 예측에서 상주인구와 고용인구를 변수로 한 중회귀모형을 사용할 수도 있다.

트럭의 경우에는 장래 토지이용 상황을 이용하여 각 존별 보유율을 구할 수 있다.

16.3.3 토지이용의 예측

토지이용과 교통시설은 서로 밀접한 관계를 가지고 교통수요에 영향을 미치고 있다. 따라서 교통계획의 기초가 되는 장래 교통수요를 예측하기 위해서는 장래의 토지이용을 정확히 예측할 필요가 있다. 그러나 토지이용을 좌우하는 요인은 매우 광범위하고, 또 복잡하게 얽혀 있기 때문에 현실적으로 토지이용을 정확하게 예측하기란 불가능하다고 볼 수 있다.

토지이용의 분석은 도시에 집중한 인구가 도시내에서 어떻게 분산되어 있고 시민들의 직장이 어디에 위치해 있는가를 연구하는 것이다. 토지의 개발패턴은 지형, 인구, 건축비용, 교통의 편리성에 좌우된다. 일반적으로 토지의 인구밀도는 교통비용과 지가 및 건축비용 등이 균형을 이루는 상태에서 결정된다. 즉 교통이 편리한 곳은 지가가 높고 인구밀도도 높게 된다. 교통이 편리한 곳이란 어느 토지에서 다른 토지로 갈 때의 교통저항(traffic impedance), 즉 접근도(accessibility)로 표시된다. 즉 지역 i에서 지역 j로 갈 때의 접근도는 다음과 같은 방법으로 계산된다.

$$A_i = \sum_{j=1}^{m} \frac{P_j}{D_{ij}} \tag{16.11}$$

여기서 A_i : i존의 접근도

P_j : i존의 매력(유인력)을 나타내는 지수로서 인구, 토지이용 등이 사용된다.

D_{ij} : i, j존간의 교통저항을 나타내는 지수로서 직선거리, 실거리, 시간거리 등이 사용된다.

장래의 토지이용은 현재의 도시지역과 새로이 도시로 개발되는 지역의 토지이용이다. 기존 도시의 토지이용 변화는 주로 도시재개발에 의해서 이루어진다. 이러한 토지이용의 변화를 제외하고는 기존도시의 토지이용은 큰 변화가 없다. 그러므로 중요한 것은 앞으로 도시화하는 지역의 토지이용이다. 현재는 공지인 미개발지역의 토지이용을 예측하기 위해서는 거기서 발생하는 활동, 이용밀도, 지역내의 공지면적 등을 고려해야 한다. 일반적으로 지형적으로 우수하다든가, 기존의 지역사회가 인접해 있든가, 주요 도로의 교차점에 근접해 있다든가 하는 좋은 입지조건을 가진 지역이 먼저 개발된다. 그러므로 장래의 토지이용 대상지역은 공공적으로 개방된 지역, 비행장, 병원, 공용청사, 대학 등과 같은 특별지역, 지방의 상업중심지역, 가로, 공업지역, 주거지역 및 상점가, 학교, 교회, 광장, 소방시설 등과 같은 주거지역내의 공공시설지역 등이다.

토지이용의 예측방법에는 도시의 구조변화 등을 고려한 감각적 방법이 있다. 이 방법은 도시내에 있는 각 존에 대한 토지이용 현황 및 계획을 세밀히 조사하고 이를 기초로 하여 장래 토지이용을 판단하는 방법으로서, 이 방법은 상위계획에서 토지이용의 골격이 주어졌을 때 하위계획으로서 비용상의 제약이 있는 경우에 사용하는 간략법이다.

그 밖에 현재의 토지이용 패턴을 관찰하여 일정한 틀을 만들고 이에 근거하여 장래 토지이용을 계산하는 방법도 있다. 이 방법은 먼저 존내의 공지면적을 계산하고, 장래 토지이용지역을 구분해서 표를 만들며, 현황조사에서 얻어진 자료와 장래계획을 기초로 하여 각 지역(예를 들면, 주거지역)의 필요량을 산출하여서 이를 하나씩 공지면적에서 빼나가는 방법이다. 이때 공업지역, 주거지역에 대해서는 점유밀도가 정해져야 한다. 과거의 자료에 의하면 공업지역에서는 도심에서 멀어짐에 따라 고용밀도는 현저히 낮아진다. 장래밀도는 생산성의 향상, 산업자동화, 합리화 등에 의해서 그 경향은 점차 감소할 것으로 생각된다. 주거지역의 인구밀도는 현재의 인구밀도, 주거지의 입지 등에 크게 좌우되며, 도심부(CBD)에서 멀어짐에 따라 감소한다. 그리고 지역내의 도시화 현상은 도심부를 중심으로 해서 외부로 갈수록 둔화된다.

1960년대부터 미국을 중심으로 하여 토지이용 예측을 위한 여러 가지 수리모형이 개발되었다. 이들 모형의 대부분은 지역계획 및 교통계획에 있어서 장래의 토지이용 또는 인구분포를 보다 합리적으로 예측하기 위해서 개발된 것이다. 이와 같은 모형에는 Lowry 모형을 시작으로 하여 TOMM 모형(Time-Oriented Metropolitan Model), PLUM 모형(Projective Land Use Model) 등과 같은 시장잠재력 모형, EMPIRIC 모형으로 대표되는 선형 모형, 토지시장의 수요와 공급관계를 명시적으로 추가한 Penn-Jersey 모형, Bass 모형, NBER 모형 등이 있다. 이러한 모형들은 그 모형의 이론구조, 형식 및 토지이용에 따라 분류되고 정리되는 단계에 있다. 이 모형 중에서 계량적 토지이용 모형으로 가장 널리 사용되는 Lowry 모형에 대해서 간단히 설명한다.

Lowry 모형은 Ira S. Lowry가 1964년에 Pittsburgh 도시권을 대상으로 하여 제안한 토지이용 모형으로서 그 후에 다른 토지이용 모형개발에 큰 영향을 미쳤다. 이 모형은 정태적 균형모형으로서 기본적인 구조는 〔그림 16-3〕에서 보는 바와 같다.[3)]

먼저 기반산업(basic sector)의 양과 배치는 외생적으로 주어진 것으로 하고 다음에 이 산업 종사자의 주거지(household sector)가 배치된다. 그 다음 단계는 이 사람들에게 서비스를 제공하는 서비스산업(population-serving sector)의 배치를 결정한다. 그와 동시에 이들 서비스산업 종사자들의 주거지가 정해지고 그 인구가 다시 서비스산업 입지를 필요로 하게 된다. 이 모형은 이와 같은 과정을 상주인구 및 서비스산업의 분포가 균형에 도달할 때까지 반복계산을 한다.

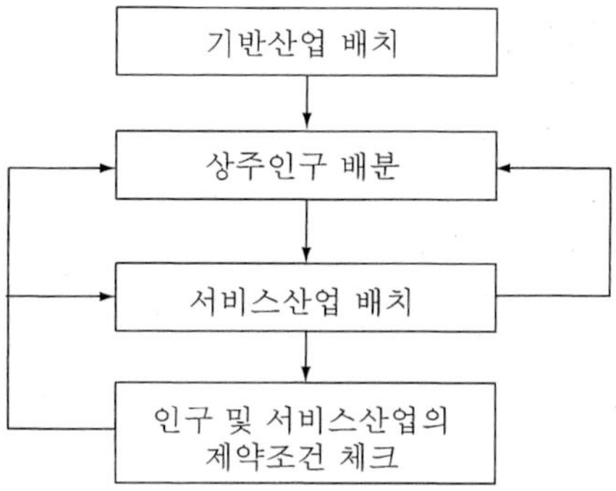

〔그림 16-3〕 Lowry 모형의 기본구성

이 모형의 특징은 ① 정태적 모형이며, ② 서비스산업과 주거지의 분포를 구하는 모형이며 기반산업의 분포는 예측할 수 없다. ③ 토지이용에 대해서 수요측의 입장인 기업이나 개인의 행동은 잘 설명하고 있지만 공급 측면에 대해서는 분명한 분석을 할 수가 없다. 따라서 이 모형은 주로 교통망의 형태나 구성이 도시의 토지이용 패턴에 어떤 영향을 미치는가를 분석하는 데에는 매우 합리적인 모형이다.

16.4 통행발생의 예측

통행발생 모형의 근본목적은 통행과 토지이용 및 그 지역의 사회·경제적 특성 간의 기능적인 상관관계를 밝히기 위한 것이다. 어떤 지역의 통행발생률은 근본적으로 상주인구 및 취업인구의 사회·경제적 특성과 함께 교통시스템 수요와 관련되는 토지이용에 좌우된다. 궁극적으로 통행발생분석의 기능은 토지이용과 통행발생활동 간의 상관관계를 구명(究明)하여 장차 토지이용의 변화에 따른 교통수요의 변화를 예측하는 것이다.

통행발생 모형과 밀접한 관계가 있다고 여겨지는 토지이용의 세 가지 특성은 토지이용 활동의 강도와 특성 및 그 위치이다. 토지이용강도는 보통 1 km^2당 주거단위, 1 km^2당 고용자수, 건물상면적 1,000 m^2당 고용인수로 표시된다. 토지이용의 특성은 토지이용자의 사회·경제적 구조와 관계를 가지는 것으로서 평균가구수입 및 1인당 자동차 보유대수, 가구원수, 가구생애주기(family life cycle) 내에서의 단계 등으로 나타낸다. 토지이용의 위치는 주차의 용이도, 가로혼잡지표 등과 같은 요인의 종합효과를 나타낼 수 있는 변수라고 여겨진다.

통행발생의 예측을 설명하기 전에 먼저 통행수요 예측에 나오는 통행의 정의 및 통행표에 대해서 설명한다.

16.4.1 통행의 정의 및 통행표

한 개인으로 볼 때 통행(trip)이란 어떤 목적을 가지고 어떤 교통수단을 이용하여 어떤 노선상의 한 출발지점에서 한 목적지점까지 가는 이동(movement)의 단위를 말한다. 같은 통행이란 말로 사용되는 travel은 이들 trip의 집합이다. 통행(trip)에 관한 J.W. Dickey의 정의는 다음과 같다.[13)]

"A one-way journey made within a given time period between two places(usually two areal zones, i and j) on a certain route(r) of a certain mode of transport(m). Travel is simply the overlay of all component types defined above."

통행은 또 어떤 목적을 가진 통행을 하나의 단위통행으로 보는 목적통행(linked trip)과 한 교통수단을 이용한 통행을 하나의 단위통행으로 보는 수단통행(unlinked trip)이 있다. 한 목적을 위한 통행일지라도 여러 개의 교통수단을 환승하여 이용할 수도 있으므로 수단통행이 목적통행보다도 그 값이 크다.

Journey란 용어는 travel과 같은 뜻으로 영국이나 캐나다 등지에서 사용되고 있으며, 우리말로는 종종 '여행'이라 번역되고 있으나 장거리통행으로 오해될 소지가 있어 이 말은 되도록 피하고 꼭 같이 통행이란 말을 사용하는 것이 좋다. 미국 교통부에서 발간한 교통용어사전에 의하면 journey는 교통수단을 이용하는 이용자통행에 사용된다. 예를 들어 journey time은 이용자 총 통행시간으로서, 이것은 차량탑승시간(in-vehicle travel time)과 추가시간(excess travel time), 즉 교통수단에 접근하는 시간, 대기시간, 하차 후 목적지까지 걸어가는 시간을 합한 것을 말한다. 여기서 차량탑승시간을 'trip time'으로, 여기에 대기시간만 합한 것을 'travel time'으로 사용할 것을 권장하고 있다.[37)]

통행발생(trip generation) 예측이란 하룻동안에 어떤 존에서 생성(produced)되거나 또는 유인(attracted)되는 통행의 수를 예측하는 과정을 말한다. 통행자가 가정에서 출발하거나 가정으로 돌아오는 통행을 그 통행자의 가정이 있는 존의 통행생성(trip production)이라 하며, 다른 존의 거주자가 어떤 존에 들어오거나 그 사람의 거주지로 돌아가는 통행을 그 존의 통행유인(trip attraction)이라 한다. 한 통행은 두 개의 단(端: end), 즉 기점과 종점을 가지므로 이 점들을 통행단(trip end)이라 하며, 각 존의 통행생성과 통행유인량은 통행생성단과 통행유인단의 수와 같다.

만약 어떤 사람이 하루에 출근과 퇴근 두 통행을 만들면, 그 사람의 가정은 출발지도 되고 목적지도 되며, 직장도 마찬가지로 목적지도 되고 출발지도 된다. 이때 그 사람의 주거지존은 두 개의 생성통행을 발생시키고, 직장은 두 개의 유인통행을 발생시킨다. 또다른 말로 표현하면 주거지존은 두 개의 통행생성단을 가지고, 직장존은 두 개의 유인통행단을 가진다. 통행생성을 다른 말로 주거지통행발생(residential trip generation)이라고도 하며, 통행유인을 비주거지통행발생(non-residential trip generation)이라고도 한다. 만약 직장에서 쇼핑을 가든가 혹은 직장에서 업무로 다른 직장으로 가는 경우와 같이 두 통행단 중 어느 것도 주거지에 놓이지 않는 비가정기반통행(non-home-based trip)의 경우에는 통행의 출발지가 통행생성단이 되고 도착지가 통행유인단이 된다.

통행생성과 통행유인이란 말은 그 통행의 기점 또는 종점의 토지이용 및 사회・경제적 특성에 대한 의미를 내포하고 있다. 통행생성은 통행이 생성되는 존의 특성, 즉 존 내에 거주하는 사람들의 소득 수준, 자동차 보유대수 등과 같은 요인에 좌우되며, 통행유인은 통행을 유인하는 존의 특성, 즉 비주거상면적, 고용인구 등과 같은 요인에 영향을 받는다. 따라서 어떤 존의 토지이용이 주거지역이면 그 존의 발생통행은 생성통행이 대부분이고 유인통행은 거의 없을 것이다. 반대로 어떤 존의 토지이용이 상업지역이면 그 존의 생성통행은 없고 유인통행만 있을 것이다.

통행발생은 통행목적별로 구분하여 분석을 한다(그 다음 단계의 통행분포 및 수단분담에서도 마찬가지이다). 그 이유는 통행의 목적에 따라 통행발생패턴은 물론이고 통행분포 및 수단선택이 크게 달라지기 때문이다. 통행목적은 크게 가정기반통행(home-based trip)과 비가정기반통행(non-home-based trip)으로 나누어진다. 가정기반통행이란 통행의 기점과 종점 중에서 어느 하나를 가정에 기반을 두는 통행을 말하며, 여기에는 출퇴근통행, 등하교통행, 쇼핑 및 귀가통행 등이 있다. 또 비가정기반통행에는 퇴근길에 쇼핑을 가거나 직장에서 업무차 다른 직장으로 가거나 또는 이들로부터 다시 원래 출발지로 돌아오는 통행을 말한다.

가정기반통행의 경우는 그 속에 귀가목적의 통행이 포함되어 있다. 그 이유는 모든 가정기반통행은 대부분 가정에서 출발하여 다시 가정으로 돌아오기 때문이다(장거리 여행인 경우나 직장에서 숙직을 하는 경우는 예외). 그러므로 앞에서 언급한 통행생성의 정의대로라면 어떤 존의 통행생성량은 가정기반통행만을 의미하게 된다. 그러나 실제 그 존의 통행생성과 통행유인에는 다른 존에 거주하는 사람들의 비가정기반통행도 포함된다. 다시 말하면 A존에 거주하는 사람이 B존에 와서 C존으로 가는 통행은 B존의 통행생성이 되며, A존의 거주자가 C존에서 B존으로 오는 통행은 B존의 통행유인이 되어 B존의 통행생성과 통행유인은 원래의 정의와 다른 값을 가진다. 이 때문에 어떤 존의 통행발생을 예측할 경우 이 값을 첨가하기가 매우 어려우나, 이 통행의 비중이 그다지 크지 않고(전체통행수의 10~20%), 또 비교적 합리적으로 예측하는 방법(각 존의 거주자에 의해 생성된 비가정기반 통행을 다른 존의 그 값에 비례하여 교차 분포시키는 방법)이 있으므로 큰 문제가 되지는 않는다.[14)]

이와 같이 어떤 목적의 통행생성 또는 통행유인이 귀가목적통행까지 포함하는 개념은 미국을 위시한 유럽에서 많이 쓰는 방법이다. 그러나 일본에서는 귀가목적통행을 하나의 목적통행으로 분리해서 사용하며, 우리나라에서도 지금껏 이것을 분리해서 사용해 왔다. 예를 들어 출근목적통행, 등교목적통행, 쇼핑목적통행으로 구분하고 퇴근목적통행, 하교목적통행, 쇼핑 후 귀가목적통행은 하나로 묶어 귀가목적통행으로 취급한다. 이때 어떤 존에서 나가는 한 방향 통행은 통행자의 거주지가 그 존이든 아니든 상관없이 통행유출(일본에서는 이를 발생통행이라 함)이라 하고, 그 존으로 들어오는 통행은 마찬가지로 통행자의 거주지에 상관없이 이를 통행유입(일본의 집중통행)이라 한다. 다시 말하면 A존에서 출근목적으로 다른 존으로 나가는 통행은 A존의 출근목적통행유출이고(다른 존의 출근목적통행유입), 그들이 다른 존에서 A존으로 귀가하는 통행은 A존의 귀가목적통행유입(다른 존의 귀가목적통행유출)으로 간주한다. 마찬가지로 출근목적으로 다른 존에서 A존에 들어오는 통행은 A존의 출근목적통행유입이면서 다른 존의 출근목적통행유출이나 그들이 다른 존으로 귀가하는 통행은 A존의 귀가목적통행유출이면서 다른 존의 귀가목적통행유입으로 나타난다. 따라서 어떤 존의 출근목적통행유출과 귀가목적통행유입은 그 존의 거주자 특성(소득 수준, 자동차 보유대수 등)에 관계가 되나 귀가목적통행유출과 출근목적통행유입은 그 존의 토지이용 특성(비거주지상면적, 고용인구 등)과 관계가 된다. 그러므로 앞에서 설명한 통행생성(trip production)과 통행유인(trip attraction)이란 용어 대신에 통행유출과 통행유입이란 용어를 사용하면 개념상의 착오가 생긴다는 데 주의해야 한다. 이들의 차이점은 다음과 같은 곳에서도 나타난다.

즉, 어떤 지역내에 있는 모든 존의 하룻동안의 내부통행 생성량을 합한 것은 내부통행 유인양을 합한 것과 같음은 당연하다. 그러나 어떤 한 존의 어느 목적통행에 대한 통행생성량과 통행유인양은 서로 다를 뿐만 아니라 하룻동안의 모든 목적통행을 합해도 그 값은 서로 다르다. 예를 들어, 주거지 존의 통행생성량은 통행유인양에 비해 훨씬 클 것이다. 그러나 어떤 존에서 어느 한 목적통행에 대한 통행유출과 통행유입량은 서로 다르나 하룻동안의 모든 목적통행을 합하면 그 존의 통행유출과 통행유입량은 같아진다.

통행생성(trip production), 통행유인(trip attraction)의 개념과 통행유출, 통행유입의 개념상의 차이를 예를 들어 설명하면 다음과 같다.

어떤 존에서 가정기반 근무목적통행의 통행생성이 800통행이고 통행유인이 200통행이면, 여기에는 귀가목적통행이 포함되어 있으므로 결과적으로 출근목적통행유출 400, 귀가목적통행유입 400, 출근목적통행유입 100, 귀가목적통행유출 100이 되어 출근 및 귀가목적통행을 합하면 통행유출 500, 통행유입 500이 된다. 가정기반 근무목적통행의 통행생성 및 통행유인에서 그 내부에 포함되어 있는 귀가목적통행을 분리하여 통행유출과 통행유입을 구한 개념도가 〔그림 16-4〕에 나타나 있다.

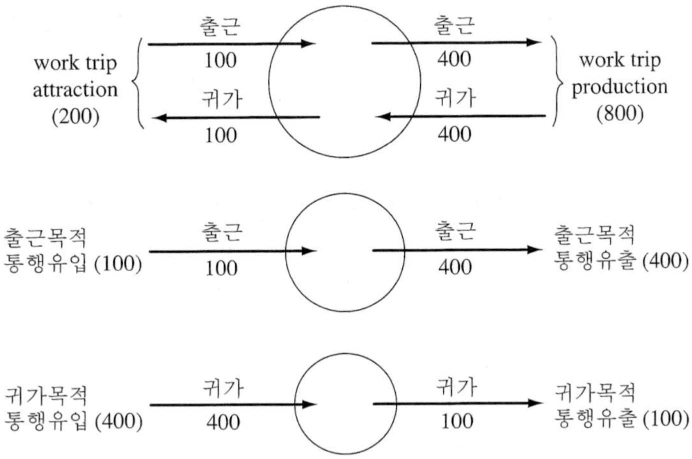

〔그림 16-4〕 귀가목적통행 분리의 개념도

통행목적에서 귀가목적통행을 분리하여 독립적으로 사용하는 것이 좋으냐 나쁘냐 하는 문제에 대한 해답은 아직 밝혀진 바가 없다. 그러나 귀가목적통행이 그것에 대응하는 본래 목적통행(예컨대 출근통행)과 비교해서 통행특성이 비슷하면 구태여 분리할 필요는 없다. 그러나 귀가목적통행의 교통저항(존간의 통행시간 또는 통행거리), 선택교통수단 및 이용노선 등이 본래 목적통행과 많이 다르면 분리시키는 것이 좋다. 예를 들어 A존에서 B존으로 출근할 때 걸리는 통행시간, 이용교통수단, 이용노선과 B존에서 A존으로 퇴근할 때 걸리는 통행시간, 이용교통수단 또는 이용노선이 서로 다른 경우가 있을 수 있기 때문이다. 특히 도시활동이 활발하거나 또는 근무시간의 단축으로 인해 비가정기반통행의 비율이 높아지면 출·퇴근의 기·종점존이 다름으로 인해 이용노선 및 이용수단이 달라질 경우가 많이 생기므로 분리하는 것이 좋다.

귀가목적통행을 분리하더라도 문제는 여전히 남는다. 즉, 등교 후의 귀가목적통행과 퇴근목적통행, 쇼핑 후의 귀가목적통행을 전부 통합해서 하나의 귀가목적통행으로 생각할 경우 그 통행특성(특히 통행시간 또는 통행길이)의 동질성을 기대할 수 없을 것이다. 특히 중력모형(gravity model)을 이용하여 통행분포를 예측하는 대규모 계획조사에서는 되도록이면 통행목적을 세분해야만 통행시간계수(travel time factor)의 적용이 타당성을 가진다는 사실에 유의하여 귀가목적통행의 분리 여부를 결정해야 할 것이다. 그러나 소규모 계획조사에서는 일반적으로 출퇴근, 등하교, 기타 가정기반, 비가정기반통행으로 분류해도 충분하다.

결론적으로 요약하면 귀가목적통행을 본래의 목적통행의 한 쌍으로 간주하여 하나의 목적통행으로 본다면, 왕복방향의 통행량을 합해서 나타내는 통행생성(trip production), 통행유인(trip attraction)이란 용어를 사용하고, 귀가목적통행을 독립된 통행목적으로 취급하면 한 방향 통행량을 나타내는 통행유출, 통행유입이란 말을 사용한다. 그러나 만약 통행생성과 통행유인 개념을 사용하면 통행분포가 끝난 후에 다음에 설명되는 P-A 통행표를 통행유출과 통행유입으로 나타내는 O-D 통행표로 바꾸어 주어야 하는 번거로움이 따른다.

이 책에서는 통행유출 및 통행유입의 개념을 사용하고 필요할 경우에는 통행생성과 통행유인을 P_i와 A_j로 나타낸다. 이 책에 사용되는 O_i 및 D_j는 통행유출과 통행유입을 나타내는 기호로 사용하였다.

교통수요자료는 궁극적으로 존간의 통행수를 나타내는 매트릭스, 즉 통행표로 종합되어 나타난다. 교통계획에 사용되는 통행표의 종류에는 O-D표와 P-A표가 있다. O-D표에서는 출발지존에서 목적지존으로 향하는 한 방향의 통행수를 나타내고, P-A표는 통행생성존과 통행유인존간의 교차통행수, 즉 양방향통행수를 나타낸다.

통행표 O-D 조사자료를 사용하여 각 통행목적별로 통행발생 및 통행분포모형을 개발하는 데 사용된다. 즉, 차량통행이든 개인통행이든 간에 각 통행목적별로 별도의 통행표를 사용한다. 장래 통행분포 예측이 끝나면 이 자료는 O-D표로 바꾸어서(귀가목적통행을 분리할 경우에는 통행유출 및 유입이 바로 O-D이므로 그럴 필요가 없다) 각 존간의 차량대수나 사람통행수로 나타낸다. 이 O-D표와 택시, 트럭 및 외부통행(조사지역 외부로부터의 통행) O-D를 합하여 총 차량 O-D표를 얻는다. 통행배분과정에서는 이 최종적인 차량통행 O-D표에 의거, 모든 통행을 도로망에 배분하여 각 도로 링크상의 교통량을 예측하는 데 사용된다.

이해를 돕기 위해서 P-A표에서 O-D표로 변화시키는 방법을 〔그림 16-5〕와 같이 예시한다. 여기서 사용한 통행은 A, B, C 세 존에 대한 가정기반근무통행에 대한 것이다.

출퇴근통행 O-D표에서 보는 바와 같이 대각선을 기준으로 하여 대칭을 이루는 것은 결국 한 쌍의 통행(출근, 퇴근)을 합했을 때의 유출값과 유입값이 서로 같다는 것을 말한다. 이러한 결과는 하룻동안의 모든 목적통행을 합했을 때에도 마찬가지이다.

가정기반 출퇴근통행 P-A 표

P \ A	A	B	C	P_i
A	–	200	120	320
B	80	–	140	220
C	40	160	–	200
A_j	120	360	260	740

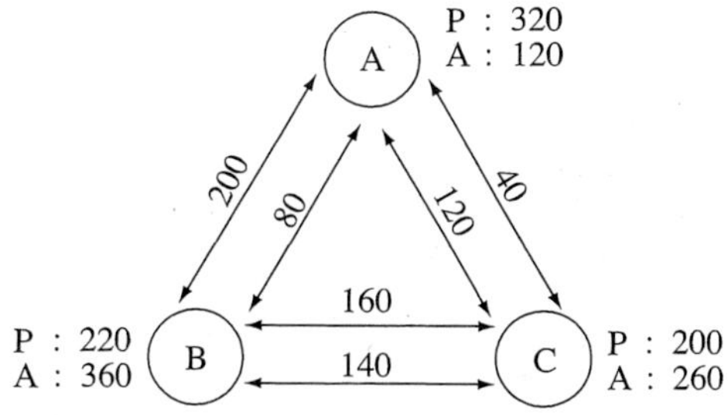

⇩

출근통행 O-D 표

O \ D	A	B	C	O_i
A	–	100	60	160
B	40	–	70	110
C	20	80	–	100
D_j	60	180	130	370

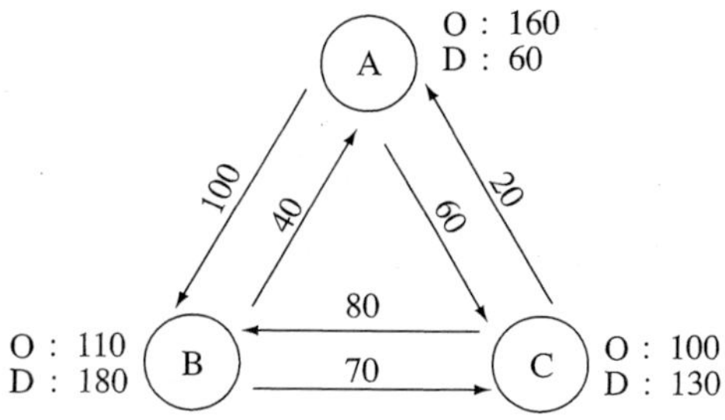

+

귀가통행 O-D 표

O \ D	A	B	C	O_i
A	–	40	20	60
B	100	–	80	180
C	60	70	–	130
D_j	160	110	100	370

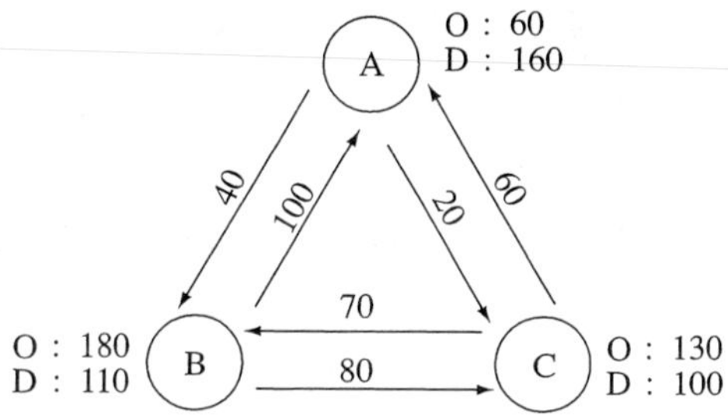

||

출퇴근통행 O-D 표

O \ D	A	B	C	O_i
A	–	140	80	220
B	140	–	150	290
C	80	150	–	230
D_j	220	290	230	740

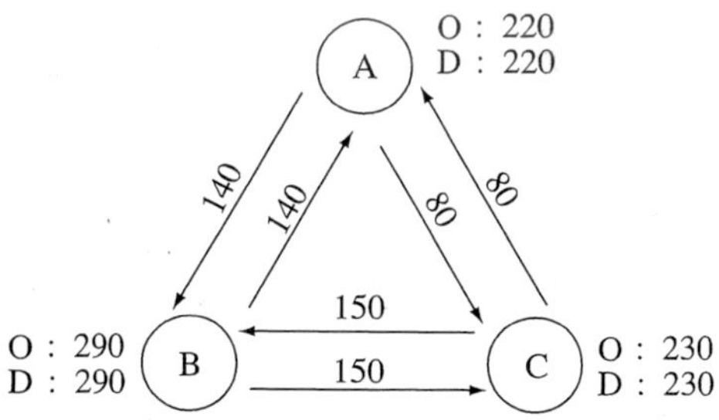

〔그림 16-5〕 P-A표에서 O-D표로 변환

16.4.2 조정총량의 예측

통행발생 예측은 일반적으로 2단계를 거친다. 그 첫째 단계는 대상지역내에서 발생하는 총 통행을 지역이라는 개념을 떠나 사람이나 자동차통행특성으로부터 예측하며(이 값을 조정총량, 즉 control total이라 한다), 두 번째 단계는 대상지역내에 있는 각 존의 유출·유입통행을 예측하는 것이다.

조정총량은 개인통행의 경우 1인당 혹은 가구당 발생시키는 통행수를 원단위로 하여 여기에 장래 대상지역내의 인구나 가구수를 곱하여 예측한다. 그러나 총 교통수요를 예측하기 위해서는 그 지역 밖에 있는 사람이 그 지역으로 출입하는 통행도 있을 것이므로 조정총량의 값을 보정해 주어야 한다. 조정총량에 영향을 주는 요인은 다음과 같은 것이 있다.

- 직업 및 연령 구성
- 자동차 보유대수
- 출근율 및 등교율
- 가구소득
- 근무시간 및 여가시간
- 기타

자동차통행의 경우에는 개인통행과 마찬가지로 자동차 1대당 통행수를 원단위로 하여 여기에다 장래의 자동차 보유대수를 곱하여 예측을 한다. 또다른 방법으로는 자동차통행에 대한 자료를 시계열분석으로 얻을 수 있기 때문에 인구, 공산품 출하액, 상품판매액, 자동차 보유대수 등을 설명변수로 한 회귀식을 만들어 장래 예측을 하는 경우도 있다.

예측된 조정총량과 다음에 설명되는 각 존별 예측치를 합한 값을 비교·검토하여 이들을 조정할 필요가 있다. 조정총량의 값은 예측치이긴 하지만 계획의 골격을 형성하는 값이므로 계획자의 판단에 따라 이 값을 조종해도 좋다. 앞에서 언급한 통행에 대한 조정총량에 영향을 주는 요인은 그 자체로서도 조정총량을 가진다. 예를 들어 그 지역의 가구당 자동차 보유대수를 합한 값은 그 지역의 인구와 차량 증가추세로부터 얻어지는 운전면허 소지자수보다 많아서는 안 된다.

16.4.3 존별 통행발생의 예측

존별 통행발생 활동은 여러 가지 방법으로 예측이 가능하다. 이러한 예측모형 가운데는 원단위법과 교차분류분석법(Cross Classification Analysis 또는 Category Analysis : 카테고리 분석법이라고도 함) 및 회귀분석법이 있다. 그 외에 신장률법이나 시계열분석법도 있으나 그다지 잘 사용되지 않는다. 모든 통행발생 예측은 통행목적별로 구분하여 시행한다.

1 원단위법

통행목적별로 용도별 토지면적 또는 용도별 상면적당 통행유출 및 통행유입량을 단위로 하여 장래의 토지이용면적 또는 상면적을 여기에 곱하여 예측하는 방법이다. 이를 수식으로 표시하면 다음과 같다.

$$O_i = \sum_l C_l \cdot A_{il} \qquad D_i = \sum_l d_l \cdot A_{il} \tag{16.12}$$

여기서 O_i, D_i : 어떤 통행목적에 대한 i존의 통행유출, 통행유입

C_l, d_l : l용도의 토지면적당 어떤 목적통행의 유출 원단위 또는 상면적당 유입 원단위

A_{il} : i존에서의 l용도의 토지면적 또는 상면적

〔표 16-1〕은 일본 나가사키 도시권의 교통계획에서 얻어진 원단위를 예시한 것이다.

〔표 16-1〕 나가사키 도시권의 주요 용도별, 목적별 원단위 (단위 : 통행/1000 m^2)

구분 / 용도	유출 원단위						유입 원단위					
	출근	등교	쇼핑	업무	기타	귀가	출근	등교	쇼핑	업무	기타	귀가
사무실, 관공서	2.1	0.7	24.3	95.7	26.1	143.0	142.4	0.6	0.9	118.8	34.9	1.8
교 육	0.7	0.5	8.6	6.4	11.9	200.9	16.7	177.7	0.2	15.2	27.3	0.7
소 매	2.9	1.9	104.6	120.2	55.2	656.8	49.2	0.3	717.7	115.4	39.5	18.4
주 거	24.9	15.4	19.6	7.7	21.1	6.1	0.2	0.1	1.5	4.0	6.8	82.0
의 료	3.5	1.0	33.3	21.5	24.4	152.4	23.9	0.3	1.0	18.6	192.1	2.6
공 업	0.1	0.1	1.0	3.5	0.6	9.2	9.5	0.1	0.1	4.5	0.5	0.2

이 원단위법은 그 원단위의 기준을 토지면적이나 상면적에 국한시킬 필요는 없지만 이 방법을 사용함에 있어서 가장 중요한 것은 원단위가 안정된 값을 가져야 한다는 것이다. 용도별 유출·유입통행량 또는 상면적이 전체 가운데서 차지하는 구성비가 크다면 그 값은 비교적 안정하다고 판정할 수 있다. 이 방법을 사용하는 데 있어서의 문제점은 통행 양단의 토지이용 또는 건물의 용도를 알아야 하기 때문에 조사가 복잡하다는 것과 각 존에 대한 용도별 토지면적 또는 상면적을 조사하는 일이 인구를 조사하는 것처럼 쉽지 않다는 것이다. 반면에 토지이용계획과 교통계획의 균형을 유지하는 것을 고려한다면 비교적 작은 존의 예측에도 잘 맞는다는 이점이 있다.

2 회귀분석법(Regression Analysis)

가장 많이 사용되는 모형으로서 다중회귀분석에 의한 모형식을 사용한다. 이 모형식의 종속변수는 통행목적별 통행유출과 통행유입량이다. 통행유출을 예측하기 위한 이 모형의 설명변수는 가구원수, 가구소득, 승용차 보유대수, 가구원의 직업, 주거밀도 및 CBD로부터

의 거리 또는 그 지역 이외의 곳으로의 접근성 등과 같은 위치변수이다. 물론 이와 같은 변수는 귀가목적의 유입통행을 예측하는 데에도 대부분 사용된다. 통행유입을 예측하는 데 사용되는 설명변수는 산업별 고용자수, 공산업상면적, 상품판매액 등이며 귀가목적의 유출통행도 이와 유사한 설명변수를 사용한다.

설명변수를 선정할 때 가장 중요한 것은 설명변수와 종속변수 간에 인과관계(causal relationship)가 있어야 하며, 설명변수 상호간에는 독립성이 있어야 한다. 뿐만 아니라 변수 그 자체를 예측할 수 있어야만 변수로서의 의미가 있다. 또 결정계수가 높다는 이유만으로 모형을 선택해서는 안 되고, 통계적인 검토나 자료수집의 가능성, 모형의 인과관계, 모형의 편이성 등을 종합적으로 판단해야 한다.

회귀분석방법은 완전히 수학적인 것이기 때문에 유도된 상관관계의 유의성을 통계적으로 쉽게 검증할 수가 있다. 회귀분석은 변수에 대한 다음과 같은 몇 개의 가정에서 출발한다.

- 모든 변수들 간에는 선형관계가 있다. 이 말은 설명변수와 종속변수 간에도 마찬가지이다.
- 회귀선에 기준한 종속변수의 값(오차량)은 설명변수의 모든 값에 대하여 정규분포를 가지는 확률변수(random variable)이며, 그 분산은 동일하고 다른 오차항과는 상관관계가 없다.
- 설명변수는 오차 없이 측정이 가능하며, 또 서로 독립적이다.

회귀분석법의 가장 큰 장점은 설명변수와 종속변수 간의 상관관계를 쉽게 파악할 수 있다는 것이고, 또 회귀모형식의 정도(precision)를 명확히 알 수 있다는 것이다. 분석에서 사용되는 가장 일반적인 척도(measure)에는 다음과 같은 것이 있다.

(1) 결정계수(coefficient of determination : R^2)

종속변수의 총 변동(total variation : SST) 중에서 회귀모형식에 의하여 설명되는 변동량(SSR)의 비율을 나타내는 것으로서 그 값은 0~1.0 사이의 값을 가진다. 관측값이 회귀식에서 얻는 값과 정확히 일치하면(단, 회귀방정식의 모든 변수의 회귀계수(regression coefficient 또는 parameter)가 0이 아닐 때, 즉 설명변수의 변화에 따라 종속변수가 변할 때에 한해서) 이 값은 1.0이 되어 완전한 모형이라 할 수 있다. 관측값이 회귀식과 정확하게 일치하지 않으면서, 설명변수의 변화에도 불구하고 일정한 종속변수값을 가지면(회귀식이 상수항만 있는 경우) 이 계수의 값은 0이다. 결국 R^2값은 관측점이 회귀식 주위에 분포되어 있는 정도(회귀식으로 설명되지 않는 변동 : SSE)와 설명변수의 변화에 따른 종속변수의 변화 정도(회귀식으로 설명되는 변동(SSR)으로서 단순회귀식의 경우 회귀식의 기울기가 크면 이 값이 커짐)에 좌우된다고 할 수 있다. 따라서 관측점이 회귀선 주위에 분포되어 있는 정도가 같다 하더라도 설명변수의 변화에 따른 종속변수의 변화가 둔하면(단순회귀식의 경우 기울기가 작으면) 이 값은 작아진다. 그러므로 표본의 모집단이 서로 다른 관측점들에 대한 회귀식들의 정도(예를 들어 출근통행과 등교통행)는 이 값으로 비교할 수 없다. 다시 말하면 출근통행에 대한 회귀분석의 R^2값이 등교통행에 대한 R^2값보다 크다고 해서 출근통행의 회귀모형식이 더 큰 정도를 가진다고 할 수는 없다. 그러나 같은 출근목적통행의 회귀분석에 참가하는 설명변수의 종류나 개수에 따라 R^2의 값이 달라지는데 이때에는 이 값이 클수록 정도가 높다고 할 수 있다.

(2) 추정의 표준오차(standard error of estimate : Se)

표본의 표준편차이며, 관측된 값의 회귀식에서 예측된 값에 대한 평균분산(MSE)을 제곱근한 값으로서 관측값이 회귀모형 형식 주위에 어떻게 분포되어 있는가를 나타낸다. 회귀식에서 얻은 값이 관측값과 정확히 일치하면 이 값은 0이 되어 이 모형은 완전한 모형이라 할 수 있다. 이 값을 종속변수의 평균값으로 나누어 비교함으로써 모집단이 서로 다른 회귀식들의 정도를 비교할 수 있다.

다중회귀모형은 컴퓨터를 이용하여 얻을 수 있으므로 특별히 어렵지 않으며, 따라서 다음에 설명되는 카테고리 분석법보다 편리하다. 그러나 이 방법을 잘못 이해하면 잘못된 결론에 도달할 수 있으니 특히 조심해야 한다. 통행방행 예측모형을 단계별 회귀방법(stepwise regression method)으로 구할 때 일반적으로 자주 범하는 오류는 ① 모형식의 통계적 유효성을 따지는 기준으로 R^2 하나만을 사용하는 것과 ② 서로 독립적이 아닌 설명변수들을 함께 사용하는 경우이다.

변수를 선정할 때의 판정기준은 R^2으로 하는 경우가 많으나, R^2값이 크다고 해서 반드시 좋은 회귀식이라 할 수는 없다. 왜냐하면 R^2의 값은 설명변수가 많이 포함될수록 그 값이 커지는 반면에 Se도 커지는 경우가 생기기 때문이다. 그 이유는 실제의 실험이나 사회현상을 회귀분석할 때에는 회귀분석 본래의 기본적인 가정(앞에서 설명한 변수들 간의 선형성, 독립성, 정규분포 등)에 어긋나는 요인들이 포함되는 것이 불가피하기 때문이다. 변수가 많이 포함될수록 변수들 간에 상호작용(interaction)이 일어나 불합리한 모형식이 되는 경우가 많고, 모형의 유효성(validity)이 감소한다. 뿐만 아니라 변수가 많아지면 자료수집에 따른 노력이 추가되는 반면 R^2의 증가는 극히 적으므로 효율성도 적어진다. 따라서 회귀모형식에 포함되어야 할 적절한 설명변수의 종류와 개수를 결정하기 위해서는 R^2, Se 등을 함께 비교하고, F, t 검증을 하여 모형의 합리성을 검토해야만 한다. 대부분의 회귀식에서는 보통 3개 정도의 변수를 사용하면 충분하다. 실제로 포함되는 설명변수가 많아지면 R^2은 계속 증가하나 Se는 어느 정도 감소하다가 다시 증가한다. 따라서 모형식을 결정하는 일차적인 기준으로서 Se가 최소가 될 때를 기준으로 하는 것이 더 합리적이다. 여기에 대한 예는 뒤에 다시 설명되며, 좀더 자세한 내용을 알기 위해서는 참고문헌 (9)와 (10)을 참고로 하면 좋다.

설명변수들이 서로 독립적이 아니면 공선성(共線性: collinearity)이 있다고 한다. 공선성이 큰 설명변수들이 함께 회귀식에 포함되면 회귀식이 잘못 작성된다. 이 말은 기준연도의 관측값을 나타내는 모형으로는 적절할지 모르나 이 회귀식으로 장래의 통행발생을 예측하는 데에는 오차가 생긴다는 뜻이다. 공선성을 가지는 두 개의 설명변수를 함께 사용하면 같은 변수를 두 번 사용하는 것과 같은 결과를 가져오기 때문에 예측을 위한 모형으로는 쓸모가 없다. 공선성은 설명변수들 간의 상관계수로 나타내어지며 이것을 검토하여 공선성을 제거할 수 있다. 만약 두 개의 설명변수가 한 회귀식 내에서 큰 상관관계를 나타내면 이들은 공선성이 있는 것으로서 한 변수는 제거되어야 한다. 예를 들어, 교통계획 조사에서 다음과 같은 회귀모형식을 선정했다고 가정을 한다. 즉,

첨두시간의 출근목적 통행유출 = 0.32(존내의 가구수) + 0.56(존 거주인구)

이 모형식은 다른 모형식에 비해서 R^2의 값이 크다고 해서 선정되었다. 이 회귀분석의 상관계수 매트릭스를 검토해 본 결과 두 설명변수, 즉 존내의 가구수와 존 거주인구 간의 상관관계가 0.998임을 알았다. 이 사실은 두 변수가 공선성을 가지고 있다는 것과 한 변수는 다른 한 변수를 선형변환하여 구할 수 있음을 뜻한다. 즉 어떤 존의 가구수와 인구는 같은 변수, 즉 그 존의 노동력의 척도로 간주될 수 있는 것이기 때문에 두 변수가 함께 모형식에 포함되어서는 안 된다.

어떤 사람들은 이러한 통계적 의미를 검토하지 않고 위와 같은 모형식이 기준연도의 관측표본을 가장 잘 나타내기 때문에 그러한 회귀식을 통행예측 모형으로 사용하는 데 있어서 손색이 없다고 강변하는 경우가 종종 있다. 존의 인구는 존의 가구수와 가구당 평균인구로 나타낼 수 있으며, 가구당 평균인구가 장래에도 변하지 않으면 위의 모형식으로 출근목적통행유출을 예측해도 오차가 생기지 않는다. 그러나 이 가구당 평균인구가 점점 변하여 계획기간에 도달하는 경우 현저히 변한다면 두 변수 간의 공선성이 포함되어 예측값에 큰 오차가 생기게 된다.

설명변수 간의 독립성이 없을 때 나타나는 징후의 하나는 그 회귀식 내에 불합리한 부호가 생긴다는 것이다. 예를 들어 분명히 통행발생에 기여해야 할 변수의 회귀계수가 +이어야 함에도 −부호를 가지게 되는 경우이다. 이에 대한 설명은 뒤에 다시 설명된다. 공선성을 나타내는 또 하나의 징후는 회귀계수의 값이 합리적인 값을 나타내지 않는다는 것이다. 회귀계수의 크기는 설명변수가 한 단위 변함에 따라(다른 설명변수는 평균값을 가진다

고 가정) 종속변수의 값이 얼마나 변하는가를 나타낸다. 앞의 모형식은 존내의 가구수가 한 단위 증가하면 출근목적통행유출은 0.32 증가하는 것을 나타낸다. 그러나 지금까지의 조사연구에 의하면 이 값은 약 0.9 정도는 된다고 알려지고 있다.

자료가 정규분포를 가지지 않는 것은 그다지 큰 문제가 되지 않는다. 정규분포가 아닌 자료를 사용하면 부정확하긴 하나 대부분의 경우 변수들 간의 상관관계가 크게 달라지지는 않는다. 한 설명변수에 대한 종속변수의 값이 많이 편의(偏倚)되었을 경우에는 그 설명변수를 회귀분석에서 제외시키는 것이 좋다.

다중회귀분석법은 Se를 최소화하게끔 회귀평면을 관측값에 적합시키는 과정이다. 이 과정은 변수 간의 상관관계가 선형이든 아니든 간에 선형모형으로 나타내는 것이다. 만약 그 상관관계가 선형은 아니지만 그 형상을 안다면 그 변수들은 선형으로 변환시켜 선형모형으로 다룰 수 있는 것도 있다. 예를 들어, 그 모형이

$$Y = A_0 + A_1X_1 + A_2X_2{}^2$$

이라고 한다면, $X_2{}^2$ 대신에 Z_2 변수로 치환하여,

$$Y = A_0 + A_1X_1 + A_2Z_2$$

의 선형회귀식으로 만들 수 있다. 그러나 변수를 변환하면 비선형관계가 있는지 알기가 어려우며, 특히 다른 변수의 효과가 혼합될 때에는 더욱 그러하다. 비선형효과를 무시하는 경우에는 자료를 부정확한 선형관계로 나타내는 결과가 된다.

일반적으로 회귀모형은 존의 크기가 비교적 크고, 각 존 안에 여러 가지 또는 여러 개의 교통시설이 포함되어 각종 시설의 원단위로는 장래 예측이 곤란한 경우에 사용하면 좋다. 그러나 이 모형은 통행발생을 정확하게 설명하지는 못한다. 왜냐하면 분석존들의 특성이 완전히 균일하다고 볼 수 없기 때문이다. 이와 같은 문제점을 극복하기 위해서 개발된 것이 다음에 설명되는 카테고리 분석법이다.

설명을 반복하는 것 같지만, 통행발생 예측방법으로 회귀분석방법이 가장 많이 사용되므로 그 사용법과 주의할 사항을 예를 들어 설명하고자 한다.

4개의 설명변수와 한 개의 종속변수에 대한 관측값이 주어지고 회귀분석을 시작할 때를 생각해 보자. 맨 먼저 해야 할 사항은 각 설명변수와 종속변수 사이에 비선형성(non-linearity)이 존재하는지를 확인하는 일이다. 만약 비선형성이 있다면 설명변수든 종속변수든 또는 이 모두를 선형으로 변환시켜야 한다. 대부분의 회귀분석용 컴퓨터프로그램에는 이를 변환시키는 알고리즘이 있다.

두 번째 단계는 상관계수표를 검토함으로써 종속변수와 상관관계가 큰 설명변수를 찾아내고, 설명변수 상호간의 공선성을 찾아내는 것이다. [표 16-2]는 주어진 관측값에서 구한

각 변수들 간의 상관계수(R)를 나타낸 것이다. 여기서 볼 수 있는 바와 같이 설명변수 X_1은 종속변수 Y와 상관관계가 매우 크다($R=0.996$). X_2도 Y와 비교적 높은 상관관계($R=0.958$)를 가지고 있으나 X_3나 X_4는 Y와 상관관계가 비교적 적다. 이 표는 또 설명변수들 간의 상관관계도 나타낸다. X_1과 X_2는 매우 높은 상관관계($R=0.978$)를 보인다. 이와 같은 경우는 예를 들어 존내의 총고용자수와 비거주상면적과 같은 관계에서 나타날 수도 있다. 이럴 때에는 두 변수 중에 하나를 회귀식에서 제외시켜야 한다.

〔표 16-2〕 상관계수표

	X_1	X_2	X_3	X_4	Y
X_1	1.000	0.978	0.486	0.110	0.996
X_2		1.000	0.297	0.068	0.958
X_3			1.000	0.073	0.552
X_4				1.000	0.124
Y					1.000

회귀식에 포함되는 변수의 종류와 그 개수를 정하는 방법에는 여러 가지가 있으나 단계별 회귀방법(stepwise regression method)을 많이 쓴다. 이러한 방법을 통하여 얻은 최종적인 회귀식은 다음과 같은 관점에서 다시 검토되어야 한다.

- R^2의 크기는 충분히 큰가? : 주어진 유의수준에 대한 F-검정을 통하여 유의여부를 결정한다.
- 회귀계수의 부호가 현실과 부합되며, 또 그 값이 합리적인가?
- 회귀계수가 통계적으로 유의한가? : 주어진 유의수준에 대한 t-검정을 통하여 유의여부를 결정한다.
- 상수항의 크기(절편값)가 합리적인가? : 설명변수의 값이 모두 매우 적은 값(예를 들어, 0)을 가질 때 Y값이 과대평가되는 경우가 없는지 판단하거나 t-검정을 한다.
- 포함되는 설명변수가 종속변수와 논리적으로 인관관계가 있는가?
- 각 설명변수의 회귀계수가 예측의 대상이 되는 계획연도에도 변함이 없을 것인가?

최종적으로 검토되는 회귀식이 다음 중 어느 하나로 나타난다고 가정할 때 이들을 분석해 보기로 한다.

	회 귀 모 형 식	Se	R^2	t_D	자유도
A	$Y=61.4+0.93X_1$	288.4	0.992	42	14
B	$Y=507.7+0.98X_2$	935.9	0.921	14	14
C	$Y=25.8+0.89X_2+1.29X_3$	199.4	0.996	51, 17	13
D	$Y=-69.9+1.26X_2-0.37X_3+0.02X_4$	142.6	0.998	3.7, 1.1, 0.06	12

X_1 = 총 고용인수	X_2 = 제조업 고용인수
X_3 = 소매 및 서비스업 고용인수	X_4 = 기타 고용인수
Y = 첨두시간 출근목적통행유입	Se = 추정의 표준오차
R^2 = 결정계수	t_D = 단순회귀계수 또는 부분회귀계수의 t값(유의수준 1%)

A식은 R^2이 거의 1.00에 가까우며 회귀계수(+0.93)의 부호와 크기가 매우 합리적이라 판단된다. 또 유의수준 1%에서 t분포의 크기가 2.987이며, 회귀계수에 대한 t값이 42이므로 이 값은 유의수준 1%에서 유의하다. B식은 A식에 비해 유효성이 떨어진다. 왜냐하면 R^2값이 적고 상수 값 507.7이 너무 커서 X_2값이 적을 때 Y값이 과대평가되어 합리적이지 못하다.

C식은 A식보다 R^2값이 조금 크고 Se값은 적으면서 두 개의 부분회귀계수가 1% 유의수준에서 모두 유의하며(자유도 13에서 t_D값은 3.01이므로), 상수항이 0에 가까워서 X_2, X_3값이 매우 적을 때도 통행이 과대예측되지 않는다. C식과 A식은 통계적으로 그 유효성이 비슷하기 때문에 어느 식을 선택할 것인가 하는 결정은 자료수집에 소요되는 노력 및 비용과 설명변수 예측의 용이도에 따라 좌우된다. 이 경우 A식이 더 간단하므로 이것을 선택하는 것이 좋다.

D식의 R^2값은 네 가지 모형식 중에서 가장 크며 Se값은 가장 적다. 그러나 이 식은 통행유입 예측모형식으로 사용될 수 없는 성격을 가지고 있다. 왜냐하면 X_3의 계수인 −0.37은 합리성이 결여되었기 때문이다. 이 계수에 의하면 어떤 존의 소매 및 서비스업 고용인수가 100명이 증가하면 출근목적통행유입은 37통행이 줄어든다는 말이 된다. 또 1% 유의수준에서의 t값은(자유도 12일 때) 3.06이므로 이 값보다 큰 부분회귀계수를 가지는 X_2의 회귀계수만이 통계적으로 유의하다. D식은 회귀모형식의 유효성을 나타내는 기준으로 R^2 하나만을 사용하면 매우 위험하다는 사실을 명확히 보여준다.

끝으로 통행발생 회귀분석에서 가장 중요한 것은 설명변수와 종속변수 간에 분명한 인과관계가 존재하는가를 검토하는 일이다. 인간의 토지이용활동의 강도와 통행발생과의 관계는 아주 밀접하기 때문에 통행발생 모형식의 유효성은 쉽게 평가될 수 있다. 그러나 많은 조사연구에서 보면, 통행발생 모형이 매우 복잡하여 통계적으로는 유효성이 있을지 모르나 인과관계의 관점에서 보면 그 타당성에 의심스러운 것이 많다. 예를 들어 어떤 교통계획 조사에서 다음과 같은 통행유입 모형식을 얻었다고 하자.

$$\text{출근목적통행유출} = 0.46(\text{인구}) + 0.28(\text{학생수}) + 0.43(\text{제조업 고용인수})$$

이 식에서와 같이 학생수와 제조업 고용인수는 논리적으로 볼 때 출근목적통행유출과 아무런 인과관계가 없고, 학생수는 그 존의 등교목적통행유출과 관계가 있으며, 제조업 고용인수는 그 존의 통행유입과 관계가 된다고 볼 수 있다.

또 하나의 중요한 사실은 회귀모형식의 안정성이다. 회귀식은 기준연도의 토지이용에 기초를 둔 통행유출과 통행유입을 구하기 위하여 개발된 것이다. 따라서 정확한 예측을 하기 위해서는 각 설명변수의 회귀계수가 시간이 경과하더라도 변하지 않아야 한다. 예를 들어 다음과 같은 통행유입 예측모형을 생각해 보자.

$$\text{첨두시 출근목적통행유입} = 61.4 + 0.93(\text{고용인수})$$

여기서 0.93이란 계수는 이 존내에서 근무하는 고용인수의 93%가 첨두시간에 그 존으로 유입되고, 나머지는 비첨두시간에 유입되거나 휴가, 출장 등으로 출근하지 않는다는 것을 의미한다. 만약 앞으로 20년 후에 주 4일 근무제가 보편화되면 이 값이 변할 수도 있다. 또 통신수단이나 컴퓨터가 발달하여 가정에서 업무를 보는 경우가 많아지면 이 계수는 또 더 낮아질 수도 있다.

도시인구가 계속 증가하고 근무시간이 단축되면 비근무통행이 상대적으로 많아지므로 이것 또한 이 계수를 변화시키는 요인이 된다. 따라서 통행수요를 예측하기 위해서는 이러한 회귀계수의 변화추세를 감안해서 모형식을 사용해야 한다.

3 카테고리 분석법(Category Analysis)

카테고리 분석법은 일명 교차분류분석법(Cross Classification Analysis Technique)이라고도 하며 토지이용 및 사회경제변수가 변함에 따른 통행량의 변화를 측정하는 통행발생 예측기법이다. 설명변수를 사용하는 방법은 다중회귀분석법과 어느 정도 유사하다. 이 방법은 cell(곡선상의 한 점을 나타내는 값)에 나타나는 값이 어떤 분포를 가지는 값들의 평균값인지를 고려하지 않기 때문에 근본적으로 nonparametric이라 할 수 있다.

이 방법은 회귀분석법에서는 찾아 볼 수 없는 몇 개의 장점을 가지고 있다. 이 모형은 여러 개의 곡선군을 이용하여 다른 변수는 일정하다고 가정하고 한 설명변수의 변화효과를 명확하게 나타내므로 설명변수의 중요성을 파악하기가 쉽다. 다중회귀법에서는 유의수준이나 부분상관계수로 설명변수의 영향력을 나타내기 때문에 그 변수의 중요성을 한 눈에 알기가 어렵다. 이 기법의 또다른 장점은 설명변수와 종속변수 간의 선성(linearity)에 대한 가정이 필요 없다는 것이다. 그러므로 이 기법은 설명변수의 효과가 선형이 아니거나 실제의 형상을 모를 때 적용해도 좋다.

그러나 이 방법이 가지는 최대의 단점은 총 변동량 중에서 설명변수에 의해 설명되는 변동량을 알 수가 없으며, 또 각 cell에 사용되는 평균값이 어떤 분포를 가지는 값들의 평균인지 확인할 방법이 없다는 사실이다. 만약 이 분포가 심하게 편의된 것이라면 cell 값이 의미를 가지기 위해서는 표본수가 매우 커야 할 필요가 있다. 또다른 단점은 선택되는 설명변수가 완전히 독립이 아닐 가능성이 있어 결과적으로 상관관계나 예측결과가 잘못될 경우가 충분히 있다.

이 기법은 맨 처음 1967년 런던 통행조사(London Travel Survey)에서 처음 사용된 후 꾸준히 개량되어 왔으며, 1977년 미국 교통부의 연방도로국 통행생성 모형(FHWA Trip Production Model)에서 주거지통행발생을 예측하는 데 사용된 바 있다.[6] 통행생성을 예측하기 위해서는 맨 처음 가구의 평균수입, 자동차 보유대수, 가구생애 중의 단계 및 가족수와 같은 기본적인 특성을 소득자료와 O-D 조사로부터 얻는다. 이러한 자료를 근거로 하여 가구들을 각 특성별로 몇 개의 카테고리로 분류를 한 다음, 이 매트릭스의 각 cell에 대한 평균통행발생률을 계산하여 이를 장래 상황에 적용시킨다.

통행유인을 예측하기 위해서는 활동의 종류와 강도에 따라 교통유인원을 몇 개의 카테고리로 분류하여 분석한다. 그러나 통행발생이 토지나 가구까지의 교통접근성에 따라 어느 정도 달라진다고 여겨지지만 이 기법에서는 아직 이에 대한 것을 고려하지 않고 있다.

통행생성 모형(이것은 통행유출과 다름에 유의해야 한다)은 O-D 조사자료를 이용하여 개발한 4개의 순차적인 하부 모형으로 구성된다. 이때 O-D 조사에 포함되는 내용 중 대표적인 것을 예시하면, 존별, 표본가구별 소득, 자동차 보유대수, 통행수(목적별) 등이다. 4개의 하부 모형은 다음과 같은 것이다.

① 소득 수준 하부 모형 : 어떤 평균소득 수준을 가진 존내에서 고소득, 중소득, 저소득 가구의 분포를 %로 나타낸 것이다([그림 16-6]).
② 자동차 보유대수 하부 모형 : 어떤 소득을 가진 가구들 중에서 0대, 1대, 2대의 자동차를 가진 가구의 비율을 %로 나타낸다([그림 16-7]).
③ 통행발생 하부 모형 : 어떤 소득과 어떤 특성(예를 들어, 자동차 보유대수)을 가진 가구가 만드는 평균통행수를 나타낸다([그림 16-8]).
④ 통행목적 하부 모형 : 어떤 소득을 가진 가구가 만드는 통행 중에서 통행목적별 구성 비율을 나타낸다([그림 16-9]).

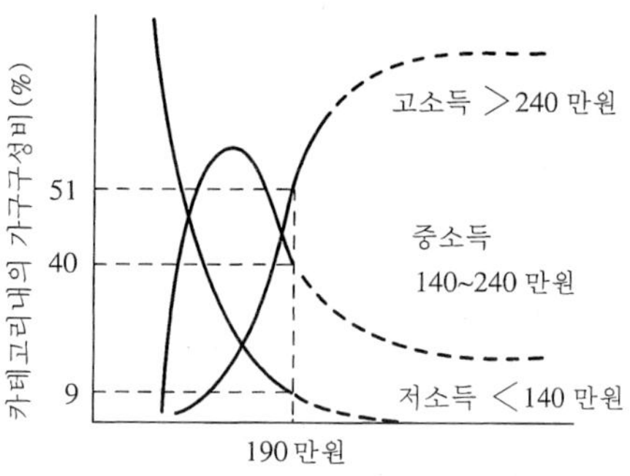

[그림 16-6] 존 평균소득과 소득카테고리내의 가구구성비

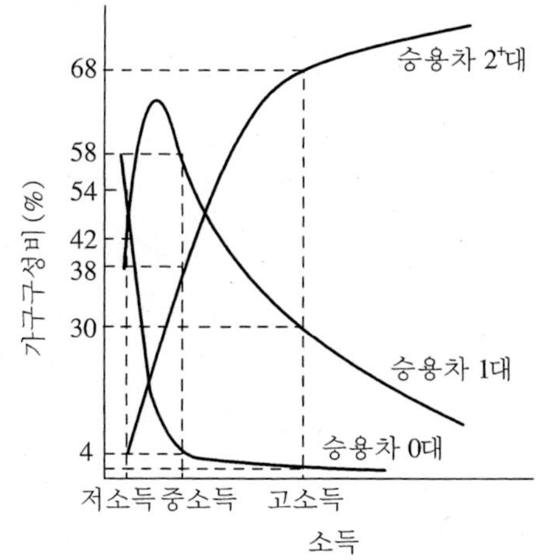

〔그림 16-7〕 소득카테고리 및 자동차 보유대수별 가구구성비

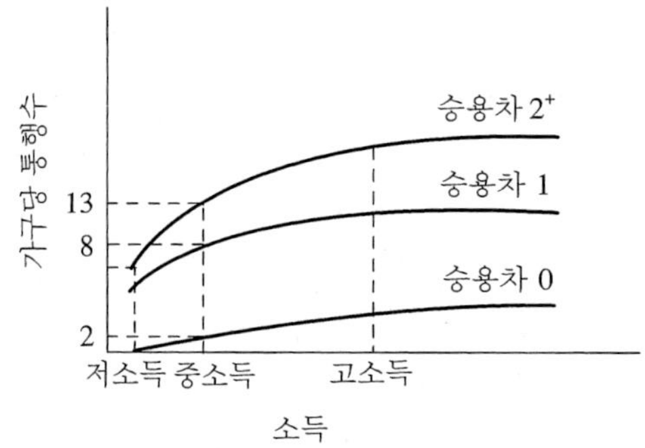

〔그림 16-8〕 소득카테고리 및 자동차 보유대수별 가구당 통행수

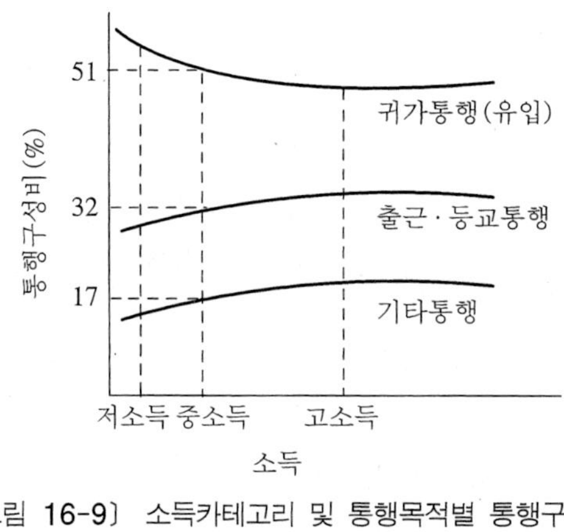

〔그림 16-9〕 소득카테고리 및 통행목적별 통행구성비

이와 같은 곡선을 만들기 위해서는 곡선상의 한 점이 적어도 25개 이상 표본의 평균값(cell의 값)이 되어야만 통계적으로 정밀도를 보장할 수 있다. 조사자료로부터 이와 같은

곡선이 작성되면 이를 이용해서 통행생성을 예측할 수가 있다.

이 방법은 가구의 특성을 기초로 하여 통행생성을 구하고, 이와 별도로 토지이용특성을 기초로 하여 통행유인을 구하기 때문에 회귀분석에서처럼 통행유출이나 유입별로 구할 수가 없다. 통행생성이란 유입되는 귀가목적통행도 포함된 것이므로 귀가를 별도의 통행목적으로 분류하는 경우에는 이 방법을 사용할 때 매우 조심해야 한다. 즉 지금까지 설명한 방법으로 통행생성을 구하면 여기에는 통행유입에 해당되는 귀가목적통행도 구해지는 결과가 된다. 마찬가지로 또다른 변수와 일련의 곡선을 이용해서 통행유인을 구한다면 통행유출에 해당되는 귀가목적통행을 구한 것이 된다. 따라서 여기서 구한 통행생성과 통행유인의 값에서 귀가목적을 분리하여 귀가목적의 통행유출과 통행유입의 값을 알 수 있다.

예제 16.1 어느 도시의 교외지역에 있는 어떤 존의 장차 예상 가구수는 60세대이며 가구당 월평균소득은 190만원이다. 〔그림 16-5〕~〔그림 16-8〕에 나타난 특성을 장차 계획연도의 이 존에 적용할 수 있다고 가정한다면, 이 존에서의 각 통행목적별 통행생성량(trip production)을 구하여라.

풀이 1) 소득 수준별 가구의 구성비를 구한다. 존 평균가구당 소득이 월 190만원일 때 각 소득계층별 가구의 분포를 〔그림 16-6〕에서 구하면 다음과 같다.

소득 수준별 가구수

소 득 수 준	가구구성비(%)	가 구 수
저소득층(월 140만원 이하)	9	5
중소득층(월 140~240만원)	40	24
고소득층(월 240만원 이상)	51	31

2) 각 소득 수준 카테고리의 가구당 자동차 보유대수에 따른 가구의 구성비를 〔그림 16-7〕을 이용해서 구하면 다음과 같다.

소득 수준별 · 가구당 자동차 보유대수별 가구구성비(%)

소 득 수 준	가구당 자동차 보유대수		
	0	1	2^+
저 소 득	54	42	4
중 소 득	4	58	38
고 소 득	2	30	68

예를 들어 이 존에 있는 60가구 중에서 고소득층이 31세대이며, 이 가운데 자동

차 보유대수가 2대 이상인 가구는 31 × 0.68 = 21세대이다. 이 표와 앞 표를 이용하여 소득 수준별·가구당 자동차 보유대수별 가구수를 나타내면 다음과 같다.

소득 수준별·가구당 자동차 보유대수별 가구수

소 득 수 준	가구당 자동차 보유대수			계
	0	1	2^+	
저 소 득	3	2	0	5
중 소 득	1	14	9	24
고 소 득	1	9	21	31

3) 각 소득 수준 및 자동차 보유대수 카테고리에 해당되는 가구들의 가구당 통행생성량을 〔그림 16-8〕을 이용해서 구하면 다음과 같다.

소득 수준별·가구당 통행생성량

소 득 수 준	가구당 자동차 보유대수		
	0	1	2^+
저 소 득	1	6	7
중 소 득	2	8	13
고 소 득	3	11	15

4) 앞의 두 표의 각 cell에 대응하는 값을 곱하여 각 소득 수준별 통행생성량을 구할 수 있다. 즉,

저소득층 : (3×1)+(2×6)+(0×7) = 15 통행
중소득층 : (1×2)+(14×8)+(9×13) = 231 통행
고소득층 : (1×3)+(9×11)+(21×15) = 417 통행
계 663 통행

5) 각 소득 수준별로 통행목적별 통행의 구성비를 〔그림 16-9〕를 이용해서 구하면 다음과 같다.

소득 수준별·통행목적별 통행구성비(%)

소 득 수 준	통 행 목 적		
	출근·등교통행유출	기타 통행유출	귀가(통행유입)
저 소 득	30	15	55
중 소 득	32	17	51
고 소 득	34	18	48

6) 각 소득 수준별 통행생성량에다 위의 표에서 얻은 구성비를 곱하여 각 소득 수준별 통행목적별 통행생성량을 구한다.

소득 수준별 · 통행목적별 통행생성량

소 득 수 준	통 행 목 적			계
	출근 · 등교통행유출	기타 통행유출	귀가(통행유입)	
저 소 득	5	2	8	15
중 소 득	74	39	118	231
고 소 득	142	75	200	417
계	221	116	326	663

4 비집계모형(Disaggregate Model)

보다 정확한 통행수요를 예측하기 위하여 지금까지 비집계모형의 분야에서도 괄목할 만한 연구가 이루어졌다. 집계모형과 비집계모형의 근본적인 차이점은 자료의 효율성에 있다. 집계모형은 보통 존이라는 단위로 집계된 가구면접 O-D 자료를 이용하여 모형을 개발하고 그 모형을 이용하여 평균값을 예측한다. 비집계모형은 가구의 종류와 통행행태의 범위 내에서 수집된 표본자료를 집계하지 않고 직접 모형을 calibration하는 데 사용한다. 행태비집계모형의 장점은 다음과 같다.[8)]

- 모형을 calibration하는 데 필요한 자료가 적다.
- 지역분석 또는 세부적인 교통축분석과 같이 매우 다른 상황의 전환이 가능하다.
- 도시간의 전환이 가능하다.
- 집계모형에서 다루기 어려운 비선형관계를 나타낼 수 있다.
- 자료를 더욱 신속하게 평가하고 분석할 수 있으며, 또 시의적절하게 상관관계를 발전시킬 수 있다.
- 이해하기가 쉽다.
- 효율적으로 점검하고 수정할 수 있다.

16.5 통행분포의 예측

통행분포의 예측은 통행발생 단계에서 예측되어진 각 존의 통행유출과 통행유입을 결부시켜 존간의 통행수를 예측하는 과정이다. 어떤 존에서 유출되는 통행이 어느 존으로 얼마나 유입되는가 하는 것은 사람의 통행행태를 유추하여 모형화함으로써 예측할 수 있다.

통행분포의 패턴은 통행의 목적에 따라 다르며, 따라서 예측은 통상 통행목적별로 행하여진다. 분포모형에는 Fratar법, 중력모형(Gravity Model), Entropy 모형, 기회모형(Opportunity Model) 등이 있다.

16.5.1 통행분포 예측모형

1 Fratar법

이 방법은 1954년 Thomas J. Fratar에 의해서 제시된 것으로서 현재의 통행분포자료와 성장계수를 사용하여 통행분포를 예측하는 것이다.[11)]

이 방법은 요즈음에 와서 광범위한 분포모형으로 거의 사용되지 않으나, 조사지역의 외부지점을 연결하는 외부–외부통행을 다루는 데에는 매우 유용하다고 알려지고 있다. Fratar법과 유사하게 현재의 통행분포패턴에 성장률을 적용하여 분포를 예측하는 성장률법에는 이 밖에도 균일성장률법, 평균성장률법, Detroit법 등이 있다. Fratar법을 사용하는 과정은 다음과 같다.

① 각 존에 대한 장래의 통행유출(O_i) 및 통행유입(D_j)을 통행발생 모형에서 구하여 성장계수를 구한다. 성장계수는 기존 통행량에 대한 장래 통행량의 비로 간단히 나타낼 수 있다.

② 어떤 통행목적에 대한 존간의 현재 통행유출 또는 유입량 t_{ij}와 성장계수 F로부터 장래 통행유출 또는 유입량을 다음의 공식을 사용하여 구한다.

$$T_{ij} = t_{ij} \cdot F_i \cdot F_j (L_i + L_j)/2 \qquad (16.13)$$

여기서 $F_i = O_i / o_i$(i 존의 장래 통행유출량과 현재 통행유출량의 비)

$F_j = D_i / d_j$ (j 존의 장래 통행유입량과 현재 통행유입량의 비)

$$L_i = o_i / \sum_{j=1}^{n} t_{ij} \cdot F_j$$

$$L_j = d_j / \sum_{i=1}^{n} t_{ij} \cdot F_i$$

③ 이 값을 구하여 각 존의 통행유출과 통행유입을 구하면 맨 처음 예측된 통행유출 및 유입량과 차이가 난다. 이때 예측된 통행유출(O_i)과 통행유입(D_j)을 계산에서 구한 값(o_i, d_j)으로 나누어 새로운 성장계수를 구한다.

④ ②와 ③의 과정을 반복하되 모든 성장계수가 1.0이 되거나 혹은 계산된 통행유출 및 통행유입량이 예측된 O_i와 D_j와 같아질 때까지 계속한다.

예제 16.2 1, 2, 3존에서 출근목적통행에 대한 통행유출 및 통행유입 그리고 존간의 통행량이 왼쪽 그림에서 보는 바와 같이 조사되었다. 또 장래 통행발생 예측결과는 그 오른쪽의 그림과 같다. 이때 Fratar법을 사용하여 각 존간의 장래 교차교통량을 구하여라.

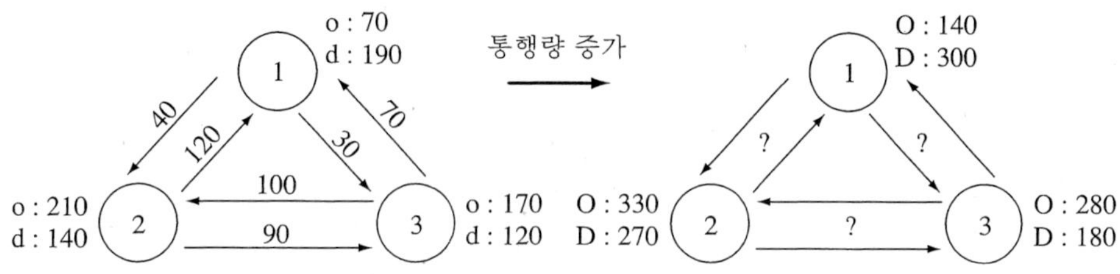

풀이 1) 각 존의 유출·입통행량의 성장계수를 구한다.

유출 : $F_{1j} = 140/70 = 2.0$ $F_{2j} = 330/210 = 1.57$ $F_{3j} = 280/170 = 1.65$

유입 : $F_{j1} = 300/190 = 1.58$ $F_{j2} = 270/140 = 1.93$

$F_{j3} = 180/120 = 1.50$

2) 통행량의 1차 분포 :

$\underline{T_{12}}$

$$L_1 = \frac{70}{40\times1.93 + 30\times1.5} = 0.573 \qquad L_2 = \frac{140}{40\times2.0 + 100\times1.65} = 0.571$$

$$T_{12} = 40\times2.0\times1.93(0.573 + 0.571)/2 = 88$$

$\underline{T_{13}}$

$$L_1 = 0.573 \qquad L_3 = \frac{120}{30\times2.0 + 90\times1.57} = 0.596$$

$$T_{13} = 30\times2\times1.5(0.573 + 0.596)/2 = 53$$

$\underline{T_{21}}$

$$L_2 = \frac{210}{120\times1.58 + 90\times1.5} = 0.647 \qquad L_1 = \frac{190}{120\times1.57 + 70\times1.65} = 0.625$$

$$T_{21} = 120\times1.57\times1.58(0.647 + 0.625)/2 = 189$$

$\underline{T_{23}}$

$$L_2 = 0.647 \qquad L_3 = 0.596$$

$$T_{23} = 90\times1.57\times1.5(0.647 + 0.596)/2 = 132$$

$\underline{T_{31}}$

$$L_3 = \frac{170}{70 \times 1.58 + 100 \times 1.93} = 0.56 \qquad L_1 = 0.625$$

$$T_{31} = 70 \times 1.65 \times 1.58(0.56 + 0.625)/2 = 108$$

$\underline{T_{32}}$

$$L_3 = 0.56 \qquad L_2 = 0.571$$

$$T_{32} = 100 \times 1.65 \times 1.93(0.56 + 0.571)/2 = 180$$

이를 종합하여 새로운 성장계수를 구한다.

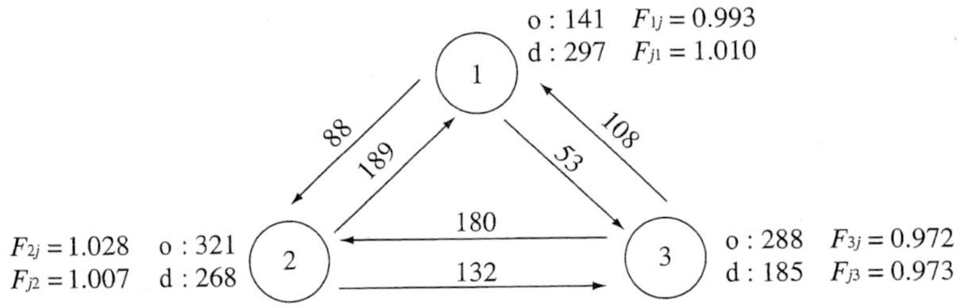

3) 통행량의 2차 분포 :

$\underline{T_{12}}$

$$L_1 = \frac{141}{88 \times 1.007 + 53 \times 0.973} = 1.006 \qquad L_2 = \frac{268}{88 \times 0.993 + 180 \times 0.972} = 1.022$$

$$T_{12} = 88 \times 0.993 \times 1.007(1.006 + 1.022)/2 = 89$$

$\underline{T_{13}}$

$$L_1 = 1.006 \qquad L_3 = \frac{185}{53 \times 0.993 + 132 \times 1.028} = 0.982$$

$$T_{13} = 53 \times 0.993 \times 0.973(1.006 + 0.982)/2 = 51$$

$\underline{T_{21}}$

$$L_2 = \frac{321}{189 \times 1.01 + 132 \times 0.973} = 1.005 \qquad L_1 = \frac{297}{189 \times 1.028 + 108 \times 0.972} = 0.992$$

$$T_{21} = 189 \times 1.028 \times 1.01(1.005 + 0.992)/2 = 196$$

$\underline{T_{23}}$

$$L_2 = 1.005 \qquad L_3 = 0.982$$

$$T_{23} = 132 \times 1.028 \times 0.973(1.005 + 0.982)/2 = 131$$

$\underline{T_{31}}$

$$L_3 = \frac{288}{108 \times 1.01 + 180 \times 1.007} = 0.992 \qquad L_1 = 0.992$$

$$T_{31} = 108 \times 0.972 \times 1.01(0.992 + 0.992)/2 = 105$$

$\underline{T_{32}}$

$$L_3 = 0.992 \qquad L_2 = 1.022$$

$$T_{32} = 180 \times 0.972 \times 1.007(0.992 + 1.022)/2 = 177$$

이를 종합하고 새로운 성장계수를 구한다.

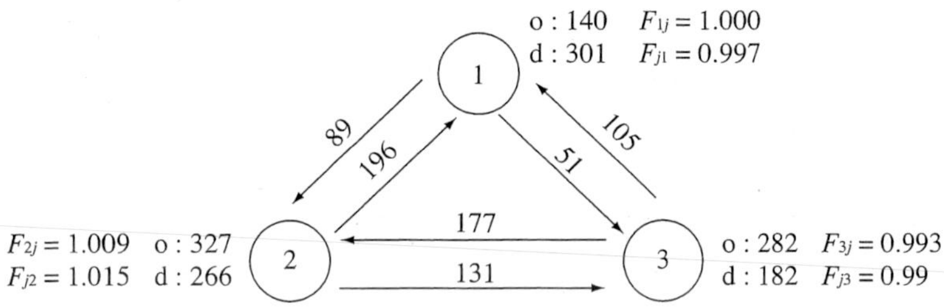

4) 이와 같은 과정을 반복하여 얻은 최종적인 결과는 다음과 같다.

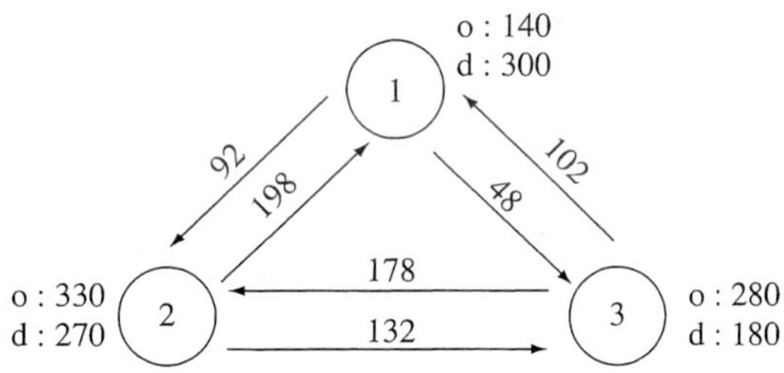

2 중력모형(Gravity Model)

중력모형은 교통계획에서 통행분포를 예측하는 기법으로 가장 널리 이용되는 모형이다. 이것은 Newton의 만유인력법칙을 사회현상에 적용시켜 어떤 목적통행에 관한 존간의 교차통행량을 존의 통행유출과 통행유입 및 존간의 물리적, 시간적, 경제적 거리로 설명하려는 모형이다. 즉 존간의 통행량은 출발지존과 목적지존의 교통활동에 비례하고, 존간의 거리에 반비례한다는 가정에서 출발된 것이다. 이러한 개념을 간단한 수식으로 표시하면 다음과 같다.

$$I_{ij} = \frac{K \times P_i \times P_j}{D^n} \tag{16.14}$$

여기서 I_{ij} : i와 j간의 상호작용

P_i : i의 인구

P_j : j의 인구

D : i와 j간의 거리

K, n : 상수

이와 같은 개념은 그 후에 더욱 정교한 모형으로 발전되었고, 특히 Voorhees는 거리의 영향을 일정한 지수로 나타내었으며, 그 후에는 통행목적에 따라 서로 다른 값의 지수를 사용할 필요성을 인식하게 되었다.[12)]

현재 사용되고 있는 중력모형은 기점에서 유출되는 통행과 목적지로 유입되는 통행이 다음과 같은 요인에 정비례한다는 가정에 근거를 두고 있다.

- 어떤 목적통행의 출발지에서의 총 유출량
- 어떤 목적통행의 목적지에서의 총 유입량
- Calibration 항
- 사회경제 보정계수

이러한 관계를 수식으로 표시하면 다음과 같다.

$$T_{ij} = C \cdot O_i \cdot D_j \cdot F_{ij} \cdot K_{ij} \tag{16.15}$$

여기서 T_{ij} : i에서 유출되어 j로 유입되는 어떤 목적통행량

C : 상수

O_i : i에서 유출되는 어떤 목적통행량

D_j : j로 유입되는 어떤 목적통행량

F_{ij} : i, j간의 마찰계수를 나타내는 calibration 항

K_{ij} : i, j간의 사회경제 보정계수

j : 출발지존 번호

j : 목적지존 번호

i 출발지에 대한 C값(C_i)은 출발지 i에서 여러 존으로 유출되는 모든 통행량(T_{ij})을 합한 것이 O_i와 같다고 놓음으로써 얻을 수 있다. 즉,

$$O_i = \sum_{j=1}^{n} T_{ij} = \sum_{j=1}^{n} (C_i \cdot O_i \cdot D_j \cdot F_{ij} \cdot K_{ij})$$

$$= C_i \cdot O_i \sum_{j=1}^{n} (D_j \cdot F_{ij} \cdot K_{ij}) \tag{16.16}$$

따라서

$$C_i = \frac{1}{\sum_{j=1}^{n} (D_j \cdot F_{ij} \cdot K_{ij})} \tag{16.17}$$

그러므로

$$T_{ij} = \frac{O_i \cdot D_j \cdot F_{ij} \cdot K_{ij}}{\sum_{j=1}^{n} (D_j \cdot F_{ij} \cdot K_{ij})} \tag{16.18}$$

이 식은 중력모형의 표준형이다. F_{ij}항은 calibration 항으로서 교통저항의 역지수함수로 나타낸다. 이 모형으로부터 계산되는 결과를 합산하면 통행유출량과는 일치하지만 통행유입량에 대해서는 일치하지 않는다. 따라서 이 둘을 모두 일치시키려면 반복적인 계산이 필요하다.

각 통행목적별로 매개변수를 구하기 위해서는 수집된 통행패턴자료를 이용하여 이 모형을 calibration해야 한다. 이 매개변수는 통행시간계수로서 calibration은 이 F_{ij}를 반복해서 보정해 주는 것을 말한다. 이 보정은 중력모형을 기준연도의 통행유출과 통행유입에 적용했을 때 모형에서 나온 통행길이별 통행의 비율과 O-D 조사의 결과를 비교하여 같아질 때까지 F_{ij}값을 계속 수정해 준다.

중력모형을 calibration하는 컴퓨터 프로그램에 GMCAL(USDOT)이란 것이 있으며, 이 프로그램은 여러 개의 통행목적에 대해서 동시에 calibration할 수가 있다.

〔그림 16-10〕은 비가정기반통행에 대한 calibration에서 반복 보정된 통행시간계수의 예를 보인 것이다. 이 그림에서 볼 수 있는 바와 같이 세 번째의 calibration이 끝난 후에는 개인통행시간과 평균통행길이가 실제 관측값과 거의 일치함을 알 수 있다.

중력모형이 완전히 calibration되려면 기준연도의 존간 통행교차량값과 모형에서 나온 값을 일치시키기 위해서 사회경제 보정계수 K_{ij}의 적용이 필요한지를 검토해야 한다. 이 존간 보정계수는 통행양단 간의 통행교차현상에 대해서 아직 설명되지 않은 변동량, 즉 일반적인 함수관계로 표시할 수 없는 존간의 특수관계를 나타내는 것으로서 이러한 특성이 통행발생에는 영향을 미치지 않는다고 가정을 한다. 이 값은 기준연도의 O-D 조사에 의한 존간 통행량과 모형에서 나온 존간 통행량의 비로 나타내어 장래 예측을 하는 모형에 그대로 사용된다. 여기서 K_{ij}값을 1로 한 모형을 Voorhees 모형이라 한다.

중력모형을 사용하여 통행분포를 예측할 때 F 계수는 교통네트워크가 변하여 통행시간이 달라질 때 한해서만 변한다. K 계수는 장차 예상되는 그 존의 사회경제특성 변화에

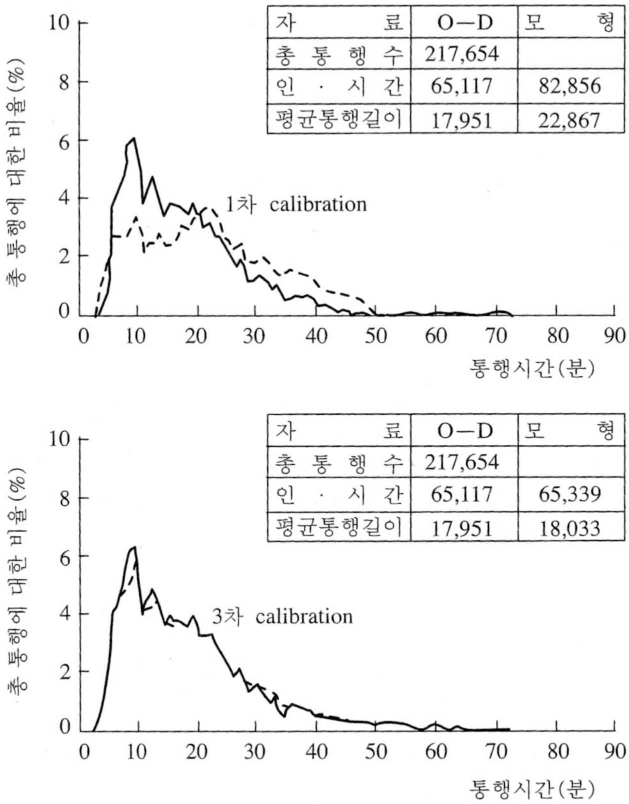

〔그림 16-10〕 중력모형의 calibration과 O-D 비교

따라 달라질 수도 있고 변하지 않을 수도 있다.

존간의 통행시간의 영향을 나타내는 F 계수는 통상 반(半)대수(semi-log) 곡선으로 나타내며 그 함수는 다음과 같은 모양을 가진다.

- $F = t^{-\beta}$
- $F = e^{-\beta t}$
- $F = te^{-\beta t}$
- $F = 1/(\beta + t)$

중력모형의 변형으로서 O_i, D_j 항에 지수를 붙인 것이나, 앞에서 설명한 기본모형에 다른 여러 가지 요인을 첨가한 모형도 있다. 그 중 대표적인 것이 추상수단모형(abstract mode model 또는 다항중력모형 : multiterm gravity model)으로서 다음과 같은 모양을 가진다.

$$_mT_{ij} = aP_i^b \cdot P_j^c \cdot Q_i^e \cdot Q_j^f \cdot f(_mD_{ij}) \cdot f(_mZ_{ij}) \qquad (16.19)$$

여기서 $_mT_{ij}$: i존과 j존간 m수단에 의한 어떤 목적통행량
P, Q : 존내의 활동강도(인구 및 고용자수)
$f(_mD_{ij})$: i존과 j존간 m수단의 상대적 통행시간의 함수
$f(_mZ_{ij})$: i존과 j존간 m수단의 상대적 통행비용의 함수
a, b, c, d, e, f : 매개상수

이 모형은 종래의 중력모형과 비교해 볼 때 다음과 같은 장점을 가지고 있다.

- 새로운 교통수단을 도입했을 때 기존수단이 받는 영향을 예측할 수 있다.
- 새로운 수단의 통행비용, 통행시간, 배차간격만 알면 모형을 이용할 수 있다.
- 총 통행수요 및 수단분담량이 동시에 예측된다.

그러나 이 모형은 구조상으로 볼 때 지수함수로 바꾸어 중회귀모형으로 취급할 수가 있다.

예제 16.3 3개 존으로 구성된 조사지역에서 출근목적통행에 대한 장래 각 존의 통행유출과 통행유입량, 그리고 존간의 통행시간을 예측한 결과는 다음 표와 같다. 모든 존간의 K_{ij}값은 1이라 가정을 하고 통행시간에 따른 F값은 마찬가지로 표에 나타나 있다. 1존의 내부통행시간이 존간의 통행시간보다 큰 것은 그 존의 지형적 특성으로 지역내의 접근성이 좋지 않거나 또는 도심지로서 혼잡한 상태를 나타낸다고도 볼 수 있다. 존간의 교차통행을 분포시켜라.

조사지역 각 존의 통행유출 및 유입량(출근목적)

존	1	2	3	계
통행유출	140	330	280	750
통행유입	300	270	180	750

존간의 통행시간(분)

존	1	2	3
1	5	2	3
2	2	6	6
3	3	6	5

통행시간과 F계수(calibration 결과)

통행시간(분)	1	2	3	4	5	6	7	8
F	82	52	50	41	39	26	20	13

풀이 1) 중력모형을 사용하여 각 존간의 통행량을 계산한다.

기본공식 : $T_{ij} = O_i \left(\dfrac{D_j F_{ij} K_{ij}}{\sum_{j=1}^{n} D_j F_{ij} K_{ij}} \right)$ 여기서 모든 존간의 $K_{ij} = 1$

$$T_{1-1} = 140 \times \frac{300 \times 39}{300 \times 39 + 270 \times 52 + 180 \times 50} = 47$$

$$T_{1-2} = 140 \times \frac{270 \times 52}{300 \times 39 + 270 \times 52 + 180 \times 50} = 57$$

$$T_{1-3} = 140 \times \frac{180 \times 50}{300 \times 39 + 270 \times 52 + 180 \times 50} = 36$$

계 $O_1 = 140$

2) 같은 방법으로 2, 3존에 대해서 계산하면

$T_{2-1} = 188$ $T_{2-2} = 85$ $T_{2-3} = 57$ 계 $O_2 = 330$

$T_{3-1} = 144$ $T_{3-2} = 68$ $T_{3-3} = 68$ 계 $O_3 = 280$

3) 이를 통행유출, 통행유입 매트릭스로 나타낸다.

1차 통행분포 매트릭스

존	1	2	3	O_i
1	47	57	36	140
2	188	85	57	330
3	144	68	68	280
계($C_{j(1)}$)	379	210	161	750
실제값(D_j)	300	270	180	750

따라서 계산된 각 존의 통행유입값이 주어진 실제값과 많은 차이가 난다.

4) 아래 공식을 사용하여 각 존별 보정유입량을 계산한다.

$$D_{j(k)} = D_j \times \frac{D_{j(k-1)}}{C_{j(k-1)}}$$

여기서 $D_{j(k)}$: k번 반복했을 때 유입존 j의 보정유입총량(단, $k=2$일 때, $D_{j(1)} = D_j$이다)

$C_{j(k)}$: k번 반복했을 때 유입존 j의 합산유입총량

D_j : 유입존 j의 주어진 실제유입총량

k : 실제유입총량과 합산유입총량을 일치시키기 위한 보정의 반복횟수

그러므로

$$\text{존 1 : } D_{1(2)} = 300 \times \frac{300}{379} = 237$$

$$\text{존 2 : } D_{2(2)} = 270 \times \frac{270}{210} = 347$$

$$\text{존 3 : } D_{3(2)} = 180 \times \frac{180}{161} = 201$$

5) 2차 보정유입량을 사용하여 2차 통행분포를 구한다.

$$T_{1-1} = 140 \times \frac{237 \times 39}{237 \times 39 + 347 \times 52 + 201 \times 50} = 34$$

$$T_{1-2} = 140 \times \frac{347 \times 52}{237 \times 39 + 347 \times 52 + 201 \times 50} = 68$$

$$T_{1-3} = 140 \times \frac{201 \times 50}{237 \times 39 + 347 \times 52 + 201 \times 50} = 37$$

$$\text{계 } O_1 = 140$$

$$T_{2-1} = 330 \times \frac{237 \times 52}{237 \times 52 + 347 \times 26 + 201 \times 26} = 153$$

$$T_{2-2} = 330 \times \frac{347 \times 26}{237 \times 52 + 347 \times 26 + 201 \times 26} = 112$$

$$T_{2-3} = 330 \times \frac{201 \times 26}{237 \times 52 + 347 \times 26 + 201 \times 26} = 65$$

$$\text{계 } O_2 = 330$$

$$T_{3-1} = 280 \times \frac{237 \times 50}{237 \times 50 + 347 \times 26 + 201 \times 39} = 116$$

$$T_{3-2} = 280 \times \frac{347 \times 26}{237 \times 50 + 347 \times 26 + 201 \times 39} = 88$$

$$T_{3-3} = 280 \times \frac{201 \times 39}{237 \times 50 + 347 \times 26 + 201 \times 39} = 76$$

$$\text{계 } O_3 = 280$$

6) 이를 통행유출, 통행유입 매트릭스로 나타낸다.

2차 통행분포 매트릭스

존	1	2	3	O_i
1	34	68	38	140
2	153	112	65	330
3	116	88	76	280
계($C_{j(2)}$)	303	268	179	750
실제값(D_j)	300	270	180	750

아직도 $C_{j(2)}$와 D_j 간에는 조금 차이가 있다.

7) 각 존별 제3차 보정유입총량을 계산한다.

존 1 : $D_{1(3)} = 300 \times \dfrac{237}{303} = 235$

존 2 : $D_{2(3)} = 270 \times \dfrac{347}{268} = 350$

존 3 : $D_{3(3)} = 180 \times \dfrac{201}{179} = 202$

8) 이를 이용하여 3차 통행분포량을 계산한다.

$$T_{1-1} = 140 \times \frac{235 \times 39}{235 \times 39 + 350 \times 52 + 202 \times 50} = 34$$

$$T_{1-2} = 140 \times \frac{350 \times 52}{235 \times 39 + 350 \times 52 + 202 \times 50} = 68$$

$$T_{1-3} = 140 \times \frac{202 \times 50}{235 \times 39 + 350 \times 52 + 202 \times 50} = 38$$

계 $O_1 = 140$

같은 방법으로 존 2, 3에 대해서 계산하면,

$T_{2-1} = 152$　$T_{2-2} = 113$　$T_{2-3} = 65$　계 $O_2 = 330$

$T_{3-1} = 114$　$T_{3-2} = 89$　$T_{3-3} = 77$　계 $O_3 = 280$

9) 이를 통행유출 및 통행유입 매트릭스로 나타낸다.

3차 통행분포 매트릭스

존	1	2	3	O_i
1	34	68	38	140
2	152	113	65	330
3	114	89	77	280
$C_{j(3)}$	300	270	181	750
D_j	300	270	180	750

3 기타 통행분포 모형

중력모형이 널리 사용되고 있기는 하지만 이 밖에 통행자의 통행동기를 더욱 잘 나타내는 확률모형이 많이 개발되고 있다. 교통조사에서 많이 사용되는 확률모형에는 다음과 같은 것이 있다.

- 개재기회모형(intervening opportunity model)
- 경쟁기회모형(competing opportunity model)

개재기회모형은 Chicago 지역 교통조사와 관련되어 처음 사용된 것으로서, 이 모형의 기본적인 가정은 ① 어느 지점에서 출발한 통행자가 다른 어느 지점을 목적지로 선택할 때, 모든 대상기회는 동등한 선택확률을 가진다. ② 통행자는 통행시간을 최소화시키는 목적지를 선택한다. 즉 통행자는 가깝거나 접근성이 높은 대상기회부터 시작하여 차츰 멀어지면서 목적지로서의 선택여부를 검토하고 결정한다는 것이다. 즉 어떤 존이 가지는 통행의 도착기회는 통행목적지에 대한 접근성(accessibility)에 따라 평가되고, 또 순서가 정해진다. 그래서 합리적으로 행동하는 통행자가 순서가 정해진 각 존의 통행 도착기회를 찾는 것을 확률로 나타낸다. 일반적으로 통행유입량을 그 존이 가지는 통행의 도착기회로 이용하는 경우가 많으나, 그 존의 도시활동도 도착기회로 이용될 수 있다.

이 가정에 따라 어느 존 i로부터 어떤 목적 통행이 〔그림 16-11〕에 보이는 바와 같은 dV개의 목적지 중에서 어느 하나에 도착할 확률(사이에 낀다고 해서 개재기회라고 함)은 다음과 같이 나타낼 수 있다.[34]

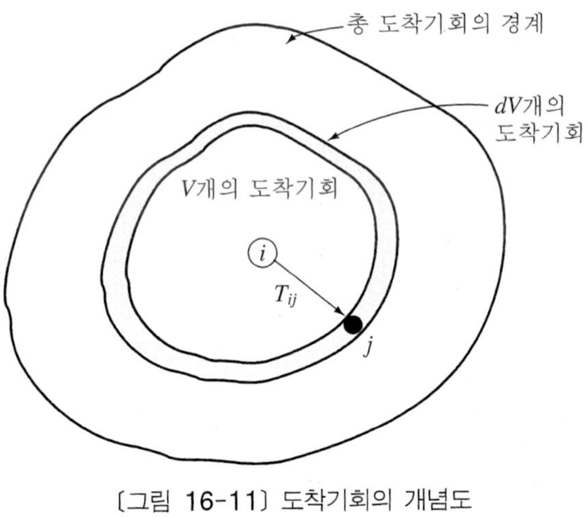

〔그림 16-11〕 도착기회의 개념도

(dV개의 도착기회 중에서 어느 하나에 도착할 확률) =(V개의 도착기회 중에서 원하는 목적지가 없을 확률) × (dV개의 도착기회 중에서 원하는 목적지가 있을 확률)

이를 수식으로 표시하면

$$P(dV) = [1 - P(V)]\, f(V) \cdot dV \tag{16.20}$$

여기서 $P(dV)$: dV개의 도착기회 중에서 어느 하나에 도착할 확률(dV보다 가까운

곳에 있는 V개의 도착기회에는 원하는 목적지를 발견할 수 없으면서)

$P(V)$: V개의 도착기회 중에서 원하는 목적지가 있을 확률

$f(V)\cdot dV$: dV개의 도착기회 중에서 원하는 목적지가 있을 확률

V : 순서가 붙여진 V영역 내의 도착기회의 총화, 예를 들어 V_j는 i존에서 가까운 순서로 따져 j존까지의 모든 도착기회

목적지존을 j라고 할 때 식 (16.20)은 다음과 같이 변경된다.

$$\frac{dP(V_j)}{1-P(V_j)} = f(V_j)\,dV \tag{16.21}$$

여기서 $f(V_j)=L$로 두고 이 식을 적분하여 풀면 다음과 같이 된다. 이때의 L값은 회귀분석으로부터 구할 수 있다.

$$P(V_j) = 1 - K_i \exp(-LV_j) \tag{16.22}$$

따라서 j번째 존에 도착할 확률은 j번째 존 이내에 목적지가 있을 확률 $P(V_j)$에다 $j-1$번째 존 이내에 목적지가 있을 확률 $P(V_{j-1})$을 뺀 값과 같다. 즉,

$$P(V_j) - P(V_{j-1}) = K_i[\exp(-LV_{j-1}) - \exp(-LV_j)] \tag{16.23}$$

그러므로 출발존 i에서 도착존 j간의 통행량 T_{ij}는 다음과 같다.

$$T_{ij} = K_i O_i[\exp(-LV_{j-1}) - \exp(-LV_j)] \tag{16.24}$$

여기서 $\sum_j T_{ij} = O_i$이며 또 식 (16.24)에서

$$\begin{aligned}\sum_j T_{ij} &= K_i O_i \sum_{j=1}^{n} [\exp(-LV_{j-1}) - \exp(-LV_j)] \\ &= K_i O_i[\exp(-LV_0) - \exp(-LV_n)]\end{aligned}$$

이다.

또 $V_0 = 0$이므로 결국 $\sum_j T_{ij} = O_i = K_i O_i[1-\exp(-LV_n)]$이 되어

$$K_i = \frac{1}{1-\exp(-LV_n)} \tag{16.25}$$

이 된다. 따라서 K_i는 존 i에서 생성된 모든 통행이 분포되는 존의 개수에 따라 달라진다. 예를 들어 O_i가 이 대상지역을 벗어나 무한대의 거리에 위치한 지역까지 분포된다고

가정한다면, $V_n = \infty$이므로 식 (16.24)에서 $K_i = 1$이 되고, 따라서 대상지역내의 존에 대한 T_{ij}를 합한 값은 O_i보다 적어진다. 이와 같은 경우를 자유개재기회모형이라 한다. 그렇지 않고 O_i가 그 지역내의 존에 모두 분포된다면 식 (16.24)는 다음 식 (16.26)과 같은 모형을 가진다. 이를 강제개재기회모형이라 한다.

$$T_{ij} = \frac{O_i[\exp(-LV_{j-1}) - \exp(-LV_j)]}{[1 - \exp(-LV_n)]} \tag{16.26}$$

이 때에는 물론 T_{ij}를 합한 값이 O_i와 같으며 K_i값은 1보다 커야 한다.

이 모형은 긴 통행과 짧은 통행에 따라 L값이 다르기 때문에 통행비용(통행길이 또는 시간)에 따라 통행을 구분할 필요가 있으며, 장차 도착기회수가 증가할 때 짧은 통행량이 증가하기 때문에 장래 짧은 통행의 비율을 현재와 같은 수준으로 유지해 줄 필요가 있다.

Heanue와 Pyers는 여러 가지 통행분포기법을 비교하여 개재기회모형이 중력모형에 비해 정확도가 조금 떨어진다는 사실을 밝혀내었다. 그러나 중력모형에서 사회경제 보정계수를 사용하여 이를 보정하지 않는다면 기회모형보다 못하다고 보고하였다.[35)]

한편 Blunden은 다음과 같은 경쟁기회모형을 개발하였다.

$$T_{ij} = O_i D_j \frac{\sum_{k=1}^{n} a_k - \sum_{k=1}^{m} a_k}{\sum_{k=1}^{n} a_k \times \sum_{k=1}^{m} a_k} \tag{16.27}$$

여기서 a_k : k 시간대에 위치한 도착기회

k : 어느 시간대

n : i 존으로부터 가장 먼 시간대

m : j 존이 포함된 시간대

여기서 존의 통행유입은 출발존 i로부터의 통행비용(시간 또는 거리)의 크기, 순서에 따라 합해진다.

Lawson과 Dearinger는 이 모형을 미국 켄터키 주의 Lexington시의 출근통행분포에 사용하였으나 calibration과 사용상의 난해함 때문에 여러 가지 다른 분포모형과 비교한 결과 중력모형이 가장 좋다는 보고를 한 바 있다.[36)]

16.5.2 존 내부통행량의 예측

대부분의 통행분포 예측모형은 존 상호간의 교차통행량을 예측하는 것으로서 존간 소요시간, 비용 등을 산출할 때에는 존의 중심점(centroid)을 기준으로 하는 것이 보통이다. 그러므로 존 내부의 통행에 대해서는 그와 같은 평균소요시간이라든가 비용 등의 장래값을 산출하기가 곤란하다. 따라서 존 내부의 통행량은 별도로 예측해야 한다.

존 내부통행량은 각 존의 통행유출, 유입에 대한 내부통행의 비율을 구하여 적용하는 경우와 내부통행량을 직접 구하는 경우가 있다. 대부분의 경우 존 면적, 존 인구, 존의 접근성, 존의 통행유출입을 설명변수로 하는 회귀분석모형을 사용한다.

16.6 교통수단 분담의 예측

4단계 예측모형에서 제3단계는 교통수단을 선택하는 모형이다. 이 수단분담을 분석하는 목적은 통행에 이용되는 몇 가지 교통수단의 이용분담률을 예측하는 것이다. 도시지역에 있어서의 교통수단 분담이란 주로 지하철(전철), 버스, 택시, 자가용승용차에 대한 분담을 말한다.

사람이 통행을 만들 때 이용하는 교통수단의 선택은 다음과 같은 요인에 의해 좌우된다.

- 통행의 종류 : 통행목적, 통행길이, 통행시간, CBD에 대한 방향 등
- 통행자의 특성 : 성별, 연령, 직업, 소득 수준, 주거인구밀도, CBD까지의 거리, 자동차 보유대수 등
- 교통수단의 특성 : 교통망의 특성, 서비스의 질, 운행빈도, 통행시간, 통행비용, 주차비용, 추가통행시간(대기시간 등), 접근성

수단분담을 하나의 독립된 실체로 보아서는 안 된다. 실제상황에서 수단분담은 통행발생과 통행분포에 매우 밀접한 관련을 맺고 있다. 예를 들어 자가용승용차를 이용할 수 있으면 추가적인 통행이 발생되며, 또 그 차량을 얼마만큼 편하게 운전할 수 있는가에 따라 목적지가 달라질 수도 있다. 만약 자가용승용차 이용을 제한한다면 다른 교통수단을 이용하기보다는 통행발생 자체를 취소하는 경우도 많을 것이다.

도시교통수단의 이용자를 조사하는 데 있어서 수단선택을 더 정확하게 예측하기 위해서는 통행자를 두 개의 부류, 즉 고정승객(captive rider)과 선택승객(choice rider)으로 나누어 생각한다. 고정승객이란 어떤 통행을 하는 데 있어서 자가용승용차를 이용할 수 없어서 부득이 대중교통수단을 이용할 수밖에 없는 승객을 말한다. 따라서 이들을 고정대중교통승객(captive transit rider)이라 부르기도 한다. 선택승객이란 어떤 특정 통행목적에

대하여 자가용승용차와 대중교통수단을 마음대로 선택하여 이용할 수 있는 사람을 말한다. 선택승객 중에서 대중교통수단을 선택한 사람을 선택대중교통승객(choice transit rider)이라 부른다.

통행발생에서 예측된 통행단을 이와 같이 고정승객과 선택승객으로 나누는 것을 고정수단 분담분석(captive modal split analysis)이라고 하며, 선택승객을 자가용승용차 이용자와 대중교통수단 이용자로 나누는 것을 선택수단 분담분석(choice modal split analysis) 또는 수단선택분석(modal choice analysis)이라고 한다. 일반적으로 고정수단 분담분석에서 고정승객과 선택승객의 신분은 통행자의 사회・경제특성, 즉 소득 수준(승용차 보유대수), 성별, 연령, 가구구성원수, 통행목적 등에 의해 좌우된다. 또 선택승객을 자가용이용자와 대중교통이용자의 비율로 나누는 데에는 경쟁하는 수단 간의 통행시간(차내시간, 차외시간), 운행비용, 주차요금, 승차요금, 정시성, 편리성, 쾌적성 등의 요인을 근거로 하여 구분된다.

고정승객을 자가용을 보유하지 않은 가구의 통행자로만 이해해서는 안 된다. 고정승객이란 이들뿐만 아니라 자가용을 보유하고 있으면서도 어떤 특정 통행목적에 자가용을 이용할 수 없는 통행도 포함된다. 예를 들면 어느 가구가 자가용승용차를 보유하고 있더라도 그 가구의 한 학생이 등교할 때 자가용을 이용하지 못하고(가장이 출근할 때 이용하므로) 버스를 이용할 수밖에 없다면 등교목적통행을 분석할 때 그 학생은 고정대중교통승객이 된다. 그러나 그 학생이 만약 대학원생이면서 집에 자가용이 여러 대이기 때문에 자가용으로 등교할 수 있다면 선택승객이 된다. 만약 이 학생이 자가용보다는 지하철이 편리하고 비용이 적게 들어 이것을 이용한다면 그 학생은 선택대중교통승객이 될 것이다.

대중교통수단을 이용하는 통행자 중에서 고정승객과 선택승객의 비율은 대중교통수단의 개발이 안 되어 있는 소도시에서의 9 : 1 정도에서부터 대중교통이 잘 발달된 대도시의 3 : 1 정도까지 범위가 다양하다. 전자의 경우는 선택승객 중에서 거의가 대중교통이용을 기피하는 현상을 나타낸 것이며, 이러한 도시의 교통계획조사에서는 선택수단 분담분석을 구태여 할 필요가 없을 것이다. 다시 말하면 고정수단 분담분석에서 나온 선택승객은 모두가 자가용승용차를 이용한다고 보면 될 것이다.

수단분담 모형을 개발한 초창기에는 이러한 고정 및 선택승객을 명확하게 구분하지 않았고, 주로 선택승객을 위주로 선택수단분담을 예측했기 때문에 고정승객의 행태를 나타내기 어려웠다.

이 절에서는 수단분담개념을 쉽게 이해하기 위해서 고정수단 분담예측을 하지 않고 선택수단 분담예측만을 하는 초기의 모형을 먼저 설명하고 다음에 고정수단 분담예측을 포함한 모형들을 설명한다. 그 다음에는 개인의 수단선택에 관한 행태에 기초를 둔 근자에 개발된 몇 개의 모형을 설명한다. 수단선택 모형은 앞으로 개발의 여지가 많은 분야이다.

16.6.1 초기의 수단분담 모형의 종류

교통계획과정 중에서 수단분담이 수행되는 시점에 따라 수단분담 모형을 분류하면 다음과 같은 네 가지가 있다.

① 수단분담이 통행발생 예측과 동시에 수행되며, 출발지존의 특성을 고려하여 각 존에서 어떤 수단을 이용하여 통행발생량을 예측한다.
② 수단분담이 통행발생과 통행분포 사이에서 수행된다. 출발지존내의 자가용보유가구의 수단선택은 가구당 자동차 보유대수에 따라 달라진다. 자가용을 보유하지 않은 가구는 대중교통수단을 이용할 수밖에 없다(통행단 수단분담 모형).
③ 수단분담이 통행분포과정에서 동시에 이루어지며, 이때 분포는 수단별 통행시간뿐만 아니라 수요의 상대적인 탄력성 등과 같은 기능과 관계된다.
④ 수단분담이 통행분포와 통행배분과정 사이에서 이루어진다. 통행분포에서 대중교통과 자가용승용차의 총 통행시간을 예측할 수가 있으며, 이 통행시간과 통행비용을 근거로 하여 수단분담을 한다(통행교차 수단분담 모형).

이들을 좀더 자세히 설명하면 다음과 같다.

1 통행발생과정의 일부로서의 수단분담 모형

통행발생과정에서 이미 교통수단별로 통행발생을 예측하는 방법으로서 통행수요 예측모형이 개발될 초창기에 미국에서 사용되었으며, 영국에서도 작은 도시지역에서 자주 사용되었다. 일반적으로 출발지존내의 승용차 보유대수, CBD에서부터 출발지존까지의 거리, 출발지존내의 주거인구밀도 등을 근거로 하여 수단분담을 한다. 경우에 따라서는 출발지존에서 대중교통시설까지의 상대적인 접근도를 이 근거에 포함시키기도 한다.

〔그림 16-12〕는 수단별 직접통행발생모형을 이용한 교통계획과정을 나타낸 것이다. 이 방법에서 가장 문제가 되는 것은 맨 처음에 어떤 목적통행에 대한 유입통행의 교통수단을 예측하는 데 있다. 어떤 목적통행에 대한 유출통행의 교통수단은 해당 출발지존 주거인의 특성에 따라 예측될 수 있으나 그 존으로 유입되는 통행의 출발지는 통행발생단계에서 알 수 없으므로 부득이 유입통행에 사용되는 교통수단도 유입되는 존의 사회·경제특성으로 나타낼 수밖에 없다. 그러나 일반적으로 유입통행에 사용되는 교통수단과 유입존의 특성과는 밀접한 상관관계가 있다고 보기 힘들다.

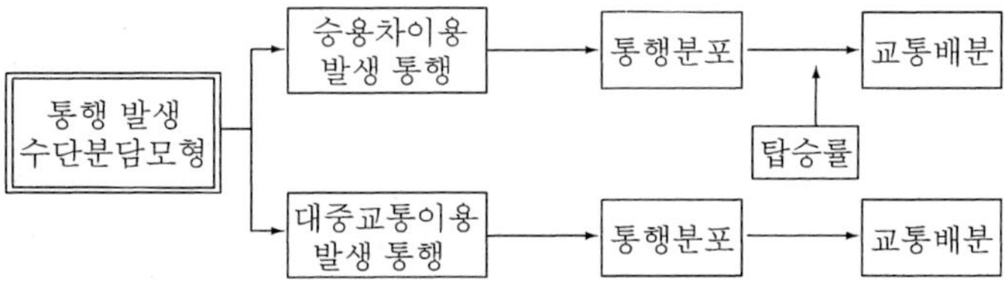

〔그림 16-12〕 통행발생과정의 일부로서의 수단분담 모형

또 이 방법은 대중교통망의 변화, 도로시스템의 개선, 경제적인 수단에 의한 자가용승용차 이용억제 등과 같은 것의 효과를 나타내기가 곤란하다. 일반적으로 이 모형은 장차 승용차의 이용을 과대예측하는 결과를 가져오고 통행배분과정을 거친 후에 독단적으로 수단분담을 다시 해야 할 경우가 생긴다. 〔그림 16-13〕은 각 존의 모든 목적통행에 대한 인구밀도와 승용차 보유대수에 대한 인구 1,000명당 하루 대중교통이용 통행생성량을 나타낸다. 그림에서 보는 바와 같이 인구밀도가 증가할수록 대중교통이용 통행이 증가한다. 대중교통이용 통행유인량은 별도로 구해야 한다.

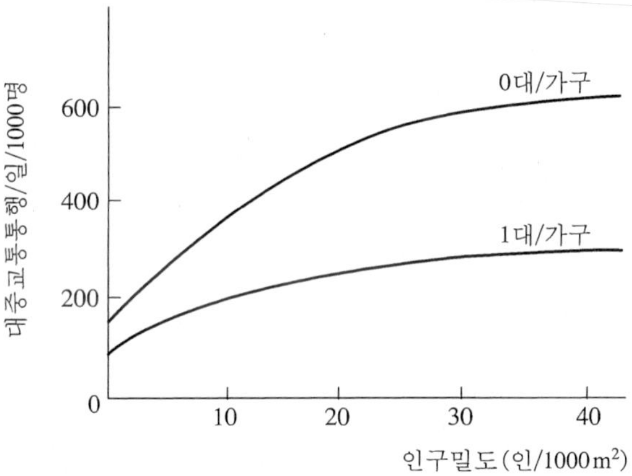

〔그림 16-13〕 인구밀도 및 승용차 보유대수별 대중교통이용 생성통행

2 통행단 수단분담 모형(trip-end modal split model)

통행발생이 예측된 후에 각 교통수단을 이용하는 통행단의 비율이 이 모형에 의해서 예측된다. 〔그림 16-14〕는 이 모형을 이용하여 수단분담을 예측한 교통계획과정을 나타낸 것이다.

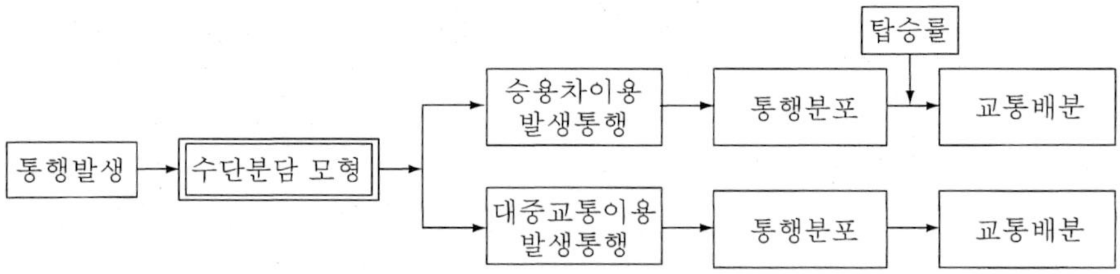

〔그림 16-14〕 통행단 수단분담 모형

이때 예측의 근거가 되는 변수는 사회・경제특성, 토지이용특성, 각 교통시스템의 서비스 수준, 자가용대수 등이다. 이 방법은 총 통행발생이 통행수단과는 무관하다는 가정에 기초를 두고 있다.

이 모형으로 수단분담을 예측하는 과정은 다음과 같다.

- 통행목적별 개인통행유출과 유입을 구한다.
- 도시통행계수(urban travel factor : UTF)를 구한다.
- 수단분담곡선 〔그림 16-15〕를 사용하여 대중교통을 이용하는 통행의 비율을 구한다.
- 승차인원계수를 적용한다.
- 대중교통수단과 승용차의 차량통행을 따로 분포시킨다.

〔그림 16-15〕의 수단분담 예측모형은 두 개의 변수, 즉 승용차 한 대당 가구수와 1 km^2 당 인구에 기준을 두고 있다. 이 두 개의 변수를 곱한 것을 도시통행계수라 부른다. 대중교통수단을 이용하는 통행의 비율은 도시통행계수가 커질수록 증가하나 S 모양의 곡선형태를 나타낸다. 이 UTF 대신에 출발지존의 승용차 한 대당 인구를 사용해도 유사한 결과를 얻는다.[15)]

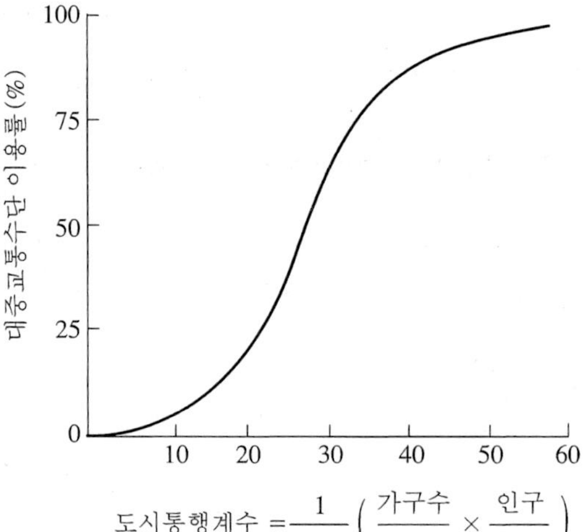

$$도시통행계수 = \frac{1}{1000}\left(\frac{가구수}{승용차} \times \frac{인구}{km^2}\right)$$

〔그림 16-15〕 도시통행계수와 대중교통수단 이용률

회귀분석법을 이용해서도 기존의 통행행태를 수단분담에 영향을 주는 여러 가지 요인으로 나타낼 수 있다. 그러나 그러기 위해서는 회귀분석모형이 기존의 수단선택행태를 잘 설명해야 할 뿐만 아니라 장래를 예측함에 있어서 그 모형식이 수단선택에 영향을 주는 요인에 매우 민감해야 한다.

미국의 볼티모어 교통조사에 사용된 수단선택 모형식은 다음과 같다.

$$T = 1.29X_1 - 1.04X_2 + 0.53X_3 + 0.15X_4 - 102 \quad (R = 0.93) \tag{16.28}$$

여기서 T : 대중교통수단을 이용한 통행수
X_1 : 발생존의 취업자수
X_2 : 발생존의 승용차수
X_3 : 대중교통서비스 지수
X_4 : 발생존의 학생수

통행단 수단분담 모형은 대중교통의 이용도가 낮은 곳에서는 적합치가 않다. 왜냐하면 calibration에 사용되는 통행단의 수가 적기 때문에 매우 불안정한 통행분포모형을 나타내기가 쉽다. 또 이 모형은 수단분담에 영향을 주는 교통시스템의 서비스 질을 전혀 고려하지 않기 때문에 결국 대중교통수단이 아니면 다른 수단이 없는 고정승객의 비중이 큰 경우에 사용하면 좋다. 일반적으로 전체통행 중에서 고정승객이 만드는 통행의 비율은 도시의 규모가 작을수록 커진다. 따라서 이 모형은 중·소도시에 주로 사용된다.

3 통행분포과정의 일부로서의 수단분담 모형

인간의 통행행태를 더욱 정확하게 모형화하고, 다른 예측기법의 단점을 보완하기 위해서 각 통행목적에 대해서 수단분담을 통행분포와 동시에 실시하는 모형이 개발되었다. 교통계획과정에서 이 방법을 사용하여 수단분담을 하는 과정이 〔그림 16-16〕에 나타나 있다. 이 방법은 SELNEC 계획조사에서 사용된 바 있으며, 두 개의 통행수단이 목적지존에서 경쟁을 하는 경우에 사용되었다. 이 방법에 대해서 좀더 자세한 내용은 참고문헌 (16)과 (17)을 참고하기 바란다.

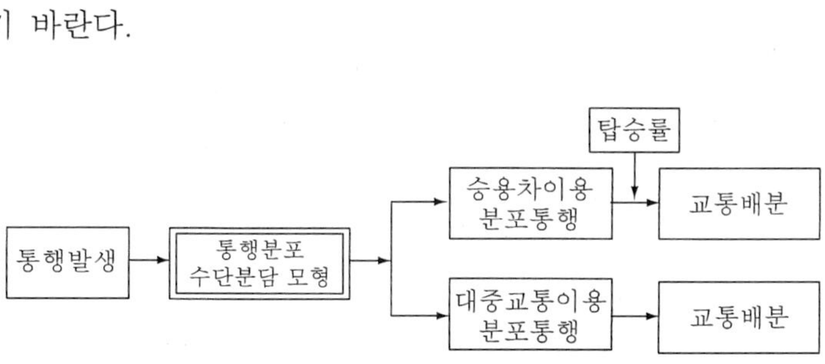

〔그림 16-16〕 통행분포과정의 일부로서의 수단분담 모형

4 통행교차 수단분담 모형

이 방법은 존간의 교차통행량을 예측하는 통행분포 이후에 수단분담을 실시하기 때문에 통행교차 수단분담 모형이라 한다. 또 통행분포 이후에 통행비용과 통행의 서비스 수준을 수단분담의 기준으로 사용할 수 있기 때문에 교통계획조사에 가장 많이 이용되는 방법이다. 교통시스템의 서비스 수준의 기준으로 사용되는 변수에는 상대적인 통행시간, 상대적인 통행비용, 통행자의 경제적 수준, 상대적인 통행서비스 등이 있으나 교통계획과정이 매우 복잡하기 때문에 통행시간 하나만으로 수단분담을 예측하는 경우가 많다. 이 방법은 통행분포 이후에 수단분담을 하기 때문에 선택통행(choice trip)의 수단선택기준이 교통시스템의 서비스 질을 고려할 수 있어 선택통행의 수단분담을 예측하는 데 적절하다. 〔그림 16-17〕은 이 방법을 이용하여 수단분담을 한 교통계획과정을 나타낸 것이다.

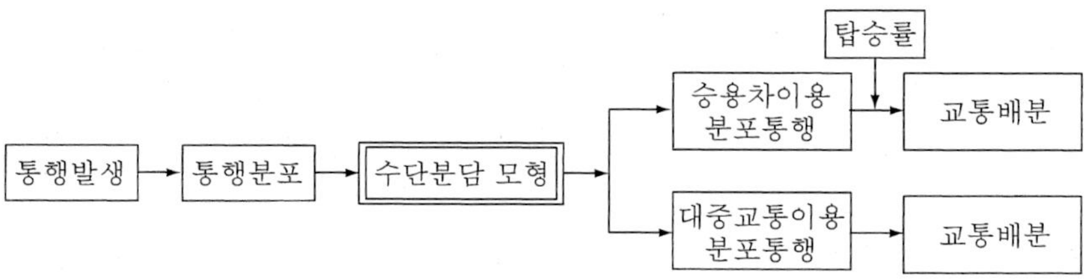

〔그림 16-17〕 통행교차 수단분담 모형

가장 간단하게 수단분담을 구하는 방법은 통행시간비(대중교통시간/승용차시간) 또는 통행시간 차이(통행수단 간)를 가지고 전환곡선(diversion curve)에서 찾는 방법이다. 〔그림 16-18〕은 이와 같은 전환곡선의 예를 보인 것이다.

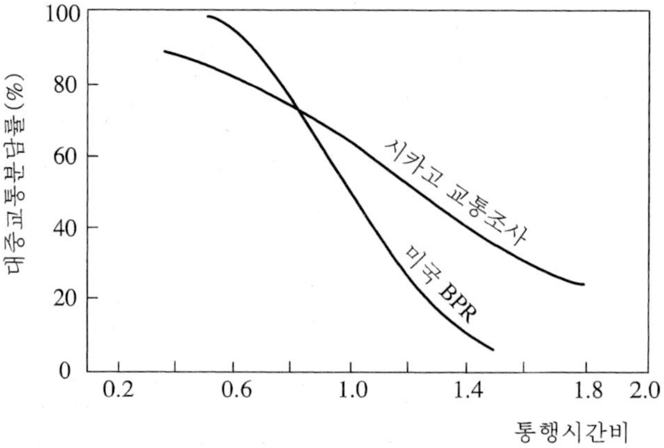

자료: 참고문헌(15)

〔그림 16-18〕 통행시간비에 따른 대중교통분담률

수단분담은 통행시간비 이외에도 많은 요인이 포함되기 때문에 모든 곡선이 다 꼭 같지는 않으나 통행시간비가 커지면 대중교통의 분담률이 감소되는 경향을 나타내기는 마찬가지이다. 수단분담을 더 정확하게 얻기 위해서는 각 통행목적별로 별도로 전환곡선을 사용하는 것이 좋다. 이와 같은 전환곡선을 이용하여 간단히 수단분담을 구한다는 것은 도로의 혼잡이나 대중교통운행의 질이 수단분담에 미치는 영향만을 나타내기 때문에 주차요금이나 도로통행료와 같은 요인이 수단분담에 미치는 영향은 나타내지 못한다. 따라서 실제 상황을 더욱 정확하게 모형화하려면 통행시간 비 대신 통행비용비를 사용하는 것이 더 좋다.

전환곡선을 사용하지 않고 수리적 모형을 사용하여 수단분담을 예측하는 방법에는 NCHRP에서 개발한 QRS 방법(Quick Response Urban Travel Estimation Techniques)이 있다. 이 방법은 다음과 같은 관계식을 사용한다.

$$MS_a = \frac{I_{ijt}^b}{I_{ija}^b + I_{ijt}^b} \times 100 \qquad (16.29a)$$

$$MS_t = 100 - MS_a \qquad (16.29b)$$

여기서 MS_a = i 존에서 j 존으로 향하는 통행량 중에서 승용차를 이용하는 비율

MS_t = i 존에서 j 존으로 향하는 통행량 중에서 대중교통을 이용하는 비율

I_{ijm} = i, j 존간에서 m 수단통행의 교통저항 = [탑승시간(분) +2.5 × 추가시간(분) + (3 × 통행비용/1분당 소득)] =총 통행비용을 등가시간(분)으로 나타낸 값

b = 통행목적에 따른 계수

탑승시간이란 차량에 승차하여 통행한 시간을 말하며, 추가시간은 대기시간, 수단에 접근하기 위해 또는 환승을 위해 걷는 시간 등 차량에 승차하지는 않고 통행을 위해 소비된 시간을 말한다. 교통저항값은 한 쌍의 존마다 구해지며, 각 수단을 이용해서 통행을 하는데 소요되는 비용의 등가시간을 나타낸다. 이때의 시간가치는 연간소득과 연간근무시간(일 년에 120,000분)을 이용해서 나타낸다. 이 방법을 사용해서 수단분담을 예측하는 데 필요한 자료는 ① 수단별 존간의 주행거리, ② 요금, ③ 승용차 운행의 실지출비용, ④ 주차요금, ⑤ 수단별 속도, ⑥ b 계수(calibration에서 얻어짐), ⑦ 연간소득, ⑧ 추가시간 등이다.

예제 16.4 교외지역의 존 1과 CBD 지역의 존 2 간의 통행에서 수단분담을 구하려고 한다. 출근목적통행 때의 관측된 자료는 다음과 같으며 이 목적통행의 b 계수는 2.0이다. 1존에서 거주하는 사람(출근자)의 연평균소득은 800만원이다.

존 1, 2 사이의 통행자료

	승 용 차(a)	버 스(t)
거 리	10 km	8 km
km당 운행비용	100원	30원
추 가 시 간	5분	8분
주 차 비 용	한 통행당 500원	–
운 행 속 도	50 kph	40 kph

풀이

$$I_{12a} = \left(\frac{10}{50} \times 60\right) + (2.5 \times 5) + \left(\frac{3 \times (500 + 100 \times 10)}{800\text{만}/12\text{만}}\right)$$

$$= 12 + 12.5 + 67.5 = 92.0 \text{ 등가분}$$

$$I_{12t} = \left(\frac{8}{40} \times 60\right) + (2.5 \times 8) + \left(\frac{3 \times 30 \times 8}{800\text{만}/12\text{만}}\right)$$

$$= 12 + 20 + 10.8 = 42.8 \text{ 등가분}$$

$$MS_a = \frac{(42.8)^2}{(92)^2 + (42.8)^2} \times 100 = 17.8\%$$

$$MS_t = 100 - 17.8 = 82.2\%$$

5 초기 수단분담 모형의 결점

지금까지 설명한 초기 수단분담 모형의 가장 큰 결점은 고정 및 선택대중교통승객을 구분하지 않고 한꺼번에 모형화한다는 것이다. 이 때문에 고정대중교통승객도 선택승객과 마찬가지로 수단분담을 하게 되고, 모형을 calibration할 때 사용되는 대중교통자료도 고정 및 선택승객에 관한 것을 모두 포함하게 된다.

또 이 모형은 존 전체를 집계한 평균통행패턴을 나타내기 때문에 존내에 거주하는 통행자의 개별적인 통행특성을 다양하게 나타내지 못한다. 이와 같은 통행자에 의한 통행패턴의 다양성을 나타내기 위해서는 통행자를 사회·경제적 수준에 따라 세분하고 이 카테고리별로 별도의 전환곡선을 작성하여 예측하는 것이 좋다.

16.6.2 2단계 수단분담 모형

초기의 수단분담 모형이 가지는 결점을 일부분 보완하기 위해서 수단분담과정 중에 고정승객과 선택승객을 분리하는 과정, 즉 고정수단분담 분석과정을 추가할 수 있다. 다시 말하면 처음에 고정수단분담 분석을 통하여 고정승객과 선택승객을 분류하고, 그 다음에 선택승객을 승용차이용자와 대중교통이용자로 분류하는 선택수단분담 분석과정을 거치는 2단계 분석과정이다. 앞에서 언급한 통행단 수단분담 모형에서 고정수단분담 분석과정을 삽입하면 다음의 〔그림 16-19〕와 같은 흐름도를 가진다. 이와 같은 경우는 어떤 통행목적(예를 들어, 쇼핑)에서 볼 수 있는 바와 같이 이용할 수단을 결정한 다음에 목적지를 정하는 통행분석에 사용하면 적합하다.

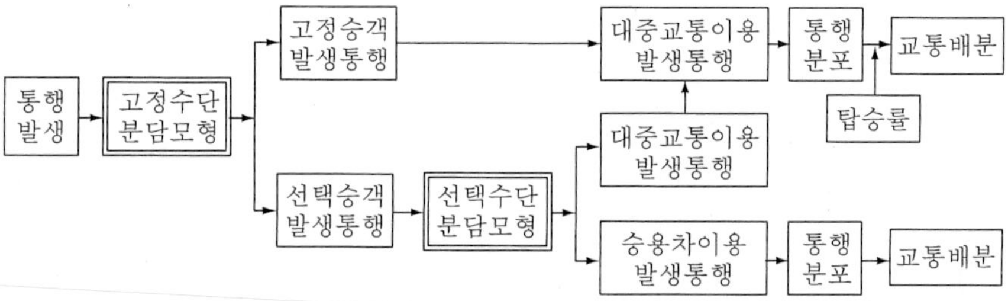

〔그림 16-19〕 2단계 통행단 수단분담 분석과정

마찬가지로 고정수단분담 분석과정을 통행교차 수단분담 모형에 적용할 수 있다. 이 경우는 고정수단 분담분석을 통행분포 이전 단계에서 행하는 경우 〔그림 16-20(가)〕와 통행분포 이후에 하는 경우 〔그림 16-20(나)〕가 있다. 이 두 가지 경우는 근본적으로 같으나 존간의 통행교차량(분포통행량) 중에서 고정 및 선택승객의 비율이 존간의 교통시스템 서비스 질에 영향을 받으면 두 번째 모형을 사용하는 것이 좋다. 이 두 가지 경우에서 고정승객과 선택승객을 분류하는 데에는 존내의 가구주의 평균소득(통행생성)과 존내 총 고용자 중 다른 존에서 유입되는 고용자의 비율(통행유인)을 사용한다. (나)에 대한 연구에는 Vandertol의 것이 있다.[26]

이와 같이 2단계 수단분담분석의 최종단계는 선택대중교통 이용통행의 통행단(또는 존간 분포통행량)을 고정승객의 통행량과 합하여 전체 대중교통 이용패턴을 구하는 것이다. 이 결과를 장차 수단분담 예측에 사용하기 위해서는 주의해야 할 점이 있다. 현황조사기간 중의 대중교통 서비스 수준이 장래 계획하는 서비스 수준보다 훨씬 낮으면 그 모형은 고정승객의 발생통행은 물론이고 선택대중교통 이용통행도 정확하게 예측할 수 없을 것이다. 왜냐하면 교통시스템의 서비스 수준이 개선되면 이 두 가지 모두가 크게 변하기 때문이다. 이와 같은 경우에는 계획되는 서비스 수준의 대중교통시스템을 가진 다른 도시의 경험을 참조하는 것이 좋다.

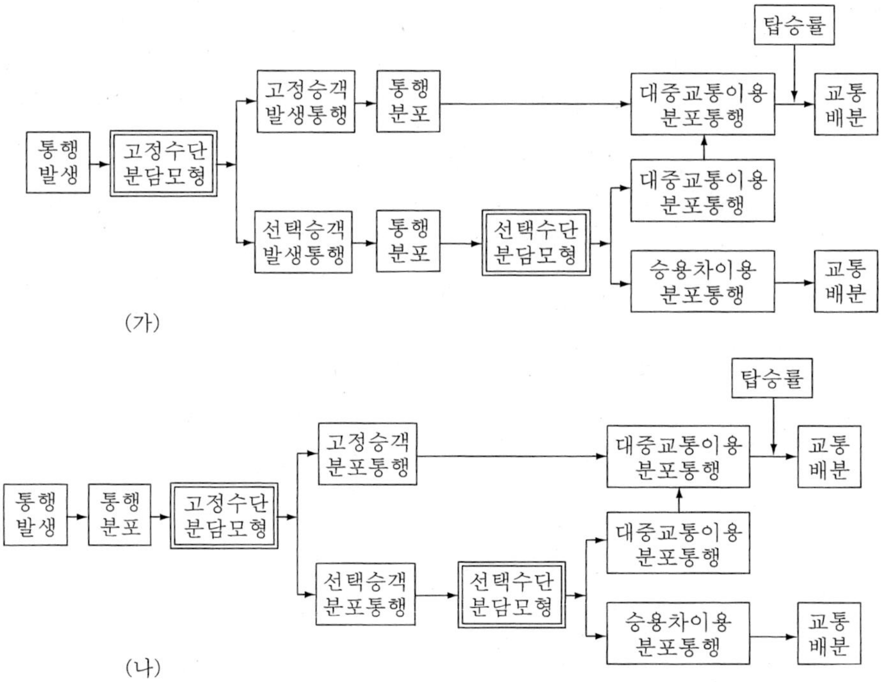

〔그림 16-20〕 2단계 통행교차 수단분담 모형

일반적으로 대중교통 이용승객 중에서 선택승객이 차지하는 비율은 도시의 규모가 클수록 커진다. 그 이유는 큰 도시일수록 효율적이며 종합적인 대중교통시스템을 가지고 있기 때문이다. 대부분의 도시에서 고정승객은 주거지와 직장의 위치선택에 큰 제약을 받는다. 따라서 대중교통서비스가 잘 되는 존에 고정승객통행단이 몰리게 된다.

16.6.3 통행행태 수단분담 모형

지금까지 설명한 모든 모형들은 통행자의 수단선택행태를 충분히 반영하지 못할 뿐만 아니라 민감하지 못하다는 점이 지적되었다. 이에 따라 존 전체를 집계한 수단분담행태를 나타내는 대신 각 개인의 수단선택행태에 기초를 둔 여러 가지 모형이 개발되었다. 이러한 모형들의 중심개념은 수단 간의 통행의 비효용 또는 일반화 통행비용(generalized travel cost)을 기준으로 하여 수단을 선택하는 것이다.

1 일반화 통행비용의 개념

통행을 하자면 여러 가지 불유쾌한 요인이 있고, 또 그 불유쾌한 정도는 통행자의 사회·경제적 특성에 따라 좌우된다는 근거에서 일반화 통행비용의 개념이 도출된다. 사회·

경제적 수준에 따라 분류된 어느 한 계층에 대한 일반화 통행비용 또는 비효용(disutility)은 식 (16.30)과 같이 정의될 수 있다. 식 (16.31)은 어떤 계층이 어느 한 수단과 다른 한 수단을 비교하여 선택할 때(이를 양자택일 수단선택(binary modal choice)이라 한다), 두 수단 간의 비효용 차이를 나타낸 것이다.

$$Z_{ij}^{m} = \sum_{n} a_n X_{ijn}^{m} + \sum_{w} b_w U_w + c \tag{16.30}$$

$$\Delta Z_{ij} = \sum_{n} a_n (X_{ijn}^{m} - X_{ijn}^{k}) + \Delta c \tag{16.31}$$

여기서 Z_{ij}^{m} : 어느 계층이 존 i에서 존 j까지 수단 m을 이용할 때의 일반화 비용

X_{ijn}^{m} : 수단 m을 이용하여 존 i에서 존 j까지 통행할 때 통행비용을 야기하는 수단 m의 n번째 특성(속도, 탑승시간, 추가시간 등)

U_w : 통행자의 특성 중 w째의 특성(연간소득 등)

a_n : 수단 m의 n번째 특성이 일반화 통행비용에 기여하는 상대적인 기여도 계수

b_w : 통행자의 w번째 특성이 일반화 통행비용에 기여하는 상대적인 기여도 계수

ΔZ_{ij} : 어느 계층이 존 i에서 존 j까지 통행할 때 두 수단 간의 일반화 통행비용의 차이

c : 통행자 특성과 수단 특성으로 나타낼 수 없는 일반화 비용(상수)

Δc : 두 수단 간 상수의 차이(대중교통과 승용차를 비교할 경우, 승용차보다 좋지 못한 대중교통의 편리성과 쾌적성을 나타내는 상대적 비효용)

Wilson은 영국의 예에서 다음과 같은 일반화 비용 관계식을 나타내었다.[18)]

$$Z_{ij}^{m} = 0.66 d_{ij}^{m} + 1.32 e_{ij}^{m} + a_3 S_{ij}^{m} \tag{16.32}$$

여기서 Z_{ij}^{m} : 앞의 정의와 같음(단위 : 펜스)

d_{ij}^{m} : 수단 m을 이용하여 존 i에서 존 j로 갈 때의 탑승시간(in-vehicle travel time, 단위; 분)

e_{ij}^{m} : 수단 m을 이용하여 존 i에서 존 j로 갈 때의 추가시간(excess travel time, 단위 : 분)

S_{ij}^{m} : 수단 m을 이용할 때 존 i에서 존 j까지 거리(km)

a_3 : 승용차일 때 1.25

철도일 때 2.00

버스일 때 1.91

Archer와 Shortreed는 Kitchener-Waterloo 지역(Canada, Ontario)의 교통연구에서 대중교통과 승용차의 일반화 비용 차이를 다음과 같이 나타내었다.[19]

$$\Delta Z_{ij} = \left\{ f - \frac{1}{a}(0.5p + cd_2) \right\} + t\left\{ (e_1 - e_2) + 60\left(\frac{d_1}{u_1} - \frac{d_2}{u_2} \right) \right\} \tag{16.33}$$

여기서 ΔZ_{ij} : 대중교통의 일반화 비용에서 승용차의 일반화 비용을 뺀 값(달러)

f : 대중교통요금

a : 승용차 평균탑승인원

p : 하루 주차요금(CBD에서 만은 0.5달러)

c : 실지출 차량비용(0.04달러/마일)

d_1, d_2 : 대중교통 및 승용차 통행거리(마일)

t : 통행시간비용(0.02달러/분)

u_1, u_2: 대중교통과 승용차의 평균통행속도(mph)

e_1, e_2 : 대중교통과 승용차의 추가통행시간(분)

앞에서도 설명한 바 있는 NCHRP에서 개발한 QRS 방법(Quick Response Urban Travel Estimation Techniques)은 일반화 통행비용 대신에 이를 시간가치로 환산하여 등가통행시간으로 나타내는 방법을 개발하였다.[20] 즉

$$I_{ij}^{m} = (\text{탑승시간}) + 2.5(\text{추가시간}) + 3(\text{통행비용})/1\text{분당 소득} \tag{16.34}$$

여기서 $I_{ij}^{m} = m$ 수단을 이용하여 존 i에서 존 j로 갈 때의 교통저항(traffic impedance, 단위 : 분)

식 (16.32)와 식 (16.34)에서 보는 바와 같이 추가시간의 가치는 탑승시간 가치보다 두 배 이상 크다는 데 유의해야 한다. 일반화 통행비용에 대한 대부분의 연구에서 통행자는 탑승시간보다 추가시간에 더 중요성을 두고 있다는 것을 나타내었다.

좀더 정확한 분석을 하기 위해서는 도시지역내에서 일어나는 두 개의 일반적인 출근통행(교외통행과 CBD 통행)에 대한 일반화 통행비용의 구성요소 각각에 대한 상대적인 중요성을 파악하는 것이 좋다. [표 16-3]은 교외지구와 CBD 지구로 향하는 출근통행의 비용을 다음과 같은 공식을 사용하여 구한 것이다. 여기서 사용한 버스요금은 150원, 주차요금은 하루당 1,000원, 승용차 통행비용은 km당 50원으로 생각했다.

〔표 16-3〕 교외 및 CBD 지구 출근통행의 일반화 비용

항 목	교 외 출 근		CBD 출 근	
	대중교통	승 용 차	대중교통	승 용 차
통 행 길 이(km)	5	5	5	5
평균통행속도(kph)	20	50	15	25
통 행 시 간(분)	15	6	20	12
추 가 시 간(분)	10	2	10	4
시 간 비 용	400	110	450	220
통 행 비 행	150	250	150	250
주 차 비 용	-	-	-	500
쾌 적 비 용	70	-	70	-
계	620	360	670	970

$$\text{대중교통비용} = 10(\text{탑승시간}) + 25(\text{추가시간}) + 5(\text{요금}) + 70 \tag{16.35}$$

$$\text{승용차비용} = 10(\text{탑승시간}) + 25(\text{추가시간}) + 0.5(\text{주차요금}) \tag{16.36}$$

대중교통비용 공식에서의 70원은 승용차에 비해 좋지 못한 대중교통의 편리성과 쾌적성을 비용으로 반영한 것이다.

교외지역 출근통행에 있어서 대중교통의 일반화 통행비용은 승용차의 그것에 비해 약 2배 정도나 된다. 따라서 선택승객은 대중교통을 이용하지 않고 승용차를 이용하려 한다. CBD 출근통행에 있어서 일반적으로 승용차의 일반화 통행비용이 대중교통의 비용보다 큰 것은 주로 주차요금 때문이다. 이 공식에서 사용되는 주차요금은 단지 출근통행에 대한 몫이므로 하루 주차요금의 절반으로 계산하고, 나머지 반은 퇴근통행 몫으로 계산한다. 따라서 CBD의 주차요금(공용주차장이든 직장주차장이든 관계없이)을 인상하면 CBD로 향하는 승용차이용 출근통행을 대중교통으로 전환시킬 수 있다. 각 수단의 일반화 통행비용을 〔표 16-3〕과 같이 나타내면 여러 가지 도시교통정책(예를 들어, 대중교통이용 유도)의 효과를 쉽게 탐색할 수 있다.

2 양자택일 확률수단 선택모형

경쟁수단 간의 일반화 통행비용을 이용하여 수단이용률을 확률로 나타내는 여러 가지 모형이 개발되었다. 이와 같이 개인의 수단선택행태를 확률수단 선택모형으로 나타내는 방법에는 판별분석, 프로빗분석, 로짓분석 방법이 있다.

(1) 판별분석(Discriminant Analysis) 방법

이 방법의 기본적인 전제는 도시지역에서의 통행자를 그들이 이용하고 있는 교통수단에 따라 두 개의 그룹으로 분류할 수 있다는 것이다. 즉, 각 수단을 이용하는 통행자들을 관

측하여 그 수단이용자가 어떤 판별식의 값에 대하여 어떻게 분포되어 있는가를 알아낸다. 이때의 판별식은 두 수단의 비효용 차이 또는 그 비의 함수로 나타낸다. 따라서 두 수단의 비효용 차이로부터 판별값이 주어졌을 때 이 두 개의 분포(대중교통이용자 및 승용차이용자의 분포)로부터 대중교통을 이용하는 통행자수(A)와 승용차를 이용하는 통행자수(B)를 구하면, 대중교통을 이용할 확률은 $A/(A+B)$가 된다.

Quarmby는 런던 중심부로 향하는 출근통행의 승용차－버스의 수단분담을 예측하기 위해서 다음과 같은 로짓 모형식을 만들었다.[21]

$$P(C \mid Z) = \frac{2.26e^{1.04(Z-0.431)}}{1+2.26e^{1.04(Z-0.431)}} \tag{16.37}$$

여기서 $P(C \mid Z)$ = 통행의 비효용 Z가 주어졌을 때 승용차를 선택할 확률

이때의 Z 값은 총 통행시간, 추가통행시간, 기타 비용 및 소득 수준에 대한 수단 간 차이를 나타내는 변수들의 판별함수이다. 예를 들어 위의 식에서 사용한 판별함수는 다음과 같다.

$$Z = 0.461 + 0.056\Delta T + 0.097\Delta E + 0.091\Delta C - 0.535I + 0.333D + 0.62U + 0.323A \tag{16.38}$$

여기서 Z : 대중교통의 승용차에 대한 상대적 비효용

ΔT : 수단 간 통행시간의 차이

ΔE : 수단 간 추가시간의 차이

ΔC : 수단 간 통행비용의 차이

I : 가구소득

D : 가구당, 승용차 한 대당 운전가능 인원수

U : 업무수행에서 승용차 필요성(0~3)

A : 직장의 승용차 보유여부(0, 1)

(2) 프로빗분석(Probit Analysis) 방법

통행자의 수단선택이 상대적 통행비용의 변화에 영향을 받게 되며, 어떤 특정수단을 선택하는 통행자의 비율은 〔그림 16-21〕에 나타난 관계를 따른다는 것을 전제로 하고 있다.

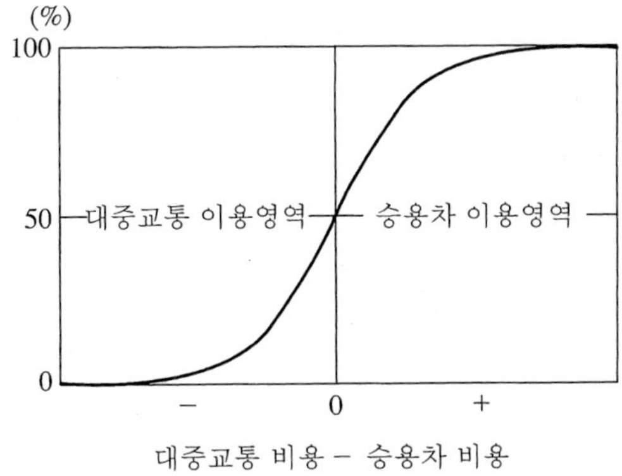

〔그림 16-21〕 프로빗형 수단분담 모형

Lave는 시카고 지역 자료(1956)에 대한 프로빗분석에 의해 버스–승용차 간의 수단선택 확률을 예측하기 위하여 다음과 같은 식을 개발하였다.[22)]

$$Y = -2.08 + 0.0076kW\Delta T + 0.0186\Delta C - 0.0254IDH + 0.0255A \qquad (16.39)$$

여기서 Y : 대중교통의 승용차에 대한 상대적 비효용 · 양의 값이 클수록 대중교통의 이용도가 높다(〔그림 16-20〕).

k : 통행자의 여가시간에 대한 한계선호도

W : 통행자의 임금률

ΔT : 수단 간 통행시간의 차이

ΔC : 수단 간 통행비용의 차이

I : 소득 수준

D : 통행거리

H : 쾌적도(0, 1)

A : 통행자의 연령

(3) 로짓분석(Logit Analysis) 방법

프로빗분석 방법은 calibration이 어려운 것이 단점이다. 따라서 확률적 수단분담방법인 로짓분석 모형이 개발되었다. Stopher가 개발한 로짓 모형은 다음과 같다.[23)]

$$P_1 = \frac{\exp\ (Z^*_{ij})}{1 + \exp\ (Z^*_{ij})} \qquad (16.40)$$

$$P_2 = 1 - P_1 \qquad (16.41)$$

여기서 P_1, P_2 : 수단 1 또는 수단 2를 선택할 확률

Z^*_{ij} : 존 i에서 존 j까지 가는 데 수단 1과 2에 대한 일반화 통행비용의 함수. 이 값은 일반화 통행비용의 차이, 일반화 통행비용의 비, 또는 일반화 통행비용비의 log값으로 정의된다.

이상에서 설명한 세 가지 모형은 모두 〔그림 16-21〕과 같은 S 모양의 관계식으로 나타낼 수 있다. Talvitie는 이 세 가지 모형을 비교하여 모두가 비슷하게 만족할 만한 결과를 나타낸다고 하였으나[24), Stopher와 Lavender는 판별분석모형이 다른 두 방법, 즉 프로빗과 로짓분석에 비해 정확하지 않다는 결론을 얻었다.[25)] 또 이들은 프로빗과 로짓분석 결과에서 큰 차이를 발견할 수는 없으나 프로빗 방법이 calibration하는 데 어려움이 많아 로짓분석 방법을 사용하는 것이 좋다고 결론을 지었다.

16.7 교통배분의 예측

교통예측과정의 마지막 단계는 지금까지 목적별로 구해진 존간의 분포교통량을 전체 목적에 대하여 합하고 이를 그 지역 내의 도로망에 배분하여 각 도로구간의 승용차와 버스 대수를 구하는 과정이다. 이 과정은 다음과 같은 세 가지 목적을 위하여 행해진다.

① 현재의 교통망에 현재의 분포교통량을 배분하고 그 결과를 현재 도로망상의 교통량과 비교하여 교통배분방법의 정확성을 검토하거나 calibration한다.
② 현재 및 내정된 교통망에 장래의 분포교통량을 배분하여 장래의 교통망 결함을 판단하고 개선을 위한 틀을 마련한다.
③ 장래의 계획교통망에 장래의 분포교통량을 배분하여 장래교통망계획을 평가한다.

배분과정은 승용차이용통행과 대중교통이용통행을 구분하고, 승용차통행은 일반적으로 존간의 교차통행량을 평균승차인원수와 같은 어떤 기준을 적용하여 차량교통량으로 환산한 다음 이것을 각 노선에 배분하고, 대중교통 통행량은 그대로 대중교통노선에 배분한다. 엄밀히 말하면 승용차교통량으로 환산하여 배분하는 것을 교통배분(traffic assignment)이라 하고, 통행량을 그대로 배분하는 것을 통행배분(trip assignment)이라 하며, 이 둘을 두루 일컬을 때에는 노선배분(route assignment)이라는 용어를 사용하기도 한다.

큰 도시에서 대규모 교통조사가 아니고는 승용차교통만을 위주로 교통배분을 하는 경향이 있다. 그 이유는 대중교통의 노선은 일정하게 정해져 있으며, 또 대중교통노선에 승용차교통을 배분하더라도 통행시간에 실질적인 영향을 주지 않기 때문이다.

각 교통망(승용차이용도로 및 대중교통노선망)을 각 링크의 특성, 즉 길이, 통행속도, 비용 및 용량으로 나타내는 것이 이 과정의 핵심이다. 교통배분의 근거가 되는 것이 통행시간이므로 도로망링크에서의 통행시간은 부가되는 배분교통을 변화시킬 것이다. 뿐만 아니라 통행시간이 통행분포과정에서도 사용되었기 때문에, 그 시간과 수단분담 및 교통배분에 사용된 통행시간을 일치시키기 위해서는 이 세 과정을 반복적으로 수행할 필요가 있다.

도로링크상의 교통량에 따른 속도의 변화는 각 도로종류별로 속도-교통량 관계로부터 얻을 수 있다. 통행속도변화는 앞에서도 간단히 언급한 바와 같이 ① 교통배분의 근거가 통행속도이므로 교통배분에 영향을 주며, ② 통행분포에서 중력모형은 통행시간을 기초로 하기 때문에 통행시간이 변하면 통행분포가 달라지고, ③ 통행시간을 비교하여 수단선택이 이루어지므로 통행시간은 수단분담에도 영향을 준다.

속도-교통량 관계에 관련되는 문제점은 같은 종류의 도로라 하더라도 도로에 따라 이 관계가 크게 달라진다는 것이다. 또 대부분의 교통연구는 24시간 교통량을 단위로 하고 있어 교통량의 시간별 변동과 방향별 분포를 알아야 하는 문제점이 있다.

1950년대에 들어와서 주요 도시교통조사가 시작되면서 경험과 판단에 따라 수작업으로 교통배분을 하는 방식을 탈피할 필요성이 커졌다. 1950년대 말 컴퓨터의 발달과 함께 E.F. Moore는 이를 이용하여 전체교통망에서 최단경로(minimum path)를 찾아내는 알고리즘을 개발하였다. 이 알고리즘은 도시지역내의 두 점 간에 최소시간, 최소거리 또는 최소비용을 나타내는 노선을 찾아내는 데 매우 적합하여 신속하게 교통배분 분야에 응용되었다. 이러한 컴퓨터프로그램은 계속 발전하여 교통을 고속도로와 일반 시가지도로로 배분하는 것도 가능해졌으며(전환곡선 사용), 또 교통시스템상의 혼잡을 고려할 수 있는 프로그램(용량제약모형)도 개발되었다.

교통배분에 있어서 맨 처음에 교통이 배분되는 교통망을 결절점(교차로)과 링크(도로구간)로 나타낼 필요가 있다. 교통망에 포함되는 도로는 신호화되었거나 혹은 많은 교통이 이용하는 모든 도로를 말한다. 존의 중심점(centroid)은 존에서 생성 혹은 유인되는 모든 통행이 이 점에서 생성되고 이 점으로 유인된다고 가정한 부하결절점(loading node)으로서, 이것은 결절점 위에 있거나 혹은 가링크(dummy link)로 가까이 있는 결절점에 연결된다.

16.7.1 교통배분 예측모형

교통을 배분하는 방법에는 다음과 같은 네 가지가 있다.

- 전량배분법(All-or-Nothing assignment)
- 전환곡선법(Diversion curve)
- 용량제약법(Capacity restrained assignment)
- 다경로비례법(Multipath proportional assignment)

1 전량배분법

이 방법은 승용차운전자나 대중교통이용자가 출발지에서부터 목적지까지 가기 위해서는 언제나 최소통행시간을 가지는 노선을 선택한다는 가정에서 출발하였다. 그러기 위해서는 어떤 존 중심점에서 다른 모든 존 중심점으로 가는 최단경로를 선정해야 하며, 이를 수형도(tree)로 나타낸 것을 발췌수형도(skim tree)라 한다. 따라서 모든 존은 각기 하나의 발췌수형도를 가진다.

그런 다음 두 존간의 O-D 통행량을 이 경로에 모두 배분시킨다. 다시 말하면 어느 한 경로에 전체교통량을 배분하고 나머지 경로에는 하나도 배분하지 않는 것이다. 이 방법은 통행의 희망경로에 따른 이론적 통행수요를 파악하고, 도로망계획을 구상하는 데 필요한 정보를 얻을 수 있으나 어떤 링크에 용량보다 많은 교통량이 배분될 수도 있고, 또 설사 용량보다 적다하더라도 속도－교통량 관계에 의해 교통량이 많아지면 통행시간이 길어지지만 이 방법에서는 변화되는 통행시간을 고려할 수가 없다. 또 비슷한 통행시간을 나타내는 간선도로나 고속도로(또는 고속화도로)구간을 포함하는 노선이 있을 때 운전자가 선호하는 노선이 있을 수 있으나 이 방법에서는 이를 고려하지 못한다. 그러나 이러한 요인들은 다음에 설명되는 전환곡선과 용량제약법에서 고려된다.

전량배분법은 매우 간단하다. 두 존 중심점 간의 최단경로에 분포교통량을 전부 배분한다. 부하된 교통량은 각 링크에 누적되고, 모든 분포교통량을 링크에 부하시켜 누적한 것이 링크의 총교통량이다. 다음은 전량배분법을 문제풀이로 예시한 것이다.

예제 16.5 다음 표에 나타난 O-D 교통량을 네 개의 존으로 이루어진 그림과 같은 도로망에 배분하여라. 그림의 링크상에 표시된 숫자는 그 링크의 통행시간을 분으로 나타낸 것이다.

분포 O-D 교통량(대/일)

O \ D	1	2	3	4
1	-	1000	5000	3000
2	4000	-	3000	4000
3	5000	6000	-	1000
4	2000	1000	3000	-

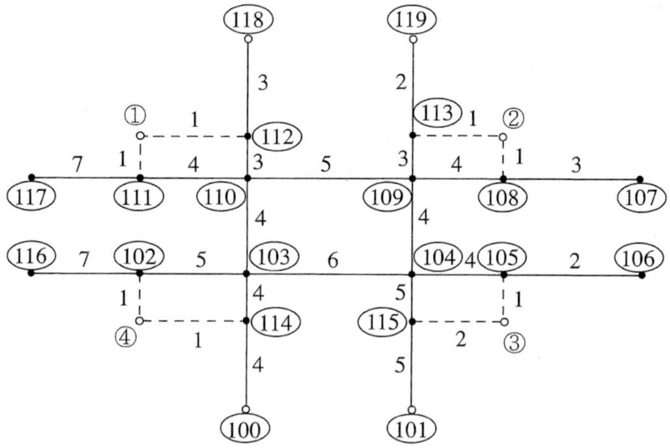

풀이 1) 발췌수형도 작성

출발지존 ①

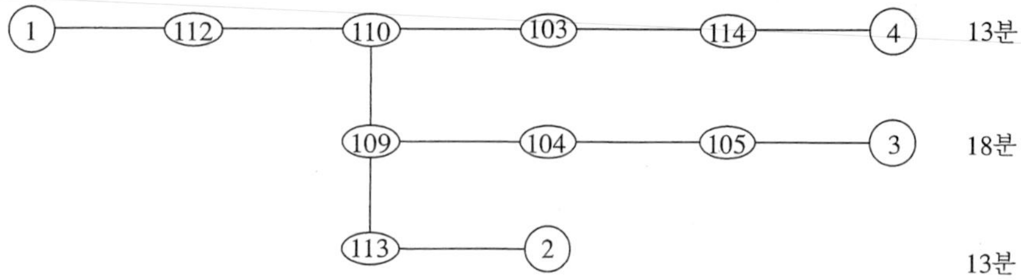

출발지존 ②

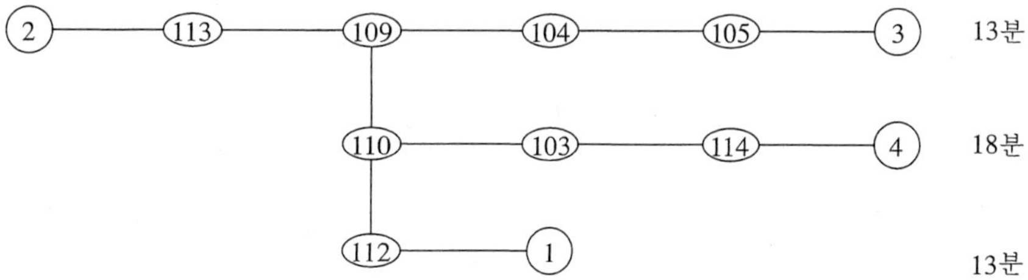

출발지존 ③

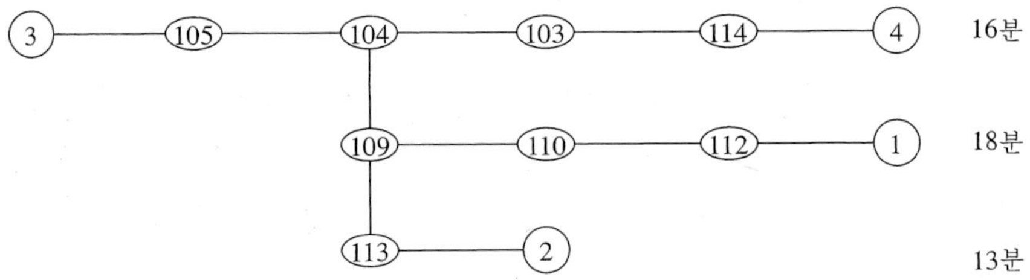

출발지존 ④

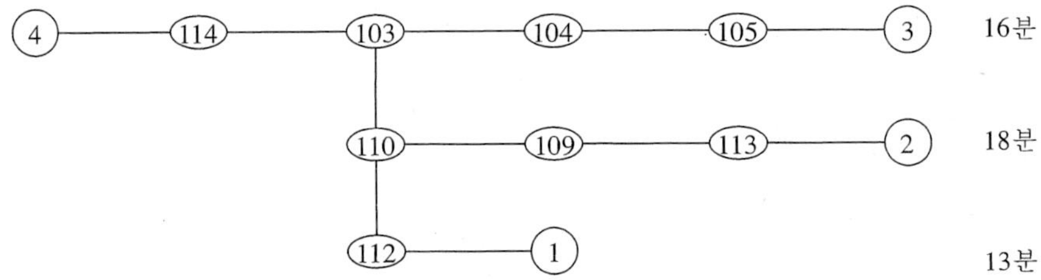

2) 분포교통량 배분

링크 / O-D	1~112	112~110	110~109	109~113	113~2	109~104	104~105	105~3	110~103	103~114	114~4	103~104
1~2	1000	1000	1000	1000	1000							
1~3	5000	5000	5000			5000	5000	5000				
1~4	3000	3000							3000	3000	3000	
2~1	4000	4000	4000	4000	4000							
2~3				3000	3000	3000	3000	3000				
2~4			4000	4000	4000				4000	4000	4000	
3~1	5000	5000	5000			5000	5000	5000				
3~2				6000	6000	6000	6000	6000				
3~4							1000	1000		1000	1000	1000
4~1	2000	2000							2000	2000	2000	
4~2			1000	1000	1000				1000	1000	1000	
4~3							3000	3000		3000	3000	3000
계	20000	20000	20000	19000	19000	19000	23000	23000	10000	14000	14000	4000

3) 도로망배분 링크교통량

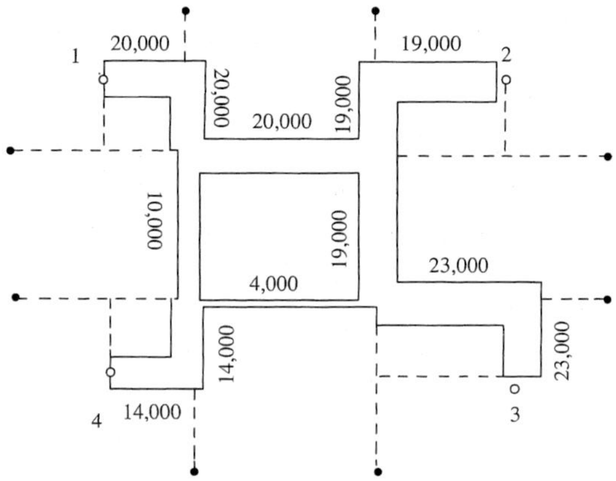

2 전환곡선

원래 전환곡선은 새로 건설되는 하나의 도로 또는 교통시설에 유인되는 교통량을 예측하는 데 사용되었다. 신규시설의 이용여부는 그 시설이 있을 경우와 없을 경우의 통행비용의 비 또는 그 차이를 이용해서 결정한다. 전환곡선이 교통배분에 사용될 때에도 마찬가지이다.

교통모형에서 전환이란 분포교통량을 두 개의 노선에 어떤 기준에 따라 정해진 비율로 배분하는 것을 말한다. 그 기준으로는 통상 통행시간이 사용되나 경우에 따라서는 통행거리나 일반화 비용이 사용되기도 한다. 일반적으로 두 개의 노선 중에서 하나는 가장 빠른 일반간선도로를 말하며, 이와 경쟁하는 다른 노선은 일부 또는 전부가 고속도로(또는 고속화도로)구간으로 구성된 가장 빠른 노선을 말한다. 경험에 의하면 시간이나 거리가 좀 길더라도 혼잡이 덜한 고속도로를 이용하려는 사람이 있는 반면에, 노인이나 초보운전자들은 고속도로가 시간과 거리를 단축함에도 불구하고 일반간선도로를 이용하려는 경향을 보인다.

1960년대에 가장 널리 사용된 전환곡선은 미국의 BPR(Bureau of Public Roads)에서 사용한 것으로서,[30)] 가장 빠른 간선 및 고속도로 결합노선의 통행시간과 가장 빠른 일반간선도로만의 통행시간비를 사용하여 〔그림 16-22〕에서부터 교통배분율을 구한다. 이와 같은 S형의 전환곡선은 속도 또는 거리비와 고속도로이용률의 관계를 나타낸 Detroit 교통조사의 결과와 유사하다.[27)]

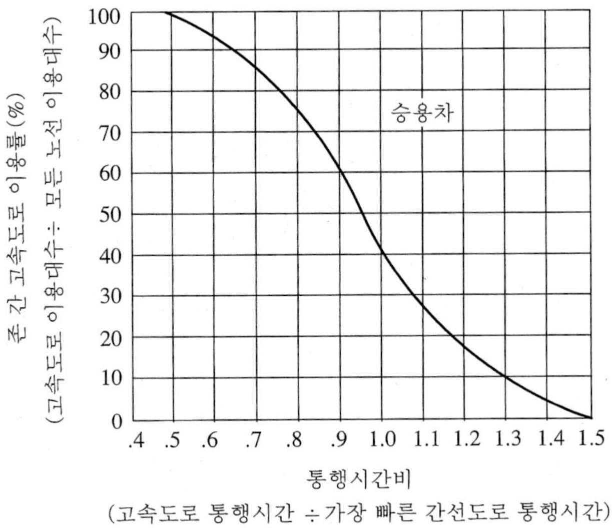

〔그림 16-22〕 FHWA 전환곡선

전환곡선을 이용하여 노선 간에 교통을 배분하는 것은 전량배분법보다 더 현실적이다. 이 방법의 큰 단점은 이 곡선을 컴퓨터용 데이터베이스로 만들어 사용해야 하기 때문에 컴퓨터비용이 증가하고, 간혹 비합리적인 결과를 나타내는 경우가 있다는 것이다. 이 방법은 근래에는 잘 사용되지 않지만 교통축의 연구에서는 매우 유용하게 쓰인다. 전환곡선의 다른 예로서 Compbell[28]이 개발한 것과 미국 캘리포니아 주에서 사용한 곡선[29]을 〔그림 16-23〕과 〔그림 16-24〕에 나타내었다.

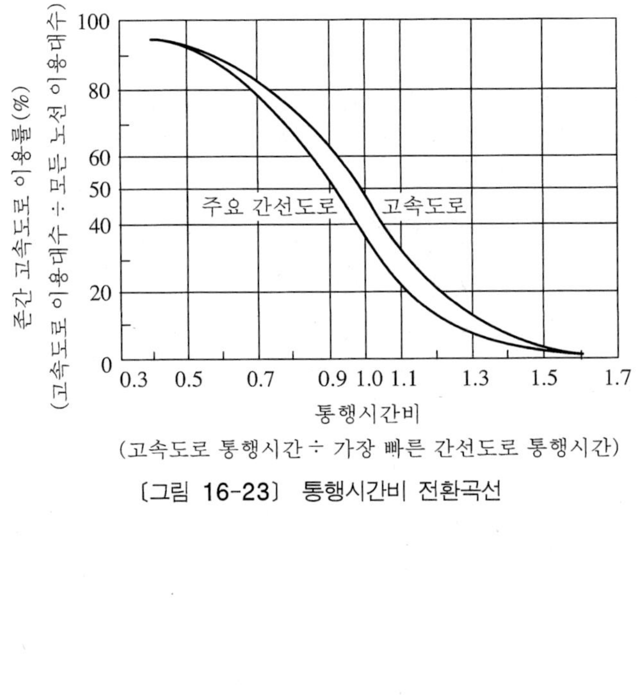

〔그림 16-23〕 통행시간비 전환곡선

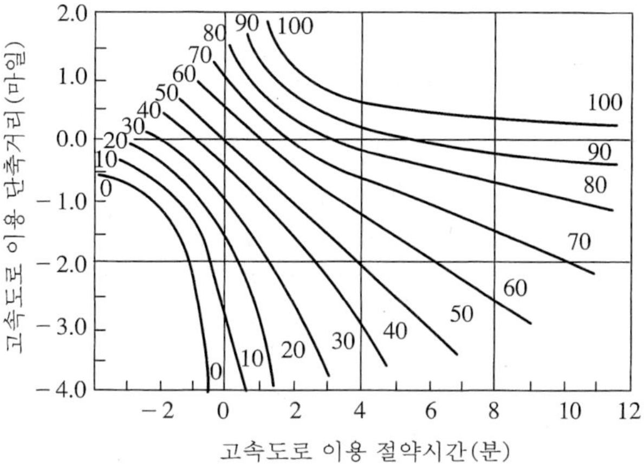

〔그림 16-24〕 시간 및 거리단축 전환곡선(캘리포니아)

3 용량제약법

전량배분법은 결과적으로 최단경로에는 통행량 전량이 배분되고 그 외의 링크에는 통행량이 배분되지 않는다. 따라서 최단경로에는 과부하가 일어날 수 있어 현실과 잘 맞지 않는다. 실제로는 도로망을 이용하는 교통이 그 경로의 용량을 초과할 수가 없고, 또 교통량이 커지면 통행시간이 길어지므로 이 두 가지 요인을 고려하지 않는 전량배분법은 문제가 있다.

용량제약법은 교통량이 증가할 때 통행속도는 감소한다는 사실에 기초를 두고 있다. v/c비가 매우 적을 때 교통은 거의 자유속도로 통행할 수 있다. 교통량이 증가하여 v/c비가 커지면 운전자의 운행자유도가 제약을 받아 속도가 줄어든다(〔그림 16-25〕). 이와 같은 교통량과 통행속도(즉, 통행시간)와의 관계를 이용하여 출발지와 목적지 사이의 여러 노선의 인지통행비용(perceived travel cost)이 평형을 이룰 때까지 배분을 계속 반복 조정하는 것이 용량제약법이다.

용량제약법의 대표적인 것에는 BPR 모형이 있다. 이 모형은 처음에 최단경로에 교통량을 전량 배분한 다음, 교통량−속도 관계를 이용하여 속도(통행시간)를 보정한다. 이 속도를 이용하여 다시 최단경로를 구하여 배분을 보정하되 그 변화가 무시될 정도로 적을 때까지, 즉 각 링크의 인지통행비용이 균형을 이룰 때까지 반복한다. 이 방법에서 사용된 용량제약함수는 다음과 같다.

$$T = T_0[1 + 0.15(v/c)^4] \tag{16.42}$$

여기서 T : 균형통행시간

T_0 : 자유류 통행시간

v : 배분 교통량

c : 용량

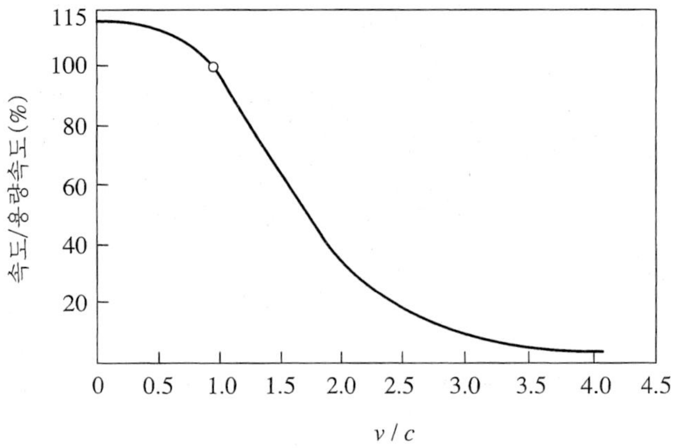

〔그림 16-25〕 v/c비와 상대속도

이 관계를 그림으로 나타내면 〔그림 16-25〕와 같다.

4 다경로배분법

도시지역의 기종점 존간에는 선택 가능한 여러 개의 노선이 있으며, 사실상 교통은 이 모든 노선에 분포된다. 이것은 통행자가 최소비용노선을 정확히 판단할 수 없을 뿐만 아니라 같은 조건이라 하더라도 사람에 따라 다른 판단을 내릴 수가 있기 때문이다. 다경로배분법은 이러한 경우를 시뮬레이션하여 두 존간의 통행을 두 존간의 여러 경로에 배분하고자 하는 것이다.

Burrello[31]는 통행자가 링크를 이용하는 데 드는 실제비용은 정확히 모르지만 대략적으로 인지한다는 가정하에서 어떤 모형을 나타내었다. 이 링크별 추정비용은 어떤 평균값과 표준편차를 가지는 링크비용 확률분포로부터 무작위로 결정된다(randomly generated). 이때 이 분포는 실제비용을 평균값으로 하고 통행자가 인지하는 링크비용의 범위 내에서 확률적으로 분포된다.

어느 한 통행자에 대한 각 링크의 인지비용이 결정되면 그 사람의 최단경로가 결정되고 그 통행자는 그 경로만을 통행한다. 이 과정을 그 존간의 모든 통행자에 대하여 반복하여 각 링크 또는 경로의 통행량을 누적하면, 그 존간의 다경로배분이 이루어진다. 그러나 존간의 분포교통량을 각 통행자 개인별로 하나하나 배분하는 데는 엄청난 컴퓨터시간이 소요된다. 따라서 존간의 분포교통량의 일부분이 각 링크의 비용을 동일하게 인지한다고 가정하고 이들의 최단경로를 구하여 전량배분 또는 용량제약법으로 배분하고, 남은 분포교통량도 같은 방법으로 분할하여 이 과정을 따라 배분하고 누적시킨다.

다경로배분법에는 Dial[32]이 제시한 모형도 있다. 이 방법은 두 존간의 여러 경로가 사용될 확률이 정해지고 이에 따라 각 경로를 이용하는 교통량이 추정된다.

16.7.2 대중교통 배분

대중교통 배분은 승용차교통의 배분과는 근본적으로 다르다. 대중교통시스템은 규칙적인 배차시간과 정해진 노선을 운행하는 고정서비스시스템으로 구성되어 있으므로, 한 링크상에서도 여러 개의 운행노선을 고려해야 하고, 탑승통행시간(in-vehicle travel time)은 물론이고 이용자의 보행시간, 대기시간 및 환승에 필요한 시간도 고려해야 한다. 대중교통의 배분과정은 승용차교통의 배분보다 더 복잡하기 때문에 전량배분법으로 배분한다.

대중교통배분을 위한 대표적인 모형에는 미국의 UTPS(UMTA Transportation Planning System)[33]가 있으며, 이 모형은 링크의 시간과 거리뿐만 아니라 여러 개의 대중교통수단과 각 수단별 여러 개의 노선을 함께 처리할 수 있는 프로그램을 가지고 있다.

16.7.3 배분교통량의 예측결과 제시

배분교통량의 예측결과는 각 링크의 교통량, 각 노드의 방향별 교통량, 링크별 통행소요시간 및 통행속도, 링크별 주행 대・시간, 대・km(또는 인・시간, 인・km), 총통행 대・시간, 대・km(또는 인・시간, 인・km), 통행료수입 등으로 나타난다. 이들은 모두 교통망의 평가자료가 되기 때문에 알기 쉬운 형태로 제시되어야 한다. 예를 들면 링크교통량은 〔그림 5-1〕과 같은 교통량도로 나타내면 좋다.

16.8 화물유동량의 예측

완전한 종합교통계획을 수립하기 위해서는 개인통행(person trip)조사와 병행하여 화물의 유동을 파악해야 한다. 그러나 도시내의 화물유동은 개인통행에 비해 매우 복잡하기 때문에 아직 만족할 만한 조사방법이 개발되어 있지 않다. 따라서 여기서는 개인통행의 예측방법과 비교하여 화물유동조사가 가지는 몇 가지 특징에 대해서 간단히 언급하고자 한다.

화물유동 수요예측과정에는 크게 다음과 같은 두 가지가 있다.

① 개인통행과 유사한 예측방법

개인통행에 대한 발생(생성, 유인), 분포 및 수단분담과정을 화물유동에 적용시키는 것이다. 단지 화물유동량을 화물차교통량(트럭 통행수)으로 환산하기 위해서는 개인통행량을 평균승차인원수를 적용하여 자동차교통량으로 환산하는 데 비해 더 복잡한 과정을 필요로 한다. 따라서 화물유동의 수요예측과정은 발생, 분포, 수단분담, 화물차교통량환산, 배분

등 5단계를 거치게 된다. 화물유동 예측모형은 일본에서 많이 개발되어 있으며, 참고로 일본 동경시의 화물유통 예측과정을 요약하면 〔그림 16-26〕과 같다.

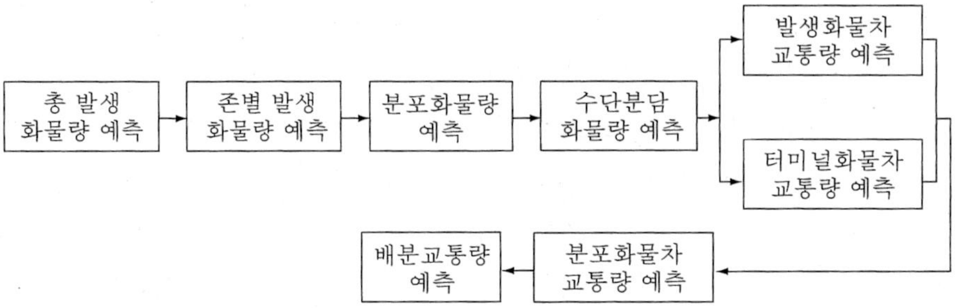

〔그림 16-26〕 화물유동 수요예측과정(일본 동경)

2 계량경제모형을 이용하는 방법

지역간 화물유동을 지역의 생산, 소비와 수송비용의 관계로 설명하는 경제모형으로 분포화물량을 예측하고, 수단분담과 수송비용을 feedback시키면서 수단분담을 예측한다. 화물차교통량환산과 도로망배분은 앞의 방법과 같은 방법으로 한다.

이 두 방법에서 사용되는 대부분의 과정은 화물차교통량환산모형을 제외하고는 개인통행에 대한 예측모형을 그대로 사용한다. 화물차교통량환산모형(traffic reduction model)에는 화물발생량으로부터 화물차발생교통량을 구하는 방법과 분포화물량으로부터 화물차교통량을 구하는 두 가지 방법이 있으나 이 방법론 역시 아직 개발초기단계에 있다. 참고로 일본 나가사키 도시권에서 사용한 화물차교통량환산모형을 〔그림 16-27〕에 나타내었다. 이 모형은 화물발생량으로부터 화물차교통량을 구하는 모형이다.

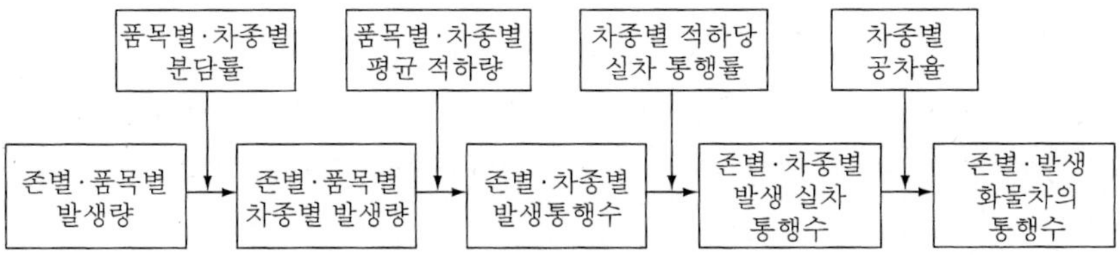

〔그림 16-27〕 화물차교통량환산모형(일본 나가사키)

16.9 교통수단별 수요예측

지금까지는 도시교통계획을 위한 교통수요 예측방법을 설명하였다. 이 절에서는 지역 또는 전국교통계획에서 사용되는 교통수단별 수요예측의 거시적 분석과 고속도로, 철도, 해운, 항공 등 교통수단별 수요예측에 대해서 설명한다. 이것에 대한 내용은 제14장의 전국 및 지역교통계획에서도 언급한 바 있다.

16.9.1 교통수요 예측의 거시적 분석

전국 또는 지역종합교통계획이라고 해서 특별한 예측방법이 있는 것이 아니고, 다만 대상지역이 넓으면 종합적인 예측에 필요한 차량 O-D 조사 및 개인통행조사를 실시할 수 없으므로 국부적인 여러 가지 방법을 고안해서 사용하고 있다.

전국 또는 지역교통수요를 총량적으로 예측하기 위한 모형은 주로 회귀분석법을 사용한다. 교통수요는 경제발전과 더불어 증가하므로 이 회귀모형식에 사용되는 변수는 국민총소득, 국민총생산, 1인당 국민소득, 1인당 소비지출, 광공업생산지수 등과 같은 경제지표이다.

다음은 일본의 경제사회발전계획(1967년)에서 사용한 교통수요 예측모형이다.

❶ 화물운송

수송수단	톤 수		(100만톤)
	국내화물 수송량의 회귀모형식	자료기간	1971년도 예측치
총화물량	$N = 14.771\,\Theta + 105.99$	1955~1965년도	4,738
국철	$N_1 = 0.3475\,\Theta + 151.16$	1955~1965년도	248
민간철도	$N_2 = 0.1433\,\Theta + 26.99$	1955~1965년도	72
트럭	$N_3 = 13.223\,\Theta - 108.07$	1955~1965년도	4,041
내륙해운	$N_4 = 1.043\,\Theta + 36.78$	1955~1965년도	364
	톤·km		(억톤·km)
총화물량	$NT = 8.398\,\Theta + 513.38$	1955~1965년도	3,147
국철	$NT_1 = 1.2137\,\Theta + 391.42$	1955~1965년도	732
민간철도	$NT_2 = 0.02435\,\Theta + 5.98$	1955~1965년도	14
트럭	$NT_3 = 3.178\,\Theta - 84.05$	1955~1965년도	913
내륙해운	$NT_4 = 3.9806\,\Theta + 200.26$	1955~1965년도	1,449

주 : Θ는 광공업생산지수(1960년=100)

2 여객수송

수송수단	여객인수 (100만명)		
	국내여객 수송량의 회귀모형식	자료기간	1971년도 예측치
총여객수	$\log N = -0.69822+0.93408\ \log C$	1955～1965년도	44,910
국철정기	$N_1 = 0.1909(L_w+S_t)-1774.0$	1959～1965년도	5,780
국철일반	$N_2 = 0.06908C+1098.6$	1955～1965년도	2,488
민철정기	$N_3 = 0.2032(L_w+S_t)-1252.0$	1959～1965년도	6,789
민철일반	$N_4 = 0.09999C+2186.5$	1955～1965년도	4,199
버스	$N_5 = 0.8989C+1457.9$	1959～1965년도	16,632
승용차	$N_6 = 0.2957PC-893.1$	1955～1965년도	9,062
항공기	$N_7 = 0.00084C-5.9$	1959～1966년도	11
여객선	$N_8 = 0.00398C+66.2$	1959～1965년도	146
	여객인·km (억인·km)		
총여객수	$\log NT = -0.59598+1.00876\ \log C$	1955～1965년도	5,678
국철정기	$NT_1 = 0.03089(L_w+S_t)-258.3$	1959～1965년도	964
국철일반	$NT_2 = 0.06225C+114.3$	1955～1965년도	1,367
민철정기	$NT_3 = 0.002332(L_w+S_t)-249.9$	1959～1965년도	673
민철일반	$NT_4 = 0.01119C+133.8$	1955～1965년도	369
버스	$NT_5 = 0.07773C-244.7$	1959～1965년도	1,322
승용차	$NT_6 = 0.02921PC-128.9$	1955～1965년도	854
항공기	$NT_7 = 0.004794C-33.8$	1959～1965년도	63
여객선	$NT_8 = 0.001127C+16.6$	1959～1965년도	39

주 : C＝실질개인소비지출(10억엔) L_w＝이용자수(1,000명)
S_t＝고등학교 이상 학생수(1,000명) PC＝명목개인소비지출(10억엔)

3 자동차 보유대수

(단위 : 대)

차종	자동차대수 회귀모형식	자료기간	1971년도 예측치
총대수	$N = -3428.7+317.833PV$	1961～1965년도	16,100
보통트럭	$N_1 = 50098.7+1917.61R$	1955～1965년도	652
특수차	$N_2 = -12.742+5.193PV$	1955～1965년도	306
소형트럭	$N_3 = -968.232+150.067PV$	1955～1965년도	8,244
버스	$N_4 = 2533.06+3.1027PV$	1961～1965년도	193
승용차	$\log N_5 = -7.186+3.261\ \log C$	1955～1965년도	7,031

주 : PV＝명목국민총생산(10억엔)
C＝실질개인소비지출(10억엔)
R＝광공업생산지수(1960년 = 100)

16.9.2 고속도로의 교통수요 예측

고속도로의 교통량 예측과정은 다음과 같다.

① 고속도로건설계획의 대상지역에 대하여 한 인터체인지당 1~2존의 크기로 지역을 분할한다.

② 전국센서스 조사 또는 기존의 O-D 조사자료를 수집한다.

③ 존별 장래의 통행발생량을 구한다. 이 발생량에는 자연증가통행량, 존의 개발에 의한 개발통행량, 고속도로신설에 의해 생기는 유발통행량이 포함된다. 자연증가분의 예측 방법에는 시계열분석, 회귀분석 등을 통하여 다른 경제지표와의 상관관계 또는 교통량 자체의 성장률로부터 계산하는 방법이 있다. 개발통행량과 유발통행량은 자연증가분 계산에 포함되는 경우도 있으나 별도로 계산하기도 한다. 개발 및 유발교통은 그 개념을 이해하기는 쉬우나 이를 실제로 계량화하기는 매우 어렵다. 개발통행량은 예를 들어 대상지역에 유치되는 공업입지의 영향에 의해서 발생되는 것이며, 유발통행량은 고속도로건설의 영향에 의해서 발생하는 통행량으로서 이들은 이들 존의 현재 및 장래 토지이용 및 사회·경제변화를 예측할 수 있어야 한다.

④ 장래 존간의 통행량을 구한다. 장래 통행발생량과 현재의 O-D 통행표를 이용하여 장래의 O-D 통행표를 작성한다. 여기서 사용되는 모형은 성장률법, 중력모형 등이다.

⑤ 전환교통량을 구한다. 통행량을 평균승차인원수를 이용하여 승용차교통량을 구하고, 이 가운데서 고속도로를 이용하는 교통량을 구한다. 존간에 2개 이상의 노선을 선정하고 이들 노선에 배분율을 구한다. 노선배분율은 통행시간, 통행비용, 유료도로요금, 쾌적성, 안전성 등을 고려하여 앞에서 설명한 교통배분의 전환곡선법을 사용한다.

⑥ 인터체인지 상호간의 교통량을 구한다. 고속도로에 배분된 교통량은 인터체인지 간의 O-D표로 정리된다. 예를 들어 〔그림 16-28〕과 같은 고속도로계획지역에서 대상지역을 5개 존으로 나누고 존간 교통량(왕복교통량)이 이용하는 인터체인지 번호가 〔표 16-4〕와 같다고 한다.

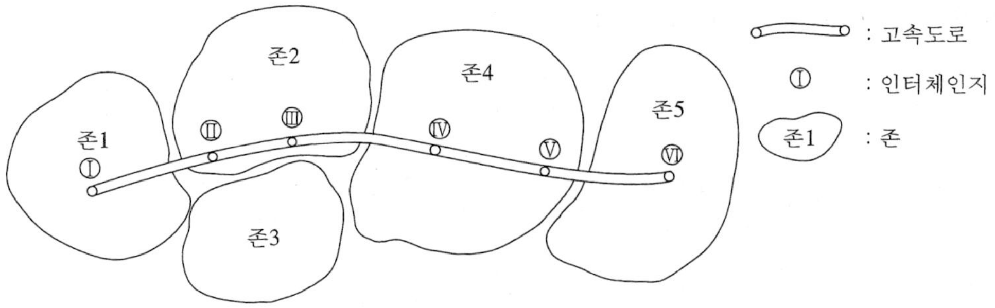

〔그림 16-28〕 고속도로체인지와 존 분할

〔표 16-4〕 존간 교통과 사용인터체인지

존간 교통량	사용인터체인지	
T_{12}	Ⅰ	Ⅱ
T_{13}	Ⅰ	Ⅲ
T_{14}	Ⅰ	Ⅳ
T_{15}	Ⅰ	Ⅵ
T_{23}	Ⅱ	Ⅲ
T_{24}	Ⅲ	Ⅳ
T_{25}	Ⅲ	Ⅵ
T_{34}	Ⅲ	Ⅴ
T_{35}	Ⅲ	Ⅵ
T_{45}	Ⅴ	Ⅵ

따라서 인터체인지 Ⅰ과 Ⅱ 간의 교통량은 $T_{12}+T_{13}+T_{14}+T_{15}$이다. 같은 방법으로 인터체인지 간 교통량을 구하면 〔표 16-5〕와 같다.

〔표 16-5〕 고속도로 구간교통량

인터체인지	인터체인지 간 교통량
Ⅰ ↔ Ⅱ	$T_{12}+T_{13}+T_{14}+T_{15}$
Ⅱ ↔ Ⅲ	$T_{13}+T_{14}+T_{15}+T_{23}$
Ⅲ ↔ Ⅳ	$T_{14}+T_{15}+T_{24}+T_{34}+T_{25}+T_{35}$
Ⅳ ↔ Ⅴ	$T_{15}+T_{34}+T_{25}+T_{35}$
Ⅴ ↔ Ⅵ	$T_{15}+T_{25}+T_{35}+T_{45}$

⑦ 교통량도 작성. 인터체인지 간 교통량표를 이용하여 〔그림 16-29〕와 같은 인터체인지에서의 교통량도를 작성한다. 이 그림에서는 출입교통량의 방향별 교통량이 명확하게 나타나지 않으므로 이를 방향별로 구분하여(즉, T_{12}를 t_{1-2}와 t_{2-1}로 나누어) 대상 인터체인지의 모양에 맞추어 〔그림 16-30〕과 같은 교통류도를 작성한다.

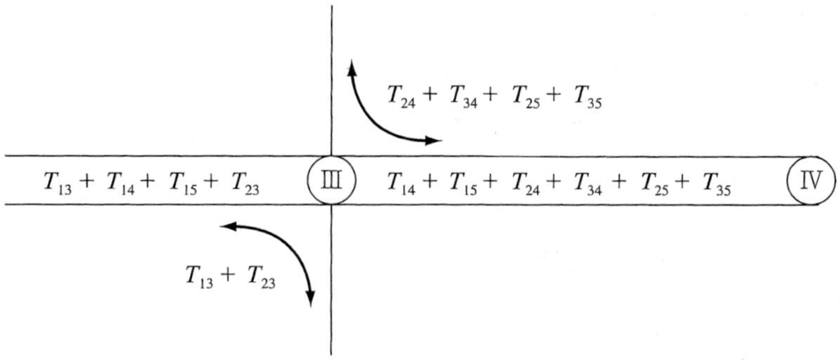

〔그림 16-29〕 교통량도

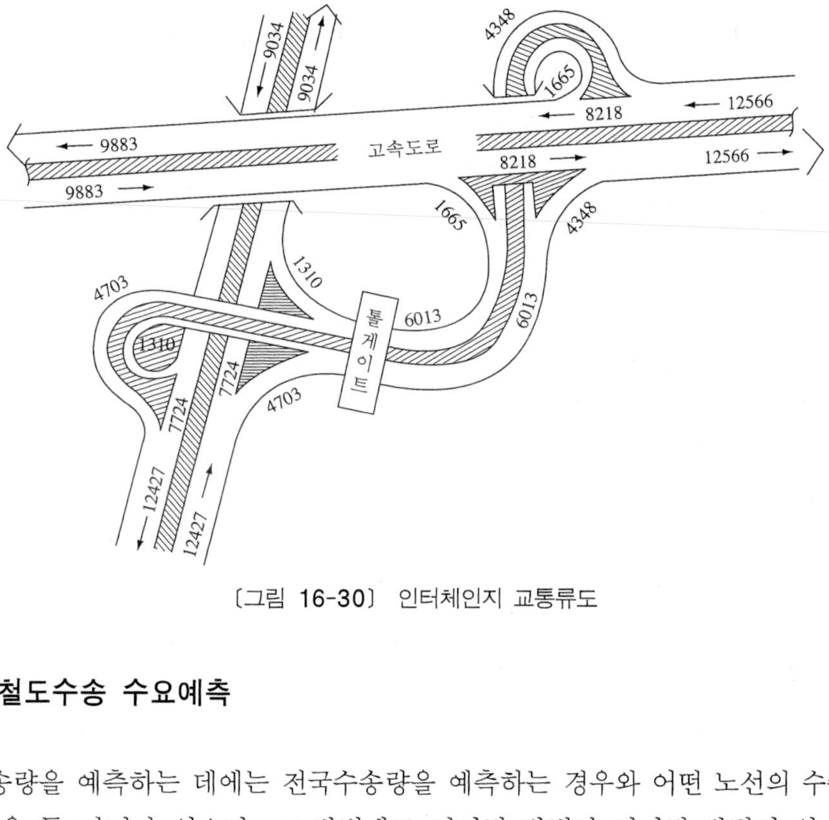

〔그림 16-30〕 인터체인지 교통류도

16.9.3 철도수송 수요예측

철도수송량을 예측하는 데에는 전국수송량을 예측하는 경우와 어떤 노선의 수송량을 예측하는 경우 두 가지가 있으며, 그 방법에도 거시적 방법과 미시적 방법이 있다.

❶ 전국수송량 예측

여객수송과 화물수송으로 나누며 16.9.1절에서 언급한 경제지표와의 상관관계식을 이용하여 예측하는 방법 이외에, 인구를 기준으로 하는 방법과 연도별 수송실적을 이용하는 방법 및 수송종목별 합계를 이용하는 방법이 있다.

① 인구에 의하여 추정하는 방법은 '수송은 개인과 개인 간의 관계에서 발생한다'는 A.W. Wellington의 가정을 근거로 하여 전국수송량을 전인구에 대한 비례함수로 나타내는 방법이다. 예를 들어 전국수송량을 T, 전인구를 Y라 할 때, 다음과 같이 나타낼 수 있다.

$$T = K \cdot Y(Y-1)/2 \doteqdot KY^2/2$$

또 인구 1인당 승차횟수, 수송톤수, 평균승차 km, 화물 1톤당 수송 km를 추정하여 이를 원단위로 수송량을 예측하는 방법도 있다. 이 원단위 추정방법은 다음과 같다.

취업자, 학생 1인당 승차횟수 = 정기여객 수송인원/(취업자+학생수)
(농림업, 수산업종사자는 제외)
인구 1인당 승차횟수 = 비정기여객 수송인원/전국인구
여객 1인당 평균승차 km = 여객 수송인 · k/여객수송인원
인구 1인당 화물수송톤수 = 수송톤수/전국인구
화물 1톤당 평균수송 km = 화물수송 톤 · km/화물수송톤

이들 원단위는 사회활동이 다양해짐에 따라 증가하는 경향을 보인다.

② 연도별 수송실적에 의한 예측은 시계열분석에 의하여 장래 수송량을 예측하는 방법이다.

③ 수송종목별 합계에 의한 방법은 수송량과 경제활동, 국민소득, 인구와의 관계를 정확하게 나타내기 위하여 비정기여객에 대해서 생산적 여객과 비생산적 여객, 정기여객에 대해서는 취업자와 학생, 화물에 대해서는 수송품목별로 조사를 하고, 장래 구조변화를 파악하여 각 종목별로 수송량을 예측하여 이를 합하는 방법이다. 생산적 여객은 2, 3차 산업소득 및 생산활동지수를 설명변수로 하여 예측을 하고, 비생산적 여객은 인구, 국민소득 및 운임을 변수로 하여 예측한다. 장래 취업자수는 2, 3차 산업종사자와 소득과의 상관관계로부터 구하고, 취업자와 정기이용 취업자와의 관계를 이용하여 장래 정기이용 취업자수를 예측한다. 또 학생수와 정기이용 학생수와의 관계를 이용하여 장래 정기이용 학생수를 예측한다. 화물은 주요 품목별 생산량과 수송량과의 관계를 이용하여 예측한다.

2 노선수송량 예측

노선이 신설되는 경우에는 그 노선에 대한 수송량을 예측할 필요가 있다. 그러기 위해서는 신설계획노선에 대하여 경제조사를 실시하고, 그 부근에 있는 비슷한 노선을 선택하여

원단위를 추정하여 이를 계획노선에 적용해야 한다.

경제상태 조사는 계획노선의 연도에 대한 교통수송현황(각 교통수단별 수송실적)을 조사하고, 역세권인구, 연도관광현황 및 사람의 이동과 같은 도시분포와 관광자원을 조사하며, 주요 품목별 수송실적으로 나타내는 자원과 산업현황을 조사한다.

원단위를 구하기 위해서 유사노선을 선택할 때 그 기준이 되는 것은 지역, 기후, 부근의 도시분포 상태, 연도의 산업분포, 관광서, 학교, 회사, 공장 등의 분포상황, 관광시설, 생산 소비물자의 유동상황, 노선의 역할, 노선의 길이 및 경사, 노선위치, 경쟁수단의 상태, 도로교통 등이다. 유사노선이 선정되면 그 노선의 수송실적으로부터 다음과 같은 순서로 원단위를 구한다.

① 영업 km, 역수
② 승차횟수
③ 운송수입(비정기 및 정기 1인당, 취급화물 톤당)
④ 평균운송 km(비정기, 정기)
⑤ 비정기와 정기비율
⑥ 선(船)내 및 선 외의 비율
⑦ 소량화물 인구 1인당 발착 톤수
⑧ 기타(열차횟수, 평균연결수, 평균승차효율, 평균적하 연결효율)

원단위를 계획노선에 적용하여 계획노선의 연간수송량을 계산할 때에는 여객과 화물을 분리하여 구한다.

(1) 여객 수송량 예측([그림 16-31] 참조)

여객의 종류에는 비정기, 정기, 특별 및 통과여객이 있다.

① 비정기여객 수송량

i) 역별 승차인원 : 신설노선의 각 역별 역세인구에다 유사노선의 1인당 연간승차횟수를 곱하여 얻는다. 기존노선과의 접속역에서의 승차인원은 별도로 유사역의 실태를 감안하여 그 비율 등을 이용하여 예측한다. 인접하여 나란히 가는 기존 수송수단의 현황을 참조하기가 부적당한 경우에는 다른 적당한 승차횟수를 사용해도 좋다.

<table>
<tr><th rowspan="5" colspan="2">구분
종별</th><th colspan="7">총 승차인원</th><th colspan="17">수송인원 및 인·km</th></tr>
<tr><th colspan="3">전 이</th><th colspan="3">유 발</th><th rowspan="4">합계</th><th colspan="6">전 이</th><th colspan="7">유 발</th><th colspan="4">합 계</th></tr>
<tr><th rowspan="3">선내</th><th rowspan="3">선내외</th><th rowspan="3">계</th><th rowspan="3">선내</th><th rowspan="3">선내외</th><th rowspan="3">계</th><th colspan="3">수송인원</th><th colspan="3">수송인·km</th><th colspan="3">수송인원</th><th colspan="4">수송인·km</th><th rowspan="3">인원</th><th colspan="3">인·km</th></tr>
<tr><th rowspan="2">선내</th><th rowspan="2">선내외</th><th rowspan="2">계</th><th rowspan="2">선내</th><th rowspan="2">선내외</th><th rowspan="2">계</th><th rowspan="2">선내</th><th rowspan="2">선내외</th><th rowspan="2">계</th><th rowspan="2">선내</th><th colspan="2">선내외</th><th rowspan="2">계</th><th rowspan="2">선내</th><th rowspan="2">선내외</th><th rowspan="2">계</th></tr>
<tr><th>선내</th><th>선외</th></tr>
<tr><td colspan="2">비 정 기</td><td></td><td></td><td></td><td></td><td></td><td></td><td></td><td></td><td></td><td></td><td></td><td></td><td></td><td></td><td></td><td></td><td></td><td></td><td></td><td></td><td></td><td></td><td></td><td></td></tr>
<tr><td colspan="2">정 기</td><td></td><td></td><td></td><td></td><td></td><td></td><td></td><td></td><td></td><td></td><td></td><td></td><td></td><td></td><td></td><td></td><td></td><td></td><td></td><td></td><td></td><td></td><td></td><td></td></tr>
<tr><td colspan="2">특 별</td><td></td><td></td><td></td><td></td><td></td><td></td><td></td><td></td><td></td><td></td><td></td><td></td><td></td><td></td><td></td><td></td><td></td><td></td><td></td><td></td><td></td><td></td><td></td><td></td></tr>
<tr><td colspan="2">계</td><td></td><td></td><td></td><td></td><td></td><td></td><td></td><td></td><td></td><td></td><td></td><td></td><td></td><td></td><td></td><td></td><td></td><td></td><td></td><td></td><td></td><td></td><td></td><td></td></tr>
<tr><td rowspan="4">통과</td><td>비정기</td><td></td><td></td><td></td><td></td><td></td><td></td><td></td><td></td><td></td><td></td><td></td><td></td><td></td><td></td><td></td><td></td><td></td><td></td><td></td><td></td><td></td><td></td><td></td><td></td></tr>
<tr><td>정 기</td><td></td><td></td><td></td><td></td><td></td><td></td><td></td><td></td><td></td><td></td><td></td><td></td><td></td><td></td><td></td><td></td><td></td><td></td><td></td><td></td><td></td><td></td><td></td><td></td></tr>
<tr><td>특 별</td><td></td><td></td><td></td><td></td><td></td><td></td><td></td><td></td><td></td><td></td><td></td><td></td><td></td><td></td><td></td><td></td><td></td><td></td><td></td><td></td><td></td><td></td><td></td><td></td></tr>
<tr><td>계</td><td></td><td></td><td></td><td></td><td></td><td></td><td></td><td></td><td></td><td></td><td></td><td></td><td></td><td></td><td></td><td></td><td></td><td></td><td></td><td></td><td></td><td></td><td></td><td></td></tr>
<tr><td colspan="2">합 계</td><td></td><td></td><td></td><td></td><td></td><td></td><td></td><td></td><td></td><td></td><td></td><td></td><td></td><td></td><td></td><td></td><td></td><td></td><td></td><td></td><td></td><td></td><td></td><td></td></tr>
<tr><td colspan="2">1인 평균</td><td></td><td></td><td></td><td></td><td></td><td></td><td></td><td></td><td></td><td></td><td></td><td></td><td></td><td></td><td></td><td></td><td></td><td></td><td></td><td></td><td></td><td></td><td></td><td></td></tr>
<tr><td colspan="5">영업 km(1 km당 1일 평균수송량)</td><td colspan="21">$\frac{\text{1일 평균인원}}{\text{신설노선 km}}$</td></tr>
</table>

〔그림 16-31〕 여객 수송 총괄표

승객을 승차지점 및 이용구간에 따라 분류하면 신설노선 내에 발착점을 둔 선내 승객과 발착지점 중 어느 하나만 신설구간에 위치하고 다른 하나는 기존노선에 둔 선내외 승객, 그리고 신설구간을 통과하여 발착지점 모두 기존노선에 둔 통과승객이 있다.

ii) 전이(converted) 및 유발(induced) 수송인원 예측 : 신설노선이 건설됨으로 말미암아 인접한 도로이용자가 철도를 이용하게 될 때 그 승객을 전이승객이라 하고, 지금까지 존재하지 않던 통행이 편리한 신설노선이 생김으로 말미암아 잠재수요가 현실화되어 나타나는 승객을 유발승객이라 부른다. 또 새로운 노선의 건설로 주변이 개발되어 지금까지 전혀 존재하지 않았거나 잠재하지도 않았던 교통이 생기는 것을 개발승객(development traffic)이라 한다. 개발승객은 상당한 시일이 지난 후에 발생하므로 여기서는 고려하지 않는다.

전이승객 중에서 선내 승객은 인접한 다른 교통수단과 신설노선의 운임, 소요시간 및 편리성 등 시스템서비스 특성을 고려하여 예측한다. 또 전이승객 중 선내외 승객은 접속역에서 다른 수송수단으로 환승되는 교통량을 감안하여 예측한다. 총 승차인원 중에서 유발승객은 i)에서 구한 총 승차인원에서 전이승객을 뺀 것이다. 유발승객 중에서 선내 승객과 선내외 승객을 나누는 것은 유사노선 또는 유사역에서의 선내 승객 및 선내외 승객 비율을 구하여 이 비율을 유발승객에 적용하여 계산한다.

iii) 수송인 · km

- 전이 km
  - 선내 수송
    (전이 선내 수송인원) × (유사선 비정기승객 선내 평균승차 km)
  - 선내외의 선내 수송부분
    (전이 선내외 수송인원) × (유사선 비정기승객 선내외 중 선내 부분의 평균승차 km)
- 유발 km
  - 선내 수송
    (유발 선내 수송인원) × (유사선 비정기승객 선내 평균승차 km)
  - 선내외의 선내 수송부분
    (유발 선내외 수송인원) × (유사선 비정기승객 선내외 중 선내 부분의 평균승차 km)
  - 선내외의 선외 수송부분
    (유발 선내외 수송인원) × (유사선 비정기승객 선내외 중 선외 부분의 평균승차 km)

여기서 선내 수송인원은 전이 · 유발 모두 i)에서 구한 승차인원이며, 선내외 수송인원은 전이 · 유발 모두 i)에서 구한 선내외 승차인원의 2배를 수송인원으로 한다. 또 수송인 · km는 수입액을 계산하는 기초자료가 되므로 전이의 경우는 선내 인 · km만을 계산하고, 유발의 경우만 선내, 선외 모두 계산한다.

② 정기여객 수송량

각 역별로 ①, i)에서 구한 비정기여객 승차인원에 유사노선의 정기 대 비정기의 비율을 곱하여 정기승차인원을 구하고, 그 후에는 ①의 iii)과 같은 방법으로 수송인 · km를 구한다.

③ 특별여객 수송량

관광자원 조사자료로부터 여객의 유동, 다른 수송수단의 수송현황 등을 고려하여 수송인원을 예측한다. 그 다음 ①과 같이 수송인 · km를 계산한다. 단, 승차 · km는 상황에 따라 실제 km수를 적용한다.

④ 통과여객 수송량

①~③까지는 선내에 발착점을 가진 여객에 대한 것이다. 만일 신설노선이 기존역과 연결될 경우에는 통과여객(선내외)을 예측해야만 한다.

i) 비정기 통과여객 수송량

- 수송인원
  - 전이승객 : 다른 노선구간을 경유하던 것이 신설노선을 경유함에 따라 단축되는 영업 km나 소요시간 등을 계산하고, 운수통계자료를 사용하여 수송실적을 구한다. 다른 수송수단이 있는 경우는 그 실태를 고려하여 전이승객을 예측한다.
  - 유발승객 : 신설노선통과에 의한 유발률은 다른 유사한 단축선을 검토하여 운임, 거리, 소요시간의 단축비율에 따른 유발승객을 예측한다.
- 수송인 · km
  - 선내 전이 = (전이통과 수송인원 : 왕복) × (신설노선길이 : km)
  - 선내 유발 = (유발통과 수송인원 : 왕복) × (신설노선길이 : km)
  - 선외 유발 = (유발통과 수송인원 : 왕복) × (통과여객 평균승차 km-신설노선 km)

ii) 특별여객 통과수송량 : 특별여객은 그 실태조사로부터 나온 결과를 이용하여 예측하고, 수송인 · km는 전이, 유발 모두 위의 수송인 · km 중 선내 유발 예측방법을 사용하되 통과여객 평균승차 km는 실정에 맞게 정한다.

(2) 화물 수송량 예측([그림 16-32] 참조)

구분	발착	종별 / 품목	수송톤수			수송톤 · km			주 요 발 착 지
			전이	유발	계	선내	선외	계	
대량화물(차급)	발송								1일 1km 평균수송량 $= \frac{\text{선내 톤·km}}{\text{신설노선 km} \times 365}$
		계							
	도착								
		계							
	발송도착 계								
	통과								
	합계								
소화물	발송								
	도착								
	통과								
	합계								
총계									

주 : 톤 · km의 선외는 유발만 계산할 것

〔그림 16-32〕 화물 수송량 총괄표

① 선내 발착소화물 수송량

i) 수송톤수

- 발착별 총 수송톤수=(신설노선 주변의 총인구)×(유사노선 주변인구 1인당 연간 소화물 발착별 톤수)
- 발착별 전이톤수 : 기존선을 이용하는 소화물 중에서 신설노선이 개통됨에 따라 신설노선내의 역을 이용하리라 예상되는 수량을 발착별로 계산
  - 선내톤수 : 신설노선이 기존노선과 병행하지 않는 한 존재하지 않는다고 본다.
  - 선내외 톤수=(총 수송톤수)－(전이톤수)
- 발착별 유발톤수=(총 수송톤수)－(전이톤수)
  - 선내톤수=(발착별 총 수송톤수)×(유사선 선내 소화물 수송톤수/유사선 소화물 발착별 수송톤수)－(전이 선내톤수)

ii) 수송톤·km

- 전이 선내 및 선내외 중 선내부분 톤·km :
  (발착별 전이톤수)×(유사선 발착별 소화물 선내 평균수송 km 또는 신설구간 km)
- 유발 선내 및 선내외 중 선내부분 톤·km :
  (발착별 유발톤수)×(유사선 발착별 소화물 선내 평균수송 km 또는 실구간 km)
- 유발 선내외 중 선외부분 톤·km :
  (발착별 유발톤수)×(유사선 발착별 소화물 선외 평균수송 km)

② 선내 발착 대량화물(차급화물) 수송량

i) 수송톤수

대량화물 톤수는 먼저 조사한 각종 산업별 경제조사로부터 발착별 및 발착역별로 수송톤수를 예측하고 전이 및 유발로 나눈다. 이때 전이 수송량은 기존선을 이용하던 대량화물이 신설노선개통으로 인해 이것을 이용하리라 예상되는 수송량을 말하며, 유발수송량은 각종 자료와 사회·경제변화를 고려하여 예측한다.

ii) 수송 톤·km : 소화물에서와 같은 방법으로 계산한다.

③ 통과화물 수송량

i) 통과소화물 수송량

- 수송톤수
  - 전이톤수 : 신설노선개통에 따라 최단경로가 되는 발착역의 범위를 정하고 수송방식을 감안하여 수송통계자료로부터 계산한다.
  - 유발톤수 : 신설노선개통에 의한 유발톤수는 운임, 수송거리 단축비율 등을 사용

하여 예측한다.

- 수송 톤 · km
  - 전이 선내 톤 · km = (전이통과 톤수) × (신설노선 km)
  - 유발 선내 톤 · km = (유발통과 톤수) × (신설노선 km)
  - 유발 선외 톤 · km = (유발통과 톤수) × (선외 km)

ii) 통과대량화물(차급화물) 수송량 : 통과소화물에서와 같은 방법을 사용

3 일본 신간선의 여객 수송량 예측(예)

1975년 동경－박다 간의 신간선 여객 수송량은 다음과 같은 방법으로 예측되었다.

① 대상구역을 219개 구간으로 나눈다.
② 각 구간 간의 수송량 자료수집 : 1956~1960년까지의 비정기여객 수송실적
③ 예측을 위한 계수조사 : 1975년의 GNP 추정, GNP와의 상관관계를 이용하여 같은 해의 전국소비지출액 계산. 이를 각 도별로 분배하고 중심도시인구는 증가한다고 보아 구간별 개인소비지출을 구한다.
④ 1975년도 수송량 예측 : 여객 수송량과 개인소비지출의 상관관계를 미리 구하고 이 관계식에 장래 구간별 개인소비지출을 적용하여 구간 간의 여객 수송량을 구한다.
⑤ 경로별 배분 : 구간수송에서 2개 이상의 경로가 있는 경우 그 선택률을 실적치로부터 구하고 경로별 수송량을 배분한다.
⑥ 기존노선과 신간선의 분리 : 거리별 신간선 점유율을 거리의 1차식으로 회귀시켜 이를 이용해서 분리한다.
⑦ 신간선에 의한 유발률 계산 : 비정기여객수와 전국수송인 · km와의 관계로부터 구간 간의 유발률(y%)을 구하고 역간 거리(x[km])와의 관계식 $y = 0.021028x - 3.01$을 구하여 이를 이용해서 유발률을 계산
⑧ 고속도로신설에 의한 전환율 계산 : 1965년도의 명신고속도로의 노선버스 수송인원 실적과 동일 구간의 철도수송량과의 관계로부터 구간별 버스점유율(전환율 y%)을 구하고 구간거리(x[km])와의 관계식 $y = 3.4189x^{-0.9765}$를 얻었다. 이를 이용하여 1975년도의 경쟁도로로서 동명 · 명신고속도로를 예상하고 이에 관련되는 부분의 수송량이 수정되었다.
⑨ 구간 간의 수송량 예측 : 이상의 과정으로부터 구간 상호간의 수송량이 계산되면 O-D표로 정리한다. 이 O-D표에 의하여 인접 역간의 통과량이 계산되고, 이에 따라 열차운행계획, 차량계획, 역 설비계획 등을 수립한다.

16.9.4 해운수송 수요예측

해운수송수요는 전국적 단위로 예측하는 것과 항만별 취급물량을 예측하는 것이 있으며, 이때 회귀분석 또는 시계열분석 등이 일반적으로 사용된다. 최근에는 각 항만의 취급화물량을 예측하는 데 있어서 계량경제모형, 지역간 산업연관모형 등과 같은 계량경제학적 접근방법이 개발되었다.

16.9.5 항공수송 수요예측

항공수송 수요예측은 거시적인 항공여객 절대량을 예측하는 것과 미시적으로 특정노선의 항공여객수요를 예측하는 것으로 대별된다.

1 거시적 분석

거시적 수요분석에는 ① 장기적이든 단기적이든 실질국민소득이나 실질국민소비지출 등과 같은 경제지표와 항공여객량 간의 관계를 회귀분석으로 예측하거나, ② 시간이란 변수만을 사용하여 장기적 추세를 시계열분석으로 예측하는 방법, ③ 몇몇 경제지표를 변수로 해서 다중회귀분석을 하는 방법 등이 있다.

〔그림 16-33〕은 거시적 및 미시적 계량모형을 나타낸 것이다. 거시적 모형에서 첫째는 1인당 국민소득(또는 1인당 실질개인소비지출) 또는 철도비정기여객수 등으로 전국항공여객을 설명하는 모형이며, 둘째는 각 공항의 이용자수를 설명하는 모형으로서 해당지역의 인구, 다른 모든 지역의 인구, 2, 3차 산업의 매출액 등이 중요한 설명변수가 된다. 거기에다 그 공항이 중계지가 되는 노선수 및 중계지인지 아닌지를 나타내는 가변수 (0, 1)을 모형에 도입하여 단면분석을 한다.

일본에서 지금까지 많이 사용되는 방법은 항공여객수송수요가 경제성장과 밀접한 관계가 있다고 생각해서 경제지표 또는 간단한 연차수를 변수로 해서 다음과 같이 나타내고 있다.

$$\log p = a_1 \log G - b_1$$

$$\log p = a_2 + b_2 T$$

여기서 p : 여객수

G : 국민총소득

T : 연차

a, b : 매개상수

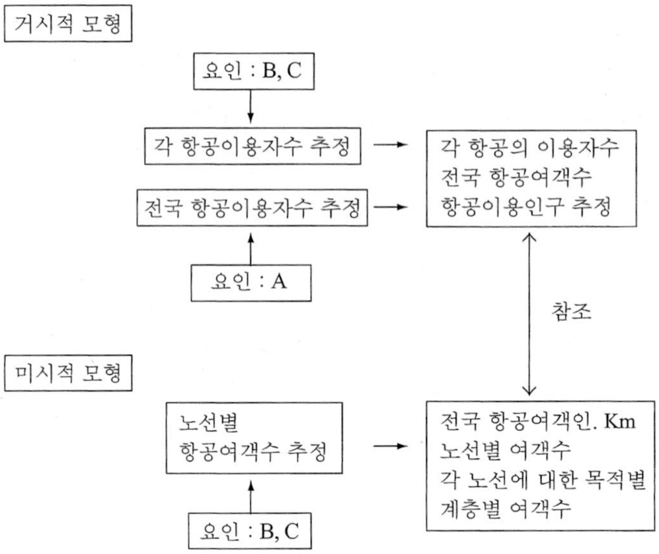

요인 A : 1인당 실질국민소득(1인당 실질개인소비지출), 철도비정기여객수 등
요인 B : 지역인구, 지역소득9지역 2, 3차 산업소득), 경쟁수송수단의 소요시간,
접속점 수, 운임, 기종, 운행빈도, 호텔 수 등
요인 C : 성별, 소득수준, 직업, 여행목적, 항공이용이유, 항공이용 경험 등

〔그림 16-33〕 항공수송수요 예측 흐름도

2 미시적 분석

미시적 분석에는 중력모형에 의한 방법과 다중회귀분석에 의한 방법이 있다. 중력모형은 비교적 단거리인 경우에 한해서 거리대별, 노선별로 경쟁수단과의 소요시간, 운임면에서의 차이 및 각 도시성격의 차이로 설명될 수 있으나 멀리 떨어진 도시간에서는 거리가 항공여객량에 영향을 주지 않는다. 그 한계점은 약 300～1300 km로 알려지고 있다.

다중회귀분석에서 항공수송수요를 결정하는 요인으로는 항공여행경험의 유무, 직업, 연령, 소득, 교육수준 등이 있다. 미국의 연구에 의하면 항공여행경험의 유무가 연간 항공여행횟수를 좌우하는 가장 강력한 설명변수이며, 이것은 또 생애주기단계에 따라 항공수송수요의 구조가 달라지는 것이 판명되었다.

회귀분석을 통하여 요인의 유의성을 검정하고 회귀모형식을 만드는 동시에 요인별 장래치를 예측하여 이를 모형식에 적용하면 항공수송 수요예측이 가능해진다.

16.10 관광위락교통 수요예측

16.10.1 관광위락교통

도시내 교통은 개인통행의 O-D 조사에 의해서 목적별 통행량을 파악할 수가 있다. 그러므로 이러한 통행은 비교적 안정된 통행패턴을 보인다.

그러나 관광위락교통은 도시내 교통이 아니라 도시지역을 벗어나 주말, 명절, 피서휴가 등과 같은 원인에 의해 일어나는 교통으로서 그 현상이 일반 도시내 교통과는 다르다.

관광위락활동의 주체는 그 활동의 종류, 출발지, 목적지, 이동수단 등을 가진다. 출발지는 관광활동주체의 특성, 즉 인구, 주거지, 소득, 여가시간, 생활의식 등과 관련된 문제이며, 목적지, 즉 관광지는 그 위치와 관광자원 및 관광지로서의 매력에 관련되는 것이다. 출발지와 목적지를 잇는 이동수단은 그 거리, 교통수단 및 경로 등에 관계된다. 관광위락교통의 수요예측은 이와 같은 네 가지 측면을 고려하여 종합적으로 분석해야 한다.

16.10.2 관광활동의 특성

관광활동은 우리들의 생활 속에서 가장 자유도가 높으므로 관광수요를 예측하기가 매우 어려우나 여러 가지 관광현상을 제대로 파악하면 예측의 정확도를 높일 수 있다.

1 관광지의 특성

(1) 유 치

관광객은 일반적으로 관광지에 가까운 사람이 많고 먼 곳의 사람이 적은 것은 당연하다. 그러나 많고 적은 정도는 관광자의 조건(f_i), 도달조건(L_{ij}), 관광지의 조건(g_j)에 따라 정해진다고 볼 수 있다. 지금 관광도로를 이용하는 자동차에 대해서 f_i, L_{ij}, g_j를 고려하여 다음과 같은 모형을 생각할 수 있다.

$$C_{ij} = N_i \cdot \alpha \cdot L_{ij}^{\beta}$$

여기서 C_{ij} : i 지역에서 j 관광지도로에 진입한 자동차 대수

N_i : i 지역의 자동차 보유대수

L_{ij} : i 지역에서 j 관광도로에의 도달거리

$\alpha \cdot \beta$: 매개상수

이 모형은 관광지 조건(g_j), 즉 관광지가 갖는 매력을 측정할 수 없기 때문에 α가 포함된 것이며, α가 큰 것은 매력이 크다는 것을 나타내고 β의 절대값이 적다는 것은 유치권이 넓다는 의미이다.

(2) 변동과 집중

관광활동은 시간, 일, 계절, 일기에 좌우된다.

- 계절 변동, 월 변동 : 관광지에 따라 1개월형~3계절형, 전년형 등 네 가지의 관광지가 있다.
- 주 변동, 일 변동 : 여가시간의 종류에 따라 주말이나 공휴일은 크게 붐빈다.
- 연간 일별 변동 : 관광지의 관광객수를 일 년을 통하여 일별로 조사하여 이를 크기순으로 늘어놓으면 관광지의 일별 집중성을 알 수 있다. 연간 최고일의 관광객수는 총 연간 관광객수의 약 3% 정도이다.
- 시간 변동 : 관광지의 위치에 따라 관광객의 시간 변동이 다르다.

2 관광발생

사람들의 여가시간, 소비성향, 생활의식 등의 차이에 따라 관광활동경험의 정도가 다르다. 연령별로 본 관광활동의 차이점을 활동별로 보면 다음과 같다.

- 운동 : 육체적인 활동으로 20세 전후의 활동이 가장 많고 그 이상에서는 급격히 감소한다.
- 휴양 및 오락 : 낚시, 해수욕, 운동경기관람 등 그다지 체력을 요하지 않는 활동으로 30세 정도까지 많이 즐기며 그 후에는 서서히 감소한다.
- 관광여행 : 연령의 구별 없이 많이 행해지며 고령이 됨에 따라 증가한다.

3 관광교통

관광교통은 다른 교통과는 달리 그 자체가 목적적인 성격을 가진다. 특히 drive의 경우는 더욱 그러하다. 관광교통의 특징은 한 번 지나온 도로(또는 코스)는 가능하면 다시 지나치지 않는 주유성이 있으며, 이용교통수단은 자가용차 보유유무에 따라 다르며, 이용교통수단에 따라 통행의 길이가 달라진다. 승용차의 경우는 보통 200 km 전후이며, 숙박률은 여행거리에 따라 다르고 숙박률 50%의 행동권은 약 200 km, 숙박률 100%의 행동권은 약 250 km 이상이다.

16.10.3 관광위락교통 수요예측

관광교통수요는 이상에서 설명한 관광의 여러 가지 특성을 기초로 하여 현재 및 과거의 자료를 이용하여 예측이 된다. 즉 현재의 관광패턴을 양적으로 파악하고 관광특성의 장래를 예측하여 이를 이용하여 장래 관광패턴을 예측하는 것이다.

1 관광발생의 예측

(1) 관광발생량

관광발생요인을 파악하여 이들의 인과관계를 모형화하고 이 요인들의 장래성을 추정하여 발생수요를 예측한다.

- 관광활동 발생량에 대한 자료수집 : 공간과 시간별로 관광활동을 분류하고 이에 따른 자료를 조사
- 모형화 : 여가시간, 소득, 연령, 직업, 거주지역, 생활의식, 인구, 년도 등의 관광교통 발생요인과 관광교통 발생량과의 관계를 모형화한다. 모형은 지수곡선, 회귀분석, 장래 활동패턴 예측, 다변량분석(multivariate analysis) 등을 사용하며 앞의 2개는 시계열자료를 필요로 하고, 뒤의 두 개 분석방법은 단면자료를 필요로 한다.
- 장래값의 추정 : 모형식 또는 활동패턴을 사용하여 장래 관광교통발생량을 추정한다. 이때 한 가지 방법으로만 예측을 하면 위험하므로 가능한 한 많은 방법을 사용하여 예측하고 그 결과를 보정한다.

(2) 관광교통 분포의 예측

출발지에서 관광의 O-D 교통량을 계산하면 O-D표는 유출량과 유입량이 일치하지 않는다.

- 자료수집 : 현재 관광 O-D 교통량, 관광지유입 관광객수, 관광지의 수용인원용량에 관계되는 자료를 수집한다. 순수한 관광 O-D 자료는 적기 때문에 설문지 조사방법에 의해서 관광 O-D표를 작성하든가 혹은 일반교통 O-D표로부터 관광교통을 추출해서 관광 O-D표를 작성한다.
- 분포교통량의 예측 : 존별 장래 관광교통량을 관광교통 O-D표를 사용하여 성장계수법으로 장래 분포교통량을 구하든가, 현재의 1박 이상의 관광여행발생량(인/년)을 중력모형을 사용하여 지역간 분포교통량을 구한다.

2 관광지별 예측

관광지의 관광객수는 그 관광지의 매력, 지형, 넓이, 시설, 관광대상, 관광자원의 종류, 관광지 위치, 관광지의 접근성 등에 좌우된다.

(1) 유치권 설정방법

- 자료수집 : 관광객에 대한 자료를 수집한다. 연간 방문객수, 월별 변동, 관광객의 출발지별 비율 등을 조사한다.
- 모형화 : 앞 절에서 설명한 관광내방객을 관광지 조건(g_j), 접근조건(L_{ij}), 관광자 조건(f_i)을 변수로 해서 모형화한다.
- 장래 예측 : 변수의 장래 예측치를 모형에 적용해서 장래 내방객수를 구한다.

이 방법은 각 관광지에 대하여 계산이 쉬운 장점이 있으나, 반면에 각각을 종합할 때 합계값을 평가하기가 곤란하다.

(2) 관광지의 관광객 배분율을 구하는 방법

- 자료수집 : 국립공원, 온천관광지 등과 같은 종류의 관광지에 대한 내방관광객 자료를 수집한다. 그 다음 각 관광지의 매력을 나타내는 변수, 위치를 나타내는 변수에 대한 자료를 수집한다. 이들 변수 중에는 여관 및 호텔 수용능력, 관광지의 도로포장률, 관광지 접근노선수, 문화재수, 온천용출량, 해안선길이, 적설량 등이 있으며 이들은 단면자료로도 충분하다.
- 모형화 : 관광내방객수와 이들 변수들 간의 관계를 모형화하여 예측한다.

(3) 교통수단별 예측

각 교통수단의 수송량으로부터 관광객을 분리하고, 과거에서 현재에 이르는 관광객수를 추정하여 이를 장래로 연장하여 예측하는 것으로서 거시적 예측방법이다.

참 고 문 헌

1. R.J. Paguette, N.J. Ashford, P.H. Wright, *Transportation Engineering-Planning and design*, 1982.
2. E.C. Carter, W.S. Homburger, *Introduction to Transportation Engineering*, ITE., 1978.
3. J.W Dickey, *Metropolitan Transportation Planning*, 1975.
4. B.G. Hutchinson, *Principles of Urban Transport Systems Planning*, 1974.
5. N.J. Garber, L.A. Hoel, *Traffic and Highway Engineering*, 1988.
6. *Computer Programs for Urban Transportation Planning*, USDOT/FHWA., 1977.
7. L.R. Goode, "Evaluation of Estimated Vehicle-Trip Productions and Attractions in a Small Urban Area", *TRR. 638*, TRB., 1977.
8. *Trip Generation Analysis*, USDOT/FHWA., 1975.
9. N. Draper, H. Smith, *Applied Regression Analysis*, 1966.
10. 박성현, 회귀분석, 1982.
11. T.J. Fratar, "Vehicle Trip Distribution by Successive Approximation", *Traffic Quarterly*, 1954.
12. A.M. Voorhees, *A General Theory of Traffic Movement*, ITE., 1955.
13. J.W. Dickey, *Metropolitan Transportation Planning*, 1975.
14. R.J. Salter, *Highway Traffic Analysis and Design*, 1976.
15. Wilbur Smith and Associates, *Transportation and Parking for Tomorrow's Cities*, 1966.
16. A.G. Wilson, "The Use of Entropy Maximising Models", *Journal of Transport Economic Policy*, 3, 1967.
17. A.G. Wilson, D.J. Wagon, E.H.E. Singer, J.S. Plant, A.F.Hawkins, *The SELNEC Transport Model*, Urban Studies Conference, 1968.
18. A.G. Wilson, et al., "Calibration and Testing of the SELNEC Transport model", *Regional Studies*, Vol.3, No.3, 1969.

19. E. Archer, J.H. Shortreed, "Potential Demands for Demand Scheduled Buse"s, *HRR. No.367*, HRB., 1971.
20. NCHRP, *Quick Response Urban Travel Estimation Techniques.*
21. D.A. Quarmby, "Choice of Travel Model for the Journey to Work", *Journal of Transport Economics and Policy*, Vol.1, 1967.
22. C.A. Lave, "A Behavioral Approach to Modal Split Forecasting", *Transportation Research*, Vol.3, 1969.
23. P.R. Stopher, "A Probability Model of Travel Mode Choice for the Journey to Work", *HRR. No.283*, HRB., 1969.
24. A Talvitie, "Comparison of Probabilistic Modal-Choice Models : Estimation methods and System Inputs", *HRR. No.392*, HRB., 1972.
25. P.R. Stopher, J.O. Lavender, "Disaggregate, Behavioral Travel Demand Models : Empirical Tests of Three Hypotheses", *Transportation Research Forum Proceedings*, 1972.
26. A. Vandertol, *Transit Usage Estimates from an Urban Travel Demand Model*, MA. Sc. thesis, Dept. of Civil Engr., Univ. of Waterloo, Ontario, 1971.
27. R. Smock, "An Iterative Assignment Approach to Capacity Restraint on Arterial Networks", *HRB. Bulletin 347*, HRB., 1962.
28. M.E. Campbell, *Assignment of Traffic to Expressways, (as determined by diversion studies), Southwestern Association of State Highway Officials, Proceedings*, 1951.
29. K. Moskowitz, "California Method of Assigning Diverted Traffic to Proposed Freeways", *HRB. Bulletin* 130, HRB., 1956.
30. Bureau of Public Roads, *Traffic Assignment Manual*, 1964.
31. J. Burrell, "Multiple Route Assignment and Its Application to Capacity Restraint", *4th International Symposium on the Theory of Traffic Flow*, 1968.
32. R.B. Dial, "A Probabilistic Multipath Traffic Assignment Model Which Obviates Path Enumeration", *Transportation Research*, *Vol.5*, No.2, 1971.
33. USDOT, *New System Requirements Analysis Program*, UTPS, Urban Mass Transportation Administration, 1972.
34. M. Schneider, "Panel Discussion on Inter-Area Travel Formulas", *HRB. Bulletin No. 253*, HRB., 1960.
35. K.E. Heanue, C.E. Pyers, "A Comparative Evaluation of Trip Distribution

Procedures", *HRR. No.114*, HRB., 1966.

36. H.C. Lawson, J.A. Dearinger, "A Comparison of Four Work Trip Distribution Models", *Proc. Am. Soc. Civ. Engr.*, 93, 1967.
37. USDOT., UMTA., *Dictionary of Public Transport*, 1981.

제 17 장 교통계획안의 개발, 평가, 시행 및 수정

교통계획안의 평가란 교통프로젝트의 타당성을 평가하여 여러 계획안 중에서 가장 좋은 대안을 선택하는 행위, 즉 의사결정행위를 돕기 위해 자료를 수집하고, 분석하고, 조직화하는 과정을 말한다. 즉 평가란 의사결정 그 자체가 아니라 분석, 계획, 설계를 의사결정과 연결시켜 주는 기술적인 과정이다.

따라서 의사결정자는 교통프로젝트의 비용과 그 프로젝트로 인한 경제적 효과뿐만 아니라 사회적·문화적인 효과에 대한 많은 정보를 알아야 한다.

교통프로젝트의 여러 가지 영향 중에서도 의사결정을 하는 데 있어서 가장 중요하고 결정적인 것은 그 프로젝트의 비용과 경제적 효과이다. 이 장에서는 여러 가지의 경제적 비용과 효과 중에서 특히 계산이 쉬운 몇 가지 항목에 대해서 설명을 하고, 나머지는 이 책의 범위를 벗어나므로 설명을 생략하였다.

이 장은 교통경제의 내용이 강하게 포함되어 있으며, 또 이 장에서 반드시 언급되어야 할 많은 부분이 19장에 설명되어 있다. 따라서 반드시 19장, 특히 19.4, 5절을 함께 공부해야 할 것이다. 경제적인 효과와 함께 경제외적인 영향을 포함하여 평가하는 방법은 맨 마지막 절에 언급이 되어 있다.

17.1 계획대안의 개발

조사지역의 장래 교통수요를 충족시키는 교통망과 교통수단 대안은 많이 있다. 또 교통발생, 토지이용 및 교통시설이 서로 밀접한 관련을 맺고 있기 때문에 이들 교통망은 그 수요를 조절하기도 한다. 그러나 최적시스템을 찾아내기 위해서는 수많은 대안을 모두 만들어 비교할 수는 없고, 그 중에서 몇 개의 대안만을 만들어 평가하는 수밖에 없다. 그러므로 그러한 계획대안을 어떻게 만드는가 하는 것이 문제가 된다. 다행히 시스템대안을 만들어 내는 데 있어서 가장 기본적인 출발점으로서 기존교통망과 이미 내정된 교통망을 사용할 수가 있다. 일반적으로 현재 있는 대규모 투자시설을 사용하지 않거나, 막대한 노력과 예산을 들여 만든 계획을 폐기한다는 것은 비현실적이다. 그러므로 일반적으로 장래의 전반적인 계획은 이처럼 내정된 시스템을 기초로 하여 진행되는 것이다.

내정된 시스템을 기초로 하더라도, 매우 졸렬한 계획안이 만들어질 가능성은 충분히 있다. 이와 같은 계획안은 적절한 평가과정을 거치는 동안에 제척될 것이다. 그러나 평가과정을 만족시키게 될 잠정시스템을 효율적으로 개발하는 데 논리적이고 체계적인 평가기법을 사용할 필요가 있다. 이와 같은 평가기법은 종합적인 계획목적에 입각해야 하기 때문에 시스템대안을 개발할 때에는 반드시 이러한 목적을 염두에 두어야 한다. 일반적으로 하나의 종합계획안은 다음과 같은 목표를 달성하는 것이어야 한다.

- 주어진 토지이용계획을 뒷받침하는 가장 좋은 계획안
- 지역교통의 필요성을 충족시키는 최적교통시스템
- 원하는 방향으로 개발을 촉진하면서 바람직한 토지이용 패턴을 장려하고 서비스를 제공하는 시스템[1)]

정상적인 상황에서는 다음과 같은 순서에 따라 계획안을 개발한다.

① 기존 및 내정된 시스템에 장래 교통수요를 배분하여, 수요에 비해 용량이 부족한지 여부를 검토한다.
② 용량이 부족하면 이를 해소하기 위해서 기존 및 내정시스템에 새로운 시설을 추가하여 한 번 더 배분을 한다. 이와 같은 해결책의 종류는 교통수단에 따라 달라진다. 예를 들어 도시권에 대한 조사연구의 결과로부터 버스 또는 고속대중교통시스템의 공급 정도에 따라, 또는 개인교통의 측면에서 볼 때에는 승용차에 대한 의존 정도에 따라 해결책 탐색의 방향이 달라진다.
③ 여기서도 해결되지 않는 결함은 시스템설계를 변경하여 해결하는 방법을 모색한다.
④ 이러한 과정은 만족할 만한 시스템이라고 여겨져 다른 대안과 비교·평가할 정도에 이를 때까지 반복한다.

미국의 Atlanta 도시권역 교통조사에는 교통계획대안을 개발하는 데 다음과 같은 단계를 거쳤다.[2)]

1단계 : 기존 + 내정시스템
2단계 : 기존 + 내정시스템 + 교통공학적 개선
3단계 : 기존 + 내정시스템 + 교통공학적 개선 + 기존선형 개선

4단계 : 3단계 + 새로운 교통시설

17.2 교통계획안의 평가개념 및 원칙

경제성 평가란 한마디로 모든 교통계획안의 경제적 타당성을 분석하고, 또 타당성이 있는 대안들 중에서도 가장 경제성이 높은 대안을 선정하는 과정을 말한다.

평가의 기본개념은 단순하고 명확하지만 실제과정은 매우 복잡하고 어렵다. 교통계획대안들은 각기 서로 다른 비용과 효과를 나타낸다. 일반적으로 비용을 적게 들이면 효과가 적고, 비용을 많이 들이면 효과가 크나 비용과 효과가 반드시 비례하지는 않기 때문에 이들을 비교·평가하게 된다.

교통프로젝트는 사회가 어떤 희생(비용)을 치르고서 원하는 바의 효과를 만들어 내는 메커니즘으로 볼 수 있다. 여기서 문제는 그 프로젝트로부터 얻는 편익이 그 비용을 지불할 만큼 가치가 있는가 하는 것이다. 그 편익은 교통시스템의 사용자에게만 돌아가는 경우도 있고, 경우에 따라서는 그 시스템을 사용하지 않는 그 지역사회의 불특정 다수인에게 편익이 되는 경우도 있다.

17.2.1 평가의 목표 및 과정

평가의 목표는 모든 대안의 효과를 정확히 판단하여 최선의 대안선택이 이루어지도록 하는 것이다. 평가과정이란 의사결정을 하는 사람이나 기관이 의사결정을 할 수 있게끔 필요한 정보를 파악하는 활동으로 볼 수 있다. 이러한 과정에서 필수적인 것은 대안선택을 하는 데 있어서 어떤 정보가 중요한 것인가를 판단하는 일이다. 어떤 경우에 있어서는 비용을 최소화하는 것이 가장 좋은 대안일 수도 있고, 또다른 경우에서는 비용뿐만 아니라 다른 여러 가지 목표를 달성해야 할 경우도 있다. 의사결정을 하는 사람은 각 대안의 상대적인 효과를 한 가지의 수치로 나타내기를 원하는 수도 있으나, 경우에 따라서는 각 대안별로 각각의 기준 하나하나에 대한 효과를 나타내 보이는 것이 훨씬 도움이 될 수도 있다.

교통프로젝트가 완성된 후에도 그 결과가 예상했던 것과 차이가 있는지를 알기 위해서 평가를 해야만 한다. 이러한 사후평가는 원래의 계획을 수정하거나, 유사한 프로젝트에 적용할 자료를 축적한다는 의미에서 매우 중요하다.

평가를 시작하기 전에 먼저 사용해야 할 평가기법과 필요한 자료의 종류를 결정해야 한다. 그러기 위해서는 프로젝트에 의해서 영향을 받는 사람이 누구이며, 그들의 관점이 어떤 것인지를 알 필요가 있다. 교통프로젝트는 여러 그룹의 사람들에게 서로 다른 종류의 영향을 준다. 어떤 경우에는 몇몇 사람들에게만 영향을 주지만, 경우에 따라서는 여러 그룹의 사람들에게 이해가 엇갈리는 영향을 나타내기도 한다. 예를 들어 교통프로젝트에 이해관계를 갖는 그룹 중에는 교통시스템이용자, 교통관리자, 노동자, 일반시민, 사업가, 각급 행정부서 등이 있으며, 이들 간의 서로 다른 이해관계와 관점의 차이 때문에 평가과정이 달라진다.

소규모의 교통프로젝트는 그 영향이 시스템이용자와 교통관리자에 국한되는 경우가 대부분이나 지역단위의 대규모계획일 때에는 그 영향을 받는 계층이 다양하고, 또 그 범위도 넓어진다. 예를 들어 비교적 큰 교통프로젝트는 도심지내의 사업을 활성화시키거나 건설경기가 좋아져서 그 지역의 경제적 붐을 촉발시킨다. 이 프로젝트는 또한 토지를 사용해야 하므로 환경에 부정적인 영향을 준다. 따라서 개인통행자나 사업을 하는 사람들의 입장에서 본다면 경제적인 효과만을 따지는 협의의 평가를 해도 되겠지만, 그 지역사회 전체의 입장에서 평가한다면 더 광범위하고 다양한 관심사항을 고려해야 할 것이다.

만약 소규모 지역사회의 입장에서 본다면, 상부기관으로부터 영달되는 건설자금은 비용으로 볼 수 없으나, 그 지역내의 지가상승은 편익으로 간주될 것이다. 그러나 넓은 지역 또는 시·도의 입장에서 본다면 이러한 건설자금과 지가상승은 그 지역에 대한 비용으로 간주되거나 또는 한 지역에서 다른 지역으로 전환되는 편익으로 볼 수 있다. 따라서 평가를 할 때 누구의 입장에서 평가를 할 것인가를 명확히 해야 할 필요가 있다.

17.2.2 평가기준의 선정

평가를 하는 데 필요한 적절한 기준은 무엇이며, 또 이들을 어떻게 측정해야 하는가 하는 문제는 그 교통계획안의 목적이나 목표와 관계된다. 이와 같이 각 프로젝트의 효과를 수적으로 또는 상대적인 값으로 나타낼 수 있는 기준을 효과척도(measure of effectiveness : MOE)라고 한다. 계량화할 수 없는 기준이라 할지라도 '높음', '보통', '낮음' 등과 같은 상대적인 용어를 사용하여 나타낼 수 있다.

기준은 각 대안을 측정하는 기초가 되므로 기준을 선정하는 일은 평가과정에서 가장 기본적인 사항이다. 따라서 기준은 가능한 한 목표의 달성 정도를 나타내는 것이어야 한다.

이와 관련되는 또다른 문제는 평가과정에서 MOE를 어떻게 사용하는가 하는 것이다. 그 방법의 하나로서 각 MOE를 공통적인 단위로 변환시키고, 각 대안에 대하여 모든 MOE값을 합산하여 하나의 값으로 나타내는 방법이다. 이때 MOE의 단위를 금전화하면 경제적인 관점에서 각 대안들을 비교할 수가 있다.

공통적인 단위를 사용하는 또다른 방법은 각 MOE의 값을 점수로 환산하는 방법이다. 그런 다음 각 MOE의 값에 가중치를 곱하고 이를 전부 합하여 하나의 값으로 나타낸다.

이때 MOE는 서로 독립적이어야 한다. 만약 이들이 서로 상관관계가 있을 때 가중점수를 합한 값으로 우열을 비교하는 것은 의미가 없다.

끝으로 각 대안에 대한 모든 MOE의 값을 합하지 않고 그대로 매트릭스 형태로 나타내는 방법이 있으며, 이 방법은 각 MOE의 상대적인 중요성을 판단하는 번거로움 없이 최대한의 많은 정보를 한 눈에 알 수 있다.

평가기준은 문제점과 직접 관련된 것이어야 할 뿐만 아니라 측정하기 쉬워야 하고 각 대안별로 큰 차이가 나는 것이어야 한다. 또 계획안을 평가하거나 최적안을 선택하는 사람의 의사결정을 하기 쉽도록 기준의 수를 제한하는 것이 바람직하다. 너무 많은 정보는 도움보다는 오히려 혼동을 일으키게 하며, 불확실성과 불일치를 증가시키고, 정치적으로나 또는 비계량적인 기준에 의해 의사결정을 하게 되는 결과를 초래하게 된다.

17.2.3 평가절차 및 의사결정

의사결정을 하는 데 있어서 평가과정이 얼마나, 그리고 어떻게 도움이 되는지를 알 필요가 있다. 의사결정자는 일반적으로 각 교통계획대안의 비용이 얼마가 되는지 알고 싶어 하고, 또 사실상 이 비용 하나만을 비교해서 의사결정을 하는 경우가 허다하다. 또다른 하나는 편익이 교통투자비용을 정당화시키거나 그 돈을 다른 곳에 투자하면 더 큰 이득을 얻지 않을까 하는 의문을 가진다. 의사결정자는 계획된 대안이 바라는 결과를 가져올 수 있을지 없을지에 대한 의문(즉, 예측한 결과에 대한 신뢰도)을 갖는다. 평가과정에서는 이러한 의문에 대한 해답을 얻을 수 있어야 한다.

하나의 값보다 어떤 범위의 값을 나타내는 민감도분석도 해야 할 필요가 있다. 또한 다른 곳에서 행한 유사한 프로젝트를 평가함으로써 그 프로젝트의 성공가능성에 대한 단서를 얻을 수 있다. 의사결정자는 모든 대안들이 다 고려되었는지, 또 추천되고 있는 안과 어떻게 비교되는지 알고 싶어 한다. 목표를 달성하는 데 있어서 관리기법 및 교통통제전략을 사용한다든지 하여 비싼 예산을 들이지 않는 더 좋은 방도가 없는지를 검토해 볼 필요가 있다. 예를 들어 고속도로에서 버스 및 다승객차량 전용차로를 활용하면 고속도로의 차로를 증설하지 않고도 도로의 승객수송용량을 현저히 증가시킬 수가 있다.

다른 또 하나의 요인은 건설기간 동안에 도로사용자에게 부과되는 통행지체이다. 또 공무원은 그들의 재임기간 동안에 사업을 끝내고 싶어 하기 때문에 교통시설의 공기도 그들의 관심사항이며, 투자재원 역시 관심의 대상이다. 따라서 평가과정은 측정 가능한 기준을 사용하여 비교적 간단히 평가하는 문제뿐만 아니라 거기에 수반되는 모든 문제에 대한 해답을 얻어야 한다.

평가과정에서 전문가는 계획된 프로젝트에 대해 필요한 모든 정보를 알아야 하고 이를 명확하고 논리적인 방법으로 제시하여 의사결정을 용이하게 할 수 있도록 해야 할 필요가 있다. 또 각 프로젝트의 정치적 및 재정적인 타당성도 분석을 해야 한다. 결국 최종적인 분석에서는 의사결정자가 얻을 수 있는 모든 정보를 포함하는 여러 가지 요인과 고려사항을 기초로 하여 최적안이 선정된다.

그러나 이 장에서는 의사결정에서 가장 중요한 근거가 되는 경제성 분석을 위주로 하고 나머지 고려사항들은 19장에서 언급을 한다.

17.2.4 경제성 분석의 개념

정부는 필요에 따라 민간부문에서 할 수 없는 어떤 시설을 제공한다. 그 가운데는 도로, 철도, 또는 대중교통수단이 포함된다. 이러한 시설에 예산을 투자하는 이유는 ① 사람이나 화물을 원활히 수송함으로써 국가 전체의 경제 수준을 향상시키고, ② 국방상의 목적에 기여하고, ③ 경찰 및 소방, 의료, 등·하교, 우편배달 등과 같은 지역사회 서비스활동을 손쉽게 하며, ④ 위락활동의 기회를 증대시키기 위함이다. 교통시설이 건설되면 토지의 접근이 용이해짐에 따라 지가가 상승하여 지주는 이익을 얻는다. 또 차량이용자는 차량운행비용이 감소되고, 통행시간이 단축되며, 사고가 감소하고, 운전 중의 쾌적성이 증대되는 이익을 받는다. 반면에 교통시설건설은 정부나 개인이 다른 생산적인 목적에 사용할 수 있는 자원(토지를 포함해서)을 소비하고, 운행차량은 대기오염 및 소음을 발생시킨다. 자원이용 측면에서 본다면 시설이용자와 이익집단이 부담하는 비용상의 절감이 모든 비용을 초과할 때 한해서 그 교통시설의 건설이 정당화된다. 교통계획안을 검토할 때 앞에서 언급한 여러 가지 요인을 모두 고려해야 하나 여기서는 경제성과 자원소모에 대한 측면만 생각하기로 한다.

교통시설의 계획안을 비교·평가하는 데 필요한 경제성 분석은 공학경제(Engineering Economy)라는 학문분야에서 발전시킨 여러 가지 기법을 통해서 이루어진다. 공학경제는 어떤 도구나 장비, 작업, 건설 및 공정을 가장 경제적으로 계획하게 하는 학문적 도구로서 공학경제 또는 경제성공학이라는 말로도 사용된다. 그러나 근본적으로 공학이라기보다 경제학의 범주에 속하기 때문에 여기서는 공학경제라는 용어를 사용한다.

공학경제는 계획하는 공사와 장비 및 공정을 분석함에 있어서 그 계획안에서 얻을 수 있는 경제적 이득과 그 이득을 생산하는 데 드는 경제적 비용을 비교하여 순이득의 상대적인 가치를 결정하는 것이다. 계획된 어떤 프로젝트의 경제성 분석은 그 계획안의 수익성이 계속될 때까지 복리이자를 적용하여 수입과 지출을 비교하는 과정이다. 기업에서는 투자에 대한 높은 순수익을 추구하고, 공공사업에서는 그 비용보다 큰 서비스 질을 추구한다.

공공건물, 공원, 도서관, 미술관 등과 같은 공공사업에서는 현금수입을 경제성의 척도로 삼는 것이 아니라 개인적이며 사회적인 만족도를 경제성의 척도로 삼는다. 반면에 도로라든가 공익사업, 또는 수자원프로젝트에서는 현금흐름을 경제성 분석의 기초로 삼는다. 그러므로 공공투자로 이루어지는 계획안의 영향은 비시장적(non-market)이다. 즉 금전적으로 그 사업의 성패를 따질 수 없다. 도로 등과 같은 프로젝트에서는 그 효과가 시장적(market)이기도 하고(도로이용자에의 영향) 비시장적인 요소도 있다(일반적으로 사회·경제적 효과).

경제성 분석은 금전화할 수 있는 요소만 고려하기 때문에 결국 전체의 영향 가운데 일부분만을 대상으로 한 분석이 된다. 그러므로 최고경영자는 의사결정을 할 때 이 경제성 분석의 결과와 함께 다른 요인들에 대해서도(예를 들어 공공복리, 사회적 가치, 공공정책, 미관 등) 적절한 비중을 두어 참작을 해야 한다. 경제성 분석은 의사결정을 하는 데 있어서 유일한 자료가 아니라 의사결정자가 갖추어야 하는 유용한 수단이다.

1 공학경제의 역사

공학의 한 분야로서의 경제는 오래 전부터 인식되어 왔고, 또 이용되어 왔다. 1847년 W.M. Gillespie 교수의 저서 "Manual of the Principles and Practice of Road Marking"에서는 마차도로에 적용되는 공학경제의 여러 가지 요소와 원칙이 언급되어 있으며, 이것은 현대의 자동차도로에서도 적용될 수 있는 것들이다.[30] 철도에 대한 공학경제의 역사도 1877~1888년까지 거슬러 올라간다. A.M. Wellington의 그의 저서 "Economic Theory of the Location of Railroads"에서 철도노선 위치선정의 경제적 효율성에 대한 것들이 언급되어 있다.[31] 초창기에 건설된 많은 철도노선이 그 후에 재조정되었다는 것은 그 당시 철도의 위치와 설계에 문제점이 있었다는 것을 의미한다.

도로개선의 경제성 조사는 1920년대 초에 시작되었으며, 이때에는 주로 비포장도로에 대한 포장도로의 장점을 연료소모와 회전저항(rolling resistance)으로 비교하는 것이었다. E.M. James는 1927년 이전에 Ingenieria International이라는 공학저널에 도로공학의 경제성을 논한 논문을 연재한 바가 있다.[32] 이 논문에서 그는 도로계획을 할 때 장기적이며, 개선의 가능성을 염두에 둘 것과 수익성이 비용보다 커야 하며, 경제적·재정적·기술적 원칙이 정치적인 고려보다 앞서야 하고, 전국 도로시스템의 운영을 감안하여 운영비용이 가장 적도록 해야 한다고 했다. 그의 이론은 지금까지도 도로의 일반경제학에 지대한 공헌을 했으며, 이를 기초로 하여 도로의 경제성 분석 개념과 원칙이 발전되어 왔다.

2 프로젝트 평가 및 구성

공학경제는 기본적인 목표 또는 적용방법에 따라 두 가지로 구분할 수 있다. 첫째는 계획된 프로젝트의 경제적인 타당성을 결정하는 경제성 평가이며, 둘째는 그 프로젝트의 설계양상에 따른(설계형태, 재료종류 등) 경제성 평가, 즉 프로젝트의 경제적 구상(project formulation)이다. 경제성 평가는 프로젝트구상 이전에 실시되며, 지배적인 요인만 고려하기 때문에 프로젝트구상 때보다는 예측값이 정확치가 않다. 프로젝트의 경제적 구상과정에서는 경제성 평가과정에서 구체화될 수 없는 설계양상들을 다룬다. 이 과정에서는 비용과 편익에 대한 비교가 필요 없고 단지 설계양상에 따른 총 비용 차이만을 검토한다. 즉 건설재료(강재, 콘크리트, 아스팔트), 설계모양(원형 칼버트, 상자형 칼버트), 기본설계(성토 또는 긴 교량) 및 건설방법 및 순서에 따른 총 비용을 계산하여 비교・평가한다. 만약 설계양상에 따라 교통량이 변하면 프로젝트구상에서도 차량운행 비용변화에 따른 편익을 고려해야 한다.

프로젝트의 경제성 평가에서는 일반적으로 최종설계나 비용추정을 할 필요는 없지만 예비설계나 개략적인 비용추정을 한다. 그러나 경제성이 한계점 부근에 있거나 그 프로젝트의 시행여부가 경제적 타당성에 크게 좌우되는 경우에는 최종설계나 비용추정을 해야 한다. 도로분야에는 크고 작은 많은 프로젝트가 있으며, 큰 프로젝트나 시스템 안에 적은 프로젝트가 있거나, 경제성이 없을지라도 도로가 필요하거나, 경제성이 명확한 프로젝트인 경우에는 건설에 필요한 프로그래밍을 한다. 자연적인 재해에 의한 도로의 손상을 복구하고, 위험한 교량을 다시 건설하거나, 교통혼잡을 완화하기 위해 도로를 확장하는 일들은 경제성 분석에서 가장 경제적인 설계양상이 무엇인지를 결정하기만 하면 되는 프로젝트들이다. 프로젝트구상은 그 프로젝트가 경제적으로 효과가 있느냐 없느냐에 상관없이 도로개선의 모든 설계에서 필요하다.

경제성 평가와 프로젝트구상의 한 예로서, 통행거리를 단축시키기 위한 노선의 교량건설을 예로 들어 보자. 일반적인 분석은 그 교량의 대략적인 위치, 도로 단위면적당 교량의 비용, 대략적인 차량운행비용을 가정하면서 시작된다. 만약 이 분석에서 새로운 교량건설이 바람직하다고 판단되면 설계가 시작된다. 만약 이때 그 프로젝트의 경제성이 미심쩍으면 두 번째, 세 번째 분석에서는 설계비용을 더욱 구체화시켜 경제성을 분석한다. 경제성 분석에서 그 교량의 타당성이 입증되면 다음과 같은 몇 가지에 대한 경제성 분석을 하여 설계를 구상한다.

- 설계종류 : 트러스교, 현수교, 판형교(plate girder)
- 재료의 종류 : 강구조, 콘크리트, 알루미늄
- 스팬의 길이 및 간격 : 강의 유량에 따름
- 접근로 : 성토, 교대(橋臺)

이러한 요소들은 하나하나 따로 결정되어야 한다.

17.2.5 경제성 분석의 원리

계획되는 도로개선사업의 경제성 분석은 이와 유사한 산업에서 이용되어 온 경제성 분석의 개념과 원칙에 기초를 두고 있다. 올바른 분석을 위해서는 반드시 이 원칙과 개념을 이해해야 한다.

여러 가지 수치자료를 모으고, 그 규모를 결정하고 경제성 분석에 필요한 순차적인 과정을 밟으려면 공학경제의 모든 측면을 정확히 이해해야 한다.

다음에 열거하는 개념, 원칙 및 표준은 경제성 분석의 범위를 넘어 최종적인 의사결정에서도 적용된다. 최종의사결정과정에서는 경제성 분석에서는 포함되지 않는 사회·경제적 요인도 포함을 한다.

(1) 완전한 객관성이 요구된다.

경제적 분석은 객관적인 분석으로서, 전문적인 분석이 요구되지만 전문가의 견해가 포함되어서는 안 된다. 전문가의 판단에는 관련된 요인이 파악 및 그 규모결정, 비용 및 편익산정, 차후 영향의 추정 및 가능한 모든 대안 파악 등이 포함된다. 객관성의 원칙에는 정직성과 윤리적 규범을 요구한다.

경제성 분석의 최종목표는 비용과 편익을 비교하여 관리자가 최종적인 의사결정, 즉 왜 개선을 해야 하며, 어떤 설계가 더 좋으며, 건설이 시작되고 사용하는 시기는 언제가 좋은가를 결정하는 데 도움을 주는 것이다. 만약 분석의 객관성이 결여된다면 관리자가 그 분석을 토대로 가장 좋은 의사결정을 할 수가 없다. 경제성 분석은 논리적이고, 합리적이며, 현실적이고, 객관적이어야 한다.

(2) 경제성 분석은 관리자의 의사결정이 아니다.

분석은 모든 요인의 금전화된 가치흐름을 편견 없이 객관적으로 비교하는 것이다. 이러한 기능을 수행하는 사람은 의사결정자가 되어서는 안 된다. 어떤 사람이 분석과 의사결정의 두 기능을 모두 가지고 있을 경우에는 한 번에 한 기능만 수행하도록 해야 한다. 프로젝트구상에 있어서 관리자 대신 설계자가 여러 가지 설계대안에 대해서 경제성 분석을 하는 경우가 있다. 경제적 분석은 그 프로젝트의 비(非)시장 특성, 일반대중의 성향 및 정치적인 영향에서 벗어나야 의사결정자가 바른 결정을 내릴 수 있다. 이러한 비시장 요인은 분석하는 사람이 아니라 의사결정자가 고려하는 것들이다.

(3) 경제성 분석에서 육감적인 결정이 개입해서는 안 된다.

중요한 의사결정, 예를 들어 건설을 할 것인가, 상품을 구입할 것인가, 또는 아무것도 하지 않을 것인가 하는 결정은 경제성 분석과정에서 이루어진다. 불행하게도 몇몇 관리자가 육감 또는 직관으로 중요한 의사결정을 하는 경우가 있다. Samuel Butler(1835~1902)는 "인생은 부족한 가운데 최선의 결정을 내리는 예술"이라고 했다. 최종적인 의사결정은 전문가의 의사결정이지 수치적 해답이나 계산과정으로 되는 것은 아니다. 그러나 의사결정은 주어진 자료를 최대한 이용할 때 그 성공가능성이 커진다. 경제성 분석이 의사결정의 지침이 되는 것은 의사가 진찰을 하거나 법관이 판례를 찾는 것과 같다. 의사, 법관, 또는 공학전문가의 목적은 미래의 조치를 위한 의사결정에 도움이 되는 모든 증거, 사실, 가능성 및 전문적인 판단력을 동원하는 것이다. 이와 같은 절차는 육감적 또는 직관적인 의사결정보다 나은 절차임이 분명하다.

(4) 가능한 모든 대안을 검토하라.

교통시설 개선사업을 경제적, 사회적으로 분석하는 목적은 안전하고, 빠르고, 편리하고, 경제적인 수송서비스를 달성하는 데 있어서 가장 바람직한 해결책을 강구하는 데 있다. 따라서 가장 좋은 해결책을 얻기 위해서는 이 목적을 달성할 수 있는 모든 가능한 대안들을 검토해야 한다.

"모든 가능한 대안"이라고 말했지만 이들 모두에 대해서 상세한 분석을 할 필요는 없다. 예를 들어 공학적 판단결과 위치나 건설상의 어려움이 예상되면 간단한 분석 후에 그 대안을 고려대상에서 제외시킬 수 있다. 또 너무 예산이 많이 드는 대안이나 미관상에 문제가 있는 대안, 환경에 심대한 영향을 준다고 판단되는 대안들도 제외시킨다.

물리적으로나 재정적 또는 미관상 문제가 없다고 판단되는 대안들은 다음 단계로 더욱 상세한 분석에 들어간다. 이 단계가 진행되는 과정에서도 어떤 대안은 배제될 수 있다. 도로노선의 위치선정시 그 노선의 위치조정이나 확장 및 인접한 지선의 변경 등을 고려하지 않고 그 노선의 위치선정에만 관심을 쏟는 수가 있으므로 미리 유의해야 한다.

(5) Do Nothing 대안도 고려해야 한다.

여러 가지 개선대안에 대한 경제성 분석이 필요한 것과 마찬가지로 아무런 개선도 하지 않고 현 상태를 그대로 유지하는 것도 하나의 대안으로서(null alternative) 다른 대안들과 비교되는 기본조건이 된다. 마찬가지로 현재시설을 그대로 이용할 것인가, 폐기할 것인가도 검토해 보아야 한다.

현 상태를 유지하는 것과 어느 한 계획안의 경제성을 비교하는 것은 결국 그 계획안의 경제적 타당성 정도를 결정하는 것이라 할 수 있다. 그러나 여러 가지 계획안들을 서로 비교할 때는 프로젝트의 경제적 구상을 목표로 해야 한다. 여기서 궁극적인 목표는 여러 계획안들이 갖는 경제성의 차이를 파악하는 것이다.

(6) 시장요인과 비시장 요인을 분리해야 한다.

경제성 분석에서는 경제적 요인이 아닌 전반적인 경제 및 사회적 영향은 고려하지 않는다. 여기서 경제적 요인인 금전화가 가능한 것이며(시장 요인), 전반적인 경제 및 사회적인 영향은 금전화가 불가능한(비시장 요인) 것들이다. 관리자의 최종의사결정에서 좋은 결과를 얻으려면 육감이나 가정이 아닌 철저한 금전화된 가치를 토대로 하여 경제성 분석을 해야 한다. 예를 들어, 개인의 취향(쾌적성, 편리성 등)을 금전화한다는 것은 지극히 주관적이 되거나 가정에 그치는 수밖에 없다. 이러한 요인은 비용절감이나 통행시간단축 등과 비교해 볼 때 경제적인 요인이 될 수 없다. 그러나 교통시설은 이용자의 쾌적성과 편리성을 고려해서 설계해야 하며, 최종적인 의사결정을 할 때 이들 요인을 고려해야 한다.

(7) 분석은 미래에 대한 연구이다.

경제성 분석은 순전히 미래에 대한 분석이다. 분석에 사용되는 비용과 편익의 현금흐름은 장차 기대되는 기대값을 의미한다. 그렇다고 적당히 추정하거나 가정해서는 안 되며, 논리적으로 계산하고 가정하여 나온 것이어야 하다. 어떤 요인의 단일값보다는 그 값의 범위를 사용하면 최종결과에 영향을 주는 그 요인의 민감도를 알 수가 있어 좋다. 예를 들어 교통량 예측을 할 때 이 요인의 낙관적인 값과 비관적인 값을 모두 사용하는 것이 좋다.

(8) 모든 과거의 투자는 무시해도 좋다.

경제성 분석이 미래에 대한 분석이라고 말한 것처럼 과거의 조치, 과거의 현금흐름 및 비용 등은 무시해도 좋다. 모든 과거에 이루어진 조치들은 현재상태에 포함되어 있다. 지금 결정해야 할 것은 경제적으로 바람직한 미래의 결과를 만들어내는 데 있다.

이 개념은 과거가 미래를 예측하는 데 도움이 되지 않는다는 말은 아니다. 더욱이 과거의 작업이 계획대안의 비용을 산출하는 데 어느 정도 영향을 미친다. 예를 들어 기존교량을 확장하고 보강하는 대안이 있다면, 기존교량을 건설한 과거의 비용(sunk cost)은 고려되지 않는다.

(9) 모든 요인에 대해서 동일한 시간대를 사용한다.

비용과 편익에 대한 분석은 같은 시간대에 대한 것이어야 하며, 할인율도 같은 시간대에 대해서 비교되어야 한다. 예를 들어 계획된 도시우회도로와 도시지역을 통과하는 기존노선의 경제성을 비교할 때, 우회도로를 분석할 때 사용되는 미래시간대와 같은 시간대에 대한 기존노선 교통량과 기타 영향들을 분석해야 한다.

(10) 분석기간은 확실한 예측기간을 초과해서는 안 된다.

교통시설의 경제성 분석기간은 다음과 같은 3가지 기준, 즉 ① 그 시설의 서비스수명(service life), ② 경제수명(economic life), ③ 신뢰성 있는 교통여건 예측기간 중에서 가장 짧은 기간을 기준으로 삼는 것이 좋다.

이 중에서 서비스수명은 일반적으로 경제수명보다 훨씬 길며, 또 경제수명은 경제성 분석을 통해서 구할 수 있지만 교통시설의 경우 대개 20~30년으로 보면 좋다.

경제성 분석은 미래에 대한 분석이기 때문에 분석기간을 정하는 데 있어서 믿을 수 없거나 근거 없는 기간까지(예를 들어, 서비스수명 100년까지) 연장해서는 안 된다. 예측 가능한 분석기간을 정하는 데 있어서 검토해야 할 관점 중에서 다음과 같은 것이 있다.

① 지금과 같은 교통수단이 분석기간 동안에도 그대로 존속될 것인가? 또 존속된다 하더라도 예측된 경제성이 그대로 계속될 것인가? 즉 교통량 증가로 인한 속도감소 때문에 경제성이 오히려 줄어드는 것이 아닌가?

② 앞으로 100년간의 운행비용 절감을 위해서 현재 막대한 예산으로 도로를 건설한다는 것이 타당한가?

경제성 분석에서 특히 중요한 것은 교통조건의 예측이다. 교통량, 차종구성 및 교통성과를 비교적 신뢰성 있게 예측할 수 있고, 또다른 모든 요소들의 불확실성을 줄이려면 20년 정도의 분석기간을 사용하는 것이 합당하다.

(11) 분석에서 모든 요인을 동일한 시간에 대해서 할인한다.

각 대안에서 현금흐름은 다른 시간에 다른 크기로 일어난다. 이들을 비교하기 위해서는 이 요인들을 같은 시간에서의 등가 또는 비교 가능한 값으로 바꾸어 주어야 한다. 이러한 할인과정은 복리이자와 현재가개념에 따라 적절한 이자율을 사용해서 이루어진다.

(12) 대안 간의 차이점이 의사결정을 좌우한다.

대안들 간의 모든 요인이 같고 예상되는 영향도 같다면 이들 대안들 중 어느 것을 택해도 상관이 없다. 만약 대안들 간에 투자에 대한 요인 또는 결과에 대한 요인이 다르거나, 혹은 두 가지 요인들이 모두 다르다면 이 차이점을 면밀히 검토해야 한다.

도로개선에 관한 대안은 여러 가지 있을 수 있으며, 그 중에서 현 상태, 즉 기존도로를 그대로 유지하는 대안이 있고, 또 기존도로를 폐기하고 새로운 도로를 건설하지 않는 대안도 있을 수 있다. 때에 따라서는 기존도로를 확폭 또는 축소하는 대안도 있을 수 있다.

(13) 크기가 같은 공통요소는 생략해도 좋다.

예를 들어 계획하는 노선을 관리하고 순찰하는 데 드는 연간 일반경비가 기존도로의 그것과 같거나 별 차이가 없으면 경제성 분석에서 이러한 요소를 제외시켜도 좋다. 마찬가지로 모든 대안에서 비시장적 요인에 대한 영향이 비슷할 때 이들 요인을 자세히 분석할 필요가 없다.

(14) 모든 비용에서 모든 편익을 뺀 순가치를 사용하라.

건설비용과 금전화 가능한 영향을 분석하는 데 있어서 분석에 필요한 자료는 순비용과 순영향이어야 한다. 또 시장가격요인과 기회비용 및 이득을 포함해야 하고, 이중계산이나 전환 및 누락이 없어야 한다. 부지를 취득하는 데 있어서 순비용이란 토지매입 및 건물비용에다 건설하기 이전에 받은 임대수입 및 건물매매대금 등의 수입을 뺀 것이다. 고속도로는 교통을 유인하는 대신에 통행거리가 늘어나는 대가를 치르므로 이 효과도 분석에 포함되어야 한다. 마찬가지로 교통시설 개선에 조금이라도 영향을 받는 모든 영향은 분석에서 충분히 평가되어야 한다.

종종 도로개선으로 인해 기업이나 시장 및 부동산이 나쁜 영향을 받게 된다. 이처럼 도로개선으로 인한 주변지역의 경제적 영향을 상세히 분석해야 하나 주변에서 멀리 떨어진 지역까지 영향을 미치는 경우는 드물다. 그러나 이와 같은 일반적인 경제적 영향(그것이 기회비용이든 이득이든 또는 금전화 가능비용이든 편익이든 상관없이)이 최종적인 결정을 하는 데 사용된다면, 총 순편익을 구하는 데 신중해야 한다.

(15) 경제성 분석은 재원조달과는 무관하다.

경제성에 대한 의사결정은 재원조달에 대한 의사결정이 아니다. 투자재원조달은 별도로 분석해야 한다. 재원조달에서 취급되는 요소와 의사결정은 경제성 분석에 포함되는 그것들과는 다르다. 경제성 분석은 의사결정자가 그 프로젝트를 시행할 것인가, 어떤 설계로 건설할 것인가(프로젝트 구성을 할 경우)를 결정하기 위한 것이고, 재원조달분석은 의사결정자가 투자재원을 어디서 얻을 것인가를 결정하는 것이다. 따라서 계획안의 경제성 평가와 설계양상에 대한 경제적 구상은 이것이 건설될 경우 재원조달을 어떻게, 누구로부터 할 것인가 하는 문제하고는 별개의 것이다. 재원조달은 가용한 자금과 그 배정에 대한 것일 뿐 경제적 타당성이나 공학적인 설계에 대한 것이 아니다.

그러나 가용자원은 설계를 변경시킬 수 있어 경제성 예측에도 영향을 미치나 이 경우는 또다른 대안이 생긴 것으로 볼 수 있다. 투자재원확보를 위해 도로사용자요금을 인상하면 시설의 이용도가 줄어들어 경제성이 있던 것이 경제성이 없는 것으로 바뀌게 될지는 알 수 없다.

(16) 불확실성을 인정해야 한다.

어떤 요인을 최고값과 최저값으로 예측하는 데 있어서 주의를 한다 하더라도 불확실성은 그대로 존재한다. 그러므로 최종적인 의사결정을 할 때 불확실성과 확률에 비중을 두어야 한다. 장래의 토지이용은 홍수나 기술발전과 마찬가지로 항상 불확실하다. 과거에 토지이용에 대한 변화가 있어 교통량과 교통특성에 영향을 주었으므로 오늘날 도로개선사업 중에서 부적절한 것이 많다. 높은 이자율을 사용하면 낮은 이자율을 사용할 때보다 장래의 불확실성을 축소시키는 장점이 있다.

(17) 관리의 수준에 따라 다른 의사결정을 한다.

경제성 분석의 목표 안에서도 경제성 분석과 프로젝트구상을 적용하는 의사결정 수준이 각각 다르다. 도로관할부서내에서도 분석가와 설계자는 하위대안으로서의 기술적인 요소를 고려하고 서로 다른 요인에 대한 다른 의사결정을 한다. 예를 들어 아스팔트 포장으로 할 것인가 콘트리트 포장으로 할 것인가 하는 결정은 중요하고도 최종적인 결정을 내리는 최고관리자의 견해나 정책에 맞추어 이루어진다. 터널의 설계에서 접근각도, 터널경사, 터널의 표고, 차로수 등은 각각 독립적으로 경제성 분석이 된다. 최고관리자는 분석에 포함되지 않은 요인을 경제성 분석결과와 함께 고려하여 최종결과를 내린다.

서로 다른 수준에서 의사결정을 한다는 것은 매우 어렵다. 왜냐하면 설계자, 기술전문가, 자문하는 사람, 최고관리자 및 경제성 분석에 능란한 분석가의 의견이 각각 다를 수 있기 때문이다. 경제성 평가와 프로젝트구상이 이루어질 때, 각 수준의 참여자들이 충분히 정보를 교환하고 협조하며 회의를 하여, 기술적이며 정책적으로 올바른 토대 위에서 조화를 이루는 가운데 의사결정을 내려야 한다.

(18) 최종결정을 내리는 데 있어서 누구의 관점이 중요한가

서비스 및 만족도의 가치는 개인의 취향에 따라 다르다. 더욱이 개인도 시간, 장소 및 환경의 변화에 따라 그 가치의 평가를 달리한다. 자동차를 갖지 않은 사람은 자동차를 가진 사람에 비해 좋은 도로에 가치를 부여하지 않으며, 가진 사람이라 하더라도 도로사용의 횟수에 따라 도로의 중요성에 대한 인식이 달라진다.

개인의 관점도 그 사람의 가치판단에 영향을 준다. 대형차 소유주와 승용차 소유주의 관점이 같을 수 없으며, 도로 주변의 토지주와 도로와 멀리 떨어진 토지주의 관점이 같을 수 없다. 어떤 집단의 관점에서 볼 때 유리한 도로의 위치선정이 다른 집단의 관점에서는 불리할 수 있다. 이러한 관점은 비사용자(non-user)에 미치는 영향, 즉 토지가, 산업개발, 토지이용, 자원개발 등과 특히 관계가 있다. 교통시설건설을 최종적으로 결정할 때에는 모든 요인은 물론이고 정당하다고 판단되는 모든 관점에 비중을 두어야 한다. 금전화가 가능한 경제적 요인을 고려할 때에는 관점이 중요하지 않다.

(19) 의사결정의 기준을 수립하라.

경제성 분석은 의사결정자가 비경제적 요인과 함께 의사결정을 하는 데 도움을 주나 그 의사결정과정은 적절하고 확실한 기준에 의해서 이루어져야 한다. 또 그는 그 자신의 정책, 관점, 목표 및 지침을 가지고 있어야 한다.

한 가지 중요한 기준은 순편익을 얼마만큼 추구하느냐 하는 것이다. 예를 들어 편익/비용 분석방법에서 최소수락 B/C비를 얼마로 할 것인가를 정해야 한다. 이때 사용된 이자율을 최저유인수익률(minimum attractive rate of return : MARR)로 간주할 수 있다. 이자율이 상당히 클 때에는 B/C비가 1.0보다 조금만 커도 그것을 최소누락 B/C비의 기준으로 삼을 수 있다. 수익률방법에서는 정해진 MARR을 의사결정의 기준으로 삼는다.

분석기간도 중요한 기준이다. 즉 분석기간을 10년으로 할 것인가, 아니면 20년 혹은 30년으로 할 것인가를 정해야 한다. 분석기간을 짧게 잡는 것이 불확실성을 줄이는 데에는 좋으나 너무 짧게 잡아 불완전한 분석이 되지 않도록 해야 한다.

(20) 모든 영향을 고려하라.

프로젝트가 주는 모든 영향을 고려하되 가능하다면 그 영향을 시장가격으로 추정하여 분석할 필요가 있다. 일단 영향이 파악되면 누가 영향을 받는가 상관없이 이를 평가하고 그 결과가 분석과정 또는 의사결정과정에 반영되어야 한다. 의사결정에서 채택된 관점에 따라 어떤 영향을 제외시키거나 포함시킬 수 있다.

도로교통연구에서 종종 다른 교통수단(예를 들어 철도교통)에 미치는 영향을 간과하는 수가 있다. 이러한 일은 공공정책의 관점에서 볼 때 문제가 된다.

(21) 최종적인 의사결정 때에는 비시장 요인에 비중을 두어라.

경제성 분석은 금전화가 가능한 경제적 요인을 토대로 하여 이루어진다. 그러나 도로프로젝트의 경우에는 이차적이며 비시장 요인인 비이용자의 사회적, 경제적, 정치적, 지역사회적 또는 개인적인 측면에까지 영향을 미친다. 그러므로 관리자의 의사결정과정에 있어서 공공정책에 의해 결정된 가치와 부합되게끔 이들 영향에 대해서 비중을 둔다. 여기서도 역시 관점이 중요한 역할을 한다. 예를 들어 어느 지역에 경제적으로 이익이 되는 것이 다른 지역에서는 손실이 될 수도 있다. 또 교통시설개선이 산업지역에서는 이득이 되는 반면 주거지역에는 피해를 줄 수도 있다.

17.3 교통시설의 비용 및 영향(consequences)

교통프로젝트의 경제성 평가를 위한 분석에서 가장 중요한 것은 그 시설을 건설하는 데 소요되는 비용과 그 시설이 완성된 후에 미치는 영향에 대한 명확한 개념을 이해하는 일이다. 시설건설을 위한 비용은 비교적 간단히 계산할 수 있다. 또 그 개념 자체가 단순하나 그 시설로 인한 영향은 직접적인 것뿐만 아니라 간접적이며 파생적인 영향도 있기 때문에 매우 장기간에 걸쳐 발생하는 것들이다.

교통을 개선함으로써 생기는 편익의 대부분은 그 시설을 이용하는 사람에게 돌아간다. 이러한 편익(또는 불편익)에는 차량운행비용의 감소, 통행시간 단축, 교통사고 감소 등과 같이 비교적 간단히 계량화할 수 있는 것과 그 밖에 계량화하기가 힘든 것으로서 개인적인 취향을 나타내는 쾌적성 증대, 편리성 증대, 운전피로도 감소, 화물의 손상 및 포장비 절감 등이 있다. 이와 같은 두 종류의 요인은 교통프로젝트의 타당성을 검토할 때 경제성의 기준으로 사용되며, 또 교통프로젝트를 구상할 때에도 이와 같은 요인들을 고려해야 한다.

교통프로젝트에 의한 사회적·경제적 영향은 다음과 같이 여러 가지 방법으로 분류될 수 있다.

- 도로사용자와 비사용자에 미치는 영향(road-user and nonuser)
- 시장적 영향과 비시장적 영향(market and non-market)
- 직접영향과 간접영향(direct and indirect)
- 유형적 영향과 무형적 영향(tangible and intangible)
- 편익과 불편익(beneficial and adverse)
- 금전화 가능한 영향과 금전화 불가능한 영향(reducible and irreducible to monetary values)
- 비용절감(건설비, 차량운행비)과 파생적 사회·경제적 영향(economy and economic)
- 사회적 영향과 지역사회 영향(social and community)

일반적으로 도로사용자에 미치는 영향은 비용절감(economy)에 기초를 둔 항목, 즉 시장적 영향, 직접영향, 유형적 영향, 금전화 가능영향 등과 같은 요인들을 포함한다. 비사용자에 미치는 영향은 원래 사회·경제적인 항목들, 즉 비시장적 영향, 간접영향, 무형적 영향 및 금전화 불가능 영향 등과 같은 요인들을 포함한다. 편익과 순영향은 도로사용자나 비사용자 모두에게 미치는 영향이다.

사실상 도로사용자집단과 비사용자집단을 엄밀히 구분하기는 어렵지만, 경제성 조사나 경제학 또는 교통프로젝트의 투자재원조달방안 등을 검토하기 위해서는 이 두 집단을 구분할 필요가 있다. 인간은 사회 안에서 여러 가지 양면적인 역할을 담당한다. 그는 납세자이기도 하지만 그 세금으로 이득을 보기도 한다. 또 그는 소비자인 동시에 생산자이기도 하다. 그는 도로사용자이면서도 한편으로는 그 도로로 인해 다른 이득을 보는 그 지역의 구성원이다.

담세율을 결정하기 위한 비용할당조사에서 지역사회, 토지소유자, 도로사용자를 구분해서 고려하지만, 이 세 집단에 속한 사람은 사실상 같은 사람일 수도 있다. 그러나 담세율의 형평성과 정당성을 기하기 위해서는 이 세 그룹을 분리해서 생각해야 한다. 그러나 이 책에서는 지역사회 및 토지소유자를 묶어 비사용자로 분류해서 이들에게 미치는 여러 가지 효과 및 영향을 분석한다.

17.3.1 교통시설의 비용

경제성 분석을 하기 위해서는 그 시설 및 사용자 측면에서 본 비용이 어떤 것인지를 알아야 한다. 교통시설을 건설하거나 개선하는 데 드는 시설비용은 초기투자비용과 유지관리, 운영 및 행정에 필요한 계속비용으로 구성된다. 초기투자비용은 교통시설의 설계, 부지구입 및 건설에 소요되는 비용을 말한다. 계속비용 중에서 시설의 유지관리 및 운영비용은 그 시설의 경제수명 동안에 발생하는 비용으로서 유사한 프로젝트에서의 경험자료로부터 얻을 수 있다.

일반적으로 회계목적으로 사용되는 배당비용(allocated cost), 즉 행정비용, 계획수립비용 및 총 경비(overhead cost) 등은 경제성 분석에서 제외된다. 왜냐하면 어떠한 대안이 선택되더라도 그 비용은 발생하기 때문이다. 이 밖에도 계산에서 제외되는 비용은 이미 사용된 매몰비용(sunk cost)이다. 우리가 결정하고자 하는 것은 앞으로 무엇을 해야 될 것인가 하는 것이기 때문에 과거에 이미 투자된 비용은 기정사실로 보고 계획에서는 이를 무시한다. 전가비용(transferred cost)을 고려할 때에는 이중계산을 하지 않도록 유의해야 한다. 예를 들어 어떤 프로젝트에서 민간건설회사가 자신의 비용으로 도로부지 내에 있는 어떤 시설을 철거한다면, 프로젝트의 예산에서 나가는 비용은 아니지만 경제적 자원이 소모되었으므로 분석에 포함시키되 그 민간회사의 계정에서는 이를 제외시켜야 한다.

대부분의 투자사업에서 그 프로젝트의 경제수명 또는 서비스수명을 판단하고 그 후의 잔존가치를 추정해야 한다. 잔존가치란 경제수명 끝에 남아 있는 가치를 말한다. 그러나 도로에 대한 경제성 분석에서는 이 값을 무시하는 경우가 많다.

교통프로젝트 평가에 포함되는 사용자비용에는 차량운행비용, 통행시간비용 및 교통사고비용이 있다. 이 비용들은 종종 편익을 계산할 때 사용된다. 즉 교통시설이 개선되면 사용자비용이 줄어들고, 결국 인지가격(perceived price)이 낮아지므로 수요곡선에서 사용자편익이 생기게 되기 때문이다.

차량운행비용은 도로교통프로젝트 평가에서 특히 중요한 요소이다. 예를 들어 도로의 곡선부나 경사를 줄이고, 노선을 단축하거나 신호등을 없애는 등과 같이 도로를 개선하면 운전자에게 큰 비용절감을 가져다 준다.

교통을 개선하는 가장 중요한 이유는 통행시간을 단축하기 위한 것이다. 경제활동에서는 특히 시간이 돈이기 때문이다. 경제성 분석을 할 때 통행시간 절약의 가치를 나타내는 방법에 관해서 수년간 많은 논란이 있어 왔다. 시간절약의 경제적 가치를 부정하는 사람은 아무도 없으나 문제는 그 가치를 어떻게 금전적으로 환산하는가 하는 것이다. 일상적인 교통류 내에는 개인차량과 트럭이 혼합되어 있기 때문에 이들 각각의 시간가치를 따지기가 매우 어렵다. 트럭회사의 시간절약은 곧바로 노임의 절약과 연결되는 반면에, 개인통행은 그 통행목적에 따라 시간가치가 모두 다를 수 있다. 예를 들어 통근통행의 1시간 절약가치와 쇼핑통행의 1시간 가치가 같을 수가 없을 것이다.

시간가치는 또 통행시간의 길이와 소득수준과도 관계가 된다. 예를 들어 10시간에서 1시간 절약되는 가치와 2시간에서 1시간 절약되는 가치가 다를 것이다. 또 절약되는 시간의 크기에 따라서도 그 가치가 다르다. 만약 시간절약이 5분 정도밖에 되지 않는다면 그 가치를 인지하기 어렵기 때문에 절약가치가 거의 없다. 그러나 시간절약이 제법 크면(예를 들어 15분 이상) 이때의 경제적 가치는 매우 클 것이다. AASHTO는 연평균소득 20,000달러인 계층의 시간절약가치로서 절약시간이 5분 이하일 때에는 시간당 0.27달러, 절약시간이 15분 이상일 때에는 이보다 8배 큰 시간당 2.32달러의 값을 사용하고 있다. 그러나 사실상 이와 같이 통행시간길이와 소득수준별로 세분화하여 절약시간가치를 나타내기가 매우 어렵다는 것이 문제이다. 여기서 문제를 더욱 어렵게 만드는 것은 절약된 시간가치와 그 사람의 본래의 시간가치가 다르다는 사실이다.

절약되는 통행시간이 매우 적더라도 이를 전체교통량에 대해서 금전화하면 그 가치는 매우 커진다. 예를 들어 AADT가 50,000대인 어떤 도로프로젝트에서 절약되는 통행시간이 5분이고, 절약시간가치가 시간당 1,000원이라고 하면, 연간 총 절약시간가치는 $50,000 \times (5/60) \times 365 \times 1,000 = 15.2$억원이다. 10% 이자율로 계산할 때 이와 같은 절약은 수명이 20년인 프로젝트에 지금 당장 130억원을 투자해도 손해가 나지 않는다는 말과 같다. 사실상 도로프로젝트에 경제적 타당성 분석에서 시간절약가치가 절대적인 비중을 차지한다.

통행시간의 절약이 경제적 편익을 나타내기는 하나 이를 금전화하는 데에는 아직도 논란의 소지가 많다. 어떤 사람들은 통행시간 절약가치를 금전화할 때 상업용(경제적 활동에 사용되는) 차량에 대해서만 적용해야 한다고 말하기도 하다.

교통사고로 인한 사망, 부상 및 재산상의 손실은 국가적인 관심사항이 되고 있다. 교통사고의 경제적 비용을 알기 위해서는 프로젝트의 경제수명 동안에 일어날 수 있는 사고의 종류와 그 크기를 예측해야 하고 각 경우에 대한 경제적 가치를 추정할 수 있어야 한다. 재산피해와 부상사고는 보험회사자료를 이용하여 그 가치를 평가할 수 있다. 사망사고의 경우, 인명의 가치를 금전적으로 나타낼 수는 없지만 통상 사망자가 장래 벌어들일 수 있는 소득으로 나타내거나 보험회사의 자료를 이용한 사망자에 대한 평균보험금으로 나타낸다.

지금까지 설명한 사용자비용(차량운행비용, 통행시간비용, 교통사고비용)은 뒤에 다시 언급된다.

1 도로의 서비스수명

여러 가지 다른 환경에 있는 도로나 그 구성요소의 서비스수명을 구하기란 매우 어려운 일이다. 같은 종류의 도로라 할지라도 그것이 위치한 장소에 따라 토질, 기후, 지형 및 교통량 등과 같은 요인에 따라 수명을 달리한다. 평탄한 지형에서는 장기간 동안 도로의 선형을 변화시킬 필요가 없으나, 구릉지나 산악지에서는 원래 있었던 구불구불한 도로가 쓸모없게 되어 서비스수명에 도달하기 전에 선형을 개선할 필요가 생기게 된다. 또 도로건설기술이 발달하여 점차 도로의 수명이 길어지게 된다. 또 기존시설의 일부분에 대해서 재포장을 한다든가 용량을 증대시키기 위해 도로를 확장하거나 입체분리를 시키는 것이 일반적이다. 이와 같은 재포장이나 재건설을 기존도로의 수명이 다한 것으로 볼 수 있느냐 하는 것이 의문이다. 종합적으로 말해 서비스수명을 예측한다는 것은 매우 어렵고 불확실한 요인을 내포하고 있다.

도로포장의 서비스수명에 대한 연구는 1935년경에 시작되어 지금까지 많은 진전이 있어왔다. 과거의 경험과 자료로부터 서비스수명을 예측하는 방법에는 여러 가지가 있으나 여기서는 설명을 생략한다. 서비스수명과 경제수명을 예측하는 방법은 참고문헌 (3)과 (33)을 참고하기 바란다.

2 도로행정비용

도로의 계획, 건설, 유지관리 및 운영을 책임지고 있는 행정기관이 그 기능을 수행하는 데 드는 비용은 경제성 분석에 포함된다. 그러나 계획대안을 비교할 때에는 이 비용을 고려할 필요가 없다. 왜냐하면 다른 어떤 대안을 선택해서 시행한다 하더라도 이러한 행정비용은 필요하기 때문이다.

도로를 건설하고 유지하는 데 소요되는 km당 비용은 천차만별이지만 과거의 통계자료로부터 적절한 비용을 추정해서 분석에 사용한다. 경제성 분석에 있어서 부지매입, 건설, 유지관리 및 운영에 대한 비용을 추정하는 데 있어서의 요구되는 정확도는 그 용도에 따라 다르다. 예를 들어 필요성 조사(needs study)나 예비계획을 하기 위해서 장기예측을 할 경우에는 과거의 경험이나 자료로부터 얻은 km당 평균비용만 고려하면 된다. 그러나 포장설계나 재료에 대한 대안을 비교한다면 각 비용요소에 대한 매우 자세한 비용을 알아야 한다.

3 이 자

개인기업의 입장에서는 이자가 투자된 자본에 대한 비용으로 간주되어 그 기업의 경제성 분석에 포함된다. 투자되는 돈이란 생산성이 있는 다른 투자기회를 포기하거나 이자를 지불하고도 빌려오는 것이기 때문에 이자를 투자비용으로 간주하는 것이 당연하다. 공공사업 부문에서도 투자재원이 생산적일 수 있고, 또 생산적이어야 한다는 당위성과 이에 대한 이자는 소비를 뒤로 미룬 대가(도로에 투자된 경우 미래의 편익을 기대한)라는 개념에서 마찬가지로 이자를 경제성 분석에 포함시킨다.

오늘날 도로사업에서 비용으로서의 이자를 보는 견해에는 두 가지가 있다.

① 이자율로는 도로행정기관이 돈을 빌릴 수 있는 현재 이자율을 사용해야 한다. 또 현재의 예산이나 수입으로 도로개선사업을 감당할 수 있을지라도 이자를 비용으로 생각해야 한다. 장래의 불확실성을 인정하더라도 미래의 편익을 개략적으로나마 계산하여 이를 비용계산에 포함시켜야 한다.

② 이자율로는 최저유인수익률(minimum attractive rate of return : MARR)을 사용해야 한다. 장래의 위험부담을 감안하기 위해서는 이 값이 일반 이자율보다 조금 높을 것이다. 이 값은 제한된 도로예산을 가장 효율적으로 사용하는 대표적인 프로젝트를 분석한 연후에, 이때의 수익률을 토대로 하여 도로행정부서에 의해 결정된다. 어떤 경우이든 장래의 불확실성에 비추어 매력적이 되지 못하는 곳에 투자하는 것을 막기 위해서는 이 MARR이 충분히 커야 한다.

이자율은 경제성 분석결과에 큰 영향을 준다. 예를 들어, 사용되는 이자율이 0, 3, 6, 10%이고 초기투자비용이 1,000억원, 서비스수명이 30년이라고 할 때, 30년 동안 1,000억원을 회수하는 데 필요한 연간수익은 33.33억원(0%), 51.02억원(3%), 72.65억원(6%), 106.08억원(10%)이 되어야 할 것이다.

위의 두 가지 견해 중 첫째 것은 AASHTO에서 사용한 것이고, 두 번째 견해는 개인기업에서 사용하는 개념과 유사한 것으로서 도로 및 다른 공공사업에서 응용하는 개념이다. 현재의 이자율보다 일반적으로 큰 MARR은 투자액에 대한 이자와 예측의 위험부담에 대한 담보를 포함한 것이다. 위험부담이 큰 프로젝트에서는 사용이자율이 이보다 좀더 클 수도 있다. 이자를 비용으로 포함시키는 경우, 이자율이 커지면 경제성 분석에 사용되는 분석기간의 중요성이 줄어든다. 예를 들어 분석기간을 100년에서 50년으로 줄여 잡으면, 이자율이 0%일 때에는 연간비용이 2배로 증가하고, 이자율이 3%일 때에는 22% 증가, 6%일 때에는 6% 증가, 이자율이 10%일 때에는 연간비용이 1% 정도밖에 증가하지 않는다.

17.3.2 도로사용자에 미치는 영향

도로를 운행 중인 차량의 운전자나 승객은 차량의 운행비용이나 도로건설비용에 관심을 가진 것보다 주행 중에 느끼는 개인적인 쾌적성과 만족도에 더 큰 관심을 갖는다. 또 도로이용자는 도로상을 주행하든 않든 간에 차량의 연료세, 면허세 및 등록세가 그 도로를 건설 및 유지관리하는 재원과 어떠한 관계가 있는지를 충분히 알지 못한다. 아마도 도로이용자는 그가 버스나 기차 또는 비행기를 이용할 때도 차량의 고정비용을 지불한다는 사실을 모르는 사람도 있을 것이다.

교통시설 개선계획은 일반기업과 마찬가지로 그 시설을 건설함으로써 장래 얻을 수 있는 편익이 투자비용보다 커야 한다. 따라서 경제적인 설계란 투자비용이 적게 들면서 차량운행비용을 감소시키는(그러므로 편익이 커지는) 것이 되어야 한다.

교통수단을 이용하는 승객은 속도, 쾌적성 및 편리성을 매우 중요시하기 때문에 지금까지의 교통개선사업은 거의가 이 요소들을 개선하는 것이 주요 목적이었다. 여기서 쾌적성과 편리성은 비시장적 요인이기는 하나 이러한 요인에 대해서 기꺼이 대가를 지불하는 사실로 미루어 보아 사실상 시장 요인으로 볼 수 있다. 단지 이들이 시장경쟁에서 가격이 형성되는 것이 아니기 때문에 비시장 요인으로 분류될 따름이다.

교통시설이 건설 또는 개선되었을 때 그 시설을 이용하는 사람이 받는 편익에는 다음과 같은 것이 있다.

① 차량운행비용의 절감 : 운행비용에는 연료비, 오일비용, 차량수리비, 감가상각비, 인건비, 관리비 등이 있으며, 교통시설의 개선으로 인해 주행조건의 향상, 주행거리의 단축으로 차량의 운행비용이 감소된다.

② 통행시간의 단축 : 통행거리가 단축되거나 통행속도가 높아져 통행시간이 단축된다.

③ 교통사고의 감소 : 도로 및 교통여건이 개선되고, 운전자의 피로가 감소됨으로 말미암아 교통사고가 감소된다.

④ 쾌적성의 증대 : 도로 및 교통여건이 개선되어 운전자와 승객의 쾌적성이 커진다.

⑤ 화물의 손상 감소 및 포장비 절감 : 운행 중인 차량의 충격이 감소하여 수송 중인 화물의 손상이 감소될 뿐만 아니라 포장비도 절감된다.

⑥ 운전자의 피로도 절감 : 운전자의 정신적, 육체적 피로도가 감소된다.

1 차량운행비용

차량운행비용은 주행거리에 따라 증가한다. 즉 주행 km당 운행비용은 비교적 일정하다. 이러한 범주 내에 드는 운행비용에는 연료비, 타이어마모비용, oil비용, 정비수리비용 및 감가상각비용 중에서 마모에 의한 부분 등과 같은 직접비용이다. 고정 비용, 즉 면허세, 등록세, 주차비용, 보험 및 감각상각비용 중에서 자연적인 가치하락 부분은 주로 시간에 따라 달라지나 어떤 기간(예를 들어, 1년) 동안에는 일정하므로 km당 비용으로 따질 때에는 연간주행거리에 따라 감소된다. 또 속도에 따라 달라지는 비용(또는 가치)도 있다. 예를 들어 운전자 및 승객의 통행시간비용은 속도가 증가할수록 줄어든다. 반면에 주행거리에 따라 달라지는 운행비용 중에서 연료비, oil비 및 타이어마모비용 같은 것은 속도와 교통혼잡에 의해서도 영향을 받는다.

여기서 말하는 비용 중에서 주로 주행거리와 속도에 따라 달라지는 주행비용(running cost)이 도로개선사업에 큰 영향을 받는다. 따라서 도로의 경제성 분석에서는 각 계획대안의 주행비용만 고려한다. 주행과 관계가 없는 고정비용은 다른 대안에서도 꼭 같이 소비되기 때문이다.

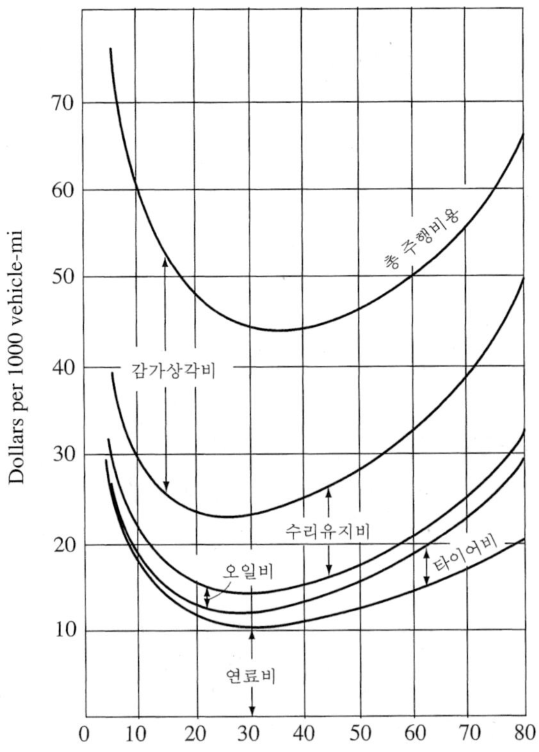

자료: 참고문헌 (3), (34)

〔그림 17-1〕 평탄한 직선구간, 균일속도에서의 승용차 주행비용(1970년 불변가격)

도로를 주행하는 차량에는 여러 가지 종류가 있으며, 이들의 차령도 다양하다. 차량운행 비용을 조사하기 위해서는 이들을 종류 및 특성별로 분류하여 각각 별도로 분석하여야 한다. 예를 들어 Winfrey는 이들을 승용차, 픽업, 6 ton급 트럭, 가솔린 세미트레일러 트럭, 디젤 세미트레일러 트럭 등 5종으로 분류하여 각 차종에 대해서 운행조건에 따른 운행비용을 분석하였다.[3)]

총 주행비용은 속도, 속도변화, 혼잡도, 경사, 곡선반경 및 시거제약에 따라 변한다. 혼잡하지 않고, 평탄하며, 직선인 도로를 주행하는 승용차의 주행비용(연료비, 타이어마모비용, 정비수리비, 감가상각비)과 이들을 합한 총 주행비용은 〔그림 17-1〕에 나타나 있다. 이 그림에서 보듯이 승용차에서 총 주행비용이 가장 적게 드는 속도는 55 kph이며 이보다 낮은 속도나 높은 속도에서는 주행비용이 증가한다. 그림으로 나타내지는 않았지만 대형트럭은 40 kph의 속도에서 총 주행비용이 가장 적다.

(1) 차량연료비용

어떤 한 차량에서 주행 km당 연료비용은 운전자의 운전기술, 엔진 튠업상태, 속도, 교통혼잡도, 노면, 경사, 곡선반경 및 편구배, 정지시간 및 정지횟수, 기후, 표고 등에 따라 달라진다. 차량 간에는 차의 연령, 중량, 크기, 엔진과 변속기의 효율 및 조정상태, 운전자의 운전기술에 따라 주행비용이 달라진다. 낮은 속도에서는 엔진효율이 감소하고, 높은 속도에서는 공기저항과 내부마찰 때문에 연료소모가 증가한다. 교통이 혼잡할 때의 가속 및 감속, 경사, 곡선반경, 노면상태 등은 연료소모에 영향을 분다.

(2) 타이어마모비용

타이어마모는 앞의 그림에서 보는 것처럼 속도에 비례해서 증가한다. 여기에 나타나지는 않았지만 타이어마모비용은 감속, 정지, 가속, 곡선부 및 모서리운행, 오르막길, 비포장노면에서 크게 증가한다.

(3) Oil비용

도로 구조가 오일소모에 미치는 영향을 알아내기는 매우 어렵다. 포장도로에 비해 토사도로에서의 오일소모가 더 크다는 것은 분명하다.

(4) 정비수리비용

정비수리비용이 총 주행비용에서 차지하는 비율은 비교적 크다. 이 비용은 도로 및 운행상태, 차량소유자의 정비수리능력, 차량의 연령 등에 따라 좌우된다. 정비수리비용 중에서도 도로에서 운행되는 부분만을 포함시켜야 한다. 사고로 인한 정비수리비용은 여기에 포함되지 않는다.

(5) 감가상각비용

감각상각비용은 도로를 운행함에 따라 차량마모에 의한 것과 차량의 연령이 오래됨으로 인한 자연적인 가치절하가 있으나 경제성 분석에서는 앞의 부분만 고려한다. 이 비용이 총 주행비용에서 차지하는 비율은 매우 크다.

(6) 감속, 정지, 가속시의 비용

어떤 이유에서건 차량이 가속해서 정지하고, 또 가속하는 데는 추가적인 연료소모 및 오일소모가 생기며, 브레이크 및 타이어마모가 더 커지고 정비수리비도 증감한다. 한 번 정지하는 데 드는 비용은 정지하기 전의 속도와 차량의 종류 및 특성, 운전자의 운전습성에 따라 달라진다. 이 비용은 승용차보다 대형차에서 훨씬 더 크다.

(7) 교통혼잡에 따른 비용

〔그림 17-1〕의 비용은 차량이 다른 차량의 영향을 받지 않고 주행할 때의 비용이다. 교통량이 증가하면 평균주행속도가 감소할 뿐만 아니라 가・감속 및 정지가 반복해서 일어난다. 이러한 경우의 주행비용은 교통량—속도의 관계로부터(제4장 참조) 평균주행속도를 예측하고 이를 이용하여 〔그림 17-1〕로부터 그 값을 얻을 수 있다.

설계속도가 120 kph 정도인 고속도로에서는 교통량이 용량에 도달할 때까지는 주행비용이 거의 일정하다. 그 이유는 교통량이 증가하여 속도가 줄어들면(55 kph) 주행비용은 감소하나 교통혼잡증가로 인한 속도변화가 자주 일어나므로 이 두 비용의 증감이 서로 상쇄되기 때문이다. 설계속도가 낮은 도로에서는 v/c비에 따라 비용이 증가한다.

(8) 시거제약으로 인한 비용

2차로 도로에서 고속차량이 저속의 차량을 추월하기 위해서는 감속 및 가속을 반복해야 하므로 이에 대한 비용을 고려해야 한다.

(9) 경사에 따른 비용

오르막길에서는 더 많은 연료를 소모한다. 예를 들어 6% 경사에서는 평탄지에 비해 20%의 추가적인 연료가 필요하다. 4% 이내의 내리막길에서는 평탄지에 비해 연료소모가 적으나, 그 이상의 내리막경사에서는 브레이크 작동이 자주 필요하므로 연료소모가 그다지 줄어들지 않는다.

(10) 곡선부 주행에 따른 비용

이 비용은 거의가 타이어마모에 의한 것으로서 고속으로 곡선부를 주행할 때에는 이 비용이 크게 증가한다. 예를 들어 곡선반경이 280 m인 곡선부를 100 kph의 속도로 주행할 때의 주행비용은 직선구간을 주행할 때에 비해 90%가 증가한다. 물론 곡선부에서는 속도 제한이 있기는 하나, 편구배와 횡방향 마찰에 의한 비용이 새로 발생한다.

(11) 노면상태에 따른 비용

지금까지 언급한 주행비용은 모두 고급 노면포장에 대한 것이었으나, 노면상태가 자갈이나 사질토인 경우에는 주행비용이 증가한다. 이러한 주행비용을 구하고 계산하는 방법은 참고문헌 (3)과 (33), (34)에 자세히 언급되어 있다.

2 통행시간 및 시간가치

시간은 통행하는 동안 소비되는 가치 있는 경제재이다. 시간이 가치가 있다는 말은 상품 생산의 질과 양이 시간에 좌우되기 때문이다. 그러나 경제적인 관점에서 볼 때 시간이 경과함에 따라 바람직한 서비스 수준이나 만족도를 얻을 수 없다면 그 시간은 가치가 없다. 인간은 시간을 통해서 창조적이고 생산적이 된다. 그러나 인간은 시장에서 보는 일반상품과는 달리 표준가격을 가지고 있지 않다. "시간의 가치"란 다른 말로 바꾸어 "그 시간 동안에 생산된 상품의 가치 또는 그 시간 동안에 얻은 서비스의 가치"로 표현할 수 있다. 통행에 있어서의 시간이란 A라는 곳에서 B라는 곳으로 가는 데 사용되는 총 시간, 즉 주행에 소비된 시간뿐만 아니라 감속, 정지, 가속에서 추가로 소비된 모든 시간을 말한다. 만약 교통수단의 속도가 빨라서 통행시간이 절약되면 출발 이전 시간이나 도착 이후의 절약된 시간에 다른 가치 있는 활동을 할 수가 있고, 이때 그 활동의 가치를 시간가치라 볼 수 있다.

도로의 경우 도로이용자는 거리가 좀더 멀고 운행비용이 더 드는 한이 있더라도 통행시간이 가장 짧은 노선을 선택하려는 경향이 있다. 이와 같은 욕구는 교통수단을 선택하는 데서도 나타나며 요금을 더 지불하더라도 더 빠른 교통수단을 이용하려고 한다. 이때 절약되는 통행시간 대신 더 지불하게 되는 요금수준, 즉 절약된 시간의 가치가 얼마인가 하는 것은 개인의 소득수준과 통행목적, 환경, 가용한 시간의 길이, 시간절약의 신뢰도 등에 좌우된다. 예를 들어 휴식겸해서 드라이브할 때의 절약되는 시간가치는 친척의 결혼식에 참석하기 위해 갈 때의 시간가치에 비해 그 가치가 낮다. 또 직장에서 집으로 귀가할 때의 시간가치는 집에서 직장으로 출근할 때의 시간가치보다 낮다. 왜냐하면 출근시간이 조금 늦으면 불이익을 받을 수 있으나 귀가시간이 조금 늦는 것은 상관이 없기 때문이다.

교통개선사업의 경제성을 분석함에 있어서 통행시간은 직접효과를 얻는 도로이용자에게는 시장적 영향(돈으로 살 수 있는)을 가지지만 시장가격이 쉽게 형성되지 않는다. 차량의 통행시간이 짧아지면 절약되는 시간만큼의 가치는 생기지만, 이와 반대로 빠른 속도로 인해서 차량운행비용이 커지므로 이 두 가지를 함께 고려해야 한다. 승용차의 시간절약은 자원절약으로 볼 수 없기 때문에 시간절약은 그냥 시간단위로 나타내는 것이 좋다. 만약 시간절약의 가치를 금액으로 계산한다면, 시간당 가격이 얼마인지를 반드시 언급해야 한다.

지금까지 설명한 것은 개인승용차를 기준으로 한 것이지만, 만약 버스나 화물트럭 또는 택시의 관점에서 본다면 수익률이 통행시간의 가치를 결정하는 결정적인 요소가 된다. 화물트럭의 시간절약은 자원의 절약을 의미한다. 이 절약은 운전자나 동승한 조수의 노임과 설비투자, 화물투자, 화물의 시간가치, 그 차량의 감가상각 중에서 시간에 관련된 부분에 영향을 준다. 일반적으로 화물차량은 개인승용차보다 통행시간가치를 평가하는 기준이 명확하다. 즉 화물차량은 현금수입과 현금지출을 감안하여 이익을 위해 운영되기 때문에 이 현금의 흐름이 통행시간의 가치를 계산하는 기준이 된다.

대개 화물차량 한 대당의 시간절약은 매우 적을지 모르나 많은 차량이 1년간 통행한다고 본다면 그 절약된 시간의 양은 매우 크다. 그러나 차량 한 대가 절약한 적은 시간(예를 들어, 1분)은 다른 생산적인 용도에 사용될 수 없으므로 많은 차량에 의해서 많은 시간을 절약한다 할지라도 사실상 시간절약가치는 없다고 주장하는 사람도 있다. 예를 들어 화물트럭 운전사가 하루 8시간 운행을 기준으로 임금을 받는다고 할 때, 1~2분을 절약한다고 해서 그의 급료가 줄어들지는 않기 때문이다. 따라서 절약된 시간이 상당한 양에 이르지 않는 한 시간절약으로 인한 경제적 이득은 생기지 않는다는 것이다. 반면에 적은 양의 절약시간이라 하더라도 생산적으로 사용될 수 있으며, 더욱이 시간을 단축하는 도로개선사업이 많으면 그 누적효과를 인정해야 한다는 견해를 가진 사람도 있다.

(1) 개인승용차의 통행시간

개인승용차의 통행시간가치에 영향을 주는 요인에는 다음과 같은 것이 있다.

- 승　　객 : 연령, 승객수, 직업, 소득수준, 통행 동안의 현금지출여부
- 통　　행 : 거리, 정지수, 통행목적, 정기 및 부정기 통행여부, 통행빈도, 총 통행시간, 통행비용을 지불하는 사람
- 환　　경 : 요일, 시간, 계절, 토지이용, 법적 제한속도, 도시 및 지방부여부, 통행속도, 교통량 및 차종구성, 도로 종류
- 가치요인 : 출발 직전의 활동, 도착 직후의 활동, 연속적으로 가용한 시간길이, 총시간, 통행시작과 끝나는 시간, 절약된 시간을 사용하는 장소, 생산에 종사하는 시간, 필요로 하는 통행시간의 신뢰성, 절감된 통행시간의 활용도, 지체되었을 때 지체시간가치, 여가시간의 가치, 소득수준

통행시간가치를 좌우하는 요인들은 각 개인이나 각 통행에 따라 다르다. 승용차의 통행

시간가치를 결정하는 방법은 지금까지 통계적 또는 시장조사방법이 있다.

① 유료도로 대 통행료 없는 도로 비교(Claffey)[36] : Claffey는 유료도로와 이와 평행하고 시·종점이 같은 통행료 없는 도로에서의 통행시간, 연료소모, 속도변화 등을 측정하고 운행비용, 사고비용, 통행료, 운행시간, 속도변화, 유료도로를 선택한 운전자의 수를 파악했다. 속도변화는 ±1.0 mph까지 조사했으며, 이것은 운전 중의 쾌적성을 측정하는 데 사용했다. 그 결과 1959년 가격으로 차량 대·시간당 1.42$였으며, 평균승차인원이 1.6명이었으므로 승객인·시간당 0.89$로 나타났다. 이 조사는 도시간 유료도로에서 지불된 시간가격을 측정한 것일 뿐 기꺼이 지불하고자 하는 가치를 반영한 것이 아니며, 특히 중요한 도시통행, 즉 가정−직장 및 직장−가정의 직주통행은 포함되지 않았다.

② 통근통행조사(Thomas)[37] : Thomas는 직주 간의 통근통행을 현장조사하여 승용차 통행시간가치를 구하는 수리모형을 만들었다. 이때 사용된 도로는 유료도로와 통행료 없는 도시부 도로 중에서 어느 하나를 이용할 수 있는 경우였다. 이 연구에서 나타난 결과는 통근통행 한 사람의 시간가치는 1967년 가격으로 2.82$였다. 이 연구는 다음과 같은 조건 아래에서 행해졌다. 즉, (i) 근로자통근통행, (ii) 통행시간 10분 이상, 또는 8 km 이상인 통근통행, (iii) 연간 소득수준이 6,000~8,000$인 계층, (iv) 교통혼잡이 없는 상태, (v) 차량운행비용을 고려하지 않았다.

③ 통근통행조사(Lisco)[38] : Lisco는 Thomas와 매우 유사한 연구로서 승용차통행과 고속전철통행을 비교하여 통근통행 1시간의 시간가치를 2.5~2.7$로 계산했다. 그는 면접조사와 총 통행거리 24 km의 현장시험을 통하여 회귀분석으로 통행비용을 계산했다. 여기서 사용된 변수는 통행시간 차이, 운행비용 차이, 배우자의 출근여부, 가구소득수준, 성별, 연령별, 이용수단 등이었다. 통근통행 시간가치 이외에 추가적으로 승용차이용시의 쾌적성과 편리성의 가치를 하루 1.5~2.5$로 계산했다. 이 연구에서 밝혀진 또다른 하나의 사실은 통근자가 주차장에서부터 근무지까지의 보행시간 1분을 줄이는 데 약 12 cent를 기꺼이 지불하며, 이 중에서 8 cent는 걷는 데 따르는 불편함을 회피하는 대가이고 4 cent는 보행시간가치이다. 따라서 출퇴근시간의 한 시간에 대한 보행시간가치는 2.4$이며 보행의 번거로움의 가치는 시간당 4.8$이다. Thomas의 결과와 마찬가지로 Lisco의 연구는 첨두시간의 통근통행에 국한된 것이며, 평균소득수준이 연간 8,000$ 정도인 통근자를 대상으로 한 것이다.

통행시간의 가치는 앞에서 언급한 여러 가지 요인에 따라 달라지지만, 그 외에 절약되는 시간의 크기에 따라서도 달라진다. 예를 들어 120대의 차량이 10초씩 단축한 1,200초의 가치와 한 대의 차량이 1,200초 단축한 시간가치가 다를 것이며, 10통행에서 각각 1분간 단축한 10분의 시간가치와 한 통행에서 10분 단축한 시간가치가 같을 수 없을 것이다. 이러한 시간가치의 차이점에 대해서 연구한 것은 없으나 지금으로서는 경제성 분석을 하는 사람의 독자적인 판단에 맡기는 수밖에 없다.

(2) 화물차량의 통행시간

화물차량의 통행시간가치를 계산하는 비용절감(cost-reduction) 접근방법은 (i) 통행시간을 단축시키는 데 드는 도로비용, (ii) 시장가격에 기초를 둔 기꺼이 지불할 수 있는 가격, (iii) 통행시간 단축이 총 순운영수익을 증대시킬 때의 수익금에 대한 광범위한 분석을 하여 통행시간가치를 결정한다. 통행시간 단축이 자원소모를 줄이고, 소모자원의 절감이 통행시간가치를 나타낸다는 근거에서 이 접근방법은 위의 3가지 방법(승용차 통행시간)보다 좋을 수 있다. 그러나 통행시간 단축에 의해서 어떠한 자원이 얼마만큼 절감되는지 명확히 파악하기는 어렵다. 통행시간 단축가치에 관계되는 자원에는 다음과 같은 것이 있다.

① 투자에 대한 수익 : 통행시간이 짧으면 일정한 양의 상품을 수송하는 데 필요한 차량 대수가 적어도 된다. 따라서 수송장비에 대한 투자는 적어지고, 투자감축은 결과적으로 수익을 줄이게 되고, 이 수익감소는 장비의 감가상각비용의 감소보다 커지게 된다.

② 감가상각 : 자본재의 소모비용인 감가상각비용은 통행시간에 의해 영향을 받는다. 왜냐하면 차량에 적용된 감가상각률은 총 운행시간, 총 주행길이, 연도 등 차량의 서비스수명과 관계되는 요인에 의해 결정되기 때문이다. 만약 통행시간이 단축되고 균일한 주행속도가 유지된다면, 그 차량은 서비스수명 동안에 더 많은 거리를 운행하게 될 것이며, 따라서 단위서비스당 감가상각비용은 적어질 것이다.

③ 재산세 : 장비구입비를 줄이면 결과적으로 재산세가 줄어든다. 그러나 그렇게 되면 세수가 줄어들기 때문에 국가 또는 지방자치단체는 다른 재산에 대한 재산세율을 높이려 할 수도 있다. 그러나 다른 재산세율은 모든 사람들이 다 부담하는 것이므로 운수산업측에서 본다면 장비가 적을 때 총 재산세가 적을 것이다.

④ 운전자 급료 : 통행시간이 단축되면 운전자에게 지불되는 급료가 줄어드는 것은 논리적으로 당연하다. 그러나 이와 같은 가정은 불확실성을 내포하고 있다. 대부분의 화물차량은 통행시간기준이 아니라 통행거리기준으로 운전자의 임금을 계산하기 때문에 통행시간이 단축되더라도 임금에는 변동이 없다. 그러나 장기적으로 볼 때 운전자 임금은 통행시간 단축과 도로개선의 영향을 고려해서 결정된다. 또 통행시간기준으로 임금이 결정되는 경우라 하더라도 운영계획 때문에 단축되어 남는 시간을 다시 운행에 사용하는 것은 아니다. 또 장기적으로 볼 때 통행시간단축이 결과적으로 운송

하는 화물의 톤·km당 운전자 임금을 줄인다고 생각할 수 있다. 운수사업주는 주행속도가 빠르고 통행시간을 단축하는 것이 기업의 이윤 측면에서 훨씬 바람직하다고 생각하는 것이 사실이다.

⑤ 운전자 무임금 보상 : 고용자복지비용인 의료 및 생명보험, 병가, 사회보장제도에 의한 세금 등도 운전자 임금에 직접적으로 관련된 비용이다. 통행시간 단축은 운전자 임금을 절감시킬 수 있다는 결론이 났기 때문에, 위의 무임금 보상비용은 통행시간 단축으로 인해서 줄어들게 된다.

(3) 승용차 통행시간 단축비용

통행시간의 가치만 따질 것이 아니라 통행시간을 단축시키는 데 소요되는 도로개선비용을 계산하면 좋다. 이러한 접근방법은 두 가지 장점이 있다. 첫째, 교통프로젝트에서 승용차 1대당 1시간 단축하는 데 드는 도로비용을 계산함으로써 통행시간가치를 설정하지 않고도 프로젝트대안의 우선순위를 결정하는 기준을 마련할 수 있다. 둘째, 통행시간 단축에 드는 도로비용을 분석하면 경제성 조사에 사용되는 시간의 최소가치가 설정된다. 연간 건설계획 가운데 하나하나씩 건설해 나가는 프로젝트 중에서 시간단축을 위한 도로비용이 가장 높은 프로젝트가 통행시간의 최소가치를 갖는다고 본다.

예를 들어 여러 개의 건설프로젝트 중에서, 통행시간 단축을 위한 도로비용으로 나타낸 승용차 통행시간 단축가치가 승용차 대·시간당 8,000원이 되는 프로젝트가 있다고 가정을 한다. 이용자는 그와 같은 가격으로 통행시간을 사게 되므로 이 값이 사실상 최소시간가치가 된다(이용자 중에는 이보다 더 높은 시간가치를 갖는 사람도 있을 것이기 때문에 이 값이 최소가치가 된다). 따라서 도로개선계획의 경제성 분석을 할 때 최소시간가치로 사용된 시간단축에 드는 도로비용을 기준으로 하여 그 계획을 포기할 것인가 받아들일 것인가를 결정할 수 있다.

통행시간 단축을 위한 도로비용을 구하는 일은 어렵지 않다. 이 값은 총 도로개선비용에서 도로이용자편익(화물차량의 통행시간가치 포함)을 뺀 순 개선비용으로부터 구한다. 통상적인 경제성 분석에서 사용하는 방법으로 도로비용의 연균등액을 구하고 여기서 연균등가 차량비용의 절감액과 사고감소 및 화물차량 통행시간 단축가치를 뺀다. 여기서 남은 값을 분석기간 동안의 승용차 통행시간에 관한 연균등가 단축시간으로 나눈다.

그렇게 되면 순편익(차량운행비용 감소, 사고비용 감소, 화물차량 통행시간 절감에 따른)이 연균등가 도로비용을 초과하게 되는 프로젝트에서는 승용차 통행시간 단축을 위한 도로비용이 부(負)의 값을 갖게 된다. 어떤 개선사업에서는 주행속도가 높기 때문에 차량운행비용이 증가된다. 이처럼 속도가 증가하면 차량운행비용이 증가하고, 또 승용차 통행시간의 도로비용을 증가시킨다.

3 교통사고비용

교통사고는 고통과 슬픔을 가져다 줄 뿐만 아니라 경제적 자원의 낭비를 초래한다. 1993년 한 해의 교통사고비용은 약 6조억원으로 추정되며 이는 도로 1km당 1억원, 차량 1대당 85만원, 차량 대-km당 20원의 비용을 지불한 셈이 된다. 사망자 1인당 25건의 인명피해 사고건수와 32명의 부상자가 생긴 셈이다.

(1) 사고단위비용

경제성 분석을 할 때 포함되는 교통사고비용은 재산피해, 치료비, 소득손실, 보험회사경비 중 사고와 직접적으로 관련이 되는 비용이다. 그러나 이들을 금액으로 환산할 때에는 이중계산을 하지 않도록 특별히 주의해야 한다. 예를 들자면 치료비와 보험금 지불을 모두 비용으로 계산하면 이중계산이 된다. 또 매우 특이하게 높은 배상청구비용은 계산에서 제외시킨다.

교통사고의 사회적 영향에는 피해자 자신, 또는 부모, 자식, 친척 및 친구들의 고통과 슬픔이 있으나 이들은 자원소비를 하는 것이 아니므로 비시장 및 금전화할 수 없는 것들이다. 그렇다고 의사결정을 하는 과정에서 이들 사회적 비용을 무시하라는 말은 아니다. 단지 임의로 금전화시키면 그렇지 않아도 어려운 의사결정을 더욱 어렵게 만들게 된다는 것이다.

일반적으로 경제성 분석 목적상, 교통사고는 그 심각성에 따라 3개의 범주로 나누어진다. 즉 이들은 사망관련사고, 부상관련사고, 재산피해야기사고로 나눌 수 있다. 대개 사망관련사고에 의한 비용보다는 부상관련사고에 의한 비용이 훨씬 더 많기 때문에 경제적인 관점에서 보면 사망관련사고를 감소시키는 데만 중점을 두는 것은 옳지 않다.

우리나라에서 사망자에게 지급되는 보험금은 한 사람당 평균 5,340만원 정도이며, 부상자에게 지급되는 보험금은 평균 400만원으로서(1993년 기준), 여기에는 소득손실, 치료비, 장례비용 등이 모두 포함되어 있다. 사망한 후에 손실되는 장차소득의 현재가는 낮은 이자율로 계산되며, 이때 사망한 사람이 살아 있다고 가정할 때 소비가 예상되는 생계비는 고려하지 않는다.

사고단위비용을 계산함에 있어서 어떤 항목이 포함되느냐 하는 데 대한 의견은 아직도 구구각각이고, 또 이 비용을 계산하기 위한 정확한 자료를 얻기가 어려워 추정값에 많은 차이가 있을 수 있다.

(2) 장래의 사고예측

경제성 분석에서 사고비용을 고려하기 위해서는 기존시설과 계획된 시설 간에 교통사고가 얼마나 차이가 나는지를 추정해야 한다. 기존도로의 교통사고자료는 현황조사를 통해서 얻을 수 있으며, 계획된 도로의 교통사고는 이와 유사한 도로에서의 교통사고자료를 토대로 하여 예측한다.

오늘날까지도 도로의 종류, 교통량 및 특성에 따른 사고감소와 경사 및 곡선반경, 차로폭 및 차로수, 중앙분리대 및 갓길의 폭, 가드레일설치 등과 같은 도로의 구성요소에 따른 사고감소를 예측한 자료들은 매우 단편적이다. 이를 예측하는 데에는 회귀분석방법을 시도한 사람도 있으며, 유사한 시설에서의 사전·사후 조사결과를 이용하여 사고예측을 하기도 한다.

도로를 개선할 때 설계표준을 높이면 사고가 감소하여 사고비용을 줄이는 결과를 낳는다고 가정하는 것이 일반적이다. 그러나 이 가정이 잘못일 수도 있다. 예를 들어 교통량이 적은 지방부 도로의 사고를 분석한 결과 2차로 도로폭이 5.5 m보다 좁거나 넓은 도로 간에 교통사고의 차이가 없다고 알려져 있다. 더욱이 하루교통량이 400대 정도 되는 도로에 갓길을 설치하여 얻을 수 있는 사고감소효과(경제적으로 계산한)는 매우 적었다. 이와 같이 교통량이 적은 지방부 도로는 위험하게 느껴져 운전자가 매우 조심을 하기 때문에 교통사고가 많이 발생하지 않고, 또 발생하더라고 교통량이 적어서 사고건수가 적다.

4 개인적 취향

모든 운전자나 승객은 쾌적성과 편리성을 추구하며, 사람마다 그 추구하는 선호의 정도가 다르다. 쾌적성과 편리성 등 운전자나 승객의 승차감 또는 만족도에 영향을 주는 요인들은 다음과 같다.

(1) 육체적 쾌적감

- 핸들조작 최소화－곡선반경, 회전, 배향곡선, 추월, 차로변경 횟수
- 시각의 쾌적화－전조등 눈부심, 교차로 조명, 노면표시상태
- 가속, 감속의 최소화－발동작 빈도, 종방향 및 횡방향 저항력
- 기어변속의 최소화－경사 및 교통상태에 의한 변속 빈도
- 포장평탄－범퍼, 구덩이, 요철, 진동, 노면상태
- 편안한 운전－운전대를 계속적으로 힘껏 잡아야 할 상태
- 연료냄새, 소음, 먼지, 충격

(2) 정신적 쾌적감

- 시계, 도로변 개발상태, 도로변 광고물
- 바퀴소음, 도로변 고정물체를 지날 때의 바람소리

- 방향 및 속도를 결정해야 할 경우의 빈도
- 운전상태
- 회전 및 노선선정의 번거로움(표지판상태)
- 속도선택의 자유도
- 목적지까지 예상된 통행시간 준수여부
- 설계, 교통규제, 표지의 통일성

(3) 편리성

- 기어변속, 핸들조작
- 목적지까지 직행
- 동일노선
- 방향전환 횟수
- 속도, 노선선택의 자유도
- 차량기능조작

(4) 긴장 및 불쾌감

- 위험사항인지 용이
- 사고를 방지하기 위하여 다른 차량을 계속적으로 관찰
- 다른 차량의 행동에 대한 불확실성
- 추월의 안전성에 대한 불확실성
- 운전 중 계속적인 경각심
- 일어날 뻔한 사고 및 예기치 못한 교통상황
- 설계기준의 변화(설계속도, 포장폭, 차로수)
- 좁은 갓길, 좁은 포장폭, 좁은 교량폭(차도에 근접한 고정물체)

(5) 교통류 내부마찰

- 앞의 서행차량을 할 수 없이 따라감
- 부득이한 정지 및 서행
- 차로당 높은 교통량
- 도로변으로부터 차량유입
- 교통류 내에서 적절하고 안전한 위치를 유지하기 위한 가속 및 감속의 필요성

이러한 항목들은 그 통행이 즐겁고 만족스러우며 바람직한 것인지 혹은 그것이 성가시

고 짜증스러우며 불만족스럽거나 육체적이며 정신적인 피로를 가져오는 것인지를 객관적으로 평가하기 위한 것들이다. 또 이들은 운전 중의 쾌적감, 편리성, 긴장감, 저항감 등에 대한 것들로서 이것을 극복하기 위해서 기꺼이 대가를 지불할 수 있는 것들이다. O-D 조사에 의하면 운전자는 통행거리나 통행시간이 더 길더라도 고속도로를 이용하는 것을 선호한다. 또 혼잡한 노선을 무료로 통행하기보다 유료도로를 선호하는 운전자가 많다. 이러한 현상으로 봐서 운전자는 쾌적감과 편리성에 금전적인 가치를 부여한다고 볼 수 있다.

운전자나 승객의 개인적인 취향을 만족시키기 위해서 차량의 설계를 변경하는 것은 당연하다. 승차감을 높이기 위해 자동변속장치, 에어콘, 타이어, 샤쉬 스프링, 타이어 공기압, 파워브레이크, 파워핸들, 자동창문 개폐장치, 좌석쿠션, 소음차단장치 등이 계속 개발되고 있다. 그러나 이러한 장치들은 비싸기 때문에 차량구매자는 차량의 가격과 그의 취향을 절충시키게 된다.

도로설계도 마찬가지로 평탄한 포장, 적절한 편구배를 갖는 평면곡선, 높은 기어로 오를 수 있는 종단구배, 고속에서의 추월시거, 넓은 포장폭, 넓은 갓길, 넓은 중앙분리대 등을 설치함으로써 최소의 노력으로 쾌적하게 차량을 운전하게 할 수 있다. 이와 같이 교통통제 및 도로설계를 운전자에 편리하게 함으로써 운전 중의 의사결정횟수를 최소로 줄일 수 있다.

도로를 설계하고 건설할 때 개인적인 만족도를 높이기 위해서는 더 많은 투자가 필요하다. 따라서 도로사용자는 승차감이 더 좋은 차량을 구입하는 데 더 많은 돈을 지불하는 것과 마찬가지로 도로주행의 만족도를 높이기 위해서도 더 많은 대가를 지불해야 한다.

그러나 어떤 대가를 지불하고 쾌적감, 편리성 및 균일한 속도를 얻는 것이 시장적인 가치가 있는 것인가 하는 관점에서 본다면, 이는 시장적이라고 할 수는 없고 단지 개인적인 취향을 만족시키는 데 돈을 쓰는 것에 불과하다. 따라서 이들을 시장가격으로 나타낼 수 없기 때문에 경제성 분석과는 별도로 고려해야 한다고 주장하는 사람도 있으나 반면 AASHTO에서는 교통량에 따른 이들의 가치를 금전화시켜 사용했다.[35] 이에 대한 설명은 17.4.1에서 다시 언급된다.

오늘날의 도로는 운전자가 즐거운 기분으로 운전하게 하기 위하여 양 방향이 분리되었으며, 조경 및 경관에 신경을 써서 건설된다. 반면에 터널이나 지하차도를 위시하여 많은 도로는 시끄럽고 운전하기에 쾌적하지 못하다. 이와 같은 요인은 비록 중요하기는 하지만 비계량적이어서 경제성 분석에서 제외된다.

가끔 공원이나 위락시설 및 사적지에 대한 접근을 용이하게 하기 위해서 도로개선사업을 벌인다. 이러한 투자에서 나오는 편익 역시 비계량적이지만 경제성 분석에서 비계량적인 항목으로 언급하는 것이 좋다.

17.3.3 비사용자에 미치는 영향

도로개선의 사회적·경제적 영향에 대한 관심사항은 크게 3가지로 나누어 볼 수 있다. 이들은 ① 경제적 효율을 극대화시키려는 욕구, ② 도로비용을 수익자에게 부담시키려는 노력, ③ 토지이용, 인구배치, 지역사회 분할, 모든 형태의 기업활동을 고려한 도로위치에 대한 관심이다. 이와 같은 관심은 도시 및 교외지역의 교통문제 때문이기도 하고, 또 오늘날 건설되는 도로사업의 대부분은 용량증대와 서비스의 질을 높이기 위해 도로를 재건설하고 도로위치를 조정하기 위한 것이라는 사실 때문이기도 하다.

개발된 지역 또는 부분적으로 개발된 지역을 통과하는 고속도로는 그 지역에 경제적인 영향을 준다. 예를 들어 그 도로는 시내의 교통흐름 패턴과 교통비용을 변화시키고, 대중교통, 경찰 및 소방서, 학교 등과 같은 공공서비스기관의 운영비용에 영향을 준다. 또 고속도로로 인해 지역이 분할되기 때문에 분할된 지역간의 통행이 어려워져서 통행비용이 증가하고, 심지어는 각 지역별로 별도로 필요한 시설을 건설해야 할 경우도 생기게 된다. 이를 위한 추가비용도 계획된 프로젝트의 영향에 포함시켜야 한다. 전반적인 일반대중의 관점에서 본다면 그 비용을 정부나 개인기업에서 부담해야 하므로 별것은 아니지만, 만약 그 비용이 개선사업 때문에 생긴 것이라면 경제성 분석에 포함되어야 한다. 고가차도나 인터체인지의 필요성을 검토하고, 만약 그것이 필요하다면 그 위치와 형태를 결정하는 데에도 방금 설명한 것과 꼭 같은 논리가 적용되어야 한다.

도로개선이 토지가격과 토지로부터 나오는 수입에 영향을 주므로 여러 가지 어렵고 논란의 여지가 있는 문제점이 제기된다. 어떤 경우, 도로개선으로 천연자원이나 토지에 대한 접근이 쉬워지게 된다면 이는 의심의 여지가 없는 경제적 이득이 된다. 여기서 그 이득이 이중계산되지 않도록 유의해야 한다. 예를 들어 외딴지역으로 접근하는 도로는 그 곳의 토지이용을 변화시켜 토지가격을 상승시키고 농작물 수입이나 다른 경제활동을 증대시킨다. 이 두 가지 영향을 모두 다 고려한다면 같은 편익을 이중계산하는 결과가 된다. 이와는 다른 경우로서, 새로운 도로 주위에서의 토지가격 상승과 기업활동의 증대효과는 다른 지역에서의 토지가격 하락과 기업활동의 위축으로 서로 상쇄될 수도 있다. 이것은 경제적 이득이 생겼다기보다 편익의 전가가 일어났다고 보기 때문에 교통경제 분석가들은 이와 같은 편익을 경제성 분석에 포함시키려 하지는 않는다.

고속도로나 주요 도로는 소음과 대기오염 생태계에 영향을 준다. 소음에 관련된 비용은 도로 주위에 소음벽을 설치하는 비용으로 계량화될 수 있다. 그러나 현재까지는 소음이나 대기오염 및 기타 효과의 경제적 비용을 계량화할 수 없어 비시장적인 영향으로 취급한다.

도로개선사업으로 주민이 이사를 가고 근린지역이 훼손되는 것은 도시고속도로의 부정적인 영향중에서 가장 중요한 것이다. 이러한 주거생활의 훼손을 보상하기 위한 중앙 혹은 지방정부의 입법활동을 통해서 경제적 또는 사회적 비용을 줄이기 위한 부분적인 대책을 마련할 수 있다. 그러나 현재까지는 그 영향들을 계량화할 수 없을 뿐만 아니라 잘 알려져 있지도 않다.

이와 같은 비사용자에 대한 영향은 파급효과를 수반하며 장기간에 걸쳐서 발생되는 것이 특징이다. 그러나 이 효과가 발생하기 위해서는 다른 교통시설투자뿐만 아니라 산업기반조성에 필요한 다른 관련투자가 동시에 이루어져야 한다. 이와 같은 이유 때문에 간접영향을 복합영향이라고도 한다. 간접영향 중에서 중요한 것은 다음과 같다.

(1) 기존도로의 혼잡완화

교통혼잡이 발생하는 교통시설과 병행하여 새로운 교통시설이 건설되면 기존시설로부터 신설노선으로의 전환교통이 발생하여 기존도로의 혼잡이 줄어든다. 따라서 기존노선의 운행비용이 절감되고 수송시간이 단축된다.

(2) 산업개발효과

교통조건이 개선되어 기존의 산업지구보다 유리한 입지조건을 갖는 산업이 교통시설 주변에 새로이 건설된다. 이 효과를 산업개발효과라고 하며, 이로 인해 산업의 지방화(localization effect of industry)가 촉진된다. 또 이 교통시설 주변지역에 있는 기존산업도 생산능력이 확대된다.

(3) 생산 및 수송계획의 합리화

교통시설의 신설 및 개선에 의한 운행비용의 절감, 통행시간의 단축으로 산업은 생산계획이 합리화되고, 운수산업은 대형차량을 이용하는 등 수송계획이 합리화된다. 산업 및 수송계획이 합리화되면 재고투자를 절감하게 되어 자본이자를 절감시킬 수 있고, 이 절감된 자본을 생산 및 수송부문에 투자하여 생산량을 증대시킨다.

(4) 도시인구의 분산

교통시설의 개선 및 신설은 대도시에서의 출퇴근시간을 단축하여 도시인구의 교외 이전을 가능케 하므로 대도시 주변에 위성도시가 형성된다. 도시인구의 분산이 산업의 분산과 병행하게 되면 지방의 도시화(urbanization effect)가 촉진된다.

(5) 자원개발효과

교통시설의 개선 및 신설은 주변지역의 미개발자원을 개발케 하고(예컨대 공장부지 조성, 잠재적 실업자의 고용, 미개발관광자원 개발) 그 자원의 가치를 상승시킨다.

(6) 유통구조의 합리화

교통시설의 개선 및 신설로 운행비용이 절감되고 수송시간이 단축되면 지금까지 생산자 → 도매업자 → 중간도매업자 → 소매업자 → 소비자의 상품유통과정이 단순화되어 중간도매업자가 불필요하게 된다. 또 유통속도가 빨라져 창고시설이 감소된다.

(7) 시장권의 확대

교통시설의 개선 및 신설로 운행비용의 절감, 수송시간이 단축되면 지금까지의 한계공급지 또는 한계수요지가 한층 더 먼 거리로 바뀌고, 잠재적 공급지 또는 수요지가 개발되어 그 교통시설 주변지역의 시장권이 확대된다.

교통시설의 직접 및 간접영향은 1차적으로 끝나는 것이 아니고, 2차적으로 파급효과를 수반하며, 생산 및 수요를 변화시켜 그 지역의 경제구조를 변화시킨다. 이와 같은 여러 가지 영향이 복합되면 교통시설투자의 국민경제 및 지역경제에 미치는 영향은 대단하다.

교통시설의 개선 및 신설로 인한 영향 중에서 경제외적(external or diseconomies) 영향을 요약하면 다음과 같다.

① 농지가 교통시설부지로서 전용되거나 분단됨으로 생기는 농산물의 감소
② 신규산업의 진출로 인한 기존산업의 생산량 감소
③ 재화의 유통패턴 변화와 시장권의 확대로 인한 기존공급지가 타격을 받음
④ 교통시설건설로 인한 문화재 및 관광자원의 파괴 등에 의한 사회적 손실
⑤ 교통조건개선으로 인한 교통량 증가와 이에 따른 교통공해 증가(대기오염, 소음, 진동 등)

비사용자가 받는 전반적인 영향은 경제가 갖는 전반적인 복합요인들을 포함하고 있다. 이익을 받는 사람과 손해를 보는 사람을 구분하기 힘들고, 경제력의 파급특성과 중복 및 상쇄되는 경향 때문에 전가효과는 변한다. 여기서 또 중요한 것은 누구의 관점으로부터 보느냐 하는 것도 생각해야 한다. 도로주변지역은 사업규모와 고용면에서 유리하지만 다른 지역에서는 사업규모가 축소되고 고용을 잃을 수고 있다. 도로주변지역의 지가는 상승되고 멀리 떨어진 지역에서는 그 반대현상이 일어난다.

도로사업으로 인해 비사용자가 받는 영향은 다음과 같은 경제적인 카테고리로 분류될 수 있다.

- 도로건설에 따른 지출
- 토지이용과 토지의 가치
- 기업활동과 관련된 영향

- 도로건설에 의한 산업 및 기업의 확장과 위치선정

1 도로건설에 따른 지출

수천억원을 투자하여 건설하는 도로는 국가경제에 큰 영향을 미친다. 이 공공사업은 건설자재와 건설장비를 크게 필요로 하므로 고용을 증대시키고 관련산업을 발전시킨다. 투자비용은 대부분 국고예산에서 충당되므로 국민은 결국 세금에 의해 도로를 소유하는 것이 된다.

(1) 국민총생산(GNP)

국민들은 도로를 개선하거나 연장하기를 원한다. 국민들의 가처분소득 중에서 일부분을 다른 상품을 구매하는 데 쓰지 않고 도로건설에 사용하는 것은 그들의 선택에 속한다. 경제적 측면에서 본다면 도로사업으로 국가 전체와 GNP가 영향을 받으나 국민들이 인식하는 것보다 그다지 큰 영향을 받지는 않는다.

경제력으로서의 도로교통은 국민에게 매우 강력하고, 파급효과가 크고, 동적이며, 광범위한 효과를 지닌다. 도로교통이 국가경제와 GNP에 기여한다는 것은 의심할 여지가 없다. 지금까지 도로의 구체적 기여도가 알려지지도 않았고, 또 측정된 바도 없다. 도로교통은 철도, 항공, 해운 및 pipeline 교통을 지원하지만, 사실상 다른 교통수단으로부터 도로로 전환되는 교통이 많다. 화물과 사람을 국지적으로 이동시키는 데는 도로를 이용하는 것이 가장 경제적이며, 철도나 항공교통도 궁극적으로는 도로를 최종적으로 사용하게 된다. 철도나 해운, pipeline 등은 O-D간의 고밀도통행에 따라 수익성이 보장되지만, 도로교통은 저밀도 및 분산수송에 의존한다.

(2) 비용절감 요인

가정용품이나 변하기 쉬운 상품 및 벌목과 같은 산업에서는 도로교통이 다른 수단에 비해 비용이 적게 든다. 이런 분야에서는 도로교통이 순이익을 많이 내어 국가경제에 기여를 한다. 그러나 도로교통의 모든 영향이 순이익을 가져오는 것은 아니다. 도로교통이 국가경제에 미치는 가장 중요한 기여는 수송비용이 저렴하고, 기업비용을 감소시키고, 새로운 토지와 천연자원에 쉽게 접근하게 하는 것이다. 기존도로를 개선하면 상품의 절약, 사고감소, 통행시간 단축을 통하여 도로이용자에게 큰 편익을 주면서 국가경제에 이바지한다.

수송은 상품을 만들기 위한 재료를 운반하고 생산품을 소비지로 보내는 역할을 한다. 교통은 또 인간의 삶을 윤택하게 한다. 수송은 더 많은 상품을 더욱 효율적으로 생산하기 위하여 사람과 재료와 기계를 결합시키며, 사람들 간에 그리고 지역간의 교역수단을 제공한다. 그러나 더 많은 상품을 생산하더라도 그것을 소비지로 옮길 교통수단이 없으면 이득이 생기지 않는다.

고속도로는 재고에 묶여 있는(공장, 창고, 교통수단, 도매업자, 소매업자가 보유하고 있는) 상품을 좀더 빨리 신뢰성 있게 실어다 줌으로써 많은 자본을 풀어 사용할 수 있게 한다. 재고량 감소로 인해 풀린 자본은 다른 투자나 다른 운영 및 다른 연구개발에 사용될 수 있다.

2 토지이용과 토지가치

새로운 도로가 건설되면 그 주변지역은 물론이고 기존도로 주변지역의 토지이용 패턴도 변한다. 이러한 변화와 함께 토지가격도 상승한다. 이러한 현상은 사람들이 좋은 교통을 원하고 있고, 이에 대한 대가를 지불할 용의가 있음을 보여주는 증거가 된다. 옛날에는 농토와 시장 및 철도에 접근하는 도로가 있는 농지는 가격이 높았다. 농지에 대해서 이와 같은 현상이 오늘날에도 마찬가지이다. 그러나 이 밖에 도시개발이 활발히 이루어지고 있는 곳에서도 이와 같은 지가상승현상이 강하게 나타난다.

(1) 인구 및 기업의 이주

좋은 도로는 사람을 도심지에서 교외 또는 시골로 이주하여 생활할 수 있도록 한다. 도로 주변의 농토는 주거지로 바뀌고 새로운 지역사회가 형성된다. 이와 같은 토지이용의 변화와 함께 지가는 엄청나게 상승한다. 또 도시에서 직주거리가 짧은 곳에 사는 사람들이 통근거리가 먼 교외로 이주를 한다.

교외지역주민들의 편의를 위해서 쇼핑시설과 서비스업 또는 대형상가가 들어선다. 사람과 기업들이 도심부에서 외곽으로 이동하면 도심지의 인구가 줄고 상가들의 경기가 침체된다.

도로 주변의 지가상승을 야기하는 개발이 계속되면, 경공업이 이 도로 주위로 몰려오게 된다. 고용주나 고용인 모두에게 교통이 편리하게 되면 산업, 특히 새로운 회사나 새로운 사무실건물들이 들어서게 되어 교외지역의 도로 주변은 개발이 집중되고 복잡해진다. 도시지역에서도 새로운 건물은 도시고속도로와 가까운 곳에 생기게 된다.

도로개선으로 인한 지역개발현상은 경제활동이 확장되는 지역이나 매력적인 지역(예컨대 인터체인지 부근)에서 더욱 두드러진다. 이와 같은 토지이용 및 지가의 상승은 변화무쌍한 경제력의 하나로서, 도로의 이점으로 인해 더욱 활성화된다. 이러한 현상이 계속되면 결국에 가서 그 도로와 인터체인지가 곧 교통수요를 감당할 수 없을 정도가 되어 다시 새로운 도로가 건설될 필요성이 제기되기 때문에, 이와 같은 개발이 어느 정도 통제될 필요성이 있다. 그러나 아직까지는 도로개선으로 인한 지역개발현상을 중지시킬 방법이 알려져 있지 않다.

(2) 차량운행비용의 역할

고속도로와 차량운행비용이 적게 드는 도로는 새로운 주택지를 찾는 사람이나 새로운 공장부지를 물색하는 기업에게 매우 매력적이다. 이러한 토지이용 변화는 제3경제변화, 즉 도로이용자의 요구에 부응하는 상점들의 변화를 수반한다. 주택지 개발, 사업체 이동 및 산업개발과 함께 그 지역 주민과 고용자들에게 필요한 서비스 산업과 상업이 번창한다.

기업이윤의 증가, 통행시간 단축 및 차량운행비용의 절감 때문에 새 토지 주인은 새로운 도로 주변의 토지를 종전보다 높은 가격을 주고 산다. 따라서 이 상승된 가격은 그 토지의 높은 생산성을 반영하는 것이다. 도시부에서 가장 비싼 땅은 CBD에 있는 땅이며, 그 외곽으로 갈수록 땅값은 낮아진다. 도시가 팽창하면 외곽에 있는 농민은 농지가격보다 높은 값을 받고 도시인에게 땅을 팔고 다시 외곽으로 밀려난다.

(3) 경제적 이득과 손실

기업활동은 생각하지 않고 땅만 고려할 때, 토지이용의 변화와 지가상승으로 인한 경제적 순이득과 손실은 무엇인가?

지가의 상승은 장차 그 기업으로부터(또는 주민으로부터) 얻어지는 이윤을 자본화(capitalization)한 것을 나타낸다. 도시에서는 이 이윤 또는 편익이 도로교통개선 때문에 생긴다. 도로가 이 가치를 창출하는 것이 아니고, 도로는 토지이용상의 변화와 이에 따른 지가상승의 원인을 제공했을 뿐이다.

(4) 토지이용 변화의 역할

만약 한 국가의 모든 도로를 동시에 같은 수준으로 개선한다면 그 모든 도로 주위의 지가가 상승할 것인가에 대한 대답은 아니다라고 해야 할 것이다. 도로가 개선된다는 이유만으로 해서 인구와 기업이 집중되어 토지이용 패턴이 변하는 것이 아니라 도로가 개선되어 그 주변토지가 다른 토지에 비해 주거환경이나 기업여건이 좋아지기 때문에 인구와 기업이 유인된다. 도로개선사업의 경제성 분석에서 도로이용자편익과 토지가치상승을 함께 고려하면 이중계산하는 결과가 된다. 지가상승으로 인한 이득은 도로개선으로 인한 도로사용자의 편익을 반영한 것이다. 따라서 도로개선사업이 이용자에게 유리한 점이 없다면 도로에 인접한 지가가 상승하지는 않을 것이다.

도로개선사업에서 기업이나 사업체가 얻는 이득을 포함하면 편익을 3중계산하는 꼴이 된다. 왜냐하면 산업체의 이득은 다시 지가상승을 반영한 것이기 때문이다.

(5) 불로소득과 세수

지금까지 설명하지 않은 두 가지의 경제적 영향에는, 첫째, 도로개선으로 가격이 오른 토지를 팔 때 얻는 지주의 불로소득이다. 또 정부도 이때 양도소득세에 의해 이득을 본다. 이러한 소득을 어떻게 하면 회수할 수 있는가에 대한 많은 논란이 있어 왔다. 둘째로 지가 상승과 빌딩건설로 인해 장래 더 큰 재산세수입을 기대할 수 있어 일반대중에게 이득이 된다. 그러나 이러한 이득이 순수익이라고 볼 수 없으며, 또 그렇다는 보장도 없다. 인구의 증가와 건물증설로 인해 교육, 도로, 도서관 등 공공서비스에 비용이 많이 들기 때문이다. 예산과 세율을 검토하기까지는 최종적인 순수익의 변화를 알 수가 없다.

(6) 지가의 하락

지금까지는 지가의 상승만 생각하였으나 지가의 하락도 고려할 수 있다. 사실상 CBD내의 부동산가격이 하락하는 경우는 불경기 때 종종 볼 수 있다. 또 새로운 도로건설로 인해 CBD내의 사업체가 교외로 이전해 감에 따라 CBD내의 지가가 하락한다.

또다른 예로서, 도시의 인구와 사업체가 증가하였으나 이들 모두가 새로운 도로 주위의 교외지역에 집중되기 때문에 기존도심지의 지가는 보합세를 이룬다. 그러나 이때도 일반적으로 지역 전체로 볼 때 이득을 기대할 수 있다.

도로에 크게 의존하는 사업체들이 이용하는 주요 도로와 매우 가까이에 이와 평행한 새로운 도로가 건설될 경우에 지가하락과 기업체 감소현상을 쉽게 볼 수 있다. 이와 같은 변화는 일시적일 수도 있고 영구적일 수도 있다. 일시적인 경우는 도시내의 사업체가 새로운 도로 주변으로 이전하지 않고도 사업이 잘 되는 경우이고, 영구적인 경우는 이와 반대의 경우이다.

지가의 변화는 도로개선사업의 경제성 평가를 위한 경제성 분석이나 프로젝트구상에서 고려되지 않는다. 그 이유는 지가란 도로이용자의 편익을 반영한 것이며, 만약 토지에 대한 모든 영향을 계산할 수 있다 하더라도 순이익은 도로이용자편익에 비하면 극히 적기 때문이다. 그러나 지역사회의 관점에서 본다면, 최종적인 의사결정과정에서 지가의 변화를 비중 있게 다루어야 한다.

3 기업활동과 관련된 영향

토지이용과 지가의 변화를 떠나서라도 도로개선과 교통운영은 사업의 규모, 특히 도로에 의존하는 사업에 영향을 준다. 도로에 의존하는 사업(차량정비소, 음식점, 숙박업소 등)은 도로 및 교통특성에 많은 영향을 받으므로 그 위치에 매우 민감하다. 반면에 생활필수품 등을 취급하는 사업들은 접근로, 주차, 유출입 및 교통혼잡에 영향을 많이 받는다. 도로개선과 교통운영은 소매업 및 판매량에 많은 영향을 미치므로 이들은 도로위치와 설계요소를 최종적으로 결정하는 데 있어서 중요한 요인이 된다. 이러한 요인은 누구의 관점을 중요시 하느냐에 따라 크게 달라진다.

(1) 도로에 의존하는 사업

요구되는 서비스의 종류에 따라 도로이용자는 두 개의 그룹으로 나눌 수 있다. 첫째, 차량서비스를 원하는 지역주민, 둘째, 차량서비스와 식사, 숙박 및 개인적인 용무를 원하는 통과통행자이다. 도로에 의존하는 사업의 판매량은 교통량, 차종구성 O-D, 속도, 도로의 기하구조 등에 영향을 받는다. 지방에 위치한 사업은 지역주민을 대상으로 하는 사업과는 달리 통과통행자에 좌우된다. 지역주민들은 대개 복잡한 곳으로 차를 타고 나가서 필요한 물건을 구입하지 않는 것처럼 통과통행자도 교통혼잡이 적은 곳에 정차해서 물건을 구입한다.

새로운 도로가 건설되면 통과교통은 거의 100%가 그곳으로 전환되지만, 지역교통은 일부분만이 새로운 도로로 전환된다. 결과적으로 교통이 복잡한 곳에서 차량이용자를 상대로 하는 사업은 일시적으로 장사가 잘 되지 않을지 모르나, 새로운 도로가 생겨 기존도로의 교통이 완화되고 이제는 그 도로를 이용하기가 편리하다는 것을 지역고객이 인식을 하게 된다면 문제는 달라진다. 통과통행자의 요구에 부응하는 지방 또는 외딴 곳에 있는 기업은 부근지역의 주민이 이용하지 않아 사업에 손해를 볼 것이다. 그러나 지역차량이 교통혼잡이 없이 편리하고 안전하게 그곳에 접근할 수 있다면 지역주민도 그곳을 많이 이용할 것이다.

(2) 지역전반의 경기

도로개선이 소규모 지역의 경기에 미치는 영향은 거의 없을지 모른다. 도로교통은 지역 및 국가경제에 어느 정도의 이득을 창출하며, 노선과 도로시설이 좋으면 도로이용자가 차량서비스, 식사 및 숙박에 돈을 쓰는 그곳 지역에 큰 영향을 준다. 지방에서는 지역주민이 돈을 쓰는 장소가 도로개선이나 교통운영에 따라 다를 수도 있으나, 부근의 도시는 거의 영향을 받지 않는 것이 확실하다. 통과통행자는 도로의 위치 때문에 인근 도시 쪽으로 소비지역을 옮길 수도 있으나 그 영향이 먼 지역으로 전파되지는 않는다. 전체적인 결과는 어떤 지역내의 지역경기에 큰 영향을 주지 않는다.

(3) 도로의 기여도

좋은 도로는 통행을 유인하므로 통행인을 상대로 하는 장사가 잘 되고 이윤이 크다. 그러나 전체적으로 볼 때 이는 경제적인 전가에 불과하다. 이와 같은 좋은 도로는 도로이용자의 순수익을 증가시키는 것이 아니다. 도로개선으로 인한 통행자의 지출증가는 통행자가 일시적으로 지출해야 하는 것을 도로통행에서 지출한 것뿐이다. 도로이용자는 도로통행 증가로 인한 지출을 보상하기 위해서 다른 교통수단의 이용을 줄이거나, 위락비용을 줄이거나, 혹은 물건구입을 자제하는 등의 조치를 취한다.

이러한 개인적인 행동의 영향은 다른 경기부분에 영향을 줄 수도 있으나, 총 현금지출은 마찬가지이기 때문에 전체적인 결과에는 변함이 없고 단지 소비형태만 바뀌는 결과가 된다. 이러한 상쇄, 전가, 이득 및 손실을 밝혀내기 위해서는 경제활동의 연쇄작용에 대한 깊은 연구가 있어야 할 것이다. 경제시스템을 이해하고 상쇄 및 전가현상들이 밝혀진다면, 도로관리자는 도로노선의 위치선정과 도로설계에 관한 의사결정을 훌륭히 할 수 있을 것이다.

4 산업전반에 미치는 영향

지금까지는 주로 소규모사업에 대해서 언급을 했었다. 그러나 도로개선은 이제 크고 작은 제조업, 분배업, 창고업 및 산업관련 서비스의 위치결정에 강력한 요인이 되고 있다. 이와 같은 도로의 역할은 옛날의 철도의 역할과 비슷하다. 토지비용, 필수자재의 수송, 생산품의 수송, 수송시설 및 고용인의 통행시간, 노동력 공급 등은 모두가 산업의 위치결정에 중요한 고려사항이면서 수송과 관련된 것이다. 도심에 가까운 위치나 도시에서 20 km 떨어진 곳이라 하더라도 고속도로가 건설됨으로써 이러한 조건을 만족시키게 된다. 따라서 새로운 도로를 건설하면(도시순환도로와 같은) 국가적 또는 지역적 경제요건에 필요한 여러 가지 기업을 끌어들이게 된다.

(1) 사업확장

어떤 회사가 사업을 확장할 때 좀더 큰 시설을 찾는다. 이때 도시에 남아 건물을 고층화하는 것보다는 도시외곽으로 이전하여 수평으로 확장하는 것이 더 좋은 경우가 많다. 도시재개발사업과 도시고속도로사업이 추진되면 사업 이전을 계획한 회사는 외곽지역으로 나가려는 경향이 많다.

기술개발과 새로운 상품의 개발로 이 상품을 생산하는 새로운 설비가 필요하며, 전자산업, 플라스틱제품산업, 계기제조산업 및 연구소 등이 이러한 부류에 속한다. 이러한 산업이 새로운 도로 주변에 위치하게 되는 직접적인 요인은 수송상의 장점이다. 이러한 새로운 고속도로가 사업을 창출하지 않을 뿐만 아니라 GNP에 순수익을 발생시키지도 않으나, 새로 이전한 모든 산업들은 그 주위에 편리한 도로시설이 있게 마련이다.

새로운 위치로 이전한 산업은 분명히 여러 부문에서 이익을 보지만, 그 지역의 입장에서 보면 경제적으로 이익도 보고 손해도 본다. 그 지역의 사업체에 대한 재산세수입은 증가하지만, 늘어난 인구 및 고용인들에 대한 공공서비스 비용도 증가한다.

도로설계와 위치선정을 하는 의사결정의 입장에서 보면 이러한 산업개발을 통제할 아무런 힘도 없다. 지방행정기관은 지역정책에 따라서 산업을 장려하거나 억제하기 위해서 토지이용에 대한 규제를 한다. 만약 그 지역의 관점이 새로운 산업을 장려하는 것이라면, 도로이용자의 손익이 변하지 않는 범위 내에서 한 노선주변지역을 다른 노선주변에 비해 우대를 한다. 소규모사업에 관해서 언급한 바와 같이 도로관리부서는 새로운 산업 때문에 생기는 경제적 손익을 잘 파악하여야 정확하고 올바른 결정을 내릴 수 있다.

(2) 도로의 기여도

도로건설로 인해 한 지역이 이익을 보면 다른 지역은 손해를 보는 경우가 허다하다. 대부분의 선진국에서는 수송시설의 확충과 그 이용도의 증가가 경제성장에 큰 기여를 하였다. 필요한 시간과 장소에 경제재를 수송하는 교통수단이 발달하지 않고는 경제적 건강을 유지할 수가 없다. 도로가 개선되고 연장되면 국가의 경제성장은 지속된다. 그러나 이러한 성장과 함께 어떤 부류의 사람들 또는 어떤 종류의 경제활동은 큰 변화와 어려움에 부딪칠 수 있다.

17.4 교통시설의 경제적 효과 측정

교통시설에 대한 투자가 수송체계상 아무리 중요하다고 하더라도 예산상의 제약이 있으므로 이를 가장 효율적으로 사용하는 방법을 생각해야 한다. 그러므로 교통투자의 경제성 분석이 필요하다.

경제성을 측정 분석하는 방법에는 교통시설을 건설함으로써 야기되는 각종 경제적 효과를 원단위를 이용하여 측정하는 개별적 측정방법과 지역경제 분석에 기초를 둔 종합적 측정방법이 있다.

1 개별적 측정방법

교통시설의 영향은 넓게 파급되므로 개별적 측정방법에 의해서 부분적으로 분석을 하면 타당한 결과를 얻기가 어렵다. 대부분의 경우 부분분석에서는 몇몇 직접관련변수를 제외하고는 다른 모든 변수가 일정하다고 생각하기 때문에 교통투자의 효과가 과소평가되기 쉽다. 예를 들면, 전환교통이나 전이교통 및 유발교통에 비해 개발교통(development traffic)은 교통시설이 건설된 후에 장기간에 걸쳐서 일어나는 영향이므로 부분분석으로는 그 영향을 알아내기가 거의 불가능하다.

교통투자효과의 개별적 측정방법은 금전화가 가능한 경제적 효과를 측정하는 것으로서 비용·편익분석법, 영향분석법 및 이 두 가지를 합한 경제효과분석법이 있다. 이러한 방법들은 한두 개 정도의 교통프로젝트를 계획하면서 그 영향권의 범위가 비교적 좁은 지역에 국한될 때 많이 사용한다.

(1) 비용 · 편익분석법

계획된 교통시설이 완성되어 그 시설의 경제수명까지 교통서비스를 제공함으로 발생되는 비용과 이용자편익을 계산한다. 이용자편익 계산은 주로 금전적으로 환산이 가능한 직접효과만을 대상으로 한다. 직접효과 중에서도 금전적 환산이 어려운 운전자피로, 화물의 손상 및 포장비 등은 고려하지 않고, 운행비용, 통행시간 단축, 교통사고 감소 및 교통쾌적감 증대 같은 것만 고려한다. 따라서 이 방법은 교통시설의 경제적 효과 중에서 일부분만을 분석하고, 금전화할 수 없는 효과 및 경제개발효과를 고려하지 못하는 결함이 있다.

운행비용은 단위 km당 운행비용이며, 그 가운데는 연료비, 오일비용, 타이어비, 정비수리비, 감가상각비, 인건비, 세금 등이 포함된다. 시간비용은 시간당 수송비용으로서 차량 1대당으로 나타내거나 승객 또는 화물에 대하여 나타내며, 이들은 차종에 따라 다른 값을 갖는다. 그러므로 실제측정에서는 신 · 구 교통시설의 구간 일교통량, 차종별 비용－편익, 노선길이, 통행속도를 사용해서 연간 총비용을 산출하고 비교하여 신설되는 교통시설의 효과(편익)를 구한다. 사고비용은 예산되는 장래 교통량이 기존교통시설을 이용한다고 가정할 때와 신설교통시설을 이용한다고 가정할 경우의 사고발생건수를 비교하여 구한다.

운행 중 제동과 정지 빈도가 적을수록 쾌적감이 높다. AASHTO에서는 쾌적감과 편리성 결여에 따른 비용을 '자유', '보통', '제한'의 세 가지 운행조건으로 나누었다. 즉 자유조건에 비해 보통조건에서는 대 · km당 0.5센트, 제한조건에서는 1센트의 비용이 더 추가된다고 보고 있다.

비용－편익분석법에는 순현재가법(net present worth), 편익－비용비(比)법(benefit-cost ratio) 및 내부수익률법(internal rate of return) 등이 있으며 여기에 대해서는 17장 4절에서 다시 자세히 설명한다.

(2) 영향분석법(impact study)

이 방법은 도로부지를 취득할 때 보상문제와 관련하여 미국에서 개발한 방법으로서, 도로건설이 그 주변의 지역사회에 미치는 사회적, 경제적 영향을 측정하는 것을 목적으로 하고 있다. 그러므로 이것은 간접효과만을 분석대상으로 하기 때문에 직접효과를 측정할 수 없는 것이 흠이다.

분석방법으로는 몇 개의 경제지표를 선정하여 교통시설건설 전후에 이들 지표의 변화를 비교하는 방법과 건설지역과 건설이 없는 유사지역의 경제지표를 비교하는 방법이 있다. 전자를 전 · 후비교법이라 하고 후자를 지역비교법이라 한다.

비교되는 경제지표는 산업별 취업인구, 산업별 · 규모별 사업수, 산업별 생산소득, 차종별 자동차 보유대수, 도로교통량, 수송비용, 수송시간, 토지가격, 토지이용 현황, 관광객수 등이 있으나 아무리 경제지표를 많이 포함시켜도 모든 효과를 다 망라할 수는 없다. 또 그

것이 가능하다 하더라도 모든 효과를 금전화할 수는 없다.

지역비교법에서 비교지역의 선정은 산업구조나 교통조건이 유사한 지역을 선정하는 방법, 노선길이에 따라 조사지역과 비교지역을 선정하는 방법, 조사지역을 제외하고 도·시 또는 군 전체를 비교지역으로 선정하는 방법이 있다.

전·후비교법에서는 자연성장과 교통시설에 의한 개발 또는 유발효과를 식별하기가 어렵기 때문에 지역비교법이 좋으나 엄밀히 말해 지역비교법에서도 경제적으로 꼭 같은 지역이 존재하지 않는 데 문제가 있다.

교통시설의 경제적 효과는 장기간에 걸쳐서 발생하므로 적어도 10년 이상의 조사를 계속해야 한다. 계획단계에서 교통시설의 경제효과를 기준으로 투자를 결정할 때 같은 종류의 교통프로젝트에 대한 경험이 없으면 장래에 발생할 경제효과를 추정할 수가 없다.

(3) 비용·편익분석과 영향분석을 병행하는 방법

비용·편익분석법은 직접적인 경제효과를 중심으로 측정을 하고, 영향분석법은 그 간접적인 효과를 대상으로 한다. 이 두 가지 방법을 같이 사용하여 직접효과 및 간접효과 중에서 금전화가 가능한 효과를 측정하는 방법이다. 직접효과 중에서 금전화가 가능한 것은 앞에서 언급한 바 있으며, 간접효과 중에서 기존도로의 혼잡완화, 산업개발효과, 생산 및 수송계획의 합리화, 도시인구의 분산효과, 자원개발효과 등은 측정이 가능하다.

종합적으로 말하면, 교통시설의 경제적 효과를 개별적으로 측정하는 방법은, 첫째로 그 시설의 개선 및 건설이 야기하는 개개의 경제효과가 구체적으로 어떤 형태로 발생하는가를 명백히 나타낸다. 그러나 항목별로 경제효과를 계산함으로써 이중계산의 우려가 있고, 또 이것을 피하기 위해서는 어떤 항목을 선택해야 하는가에 대한 객관적인 기준이 필요하다. 둘째로 이 방법은 1차적 효과만을 측정의 대상으로 하고 있으며 2차적 효과, 즉 지역파급효과, 반사효과를 측정할 수가 없다. 셋째로 경제효과를 측정함에 있어서 시장가격을 기준으로 하고 있으나 시장가격과 균형가격의 차이가 있을 경우, 교통시설의 경제효과를 시장가격으로 평가하는 것은 부적절하다. 따라서 균형가격에 일치시키는 잠재가격(shadow price) 또는 기회비용(opportunity cost)에 의하여 경제효과를 측정할 필요가 있다. 넷째로 경제효과의 측정은 수요·공급의 양면을 검토해야 한다. 끝으로 교통시설의 건설로 인한 경제효과의 측정은 장기간에 걸쳐서 해야 하므로 장래 경제구조에 대한 예측이 필요하다. 따라서 현재 사용되고 있는 개별적 측정방법은 개선해야 할 점을 많이 가지고 있으며 앞으로 더욱 많은 연구가 필요한 부분이다.

2 종합적 측정방법

종합적 측정방법은 교통경제가 주로 외부경제인 점에 착안하여 2차적인 효과 및 파급효과를 포함한 경제효과전체를 측정하는 방법으로서 지역간 산업연관분석 및 지역간 산업연관 프로그래밍방법을 이용한다. 이 방법은 광범위한 지역에서 교통시설을 건설할 때의 경제개발효과를 분석할 때 사용된다.

이 방법은 국민소득을 기준으로 하여 종합적으로 평가하는 것으로서, 여러 가지 효과를 개별적으로 측정할 수는 없으나 지역경제의 특성을 밝히고 지역 및 산업 상호간 재화의 유통패턴을 파악할 수 있다. 뿐만 아니라 개별적 측정방법에서 문제가 된 수요·공급관계를 검토할 수 있고, 1차, 2차 효과 및 반사효과도 측정할 수 있다. 그러나 이 방법도 소득에 나타나지 않는 효과는 측정할 수 없다. 또 교통시설건설에 의한 수송비용의 변화로 인한 여러 가지 효과, 즉 교통시설건설이 기술적 외부경제를 통하여 국민총생산에 미치는 효과를 측정하는 것이므로 수송비용의 변화로 인한 효과 이외에는 측정할 수 없다.

이 방법에서는 측정이 비교정태적 방법에 입각하고 있으며 기술투입계수가 일정하면 수익이 변하지 않는다는 가정을 하고 있어 경제가 발전할 때 생기는 규모의 경제(economy of scale)로 인한 외부경제효과를 측정할 수 없다.

경제현상을 정확하게 모형화하기 위해서는 지역의 단위를 될수록 적게 하면 더 정확한 결과를 얻는다. 반면에 모형의 수가 증가하여 계산이 복잡해질 뿐만 아니라 이에 필요한 경제관련 통계자료의 수집도 어렵다. 따라서 각 지역의 수요공급관계, 지출성향, 수요의 탄력성, 공급의 탄력성 등의 계산이 더욱 어려워진다.

이상과 같이 두 측정방법은 모두 장점과 단점을 가지고 있으므로 교통시설의 외부경제효과를 완전히 측정하기란 불가능하며, 현재까지 교통시설의 경제효과를 한 번에 측정하는 방법은 아직 개발되어 있지 않다. 따라서 교통시설의 경제효과는 매우 복잡한 양상을 가지고 있으므로 그 측정방법 또한 여러 각도에서 여러 가지 방법을 사용하는 수밖에 없다. 즉 개별적인 효과는 지금까지의 개별적 측정방법을 사용하고, 누적된 효과는 지역간 산업연관분석법을 사용하여 상호 보완시켜야 한다.

교통프로젝트의 경제효과 측정의 두 가지 방법 중에서 개별적 측정법만을 설명한다. 개별적 측정법으로 측정이 가능한 경제효과를 직접효과와 간접효과로 구분하여 설명하면 다음과 같다.

17.4.1 직접효과의 측정

교통시설의 직접효과 가운데 금전화할 수 있는 효과는 운행비용의 절감, 수송시간의 단축, 교통사고 감소 및 교통쾌적감 증대 등이다.

1 운행비용의 절감

신규교통시설(예를 들어, 고속도로)의 전환교통량과 전이교통량을 차종별로 예측하고 이들의 차종별 차량당 운행비용 절감액을 구하면, 운행비용 절감총액 S_C는 다음과 같다.

$$S_C = \sum_{i=1}^{n} (X_i \Delta C_i + Y_i \Delta d_i) \tag{17.1}$$

여기서 X_i : 기존도로로로부터 고속도로로 전환한 i차종의 교통량(대)

ΔC_i : 기존도로부터 고속도로로 전환한 i차종의 운행비용 절감액(원/대)

Y_i : 철도로부터 고속도로로 전이한 i차종의 교통량(대)

Δd_i : 철도로부터 고속도로로 전이한 i차종의 운행비용 절감액(원/대)

또 ΔC와 Δd는 다음 식으로부터 구한다.

$$\Delta C(\text{또는 } \Delta d) = G_C - (H_C + A_{1C} + A_{2C}) \tag{17.2}$$

여기서 G_C : 기존도로(또는 철도)의 운행비용(원/대)

H_C : 고속도로의 운행비용(원/대)

A_{1C}, A_{2C} : 고속도로와 연결된 도로구간의 운행비용(원/대)

운행비용을 세분하면 연료비, 오일비, 타이어비, 정비수리비, 감가상각비 등이 있으며, 이들 각 항목에 대한 비용은 교통시설의 평면곡선, 종단구배와 같은 시설구조와 도로의 노면상태, 교통량 등에 따라 달라진다.

① 연료비용 : 차종과 속도에 따라 달라지며, 노면상태, 종단구배, 평면곡선의 곡선반경에 따라 변한다.

② 오일비용 : 엔진오일과 그리스비용을 포함하지만 그리스비용은 차량정비수리비에서 고려가 되기 때문에 여기서는 엔진오일비용만을 말한다. 이 비용은 차종, 노면상태, 속도에 따라 달라진다.

③ 타이어비용 : 차종과 노면상태 및 속도에 따라 타이어마모 정도가 달라진다.

④ 정비수리비용 : 차량의 종류, 속도, 노면상태 및 운전자의 운전습성에 따라 영향을 받으며, 통계적인 분석으로 그 값을 정한다.

⑤ 감가상각비용 : 차량은 주행을 하면 수명이 단축되고 주행을 하지 않아도 가치가 줄어든다. 그러나 이를 비용으로 나타낼 때에는 주행거리에 따라 나타낸다.

2 통행시간의 단축

교통수단을 이용하는 목적 중에서 가장 중요한 것은 '시간의 절약'이다. 그러므로 시간단축은 교통시설의 신설 및 개선의 가장 큰 편익이다. 차량의 시간비용(time cost)을 결정하는 것은 쉬운 일이 아니다. 간단한 방법으로 승용차의 경우는 보통승용차의 평균승차인원에 그들의 시간당 평균임금 또는 시간의 기회비용을 곱해서 구한다.

신설 또는 개선된 교통시설로의 전환교통량과 전이교통량을 차종별로 예측하고, 이들의 차종별 차량당 수송시간절감과 시간가치를 구하면, 통행시간 단축에 의한 총 편익액 S_T는 다음 식을 사용하여 구할 수 있다.

$$S_T = \sum_{i=1}^{n} C_i(X_i \Delta t_i + Y_i \Delta g_i) \tag{17.3}$$

여기서 X_i : 기존도로로부터 고속도로로 전환한 i차종의 교통량(대)

Δt_i : 기존도로로부터 고속도로로 전환한 i차종의 통행시간 단축량(시간/대)

Y_i : 철도로부터 고속도로로 전이한 i차종의 교통량(대)

Δg_i : 철도로부터 고속도로로 전이한 i차종의 통행시간 단축량(시간/대)

C_i : i차종의 절약시간가치(원/시간)

또 Δt와 Δg는 다음 식으로 구한다.

$$\Delta t(\text{또는 } \Delta g) = G_t - (H_T + A_{1T} + A_{2T}) \tag{17.4}$$

여기서 G_T : 기존도로(또는 철도)의 통행시간(시간/대)

H_T : 고속도로의 통행시간(시간/대)

A_{1T}, A_{2T} : 고속도로와 연결된 도로구간의 통행시간(시간/대)

3 교통사고 감소

교통사고를 감소시키고 안전성을 증대시키는 것은 교통시설개선의 주요 목적 중 하나이므로 이에 대한 편익을 계산하는 것은 당연하다. 그러나 신설 또는 개선된 교통시설에서의 교통사고를 예측하기란 매우 어렵기 때문에 사고감소에 대한 편익을 계량화하기가 매우 어렵다. 따라서 지금까지의 교통시설의 종류별 교통사고 통계를 이용하여 사고를 예측한 다음, 보험금 및 기타 사회적 손실로부터 사고감소에 따른 편익을 계산한다. 미국의 경우 차로수와 교통량에 따른 평균사고율(100만대 · km당)로서 사고를 예측한다.

교통시설의 개선 및 신설로 인한 사고감소효과(S_A)는 다음의 식으로 구한다.

$$S_A = X(L_G \cdot R_G - L_H \cdot R_H)B \quad (17.5)$$

여기서 X : 고속도로의 교통량(대)
L_G : 기존도로의 구간길이(km)
L_H : 고속도로의 구간길이(km)
R_G : 기존도로의 대·km당 사고량(인 또는 건수)
R_H : 고속도로의 대·km당 사고량(인 또는 건수)
B : 사상자 1인 또는 사고 1건당 피해액(원/인 또는 원/건수)

4 쾌적감 증대

교통시설의 개선이나 신설로 인한 직접효과 중에서 쾌적감의 증대효과가 있다는 것은 운전자가 더 먼 거리를 수송시간이 더 소요됨에도 불구하고, 심지어 통행료를 지불하면서도 고속도로를 이용하는 경향이 있음을 보아도 알 수 있다. 그러나 이러한 효과를 계량화할 수 있는 확실한 방법이나 기준치가 아직은 없는 실정이다. 미국에서는 교통시설이용자들이 쾌적한 운전을 택하는 일종의 기회비용을 다음과 같이 판단하고 있다.

- 자유운행조건 : 0 센트/마일
- 정상운행조건 : 0.5 센트/마일
- 제한운행조건 : 1.0 센트/마일

이 값은 포장된 도로를 운행하는 경우이며, 노면이 토사도로인 경우에는 1.0 센트/마일, 사리도로인 경우에는 0.75 센트/마일을 추가하고 있다.

17.4.2 간접효과의 측정

교통시설의 개선 및 신설로 인한 간접효과 중에서 측정이 가능한 것은 기존도로의 교통혼잡 완화, 산업개발, 생산, 수송계획의 합리화, 도시인구분산 및 자원개발 등의 효과이다.

1 기존도로의 교통혼잡 완화

고속도로건설은 기존도로교통의 일부를 흡수하므로 기존도로의 교통혼잡을 완화시킨다. 이로 말미암아 기존도로 이용자에게 운행비용의 절감 및 운행시간 단축 등의 편익을 제공한다.

(1) 기존도로의 운행비용 절감

고속도로가 건설되기 이전의 기존도로교통량을 T라 하고 이와 병행한 고속도로가 건설되었을 때 전환교통량을 T_1, 기존도로에 남아 있는 교통량을 T_2라 한다면, $T = T_1 + T_2$이다.

고속도로건설로 인한 효과 중에서 운행비용 절감효과는 고속도로가 건설되지 않았을 때의 총 운행비용(B_C), 즉 기존도로에서 교통량 T에 의한 총 운행비용으로부터 건설되었을 때의 총 운행비용(T_1과 T_2에 의한), A_C를 뺀 값이다.

이때 각 도로의 차량당 운행비용은 교통의 혼잡도를 나타내는 통행속도에 따라 달라지므로 첨두시간과 비첨두시간을 구분해서 생각한다. 기존도로의 비첨두시간에서는 교통량이 T일 때나 T_2일 때의 통행속도가 같다고 보고, 또 고속도로에서는(교통량이 T_1) 첨두시간과 비첨두시간의 속도가 같다고 본다면, 고속도로건설로 인한 T_1, T_2의 운행비용 절감효과는 다음과 같이 나타낼 수 있다. 여기서 첨두시간 비율 α는 고속도로가 건설되기 전의 기존도로(교통량 T)나 건설된 후의 고속도로(교통량 T_1), 건설된 후의 기존도로(교통량 T_2)에서 모두 일정하다고 가정한다.

$$
\begin{aligned}
B_C - A_C = & \{T\alpha C_P L + T(1-\alpha)C_0 L\} \\
& -\{T_1\alpha C_1 L + T_1(1-\alpha)C_1 L\} \\
& -\{T_2\alpha C_2 L + T_2(1-\alpha)C_0 L\} \qquad (17.6)
\end{aligned}
$$

$$= \{T_1(C_P - C_1) + T_2(C_P - C_2)\}\alpha L + T_1(C_0 - C_1)(1-\alpha)L \qquad (17.7)$$

$$= T_1 L\{\alpha(C_P - C_0) + (C_0 - C_1)\} + T_2\alpha L(C_P - C_2) \qquad (17.8)$$

여기서 L은 평균구간길이이며, 각 도로의 교통량과 첨두·비첨두시의 통행속도 및 운행비용을 다음과 같이 정의한 것이다.

구 분 / 도 로	교 통 량	운행비용(통행속도)	
		첨 두 시	비 첨 두 시
기 존 도 로 (고속도로건설 전)	T	$C_P(v_P)$	$C_0(v_0)$
기 존 도 로 (고속도로건설 후)	T_2	$C_2(v_2)$	$C_0(v_0)$
고 속 도 로	T_1	$C_1(v_1)$	$C_1(v_1)$

위의 식 (17.7)의 우변 첫째 항은 첨두시의 운행비용 절감액이고, 둘째 항은 비첨두시의 운행비용 절감액이다. 또 식 (17.8)의 우변 첫째 항은 고속도로 이용교통량 T_1의 편익으

로서 직접효과로 앞에서 측정한 것이며, 둘째 항은 순수하게 기존도로의 혼잡완화에 의해서 발생하는 운행비용 절감액(ΔC)이다. 즉,

$$\Delta C = T_2 \alpha L(C_P - C_2) \tag{17.9}$$

예제 17.1 T=240,000 대/일, T_1=40,000 대/일, T_2=200,000 대/일, α=0.66(9:00~19:00까지 10시간 교통량의 AADT에 대한 비율), L=10 km, v_P=13.3 kph(고속도로가 건설되기 전 기존도로에서 첨두시간의 통행속도), v_2=18 kph(고속도로 건설 후 기존도로에서 첨두시간의 통행속도), C_P=21.62 원/km, C_2=19.13 원/km일 때 고속도로 건설에 의한 기존도로에서의 운행비용 절감액을 구하라.

풀이 기존도로(교통량 T_2)의 운행비용 절감액 :
ΔC = 200,000(대/일) × 0.66 × 10(21.62−19.13) = 3,236,800원
∴ 연간 총 절감액 = 3,236,800 × 365 = 12억원

(2) 기존도로의 통행시간 단축

고속도로가 건설되지 않았을 때 기존도로(교통량 T)의 총 통행시간(B_T)과 건설되었을 때 고속도로와 기존도로의 총 통행시간(A_T)의 차이는 다음 식으로 표시된다.

$$\begin{aligned} B_T - A_T &= \left(\frac{T\alpha L}{v_P} + \frac{T(1-\alpha)L}{v_0}\right) - \left(\frac{T_1 \alpha L}{v_1} + \frac{T_1(1-\alpha)L}{v_1}\right) \\ &\quad - \left(\frac{T_2 \alpha L}{v_2} + \frac{T_2(1-\alpha)L}{v_0}\right) \\ &= T_1 L\left\{\alpha\left(\frac{1}{v_P} - \frac{1}{v_0}\right) + \left(\frac{1}{v_0} - \frac{1}{v_1}\right)\right\} + T_2 \alpha L\left(\frac{1}{v_P} - \frac{1}{v_2}\right) \end{aligned} \tag{17.10}$$

식 (17.10)의 첫째 항은 고속도로의 전환교통에 의한 절약시간을 나타낸 것으로서 직접효과를 계산할 때 이미 고려된 바 있으며, 둘째 항은 기존도로교통량 T_2의 절약시간을 나타낸 것이다. 따라서 절약시간가치를 R이라 하면 고속도로건설로 인한 기존도로교통량 T_2의 시간절약편익 ΔT는 다음과 같다.

$$\Delta T = T_2 \alpha L\left(\frac{1}{v_P} - \frac{1}{v_2}\right)R \tag{17.11}$$

예제 17.2 앞의 예제에서 R = 4.33 원/분일 때 연간 절약시간편익을 구하라.

풀이 $\Delta T = 200,000 \times 0.66 \times 10\left(\frac{1}{13.3} - \frac{1}{18.0}\right) \times 4.33 \times 60 \times 365$ = 24.6억원

2 산업개발효과

교통시설건설에 의한 개발효과는 두 가지가 있다. 그 하나는 개발에 의해서 새로운 교통이 발생되는 것이고, 다른 하나는 산업진출과 관광자원의 개발에 의한 국민소득의 향상이다. 이와 같은 산업개발효과는 주로 산업연관분석법으로 계산하고 있으나 그 구체적인 내용은 이 책의 범위를 벗어나므로 설명을 생략하고, 여기서는 개별적 측정법으로 계산할 수 있는 요령만을 설명한다.

고속도로가 건설되면 도로 주변의 토지는 산업용지로 전용되며, 그 현황을 기초로 하여 지가상승, 잔여 산업입지 가능면적, 산업용수 등을 고려하여 공장용지로 사용될 수 있는 면적을 예측한다. 이 면적에 대하여 단위면적당 고용자수, 투자액, 출하액 및 부가가치를 원단위로 곱하여 이들 각 요소에 대한 총액을 구한다. 산업개발효과는 이 부가가치액으로 나타낸다. 그러나 이 효과는 고속도로건설 투자만으로 발생되는 것이 아니고 다른 공공투자(용수시설, 도로부대시설, 정지 등) 및 민간투자가 동시에 이루어질 때 비로소 발생한다. 따라서 고속도로의 경제효과는 총 투자액에 대한 고속도로투자액의 비율로써 계산된다.

3 생산 · 수송계획의 합리화

고속도로에 의한 수송시간 단축은 기존기업의 생산계획을 합리화하는데, 그 가운데 가장 중요한 것은 재고투자의 감소에 의한 자본이자의 절감이다. 각 기업의 재고수준은 다음 식으로 표시된다.

$$S = \frac{1}{2}Q + t\sqrt{D} \tag{17.12}$$

여기서 S : 평균재고량

Q : 1회 구입량

t : 기업행동계수

D : 평균기대수요량

위 식의 $Q/2$는 기업의 평균구입량, $t\sqrt{D}$는 완충재고로서 기업의 평균재고는 이 두 요소로 구성된다고 볼 수 있다. $t\sqrt{D}$는 lead time(상품의 발주시점부터 상품의 도착할 때까지의 시간)에 의해 좌우된다고 볼 때 평균기대수요(D)는 단위시간당 평균기대수요(d)에다 lead time(L)을 곱한 것과 같다. 즉 $D = L \cdot d$이다. 고속도로의 건설로 L이 L'이 되면 $D' = L' \cdot d$로 나타나고 변화된 평균재고량 S'은 다음과 같이 된다.

$$S' = \frac{1}{2}Q' + t\sqrt{L'd}$$

$Q = Q'$ 이라 가정하면 재고량의 감소는 다음과 같다.

$$S - S' = \Delta S = t(\sqrt{L} - \sqrt{L'})\sqrt{d}$$

이를 어느 특정 지역 i에 대해서 합하면 다음과 같다.

$$\sum_i \Delta S = \sum_i t(\sqrt{L} - \sqrt{L'})\sqrt{d} = t(\sqrt{L} - \sqrt{L'}) \sum_i \sqrt{d}$$

위 식의 t 및 $(\sqrt{L} - \sqrt{L'})$은 측정이 가능하나 $\sum_i \sqrt{d}$는 측정이 불가능하다. d는 단위시
간당 기대수요이므로 수요지 i와 출하지 j간의 교통량(수송량) T_{ij}에 관계되고, 또 i지역의 기업규모의 분산계수 a_i에도 관계된다. 따라서 $\sum \sqrt{d} = a\sqrt{T_{ij}}$로 둘 수 있으며 ΔS_{ij}의 총량은

$$\sum_i \sum_j \Delta S_{ij} = a_i t(\sqrt{L_{ij}} - \sqrt{L_{ij}'})\sqrt{T_{ij}} \qquad (17.13)$$

또 수송 중의 상품도 재고로 생각할 수 있으므로, 수송시간의 단축에 의한 수송 중의 재고량 절약은 다음과 같이 구할 수 있다.

$$\sum_i \sum_j (L_{ij} T_{ij} - L'_{ij} T_{ij}) = \sum_i \sum_j (L_{ij} - L'_{ij}) T_{ij} \qquad (17.14)$$

따라서 고속도로건설이 재고량을 감소시킴으로 인해서 재고투자에 미치는 효과는 식 (17.13)과 식 (17.14)의 값을 합한 것에 이자율을 곱해서 구한다.

4 도시인구의 분산효과

고속도로가 건설될 경우 인터체인지 부근에 산업이 진출하고 이에 따라 주택개발이 촉진되어 도시인구의 분산이 이루어지며, 뿐만 아니라 통행시간의 단축에 따른 통근권 확대효과도 발생하게 된다.

도시인구의 분산효과를 평가하는 방법에는 원단위법과 중력모형법이 있다. 원단위법에서는 산업개발에 따른 소요고용자수의 추정값을 기초로 하여 다른 지역으로부터 유입노동인구와 부양가족 및 그에 따른 상업인구의 유입을 원단위에 의해서 구하고 소요주택면적 및 주택수를 예측한다.

반면에 중력모형법에 의한 도시인구 분산효과를 구하는 방법은 다음과 같다.

신설교통 프로젝트의 개통 이전에 i, j 두 지역의 승객이동은 다음과 같은 관계를 가진다.

$$T_{ij} = G \frac{P_i \cdot P_j}{D_{ij}^b} \qquad (i \neq j,\ i, j = 1, 2, \cdots, n) \qquad (17.15)$$

여기서 T_{ij} : i지역과 j지역간의 승객이동

P_i, P_j : i지역과 j지역의 인구

D_{ij} : i지역과 j지역간의 경제거리

G, b : 경험계수

교통프로젝트의 개통 이후에는 위의 식이 다음과 같이 변한다.

$$T'_{ij} = G\frac{P'_i \cdot P'_j}{D'^b_{ij}} \tag{17.16}$$

따라서 교통프로젝트 개통 전후의 변화율은

$$\frac{T'_{ij}}{T_{ij}} \cdot \frac{D'^b_{ij}}{D^b_{ij}} = \frac{P'_i}{P_i} \cdot \frac{P'_j}{P_j} \tag{17.17}$$

위 식에서

$$\frac{T'_{ij}}{T_{ij}} = 1 + t_{ij}, \quad \frac{D'_{ij}}{D_{ij}} = 1 - d_{ij}, \quad \frac{P'_i}{P_i} = 1 + g_i, \quad \frac{P'_j}{P_j} = 1 + g_j$$

로 놓으면 위 식은 $(1 + t_{ij})(1 - d_{ij})^b = (1 + g_i)(1 + g_j)$가 된다. 이를 전개하고 2차 이상의 항을 생략하면 $t_{ij} - bd_{ij} = g_i + g_j$가 되고, 이를 이용하여 인구의 배치분산을 최적화하는 과정을 거치면

$$g_h' = \frac{\sum t_{ih}}{n-2} - \frac{\sum_h \sum_i t_{ih}}{2(n-1)(n-2)} \tag{17.18}$$

$$g_h'' = \frac{\sum_i d_{ih}}{n-2} - \frac{\sum_h \sum_i d_{ih}}{2(n-1)(n-2)} \tag{17.19}$$

$$g_h = g_h' - b g_h'' \tag{17.20}$$

여기서 g_h'은 개발에 수반되는 효과이며, bg_h''은 경제거리의 단축이 인구에 미치는 영향이고, g_h는 교통프로젝트건설에 따른 h지역의 인구변화이다.

5 자원개발효과

도로건설 또는 개선으로 그 주변지역의 미개발자원을 개발 가능하게 한다. 예컨대 주변지역의 잠재적 실업자에게 고용기회를 주거나 관광자원을 개발하는 것 등이 그 좋은 예이다. 관광자원의 개발효과는 자원의 잠재가치가 도로건설로 인해 현실로 나타나는 것이다.

어느 지역의 관광수요는 그 관광자원의 가치, 접근성, 관광인구분포 등의 시장성에 의존하고 있다. 관광수요 예측법은 관광자원의 계량화와 주거지로부터의 접근성을 실제거리, 시간거리, 경제거리 등으로 나타내고 주거지에 대하여 관광발생량을 예측한다. 사용모형은 일반적으로 중력모형이 사용된다. 이는 관광통행발생량을 관광지에 분포시키는 문제로서, 새로운 도로가 건설됨에 따라 교통저항이 적어지므로 관광교통수요가 변한다는 개념에 입각한 것이다.

17.5 교통계획안의 경제성 평가기법

경제성 분석을 하기 전에 교통서비스의 수요와 공급 간의 관계를 알 필요가 있다. 예를 들어 어떤 도로구간이나 교량건설과 같은 특정 교통프로젝트를 생각해 보자. 나아가 이 시설을 이용하는 운전자에게 부과되는 비용, 즉 연료비, 통행료, 통행시간, 정비수리비 및 기타 실제 혹은 인지실지출비용(perceived out-of-pocket cost)을 알 수 있다고 가정한다. 우선 앞 장에서 설명한 방법을 사용하여 여러 가지 사용자비용에 대한 교통량(수요)을 계산할 수 있어야 한다. 우리는 그 시설을 이용하는 비용이 감소함에 따라 교통량은 증가할 것이라는 것을 직관적으로 알 수 있을 것이다. 이러한 관계는 〔그림 17-2〕에서 보는 바와 같이 특정 운전자그룹에 대한 그 시설의 수요곡선으로 나타낼 수 있다. 수요곡선은 아래위로 이동될 수 있고, 또 이용자의 소득수준이나 통행목적에 따라 그 경사가 달라질 수도 있다. 만약 그 곡선이 위로 이동되면 이는 더 많은 비용을 지불하고도 그 시설을 이용할 수 있는 높은 소득수준의 수요곡선을 나타낸다. 만약 그 곡선의 기울기가 수평에 가깝게 되면 이는 수요가 매우 탄력적인, 즉 비용의 조그만 변화에도 교통량이 크게 변함을

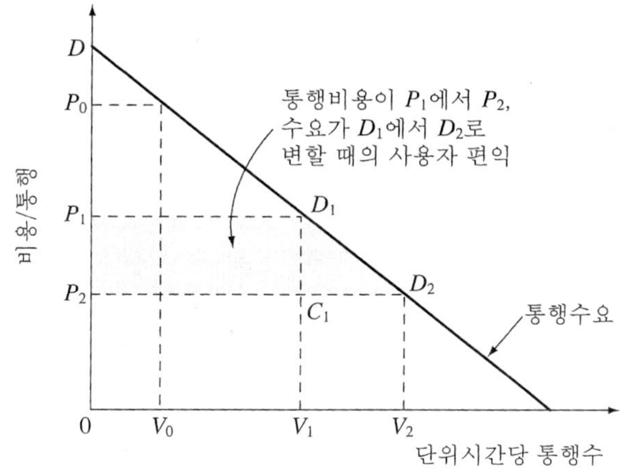

〔그림 17-2〕 통행의 수요곡선

나타낸다. 만약 그 기울기가 수직에 가까이 이르면 이는 수요가 매우 비탄력적인, 즉 비용이 크게 변하더라도 수요는 크게 변하지 않음을 나타낸다. 예를 들어 휘발유값은 비탄력적이라고 알려지고 있는데, 이는 휘발유값이 오르더라도 사람들은 자동차를 계속해서 굴리려 하기 때문이다.

이 시설에서의 통행비용을 P_1이라 하면 단위시간당 통행수는 V_1이 되고, 그 기간 동안의 모든 이용자 총 비용은 $P_1 \times V_1$이 된다. 이것은 〔그림 17-2〕에서 사각형 $OP_1D_1V_1$의 면적과 같다. 이 수요곡선에서 보는 바와 같이 V_1에서 한 사람을 뺀 모든 사용자는 실제 이 비용보다 더 많이 지불할 수도 있다. 예를 들어 V_0만한 크기의 사용자들은 그 시설을 이용하는 데 P_0를 기꺼이 지불할 것이나 실제로는 이보다 적은 P_1을 지불했다. 수요곡선 아래의 면적 ODD_1V_1은 V_1만한 크기의 사용자들이 기꺼이 지불할 수 있는 비용이다. 여기에다 V_1 이용자들이 실제로 지불하는 비용 $OP_1D_1V_1$을 뺀 나머지 P_1DD_1의 면적은 그 시설의 현재 이용자가 얻는 경제적 편익을 나타내며, 이를 소비자잉여(consumer surplus)라 한다.

그 시설의 개선으로 인해 시설이용비용이 P_2로 줄어들었다고 가정을 하면 총 사용자비용은 $P_2 \times V_2$가 되며 소비자잉여는 P_2DD_2가 된다. 따라서 이러한 개선에 의한 순편익은 P_2DD_2에서 P_1DD_1을 뺀 $P_2P_1DD_2$가 된다. 이 면적은 두 개의 부분으로 이루어진다. 그 첫째는 처음의 통행량 V_1이 지불하는 총비용의 감소로 인한 편익 $P_2P_1D_1C_1$이며, 둘째는 비용이 낮아지므로 인해 생기는 새로운 사용자 $V_2 - V_1$의 소비자잉여, 즉 $C_1D_1D_2$이다.

개선된 교통시설이용자의 순편익은 다음 식 (17.21)과 같이 나타낼 수 있으며, 이 값은 개선에 투입된 비용과 비교된다.

$$B_{1-2} = \frac{1}{2}(P_1 - P_2)(V_1 + V_2) \tag{17.21}$$

여기서 B_{1-2} : 교통시설이용자의 순편익
P_1 : 개선되기 이전의 사용자비용
P_2 : 개선된 후의 사용자비용
V_1 : 개선되기 이전의 교통량
V_2 : 개선된 후의 교통량

대부분의 경우 실제로 수요곡선을 만들기는 매우 어렵다. 그래서 위의 예에서 경제성 계산에 사용되는 교통량의 값은 시설이 개선된 후에 그 시설을 사용하는 교통량으로 대신한다. 즉 식 (17.21)의 $(V_1 + V_2)/2$ 대신에 V_2값을 사용하여 다음과 같이 나타내는 것이 보통이다.

$$B_{1-2} = (P_1 - P_2)V_2 \tag{17.22}$$

따라서 이 값은 식 (17.21)에서 구한 값보다 과대평가되는 경향이 있다.

교통시설개선의 경제적 가치를 생각하기 위해서는 개선비용을 계산하고, 이것과 그 시설의 현재상태를 유지하는 비용을 비교한다. 그러한 방법 중의 하나는 비교되는 대안의 비용차이 또는 증분비용(incremental cost)을 구하고, 이를 편익의 차이 또는 증분편익(incremental benefit)과 비교하여 편익의 차이가 비용의 차이보다 크면 그 대안은 타당성을 가진다. 다른 한 가지 방법은 각 대안의 총비용(사용자비용과 시설비용을 합한)을 구하여 그 값이 가장 적은 대안을 선정하는 것이다. 경제적 기준을 사용하여 최적대안을 선정하는 방법은 그 밖에도 몇 가지가 있으나 뒤에 다시 설명된다.

교통프로젝트의 경제성을 평가하는 데는 앞에서도 설명한 바와 같이 여러 가지 방법이 있으나, 그 중에서도 가장 계량화하기 쉬운 직접효과를 측정하여 이를 분석하는 편익-비용분석법(benefit-cost analysis)이 가장 기본이 된다. 이와 같은 편익-비용분석법에는 순현재가(net present worth : NPW), 연균등가(equivalent uniform annual worth : EUAW) 방법, 편익-비용비(benefit-cost ratio : B/C비) 방법, 내부수익률(internal rate of return : ROR 또는 IRR) 방법이 있다.

이들 중에서 어떤 방법을 사용하더라도 각 대안의 경제적인 우선순위를 구하는 데 있어서 같은 결과를 얻을 수 있다. 그러나 사용하는 방법을 선택하는 데 있어서 고려해야 할 사항은 (i) 가용한 자료의 형태, (ii) 편익 또는 수입액을 알 수 있는지 여부, (iii) 의사결정자의 취향 및 필요로 하는 정보의 내용 등이다.

B/C비 방법은 공공사업의 건설, 유지관리 및 운영에 드는 비용보다 거기서 나오는 편익이 더 많아야 한다는 단순하고도 명확한 결과를 보기 위해서 널리 사용되는 방법이다. 의사결정자에 따라서는 연간예산과 관련시켜 생각하기 위해서 연간 순편익(EUAW), 즉 연간편익에서 연간비용을 뺀 값으로 나타내는 것이 더욱 의미가 있을 수도 있다. 프로젝트 수명 동안의 모든 비용과 편익의 크기를 명확히 알기 위해서는 순현재가(NPW) 방법을 사용하는 것도 좋다. 수익률법(ROR)은 투자액에 대한 수익률을 직접 비교하는 데 매우 편리한 방법이다.

교통프로젝트는 장기간에 걸쳐서 교통서비스를 제공하기 때문에 그 기간 동안에 돈의 가치가 변한다는 것을 반드시 고려해야 한다.

17.5.1 순현재가(NPW) 방법

순현재가 방법은 여러 가지 방법 가운데 가장 간단하고 사용하기 쉬운 방법으로서 프로젝트수명 동안의 모든 비용과 편익을 현재가치로 나타낸다. 즉 장래의 주기적인 비용과 편익도 현재시점에서의 가치로 나타낼 수 있다. 사용되는 이자율(또는 할인율)은 일반적으로 프로젝트기간 동안의 최저유인수익률(minimum attractive rate of return : MARR)을 적용한다. 이자율 및 MARR에 대한 설명은 19장 4절에 상세히 언급되어 있으므로 반드시 참고하기 바라며 여기서는 설명을 생략한다. 순현재가란 모든 편익의 현재가치에서 모든 비용의 현재가치를 뺀 것을 말한다. 이 값이 +이면 프로젝트는 MARR보다 높은 수익을 올릴 수 있다는 것을 뜻한다. 서로 독립적인 대안들을 비교할 때 순현재가가 큰 것이 가장 좋은 대안이 된다.

순현재가를 나타내는 식은 다음과 같다.

$$\mathrm{NPW} = \sum_{n=0}^{N} (B_n - C_n)(P/F)_n + S(P/F)_N \tag{17.23}$$

여기서 B_n : n연도의 편익(연말계산)

C_n : n연도의 비용(연말계산)

S : N연도 말의 잔존가치

N : 프로젝트의 경제수명

$(P/F)_n$: n년(연말계산)에 발생한 일시불의 현재가계수로서 $1/(1+i)^n$의 값이다.

만약 비용이나 편익이 매년 A만한 크기로 처음 해부터 N년까지 균등하게 발생한다면, 이것의 현재가는 다음과 같이 계산된다.

$$\mathrm{PW} = A(P/A)_N \tag{17.24}$$

여기서 $(P/A)_N$은 균등액 현가계수로서 $\dfrac{(1+i)^N - 1}{i(1+i)^N}$의 값이다.

이 방법의 일반적인 적용성과 한계성은 다음의 예제를 푼 다음에 설명하는 것이 이해하는 데 더욱 도움이 될 것이다.

예제 17.3 다음과 같은 7개의 대안(do-nothing 대안 포함) 중에서 NPW 방법을 사용하여 가장 경제적인 대안을 찾아내라(경제수명은 모두 20년, MARR은 8%, 잔존가치는 없다고 가정).

대 안	초기건설비용	유지관리비용 (연간균등)	도로사용자비용 (연간균등)	도로사용자편익[1] (연간균등)	NPW[2] (해 답)
A	-	60	500	-	-
B	800	70	280	220	1262
C	1,000	55	250	250	1503
D	1,300	52	225	275	1478
E	1,350	48	220	280	1517*
F	1,500	46	210	290	1485
G	1,650	46	195	305	1482

주: 1) 도로사용자편익은 do-nothing 대안 A의 도로사용자비용과의 차이이다. 즉 B 도로의 사용자비용이 280 이므로 기존도로에 비해 사용자비용이 220 절감되는 편익을 얻는다.
2) 대안 A와 비교한 것이다.

풀이

- 이자율 $i = 8\%$
- 균등액 현가계수 $(P/A)_{20} = 9.818$

$$NPW_B = -800 - (70-60)(P/A)_{20} + 220(P/A)_{20} = 1262$$
$$NPW_C = -1000 - (55-60)(P/A)_{20} + 250(P/A)_{20} = 1503$$
$$NPW_D = -1300 - (52-60)(P/A)_{20} + 275(P/A)_{20} = 1478$$
$$NPW_E = -1350 - (48-60)(P/A)_{20} + 280(P/A)_{20} = 1517$$
$$NPW_F = -1500 - (46-60)(P/A)_{20} + 290(P/A)_{20} = 1485$$
$$NPW_G = -1650 - (46-60)(P/A)_{20} + 305(P/A)_{20} = 1482$$

따라서 대안 E가 가장 경제적인 대안이다.

1 적용성

이 방법은 B/C비 방법이나 ROR 방법과는 달리 모든 대안 간에 증분분석을 할 필요가 없다. 왜냐하면 어느 한 대안의 NPW값이 크면 그 대안이 경제적으로 좋다는 결론을 바로 내릴 수 있기 때문이다. 설령 두 대안 간의 증분분석을 하더라도 여기서 얻은 증분값으로 두 대안의 우열은 가릴 수 있어도 그 대안들의 경제적 타당성을 판정하지는 못하기 때문에 결국은 각 대안에 대한 독자적인 NPW값을 구하여 비교함으로써 최적안을 선택할 수 있다.

2 한계성

이 방법은 각 계획안의 전체적인 수익액을 나타내기는 하지만 그 수익률을 알 수는 없다. 그런 의미에서 본다면 ROR 방법보다 못하다. 경영의 측면에서 본다면 수익률을 알 필요성이 크기 때문이다.

이 방법은 프로젝트의 평가는 물론이고 프로젝트를 경제적으로 구상하는 데도 사용될 수 있으나(예를 들어, 통행료를 얼마로 해야 할 것인가를 구상하는), 프로젝트를 구상할 때, 같은 서비스 수준을 제공하지 않는 대안이 있을 경우 이를 고려하지 않고 서로 비교하지 않도록 유의해야 한다. 서비스 수준이 다르면 그 두 대안의 순현재가의 차이가 경제적인 설계로 인하여 초기투자(또는 유지관리비용)를 줄였기 때문인지, 아니면 서비스 수준이 나빠 교통량이 적어짐으로 인해 사용자비용이 줄어들었기 때문인지를 판단해야 한다. 예를 들어 위의 예제에서 대안 B의 서비스 수준이 낮아 교통량이 예측값보다 10% 줄면 사용자비용은 250이 되고, 따라서 그 대안의 순현재가는 1,550이 되어 가장 좋은 대안으로 선택될 수도 있다.

결론적으로 NPW 방법은 교통프로젝트, 특히 도로의 경제성 분석에 사용하기에 적합하지 않다. 근본적으로 B/C비 방법이나 ROR 방법 대신에 NPW 방법을 사용하는 경우는 의사결정자의 비계량화 기준을 더 중요시하며 판단하고 사용자편익에 대하여 통행료를 받을 수 있을 경우이다.

17.5.2 연균등가(EUAW) 방법

이 방법은 등가균등년가(equivalent uniform annual net return) 방법이라고도 하며 순현재가 방법과는 달리 매년도의 순편익(편익－비용)을 매년 동일한 금액으로 나타내는 방법이다. 다시 말하면 순현재가를 매년 동일한 금액으로 균등화시킨 것으로 NPW와는 다음과 같은 관계가 있다.

$$\text{EUAW} = \text{NPW}\ (A/P)_N \tag{17.25}$$

여기서 $(A/P)_N$은 현재의 가치를 연간균등가로 나타내는 자본상환계수로서 $\dfrac{i(1+i)^N}{(1+i)^N-1}$의 값이다.

NPW 방법에서와 마찬가지로 이자율은 MARR을 사용하며, EUAW값이 가장 큰 것이 경제적으로 가장 좋은 대안이다. 이 방법도 각 대안 하나하나에 대해서 계산해서 그 결과를 비교하며, 프로젝트의 경제성 평가나 프로젝트를 구상하는 데 사용된다. EUAW의 값이 ＋이면 이 대안의 수익률은 MARR보다 크다는 뜻이 된다.

이 방법도 상호독립적인 한 쌍의 대안을 비교하여 증분 EUAW를 구할 수 있다. 이때 비용의 감소는 편익으로 간주할 수 있다. 증분 EUAW값이 ＋이면 어느 한 대안이 다른 대안에 비해 상대적으로 좋다는 뜻이긴 하지만 그 대안이 반드시 경제적으로 타당성이 있다는 것을 의미하지는 않는다. 그러므로 대안 각각에 대한 EUAW값을 구해서 각 대안의 경제적 타당성을 판정해야 한다.

예제 17.4 앞의 예제에서 EUAW 방법을 사용하여 가장 경제적인 대안을 찾아내어라.

대 안	초기건설비용	유지관리비용 (연간균등)	도로사용자비용 (연간균등)	도로사용자편익 (연간균등)	NPW[1) (해 답)
A	-	60	500	-	-
B	800	70	280	220	128.5
C	1,000	55	250	250	153.2
D	1,300	52	225	275	150.6
E	1,350	48	220	280	154.5*
F	1,500	46	210	290	151.2
G	1,650	46	195	305	150.9

주: 1) 대안 A(do-nothing)와 비교한 것이다.

풀이

- 이자율 $i = 80\%$
- 자본상환계수 $(A/P)_{20} = 0.10185$

$$\text{EUAW}_B = \text{NPW}_B \times 0.10185 = 128.5$$
$$\text{EUAW}_C = 1503 \times 0.10185 = 153.2$$
$$\text{EUAW}_D = 1478 \times 0.10185 = 150.6$$
$$\text{EUAW}_E = 1517 \times 0.10185 = 154.5$$
$$\text{EUAW}_F = 1485 \times 0.10185 = 151.2$$
$$\text{EUAW}_G = 1482 \times 0.10185 = 150.9$$

따라서 대안 E가 가장 경제적인 대안이다.

17.5.3 편익 - 비용비(B/C비) 방법

프로젝트비용의 현재가에 대한 편익의 현재가 비를 나타내는 방법이다. 이 방법은 교통프로젝트투자에 비해 사회에 미치는 편익이 어느 정도인지를 나타내고 싶을 때 사용된다. B/C비 방법은 또 한 대안으로부터 다른 대안으로의 증분비용에 대한 증분편익을 B/C비로 나타내어 두 대안을 비교하는 데 사용된다. 즉

$$\text{증분 } (\text{B/C})_{2-1} = \frac{B_{2-1}}{C_{2-1}} \tag{17.26}$$

여기서 B_{2-1} : 대안 1, 2의 사용자 및 운영비용의 절감효과로서 높은 비용(대안 1)에서 낮은 비용(대안 2)을 뺀 값으로 현재가 또는 연균등액으로 표시

C_{2-1} : 높은 건설비용(대안 2)에서 낮은 건설비용(대안 1)을 뺀 값으로 현재가 또는 연균등액으로 표시

이와 같은 증분 B/C비가 1보다 크면 높은 건설비용을 갖는 대안이 경제적으로 더욱 타당하다는 것을 의미하며(그러나 그 대안 자체가 경제적 타당성이 있다는 것은 아니다. 그것을 알기 위해서는 do-nothing 대안과 비교하여 그 대안만의 B/C비를 구해야 한다), 증분 B/C비가 1보다 적으면 높은 건설비용을 갖는 대안이 나쁘다는 의미로서 그 대안은 폐기된다.

증분 B/C비를 사용하기 위해서는 먼저 각 대안의 비용과 편익에 대한 현재가(또는 연균등액)를 구해야 한다. 또 계획안은 초기투자건설비용의 크기순서로 나열하되 do-nothing 대안을 맨 처음에 두어야 한다.

이 방법을 알기 쉽게 설명하기 위해서 앞에서 든 예제를 중심으로 설명한다.

예제 17.5 앞의 예제에서 B/C비 방법을 사용하여 가장 경제적인 대안을 찾아내어라.

대안 ①	초기비용	유지관리[1] 편익(연간)	사용자[1] 편익(연간)	B/C비 ②	증분비교 ③	증분 B/C비 ④	결론 ⑤
A	0	-	-	-	-	-	
B	800	-10	220	2.6	B-A	2.6	A보다 B가 우수
C	1,000	5	250	2.5	C-B	2.2	B보다 C가 우수
D	1,300	8	275	2.1	D-C	0.9	D보다 C가 우수
E	1,350	12	280	2.1	E-C	1.04	C보다 E가 우수
F	1,500	14	290	2.0	F-E	0.8	F보다 E가 우수
G	1,650	14	305	1.9	G-E	0.9	G보다 E가 우수
							∴ E가 가장 우수

주: 1) do-nothing 대안(A)과 비교한 것으로서 A의 비용보다 감소한 것을 편익으로 본다.

풀이 ① : 각 대안을 초기투자비용의 순서대로 나열한다.

② : 각 대안의 A 대안에 대한 B/C비를 구한다.

균등액 현가계수 $(P/A)_{20} = 9.818$

$(B/C)_B = (-10+220)(9.818)/800 = 2.6$

$(B/C)_C = (5+250)(9.818)/1,000 = 2.5$

$(B/C)_D = (8+275)(9.818)/1,300 = 2.1$

$(B/C)_E = (12+280)(9.818)/1,350 = 2.1$

$(B/C)_F = (14+290)(9.818)/1,500 = 2.0$

$(B/C)_G = (14+305)(9.818)/1,650 = 1.9$

여기서 구한 B/C비가 1.0보다 크다는 것은 A 대안에 비해 경제성이 있다는 의미를 나타낸다. 이 값이 1.0보다 적으면 그 대안은 이 단계에서 완전히 폐기된다. 그러나 여기서 구한 B/C값이 가장 크다고 해서(대안 B) 반드시 가장 경제적인 대안은 아니라는 것에 유의해야 한다. 가장 경제적인 대안을 찾기 위해서는 다음 단계에서 설명되는 각 대안 간의 증분비교를 해야 한다.

③, ④, ⑤ : 도전대안의 편익과 비용에서 방어대안의 편익과 비용을 뺀 증분편익을 증분비용으로 나누어 증분 B/C비를 구한다. 만약 이 값이 1.0보다 크면 방어대안보다 도전대안이 좋다는 뜻이므로 방어대안은 폐기된다. 만약 1.0보다 적으면 방어대안이 더 좋다는 뜻이므로 도전대안이 폐기되고, 그 다음 대안이 도전대안이 되어 비교된다. 이렇게 해서 끝까지 남아 있는 대안이 최적대안이다.

$(B/C)_{B-A}=$ 앞의 ②에서 2.6

그러므로 대안 A는 폐기되고, 대안 B와 C를 비교

$$(B/C)_{C-B}=(255-210)(9.818)/(1000-800)=2.2$$

따라서 대안 B는 폐기되고, 대안 C와 D를 비교

$$(B/C)_{D-C}=(283-255)(9.818)/(1300-1000)=0.9$$

따라서 대안 D는 폐기되고, 대안 C와 E를 비교

$$(B/C)_{E-C}=(292-255)(9.818)/(1350-1000)=1.04$$

따라서 대안 C는 계기되고, 대안 E와 F를 비교

$$(B/C)_{F-E}=(304-292)(9.818)/(1500-1350)=0.8$$

따라서 대안 F는 폐기되고, 대안 E와 G를 비교

$$(B/C)_{G-E}=(319-292)(9.818)/(1650-1350)=0.9$$

따라서 대안 G는 폐기되고, 대안 E가 가장 좋은 대안이며, 이 대안의 B/C비는 2.1이다.

※ 여기서 거듭 유의해야 할 것은 ②에서 구한 값이 크다고 해서 최적안이 아니라는 사실이다. 이 값은 단지 그 대안의 경제적 타당성만을 나타내므로 1.0보다 크면 경제성이 있고 1.0보다 적으면 경제성이 없다.

④에서 구한 값이 크다고 해서 역시 가장 좋은 대안은 아니다. 이 값은 경제

적인 타당성이 있는 대안 중에서 한 대안이 다른 대안에 비해 좋으냐 나쁘냐를 판별하는 수치이기 때문이다.

이 방법을 적용함에 있어서 어떤 대안이 발생시킨 절대적인 편익(예를 들어 판매수익과 같은)을 측정할 수 있을 경우에 한해서 그 대안 자체의 B/C비를 구한다. 반면에 기존상황에 비해 개선된 상대적인 편익밖에 알 수 없으면 한 쌍의 대안에 대한 비용과 편익을 비교한 증분 B/C비를 계산해야 한다. 이와 같은 경우는 이 다음에 설명하는 ROR 방법에서도 마찬가지이다.

이 방법에서 한 가지 유의할 것은 유지관리비용이나 운영비용 등과 같이 초기투자에 수반해서 실제 발생하는 연간비용은 부의 편익으로 간주하여 분자의 총편익에서 빼주고, 분모에는 초기투자비용만을 사용해야 한다는 것이다. 논리적으로 볼 때 이것도 지출되는 비용이므로 초기투자비용과 마찬가지로 분모에 포함시켜야 하나 경제학이나 회계학의 측면에서 볼 때 반복되는 연간비용은 분자에 포함시키는 것이 타당하다. 또, 분석의 목적이나 다른 분석방법과의 일관성을 고려해서 연간비용을 분자에 포함시켜야 한다. 같은 이유로 해서 잔존가치도 마찬가지로 양의 편익으로 분자에 포함시켜야 한다. 이와 같은 연간비용이나 잔존가치는 초기투자에 부수되는 종속적인 것이기 때문에 편익을 나타내는 분자에 포함시켜야 한다는 논리이다. 이 문제에 대한 보다 자세한 설명은 참고문헌 (3)에 잘 나타나 있다.

17.5.4 내부수익률(IRR 또는 ROR) 방법

앞에서 설명한 방법들은 모두 정해진 이자율을 사용하였지만, 이 IRR 방법은 편익과 비용을 같게 만드는 이자율, 즉 수익률을 구하여 MARR을 비교하는 방법이다. 즉 이렇게 계산된 IRR이 MARR보다 크면 투자할 가치가 있고, 이보다 적으면 경제적 타당성이 없는 것이다.

이 방법도 B/C비 방법과 마찬가지로 각 대안에 대한 수익률을 구하여(즉, do-nothing 대안과 비교하여) 경제적 타당성을 구하고, 여기서 그 값이 MARR보다 적으면 그 대안을 폐기시킨다.

경제적 타당성이 있는 대안들 중에서 가장 좋은 대안을 찾기 위해서는 각 대안을 한 쌍씩 비교하여 증분수익률을 구하는 것이다. 증분수익률이란 두 대안의 비용의 차이와 편익의 차이를 같다고 본 수익률을 말한다. 그러기 위해서는 do-nothing 대안을 포함하여 초기투자비용의 크기 순으로 대안을 나열해야 한다.

이 방법을 보다 알기 쉽게 하기 위하여 앞에서 든 예제를 중심으로 설명한다.

예제 17.6 앞의 예제에서 ROR 방법을 사용하여 가장 경제적인 대안을 찾아내어라.

대안 ①	초기비용	유지관리[1] 편익(연간)	사용자[1] 편익(연간)	ROR ②	증분 비교 ③	증분 ROR ④	결 론 ⑤
A	0	-	-	-	-	-	
B	800	-10	220	26.1	B-A	26.1	A보다 B가 우수
C	1,000	5	250	25.1	C-B	22.3	B보다 C가 우수
D	1,300	8	275	21.5	D-C	6.9	D보다 C가 우수
E	1,350	12	280	21.3	E-C	8.5	C보다 E가 우수
F	1,500	14	290	19.8	F-E	5.0	F보다 E가 우수
G	1,650	14	305	18.9	G-E	6.4	G보다 E가 우수
							∴ E가 가장 우수

주: 1) do-nothing 대안(A)과 비교한 것으로서 A의 비용보다 감소한 것을 편익으로 본다.

풀이 ① : 각 대안을 초기투자비용의 순서대로 나열한다.

② : 각 대안의 A 대안에 대한 ROR을 구한다.

$$(\mathrm{ROR})_B = -800 + 210(P/A)^i = 0 \quad i = 26.1\%$$

$$(\mathrm{ROR})_C = -1,000 + 255(P/A)^i = 0 \quad i = 25.1\%$$

$$(\mathrm{ROR})_D = -1,300 + 283(P/A)^i = 0 \quad i = 21.5\%$$

$$(\mathrm{ROR})_E = -1,350 + 292(P/A)^i = 0 \quad i = 21.3\%$$

$$(\mathrm{ROR})_F = -1,500 + 304(P/A)^i = 0 \quad i = 19.8\%$$

$$(\mathrm{ROR})_G = -1,650 + 319(P/A)^i = 0 \quad i = 18.9\%$$

여기서 구한 ROR값이 8%의 MARR보다 크다는 것은 A 대안에 비해 경제성이 있다는 뜻이다. 이 값이 8%보다 적으면 그 대안은 이 과정에서 완전히 폐기된다. 그러나 여기서 구한 ROR값이 가장 크다고 해서(대안 B) 반드시 가장 좋은 대안은 아니라는 것에 유의해야 한다. 가장 좋은 대안을 찾기 위해서는 다음 단계에서 설명하는 바와 같이 각 대안 간의 증분비교를 해야 한다.

③, ④, ⑤ : 도전대안과 방어대안에 대한 편익의 차이와 비용의 차이를 같다고 놓고 이때의 증분 ROR을 계산한다. 만약 이 값이 8%보다 크면 방어대안보다 도전대안이 좋다는 뜻이므로 방어대안은 폐기된다. 만약 이 값이 8%보다 적으면 방어대안이 더 좋다는 뜻이므로 도전대안이 폐기되고, 그 다음 대안이 도전대안이 되어 비교된다. 이런 과정을 계속해서 끝까지 남는 대안이 최적안이 된다.

$(ROR)_{B-A}$ = 앞에 ②에서 26.1%

그러므로 A 대안은 폐기되고, B와 C를 비교

$(ROR)_{C-B} = -1{,}000-(-800)+(255-210)(P/A)^{i}=0 \quad i=22.3\%$

그러므로 B 대안은 폐기되고, C와 D를 비교

$(ROR)_{D-C} = -1{,}300-(-1{,}000)+(283-255)(P/A)^{i}=0 \quad i=6.9\%$

8%보다 적으므로 D 대안은 폐기되고, C와 E를 비교

$(ROR)_{E-C} = -1{,}350-(-1{,}000)+(292-255)(P/A)^{i}=0 \quad i=8.5\%$

그러므로 C 대안은 폐기되고, E와 F를 비교

$(ROR)_{F-E} = -1{,}500-(-1{,}350)+(304-292)(P/A)^{i}=0 \quad i=5.0\%$

8%보다 적으므로 F 대안은 폐기되고 E와 G를 비교

$(ROR)_{G-E} = -1{,}650-(-1{,}350)+(319-292)(P/A)^{i}=0 \quad i=6.4\%$

8%보다 적으므로 G 대안은 폐기되고, E가 가장 좋은 대안이며, 이 대안의 수익률은 21.3%이다.

※ 여기서 거듭 유의해야 할 것은 ②에서 구한 값이 크다고 해서 그것이 최적안이 아니라는 사실이다. 마찬가지로 ④의 증분 ROR 값이 크다고 최적안이 되는 것이 아니다.

이 방법도 마찬가지로 프로젝트의 평가뿐만 아니라 금액으로 나타나는 편익이 있는 경우에는 프로젝트를 구상하는 데 도움을 준다. 이 방법은 최종결과가 계획안의 수익 정도를 나타내는 직접적인 지표이기 때문에 프로젝트평가에 특히 적합하다. 따라서 대부분의 의사결정자에게는 NPW나 B/C비 방법보다는 이 방법이 더 의미가 있다.

대부분의 ROR 방법에서는 단 하나의 수익률이 구해진다. 그러나 연간 돈의 흐름(cash flow) 합계를 연도별로 구했을 때 그 부호가 두 번 이상 바뀌면 수익률은 두 가지 이상 나오거나 또는 해를 구할 수 없는 경우가 생긴다. 이와 같은 경우는 대단히 희귀한 경우로써 초기투자 후 이자율을 고려하지 않은 편익이 초기투자를 초과한 후에 바로 다시 건설투자를 하는 경우에 해당되는 것으로 교통프로젝트에는 이런 경우가 거의 발생하지 않는다. 이와 같은 경우에 대해서는 17.5.6에 좀더 자세히 설명한다.

또 ROR 방법은 주어진 MARR에 따라 대안을 선택하는 법을 제시한다. 즉 MARR값이

어떤 값을 갖든 간에 그 값에 적합한 최적대안을 선택할 수 있다. 이때 사용되는 분석방법을 수익률망(網)분석법이라 한다. N개의 대안에 대해서 분석하기 위해서는 N각형이 사용된다. 각 대안들을 초기투자액이 큰 순서대로 시계방향으로 나열하고 각 꼭지점을 연결하는 화살표는 초기투자가 큰 쪽으로 향하게 하고 증분수익률을 기록한다.

앞의 예제를 기준으로 설명하면, 진행하는 순서는 A 대안과 다른 모든 대안을 비교한 수익률은 앞에서 구한 바와 같으며, 그 중에서 B 대안과 비교한 것이 가장 크므로(26.1%) A, B 사이에 굵은 화살표를 표시하고 증분수익률 값을 적는다. 다음은 B 대안과 C, D, E, F, G 대안을 비교하여 증분수익률을 구하면, $(\text{ROR})_{C-B} = 22.3$, $(\text{ROR})_{D-B} = 13.5$, $(\text{ROR})_{E-B} = 13.9$, $(\text{ROR})_{F-B} = 12.1$, $(\text{ROR})_{G-B} = 11.4$를 얻는다. 이 중에서 가장 큰 값이 C와 비교한 것이므로 B, C 사이에 굵은 화살표로 표시하고 증분수익률값을 적는다. C 대안과 D, E, F, G 대안을 마찬가지로 비교하여 증분수익률을 구하면 $(\text{ROR})_{D-C} = 6.9$, $(\text{ROR})_{E-C} = 8.5$, $(\text{ROR})_{F-C} = 7.5$, $(\text{ROR})_{G-C} = 7.6$을 얻고, 이 중에서 가장 큰 값은 E와 비교한 것이므로 C, E 사이를 굵은 화살표와 증분수익률을 표시한다. 그 다음 E와 F, G를 비교하면, $(\text{ROR})_{F-E} = 5.0$, $(\text{ROR})_{G-E} = 6.4$로써 E, G 사이를 표시한다. 이를 수익률망으로 나타내면 아래 〔그림 17-3〕과 같다.

이를 해석하면 다음과 같다.

만약	$26.1\% < \text{MARR}$	이면	대안 A가 최적
	$22.3\% < \text{MARR} < 26.1\%$	이면	대안 B가 최적
	$8.5\% < \text{MARR} < 22.3\%$	이면	대안 C가 최적
	$6.4\% < \text{MARR} < 8.5\%$	이면	대안 E가 최적
	$\text{MARR} < 6.4\%$	이면	대안 G가 최적

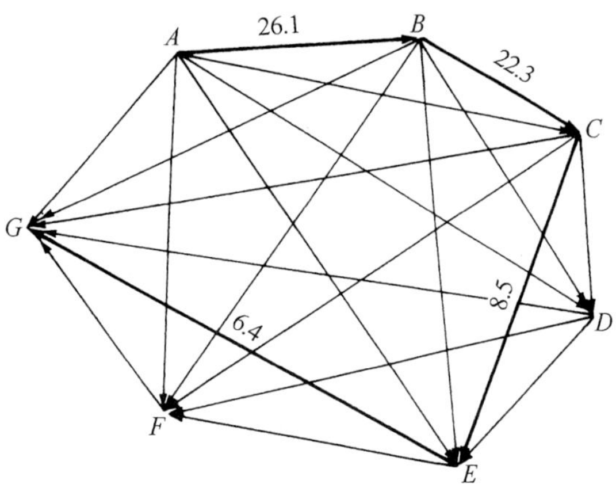

〔그림 17-3〕 수익률망도

이와 같은 분석은 NPW 방법을 사용해서도 얻을 수 있다. 즉 각 대안에 대해서 MARR의 변화에 따른 순현재가를 계산하여 그림으로 나타내면(〔그림 19-9〕 참조) 각 대안곡선의 교점이 의사결정 MARR값이 되고, 그들 사이의 NPW가 가장 큰 대안이 그 MARR 범위에서의 최적대안이 된다. 앞의 예제로는 곡선을 나타내기가 복잡하기 때문에 다른 대안 P, Q, R을 사용하여 이들 각 대안의 이자율 변화에 따른 NPW가 〔그림 17-4〕와 같이 나타났다고 가정한다. 그림에서 보는 바와 같이 이자율(MARR)이 2.1보다 적을 때에는 대안 R이 가장 좋으며, $2.1 < \text{MARR} < 15.3$일 때에는 대안 Q, $15.3 < \text{MARR}$이면 대안 P가 가장 좋음을 알 수 있다.

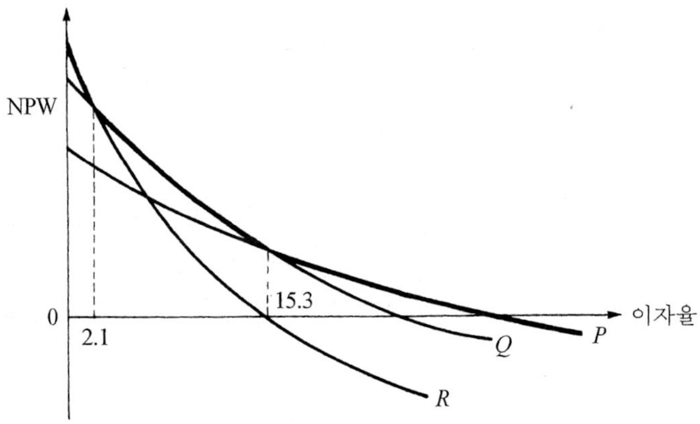

〔그림 17-4〕 이자율에 따른 순현재가의 변화

17.5.5 기타 경제성 평가방법

자본투자계획의 경제성을 밝혀내는 데는 여러 가지 경제성 평가방법이 있으나 지금까지 설명한 4가지 방법이 그래도 다양한 계획안의 경제적 이점을 조사하는 가장 좋은 수단으로 이용되고 있다. 참고로 이들 이외에 다른 평가방법을 소개하면 다음과 같다.

1 연균등비용(EUAC) 방법

이 방법은 분석기간 동안의 모든 투자비용, 즉 초기비용과 운영, 유지관리, 기타 경비 등에 드는 연간비용을 사용해서 분석을 하되 편익은 고려하지 않는다. 잔존가치는 분석에 포함되나 편익으로서가 아니라 자본비용의 감소로 간주한다. 이 방법은 간단하고, 또 평균 연간비용의 의미를 쉽게 이해할 수 있기 때문에 많이 사용된다. 이 EUAC(Equivalent Uniform Annual Cost) 방법은 각 대안의 편익이 같으면서 그것을 금액으로 나타낼 수 없는 계획안의 평가에 주로 사용된다. 그러나 이 방법이 차량운행비용을 포함하는 도로프로젝트의 평가가 사용될 때에는 각 대안의 차량운행비용 감소를 편익으로 보지 않고 비용의 값에 그대로 포함시켜야 한다. 이때 차량운행비용의 감소 이외의 다른 편익은 각 대안에서 꼭 같다고 본 것이다. 예를 들어 앞의 예제에서 각 대안의 EUAC를 계산하면 다음과 같다.

$$(\text{EUAC})_A = 560$$
$$(\text{EUAC})_B = 800(A/P)_{20} + (70+280) = 431.5$$
$$(\text{EUAC})_C = 1,000(A/P)_{20} + (55+250) = 406.8$$
$$(\text{EUAC})_D = 1,300(A/P)_{20} + (52+225) = 409.4$$
$$(\text{EUAC})_E = 1,350(A/P)_{20} + (48+220) = 405.5$$
$$(\text{EUAC})_F = 1,500(A/P)_{20} + (46+210) = 408.8$$
$$(\text{EUAC})_G = 1,650(A/P)_{20} + (46+195) = 409.1$$

따라서 E 대안이 가장 좋다.

이 방법은 계획안의 우열을 가릴 수는 있으나 경제적 타당성을 알 수가 없다. 또 두 개의 대안에 대한 증분 EUAC를 구하더라도 그 값으로 두 대안의 우열을 가릴 수는 있으나 경제적 타당성을 모르기는 마찬가지이다. 따라서 대안 간의 증분분석을 할 필요가 없다. 그러나 이 방법은 편익을 고려하지 않기 때문에 B/C비 방법이나 ROR 방법에서 고려하는 몇 가지 까다로운 문제가 생기지는 않는다. 이 방법에서 가장 유의해야 할 것은 서비스 수준이 서로 다른 대안을 비교할 때이다. 즉 서비스 수준이 나빠 교통량이 적은 도로는 차량운행비용이 적어지므로(도로조건이 좋아서 차량운행비용이 적어지는 것이 아니라), 결과적으로 EUAC값이 적어져서 최적대안으로 선정될 우려가 있음에 주의해야 한다.

2 비용의 현재가(PWC) 방법

이 방법(present wroth of cost)은 앞의 EUAC값에 균등액 현가계수 (P/A)를 곱하여 현재가로 나타낸 것 외에는 EUAC 방법과 다를 바가 하나도 없다.

3 자본화 비용(capitalized cost) 방법

이 방법은 분석기간을 무한대로 가정했을 때의 PWC 방법이라고 볼 수 있다. 이때의 균등액 현가계수 (P/A)는 $1/i$이다. 이 방법은 19세기 말 철도건설프로젝트에서 많이 사용된 방법이나 지금은 거의 사용되지 않는다.

4 상환기간(payback period) 방법

이 방법은 투자비용에 대한 상환기간이 짧을수록 좋은 대안이라는 근거에서 출발한다.

상환기간이란 순편익 또는 비용절감을 이자율을 고려하지 않고 누적한 것이 투자와 같게 되는 기간을 말한다. 이 방법에 대해서는 두 가지의 중요한 반론이 생긴다. 첫째, 돈의 시간가치를 고려하지 않는 것이고, 둘째, 상환기간이 지난 후에도 계속될 수 있는 서비스의 가치를 고려하지 않는 것이다. 따라서 이 방법은 장기간에 걸친 교통프로젝트에는 거의 사용되지 않고, 분석기간이 짧은 프로젝트를 구상하는 데 사용될 수 있다.

5 비김분석(break-even analysis) 방법

이 방법은 비교되는 대안들의 가치를 같게 만드는 어떤 변수의 값을 비교하는 것이다. 예를 들어 토사도로와 저급 아스팔트 포장도로를 비교할 때, 두 대안의 EUAC가 같게 되는 교통량 변수를 구함으로써 상대적인 우열을 비교할 수 있다. 또다른 예로는 어떤 도로프로젝트에서 통행료 수입과 EUAC를 일치시키는 교통량을 구함으로써 대안평가나 대안구상을 할 수 있다.

이 방법은 의사결정을 하는 기준을 개발하고 도로운영비용에 대한 관심이 잘 나타나는 경우를 찾아내는 도로관리 측면에서 많이 이용된다. 비김점(break-even point)을 나타내는 과정은 특별한 절차를 필요로 하지 않는다. 그러나 모든 변수가 모두 포함되고 적절히 평가되고 있는지 알아볼 필요가 있다.

17.5.6 경제성 평가시 유의사항

경제성을 평가하는 데 있어서 특별히 유의해야 할 사항이 몇 가지 있다. 상호독립적인 대안이 꼭 같은 서비스 수준을 제공하지 않을 경우에 발생하는 문제점들은 앞에서 잠시 언급한 바 있다. 또 때로는 대안들의 서비스수명이 다를 수도 있음에도 불구하고, 지금까지 설명한 것은 모두 같은 분석기간을 가진다고 가정했다. 뿐만 아니라 ROR 방법에서 설명한 바와 같이 연간 자금의 흐름(cash flow)에서 분석기간 도중에 부호가 두 번 이상 바뀌는 경우에는 ROR이 두 개 이상이 되거나 해가 없을 경우도 생긴다.

이와는 별도로, 정해진 연간 총 건설예산 범위 내에서 몇 개의 프로젝트를 수행하고자 할 때의 대안선정방법은 또다른 절차를 필요로 한다.

1 서비스 수준이 다른 경우

상호독립적인 대안의 서비스 수준이 서로 다를 경우에는 비용과 편익이 질적으로나 양적으로 크게 달라진다. 예를 들어 도시고속도로에 대한 4가지의 독립적인 노선위치대안이 있다고 할 때, 각 대안이 유인하는 교통량은 서로 다르며 이때의 교통량(AADT)을 8,000,

13,500, 16,000 및 20,000이라고 하자. 여기서 EUAC로서는 이 대안들의 우열을 가리기 어렵다. 왜냐하면 교통량이 적은 8,000대의 노선대안이 서비스 수준이 낮기 때문에 가장 적은 EUAC를 나타낼 수도 있는 것이기 때문이다. 그러나 프로젝트에 영향을 받는 지역전체의 교통량을 생각한다면, 이 교통량이 그 지역의 나머지 부분에 미치는 긍정적인 효과는 실제로 줄어들 수 있다. 이와 같은 문제는 PWC 방법에서도 마찬가지로 발생한다.

EUAW와 NPW 방법은 우열을 가리는 변수가 편익 또는 비용감소이므로 서비스 수준이 균일하지 않은 대안에 적용할 수 있다. 즉, 교통량이 적은 대안은 그 지역의 다른 부분에 적은 편익밖에 주지 못하므로 비용이 적더라도 편익이 적어지기 때문이다. 이와 같은 관점에서 볼 때 B/C비 방법이나 ROR 방법도 마찬가지이다.

프로젝트를 구상하는 데 있어서는 서비스 수준이 반드시 같을 필요는 없다. 왜냐하면 모든 대안은 계획하는 교통량 또는 서비스 수준에 대해서 설계되어야 하기 때문이다. 프로젝트의 경제성 평가의 증분비교과정에서 볼 때에는 증분비용 또는 증분서비스가 경제적임을 말해 줄 경우도 있다.

결국 경제성 평가나 프로젝트구상에 대한 최종적인 대안선택은 목표에 근거한 관리의 측면에서 결정되어야 한다. 그 노선이 국지교통을 위한 것인가 통과교통을 위한 것인가 하는 것은 기본적인 목표에 대한 문제로서 관리의 측면에서 결정되어야 할 중요한 문제이다.

서비스 수준이나 교통량이 다른 대안들을 평가할 때에는 각 대안이 영향을 주는 지역 또는 교통축 내의 모든 교통비용을 사전·사후로 계산해야 한다.

2 서비스수명이 다른 경우

서비스수명(service life)이란 경제수명(economic life)과는 엄밀한 의미에서 서로 구별된다.[3)] 서비스수명이란 어떤 시설이 건설되어 서비스를 시작한 때로부터 서비스를 끝내고 그 시설이 폐기되거나 혹은 다른 용도로 전용될 때까지의 기간을 말한다. 따라서 서비스수명이란 사용상 이득이 있든 없든 상관없이 실제로 그 시설의 사용기간을 말한다.

반면에 경제수명이란 그 시설이 건설되어 서비스를 시작한 때로부터 그 시설을 사용하는 데 있어서 더 이상 경제적 이득을 주지 않을 때까지의 기간을 말한다. 따라서 어떤 시설의 경제수명이 끝난 후에도 대체서비스 또는 대체시설을 제공할 예산이 없어 서비스수명은 계속되는 경우도 있다. 이와 같은 관점에서 볼 때 경제수명은 경제분석을 통해서 정해지는 것이다. 즉 어떤 시점부터는 기존의 비용보다 적은 비용을 들이고도 기존과 같은 서비스를 얻을 수 있는 어떤 대안(시설 또는 서비스)이 있다고 판단되면 그 시설의 경제수명은 그 시점까지로 본다.

지금까지의 대안평가에서는 모든 대안의 서비스수명을 같다고 보았으나 실제로는 이들이 서로 다를 수도 있다. 이 경우에는 한 프로젝트의 수명이 끝난 다음, 꼭 같은 프로젝트가 계속적으로 반복되는 경우와 그렇지 않을 경우를 나누어 생각할 수 있다.

꼭 같은 프로젝트가 계속적으로 반복되는 경우에는 EUAC, EUAW, B/C비 및 ROR 방법을 사용하면 처음 한 사이클(한 서비스수명까지의 분석) 분석값이 그대로 유지되므로 문제될 것이 없으나 PWC나 NPW 방법을 사용하면 사이클이 반복되는 횟수가 증가함에 따라 그 값도 증가된다. 이럴 때에는 비교되는 두 대안의 서비스수명의 최소공배수를 구하여 그때까지 계속된 프로젝트를 평가하면 된다. 예를 들어 서비스수명이 8년인 대안과 12년인 대안을 비교할 때, 분석기간은 24년이 되어 첫째 대안은 3회 반복하고, 둘째 대안은 2회 반복한 결과를 분석한다. 그러나 만약 두 대안의 서비스수명이 17년과 23년이라면, 분석기간이 391년(사이클 횟수는 각각 23회와 17회)이나 되어 그처럼 장기간의 프로젝트가 있을 수 없어 논리적으로 타당성이 없어진다. 이와 같은 경우에는 분석절차상의 보정이 필요하다. 이와 같은 보정은 같은 프로젝트가 계속적으로 반복되지 않는 경우에 있어서의 모든 평가방법에도 적용된다.

분석기간을 일치시키는 절차는 서비스수명이 짧은 대안을 기준으로 하여 이보다 긴 수명의 대안은 짧은 대안의 기간 이후에 남은 가치(편익 또는 비용)를 잔존가치로서 분석기간에 포함시키는 것이다(그러나 이자율이 높고 프로젝트의 서비스수명이 길면 프로젝트간의 수명 차이가 크더라도 분석에 큰 영향을 미치지는 않는다. 예를 들어 이자율이 20%일 때 서비스수명 20년의 (A/P)값은 0.2054이지만 수명 30년은 0.2009로써 2%의 차이밖에 없다. 달리 표현하면 이자율이 클 때 프로젝트의 수명을 20년으로 예측하든 30년으로 예측하든 큰 차이를 나타내지 않는다).

예제 17.7 두 대안 A, B가 있다. A 대안은 초기투자 4,000에 매년 순편익(편익−비용) 800이며 서비스수명이 17년이고, B 대안은 초기투자 5,000에 매년 순편익이 950이며 서비스수명은 23년이다. 이 프로젝트가 끝난 다음 꼭 같은 프로젝트가 계속적으로 반복되는 경우와 그렇지 않는 경우의 경제성을 평가하라. MARR는 15%이다.

풀이 (1) 프로젝트가 계속 반복될 경우 : EUAW, B/C비, 또는 ROR 방법으로 분석하면 좋으므로 이 중에서 EUAW 방법을 사용하기로 한다.

$$(\text{EUAW})_A = -4,000(A/P)_{17} + 800$$
$$= -4,000(0.16537) + 800 = 138.5$$
$$(\text{EUAW})_B = -5,000(A/P)_{23} + 950$$
$$= -5,000(0.15628) + 950 = 168.6$$

(2) 프로젝트가 반복되지 않을 경우 : 연간비용을 모르므로 EUAC와 PWC 방법을 제외한 어떤 방법을 사용해도 좋으나 위에서 EUAW 방법을 사용했으므로 이 방법을 사용해서 대안 B를 분석한다. 분석기간은 17년이다.

① 23년부터 17년까지 6년간의 연균등액 168.6을 분석기간 말인 17년째에 일시불로 환산

$$168.6(P/A)_6 = 168.6(3.784) = 638$$

② 이를 17년간의 연균등액으로 환산

$$638(A/F)_{17} = 638(0.01537) = 9.8$$

③ 조정된 연간등가 순편익

$$(\text{EUAW})_B = 168.6 - 9.8 = 158.8$$

3 자금흐름의 방향변화

교통프로젝트에서 자금흐름(cash flow)의 보편적인 형태는 초기의 건설투자 또는 부지매입비용의 지출이 있은 후에 연간비용 또는 연간편익이 매년 균등하게 발생하는 것이다. 이와 같은 경우에 있어서 대안의 평가는 지금까지 설명한 방법으로 해결할 수 있으나 자금흐름이 불규칙하여 누적금액의 부호가 +와 -로 불규칙하게 발생하면 ROR 방법에서 두 개 이상의 수익률 해를 얻는다. 예를 들어 〔표 17-1〕과 같은 자금의 흐름을 갖는 프로젝트를 생각해 보자.

〔표 17-1〕 자금흐름의 부호변화

n	수 입	지 출	합 계	비 고
1	200		200	
2	200		400	
3	200	1,000	-400	부호변화
4	200		-200	
5	200		0	부호변화
6	200	900	-700	부호변화
7	200		-500	
8	200		-300	
9	200		-100	
10	200		100	부호변화

이때 ROR 방법을 사용하여 수익률을 구하면 5.9%와 40.6%의 두 값을 얻는다. 이를 다시 NPW 방법을 사용하여 이자율의 변화에 따른 순현재가를 〔그림 17-5〕와 같이 나타내면 이자율(MARR)이 5.9%와 40.6% 사이에 있을 때 NPW값이 −값을 가짐을 알 수 있다. 따라서 ROR 방법으로 평가할 때 이 중에서 어떤 수익률값을 사용할 것인가를 결정하기가 곤란해진다.

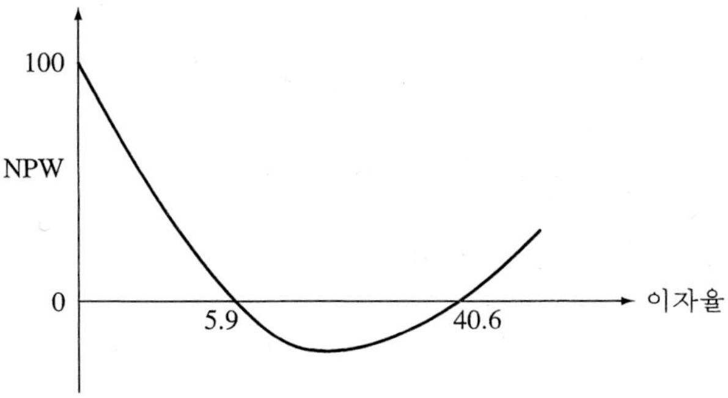

〔그림 17-5〕 두 개의 내부수익률을 갖는 경우

이와 같은 경우에는 부호를 변경시키는 큰 투자 이전의 편익을(비용도 마찬가지로) MARR(또는 다른 가능한 이자율)로 복리계산하여 투자비용에 감해 줌으로써 자금흐름의 부호가 한 번만 바뀌도록 해주면 한 개의 수익률을 얻을 수 있다. 이 방법은 Grant와 Ireson[4] 및 Taylor[5]가 제안한 방법으로서 경제성 분석의 목표가 투자의 NPW나 ROR을 찾는 것이기 때문에, 이러한 절차는 매우 실용적이면서도 논리적으로 크게 잘못이 없다. 예를 들어 〔표 17-1〕의 자금흐름에서 처음 6년의 자금흐름을 MARR을 이용하여 환산하고 이를 6년째의 자금흐름에 포함시키는 것이다. MARR을 10%라고 하면 처음 6년간 편익의 6년째 가치는 $200(F/A)_6^{10}=1543$이며, 3년차의 투자액 1,000의 6년째 가치는 $1,000(F/P)_3^{10}=1331$이다. 따라서 6년째 자금흐름의 가치는 $-900+1543-1331=-688$이다. 그러므로 변환된 자금흐름은 초기에 688을 투자하고 그 후 4년간 매년 200의 편익을 얻는 프로젝트로 생각할 수 있다. 이때 $-688+200\,(P/A)_4^i=0$에서 ROR의 값으로 6.1% 하나만을 얻을 수 있다.

4 예산상의 제약이 있는 경우

지금까지는 한 프로젝트 내의 여러 대안들 가운데 최선의 대안을 선택할 때 그 대안을 실행하는 데 필요한 예산은 제약을 받지 않는다는 가정과 그 프로젝트는 반드시 실행되어야 한다는 가정에 기초를 둔 것이었다. 그러나 한 해의 총 건설예산은 한정되어 있고, 또 실행해야 할 프로젝트가 여러 개일 수도 있으므로 결국 여러 프로젝트의 여러 대안들을 함께 비교할 필요성이 생긴다.

따라서 가장 경제적인 대안이지만 예산부족으로 실행되지 않을 수도 있고, 또 경제성이 적더라도 비용이 적게 드는 하나 혹은 몇 개의 프로젝트들을 동시에 실행해야 할 수도 있다. 이때의 목표는 한 프로젝트의 순편익을 최대로 하는 것이 아니라 정해진 예산범위 내에서 총 순편익을 극대화하는 것이다. 좀더 자세한 내용은 다음 예제 풀이를 통해 알아보기로 한다.

예제 17.8 *A*, *B*, *C* 프로젝트의 각 대안들의 초기투자비용과 순현재가(편익−비용)가 다음 표와 같은 때, 다음 각 경우와 같은 가용예산의 규모에 따른 가장 경제적인 프로젝트 및 대안을 선택하라.

대안	초기투자비용(억원)	순현재가(억원)
A_1	100	300
A_2	120	250
A_3	300	800
B_1	150	260
B_2	220	480
C_1	350	-70

(1) 예산상의 제약이 없을 때

(2) 가용예산이 200억원뿐일 때

(3) 가용예산이 280억원뿐일 때

(4) 가용예산이 310억원뿐일 때

(5) 가용예산이 450억원뿐일 때

풀이

1. NPW가 '-'값을 갖는 *C* 프로젝트는 실행할 가치가 없으므로 제외시킨다.
2. 동시에 실행할 수 있는 대안조합을 만들고 이들을 초기투자비용의 크기순으로 나열한다(상호배타적인 대안, 예를 들어 A_1과 A_2는 동시에 실행될 수 없으므로 같은 조합이 될 수 없다).
3. 가용예산보다 적거나 같은 초기투자비용으로 최대의 NPW를 얻을 수 있는 대안조합을 선택하고, 투자하고 남는 예산은 *A*, *B*, *C* 이외의 다른 프로젝트에 사용한다.

동시 실행 가능한 대안조합	초기투자	순현재가
A_1	100	300
A_2	120	250
B_1	150	260
B_2	220	480
A_1, B_1	250	560
A_2, B_1	270	510
A_3	300	800
A_1, B_2	320	780
A_2, B_2	340	730
A_3, B_1	450	1060
A_3, B_2	520	1280

(1) 예산상의 제약이 없을 때 : A_3, B_2 선택

(2) 가용예산이 200억원뿐일 때 : A_1 선택

(3) 가용예산이 280억원뿐일 때 : A_1, B_1선택

(4) 가용예산이 310억원뿐일 때 : A_3 선택

(5) 가용예산이 450억원뿐일 때 : A_3, B_1 선택

17.5.7 경제성 평가의 논점

1 편익-비용 분석법의 문제점[10)]

대부분의 경제성 분석에서는 교통시설의 직접적인 효과 중에서 계량화가 가능한 경제적 편익과 비용을 측정하여 이를 지금까지 언급한 여러 가지 방법으로 평가하는 편익-비용 분석법을 사용하고 있다. 그러나 경우에 따라서는 사회적인 편익과 비용을 함께 분석하는 복잡한 평가기법을 사용하기도 한다. 이 방법은 직접 가격으로 환산할 수 없는 사회적 편익과 손실을 금전화하여 사용한다. 이 경우에 있어서 계산이 매우 복잡해지기는 하지만 계량화되는 여러 가지 변수의 정확도에 따라 그 계산의 신뢰성이 좌우된다. 지금까지는 이러한 변수 가운데 극히 일부분만이 취급되었기 때문에, 사회적 편익-비용 분석결과에 대해서 일반대중이나 기술자가 아닌 의사결정자가 미심쩍어하는 경우가 많다.

첫째, 계량화할 수 있는 영향을 금전화하여 편익이나 비용으로 처리하는 것이 매우 불합리하다고 생각하는 사람이 있다는 것을 알아야 한다. 예를 들어 소음공해를 사회적 비용으로 나타내는 것에 대해서 폭넓은 지지를 얻기가 어렵다. 과거에는 이 비용이 소음을 피하기 위해서 한 개인이 기꺼이 지불할 수 있는 비용과 그 소음을 견디는 대신 받으려고 하는 보상액으로부터 결정되었다.[11)] 마찬가지로 통행시간 단축가치에 대해서도 매우 적은 양의 통행시간 단축이 과연 얼마만한 가치를 부여할 수 있는가에 대한 의문이 제기될 수 있

다.[12] 총비용 또는 편익의 일부분을 차지할 정도의 괄목할 만한 가치는 사회적 편익-비용 분석에 포함된다. 그러나 이 가치가 매우 장기간의 분석기간 동안에 변함이 없을 것인가 하는 의문이 제기된다. 왜냐하면, 어떤 국가가 산업화 과정에 진입하면 기본적인 사회적 가치까지도 변한다는 것은 잘 알려진 사실이다.

둘째, 할인율에 관해서도 장기계획을 검토할 때 매우 심각한 본원적인 의문을 제기하게 된다. 많은 국가에서 공공투자는 민간부문에 투자되는 자본의 기회비용보다 높은 수익률을 보장해야 한다는 정책을 채택하고 있으며, 또 어떤 경우에서는 높은 할인율이 장기계획에서 합리적일 수 있다. 그러나 높은 할인율은 단기계획보다 장기계획에서 더 불리하고 결과적으로 장기적인 효과를 감소시키는 경향이 있다. 따라서 높은 이자율일 때는 장기계획이 부적절하다고 말하는 사람도 있다. 왜냐하면 현재의 큰 가치에 높은 할인율을 적용시키고 장래가치를 크게 할인하여 분석을 하는 것은 비합리적이라고 생각하기 때문이다.

셋째, 보다 기본적인 문제는 사회가 다원화되어 있다는 사실을 인식하는 데 있다. 하나의 NPW는 사회전체가 얻는 순편익을 나타내지만 그것이 누가 비용을 물고 누가 편익을 얻는지를 나타내지는 못한다. 예를 들어 비행장의 위치 또는 고속도로 선형선택의 경우에서 볼 때 편익보다 비용(또는 손실)이 훨씬 큰 사람들이 있을 수 있다.

이와 같은 세 가지 기본적인 문제점은 편익-비용 분석법이 소규모의 유사한 대안을 비교하는 데는 매우 적합할지 모르나 장기교통계획에 포함되는 여러 요인을 종합적으로 평가하는 데는 부적절하다.

2 지역 및 전국교통계획안의 경제성 평가

지역 또는 전국교통계획에서 교통시설의 경제성 분석은 프로젝트 투자비용과 이에 따라 발생하는 모든 편익을 비교하는 것을 말한다.[13), 14), 15)]

편익이란 교통비용의 절감과 교통투자에 의한 지역 또는 국가생산량의 증가를 의미한다. 여기서 교통비용의 절감에 포함시켜야 할 내용은 다음과 같다.

- 감가상각, 수리, 연료, 정비, 운전자 노임 등과 같은 차량운행비용의 절감
- 감각상각, 유지보수, 운영에 따른 시설비용의 절감

지역생산량의 증가로 인한 편익은 예상되는 생산량으로부터 얻을 수 있다. 분석할 때는 이러한 편익이 중복 계산되지 않도록 유의해야 한다. 국가생산량은 공업용수 및 전력공급시설을 함께 건설해야만 생산량을 증가시킬 수 있다. 분석에서 기초가 되는 통계자료가 부족하거나 또는 부정확하여 시설비용이나 차량운행비용 등에 관한 분석이 어렵거나 잘못된 결론에 도달할 수도 있다.

전국적인 계획에서는 편익이란 국민소득성장을 반영한 것이어야 한다는 사람도 있으나[16)]

매우 정확한 자료 없이는 이를 추정하기가 불가능하다. 그러나 사용자비용의 감소, 유지관리비용 절감, 사고감소, 통행시간절약, 서비스 수준(편리성 및 쾌적성)의 향상, 경제발전 등과 같은 구체적인 편익은 좀더 쉽게 추정될 수 있다. 국가수준에서 볼 때 비용은 실제가격과는 달리 다음과 같은 그림자가격(shadow price)을 나타내야 한다.[17)]

- 세금, 요금, 관세 등을 제외한 가격
- 노동의 참가격을 나타내지 않는 부분을 제외한 노임(비숙련공에게 지급되는 최저 노임 중에서 실제노동가치를 나타내는 노임만 포함)
- 투자액의 금융수익과 다른 곳에 투자 가능한 기회비용의 차이

국가차원에서 분석할 때에는 실제비용이 아닌 인플레이션을 포함해서는 안 되며, 또 프로젝트의 직접비용에는 계정되지는 않지만 꼭 필요한 시설(접근도로, 전력공급, 공업용수, 공급시설 등)의 비용을 포함해야 한다.

17.6 다원기준 평가방법(multicriteria evaluation)

교통계획안의 평가에서 경제성 분석에만 의존할 경우, 다음과 같은 이유에서 그 유용성이 제한을 받는다.

- 금전화할 수 있는 기준만 사용하기 때문에 실용적이지 못하다.
- 결과에 결정적인 영향을 미치는 이자율과 분석기간을 미리 정해야 한다.
- 프로젝트로부터 편익을 얻는 집단과 손해를 보는 집단을 구별하지 않는다.
- 모든 비용, 심지어 외부비용까지도 고려한다.

이와 같은 이유로 해서 경제성 평가방법은 영향권의 범위가 작은 소규모의 프로젝트나 큰 프로젝트의 일부분을 분석하는 데 그쳐야 한다. 따라서 이 절에서는 금액으로 환산할 수 없는 기준을 포함한 평가방법을 설명하고자 한다.

17.6.1 목적 및 목표달성 행렬표(goals and objectives-achievement matrix)[18)]

다원기준 판단기법의 하나로서 종래의 체계분석기법(system analysis techniques)으로부터 발전된 것이며, 다양한 도시권 및 지역계획에 적합한 것으로서 가중행렬표 방법이 사용된다.[19)] 이 기법의 수행과정은 다음과 같다.

① 지역 또는 도시권의 목적을 설정
② 교통계획의 범위 안에 있는 목적과 관련된 목표를 수립
③ 성향조사 등과 같은 방법으로 각 목표의 상대적 중요도에 따른 가중치를 결정
④ 각 목표의 성취도를 평가하는 데 필요한 계량적인 기준설정
⑤ 각 대안별로 이들 각 기준의 값을 결정. 총 효과는 이 값에 목표의 중요성에 따른 가중치를 곱하여 합산
⑥ 총 효과가 가장 큰 대안을 선정

예를 들어 어떤 교통계획안을 평가하는 데 있어서 지역 및 도시권의 목적이 결정되었고, 이에 따라 다음과 같은 목표를 수립하였다고 가정을 한다.

- 시스템의 경제성 확보
- 노선선정에 의한 가옥의 이전을 최소화
- 대중교통의 편리성 및 쾌적성 제공
- 중심지역의 접근성 용이
- 저소득층 지역에 대중교통서비스 제공

이러한 목표의 달성도를 측정하기 위한 기준으로 다음과 같은 것을 선택하였다.

- B/C비
- 이전되는 인구수
- 첨두시 대중교통수단의 부하계수
- 중심지역의 접근도
- 저소득층 존의 대중교통 접근도

성향조사 및 전문가의 의견청취결과 각 목표의 상대적인 중요도의 비율은 위에서부터 차례로 40%, 20%, 20%, 10%, 10%라고 한다. 이때 목적 및 목표달성 행렬표는 다음과 같이 나타난다.

〔표 17-2〕 목적 · 목표달성 행렬표 방법(예)

평 가 기 준	배 점	대안 A	대안 B	대안 C
B/C 비	40	35	25	30
이 전 인 구	20	10	20	5
버 스 부 하 계 수	20	10	15	3
중 심 부 접 근 도	10	3	5	10
저소득층 대중교통접근도	10	2	10	8
총 점	100	60	75	56

따라서 대안 *B*가 3개 대안 중에서 이 지역의 목적·목표를 가장 잘 충족시키는 것이라 할 수 있다. 이 방법은 목표의 개수와 각 목표의 달성도를 나타내는 기준 및 각 기준의 가중치를 어떻게 정하느냐에 따라 그 결과가 달라질 수 있다. 또 이 방법은 서로 차원이 다른 기준을 객관적인 점수로 환산하여 하나의 값(총점)으로 평가할 수 있는 반면에[20] 이 방법의 가장 큰 결점은 선택된 대안의 사회적 정당성을 소홀히 하기 쉽다는 것이다.[21), 22)] 즉 총점이 선정기준이 되므로 어떤 목표에 대해서는 그 성취도가 매우 낮음에도 불구하고 총점이 높아 최적안으로 선정될 수 있다는 것이다.[10)]

17.6.2 대차대조표 방법(planning balance sheets)

편익·비용 분석법을 수정한 것으로서 도시 및 지역계획의 평가에 많이 이용되고 있으며, 뿐만 아니라 장기교통계획에서도 활용된다. 근본적으로 이 기법은 계획안으로 인해 영

〔표 17-3〕 대차대조표 방법(예)

영향의 종류		대안 *A*	대안 *B*	대안 *C*	대안 *D*
공 항 당 국	1. 소요자본	1,200억원	1,400억원	2,000억원	3,500억원
	2. B/C비	2.4	3.2	2.3	3.3
	3. 숙련노동자수	2,200	3,200	3,000	3,800
	4. 운영의 용이도	낮음	보통	낮음	높음
항 공 사	1. 소요자본	5억원	12억원	50억원	70억원
	2. 연간 항공기 운행비용	20억원	30억원	50억원	40억원
	3. 직원수	15,200	16,400	20,000	24,000
	4. 소음감소 비용	20억원	42억원	30억원	20억원
	5. 소음감소 절차상의 안전성 순위	1	3	4	2
항 공 여 객	1. 터미널 사용 용이도 순위	3	2	1	4
	2. 주차장 사용 용이도 순위	4	1	2	3
	3. 출발승객의 터미널 사용시간	85분	80분	65분	60분
	4. 도착승객의 터미널 사용시간	15분	20분	24분	15분
	5. 터미널 설계 미관	낮음	보통	높음	보통
	6. 다른 비행기로 갈아타지 못할 비율	2%	1.5%	1%	1.5%
	7. 탑승객의 평균 보행거리	450 m	300 m	210 m	60 m
공항인근주민	1. L_{dn} 수준의 평균증가	25	15	12	10
	2. 주택가격의 영향	-1,000만원	-800만원	0	+200만원
	3. 주변 도로교통량 증가	5%	4%	1%	2%
	4. 주거분위기 훼손	높음	높음	보통	낮음
	5. 취업기회 증대	낮음	보통	낮음	높음
	6. 연간 1인당 세수변화	-2만원	-1.5만원	+0.5만원	0
	7. 수용되는 건물수	200	300	200	450
	8. 공공공지의 감소(평)	3만	25만	36만	92만
	9. 총 토지수요(평)	36만	73만	92만	430만

향을 받는 다양한 모든 집단의 관점에서 최적대안을 선정하는 것이다. 영향을 받는 모든 집단에게 부과되는 비용과 편익뿐만 아니라 금전화할 수 없는 영향도 계량화하여 분석한다. 대차대조표는 결과를 일반적인 편익·비용분석에서 처음 ROR이나 NPW로 나타낼 수 없고, 또 그렇게 나타내서도 안 된다. 이 방법의 의미는 각 계획대안이 전체 지역사회에 미치는 영향을 제시하고, 그 대안들이 좀더 좋은 결과를 얻기 위해 개선되어야 할 점을 나타내는 데 있다.[23)]

이 방법의 장점은 그 계획안에 가장 큰 영향을 받는 집단을 찾아낼 수 있다는 것과 비계량화 영향까지를 포함하는 데 있다. 〔표 17-3〕은 공항개발에서 대차대조표 방법을 사용한 예를 보인 것이다.

17.6.3 서열화 방법(plan ranking)

대차대조법에서처럼 계획안의 목표에 대한 가중치를 정하기는 어려워도 목표의 중요성에 대한 서열을 정하기는 비교적 쉽다. 이와 같은 전제하에서 가중치보다는 서열을 매겨 프로젝트를 평가하는 방법들이 개발되었다. 〔표 17-4〕는 서열화 기법을 사용한 평가기법을 나타낸 것이다.[24)] 이 방법을 수행하는 절차는 다음과 같다.

① n개의 목표에 대해서 그 중요성의 역순에 따라 1부터 n까지 서열을 정한다.

② m개의 대안에 대해서 각 목표별로 그 목표를 달성하는 정도의 역순에 따라 1부터 m까지 서열을 정한다.

③ 각 대안이 성공적으로 실행될 확률 p를 정한다.

④ 각 대안의 값 V는 각 목표에 대한 각 $n \times m \times p$값을 합한 값이다. 즉

$$V = P(n_1 m_1 + n_2 m_2 + \cdots n_n m_m)$$

⑤ 각 대안의 V값을 비교하여 이 값이 가장 큰 대안을 선정한다.

〔표 17-4〕 서열화 기법(예)

계획안	실행 확률 (P)	목표 Ⅰ : 균형을 이룬 교통시스템 (목표중요성순위:2)	목표 Ⅱ : 토지이용 적정배치 (목표중요성순위:3)	목표 Ⅲ : 경제적 효율성 (목표중요성순위:1)	대안의 서열기대치 (V)
대안 A	0.6	3	1	3	0.6〔(2×3)+(3×1)+(1×3)〕=7.2
대안 B	0.5	2	2	1	0.5〔(2×2)+(3×2)+(1×1)〕=5.5
대안 C	0.9	1	3	4	0.9〔(2×1)+(3×3)+(1×4)〕=13.5
대안 D	0.4	4	4	2	0.4〔(2×4)+(3×4)+(1×2)〕=8.8

목표달성 행렬표 방법과 서열화 기법을 결합한 평가방법을 사용해도 좋은 결과를 얻을 수 있다.[25)]

이 방법은 여러 가지 다양한 기준을 사용할 수 있으며, 여러 가지의 관점을 구체화시킬 수 있기 때문에 많이 사용되는 방법이다. 또 모든 정보를 하나의 값으로 나타내어 비교하기 때문에 편리하기도 하다. 이 방법의 큰 결점은 하나의 수치에 의존하여 최적안을 선택하므로 선택과 절충 사이에 존재하는 중요한 논점들이 파묻히게 된다.

또다른 문제점은 기준의 서열과 대안의 서열을 곱한 값이 올바른 상대적 가치를 나타내려면, 서열의 척도가 일정한 간격을 가져야 한다. 다시 말하면 3서열이 1서열의 3배이면 2서열은 1서열 값의 2배가 되어야 한다.

끝으로 최종결과를 제시하는 데 있어서 의사결정자가 판단을 쉽게 할 수 있는 정보가 하나의 값으로밖에 나타나지 않는다는 것이다.

17.6.4 비용-효과 분석방법(cost-effectiveness analysis)

이 방법은 프로젝트의 목표달성도를 반영하는 기준을 프로젝트비용과는 별도로 나타낸다. 그래서 기준은 프로젝트의 효과를 나타내는 효과척도(measures of effectiveness : MOE)가 되고, 비용은 그 효과를 얻는 데 필요한 비용으로 간주된다. 이 방법은 경제성 분석에서 나온 자료와 계량화할 수 있는 기타 효과(환경영향 등)를 함께 사용한다. 다음은 비용-효과 분석방법의 한 예를 설명한 것이다.[26)]

어느 도시권지역에 5개의 시스템 대안이 검토되고 있다. 이 계획안은 첨두시간의 용량과 서비스 수준을 증대시키고 통행시간을 감소시킬 목적에서 계획된 것이다. *A* 대안은 현 상태를 유지하는 do-nothing 대안이며, *B* 대안은 전철건설, *C* 대안은 도로건설, *D* 대안은 철도와 도로건설의 혼합, *E* 대안은 직행버스와 도로건설을 혼합한 대안이다. 각 대안의 경제성 평가결과는 다음 〔표 17-5〕와 같이 나타난다.

따라서 경제성 분석결과로 보면 대안 *E*가 가장 좋은 대안이라는 것을 알 수 있다. 그러나 비경제적인 영향을 비교하면 〔표 17-6〕과 같다.

이 평가에 사용된 MOE에는 프로젝트로 인해 이전되는 인구와 사업수, 교통사고로 인한

〔표 17-5〕 도로 및 대중교통대안의 편익-비용 분석

증분비교	연간비용증분(억원)	연간편익증분(억원)	B/C비
*A*와 *B*	286	213	0.74
*A*와 *C*	1041	1162	1.12
*C*와 *D*	227	172	0.76
*C*와 *E*	167	198	1.18

〔표 17-6〕 도로와 대중교통대안의 MOE값

MOE	대안 A	대안 B	대안 C	대안 D	대안 E
	do-nothing	철 도	도 로	철도와 도로	버스와 도로
이 전 인 구	0	660	8,000	8,000	8,000
이 전 사 업 수	0	15	183	183	183
사 망 자 수	159	158	137	136	134
부 상 자 수	6,767	6,714	5,596	5,544	5,517
CO (톤)	2,396	2,383	2,233	2,222	2,215
HC (톤)	204	203	190	189	188
승용차 평균통행속도(kph)	25.4	25.9	33.6	33.9	34.4
대중교통 평균통행속도(kph)	10.9	12.2	10.9	12.2	12.5
연간 대중교통 승객수(백만)	154.2	161.7	154.2	161.7	165.2
연간비용(억원)	26	312	1,067	1,294	1,234
이자율	8	8	8	8	8

사상자수, 배기가스(CO, HC) 및 평균통행속도 등이 있다.

이 표를 검토해 보면 몇 가지 사실을 발견할 수 있다. 대중교통승객수로 볼 때 대안 E가 가장 많고 그 다음이 대안 B이다. 그러나 연간비용과 대중교통승객수의 관계를 비교(〔그림 17-6〕)해 보면, 대안 B가 대안 C, D, E보다 훨씬 좋다. 즉 대안 B에 대한 추가 투자에 비해 승객수는 그다지 증가하지 않는다.

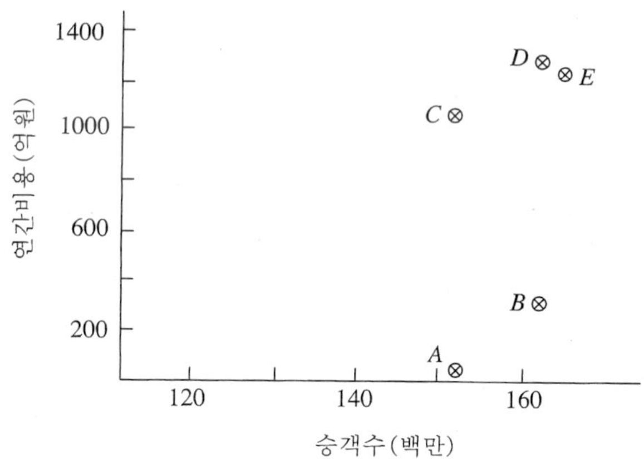

〔그림 17-6〕 연간비용과 승객수와의 관계

지역사회에 대한 영향은 주택 및 사업지의 이전수와 환경오염의 정도로 나타낼 수 있으며, 이 결과는 〔그림 17-7〕과 〔그림 17-8〕에서 보는 바와 같다.

여기서 사업지 이전수와 대중교통승객수의 관계로 볼 때 대안 C, D, E는 대안 B에 비해서 못하다. 반면에 대안 C는 B대안보다 비용이 훨씬 많이 드는 대신 환경오염수준은 훨씬 낮다. 그런가 하면 대안 D, E는 대안 C보다 비용이 조금 더 드는데도 불구하고 환경오염 수준은 거의 비슷하다.

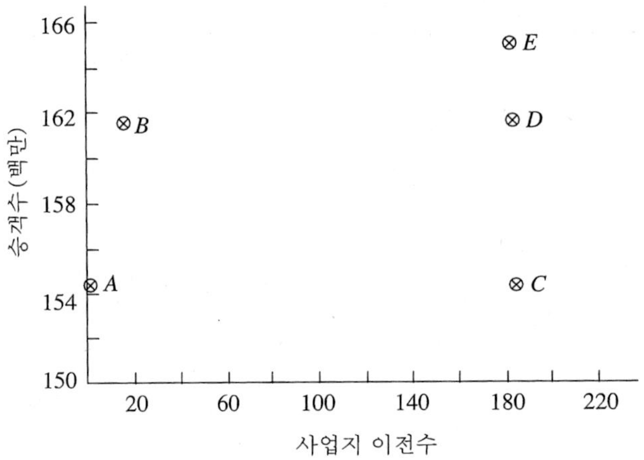

〔그림 17-7〕 승객수와 사업지 이전수의 관계

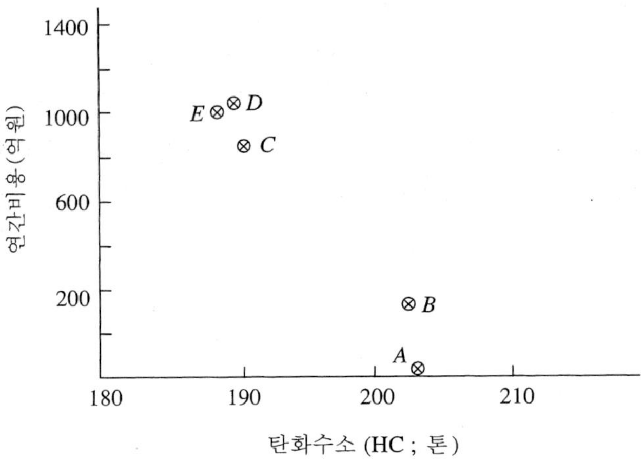

〔그림 17-8〕 연간비용과 HC와의 관계

지금까지 설명한 것은 여러 MOE 중에서 몇 개의 MOE에 대한 관계를 나타낸 것에 불과하다. 이와 같이 비용-효과를 비교하고 여러 가지 상충되는 MOE들을 절충하는 방법을 절충법(trade-off)이라 한다. 분명한 것은 대안 *B*의 B/C비가 1보다 적다 할지라도 이 대안이 비교적 적은 비용으로 환경 및 사회적인 편익을 크게 할 수 있기 때문에 좀더 자세한 검토를 필요로 한다는 것이다. 편익-비용 분석과정에서 민감도 분석을 하면 이자율이 4% 정도로 낮아지거나, 혹은 통행시간가치가 시간당 300원 정도 많아지면 대안 *B*의 B/C비는 1보다 커진다.

비용-효과 분석법은 경제성 분석방법이나 서열화 기법에서처럼 최적안을 제시해 주지는 않는다. 그러나 이 방법은 각 계획안의 영향을 더욱 충실하게 나타낼 수 있고, 또 중요한 논점들을 명시할 수 있으므로 다양한 요인들을 다각도로 검토할 수 있는 매우 가치 있는 평가수단이다.

17.6.5 완성된 프로젝트의 평가

지금까지 설명한 내용은 모두 교통계획안의 평가에 대한 것이었다. 그러나 또다른 평가로는 프로젝트가 시행된 후에 그 결과를 평가하는 것으로서 ① 얼마나 효과적으로 그 목적을 수행하고 있는가, ② 다른 프로젝트를 위해서 유용한 경험은 무엇인가, ③ 현재 상황을 개선하기 위해 변경시켜야 할 것은 무엇인가, ④ 그 프로젝트가 계속되어야 하는가 혹은 폐기되어야 하는가를 결정하기 위한 것이다.

교통프로젝트의 사후평가는 실험계획법(experimental design)의 방법을 따른다. 예를 들어, 어떤 약의 치료효과를 파악하려면 유사한 특성을 가진 두 집단을 선정하여 한 집단에는 투약을 하고 다른 집단에는 투약을 하지 않음으로써 두 집단의 결과를 비교하면 된다.

완성된 대중교통프로젝트의 효과를 평가하는 예를 생각해 보자. 새로운 버스정거장의 대피소시설이 버스승객수에 미치는 효과와 그 지역사회의 여론을 평가하고자 한다. 버스정거장의 새로운 대피소시설을 한 버스노선에 설치하고 다른 노선에는 이를 설치하지 않는다. 이 대피소가 설치되기 전과 그 이후에 두 노선의 버스승객수를 조사한다. 조사된 승객수가 그 시설을 설치한 노선의 승객수는 13.3% 증가되었고 그 시설을 설치하지 아니한 노선의 승객수는 2.5%만 증가했다. 다른 요인에 의한 영향이 없거나 두 노선에서 같다고 본다면 새로운 대피소시설의 효과는 (13.3−2.5)=10.8%의 승객증가 효과를 나타낸다고 볼 수 있다.

구　　분	사　전	사　후	변 화(%)
노선 A : 신규 대피시설	1,500	1,700	13.3
노선 B : 기존 대피시설	1,950	2,000	2.5

완성된 프로젝트를 평가하는 또다른 수단은 새로운 시설이용자를 대상으로 하여 설문조사를 하는 것이다. 이 조사로부터 사람들이 왜 그 시설을 이용하며, 프로젝트개선이 이용자의 시스템 선택에 어느 정도 영향을 주는가를 알 수 있다. 앞의 버스승객조사로부터 조사대상자가 이전부터 버스를 이용한 사람이었는지 혹은 새로운 이용자인지를 알 수 있다. 새로운 이용자에게는 새로운 정거장 대피소시설 때문에 버스를 이용하게 된 사람이 얼마나 되는지를 알기 위해서 새로이 버스를 이용하게 된 이유를 물어 본다(버스를 이용하게 된 원인이 그 지역에 이사를 왔거나, 자동차수리를 맡겼거나, 연료비가 올랐기 때문일 수도 있다). 또 이전부터 버스를 이용한 사람에게는 새로운 대피소에 관한 의견을 물어본다. 이러한 조사로부터 버스이용객에 관한 사전·사후 자료는 물론이고 새로운 프로젝트에 대

한 반응까지도 확실히 알아낼 수 있다. 이처럼 완전한 정보는 도시전체에 이 대피소 프로젝트를 시행할 것인가, 말 것인가를 결정하는 데 크게 도움이 될 것이다.

교통분야에서 조사대상집단이 명확히 구별되는 순수한 실험계획을 달성하기란 불가능하다. 왜냐하면 ① 교통프로젝트는 다방면에 걸쳐 광범위한 영향을 미치고, ② 시행기간이 매우 길기 때문에 사전자료를 수집할 예산이 없으며, ③ 조사대상집단을 정하기가 어렵고, ④ 장기간에 걸쳐 일어나는 변화 중에서 새로운 교통프로젝트에 의한 영향만을 찾아내기가 어렵기 때문이다.

교통프로젝트 사후평가의 다른 형태로서 다른 시스템끼리 혹은 다른 기술끼리 비교하는 방법이 있다. 이러한 비교법은 실제상황에서 일어나는 유용한 자료를 얻을 수 있기 때문에 다른 지방의 의사결정자에게 도움이 될 수 있다. 사후평가 조사는 여러 가지 요인에 대한 실제결과를 생각하기 때문에 유용하다. 그러나 어떤 수단이나 기술에 대한 사전평가는 주로 비용에 대한 것에 초점을 두거나 가정된 상황에 기초를 둔다.

이러한 사후평가의 예로는 미국 필라델피아 도심과 뉴저지의 교외를 연결하는 철도대중교통노선과 워싱턴 D.C. 도심과 버지니아 교외를 연결하는 고속버스노선을 비교한 것이 있다.[27] Lindenwold Line이란 철도노선은 12정거장에서 하루 24시간 동안 운행되며, Shirley Highway라고 불리는 버스도로는 18 km 연장으로서 노선상에 정거장이 없으며 첨두시간 동안만 버스전용차로로 운영된다. 두 시스템 모두 비교적 밀도가 낮으며, 첨두시간 동안에 통행수요가 많은 주거지역에 서비스를 제공한다. 각 프로젝트의 비교분석은 그 시설이 몇 년 동안 운영된 후에 실시되었으며, 승객, 운영자 및 지역사회의 관점에서 모든 MOE에 대한 영향이 평가되었다. 각 MOE에 대한 세부적인 평가는 각 시스템이 어떻게 운영되고 있는가를 조사하고 그 장점과 단점을 파악하는 것이다. 예를 들어 서비스의 질에 관한 MOE의 하나인 운행의 신뢰성(reliability), 즉 운행스케줄과 실제운행시간과의 부합성은 예정통행시간의 변동량으로 나타나며, 이것은 교통지체, 차량고장 또는 악천후로 인해서 영향을 받는다. 신뢰성에 가장 큰 영향을 주는 요인은 통행로상에서의 교통통제의 종류와 그 크기이다. 다음은 두 시스템의 신뢰성을 비교한 것이다.

- Lindenwold Line : 그 해의 모든 차량의 99.15%가 연착시간이 5분 이하였고, 그 다음 해에는 97%가 5분 이하의 연착시간을 나타내었다.
- Shirley Highway : 4일간에 걸쳐 조사한 결과 22%가 예정도착시간보다 빨리 도착했고, 32%가 5분 이상 연착을 했으며, 46%만이 5분 이하의 연착시간을 나타내었다.
- 비교 : Lindenwold 시스템(철도)이 Shirley 시스템(고속도로상의 버스)보다 신뢰성이 높다.

두 개의 시스템을 다른 MOE로 사후평가한 결과가 〔표 17-7〕에 나타나 있다.

〔표 17-7〕 철도 및 버스시스템의 사후 비교평가

MOE	Lindenwold	Shirley	좋은 시스템*
인 기 도	우	양	L
절대 통행시간	수	우	L
신 뢰 성	수	양	L
쾌 적 성	우	양	L
편 리 성	우	미	L
안 전 성	수	우	L
서비스 범위	우	수	S
서비스 빈도	수	가	L
투자비운용	가	미	S
운 영 비 용	우	미	L
용 량	우	양	L
승 객 유 치	수	우	L
시스템 영향	수	우	L

* L=Lindenwold, S=Shirley

17.7 시행 및 계획안의 수정

17.7.1 투자계획(programming) 및 시행

평가단계에서 어떤 지역의 목적과 목표를 가장 잘 달성할 것이라고 하여 선정된 시스템이 최적시스템이라고 하기에는 아직 이르다. 평가가 끝난 후 이 시스템을 몇 개의 프로젝트로 세분하고, 그 지역의 예산범위 내에서 이를 프로젝트들과 각각의 비용에 대한 일람표를 작성해야 한다. 또 연간가용예산을 알아야만 시행상의 난이도가 분명해진다. 투자프로그래밍은 다음과 같은 방법으로 수행되는 것이 좋다.

(1) 프로젝트의 세분화

선정된 시스템은 계약이 가능한 크기로 세분하여 프로젝트화시킨다. 프로젝트의 크기나 경계선은 그 지역에서 일반적으로 수행되는 건설프로젝트의 규모를 반영한다.

(2) 프로젝트평가 및 우선순위 스케줄링

하나하나의 프로젝트는 판단된 우선순위에 따라 평가되며, 가용예산의 제약을 고려하여 순차적인 주제에 따라 프로그램된다. 이 프로그래밍의 절차는 다음과 같다.

① 각 프로젝트에 필요한 시간과 비용을 예측한다.

② 가용예산 및 다른 부서와의 협조사항 등과 같은 행정적인 제약사항이 명확히 설명된다.

③ 기존시설의 서비스 현황을 평가하여 최대잔존수명(예컨대 도로 및 비행장의 포장상태, 철도의 수명, 교량의 구조상태 등)을 파악한다.
④ B/C비와 지역사회의 편익을 기초로 하여 예비우선순위를 평가한다.
⑤ 투자계획이 타당성을 갖는 기간을 설정한다. 만약 기간을 단축하게 되면, 비교적 큰 연간예산으로 일찍 그 시스템을 완성할 수 있으나 건설기간이 길어지면 연간비용은 적어지나 그 동안의 서비스 수준은 떨어진다.
⑥ 예비우선순위와 기타 고려사항을 기준으로 한 최종프로그래밍은 다음 사항을 포함한다.

- 다른 공공개선사업과의 협조
- 개선사업의 지역적 균등배분
- 건설기간 동안 최소한의 서비스 수준을 유지
- 공학적인 고려

건설기간 중 최소한의 서비스 수준은 잠정적인 시설에 잠정적인 교통수요를 배분하여 구할 수 있다. 건설기간 중에 서비스 수준이 매우 악화된다면, 적절한 서비스 수준을 유지하기 위하여 당분간 프로젝트를 급히 얼버무릴 필요도 있다.

⑦ 허용된 투자계획에 따라 최종적인 연간비용을 계산한다.

17.7.2 교통계획안의 수정

현대의 교통계획안은 동적인 것으로서 기술발전과 끊임없이 변하는 사회 및 경제조건에 직면하기 때문에 정적 계획안을 시행할 경우가 드물다. 그래서 세부사항도 지역 및 지역사회의 목표에 따른 전반적인 방침에 좌우되어 끊임없이 수정된다. 따라서 어떠한 교통계획에 있어서도 계속적인 계획수정 절차로 구체화시켜야 한다.

수정 절차에는 계획요소에 영향을 주는 자료를 하루하루 수집・보존하는 것이 포함된다. 이 절차를 위해서는 자료의 지속적인 흐름을 도울 수 있는 지역적 정보시스템을 설치할 필요가 있다. 이 정보시스템은 전산화되어야 하고, 가장 작은 자료수집단위(보통 토지필지별)까지 포함해야 한다. 전반적인 정보시스템은 다음과 같은 변화를 파악하여 기록한다.

- 토지이용변화
- 교통시설변화
- 사회・경제자료의 변화
- 인구변화

미국의 경우 대규모 종합교통계획안들은 대개 1970~1975년 사이에 이미 완성되었다.

이러한 장기계획이 지금은 원래의 계획안을 수정하는 연구에 집중되고 있다. 많은 전문가들은 한 권으로 출판된 장기토지이용·교통계획안이 시대착오적인 것이라고 지금은 믿고 있다. 원래의 전략적 계획안을 대대적·정기적으로 수정하려고 하기보다는 간헐적으로 수정작업을 하는 것이 좋다. 이와 같은 방법으로 만들어진 교통계획안은 한 권의 책자라기보다는 책자, 계획서 및 보고서로 이루어진 상황대응 조립품이라고 볼 수 있다.

참고문헌

1. Puget Sound Regional Transportation Study, *Summary Report*, 1967.
2. Atlanta Metropolitan Regional Transportation Study, 1967.
3. Robley Winfrey, *Economic Analysis for Highways*, 1969.
4. E.L. Grant, W.G. Ireson, *Principles of Engineering Economy*, 1960.
5. G.A. Taylor, *Managerial and Engineering Economy-Economic Decision Making*, 1964.
6. D.A. Curry, "Use of Marginal Cost of Time in Highway Economy Studies", *HRR*. No. 77, HRB., 1965.
7. E.L Grant, C.H Oglesby, "Economy Studies for Highways", *HRR*. 306, HRB., 1961.
8. D.G. Haney, "Use of Two Concepts of the Value of Time", *HRR*. No.12, HRB., 1963.
9. G.W. Smith, *Engineering Economy : Analysis of Capital Expenditures*, 1973.
10. N.J. Ashford, J.M. Clark, "An Overview of Transport Technology Assesment", *Transportation Planning and Technology*, Vol. 3, No. 1, 1975.
11. J.B. Ollerhead, R.M. Edwards, *A Further Study of Some Effects of Aircraft Noise in Residential Communities near London Heathrow Airport Transport Technology Report No. 7705*, Loughborough : Dept. of Transport Technology, Loughborough Univ., 1977.
12. I.G. Heggie(ed.), *Modal Choice and the Value of Travel Time*, Oxford : Clarendon press, 1976.
13. *Introduction to Transport Planning*, New York : UN. 1967.
14. P. Barker, K. Button, *Case Studies in Cost Benefit Analysis*, London : Heinemann, 1975.
15. J.M. Thompson, *Modern Transport Economics*, London, 1974.
16. H.A. Adler, "Economic Evaluation of Transport Projects", *Transport Investment and Economic Development*, Washington, D.C., 1965.

17. H.A. Adler, *Economic Appraisal of Transport Projects*, Indiana Univ. press, 1971.
18. J.L. Schofer, D.G. Stuart, "Evaluating Regional Plans and Community Impacts", *Journal of the Urban Planning and Development Division*, ASCE., March 1974.
19. W. Jessiman, et. al. "A Rational Decision-Marking Technique for Transportation Planning", *HRR.* No.180, HRB., 1967.
20. M. Hill, "A Goals-Achievement Matrix for Evaluating Alternative Plans", *Journal of the American Institute of Planners*, Vol. 34, Jan. 1968.
21. "Guidelines for Long Range Transportation Planning in the Twin Cities Region", Barton-Aschman Associates Inc., Minneapolis-St. Paul : Twin Cities Metropolitan Council, Dec. 1971.
22. "Land Use/Transportation Study : Recommended Regional Land Use and Transportation Plans", Planning Report, No.7, Vol. III, Southeastern Wisconsin Planning Commission, Nov. 1966.
23. N. Lichfield, "Cost Benefit Analysis in City Planning", *Journal of the American Institute of planners*, Vol. 26, 1968, and "Cost Benefit Analysis in Urban Expansion : A Case Study, Peterborough", *Regional Studies*, Vol. 3, 1969.
24. K. Schlager, "The Rank-Based Expected Value Method of Plan Evaluation", *HRR.* No.238, HRB., 1968.
25. D.G. Stuart, W.D. Weber, "Accommodating Multiple Alternatives in Transportation Planning", *TRR.* No.639, TRB., 1977.
26. F.R. Frye, *Alternative Multimodal Passenger Transportation Systems*, NCHRP Report 146, TRB., NRC., 1973.
27. V.R. Vuchic, R.M. Stanger, "Lindenwold Rail Line and Shirley Busway : A Comparison", *HRR.* No.459, HRB., 1973.
28. R.J. Paquette, N.J. Ashford, P.H. Wright, *Transportation Engineering-planning and design*, 2nd ed, 1982.
29. N.J. Garber, L.A. Hoel, *Traffic and Highway Engineering*, West Publishing Co., 1988.
30. W.M. Gillespie, *A Manual of the Principles and Practice of Road Making, Comprising the Location, Construction, and Improvement of Roads and Railroads*, 2nd ed., A.S. Barnes & Co., 1848.
31. A.M. Wellington, *Economic Theory of the Location of Railways*, 2nd ed., Wiley, 1887.

32. W.E. James, *Highway Construction, Administration, and Finance*, Highway Education Board, McGraw-Hill, 1927.

33. C.H. Oglesby, *Highway Engineering*, 3rd ed., 1975.

34. P.H. Claffey, *NCHRP Report* III.

35. AASHO, *Road User Benefit Analysis for Highway Improvement*, 1960.

36. P.J. Claffey, *Characteristics of Passenger Car Travel on Toll Roads and Comparable Free Roads*, HRB. Bulletin 306, 1961.

37. T.C. Thomas, *The Value of Time for Passenger Cars : An Experimental Study of Commuters' Values*, Vol. 2 of the Final Report to the U.S. Bureau of Public Roads, Stanford Research Institute, 1967.

38. T.E. Lisco, *The Value of Commuter's Travel Time-A Study in Urban Transportation*, Ph.D. dissertation, University of Chicago, 1967.

제 18 장 대중교통 시스템 계획

대중교통 시스템이란 도시지역에서 흔히 볼 수 있는 기본적인 공공수송 시스템이다. 여기서 공공수송 시스템이란 항공, 철도 및 도시간 버스시스템까지 포함하는 것으로서 공인된 노선 위를 정해진 스케줄에 의해 규정된 요금으로 이를 이용하고자 하는 사람들에게 수송서비스를 제공하는 것이다.

대중교통 시스템 분야에서 특히 요청되는 기술은 분석, 운영 및 정비유지기술이다. 도시지역의 도로 및 교통전문가는 대중교통이 포함되는 전체 교통시스템을 최적화하는 데 중점을 두기 때문에 대중교통이 어떻게 운영되고, 승객은 어떻게 이용을 하며, 물리적인 면이나 운영면에서 또는 재정적인 면에서 어떤 제약을 받는지를 이해할 필요가 있다.

18.1 개 설

일반적으로 대중교통 시스템은 개인교통에 비해서 집약적이고 대량적이기 때문에 공간적 에너지 및 비용 측면에서의 효율성을 높이는 것을 목표로 하고 있다. 그러나 수송노선이 고정되어 있기 때문에 수송의 융통성(flexibility)이 결여된다.

대중교통 시스템은 불특정 다수인의 교통수요에 부응하고 있으나 현실적으로는 노선이 정해져 있어 서비스 수요는 대개 지역적으로 한정되게 된다. 또 경제적인 이유나 기타 이유로 개인교통수단을 갖지 못한 사람과 개인교통수단을 가지고 있다 하더라도 그보다 대중교통수단을 더 선호하는 사람들에게 공공적인 이동수단을 제공한다는 데서 대중교통 시스템의 존재가치를 찾을 수 있다.

〔표 18-1〕 대중교통 시스템의 종류

구 분	지하철	monorail	신 교통시스템	버 스
편도수송능력(시간당)	4~5만명	1.5~2만명	1~1.5만명	0.5~1.0만명
평균운행속도(kph)	25~30	25~30	15~30	10~15
최소배차간격(분)	2	2	1.5~2	1.5~2
수송단위(천명)	1.5~2.5	0.5~1.0	0.3~0.5	0.1
역 간 격(km)	1.0	0.7~1.0	0.5~0.7	0.3~0.5
건설비(억원/km)	300~400	상황에 따라 변동		

1 대중교통 시스템의 종류

대중교통 시스템은 그 수요의 질이나 양에 부응하는 여러 가지 종류가 있다. 특히 속도, 수송단위, 수송능력, 수송거리, 운행빈도 등의 측면에서 각기 특색이 있는 다양한 시스템이 개발되어 독립된 시스템으로 발전되어 왔다.

도시교통시스템을 구성하는 가장 중요한 대중교통 시스템은 철도와 버스이다. 철도는 도시중심부에서 주로 지하철로 운영되지만 초기투자가 크기 때문에 금리를 포함한 자본비용을 상환하기가 쉽지 않다. 따라서 철도(지하철)와 버스의 중간인 시스템, 즉 수송력이 철도와 버스의 중간이며, 비용도 지하철보다 훨씬 적은 시스템의 개발이 요청되어 선진국에서는 monorail이나 신교통시스템이 개발·운용되고 있다.

또 재래식 시스템인 노면전차나 버스를 대폭 개량하여 그 기능을 보강하는 노력도 구체화되고 있다. 〔표 18-1〕은 도시교통수단으로서 대중교통 시스템의 특징을 포괄적으로 나타낸 것이다.

2 대중교통 시스템의 사업주체

대중교통 시스템의 서비스는 수요측의 요구에 의해 발생되고 그 대가에 의해 서비스사업이 성립되기 때문에 시장경제의 원리를 따른다고 볼 수 있으나, 본질적으로 이 사업은 공익성이 매우 강하기 때문에 단순한 수요·공급의 관계만을 고려하여 사업을 하는 것은 허용되지 않는다. 왜냐하면 대중교통서비스가 도시의 토지이용 및 도시활동을 형성하는 구조적 요인이므로 그 서비스나 혹은 그에 따른 대가를 공익성이나 그 지역의 목표에 맞게 조정해야 하기 때문이다.

또 대도시의 지하철에서 볼 수 있듯이 대중교통 시스템이 수송능력이 크고 도시교통의 근간이 되지만 건설비가 매우 높고, 투자에 대한 상환기간이 길기 때문에 통상적인 기업체가 이를 감당할 수 없거나 이를 회피하는 경우도 있을 것이다. 따라서 공익성을 담보하기 위해 공공단체 스스로가 공영기업으로 운영한다든가 혹은 공공단체가 자본금의 일부를 출자하는 경우가 많다. 사업주체가 일반기업일 경우에도 공익성을 확보하기 위해 각종 제약을 가하고, 그 대가로 공익성의 정도에 따라 각종 지원조치를 취하는 것이 통례이다. 또 사업주체를 건설주체와 운영관리주체로 분리하여 전자를 가능한 한 공공측면에서 보조해 주는 방법도 있다.

3 대중교통 시스템의 계획

대중교통 시스템 중에서도 보다 근간이 되는 것일수록 도시구조의 골격을 이루고 있기 때문에 이들을 크게 변형시킨다거나 재편성하기가 쉽지 않다. 설사 그렇게 하려고 하더라도 기존의 서비스 수준을 저하시키지 않는 범위 내에서 시간적인 여유를 가지고 재편성해야 할 것이다. 이 때문에 대중교통 시스템계획의 기본입장은 기존시스템의 서비스 애로구간의 해소 및 보완, 불균형서비스의 시정 등에 목표를 두고 있다. 이때는 기존의 상황을 전제로 한 계획이기 때문에 이용자 및 운송사업자의 기존권익을 우선적으로 보호할 수밖에 없다.

그러나 기존의 권익이 존재하지 않는 대규모 신도시개발과 같은 프로젝트를 수행할 경우에는 전혀 새로운 시스템의 도입을 검토할 수 있다. 그러나 현실적으로는 이때에도 기존의 주변지역과 완전히 격리된 상황에 처하는 경우는 거의 없기 때문에 완전히 별개의 시스템이 아니라 일부에 새로운 시스템을 도입하는 결과가 된다.

18.2 대중교통 노선망

대중교통 노선망의 형성은 대중교통 수요패턴에 좌우되며, 이에 대한 것은 16장의 수단분담에서 설명한 바 있다.

대중교통이용자는 크게 두 개의 그룹, 즉 고정승객(captive rider)과 선택승객(choice rider)으로 나눌 수 있다. 고정승객이란 대중교통 이외의 다른 교통수단을 이용할 수 없는 사람을 말하며, 이들은 어떤 특정목적의 통행에 대해서는 승용차를 이용하지 못할 뿐만 아니라 도보나 자전거도 이용할 수 없는 사람을 말한다(이는 어느 특정 통행목적에 대한 것으로서 다른 목적통행에서는 고정승객이 아닐 수도 있다). 이 그룹에 속한 사람들의 대부분은 자주 대중교통을 이용하기 때문에 그들의 주거지나 직장 또는 쇼핑장소 등을 선택할 때는 편리한 대중교통노선을 참작하게 된다. 그러므로 이들의 통행패턴은 도시지역의 중심부로 향하게 되고, 따라서 CBD로 향하는 방사형의 통행이 현저히 증가한다.

선택승객은 대중교통의 통행시간과 통행비용(실지출비용)이 승용차의 그것보다 적다고 생각될 때 대중교통을 이용하는 사람이다. CBD내에 한쪽 통행단을 둔 첨두시간통행은 도심지역의 혼잡과 높은 주차요금을 감당해야 하기 때문에 이와 같은 선택을 해야 할 경우가 많다. 따라서 선택승객의 거의 모든 희망선(desire line)은 CBD로 향하며, 이것이 고정승객의 희망선과 합쳐져서 뚜렷한 방사선 패턴을 나타낸다.

결론적으로 대중교통 노선망은 CBD를 중심으로 방사선 형태를 보이는 경향이 두드러지며, 많은 노선이 옛날에 승용차를 갖지 않은 가구들이 형성한 비교적 안정된 주거 및 통행패턴과 잘 부합한다. 이들 노선망에 추가되는 것은 방사선 노선으로서, 이들은 새로이 개발되어 밀도가 낮은 외곽지역에 서비스를 제공하고 옛날 도로망이나 도심지로 직접 연결된다.

18.2.1 대중교통 시스템의 노선

〔그림 18-1〕은 이러한 대중교통 노선망의 기본골격을 나타낸 것이다. A 노선은 기본간선(arterial line)으로써 CBD와 방사선으로 연결되어 고정승객과 선택승객 모두에게 서비스를 제공한다. 이 노선들은 차량-km당 수입이 가장 높으며, 비첨두시간이나 주말에도 어느 정도의 수요가 있고, 최대부하점은 대개 CBD의 경계선 부근에서 발생된다. 경우에 따라서는 도심지에서부터 멀어질수록 수요가 급격히 떨어지므로 노선의 분기를 고려할 수도 있다(그림에서 노선 $A-1$과 $A-2$).

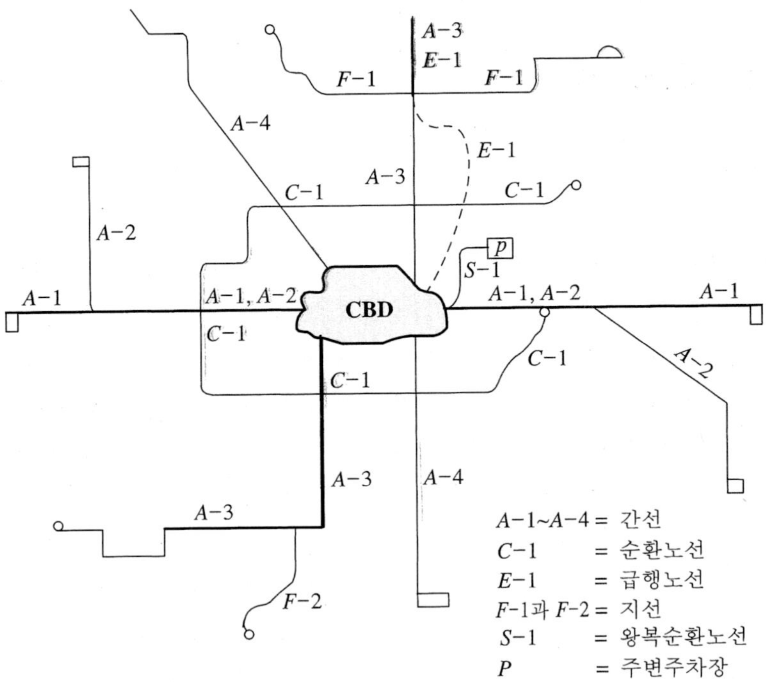

〔그림 18-1〕 체계적인 대중교통 노선망

외곽지역과 CBD간의 수요가 매우 커지면, 급행노선(express route)(그림에서 $E-1$)을 운영하여 간선을 보강할 수도 있다. 급행노선을 설치하는 중요한 이유는 보다 빠른 서비스를 제공하여 선택승객을 흡수하기 위한 것이다. 급행노선은 또다른 시간대에는 수요가 적기 때문에 주중의 첨두시간대에만 운영되기도 한다.

CBD와 직접 연결될 수 없는 외곽지역도 있다. 이것은 직접연결이나 분기연결이 불가능하거나 또는 지형적으로나 도로조건상 간선에서 사용되는 것보다 더 작은 차량을 사용해야 할 필요성이 있기 때문이다. 이 경우에는 그 노선망에 지선을 갖다 붙인다(그림에서 $F-1$과 $F-2$). 이 지선은 간선과 같은 시간대에 운행이 되며, 이런 경우는 고속대중교통 노선을 보강하기 위해서 가장 보편적으로 사용되는 방법이다. 지선 자체만으로는 경제적인 타당성이 없을지 모르나 지선이 간선의 승객에게 큰 도움을 준다는 점에서 결코 이를 간과해서는 안 된다. 지선의 최대부하점은 항상 간선과 만나는 점에서 생긴다.

비교적 작은 도시에서는 CBD를 거치지 않는 노선의 연결(대부분 선택승객의 수요임)을 특별히 고려하지 않아도 좋다. 이러한 통행수요는 그 기·종점이 CBD 외곽에 있더라도 CBD를 경유하도록 하면 된다. 대도시에서는 이와 같은 종류의 통행을 편리하게 하고 통행길이를 단축시키기 위해서 순환노선(circumferential route) 또는 도시횡단노선(cross-town route)을 설치하는 것이 바람직하다. 이러한 노선을 계획하고 스케줄링하는 데는 어려움이 따른다. 왜냐하면 서로 다른 간선의 교차점에 최대부하점이 여러 개 생길 수도 있고, 또 순환노선의 차량이 환승점에서 방사선 노선망의 차량을 만나도록 해야 하기 때문이다.

경우에 따라서는 비교적 가까이 있는 주요 교통발생원을 연결시키기 위해서 대중교통 노선망에 왕복순환노선(shuttle route)을 포함시킨다. [그림 18-1]의 $S-1$은 CBD내의 주차장 부족을 해결하기 위해서 변두리 주차장을 연결하는 왕복순환노선을 나타낸 것이다.

1 노선망 계획

계획대상지역내에 있는 기존의 대중교통 노선망을 기본으로 하여 장래 철도노선망 계획, 장래 버스노선망 계획, 장래 도로망 계획을 수립한다. 이때 지하철, 전철 등과 같이 운영주체가 다른 노선의 상호결합운행을 충분히 고려할 필요가 있다. 또 시내버스는 장래 도시간선도로를 운행하는 것으로 하고, 교외 및 도시간 버스는 장래 토지이용계획에 의거하여 터미널위치를 결정한다.

교통배분대상이 되는 버스나 철도 각각의 대중교통 노선망이 정해지면 이를 합하여 다음과 같은 절차를 거쳐 대중교통 시스템 network로 만들 필요가 있다.

① 존 중심점을 code화하고 이를 대중교통 노선망과 연결

② 대중교통 노선망의 역 또는 정거장을 결정하고 이를 code화
③ 존 중심점 및 역(또는 정거장)의 code표를 작성
④ 경로를 번호화하고 경로치(대중교통 노선망의 역 또는 정거장간격, 거리, 차량용량, 설계속도, 운행간격에 의해 정해지는 용량)를 결정
⑤ 경로번호표 작성
⑥ network의 오차조정

철도와 시외버스노선 및 정거장은 1/20,000 지도에, 시내버스는 1/15,000 지도에 기입한다. 다음에 각 대중교통 수단별로 노선세력권, 각 정거장세력권에 대해서 존을 색깔로 구분한다. 이때 시외버스, 시내버스 등 정거장 간격이 비교적 짧은 경우에는 여러 개의 정거장을 합하여 하나의 대표 정거장으로 나타낸다. 역간격이 비교적 먼 철도에서는 존소속 역표를 별도로 작성한다. 존을 network내에서 하나의 교통발생점으로 보고 모든 존을 code화한 후 존과 역(또는 정거장)을 연결한다.

장래 대중교통 노선망은 철도노선망, 비행장, 항구 등으로 구성되고, 각 망은 주요 역에서 환승경로로 연결된다. 또 교통발생점은 각 교통수단의 역(또는 정거장)에 발생경로(도보 이용)로 연결되어 전체 대중교통망을 형성한다.

교통발생점, 철도역, 버스정거장, 비행장, 항구 등 network를 구성하는 모든 연결점에 대한 자료를 작성하고 〔그림 18-2〕와 같이 network에 기입한다.

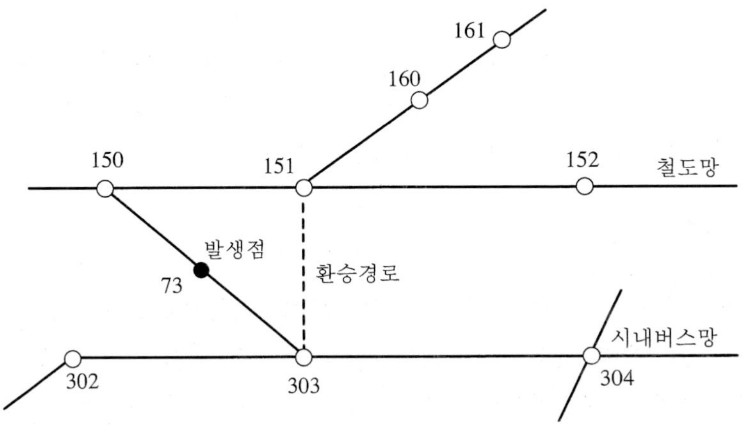

〔그림 18-2〕 대중교통수단의 network 구성(예)

대중교통 노선망의 최단경로를 탐색하기 위해서는 network를 구성하는 경로의 평가치가 필요하며, 그 값으로는 경로거리(100 m 단위), 경로주행 소요시간(분)을 사용한다. 경로는 양단의 존번호로 나타낸다.

2 존간의 최단경로탐색

존간의 최단경로란, 존간의 거리, 시간 및 비용이 최소가 되는 노선을 말한다. 분포교통과 수단분담을 생각할 때 대중교통수단의 분담률곡선 작성에 사용되는 변수는 존간의 통행비용이 최소가 되는 소요시간이며, 이는 존간의 최단시간경로의 시간과 반드시 일치하지는 않는다. 사람이 경로를 선택할 때는 시간만이 아니고 비용도 생각하게 되므로 노선선택시 비용을 고려하는 경우가 많다.

그러므로 대중교통수단의 분담률곡선은 최소비용비와 그 시간비에 대한 현황조사를 하고 지역특성을 고려해서 만들어진다. 그러나 도시내의 동일 network내에서는 존간의 요금은 대체로 같고, 시간이 경로선택에 가장 큰 영향을 미친다고 생각되므로 시간비를 사용해도 좋다.

또 수단별 분담의 도보율을 결정하는 데 사용되는 최단실거리는 도로망의 network로부터 계산된다. 도보비율이 실제보행거리에 좌우된다는 것은 잘 알려진 사실이다.

철도와 버스의 분담률곡선은 최단시간비를 사용한다. 이는 대중교통수단과 승용차의 분담률을 결정하는 데 비해서 비용의 영향이 그다지 크지 않다고 생각되기 때문이다.

18.2.2 대중교통 시스템의 부지

대중교통 서비스를 위한 부지(right-of-way)는 다른 일반 교통과 같이 사용하는 공용부지(shared right-of-way), 다른 차량에게 최소한의 사용을 허용하는 반전용부지(semi-exclusive right-of-way), 혹은 대중교통 전용부지(exclusive right-of-way)로 구분할 수 있다([표 18-2]). 여기서 반전용부지란 우리가 흔히 사용하는 버스전용차로와 같은 것을 말하므로 혼동하지 않기 바란다.

대중교통수단이 공용부지(shared ROW)를 사용하는 경우에는 버스정거장표지나 대피소 등과 같은 사소한 비용 외에는 돈이 들지 않는다. 그러나 이 경우 도로상의 혼잡과 지체 또는 다른 교통수단의 교통사고나 방해에 의해 지장을 받는다. 반전용부지를 사용하면 적은 투자로써 운행상의 신뢰도를 크게 증대시킬 수 있다. 그러나 버스전용차로의 경우에서 볼 수 있는 것처럼 다른 차로의 승용차는 그 대신 혼잡이 크게 증가한다. 전용부지는 큰 자본이 필요하므로 반드시 좋은 것은 아니나 운영자가 운행변수를 독자적으로 결정할 수 있고, 외부적인 지체 및 방해를 받지 않게끔 완전한 통제를 할 수 있는 유일한 시설이다.

고속 대중교통 시스템은 대개 전용부지를 가지므로 신뢰성이 극대화되는 대신 노선의 융통성이 결여된다. 버스는 공용부지나 반전용부지 혹은 전용부지 사이를 자유로이 이동할 수 있고 그 하부구조를 조금씩 나누어 개선할 수 있는 유일한 대중교통수단이다.

〔표 18-2〕 대중교통노선 부지별 분류

부 지	통행로	차 량	비 고
공용부지	가 로	버 스 노면전차	기본적인 국지 대중교통 서비스, 다른 교통의 방해를 받음.
	고속도로	버 스	방사형 직행노선
반전용부지	가로상의 버스전용차로	버 스	도심지내 및 그 접근로. 회전하는 승용차와는 공용. 일반통행도로에서는 역류 전용차로 가능
	고속도로상의 버스전용차로	버 스	방사형 고속도로상의 직행노선, 다승객 승용차와 공용
	가로의 중앙차로	노면전차	도심지 외곽 방사형 도로에 경량철도 대중교통(LRT) 서비스
전용부지	버스전용차로	버 스	방사형 고속도로 상. 경우에 따라서는 전용도로 또는 전용램프, 직행노선
	궤도 또는 고정 통행로	연결차량	방사형 노선상에 장거리 통행을 위한 고속 대중교통 서비스
	궤 도	노면전차	LRT의 도심지 분포 시스템

18.2.3 접근점

모든 대중교통통행은 출발지와 그 시스템 사이의 접근구간, 대중교통자체의 운행구간 및 그 시스템과 목적지 사이의 다른 접근구간을 거친다. 총 통행시간을 최소화하기 위해서는 접근구간과 대중교통 운행구간의 절충이 필요하다. 이 절충은 접근점(정거장)을 어떻게 결정하는가에 따라 좌우된다.

단일노선에서 정거장이 많으면 접근시간을 줄일 수 있으나 차량의 통행시간이 증가되며, 반면에 정거장 수가 적으면 접근시간이 많아지는 대신 통행시간이 줄어든다. 노선의 끝 부분에서 분기를 시키면 접근성이 좋아지나 각 지선의 서비스 빈도는 본선에 비해 적어지고, 접근시간을 줄이는 데서 얻는 장점은 불편한 스케줄로 인해 완전히 또는 부분적으로 상쇄될 것이다. 지금까지 대중교통이 운행되지 않는 지역에 노선을 연장하거나 신규노선을 투입하면 접근성은 절대적으로 개선될 것이다.

따라서 서비스지역의 범위 또는 접근성은 노선의 간격이나 정거장의 간격에 따라 좌우된다. 대중교통 노선망을 적절히 설계하기 위해서는 〔표 18-3〕에서 보는 바와 같은 표준을 사용할 수 있다. 지형상 도보통행이 곤란한 곳의 접근성을 증대시키기 위해서는 이 표준값보다 적은(노선의 간격을 짧게) 값을 사용해도 좋으나 노약자나 지체부자유자를 위한 특별한 서비스에는 이 표준을 적용하지 않는다.

〔표 18-3〕 도시대중교통의 접근성 표준

인구밀도 (1000/km²)	평 균 간 격(km)		노선길이(km²당)
	방사형 노선	도시횡단 노선	
6 이상	0.65	0.95	1.55
5~6	0.80	1.20	1.30
4~5	0.95	1.45	1.00
3~4	1.30	1.95	0.75
2~3	1.50	2.50	0.65
1~2	1.50	-	0.40
1.0 이하	3.00	-	0.20

자료 : 참고문헌 (2)

18.3 도시철도 계획

도시의 대중교통수단 가운데 철도로 분류되는 것을 도시철도(urban railroad)라고 하며, 이를 구분하면 도시고속철도(urban rapid railroad), 노면전차 및 중량철도(medium rail) 시스템으로 나누어진다. 도시고속철도를 다시 그 기능과 운영의 측면에서 구분하면 도시간 철도의 도시부 구간, 교외철도(또는 통근철도) 및 지하철 또는 전철로 불리는 도시고속대중교통(urban rapid transit)으로 나눌 수 있다.

역사적으로 볼 때 철도는 도시간 철도로부터 시작되었으며, 뉴욕이나 런던, 파리 등과 같은 거대한 도시권역에서는 도시간 철도로 인해서 도시교통에 큰 부담을 안게 되었다. 많은 노선이 도시간 통행을 위해서 부설되었으며, 그 축을 따라 도시 토지이용이 발생되고 이에 따라 점차 증가하는 국지통행도 이 노선을 이용하게 되었다. 이것은 비단 대도시에만 국한된 것이 아니고, 중도시에서도 전국적인 철도노선망을 이용하여 도시통근자를 수송하므로 도시간 철도의 도시부 구간은 도시고속철도의 역할을 담당한다.

대개 1920년까지 통근통행수요가 많은 교외지역에 철도노선을 부설했으며 이를 교외철도 또는 통근철도(commuter railroad)라고 한다. 이 노선은 대규모 도시권과 주변도시 또는 주변도시 상호간을 연결하는 데 사용되었다. 수송대상이 주로 통근목적통행이며, 교외지역을 통과하므로 일반적으로 평면구조가 많고 시가지 지역에서는 고가식으로 하는 경우가 많다. 그러나 높은 운행비용과 장거리승객으로 인해 도시교통을 재정적으로 지원할 수밖에 없는 경영상의 어려움 때문에 이들 가운데 많은 노선들이 폐기되었다.

도시철도 서비스가 갖는 가장 큰 문제점은 중앙터미널의 위치 문제이다. 대개 한 노선당 도심의 접근점은 항상 하나밖에 없으며 이것도 CBD 바깥이나 그 경계선에 위치해 있는 것이 보통이다. 따라서 이 터미널은 시간당 처리할 수 있는 차량수가 제한적일 수밖에 없다.

브루셀, 뮤니히, 프랑크프르트 등과 같이 광범위한 교외전철선을 갖는 도시에서는 CBD의 반대편에 있는 터미널을 도심에 직접 접근할 수 있는 몇 개의 중간역과 지하로 연결함으로써 이러한 결점을 극복했다. 이렇게 되면 혼잡한 터미널에서 차량을 회차시킬 필요가 없어지므로 용량이 증가한다. 파리에서는 교외선을 옛날 터미널에 도착하기 이전에 도심을 가로지르는 신규노선망으로 전환시켰다. 이들 도시에서처럼 운행하면 도심의 고속대중교통과 교외의 도시철도 기능을 혼합하는 결과를 가져온다.

대도시에서는 도시내의 고밀도수송수요를 감당하기 위해 지하철을 건설하는 경우가 많다. 이 수송수단은 역 간격, 운행빈도가 모두 조밀한 것이 특징이다. 또 시가지내를 통과하므로 지하 또는 고가의 입체구조로 건설되는 것이 보통이다. 이런 의미에서 이를 도시고속대중교통(urban rapid transit)이라 부른다(일반적으로 transit는 도시지역내의 대중교통을 말한다).

도시고속철도 중에는 노면전차와 중량철도(monorail과 같은)도 있으나 이는 뒤에 다시 설명된다.

18.3.1 도시고속철도 시스템 계획

① 노선계획

도시고속철도의 노선계획은 수송수요 발생패턴에 따라 수립되는 것이 당연하나 도시의 건전한 발전과 도시민에게 공평한 서비스를 제공하는 공공 수송수단으로서의 기능을 간과해서는 안 된다.

도시구조나 수송수요의 분포는 도시마다 다르므로 도시철도의 노선계획도 각 도시마다 고유한 패턴을 갖게 마련이다. [그림 18-3]은 도시고속철도망의 기본형태를 나타낸 것이다.

도시고속철도의 노선망은 시가지로 개발된 지역에 설치하는 것이므로 높은 노선밀도가 요구된다. 또 시가지의 지하에 건설되는 경우가 많으므로 공사의 편리를 위하여 간선가로망 패턴에 따르며, 한 노선과 다른 노선과의 교차점이 많은 것이 노선망 전체를 이용하게 하는 데 편리하다.

Petersen 시스템은 도심지에서는 장방형으로, 교외에서는 방사형의 노선망을 가지며, 그 개량형으로서 교차점을 추가한 시스템이 있다. Cauer 시스템에서는 모든 노선이 다른 노선과 반드시 한 번 이상 교차하므로 환승횟수가 적어지며, 주변부에서는 외부로 방사형을 이룬다. Schimpff 시스템은 중심지구에서는 직각교차, 주변부에서는 방사형이며, Cauer 시스템을 단순화시킨 것이다. Turner 시스템은 반원형으로 발달한 도시에 적합한 형으로서 중심부에서는 평행선과 관통선으로 선형이 형성된다.

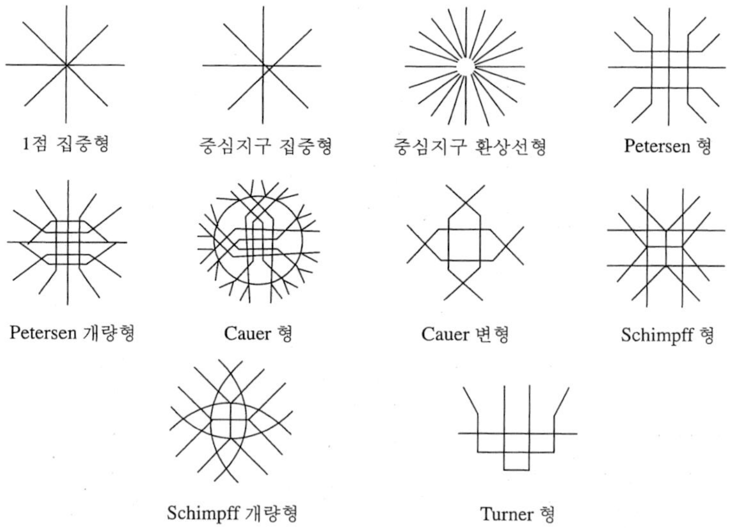

〔그림 18-3〕 도시고속철도망의 기본패턴

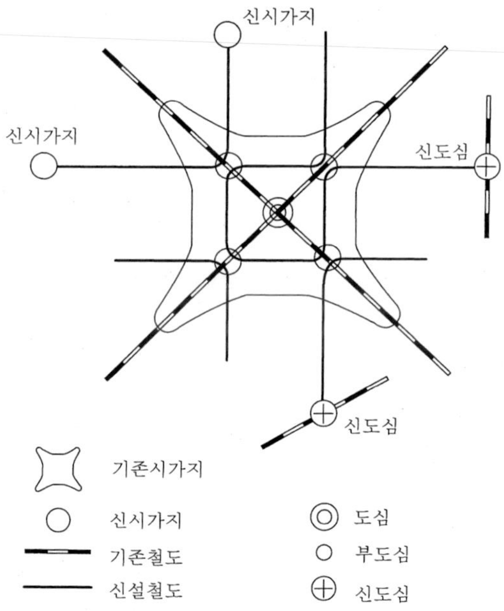

〔그림 18-4〕 도시철도 패턴

〔그림 18-4〕는 도심과 부도심, 그리고 신시가지를 연결하고 방사형 기능을 보강한 형태이다.

2 수요예측방법

도시권교통의 대부분은 통근, 통학 등 정기교통이며, 시간별 교통량변동이 크고 첨두시간 수송수요가 계획평가의 대상이 된다. 계획의 기준이 되는 철도수송량은 4단계 예측법에

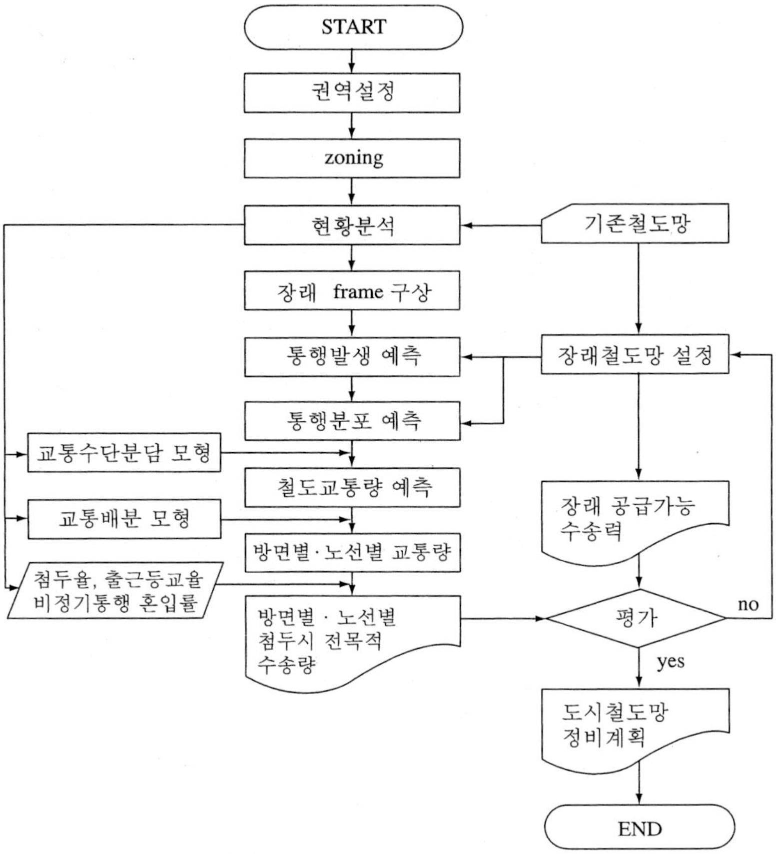

〔그림 18-5〕 수요예측과정

의해서 예측되며, 그 순서는 다음과 같다(〔그림 18-5〕).

① 권역의 설정 : 경제, 사회적 연결성과 중심도시로부터의 소요시간, 다른 계획 등을 감안해서 결정한다.

② zoning : 지리적, 경제적 상황과 계획의 목적 및 정확도 등을 고려하여 분할한다.

③ 현황분석 : 인구 frame, 교통수요, 경제 frame, 교통시설 등의 상관관계를 분석한다.

④ 장래 frame 구상 : 국가 및 그 지역의 실정을 감안해서 구상한다.

⑤ 통행발생 예측 : 현황분석을 기초로 하여 상주지 취업인구, 고용인구 및 학생수를 예측하고 통행유출 및 유입을 예측한다.

⑥ 통행분포 예측 : 현재의 분포통행량과 교통 network 등을 이용하여 장래 O-D표를 작성한다.

⑦ 수단분담 예측 : 각 교통수단별 교통저항비, 시간거리 등을 이용하여 철도 교통량을 구한다.

⑧ 교통배분 예측 : 각 노선별 교통저항비를 이용하여 위의 철도 O-D를 network에 배분한다. 교통저항으로는 시간거리, 환승횟수, 혼잡도, 운행빈도, 운임 등이다.

⑨ 노선별 첨두시간 수송량 : 정기통행량을 전체목적에 대해서 구하고 첨두 수송수요를 예측한다.

⑩ 철도 network : 현황을 기초로 하고 각 project 계획을 참고하여 장래 network를 설정한다(2~3개 대안).

⑪ 공급가능 수송력 : ⑩과 동일하며, 신규노선의 경우에는 유사한 구간의 수송력을 참조한다.

⑫ 평가 : 노선별 구간교통량, 환승량과 수송력을 비교하고 혼잡도 등을 지표로 하여 평가한다.

(1) 수송량 유발

수송의 질이 개선되면 유발교통량이 생긴다. 그 유발률은 유사한 노선을 참고해서 결정하는 경우가 많으나 유발지수 k는 중력모형에서 다음과 같이 구해진다.

$$k = (d_{ij} / d_{ij}')\lambda$$

여기서 d_{ij} : 교통개선 이전의 교통저항

d_{ij}' : 교통개선 이후의 교통저항

λ : 매개변수

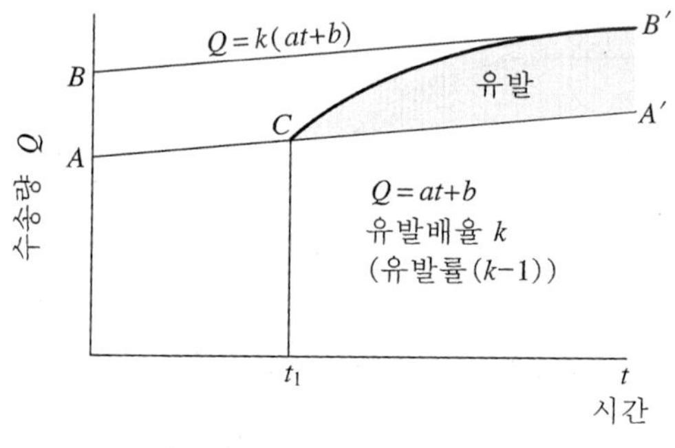

〔그림 18-6〕 유발교통량

수송량이 유발되는 과정은 〔그림 18-6〕과 같으며, 여기서 보는 바와 같이 대규모의 교통개선이 이루어져도 그 즉시 100% 유발이 생기는 것이 아니고 점진적인 증가경향을 보인다.

(2) 수송력

① 차량측면에서 본 수송력

$$Q = v \cdot N \quad (v : \text{열차속도},\ N : \text{차량수})$$

② 노선측면에서 본 수송력

$$Q = F \cdot C \quad (F : \text{운행빈도},\ C : \text{수송단위})$$

③ 열차의 최소운행간격 : 역간의 최소운행간격 t_m은 다음과 같이 나타낼 수 있다([그림 18-7]).

$$t_m = \frac{S_h}{v} = \frac{vt_r + S_{b(v \to 0)} + S_r + S_o + S_t}{v}$$

여기서 v : 정상적인 열차속도
S_h : 열차 차두거리
t_r : 공주시간(신호등의 PIEV 시간)
$S_{b(v \to 0)}$: 속도 v의 열차가 정지할 때까지 걸리는 제동거리
S_r : 여유거리
S_o : 개폐길이
S_t : 열차길이

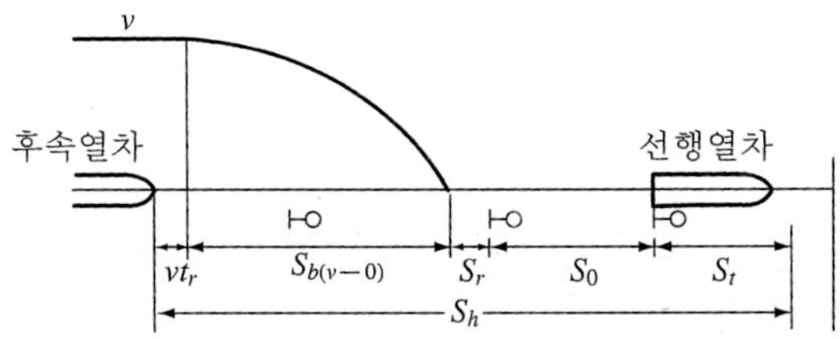

[그림 18-7] 최소운행간격의 개념

④ 노선용량 : 노선용량은 하루 또는 단위시간당 운행 가능한 열차수로서 한계용량, 실용용량, 경제용량이 있다. 한계용량은 하루 동안 열차를 운행하는 경우에 운행 가능한 열차수이며, 실용용량은 한계용량에다 한계선로이용률(또는 선로열차이용률)을 곱하여 구한다. 한계선로이용률 f는 [그림 18-8]에서 보는 바와 같이 유효용량/전용량의 비로 나타내며 그 값으로 보통 0.5~0.6 범위의 값을 사용한다. 그 이유는 첨두시간의 한계용량을 기준으로 계획하게 되면 비첨두시간에서는 비경제적인 운영이 되기 때문이다.

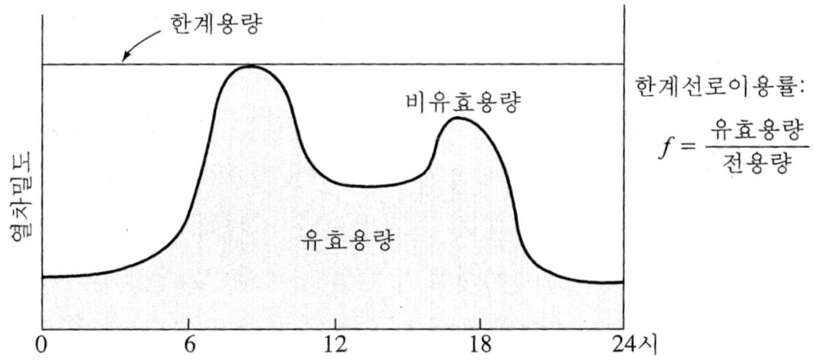

〔그림 18-8〕 한계선로이용률

실용용량(열차/일)은 다음과 같이 구한다.

단선 : $N_s = f \cdot \frac{24 \times 60}{t + c}$ (왕복)

복선 : $N_d = f \cdot \frac{24 \times 60}{\bar{t}}$ (편도)

여기서 t : 역간의 열차평균 소요시간(분)

c : 역내 체류시간(분)

$\bar{t}$: 첨두시의 평균배차간격(분)

18.3.2 도시고속대중교통(지하철, 전철) 계획

전용부지를 사용한 도시철도의 효시는 1863년에 개통된 런던 도시권전철(Metropolitan Railway of London)이었다. 1920년까지 대부분의 세계주요도시는 지하철 또는 고가철도를 건설했으며, 특히 1960년 이후에는 인구 100만 명 정도의 많은 중도시에도 기존 시스템을 확장하거나 혹은 새로운 시스템을 건설하는 경향이 커졌다.

1 노 선

고속대중교통 시스템의 대부분은 전용부지를 필요로 한다. 노선의 평면선형은 일반적으로 방사형이나 정확한 것은 정거장의 위치에 따라 결정된다. 또 정거장의 위치는 노선축 부근의 주요 교통발생원까지의 접근성 또는 도로나 다른 대중교통수단과의 환승을 고려하여 결정된다. 지가가 비싼 곳에서의 노선부지는 가능하면 지하 또는 고가(高架)로 건설된다.

종단선형은 지형에 좌우되겠지만 근본적으로 지가, 건설비 및 환경비용의 합이 최소화되게끔 결정된다. 노선이 지상에 건설될 때 건설비용은 가장 적게 들지만 그렇게 되면 폭

12~30 m 정도의 땅이 노선부지로 영구히 묶이게 되고 주요 도로와의 교차점에는 입체분리시설을 건설해야 하는 문제가 생기게 된다. 그래서 지가가 낮은 외곽지역이나 부지와 입체분리시설의 비용을 도로프로젝트와 분담할 수 있는 고속도로 중앙에 설치할 때만 타당성이 있다. 고가시설비용은 지상에 건설하는 비용에 비해 두 배 이상 비싸지만 고가시설 밑의 토지는 도로로 사용되거나 또는 주차장이나 시설녹지대로 만들 수 있다. CBD를 포함한 고밀도개발지역에서는 고가시설로 말미암아 소음 및 일조를 차단하는 문제점이 발생한다. 지하철을 건설한다면 건설비용이 2~3배 증가한다. 그러나 도로부지를 사용함으로써 부지비용을 절약할 수 있고, 사유재산을 매입할 필요가 없으며 지상공간을 침해하지 않는다. 또 승객들이 지하통행을 달가워하지는 않지만 환경훼손을 최소화할 수 있다.

대부분의 고속대중교통 시스템은 강철궤도와 철륜을 사용한다. 이것은 200년이 넘는 철도의 역사(18세기 영국에서 말이 끄는 광산철도가 처음이었다)를 통해서 그 신뢰성과 기계적 효율성이 입증되었다. 목재나 콘크리트 궤도와 고무타이어는 파리와 몬트리올 및 멕시코시에서 사용되었으나 비상시나 선로전환을 할 때는 철재궤도와 철륜을 사용했다. 삿포로의 고속대중교통 시스템은 철재궤도와 철륜으로 보완하지 않고 콘크리트 궤도상에 고무타이어를 사용한 것이다.

2 역

고속대중교통역은 승객의 승하차를 위한 플랫폼, 계단, 승강기, 순환통로, 요금징수소, 기타 부속공간과 장비로 구성되며, 설계연도의 첨두교통량의 이동과 집적을 위한 적절한 용량을 갖도록 설계되어야 한다. 역과 도로, 주차장 및 인접건물 지하와 연결시키는 것은 접근성을 증대시키는 중요한 요인이 된다. 이들을 설계할 때는 인간특성을 고려할 필요가 있다.

대중교통 시스템의 제1세대는 일반적으로 도시의 고밀지역에만 건설되어 마차나 노면전차로 인한 혼잡을 완화할 목적으로 계획되었다. 또 아주 짧은 통행을 흡수하기 위해서 역간의 거리는 평균 800 m 정도밖에 떨어지지 않았으며, 보행자 접근을 편리하게 하기 위한 시설 외에는 다른 특별한 시설이 필요 없었다. 대부분의 경우 모든 시설을 지하로 보낼 수 있었기 때문에 개인 땅을 사용하지 않아도 되었다.

이와는 대조적으로 1950년대 이후부터는 장거리 통행에 서비스를 제공할 목적으로 교외지역으로 시스템을 연장하게 된다. 역간 거리는 더욱 길어져서 평균 1.5 km 정도가 되었다. 교외역은 지선버스서비스를 위한 노외 버스정거장을 두었고, 2,000대 이상을 주차시킬 수 있는 주차공간을 마련하였으며, 승용차이용자가 타고 내리는 공간을 준비했다. 이와 같은 역은 그 크기와 그 역으로 인한 교통유발 때문에 환경에 영향을 미치지 않을 수 없다.

3 차 량

고속대중교통차량은 특별히 설계된 시설을 이용하기 때문에, 희망하는 용량과 평균속도를 내기 위해서는 차량의 크기와 운행특성이 고정시설의 설계와 합치되어야 한다. 차량제원 가운데 중요한 것은 길이, 폭, 높이, 열차의 최대길이, 평균운행속도, 최대감속 및 가속도 등이다.

차량의 폭과 높이는 터널이나 지하도 단면의 크기에 영향을 줄 뿐만 아니라 지상에서는 통과높이와 측방여유폭에 영향을 미친다. 차량의 길이는 곡선부에서의 overhang의 크기와 궤도간의 여유간격 및 차량과 터널벽체 또는 측방장애물 사이의 여유간격 크기를 좌우한다. 이와 같은 제약사항은 긴 차량이 갖는 장점과 절충되어야 한다.

열차의 전체길이는 차량의 폭과 함께 용량에 영향을 미치고, 또 역의 길이를 결정하는데 영향을 준다. 정해진 용량을 실어 나르는 데 있어서 폭이 넓고 짧은 열차는 터널비용을 증가시키지만 반면에 역 건설비용을 감소시키므로 지하구간이 짧은 노선에 사용하면 좋다. 반대로 좁고 긴 열차는 지하 건설비의 비중이 크고 역 건설비의 증가가 문제되지 않는 곳에 사용된다.

최대가속 및 감속도는 서있는 승객의 안전을 위해서 5 kph/sec(1.4 m/sec^2)를 넘지 않아야 한다. 평균운행속도는 이와 같은 역간격의 함수이다. 예를 들어 역간격이 800 m일 때 위의 감속, 가속도를 고려하면 열차는 100 kph 이상의 속도를 낼 수가 없다. 모든 역간격과 경사진 긴 구간을 분석해 볼 때 고속대중교통은 110~130 kph 이상의 속도를 낼 필요가 없게 된다.

열차의 내부설비는 버스에서와 같은 용량분석과 쾌적성에 관한 정책결정에 좌우된다. 버스와 크게 차이가 나는 것은 지하철(전철)의 경우 열차내에서 요금을 징수하지 않기 때문에 출입문을 넓힐 수가 있다는 것이다. 승하차할 때 계단이 없는 플랫폼을 사용하면, 넓은 문으로 많은 사람이 타고 내릴 수 있어 정차시간을 줄일 수 있고 노선의 용량을 증가시킬 수 있다.

4 부대시설

정상적인 운행시설 이외에도 고속대중교통의 부대시설로서 열차를 저장하는 조차장(yard), 정비소 및 통제실 등이 필요하다.

모든 대중교통노선은 일상적인 정비업무를 수행하는 정비소를 가진 조차장과 연결되어야 한다. 철도차량은 기동성에 제약을 받기 때문에(최소곡선반경, 최대경사 등) 조차장은 길고 좁은 지역에 위치하는 것이 좋다. 만약 노선에 인접할 수 없을 때는 추가비용을 들여 노선과 조차장의 연결 링크를 부설해야 한다. 또 조차장에서 일하는 사람을 위한 출퇴근용

교통시설(접근로, 주차장 등)과 사무실 건물도 필요하다. 일상적인 정비시설은 차량하부를 검사하는 pit와 필요한 기계나 공구를 가지러 가는 통로, 세차시설 등이 갖추어진 별도 건물 안에 있다.

모터나 차륜수리 등과 같은 대규모 정비수리는 대개 한 곳에서 집중적으로 행해진다. 노선망이 몇 개의 노선으로 분리되어 있으면 각 노선은 모두 대규모 정비수리창과 연결될 수 있어야 한다. 만약 이것이 불가능하다면 차량을 무개차에 실어 다른 수리창으로 보내든가 해야 한다.

노상과 궤도정비도 가능하면 한 곳에서 집중적으로 이루어져야 하며, 이것도 각 노선과 연결되어야 한다. 이에 필요한 필수적인 시설은 수리장비를 옮기는 지선궤도, 부품저장소, 저장소로 연결된 접근로 등이다.

열차통제는 철도대중교통의 역사와 더불어 점차 증가되었다. 옛날의 수동신호로부터 중앙신호통제로 바뀌었고 근래에는 컴퓨터를 이용한 자동통제가 이루어지고 있다. 중앙통제소는 대개 관리본부 안이나 그 부근에 위치하면서 상황판(display board), 컴퓨터 및 열차운전자간의 전화접촉을 통하여 그 시스템의 현재상태에 관한 정보를 계속적으로 받아들인다.

5 노선계획

개인통행조사로부터 장래 교통수요를 계산하고 교통수단별로 배분해서 지하철, 전철 기타 철도의 존간 교통량이 구해지면 지하철 경로와 필요한 노선의 계획이 가능해진다. 일반적으로 지하철 길이는 인구 4만 명당 1 km, 한 노선당 약 20 km가 보통이다.

① 지하철의 교통권을 정하고 인구분포계획에 따라 인구밀집지역(대개 100인/ha 이상)을 연결하고, 장래의 부도심, 공업단지, 대규모주택단지 등과 CBD를 연결한다. 또 기존철도와 유기적으로 연결하는 것을 고려해야 한다.

② 도심부를 관통하고 외곽지역으로는 가능한 한 직선으로 연결시킨다. 지하구조물은 건설비가 많이 소요되므로 외곽지역은 될 수 있는 한 지상구조로 한다.

③ 각 노선의 세력권을 될수록 균등하게 배분하고 간선도로의 지하를 지나감으로써 도로교통량의 부담을 경감시키고, 가능한 한 하천부지나 공지를 활용한다.

④ 처음에 방사형 노선체계를 위주로 하고 장래 순환노선체계와 연결될 수 있도록 계획을 세운다. 조차장, 차량기지는 가능한 한 순환노선 예정지에 건설한다.

⑤ 운행시스템은 될수록 단순하게 하고, Y형 분기를 피한다. 승객의 환승횟수는 가능한 한 최소화하도록 한다.

⑥ 버스터미널을 포함한 터미널건물은 종착역에 건설하여 주차환승체계(park-and-ride)를 편리하게 한다.

⑦ 역간격은 도심지에서 1 km, 교외지역에서는 1.5~2 km로 한다.

⑧ 장래 계획을 고려하여 차고, 공장 등의 부지를 확보한다.

6 운행계획

(1) 수송단위

차량의 크기는 보통 폭 2.75~3.20 m, 길이 17.5~19.5 m이며, 한 차량당 승차정원은 150명, 열차당 차량대수는 4~10량이고, 일반적으로 6~8량을 운행한다. 첨두시간의 최대승차효율을 150%로 하는 것이 바람직하며 노선에 따라서는 200%까지도 허용된다.

(2) 운행간격

될 수 있는 한 짧으면서도 동일한 시간간격으로 운행하여 기다리지 않고 승차할 수 있도록 하는 것이 바람직하다. 최소운행간격은 1분 30초까지 가능하며 역간 거리, 신호기간격, 정차시간 등에 따라 보통 2분으로 하나 2분 30초 정도로 운행하는 경우도 많다.

낮 시간에는 보통 10분 이하의 간격이 바람직하며, 지하철 이용 1일 1방향 총 교통량에 대하여 중심집중형의 대도시에서는 첨두시간 집중률이 60% 정도, 일반도시에서는 45% 정도가 되며, 지하철 도입초기에는 10% 정도로 보는 것이 좋다.

(3) 운행속도

승객서비스의 질을 높이고 차량수를 절약하기 위하여 평균운행속도는 가능한 한 높게 책정하는 것이 좋다. 각 역에서의 정차시간을 20초로 할 때 지역별 평균운행속도는 〔표 18-4〕와 같다.

〔표 18-4〕 지역별 평균운행속도(kph)

지 역	평균운행속도	평균주행속도	최고속도
도 심 내	32	42	70
교외(보통)	45	55	80
교외(급행)	60	70	90

(4) 보유차량대수

열차운행 시간간격을 h (분), 한 열차의 편성차량대수를 C (량), 열차의 평균운행속도를 v (kph)로 할 때, 구간 D (km) 이내에 있는 차량수 N은 다음과 같이 구한다.

$$N = \frac{120D}{v \cdot h} \cdot C$$

운행에 직접 필요한 차량수 N 외에 검사나 임시운행을 위하여, 전 차량의 약 15% 정도를 예비차량으로 확보할 필요가 있다.

7 설계기준

지하철의 설계기준은 다음 〔표 18-5〕에 요약되어 있다.

〔표 18-5〕 지하철의 설계기준

구 분		기 준	비 고
최소 곡선 반경	본 선	160 m	적어도 200 m, 속도제한 50 kph가 바람직하다. 승강장에서는 최소 500 m로 하여 승객의 위험을 방지할 것
	본선분기 부근	100 m	분기의 곡선반경을 고려
	승강장 부근	500 m	
완화 곡선장		곡선반경 800 m 이하 때 $L=0.07\frac{V^3}{R}$ (m)	V : 속도(kph), R : 곡선반경(m) R에 대한 V는 별도로 규정
반대방향의 완화곡선간의 거리		15 m 이상	불가능한 경우에도 직선은 삽입하지 않는다.
cant		$C=10\frac{V^2}{R}$ (mm) C : Cant V : 속도(kph) R : 반경(m)	승강장 부근에서 곡선반경이 800 m 이상일 경우는 cant를 붙이지 않으며, 800 m 이하의 경우는 열차속도 20 kph에 대한 cant를 붙인다. 완화곡선이 없는 경우의 cant 변화는 cant의 300배 이상의 길이에 걸친 직선구간에서 이루어진다.
최대 경사	본 선	35/1000	부득이한 경우는 50/1000
	정거장내	10/1000	
	측 선	45/1000	단, 차량의 유치(留置)가 필요한 경우에는 3/1000 이하
최소경사		2/1000	지하 부분
종단곡선의 최소반경		5000 m	부득이한 경우 평면곡선반경이 300 m 이상의 경우에만 본선에서 2500 m, 측선에서 2000 m로 할 수 있다.
곡선에 의한 건축한계의 확대		$W=\frac{20000}{R}$	W : 양측에서 각각 확대해야 할 치수(mm) R : 곡선반경(m)
slack (곡선궤도간격의 확대)		곡선반경 600 m 이상 때 $S=\frac{4500}{R}-5$	S : 곡선 안쪽 방향의 확폭(mm) R : 곡선반경(m)
R.L과 도상바닥 간의 간격	콘크리트 도상	400 mm	단, $R \geq 200$ m일 때는 500 mm
	자갈 도상	600 mm	자갈 도상은 주택 밑과 같이 특히 진동을 방지해야 할 구간에 사용
최소 궤도중심간격		지상선 : 3.40 m 지하선 : 4.05 m	지상선은 직선, 곡선 구별 없이 3.5 m가 표준

주 : 1. cant, slack는 완화곡선 전체에 걸쳐서 변한다고 본다.
2. 최소곡선반경이란 안쪽 궤도의 반경이다.
3. 완화곡선장 및 cant의 계산식에서 R과 V의 관계는 다음과 같다.

R (m)	160	200	250	300	350	400	530 이상
V (kph)	42	50	55	60	65	70	80

18.3.3 모노레일(Monorail)

도시교통수단으로서 모노레일은 통근, 통학수단으로서의 역할과 노면교통을 대신한 업무연락수단으로서의 역할을 수행한다. 통근교통수단으로서의 기능을 수행할 때는 교외철도와의 연결운행이 불가능한 결점이 있으나, 반면에 모노레일은 지하철수송력의 70% 가까이 실어 나를 수 있고, 또 가공시설을 이용하기 때문에 건설비가 저렴하므로 교외의 신도시에서 많이 이용되고 있다. 특히 대도시에서의 노면교통이 한계에 이르렀고 고층건물로 인해서 도로개선이 불가능하기 때문에 지하철, 노면 및 공중 등의 입체적 교통체계를 구축하지 않을 수 없어 모노레일이 검토되었다. 〔표 18-6〕은 모노레일과 지하철을 비교한 것이다.

〔표 18-6〕 모노레일과 지하철 비교

구 분	모 노 레 일	지 하 철
개발목적	도시내 승객 대량 고속수송 수단	왼쪽과 같음
기 능	역의 승강장을 도로상공에 건설하기 때문에 승강장 길이에 제한이 있고 수송능력은 첨두시간당 45,000명 정도가 된다.	승강장의 제한이 없으므로 대량수송이 가능하다.
건설비	동일 수송능력에서 지하철의 1/3~1/4	약 300~400억원/km
도로와의 관계	4차로 이상 도로에서 건설가능. 중앙분리대를 이용하므로 자동차통행에 지장이 없다. 가로폭이 충분하지 않으면 건조물에 의해 다소 영향	모든 시설이 지하에 건설되므로 가로 교통에 지장은 없으나 지하철 출입구를 인도에 둘 경우 미관상 문제가 된다.
공사기간	공기가 짧고 공사 중에도 지장이 없다.	공사기간 중 도로교통 및 연도주택에 영향을 줌
소 음	고무타이어를 사용하므로 소음이 적다.	철륜사용으로 소음이 크다.
일 조	승강장 아래가 문제이므로 승강장 길이를 100 m 이내	문제가 없다.
연도주택에 미치는 영향	승강장과 노선이 공간에 설치되므로 주변주택의 프라이버시 문제야기	문제가 없다.
편 리 성	승강장이 높으므로 승강에 문제가 있다. 그러나 도로횡단자에게는 편리하며, 육교의 이용률을 높인다.	승강의 문제가 있다.
쾌 적 성	전망 및 통풍이 좋다.	지하도나 차내의 열기가 문제된다. 소음 때문에 옆사람과 대화곤란

모노레일의 종류에는 좌대식(座台式)과 현수식(懸垂式)이 있다. 좌대식은 건설비용도 싸고 공기가 짧은 이점은 있으나 차량구조가 측방지지차륜이므로 복잡하고 중심이 높아 적은 곡선에도 원심력이 승객에게 전달되고 모든 힘이 수평안전륜에 걸리게 된다. 현수식은 중심이 낮고 궤도가 beam의 아래에 놓이므로 일기의 영향을 적게 받으며 곡선의 원심

력도 자동적으로 균형을 이루게 되고 소음이 적다.

모노레일이 담당할 수송범위를 운임, 경영비, 건설비의 측면에서 고찰하면 다음과 같다.

① 통근교통이 많은 경우(집중률 : 하루 수송량의 12%)
  버스 : 12,000인/시간 이하
  모노레일 : 12,000~45,000인/시간
  지하철 : 50,000인/시간 이상

② 통근교통이 비교적 적은 경우(집중률 : 5%)
  버스 : 4,000인/시간 이하
  모노레일 : 4,000~21,000인/시간
  지하철 : 21,000인/시간 이상

일반적으로 모노레일의 수송범위는 4,000~45,000인/시간이며, 차종에 따라 중형차 4,000~19,000인/시간, 대형차 19,000~45,000인/시간을 수송한다.

모노레일이 도시공간을 효율적으로 이용하는 이점을 가지고 있으면서도 지금까지 널리 사용되지 않은 이유는, 첫째, 대중교통수단으로서의 수송실적이 적었고, 둘째, 도로, 수로 등의 상공을 이용하는 장점은 있으나 오랜 역사를 가진 도시는 모노레일을 설치할 만한 넓은 도로가 적기 때문이다.

지하철과 비교해 볼 때 모노레일은 기존철도와 연결운행이 필요 없고, 도로나 수로의 상공을 이용할 수 있는 경우에는 건설비가 싸고 공기가 짧으며 대중교통수단으로서 매우 유리한 조건을 갖는다. 모노레일은 독립적인 특수철도로서 가늘고 긴 지주에 빔과 궤도를 설치하여 고가(高架) 형식으로 운행되나 도심부, 공항횡단, 기복이 심한 구릉지 등 고가구조의 설치가 불가능한 경우에는 지하구조도 가능하다. 재개발지역에서는 플랫폼을 인공지반에 설치하거나 출입구를 건물과 직접 연결하면 좋다. 〔그림 18-9〕는 대도시 및 지방도시에서의 일반적인 모노레일 노선패턴을 나타낸 것이다.

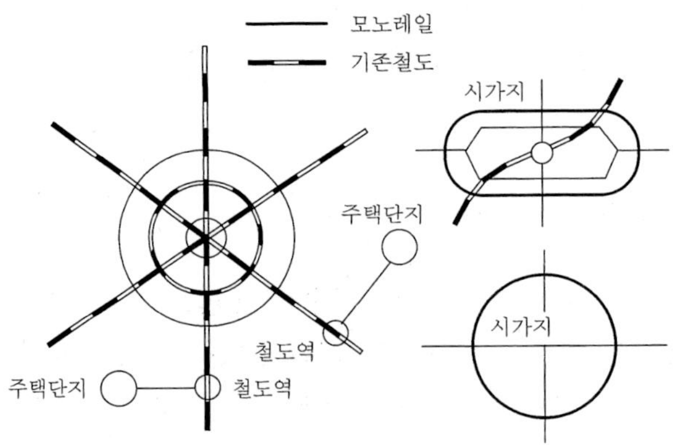

〔그림 18-9〕 모노레일 노선망의 패턴

현수식은 최소 10 m 정도의 곡선반경을 갖도록 하면 cant 없이 방향전환이 가능하므로 첨두시 2분 30초 정도의 간격으로 운행할 때 편리하다. 좌대식은 철도와 같이 최소곡선반경에 대한 제한이 필요하다. 노폭이 25 m인 도로까지 이용한다면 30 m 정도의 최소반경이 필요하다.

곡선부의 cant는

$$C = \tan\Theta = \frac{V^2}{127R} - 0.05 \le 0.5$$

여기서 C : cant (Θ는 경사각)

R : 곡선반경 (m)

V : 최고속도 (kph)

18.4 버스시스템 계획

역사적으로 볼 때 국지대중교통수단으로 지금까지 6가지가 출현했으나 이중 버스를 제외한 나머지 5가지는 거의 자취를 감추었다. 맨 처음 출현한 승합마차에서부터 지금의 버스에 이르기까지 이들은 도로가 갖는 장점을 최대한 활용했으며, 이들을 위해서 도로망에 별도의 투자를 할 필요가 없었다. 그러나 승합마차는 19세기 도로의 열악한 포장상태 때문에 쇠퇴하고, 토사도로에 설치한 궤도를 이용하는 마차가 등장했다. 말이 끌기에는 너무 경사진 노선에서는 케이블카가 이용되었고, 전기로 움직이는 노면전차가 말을 대신했다. 그러나 이와 같은 3가지 종류의 궤도수송수단은 융통성이 결여되었기 때문에 곧이어 내연기관으로 움직이는 버스가 출현했다. 이때 도로상의 전선으로부터 전력을 공급받아 움직이는 트롤리 코치(trolley coach)가 나타나 가솔린버스와 경쟁을 하게 되었다. 결국 효율성과 융통성이 크고 투자비용이 가장 적은 디젤버스가 개발되어 지금까지 국지대중교통수단의 대종을 이루고 있다.

18.4.1 버스시스템의 개요

국지대중교통수단을 논하기 전에 버스의 기술적인 상황을 이해하는 것이 이들 시스템의 특성과 잠재성을 파악하는 데 매우 중요하다. 버스시스템은 환경적인 영향에 의해 제약을 받기는 하지만 매우 좁고 경사지거나 막다른 길을 제외하고는 도로망 어디서나 운행이 될 수 있다. 또 노선을 쉽게 결정할 수 있으며 만약 그 노선이 부적절하다면 그 노선을 포기하고 다른 노선을 설정할 수도 있다. 각기 크기와 성능이 다른 차량이 함께 시스템에 포함될 수도 있다.

그러나 앞에서 언급한 바와 같이 공공부지를 사용하기 때문에 오는 단점도 있다. 또 뒤에 설명되겠지만 한 교통축에서 이들 버스나 노면전차의 용량은 고속대중교통수단에 비해 뒤떨어진다.

1 노 선

국지대중교통 노선망은 〔그림 18-1〕에 나타난 것과 같은 모든 종류의 노선을 모두 사용한다. 일반적으로 이들 노선은 일반도로나 고속도로상의 공공부지를 다른 차량과 함께 사용한다. 환경적인 이유로 해서 버스노선은 대개 주요 간선도로나 집산도로에 한정되나 도시외곽의 주민들을 위해서 주거지도로를 사용하기도 한다.

급행버스는 잠재적인 승객에게 매력적이기도 하지만 운영자의 운행비용을 절감시킨다. 새로운 노선을 개발하고자 할 경우에는 교통의 흐름이 원활한 노선을 택한다. 또 교통공학적인 대책을 사용함으로써 대중교통운영을 개선할 수 있다. 즉 버스우선 신호시간을 사용하여 교차로에 접근하는 버스가 정지하지 않고 교차로를 통과하게끔 한다. 또 좌회전이 금지되는 곳에서 버스는 좌회전이 허용되는 것과 같은 대책이 그 좋은 예이다.

버스노선의 질을 높이는 방법으로는 버스우선차로를 설치하는 반전용부지 이용방법이 있다(여기서 반전용이란 말을 사용하는 것은 회전하는 승용차가 이 차로를 이용할 수 있기 때문이다). 도로변 차로를 주차나 하역을 하는 데 사용하고 있었다면 이 차로를 버스우선차로로 만들어주는 것이 가장 좋다. 그러나 도로변 차로가 정차금지구간으로 묶여 있고, 버스의 운행대수가 매우 많으면 이 차로는 어차피 다른 차량이 거의 사용하지 못할 것이기 때문에 자연적으로 버스전용차로 역할을 하게 된다. 연석차로가 버스전용차로로 지정되면 우회전하려는 승용차는 교차로직전에서만 이 차로로 진입할 수 있다.

도로중앙선을 버스전용차로로 지정하면 그 차로는 페인트로 나타낸 노면표시나 돌출한 연석을 설치하여 다른 차량의 이용을 막으며, 교차로에서 다른 차량의 좌회전을 금지시키는 것이 보통이다. 또 중앙전용차로의 경우 버스정거장에는 보행자용 교통섬을 특별히 설치해야 한다.

일방통행제에서는 중요한 교통발생원 또는 환승점으로 접근할 때 양방향에서 접근하기가 어렵다. 이에 대한 하나의 해결책으로서는 도로의 폭이 허용된다면 역류버스차로를 설치하는 것이다. 그러기 위해서는 일방통행도로의 왼쪽차로는 주차를 금지시켜야 하며 노면표시와 기타표지판으로 4.25 m 정도의 차로를 역류차로로 확보해야 한다. 택시나 긴급차량도 이 차로를 역류로 이용하게 할 수 있다.

고속도로에서는 왼쪽램프가 없다면 중앙차로를 버스를 위한 반전용부지로 활용할 수 있다. 이러한 차로는 일반교통류와 같은 방향 또는 반대방향으로도 이용된다. 어떠한 경우이든, 버스가 이 차로를 벗어나거나 진입하기 위해서는 고속도로의 바깥쪽 차로를 비스듬히 횡단해야 한다. 합승승용차(car pool)도 일반적으로 버스전용차로를 이용하게 하여 일반 교통류의 혼잡을 완화하고 동시에 승용차의 합승을 유도할 수 있다. 고속도로에서의 역류 차로는 타당성이 있다. 비첨두방향의 교통수요는 매우 적기 때문에 한 차로(또는 완충차로를 포함해서 두 차로)를 역류방향으로 할당할 수 있다. 역류구간에 진입하거나 벗어나는 곳의 중앙분리대는 평탄하게 만들어 주어야 하고 첨두시간이 바뀌는 시간에 교통콘이나 다른 설비를 설치해 주어야 한다.

버스전용도로는 가장 좋은 형태의 전용부지로서 버스만 이용하거나 혹은 합승승용차와 함께 사용한다. 로스앤젤레스에 있는 El Monte Busway는 이러한 종류의 도로로서 노선상에 두 개의 정거장과 특별한 접근램프가 구비되어 있다. 워싱턴 D.C. 외곽의 Shirley Highway의 중앙은 가변도로로서 버스와 합승승용차가 사용하되 오전에는 시내 쪽으로 일방통행을 하고 오후에는 교외 쪽으로 일방통행을 하도록 만들어졌다.

2 정거장 및 터미널

버스정거장은 승객이 움직이는 교통과 분리되어 승하차와 대기를 할 수 있도록 대부분 인도 쪽 연석에 위치한다. 정거장에는 잘 모르는 승객이 쉽게 알아볼 수 있도록 하기 위해서 표지판을 설치해야 한다. 만약 배차간격이 10분을 초과할 경우에는 의자나 대피소와 같은 편의시설이 구비되어야 한다. 대피소에는 노선지도와 버스시간표 같은 것이 배치된다. 버스정거장 부근의 연석에는 다른 차량이 정차하거나 주차를 못하게 노면표시나 표지판을 설치해야 한다.

정거장은 교차로의 접근로에 설치하는 경우(근측정거장)와 교차로를 지나서 설치하는 경우(원측정거장), 블록중간에 설치하는 경우(블록중간정거장)가 있다. 이 중에서 어떤 것을 택하는가 하는 것은 교차로에서 버스의 회전과 다른 차량들의 주요 이동류, 교차도로의 상태, 환승의 방향 및 매우 중요한 교통발생원의 위치에 따라 달라진다.

근측정거장은 오른쪽에서 왼쪽으로 진행하는 일방통행도로와 교차하면서 버스와 같은 방향으로 진행하는 교통량이 분기되어 다른 방향으로 가는 교통량보다 많을 때, 그리고 버스가 우회전할 때 설치하면 좋다. 원측정거장은 왼쪽에서 오른쪽으로 진행하는 일방통행도로와 교차하면서 버스의 방향과는 다른 방향으로 가는 교통량이 많을 때, 그리고 버스가 좌회전할 때 사용하면 좋다. 그러나 정거장 위치선택에서 가장 중요한 것은 신호시간과 환승을 위해서 다른 노선의 정거장위치를 고려해야 하고 인도의 적절성을 고려해야 하는 것이다.

블록중간정거장은 잘 사용되지 않으며, 특히 중요한 환승을 위해서는 적절치 않다. 이것은 교통수요가 크게 발생되는 중심점이 블록중간에 있을 때, 그리고 인접교차로에 있는 정거장으로는 불충분할 때나 사용한다. 이 경우는 시간당 버스수가 많아 하나의 정거장으로 이를 다 처리할 수 없을 때 발생한다.

버스정거장의 위치선정에 관한 설명은 11장에서도 자세히 언급되어 있다.

도로변 버스정거장의 최소길이는 〔표 18-7〕에 나타나 있다. 한꺼번에 한 대 이상의 버스를 정차시키는 정거장의 필요성은 뒤에 설명되는 용량공식으로부터 계산될 수 있다. 그러나 두 번째 및 세 번째 버스위치의 용량은 선두버스위치의 용량과 비교해 볼 때 각각 75%와 50% 정도밖에 되지 않는다. 그 이유는 이들 위치에서 출발할 때 앞에서 정지하고 있는 차량의 방해를 받기 때문이다.

경우에 따라서는 고속도로상에도 버스정거장이 필요할 때가 있다. 대부분의 급행노선은 도심과 외곽지역을 신속하게 연결하기 위해서 고속도로를 이용하는 것이지 고속도로 주위에 서비스를 제공하기 위한 것이 아니다. 그러나 고속도로와 연결된 지선을 설치하기에는 교통수요가 너무 적은 교외외곽지역 사람들을 위해서는 고속도로상에 버스정거장을 설치할 수도 있다. 이러한 정거장은 고속도로가 중요한 도시순환도로와 교차하는 곳에도 설치되며 이러한 곳은 대개 도심지주변에 있다.

〔표 18-7〕 도로변 버스정거장의 최소길이

정거장의 종류	정 거 장 길 이(m)[1]	
	1 대 정 차	2 대 정 차
근측정거장[2]	$L+20$	$2L+21$
원측정거장	$L+12$	$2L+12$
블록중간정거장[3]	$L+30$	$2L+30$

주 : L=버스의 길이
1) 버스가 연석에서 30 cm 떨어져서 정차할 때를 기준으로 한 값이다. 만약 15 cm 떨어지면 이 값에다 근측은 6 m, 원측은 4.5 m, 블록중간은 11 m를 추가해야 함.
2) 우회전하는 버스이면 이 값에다 4.5 m 추가. 버스가 우회전하고 일반차량의 우회전교통량도 많으면 9 m 추가.
3) 차도폭이 12 m인 도로를 기준한 값으로서 차도폭이 10 m이면 위의 값에서 4.5 m 추가. 이들 값은 버스가 중앙선을 침범하지 않고 정거장을 벗어날 수 있는 길이임.

자료 : 참고문헌 (4)

다이아몬드형 인터체인지에서 정차할 때는 버스가 고속도로를 벗어나 교차도로에 정차를 하고 다시 고속도로로 재진입하는 것을 원한다. 이렇게 하면 승객의 보행거리를 줄일 수 있다. 버스가 교차도로에 도착하여 승객을 내리고 다시 고속도로로 진입하는 데 상당한 시간을 소비하게 되는 복잡한 인터체인지에서는 접근부의 출구차로에 정거장을 설치하고 보행자 연결통로를 교차도로까지 만들어 줄 수도 있다.[3]

노외 버스정거장에는 조그만 회전서클과 승하차공간을 가진 것이 있는가 하면, 대규모 터미널도 있다. 세계에서 가장 큰 터미널은 뉴욕시의 Lincoln Tunnel에 있는 Port

Authority Bus Terminal로서 평일 하루에 200,000명의 승객과 7,000대의 버스를 운영하며, 한 방향 시간당 용량은 버스 750대와 승객 33,000명이다.

3 차 량

앞에서도 언급한 바와 같이 시내버스는 대부분이 디젤버스이다. 이 버스는 일반가로상을 운행하므로 그 크기 및 중량은 법에 의해서 제한을 받는다. 우리나라의 '도로운송차량보안규칙'에 규정된 차량의 크기 및 중량제한은 다음과 같다.

- 길이 : 12 m 이하(연결차 3대까지, 전장 25 m 이하)
- 폭 : 2.5 m 이하
- 높이 : 3.8 m 이하
- 차량무게 : 20톤 이하
- 축하중 : 10톤 이하(바퀴하중 5톤 이하)

버스내부설비는 용량과 쾌적성 간의 최적절충점을 찾음으로써 결정된다. 이때 통행길이를 특별히 고려하여야 한다. 승객 대부분의 통행길이가 30분을 초과하면 대부분의 승객은 앉아서 가도록 해야 하고, 짧은 왕복순환노선에서는 그럴 필요가 없다. 넉넉한 크기를 갖는 좌석을 설치하면 서서가는 사람의 공간은 통로 정도뿐이고 출입문도 하나로 되어 용량은 줄어들지만 쾌적성은 매우 커진다. 한 두 개의 비상출입문을 설치해야 하나 이 출입문 입구의 좌석은 그대로 사용할 수 있다. 반대로 용량을 중요시한다면 작은 좌석을 적게 설

〔표 18-8〕 버스 및 지하철 차량의 용량

차 종	길 이 (m)	폭 (m)	일반적인 용량[1]			
			좌석수	입석수	합 계	
소형버스-단거리운행	5.95	2.35	18	12	30	
시 내 버 스	9.15	2.45	36	19	55	
	10.65	2.45	45	25	70	
	12.20	2.60	53	32	85	
굴절 시내버스	16.50	2.50	48	124	172	유럽모델
	18.30	2.60	69	41	110	미국모델
노 면 전 차	42.70	2.75	177	198	375	3량 열차
경 전 철(LRT)	67.00	2.70	204	366	570	3량 6축, 미국모델
	51.80	2.35	128	372	500	2량 8축, 유럽모델
고 속 전 철(HRT)	184.40	3.05	500	1,700	2,200	10량, 미국모델
	182.90	3.15	616	2,000	2,616	8량, 캐나다모델
	213.35	3.20	720	1,280	2,000	10량, 미국모델
주 : 1) 모든 차량은 좌석을 제거하면 용량을 증대시킬 수 있음						

자료 : 참고문헌 (5)

치하고, 차량 뒤쪽에 출입문을 하나 더 만들며, 그것도 정거장에서의 승하차시간을 줄이기 위해 문을 넓힐 필요가 있다.

소규모의 버스시스템에서는 모든 노선에 적합한 한 종류의 버스를 사용하는 것이 좋으나 대규모시스템에서는 단거리노선용으로 용량이 큰 버스를 사용하고, 외곽지역에 서비스를 제공하는 버스는 안락한 차량을 사용하는 것이 좋다. 버스용량에 관한 구체적인 내용은 〔표 18-8〕에서 보는 바와 같다.

동력계통을 제외하고는 trolley coach도 버스와 비슷한 특성을 갖는다. 그러나 노면전차는 그 크기와 중량에서 자동차와 완전히 다르다. 굴절버스(articulated bus)의 크기는 같은 표에 나와 있다.

4 부대시설

시내버스시스템은 여러 가지 부대시설을 필요로 한다. 차량이 운행되지 않을 때는 한데 모아서 정비 및 수리를 한다. 고용인을 배치, 감독, 훈련시키는 시설도 필요하고, 행정을 담당하고 계획을 수립하고 운행시간표를 작성하는 본부요원들을 위한 시설도 있어야 한다.

지원시설 중에서 가장 중요한 것은 정류장과 정비창이다. 소규모시스템에서는 그런 시설이 단지 하나만 있으면 되지만, 노선망이 큰데도 불구하고 한 장소에서 모든 노선을 서비스한다면 노선과 정류장 또는 정비창간의 쓸데없는 공차운행이 과도하게 발생한다. 경험에 의하면 한 장소에서 400~500대 이상의 차량을 취급하긴 힘들다. 차량을 저장하려면 많은 토지가 필요하므로 버스정류장은 땅값이 낮은 지역에 위치하는 것이 좋고, 환경적인 이유로 해서 가능하면 공업지역에 있는 것이 좋다. 평일 날 쉬는 차가 많으면(출퇴근시간 이후 배차간격이 길어진다면), 고가고속도로 아래의 땅과 같이 CBD 가까이에 있는 땅을 사거나 빌려서 임시정류장으로 사용해도 좋다.

정류장은 버스주차뿐만 아니라 운행보고를 하고, 배차를 하며, 운행계획을 수립하고, 점검을 하는 사무실 건물이 필요하다. 또 병이 난 운전자와 교대하거나 특별운행을 위해서 필요한 대기운전자용 공간도 필요하다. 모든 정류장에서 일상적으로 이루어지는 서비스시설은 연료탱크와 펌프, 세차설비, 검사대를 가진 윤활유 주입차로, 요금함을 저장하는 금고시설이다. 대규모시스템에서 한 정류장은 중(重)정비소로 지정되어 엔진, 트랜스미션 및 기타부품을 정비하게 한다. 소규모 버스운영에서는 중(重)정비를 다른 정비회사에 위탁하기도 한다.

운영본부는 어느 한 정류장에 두거나 혹은 다른 건물을 사용할 수도 있다. 운영본부가 하는 일은 감독, 계획, 시간표작성, 회계관리, 사고처리, 이용홍보, 노사관계 등이다. 요즈음의 현대화된 버스회사는 무선시설을 설치 운영하기 때문에 이에 따른 중앙통제소와 기타 지원시설을 위한 공간도 필요하다.

18.4.2 버스교통의 문제점과 대책

버스는 철도가 없는 지역의 주요 대중교통수단이며, 철도가 발달한 지역에서는 철도를 보완하고 철도역에 접근하는 수단으로서 중요한 역할을 한다. 승용차의 증가로 인한 도로 혼잡으로 버스의 속도와 정시성이 저하되는 경향이 있으면서도 대중교통의 대부분은 버스가 담당하고 있다.

버스교통이 안고 있는 문제점은 도시부와 지방부가 다르며, 특히 개발밀도가 낮은 지방부에서 나타나는 문제점은 그 성격이 완전히 다르다. 도시부에서는 도로혼잡으로 인한 운행속도 및 정시성이 저하되고, 이에 따른 이용자 감소 및 운행비용의 증가로 경영이 악화되며, 따라서 서비스 수준이 저하되어 이용자가 다시 감소하는 악순환이 반복된다. 이와 같은 관계를 도표로 나타내면 〔그림 18-10〕과 같다.

지방부 도시에서는 위에서 설명한 바와 같은 문제점도 있지만, 특히 개발밀도가 낮은 지역에서는 인구의 감소에 따라 교통수요 자체가 감소할 뿐만 아니라 자가용승용차의 보급에 따른 이용수단전환으로 버스이용자가 감소하여 경영상태가 악화되고, 서비스 수준이 저하되어 다시 이용자가 감소하는 악순환이 생기게 된다. 그러나 이러한 지역에서는 노인, 어린이, 학생, 주부 등 자가용승용차 이용이 곤란한 계층에게 버스가 일상생활의 중요한 교통수단이 된다(〔그림 18-11〕).

버스교통을 개선하기 위한 대책으로는 (i) 버스운행로 정비, (ii) 차량 개선, (iii) 버스노선망 개선, (iv) 버스운행방법의 개선, (v) 운임 및 보조정책 등 다섯 가지로 대별된다. 이와 같은 대책들을 다시 세분하면 〔표 18-9〕와 같다.

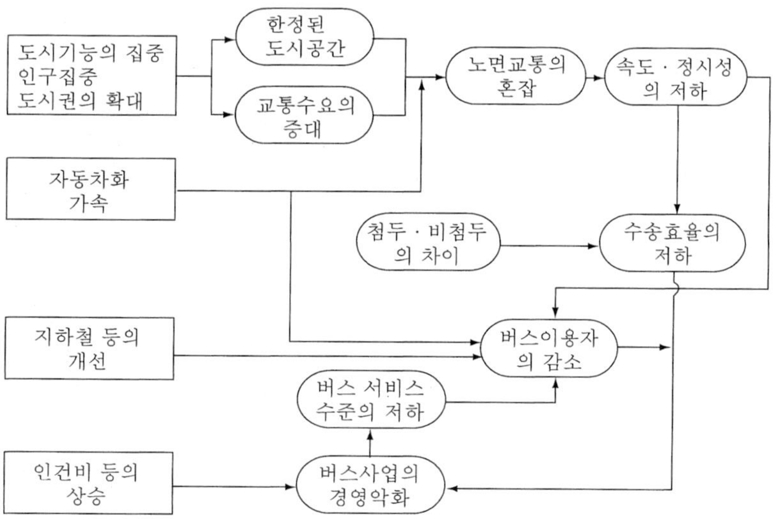

〔그림 18-10〕 도시부의 버스 문제 feedback

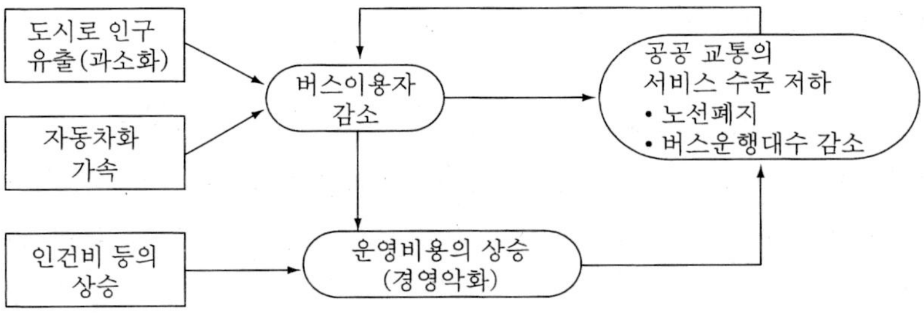

〔그림 18-11〕 과소지의 버스교통 문제

〔표 18-9〕 버스교통시스템 개선대책

대 분 류	중 분 류	소 분 류
버스운행로 개선책	버스차로 정책	버스우선차로 버스전용차로 가변차로
	교통신호 정책	버스우선신호 연동신호 개선
버스차량 개선	버스승강구 개선	버스승강구 확대 저상버스 요금수집 개선
	버스엔진의 개선	저·감속성능 향상 저공해 버스
	차량 내부 쾌적성 향상	소형버스 사용, 냉난방화, 좌석 및 통로 개선
버스노선 개선	버스노선 재편성	노선망 패턴의 개선 노선길이 단축
	정거장 개선	정거장배치 개선 터미널, 정거장구조 개선
버스운행 방식의 개선	통행노선 및 주행, 정거통제	수요대응 버스운행 방식 노선변경방식 자유승강방식 버스위치정보 시스템
	운행횟수	버스투입대수 증가
	운행시간대	심야버스
운임정책 및 버스사업 보조정책	운임정책 및 버스사업	버스-철도환승 통합제도 버스-버스환승 무료제도 각종 할인제도
	보조정책	과소지역, 적자노선 보조 대체버스노선 개설보조

이러한 대책들의 한결같은 목표는 버스의 신뢰성을 향상하고, 편리성을 확보하며, 쾌적성을 향상시키며, 경영상태를 개선하는 것으로서 다양한 대책을 종합적으로 실시하면 효과를 더욱 높일 수가 있다. 도시부에서의 버스개선 대책을 그 목표에 따라 분류하고, 이들을 다시 도로개선 대책, 교통운영 대책 및 버스사업운영 개선대책으로 나타내면 〔그림 18-12〕와 같다.

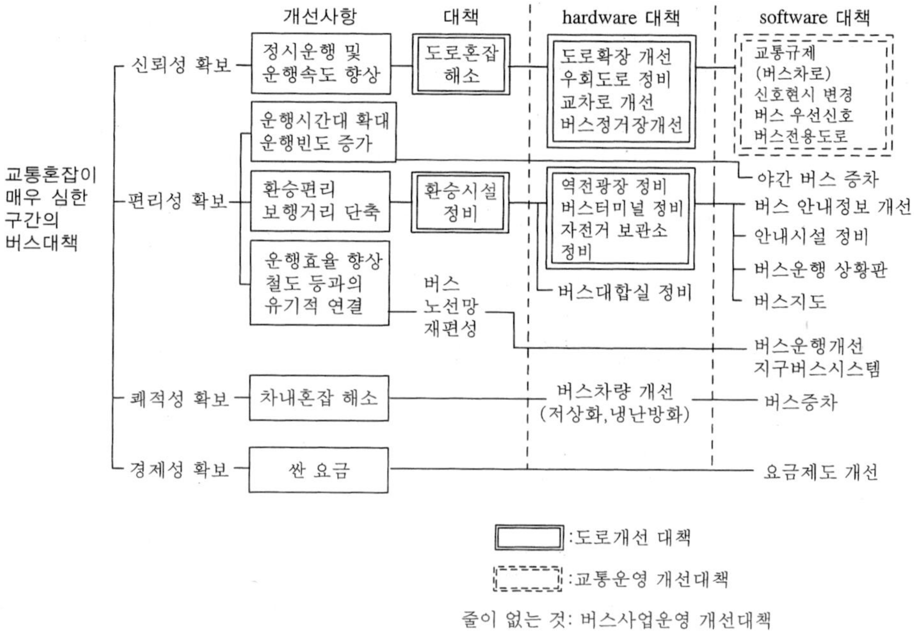

〔그림 18-12〕 도시지역의 버스교통 대책

18.4.3 버스노선망 계획

버스가 서로 엇갈려 지나가기 위해서 버스노선의 폭은 5.5 m 이상이 되어야 한다. 우리나라는 주로 버스교통이 대중교통수단으로 사용되기 때문에 국도나 지방도의 대부분이 버스노선으로 사용되고 있으며, 도시부 도로의 경우 4차로 도로 이상은 버스노선으로 사용하는 데 문제가 없다.

버스노선 현황을 파악하려면 각종 도로별 버스노선길이 및 노선수, 그리고 평균노선길이, 일일 운행횟수 등을 조사해야 한다.

1 버스노선망의 설정

버스노선망을 계획할 때는 도로망, 노선망, 운행횟수, 배차계획 등을 검토하여야 한다.

이들은 상호관련성을 가지고 있고, 또 각 단계에서 선택결정의 범위가 넓기 때문에 전체적인 최적시스템설계는 매우 어렵다. 현실적으로는 각 운수사업주체가 경영상의 관점에 입각해서 경험적으로 정하는 경우가 많다. 따라서 버스노선망 계획에 관한 이론적 모형을 소개하면 다음과 같다.

(1) 버스운행 노선망 계획모형

도시가로망, 버스터미널위치, 버스이용자의 O-D표가 주어졌을 때 노선길이, 환승횟수 등에 대한 제한범위 내에서 운행노선망과 노선별 운행횟수를 결정하고 환승인구나 버스 총 주행거리를 구하는 모형으로서 3개의 submodel로 구성된다([그림 18-13]).

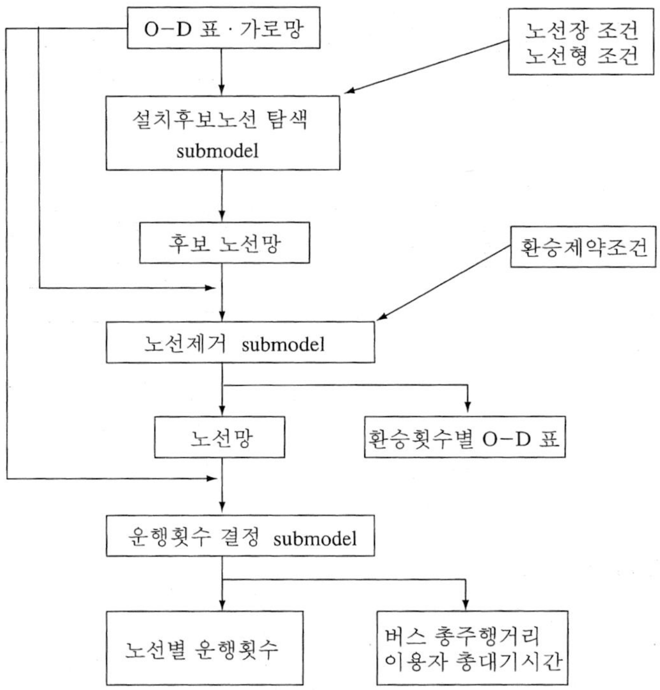

[그림 18-13] 버스운행 노선망 계획모형

(2) 최적 버스노선망 구성시스템

버스이용자의 O-D표와 버스 보유대수가 주어질 때, 전체를 4개의 submodel(버스노선망 제한모형, 후보노선 개발모형, 노선망 결정모형, 운행횟수 결정모형)로 분할하여 각 submodel의 제약조건에 맞게 부분적으로 최적화하되 feedback도 가능하다([그림 18-14]).

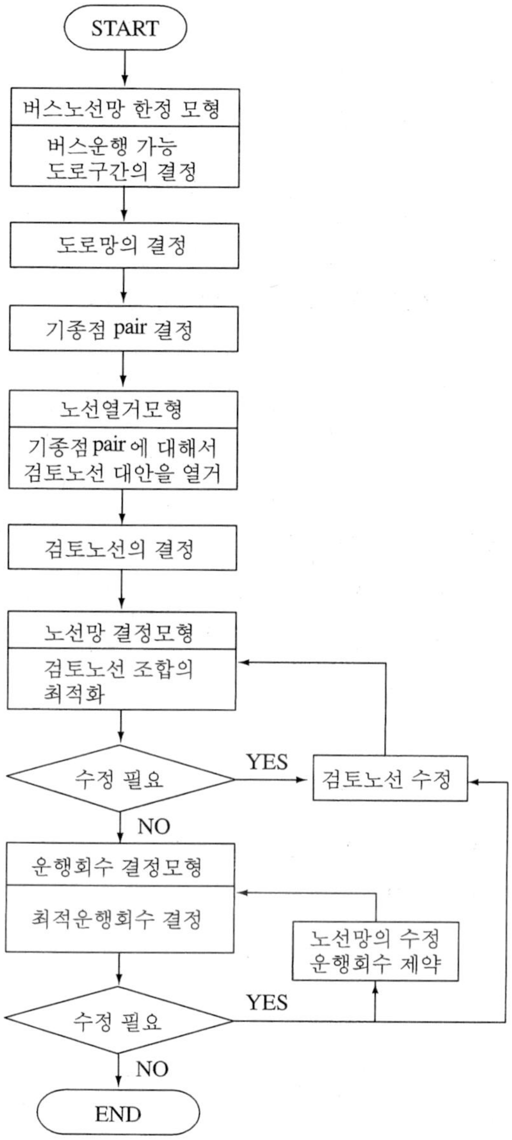

〔그림 18-14〕 최적 버스노선망 구성시스템

2 버스노선망의 재편성

버스노선망의 재편성이란 매우 긴 노선을 분할하고, 경유지를 변경하거나 설치효과가 크다고 생각되는 노선을 신설하고, 효과가 낮은 노선을 폐지하는 것을 말한다. 이와 같은 재편성의 목적은 소요시간을 단축하고, 적절한 운행횟수를 유지하며, 버스대수를 절약하기 위한 것이다.

재편성을 위한 접근방법으로는 앞에서 설명한 바와 같이 현재 여건하에서의 최적 노선망을 설정하고 현재의 노선을 이에 가깝도록 재편성하는 경우가 많다. 또 현재노선을 무시하고 버스이용객의 희망선도(desire line map)로부터 버스노선 설치가 가능한 도로에 버스교통수요를 배분하여 노선망을 설정하는 방법도 있다.

현실적으로는 기존노선을 검토하여 (i) 매우 긴 노선의 일부분을 잘라내어 다른 노선에 붙이거나 분할하는 방법을 사용하는 방법, (ii) 교외부~도심간의 버스노선을 변경하여 도심에서 떨어진 지하철역에 버스를 연견시키는 방법, (iii) 존버스를 신설하고, 지하철망과 버스노선을 상호 조정하여 버스와 지하철의 합동할인운임제를 실시하는 방법으로 버스의 운행효율을 향상시키고 철도와 합리적인 연결을 도모하는 것이 손쉬운 방법이다.

18.4.4 버스우선대책

버스우선대책에는 버스우선차로, 버스전용차로, 버스전용도로, 버스우선신호 등이 있다. 버스에 통행우선권을 부여하는 이유는 버스의 경우 승객 한 사람당 차지하는 도로공간이 적고 도로를 효율적으로 이용할 수 있기 때문이다.

1 버스차로 및 버스도로

버스우선차로는 버스전용차로에 비해 다른 일반차량의 방해를 다소 받는다. 버스전용도로는 버스 이외의 차량통행이 금지되는 도로이다. 예를 들어 교외의 주요 철도역으로 통하는 폭이 좁은 도로의 짧은 구간에 이것이 설치될 수 있다. 또는 혼잡한 교통 애로구간이 있을 경우 이를 우회하는 버스전용도로를 설치하면 효과적이다.

특이한 버스차로로는 2중 버스차로를 연석 쪽에 설치하되 2개 차로를 모두 전용차로로 하거나 혹은 연석차로는 버스전용차로로 하고 그 인접차로는 버스우대차로로 하는 방법도 있다([그림 18-15]). 또 버스차로에 노선버스 이외에 택시나(실차만) 4사람 이상 승차한 자가용승용차의 통행을 허용하는 방법이다.

일본 동경의 경우는 편도 3차로 이상의 도로에서 전체 도로길이의 50% 이상에 버스차로가 설치되고 그 중에서도 전용차로의 비율이 높다. 설치시간대는 오전 첨두시간(07:00~09:00)이 대부분이나 오후 첨두시간(17:00~19:00)에 실시되는 경우도 있다.

버스전용차로의 효과는 교통조건과 도로조건에 따라 다르나 운행시간이 평균 20~30% 단축되고 이용자수도 5% 정도가 증가한다. 대체로 버스우선차로의 효과는 전용차로에 비해 그다지 크지 않다. 버스의 운행횟수가 많으면 전용차로의 효과는 감소한다. 전용차로 설치로 인한 버스의 속도향상과 상대적으로 속도가 감소하는 일반차량을 함께 생각할 때의 1인당 평균신호지체시간은 전용차로를 설치하지 않을 때에 비해서 크게 줄어들지 않는다. 승용차에서 전용차로를 이용하는 버스로 전환하는 비율은 그 두 가지의 통행시간 차이가 20분일 때 약 5% 정도 된다.

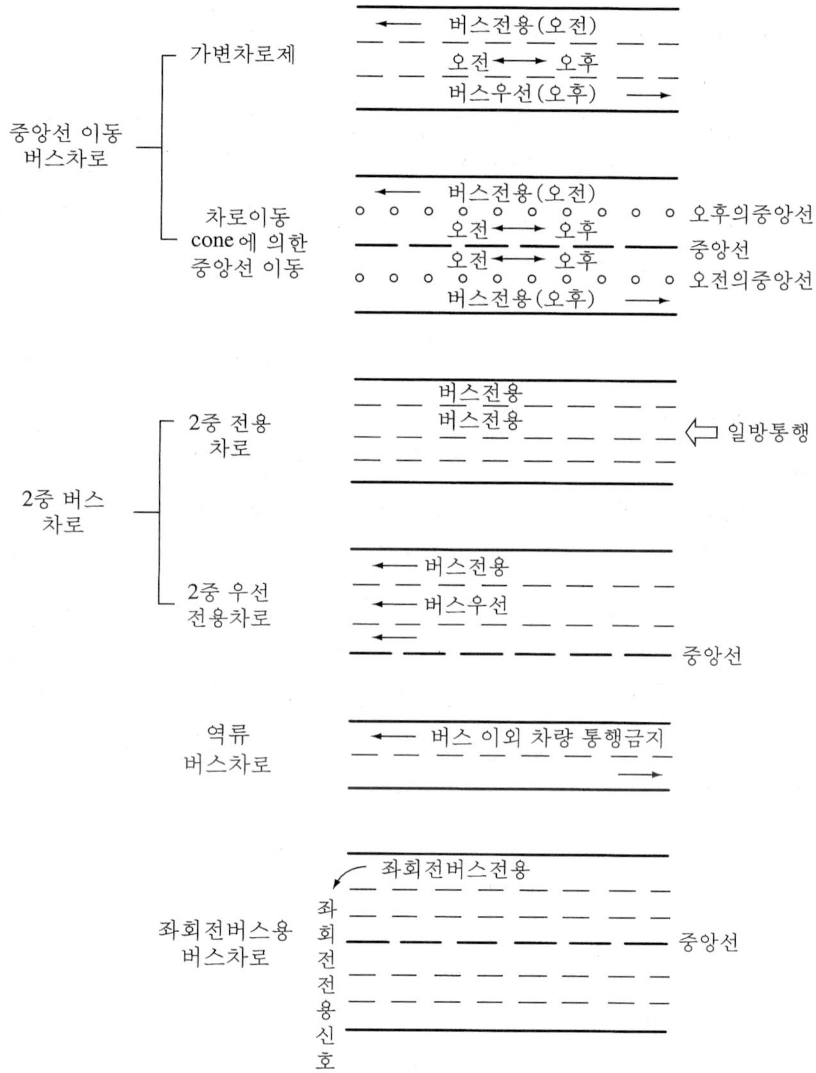

〔그림 18-15〕 버스전용차로 운영 예

버스차로의 효과를 높이기 위해서는 다음과 같은 사항에 유의해야 한다.

① 전용차로의 양단출입구에서 교통처리를 잘 해 줄 것

② 버스운행대수가 매우 많은 경우에는 정거장 부근에 버스가 몰려 있지 않기 위해 버스 bay나 2중 전용차로를 설치할 것

③ 승용차가 버스전용차로에 주정차하는 것을 철저히 규제할 것

버스전용차로를 설치할 때는 버스 이외의 차량이 원활히 통행할 수 있는 대체도로를 확보하거나 적절한 교통규제를 해야 한다. 또 택시나 도로변에서 화물을 싣고 내리는 화물차의 도로변 이용을 검토해야 한다. 4차로 이상의 도로에는 버스차로의 설치가 가능하기 때문에 버스차로제를 확대하기 위해서는 중앙선을 옮겨 아침·저녁 첨두시간에 가변차로로 운용할 필요가 있다.

노폭이 넓은(25 m 이상) 도로의 중앙에 전용차로를 설치하여 버스를 운행하며, 횡단보도에서 정거장을 설치하여 인도와 연결하는 경우도 있다. 정거장 간격은 800~1,000 m로 하고, 버스우선신호를 사용하여 평균운행속도 20~30 kph를 유지하면서 지하철과 같은 운행간격을 갖도록 하며, 차량은 대형버스를 운행한다.

2 버스우선신호

교차로 접근로에서 버스의 접근을 검지하여 녹색신호시간을 연장함으로써, 교차로에서 정지하지 않고 통과하도록 통제하는 신호를 버스우선신호라 한다.

교차로에서 신호등에 의해 버스가 지체되는 시간은 버스운행시간의 15~30%를 차지하며, 전체 지체시간의 50% 정도나 된다. 따라서 버스차로제와 버스우선신호제를 함께 사용하면 버스교통의 운행시간을 크게 줄일 수 있다.

버스우선신호는 신호의 운영방식에 따라 몇 가지 종류로 나눌 수 있다. 여기에는 신호교차로에서 버스만 우선 출발시키는 신호현시(early-start phase)를 사용하는 방법([그림 18-16])과 교차로에서 좌회전하려는 버스가 있을 경우 버스전용현시(bus-only phase)를 설치 운영하는 방법([그림 18-17])이 있다.

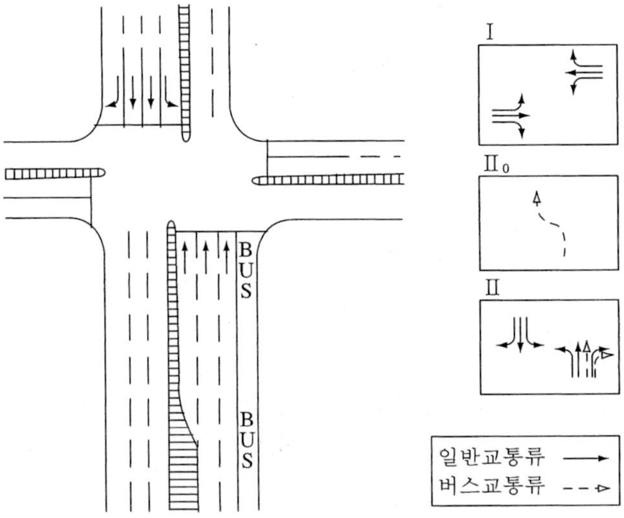

자료 : 참고문헌(6)

〔그림 18-16〕 버스를 먼저 출발시키는 신호현시 방법

이 밖에 버스의 회전과 합류를 원활하게 하기 위하여 교차로의 버스전용차로제가 끝나는 지점에 예비신호(pre-signal)를 설치하여 교차로에 설치된 신호가 적색일 때 예비신호를 녹색으로 만들어 버스를 다른 차량과 분리시켜 교차로 앞으로 전진시키는 방법이 있다. 이 방법은 교차로 접근로만 잘 사용하면 교통사고는 예방할 수 있으나 버스가 두 번 정지해야 하는 번거로움이 있다([그림 18-18]).

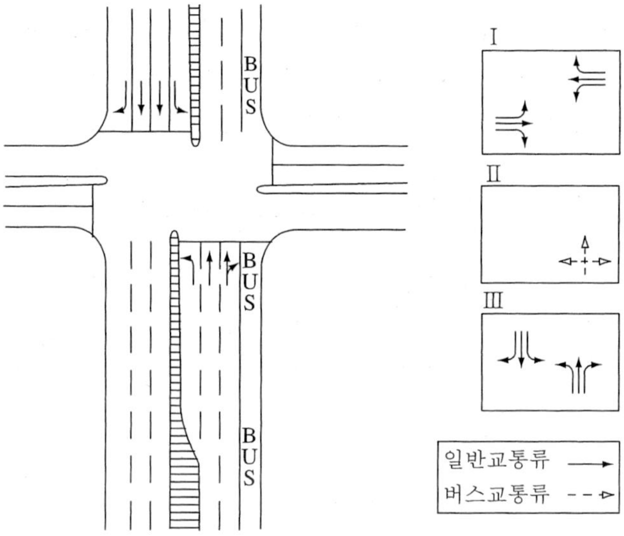

자료 : 참고문헌(6)

〔그림 18-17〕 버스만을 위한 신호삽입 방법

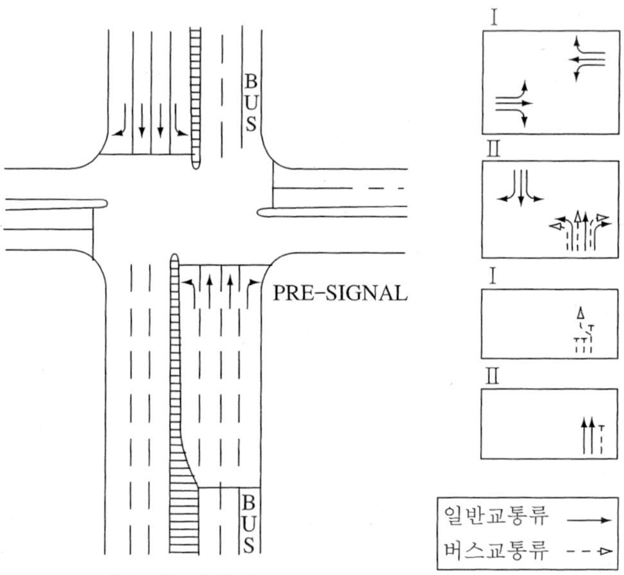

자료 : 참고문헌(6)

〔그림 18-18〕 버스전용차로에 별도의 예비신호설치 방법

버스를 검지하는 방법은 검지기를 설치하는 장소에 따라 지상식과 탑재식이 있으며 지상식이 일반적으로 비용이 적게 든다. 지상식은 신호등에서 약 100 m 이전에 설치하여 차량의 높이나 길이로 버스를 식별한 후 녹색신호를 연장하거나 적색신호시간을 단축한다.

18.4.5 버스 운행방식의 개선

지역별로 교통수요나 교통서비스상의 문제점이 서로 다르기 때문에 이에 따라 버스운행방법의 개선책도 서로 달라야 한다. 버스운행을 그 형태별로 분류하면 정규운행(정시 및 정노선 운행)과 수요대응운행으로 나눌 수 있다(〔표 18-10〕).

〔표 18-10〕 버스 운행형태별 분류

운행형태		사례
정규 운행	순환 및 고빈도	소형버스
	feeder(지선) 서비스	단지버스, 회원제버스(club bus)
	zone 방식	지구버스(zone bus)
수요대응 운행	노선변경 방식	call mobile, coach
	수요대응 방식	호출버스, 수요버스
	승차지 지정 대상지역내에서는 자유로이 하차	합승택시

① 소형버스(minibus)

소형버스를 높은 빈도로 운행함으로써 도심지에서의 승용차통행을 감소시켜 도로를 효율적으로 이용하고자 하는 것이다. 15인 안팎의 승객을 싣고 4~5분 간격으로 운행하며, 일부구간에서는 자유로이 승하차할 수 있도록 한다. 지하철과의 경쟁이 있고 정거장간격이 노선버스와 거의 같아지는 것이 문제점이다.

② 지구버스(zone bus)

교통빈곤지역에서는 버스운행횟수가 적고 결행 및 지체가 잦아지므로 버스이용을 기피하고 승용차를 이용하려고 한다. 지금까지의 버스시스템은 기·종점을 연결하는 운행이므로 이용자가 많은 지역에서는 버스노선이 중복되어 복잡하면서도 이용자는 자기목적지에 맞는 노선을 찾아야 하므로 대기시간이 길어진다. 이와 같은 현상을 개선하기 위해서 중복된 노선에 간선버스를 배치하여 직행으로 운행하고(일반적으로 대형버스), 주변부에서는 인접한 목적지를 묶어서 운행하는 지선버스(주로 중형 또는 소형버스)를 둔다(〔그림 18-19〕).

이 시스템은 환승시설문제나 환승권을 발행하는 문제를 해결해야 한다.

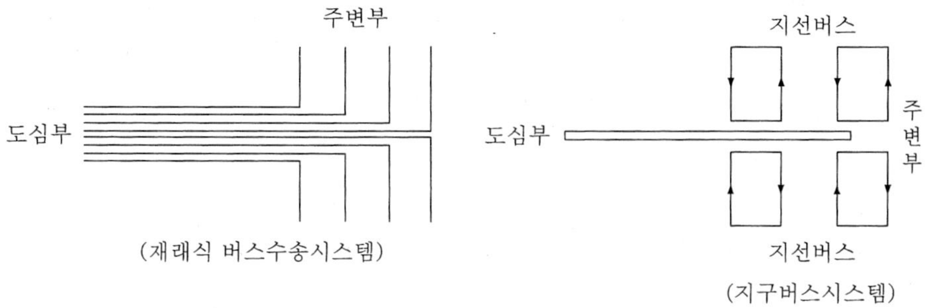

〔그림 18-19〕 재래식 버스수송시스템과 지구버스시스템

③ 교통존 시스템

CBD를 몇 개의 존으로 분할하고 각 존간에 승용차출입을 금지시킨다. CBD 주변의 환상선에 각 존의 출입구를 정하여 승용차는 환상선 주변에 주차시키고 버스를 이용하여 CBD로 들어오는 시스템이다.

④ City Car 시스템

소형차를 일정한 밀도로 배치된 주차장까지 타고 가서 버리는 일종의 공공 rent car 시스템이다. 소형차를 여러 사람이 공용하므로 차량의 이용률을 높이고 주차장의 이용효과를 높이게 된다.

⑤ 노선변경(route deviation) 시스템

기본노선 이외에 부분적인 우회노선이 설정되어 차내 또는 우회노선상의 정거장에서 이용객의 요구가 있을 경우에만 우회노선으로 진입하여 승객을 승하차시키는 방식이다. 이는 보통 우회노선상에 설치된 call box에 의해서 버스가 호출된다.

냉난방시설을 갖춘 45인승 중형버스를 이용하여 협소한 도로에 진입이 가능하기 때문에 버스노선이 없는 주택지를 경유하게 하면 매우 효과적이다. 일본의 경험에 의하면 이 제도의 호응도는 매우 높으며 우회운행은 전체운행의 70% 정도가 되었다.

18.4.6 기타 개선대책

버스의 운영개선 방안 중에서 다음에 설명하는 것은 대부분 신교통기술에 관한 것이다(7절 참조).

1 버스차량의 개선

버스차량을 개선하는 데는 (i) 승하차를 편리하게 하기 위해 저상, 넓은 출입문, 3개의 출입문 등을 만들어 주고, (ii) 냉난방시설을 갖추어 쾌적성을 향상시키며, (iii) 요금징수를 간편하게 하는 방법이 있다. 승하차를 편리하게 하면 승하차시의 사고를 줄일 뿐만 아니라 승하차시간을 단축하는 효과가 있다.

2 버스위치정보 시스템(bus location system)

버스운행의 정확도가 낮으면 버스 이용률이 저하된다. 따라서 control center에서 끊임없이 버스의 위치를 파악하며, 버스를 기다리는 승객에게 버스의 현재위치나 필요한 대기시간을 알려 주며, 각 버스 운전자에게 출발시간 간격 등 필요한 지시를 내리는 시스템으로서 이용자의 버스에 대한 신뢰성을 향상시킬 수 있다.

3 주차 및 버스환승(park and ride) 시스템

도심부로 자가용승용차가 진입함으로 인한 혼잡을 완화하기 위하여 교외의 버스정거장이나 버스터미널 부근에 주차장을 건설하여 자가용승용차에서 버스로 환승하여 버스우대시스템에 의해서 원활하게 도심부로 진입할 수 있게 하는 시스템이다. 이 제도는 도심지의 주차요금이 매우 비싸고 승용차를 이용할 때의 통행료가 비싼 경우에 사용하면 매우 효과적이다. 반대로 도심진입 승용차를 억제하기 위해서는 도심지 주차요금을 인상하고 승용차의 통행료(또는 통행비용)를 높게 책정하면서 이 제도를 사용하면 효과가 있다.

4 비정규 대중교통(paratransit)

정규버스가 정시성과 정노선 운행특성을 가진 데 반해 비정규 대중교통 시스템은 대중교통의 일종이지만 종래의 버스시스템에 비해 비정규적이면서 더욱 융통성이 있고 개인적으로 사용할 수 있는 시스템이다. 즉 정규운행으로 서비스할 수 없는 불규칙하며 개인적인 수요에 대응하는 시스템으로서 여기에는 전세버스(charter bus)와 택시는 포함되지 않는다.

Paratransit에는 Jitney(소형합승버스), Jeepney(일정한 노선을 운행하는 택시로서 버스와 일반택시의 중간형태), 수요대응버스(demand responsive bus), van pool(정원이 약간 많은 van 형태의 자가용차 합승), car pool(승용차 합승), club bus(회원제 버스) 등이 있다. 회원제 버스와 van pool은 정해진 요금표의 적용을 받지 않고 일반승객이 아니라 정해진 승객들만 이용할 수 있다.

Jitney는 개발도상국의 대도시에서 크게 각광을 받고 있는데, 예를 들어 Caracas에서는 도시대중교통 통행의 1/3이 Jitney가 담당을 하며, 홍콩에서는 이보다 더욱 높은 이용도를 갖는다. 그러나 미국에서는 2차 세계대전 이전에 버스회사에 의해 밀려나 지금은 Atlanta와 San Fransisco 이외에서는 거의 찾아볼 수 없다.

전화호출버스(dial-a-bus)라 불리는 수요대응버스시스템은 도시지역내에서 소형버스로 door-to-door 서비스를 제공하는 것으로서 종래의 버스가 일정한 노선으로 일정한 시간표에 따라 운행되는 데 비해 이 시스템은 시간의 제약이 없고 버스에 택시와 같은 door-to-door 서비스 기능이 주어진다. 이 시스템의 운행방식은 다음과 같다.

- 승객은 집이나 집 근처의 call box에서 버스회사의 중앙통제소(control center)를 호출하여 행선지, 승객수, 승차시간, 수하물의 유무를 알려준다.
- control center에서는 주행 중인 버스의 위치를 기억해 컴퓨터가 최적버스를 찾아 승객에게 집 전화 또는 call box를 통하여 차량번호, 요금, 대기시간 등을 알려준다.
- 버스에서 control center에게 끊임없이 그 버스의 위치와 기타 긴급사항을 알려준다.
- control center에서 버스운전자에게 승객서비스, 즉 승차지점, 주행경로, 기타 긴급사항을 알려준다.

서비스 요청은 며칠 전 혹은 몇 주일 전에 요청할 수도 있다. 이 제도는 특히 날씨가 추워 정규버스를 타기 위해 걸어가거나 기다리는 것을 싫어하는 지방(캐나다 같은 곳)에서 성공적으로 운영되고 있다. Ontario의 Stratford에서는 평일 오후 6시 이후와 주말에 정규노선버스의 운행을 중단하고 이 시스템을 운영한다. 그렇게 함으로써 이 시간대에 노선버스가 감수하던 재정손실을 줄일 수 있었다. 미국에서는 이 제도를 노선버스와 함께 운영하면서 경쟁을 시켰다. 요금도 버스요금보다 더 많이 받아야 하지만 버스요금과 함께 책정함으로써 결과적으로 수입은 운행비용의 10%밖에 되지 않아 이 제도를 포기하는 곳이 많이 생겨났다.

회원제 버스(club bus)는 노선버스 서비스를 받을 수 없는 지역에 있는 고용자나 고용주에 의해서 운영되며, 같은 노선을 이용하여 출퇴근하는 사람들의 수가 충분할 때 효과가 있다. 요금은 주 또는 월별로 납부를 하고, 버스는 승객에게 편리한 노선을 따라 정기운행 된다. 이러한 서비스를 원하는 통근자수가 너무 적으면 고용주는 van을 구입하여 고용자들에게 대여해 주어 van pool로 운영하는 방법도 있다. 이때 승차인원을 모집하고 운영하는 책임은 고용자에게 주어지며, 이용자는 요금을 운전자나 고용주에게 주 또는 월별로 지불한다.

18.5 운행 파라미터

대중교통 시스템의 성과는 시스템 구성요소의 설계, 현재의 서비스기준, 시스템 환경, 또는 이들의 조합에 의해 정해지는 여러 가지 파라미터에 의해서 결정된다. 용량과 통행속도는 대중교통의 관리에 따라 그날그날 조정될 수 없는 물리적 특성이라고 볼 수 있다. 서비스 수준(실제 사용되는 공간의 넓이), 쾌적성, 편리성, 서비스 빈도, 신뢰성 및 안전성은 운영기준과 실행과정에서 부분적으로 또는 총체적으로 조절될 수 있다.

18.5.1 용 량

대중교통노선의 용량은 차량당 승객용량과 그 노선을 운행하게 되는 최대차량대수를 곱한 것이다. 후자는 언제나 그 노선상의 가장 복잡한 정거장의 용량과 같다.

차량의 용량과 쾌적성 간의 절충에 대해서는 이미 설명한 바 있다. 〔표 18-8〕은 차량생산자나 구매자가 명시한 쾌적도에서의 용량을 예로 나타낸 것이다.

버스정거장의 용량을 계산하는 일반적인 공식은 다음과 같다.

$$N_{\max} = \frac{1800}{D} \quad \text{또는} \quad H_{\min} = 2D$$

여기서 $N_{\max}$: 시간당 최대버스대수

$H_{\min}$: 버스간의 최소운행간격(초)

D : 다음 두 공식 중 어느 하나를 사용하여 산출한 평균정차시간

$D = aA + bB + c$(가장 복잡한 출입문에서 내리고 타는 경우)

$D = \max(aA,\ bB) + c$(내리는 문과 타는 문이 다를 경우)

a : 1인당 평균하차시간

A : 해당출입문의 총 하차인원수

b : 1인당 평균승차시간

B : 해당출입문의 총 승차인원수

c : 소거시간(출입문의 개폐시간, 출발 때의 지체시간)

a와 b는 출입문 계단의 숫자, 요금징수 방법, 출입문의 종류에 따라 달라진다. 미닫이문의 a값은 일반적으로 1.5~2.0초이다. 운전자가 요금을 징수하는 경우 b의 값은 2.5~3.0초이나 정기권을 이용하는 승객수가 많으면 이 값은 줄어든다. 만약 요금을 버스를 타기 전에 징수한다면 b값을 2.0초로 가정할 수 있다. c의 값은 조사하는 정거장에서 측정되어야 한다. 왜냐하면 이 값 중에는 근측정거장에서 녹색신호를 기다리는 지체시간

또는 원측정거장에서 교통류에 합류하기 위한 기회를 기다리는 시간이 큰 부분을 차지하기 때문이다. 버스전용차로의 원측정거장에서는 c 값이 0에 가깝다.

큰 버스터미널에서는 계획된 출발시간을 기다려야 하므로 소거시간에는 이 시간도 포함되어야 한다. 따라서 이러한 터미널에서의 평균정차시간 D는 최소 5분이다.

〔표 18-11〕 대중교통의 최대승객수(첨두시 관측값)

대중교통형태	위 치	차량대수	승객수	차량당승객	비 고
도시가로 운행버스	Hillside Ave.(Queens, 뉴욕)	170	8,500	50	연석전용차로 및 인접차로 이용
	Market st.(필라델피아)	143	8,300	58	연석전용차로 및 인접차로 이용
	Washington Blvd.(시카고)	108	3,800	35	일방통행도로의 중앙전용차로
	Kst., N.W.(워싱턴 D.C.)	130	6,500	50	전용차로가 없음
통행료징수 고속도로 운행버스	Lincoln Tunnel(뉴욕)	735	32,560	64	입구의 통행우선권
	Bay Bridge(샌프란시스코)	360	14,920	41	통행료 징수소에서 우선통과
	N. Lake shore Dr.(시카고)	80	4,000	50	통행우선권 없음
고속도로전용 차로운행버스	I-495(뉴저지)	490	21,600	44	역류버스차로
	Shirley Hwy(워싱턴 D.C.)	110	5,550	50	중앙분리대 내의 전용차도
전차	Hannover Fair(독일)	40	18,000	450	열차길이 : 51 m
고속전철	IND Queens Line(뉴욕)	32	61,400	1,920	열차길이 : 210 m
	IND 8th Ave. Express(뉴욕)	30	62,030	2,070	열차길이 : 183 m
	Yonge St.(토론토)	28	35,166	1,260	열차길이 : 146 m

자료 : 참고문헌 (17), (18), (19), (20)

전철이나 지하철에도 앞의 공식을 이용해서 유사한 방법으로 정차시간을 구할 수 있다. 여기서는 승강장(platform)이 높기 때문에 a와 b의 값은 약 1초 정도이다. 소거시간은 출입문의 개폐시간과 차량이 출발준비가 된 후에도 승객이 문을 잡고 있어 지체되는 시간이 포함된다. 이 역에서의 용량은 다음과 같다.

$$N_{\max} = \frac{3600}{D+S} \quad \text{또는} \quad H_{\min} = D + S$$

여기서 S는 신호중앙관제소에서 결정한 것으로서 연속되는 열차간의 최소격리시간(초)
N과 H는 앞에서 정의한 것과 같음

각종 대중교통에서 관측된 최대승객수는 〔표 18-11〕에서 보는 바와 같다.

18.5.2 속 도

노선의 평균속도는 정거장의 간격과 최고속도 또는 규정된 제한속도의 함수이다. 앞에서도 언급한 것처럼 선택승객은 최종목적지까지 가는 데 걸리는 총 통행시간이 가장 짧은 방법을 찾으며, 접근성을 고려하지 않고 노선의 속도만 높이는 것이 반드시 좋은 것은 아니다. 그러나 접근성이 비슷하다면 속도가 증가할수록 이용자에게 유리하다. 대중교통을 관리하는 입장에서 볼 때도 속도를 크게 하는 것이 차량이나 종사자를 효율적으로 이용할 수 있으므로 더욱 유리하다.

예를 들어 현재 평균속도 16 kph로 운행되는 24 km의 노선을 생각해 보자. 또 각 터미널에서의 준비시간을 15분으로 가정한다. 여기서 8분은 운전자의 휴식시간이며, 7분은 운행 중 교통혼잡으로 인한 연착에 대비한 안전여유시간이라고 본다. 따라서 한 차량이 이 노선을 한 번 왕복하는 데 소요되는 시간은 (2×24×60/16+2×15)=210분이며, 운행간격이 5분이라면 42대의 차량이 필요할 것이다. 노선 중에서 가장 혼잡한 구간에 버스전용차로을 설치하는 등과 같은 교통공학적인 대책을 시행하여 평균속도를 19.6 kph로 높이고 터미널에서의 준비시간을 2분 줄이면 왕복시간이 174분 (2×24×60/19.6+2×13)이 되어 동일한 서비스 수준을 유지하는 데 필요한 차량대수는 35대밖에 되지 않는다. 더욱 빠른 서비스를 제공하면 새로운 승객을 유인하게 되므로 더 많은 승객을 수송하기 위해서는 운행간격을 4.5분으로 하고 운행대수를 39대로 하는 결정을 내릴 수 있다.

실제 많이 사용되는 평균속도에 관한 예는 〔표 18-12〕에 나타나 있다. 매우 큰 도시에서는 첨두시간의 평균속도가 8 kph까지 떨어질 수도 있으며, 15 kph를 넘는 경우는 드물다. 그 이상의 속도를 내기 위해서는 특별한 조치가 필요하다.

〔표 18-12〕 대중교통 평균속도

서 비 스 종 류	평 균 속 도 (kph)	
	첨 두 시 간	비 첨 두 시 간
집산도로 운행 시내버스－소도시	16	20
대도시	8	11
간선도로 운행 서비스	16～18	21～24
간선도로 전용차로 이용 시내버스	24	27
고속도로 운행 급행버스	50	70
고 속 대 중 교 통 시 스 템	평균속도(kph)	정거장 간격(km)
Yonge St.(캐나다, 토론토)	28.3	0.8
IRT Lexington Ave.(고속화도로, 뉴욕)	31.5	1.6
IND 6번/8번가(고속화도로, 뉴욕)	39.5	2.1
Cleveland 고속대중교통(미국, 오하이오)	45.1	1.9
BART Concord-San Francisco Rt.	69.0	4.7
BART Fremont-San Francisco Rt.	74.0	5.0

자료 : 참고문헌 (8)

18.5.3 서비스 빈도

서비스 빈도는 노선상에 있는 최대부하점의 수요에 따라 결정된다. 그러나 승객수가 적은 구간이라 할지라도 정책적으로 어떤 최소빈도(최대운행간격)의 값보다 적지 않도록 그 값을 정해준다. 비교적 큰 도시권에서는 모든 노선이 시간당 적어도 2회는 운행되며(심야는 예외), 적은 도시권에서는 시간당 한 대가 최소운행빈도이다.

환승점에서 다른 노선과 적절한 연계를 시키기 위해서 비교적 운행빈도가 적은 노선에서는 기준시간(비첨두시간)의 운행간격을 보통 7.5분 또는 10분의 배수로 만들어 준다. 이렇게 하면 이용자가 배차시간표를 기억하기도 좋다. 시간당 10대 이상의 버스가 필요한 곳에서는 환승연계시간이 그다지 중요하지 않고, 차량이용률을 높이기 위해서 정확한 운행간격을 유지하도록 해야 한다.

18.5.4 요 금

대중교통운영은 승객이 지불하는 요금의 종류와 그 액수에 영향을 받는다. 비록 선택승객이 수단선택을 할 때 요금이 통행시간보다 중요성이 덜하다고 생각되지만, 어쨌든 수단선택에 영향을 미친다. 고정승객도 요금 수준에 따라 어느 정도 그들의 통행빈도를 조정한다. 이 둘을 함께 고려할 때, 두 그룹의 요금탄력성은 미국의 경우 -0.25에서 -0.33의 범위에 있는 것으로 관측되었다. 즉 요금이 10% 인상되면 승객수는 2.5%~3.3% 줄어든다고 예상할 수 있다. 그러나 반대로 요금이 인하된다고 해서 승객수가 그만한 비율로 증가하지는 않는다. 요금과 통행시간의 상대적인 중요성은 요금이 인상되고 서비스가 향상되었을 때 찾아볼 수 있다. 그 결과는 보통 승객수가 증가하는 것이다.

운임제도에는 보통 두 가지 종류가 있다. 그 중 한 가지는 승객을 어린아이, 학생, 노인 및 장애자로 구분하여 요금에 차등을 두는 것이다. 이때 사회적인 이유로 특정그룹에게 제공되는 할인혜택으로 인한 부담을 운수업체가 질 수 없다는 근거 있는 주장을 하는 사람도 많다. 많은 나라에서는 교육, 복지예산 중에서 이러한 할인으로 인한 손실을 충당하게끔 운수업체에 지원금을 지급하도록 허용하고 있다.

운임제도 가운데 또 한 가지는 통행빈도별로 요금에 차등을 두는 것이다. 대중교통을 매일 이용하는 사람에게 할인혜택을 주는 것이 보통인데, 사실 이들은 대부분이 첨두시간에 대중교통을 이용하는 사람들이다. 이때는 추가되는 유인교통량을 수송하는 데 드는 한계비용이 최대가 되는 때이다. 점차 인기를 끌고 있는 요금제도는 시스템전체를 마음대로 사용할 수 있는 주 또는 월 정기권이다. 이렇게 하면 대중교통이용자가 통행의 비용을 생각하지 않게 된다. 이는 마치 자가용이용자가 한 번 운행에 드는 기름값을 생각하지 않는 것과 꼭 같다.

한 시스템 안에서 통행길이에 관계없이 동일한 요금을 적용하는 경우도 많다. 그러나 적용지역이 매우 넓으면 이를 여러 존으로 분할하여 존의 경계를 벗어날 때 추가요금을 지불하게 된다. 또다른 방법으로는 노선을 갈아 탈 경우에는 한 노선을 이용하는 사람보다 더 먼 거리를 이용한다는 가정하에 요금을 조금 더 받는다. 그러나 이 경우는 비효율적으로 노선을 책정한 운수사업자에게 이익을 주고 부실한 서비스를 받는 이용자가 손해를 볼 수도 있다.

앞에서도 언급한 바와 같이 요금징수의 방법은 정거장에서의 정차시간에 큰 영향을 주며, 따라서 총 통행시간과 정거장 용량에도 영향을 미친다. 차량 안에서 요금을 징수하게 하면 그 시스템의 효율성은 떨어진다. 따라서 승차권을 발행하여 승차시간을 감소시킬 수 있다. 만약 출입문이 큰 버스를 사용하면 두 줄로 승차할 수 있어 더욱 좋다. 중요한 정거장이나 터미널에서 밀폐된 대기장소를 설치할 수 있다면 그곳에서 회전식 출구를 이용하여 요금을 걷을 수 있다. 세 번째 방법은 노선망의 주요 정거장에 설치된 자동판매기나 그 주위의 은행, 가게 등에서 모든 종류의 승차권을 구입하게 하는 방법이다. 이 승차권은 차에 타기 직전에 시간이 찍히고 차량의 어느 문이든 입구로 사용할 수 있다. 비록 운전자나 차내 검표원이 무작위로 승객의 표를 조사하지만 운전자가 모든 사람의 요금을 징수하는 부담은 없어진다.

지하철 또는 전철에서는 요금징수 절차를 최대로 간단하게 하여 승객이 가장 많이 몰리는 시간대를 위해 설치하는 요금징수기의 대수를 최소화해야 한다. 여기서는 동전이나 토큰을 사용해서 들어가는 회전식 입구를 일반적으로 많이 사용한다. 이때 동전을 두 개 이상 사용하는 경우라면 토큰방식으로 바꾸어야 들어가는 시간을 절약할 수 있다. 통행길이에 따라 요금이 달라지는 시스템(서울, 런던, 파리, 샌프란시스코 등)에서는 자기(磁氣)코드화된 승차권을 사용한다. 이 표는 승하차시 개찰구에 집어넣는다. 개찰시에는 이 표에 출발역과 그 시간이 code화되고, 출발시에는 개찰시에 들어간 정보를 검사하고 만약 그 승차권이 지정요금보다 큰 액수의 승차권이라면 그 나머지 금액에 해당하는 승차권이 출찰구기계에서 나오게 할 수 있다. 이 개찰구를 이용할 수 있는 승객수는 1분당 약 30명 정도가 된다. 출찰구 부근에 추가요금을 징수하는 기계를 설치하여 부족한 금액의 승차권을 가진 승객은 잔여금액을 여기에 지불한다.

이와 유사한 승차권제도를 버스에서도 사용할 수 있다는 데 착안하여, 대규모 버스시스템에 거리별 또는 지역별 요금을 자동적으로 징수할 수 있는 방법을 연구하고 있다. 그러나 여기에 필요한 기계를 각 버스마다 설치하는 비용이 이 제도로 인해 증가되는 추가수입을 능가할 것 같아서 이와 같은 기술개발이 늦어지고 있다.

18.5.5 기타 운행 파라미터

편리성(convenience)이란 그 시스템을 이용하는 용이도를 말한다. 이것은 운수사업자와 승객(잠재적인 승객 포함) 사이에 적절한 정보의 흐름을 유지하고, 그 시스템을 이용하는 여러 가지 과정을 간단하게 해줌으로써 달성할 수 있다. 정보는 쉽게 읽을 수 있는 노선도와 운행시간표를 만들어 정거장에 비치하거나 효율적인 전화정보서비스를 통하여 전달된다. 따라서 노선망의 설계나 운영은 물론이고 요금표의 구조도 가능하면 간단해야만 한다.

신뢰성(reliability)은 승객이 매우 중요시하는 것으로서 차량의 고장이나 불규칙한 서비스 때문에 신뢰성이 훼손된다. 운행 중에 스케줄상의 큰 변동이 있는지를 찾아내고, 가능한 한 신속하게 정상적인 상태로 회복되도록 조정하기 위해서 시스템운행은 계속적으로 감독을 받는다. 이러한 일은 현장검사나 중앙통제소의 무선장치 또는 차량자동점검장치에 의해서 이루어진다. 차량정비계획이 잘 되면 차량의 고장이나 차량의 부족으로 인한 운행취소를 줄일 수 있다. 차량고장과 운행취소는 이용자가 가지고 있는 신뢰도에 손상을 준다.

교통사고로부터의 안전성을 완전히 보장 받을 수는 없다. 그러나 운전자 교육프로그램이 좋으면 사고율을 현저히 줄일 수 있고, 결과적으로 신뢰도를 높이며, 재정적인 측면에서 볼 때도 이득이 크다. 범죄로부터의 안전성은 환경적인 문제이다. 범죄문제가 있는 경우에는 운수사업자와 경찰간의 협조체제가 필요하다. 지하철이나 전철에는 일반적으로 차량과 역을 순찰하는 내부경찰을 두어야 한다. 버스에서는 운전사로부터 무선으로 긴급신호나 무선경보를 받을 수 있는 중앙통제소와 경찰간에 통신망을 유지해야 한다.

18.6 경영과 시스템 성과

대중교통 시스템을 관리하는 문제는 이 책의 범위를 벗어난다. 그러나 몇 가지 중요한 활동과 문제점에 관한 것은 도시대중교통의 능력과 성과를 이해하는 데 필수적이다. 이 중에서 도시지역내의 여러 대중교통 시스템과의 상호협조, 노임 및 재원 등에 관한 것을 알아본다.

18.6.1 다른 시스템과의 협조

Washington D.C.와 Pittsburgh, 그리고 St. Louis 등 불과 몇 개의 지역에서만 모든 도시대중교통수단이 하나의 기관으로 통합되어 있다. 이보다 더욱 일반적인 것은 대중교통시스템이 공공기관이 소유하고 있는 것과 개인이 소유하고 있는 몇 개의 주요 노선망으로 이루어져 있다. 이러한 시스템 가운데서 공동요금, 환승요금 할인 및 운행시간의 상호협조 등에 관한 협의가 이루어진 경우는 매우 드물다. 각 시스템이 합병되었을 경우에도 그 전의 독립성이 유지되는 경우가 많다. 그러므로 뉴욕에서는 승객들이 어떤 경우에도 돈을 더 내지 않고 환승을 하는가 하면, 다른 경우에는 요금을 다시 내야 하는데 당혹해 한다. 개별시스템이 상부레벨에서는 통합이 되었지만 승객이 이용하는 실제운행상에서는 통합이 이루어지지 않는 경우도 있다.

합병은 거의가 불가능하다. 여기에는 대규모 철도의 도시부분과 시내버스를 통합하기가 불가능한 것과 같은 물리적인 이유도 있지만, 더 큰 이유는 제도적인 장애 때문이다. 즉 특정 지역의 대중교통 경영자가 자기의 역할을 포기하지 않으려고 하고, 또 단위 노동조합이 합병을 꺼리는 이유도 있으며, 각 개인이 자기의 직업을 잃을까 두려워하기 때문이다.

합병을 하지 않고도 상호협조를 유지하는 방법에는 몇 가지 과정이 있다. 첫째로, 어떤 지역내에 있는 여러 대중교통업체가 통합된 노선망 지도를 작성하고 배포하거나 전화정보 서비스에서 상호협조하는 방법이다. 더 나아간다면, 공동요금협정 또는 환승협정, 운행시간표협의, 신규노선의 공동계획, 중복노선을 피하기 위한 협의 등을 한다. 마지막으로 유럽의 도시에서 사용하고 있는 것과 같은 단일요금표를 발행하여 그 지역에 있는 모든 교통수단의 노선에 사용할 수 있게 하는 것이다. 이러한 마지막 단계에 도달하기 전에 상호협조의 진행여부를 감독할 수 있는 공식기관이 발족되어야 한다. 지역교통계획을 담당하는 부서에서는 이와 같은 방향으로 나아가기 위한 노력과 관심을 쏟아야 한다.

18.6.2 노임과 첨두 패턴

봉급과 노임은 전체 대중교통 운영비용의 약 75%를 차지하며, 이들 중 대부분은 시스템의 운행요원에게 지급된다. 정비수리에 종사하는 사람이나 행정요원은 연속적으로 규정된 시간에 근무할 수 있지만, 운전사는 평일의 수요패턴 변화 때문에 그렇게 하기가 어렵다.

〔그림 18-20〕은 평일의 시간별 운행차량대수를 나타낸 것이다. 이 그림에서 보는 바와 같이 약 40%의 운전사는 정상적인 교대(straight shift)를 할 수 있지만, 나머지 운전사는 오전이나 오후 첨두시간에만 몇 시간 필요할 뿐이다.

조합원의 작업조건을 개선하기 위해서 노동조합은 이와 같은 분할교대(split shift)하는 운전사의 비율을 수적으로 제한하는 계약을 체결하고 있다. 또 분할교대에서 운행시간 사이에 끼인 일하지 않는 시간의 상한값과 과외근무시간수 및 최대근무시간을 명시하고 있다. 따라서 분할교대를 하는 운전자는 실질적으로 3~4시간 정도 운전을 하고 8시간의 기본급료와 두 시간의 과외근무수당 등 11시간의 임금에 해당하는 보수를 받고 있는 현실이다.

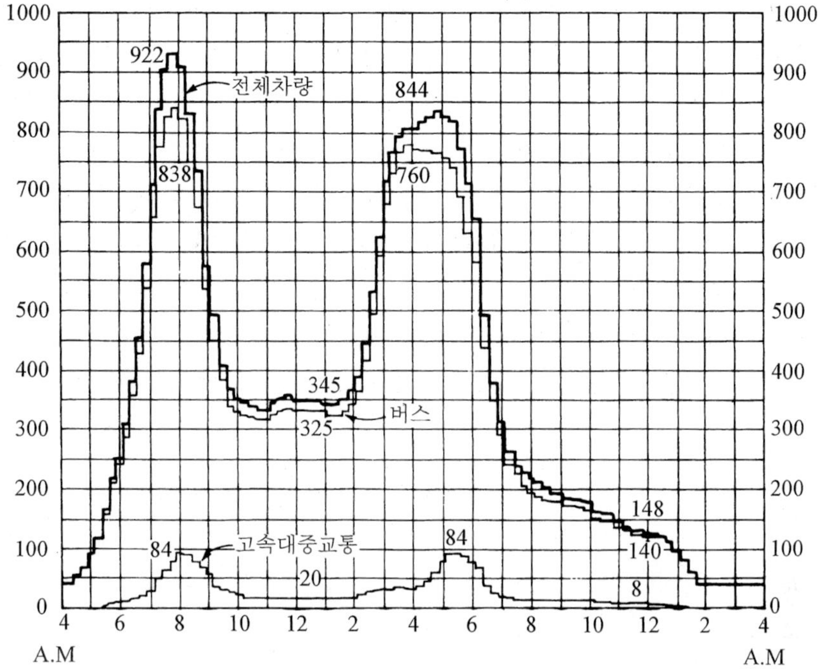

〔그림 18-20〕 평일의 시간별 운행차량대수(15분 간격)

그러므로 분할교대와 과외근무를 줄이면서 노동계약조건을 만족시키기 위해서는 운행시간표를 잘 작성하는 것이 매우 중요한 문제이다. 이와 같은 일은 이미 전산화되었으나 노동계약의 세부사항은 자주 변경되고 많이 바뀌므로 최적운행시간표를 만들기 위해서는 끊임없는 수정절차가 필요하다.

대중교통경영의 입장에서 보면 노임단가가 클 때 첨두시간의 승객수가 증가되는 것이 그다지 좋은 일이 아니다(첨두시간의 수요가 커지면 운행대수가 증가하나 비첨두시간이나 주말에는 수요가 적어 이들 차량이 쉬어야 하므로 생산성이 떨어진다. 차량구입을 위한 투자비용이 적기는 하지만 이것도 부담이 된다). 그러나 비첨두시간의 이용객이 증가하게 되면 어떻든 보수를 받고 있으면서 쉬는 운전사와 차량을 이용할 수 있다. 따라서 대중교통의 경영자는 시차출근정책을 지지하게 된다. 예를 들자면 Washington D.C., Louisville 및 Kentucky에서는 첨두시간의 승객이 비첨두시간을 이용하도록 첨두시간에 보다 높은 요금을 받고 있다.

18.6.3 재 원

도시대중교통에 관한 재무의 역사는 3단계로 나누어 볼 수 있다. 첫 단계는 다른 교통수단과의 경쟁이 거의 없으면서 고정승객의 시장이 매우 컸을 때이다. 이때는 이윤이 컸기 때문에 개인운수기업이 많이 출현했고 이들 간에 약간의 경쟁이 있었다. 따라서 약간의 정부규제에 의해 정상적인 서비스공급을 보장하고 독점에 의한 횡포를 방지했다. 유럽의 경우 2차 대전 이전에 이미 이 단계는 끝이 났고, 미국과 캐나다도 그 뒤를 이어 막을 내렸다. 그러나 몇몇 개발도상국에서는 아직도 이 단계가 계속되고 있다. 두 번째 단계는 서비스의 중단을 막기 위해 대중교통의 국유화가 필요했던 단계이다. 처음에는 세금과 공채이자를 면제받아 재무상의 균형을 충분히 유지할 수 있었다. 그러나 결국에는 적자가 계속되었기 때문에 이용자는 물론이고 사회전체의 이득을 위하여 그 지방 또는 중앙정부는 초기투자비용으로 보조금을 지급하게 되었다. 요금은 단지 운행비용을 충당하고 얼마간의

〔표 18-13〕 버스회사의 월 대차대조표(예)

구분		금 액(백만원)	총비용에 대한 비율(%)
운행수입	요금수입	1,306	31.7
	전세버스 수입	67	1.6
	계약버스 수입	57	1.4
	투자이익, 저축	30	0.7
	광고수입 기타	37	0.9
	소계	1,497	36.4
기타수입	재산 수익	1,516	36.9
	판매 수익	671	16.3
	정부보조금	496	12.1
	계	2,683	65.3
총수입		4,180	101.7
운행비용	수송	2,297	55.9
	정비수리	619	15.1
	복지 및 연금	437	10.6
	일반 행정비용	283	6.9
	운행세 및 면허세	151	3.7
	홍보 및 광고비	69	1.7
	임차료	18	0.4
	터미널 비용	13	0.3
	계	3,887	94.6
투자비용	감가상각 및 양도세	127	3.1
	사채발행 차입금 이자	13	0.3
	사채발행 원금	83	2.0
	계	223	5.4
총비용		4,110	100.0
순이익		70	1.7

초기투자비용을 상환할 정도의 수준에서 책정되었다. 그러나 이 단계도 급격히 상승하는 노임과 지역적 또는 공공이해 관계로 운임인상을 할 수 없었기 때문에 미국에서는 1970년경에 끝이 났다. 세 번째 단계는 운행비용에 대한 정부보조금이 지급되는 단계이다.

첫 번째와 두 번째 단계에서는 요금을 책정하기가 비교적 쉬웠다. 첫 번째 단계의 경우 요금은 이윤을 남길 정도로 책정되었고 그 대신 규제기관에 의해 세밀한 조사와 제재를 받았다. 두 번째 단계에서는 요금수입이 운행비용과 일치만 하면 되었다. 정부보조금을 받는 경우에는 요금을 결정하는 뚜렷한 공식이나 근거가 마련되어 있지 않기 때문에 요금수준을 결정하는 방침을 세우기 어렵다.

〔표 18-13〕은 어떤 버스회사의 간단한 월말 대차대조표이다. 여기서 수입은 대부분 요금에 의한 운행수입과 정부로부터의 보조금 및 기타 수입이다. 비용은 대부분 운행비용으로서 서비스의 양에 따라 변한다. 차량구입을 위한 자본지원금은 수입에 잡히지도 않고 감가상각으로 계산되지도 않기 때문에 초기투자비용이 낮게 책정되었다.

이 대차대조표로부터 알 수 있는 사실은 이 버스회사가 정부보조금의 추가지급 또는 요금인상 없이는 계속적인 운영이 어렵다는 것이다.

18.7 신교통수단

2차 대전 전까지만 해도 육상교통시스템은 철도교통이 중심이 되고 도로교통은 지선수송을 분담하였으나, 그 후 점차 도로교통으로 그 중심이 이동하면서 해상교통 및 항공교통 시스템과 종합교통시스템을 이루어 나가고 있다.

전세계적으로 철도교통이 도로교통과의 경쟁에서 사양의 길을 걷고 있으나, 최근에는 에너지 문제, 인구의 도시집중으로 인한 교통혼잡, 교통공해 및 도시의 팽창에 따른 용지부족으로 도로시설의 건설이나 확장이 거의 불가능하게 되어 도로교통도 하나의 전기를 맞게 되었다. 따라서 자동차의 최대매력인 door-to-door 서비스를 살리면서 에너지 절약형, 무공해의 신교통시스템이 개발되고 있다.

신교통시스템은 도로교통의 대체교통수단으로 도로의 교통부하를 줄이는 것이 목적이며 넓은 의미로는 종래의 교통시스템을 개량한 container, car ferry, 무선자동조종차도 포함된다. 그러므로 신교통시스템은 기존의 교통수단을 개량한 hardware와 운영을 개선하는 software의 양면을 가진다.

이상에서 설명한 바와 같이 신교통시스템이란, "기존교통시스템의 hardware 또는 software를 개선하고, 컴퓨터 등의 신기술 및 새로운 운영제도를 사용한 교통시스템" 또는 "그 지역의 다양한 교통수요를 충족시키기 위하여 전 노선과 전 차량을 가장 효율적으로 이용하여 최고의 수송효율을 얻을 수 있는 software와 hardware를 가진 공공교통시스템"으로 정의될 수 있다.

앞으로의 신교통시스템이라 하더라도 환상적인 교통수단이 출현할 수 없으며 현재의 교통수단 및 기술을 개량하여 시스템화하는 데 지나지 않는다. 그러므로 신교통시스템은 각국의 사정과 지역에 따라 달라질 수밖에 없다.

앞으로 기대되는 신교통시스템은 전국교통시스템인 중장거리 수송시스템과 도시교통시스템인 단거리 수송시스템이다. 전자는 운행 중 자동조종을 하여 인력을 절감하고 수송효율을 향상하고, 후자는 교통빈곤지역 및 교통약자에 대한 서비스를 목적으로 한다.

18.7.1 신교통시스템의 분류

1 각 교통수단의 서비스 범위

1971년 개최된 OECD(Organization for Economic Cooperation and Development)의 교통연구보고서에서 스위스의 G.Bouladon이 수송의 일반원칙에 대하여 분석하면서 기존의 교통수단으로는 담당할 수 없는 서비스 범위를 규명하고 이를 위해 개발해야 할 교통수단에 대하여 설명하였다.

〔그림 18-21〕은 각종 교통수요와 이에 적합한 교통수단의 특성을 나타내고 있으며, 여기서 보는 바와 같이 3개의 대표적인 교통수단, 즉 도보, 자동차, 비행기 사이에는 서비스 gap이 존재한다. 즉 도보와 자동차의 통행거리에 대한 경계점은 1 km이고, 자동차와 비행기의 경계점은 180 km이다. 또 최적이용거리는 승용차가 18 km, 비행기 1,250 km이며, 이용한계는 승용차가 3~80 km, 비행기가 300~4,000 km이다. 따라서 1~3 km와 80~300 km 및 4,000 km 이상의 통행을 도보나 자동차 및 비행기로 서비스하면 비효율적이므로 그 범위에 적합한 교통수단의 개발이 요구된다.

그래서 4,000 km 이상의 대륙간 통행은 Super-Sonic Transport(SST : 초음속여객기)가 개발되었으나 소음이 문제가 되고 있으며, 80~300 km의 중거리 통행에 대해서 고속철도가 적격이나 Vertical Takeoff and Landing(VTOL : 수직이착륙기)과 Short Takeoff and Landing(STOL : 단거리이착륙기) 등도 개발되었다.

결국 보행한계 1 km에서 승용차의 최적이용거리 18 km까지의 통행이 문제가 된다. 이 범위의 통행은 지방부라면 자동차 이외의 교통수단이 없으며, 도시부에서는 이 범위의 교통수요가 대단히 많기 때문에 시급한 대책이 필요하다. 현재 그 범위의 서비스는 지하철, 버스 또는 외국에서는 Monorail 등이 담당하나 이들은 노선이 한정되어 있어 도시내의 복잡 다양한 교통수요에 부응하지 못한다. 또한 지방부와 같이 자동차가 이를 담당한 결과,

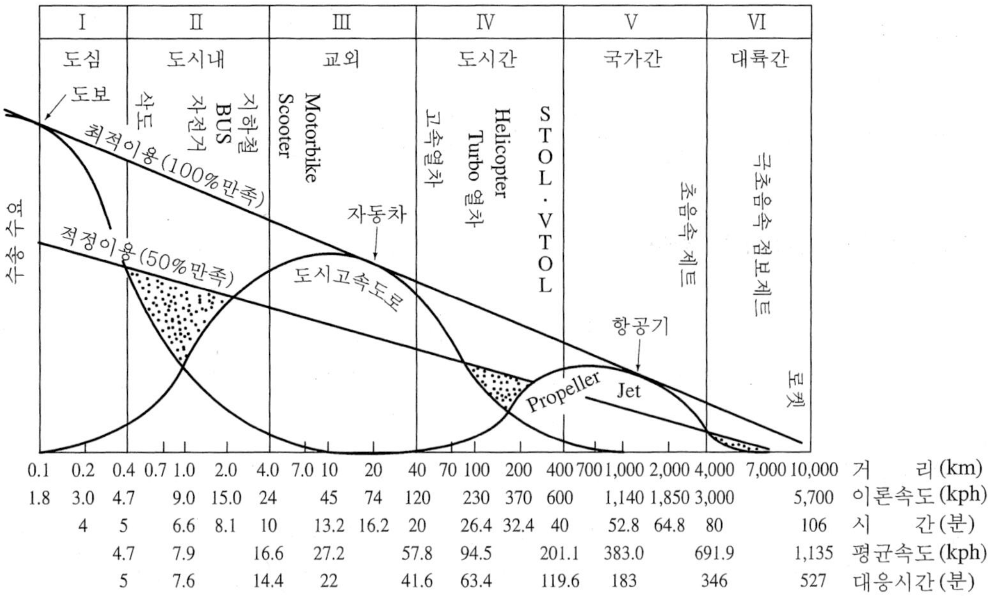

〔그림 18-21〕 교통수요와 교통수단의 특성

교통수요와 공급의 극심한 불균형, 지체, 교통사고, 교통공해 등 심각한 사회문제를 일으키고 있다.

2 신교통시스템의 메커니즘

교통시스템을 메커니즘 측면에서 분류하면 다음과 같다.

(1) 궤도륜(guide wheel) 시스템

① 접촉식 ┬ 철차륜(철도, 지하철)
└ 고무차륜(중량궤도수송 시스템, 개별고속수송(PRT) 시스템, 연결식 전기버스, city car)

② 부상식 ┬ 공기부상(over-ground, 초고속철도)
└ 자기부상(초고속철도, 부상식궤도)

(2) 연결수송 시스템

이동보도, 이동 Cabin(Kapsel), moving belt(Conveyor), Tube(Kapsel)

(3) 무궤도수송 시스템

① 승합 : 버스, 미니버스

② 개별 : 택시, 자가용

(4) 복합수송 시스템

① 유도자동차식 : Dualmode 시스템, 무선자동조종

② Dallet Ferry식 : Piggyback 시스템, Car Ferry, Container

18.7.2 신교통시스템의 특성

세계 각국이 현재 신교통수단의 개발에 주력하고 있는 가운데서 가까운 장래에 실용 가능한 것 중에서 장거리 수송용 교통수단을 몇 가지 소개하면 다음과 같다.

1 부상열차

철도는 증기기관차, 디젤기관차, 전기기관차로 발달되면서 속도도 점차 향상되어 왔으나 그 속도에는 한계가 있다(일본 신간선의 평균주행속도 162.7 kph). 또 철도는 소음, 진동 등의 공해가 있을 뿐만 아니라 장래 교통에너지의 고갈을 생각할 때 부상열차의 개발이 필연적이었다.

부상열차의 부상방식으로는 (i) 공기부상, (ii) 상전도 자기부상 흡인식, (iii) 초전도 자기부상 반발식 등이 있고, 또 추진동력에는 (i) Linear Induction Motor(LIM), (ii) Linear Synchronous Motor(LSM)가 있다. 독일에서는 흡인식 자기부상 LIM 추진방식으로 1971년 2.4 km 구간에서 204 kph의 속도를 얻었다. 미국에서도 1965년부터 이 연구가 계속되고 있으며, 영국에서도 최고속도 500 kph를 목표로 한 공기부상 LIM 추진방식의 실험이 1.9 km 구간에서 실시되어 100 kph 이상의 속도를 얻었으나 중지되고 자기부상 LIM 추진방식의 실험을 하고 있다. 이 외에 캐나다, 프랑스, 소련, 이탈리아, 일본 등에서도 이와 비슷한 실험을 하고 있다.

2 전기자동차

자동차의 가장 큰 매력은 door-to-door 서비스를 제공하는 데 있으므로 이에 대한 교통수요는 급격하게 증가하고 있다. 그러나 자동차는 대기오염, 소음 등 공해가 심하고 에너지 고갈 때문에 전기자동차가 등장하게 되었다. 전기자동차는 다음과 같은 특징이 있다.

① 배기가스가 없고 소음도 적다.

② 교통에너지원을 다양화시킬 수 있다.

③ 운전이 간편하다.

④ 엔진이 없으므로 장기간 사용할 수 있다.

현재 약 500 km 정도를 한 번의 충전으로 주행할 수 있으며, 가속능력도 우수한 차량이 개발되었다. 앞으로 대량생산이 되면 생산비용도 낮아지고 애프터서비스 체제가 확립되면 도시내에서 많이 사용될 수 있을 것이다.

3 고속화물선

화물선의 최대 결점은 속도가 느리고 하역시간이 많이 소요되는 것이다. 여객선의 속도는 보통 20~30노트(10노트는 10.85 kph)이며, 화물선은 정기화물선 18노트, 부정기화물선 15노트, Tanker가 15~16노트이다. 이와 같은 결점을 보완하기 위해서 등장한 것이 Container선과 장거리 Ferry선이다.

(1) Container선과 장거리 Ferry선

선박의 하역시간이 보통 6~14일 걸리지만 컨테이너선을 이용하면 하루면 된다. 컨테이너선은 속도도 빠르고 피스톤 수송으로 수송비용도 감소된다. 해운이 발전되면 6 m 컨테이너 3000개 정도를 적재하여 35노트의 항해속도를 낼 수 있는 선박의 출현도 예상된다.

육상화물수송의 혼잡 및 지체 때문에 철도와 병행하여 연안해로를 따라 장거리 수송을 할 수 있는 Ferry선이 등장하게 되었다. 페리화물선은 컨테이너 방식과 같이 복합일괄수송의 한 방식이며, 속도도 18~25노트나 되는 고속이다.

(2) 고속화물선

장래의 출현 가능한 선박은 원자력선과 수중날개선이다. 원자로는 무게가 무겁고 선박에서 이용가치가 가장 큰 중앙부에 위치해야 하므로 선박용으로 사용하는 데는 큰 결점을 가지고 있다. 장래에는 무게가 가볍고 안전성이 높은 원자로가 개발되어 선박용으로 사용되면 경제적이고 고속인 화물선이 될 것이다.

선박은 물의 저항을 받으며, 그 저항력은 속도의 3승에 비례한다. 따라서 선박은 고속화하는 데 한계가 있다. 이와 같은 결점을 보완하기 위하여 개발된 것이 수중날개선이다. 이것은 배 밑바닥의 앞뒤에 날개를 달아 그 양력으로 선체를 수면으로부터 밀어 올려 진행하므로 종래의 선박에 비해 1/3 정도의 힘으로 추진시킬 수 있고 고속항해가 가능하다. 현재 실용화되어 있는 수중날개선은 최고속도가 80노트에 달하는 것도 있다. 그러나 화물을 적재한 선박을 수면 위로 밀어 올리는 데는 막대한 에너지가 소요되므로 아직 이를 화물선에 적용하지 못하고 있다.

4 초대형 Tanker 및 LNG선

2차 세계대전까지만 해도 2만 톤 급의 선박이면 대단히 큰 선박이었으나, 전후 에너지원이 석탄으로부터 석유로 전환됨에 따라 원유수송용으로 Super Tanker, Mammoth Tanker, 초대형 Tanker로 점차 대형화되었다.

석유와 원자력의 중간시기에 등장한 것이 LNG선이다. LNG란 액화천연가스, 즉 유전이나 가스전에서 나온 천연가스를 냉각한 것이며 주성분은 메탄이다. 가스를 액화하는 데 −164℃의 저온이 필요하므로 이 때문에 생기는 문제점은 (i) 액화설비시설의 곤란, (ii) 액화가스수송의 곤란, (iii) 액화가스의 기화설비가 어렵다는 것이다.

LNG선은 LNG를 −164℃로 유지하는 용기가 필요하므로 이때 그 온도에 견디는 Tanker 재료로는 알루미늄 합금, 니켈강, 특수시멘트 등이 있다. LNG선 한 척의 건조비용은 약 1,000억원(1981년 가격)을 넘기 때문에 LNG 운송회사는 막대한 자본이 필요하다.

5 민간항공기의 개량

앞으로 민간항공기는 대형화, 고속화, 이착륙거리단축의 방향으로 개선될 것이다. 매년 증가하는 항공여객의 수요와 수송비용의 상승을 억제하기 위하여 민간항공기는 더욱 대형화될 것이다. 현재 민간항공기는 좌석수가 384개인 보잉 747 점보를 비롯하여 더글라스 DC-10 등이 주류를 이루고 있다. 현재 제트여객기의 순항속도는 음속과 거의 비슷하며 (마하 0.8~0.9), 대서양, 태평양횡단에 약 10시간이 소요된다. 이 시간을 단축하기 위하여 초음속여객기(SST 콩코드 : 마하 2)가 영국과 프랑스에서 공동으로 개발되어 이미 유럽과 남미의 일부 노선에 취항하고 있으나 소음 등으로 인해 공항측으로부터 거부반응이 크고, 항공회사측에서도 경제성, 공해문제 등으로 SST 주문계약을 취소하는 경우가 많아졌다. 따라서 SST가 세계적으로 널리 사용되기 위해서는 아직도 개선할 문제점이 많이 남아 있다.

항공기는 원거리수송의 교통수단임에는 틀림이 없으나 경제발전에 수반되어 시간가치가 높아지고, 또 한편으로는 지상교통의 지체로 공항과 도심 또는 낙도, 육지간을 연결하는 단거리수송에도 편리하게 사용될 수 있다. 여기서 문제가 되는 것은 이착륙에 필요한 활주로를 짧게 하는 것이다. 따라서 소요활주로의 길이가 800~1,200 m인 STOL, 또는 활주로가 필요 없는 VTOL 등의 개발이 요청되고 있다. 현재 몇 가지의 항공기가 있으나 비용면에서 실용단계에 이르지는 못하고 있다. STOL과 VTOL은 차세대의 항공기 형태로서 각광을 받고 있으며, 그 실용성이 검토되고 있어 장래의 발전이 기대된다.

18.7.3 도시의 신교통시스템

1 도시교통수단의 적합범위

도시에서의 통행길이와 이용자밀도와의 관계는 〔그림 18-22〕와 같다. 고속철도와 버스는 적정한 이용범위를 벗어나서 운행하면 경영과 운영상의 어려움이 따른다.

그림에서 *A* 지역은 보행으로는 너무 멀고, 자동차를 이용하기에는 좀 가까운 경우로서 1~3 km의 거리에 해당된다. 이것은 도시내 환승역, CBD, 공항내, 대규모 위락시설지역 등과 같은 곳으로서 Major Activity Center라 할 수 있다.

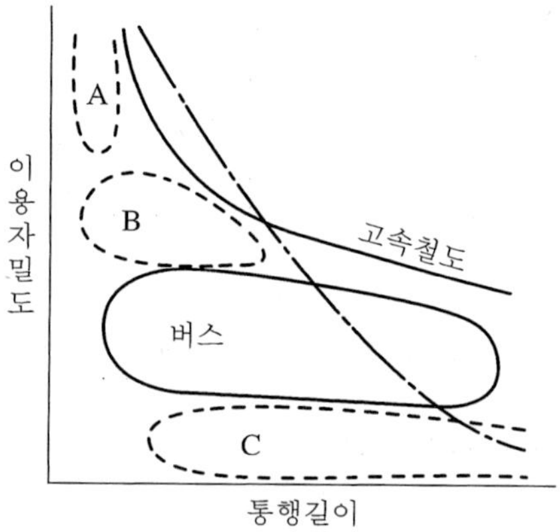

〔그림 18-22〕 도시교통수단의 적합범위

B 지역은 철도건설로는 이용자가 적어 채산성이 맞지 않으며, 버스로는 교통수요가 커서 도로혼잡을 일으키는 경우로서 도시의 주택지역이 여기에 속하며 인구 100만 이상의 도시에는 넓게 분포되어 있다.

C 지역은 이용자밀도가 적어 버스운행의 채산성이 맞지 않는 교통빈곤지역이다. 자가용승용차만이 접근이 가능하며 승용차이용률이 높다. 이 지역에서는 운전이 불가능한 노인, 어린이, 병자, 지체부자유자 등 교통약자에 대한 서비스문제가 야기된다.

이상의 *A*, *B*, *C* 각 지역은 기존의 교통수단으로는 서비스제공이 어려우므로 신교통시스템의 개발이 필요한 지역이다. *A* 지역은 보행거리를 연장하는 수밖에 없으므로 이동보도나 Kapsel 등이 적당하며, *B* 지역은 철도와 버스의 중간 교통수단인 중량수송 시스템이나 monorail을 고려해 보면 좋다. 그것이 여의치 못하면 교통통제시스템, 버스전용노선 등의 무궤도시스템이 적당하다. *C* 지역은 이용자밀도가 매우 낮기 때문에 고정시설을 건설하기보다는 수요대응(demand responsive)버스 시스템이 좋을 것이다.

2 각종 교통수단의 특성 비교

(1) 거리와 속도의 관계

주행속도는 주행거리에 따라 증가하여 〔그림 18-23〕과 같다.

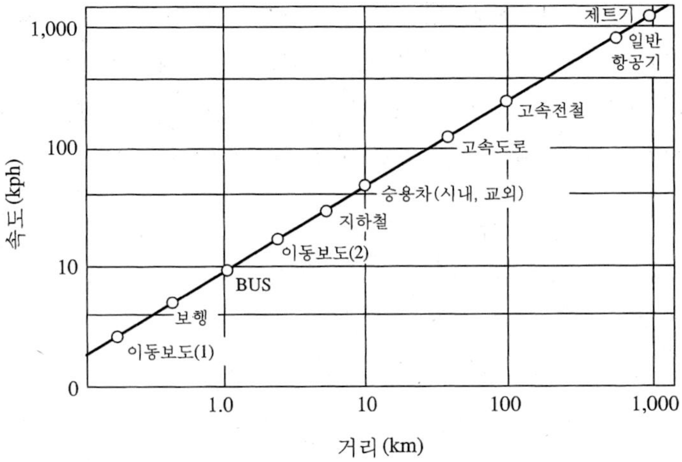

〔그림 18-23〕 거리와 속도의 관계

(2) 속도와 수송비용과의 관계

일반적으로 수송비용은 속도의 증가에 따라 증가하고 교통수단의 합리성, 기술수준, 운수업체의 합리화 정도에 따라 다르며 〔그림 18-24〕와 같다.

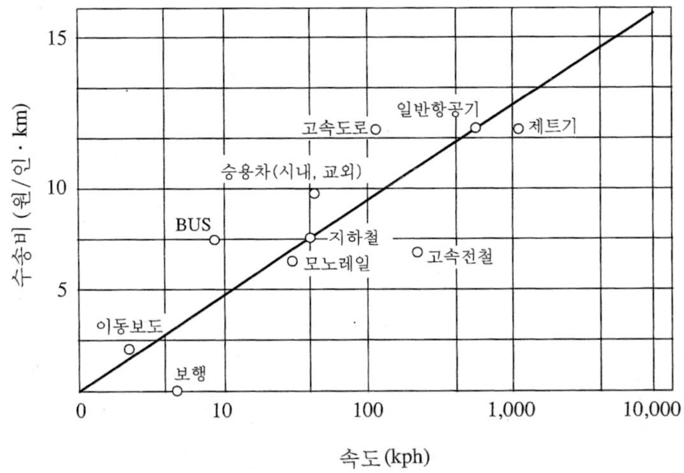

〔그림 18-24〕 속도와 수송비용과의 관계

(3) 속도와 수송량의 관계

속도의 증가에 따라 수송량은 감소하나 그 분포는 개별수송시스템과 대량수송시스템에 따라 확실하게 구분이 되며 〔그림 18-25〕와 같다.

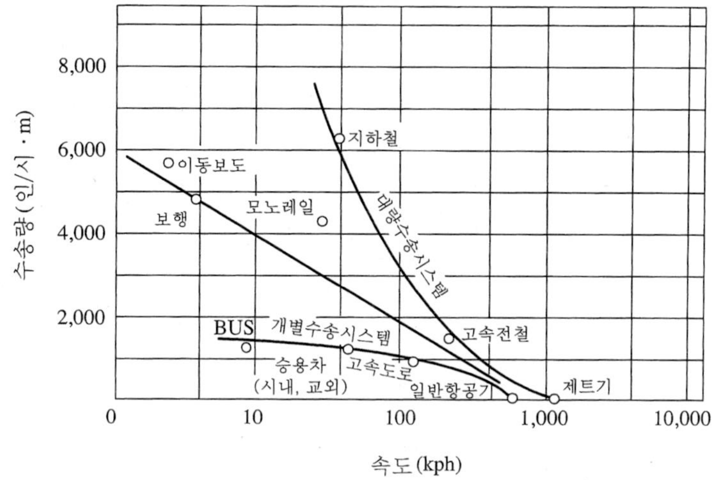

〔그림 18-25〕 속도와 수송량의 관계

(4) 속도의 변화와 수송량의 관계

보행, 이동도보, 궤도차, 비행기 등의 속도변화에 따른 수송량의 변동은 〔그림 18-26〕과 같다. 모든 교통수단은 최대속도에서 교통량의 임계값을 가지나 이동보도는 속도의 증가에 따라 수송량이 계속 증가하는 특성을 가지므로 시속 10 km 이상의 이동보도는 대량수송수단으로서 지하철 다음의 영역을 차지할 수 있다.

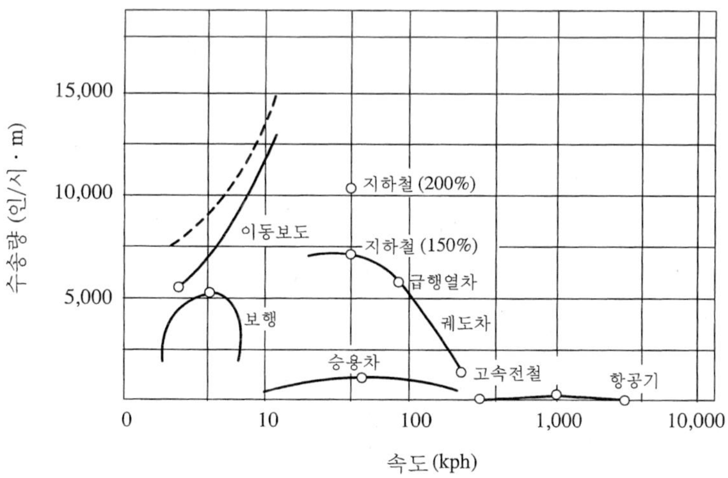

〔그림 18-26〕 속도의 변화에 따른 수송량의 관계

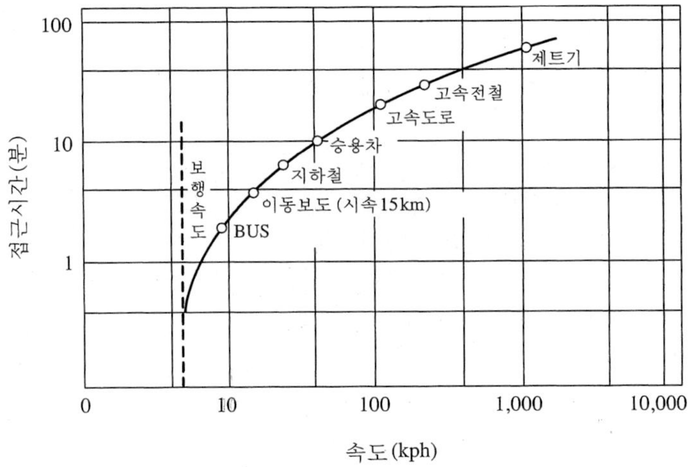

〔그림 18-27〕 속도와 접근시간과의 관계

(5) 속도와 접근시간의 관계

속도가 빠른 교통수단일수록 접근시간은 길어지며 그 관계는 〔그림 18-27〕과 같다. 보행의 접근시간은 0이므로 보행에 대한 곡선은 그림과 같이 4.8 kph 속도를 나타내는 수직선이다.

(6) 거리와 소요시간의 관계

각 교통수단의 접근시간을 포함한 소요시간과 거리에 관한 관계를 나타낸 것이 〔그림 18-28〕이다.

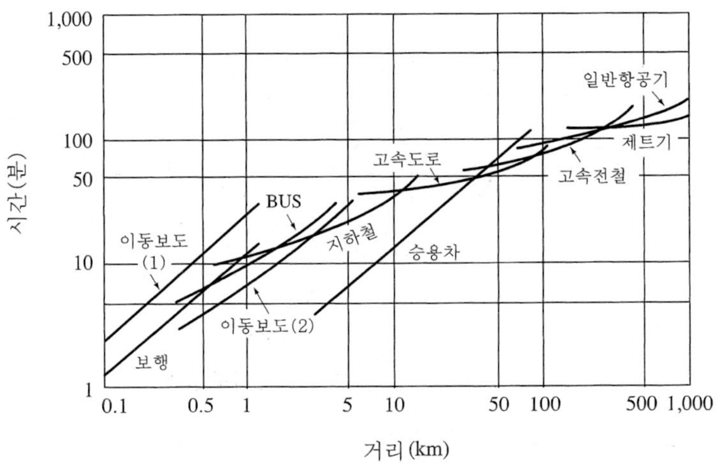

〔그림 18-28〕 거리와 소요시간과의 관계

일반적으로 소요시간 $t = d/v + a$ (d =거리, v =속도, a =접근시간)로 표시되고, 거리에 따라 접근시간의 비중이 적어지며, 소요시간까지 고려한 전체 속도는 교통수단에 따라 확실히 구분된다. 예를 들면 보행과 버스, 버스와 지하철의 경계는 각각 0.51 km, 1.69 km이며 버스의 영역은 0.51~1.6 km이다.

일반여객기는 고속철도와 제트기로부터 그 영역을 침범당하여 그 존재가치를 잃어버리기 때문에 접근시간을 크게 줄일 필요가 있음을 나타낸다. 또 시속 10 km, 접근시간 1분의 이동보도 (2)는 버스의 영역인 2.6 km까지 담당할 수 있음을 나타낸다.

18.7.4 도시 신교통시스템의 종류

도시교통의 혼잡을 완화하고, 교통사고를 감소시키며, 교통공해를 억제하는 적극적인 대책으로서 도시의 신교통시스템의 개발이 필수적 과제로 인식되기 시작했다. 각 교통시스템이 어떤 지역 또는 어떤 통행에 적합한가 하는 것을 나타내는 것이 〔표 18-14〕이다.

〔표 18-14〕 신교통시스템의 적용범위

시 스 템	대응통행	적용범위
연속수송 시스템	• 방향성을 갖는 교통량이 많은 곳	• 노선이 다른 고속철도의 역간 • 철도역과 재개발지구의 고층건물 간 • 대규모 공항의 터미널, 대중교통기관의 역, 대규모 주차장 간
개별고속궤도수송 시스템	• 통행의 O-D에 심한 편심이 없는 곳 • 면(面)수송	• 기존 시가지 • CBD내 • 터미널간
중량고속궤도수송 시스템	• 철도와 버스의 중간통행수요 • 중거리, 중밀도의 통행	• 지방중핵도시의 간선 • 대도시의 교통빈곤지역 • 교외단지와 CBD 간 • 터미널간
수요대응버스 시스템	• 비교적 좁은 지역의 분산된 저밀도 단거리 통행	• 교외와 신시가지 • 교외의 교통빈곤지구 • 인구과소지구 • CBD와 교외주택지 간
City Car 시스템	• 단거리 고밀도 통행	• 전지역내의 교통에 가능 • 대도시 CBD 및 그 주변
복합수송 시스템	• 장거리 통행 • 화물수송	• CBD와 교외주택지 간 • 도시간
고속수송 시스템	• 장거리 대량 통행	• 인접 도시간

1 자동화 궤도수송(Automated Guideway Transit : AGT) 시스템

종래의 철도기술과 자동차기술에 Computer Control 기술을 첨가하여 전용궤도 위를 전기차량이 자동적으로 운행되는 것을 AGT라 하며, 다음과 같은 여러 가지 종류가 있다.

(1) 개별고속수송 시스템(Personal Rapid Transit : PRT)

3~6명의 승객을 실어 나르는 승용차 정도의 차량이 전용궤도 Network를 저속 13~54 kph, 고속 55 kph 이상의 속도로 최소배차간격 3초 정도로 운행된다. 승객의 수요에 의해 단독주행하며 Computer Controled Vehicle System(CVS), Cabin Taxi 등이 개발되어 있다.

(2) 중량고속수송 시스템(Group Rapid Transit : GRT)

7~24명 정도가 타는 소형차량이 PRT와 같은 저속 및 고속의 범위에서 최소 3~15초의 배차간격으로 자동운행되는 SGRT(Small Vehicle GRT)와, 25~79명 정도가 타는 중량차량이 SGRT와 비슷하게 운영되나 최소배차간격이 15~90초 정도가 되는 IGRT(Intermediate Vehicle GRT), 70~109명 정도가 타는 대형차량이 배차간격 50~110초 정도로 운행되는 LGRT(Large Vehicle GRT)가 있다. 이때 차량은 단독 또는 연결운행이 가능하며, 이 시스템을 일명 People Mover(PM)라고도 한다.

(3) Monorail

1821년 런던에서 화물수송용으로 설치한 것이 처음으로 좌대식과 현수식이 있다.

(4) 연결식 전기버스

타이어차륜식 지하철이며 레일이 없이 타이어바퀴가 중앙가드레일을 따라 주행한다.

(5) 초고속철도(High Speed Surface Transit : HSST)

1964년에 개통된 일본의 신간선이 효시가 되어 구미각국에서 160~200 kph 속도의 철도를 만들어 여행시간 단축, 승차감 개선 및 안정성 등을 계속 추구하고 있다. 앞으로 항공수송이 복잡해질 것으로 예상하여 최고 500 kph 정도의 초고속철도 개발이 바람직하다.

지금까지 설명한 것 중에서 개별 및 중량수송 시스템의 일반적인 기능은 다음과 같다.

- 노선길이는 5~15 km가 가장 좋다.
- 수송력은 철도와 버스의 중간으로 시간당 1~2만 명 정도이고, 수송력 변동에 대응하기 쉽다.

- 차량은 전용궤도 위에서 컴퓨터에 의하여 자동 또는 무인운전이 가능하다.
- 첨두시간에는 정기운행을 하고, 그 외 시간에는 수요대응운행이 가능하다.
- 전력을 사용하며, 고무타이어 차륜이므로 배기가스 및 소음공해가 적다.
- 최고속도는 50~60 kph, 평균운행속도는 30~40 kph 정도이다. AGT 시스템 차량의 제원을 비교한 것이 〔그림 18-29〕이다.

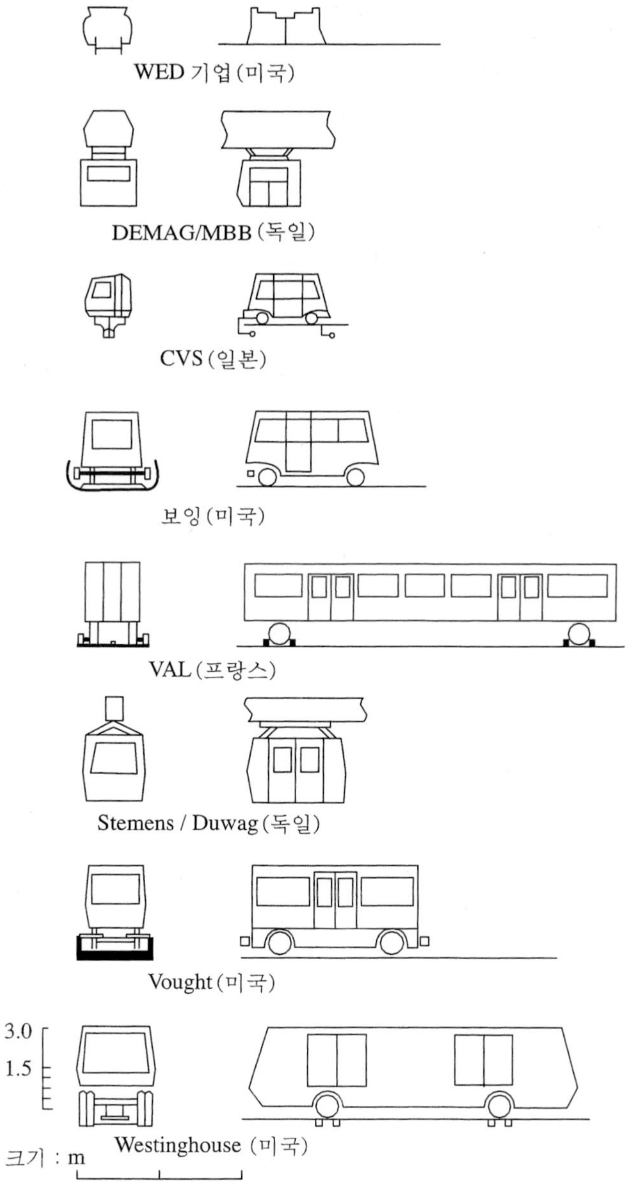

차량	용량 좌석	용량 입석	용량 계
WED 기업(미국)	4	–	4
DEMAG/MBB(독일)	3	–	3
CVS(일본)	4		4
보잉(미국)	8	13	21
VAL(프랑스)	34	28	62
Stemens / Duwag(독일)	8	9	17
Vought(미국)	16	24	40
Westinghouse (미국)	12	90	102

〔그림 18-29〕 AGT 차량의 제원

2 연속수송(Continuous Flow) 시스템

속도가 낮은 결점이 있으나 수송능력이 크므로 단거리수송시스템과 시급하지 않은 수송시스템에 적합하다.

(1) 이동도보

사람이 보행하는 대신에 도보를 움직여 목적지에 도달하는 수송시스템이다. 1893년 Chicago에서 처음으로 선을 보인 후 1953년에 Belt형이 출현하면서 급속히 보급되었다. 용량은 폭 98 cm의 이동보도가 50 m/분의 속도로 움직이면 시간당 12,000명을 수송시킬 수 있다. Pallet형, Belt형 또는 Belt-Pallet형이 있다.

(2) 이동 Cabin(Kapsel)

이동보도 위에 Cabin 또는 Kapsel을 놓고 그 속에 승객을 태우고 수송하는 이동도보의 일종이다.

(3) Conveyor 수송시스템

수송속도는 낮으나 수송능력은 크다. 화물을 실은 Belt를 연속적으로 이동시키는 것으로 긴 것은 8 km 이상에 수송력은 시간당 20톤에서 1,000톤까지 되는 대형도 있다.

(4) Tube 수송시스템

튜브 속을 흐르는 공기의 힘으로 Kapsel 속의 화물을 수송하는 시스템이다.

3 버스수송 시스템

버스시스템에 관한 신교통기술은 앞의 4절에서 언급한 바가 있다. 여기에는 소형버스, 지역버스, 교통존시스템, City car 시스템, 노선변경시스템, 버스위치정보 시스템, 주차·버스환승시스템 등과 비정규 대중교통 시스템(paratransit)이 있다.

4 복합교통(Dual-mode) 시스템

둘 이상의 기능을 합한 수송시스템으로서, 자동차를 철도나 선박에 실어 수송하는 것, 자동차에 두 개의 운전기능을 갖추어 고속도로 또는 간선궤도에서는 자동운행을 하고 일반도로에서는 수동운전을 하는 것, 그리고 차량의 운전기능을 분리시켜 차체(container)를 둘 이상의 교통수단으로 운반하는 것의 3종류가 있다. 이 시스템은 일반도로에서는 자동차의 기능을 유지하고, 특정도로에서는 자동제어와 유도를 하는 시스템이다. 또 이 시스템은 전력을 사용하기 때문에 공해를 방지하고, 에너지를 절약하며, 자동운전이 되므로 사고를 감소하고, 수송효율을 높일 수 있는 장점이 있다. 단점으로는 2가지의 주행로를 설치해야 하는 어려움과 기술적인 어려움이 따른다는 것이다.

(1) Car Ferry

선박이 갖는 공공수송수단으로서의 이점과 자동차가 갖는 door-to-door 서비스의 이점을 결합시킨 시스템이다.

(2) Piggyback 시스템

자동차에 사람이나 화물을 실은 채 철도로 운반하는 시스템이다.

(3) 무선자동조종

전자유도에 의한 자동조정으로 자동차를 운행하는 시스템으로서 운전사가 필요 없으며, 사고방지, 차두간격을 단축함으로 용량을 증가시킬 수 있다. 이론적으로는 한 시간에 1차로당 2,500대의 기본용량을 3,600대까지 증가시킬 수 있다.

(4) 복합버스(Dual-mode Bus) 시스템

도시내와 주거지역의 일반도로에서는 보통버스와 같이 운행되고, 도시와 교외간은 레일 위를 Computer에 의해 자동주행되는 방식이다. 예를 들어 각 지역에서 자동전용도로의 터미널에 도착한 버스들을 연결하여 간선구간의 레일 위를 자동조종으로 주행한 후 터미널에서 다시 개별 해체되어 각 버스의 목적지로 터미널수송을 한다. 간선수송 중의 승객은 자유롭게 이동하여 자기 목적지로 가는 버스에 옮겨가므로 터미널에서 환승을 할 필요가 없다. 이 시스템의 차량은 레일 위를 주행할 수 있는 flange 바퀴와 도로상을 주행하는 데 필요한 tire 바퀴가 동시에 장착되어야 한다.

(5) Container

자동차의 차체의 일부, 즉 이동해야 할 부분(container)만 분리시켜 철도, 선박, 비행기, Conveyor, Tube 등에 결합시켜 수송하는 시스템이다.

참 고 문 헌

1. U.S. DOT., *Dictionary of Public Transport*, 1981.
2. Massachusetts Bay Transportation Authority, *Service Policy for Surface Public Transportation*, Boston, Mass., 1975.
3. AASHO., *A Policy on Design of Urban Highways and Arterial Streets*, 1973.
4. HRB., *Highway Capacity Manual*, Special Report 87, 1965.
5. W.S. Homburger, *Noters on Transit System Characteristics*, Univ. of California, ITS., Information Circular 40, 1975.
6. OECD., *Bus Lanes and Busway Systems*, 1976.
7. E.C. Carter, W.S. Homburger, *Introduction to Transportation Engineering*, ITE., 1978.
8. American Public Transit Association, *Transit Fact Book*.
9. U.S. DOT., *Characteristics of Urban Transportation Systems*, Report URD. DCCO. 74.1.4, De Leuw, Cather & Co., 1974.
10. Institute for Defense Analysis, *Economic Characteristics of the Urban Public Transportation Industry*, 1972.
11. Lea(N.D.), Transportation Research Corp, *Lea Transit Compendium*, Huntsville, Ala.
12. H.S. Levinson, et al., *Bus Use of Highways*, TRB., NCHRP., Report 143 : *State of the Art*, 1973, Report 155 : *Planning and Design Guide*, 1975.
13. H.D. Quinby, "Mass Transportation Systems", *Transportation and Traffic Engineering Handbook*, ITE., 1975.
14. J.H. Shortreed, *Urban Bus Transit : A Planning Guide*, Univ. of Waterloo, Dept. of Civil Engineering, 1974.
15. 일본교통공학연구회, 교통공학핸드북, 1983.
16. 영남대학교 공과대학, 종합도시교통계획
17. ITE., *Capacity and Limitations of Urban Transportation Modes*, 1965.
18. H.S. Levinson, *Bus Use of Highway : State of the Art*, NCHRP. Report 143, 1973.
19. V.R. Vuchic, *Light Rail Transit Systems*, U.S. DOT. Report DOT-TSC-310-1, 1972.
20. University of California, Institute of Transportation and Traffic Engineering, *Traffic Survey Series A*, Semiannual.

제 V 편

교통경제, 교통환경, 교통안전

교통경제란 교통과 경제의 상관관계를 다루는(산업위치 선정, 산업규모 결정, 고용, 운임결정, 투자분석 등) Transportation Economics와 교통시설의 경제적인 계획과 설계를 다루는(경제성 분석, 타당성 조사, 프로젝트구상 등) Transportation Economy를 통칭한다.

교통환경이란 교통시설의 운영으로 인한 대기오염, 소음, 진동 등 인간의 생활환경에 미치는 영향을 분석하고 그 방지책을 연구발전시키는 분야이며, 교통안전이란 교통수단으로 인한 인명피해, 재산피해 등 교통사고의 원인을 분석하고 안전대책을 모색하는 분야이다.

제 19 장 교통경제

교통업무에 종사하는 고위 관리직은 일반대중을 위한 두 가지의 책무를 지니고 있다. 그 첫째는 교통시설을 계획하고 설계하는 데 있어서 그 시설에 의해서 야기되는 전반적인 사회적·경제적 영향에 관심을 두어야 하며, 이와 같은 영향은 사람이 통제할 수 있는 성질의 것이 아니고 의사결정과정에 있어서 길잡이 역할을 할 따름이다. 둘째는 교통시설의 경제적인 설계에 관심을 두어야 하며, 이때 설계하는 사람은 경제적인 관점에서 그 설계를 통제할 수 있다. 이러한 두 가지 책무는 서로 상충될 수도 있지만 최종적인 의사결정과정에서 이들의 가치는 각각 나름대로의 중요성을 갖게 된다.

우리가 일반적으로 말하는 교통경제란 이 두 가지를 다 의미하지만, 경제학에서 주로 다루는 것은 전자의 Transportation Economics로서(경제, 경영학에서는 이를 교통학이라고 한다) 교통이 국가 및 지역사회의 경제에 미치는 영향을 분석하고 교통과 경제발전의 관계를 취급한다. 한편 교통공학에서 다루는 교통경제란 주로 후자인 Transportation Economy로서 경제적인 설계, 즉 교통시설 건설비용과 차량운행비용을 줄이는 설계가 어떤 것인지를 검토하는 것으로서 공학경제(Engineering Economy) 기법을 사용한다.

이 장에서는 전자인 Transportation Economics를 주로 취급을 했으나 5절에서는 Transportation Economy에 관련된 내용이 포함되어 있다. Transportation Economy에 관한 것은 제17장에 자세히 언급한 바 있다.

19.1 개 설

인간의 활동은 그 종류 및 특성에 따라 다양한 생활공간을 가지며, 이 공간의 연결활동은 교통에 의해서 이루어진다. 다시 말하면 인간이 사는 사회란 교통으로 연결되는 공간이다. 그러나 이 공간을 극복하는 데는 반드시 시간을 필요로 한다. 이와 같은 의미에서 볼 때 교통은 공간적인 개념인 동시에 시간적인 개념이기도 하다. 오늘날 시간을 생각하지 않는 단순한 교통공간은 사회적인 측면에서 볼 때 무의미하다. 그러므로 교통공간은 그것을 극복하는 데 소요되는 시간에 의해 과거・현재・미래를 엮어 가는 역사적 공간이다.

교통공간을 극복하는 데는 운송비용(또는 운임)을 필요로 하므로 경제적 개념을 도외시한 교통공간은 있을 수 없다. 운송비용 또는 운임은 운송시간의 의미도 포함한다. 철도화물 수송이 신속한 데 비해 수송시일이 훨씬 더 많이 소요되는 해상운송이 존재하는 이유나 경쟁가능성을 생각해 보면 그 이유를 알 수 있다.

운임은 그 크기에 따라 같은 교통공간을 길게도 하고 짧게도 하며(우회노선, 직선노선), 또 소요시간을 길게도 하고 짧게도 한다(완행, 급행). 이와 같이 운임이 교통공간이나 교통시간을 왜곡시키는 것은 운임이 단순히 교통비용만을 반영하는 것이 아니라 수요공급의 사정, 즉 운송업자 간의 수급경쟁 관계를 반영하기 때문이다. 운임이 사회경제적 소산이라고 하는 이유는 바로 이 때문이다.

19.1.1 교통의 성질

인간생활에서 발생하는 욕구의 충족은 공간적인 이유로 제약을 받으며, 교통은 이와 같은 공간적인 제약을 극복하는 기술이다. 이와 같이 교통은 생산행위와 마찬가지로 욕구와 충족의 중간행위이지만 이것이 생산과 다른 점은, 생산은 가치의 질적 창출을 의미하지만 교통은 가치의 전위적 형성에 기여하는 것이다. 다시 말하면 효용을 증대시킨다는 점에서는 교통과 생산에 차이가 없으나 이 둘이 서로 구별되는 것은 교통에 의한 효용의 증대라는 것이 공간극복을 통한 기술에 의해 이루어진다는 것이다.

1 교통의 잠재력

영국의 유명한 경제학자 M.R. Bonavia[1]는 경제적 측면에서 본 교통의 성질을 다음과 같이 말했다.

"교통의 기능은 상품을 옮기는 데 있으며, 상품의 한계효용이 적은 곳에서부터 큰 곳으로 옮기는 것이다. 이 과정을 거치는 동안 그 상품은 유형적인 변화를 일으킬 수도 있으므로 결국 그 상품의 최종적인 효용은 형태적 효용(form utility), 공간적 효용(place utility) 및 시간적 효용(time utility)으로 혼합되어 나타난다."

이와 같은 표현은 승객수송에서도 그대로 적용될 수 있다. 즉 교통의 기능은 어떤 사람이 어느 곳에 그대로 있을 경우의 중요성보다 그가 나타남으로써의 중요성이 더 크다고 생각되는 곳으로 이동시키는 것이다.

예를 들면, 강원도 양양에서 채굴되는 철광석을 생각해 보자. 그것은 선철(銑鐵)로서 사용되기도 하고, 또 최종적으로 건물이나 자동차 등에 사용되는 강철로도 변한다. 양양에서의 철광석의 효용은 분명히 포항제철소에서의 효용보다는 적다. 여기서 보는 바와 같이 교통의 기능은 효용이 낮은 곳에서부터 높은 곳으로 철광석을 옮기는 것이다. 이와 같은 과정은 철광석이 두 지점에서 서로 다른 효용을 나타내기 때문에 발생한다고 볼 수 있다.

만약 상품수요가 한계효용에 의해 좌우된다고 가정한다면 교통의 잠재력, 즉 교통수요는 그 상품에 대한 가격－수요량과의 관계(수요표 또는 demand schedule로 나타내는 것과 같은)와 여러 곳에서의 수요가 얼마만큼 충족되었는가에 달려 있다고 볼 수 있다. 예를 들어, 삼척에서 생산되는 시멘트 한 포대의 값이 그 곳에서는 2,000원으로 그 곳의 수요를 충족시킨다. 그러나 서울에서는 그 값으로는 수요를 충족시킬 수 없다고 가정한다. 그러면 시멘트 한 포대의 효용은 삼척보다는 서울에서가 더 크다. 즉 수요가격(demand price : 수요자가 판단하는 최대허용 지불가격)이 삼척에서보다 서울에서가 더 높다. 결국 그렇게 되면 삼척에서 서울로 시멘트를 수송할 잠재력이 생기게 된다.

2 교통의 양

일단 교통의 잠재력(교통수요)이 생기게 되면 얼마나 많은 교통이 발생할 것인가 하는 것은 교통서비스에 소요되는 비용에 의해 좌우된다. 다시 말하면 장소 간 한계효용의 차이가 존재한다고 해서 반드시 교통이 발생하는 것은 아니다. 만약 운송비용이 수요가격의 차이(한계효용의 차이)보다 크다면 교통은 발생하지 않는다. 이와 같이 교통의 양은 두 지점에서의 수요에 대한 상대적 탄력성과 운송비용에 좌우된다.

3 교통의 경제적 기능

Milne와 Laight[2)]는 교통의 기능을 시장확장과 전문화(專門化)와 같은 경제활동과 규모의 경제에 관련시켜 이야기했다. 즉,

"상품을 생산하는 데 있어서의 전문화 정도를 결정하는 데 결정적인 역할을 하는 상품시장의 범위는 교통시설의 정도에 좌우된다. 특정상품에 대한 시장의 범위나 수요량(상대적인 잉여를 교환하는 능력)은 생산자와 소비자 간의 한계효용의 차이와 이 차이를 메워주는 데 기여하는 교통수단에 좌우된다. 교통의 기능은 생산자와 소비자 간의 시간적, 공간적인 간격을 상품의 이동(화물운송)이나 사람의 이동(승객수송)을 통하여 메워 주는 것이다."

(1) 시장형성 및 확장기능

같은 상품이 같은 가격을 형성하는 경향을 갖는 공간적 범위를 시장이라고 할 때 이 시장의 형성, 즉 공간적 범위의 결정은 주로 교통에 의존한다. 다시 말하면 시장은 교통기관이 도달할 수 있는 공간적 한계이다. 이와 같은 시장의 형성은 운송비용(운임)의 부담이 적어질수록 쉽게 성립이 된다. 예를 들어 어느 상품의 생산지 가격을 P_0, 소비지 도달가격을 P_1, 단위당 운송비용을 x, 생산지에서 소비지까지의 거리를 y라 한다면 $P_0 + xy = P_1$, 즉, $y = (P_1 - P_0)/x$이다. 이것은 운송비가 적을수록 운송거리(즉, 시장범위)가 커진다는 것을 의미하며, 시장범위를 단순한 공간의 의미로만 해석해서는 안 된다는 뜻이다. 뿐만 아니라 시장의 형성에서 실질적으로 중요한 것은 시장상품의 종류와 수량이다(철도의 영업 km보다 운송 ton-km가 더욱 의미가 있는 것과 같다). 시장상품의 종류와 수량에 영향을 미치는 교통의 성질은 운송속도, 운송빈도 및 운송밀도(매회 평균운송량)이다.

운송속도의 증대는 시장상품의 수량뿐만 아니라 종류까지도 증가시킨다. 운송시간이 단축되면 지금까지 운송대상이 될 수 없었던 부패하거나 변질되기 쉬운 상품, 즉 생선, 우유, 야채, 꽃 등이 더욱 용이하게 시장에 등장한다. 또 운송시간이 단축되어 이자부담이 적어지므로 고가상품의 시장 참여가 쉬워진다.

운송빈도의 증대는 시장상품의 수량을 크게 증가시키며 시장 간의 관계가 긴밀해지고, 또 유기적으로 된다. 운송밀도가 커지면 평균운송비용이 감소하여 상품의 시장도달가격이 적어진다. 이와 같은 시장의 원리는 단지 물적 상품의 시장에만 국한된 것이 아니라 토지시장(지가), 노동시장(노임), 자본시장(이자)에도 그대로 적용된다. 교통수단이 발달하여 경작지가 확대되면 각 경작지의 지가는 평준화되고, 농산물이 증가하여 농산물 가격을 하락시킨다. 또 노동자는 손쉽게 이동할 수 있기 때문에 그들의 고용주를 쉽게 바꿀 수가 있으며, 따라서 노동시장이 확대되고 노임의 평준화 현상을 초래한다. 자본시장의 경우도 마찬가지로 전신전화의 발달에 의해 자본 이전에 소요되는 시간이 아주 단축되어 자본시장이 확대되고 이자의 평준화가 이루어진다.

시장이 확대되면 시장상품이 양적으로나 질적으로 증가하게 되고 대량생산의 필요성이 생기며, 생산자와 소비자는 더욱 밀접해지고, 구매자와 판매자의 선택범위도 넓어진다. 시장은 그만큼 경쟁성이 커지게 되고, 결국 생산자와 소비자의 경제활동은 그만큼 합리적으로 된다.

(2) 전문화

교통과 경제가 함께 발전하면 생산과 소비는 더욱 분리가 쉬워진다. 교통이 발달하면 한 지역에서 필요로 하는 여러 가지 상품을 그 지역에서 모두 생산할 필요성이 없는 대신, 각 지역에서 한두 가지 상품만을 전문적으로 생산할 수 있다. 이는 곧 생산단가를 줄이기 위한 대량생산으로 연결된다. 대량생산은 전문화 또는 특수화된 집약적 경영형태를 요구하며, 그러기 위해서는 그 기반조건인 교통이 어느 정도 발달하지 않으면 안 된다. 이때의 교통은 단순히 운송범위나 운송량에서 뿐만 아니라 정시성의 측면에서도 크게 발전된 것이 아니면 기업의 집약적 경영은 불가능하다. 기업의 집약화는 동시에 계획화를 의미하며 이와 같은 경영형태는 분업에서 잘 나타난다.

교통수단의 발달은 또 경제생활을 규칙적으로 유도하여 기업경영에서의 불확실성을 감소시킨다. 다시 말하면 경제활동이 규칙적으로 이루어지면 생산부문은 물론이고 유통이나 상업부문에서 유휴자본이 감소한다. 예를 들면 소매업에서는 당장의 수요에 적절한 상품재고만 있으면 된다. 오전에 전화로 도매상에 주문해 놓으면 오후에는 그 수요를 충당할 수 있기 때문이다. 그러므로 교통이나 통신이 발달하면 경제주체 상호간의 연락이 긴밀해지고 지금까지 체계적이거나 계획적이지 못했던 수급관계는 규칙적이며 능률적으로 되어 훨씬 적은 재고량으로 같은 효과를 올릴 수 있다.

운송이 private carrier 단계에 머물러 있는 한 충분한 교역은 이루어질 수 없다. 그러나 common carrier 단계로 발전하면 상품의 수요자나 판매자는 스스로 운송기관을 소유하지 않고도 제일 싼 운임의 운송업자를 이용하여 자유롭게 상품을 교역할 수 있게 된다. 따라서 시장은 충분히 개방・확대되고 분업은 더욱 완전해지며 적당한 규모의 생산을 할 수가 있다.

대량생산은 당연히 원자재 구입과 제품의 판매가 넓은 시장에서 이루어질 때만 가능하며, 그러기 위해서는 당연히 운송비용이 저렴한 장거리 운송이 필요하다. 저렴한 운송비용은 교통수단의 개선이나 교통경영의 합리화로 달성된다.

교통수단의 경제적 기능은 간접적이기 때문에 자칫하면 간과되기 쉬우나 사회・경제발전의 계기는 오히려 이러한 간접적인 데 숨어 있다. 생산기술상의 발전은 해당 산업분야나 소수의 연관산업에만 영향을 미치지만 교통수단의 발달은 시간이 경과할수록 모든 산업에 광범위한 영향을 미친다.

19.1.2 교통경제의 분야

경제에 관련되는 교통활동의 주체는 교통서비스의 제공자(운송사업자), 교통서비스 이용자 및 공공기관이다. 여기서 공공기관이 포함되는 이유는 교통이 공공성을 지니고 있는 '공기(公器)'이기 때문이다. 이 공공성은 사실상 교통이 특별히 지니고 있는 사회성에 기인한다.

뿐만 아니라 공공성이 강한 교통시설에 직접투자를 하며 이를 운영, 유지관리하는 것도 물론 공공기관이 해야 할 임무이다.

〔그림 19-1〕은 교통경제에 포함되는 제반 요소들의 상관관계를 도식화한 것으로서, 교통경제의 주체인 교통서비스 이용자, 교통서비스 공급자, 공공투자기관, 공공규제기관을 나타내고, 그들의 활동을 분석하며 그 활동들의 상호연관성을 나타낸다.

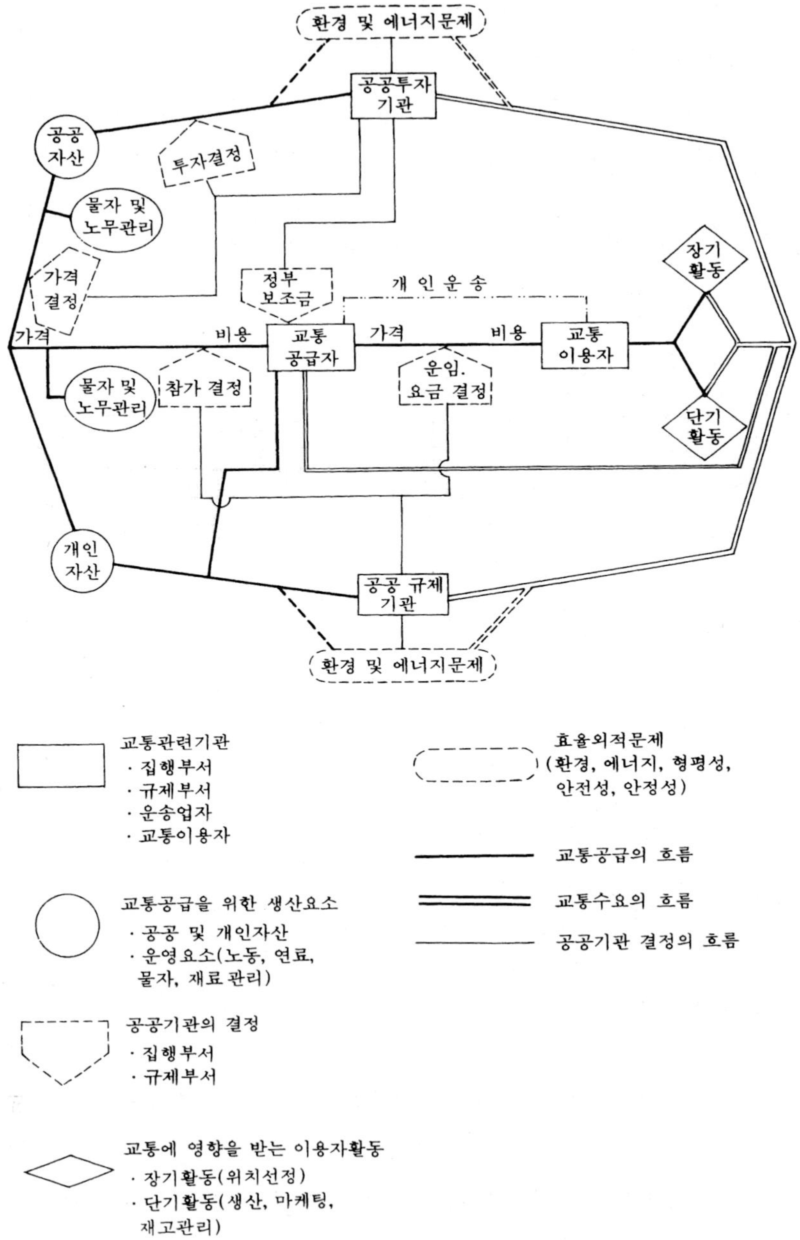

자료 : 참고문헌(3)

〔그림 19-1〕 교통경제의 틀

1 교통수요(기업의 물류관리)

장기 교통수요는 산업입지에 따라 영향을 받는다. 다시 말하면 교통이용자, 즉 제조업, 서비스업, 농업, 광업, 도매, 소매업 등의 위치가 어디로 결정되는가에 따라 교통서비스의 장기수요는 달라진다. 또 단기수요는 이들 산업의 생산 및 판매활동에 따라 좌우된다. 이와 같은 수요에 따라 교통공급자는 교통투자를 결정하고, 공공투자기관은 도로, 철도 등 공공시설에 대한 투자를 결정하며, 공공규제기관은 운송사업(교통공급자)의 서비스 공급수준과 운임을 규제한다.

이 분야는 교통과 산업입지 선정 및 상품의 재고관리와의 종합적인 관계, 자가운송을 포함한 각종 운송수단 분석, 생산과 마케팅 정책에 관련된 물류관리(logistics) 등 교통이용자와 교통수요의 관계를 취급한다.

2 교통공급 및 운임(운송사업 관리)

경영관리의 원리를 교통서비스 공급의 주체가 되는 운송사회에 적용시키는 분야로서, 마케팅 문제, 비용 산정, 운임결정 및 공공기관과의 관계 등을 다룬다. 교통서비스를 생산하기 위해서 교통기업 자신의 자산뿐만 아니라 공공자산도 함께 사용하는 경우가 많으므로 이때의 기업의 역할을 검토하고, 운송비용 및 교통수요가 운임결정에 미치는 영향을 검토한다. 교통기업이 결정하는 비용과 운임수준은 공공규제기관의 직접적인 규제를 받는다.

3 공공투자(경제발전과 교통)

공공투자기관(건설교통부, 내무부 등)은 교통을 위한 공공시설의 규모와 형태를 결정하고 이에 따른 투자를 결정한다. 뿐만 아니라 그와 같은 시설을 운영하고 유지관리하며, 사용자 분담금(통행료, 차량등록세, 유류세 등)을 결정한다. 따라서 정부의 교통진흥정책과 교통투자의 평가방법 등을 연구한다.

4 교통규제(공공정책)

공공규제기관에서 행하는 교통공급 및 운임에 대한 규제는 교통수요에 대한 충족수준에 영향을 주며, 교통기업의 자유재량권은 어느 정도 제약을 받는다. 교통이용자(특히 대중교통 이용자)도 엄밀한 의미에서 규제를 받는다고 볼 수 있으나 그 자신이 교통수단을 보유하면 이와 같은 규제는 면할 수 있다. 이와 같은 교통규제정책은 그에 따른 교통기업의 조직과 운임을 분석하고, 그 정책의 경제적 효율성을 평가하고, 교통공급자나 이용자에게 미치는 영향을 분석함으로써 그 정책의 효과를 규명할 수 있다.

교통경제에 관련된 공공정책은 주로 자원배분문제에 초점을 맞추지만 그 외에도 운송체계가 효률외적 논점인 경제·사회적 목표를 추구하도록 요구하기도 한다. 경제발전 초기의 정부의 교통진홍 및 규제정책은 운임규제 등을 통한 소득분배를 주요 목표로 하지만 그 후에는 완전고용과 같은 경제안정에 목표를 두는 것이 보통이다. 뿐만 아니라 국가안보, 정보의 보급, 문화, 사회, 정치적 일체감을 촉진시키는 것과 같은 사회적 목표도 공공정책에 포함된다. 최근에는 환경 및 에너지문제가 교통정책에 영향을 미치고 있으며, 따라서 교통공급자와 이용자도 이에 영향을 받는다.

19.2 교통수요(기업의 물류관리)

교통경제의 영역에서 교통수요가 관련되는 부분은 〔그림 19-2〕와 같이 나타낼 수 있다.

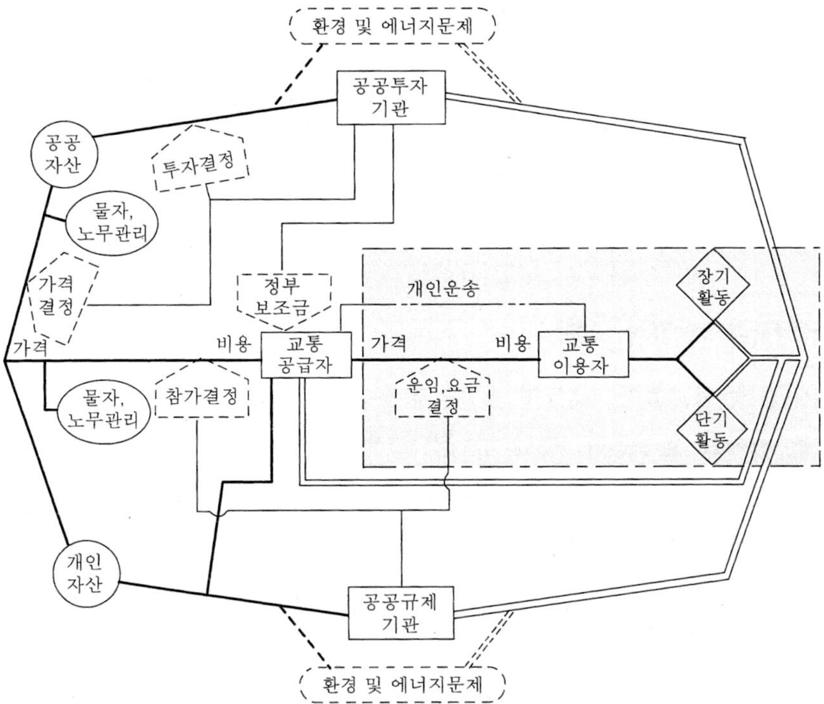

〔그림 19-2〕 교통수요의 영역

19.2.1 노드의 위치선정[4)]

기업이 물류관리(logistics)를 함에 있어서 노드(node)의 위치에 따라 그 상품의 시간적 및 공간적 효용을 창출하는 효율이 크게 달라진다. 여기서 노드라 함은 물류관리과정(수집, 적하, 수송, 저장, 분배)이나 그 체계에서의 고정지점을 말한다. 노드의 위치는 상품을 이동시키거나 저장하는 데 소요되는 시간과 비용에 영향을 주며, 또 재고관리나 물류관리의 비용을 좌우하고, 소비자에게 제공되는 서비스의 수준과 비용에도 영향을 미친다. 일단 노드의 위치가 결정되면, 물류관리의 책임자는 최소의 비용으로 시간 및 공간적 효용을 극대화하기 위하여 노선서비스, 취급, 주문처리 등 물류관리의 다른 요인들에 관심을 쏟는다.

물류관리 체계상의 노드는 물리적으로나 재정적인 문제 때문에 쉽게 옮길 수 있는 성질이 아니나 장기적인 관리면에서 볼 때는 변할 수 있는 것이다. 대부분의 기업들은 시장확장, 인구이동, 생산라인의 개발, 기술변화, 경쟁압박 등과 같은 요인들 때문에 항상 새로운 노드의 위치를 물색하게 된다. 따라서 노드의 위치선정은 오늘날 변화무쌍한 기업환경으로 볼 때 기업의 성공에 중요한 관건이라고 볼 수 있다.

노드의 위치선정 기준은 여러 가지가 있다. 비용과 편익의 효과와 같이 계량화가 가능한 것이 있는가 하면 그 위치가 피고용인들에게 제공하는 문화, 교육, 위락기회 등과 같이 계량화가 어려운 것도 있다. 위치선정은 일반적으로 계량화가 가능한 요인부터 검토한 후에 비계량화 요인을 고려한다. 또 계량화 요인 중에서도 운송비용을 먼저 고려한 다음 토지, 동력, 노동의 비용 및 가용성 등과 같은 비물류관리 결정요소를 고려하는 순서를 밟는다.

1 교통과 위치결정

운송비용이 노드의 위치선정에 미치는 영향을 파악하기 위해서 먼저 위치선정이론을 소개한다.

(1) Von Thunen 이론[5)]

Johann Heinrich von Thunen은 독일의 농학자로서 위치에 관한 생산요소의 이론화를 처음으로 시도한 사람이다. 그의 이론은 위치결정의 중요한 요소로서 운송비 최소화를 꼽았다. 그의 이론에 의하면 무게에 비해 가치가 낮은 생산물(농작물과 같은)은 장거리수송에 따른 수송비 부담을 감당할 수 없으므로 수송비를 낮추기 위해서는 소비지(도시)와 가까운 위치에서 생산해야 한다는 것이다.

위치결정요소로서 수송에 관계되는 또 하나의 요소는 수송시간이다. 신선한 야채와 같이 변하기 쉬운 생산물은 도시 부근에서 생산되어야만 빠른 시간 내에 소비시장으로 보낼 수 있다. 이때의 위치결정요소는 수송비가 아니라 수송시간이다. 따라서 생산물의 종류에 따라 소비시장을 중심으로 한 생산지의 위치를 환상형으로 나타낼 수 있으며, 무게에 비해 가치가 높은 생산물은 도시로부터 더욱 멀리 떨어진 곳에서 생산될 수 있다.

농산물 생산위치에 관한 그의 이론은 오늘날의 기업에 적용하기에는 현실성이 없지만, 위치결정이론의 기초를 제공한 점과 수송비와 위치결정의 상관관계를 나타내는 시초가 되었다는 점에서 그의 업적은 높이 평가된다.

(2) Weber 이론[6)]

Alfred Weber는 독일의 경제학자로서 생산시설의 위치선정에 관한 이론을 발전시켰다. Thunen과는 달리 그의 이론은 제시된 산업에 대한 원자재의 생산지와 완성된 생산품의 소비지가 정해져 있을 때 그 산업의 가장 적합한 위치를 결정하는 것이다. 그는 상품의 무게와 운송거리가 같으면 수송비가 같다는 가정하에서 원자재를 생산공장에 보내고 완성된 제품을 소비시장으로 보내는 데 소용되는 총 수송비와 노임 등 기타요소들을 생산시설 위치선정의 결정요소로 보았다. 여기서 원자재의 두 가지 특성, 즉 어디서나 획득이 가능한 것인가 아니면 특정장소에서만 얻을 수 있는 것인가의 지리적 가용성과 생산과정에서 무게가 줄어드는가 아니면 그대로인가에 따라 총 수송비는 달라지며, 따라서 적정 생산위치도 달라진다.

Weber의 이론은 수송비에 주안점을 둔 최소비용 접근방법이다. 원자재의 위치나 시장지역이 여러 곳으로 분산되어 위치선정이 매우 복잡할 때는 이 이론으로 해결하기가 어렵지만, 이 방법은 적용하기가 매우 간단하고, 또 정확한 위치선정을 하기 위한 기초를 제공한다.

(3) Hoover 이론[7)]

미국의 Edgar M. Hoover는 산업시설의 적정위치를 결정하는 데 비용요인뿐만 아니라 Thunen이나 Weber와는 달리 수요 요인을 고려하였다. 이 수요 요인은 위치선정 후에 발생하는 시장지역의 변화와 관계가 된다. 또 그는 분배비용이 생산가와 이에 따른 수요에 미치는 영향을 고려하였다.

그는 운임이 거리에 비례하지 않고 체감법칙을 따른다는, 즉 총 운임이 거리에 따라 증가하나 그 증가율은 낮아진다고 했다. 또 위치결정요인으로서 수송비의 중요성은 산업의 종류에 따라 다르다고 했다.

Hoover의 위치결정이론은 여러 가지 비용요인을 더욱 심층적으로 분석하는 데 기여했으며, 그의 접근방법은 근본적으로 비용을 최소화하는 데 두었다.

(4) Greenhut 이론[8)]

미국의 경제이론가인 Melvin L. Greenhut는 위치결정요인으로서 수요에 초점을 맞추었다. 위치가 다르면 수요가 달라지고 따라서 이득도 달라지므로, 이득을 최대로 하는 위치는 비용이 최소가 되는 위치와 반드시 일치한다고 볼 수 없다.

그는 위치결정요인으로서 다음과 같은 수요, 비용 및 순수한 개인적 요인을 제시하였다.

① 수요 요인

- 어떤 생산물에 대한 수요 곡선의 모양
- 경쟁산업의 위치에 따라 결정되는 것으로서,
  - 수요의 크기
  - 위치변화에 따른 수요의 탄력성
- 근접도, 서비스 종류, 서비스 속도, 소비자 기호
- 개인적 친분과 판매와의 관계
- 비용과 요금정책으로 결정되는 시장범위
- 위치와 가격의 경쟁, 확실성과 불확실성

② 비용 요인

- 지가
  - 토지임대비용
  - 토지세
  - 자본능력
  - 보험료율
  - 에너지비용
- 노임 및 관리비용
- 재료 및 장비비용
- 수송비용

③ 순수 개인요인

- 정신적 소득의 중요성
- 환경에 대한 선호
- 안전성

지금까지 우리는 수송비(물류관리비)가 위치결정에 미치는 영향을 고찰해 보았다. 수송비만이 위치결정요인인 것은 아니지만 그것이 위치결정과정에 있어서 매우 중요한 요인인 것만은 분명하다. 위치결정의 맨 첫 단계는 물류관리에 관한 여러 가지 변수를 고려하는 것이다.

2 격자기법

원자재의 산지와 시장지역이 하나가 아니고 여러 개일 때는 Weber의 이론으로는 산업시설의 최적위치를 결정할 수 없다는 것은 앞에서 언급한 바 있다. 그러나 이 경우에 격자기법을 사용하면 이 문제를 해결할 수 있다.

이 기법은 원자재의 위치와 완성품의 시장지역이 정해져 있고 상품의 판매량을 안다는 가정하에 가장 낮은 수송비를 나타내는 한 지점을 결정하는 것이다. 원자재 산지와 완성품의 소비지를 포함하는 넓은 지역을 〔그림 19-3〕과 같은 격자망으로 만들어 각 지점의 정확한 위치를 좌표로 나타낼 수 있도록 한다. 예를 들어 FG_1의 위치좌표는 (10, 10), FG_3의 위치좌표는 (70, 30)이다.

만약 원자재와 완성품의 톤당(또는 km당) 수송비가 같다면 생산시설의 적정위치는 다음과 같이 구한다. 즉,

$$M = \frac{\sum^{n} D_i \cdot FG_i + \sum^{m} d_i \cdot RM_i}{\sum^{n} FG_i + \sum^{m} RM_i} \tag{19.1}$$

여기서 M : 생산시설의 적정위치(x 또는 y 좌표)
D_i : 원점에서부터 완성품의 소비지 i까지 거리(x 또는 y 좌표)
d_i : 원점에서부터 원자재 산지 i까지의 거리(x 또는 y 좌표)
FG_i : 소비지 i에서 판매되는 완성품의 무게(또는 부피)
RM_i : 산지 i에서 판매되는 원자재의 무게(또는 부피)

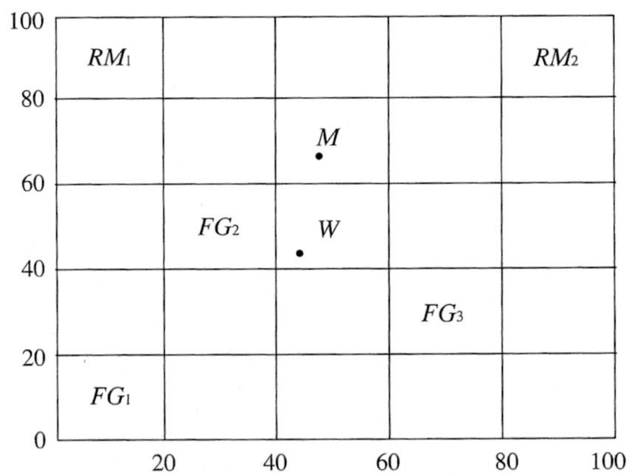

RM = 원자재 산지
FG = 완성품의 시장
M = 최소비용 생산시설 위치
W = 최소비용 창고 위치

〔그림 19-3〕 산지와 시장의 격자위치

그러나 원자재나 완성품의 운임은 같지 않을 수도 있으므로 이때의 비용을 최소로 하는 생산시설의 위치는 다음과 같이 구한다. 즉,

$$M=\frac{\sum^{n} R_i \cdot D_i \cdot FG_i+\sum^{m} r_i \cdot d_i \cdot RM_i}{\sum^{n} R_i FG_i+\sum^{m} r_i RM_i} \tag{19.2}$$

여기서 R_i : 완성품을 i 소비지까지 수송하는 운임(톤-km당 요금)

r_i : i 산지의 원자재를 생산시설까지 수송하는 운임(톤-km당 요금)

이때 원거리 체감법칙이 운임에 적용된다면 이 공식의 사용은 적합하지 않다. 그러나 격자기법에는 몇 가지의 제한 사항이 있다. 첫째, 이것은 정적인 접근방법으로서 이렇게 해서 얻은 값은 오직 그 시점에서만 적정하다는 것이다. 상품 또는 원자재의 이동량이 변하거나 운임의 변화, 원자재 산지 또는 시장지역의 변화는 최소비용위치를 변화시킬 것이다. 둘째, 운임이 거리에 비례한다고 가정한 것이다. 실제의 총 운임은 거리에 따라 증가하나 그 증가율은 체감한다. 셋째, 이 기법은 적정위치의 지형조건을 고려하지 않는다. 즉 적정위치가 호수(湖水)가 될 수도 있다. 넷째, 물건의 이동방향 및 경로는 좌표로 나타낼 수 있는 것과 같은 직선이 아니다.

예제 19.1 아래에 주어진 원자재(RM)와 완성품(FG)의 위치, 무게, 운임에 대하여 격자기법을 이용하여 생산시설의 최소비용위치를 구하라([그림 19-3] 참조).

구 분	무 게(톤)	운 임(원/톤-km)	위 치 좌 표(x, y)
RM_1	120	15	(10, 90)
RM_2	140	15	(90, 90)
FG_1	50	20	(10, 10)
FG_2	60	20	(30, 50)
FG_3	70	20	(70, 30)

풀이

$$M_x=\frac{(20)(10)(50)+(20)(30)(60)+(20)(70)(70)+(15)(10)(120)+(15)(90)(140)}{(20)(50)+(20)(60)+(20)(70)+(15)(120)+(15)(140)}$$

$$=\frac{351,000\text{원}\cdot\text{톤}-\text{km}}{7,500\text{원}\cdot\text{톤}}$$

$$=46.8\text{ km}$$

$$M_y=\frac{(20)(10)(50)+(20)(50)(60)+(20)(30)(70)+(15)(90)(120)+(15)(90)(140)}{(20)(50)+(20)(60)+(20)(70)+(15)(120)+(15)(140)}$$

$$=\frac{463,000\text{원}\cdot\text{톤}-\text{km}}{7,500\text{원}\cdot\text{톤}}$$

$$=61.7\text{ km}$$

예제 19.2 위의 예제에서 완성품만을 취급하는 창고의 위치를 결정하라.

풀이 창고는 3개의 시장지역과 생산시설을 중개하는 지점이므로 생산시설에서 창고로 이동하는 물량은 180톤이며 운임은 앞의 문제에서와 마찬가지이다. 따라서,

$$M_x = \frac{20[(10)(50)+(30)(60)+(70)(70)+(46.8)(180)]}{20(180+180)}$$

$$= 43.4\,\text{km}$$

$$M_y = \frac{(10)(50)+(50)(60)+(30)(70)+(61.7)(180)}{360}$$

$$= 46.4\,\text{km}$$

3 기타 계량적 기법

위치결정을 위한 방법에는 이 밖에도 선형계획법[9], 계발계획법[10](heuristic programming), 시뮬레이션[11] 등과 같은 방법이 있으나 여기서는 자세한 설명을 생략한다. 선형계획법을 사용하는 데는 대단히 큰 컴퓨터용량을 필요로 하며, 계발계획법은 선형계획법과 같은 정확한 위치를 찾을 수가 없다. 또 시뮬레이션 기법은 방대한 자료와 복잡한 수학적 모형개발을 필요로 하며 다른 기법과 같은 정확한 해답을 보장하지 못한다.

19.2.2 교통수요의 개념

1 교통의 수요특성

경제활동으로서의 교통은 생산과정의 일부라기보다는 오히려 유통과정과 관련이 있다. 이것은 어느 의미에서 교통서비스에 대한 수요(교통수요)가 인간의 의식주에 대한 욕구처럼 직접적이며 본원적인 것이 아니라 간접적이며 파생적임을 뜻한다. 다시 말하면 파생수요(derived demand)로서의 교통수요는 그것의 본원수요(elemental demand)에 의존한다. 그러나 현대 경제사회에서 본원수요는 그 자체가 일차적인 수요이면서도 때로는 이차적인 파생수요가 충족된 후에 비로소 충족된다. 즉 파생수요의 충족이 오히려 본원수요충족의 전제가 된다.

인간이 만든 조직이나 기술 중에서 사회성이 없는 것은 없으나 다른 것은 제쳐두고 교통수단이나 교통기업을 특히 공기(公器)라 부르는 이유는 이들의 이용자가 대부분 불특정 다수이기 때문이며, 뿐만 아니라 교통기업의 발전형태가 지금까지 common carrier(public carrier)로서 발전하여 왔기 때문이다.

공공성은 경제적으로는 '독점성'과 일맥상통한다. 교통기업은 비교적 큰 생산규모가 필요하기 때문에 새로운 기업이 참여하기가 매우 어렵다. 만약 이러한 부문에 다수의 기업이 참여한다면 시장규모의 제약 때문에 각 기업은 상대적으로 높은 비용에서 서비스를 생산할 수밖에 없을 것이다. 이 경우 각 기업은 시장을 확보하기 위해 경쟁적으로 가격을 낮추려고 하기 때문에 궁극적으로 소수의 기업만이 살아남아서 독점적 지위를 얻게 될 것이다. 이와 같은 예는 교통기업뿐만 아니라 수도, 전기, 가스, 전화 등 대부분의 공익사업(public utilities)에서 볼 수 있으며, 이와 같이 자연적인 시장조건의 결과로 독점화되는 것을 자연독점(natural monopoly)이라 한다.

따라서 정부는 이와 같은 규모의 경제(economies of scale)를 이루고, 자연독점화로 인해 도태되어 피해를 받게 되는 기업을 사전에 보호하고, 또 살아남게 되는 기업이 공공성을 최대한 발휘하게 하고 이를 해치는 일이 없도록 하기 위해 어떤 형태로든지 규제를 하게 된다(규제된 독점 : regulated monopoly).

교통수요는 사회·경제구조와 사회관습에 의하여 결정되는 것으로서 단기적으로 볼 때 매우 안정적이다[12]. 사회개혁, 악성인플레이션 등 급격한 변화가 없는 한 교통수요는 쉽게 변동되지 않는다. 그러나 이 말은 교통수요가 규칙적인 변동패턴을 갖는다는 것을 의미한다. 예를 들어 도시외곽도로는 하루에 아침, 저녁 두 번의 첨두현상을 보이며, 지방부 도로의 경우에는 매년 계절별로 일정한 교통량변화를 나타내는 규칙성이 있다.

경제 및 사회의 규모가 커지면 이에 수반되는 교통수요는 계획적, 체계적으로 관리될 필요가 있으며, 일반적으로 교통수요는 운임에 대해서 비탄력적이다.

2 교통수요의 탄력성

수요의 탄력성(elasticity of demand)은 가격의 변화율에 대한 수요량의 변화율의 비이다(여기서 수요량의 변화 change in quantities demanded는 수요의 변화 change in demand와는 다르다. 전자는 같은 수요곡선상에서의 변화이고 후자는 가격 이외의 다른 요인에 의한 수요곡선 자체가 이동하는 것을 말한다). 일반적으로 상품이나 서비스는 가격이 상승하면 수요량이 감소하고 반대로 가격이 하락하면 수요량이 증가한다([그림 19-4]).

여기서 상품의 수요량 q를 가격 p의 함수라고 한다면,

$$q = f(p)$$

따라서 그림에서처럼 p가 Δp만큼 변하면 q도 Δq만큼 변한다. 그러므로 수요의 탄력성 η는 다음 식과 같이 나타낼 수 있다.

$$\eta = \left| \lim_{\Delta p \to 0} \frac{\Delta q / q}{\Delta p / p} \right| = \left| \frac{dq}{dp} \cdot \frac{p}{q} \right| \qquad (19.3)$$

여기서 p와 q의 증가방향은 반대이므로 수요탄력성의 값은 원래 부의 값을 가지나 분석을 할 때는 정의 값으로 그 크기만을 비교하기 때문에 절대값을 사용한다.

수요탄력성은 $\eta > 1$일 때 탄력적이라 하며, $\eta < 1$이면 비탄력적, $\eta = 1$이면 단위탄력적이라 한다.

상품 또는 서비스는 이들의 대체재가 많을수록 수요탄력성은 커진다. 즉 철도요금을 올리면 철도이용자의 일부는 이에 대신하는 다른 교통수단으로 흡수된다. 이에 대신하는 교통수단이 많을수록 철도이용자를 많이 빼앗기게 되어 탄력성이 커진다. 또 대부분의 교통수단은 노선중간(link) 부분에서는 다른 대체교통수단이 많지 않아 탄력성이 적으나 터미널 부근에서는 대체교통수단이 많아 탄력성이 커진다. 이것은 뒤에 설명되는 장소적 차별(差別)운임의 발생원인이 된다.

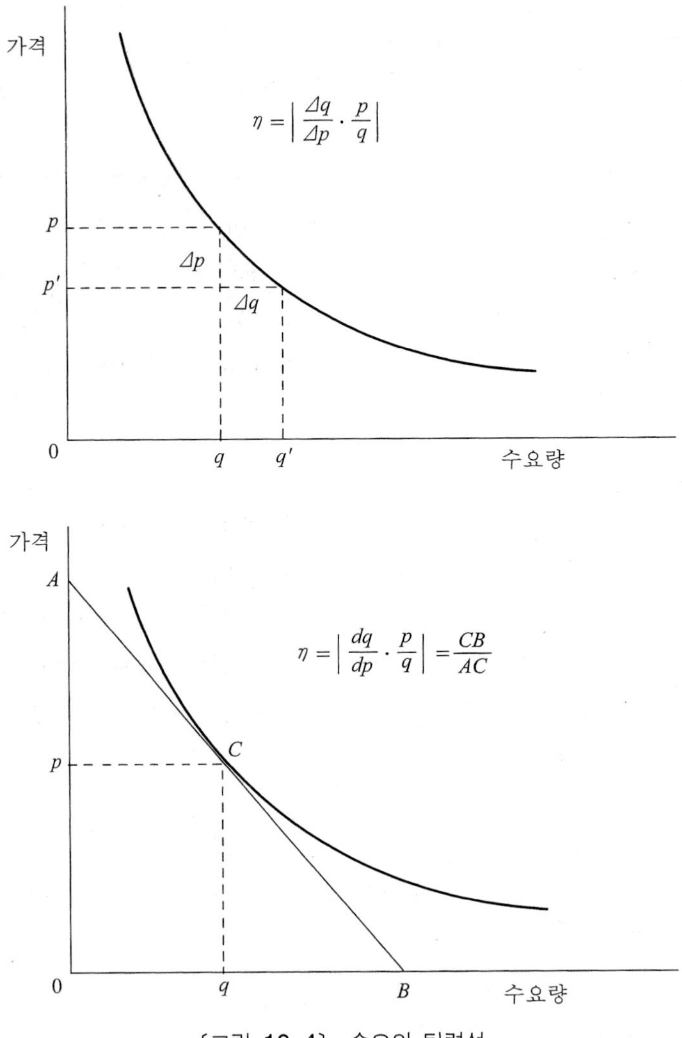

〔그림 19-4〕 수요의 탄력성

수송되는 상품이 생산재냐 소비재냐, 완제품이냐 반제품이냐, 중고품이냐 신품이냐, 또는 고가품이냐 염가품이냐에 따라 도착지 가격 중에서 운임이 차지하는 비율에 차이가 있다. 그러므로 운임의 변화에 따라 상품수요의 탄력성에 차이가 생기며 이는 결과적으로 교통수요의 탄력성에 그대로 반영된다. 대체로 상품의 가격에서 운임이 차지하는 비율이 클 수록 운임의 변화에 대한 교통수요의 탄력성이 크다.

이와 유사한 경우로 통근자의 정기교통비가 가계지출에서 차지하는 비율은 매우 크다고 볼 수 있으므로 교통요금 인상으로 인한 이들의 저항은 매우 커지고, 따라서 교통수요의 탄력성은 크게 된다. 하지만 이들이 출근을 해야 하고, 다른 대체재(교통수단)가 없을 경우에는 비탄력적이 된다.

일반적으로 사치재는 수요의 탄력성이 크며 필요재는 탄력성이 적다. 그러나 이들 사치재, 필요재의 개념은 소득생활수준에 따라 달라진다. 즉 옛날의 사치재가 오늘날에 와서는 필요재가 되는 예는 얼마든지 있다.

가까운 공급자는 비탄력적 수요를 가지며, 먼 공급자는 탄력적 수요를 가진다. 그래서 철도로 보면 두 가지 또는 그 이상의 운임체계를 사용하여 수익을 최대로 할 수 있다. 이러한 가격차등정책은 좋은 위치에 있는 기업에게 높은 운임을 매김으로써 좋은 위치의 지대(地貸)를 철도가 회수하게 한다.[13)]

일반적으로 수요의 탄력성은 단기적인 개념이다. 만약 장기적으로 본다면 수요의 탄력성은 단기에서보다 훨씬 크다. 예를 들어 전기요금이 인상되었을 때 소비자는 절전을 통해 절약은 하겠지만, 당장에는 그동안 사용하던 여러 가지 전기용품들을 대체에너지를 사용하는 기기들로 바꾸기는 어려울 것이다. 그러나 시간이 지날수록 그 대체 정도는 높아질 것이다. 그러므로 가격변화에 적응하는 시간이 길수록 탄력성이 커진다.

지금까지 언급한 수요의 가격탄력성은 어디까지나 가격을 제외한 다른 모든 조건이 동일하다는 전제를 가지고 있다. 그러나 실제 교통수단은 서로 다른 질의 서비스를 제공하므로 교통수요는 운임뿐만 아니라 수송서비스의 질에도 영향을 받는다.

수송서비스의 질(이용자측에서 본)은 운송시간, 야간배달, 서비스 후 즉시 가용성, 공급의 규칙성, 신뢰성, 조심성 있는 취급 및 손해배상 제도, 융통성, 저렴한 보관료, 안전성, 철도까지의 수집・분배비용으로 가늠된다.[14)]

어떤 서비스를 이용하느냐 하는 것은 지불하는 가격에 비해 그 서비스를 어떻게 평가하는가에 좌우된다. 이용자는 그가 받는 서비스 질의 가치와 이를 위해 지불하는 운임과의 차이, 즉 사용자 잉여(user's surplus)를 최대로 하려 한다.

3 교통수요의 탄력성과 운임이론

운임수입금을 R이라 하면,

$$R = pq \tag{19.4}$$

이를 p에 대해서 미분하면

$$\frac{dR}{dp} = q + p \cdot \frac{dq}{dp}$$
$$= q(1 + \frac{p}{q} \cdot \frac{dq}{dp})$$
$$= q(1 - \eta) \tag{19.5}$$

따라서

$$\eta > 1 \text{이면 } \frac{dR}{dp} < 0$$
$$\eta = 1 \text{이면 } \frac{dR}{dp} = 0$$
$$\eta < 1 \text{이면 } \frac{dR}{dp} > 0$$

여기서 수용의 탄력성이 1보다 크면 운임의 인상에 따라 수입액이 감소하고, 운임을 인하하면 반대로 수입액이 증가한다. 탄력성이 1일 때는 운임의 변화에 따른 수입액의 변화는 없으며, 탄력성이 1보다 작을 때는 운임이 인상할 때 수입액은 증가하고 운임이 인하되면 수입액은 감소된다. 그러므로 철도, 해운 등에서는 수요의 탄력성이 큰 화물에는 낮은 운임을 부과하고 반대로 수요탄력성이 낮은 화물에는 높은 운임을 부과하는 차별운임제를 채택한다. 일반적으로 여객수송이 대물수송에 비해 수요탄력성이 작다.

한 상품의 가격변화가 다른 상품의 수요의 변화에 영향을 미칠 수 있다. 이와 같이 다른 상품의 가격변화에 대한 수요의 반응 정도를 수요의 교차탄력성(cross elasticity of demand)이라 하며 다음과 같이 정의된다.

$$\text{수요의 교차탄력성 } (\eta_{xy}) = \frac{X\text{재의 수요변화율}}{Y\text{재의 가격변화율}} = \frac{dq_x \cdot p_y}{dp_y \cdot q_x} \tag{19.6}$$

교차탄력성의 값이 정이라면 그것은 Y재의 가격상승이 X재의 수요를 증대시킨다는 의미이므로 두 상품은 경쟁적인 대체재이다. 반면에 부의 값을 가진다면 Y재의 가격상승이 X재의 수요를 감소시킨다는 의미로 두 상품은 협동적인 보완재이다. 이 값이 0이라는 의미는 두 상품이 독립관계에 있다는 것을 뜻한다.

이와 같은 이론을 교통에도 적용할 수 있다. 예를 들어 두 도시 A, B를 연결하는 거의 동일한 조건의 두 철도 R과 S가 서로 경쟁관계에 있을 때 다른 조건은 일정한데 R만이 운임을 인상한다면 R을 이용하던 여객이나 화물이 S로 옮아가므로 S의 운송량이 증가한다. 이 경우 교차탄력성은 정이다. 다른 예로서 도시 A에서 C로 가는데 먼저 철도 R을 이용하여 B까지 가고, 그 다음 B에서 C까지 버스 S로 가야 할 경우, R과 S는 보완관계에 있다. 이때 R의 운임을 인상하면 R의 운송량이 감소함과 동시에 S의 운송량도 따라서 감소된다. 이 경우 교차탄력성은 부이다.

19.3 교통공급과 운임결정(운송사업 관리)

교통경제의 영역에서 교통공급과 운임이 관련되는 부분은 〔그림 19-5〕와 같이 나타낼 수 있다.

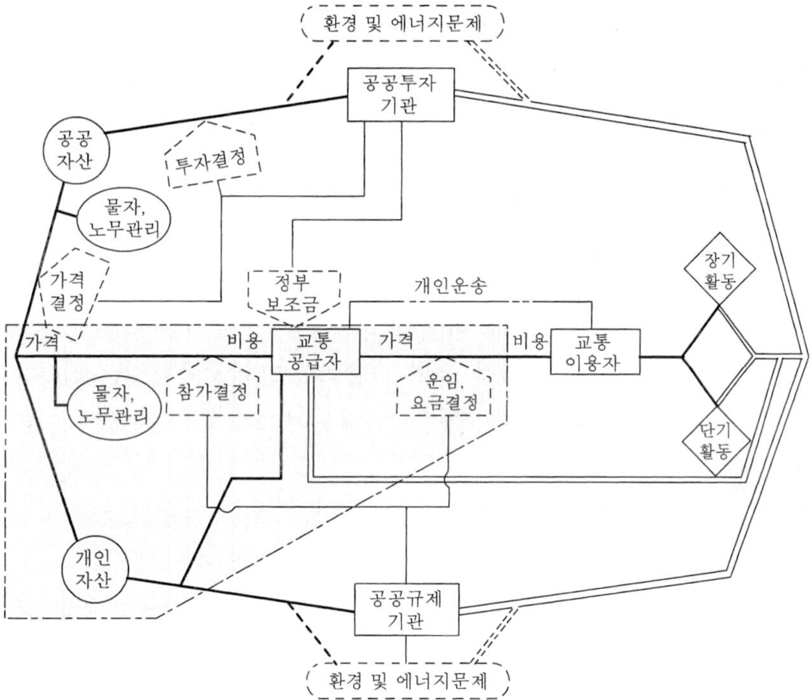

〔그림 19-5〕 교통공급 및 운임결정 영역

19.3.1 교통비용의 의미

교통공급은 비용특성, 비용산정 기법, 비용수준 등과 같은 비용의 측면에서 분석될 수 있다. 비용을 분석하는 이유를 교통에 관련된 당사자의 입장에서 고찰하면 다음과 같다.

1 운송사업자(교통기업)

교통서비스의 생산비용은 관리인, 노무관리자, 안전관리자 등을 확보하는 데 필요한 것으로서 이들을 채용할 때 가장 저렴한 비용으로 최대의 생산성을 올릴 수 있도록 해야 한다. 또한 노동력, 자동화 장비 등과 같은 생산요소들을 가장 효율적으로 조합시키도록 해야 하고(예를 들어 노동력을 많이 사용할 것이냐 자동화 장비를 사용할 것이냐를 결정), 집배, 노선운송(line-haul transport), 운임청구 및 수금과 같은 수송활동의 요소들을 효율적으로 관리해야 한다(예를 들어 많은 차량대수로 운행시간 간격을 좁히느냐, 아니면 적은 차량대수로 운행시간 간격을 늘리느냐를 결정).

교통기업은 운임결정 및 투자결정을 위해 교통서비스의 비용을 알아야 한다. 수송시장에서의 비용뿐만 아니라 수송시장 그룹에서의 비용도 알아야 한다. 또 사업의 합병여부와 완전포기여부를 결정하기 위해서는 전체교통서비스의 비용도 알아야 한다. 뿐만 아니라 규모의 경제 또는 비경제가 존재하는지를 알아야 할 필요가 있다. 합병이 시설의 중복을 피하기 위한 것이라면, 어느 특정시장의 비용이 전체비용에 미치는 효과가 파악되어야 한다.

2 교통이용자

운임의 결정은 교통서비스 제공자와 이용자 간의 협상으로 이루어진다. 그러기 위해서 이용자는 교통기업의 운영을 잘 알아야 하며 교통기업의 관점에서 제시하는 운임안을 평가할 수 있어야 한다. 운송업자와 하주(荷主)의 협상이 결렬되면 하주는 조정기관에 중재를 호소해야 한다.

하주가 운임조정을 신청하기 위해서는 운임의 기초가 되는 비용에 대하여 잘 알아야만 조정기관에 운송업자의 근거를 반박하고 자기주장을 증명할 수 있다.

만약 교통서비스 이용자가 개인적인 수송수단을 보유하려면 운송비용을 잘 통제할 수 있어야 하며, 그렇지 않고 개인적인 수송수단을 세내어 이용하려면 그 비용을 신중히 분석할 필요가 있다.

3 교통조정자

조정기관은 운임의 타당성을 결정하기 위해서, 또는 교통수단 간의 경쟁이 있는 경우에는 비용을 비교하거나 운임차별을 조사하기 위해서 어느 특정시장에서의 비용을 평가할 수 있어야 한다. 대부분의 경우 운송업자와 하주의 비용조사에는 차이가 많다. 그래서 만약 조정기관이 독자적인 비용분석을 할 수 없다면, 적어도 두 당사자가 행한 비용분석에서 잘잘못은 찾아낼 수 있어야 한다.

조정기관은 서비스를 포기하는 경우와 운임구조를 개조하는 것과 같이 시장그룹에 관한 결정을 해야 한다. 또 그와 같은 경우, 비용에 관한 증거와 반증을 평가할 수 있어야 한다.

또 조정기관은 교통수단 간의 협조운영을 평가할 뿐만 아니라 합병과 완전포기계획에 관한 결정을 내려야 한다. 이 경우도 역시 당사자의 입장은 서로 반대이므로 이를 조정하거나 또는 독자적인 결정을 내려야 한다.

4 공공투자기관

교통시설에 대한 투자로 얻을 수 있는 이득이란 그 시설이용자의 운행비용을 줄이는 것이다. 결국 공공시설 투자결정을 위한 편익/비용 분석을 하기 위해서는 수송비용에 관해서 잘 알아야 하는데, 이는 현재의 비용뿐만 아니라 시설개선과 같은 변화된 조건에서의 예상비용까지도 포함한다. 이와 같은 자료는 공공시설의 사용료를 평가하는 데도 사용된다.

교통기관에 대한 직접적인 재정지원은 '비용추가'와 같은 효과를 갖는다. 분명히 재정지원의 규모는 통제되므로 운송업자의 운영비용, 특히 어느 특정시장의 비용과 시장그룹의 비용에 관해서 잘 알아야 할 필요가 있다. 또 교통서비스 생산비용을 조정하는 데 있어서 운송업자의 관리성과를 평가하는 어떤 방법이 필요할 것이다.

5 공공정책 평가

결국 수송비용은 효율성이란 목표(자원배분)에 입각하여 교통정책을 평가하는 가장 기본적인 것이다. 그 수송체계가 효율 외적인 목표(환경보존, 에너지절약 등)를 수립하게 된다면 그 수송체계로부터 그 목표를 달성하는 것이 비용면에서 효과적이냐 아니냐에 관한 연구가 필요하다.

19.3.2 교통수단의 비용특성

교통수단은 크게 철도, 도로, 항공, 해운 및 관로(管路)교통으로 나눌 수 있다. 이들은 속도나 용량, 적응성(adaptability), 투자비용 등 여러 면에서 큰 차이가 있다.

교통설비는 통로시설, 터미널시설과 같은 기반시설(basic facilities)과 차량, 선박 등과 같은 운영장비(operating equipment)로 나뉘며, 기반시설은 운영장비에 비해 수명이 길고 적응성이 적다.

기반시설에 대한 투자액의 대부분은 매몰(sunk)되거나 또는 단기가변비용을 초과하는 수입으로부터 상환이 가능하다. 터미널건물을 제외한 기반시설은 다른 용도로 전용되기도 어렵고, 또 투자비만한 금액으로 팔리지도 않는다. 반면에 운영장비에 대한 투자는 그것이

다른 곳으로 전용도 되고, 또 팔릴 수도 있어 상환이 가능하다. 이와 같은 차이로 해서 기반시설과 운영장비의 소유주는 서로 다를 수도 있다. 즉 기반시설은 공공투자에 의해서 마련되며 운영장비는 개인이 소유하는 경우가 많다. 기반시설은 두 가지 용량단위, 즉 km당 용량과 노선길이가 있다. km당 용량은 속도가 증가할수록 커진다.[15)]

1 비용함수

어느 교통수단의 톤-km당 비용은 터미널비용과 노선수송비용(line haul cost)의 합으로 나타난다. 또 이 비용들은 모두 수송량과 노선길이의 함수이다. 터미널비용은 노선구간에 걸쳐 분산시켜 톤-km당 터미널비용(C_t)으로 나타낼 수 있다. 즉 수송량 Q톤을 처리할 때의 톤당 터미널비용을 $f_1(Q)$라 하고 노선길이를 L이라 할 때, $C_t = f_1(Q)/L$이다. 그러나 톤-km당 노선수송비용(C_h)과 수송량 또는 노선길이와의 관계는 정립된 기준은 없으나 $C_h = f_2(Q, L)$로 표시할 수 있다. 따라서 톤-km당 총비용은 $C = f_1(Q)/L + f_2(Q, L)$로 나타낼 수 있다.

다음은 각 교통수단별 비용특성, 특히 도로부문을 중점적으로 설명한다.

철도의 비용(톤-km당)은 수송량이 적으면 커지고, 노선길이가 짧으면 커진다. 이용자의 운행비용을 포함한 도로의 비용분석은 유달리 까다롭다. 더욱 어려운 것은 도로를 건설하는 사람과 이용자가 다르다는 사실이다.

완전한 비용분석을 하기 위해서는 다음 사항을 알아야 한다.

① 도로비용(투자액에 대한 이자와 유지관리비)과 노반 및 노면상태와의 관계
② 각 용량에서 차량당(또는 톤-km당) 비용과 (i) 이용차량대수, (ii) 차량중량, (iii) 운행속도와의 관계
③ 톤-km당 차량운행비용과 (i) 차량중량, (ii) 운행속도, (iii) 노선길이, (iv) 노면상태(차량유지관리 및 감가상각에 영향을 주므로)의 관계
④ 속도 및 배달시간의 정확성, 수송 중의 손상 등으로 인한 비용

〔그림 19-6〕은 각종 도로상태에서 교통량에 따른 연간유지관리 및 건설비용(대-km당)을 나타낸 것이다. 이 그림은 중량이 같은 차량이 운행한다고 가정한 것이며, 이 그림에서 각 도로는 비용을 최소로 하는 최적교통량이 존재하며 이때의 비용은 각 도로에서 거의 동일하다는 것을 알 수 있다. 최적교통량보다 적은 교통량에서의 비용이 최적교통량 때보다 큰 이유는 차량당 도로건설비용 분담금이 크기 때문이며, 교통량이 클 때의 비용이 최적교통량 때보다 큰 이유는 차량당 도로유지관리 비용이 커지기 때문이다. 중차량은 특히 등급이 낮은 도로를 심하게 손상시키지만 화물을 기준으로 한 톤-km당 운행비용은 매우 적어진다.

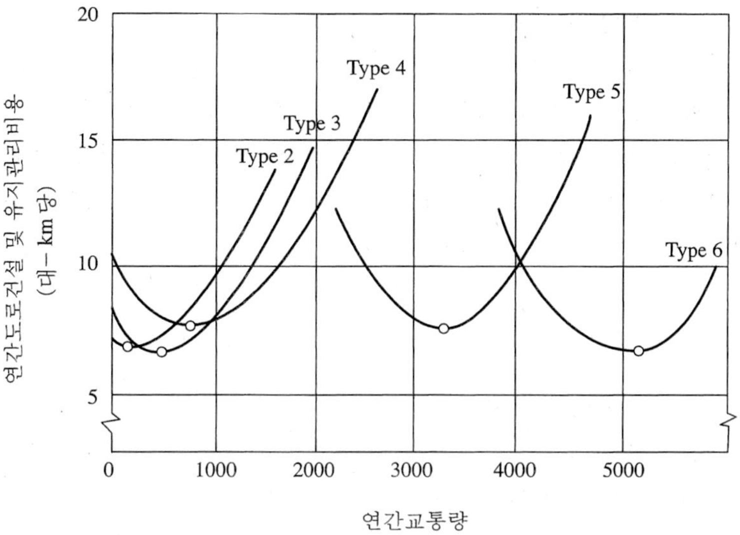

자료: 참고문헌(16)

〔그림 19-6〕 도로종류 및 교통량과 도로비용

같은 중량의 차량이 같은 교통량으로 도로를 이용할 때, 자갈 및 토사도로와 같은 등급이 낮은 도로는 장기적으로 볼 때 도로건설 및 유지관리비용이 포장된 도로에 비해 훨씬 크다. 포장된 고급도로는 차량의 중량과 교통량이 증가하더라도 장기적인 도로건설 및 유지관리비용은 그다지 증가하지 않는다.

승용차의 대-km당 운행비용으로 볼 때, 포장도로에 비해 자갈도로는 25%, 토사도로는 60% 더 높으며, 트럭이나 버스의 운행비용은 자갈도로는 50%, 토사도로는 100%가 포장도로에 비해 더 높다.[15] 차량의 감가상각비용도 마찬가지로 저급도로가 고급도로에 비해 높다.

어떤 크기의 차량이든 톤-km당 또는 대-km당 비용은 운행노선의 길이가 길수록 적어진다. 또 대량화물로 실어 나르는 것이 소량으로 여러 번 운행하는 것보다 훨씬 비용이 적게 든다.

총 노선수송비용(total line-haul cost) 추정의 마지막 과정은 도로비용과 차량운행비용을 합하고 이것과 각종 도로에 대한 교통량, 차량의 중량 및 속도와의 관계를 파악하는 것이다.

승객 인-km당 항공교통비용은 비행장 및 항공교통관제시설과 같은 기반시설뿐만 아니라 비행기 운항비용을 포함한다. 기반시설은 일반적으로 국가에서 마련하며 이중 일부비용은 이용자 분담금으로 충당한다.

항공사의 운영비용은 착륙요금(landing fee) 및 터미널시설 임대료에 비하면 매우 적은 편이다. 승객 인-km 또는 톤-km당 항공사의 비용은 비행기의 크기, 운항횟수 및 비행거리(stage length)에 따라 달라진다.

비행기가 일단 비행고도에 도달하면 km당 비용이 일정해지므로 비행거리가 길수록 비용(km당)은 적어진다. 그러므로 규모가 작은 항공사는 경제성이 없다.

연안해운의 기반시설비용은 일반적으로 낮은 편이며 이것도 국가에서 제공하는 경우가 많다. 해운은 일반적으로 속도가 느리고 하역시간이 많이 걸리므로(원유나 광석은 예외) 서비스의 질이 낮으나 그 대신 운영비용이 적게 든다.

2 교통시스템

교통수단의 운행노선은 교통시스템의 일부분이다. 그러므로 교통투자여부를 검토하기 위해서는 그 수단의 비용, 용량 등과 같이 단순한 기준만을 사용해서는 안 된다. 노선이 다르면 교통의 종류도 다르고 지형도 다르며 운송량도 달라진다. 결국 각 교통수단은 교통시스템내의 고유한 영역을 확보하고 있다. 그러나 한 교통수단이 적정하다고 해서 교통시스템 전체의 효율이 적정한 것은 아니다. 더군다나 시스템이 새로 계획되는 것이 아니라 대부분의 경우 어떤 교통시설은 이미 존재하여 운영되고 있다.

한 지역내의 교통시스템은 몇 개의 주간선(main route)이 있으며, 여기서 여러 방향으로 지선(feeder)이 갈라진다. 주간선은 일반적으로 용량이 크며 평균노선길이가 길다. 또 주간선은 한 교통수단에 의해 운영되며(특히 교통량이 많은 경우), 지선은 여러 개의 다른 교통수단이 운영된다.

대부분의 지역에는 교통시설이 있기 때문에 투자를 계획할 때는 우선 기존용량을 확충하고 노선을 연장할 수 있는가를 검토해야 한다. 기반기설로서 사용 가능한 시설이 있다면 추가투자비용은 자본비용(감가상각과 이자)과 유지관리비만 있으면 된다(기존투자에서 부채가 남아 있으면 현재의 투자는 부적절하다). 그러나 기존교통수단의 한계비용이 대체교통수단의 장기한계비용을 초과할 정도로 실제 교통량이 적거나 대체교통수단의 기술발전이 현저하다면 기존교통수단을 다른 것으로 대체하는 것이 좋다. 어떤 연구에 의하면 경철도의 기반시설을 개수하고 장비를 운영하는 데 드는 톤-km당 장기한계비용은 이와 평행하는 기존도로를 유지관리하면서 트럭이 운행하는 데 드는 장기한계비용보다 크다.[15)]

지선의 교통수단을 선택할 때 톤-km당 비용이 가장 적은 것이 반드시 가장 좋은 수단은 아니다. 왜냐하면 주간선과 지선의 교통수단이 서로 다르면 화물을 옮겨 싣는 데 비용이 많이 들기 때문이다. 같은 이유로 해서 교통량이 적은 지선도로와 여러 곳에서 연결되는 주간선이 철도이면 오히려 비효율적일 수가 있다.

교통시스템을 계획할 때 또 한 가지 고려해야 할 사항은 소득 수준의 향상이다. 소득 수준이 높아지면 수송물품의 대부분은 제조상품이다. 따라서 생산자는 재고/판매량의 비를 줄이기 위하여 생산시설을 시장 가까이 두고 신속한 배달을 하도록 한다. 철도운임이 낮은 데도 불구하고 상품수송에 도로를 많이 이용하는 것은 이 때문이다.

항상 그런 것은 아니지만 개발의 초기단계에서는 도로시스템이 국가수송수요를 만족시키는 가장 효율적인 수단이다. 이때 적은 교통량을 처리하는 데 적합한 자갈도로를 새로이 건설하더라도 철도보다는 훨씬 비용이 적게 든다. 이 경우 도로의 용량은 교통량의 증가에 따라 증가시킬 수 있으며, 투자에 대한 횟수의 불확실성도 철도보다 적다.

19.3.3 비용 산정

운수사업의 비용을 산정하기란 매우 어렵다. 그 이유는 비용이란 어떤 비용을 말하는가 하는 개념상의 문제도 있고, 비용을 추정하는 과정의 어려움도 있고, 또 하주와 운송업자가 부담하는 비용이 서로 다를 뿐만 아니라 사회비용은 또 별도이기 때문이다.[17]

1 비용의 정의

비용을 생각할 때는 고정비용(fixed cost), 가변비용(variable cost)과 총비용(total cost)을 구분해야 하고 한계비용과 평균비용을 구별해야 할 필요가 있다. 총비용은 고정비용과 가변비용을 합한 것이며, 가변비용이란 주어진 수송설비와 수송장비에 대해서 수송량에 따라 변하는 비용으로서 노임, 재료, 에너지 등이 있다. 반면 고정비용은 수송량에 관계없는 비용으로서 수송설비와 수송장비에 대한 임대료와 이자, 관리비용 등을 말한다. 이와 같은 각 비용의 수송량 한 단위에 대한 비용을 평균비용이라 하며, 또 수송량 한 단위가 추가됨에 따라 부가되는 비용을 한계비용이라 한다. 만약 평균비용이 적어지면 한계비용은 평균비용보다 적으며, 평균비용이 증가하면 한계비용은 평균비용보다 크다. 이와 같은 비용은 고려하는 대상기간에 따라 그 가변성이 달라진다. 즉, 고려하는 대상기간이 길면 고정비용도 가변적이며, 결국 모든 비용은 장기적으로 볼 때는 가변적이다. 장기비용(long-run cost)의 중요성은 장래에 있어 기존사업을 확대하거나 축소하기 위해 또는 새로운 사업을 시작하기 위해 계획을 수립하는 데 필요한 비용이므로, 장기란 결국 계획기간(planning horizon)이라 할 수 있다. 운수사업에서는 예상되는 수송량에 대하여 총비용을 최소화하는 사업규모를 결정하고, 일단 사업규모가 결정되면 사업의 운영에 실제로 중요한 것은 단기비용(short-run cost)이다. 그러므로 장기비용곡선은 각 수송량에 대해 적정화된 사업규모에서 최소 단기비용을 나타내는 점들의 집합이다. 〔그림 19-7〕에서 볼 수 있는 바와 같이 Q의 수송량을 처리하고자 할 때 S_1의 규모로 사업을 운영하면 d_1의 단기총비용이 들지만 S_2의 규모로 사업을 운영하면 단기총비용은 d_2이다. S_2가 Q를 처리하기 위한 적정 사업규모라고 한다면(즉, Q에 대한 비용이 d_2보다 적은 경우가 결코 없는) d_2는 Q를 처리하기 위한 장기(다시 말하면 규모 적정화 후) 최소비용과 같다.

비용곡선은 하나의 상품을 생산하는 기업에 관한 것이므로 산출물(output)의 단위 또한 한 가지이다. 그러나 운수회사는 다양한 서비스를 제공하므로 산출물의 단위는 여러 가지이다. 예를 들어 철도산업에서 화차-km 단위가 톤-km 단위보다 적절하기 때문에 더욱 많이 사용된다. 뿐만 아니라 취급하는 상품도 다양하다. 예를 들어 상하기 쉬운 채소의 톤-km당(또는 화차-km당) 운임은 석탄의 운임과는 큰 차이가 있을 것이다.

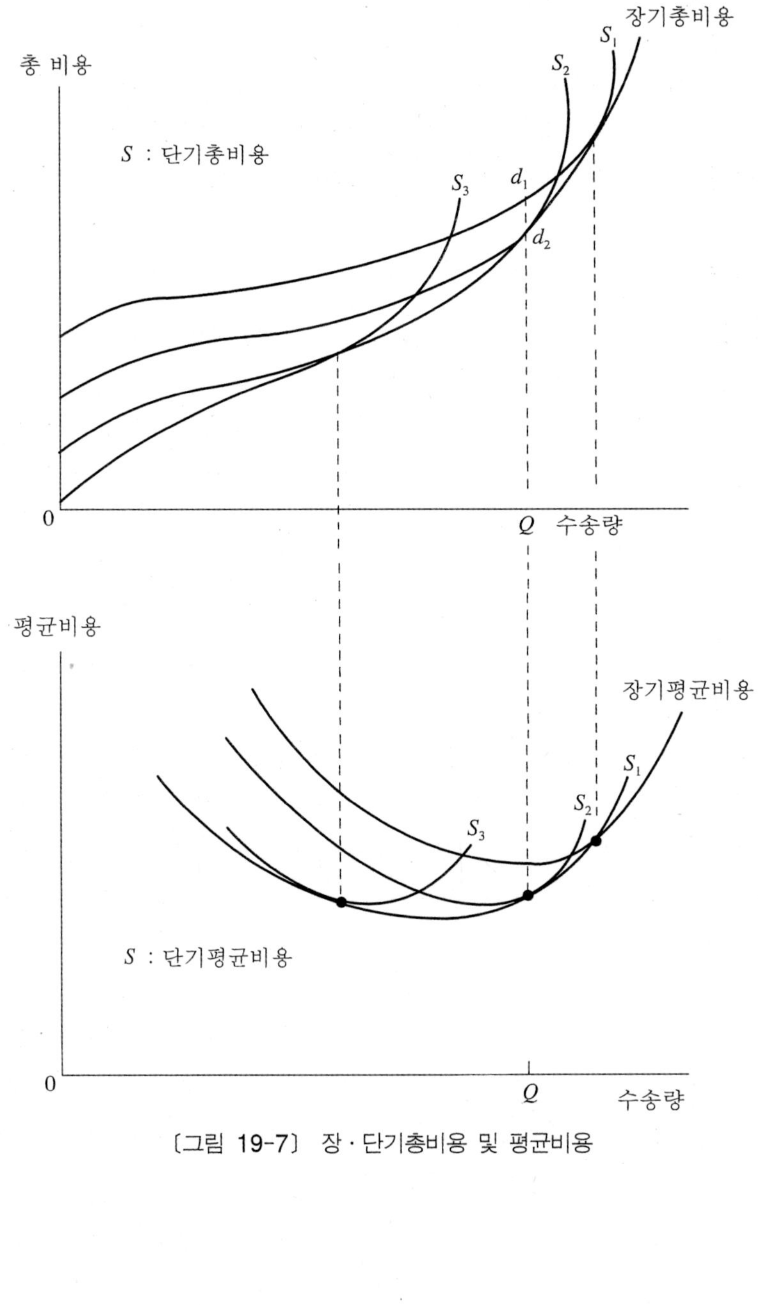

〔그림 19-7〕 장 · 단기총비용 및 평균비용

만약 공공수송정책의 목표가 수송수단 상호간에 장기적인 조화를 추구하는 것이라면, 여러 가지 수송수단의 상대적인 비용을 비교할 때 사용되는 비용은 장기한계비용이다. 이 비용은 운송업자(carrier)가 그의 자본을 어느 정도 온전하게 유지하면서 사업을 지속할 때 당면하게 되는 절대최소비용으로서 운송업자의 실지출비용(out-of-pocket cost)이다. 이 비용은 사회적 가치를 나타내기 때문에 여러 수송수단의 고유한 장점을 반영하며, 이 비용을 이용하여 화물수송을 여러 수송기관에 개략적이며 합리적으로 할당할 수 있다.

2 비용산정

실지출비용을 산정하기란 매우 어렵다. 운송사업은 여러 가지의 서비스를 생산하고, 또 여러 가지 공통비용(common cost)과 결합비용(joint cost)을 갖기 때문에 특정비용을 산정하는 데는 어느 정도 임의로 하지 않을 수 없다. 특히 고정비용과 공통비용 부분이 비교적 크고, 다양한 서비스를 제공하는 철도에서 더욱 그러하다. 미국의 ICC(Interstate Commerce Commission)는 광범위하고 쉽게 사용할 수 있는 실지출비용을 산정한 바 있다.[10] 이 산정자료에 의하면 철도의 장기비용을 실지출비용과 고정비용으로 나누고, 실지출비용은 화물취급비용, 임대료, 세금 등을 포함한 총비용 중에서 수송량의 변화에 따라 변하는 가변비용(variable cost)을 말하며, 총비용 중에서 그 나머지는 고정비용이다. 실지출비용은 단기가변비용보다 조금 많은 편이며 장기한계비용과는 매우 비슷하고, 또 이것은 총비용의 약 80%를 점한다고 했다. 그러나 이와 같은 ICC의 산정에는 논리적으로나 실용적인 면에서 많은 오류가 있다고 여러 사람들이 지적한 바 있다.

반면에 Meyer, Peck, Stenason 및 Zwick 같은 학자들은 이중회귀분석기법을 이용하여 철도의 장기한계비용을 산정했다. 그러나 어느 방법을 사용하여 비용을 산정하든지 가장 어려운 문제는 서비스를 생산하는 시점과 그로 인해 야기되는 유지관리비지출의 시점이 차이가 나기 때문에 생산과 거기에 해당하는 비용의 관계를 명확히 밝힐 수 없다는 것이다. 비용산정의 더 자세한 내용은 본 과정의 범위를 벗어나므로 생략한다.

3 사회비용

수송의 사회비용은 하주와 운송업자의 관점에서 각각 달리 평가된다. 하주의 입장에서 본 비용은 집배비용을 포함한 터미널비용, 운임 및 보관비용 등이다. 운송업자에게 부과되는 비용은 운송에 관련된 비용과 회사를 유지하기 위한 정상이윤이다.

사회비용이란 상품이 출발지에서부터 목적지까지 수송되는 데 필요한 상품취급, 집배, 노선수송(line-haul), 재고관리 등에 소모되는 자원비용을 말한다. 운송업자 비용은 다음과 같은 이유로 해서 자원비용을 모두 망라하지 않는다. 즉, 첫째 하주나 수하자가 직접 상품을 취급하고 집배하는 경우가 많고, 둘째 수송로부지는 보조를 받거나 세제상의 혜택을 받기 때문에 운송업자 부담비용은 그만큼 적어지며 셋째, 운송업자는 일반적으로 운송화물의 재고관리비용을 부담하지 않아도 된다. 그러나 운임과 비용과는 직접적인 관계가 없기 때문에 하주부담비용은 대개 사회비용과 구별된다.

수송의 사회비용은 3가지 구성요소, 즉 터미널비용, 노선수송비용(line-haul cost), 재고관리비용으로 세분할 수 있다. 터미널비용은 화물의 최초 출발지에서부터 터미널까지 및 터미널에서부터 최종목적지까지의 집배비용, 수송차량에 싣고 내리는 데 드는 비용, 그리고 비용을 청구하고 수취하는 데 드는 비용을 말한다. 노선수송비용은 출발지와 목적지 사이에 차량을 운행하는 데 드는 비용과 차량의 유지관리비용, 수송로를 건설하고 유지관리하는 데 드는 비용 및 기타 overhead의 할당분이다. 재고관리비용은 수송 중인 화물이 동산의 형태이므로 적하시간과 적하규모 등으로 인해서 추가적으로 발생되는 비용을 말한다. 이러한 비용은 수송수단의 종류와 적하의 형태에 따라 변한다. 비용은 특히 상품의 밀도, 일정시간 동안의 적하능력, 상품의 성질(부서지기 쉬운 또는 상하기 쉬운 정도)에 민감하므로 살화물(bulk cargo)과 고가화물의 노선수송 및 터미널비용은 같은 수송수단에서 서로 차이가 난다. 그러므로 이들 상품의 종류에 따라 수송비용은 달리 산정되어야 한다.

상품을 수송하는 데 있어서 각 수송수단이 갖는 고유의 장점을 최대한 이용하기 위해서는 수송되는 상품을 3가지 그룹으로 나누어 취급한다. 즉, (i) 조밀하고 가치가 낮으며 분량이 많고 부패성이 적으며 부서지는 성질이 없는 살화물(원유, 곡물, 석탄, 골재 등), (ii) 밀도가 적고, 가치가 매우 높으며, 상품에 따라서는 부서지기 쉬운 성질이 있는 제조상품, (iii) 가치가 매우 크며 분량이 적고, 어떤 상품은 부패성과 부서지기 쉬운 성질이 매우 큰 상품(전자제품, 생화, 고급의상 등)이다.

이와 같은 상품의 특성에 따라 요구되는 수송서비스의 종류도 다르다. 가장 기본적인 서비스의 종류는 (i) 밀도, 즉 부피당 무게, (ii) 운송량, 즉 단위시간당 소요 수송서비스량, (iii) 부피당 생산물의 가격 등과 같은 것이 있다. 이외에도 어떤 생산물은 부패성, 부서지기 쉬운 성질, 휘발성 등과 같은 특성을 가지고 있으므로 이에 따라 수송서비스가 달라진다. 운송비용(또는 운임)은 유통시스템내에서 이와 같은 각종 특성을 가진 상품의 흐름이 갖는 실상을 반영하게 되며, 이 상대적인 비용이 수송수단선택의 기본적인 결정요인이 되므로 결국 상품의 특성에 따라 수송수단이 결정된다고 할 수 있다. 또 이와 같은 각 수단간의 상대적인 비용 비교는 효율적인 공공운송정책 수립의 기본적인 요소이다.

그런 수송수단의 선택과 공공정책을 입안하는 데는 전적으로 수송비용만 고려하는 것은 아니다. 각 수송수단이 갖는 수송서비스의 마케팅과 서비스능력도 중요한 변수이다. 트럭이 철도보다 인기가 있는 것은 운송비용의 차이 때문이 아니라 중앙집중적이며 관료적인 철도운영에 비해 분산운영과 연합된 서비스 마케팅 기구를 가진 트럭이 더욱 탄력적으로 하주의 요구에 부응할 수가 있기 때문이다.[18)]

4 고가상품의 수송비용

철도의 터미널운영은 트럭터미널보다 훨씬 더 복잡하므로 살화물이 아닌 모든 화물의 터미널비용은 철도가 훨씬 비싼 편이다. 기본적인 트럭터미널운영, 즉 집배, 화물취급, 비용청구 및 수취의 행위는 철도의 운영과 비슷하다. 그러나 트럭에 실린 화물은 목적지에 직접 가는 대신에 철도화물은 출발지에서 중량을 재고, 분류를 하며, 해당되는 차량에 옮겨 실은 후에 목적지에 가서도 비슷한 과정을 거친다. 그러므로 철도에서 화차에 화물을 가득 싣는다면 철도의 터미널비용을 트럭비용보다 낮출 수 있을지 모르지만, 대략 30톤 이하의 수송화물에 대해서는 트럭터미널비용이 철도터미널비용보다 적다.[17)]

살화물을 장거리수송할 때의 노선수송비용은 철도가 트럭보다 훨씬 적다. 살화물이 아니라 트럭의 최대용량과 같은 20~30톤을 실어 나르더라도 노선수송비용은 항상 철도가 트럭보다 적다. 일반적으로 철도가 트럭에 비해 적은 비용을 갖는 한계점은 480 km 정도 이상이라고 알려지고 있다.[14)]

트럭은 철도에 비해 재고관리의 이점을 가지고 있다. 철도는 운영특성상 트럭보다 더 많은 재고를 가지지 않을 수 없어 재고관리비용이 트럭보다 크다. 재고관리비용은 적하규모와 적하시간에 좌우된다. 적정화차용량은 트럭용량의 약 2배가 되므로 하주가 철도를 이용할 경우 더 많은 재고를 가지지 않을 수 없다. 또 철도의 화물처리가 트럭보다 훨씬 느리므로 하주는 더 많은 재고를 가지고 있어야 한다. 결과적으로 철도수송에서 재고의 증가는 재고비용의 증가를 가져오게 된다. 또 고가품의 재고관리비용은 매우 크며, 반대로 염가품의 재고관리비용은 거의 무시할 수 있을 정도로 적다. 따라서 고가품을 철도로 수송할 경우 재고관리비용은 명목상의 철도비용을 적어도 50% 이상 증가시킨다.

철도 혹은 트럭비용이 다른 사회비용을 감안하여 더 조정될 필요가 있는가 하는 논란이 있다. 이 쟁점은 다음 두 가지 때문에 야기된다. 즉, (i) 철도부지가 지방재산세의 대상이 되는가, (ii) 트럭이 도로건설비용에 대한 그들의 몫을 부담해야 하는가이다. 첫 번째 쟁점은 철도가 국유사업이며 그 부지 또한 국유지이므로 과세대상에서 제외되지만 다른 나라처럼 개인사업이라면 당연히 과세대상이 되며 그 세금은 부지 유지관리비와 다를 바 없이 사회비용에 포함된다. 두 번째 쟁점인 도로부지는 공공기관에서 건설한 것이며 공익을 위한 것이므로 재산세의 대상이 될 수 없다. 그러나 트럭이 도로건설 및 유지관리비용의 일부를 부담해야 하는 것은 당연하다. 트럭과 개인승용차가 같이 이용하는 도로시설의 비용부담은 그 차량이 요구하는 설계표준(design standards)에 비례해서 건설비용을 할당하고, 또 그 차량이 도로를 마모시킨 정도에 비례해서 유지관리비용을 할당하는 것이 합리적이다.

앞에서도 설명한 것처럼 트럭터미널비용이 상대적으로 낮고, 철도 노선수송비용이 상대적으로 낮으므로 이 두 가지 운용양식을 결합하면 경제적인 이점을 얻을 수 있다. Piggyback

은 바로 이와 같은 운용방법을 채택한 것으로서 트럭의 트레일러를 철도의 무개차에 실어(Trailer on Flat Car : TOFC) 수송하는 것으로 철도의 장점과 도로의 장점을 취합한 것이다. 이 piggyback 방식은 대부분의 고가상품을 중간 정도의 적하규모로 중간 정도의 거리를 운송하는 데 확실한 비용절감을 가져온다.

5 살(撒)화물 수송비용

살화물(bulk cargo)은 일반적으로 가치가 적으므로 대량으로 수송된다. 그러므로 살화물을 수송하는 데 적합한 교통수단의 중요한 특성은 해운, 철도, 관로 등과 같이 싼 단위비용으로 매우 큰 규모의 적하를 처리할 수 있는 능력이 있어야 한다.

해운의 종류는 여러 가지가 있으나 우리나라에서는 철도와 경쟁의 입장을 보이는 연안해운을 중요시한다. 다른 상품과 마찬가지로 해운에 의한 살화물수송의 사회비용도 터미널비용, 노선수송비용, 재고관리비용을 포함한다. 터미널비용은 적하되는 화물의 종류와 최초 출발점(또는 최종도착점)에 관한 해운터미널(항구)의 위치에 따라 변한다. 화물의 최초 출발지(또는 최종목적지)가 내륙이면 해운터미널까지(또는 부터)의 집배는 철도에 의존하는 수가 많다. 대부분의 해운터미널은 한 가지 화물만을 취급하게끔 특성화된다. 어떤 터미널은 펌프식으로 원유나 곡물을 취급하도록 설비되어 있으며, 석탄 및 광석을 취급하는 곳은 대형 삽 및 컨베이어 벨트로, 목재 및 원목은 크레인으로, 포장화물도 크레인으로 처리하도록 설비되어 있다. 그러므로 비용은 적하량이나 기계화의 정도 등에 따라 달라진다. 그러나 일반적으로 기계화가 많이 될수록 노임과 선박의 정박 및 운용비용을 줄이게 되므로 터미널비용은 적어진다. 그래서 해운은 신속히 하역시키는 특수설비가 있고, 또 저급 및 중급가치의 화물을 장거리수송할 때의 낮은 노선수송비용은 높은 터미널비용을 상쇄시킬 수 있으므로 살화물을 수송하는 데 가장 효율적이라 할 수 있다.

일반적으로 수로(waterway) 개발은 정부에서 하고 운송자에게는 무료로 이용하게 함으로써 명목상의 비용과 실제 사회비용은 차이가 난다. 그러나 미국에서는 운송자가 무료로 수로를 이용하게 함으로써 부당하게 철도와의 경쟁력을 강화시킬 뿐만 아니라 정부투자의 정당성에도 문제가 있다는 것을 지적하는 사람이 많다.[17)]

살화물은 가치가 낮은 상품이므로 재고관리비용이 그다지 중요하지 않다. 예를 들어 목포에서 인천까지 곡물을 수송하는 데 철도를 이용하면 10시간, 바지선으로 수송하면 40시간이 걸리고, 곡물 1톤당 1시간 지체비용이 0.5원, 두 지점 간의 거리를 다 같이 300 km라고 한다면, 재고비용의 차이는 $(40-10) \times 0.5/300 = 0.05$ 원/톤·km으로써 수송비용에 비해 매우 작은 값이다.

살화물을 철도로 수송할 때의 비용은 사용되는 화차의 용량과 단위열차당 수송능력에 크게 좌우된다. 예를 들어 70톤을 싣는 화차를 이용할 때의 톤·km당 수송비용(터미널비용, 노선수송비용, 재고관리비용 포함)은 40톤 화차를 이용할 때에 비해 약 75%밖에 되지 않는다. 또 많은 화차를 연결하여 단위열차당 수송능력을 높이면(예를 들어 100톤 화차 100대를 연결한 열차) 바지선수송과 경쟁할 정도까지 수송비를 줄일 수 있다.

관로수송은 원유, 천연가스, 석유뿐만 아니라 석탄 및 광석 등도 수송할 수 있으며 다른 어떤 수송수단보다 수송비가 싸다. 만약 석탄을 수송하기 위해서는 액화 및 건조과정이 필요하므로 추가적인 비용이 들기 때문에 철도운임이 아주 낮으면 경쟁이 되지 않는다.

비용은 수송상품의 종류, 수송거리 및 적하규모에 따라 다르기 때문에 각 수송수단의 수송비용을 간단하게 비교할 수는 없다. 철도는 아주 효율적으로 운영된다면 해운과 경쟁이 가능하며, 더욱이 piggyback 운영은 기존철도나 트럭보다 유리하다.

6 승객수송

화물특성과 마찬가지로 승객특성은 통행목적에 따라 각종 교통수단의 상대적인 장점을 이용하게 된다. 승객수송의 적절한 분담을 결정하는 것은 매우 복잡하다. 왜냐하면 화물수송과는 달리 이용자가 수송수단을 선택하는 데 있어서 비용을 크게 중요시하지 않기 때문이다. 승객이 수송수단을 선택하는 데 고려하는 요소는 속도, 편리성(특히 운행빈도와 소화물 운반능력), 프라이버시, 쾌적성, 주변의 경관, 차내 서비스의 질과 다양성 등이며, 통행목적에 따라 이용자는 이들 각 특성의 중요성을 다르게 평가한다.

승객수송을 통행목적별로 분류하는 데 있어서 맨 먼저 해야 할 일은 도시간과 도시내 통행을 구별하는 것이다. 도시간 통행은 위에 열거한 모든 특성을 중요시하는 여행목적통행과 속도에 특히 중요성을 부여하는 사업목적통행이 있다. 도시내 통행에는 정시성(定時性)을 중요시하며 편리성, 쾌적성, 프라이버시는 대수롭지 않게 생각하는 출퇴근목적통행(등하교 포함)과 편리성, 특히 소화물 운반능력을 중요시하는 쇼핑목적통행, 프라이버시, 쾌적성 등을 중요시하는 위락목적통행이 있다.

승객수송에 사용되는 버스, 승용차, 철도, 비행기 등의 수송비용을 한계비용으로 따지면 거의 비슷하다. 그러므로 수송수단의 선택은 비용의 단순한 비교보다도 서비스의 질에 따라 결정된다. 예를 들어 쇼핑이나 위락목적처럼 편리성, 프라이버시, 쾌적성을 중요시하고 속도에는 개의치 않는 통행에는 절대적으로 승용차를 많이 사용한다. 반면에 출퇴근통행은 이와 양상이 다르다. 대도시의 경우 승용차로 출퇴근하는 비용은 매우 클 뿐만 아니라 혼잡으로 인한 시간소모 때문에 버스나 전철이 인기가 있다. 전철은 접근하기 불편하고 융통성이 적은 교통수단이지만 빠르고 정시성을 가지고 있으므로 규칙적인 출퇴근통행을 위해서는 많이 이용된다. 그러나 전철역까지 가고 또 기다려야 하므로 통행시간은 버스나 승용차에 비해 더 걸릴 수도 있다.

버스는 전철보다 편리하나 승용차보다는 이용이 불편하다. 또 프라이버시 측면이나 자리를 잡지 못하고 서 있을 확률로 볼 때 서비스의 질이 전철보다 크게 나을 것이 없으며 승용차보다는 못하다. 물론 버스의 속도는 전철보다는 승용차와 비슷하다.

도시부에서 출퇴근시간의 혼잡을 완화시키기 위해서는 요금체계를 조정하여 사람들이 버스를 이용하거나 자동차합승을 하도록 경제적인 유인책을 씀으로써 첨두시간에 도로의 승객수송능력을 증가시켜야 한다. 그렇게 되면 또 버스의 통행속도가 높아져서 버스이용객을 유인하는 상승작용을 한다. 버스는 단위서비스당 차량구입에 투자되는 비용이 전철보다 훨씬 적기 때문에 버스 이용이 확대되면 전철이용객이 증가하는 것보다 사회비용이 적게 들어 유리하다.

도시승객의 경우 여행목적통행은 승용차가 가장 편리한 수단이다. 그러나 사업목적통행은 속도를 중요시하므로 고속철도나 항공을 주로 이용하거나 통행길이가 짧거나 소화물을 지참하고 있는 경우에는 승용차를 이용한다. 이와 같은 경향은 시간이 지나도 현저하게 바뀌지 않을 것이다.

19.3.4 운임결정의 원리

가격이론이 경제이론의 중심인 것과 같이 운임이론은 교통경제이론의 중심이다. 일반상품의 가격과 마찬가지로 교통서비스에 대해서 지불되는 보수, 즉 운임을 교통서비스의 가격으로 간주해도 무방하다. 일반적으로 가격은 수요와 공급과의 균형점에서 성립된다. 이것은 자유경쟁체제하에서 가격의 매개변수적 기능(parametric function of prices)을 원활히 수행할 수 있는 가격구조(price mechanism)에서만 가능하다. 가격의 형성은 단기냐 장기냐에 따라 다르며, 전자의 경우는 수요가격(demand price), 후자의 경우는 공급가격(supply price)이라 볼 수 있다.

운임학설로는 지금까지 운송가치설(value of service theory)과 운송비용설(cost of service theory)의 두 가지 큰 줄기가 있는데 전자는 수요가격에, 후자는 공급가격에 중점을 두는 것이다.

1 운송가치설

운송의 경제적 기능은 화물의 공간적 효용(place utility)을 증대시키는 데 있는 만큼 이에 대해 지불되는 대가로서의 운임은 당연히 그 증대된 효용에 근거를 두어야 한다. 이러한 의미에서 어느 운송서비스가 갖는 가치는 그것의 한계효용, 즉 한계운송단위(톤·km)의 가치증가분에 의하여 결정된다. 이 가치증가는 이동되는 두 지점간의 수요가격의 차이이므로 결국 운임의 최고한도는 이 차이보다 클 수 없다.

운송가치설은 전통적으로 운송부담력설(the "charging what the traffic will bear" principle)이라고 불렀는데 이 "이용자가 감당할 수 있는 것"은 앞에서 말한 운송대상의 가치증가분에 의해서 결정된다.[19] 이처럼 운송거리나 운송비용에 관계없이 운송부담력에 의해 운임을 결정하는 데는 수송수단 간의 경쟁을 배제한 독점적인 성격을 전제로 하고 있다. 이 이론에 의하면 같은 상품이라 하더라도 수요가격이 시장마다 다르므로 이에 따라 운임에 차등을 두어 소비자잉여(consumer surplus)를 최소화함으로써 전 시장의 독점적 이윤을 극대화하기 때문에 수요가격에 중점을 두는 학설이라고 한다. 또 같은 시장으로 수송되더라도 수송되는 상품의 종류에 따라 운송부담력이 다르므로 상품에 따라 운임이 달라진다. 일반적으로 고가품은 염가품에 비해 운송부담력이 크므로 운임이 높다. 따라서 운송부담력은 수송대상화물, 지역, 수요자에 따라 차이가 나므로 결국 운송가치설에 의한 운임은 차별운임(discrimination rates)의 형태를 취한다고 볼 수 있다. 철도운임은 운송가치설의 원리하에 차별운임형태를 취하며, 이를 철도화물등급표로 공시하여 사용하고 있는 나라가 많다. 화물등급표는 화물의 가격을 기준으로 하여 가치밀도(중량, 용적에 대한 가격의 비)가 큰 화물일수록 운송부담력이 크다고 간주하여 이것의 크기에 따라 등급을 매기고 부차적으로 운송비용도 고려하여 운임의 크기순으로 최종등급을 매긴다. 여기서 가치밀도(value density)[20]가 큰 화물은 운송비용이 적게 드는 반면 운송부담력이 크며, 반대로 가치밀도가 작은 화물은 운송비용이 많이 드는 반면 운송부담력이 적다. 따라서 꼭같은 상품이라 할지라도 그 가치에 따라서(충전된 건전지와 그렇지 않은 건전지의 경우처럼) 운송부담력이 달라지며 화물등급도 달라진다.

화물의 운송부담력이 운임결정의 주요 기준일 뿐만 아니라 화물의 도착지, 발송지, 화물의 용도에 따라 운임이 달라지는 경우도 있다. 예를 들어 도착지가 다른 동종의 화물이 같은 노선을 경유할 때 그 중 도착지가 먼 화물에 부가되는 그 노선운임은 가까운 화물보다 적다. 마찬가지로 발송지가 먼 곳에서 와서 어떤 노선을 이용하는 경우의 운임은 그 노선의 가까운 곳에서 그 노선을 이용하는 운임보다 싸다. 이와 같은 경우는 물론 완전한 자유경쟁하에서는 발생하지 않으나 정부의 수출장려정책이나 철도의 독점하에서 자유경쟁이 제한을 받는 경우에만 가능하다. 또 어떤 상품의 가격이 동일하다 할지라도 그 용도에 따라 운송부담력이 달라져 운임이 달라질 수 있다(예를 들어 전기재료로 쓰이는 구리와 지붕을 덮는 데 쓰이는 구리). 그러나 이와 같은 용도주의(use principle)는 다분히 주관적이기 때문에 운임을 인상 또는 인하시키기 위한 핑계로 남용될 우려가 있어 이를 채택하는 데는 극히 유의해야 한다.

결론적으로 운송가치설의 적용은 수요를 어느 정도 분리할 수 있는가, 시장을 어느 정도 세분할 수 있는가에 달려 있으며, 만약 어떤 상품이 사회경제적 사정에 의해 이 전제를 충족시키지 못한다면 그에 따른 화물등급표의 작성이나 적용을 어느 정도 변경해야 한다.

2 운송비용설

운수사업 특히 철도에서는 고정자본의 비율이 크며 그 시설의 경제수명이 길고 정확한 원가계산이 어렵기 때문에 자칫하면 운송비용이 갖는 의미를 엄격하게 추구하지 못할 우려가 있다. 그러나 적어도 지속적인 경영을 하려면 여기에 투자되고 발생되는 모든 비용을 회수해야 한다. 따라서 운송비용은 당연히 운임결정의 중요한 기준이 될 수 있다. 운임은 수요의 함수임과 동시에 비용의 함수이기도 하다. 운송가치설이 "이용자가 감당할 수 있는 것"을 기준으로 하여 운임의 최고한도를 결정하는 이론임에 반해 운송비용설은 "철도가 감당(부담)할 수 있는 것(what the railway can bear)"을 기준으로 하여 운임의 최저한도를 정하는 이론이 된다.[21]

그러나 개개의 화물은 운송하는 데 소요되는 비용을 절대적으로 산정하는 것은 대단히 어려우므로 각 화물의 "비교운송비용의 방법(method of comparative cost of transportation)"을 사용하기도 한다. 이 방법에서 논의되는 운송비용은 소위 방증자료에 불과하며, 이것으로 합리적인 운임결정을 할 수 없다. 운임결정에 있어서 주도적인 역할을 하는 것은 대부분의 경우 운송가치이며, 운송비용은 소극적, 부차적 의미밖에 갖지 못한다. W.Z. Ripley의 표현을 빌리면 그것은 "운송가치설에 대한 하나의 중요한 통제수단"에 불과하다.[22] 일반적으로 경쟁에 약하고 독점이 강해 운송수요의 탄력성이 적을 때는 운송가치가 운임결정의 기준이 되며, 경쟁이 강하고 운송수요의 탄력성이 클 때는 운송비용이 운임결정의 기준이 된다.

19.3.5 운임의 형태

운임의 구체적인 형태에는 여러 가지가 있으나 역사적 발전과정으로 볼 때 계약운임(contract rates)과 표정운임(tariff rates)으로 나눌 수 있다. 역사적으로 볼 때 common carrier의 초기에는 운송조건이나 내용은 개개의 수요자와 운송자 사이에서 결정되었다. 따라서 운임도 계약 때마다 결정되었으며 여기에는 어떤 기준형태가 없었다. 지금도 극히 소범위의 운송수요자를 상대로 하는 수송수단은 이와 같은 운임형태가 있을 수 있다. 그러나 경제발전에 따라 운송량이 증가함과 동시에 운송상의 자연적 장애를 극복할 수 있는 교통기술이 발달하여 운수사업이 일정한 형태를 나타내게 되었고, 유사한 형태의 운송에 대해서는 동일한 운임을 적용하는 것이 운송자나 수요자 쌍방에 다같이 유리하고 편리하게 되었다. 그렇게 하는 것이 작업이나 채산을 합리적 또는 계획적으로 운영하기가 쉽기 때문이다. 그 결과 일정한 내용이나 형태를 가진 운송에 대해서 미리 일정한 형식을 가진 일람표식으로 운임을 공시하고 이를 지속적으로 실시하는 방법이 일반화되었다. 이렇게 되면 개개의 운송에 대하여 에누리가 생길 여지는 거의 없고 운임을 포함한 운송계약상의 여러 조건이 일방적으로 정해진다. 이와 같이 불특정다수의 수요자를 상대로 하는 운임형태를 표정운임이라 한다.

1 운임형태의 분류

운송가치(운송부담력)를 운임결정기준으로 삼는 경우와 운송비용을 운임결정기준으로 삼는 경우에 따라 운임형태는 두 가지로 나누어진다. 이것을 화물운임에 대해서 말하면 다음과 같이 간단히 요약할 수 있다.

- 운송부담력 기준운임(차별운임)
  - 화물부담력 기준운임(commodity discrimination rates)
  - 하주부담력 기준운임(personal discrimination rates)
  - 장소부담력 기준운임(place discrimination rates)
- 운송비용 기준운임(무차별운임)
  - 화물중량 기준운임
  - 운송거리 기준운임

말할 것도 없이 운송비용의 많고 적음은 단순히 화물중량과 운송거리에만 영향을 받는 것이 아니고 그 밖에 연료소모량, 작업종사원수, 운송시간 등에도 영향을 받는다. 그러나 앞의 두 변수는 운송에서 발생하는 가변비용을 비교적 직접 표현할 뿐만 아니라 자의를 허용하지 않는 객관적 숫자로 나타낼 수 있기 때문에 운임산정에 극히 간편하게 사용되는 변수이다.

운임형태에 대해서 간략하게 설명하면 다음과 같다. 여기서 특히 화물운임을 대상으로 한 이유는 화물운임의 형태가 여객운임의 형태에 비해 경제적으로 중요할 뿐더러 이론적으로도 취급해야 할 문제점을 많이 포함하고 있기 때문이다.

(1) 차별운임과 무차별운임

무차별운임이란 하주, 화물, 운송구간 등이 갖는 운송부담력에 관계없이 주로 운송비용이론에 입각하여 톤·km를 단위로 하는 운임이다. 이 단위는 객관적인 기준이기 때문에 운임산출이 매우 간단하게 되므로 natural rates라고도 한다. 그러나 너무나 단순한 비용이론에 입각하여 수급관계의 차이를 무시함으로써 오히려 불공평, 불합리한 점도 있을 수 있다.

차별운임(discrimination rates)은 운송비용보다 운송부담력을 중시하여 운송화물의 가격, 운송의 형태, 시장경쟁관계 등에 따라 운임에 차등을 둔다. 때와 경우에 따라서는 운송비용은 동일한데도 불구하고 운송하는 화물, 하주, 운송구간에 따라 운임에 차등을 둔다.

화물차별운임은 소요운송비용이 동일한데도 불구하고 화물의 가격(운송부담력)에 따라서 운임에 차등을 두는 것이다. 하주차별운임은 다른 것은 모두 동일한데도 탁송하주에 따라 차별을 두는 경우로서 불공정한 암운임(midnight tariff) 등을 말하나 국가의 사회, 경제 정책에 의해서 오히려 정당화 또는 권장되는 경우도 있다. 운송구간(장소) 차별운임은 같은 회사가 경영하는 노선 중에서 경쟁노선은 운임을 싸게, 독점노선은 운임을 비싸게 차별하는 경우, 또는 같은 운임을 적용하지만 경쟁노선에는 최신차량, 독점노선에는 노후차량을 운영하는 경우로서 불공정한 경우가 많으나 국가의 정책상 이것이 권장되는 경우도 있다.

(2) 중량(용적)기준운임

운임을 결정하는 데 있어서 가장 객관적이고 구체적인 기준이며 사용하기가 간편하다. 단순히 중량만으로 운임이 결정되는 것이 아니라 용적이나 화차이용도 등에 따라서도 운임이 달라진다. 만일 적재효율의 측면에서 중량보다도 용적을 더 중요시해야 할 경우에는 용적이 운임표시의 단위가 된다. 살화물이 그 좋은 예이며, 해운의 measurement ton(40 입방피트), 항공에서 dimensional pound(400 입방인치) 등이 그러한 예이다.

(3) 거리기준운임(distance rates)

화물의 운송가치는 장소를 옮겨 운반됨으로써 실현된다. 거리를 기준으로 한 운임에는 단위거리의 운임이 동일하여 운송거리에 비례해서 운임이 증감되며 단위가 톤·km로 나타나는 거리비례운임(mileage rates), 터미널비용 등이 운송거리에 따라 분배가 되므로 운송거리가 길수록 단위거리당 운임이 감소하는 원거리체감운임(tapering rates), 전 운송구간을 몇 개의 존으로 나누어 존마다 단위거리운임을 정하여 해당운송이 걸치는 거리나 존수에 따라 소요운임을 정하는 존 운임(zone rates)이 있다. 여기에는 한 도시를 한 존으로 하는 경우가 있고, 또 한 존을 여러 구간으로 나누어 통과 구간수에 따라 운임을 결정하는 구간운임도 존 운임의 일종으로 볼 수 있다. 또 국내우편과 시내버스와 같이 운송구역이 비교적 소범위이고 운송량이 극히 많은 경우에는 운송거리에 관계없이 같은 운임을 사용하는 균일운임(flat rates)이 있으며, 도심혼잡지역 통행기피, 과속난폭운전 등의 문제점을 해결하기 위해서 택시에 주로 사용하는 시간거리병산제가 있다.

(4) 특수존 운임

존(zone)제를 여러 가지 방법으로 응용하여 운임을 결정하는데, 여기에도 interzone rates, basing rates, grouping rates, blanket rates 등이 있으나 설명을 생략한다.

(5) 할인운임, 연환불운임

할인운임은 사회정책, 산업장려, 문화정책, 철도영업 목적 등을 위한 것으로서 어느 것이나 운송수요나 운송비용상으로 볼 때 그 나름대로의 이유가 있으며 일반에게 공시함으로 비밀스러운 것은 아니다. 그러나 할인요금의 특수형태인 비밀환불은 표면상으로는 정상적인 운임을 지불하는 것처럼 보이나 사실은 일정시간 그 운송기관을 이용할 것(loyalty)을 조건으로 환불해 주는 일종의 하주차별운임이다. 특히 운임지불 즉시 환불하는 것이 아니라 특정운송기관을 이용하는 일정기간이 지난 후에 환불하는 것을 연환불운임(deferred rates)이라 한다. 물론 이와 같은 형태의 운임은 법적으로 금지되고 있다.

2 우리나라의 운임제도

운임결정의 기초가 되는 운임이론과 운임형태에 따라 실제 우리나라에서 적용되는 운임제도는 앞에서 설명한 각종 형태를 고루 취하고 있다. 시외버스, 항공, 철도는 거리비례운임을 적용하며, 고속버스 및 연안여객선은 원거리체감운임을, 지하철, 전철은 구간운임, 시내버스는 균일운임, 직행좌석버스와 시계 외까지 운행되는 시내버스는 존운임, 시내택시는 시간거리병산제를 적용하고 있다.

철도화물은 차급화물운임과 소화물운임으로 대별된다. 차급화물운임제는 화차 1량분 이상의 화물에 적용되며, 소화물운임은 소화물에 적용된다. 이들 운임은 화물의 가격, 형태, 위험도 등에 따라 차별을 두고 있다. 이와 같은 화물별 차등제는 세계적으로 널리 사용되고 있는 제도로서 그 차등은 대개 4~5등급으로 나누고 있으나 우리나라에서는 3등급으로 구분되어 있다.

공로화물의 운임은 노선화물운임과 구역화물운임으로 대별된다. 노선화물은 운행구간을 설정하여 정기화물 운송서비스를 제공하고, 구역화물은 지정된 지역의 화물운송을 부정기적으로 수송하되 장거리운송도 가능하다. 노선화물과 구역화물의 운임은 거리와 중량에 의해 결정되며, 구역화물의 경우는 차종별(톤·급별) 원거리체감제를 채택했으나 구역화물의 일종인 용달화물은 중량에 관계없이 거리비례제를 사용한다.

연안해운화물의 운임은 화물중량별 원거리체감제를 적용하되 철도와 마찬가지로 화물의 종류에 따라 3등급으로 구분하여 차등운임제를 실시하고 있다.

현재 우리나라에 있어서 운임결정에 관한 기본적인 이론이 정립되어 있다고는 볼 수 없으나 운임결정 절차상으로 볼 때 운송비용설을 중심이론으로 한 절충설을 채택하고 있다. 즉 현재 철도운임결정은 물가안정 및 공정거래에 관한 법률에 의거, 건설교통부장관은 물가안정위원회와 국무회의의 심의를 거쳐 대통령의 승인을 얻어야 한다. 또한, 자동차, 선박 및 항공운임은 관련되는 여러 가지 법률에 의하여 건설교통부장관의 인가를 받도록 되어 있으며, 건설교통부장관이 이를 인가하고자 할 때에도 역시 물가안정 및 공정거래에 관한 법률에 의하여 사전에 재정경제원장관과 협의하도록 되어 있다.

그리고 운임결정에 있어서는 원칙적으로 원가계산을 기초로 함은 물론 적정이윤을 고려하고 있으나 예외적으로는 국민경제와 국민대중생활에 미치는 영향을 고려하여 운임이 적정원가 이하에서 결정되는 경우도 있으며, 또한 투자자본이나 시설확장 등의 이유로 인하여 원가 이상으로 결정되는 경우도 있지만 이것은 어디까지나 예외적인 것이며 기본원칙은 원가를 보상하는 선에서 결정하고 있다.

그리고 현재 실정법에 의하여 국가가 직접·간접으로 운임결정에 크게 관여하고 있지만 이것은 독점기업의 횡포를 최소한으로 억제하기 위한 것이지 무한정 국가가 해당기업에 간섭을 가하기 위한 것은 아니다.

19.4 공공투자

교통경제의 영역에서 공공투자가 관련되는 부분은 〔그림 19-8〕과 같이 나타낼 수 있다.

교통시스템은 언제나 대규모의 자본투자를 요한다. 따라서 교통시설의 건설과 운영에 대한 예산투입의 필요성과 그 투자규모를 결정하는 일은 매우 중요하다. 교통에 대한 투자는 차량과 터미널에 대한 투자, 도로, 철도, 수로 등 교통시스템에 관한 투자 등과 같이 여러 가지가 있다.

19.4.1 투자분석의 틀

투자여부를 결정하기 위해서는 제일 먼저 투자비용과 편익을 비교할 필요가 있다. 이때 비교의 관점은 사회전반에 관한 것이어야 한다. 만약 투자비용이 편익보다 크다면 그 사업은 포기되어야 하지만, 편익이 비용보다 클 경우에는 그 초과편익이 다른 사업에 투자했을 때 얻을 수 있는 초과편익과도 비교되어야 한다. 여러 가지 투자대안 중에서 가장 초과편익이 큰 것을 선택하는 이유는 자원의 한정으로 인해서 투자가 결코 무제한으로 가능한 것이 아니기 때문이다.

투자의 기회비용은 그 자원을 최선의 다른 용도에 사용하는 것을 포기하는 비용(편익상실)이다. 이와 같은 문제는 도로계획에서 일반적으로 발생한다. 도로신설예산이 제한되어 있고 편익이 비용을 초과하는 대안들이 있다면 여러 가지 제안 중에서 가장 좋은 대안을 선택하고, 또 그 프로젝트의 여러 가지 설계대안 중에서 가장 적합한 것을 선택해야 한다.

투자결정의 문제를 생각함에 있어서 고려해야 할 사항은 다음과 같다. 여기서 사용하는 예는 주로 교량건설에 관한 것이다.

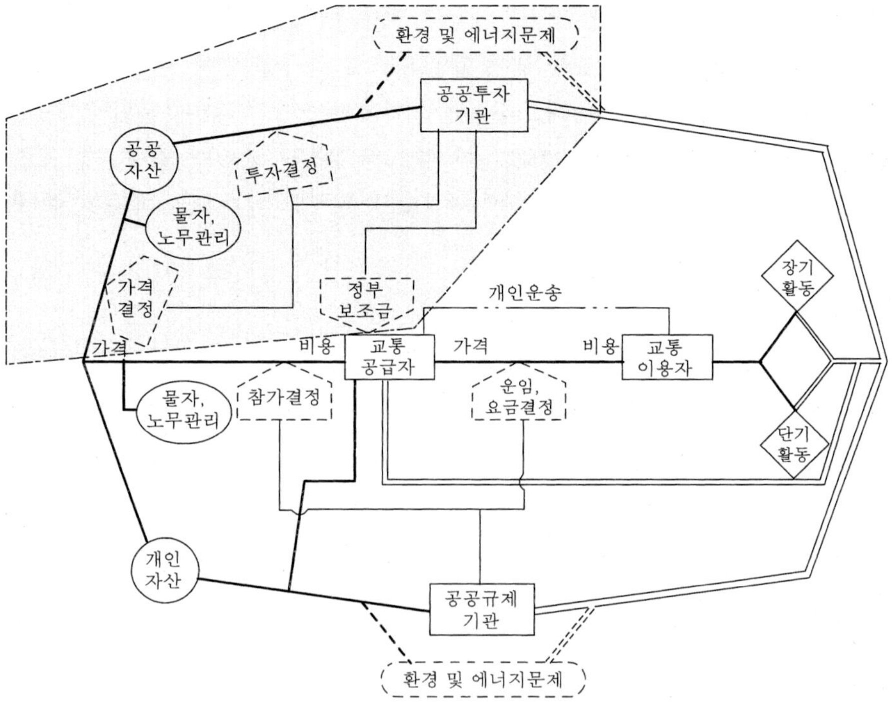

〔그림 19-8〕 공공투자의 영역

1 운영비

투자비용을 계산하는 데는 교량의 건설비용과 그 교량의 서비스수명(service life)까지의 운영비와 유지관리비를 포함한다. 만약 운영비와 유지관리비가 매우 적으면 이를 생략해도 좋다.

2 할인비용

이자율이 있는 한 현재금액의 가치와 미래금액의 가치는 같지 않고 미래비용은 할인되어야 한다. 교통에 있어서는 시설 및 장비의 서비스수명이 비교적 길므로 장차 여러 해 동안의 비용을 고려해서 투자결정을 해야 한다. 할인을 위해 사용되는 이자율을 얼마로 할 것인가에 대해서는 여러 가지 논란이 있다. 미래에 나타나는 일련의 비용을 현재의 일시비용으로 환산하는 공식은 다음과 같다.

$$C = C_0 + \frac{C_1}{(1+r)} + \frac{C_2}{(1+r)^2} + \cdots + \frac{C_T}{(1+r)^T} \tag{19.7}$$

여기서 C : 프로젝트의 서비스수명 동안 지출되는 일련의 비용을 현재가로 나타낸 값
r : 단위기간당 이자율
T : 기간수

즉 모든 비용의 총 현재가는 할인된 매 기간의 비용을 합한 것이다.

비용은 그 지출의 시기가 늦을수록 많이 할인되므로 그 중요성이 적어지며, 할인액은 적용되는 이자율에 직접 영향을 받는다. 따라서 이자율이 크고 기간이 길면 마지막 항의 크기는 대단히 적어진다. 분석에서 단위기간이 반드시 1년일 필요는 없고, 월 또는 분기가 될 수도 있다. 만약 분기별로 계산을 하면 이자율은 분기당 이자율로 바꾸어 주어야 한다.

3 현장복구비용

프로젝트는 서비스수명이 끝나면 사회적인 가치가 전혀 없을 수도 있고, 경우에 따라서는 오히려 장애물이 되어 치워 없애야만 할 경우도 있다. 이와 같이 현장을 원상태대로 복구시키는 비용은 $(1+r)^T$으로 할인되어 위 식의 맨 마지막 항에 추가된다. 만약 r 또는 T가 크거나 현장복구비용이 매우 작으면 이것은 무시될 수도 있다. 교통시설의 대부분은 서비스수명이 길므로 현장복구비용은 무시된다. 그러나 일시적인 목적으로 건설된 시설(박람회를 위한 임시시설 등)은 현장복구비용이 감안되어야 한다.

4 매몰비용(sunk cost)

일단 초기투자가 이루어진 다음에 추가투자를 위한 프로젝트 분석에서는 반드시 고려해야 할 비용과 무시해야 할 비용의 구분을 명확히 해야 한다. 매몰비용에 관한 법칙은 간단하다. 그것을 무시하면 된다. 과거에 이루어진 모든 비용은 모두 매몰비용으로 취급된다. 문제는 장차 발생할 비용이 어떤 것인가 하는 것이다.

이와 같이 하면 과거를 전혀 무시하는 것 같아 불합리하게 보일지 모르나 그렇지 않다. 예를 들어 교량건설을 위한 두 가지 계획을 생각해 보자. 첫째 계획은 기존교량을 개선하는 것이고, 두 번째 계획은 기존교량을 헐고 완전히 새로운 교량을 건설하는 것이다. 문제는 어느 것이 더 값싼 계획인가 하는 것을 찾아내는 것이므로 이를 계산할 때 지금까지 기존교량에 투자된 모든 비용을 무시하는 것은 당연하다. 다시 말하면 경제분석에서는 과거에 일어난 것은 공짜로 주어진 것이라 생각하고 미래의 비용만을 생각한다(그러나 회계학에서는 과거비용을 반드시 고려한다. 그래서 회계학자는 역사가요, 경제분석가는 예언자라는 말이 있다). 만약 새로운 교량을 건설하는 비용이 더 싸다면 기존교량의 수명은 끝난 것으로 본다.

기존교량의 비용을 채권발행에 의해 조달한 경우처럼 그 비용이 완제되지 않는 경우도 있으나 이것 역시 고려할 필요가 없다. 왜냐하면 새로운 교량을 건설하든 기존교량을 개선하든 상관없이 과거의 부채는 상환되어야 하기 때문이다. 아무튼 두 대안에 대해서 앞으로 지출해야 할 비용이 각각 얼마인가를 비교하여 가장 값싼 대안을 선택하는 것이다.

5 장래 편익할인

투자로부터 얻는 편익은 현금뿐만 아니라 그 기업이나 크게는 사회전반에 미치는 편익까지도 포함된다. 이들 편익의 종류는 프로젝트의 종류에 따라 달라진다. 예를 들어 철도가 그 노선을 단축하기 위해서 교량을 건설한다면 이때의 편익은 철도의 운행비용을 절감하는 것이다. 또 유료교량을 건설한다면 교량관리자가 얻는 편익은 통행료수입이 될 것이다.

장래의 비용을 할인하듯이 미래의 편익도 할인해야 한다. 예를 들어 유료교량으로부터 얻는 편익은 그 교량의 서비스수명 동안에 얻는 모든 수입이다.

편익을 계산하는 공식은 비용에 관한 공식과 매우 비슷하다.

$$G = G_0 + \frac{G_1}{(1+r)} + \frac{G_2}{(1+r)^2} + \cdots + \frac{G_T}{(1+r)^T} \tag{19.8}$$

여기서 G : 프로젝트로부터 예상되는 일련의 편익을 현재가치로 나타낸 것

G_0 : 초기의 편익

G_1 : 첫 기간 동안의 편익

G_T : T 기간 후의 편익

r : 단위기간당 이자율

편익의 총 가치는 그 프로젝트의 서비스수명에 걸쳐 각 기간 동안에 얻는 편익을 합한 것이다.

6 잔존가치

서비스수명이 끝난 후에도 그 프로젝트에 어떤 가치가 남아 있다면 할인율을 적용하여 이를 고려해야 한다. 그 프로젝트의 수명이 매우 길면 현장복구비용과 마찬가지로 이 잔존가치는 무시해도 좋다. 만약 차량처럼 내용기간이 길지 않고 잔존가치가 남아 있다면 이를 편익계산에 포함시켜야 한다.

7 기타 계산방법

앞에서 설명한 비용과 편익의 현재가치를 계산하는 방법으로서 매 기간의 편익과 비용의 차이, 즉 순편익을 기간별로 할인하여 총 순편익의 현재가치를 구해도 좋다. 또 비용과 편익의 현재가를 같다고 보고 이자율에 대해서 풀음으로써 초기투자에 대한 기대수익률(rate of return)을 구할 수도 있다. 여기서 기대수익률이란 내부수익률(internal rate of return)로서 수익을 다른 사업에 재투자한 결과의 수익은 고려하지 않는 것이다. 이 방법은 계산이 복잡하기는 하나 기대수익률이 클수록 그 투자는 더욱 바람직하다는 결론에 도달할 수 있으며, 그 결과는 앞에서 설명한 순편익에 대한 현재가의 크기를 비교하여 대안을 선택하는 것과는 모순이 없다. 그러나 do nothing 대안을 포함하여 3개 이상의 대안을 비교할 때는 IRR이 크다고 반드시 좋은 대안은 아니며, 각 대안들 간의 증분수익률을 비교하여 판단해야 한다.

각 대안의 편익과 비용의 비(B/C비)를 구하여 비교하는 방법도 있으나 이것 역시 각 대안들 간의 증분 B/C비를 이용하여 판단해야지 단순히 B/C비가 큰 대안을 선택하면 잘못된 선택을 할 수 있음에 주의해야 한다. 더 자세한 내용은 17장에 상세히 설명한 바 있다.

8 이자율의 결정

계산에 이용되는 이자율(여기서의 이자율은 명목상 이자율로서 인플레이션으로 인한 영향은 무시한다)의 선택은 매우 중요하다. 이자율이 높을수록 순편익이 적어지며 이자율이 내부수익률과 같을 때 비용과 편익은 같아진다. 물론 이자율이 내부수익률보다 크면 그 프로젝트는 수행할 필요가 없다. 이자율이 높으면 프로젝트의 수명이 길 때보다 짧을 때가 더 유리하다. 만약 초기투자가 크고 운영비용이 적은 프로젝트와 초기투자가 적고 운영비용이 큰 프로젝트가 있을 때 이자율이 높을수록 운영비용이 크게 할인되어 그 중요성이 적어지므로 후자가 유리하다.

이자율이 0이 될 수 없다는 것은 상식이나 그렇다고 여러 가지 상황에서 어떤 값을 사용해야 할 것인가에 대해서는 한마디로 이야기할 수 없다. 경제학의 관점에서 볼 때 이자율은 시장이자율을 사용하는 것이 바람직하다. 시장이자율은 각종 경제단위의 경제활동에서 일관성을 유지하는 역할을 수행한다. 그것은 국가전체로 볼 때 개별 프로젝트의 분석과 일반평형분석 간의 연결역할을 한다. 한 국가의 모든 경제단위(개인이든 공공기관이든 간에)가 어떤 곳에 투자를 하고자 할 때 어떤 주어진 연도의 수익률을 계산할 것이다. 어떤 경제학자는 모든 사람이 같은 기준의 수익률, 즉 일반이자율을 사용해야 한다고 주장한다. 그렇게 되면 수익률이 일반이자율보다 큰 프로젝트는 시행할 가치가 있고 그렇지 않으면 시행할 가치가 없다([그림 19-9]).

개별 프로젝트를 생각할 때 시장이자율을 사용하든 또는 내부수익률을 계산하여 시장이자율과 비교하든 상관없다. 만약 시장이자율을 사용하여 순편익이 정(正)의 값이면 그 프로젝트는 시행할 가치가 있다. 만약 내부수익률은 계산한 값이 시장이자율보다 크면 그 프로젝트 역시 시행해도 좋다. 시장이자율은 그 프로젝트의 기회비용의 척도가 된다. 만약 어떤 프로젝트의 수익률이 시장이자율보다 적다면 그 프로젝트는 기각되고 최소한 시

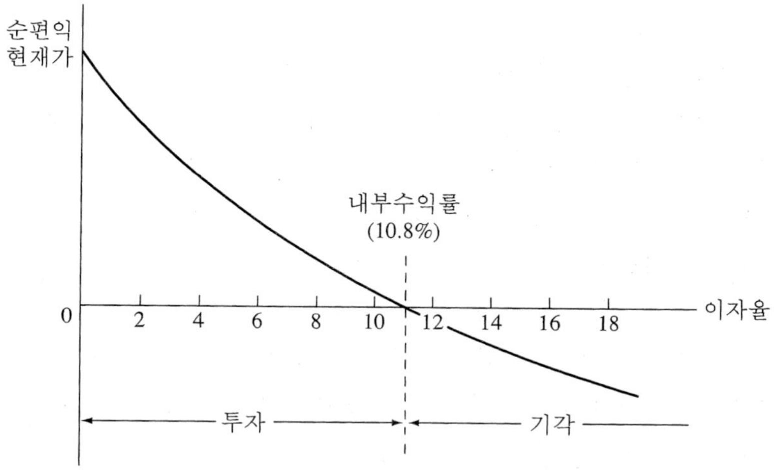

〔그림 19-9〕 각 이자율에서의 순편익 현재가

장이자율 수준의 수익률을 갖는 프로젝트를 찾을 것이다. 따라서 시장이자율이 높을수록 프로젝트의 기회비용은 커진다.

수익률이 시장이자율보다 큰 투자기회는 아주 많을 수도 있다. 그렇게 되면 투자를 위한 자본수요는 시장이자율을 초과하게 되어 시장이자율이 상향조정된다. 이러한 조정은 시장기능에 의해서 이루어지든 시장에 영향을 미치는 공공기관에 의해서 행해지든 상관없다.

이자율을 생각할 때 그 프로젝트를 위한 자본비용(cost of capital)을 반드시 고려해야 한다. 자본비용이란 개인기업에서는 주식이나 사채를 발행한다든가 또는 대부를 받는다든가 하여 외부로부터 자본금을 조달하기 위해 필요한 비용이다. 일반적으로 자본비용을 나타내는 복합률(composite rate)은 수익률보다 훨씬 높다. 왜냐하면 어떤 기업이든지 프로젝트에 따르는 위험부담과 미래에 대한 불확실성 때문에 복합률보다 얼마 높지 않는 수익률을 가진 프로젝트에는 투자하기를 기피하기 때문이다. 자금 대부를 받을 때 장단기 이자율이 다를 수 있다. 아무튼 각 프로젝트는 그 부채를 프로젝트의 경제수명과 같은 기간 동안 빌린다고 가정할 때의 이자율을 적용하여 평가되어야 한다.

이자율은 또 차용자가 개인기업인가, 공공기관 또는 정부기관인가에 따라 달라진다. 또 차용자의 신용도에 따라 이자율이 달라질 수도 있다. 공공투자기관은 개인기업보다 낮은 위험부담률을 적용받아야 한다고 주장하는 사람이 있는 반면에 공공기관에서 실제로 지불하는 이자율이 되어야 한다고 주장하는 사람도 있으나, 미국에서는 5년 이상의 정부채권에 사용되는 평균이자를 적용하는 수가 많다. 문제는 얼마나 많은 투자가 공공기관에서 이루어져야 하는가인데 이자율이 낮을수록 더 많은 프로젝트에 투자된다.

개인기업은 투자분석에 갚아야 하는 돈보다 적은 이자율(수익률)을 사용하지 않으려 한다. 실제로 기업이 투자를 분석하는 데 있어서 예를 들어 15% 정도의 매우 높은 수익률을 사용하는 것이 일반적이다. 그러나 그와 같은 이자율은 추정과정의 불확실성 때문이다. 미래비용은 과소평가되고 편익은 과대평가될 수 있다. 이와 같은 편익을 인정하기 때문에 투자분석에서 높은 이자율을 사용한다. 이처럼 기업의 투자분석에 사용되어 투자여부의 기준이 되는 높은 이자율을 최저유인수익률(minimum attractive rate of return)이라 한다. 이것은 투자에서 얻은 편익에 대한 납세 후의 순편익을 나타내는 연간 자본상환율의 하한선으로서 투자한 사람이 수락할 수 있는 최소치를 말한다.

최저유인수익률(MARR)을 결정하는 문제는 과거 수십 년간 논쟁의 대상이 되어 왔으나 아직까지는 이것을 합리적으로 결정하는 방법이 고안되지 못한 상태이다. 결정된 MARR은 기업의 이윤목표를 나타내기 때문에 대개 기업 최고경영자의 판단에 의한다. 또한 이러한 판단은 기업의 경영진이 현재의 재정상태와 장차 투자기회를 어떻게 보고 있는가에 근거를 두어서 내려지게 된다.

만일 MARR이 너무 높게 책정되면 수익성이 많은 투자기회들을 포기하게 될 것이며, 또 너무 낮게 책정되면 수익성이 낮거나 손해 볼 수도 있는 투자기회들까지도 수락하게 된다. 그러므로 MARR을 정할 때는 너무 높거나 낮지 않게 적절한 타협점을 찾아야 한다.

MARR을 선정하는 한 방법은 현재 고려되고 있는 어떤 투자제안 이외에 어떤 다른 투자기회들의 수익률 중에서 최고의 수익률을 MARR로 삼는다. 그러므로 예를 들어 MARR은 은행예금 이자율보다 높아야 하는데, 그 이유는 기업 내에 아무런 투자기회가 없더라도 언제든지 은행예금에 투자할 수 있는 기회는 있기 때문이다. MARR을 선정할 때 또 한 가지 고려할 사항은 투자에 필요한 자본이 한정되어 있기 때문에 적절한 MARR을 정해줌으로써 수익률이 높은 투자기회부터 우선적으로 투자하게 된다. 도로와 같이 공공기관에서 수행하는 프로젝트에서는 가용예산으로 수행할 수 있는 우선순위가 제일 낮은 프로젝트의 납부수익률이 바로 MARR이 된다.[23)]

자본배분의 개념은 장기간에 걸친 투자에 대한 의사결정에도 적용될 수 있다. 모든 사업에는 기복이 있기 때문에 MARR을 결정해 줌으로써 사업이 안 되는 해에 수익성이 낮은 프로젝트에의 투자를 막고 그 자본을 사업이 잘 되는 해에 수익성이 높은 곳에 사용되게 할 수 있다.[24)]

또 MARR은 프로젝트의 성질에 따라 다른 율이 사용될 때도 있다. 예를 들어 감가상각되는 고정자산에 투자할 때는 25%를 요구하고 다른 회사를 흡수하는 등 기업의 확장을 위해서는 35%의 MARR을 기준으로 할 수 있다. 또한 실패할 위험률이 높은 project에는 높은 MARR값을 쓰고, 경영진이 어떤 특정분야의 project에 투자하고 싶어 한다면 투자를 권장하기 위해서 낮은 MARR을 정할 수 있다. 또 자금의 수요가 공급보다 커지면 이 값을 높여야 할 것이고, 다른 회사에서 이 값을 높여 주면 자기회사도 따라서 높여 줄 때도 있다.

9 내부, 외부비용 및 편익

사회전반의 관점에서 볼 때 모든 사람에게 미치는 비용과 편익을 계산해야 한다는 것은 앞에서도 언급한 바 있다. 만약 개인기업이 교량과 같은 시설에 투자를 하면 그 회사가 지불하는 비용과 회수하는 이득만을 고려할 것이다. 공공기업도 이런 관점에서 볼 때 개인기업과 유사하다. 납부비용은 기업이 지불해야 하는 비용이며 외부비용은 다른 사람이 지불하는 비용이다.

신규시설로부터 얻는 이득에 따라 사회는 3개의 그룹으로 나누어 볼 수 있다. 첫째, 현재 다른 시설을 이용하는 사람으로서 신규시설이 건설되면 그것을 이용할 사람이다. 그들은 시설이 개선됨으로써 통행료가 싸지든가 통행거리가 짧아짐으로써 운행비용이 감소되는 편익을 받는다. 또 통행시간이 단축되는 이득을 얻는다. 둘째, 신규이용자이다. 그들은 신규시설을 이용할 기회가 주어지는 이득을 갖는다. 셋째, 신규시설을 이용하지 않을 사람이 신규시설 때문에 간접적인 이득을 보는 경우, 예를 들어 여전히 기존시설을 이용하는 사람은 기존시설의 혼잡이 완화되어 이득을 본다. 또 신규 교량시설이 건설됨으로써 말미암아 접근성이 좋아져 그 부근의 땅값(자본화 가치)이 오르기 때문에 그 땅의 임자는 그 교량을 이용하든 않든 간에 이득을 본다.

이에 비해 어떤 사람은 신규시설의 건설로 손해를 볼 수도 있다. 이와 같은 손해 역시 사회전반의 관점에서 교량의 전체가치를 계산하는 데 포함되어야 한다. 이 손해를 보상하는 것이 사회정책일 수도 있고, 또 만약 그렇다면 그 보상도 비용계산에 포함되어야 한다. 이 손실은 보상여부에 관계없이 현실로 남아 있다. 예를 들어 교량을 건설하면 주거지역을 관통하는 접근로를 건설해야 할 필요가 생길 수 있으므로 주거지역 주민들에게는 피해를 준다. 이와 같은 피해의 종류에는 대기오염, 소음, 산업시설 및 주거이전, 지역사회파괴 등 여러 가지가 있으며 이들 영향을 적절하게 처리하지 못한다면 교통시설을 건설하기가 매우 어려울 것이다. 그러나 더 많은 사람들이 원한다면 그와 같은 영향에도 불구하고 프로젝트를 수행할 수밖에 없다.

간접적인 편익(만약 그 시설을 개인이 소유하고 운영한다면 외부편익이다)이 중요한 것 같이 보이는 것이 교통시스템의 특징이다. 이러한 효과의 추정은 교통투자분석에서 특히 어려운 부분이다. 이에 관해서는 17장에서 언급한 바 있다.

19.4.2 투자결정방법

앞 절에서 설명한 이론적인 개념을 이해하기 위해서는 투자결정을 하는 몇 가지의 실용적인 방법을 알면 도움이 된다. 여기에는 3가지 방법, 즉 도로개선을 위한 채권발행 때 사용할 수 있는 주민투표방법, 건설과 통행료 징수를 개인기업에 위임하는 방법, 행정부서에서 직접사회비용과 이득을 계산하여 결정하는 방법이 있다. 또 하나는 투자결정을 국회에서 하는 방법도 있다.

1 주민투표방법

공공프로젝트를 결정하기 위해서는 (i) 비용을 계산하고, (ii) 자금조달계획을 수립하여 주민개인에게 부과되는 비용을 추정하게 하고, (iii) 주민개인에게 돌아오는 비용과 이득을 알려주고, (iv) 투표를 하여 그 프로젝트의 수행여부를 결정한다.

이와 같은 방법을 시행하는 데 있어서의 문제점은 투표할 주민의 범위를 결정하는 일이다. 교량을 이용하는 사람 중에는 그 교량 바로 가까이에 살지 않는 사람도 있다. 한편, 좀 멀리 사는 사람은 그 교량을 전혀 이용하지 않는다. 다시 말하면 그 시설의 손해 또는 이익을 보는 사람과 투표자를 일치시키는 일이 쉽지 않다. 더구나 어떤 지방에서 한 프로젝트 내에서 여러 개의 시설에 투자하는 경우 개별시설에 대한 주민의 특별한 관심이 무시된다.

두 번째 어려운 점은 각 개인이 갖는 한 표의 의미가 다를 수 있으나 이것이 고려되지 않는다. 다시 말하면 어떤 손해에 대한 무관심한 한 표가 동일한 비중을 차지한다는 것이다. 만약 이와 같은 결점을 보완하지 않는다면 투표에 의한 투자결정은 잘못 내려지는, 즉 사회적인 비효율을 초래할 수도 있다.

2 통행료 징수에 의한 방법

건설된 후 시설의 운영을 개인기업 또는 공공기업에 맡겨 소요되는 비용을 그 시설로부터 나오는 수입으로 충당하게 하는 투자결정방법도 있다. 개인기업은 정상적인 회수율로 그 비용을 충당할 수 있다면 투자를 하게 될 것이다. 공기업도 개인기업과 마찬가지로 그렇게 운영할 수 있다. 그 절차는 (i) 프로젝트를 위한 기구 구성, (ii) 이 기구에 통행료 징수 권한 부여, (iii) 그 기구로 하여금 장래의 통행료로부터 상환할 수 있는 채권을 발행하여 자금조달이 가능한 프로젝트를 진행하게 한다.

이러한 방법은 편익을 받는 사람이 그만한 대가를 지불하게 할 수 있어 편익을 받는 바로 그 당시에 대가지불이 이루어지므로 투표에 의한 방법보다 더 공정하다. 그러나 시설의 이용자 중에서 더 많은 통행료를 지불해도 될 만큼 더 큰 편익을 받는 사람이 있을 수 있으나 그것까지는 감안하지 못한다.

앞에서도 언급한 바와 같이 이와 같은 방법에 의하면 시설을 이용하지 않는 사람에 대한 손해 또는 편익은 고려되지 않는다. 그 프로젝트의 사회비용의 일부분은 그 기구의 외부비용으로서 보상되지 않는 채로 남는다.

③ 사회이득 및 편익의 직접계산

투자결정의 세 번째 방법은 시설의 사용료로 비용을 충당하지 않아도 되는 공공기관에 책임을 맡기는 것이다. 이 기관은 각 프로젝트의 사회비용과 이득을 명백하게 계산할 수 있다. 이러한 일은 프로젝트에 관해서 결정을 내리는 공공기관에서 수행한다.

원칙적으로 공공기관은 사회적인 비용과 편익을 공정하게 계산할 수 있다. 비용이나 편익이 어떻게 계산되는지에 관한 이론적인 문제점은 아직도 있다. 예를 들어 비용을 계산할 때 이자율에 관한 문제점은 앞에서 언급한 바 있다. 편익을 계산할 때는 모든 편익을 단 한 번만 고려해야 한다. 이들을 중복계산할 가능성은 대단히 크며, 또 이를 포착하기도 어렵다. 간단한 예로 유료도로에서 이용자의 시간절약가치와 통행료 수입을 모두 고려한다면 잘못이다. 이와 같은 문제점은 분석대상인 투자종류에 따라 달라진다.

이와 같은 3가지 투자결정방법은 각각 장단점을 가지고 널리 사용되고 있다. 비용이나 편익계산을 위한 어떤 변수의 측정에서 여러 가지 문제점이 있을 수 있으며, 또 추정오차로 인한 어려움도 투자결정방법에 상관없이 항상 존재하게 마련이다. 따라서 어느 방법이 어느 방법에 비해 좋고 나쁘다는 말은 할 수 없다.

19.4.3 투자결정에서 추정의 문제점

중요한 투자결정에서는 추정의 어려움이 항상 예견된다. 이와 같은 문제점에는 투자결정의 일괄성(lumpiness), 비용과 편익에 관한 재무추정의 문제점, 측정상의 문제점, 투자의 비금전적인 결과에 대한 측정의 어려움, 추정오차가 클 경우의 문제점 등이 있다.

① 일괄성 투자

교통에 대한 투자는 대규모 단위로 일괄적으로 이루어지는 것이 특징이다. 이와 같은 경우는 도로에서 특히 그러하다. 예를 들어 도로를 건설할 때 교통수요에 맞추어 1차로 혹은 3차로의 도로를 건설할 수는 없을 뿐만 아니라 0.1차로를 추가한다는 것도 불가능하다. 또 교통시스템이란 예산이 적다고 일부분만 건설하면 가치가 아주 적거나 전혀 없을 수도 있기 때문에, 이에 대한 투자는 일괄성을 갖는다.

완전한 교통시스템의 각 부분은 각기 전체의 운영에 기여를 한다. 생산된 교통서비스는 그 시스템 전체의 공동생산물이다. 시스템 전체를 일괄적으로 계획하면 단일 설계시방을 사용할 수도 있고, 또 시스템 구성요소들 간의 연결성도 좋다. 시스템 전체를 계획, 건설하는 데는 대단히 큰 예산을 필요로 하지만 앞에서 언급한 여러 가지 이유 때문에 투자결정은 완전한 전체시스템에 대한 것이 좋다. 따라서 시스템 전체의 비용과 편익의 추정이 요구된다.

2 자금조달의 추정오차

투자비용추정에 큰 오차가 있을 수 있다는 것은 교통에서 흔히 경험하는 일이다. 투자대상이 전혀 새롭거나 특이한 것일 때 오차의 범위는 특히 커지는 경향이 있다. 그와 같은 오차를 줄이는 일은 경제학에 관계되는 것이 아니라 공학적인 일일 때가 더 많다.

어떤 프로젝트 분석에서 특정한 비용추정에 근거를 두었으나 실제비용이 그 추정오차를 초과함으로써 오차가 야기된다. 반면에 과도하게 비관적으로 비용추정을 하면 시행되어야 할 프로젝트가 연기되거나 기각되는 결과를 초래한다. 지금까지 없었던 전혀 새로운 project를 분석할 때에는 비용추정에 어려움이 대단히 많다. 철도건설의 초창기에 비용추정에 오차가 많았다는 것을 충분히 이해할 수 있다. 마찬가지로 오늘날 선진국에서 제안되고 있는 초고속대중교통의 비용을 추정하는 데는 역시 상당한 오차를 감수해야 할 것이다. 문제는 결국 명확한 비용추정이 없이 어떻게 투자결정을 하느냐 하는 것이다.

재무예측에서 수입추정의 오차가 비용추정의 오차보다 더 큰 경향이 있다. 특히 교통시설은 시간이 경과함에 따라 그 이용도가 커지는 경향이 있으므로 수입을 추정하기 위해서는 장래의 이용도를 예측해야 하나 먼 장래를 예측하기는 매우 어렵다.

제안된 투자가 그 지역의 경제에 비해 적은 규모일 때는 그 지역의 다른 경제부문에 미치는 효과를 무시해도 무방하다. 예를 들어 GNP를 예측하는 데 있어서 이와 같은 project를 별도로 고려할 필요가 없다. 그러나 투자규모가 크면 그것이 다른 경제부문에 미치는 효과를 고려해야 한다. 교통시스템은 상품의 가격, 천연자원의 가용성, 대규모 산업개발, 경제활동의 위치선정 등에 영향을 미친다. 그러므로 경제전반에 걸쳐 볼 때 규모가 큰 투자결정분석에는 경제전반에 미치는 효과를 분석할 필요가 있다. 이러한 분석을 위한 기법을 개발하거나 적용하기란 매우 어렵다.

3 측정상의 문제점

측정상의 문제점은 비재무적인 이득이나 편익을 고려할 때 발생한다. 투자에 대한 현금수입은 계산이 가능하고, 또 현금지출도 계산이 가능하다. 그러나 어떤 투자에 대한 비금전적인 중요성도 고려해야 한다.

비금전적인 편익에는 두 가지 종류가 있다. 첫째는 새로운 시설로서 얻을 수 있는 시간절약이다. 만약 새로운 시설의 이용자가 회사의 사원으로서 시간절약에 따라 회사로부터 보상을 받는다면 문제는 간단하다. 그 사람은 그의 시간가치를 그의 일상업무에서 받는 보수와 같은 수준으로 평가할 것이다. 그러나 사업에 종사하지 않는 사람에게는 그의 시간가치를 법적 최저임금으로 계산되기도 한다. 더욱 정밀한 접근방법으로서 개인의 선호에 따라(예를 들어 수입과 여가 중에서 어느 것을 좋아하는가에 따라) 그 시간가치를 달리한다. 어떤 학자는 시간에 금전적인 가치를 부여하는 것 자체를 반대하기도 한다.

둘째, 새로운 시설이 제공하는 안전성이다. 그러나 사고건수와 사망자수의 감소를 어떤 방법으로 평가하느냐가 문제가 된다. 사고로 인한 손실을 재산피해나 병원치료비와 같이 금전적으로 나타낼 수 있는 부분도 있으나, 수입손실이나 고통 등과 같이 평가하기가 매우 어려운 것도 있다.

4 큰 오차의 결과

비용과 편익추정의 오차가 매우 큰 경우에는 투자를 결정하는 데 비합리적인 요소에 의해 영향을 받는 경향이 있다. 최종평가를 할 합리적인 근거가 없다면 사람들은 다른 사람들의 소신이나 의견을 참고로 하면서 자신들의 소신과 의견대로 결정을 한다. 중론의 분위기는 갑자기 바뀔 수 있다.

교통투자에 관해서 보수적인 정책을 취한다면, 이득이 비용을 초과하는 것이 확실한 교통시설만 건설하는 결과를 가져온다. 신중한 접근방법은 보다 직접적이고 즉각적인 편익만을 생각하는 경향을 나타낸다. 확장론자의 접근방법은 간접적이며 미래의 편익에 중점을 둔다. 교통투자정책의 역사는 대부분 이와 같이 선택의 역사이다.

이성적인 관점에서 본다면 주요교통투자결정을 순전히 엄밀한 과학적 계산에만 기초를 둘 수는 없다. 모든 정치적이며 인간적인 고려사항이 경제적인 것과 함께 단순한 계산으로 나타낼 수는 없기 때문이다.[25)] 그러나 합리적인 결정을 내리게 하는 수단은 계속 개발되고 있다.

19.4.4 사용자 부담금

통행료(toll)는 교통시설의 자금조달을 위한 전통적인 방법으로서, 어떤 특정교통시설의 사용자에게만 부과된다. 그러나 사용자 부담금(user charge)은 교통시설의 공급과 유지관리를 위해 사용자집단으로부터 걷는 돈을 말하며, 특정노선이나 특정시설에 대한 것이 아니라 어떤 부류의 시설전체에 대한 것이다. 이 부담금은 그 시설을 사용하는 위치에는 관계없이 그 시설의 사용빈도, 차량의 규격, 중량, 기능 등에 따라 차등이 주어진다. 도로가 개설되면, 도로에 인접한 토지소유자는 접근성이 좋아지고 지가가 상승하기 때문에 이득을 본다. 따라서 이들 도로의 비사용자에게도 도로비용을 부담시켜야 함은 당연하다.

세금목적으로 도로비용을 할당하는 것은 전기, 수도와 같은 공익사업에서 소비자 가격을 책정하는 것과 매우 유사한 개념이다. 예를 들어 전기사업에서 가정용, 상업용, 산업용 사용자에 따라 전기료율이 달라지는 것과 마찬가지로 도로에서도 하루 중 첨두시간 및 비첨두시간 이용자 또는 계절별 첨두시간 이용자에 따라 도로사용자 부담금이 달라져야 한다.

공익사업에 대한 요금제도에 기본요금, 사용량에 따른 할인요금, 비첨두요금(야간요금, 장거리 전화요금 또는 산업용 연료비)제도가 있는가 하면 철도운임에는 화물의 가치에 따른 차별운임이 있다. 도로에는 사용빈도가 다른 사용자 간에, 또는 다른 부류의 사용자 간에 부담금을 할당함에 있어서 형평성(equity)과 정당성을 갖는 널리 인정된 방법이 없다. 그러므로 개념적으로 건전하고, 일관성 있게 적용할 수 있으며, 일반대중이나 요율의 결정권한을 갖는 기관이 판단해서 합리적인 요율제도를 수립하는 길뿐이다.

도로비용분담을 결정할 때 두 가지 이상의 안을 만들어 의사결정자가 상한과 하한값의 범위 내에서 요율을 결정하도록 하는 것이 좋다.

자동차는 일찍이 가장 좋은 세수원(稅收源)으로 인정되었다. 면허 및 등록세가 자연적으로 생겨났으며, 차량과 타이어 및 연료에 대한 소비세는 쉽게 징수할 수 있는 장점이 있다. 중요한 사실은 이와 같은 세금으로 인해서 자동차대수나 이용률에 어떤 변화가 나타난 증거는 없으며 여전히 막대한 세수를 올리고 있는 것이 일반적인 현상이다. 휘발유값이 크게 오르더라도 자동차 이용수요는 매우 비탄력적이라는 사실은 지난 수년간의 연료가격변동에서 경험한 바 있다.

공공시설의 사용자 부담금이 없거나 적으면 그것을 이용하는 사람은 이익을 볼지 모르나 결국 그 비용은 다른 곳으로 전가된다. 더군다나 전가된 비용은 교통서비스 전반에 대한 비용을 증가시키므로 국가적으로 손해이다.

일반적으로 도로사용자 부담금은 개인사용자에게도 부과되는 것이 타당하다. 사용자 부담금은 그 시설의 사용자와 비사용자에 따라 구분되어야 하고, 사용자 중에서도 각 부류에 따라 배당되는 부담금이 결정되어야 한다. 또 도시부 도로와 지방부 도로의 건설비용에 차이가 나므로 당연히 도시부 도로 사용자의 부담금이 높아야 할 것이다. 부담금제도에서 혼잡한 첨두시간 이용자와 그렇지 않은 이용자 간의 차등을 두는 것도 바람직하다. 교통수요가 통제되지 않는다면 혼잡에 대한 가능한 대책이란 첨두시간의 교통수요를 충족시킬 수 있는 충분한 용량을 가진 시설을 마련하는 길뿐이다. 그러나 이러한 부족현상은 아무리 시설을 확충해도 끝이 없을 것이라는 것이 입증되었다. 사실상 미국에서 도로의 혼잡비용은 연간 약 3.5조원에 이른다고 추정된 바 있다.[26] 공공교통시설이용에 대한 더욱 구체적이고 합리적인 가격결정을 하자면 첨두시간 이용자에게는 첨두시간 용량의 비용을 물리는, 즉 혼잡가격결정(congestion pricing)의 접근방법을 사용하는 것이 필요할 것이다. 혼잡부담금은 혼잡한 시간에 혼잡한 지역을 운행하는 차량에게 더 많은 부담을 지움으로써 수요에 영향을 주어 도로를 효율적으로 사용하게 한다.

1 사용자 및 비사용자 분담

비용에 대한 비사용자가 분담해야 할 몫을 결정하기란 대단히 어려우므로 항상 논란의 대상이 되고 있다. 그러므로 비용할당의 일반적인 접근방법은 사용자 몫을 정당한 근거를 가지고 먼저 결정한 다음 그 나머지를 비사용자에게 돌리는 것이다.

재무분석의 목표는 그 시설의 서비스수명 동안에 사용자와 비사용자 간의 상대적인 도로비용분담을 결정하는 것임을 염두에 두어야 한다. 과거의 건설투자비용과 과거의 수입 및 교통량은 도로비용분담과 아무 상관이 없다.

사용자와 비사용자 간에 도로비용을 분담하는 방법에 대한 이론은 다음과 같이 여러 가지가 있다.[26)]

(1) 역사적 방법

도로에 대한 비사용자의 몫을 현재까지의 자료로 추정하고 이를 이용하여 장래의 몫을 예측한다. 도로사용자는 그 나머지 비용을 부담하게 된다. 이 방법은 요즈음 거의 사용하지 않는다.

(2) 공익사업개념(public utility concept)

도로비용은 전적으로 도로사용자에게 공정하게 부담시켜야 하며 이는 전기, 수도와 같은 공익사업의 경우와 마찬가지이다. 이 개념은 교통량이 많은 도로에서는 적용이 가능하나 교통량이 적은 도로는 사용자 세금만으로 모든 도로비용을 충당하기에는 너무 무리이다.

(3) 표준비용 이론(standard-cost theory)

대표적인 도로시스템의 단위비용을 계산하여(톤·km 단위로) 이를 전체도로사용자에게 적용시켜 총 사용자 부담을 계산하고 총 도로비용 중에서 이 금액을 뺀 부분을 비사용자 부담으로 한다. 그러나 여기서 문제가 되는 것은 대표적인 도로시스템이 고속도로, 간선도로, 혹은 국지도로 중에서 어떤 것을 택하느냐 하는 것이다. 정부의 일반예산이 지원된다면 총비용 중에서 이 부분을 뺀 나머지를 사용자와 비사용자에게 부담시킨다.

(4) 중점사용도 이론(predominant-use theory)

각 시설의 사용 정도 또는 받는 편익의 정도에 따라 비용을 할당하는 방법이다. 따라서 고속도로와 같은 고급도로의 비용은 사용자만이 부담하고 지방부 접근도로 또는 주거지역 도로와 같은 급이 낮은 도로의 비용은 비사용자에게 부담된다. 그러나 중급도로의 경우는 임의적인 판단에 맡겨야 하는 결점이 있다. 또 결과적으로 급이 낮은 도로로부터는 사용자가 편익을 얻지 못하며, 고급도로로부터는 비사용자가 편익을 받지 못한다는 가정이므로 문제점이 있다.

(5) 비교사용도 이론(relative-use theory)

각 도로시스템은 접근기능, 통과기능, 근린연결기능을 가지며, 그 기능을 수행하는 정도에 따라 비용을 분담한다. 그러나 이 방법은 O-D, 통행길이, 통행목적, 통행노선 등에 관한 자료를 필요로 한다. 통과기능을 갖는 도로비용은 사용자로부터, 접근 및 근린연결기능을 갖는 도로비용은 비사용자에게 부담시킨다. 그러나 어느 도로구간은 통과기능도 가지면서 접근기능을 가질 수도 있으므로 임의적으로 판단해야 하는 문제가 생긴다.

이 방법은 사용자-비사용자 부담금 할당문제를 해결하는 매우 좋은 접근방법으로 알려지고 있으나 가장 큰 결점은 역시 차량이용조사와 같은 자료를 수집해야 하는 것이다.

(6) Earnings-credit 이론

중점사용도 방법이나 비교사용도 방법과 모두 비슷한 것으로서 분석방법은 중점사용도 방법과 유사하나 도로는 접근, 통과, 근린연결기능으로 분류하는 것이 비교사용도 방법과 같다. 이 방법은 두 개의 가정에서 출발한다. 첫째는 통과교통위주의 고급도로의 건설, 운영, 유지관리비용은 도로사용자에게 부담된다는 것이며, 차량-km당 비용은 다른 도로에서도 마찬가지라고 가정을 하여 이 값을 기준으로 각 도로의 사용자 부담금을 결정하고 총비용 중에서 그 나머지를 비사용자 부담으로 한다. 이렇게 구한 결과는 최고해(top-drawer solution)라 한다. 두 번째 가정은 접근기능을 갖는 저급도로의 비용은 비사용자에게 부담된다는 것이며 이때의 km당 비용은 다른 도로의 비사용자 부담을 계산하는 데도 동일하게 적용되며, 총비용 중에서 나머지 비용을 사용자 부담으로 간주한다. 이렇게 구한 결과를 최저해(bottom-drawer solution)라 한다. 이렇게 해서 구한 사용자 부담으로 차량-km당 비용을 구하고, 그 중 가장 적은 값과 최고해의 차량-km당 비용을 평균하여 이 값으로 사용자 부담을 구하고, 이를 총비용에서 뺀 나머지를 비사용자 부담으로 한다. 이렇게 구한 결과를 타협해(compromise solution)라 한다.

이 방법은 도로를 관할행정단위별, 포장종류별, 교통량별로 분류하고, 또 기능별로 분류할 필요가 있다. 이 방법은 표준비용방법이나 비교사용도방법보다 합리적이고 자의적인 판단을 많이 요구하지 않는다.

(7) 차등편익 이론(differential-benefit theory)

도로개선으로부터 얻은 편익을 근거로 해서 각 이익집단에게 비용을 부담시키는 방법이다.

(8) 기초접근 이론(basic-access theory)

비사용자는 접근도로비용만을 부담하고 나머지는 모두 사용자가 부담한다.

(9) 한정용량 이론(restricted-capacity theory)

대부분의 도로가 무제한의 접근이 가능하므로 결국 도로의 용량이 감소된다. 이 용량감소로 인해 도로사용자로부터의 통행료 수입이 감소한다. 이 수입 감소부분을 비사용자가 부담하고 다른 모든 비용은 사용자가 부담한다.

2 차종별 도로사용자 부담

사용자 부담이 결정되면 이를 다시 각 차량 부류별로 할당해야 한다. 도로비용을 할당하는 데 사용되는 단위는 여러 가지가 있으나 그 어느 것도 만족스러운 것은 아니다. 차량-km를 단위로 사용하면 소형승용차와 대형트럭이 같은 부담금을 물어야 한다는 모순이 생긴다. 톤-km 단위는 중차량에게 부담을 많이 지운다. 예를 들어 같은 거리에 대해서 2톤 승용차 10대와 20톤 트럭의 부담이 꼭 같지만 승용차 10대가 소비하는 연료가 트럭 1대보다 많기 때문에 이 단위를 사용하면 교통효율을 저감시킨다.

도로사용자 부담금에 대한 이론 가운데 관련된 모든 차종을 다 만족시키는 것은 없으나 그 중에서도 다음에 설명되는 증분비용이 가장 합리적이다.

차량에 대한 세금기준과 세율을 정하는 것은 다음과 같은 이유로 해서 그리 간단하지 않다. 즉, (i) 같은 부류의 차종이라 하더라도 차량의 종류가 매우 다양하고, (ii) 차량별 도로이용률에 차이가 많으며, (iii) 세금의 공정성을 판단할 기준이 없다. 차량에 따라 규격이나 성능이 다르므로 도로설계나 도로유지관리, 교통운영에 미치는 영향이 다르며, 연료소모율도 다르다. 이 연료소모율은 도로사용에 따른 부담금을 할당하는 데 가장 좋은 기준이 될 수 있으므로 매우 중요하다.

그러나 도로건설비와 유지관리비는 차종이나 차량의 도로이용도에 의해서만 영향을 받는 것이 아니라 다른 요인에 의해서도 좌우되는 결합비용(joint cost)이다.

도로사용자 부담금의 종류에는 3가지, 즉 (i) 등록세(또는 면허세), (ii) 연료세, (iii) 중차량 특별부과금이 있다. 승용차에 대한 등록세는 각 차량에 대해 일률적이거나 또는 중량, 마력, 차량금액, 차량연령, 또는 이들의 조합에 기준을 두고 정해진다. 화물차량에 대한 등록세는 공차중량, 총중량 등에 기준을 두며 중량이 증가함에 따라 세금이 누진되는 경우가 많다. 연료세는 모든 차량에 대해서 ℓ당 일정한 세율을 적용한다. 그러나 디젤은 휘발유보다 일반적으로 세율을 높게 책정한다. 제3구조 세금이라 불리는 중차량 특별부과금은 연간주행거리가 많은 중차량(총중량)에 대해서 부과되는 것으로서 톤-km 또는 축-km를 기준으로 한다.

도로비용과 차량 및 차량이용도는 매우 다양하고 복잡하기 때문에 완전한 부담금 제도는 있을 수 없다. 차종간의 부담을 결정하기 위해서 지금까지 일반적으로 사용되는 기준은 도로서비스 가치, 편익 및 도로비용 등으로서 이들은 차량-km, 축-km, 총 톤-km, 증분비용(차량규격과 중량에 관한 증분) 등을 측정하여 구한다. 사용자와 비사용자의 비용분담에서와 마찬가지로 차종간의 공정한 부담금 할당을 결정하기 위해서 여러 가지 이론이나 방법이 사용된다.

(1) 증분비용 이론(increment-cost theory)

차등비용 이론(differential-cost theory)이라고도 하며, 도로는 승용차와 트럭이 같이 이용하도록 건설된다고 가정한다. 모든 차량이 승용차에 적용되는 기본비용을 부담하고(결합비용), 승용차를 제외한 모든 차량에 대하여 두 번째 중량이나 크기의 차량부류에 해당하는 부가비용을 배분한다(중량비용 : weight cost). 이와 같은 과정은 가장 큰 중량과 크기를 가진 차종에 해당되는 증분비용을 그 차종에 할당할 때까지 계속된다. 이 이론은 모든 차종에 대한 결합비용이 다소 자의적으로 분포가 되며, 차량의 중량이나 크기와 도로설계수준 및 그 비용과의 관계에 대한 자료가 불충분한 결점이 있다.

(2) 차등편익 이론(differential-benefit theory)

도로개선으로 얻는 편익은 도로가 제공하는 서비스의 기준이다. 도로의 개선안을 분석하여 각 사용자 부류가 갖는 이득, 즉 거리단축, 포장개선, 경사 및 선형개선 등을 통한 이득을 계산할 수 있으며, 부담금은 이러한 편익에 비례한다. 이 방법은 이론적으로는 나무랄 데가 없으며 자료수집이 지나치게 복잡하여 오늘날까지 이 방법을 이용한 예는 그리 많지 않다.

(3) 톤-km 이론

차량의 총중량과 통행거리를 함께 고려하여 부담금을 산정하는 방법이다. 따라서 총중량 20톤인 트럭은 같은 거리에 대해 2톤 승용차보다 10배의 세금을 물게 된다. 이 이론은 제3구조 세금(중차량 특별부과금)과 혼동해서는 안 되며, 세금이 납세자 기록의 정확도와 정직성에 전적으로 좌우되므로 행정적으로 공정하게 되기가 어려운 결점이 있다.

(4) 비용함수 이론(cost-function theory)

증분비용과 톤-km 이론을 절충한 것으로서, 도로비용을 3가지 범주로 나눈다. 즉, (i) 도로사용도에 관계되는 비용, (ii) 사용도, 중량, 규격 그 어느 것과도 상관없는 비용, (iii)

차량의 중량과 규격에 관계되는 비용이다. 처음의 두 개는 증분비용 이론의 결합비용에 따라 이와 같은 방법으로 할당된다. 규격과 중량비용은 톤-km 기준으로 모든 차량에 분배가 되나 앞에서 설명한 증분비용 이론에서는 이 모든 비용이 중차량에 할당된다.

(5) 운행비용 이론(operating cost theory)

단위차량당 운행비용을 기준으로 하는 이론이다. 톤-km 이론에서처럼 도로이용에 대한 부담이며, 도로비용이나 편익은 고려하지 않는다. 차량운행비용은 중량에 따라 증가하나 톤-km당 비용은 감소한다는 것이 일반적으로 알려진 사실이기 때문에, 만약 승용차에 대한 세금이 어느 정해진 수준에서 고정된다면 운행비용 이론에 의한 트럭세금은 톤-km 이론에 의한 세금보다 적을 것이다.

(6) 표준비용 이론(standard cost theory)

도로비용을 사용자와 비사용자 간에 분담하는 문제에서 언급한 것과 같은 방법으로 차종별 분담을 한다. 각 차종의 톤-km와 중량을 도로개선계획의 중간년도에 대해서 추정하고 대표적인 도로시스템의 단위비용인 표준율을 이 추정된 톤-km에 적용한다. 이 방법은 비용과 편익과는 밀접한 관계가 없으므로 합리성을 정당화할 수 없다.

증분비용 이론, 차등편익 이론, 톤-km 이론 및 비용-함수 이론을 비교하면 다음과 같다. 즉, 4개의 이론에 의한 승용차 및 트럭의 부담금을 비교해 볼 때, 차등편익 이론에 의하면 승용차 부담이 가장 크고 트럭 부담이 가장 적다. 또 톤-km 이론에 의하면 다른 이론에 비해 승용차 부담이 가장 적고 트럭 부담이 가장 크며, 승용차와 트럭의 부담금 차이가 가장 크다. 비용-함수 이론에 의하면 그 결과가 톤-km 이론에 의한 것과 매우 가까우며, 증분비용 이론에 의하면 승용차에 대한 부담이 두 번째 크고 트럭의 부담은 두 번째로 적다.

19.5 교통프로젝트의 경제성 평가 및 그 사례

교통프로젝트의 평가는 공학, 경영, 재무 및 경제적인 관점을 내포하고 있다. 공학적인 측면으로서는 자본비용과 운영비용의 추정뿐만 아니라 기술적인 건설과정과 건설된 후의 프로젝트의 운영을 취급한다. 경영적인 측면은 그 프로젝트를 건설하고 운영하는 데 있어서의 관리 및 인적문제를 취급한다. 재무분석의 목적은 그 기업이 금융부채를 상환할 수 있는지, 또는 투자된 자본에 대한 합리적인 수익을 얻을 수 있는지, 그리고 경우에 따라서는 장래 투자에 사용할 수입을 올릴 수 있는지를 결정한다. 재무분석은 그 기업의 비용과 수입에 초점을 맞추어 수입과 지출 일람표 및 대차대조표로 종합된다.

어떤 프로젝트의 경제성 평가의 근본목적은 그 프로젝트의 순편익이 다른 한계투자기회로부터 얻을 수 있는 것보다 큰지 적은지를 알기 위하여 국가전반의 관점에서 경제적 비용과 편익을 측정·비교하는 것이다. 이 비용과 편익은 그 프로젝트를 운영하는 기업의 비용과 수입과는 큰 차이가 있을 수 있다. 물론 통행 증가로 인한 문화적 기회라든가 이동성의 증가로 인한 군사적, 정치적 이점 또는 불리점과 같이 경제적 편익 이외의 다른 편익도 많이 있다. 그러나 이들은 경제적 발전과는 직접적인 관련이 없으므로 이 장에서는 취급하지 않는다. 그러나 이와 같은 목적들이 교통수요의 증가를 초래하게 되면 그들도 사실상 경제성 평가에 포함되어야 한다.

프로젝트 평가에 있어서 공학적, 경영, 재무, 경제적인 네 가지 요소는 상호 밀접한 관련을 가지고 있다. 만약 공학자가 비용을 과소추정하면 그 기업의 재무상태는 어려움을 당하며 그 프로젝트는 경제적으로 타당성을 잃을 수도 있다. 만약 그 프로젝트가 잘못 관리되면 그 비용이 커져 수입과 편익이 적어질 수 있다. 사용자는 그들이 받는 편익보다 더 많이 지불하지 않으려 하고, 또 수입은 편익의 중요한 지표이기 때문에 편익과 수입의 추정은 밀접한 관계가 있다.

1 프로젝트의 정의

프로젝트는 경제적 및 기술적으로 타당한 최소투자대상물이다. 예를 들어 광주에서 대구까지의 도로계획을 생각할 때, 이것은 한 프로젝트가 아니라 여러 개의 프로젝트이다. 이 도로의 각 구간을 이용하는 교통량은 크게 다르기 때문에 개선방법도 다르다. 그러나 어떤 도로구간을 개선하면 이에 따른 유발교통이 다른 구간에 영향을 미치므로 이러한 사실은 평가에서 고려되어야 한다.

제안된 투자대상을 적절히 구분하여 프로젝트화하는 일은 모든 최소투자 가능성이 모두 다 분석될 수 없기 때문에 실무경험과 판단에 크게 의존해야 한다. 투자대상물을 충분히 세분화하여 프로젝트화하지 못하면 한 프로젝트의 큰 편익이 다른 프로젝트의 손해까지도 정당화한다. 예를 들어 어느 항구부두에 두 개의 접안대(berth)를 한꺼번에 계획한다고 할 때, 그 수익률이 18%로서 경제적 타당성이 있다고 하자(MARR이 12%라고 가정). 그러나 이것을 두 개의 프로젝트로 분리해서 분석하면 첫 번째 접안대의 수익률은 24%이어서 타당성이 있으나, 그 후 두 번째 접안대를 추가로 건설할 때의 수익률은 8%밖에 되지 않는다면 두 번째 접안대 건설은 분명히 타당성이 없다.

2 도로부문 프로그램의 역할

어떤 교통프로젝트를 평가하기 전에 두 개의 예비단계를 거치는 것이 매우 바람직하며,

이는 또 그 프로젝트의 대안들을 검토하는 노력을 줄이기 위해서 필수적이다. 첫 번째 단계는 국가의 전반적인 경제조사(economic survey)로서 이것은 경제성장률과 이에 따른 교통수요증가율과 같은 것을 알아내어 국가의 전반적인 교통필요성을 입증하는 기능을 가지며, 다른 경제부문의 요구사항에 대항해서 교통필요성을 평가하기 위한 기초를 제공하는 기능을 갖는다. 이러한 경제조사는 정확할 수가 없고 정성적인 판단에 크게 의존한다. 이 조사는 또 산업의 위치가 변함에 따라 총 교통수요가 감소될 수 있는지, 또 그러기 위해서 필요한 비용이 얼마인지를 판단하는 데 도움을 준다.

두 번째 단계는 교통부문 내의 우선순위를 결정하기 위한 세부 교통조사(transportation survey)이다. 이러한 조사는 중요성별로 도로의 리스트를 작성하는 것처럼 각 교통수단에 대한 우선순위의 틀을 수립할 뿐만 아니라 각 수단이 갖는 적합한 역할과 우선순위를 나타낸다.

이와 같은 프로그램은 프로젝트가 세부적으로 평가될 때 변경될 수도 있으며 계속적으로 최신의 것으로 유지되어야 한다. 전반적인 경제조사와 교통조사가 프로젝트 평가에 앞서 행해지지 않으면 그 평가는 불완전할 수도 있고, 또 자원배분을 그르칠 위험이 커진다.

3 교통가격의 적절성

교통프로젝트의 경제적 비용과 편익을 결정하고 이들을 다른 투자기회와 비교하기 위해서는 이들을 금액으로 나타내야 한다. 주요경제부문에서는 경쟁이 심하지 않을 경우 시장가격이 참비용을 반영하지 않기 때문에 문제가 있다. 일반적으로 개발도상국에서는 교통분야에 두 개의 문제점이 존재한다. 그 첫째 문제점으로는 어떤 교통서비스는 그 특성상 소수독점 또는 완전독점되기 때문에 이 서비스가격은 비용과 직접적인 관계가 없다는 사실이다. 가장 간단한 예로 철도에서 역사적으로 많이 사용되어 온 서비스가치이론에 의한 운임을 들 수 있다. 두 번째 문제점으로는 많은 교통서비스가 정부의 직접 또는 간접적인 지원금을 받고 있다는 것이다. 이에 대한 일반적인 예는 도로의 건설이다. 개발도상국에서는 연료세와 수익자에게 부가되는 기타부담금으로 도로의 비용(자본비용, 유지관리비, 행정비 포함)을 다 보상하지 못한다. 설사 모든 비용을 보상한다 하더라도 트럭, 버스 및 승용차 등의 교통서비스비용과 사용자 부담금과는 직접적인 관계가 없으며, 또 어떤 도로의 통행료와 그 도로의 비용과도 직접적인 관계가 없다.

4 자료의 적절성

프로젝트의 경제성 평가에 사용되는 자료의 정확성은 평가의 결과에 큰 영향을 미친다. 필요한 자료는 단순한 교통량 자료뿐만 아니라 기·종점자료, 도로를 이용하는 화물의 종류에 관한 자료도 필요하다. 뿐만 아니라 각종 도로에서의 차량운행비용에 관한 자료 및 포장종류에 따른 유지관리비용에 관한 자료도 필요하다. 이러한 자료가 없이 평가를 하면 결과적으로 대부분의 신설도로투자와 유지관리 예산사용은 우선순위에 대한 정밀한 분석 없이 이루어지게 된다. 철도도 일반적으로 화물별 각 노선의 운행비용을 잘 모르며 노선별 교통량 역시 불완전한 경우가 많고, 기·종점자료를 체계적으로 수집하는 일이 드물다. 결과적으로 철도망의 어느 부분이 수익이 적은지 또는 철도수송화물이 비용이 적게 드는 다른 수단, 즉 도로나 해운을 이용할 수는 없는지를 판단할 수가 없다.

과거에는 지도로부터 주요 산업 및 인구밀집지의 위치를 참고로 하거나 또는 애로구간을 관측하거나 예측하여 간단히 투자를 결정할 수 있었다. 그러나 지금은 철도망과 도로망이 점점 복잡해지고, 또 항공교통도 포함되기 때문에 이러한 방법은 점차 정확성이 떨어지게 되었다. 또 그와 같은 단순한 접근방법으로는 시간이 경과함에 따라 수송수단 간 또는 타분야와 수송분야 간의 우선순위를 잘 판단할 수 없게 되었다. 앞으로는 더욱 자세하고 정확한 자료를 근거로 하여 교통프로젝트의 경제성을 체계적으로 평가해야 할 필요성이 점점 더 절실해지고 있다(17장 참조).

19.5.1 경제적 비용

1 잠재가격의 사용

프로젝트의 경제적 비용을 측정하기란 경제적 편익을 측정하는 것보다 훨씬 간단하며, 이 경제적 비용은 실제비용을 보정해 줌으로써 구한다. 보정해 주어야 할 비용은 외환, 세금, 노임 및 이자부분이다.

(1) 외 환

가장 중요한 보정은 외국에서 수입하는 것에 대한 평가를 할 때 필요하다. 왜냐하면 정부공식환율은 외환의 희소가치를 제대로 반영하지 못하기 때문이다. 결과적으로 수입의 비용은 고의적으로 낮게 책정되나 이에 대한 수요는 매우 높아 외환의 수요와 공급균형을 유지하기 위한 다른 배급구조를 요한다. 뒤에 나오는 예제에서는 외환의 경제적 비용을 계산하는 데 정부환율의 1.2배를 사용했다. 이것은 모든 외환비용, 즉 외국에서 조달되는 품목뿐만 아니라 휘발유와 같이 국내에서 조달되는 외환부분에도 적용된다. 만약 프로젝트가 외환수익을 포함하면 외환비용과 같은 방법으로 보정되어야 한다.

(2) 세 금

이것은 판매세 또는 간접세에 관한 것이다. 예를 들어 휘발유세는 세금을 내는 사람의 비용이지 국가가 부담하는 경제적 비용은 아니다. 이는 세금의 증가가 어떤 양의 휘발유를 생산하는 데 더 많은 경제적 자원이 소모된다는 것을 의미하지 않기 때문이다. 마찬가지로 차량면허세와 수입관세 역시 고려에서 제외되어야 한다.

(3) 노 임

최저임금제는 노임이 노동의 실제비용을 정확히 반영하지 못하는 결과를 초래한다. 실업자나 유휴노동력이 많으면 노동의 비용은 실제 노임보다 적게 된다. 이와 같은 상황이 상당기간 계속되면 비숙련 노동비용은 실제 지불노임보다 낮게 계산되어야 한다. 반면에 숙련 노동비용은 높을 수도 있다.

그러나 이와 같은 노임에 대한 보정은 그 프로젝트 지역의 노동여건을 주의 깊게 조사한 후에 이루어져야 한다. 농업에 종사하는 실업인구는 계절별 변동이 크며 농업노동이 건설공사로 이동되면 농사에 지장을 받으므로 프로젝트의 건설시기와 농사시기는 적절히 조정되어야 한다. 이것이 어려우면 프로젝트의 완성이 지연될 수도 있다. 더욱이 비숙련 노동자는 이동성이 적으므로 어떤 지역의 유휴노동력과 다른 지역의 노동력 부족현상이 공존할 수도 있다. 만약 프로젝트가 노동력이 부족한 지역에서 이루어지면 잠재가격은 의미가 없다. 또 충분히 숙련된 노동력을 얻을 수 있다면, 비숙련 노동력을 사용하면서 훈련을 시킬 수밖에 없고, 비용과 생산성을 추정함에 있어서 훈련비용과 그 노동력의 낮은 생산성을 감안한다면 노임에 대한 보정은 할 필요가 없다.

편익의 측면에서도 같은 경우를 생각할 수 있다. 예를 들어 노동력 절약을 위해 사용되는 장비의 편익을 측정할 때, 만약 대체되는 노동력이 그 장비의 경제수명 동안 실업상태로 남아 있다면 실제 편익은 훨씬 적어진다. 편익의 관점에서 노동력의 잠재가격은 비용측면에 사용되는 잠재가격과 반드시 어떤 관계를 가지는 것은 아니다. 왜냐하면 비용과 편익계산에는 서로 다른 시기에 완전히 다른 종류의 노동력이 포함되기 때문이다.

(4) 이 자

실제 지불된 이자는 자본의 재무비용이며 그것은 경제적 비용, 즉 자본의 기회비용과는 상관이 없다. 교통에 투자된 정부의 투자기금은 정부가 부담하는 비용(이자)보다 낮은 이자율로 이용 가능하다. 그리고 설사 정부의 비용(이자)을 그들이 부담한다고 할지라도, 만약 그 기금이 세금이나 혹은 은행으로부터 시장이자율보다 낮은 이자율로 정부가 비는 것과 같이, 직접적 혹은 반강제적으로 정부에서 모은 것이라면 정부의 비용은 실제 경제비용을 나타내지는 않는다. 외국으로부터 차용한 기금인 경우는 자본의 기회비용보다 훨씬 낮은 이자율을 묻다.

자본의 경제적 비용은 자유시장이 아니라면 결정하기가 매우 어렵다. 왜냐하면 이자율이란 인플레이션이나 위험부담을 반영하기 때문이다.

2 기타 보정

잠재가격을 사용하는 것 외에도 경제적 평가에 필요한 기타 보정은 다음과 같은 것이 있다.

(1) 임시비용

프로젝트 비용을 계산하는 데 포함되는 예측할 수 없는 비용의 종류에는 두 가지가 있다. 첫째는 사업이 생각한 것보다 어려워 예상보다 비용이 많이 드는 것이다. 둘째는 인플레이션이 노임과 물가를 상승시키기 때문에 비용이 예상보다 증가하는 것이다. 경제분석에서는 이 두 번째 비용이 포함되지 않을 뿐만 아니라 편익가치의 인플레이션도 고려해서는 안 된다. 그러나 도시내 지가가 대폭 상승하는 것과 같은 상대가격의 변화는 그것이 비용과 편익에 대해서 각각 다른 영향을 미칠 것 같으면 포함시킨다.

(2) 공사중의 이자

그 투자가 철도의 장비구입이나 유료도로건설 때와 같이 차관이나 대부에 의한 것이라면 공사기간중의 이자는 프로젝트 비용에 포함되나 대부분의 도로에서처럼 일반회계에서 투자재원이 조달되면 그 이자는 프로젝트 비용에 포함되지 않는다. 노동력, 재료, 장비 등 실제 사용된 자원이 자금의 출처와 상관없이 동일하기 때문에 프로젝트의 경제적 비용에 관해서 생각한다면 이러한 자금조달방법의 차이는 그다지 중요하지 않다. 이들 경제자원을 획득하는 수단은 돈이기 때문에 이자는 그 프로젝트의 경제적 비용에 포함되어서는 안 된다.

(3) 프로젝트의 범위

이 문제는 프로젝트에 관련된 기관이 프로젝트의 범위를 충분히 감안하지 않기 때문에 생긴다. 예를 들어 항만건설기관이 프로젝트를 계획할 때 항만건설비용만을 고려하고 그 항만에 접근하는 접근도로의 비용을 고려하지 않을 경우이다. 접근도로가 그 항만사용에 필수적인 것이라면 항만건설기관의 재무분석에서는 제외될지언정 경제성 평가에서는 프로젝트 비용에 반드시 포함되어야 한다.

(4) 매몰비용

어떤 자산에 투입된 매몰비용은 그 자산이 다른 목적에 사용될 수 없으면 고려에서 제외된다. 그러나 예를 들어 도로프로젝트에서 다른 곳에 쓰다 남은 시멘트를 돈을 지불하지 않고 사용한다 하더라도 그 시멘트는 다른 용도에 사용될 수 있으므로 경제적 비용에 포함된다.

(5) 외환비용

외국차관으로 수행되는 프로젝트에 대해서는 비용지출의 시기에 관해서 특별한 문제점이 야기된다. 프로젝트가 국내자본에 의해 수행된다면 자본이 사용되는 해에 국가가 이를 마련하므로 경제적 비용에서 추가적인 보정이 필요 없다. 그러나 외국자본을 사용하는 경우 국가가 부담하는 비용은 만약 그 돈이 그 프로젝트에 사용되지 않고 다른 목적에 사용될 때도 같은 금액이 외국자본을 차용할 수 있는가에 달려 있다. 그 차관규모는 차관을 얻는 국가의 지불능력에 제약을 받는다. 그러므로 이와 같은 상황에서는 경제적 비용이 그 프로젝트가 수행되는 연도에 발생한 것으로 보는 것이 좋다. 따라서 국내든 국외자본이든 경제적 비용계산에서 보정은 할 필요가 없다. 그러나 제약이 없이 돈을 차용할 수 있는 국가의 경우, 프로젝트의 비용은 외국차관이 상환되고 이자가 지불되는 시기에 발생한다고 본다.

19.5.2 교통량 예측

교통투자의 편익을 측정하는 첫 단계는 그 프로젝트의 서비스수명 동안의 장래 교통량을 추정하는 것이다. 교통량 예측은 세 가지 과정으로 이루어진다. 첫째는 수입과 수출을 포함한 장래 농업, 공업, 광업의 생산과 소비의 크기와 그 위치를 추정하는 것이다. 이와 함께 인구 및 그 배치에 대한 추정도 이루어진다. 두 번째는 이들 각 산업에서 생산되는 산출물과 인구를 기·종점별 교통량으로 환산한다. 끝으로 이 교통량을 가장 효율적으로 수송할 수 있는 교통수단에 분포시킨다. 지역별 산출물과 교통량은 수송비용에 어느 정도 좌우되므로 이 세 과정은 상호연관성이 있다.

장래 교통은 공업, 농업, 광업, 기타 경제부문의 발전과 인구에 좌우되므로 교통량 추정은 그 지역의 개발예측과 다를 바 없다. 그러므로 장래의 전반적인 생산과 소비뿐만 아니라 그것이 일어나는 위치까지도 추정해야 할 필요가 있다. 장래의 생산 및 소비를 추정한 다음에는 이를 교통량으로 바꿔 주어야 한다. 이 작업은 과거 산출물과 소비, 그리고 교통수요관계를 근거로 하여 어떤 교통에 대한 어떤 교통수단 분담의 감소, 상대비용의 변화 등과 같은 미래의 변화에 대한 보정을 해준다.

생산과 소비와의 관계나 이들과 교통량과의 관계는 수송에 부과되는 요금이나 운임에 영향을 받는다. 그러나 수송수요의 가격탄력성에 대해서 알려진 것이 거의 없다. 일반적으로 화물운송운임의 변화에 대한 영향은 염가상품이 고가상품보다 더 많이 받는다. 또 장기적으로 화물운임의 변화는 신규산업의 위치에 영향을 주므로 가격탄력성은 시간에 따라 차이가 난다. 어떤 교통수단의 가격탄력성은 경쟁수단의 운임에도 영향을 받는다. 더욱이 운임은 기타 유통비용, 즉 화물의 손상이나 지체에 의해 발생되는 비용보다 덜 중요하다. 승객교통수요는 가능한 요금 변동 범위내에서 볼 때 매우 비탄력적이다. 그러나 만약 어떤 프로젝트가 수송비용을 현저하게 감소시키면 알려진 것보다 더 큰 영향을 교통수요에 미칠 수도 있다.

교통발생요인과 이에 따른 교통량 간의 수학적인 관계를 설명하는 교통모델이 많이 개발되고 있다. 그러나 이 요인들은 매우 복잡할 뿐만 아니라 그 모델을 설정하기가 매우 어렵고 많은 시간을 필요로 한다. 이 어려움 중의 하나는 같은 상품이라 하더라도 다 꼭같은 용도를 가진 것이 아니기 때문에 모든 상품을 용도별로 세분해야 한다는 것이다. 다른 또 하나의 어려움은 어떤 상품의 경우 유통비용이 적은 곳으로 반드시 수송되는 것이 아니고 주문생산품과 같이 수송비용이 높더라도 이를 충분히 보상해 주는 곳으로 이동된다는 것이다. 물론 교통모델을 만들 때 이와 같은 어려움을 고려할 수도 있으나 훨씬 더 복잡하고 시간이 많이 걸린다. 승객수송에서도 같은 문제가 제기된다. 즉 승객마다 시간가치가 다르며, 또 시간가치에 대한 수요탄력성을 구하기가 어렵다.

일단 총 교통량이 추정되면 마지막 단계는 이들이 각 교통수단을 얼마나 이용하는가를 추정한다. 원칙적으로 교통을 그 종류에 따라 수송비용이 가장 적은 교통수단으로 배분하나 여기에는 몇 가지 문제점이 있다. 첫째, 수송비용을 알아내기가 어렵다. 왜냐하면 이것에 관해서 관련 자료가 별로 없고, 또 그 비용이 개인적인 재무비용과는 다른 경제적 비용을 말하기 때문이다. 노임이라든가 자본비용 또는 외환비용에 관한 경제적 비용의 보정은 앞에서 설명한 바 있다. 둘째, 그 운임이 수송비용을 반영하지 않는다면 실제로는 교통이 가장 적은 비용의 교통수단을 이용한다고 볼 수 없다. 이와 같은 경우는 상품의 가치에 따라 운임을 매기는 철도에서 볼 수 있다. 도로나 항만의 사용자 부담금 역시 비용을 반영하는 경우가 드물다. 프로젝트를 평가할 때 경제적 편익을 추정하기 위해서는 상대적인 경제적 비용을 사용해야 하나 교통수단간의 장래 교통배분을 추정하기 위해서는 수단간의 상대적인 재정부담을 비교한다. 셋째, 여러 수송수단의 서비스는 그 질이 서로 틀리며 이들을 정량화할 수 없기 때문에 이 차이를 비용으로 나타낼 수 없다는 사실이다. 예를 들어 도로교통은 철도서비스에 비해 door-to-door 서비스를 제공하고 일반적으로 수송시간을 절약하며, 수송빈도와 신뢰성이 크고, 손상 및 분실의 염려가 적고, 신속한 claim 처리를 하는 장점이 있다. 이러한 사실은 일반화물에서 특히 중요하다. 도로의 직접수송비용이 사실상 철도에 비해 크지만 도로를 이용하게 되는 이유는 바로 이와 같은 서비스의 질적 차이 때문이다.

수송수단간의 분담을 좌우하는 것은 수송비용이 아니라 유통비용이라는 사실은 매우 중요하다. 프로젝트 평가에서 수송수단의 총 유통비용을 고려하지 않고 수송비용만을 고려하여 수단간 분담을 추정한다면 철도나 해운이 도로에 비해 과다하게 추정된다. 승객수송분담에서도 마찬가지로 각 수송수단의 비용뿐만 아니라 정시성, 쾌적성, 편리성 등의 차이를 고려해야 한다.

그러나 다행히도 장기교통예측을 용이하게 하는 여러 가지 조건도 있다. 첫째, 철도와 해운은 석탄, 원광석, 곡물과 같은 살화물을 주로 취급하기 때문에 분석을 할 때 이러한 화물만 다룬다. 둘째, 교통투자의 대부분이 일괄성을 가지고 있다. 예를 들어 항만의 화물접안대(berth) 한 개가 일년에 일반화물 80,000톤을 처리할 때 그 건설의 타당성을 가진다고 한다면, 이를 효과적으로 운영하면 150,000톤까지 처리할 수 있을 수 있기 때문에 교통량이 80,000톤이냐 혹은 125,000톤이냐 하는 것은 따질 필요가 없을 것이다. 살화물을 취급할 경우에는 그 범위가 300,000톤에서 100만톤 이상에 이를 수도 있다. 마찬가지로 포장된 2차로 도로가 하루에 3,000대의 차량을 처리할 수 있다면, 교통량 추정치가 1,000~2,000대일 때도 같은 크기의 도로가 필요하다. 그러나 교통량 추정치가 한 접안대와 두 접안대 혹은 2차로와 4차로 도로 건설기준의 경계값을 가질 때는 이 일괄성은 어려운 문제를 야기한다. 이와 같은 일괄성의 문제점은 단계적 건설을 통하여 줄일 수 있다. 셋째, 단기 및 중기의 장래 교통은 기존교통량과 큰 차이가 없으며, 또 공업, 농업의 위치 및 인구분포의 기본패턴이 금방 변하는 것이 아니다. 넷째, 교통량 예측은 그 프로젝트가 용량에 도달할 때까지만 필요하다. 왜냐하면 용량에 도달한 후에는 교통량의 증가가 있을 수 없기 때문이다. 다섯째, 장래의 편익은 자본의 기회비용으로 할인되기 때문에 훨씬 먼 장래에 대한 예측의 정확성은 할인율이 클수록 적어진다.

1 교통의 종류

프로젝트의 편익을 구하려면 장래 교통을 자연증가교통, 전환교통, 유발교통으로 나누어야 한다. 자연증가교통이란 새로운 투자와 상관없이 기존시설을 이용하는 교통의 증가를 말한다. 자연교통에 의한 편익은 자연증가교통이 기존도로를 이용할 때의 높은 운행비용에 비해 신설도로의 낮은 운행비용으로부터 얻는 이득이다.

두 번째, 전환교통이란 다른 교통수단으로부터 또는 같은 수단의 다른 도로로부터 신설도로로 전환되는 교통이다(더욱 엄밀히 구별하면, 수단이 바뀌는 것을 전이교통, 노선이 바뀌는 것을 전환교통이라 한다). 전환교통에 대한 편익은 기존도로 또는 교통수단의 교통비용과 신설도로에서의 교통비용 간의 차이로 구한다. 전환되는 교통량은 상대적인 경제적 비용에 좌우되는 것이 아니라 실제 재정적 부담에 좌우된다. 실제로 많은 사람들이 실지출비용(out-of-pocket cost)에 따라 교통수단을 선택하기 때문에, 이 비용과 기존철도요금 사이의 차이는 철도로부터 도로로 전환되는 승객교통량을 크게 좌우한다. 전환교통량을 좌우하는 것은 또 단순히 수송부담의 차이뿐만 아니라 총 유통비용의 차이도 있기 때문에 시간절약, 파손감소, 낮은 보험료 등도 고려되어야 한다. 비교적 가치가 큰 화물에 대해서는 이와 같은 유통비용의 중요성을 과소평가하는 경향이 있으나 석탄이나 원광과 같은 살화물에 대해서는 그렇지 않다.

세 번째 종류는 수송비용의 감소결과로 인하여 새로이 발생되는 유발교통이다. 이것은 값싼 수송비용 때문에 생기는 산업 및 농업생산의 증가로 인한 교통과 생산증가와는 상관없이 지금까지 국지적으로 판매되던 상품이 더 나은 가격을 받을 수 있는 시장으로 수송되는 교통으로 이루어진다. 그러나 어떤 교통투자로 인해 생기는 이 유발교통을 추정하기는 매우 어렵다.

19.5.3 경제적 편익

교통프로젝트의 경제적 편익을 측정하기란 앞에서 언급한 경제적 비용을 추정하기보다 훨씬 더 어렵다. 그 이유는 첫째, 도로개선으로 인한 쾌적성 및 편리성의 증가 또는 시간단축 등과 같이 직접적인 편익이라 할지라도 이들은 시장가격이 존재하지 않으므로 금액으로 나타내기가 어렵다. 둘째, 교통비용의 절감과 같은 대부분의 편익은 장기간에 걸쳐 수많은 사람에게 혜택을 주므로 장기예측이 어렵다. 셋째, 교통개선으로 인한 경제의 활성화와 같이 간접적인 편익이 많고, 또 이를 실현하기 위해서 때로는 교통 이외의 분야에 투자해야 할 필요성도 있다.

그러나 가장 큰 어려움은 편익을 추정하는 데 있어서 프로젝트의 차로대안과 비교해야 한다는 사실에 있다. 만약 그렇지 않거나 혹은 프로젝트가 세 번째 혹은 네 번째 좋은 대안과 비교하게 된다면 차로대안과 비교할 때보다 편익이 과다 평가된다. 그러나 차로대안이 무엇인가를 결정하는 것은 까다로운 개념상의 문제를 수반할 수 있다. 예를 들어 철도의 승객수송이 지나치게 혼잡하다면, 이를 해결하는 방법은 차량대수를 늘리거나, 요금을 올려 수요를 줄이거나, 요금을 올리고 버스를 증가시키거나, 또는 아무런 조치를 취하지 않는 4가지 대안이 있다. 마찬가지로 만약 시장가로가 혼잡하다면 그 해결책은 도로를 넓히거나, 소통에 장애가 되는 자전거나 차량의 통행을 금지시키거나, 교통신호 및 통제방법을 개선하거나, 주차를 금지시키거나, 교통에 부과금을 매기거나, 또는 이들 대안들을 조합하는 방법이 있다. 지방도로를 확장하는 데 있어서의 대안은 한꺼번에 7 m 폭의 포장을 하거나, 혹은 5.4 m를 먼저 확장하고 나서 장차 다시 추가로 확장하는 방법이 있다. 이와 같은 모든 대안들을 모두 고려한다는 것은 너무 비용과 시간이 많이 소요되므로 철저한 검토를 요하는 대안을 골라내기 위해서는 사려 깊은 판단이 요구된다.

교통프로젝트로부터 얻을 수 있는 가장 중요한 편익은 (i) 새로운 시설의 사용자나 그 소유자가 얻는 운행비용의 감소와 기존시설을 그대로 이용하는 사람이 새로운 시설로 말미암아 혼잡이 감소됨으로 얻는 운행비용 감소, (ii) 경제개발의 활성화, (iii) 승객과 화물의 수송시간절약, (iv) 사고감소와 파손감소, (v) 쾌적성 및 편리성 증대 등이다. 이러한 편익은 모든 프로젝트에서 다 발생하는 것은 아니며, 또 프로젝트에 따라 그 편익의 크기도 다르다. 운행비용의 감소는 다른 편익에 비해 금액화하기도 쉬우나 쾌적성과 편리성은 사회적 가치가 비교적 적으며 금액화하기도 어렵다.

편익의 분배가 편익의 전체 크기에 영향을 미친다는 사실은 매우 중요하다. 예를 들어 철도를 개선하여 비용을 낮추었음에도 불구하고 이전의 운임을 그대로 유지한다면 소비자는 직접적인 편익을 얻지 못하는 대신 철도는 높은 수입을 올리게 된다. 높은 수입으로 인한 경제적 효과와 낮은 운임에 의한 소비자 편익을 비교하여 경제에 미치는 순편익을 결정한다. 만약 운임을 낮추지 않으면 교통개선을 하더라도 새로운 교통을 유발하지 않을 수도 있다는 사실은 매우 중요하다. 편익의 분배가 전체 편익의 규모를 줄이거나 혹은 다른 공공정책과 조화를 이루지 않는다고 생각된다면 문제는 더욱 깊이 검토되어야 한다.

1 운행비용 감소

가장 중요하고 직접적이며 가장 쉽게 금액으로 환산할 수 있는 편익은 교통비용의 감소이다. 수송비용의 절감으로 인한 편익은 시설의 사용자 또는 소유자가 얻는 것이지만 경쟁 때문에 또는 이윤을 극대화시키려는 노력으로 말미암아 그 편익이 생산자, 화주 및 소비자간에 적절히 분배된다. 그래서 수송비용 절감은 시설의 사용자뿐만 아니라 국가전체에 이익을 준다.

(1) 자연증가교통

교통투자의 경제적 편익을 구할 때는 반드시 경과시간을 고려해야 한다. 자연증가교통량은 시간이 지날수록 커지므로 차량당 혼잡비용도 시간이 지남에 따라 증가한다. 그러므로 도로프로젝트(특히 도로개선)에서 자연증가교통에 의한 편익은 그 도로가 개선되지 않을 때의 차량운행비용과 개선되었을 때의 차량운행비용의 차이이며, 그 차이는 매년 증가한다.

(2) 전환교통

다른 교통수단이나 혹은 다른 노선으로부터 새로 건설한 시설로 전환되는 교통에 대한 편익은 기존 교통수단 또는 기존 노선에서의 교통비용과 전환된 후의 교통비용의 차이로 구한다. 그러나 여기서 주의해야 할 점이 두 가지 있다. 첫째는 여기에 관련된 비용은 새로운 시설을 이용할 때 절약되는 교통비용이다. 예를 들어 교통이 철도에서 도로로 전환된다면, 그 편익은 신설도로에서의 교통비용과 철도운임 또는 평균철도비용을 비교하는 것이 아니라 철도로부터 전환되는 교통의 한계비용과 신설도로에서의 교통비용을 비교하여 구한다. 만약 전환교통이 전체 철도교통의 극히 적은 부분이고, 또 철도의 용량에 여유가 있다면 한계비용은 평균비용보다 훨씬 적으므로 전환으로 인한 절약도 적다.

두 번째 문제는 교통수단의 차이에 따라 서비스의 종류가 달라지므로 이를 비교하기 위해서는 특별한 고려가 필요하다는 것이다. 예를 들어 도로와 연결되는 연안해운교통의 비용은 수송비용뿐만 아니라 하역비용, 보관료, 보험, 파손, 지체 등과 같은 추가적인 비용 역시 고려해야 한다. 이 추가비용은 기본수용비용의 50%가 넘는 수도 있다. 마찬가지로 철도와 도로수송의 비용을 비교할 때 트럭이 door-to-door 서비스를 제공하는 반면에 철도는 두 번 하역을 함으로써 직접비용이 증가함은 물론 파손과 지체비용을 야기한다.

전환교통의 또다른 종류는 버스를 이용한 다음 승용차로 갈아타는 것처럼 같은 노선에서 교통수단을 바꾸는 것이다. 이런 경우는 승용차의 운행비용이 버스보다 크지만 그것이 편리하고 쾌적하기 때문에 운행비용은 그다지 중요시되지 않을 뿐만 아니라 승용차의 이와 같은 이점을 금액으로 나타내기는 매우 어렵다.

(3) 유발교통

교통비용이 낮아지기 때문에 새로이 발생하는 유발교통의 편익은 기존도로의 운행비용이 신설도로 운행비용과의 차이의 반 정도로 낮아지면 유발교통이 발생하기 시작한다고 보아 계산한다. 예를 들어 기존도로의 운행비용이 대-km당 91원이고 상품을 수송해도 이익이 남지 않는다면 유발교통이 발생하지 않는다. 만약 신설도로의 운행비용이 70원이라 가정을 하면, 기존도로의 교통이 신설도로로 전환됨에 따라 기존도로의 운행비용이 낮아진다. 이때 기존도로의 운행비용이 10.5원이 낮아져 80.5원이면 유발교통이 발생하기 시작한다고 가정한다. 이때 10.5원이란 기존도로의 운행비용과 신설도로의 운행비용 70원과의 차이를 반으로 가정한 값이다. 따라서 유발교통의 편익은 기존도로의 운행비용 80.5원과 신설도로 운행비용 70원의 차이로부터 구한다. 수송비용이 낮아지므로 생기는 실제유발교통량은 교통수요의 탄력성, 다시 말하면 개개 상품수요의 탄력성에 좌우된다. 그러나 수송비용 감소 정도와 유발교통량의 관계를 정확하게 판단하기는 매우 어렵다.

교통시설을 신설하는 주된 목적이 어떤 지역을 개발하거나 혹은 새로운 경제개발을 위한 것이라면, 유발교통에 대한 수송비용 절감은 실제 그 프로젝트의 경제적 편익의 적절한 척도가 아니다. 이 경우에서의 편익은 확대생산된 상품의 가치라고 볼 수 있다.

2 경제발전

도로의 신설 및 개선과 그 주위의 경제활동은 밀접한 인과관계가 있다. 그러나 국가적인 관점에서 볼 때 어떤 한 도로가 새로운 경제발전에 미치는 영향은 그다지 크지 않다. 교통시설이 생산을 증대시킨다면 그 증가된 생산물의 순가치는 도로의 경제적 편익을 나타내는 척도라고 볼 수 있으나 그것이 반드시 도로에 의한 것만은 아니다. 예를 들어 농업 및 공업개발을 위해서 큰 투자를 하고, 또 산업발전을 더욱 편리하게 하기 위해서 도로를 건설한다면 여기서 나온 편익은 산업개발을 위한 직접투자와 도로투자에 의한 공동편익일 것이다.

교통시설이 이미 생산된 상품의 시장을 확장시킨다면 경제적 편익은 기존시장에서의 상품의 가치와 새로운 시장에서의 가치 차이에서 새로운 시장으로의 수송비용을 뺀 것이다. 예를 들어 어떤 상품의 기존시장에서의 가격이 1,000원이고 새로운 시장에서의 가격이 2,000원이며 두 시장간의 수송비용이 1,200원이면 기존시장에서 새로운 시장으로 상품이 이동되지 않는다. 그러나 두 시장간의 도로가 개선되어 수송비용이 600원으로 절감되면 상품수송의 수요가 생기고 도로투자로부터 얻는 편익은 400원이 될 것이다. 생산증가 또는 시장확장의 순가치를 측정하는 방법은 각 경우마다 다르나 여기서는 그 방법에 대한 설명을 생략한다.

교통시설이 어떤 지역을 개발하기 위하여 건설된다면 일반적으로 다음과 같은 세 가지 경우가 나타난다. 첫째, 교통시설이 농업, 공업 및 관광개발 프로젝트의 일환으로 건설된다면 평가의 초점은 전체의 프로젝트에 두고 최소비용의 수송방법을 마련하도록 해야 한다. 둘째 경우는 모든 조건은 다 만족되었으나 수송문제가 개발에 있어서 유일한 장애일 때이다. 이와 같은 경우는 기존도시와 인접한 채소생산지를 연결하는 도로가 없어 생산을 확장하지 못하는 경우이다. 세 번째 경우는 교통시설이 새로운 지역내에 건설되는 것으로서 다른 투자나 개선이 함께 이루어지지 않으면 지역의 발전이 불가능한 경우이다. 이때 교통투자는 다른 투자와 병행되지 않는다면 타당성이 없다.

3 시간절감

교통개선은 통행시간을 단축하고 교통서비스의 신뢰도를 증가시키는 것이 대부분이다. 특히 승객에게는 시간이 돈이다. 그러나 시간의 가치는 그 절감된 시간이 어디에 사용될 것인가에 따라 달라진다. 즉 실업자의 한 시간과 고급기술자가 생산에 종사할 수 있는 한 시간의 가치는 다르다(물론 고급기술자라 할지라도 절약된 한 시간을 휴식을 취하는 데 사용한다면 그 가치는 또 달라진다). 시간가치는 또 전체통행시간에 대한 절약된 시간의 비에 따라 다르다. 즉 4시간 통행에서 20분 절약하는 것보다 1시간 통행시간에서 20분을 절약하는 것이 더 가치가 크다. 이것은 통행이 길수록 정확하게 걸리는 시간이 덜 확실하기 때문이다. 다시 말하면 4시간 통행이라 하더라도 실제 걸리는 시간은 3시간 반 또는 4시간 반 정도를 예상하고 있으므로, 4시간 통행에서 20분이 단축된다 하더라도 이 시간을 다른 곳에 사용하려고 하지는 않을 것이다. 마찬가지로 어떤 사업자가 두 시간 절약을 하면 어느 도시에 가서 일을 보고 당일로 돌아올 수 있으나 한 시간 절약을 하면 그 도시에서 하루를 묵어야 한다면 이때 두 시간의 절약시간가치는 한 시간 절약가치보다 두 배 이상 크다. 따라서 시간가치는 절약되는 시간길이에 비례하는 것이 아니기 때문에 각 프로젝트별로 신중히 검토해야 한다.

상품수송에서의 절약시간가치는 선진국보다 개발도상국이 일반적으로 더 크다. 수송 중인 상품은 사실상 자본이라 할 수 있으므로 자본의 공급이 부족한 경우에는 시간절약이 특별한 중요성을 갖는다. 상품수송에서의 시간절약은 자본가격, 즉 이자율로 측정된다. 또 신속한 배달은 파손을 줄이고 재고를 줄일 수 있으므로 자본절약의 부수효과를 얻는다. 또 큰 재고를 준비할 수 없는 경우에는 지체가 생기면 부속품의 결핍으로 값비싼 장비의 효율적인 사용이 불가능해지는 것과 같이 다른 자원을 이동할 수 없게 한다.

다른 편익과 비교해서 시간절약의 상대적인 중요성은 당연히 그 프로젝트의 성격에 따라 달라진다. 어떤 프로젝트에서는 시간절약으로 인한 편익이 차량의 운행비용 절감으로부터 얻을 수 있는 편익의 반이나 된다. 특히 시간절약의 중요성은 항공투자나 도시교통프로젝트에서 더욱 크다.

4 사고감소

교통사고율이 높은 이유는 통상 다음과 같다. 즉, (i) 포장폭이 좁고 갓길이 흙이며, (ii) 기하선형이 나쁘고, (iii) 도시로 향하는 도로가 혼잡하며, (iv) 저속의 이질교통(경운기, 자전거 등)이 혼재되어 있고, (v) 교통단속이 효과적이지 못하며, (vi) 운전자 특히 버스 및 트럭운전자가 경험이 부족하며 무모하게 운전하고, (vii) 차량의 기계적 결함이 많으며, (viii) 트럭이 과적을 하는 경향 때문이다.

사고감소가 경제적 편익임에는 틀림이 없으나 교통개선에도 불구하고 사고가 별반 감소되지 않고 있다. 예를 들어 도로가 개선되면 초기에는 사고건수가 증가할 뿐만 아니라 더욱 중요한 것은 차량-km당 사고율과 사고의 치사율도 증가한다. 이것은 도로개선으로 운행속도가 증가하기 때문이며, 이 현상은 자동차화시대의 초기에 일어나는 것으로서 안전운전에 관한 규율이 아직 뿌리내리지 못했기 때문이다. 차로가 분리되고 출입제한된 도로는 교통사고가 현저히 적다. 반면에 철길 건널목이나 곡선이 많은 도로에서는 사고가 많으므로 이를 감소시키기 위한 투자가 매우 중요하다.

사고감소의 경제적 편익을 측정하는 데는 2 단계가 있다. 첫째, 사고감소를 예측하는 것으로서 현재의 사고율과 개선 후의 도로와 같은 여건을 가진 도로의 사고율을 비교한다. 둘째, 사고감소의 가치를 추정하는 것이다. 사고로 인한 피해 중에서 금액으로 쉽게 나타낼 수 있는 것은 재산피해(주로 차량피해)이다. 철도나 항만에서 화물의 파손도 여기에 속한다. 부상으로 인한 손실은 측정하기가 어려우나 여기에는 부상자의 수입손실, 치료비용 등을 포함한다. 사망자의 감소로 인한 편익은 사망자의 연평균수입을 30년 이상 현가로 계산하여 구한다. 그러나 여기에는 논란의 소지가 있다. 적어도 총수입에서 그 수입을 얻기 위해서 소비할 장래의 자원을 감해야 한다는 지적이다. 차라리 사망자감소는 금액화하여 나타내지 않고 무시하거나 단순히 사망자의 숫자로 나타내는 것이 더 적절하다. 그러나 투자의 기본목표가 사고를 감소시키는 데 있다면 사망자감소를 금액화하여 나타내야 한다.

5 부수적 편익

교통프로젝트에서는 앞에서 언급한 것 이외에도 부수적 편익이 있다. 프로젝트가 GNP나 국가효율 이외의 목표, 예를 들어 국민의 일체감 달성, 자급자족, 부의 균등분배, 국위선양 등에 기여하는 무형의 편익을 가진다. 농산물에 대한 수송비의 절감은 고소득층의 승객에 대한 같은 크기의 비용절감보다 더 가치가 있다. 미개발지역에서의 프로젝트 편익은 개발지역에서의 같은 프로젝트 편익보다 더 큰 우선순위를 가진다.

프로젝트를 평가할 때 이와 같은 것을 고려하는 데는 몇 가지 어려움이 따른다. 첫째, 부의 균등분배는 정치적 안정과 경제발전에는 도움이 되나 투자에 대한 이득을 줄인다. 둘째, 이들 편익의 가치를 계량화하기가 어렵다. 셋째는 이와 같은 목적을 달성하는 데는 프로젝트에 의하지 않고도 금융정책과 같은 더욱 효율적인 수단이 있다. 그렇다 하더라도 효율성 이외의 국가목표가 분명히 중요하고, 또 어떤 프로젝트가 이 목표를 달성하거나 방해하는 데 큰 역할을 한다면 이들을 반드시 적시해야 한다.

19.5.4 비용과 편익 비교

프로젝트의 서비스수명에 걸쳐 매년의 비용과 편익이 측정되면 그 프로젝트의 타당성을 판단하기 위해서 이들을 비교한다. 이때 미래에 일어나는 비용과 편익은 당연히 적절한 이자율로 할인이 되어야만 현재가치로 환산할 수 있다. 적절한 이자율로서 어떤 값을 사용할 것인가 하는 문제는 사람에 따라 다르다. 이자율을 정하기 위해서는 그 프로젝트의 기회비용을 추정해야 할 뿐만 아니라 시간가치도 추정을 해야 하나 이는 개인 또는 사회에 따라 다르며, 또 세대간에도 차이가 난다.

비용과 편익을 비교하는 데 사용되는 방법은 여러 가지가 있다. 그 중에서도 중요한 것은 (i) 할인된 비용과 편익의 차이를 나타내는 순현재가 방법, (ii) 할인비용과 할인편익이 같아지는 이자율인 내부수익률 방법, (iii) 편익/비용비 방법이다. 편익/비용비 방법을 이용할 때는 총 편익과 총 비용을 비교해야지 편익에서 어떤 비용을 뺀 값을 사용하면 이 B/C비가 크게 달라진다.

서로 다른 프로젝트를 비교하는 데 편익과 비용을 자본의 기회비용(이자율)으로 할인하는 것이 좋다. 이 방법의 가장 큰 결점은 할인할 이자율을 적절히 선택해야 한다는 것이며, 이자율을 잘못 선택하면 결과의 차이가 크다는 것이다. 자본의 기회비용은 비용-편익 비교에서 결정적인 역할은 하지만 정확히 알 수가 없기 때문에 상당한 오차의 범위내에서 추정하여 사용된다.

비용과 편익을 같게 할인하는 이자율, 즉 내부수익률 방법을 사용하면 이와 같은 염려는 없다. 이 경우 내부수익률이 자본의 기회비용(이자율)의 부근에 있으면서 그것이 이자율보다 큰지 적은지 확실하지 않을 때는 프로젝트의 타당성을 판단하기가 어렵다. 그러나 이자율이 내부수익률과 큰 차이가 있는 때는 대략적인 이자율만 알아도 프로젝트의 타당성을 평가할 수 있기 때문에 이 방법은 B/C비 방법이나 순현재가 방법보다 나은 방법이다.

내부수익률 방법이 프로젝트 선택에서 올바른 결정을 내리기는 하나 경제수명이 다르거나 연간 발생되는 편익이 크게 다른 프로젝트를 비교할 때는 가끔 틀린 결과를 가져오기도 한다. 이 경우와 B/C비 방법의 결점을 예시하기 위해서 다음의 상호배타적인 3개의 프로젝트를 예를 들어 비교한다. 프로젝트 C는 완전히 새로운 도로를 건설하는 것이고 B는 기존도로를 대폭 개선하는 것이며, A는 기존도로를 부분 개선하는 프로젝트이다. 각 프로젝트의 순비용(-)과 편익은 다음과 같다(단위 : 억원).

연　도	0	1	2	3	4	5	6	7	8	9	10
프로젝트 A	−50	2	8	12	15	20	22	18	10	8	5
프로젝트 B	−90	5	15	25	30	34	30	22	15	10	5
프로젝트 C	−100	2	10	15	20	30	35	38	35	25	15

10%의 할인율을 적용한 각 프로젝트의 편익과 순현재가 및 B/C비와 각 프로젝트의 내부수익률 및 증분투자에 대한 수익률은 다음과 같다.

	비용	편익	순현재가	B/C비	내 부 수익률	증분투자에 대한 수익률	
						A	B
프로젝트 A	50	72	22	1.43	18.1		
프로젝트 B	90	119	29	1.32	17.1	15	
프로젝트 C	100	126	26	1.26	15.1	11	8

프로젝트 A가 가장 큰 내부수익률(18%)과 가장 큰 B/C비(1.43)를 보이는 반면에 가장 적은 순현재가(22억원)를 나타낸다. 프로젝트 B는 가장 높은 순현재가(29억원)를 나타내나 B/C비와 내부수익률은 중간이다. 그러므로 비용과 편익을 비교하는 방법에 따라 전혀 다른 결과를 얻는다. 프로젝트 평가의 목적이 순현재가가 가장 큰 프로젝트를 선택하는 것이므로 프로젝트 A는 가장 좋은 대안이라 할 수 없다. 프로젝트 B는 프로젝트 A에 비해 40억원을 더 투자한 데 비해 10% 할인율에서 편익은 47억원이 더 많아 추가투자의 타당성이 인정된다. 반면에 프로젝트 C는 B에 비해 10억원을 더 투자했으나 추가 편익은 7억원으로서 프로젝트 C는 타당성이 인정되지 않는다.

가장 높은 내부수익률을 기준으로 프로젝트를 선택하면 잘못된 결과를 가져온다. 반면에 가장 높은 순현재가를 기준으로 프로젝트를 선택하면 이자율을 잘못 선정했을 경우에 역시 잘못된 결과를 초래한다. 프로젝트 C는 이자율 8% 이하일 때 가장 큰 순현재가를 가지며, 이자율이 8~15%일 때는 프로젝트 B가, 이자율이 15% 이상이면 프로젝트 A가 가장 큰 순현재가를 가진다. 다시 말하면 MARR이 8% 이하이면 모든 프로젝트가 다 타당성은 있으나(모든 프로젝트의 내부수익률이 MARR보다 크므로) A를 선택하고, MARR이 8~15% 사이에 있으면 역시 모든 프로젝트가 다 타당성이 있으나 B를 선택하고, 15~17% 사이에 있으면 A, B 프로젝트만 타당성이 있으나 A를 선택하고, 17~18% 사이에 있으면 A만 타당성이 있어 A를 선택하며, 18% 이상이면 모든 프로젝트가 모두 타당성이 없어 전부 기각된다.

만약 자본의 기회비용(이자율)을 대략적으로 모르면, 내부수익률 방법을 사용하는 것이 매우 불확실한 이자율을 사용할 때보다 오차의 범위가 더 작을 수도 있다. 또 어떤 프로젝트가 대안과 비교되는 것이 아니라 일반적인 투자기회와 비교된다면, 내부수익률 방법이 일반적으로 만족스러운 방법이 된다. 이 방법은 특히 제한된 자본으로 경합을 벌이는 프로젝트의 우선순위를 정하는 경우에 자주 사용된다.

내부수익률 방법의 또다른 결정은 비용과 편익이 같아지는 수익률이 하나 이상인 경우도 있을 수 있다는 것이다(프로젝트의 경제수명 기간 중에 비용이 갑자기 많아져 순편익의 부호가 두 번 이상 바뀌는 경우). 그러나 초기에 비용이 집중되고 나중에 편익이 생기는 대부분의 교통프로젝트에서는 그런 경우가 없이 내부수익률에 관한 해가 하나이다. 반면에 개발계획을 수립하면서 동시에 상대적인 우선순위를 결정하는 데는 이자율로 할인할 필요가 있으므로 국가적인 투자를 계획할 때는 이 방법이 좋다. 투자계획에서는 어떤 경우를 막론하고 자본의 기회비용(MARR)을 선정하지 않을 수 없다. 그래서 투자의 내부수익률이 이 값보다 적으면 개발계획에서 제외되게 된다. 그러나 MARR은 앞에서 언급한 바와 같이 정확하게 결정할 수가 없기 때문에 다음과 같은 방법을 사용해서 프로젝트의 타당성을 결정한다.

① 할인율 10%에서도 편익이 비용보다 적으면(내부수익률 10%보다 적으면), 이 투자는 타당성이 없다.
② 내부수익률이 10~15% 사이에 있을 경우 계량화할 수 없는 중요한 편익이 계량화되지 않는 비용보다 분명히 많아야만 그 투자는 타당성을 가진다.
③ 내부수익률 15% 이상이면 그 투자는 타당성이 인정된다.

그러나 이러한 기준수익률(MARR)은 국가의 은행금리나 투자기회 등 경제적 여건에 따라 달라진다.

비용과 편익을 비교분석하는 방법은 17장 4절에 자세히 언급되어 있다.

1 불확실성 및 위험부담

프로젝트 평가는 예측을 요하므로 비용과 편익의 계산에 포함되는 여러 가지 요인들은 불확실성을 내포하고 있다. 건설비용은 기후에 영향을 받으며, 투자대상의 경제수명은 새로운 차량의 출현으로 인해 줄어들 수도 있고, 수송수요는 경제발전 패턴의 변화로 인해 변동될 수도 있다. 특히 교통량이나 프로젝트의 수명을 너무 낙관적으로 예측하거나 위험부담이 있는 프로젝트의 수익률을 너무 높게 잡으면 이와 같은 문제점에 봉착되게 되나 그렇다고 그것이 반드시 불확실성을 야기하는 것은 아니다.

프로젝트의 불확실성을 제거하는 방법에는 두 가지가 있다. 가장 간단한 방법으로서는 중요한 요인의 값을 여러 가지로 주고 이들에 대한 수익률을 계산하는 것이다. 예를 들어 만약 외환비용이 크기는 하지만 그 확실한 값을 알 수 없을 때는 추정되는 범위내에서의 높은 값과 낮은 값을 사용하여 수익률을 구하고 외환비용의 변화에 따른 수익률의 범위와 민감도를 나타내면 된다. 이와 같은 방법은 교통량 예측이나 비용추정, 편익추정에서도 그대로 적용될 수 있다.

두 번째 방법은 좀 어려운 방법으로서 여러 가지 예측을 확률적으로 분석하여 최종결과는 어떤 수익률을 달성할 수 있는 확률로 나타내는 것이다. 그러기 위해서는 위험부담(risk)과 불확실성(uncertainty)을 구분해야 할 필요가 있다. 위험부담의 경우는 최종결과의 확률분포를 알 수 있으나 불확실성의 경우는 그렇지 못한다. 예를 들어 어느 달의 강우량을 예측할 수는 없으나 과거의 강우기록 자료로부터 각 강우량에 대한 확률을 구할 수 있다. 만약 프로젝트의 건설이 어느 수준 이상의 강우량에서는 수행될 수 없다면 그 이상의 강우량을 가질 확률, 즉 강우로 인해 프로젝트를 시행할 수 없는 확률을 구할 수 있다. 반면에 이 방법은 기호의 변화라든가 기술의 변화와 같이 불확실한 경우에는 사용할 수 없다. 즉 적절한 통계자료가 없기 때문에 확률분포를 이용하여 그 정도를 만족스럽게 분석할 수가 없다. 그러나 이와 같은 경우에는 주관적으로 판단하여 확률을 구하고 그 다음 위험부담의 경우와 같이 취급할 수 있다.

2 경제적 평가와 재무평가

일반적으로 프로젝트는 경제적 및 재정적으로 모두 타당성이 있어야 수행된다. 그러나 투자비용과 경제적 비용 사이에 큰 차이가 있을 때는 경제적 분석과 재무분석 결과가 어느 하나는 타당성이 있고 어느 하나는 타당성이 없다는 결론이 나올 수도 있다. 이와 같은 결과는 요금 및 운임결정에 영향을 준다.

재무분석과 경제분석의 모순을 해결하는 데는 두 개의 모순된 가치를 조화시키는 균형감각이 필요하다. 정부의 입장에서 볼 때 국가적인 경제적 편익이 비용보다 적은 투자는 인정하기 어렵다. 반면에 지하철과 같은 정부투자기관이 개인운송사업자의 노선을 따라 가능한 한 많이 운행하는 것이 효율면에서 또는 더 나은 투자결정을 위해서 바람직하다. 이러한 모순을 해결하기 위해서 이들 기관들이 신규투자를 한다면 경제성 분석과 재무분석을 모두 실시해야 한다. 만약 정부정책으로 인해 실제투자비용과 국가적인 경제적 비용간에 차이가 생겨 재무분석과 경제분석의 결과가 달라진다면, 정부는 실제비용과 경제비용을 근접시키기 위해 외환이나 세금 및 다른 정책의 변화를 적극적으로 모색해야 한다.

3 프로젝트의 적정시기

할인된 편익이 할인된 비용보다 크다는 것은 그 프로젝트가 타당성을 갖는다는 것을 의미하지만 그 프로젝트를 즉시 시행해도 좋다는 것을 의미하는 것은 아니다. 프로젝트의 적절한 시기는 할인편익과 할인비용의 차이가 최소가 되는 것, 즉 연기함으로써 상실되는 편익이 감소되는 비용과 같아질 시기까지이다. 만약에 어느 해의 비용절감이 편익상실보다 크다면 그 프로젝트는 더욱 연기해야 한다.

프로젝트를 시작하는 적정시기를 결정하기 위해서는 연기하는 해에 대해서 매번 분석을 해야 한다. 예를 들어 어떤 프로젝트를 연기할 때의 비용과 편익의 변화가 다음 표와 같다고 한다(단위 : 억원). 여기에 나타난 값은 증분비용 및 증분편익이다. 즉, 3년을 연기했을

연 기(년)	비용절감	편익감소	편익증감
1	20.0	8.0	+12.0
2	18.0	9.0	+ 9.0
3	16.0	11.0	+ 5.0
4	14.0	13.0	+ 1.0
5	13.0	16.0	- 3.0
6	11.0	18.0	- 7.0
7	10.0	28.0	-18.0

때의 비용절감 16.0억원은 2년 연기했을 때보다 비용절감이 16.0억원이 더 많아진다는 뜻이다.

이 분석에 의하면 프로젝트는 4년 연기하는 것이 가장 좋음을 보인다. 왜냐하면 5년을 연기하면 편익이 3억원 감소하기 때문이다. 프로젝트 시행시기를 대략적으로 구하는 방법은 어떤 해의 순편익(할인되지 않은 총 편익－유지관리비용)과 연간등가비용으로 환산한 자본비용을 비교하여 후자가 적을 때까지 사업을 연기할 수 있다. 예를 들어 뒤의 사례분석에서 도로건설의 재무비용은 총 190억원이다. 이자율 12%에서 이 비용의 연간등가비용은 21억원이며 편익이 발생하는 첫 해의 순편익은 34.39(35.14－0.75)억원이기 때문에 사업을 연기하면 안 된다. 왜냐하면 사업을 한해 연기하면 비용절감은 21억원이나 편익감소는 34.19억원으로서 13.39억원의 손해가 생기기 때문이다. 만약 첫 해, 둘째 해, 셋째 해의 편익이 14억, 18억, 22억원이라 가정하면 이 사업은 2년을 연기해도 편익은 오히려 증가하나 3년을 연기해서는 안 된다. 그러나 이 방법은 다른 요소들을 고려하지 않았기 때문에 어디까지나 개략적인 방법이라는 것에 유의해야 한다.

19.5.5 도로건설에 대한 투자분석(사례)

인구 300만인 항구도시가 인구 50만인 내륙도시와 176 km의 철도 및 192 km의 아스팔트 포장도로로 연결되어 있다. 이 도로의 폭은 3.6 m이며 선형이나 포장상태가 매우 좋지 않다. 이 도로는 현재의 교통조건을 기준으로 설계된 것이 아니고, 또 침수되는 경우도 있기 때문에 유지관리비용이 많이 소요된다.

두 도시를 연결하는 새로운 도로를 건설할 계획을 검토하는 데 있어서 계획도로는 아스팔트 포장의 양방향 2차로로 폭이 7.2 m이며 도로 양쪽에 각각 3 m 폭의 안정된 자갈 갓길을 설치하는 것이다. 도로부지의 폭은 장차 도로확장을 고려하여 66 m로 하며, 설계속도는 100 kph이고 출입제한을 시키려 한다. 저속차량의 통행은 금지되나 이들은 기존도로나 신설도로의 배수구 외곽에 건설되는 도로를 이용하게 한다. 설계기준이나 설계표준은 설계속도에 적합하게 충분히 사용된다. 도로를 신설하는 것보다는 기존도로를 개선하는 것을 검토해 본 결과 신설도로구간은 144 km로서 기존도로보다 48 km 짧으며, 기존도로의 침수를 방지하는 데는 막대한 비용이 드는 것으로 판단되었다.

1 프로젝트 비용

프로젝트의 재무비용은 km당 1.35억원으로서 144 km에 총 194억원으로 추정된다. 경제비용을 계산하기 위해서는 다음 3가지를 고려해야 한다. 첫째, 프로젝트의 외환부분은 80

억원으로 추정된다. 잠재환율(shadow rate)이 공식환율의 1.20배일 때 경제비용은 재무비용보다 약 16억원 많은 210억원이다. 둘째, 관세와 판매세는 약 20억원으로서 이를 제하면 총 경제비용은 190억원이다. 셋째, 건설에 투입되는 노동력은 비숙련 유휴노동력이기 때문에 총비용에서 이 부분을 공제해야 하나 그 크기가 매우 적고, 또 숙련 노동력도 있어 서로 상쇄된다고 본다. 이 프로젝트의 공사기간은 3년이 걸린다고 한다([표 19-2]의 첫째 줄).

도로의 연간유지관리비용은 km당 525,000원으로서 144 km에 총 7,560만원이다. 이 중 외환부분은 5,320만원이며 잠재환율을 고려하면 1,064만원이 추가되어 연간총유지관리의 경제비용은 8,624만원이다. 반면에 유지관리비 중에서 적어도 30%는 비숙련 유휴노동력 때문에 지불되는 실제임금 가운데서 50%의 잠재가격을 적용하면 연간유지관리의 경제비용은 1,134만원(7,560 ×0.3 ×0.5)이 줄어든 7,490만원이다.

이 비용은 교통량의 증가에 따라 점차 증가하며, 또 그 지역의 고용기회가 확대됨에 따라 노동력의 경제비용이 증가한다. 또 매 6년마다 4.2억원의 경제비용으로 재포장을 한다. 유지관리는 그 프로젝트의 수명인 30년 동안 계속되며 그 후의 잔존가치는 없다고 본다([표 19-2]의 둘째 줄).

2 교통량

1995년 기존도로의 연평균일교통량은 약 600대이며 이 중 트럭이 350대, 승용차 220대, 버스 30대이다. 1995년에서부터 2000년 사이에 신설도로가 완성되었을 때 트럭과 승용차는 매년 12%씩 증가하며 버스는 10%씩 증가하여 트럭은 615대, 승용차는 385대, 버스는 50대로 총 1,050대가 된다.

신설도로의 교통은 기존도로로부터의 전환교통, 인접도로로부터의 전환교통, 자연증가교통 및 도로개선으로 인한 유발교통으로 구성된다.

기존교통의 O-D 조사 결과 전체의 92%가 신설도로로 전환될 통과교통이며, 8%가 그대로 기존도로를 이용할 국지교통이다. 따라서 2000년의 1,050대의 교통 중에서 965대([표 19-1]에서 565+45+355)가 신설도로로 전환될 것이다. 먼 장래의 불확실성을 고려하여 교통증가율을 다음과 같이 추정한다.

연 도	트 럭(%)	버 스(%)	승용차(%)
2000~2003	12	10	11
2004~2013	8	8	10
2014~2018	6	6	8

2018년 이후의 교통량은 증가하지 않는다. 왜냐하면 그때가 되면 교통량이 계획도로의 용량인 5,000대에 도달하여 다시 새로운 확장의 필요성이 생기기 때문이다([표 19-1]).

기존도로로부터의 전환교통뿐만 아니라 철도의 승객과 고가화물 교통량조사에 의하면 이들의 일부분도 계획도로로 전환하게 된다. 이 전환교통량을 추정하기는 매우 어렵다. 왜냐하면 철도와 도로의 수송비용이 모든 유통비용을 적절히 잘 나타내지 못할 뿐만 아니라 철도는 고가화물의 운임을 내려 경쟁력을 강화하려고 하기 때문이다. 이와 같은 사실을 감안하여 2000년에 철도로부터 트럭으로의 전환교통은 30대, 버스로는 5대가 된다. 철도를 이용하는 승객의 종류를 고려할 때 철도이용승객이 승용차로 전환하는 것은 무시하였다. 철도로부터의 전환교통량의 연간증가율은 철도교통량의 증가율이 둔한 것을 감안하여 기존도로로부터의 전환교통증가율의 반으로 본다([표 19-1]).

끝으로 신설도로의 수송비용이 절감되기 때문에 새로운 교통이 유발된다. 산업 및 농업조사나 다른 지역에서 행한 유사한 도로개선사업의 경험에 비추어 볼 때 유발교통량은 첫 해에는 기존도로로부터의 전환교통량의 10%, 둘째 해에는 15%, 셋째 해에는 20% 정도 된다. 그 후에는 기존도로로부터의 전환교통량증가율과 같은 비율로 증가한다. 이와 같이 해서 나온 교통량 추정의 결과는 [표 19-1]에 나타나 있다.

[표 19-1] 계획도로의 일교통량 추정 (단위 : 대)

연도	트럭				버스				승용차			총계
	기존도로로부터 전환교통	철도로부터 전환교통	유발교통	트럭소계	기존도로로부터 전환교통	철도로부터 전환교통	유발교통	버스소계	기존도로로부터 전환교통	유발교통	승용차 소계	
2000	565	30	55	650	45	5	5	55	355	35	390	1,095
2001	635	30	95	760	50	5	5	60	395	60	455	1,275
2002	710	35	140	885	55	5	10	70	440	90	530	1,485
2003	795	35	155	985	60	5	10	75	485	100	585	1,645
2004	875	35	170	1,080	65	5	10	80	535	110	645	1,805
2013	1,750	50	340	2,140	130	10	20	160	1,260	260	1,520	3,820
2018	2,205	55	430	2,690	165	10	25	200	1,715	350	2,065	4,955
2028	2,205	55	430	2,690	165	10	25	200	1,715	350	2,065	4,955

3 프로젝트 편익

프로젝트의 편익은 신설도로에서의 차량운행비용 감소, 기존도로에 남아 있는 교통의 차량운행비용 감소, 승객 및 화물의 수송시간절약으로 구성된다. 기존도로의 유지관리비용도 조금은 감소되나 너무 미미하기 때문에 여기서는 무시한다.

(1) 신설도로에서의 운행비용 감소

① 기존도로로부터의 전환교통 : 앞에서 언급한 바와 같이 기존도로의 2000년도 연평균 일교통량은 1,050대에 달하며 여기에다 자전거, 보행자, 경운기 등도 혼합되어 있다. 따라서 도로에서의 혼잡이 대단하며 두 도시간의 통행시간은 승용차의 경우 거의 4시간(50 kph)이 걸리며, 트럭과 버스는 5시간(38 kph)이 걸린다. 신설도로에서는 승용차가 2시간 이하(80 kph), 트럭과 버스는 2.25시간(65 kph)이 걸린다.
기존도로와 신설도로에서의 차량운행조사에 의하면 차량-km당 비용은 아래에서 보는 바와 같다(단위 : 원). 이 비용은 세금을 제외하고 외환비용이 잠재가격으로 조정된 것이다.

비용항목	트럭과 버스		승 용 차	
	신설도로	기존도로	신설도로	기존도로
연료 및 오일	15	17.5	5	6
타이어 마모	7	10.5	2	3
감 가 상 각	19	24	9	10.5
이 자	10	11	5	7
유 지 관 리	15	22	2	2.5
노 임	4	6	-	-
계	70	91	23	29
편 익	21		6	

그러므로 기존도로로부터의 전환교통에 대한 단위편익은 트럭 또는 버스-km당 21원과 승용차-km당 6원이다. 또 신설도로는 기존도로보다 48 km 짧은데 따르는 편익도 있다. 따라서 2000년도 전환교통에 대한 편익은 아래와 같다.

도로길이 단축으로 인한 편익 (단위 : 억원)

트 럭 : 565대 × 48 km × 365일 × 91원 = 9.00
버 스 : 45대 × 48 km × 365일 × 91원 = 0.72
승용차 : 355대 × 48 km × 365일 × 29원 = 1.80

소 계 11.52

설계표준상향으로 인한 편익

트　럭	565대 × 144 km × 365일 × 21원	= 6.23
버　스	45대 × 144 km × 365일 × 21원	= 0.50
승용차	355대 × 144 km × 365일 × 6원	= 1.12
소　계		7.85
총　계		19.37

19.37억원의 총 편익 중에서 약 60%인 11.52억원이 노선단축으로 인한 것이며, 나머지 7.85억원이 도로가 고급화됨으로써 얻어지는 편익이다.

신설도로가 큰 혼잡 없이 장래 교통량을 처리할 수 있는 반면에 기존도로는 점차 혼잡해질 것이다. 이 결과 일교통량이 2,000대에 도달하는 2004년 후에는 운행비용이 약 5%씩 증가할 것으로 추정되며 4,000대에 도달하는 2013년 이후에는 운행비용이 추가적으로 약 5%씩 증가한다. 이것을 트럭과 버스에 대해서 생각한다면 운행비용이 91원에서 95원으로 되며 그 후에는 다시 100원이 되어, 단위편익은 21원에서 25원으로, 그리고 30원으로 증가한다. 기존도로로부터의 전환교통이 증가함에 따라 얻는 편익은 〔표 19-2〕의 네 번째 줄에 나타나 있다.

② 유발교통 : 유발교통에 대한 단위편익은 기존도로로부터의 전환교통으로 얻는 편익의 반이다. 더욱이 유발교통의 반 이상이 도로구간이 단축되기 때문에 생기며 그 나머지가 설계표준의 고급화 때문에 생긴다. 그래서 2000년 편익은 다음과 같다.

도로길이 단축으로 인한 편익　　　(단위 : 억원)

트　럭	30대 × 48 km × 365일 × 45.5원	= 0.239
버　스	3대 × 48 km × 365일 × 45.5원	= 0.024
승용차	20대 × 48 km × 365일 × 14.5원	= 0.051
소　계		0.314

설계표준상향으로 인한 편익

트　럭	25대 × 144 km × 365일 × 10.5원	= 0.138
버　스	2대 × 144 km × 365일 × 10.5원	= 0.011
승용차	15대 × 144 km × 365일 × 3원	= 0.024
소　계		0.173
총　계		0.487

교통량의 증가에 따라 생기는 이들 편익은 〔표 19-2〕의 다섯째 줄에 나타나 있다.

③ 철도로부터의 전환교통 : 그 도로와 평행한 철도로부터 전환되는 교통의 단위편익을 구하기란 매우 어렵다. 왜냐하면 도로교통비용을 한계철도비용과 비교해야 하며, 또 대부분의 전환교통이 수송비용이 낮기 때문에 생기는 것이 아니라 총 유통비용이 낮고 신속하며 신뢰성 있는 서비스 때문이다. 이와 같은 사실을 감안할 때 편익은 트럭과 버스-km당 4.4원으로 2000년도의 트럭에 대한 편익은 700만원, 버스에 대한 편익은 112만원이다. 이것은 〔표 19-2〕의 여섯째 줄에 나와 있다.

④ 종합 : 신설도로의 차량운행비용 감소로부터 얻는 2000년도의 총 편익을 차량별로 종합하면 다음과 같다.

트 럭 :	15.68억원
버 스 :	1.26억원
승용차 :	3.00억원
계	19.94억원

기준년도인 2000년에 신설도로교통에 의한 편익의 80% 가량이 트럭에 의한 것이다. 교통의 종류별로 본 편익은 다음과 같다.

기존도로로부터의 전환교통 :	19.36억원
유 발 교 통 :	0.49억원
철도로부터의 전환교통 :	0.09억원
계	19.94억원

그래서 기존도로로부터의 전환교통으로 얻는 편익은 전체 편익의 97%에 달한다. 이 프로젝트의 경제수명 동안에 유발교통에 의한 상대적인 편익이 매우 급격히 증가하지만 철도로부터 전환되는 교통에 대한 편익은 전환교통이 별로 증가하지 않기 때문에 증가량이 크지 않다. 그러므로 기존도로로부터의 전환교통에 의한 편익이 항상 총 편익의 대부분을 차지한다. 신설도로의 교통에 대한 총 편익은 〔표 19-2〕의 일곱째 줄에 나와 있다.

(2) 기존도로에서의 운행비용 감소

앞에서 언급한 것처럼 기존도로는 현재 복잡한 상태이다. 교통량의 92%가 신설도로로 전환되면 기존도로의 혼잡이 줄어들어 국지교통이 편익을 얻으며, 2000년도 하루에 트럭 50대, 버스 5대, 승용차 30대가 편익을 받는다. 혼잡감소로 인해 차량운행비용이 약 5% 감소된다. 이를 2000년도에 대해서 계산하면 다음과 같다.

트 럭 : 50대 × 192 × 365일 × 4.4원 = 0.153억원
버 스 : 5대 × 192 × 365일 × 4.4원 = 0.015억원
승용차 : 30대 × 192 × 365일 × 1.3원 = 0.028억원

계 0.196억원

이 편익은 〔표 19-2〕의 여덟째 줄에 나타나 있으며, 이 도로에서의 교통량 증가에 맞추어 매년 약 5%씩 증가한다.

(3) 승객 및 화물의 시간절약

지금까지의 분석에서 차량과 트럭 및 버스운전자에 대한 시간절약은 고려되었으나(감가상각, 노임 등에서) 승객이나 화물의 시간절약은 고려되지 않았다. 앞에서도 언급한 바와 같이 신설도로에서 트럭과 버스는 2.75시간이 절약되며, 승용차는 2시간이 절약된다.

승객의 시간가치는 그들이 절약된 시간에 대해서 얼마만한 가치를 부여하느냐, 즉 그 시간을 절약하기 위해서 얼마만한 대가를 기꺼이 지불할 수 있느냐에 달려 있으며 이는 사람마다 다르다. 이 가치는 어떤 사람의 시간당 임금(보수)과 직접적인 관계가 없다. 예를 들어 월수입 150만원(시간당 7,500원)인 사람이 3시간 걸리는 거리를 5,000원 요금으로 다니다가 2시간으로 단축된다고 해서 7,500원을 더 내려고 하지는 않을 것이다. 이 절약되는 시간가치는 또 총 걸리는 시간에 대한 비와도 관계가 된다. 예를 들어 10시간 걸리는 데서 1시간 절약되는 가치가 2시간 걸리는 데서 1시간 절약되는 가치와 같을 수가 없다.

이 예제에서 기존도로를 이용하는 버스승객의 평균시간가치를 시간당 500원, 승용차승객은 2,000원이라고 가정을 한다. 유발교통은 시간절약의 효과가 유발교통량의 증가로 나타나므로 절약시간가치가 기존도로를 이용하는 차량과는 다르다. 여기서는 그것의 반이라고 가정한다. 버스의 평균승객수는 25명이며 승용차의 평균승객수는 1.5명이라 한다.

화물에 대한 시간가치는 화물의 성격이나 화주의 시간가치를 알 수 없기 때문에 추정하기가 매우 어렵다. 트럭의 평균적재량은 3톤이라 하고 화주가 기꺼이 지불하려는 지체상금을 톤-시간당 50원으로 가정하고 유발교통의 화물에 대한 시간가치는 마찬가지로 이 값의 반인 25원이라 한다. 승객과 화물의 시간절약에 따른 편익을 2000년도에 대해서 구하면 다음과 같다.

승객의 시간가치

<u>기존도로 이용교통</u>

버 스 : 2.75시간 × 365일 × 45대 × 25명 × 500원 = 5.65억원
승용차 : 2시간 × 365일 × 355대 × 1.5명 × 2,000원 = 7.77억원

유발교통

버 스 :	2.75시간 ×	365일 ×	5대 ×	25명 ×	250원	=	0.31억원
승용차 :	2시간 ×	365일 ×	35대 ×	1.5명 ×	1,000원	=	0.38억원
	소		계				14.11억원

화물의 시간가치

기존도로이용 트럭 :	2.75시간 ×	365일 ×	565대 ×	3톤 ×	50원	=	0.85억원
유 발 교 통 트럭 :	2.75시간 ×	365일 ×	55대 ×	3톤 ×	25원	=	0.04억원
	소		계				0.89억원
	총		계				15.00억원

이 편익은 〔표 19-2〕의 9째 줄에 나와 있으며 이 도로에서의 교통량 증가에 따라 매년 증가한다. 차량운행비용 감소와 시간단축으로 인한 총 편익은 10째 줄에 종합되어 있다.

4 비용과 편익 비교

(1) 결 론

〔표 19-2〕의 11번째와 12번째 줄에 보이는 바와 같이 제안된 도로프로젝트의 편익은 그 비용을 훨씬 초과한다. 순편익은 12% 이자율로 할인하여 경제수명 동안 약 333억원에 달한다. 비용－편익비는 거의 2.87이며, 내부수익률은 24%가 조금 넘는다(〔표 19-2〕의 13, 14째 줄). 이 말은 이 프로젝트의 시행이 정당화된다는 것을 뜻한다.

(2) 민감도의 분석

이 프로젝트는 매우 큰 순가치를 나타내므로 어떤 한 요인이 변한다고 해서 결론이 크게 영향을 받지는 않는다. 예를 들어 프로젝트의 자본비용이 여기서 추정한 것보다 25% 크다고 하더라도 순현재가는 290억원이 된다.

편익계산에서 차량운행비용 추정은 현장측정과 다른 도로에서 얻는 경험을 이용하면 오차범위가 그다지 크지 않을 수 있다. 반면에 교통량 추정은 본래 좀 확실하지 않다. 이 프로젝트에서 편익의 약 60%가 기존도로에서 신설도로로 전환되는 교통에 의해서 생긴다. 만약 초기에 신설도로로 전환되는 교통과 교통량 증가율이 추정한 것보다 적어 편익이 25% 낮아진다 하더라도 순현재가는 205억원이 되어 이익은 여전히 매우 크다.

만약 프로젝트 비용이 45% 크고 편익이 추정된 것보다 45% 적다하더라도 순현재가는 23억원이 되어 수익률은 여전히 12%를 넘는다.

〔표 19-2〕 도로건설 투자분석 (단위 : 억원)

연 도	비 용			편 익							순가치(12% 할인율 적용)		내부수익(24% 할인율 적용)	
				운행비용 감소					시간 감소					
	자본비용 (1)	유지관리비용 (2)	총비용 (3)	기존 도로에서 전환교통 (4)	유발교통 (5)	철도에서 전환교통 (6)	신설도로 교통 소계 (7)	기존 도로 교통 (8)	승객 화물 시간 (9)	총 편 익 (10)	비 용 (11)	편 익 (12)	비 용 (13)	편 익 (14)
1997	56.00	-	56.00	-	-	-	-	-	-	-	56.00	-	56.00	-
1998	64.00	-	64.00	-	-	-	-	-	-	-	57.15	-	51.62	-
1999	70.00	-	70.00	-	-	-	-	-	-	-	55.80	-	45.63	-
2000	-	0.75	0.75	19.37	0.49	0.08	19.94	0.20	15.00	35.14	0.53	25.01	0.39	18.43
2001	-	0.77	0.77	21.68	0.84	0.08	22.60	0.21	16.93	39.74	0.49	25.25	0.33	16.81
2002	-	0.78	0.78	24.28	1.19	0.10	25.57	0.21	19.32	45.10	0.44	25.59	0.27	15.38
2003	-	0.80	0.80	27.17	1.33	0.10	28.60	0.22	21.18	50.00	0.41	25.33	0.22	13.76
2004	-	0.81	0.81	30.42	1.48	0.11	32.01	0.24	23.15	55.40	0.37	25.06	0.18	12.29
2005	-	5.03	5.03	35.70	1.71	0.11	37.52	0.25	27.12	64.89	2.03	26.21	0.90	11.61
2006	-	0.84	0.84	38.64	1.85	0.11	40.60	0.27	29.28	70.15	0.30	25.30	0.12	10.12
2007	-	0.85	0.85	41.72	1.99	0.11	43.82	0.28	31.60	75.70	0.27	24.38	0.10	8.81
2008	-	0.87	0.87	45.08	2.14	0.13	47.35	0.29	34.12	81.76	0.25	23.51	0.08	7.67
2009	-	0.88	0.88	48.68	2.31	0.13	51.12	0.31	36.84	88.27	0.23	22.66	0.07	6.68
2010	-	0.90	0.90	51.17	2.49	0.14	53.80	0.32	39.30	93.42	0.21	21.41	0.05	5.70
2011	-	5.11	5.11	55.30	2.69	0.14	58.13	0.34	42.92	101.39	1.05	20.74	0.25	4.99
2012	-	0.92	0.92	59.72	2.90	0.14	62.76	0.35	46.26	109.37	0.17	19.98	0.04	4.34
2013	-	0.94	0.94	64.50	3.12	0.15	67.76	0.36	50.89	119.01	0.15	19.41	0.03	3.81
2014	-	0.95	0.95	79.80	3.85	0.15	83.80	0.38	53.92	138.10	0.14	20.11	0.02	3.56
2015	-	0.97	0.97	84.42	4.06	0.17	88.65	0.41	57.13	146.18	0.13	19.00	0.02	3.04
2016	-	0.98	0.98	89.32	4.20	0.17	93.69	0.42	60.50	154.61	0.11	17.95	0.02	2.60
2017	-	5.19	5.19	94.64	4.45	0.18	99.27	0.45	64.10	163.82	0.54	16.99	0.07	2.21
2018	-	1.01	1.01	100.31	4.72	0.18	105.21	0.46	67.30	172.97	0.09	16.02	0.01	1.89
2019	-	1.01	1.01	100.31	4.72	0.18	105.21	0.46	67.30	172.97	0.08	14.29	0.009	1.52
2020	-	1.01	1.01	100.31	4.72	0.18	105.21	0.46	67.30	172.97	0.07	12.77	0.007	1.22
2021	-	1.01	1.01	100.31	4.72	0.18	105.21	0.46	67.30	172.97	0.07	11.40	0.006	0.99
2022	-	1.01	1.01	100.31	4.72	0.18	105.21	0.46	67.30	172.97	0.06	10.17	0.005	0.80
2023	-	5.21	5.21	100.31	4.72	0.18	105.21	0.46	67.30	172.97	0.27	9.08	0.019	0.64
2024	-	1.01	1.01	100.31	4.72	0.18	105.21	0.46	67.30	172.97	0.05	8.11	0.003	0.52
2025	-	1.01	1.01	100.31	4.72	0.18	105.21	0.46	67.30	172.97	0.04	7.25	0.002	0.42
2026	-	1.01	1.01	100.31	4.72	0.18	105.21	0.46	67.30	172.97	0.04	6.47	0.002	0.33
2027	-	1.01	1.01	100.31	4.72	0.18	105.21	0.46	67.30	172.97	0.03	5.78	0.002	0.28
2028	-	1.01	1.01	100.31	4.72	0.18	105.21	0.46	67.30	172.97	0.03	5.15	0.001	0.17
											177.60	510.47	156.38	160.64

순현재가 = 333억원

19.6 공공규제

교통경제의 영역에서 공공규제가 관련되는 부분은 〔그림 19-10〕과 같이 나타낼 수 있다.

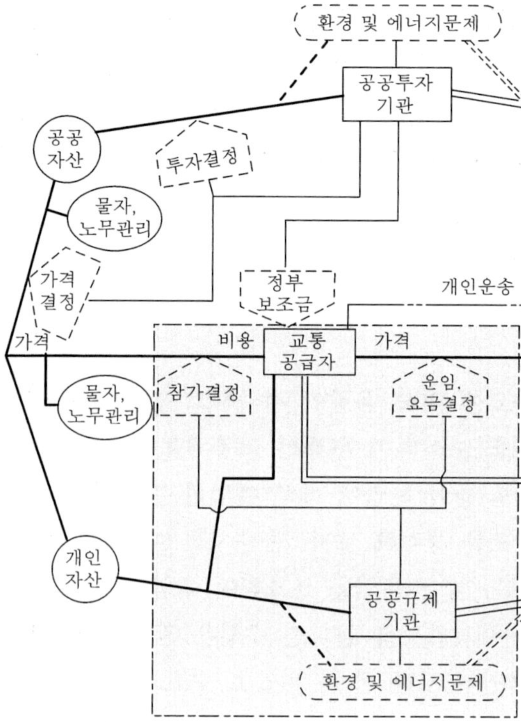

〔그림 19-10〕 교통의 공공규제 영역

운송사업에 대한 정부의 규제는 자원을 합리적이며 효율적으로 배분하고 국가 경제력의 낭비를 방지하기 위하여 행해진다. 정부규제가 추구하는 목표는 (i) 기술적으로 보나 수요 특성으로 보나 국가독점이 될 수 있는 교통기업에 대해 불합리한 가격으로 과다한 수입을 올리지 못하게 하고, (ii) 소득 수준이 같지 않은 각 계층에 대해 운임상의 차별을 방지하고, (iii) 공공이익에 관계되는 어떤 종류의 서비스를 유지하고, (iv) 교통기업 간의 경쟁이 치열하고 평균총비용과 평균가변(또는 한계)비용과의 차이가 클 경우에는 교통기업의 발전이나 확장을 위한 충분한 수익을 보장해 주는 것이다.

이와 같은 목표 중에서 마지막 것만이 유일하게 경제적 효용성과 관계가 된다. 그래서 정부규제는 독점력이 반사회적으로 작용하는 것을 막거나 또는 비경제적이지만 사회적으로 바람직한 서비스를 향상시키는 데 근본적인 목표를 두는 것이다. 경제적인 효율과 자원 배분은 연관성이 별로 없다.

정부는 언제나 교통산업이 안정되어야 한다는 것을 인식하고는 있으나 경제적 효율성에 대해서는 등한시하는 경향이 있다.[17] 운임 또는 요금이나 규제정책이 바뀔 경우 주어진 교통량이 더 적은 비용으로 수송될 수 있는지, 기술적인 변화가 촉진 혹은 지체되는지, 용량이 충분히 사용되는지 하는 것에 대해서는 정부가 의문을 제기하거나 분석한 적이 없다.

반면에 소득계층에 관한 의문은 항상 관심의 대상이 되었다. 주어진 운임이 주어진 화주에게 어느 정도 불공정하게 차별을 하는지, 혹은 주어진 운임이나 정책변화가 생산자나 화주 또는 경쟁 수단들에게 어느 정도 나쁜 영향을 미치는지 하는 문제가 정부의 주된 관심사였다. 운임이나 규제정책이 자원배분에 미치는 영향이 관념적으로는 중요성을 인정받으면서도, 사실은 이것이 여러 소득계층에 미치는 구체적인 영향에 더 큰 비중을 두고 다루었다.

19.6.1 규제의 종류와 효과

교통시설이 확충되면 초기에는 수요에 비해 용량이 과다하고 평균총비용과 평균가변비용간의 차이가 너무 크기 때문에 이를 보상하기 위해서 이용자계층별로 가격차등을 두어 용량을 최대한 이용하려고 한다. 예를 들어 운임에 매우 예민한 탄력성 있는 수요와 운임에 별로 예민하지 않는 비탄력적 수요를 생각해 보자. 운송자는 이들 두 계층을 분리하여 전자에게는 낮은 운임으로, 후자에게는 높은 운임을 부과하여 수입을 극대화할 것이다. 만약 이들 두 그룹에게 동일한 운임을 부과하도록 한다면 수입은 감소할 것이다. 이는 탄력적인 교통수요에 높은 운임을 부과하면 이보다 더 큰 비율로 수요가 감소하고, 비탄력적인 수요에 대해서는 낮은 운임을 부과하더라도 수요가 이보다 더 큰 비율로 증가하지는 않기 때문이다. 따라서 이득과 용량이용도는 동일운임일 때보다 차등운임일 때가 더 크다. 미국 철도에서는 일찍이 화물, 장소, 또는 화주별로 운임차등을 두는 제도가 성행하였다. 그 이유는 철도가 도로교통에 비해 주요 생산지와 소비지에 접근하기 힘든 특성 때문에 고객을 빼앗길 우려가 있기 때문이다.

살화물은 해운을 이용할 수도 있고, 대부분의 주 소비지는 여러 수송수단을 이용하여 공급되며, 상품의 최종가격 중에서 운임이 차지하는 비중이 크기 때문에 대부분의 농산물이나 원자재는 철도수송수요의 운임탄력성이 크다.

이와 유사하게 고가상품은 철도 이외의 다른 수송수단이 거의 없고, 상품의 가격 중에서 수송비가 차지하는 비중이 비교적 적기 때문에 이러한 상품에 대한 철도수송수요의 운임탄력성은 매우 낮다. 이와 같이 서로 다른 탄력성의 관점에서 볼 때 고가상품에 대해서 높은 운임을 부과하는 것은 합리적이며 이윤을 극대화하는 방법이다. 철도가 상품의 가치에 따라 운임에 차등을 두는 근거를 서비스가치이론이라 한다.

철도의 지역별 독점력의 차이로 장소적 가격차등이 생긴다. 만약 한 지역에 대한 완전한 수송독점이 이루어지면 부과되는 운임의 한도는 주요 생산지와 소비지와 관련된 그 지역의 위치, 상품의 최종가격에 대한 수송비용의 크기, 상품의 수요탄력성 등과 같은 시장력에 의해 결정된다. 만약 어떤 지역 안에서 해운과 경쟁관계에 있으면, 부과되는 운임의 한도는 매우 낮은 해운운임에 의해 결정된다. 결과적으로 철도뿐만 아니라 해운이용이 가능한 지역은 철도독점지역에 비해 운임이 훨씬 낮을 수 있다. 철도가 두 개의 주요 소비지를 연결하는 장거리운임보다 한 소비지와 독립된 어떤 지역을 연결하는 단거리운임을 더 높게 책정하는 것은 조금도 이상한 것이 아니다. 이와 같은 형태의 장·단거리 차등운임은 널리 행해지기 때문에 비교적 외딴지역의 화주들에게는 반발을 불러일으킨다. 소량화물의 화주나 다른 수송수단이 없는 외딴지역, 그리고 고가상품은 경쟁압력을 받는 곳에서의 운임에 비해 훨씬 높은 운임을 문다. 반면에 대량화물의 화주나 여러 가용수송수단이 많은 지역, 그리고 염가상품은 낮은 운임을 물어도 된다. 결국 독점력이나 경쟁압력의 정도에 따라 운임차등은 다양한 형태로 나타난다.

서비스가치이론은 철도의 이익을 만족시킬 뿐만 아니라 매우 중요한 사회적 목적(social goal)을 달성하는 데 기여를 한다. 농산물은 공급이 매우 비탄력적이고, 또 생산한 것은 다 판매를 해야 하는 특성이 있다. 농산물의 수송비용(운임)이 커지는 경우 그것을 시장가격에 반영한다면 수요가 줄어들기 때문에 생산된 것을 다 판매하지 못한다. 따라서 시장가격을 일정하게 하기 위해서는 수송비용의 증가분만큼 생산자의 수익이 줄어들게 된다. 즉 농산물에 있어서의 수송운임은 생산자가 무는 세금과 같은 효과를 갖는다. 따라서 단기적으로 볼 때 농산품의 공급은 일정하므로 운임의 증가부담은 생산자가 떠맡으며 철도수입은 늘어난다. 그러나 어느 정도의 시간이 경과한 후에 생산자가 이에 대처할 수 있게 된다면 운임상승의 효과는 예측하기가 어렵다. 일반적으로 공급곡선보다 수요곡선이 더 탄력적일수록 운임을 생산자가 물어야 하는 경향이 심하다. 더욱이 수요, 공급곡선 모두 탄력성이 커질수록 운임상승에 따른 산출물은 더욱 줄어들 것이다. 그래서 탄력적인 수요곡선과 비탄력적인 단기공급곡선 및 탄력적인 장기공급곡선을 갖는 상황이라면 운임상승분이 처음에는 생산자의 수입을 잠식할 것이고 그러면 그 상품으로부터의 수입이 감소함에 따라 그 상품의 생산을 축소할 것이다.

농산물이나 원자재와 같은 것은 여러 수송수단간의 경쟁이 있기 때문에 이들의 수요곡선은 매우 탄력적이다. 마찬가지로 이들 상품의 단기공급곡선은 매우 비탄력적이다. 왜냐하면 이들 상품의 생산량을 단기간에 변화시키기 어렵기 때문이다. 그러나 장기공급곡선은 이들을 생산하는 데 따르는 어려움이나 불확실성을 보장받기 위해서는 높은 수입을 원하기 때문에 매우 탄력적이다. 결국 농산물이나 원자재의 운임을 증가시키면 생산자의 수입이 감소되므로 그 지역의 발전이 지체된다는 사실을 쉽게 알 수 있다.

고가상품은 일반적으로 비탄력적이므로 이들에게 부과되는 높은 운임은 역시 소비자가 부담하게 되는 경향이 있다. 그래서 그 운임구조는 상품 종류간에는 물론이고 소득계층간에 소득을 분배하는 역할을 한다. 앞에서 설명한 서비스가치 이론에 의하면 결국 소득이 제조상품의 소비자로부터 농산물이나 원자재의 생산자로 전이된다는 것을 알 수 있다. 그래서 철도의 운임구조는 어느 지역의 발전을 촉진시키기 위하여 소득을 재분배하는 세금이나 보조금과 같은 역할을 하게 된다. 이 말은 이 운임구조가 사회적 목적에 이바지하고 경제적 효율의 측면에서 볼 때 손실을 최소화하는 데 기여한다고 볼 수 있다.

미국에서는 트럭이 화물수송을 담당하기 시작한 1920년대 이전까지는 서비스가치이론이 철도산업이나 정부정책의 기조를 이루었다. 그러나 1920년 교통법(Transportation Act)에서 '정당한 가치에 합당한 이득(fair return on fair value)'을 운임결정의 원칙으로 정함에 따라 철도는 이익을 최대화하는 운임정책, 즉 이익이 보이는 곳이라면 언제든지 자유로이 운임을 인상하게 되었다. 그러나 그 후 Hoch-Smith 결의안에 의하여 다시 전통적 운임구조의 근거인 서비스가치이론으로 회귀하게 되었으나 트럭의 성장을 예견하지 못하고 근시안적으로 대처함으로써 결과적으로 철도화물의 상당한 부분이 트럭에 잠식당하게 되었다.

1930년대의 대공황으로 수송수요가 감소됨으로써 과도한 용량초과와 수입손실을 가져왔다. 이를 만회하기 위하여 탄력성이 적은 고가제조상품의 운임을 인상했으나 트럭의 급속한 성장으로 별 효과가 없었다. 제조상품은 철도운임에 매우 민감했으며 운임인상은 더 큰 비율로 운송수요를 감축시켰다. 트럭산업에서도 초과용량이 많기 때문에 철도운임 인하는 또 트럭운임을 인하시키는 결과를 초래하게 되었다. 철도수입을 증가시키는 유일한 방법은 공급의 탄력성이 적은 살화물과 농산물의 운임을 인상하는 것이다. 앞에서도 설명한 바와 같이 그렇게 되면 농산물 생산자의 소득이 그만큼 감소되므로 정부에서는 '서비스를 제공하는 데 소요되는 비용에 적합한 가장 낮은 운임'으로 규제를 했다(1933년 교통법). 따라서 운임결정의 주요 원칙은 '정당한 가치에 합당한 이득'의 원칙은 폐기되고 철도는 적절한 수송서비스의 유지를 보장하는 정도의 수입만 허용되게 된다. 그러나 이 법은 철도수입을 충분히 보장하지 못한다는 것이 판명되었고 많은 철도회사가 파산되고 철도시설들이 유기되어 적절한 철도수입을 보장하는 법이 필요하게 되었다.

공황이 가장 심각하던 해인 1935년에 제정된 차량운송법을 포함한 여러 가지 법률은 모두 사업의 신규설립을 제한하고, 가격인하를 규제하며, 기존회사가 적절한 이윤을 가질 수 있도록 하는 공통된 욕구를 기초로 하고 있다. 차량운송법은 가격경쟁의 범위를 수정하기를 원하는 트럭운송업자와 운임안정을 원하는 화주의 지지를 받는 법으로서 과당경쟁을 제한하는 데 목적을 두고 있다. 정부로서는 전통적인 운임구조를 유지하고 농산물의 운임을 낮추기를 원했기 때문에 트럭규제에서 농산물은 제외시켰다. 더욱이 정부는 철도가 적정수준의 이윤을 확보하도록 했다. 그 이유는 철도를 위해서라기보다 철도를 도와줌으로써 전통적인 철도운임체계를 유지할 수 있었기 때문이다.

이렇게 해서 서비스가치이론에 의한 운임구조는 더욱 뿌리를 깊게 내렸으며, 트럭이 철도를 위협하면 정보는 언제나 트럭운임을 인상하게 하는 최저운임규제(minimum rate regulation)를 사용했다.

철도는 또 해운과의 경쟁에서도 고통을 받기 때문에 1940년 교통법에서는 해운운송자에 대해서도 처음으로 규제를 하게 된다. 이 법에 의하면 살화물은 그 종류가 한 tow에 3가지보다 많으면 규제대상이 된다. 이 규제에서도 마찬가지로 서비스가치이론에 의한 운임구조가 그 기조를 이룬다.

19.6.2 최저운임규제의 문제점

교통규제는 교통법에 명시되며 이것은 바로 국가교통정책의 중요한 부분으로서 다음과 같은 목적을 가지고 있다. 즉, (i) 모든 교통수단을 공정하고 공평하게 규제를 하며, (ii) 각 교통수단의 고유한 장점을 인정하고 이를 보호하며, (iii) 안전하고 적절하며 경제적이고 효율적인 서비스를 촉진시키고 수송에 있어서의 경제적 여건과 여러 교통수단의 경제적 상태를 육성하고, (iv) 교통서비스에 대해서 부당한 차별이나 특혜 또는 부당한 경쟁을 배제하는 합리적인 운임제도를 시행하고, (v) 관련 행정부서간의 협조체계를 유지하며, (vi) 공정한 노임과 공평한 근로조건을 촉진시키는 것으로서, 이 모두가 궁극적으로는 국가의 교통체계를 발전시키고 보호하기 위한 목적이라고 볼 수 있다.

살화물에 대해서는 철도와 해운이 경쟁관계에 있으므로 최저운임이 중요한 역할을 한다. 높은 비용 운송자인 철도는 그 자신의 실지출비용(out-of-pocket cost)과 낮은 비용 운송자인 해운비용 중에서 큰 값을 운임기준으로 정할 수 있다. 철도가 실지출비용보다 적은 비용으로 많은 양을 수송할지라도 해운과 경쟁이 되는 상품에서는 자유로운 운임경쟁을 회피하게 될 것이다. 이와 같은 상품을 수송하여 철도수입이 현저히 감소되면 철도는 그 손실을 다른 상품수송에서 보충하려 할 것이다. 트럭과의 경쟁이 되는 상품은 운임인상을 할 수도 없고, 또 운임인하도 규제되므로 결국 수입을 보충하는 유일한 방법은 트럭과 경쟁이 될 수 없는 살화물의 운임을 인상하는 것이다. 이렇게 되면 결국 농산물이나 원자재 운임이 상승하게 되므로 전통적인 운임구조가 깨지게 되어 정부로서는 해운과의 경쟁품목에 대한 합리적인 수입을 보장해 줄 규제가 필요하게 된다. 해운을 이용하는 살화물에 대해서 예외를 인정하지 않으려는 정부의 경향은 바로 이 때문이다. 이와 같은 예외는 철도의 생존력을 분명히 손상시킬 것이다. 만약 철도의 위상이 심각하게 손상된다면 전통적인 운임구조는 더 이상 타당성이 없다. 그래서 예외를 없애자는 목적으로 트럭과 해운운송에 대한 규제가 생기게 되었다. 말하자면 전통적인 운임구조를 유지하기 위해서는 재무구조가 튼튼한 철도가 필요하다. 그래서 전통적인 운임구조를 유지하려면 규제는 모든 교통수단으로 확대되어야 한다.

고가제조상품에 대한 운임인하를 정부가 싫어하는 것은 그렇게 함으로써 생기는 평균수입의 감소를 농산물이나 원자재 운임인상으로 보충할 염려가 있기 때문이다. 물론 다른 상품의 운임을 인상하느냐 않느냐 하는 것도 철도서비스수요의 탄력성에 좌우된다. 만약 수송수요가 매우 탄력적이라면 철도는 운임을 인하하여 수입증가를 도모할 것이다. 그래서 철도가 고가상품의 운임을 인하하지 못하게 하려면 이들 상품에 대한 트럭운송의 잠식을 막아야 한다.

결국 정부의 운임 및 규제정책은 농산물 및 살화물 운임을 낮은 수준으로 유지하는 것이고, 또다른 수송수단과의 운임경쟁은 철도의 재무여건을 악화시켜 다른 수송수단과 경쟁이 되지 않는 살화물의 운임을 인상시키게 된다는 염려를 바탕에 깔고 있다.

여기서 또 한 가지 문제가 되는 것은 전통적인 운임구조를 유지함으로써 발생하는 소득재분배가 바람직한가 하는 것이다. 대부분의 선진국에서는 이러한 재분배를 공공정책의 기조로 삼고 있다.17) 농촌보조, 원자재의 비축, 철도운임구조, 오지 및 벽지에 대한 교통공급 등은 모두 이와 같은 정책의 일환이다. 이러한 정책이 무기한 받아들여질지는 의문이다. 급속한 도시화, 도시문제의 심각성 등으로 볼 때 관심의 초점이 농촌이나 지방문제에서부터 벗어나거나 최소한 동등한 관심을 불러일으킬 징조가 보이기 때문이다. 그렇게 되면 과거의 재분배 패턴은 사라질 것이고 따라서 전통적인 운임구조를 지지하던 근거도 약화될 것이다.

참 고 문 헌

1. M.R. Bonavia, *The Economics of Transport*, New York, Pitman Publishing Corporation, 1946.
2. A.M. Milne, J.C. Laight, *The Economics of Inland Transport*, London, Sir Isaac Pitman & Sons, Ltd, 1963.
3. W.H. Dodge, *Economics of Transportation*, Lecture Note, University of Wisconsin-Madison, 1976.
4. J.J. Coyle and E.J. Bardi, *The Management of Business Logistics*, West Publishing Co., 1976.
5. C.M. Warnenburg and Peter Hall, *Von Thunen's Isolated State*, Oxford, Pergamon Press, 1966.
6. C.J. Friedrich, *Alfred Weber's Theory of the Location of Industries*, University of Chicago Press, 1929.
7. E.M. Hoover, *The Location of Economic Activity*, McGraw-Hill Book Co., 1948.
8. M.L. Greenhut, *Plant Location in Theory and in Practice*, University of North Carolina Press, 1956.
9. R.M. Burstall, R.A. Leaver and J.E. Sussans, *Evaluation of Transport Cost for Alternative Factory Sites-A Case Study*, Operations Research Quarterly, Dec., 1962.
10. A.A. Kuehn and M.J. Hamburger, *A Heuristic Program for Locating Warehouses*, Management Science, IX, No. 4, 1963.
11. M.L. Gerson and R.B. Maffei, *Technical Characteristics of Distribution Simulators*, Management Science, X, No. 1, 1963.
12. E.E. Nemmers, *Managerial Economics*, John Woley and Sons, Inc., 1962.
13. Meyer, Peck, Stenason and Zwick, *The Economics of Competition in the Transportation Industries*, Havard University Press, 1959.
14. H.M. Kolsen, *The Economics & Control of Road-Rail Competition*, Sydney

University Press, 1968.

15. Gary Fromm, *Transport Investment and Economic Development*, The Brookings Institution, 1965.
16. C.J. Stokes, *Analysis of the Decision to Build the Tejerias-Valencia Autopista*, Brookings Institution, 1964.
17. Friedlaender, *The Dilemma of Freight Transport Regulation*, The Brookings Institution 1969.
18. R.S. Nelson and E.M. Johnson, editors, *Technological Change and The Future of the Railways*, Transportation Center, Northwestern University, 1961.
19. C. Colson, *Transport and Tariffs*, Paris, 1903.
20. K.E. Boulding, *Economics Analysis*, New York, 1948.
21. W.M. Acworth, *The Railways and the Traders ; A Sketch of Railway Rates Question in Theory and Practice*, London, 1912.
22. W.Z. Ripley, *Railroads; Rates & Regulation*, London, 1912.
23. R. Winfrey, *Economic Analysis for Highway*, International Textbook Co., 1969, p. 78.
24. H.G. Thuesen, W.J. Fabrycky and G.J. Thuesen, *Engineering Economy*, Prentice-Hall, Inc., 1977.
25. J.B. Lansing, *Transportation and Public Policy*, 1966.
26. R. Winfrey, *Economic Analysis for Highway*, International Textbook Co., 1969.
27. Marvin L. Fair and E.W. Williams, *Economics of Transportation and Logistics*, Business Publication, Inc., 1975.
28. H.A. Adler, *Economic Appraisal of Transport Projects*, Indiana University Press, 1971.

제 20 장 교통과 환경

인간환경(human environment), 즉 인간을 중심으로 한 환경의 개념을 정의하면 '자연을 통하여 진화과정에서 나온 여러 가지 요소와 문화를 통하여 인간이 만들어 낸 여러 가지 요소의 총체'라 할 수 있다. 이러한 환경은 자연환경, 생활환경, 사회 · 경제환경으로 구분하기도 하나 우리나라 환경정책기본법(1990. 8. 1. 공포)에서는 그 범위를 훨씬 좁혀 '자연의 상태인 자연환경과 사람의 일상생활과 밀접한 관계가 있는 재산의 보호, 동 · 식물의 생육에 필요한 생활환경'으로 구분하고 있다. 자연환경에는 지리적 위치라든가 지형, 기후 등이 있고, 생활환경에는 주택, 상하수도, 교통시설, 휴양 · 위락시설, 에너지, 토지이용 등이 있다.

기술의 혁신과 진보, 산업의 고도화에 의한 과도한 환경파괴와 훼손, 경제발전에 따른 산업구조의 변화와 인구의 과밀화, 도시집중화 및 생산제조업계의 확장에 의한 환경오염의 광역화와 오염물질의 다종화 등은 직접, 간접적으로 생활환경의 질을 악화시키고 있다. 특히 생활환경을 개선시키기 위한 노력이 다른 생활환경을 악화시키는 경우도 흔히 볼 수 있는 일이다.

환경오염이 중요한 사회문제로 등장하자 우리나라는 국민의 기본적인 권리로서 환경권을 천명한 데 이어 헌법 제35조 1항에서 '모든 국민은 건강하고 쾌적한 환경에서 생활할 권리를 가지며 국가와 국민은 환경보전을 위하여 노력하여야 한다'라고 규정함과 동시에, 제2항에서는 '환경권의 내용과 행사는 법률로서 정한다'고 규정하여 구체적이고도 법적인 권리로서의 환경권을 천명하였다. 이와 함께 환경관계법령을 대폭적으로 보완 · 정비하여 환경영향평가제도를 도입하고, 배출부과금제도를 시행하며, 영향권역별로 관리기반을 확립하는 등과 같은 환경보전 추진체계를 강화하고 있다. 이러한 활동의 근간이 되는 것으로 환경정책 기본법, 자연환경 보전법, 환경오염피해 분쟁조정법, 대기환경 보전법, 소음 · 진동규제법, 수질환경 보전법 등이 있으며, 이들의 목적은 '환경오염으로 인한 피해를 예방하고 자연환경 및 생활환경을 적정하게 관리·보전함으로써 현재와 장래의 모든 국민이 건강하고 쾌적한 환경에서 생활할 수 있게 함'을 목적으로 하고 있다.

교통의 환경문제는 대기오염, 소음, 진동 등 교통로를 운행하는 차량으로 인해 발생하는 교통공해뿐만 아니라 교통로의 건설 또는 그 존재에 수반되어 일어나는 동·식물의 생육환경과 자연경관에 관한 문제, 그리고 일조차단 등에 관한 문제까지도 포함된다.

20.1 대기오염

우리나라는 쾌적한 환경을 보전하고 환경오염으로부터 사람의 건강을 보호하기 위하여 아황산가스(SO_2), 일산화탄소(CO), 질소산화물(NO_x), 미세먼지(PM-10), 오존(O_3), 납(Pb)에 대하여 〔표 20-1〕과 같은 환경기준을 정하고 이의 달성 및 유지를 위하여 노력하고 있다.

〔표 20-1〕 대기환경 기준

항 목	기	준
아황산가스 (SO_2)	연간 평균치 24시간 평균치 1시간 평균치	0.02 ppm 이하 0.05 ppm 이하 0.15 ppm 이하
일산화탄소 (CO)	8시간 평균치 1시간 평균치	9 ppm 이하 25 ppm 이하
질소산화물 (NO_x)	연간 평균치 24시간 평균치 1시간 평균치	0.05 ppm 이하 0.08 ppm 이하 0.15 ppm 이하
미세먼지 (PM-10)	연간 평균치 24시간 평균치	70 $\mu g/m^3$ 이하 150 $\mu g/m^3$ 이하
오 존 (O_3)	8시간 평균치 24시간 평균치	0.06 ppm 이하 0.1 ppm 이하
납(Pb)	3개월 평균치	0.5 $\mu g/m^3$ 이하

주 : 1시간 및 24시간 평균치는 연간 3회 이상 그 기준을 초과해서는 안 됨

교통에 의한 대기오염문제는 1960년대 중반부터 야기되기 시작했으며, 산업화에 따른 급격한 도시화와 자동차의 증가 때문에 배출가스로 인한 건강문제가 발생하자 이에 대한 규제의 필요성이 생기게 되었다. 실제로 Los Angeles시과 같은 대도시에서 자동차 배출가스로 인한 smog가 발생하여 인명피해를 받기 시작하자 미국에서는 1965년 자동차오염방지법을 제정하여 1968년부터 자동차의 배출가스에 대한 규제를 시작하였다.

뒤이어 일본에서는 1973년, 유럽에서는 1975년부터 자동차의 배출가스 중 일산화탄소(CO), 탄화수소(HC), 질소산화물(NO_x) 및 매연에 대한 규제가 시작되었다. 우리나라에서

도 도로운송차량법에서 도로교통의 안전과 질서유지란 측면에서 일부 규제하여 오다가 환경보전법이 제정공포(1977. 12. 31.)되면서 1980년 1월부터 실제로 자동차 배출가스를 규제하게 되었다. 현재의 대기환경보전법은 1990년 8월 1일 공포하여 1991년 2월 1일부터 시행되고 있는 것이다.

〔표 20-2〕는 우리나라의 전체 오염물질 방출량 중에서 수송부문에서 나오는 오염물질을 총량과 비교한 것이다.

〔표 20-2〕 자동차 오염물질 배출량(전국) (단위 : 톤/년)

오염물질 \ 연 도		1994	2002
전 체	TSP	429,398	68,890
	SO_x	1,602,764	501,753
	NO_x	1,191,533	1,106,269
	CO	1,156,464	860,584
	계	4,380,159	2,537,496
도로교통 부문	TSP	100,206 (23.3)	29,915 (43.4)
	SO_x	275,390 (17.2)	6,448 (1.3)
	NO_x	673,718 (56.5)	468,529 (42.2)
	CO	961,016 (83.1)	683,588 (79.4)
	계	2,010,330 (45.9)	1,188,480 (46.8)

주 : ( ) 안의 숫자는 오염물질별 전체에 대한 수송부문이 차지하는 비율임(%)

20.1.1 자동차 배출가스의 종류

자동차에 사용되는 연료에는 휘발유와 액화석유가스(LPG) 및 경유가 있으며, 일반적으로 자동차에서 배출되고 있는 오염물질은 그 배출경로에 따라 크게 3가지로 나눌 수 있다.

첫째는, 연료가 엔진에서 연소한 후 배출관을 통해 배출되는 가스로서 무해한 물질과 유해한 물질로 구성되어 있다. 무해한 물질로는 질소(N_2), 수증기(H_2O), 이산화탄소(CO_2) 등이 있고, 유해한 물질로는 배출가스 규제대상이 되는 일산화탄소(CO), 탄화수소(HC), 질소산화물(NO_x) 및 매연과 그 밖에 아황산가스(SO_2), 오존(O_3) 및 가솔린의 옥탄가 향상제로 첨가되는 4에틸납($Pb(C_2H_5)_4$)에 의한 납화합물 등이 있다. 이러한 배출가스의 생성원인을 살펴보면 배출가스 중 탄화수소(HC)는 연료의 일부가 미연소된 그대로, 또는 일부 산화・분해되어 배출되는 것이다. 이러한 미연소 탄화수소(HC)는 화염전파 후에 연소실 벽면을 따라 타다 남은 혼합기층에 기인하는 것과 실화에 의한 것으로 구분된다.

일산화탄소(CO)는 산소의 공급이 부족하여 불안전 연소로 발생하며, 질소산화물(NO_x)은 연소시의 고온고압에 의해 공기 중의 질소(N_2)와 산소(O_2)가 반응하여 생성되는 것이다. 자동차 배출가스 중에 함유된 질소산화물(NO_x)의 98% 이상은 일산화질소(NO)이다.

일산화질소(NO)의 생성은 연소온도가 높은 고부하에서 많이 배출되며, 매연은 연소실의 탄소 누적으로 연료가 미연소되어 배출된다.

둘째, 피스톤과 실린더의 틈 사이에 크랭크케이스를 통하여 누출되는 블로바이 가스(blow-by gas)로서 피스톤의 압축에 의해서 생긴 가스로 가스의 성분은 85%가 불완전연소된 연료이며, 탄화수소(HC)가 많다([그림 20-1]).

이 블로바이 가스는 자동차 배출가스에 대한 규제가 행해지기 이전에는 크랭크케이스에 있는 환기공에서 그대로 대기에 방출되었지만, 현재는 다시 흡기계로 보내 재연소시키도록 하는 시스템을 모든 차량에서 적용하고 있어 블로바이 가스 배출량은 크게 감소되었다.

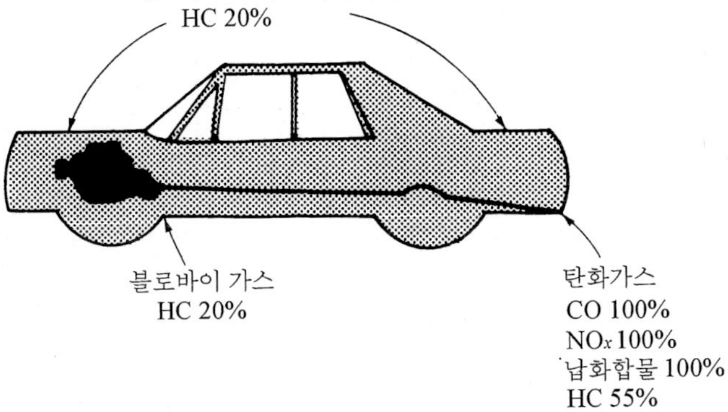

[그림 20-1] 자동차 배출가스의 오염물질 배출부위와 성분(휘발유 및 LPG 차)

셋째, 자동차의 연료장치, 즉 연료탱크나 연료펌프 또는 기화기에서 발생하는 증발가스로서 주성분은 탄화수소(HC)이다.

연료탱크에서의 발생은 연료탱크의 온도변화에 의한 내부증기의 팽창 결과 대기 중에 방출되는 것이며, 기화기에서의 증발은 기화기 내실에서 발생된 탄화수소가 공기여과기를 통해 대기에 확산되는 것으로 증발가스는 과열엔진을 정지시킨 후 주로 발생된다.

20.1.2 인체에 미치는 영향

자동차에서 배출되는 여러 가지 오염물질들은 각각 다음과 같은 영향을 인체에 미치게 된다.

1 일산화탄소(CO)

자동차 배출가스 중에서 일산화탄소는 배출량이 가장 많으며, 연료의 불완전 연소 때 많이 방출된다. 일반적으로 휘발유엔진이 디젤엔진보다 같은 운전조건하에서 약 2배의 CO를 발생시키는 것으로 알려져 있다.

일산화탄소는 연소과정 중 산소의 공급이 불충분한 상태에서 탄소가 연소할 때 다음과 같은 화학반응을 일으킨다.

$$2C + O_2 \rightarrow 2CO$$

또한 고열의 탄소 속을 CO_2가 통과할 때도 다음과 같은 반응으로 CO가 발생된다.

$$CO_2 + C \rightarrow 2CO$$

일산화탄소가 호흡기관에 흡입되면 혈액 중의 헤모글로빈(Hb)과 매우 쉽게 결합하여 혈액의 산소운반능력을 저하시킨다. CO와 헤모글로빈과의 친화력은 산소의 약 300배 이상이므로 인체는 산소의 결핍으로 두통이나 구토증상을 일으키며 심한 경우 대뇌의 손상을 일으켜 정신장애를 유발하거나 사망에까지 도달하게 된다. 반면에 CO는 공업적으로는 금속탄화물을 환원시키거나 CO를 원료로 하여 메틸알코올시안화물 및 금속탄화물의 생산에도 쓰이고 있다.

2 탄화수소(HC)

탄화수소는 탄소와 수소의 화합물로서 정유시설, 자동차 및 페인트 도장시설 등에서 발생되며 유기물질이 부패할 때 메탄가스 상태로 발생되기도 한다. 탄화수소의 주성분은 알칸류(alkane)인데 이 중에서 메탄(CH_4)이 거의 주성분을 차지하여 총 탄화수소의 거의 반을 차지하고, 그 이외의 주요 물질로는 아세틸렌방향족 등이 있다.

탄화수소는 그 자체로서도 유해한 성분들이 있으나 태양광선(자외선)의 작용으로 광화학반응에 의하여 알데히드를 포함한 각종 산화성 물질을 생성하게 될 때 피해가 나타난다. 대기 중 탄화수소의 대부분을 차지하는 알칸류는 자연대기 중의 농도하에서는 인체나 식물에 피해를 별로 주지 않는다.

그러나 광화학작용에 의하여 알데히드, 아크롤레인(acrolein), 팬(PAN) 등이 생성되어 피해를 주게 되는데 포름알데히드(formaldehyde)는 0.06 ppm에서 냄새를 맡을 수 있고, 눈을 자극하는 농도는 사람에 따라 다르나 0.01~1.0 ppm의 범위에 이르며, 2 ppm에서는 호흡에 지장을 준다. 아크롤레인은 0.25 ppm에서 냄새를 맡을 수도 있고, 눈도 아프고, 식물은 에틸렌이 성장을 방해하며 잎을 상하게 하여 0.001~0.5 ppm에서 8~24시간 노출되는 경우 피해가 나타날 수 있다.

3 질소산화물(NO_x)

질소산화물은 연소공기 중에 포함된 질소 및 연료 중에 함유된 질소성분이 연소온도에 영향을 받아 산소와 결합하여 여러 가지 질소산화물(NO_2, NO, N_2O, N_2O_3, N_2O_4, N_2O_5)이 생성되는 것이므로 총칭하여 NO_x로 표시한다.

연소온도가 높을수록 많이 생성되며, 이 중에서 대기오염에 영향이 제일 큰 이산화질소(NO_2)는 적갈색의 자극성 냄새가 나는 유독성 기체이며, 연소과정에서 배출된 일산화질소(NO)가 공기 중에서 산화하여 생성되기도 한다($2NO + O_2 \rightarrow 2NO_2$).

이산화질소(NO_2)는 온도에 따라 변화가 심하여 온도가 20℃ 이하가 되면 무색 기체인 사산화이질소(N_2O_4)가 되고, 또 온도가 20℃ 이상이 되면 무색 기체인 일산화질소(NO)로 분해되기도 한다. 이산화질소에 의한 인체의 급성피해는 그 자체가 직접적으로 눈에 대한 자극이 없다는 것을 제외하고는 SO_2의 피해와 거의 일치되는 호흡기 질환, 즉 기관지염, 폐기종 및 폐렴종 및 폐렴 등을 유발할 수 있다. 또 HC와 마찬가지로 태양광선에 의해 광화학스모그를 발생시켜 시계를 방해하고 인체의 눈, 목 부분 등 점막을 자극하게 된다. NO는 혈액 중의 헤모글로빈과 결합하여 산소결핍증이나 신경기능의 감퇴를 일으키며, 심한 경우 폐포에 도착한 후 수 시간 만에 호흡곤란을 수반하는 폐부종을 일으키는 매우 독성이 강한 물질이다.

SO_2의 경우 천식까지 진전된다는 점과 NO_2의 경우 섬유성 폐쇄기관지염, 폐암을 일으킬 수 있다는 점에서 다르다.

NO_2가 감각기관에 미치는 정도는 SO_2와 달라서 500 ppm에 1분간 노출된 사람이 가슴밑 부분에 강력한 통증을 느꼈다 하며, 25 ppm에서 불쾌감을 호소하는 경우도 있다. 냄새를 느끼는 한계농도는 미국에서는 1~3 ppm이라고 알려져 있다.

또한 질소산화물은 산성비 생성과 옥시단트 생성에도 주요 원인물질이 되어 동·식물 및 재산상에 피해를 준다.

4 매 연

자동차가 발생시키는 오염물질은 배출가스뿐만 아니라 타이어, 포장 등의 마모분진을 포함한 무기·유기화합물도 있다. 이 중에서도 자동차 배출물질로서 규제의 대상이 되는 것은 디젤차량의 매연이다.

매연은 탄소가 주성분으로 여러 가지 가스 상(狀) 물질을 흡착하고 있으며, 대기에 방출될 때 악취 및 불쾌감을 줄 뿐만 아니라 시계를 방해하고 건물 등의 재산피해를 가져온다.

특히 매연입자는 방향족화합물 등 수많은 화학물질을 함유하고 있어 인체의 유해성 여부 등에 대해서는 앞으로 더 연구해야 할 물질이다.

자동차 배출가스에는 이러한 물질 이외에도 여러 가지가 있으며, 그 양은 전체의 약 3% 정도가 된다. 그 중 아황산가스는 주로 디젤자동차에서 배출되며, 점막을 자극하거나 기관지염, 천식을 일으키고 악성폐기종을 일으키기도 한다.

납화합물(Pb)은 항(抗)노킹제로 엔진의 성능을 향상시키기 위하여 휘발유에 옥탄가 향상제로 4에틸납 또는 4메틸납을 첨가할 경우 배출되며, 인체에 축척되면 빈혈, 신경장애를 일으키게 된다.

20.1.3 배출가스의 배출특성

자동차에서 배출되는 오염물질의 배출량은 차량의 종류와 성능, 차량의 주행상태, 차량의 정비상태, 사용연료, 교통조건 및 도로조건 등에 따라 크게 차이가 있다. 〔표 20-3〕은 연료 및 운행조건에 따른 배출가스 주요 성분의 농도를 나타낸 것이다.

엔진의 구조로 볼 때 가솔린엔진은 최대출력을 얻기 위해서 연료의 농도를 약간 크게 설계하여 공연비(공기/연료의 비)를 줄여주어 불완전 연소에 의한 배출가스의 배출량이 다른 엔진에 비해 많다. 가솔린엔진의 경우 운행조건에 따른 배출가스의 농도를 보면, CO는 공회전(idling) 상태에서 가장 많이 배출되며, HC는 CO와 대략 같은 경향이나 감속시에 특히 많이 발생한다. 그 이유는 엔진브레이크에 의한 감속시 엔진 내에 실화가 생길 경우가 종종 있으며, 그때 연료가 그대로 방출되는 데 원인이 있다. NO_x는 CO와는 반대로 부하가 큰 가속 및 정속에서 엔진 내의 연소농도가 높아지면 많이 발생된다.

〔표 20-3〕 운전조건, 사용연료별 배출가스의 비율

연료별	운 전 조 건	CO(%)	HC(ppm)	NO_x(ppm)	SO_2(ppm)
휘 발 유	공 회 전	4.0~10.0	300~2,000	50~1,000	0
	가속(0~40 kph)	0.7~5.0	300~600	1,000~4,000	
	정 속(40 kph)	0.5~4.0	200~400	1,000~3,000	
	감속(40~0 kph)	1.5~4.0	1,000~3,000	50~55	
LPG 가 스	공 회 전	2.0~5.0	150~1,000	40	0
	가 속	0.7~2.5	190~350	120~2,000	
	정 속	0.4~1.0	120~200	4,500	
	감 속	1.5~4.0	2,000~4,000	60	
경 유	공 회 전	0	300~500	50~70	20~100
	가 속	0~0.1	200	800~1,000	
	정 속	0	90~150	200~1,000	
	감 속	0	300~400	30~55	

LPG를 사용하는 자동차의 경우 CO와 HC는 정지시와 감속시, NO_x는 가속시에 가장 많이 배출되고 있다. 경유를 연료로 사용하는 차량인 경우 CO는 모든 운행조건에서 그다지 많이 배출되지는 않으나 HC는 정지시와 정속시 및 감속시, NO_x는 가속시에 많이 배출되고 있다. 이와 같은 현황으로 볼 때 휘발유와 LPG 연료를 사용하는 자동차에서의 CO와 HC의 배출은 공연비가 맞지 않아 완전 연소가 되지 않을 때 많이 일어나며, NO_x는 이와는 반대로 고온연소시인 가속시에 다량 배출됨을 알 수 있다. 특히 우리나라의 경우 경유 차량으로 인한 매연이 크게 문제가 되고 있는데, 이는 연료의 질이나 불완전 연소에도 문제는 있으나 기준 이상의 과적, 도로사정, 정비불량 등에 보다 큰 원인이 있다.

1 주행속도

〔그림 20-2, 3, 4〕는 미국의 CO, HC, NO_x에 대한 속도별 배출계수(단위구간 주행당 배출량)를 나타낸 것이다. CO와 HC의 배출계수는 속도가 높을수록 적어진다. 한편 NO_x는 이와 반대로 속도가 높을수록 배출계수가 커진다.[1), 2)]

2 적 재

〔그림 20-5〕는 소형화물차가 각종 운행모드로 운행할 때 짐을 싣지 않은 빈 차일 때의 배출계수에 대한 짐을 가득 실었을 경우의 배출계수의 비를 나타낸 것이다. 짐을 가득 실었을 경우 운행모드에 따르는 CO의 변화는 명확하게 특징지울 수 없지만 NO_x에서는 짐을 가득 실었을 때 배출계수가 증가함을 분명히 알 수 있다.

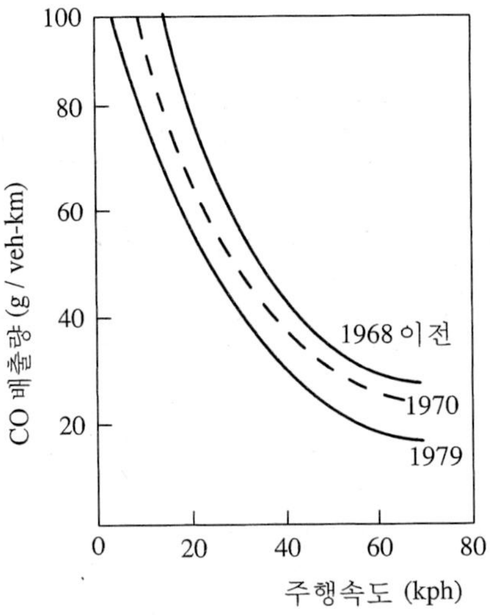

〔그림 20-2〕 속도에 따른 CO 배출량

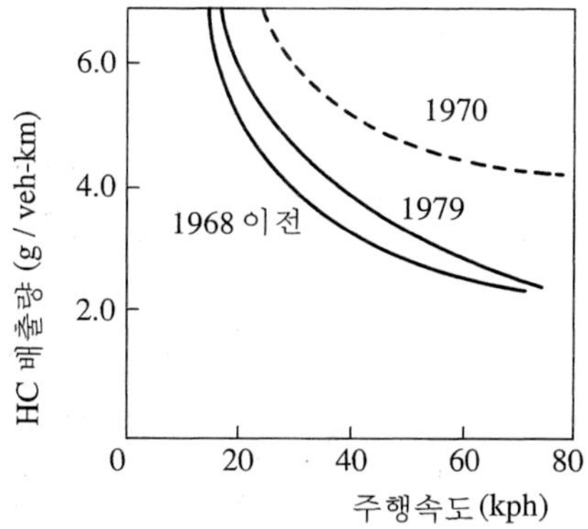

〔그림 20-3〕 속도에 따른 HC 배출량

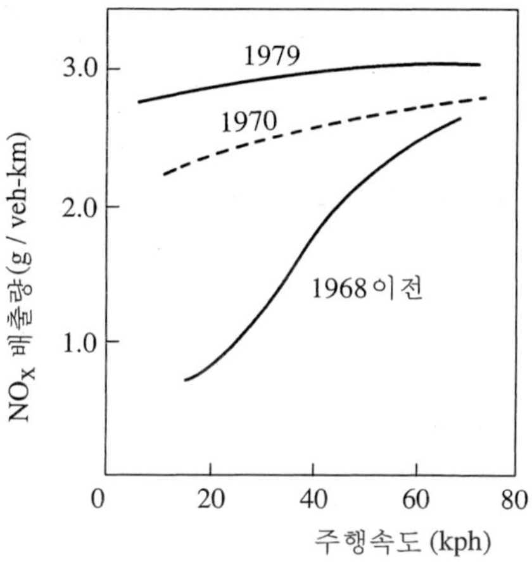

〔그림 20-4〕 속도에 따른 NO_x 배출량

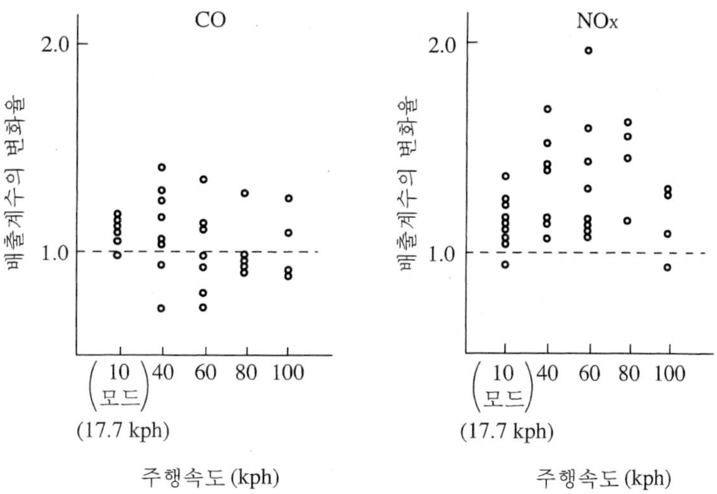

〔그림 20-5〕 배출계수의 변화(적재상태의 소형화물차)

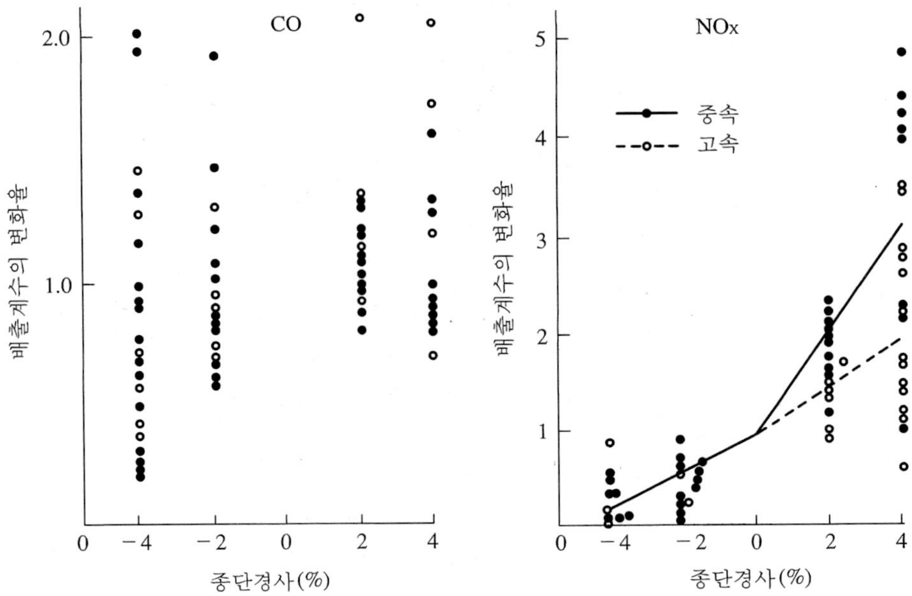

〔그림 20-6〕 종단경사가 배출계수에 미치는 영향(승용차)

3 종단경사

평탄한 도로를 주행할 때의 배출계수에 대한 경사지(-4～4%) 배출계수의 비를 나타낸 것이 〔그림 20-6〕이다. 이 그림에서 보는 바와 같이 CO는 경사에 따른 배출계수의 변화가 명확하지 않지만 NO_x는 경사가 커질수록 배출계수가 커짐을 알 수 있다.

4 운전 mode

일반적으로 자동차는 가속, 정속, 감속, 정지(idling) 과정을 반복하면서 운행하게 된다. 이 4가지의 운전모드가 조합된 실제의 주행상태에서 측정한 배출특성은 정속주행 때와는 달리 매우 복잡하다.

교통분석 및 신호등시간 계획에 많이 사용되는 TRANSYT 6/C 프로그램에 내재되어 있는 배출가스 배출계수를 구하는 알고리즘은 다음과 같다.

① 정속상태(gr/km)

CO : $165.75 - 3.91\sqrt{1430.66 - (v - 45.12)^2}$ $(v \le 48 \text{ kph})$

$20.93 - 0.052v$ $(v > 48 \text{ kph})$

HC : $90/v$ $(v \le 48 \text{ kph})$

$2.13 - 0.0051v$ $(v > 48 \text{ kph})$

$NO_x : 0.00041 v^2 + 0.0035v$ $(v \leq 72 \text{ kph})$

$0.045v - 0.88$ $(v > 72 \text{ kph})$

② 공회전상태(gr/분)

CO : 17.0

HC : 1.5

NO_x : 0.1

③ 감속 + 가속의 경우(gr/분) : 감속 및 가속에 의한 지체시간당 gr

CO : 19.4

HC : 1.7

NO_x : 1.1

이 기준은 1975년도 미국의 일반적인 도시부 도로에서 승용차의 일반적인 차종구성비를 가진 교통에 대한 것이다.[3] 한편 Lieberman과 Cohen의 연구보고서[4]에서는 마찬가지로 일반적인 차종구성비를 가진 승용차의 배출가스 방출량을 속도에 따라 다음 〔그림 20-7, 8, 9〕와 같이 나타내었다. 이 자료는 미국의 정교한 교통신호 운영프로그램인 UTCS에서 배출가스 방출량을 계산하는 알고리즘으로 사용하며, 각 차량들의 속도 가속도, 감속도를 0.1초 단위로 시뮬레이션하는 데 사용된다. 이 모형을 4개의 교차로를 가진 1.5 km 길이의 도시간선도로(순행속도 48 kph, 최대가속도 2.4 m/sec², 평균수락감속도 3.5 m/sec²)에 적용시킨 결과 평균배출계수는 다음과 같이 나타났다.[4]

운전모드 / 배출가스	순 행 (gr/veh-km)	가 속 · 감 속 (gr/정지수)	공 회 전 (gr/veh-분)
CO	11.25	6.62	18.2
HC	0.90	0.42	0.63
NO_x	1.73	0.85	0.004

여기서 유의할 것은 이 값들은 순행속도 48 kph에서 여러 가지 감속 및 가속상태를 갖는 각 차량들을 0.1초 단위로 시뮬레이션한 결과의 평균값이므로 순행속도나 감속 · 가속 패턴이 변화하면 이들 값이 변하게 된다.

위의 두 프로그램에서 사용된 배출가스 배출계수는 그 당시(1975～1976) 미국의 배출가스 기준치에 적합한 차량들에 대한 것이므로 현재 우리나라의 기준치에 비해 CO는 4.41배, HC는 3.66배, NO_x는 3.1배 정도 높은 것을 감안한다면 이 값을 우리나라에 적용시키는 것은 문제가 있다. 뿐만 아니라 우리나라는 디젤엔진을 사용하는 버스가 많으므로 이에 대한 배출기준을 별도로 고려해야 한다. 배출가스 기준값에 관한 설명은 뒤에 나온다.

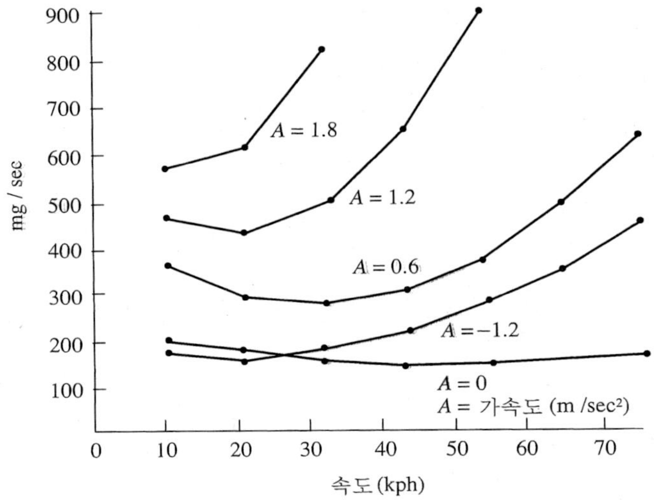

〔그림 20-7〕 가속도별 속도와 CO 배출량

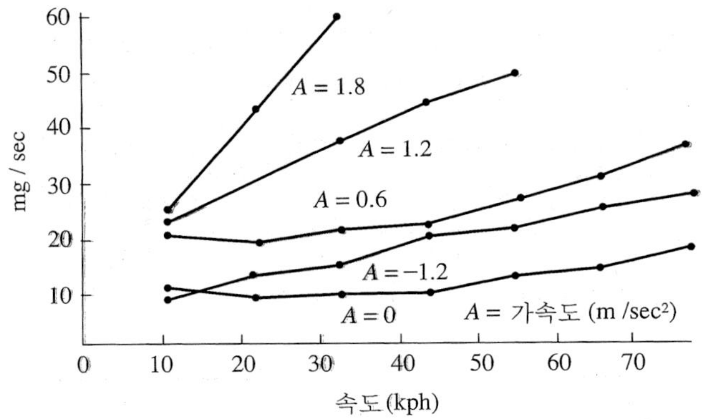

〔그림 20-8〕 가속도별 속도와 HC 배출량

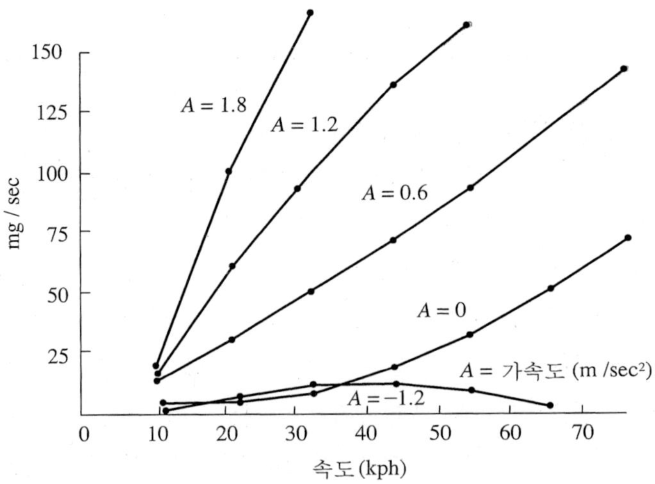

〔그림 20-9〕 가속도별 속도와 NO_x 배출량

각 운전모드에 대한 배출계수를 알면 각 도로에서의 배출가스 총 배출량을 구할 수 있을 뿐만 아니라, 이를 이용하여 각종 교통운영개선대책(예를 들어 신호시간변경 등)에 대한 배출가스 관점에서 본 효과를 파악할 수 있다. 또 MOE를 배출가스로 하면 배출가스를 최소로 하는 교통운영대책을 수립할 수 있다.

5 교통조건 파라미터와 배출계수

앞에서 운전모드에 따른 배출계수의 개념을 확장하면 결국 자동차의 배출가스 배출량은 지체 또는 정지수(number of stops) 등과 같은 교통조건 파라미터와 밀접한 관계를 가짐을 알 수 있다. 즉 가속·감속시간과 정지시간을 구하지 않고 현장에서나 시뮬레이션 모형을 이용하여 총 지체시간과 정지수를 알면 회귀분석식을 이용하여 배출가스의 총 배출량을 구할 수 있다. 이것에 관한 저자의 연구결과는 다음과 같다.[5] 여기서 나온 값은 TRANSYT 모형을 이용해서 구한 값을 회귀분석한 것이다. 배출가스 배출량 단위는 gr/veh이며, 1 km의 간선도로 단위구간에 대한 값으로서 순행속도(정속)는 65 kph를 기준한 값이다.

$$\left.\begin{aligned} CO &= 15.23 + 18.0\,AD \\ HC &= 1.49 + 1.6\,AD \\ NO_x &= 1.52 + 0.39\,ANS \end{aligned}\right\}\ (1) \qquad \begin{aligned} (R &= 0.999) \\ (R &= 0.999) \\ (R &= 0.997) \end{aligned}$$

또는

$$\left.\begin{aligned} CO &= 15.23 + 5.32\,ANS + 17.97\,ASD \\ HC &= 1.49 + 0.47\,ANS + 1.6\,ASD \\ NO_x &= 1.52 + 0.4\,ANS + 0.001\,ASD \end{aligned}\right\}\ (2) \qquad \begin{aligned} (R &= 0.999) \\ (R &= 0.999) \\ (R &= 0.998) \end{aligned}$$

여기서 AD = 평균지체시간 (분/veh)
ANS = 평균정지수 (회/veh)
ASD = 평균정지지체시간 (분/veh)

NO_x는 정지수와는 상관관계가 매우 높은 반면 정지지체(idling time)와는 상관관계가 매우 낮다. 이 회귀식의 상수항은 정속상태로 1 km 주행할 때의 배출계수이며 변수가 있는 항은 교차로에서의 배출계수임에 유의해야 한다. 따라서 간선도로의 각 구간에서 교통량이 서로 다르면 이를 각 link별로 분할해서 배출량을 계산해야 한다.

따라서 조사도로구간 전체의 배출량은 다음과 같이 나타낼 수 있다.

$$\left.\begin{aligned} CO &= 15.23\,VKT + 18.0\,TD \\ HC &= 1.49\,VKT + 1.6\,TD \\ NO_x &= 1.52\,VKT + 0.39\,NS \end{aligned}\right\} \quad (3)$$

또는

$$\left.\begin{aligned} CO &= 15.23\,VKT + 5.32\,NS + 17.9\,SD \\ HC &= 1.49\,VKT + 0.47\,NS + 1.6\,SD \\ NO_x &= 1.52\,VKT + 0.4\,NS + 0.001\,SD \end{aligned}\right\} \quad (4)$$

여기서 VKT = 조사도로구간상의 총 통행량 (veh-km)
TD = 조사도로구간상의 총 지체시간 (분)
NS = 조사도로구간상의 총 정지수 (회)
SD = 조사도로구간상의 총 정지지체시간 (분)

예제 20.1 다음 그림과 같은 간선도로와 각 링크의 15분 승용차교통량 및 각 교차로에서의 총 지체시간 및 총 정지수가 주어졌을 때 이 간선도로상에서 15분간의 배출가스 배출량을 구하라. 링크의 순행속도는 65 kph이다.

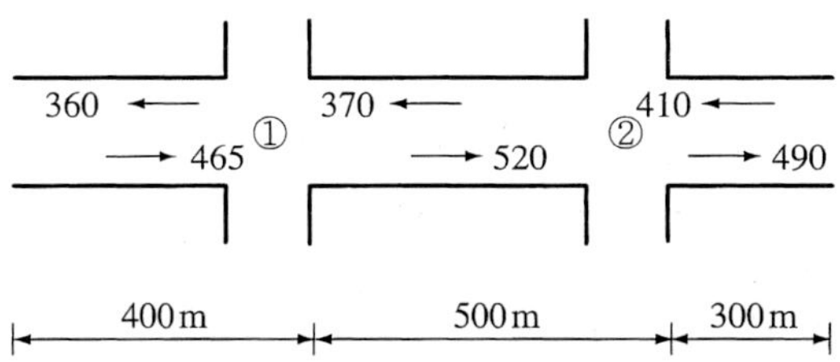

465대의 총 지체시간 : 8,370초
총 정지수 : 274회
520대의 총 지체시간 : 11,440초
총 정지수 : 285회
410대의 총 지체시간 : 13,050초
총 정지수 : 305회
370대의 총 지체시간 : 8,140초
총 정지수 : 280회

풀이 총 통행량(VKT) = (465+360) × 0.4+(520+370) × 0.5+(490+410) × 0.3
= 1045 veh-km

총 지체시간 = (8370+11440+13050+8140) × $\frac{1}{60}$ = 683.3분

총 정지수 = (274+285+305+280) = 1144회

앞의 식 (3)을 이용하면,

CO = 15.23(1045) + 18(683.3) = 28.215 kg

HC = 1.49(1045) + 1.6(683.3) = 2.65 kg

NO_x = 1.52(1045) + 0.39(1144) = 2.034 kg

※ 이 값은 1976년도의 미국의 자동차 배출가스 농도기준에 근거한 값으로서, 현재 우리나라의 농도기준(1999. 12. 31까지 유효한)과 비교해 볼 때, CO는 4.41배, HC는 3.66배, NO_x는 3.1배 높은 값이다. 따라서 위의 계산값을 우리나라 기준에 맞게 하향조정하면, CO = 6.4 kg, HC = 0.72 kg, NO_x = 0.66 kg 이란 배출량 값을 얻을 수 있다.

20.1.4 배출가스 측정방법

대기오염의 농도는 일정한 체적의 대기 중에서 오염물질이 차지하고 있는 체적의 비 또는 중량비로 나타낸다. 오염물질이 기체인 경우에는 체적비로 나타내며 일반적으로 ppm (parts per million)이 사용되는 경우가 많다. 1 ppm은 1 m^3의 대기 중에 1 cm^3(ml, cc)의 오염기체가 존재하는 상태이다. 측정치의 크기에 따라서는 %, pphm(parts per hundred million), ppb(parts per billion) 등이 사용되며 이들의 관계는 1 ppm = 10^{-4}% = = 10^2 pphm = 10^3 ppb이다.

또 오염물질의 부유입자상 물질과 같은 고체인 경우에는 대기의 단위체적당 중량으로 나타내며 mg/m^3 단위가 많이 쓰이고 때에 따라서는 $\mu g/m^3$ 도 사용된다. 이들의 관계는 $1 mg/m^3 = 10^{-3} g/m^3 = 10^3 \mu g/m^3$ 이다.

배출가스 및 대기 중의 오염물질의 농도는 그 계측방법이 다르면 그 값이 다르게 나온다는 것은 누구나 알 수 있다. 따라서 배출가스의 농도를 측정하기 위해서는 어떤 계측법을 사용해서 측정해야 하는가 하는 것을 정해 줄 필요가 있다.

일반적으로 CO의 농도는 비분산형적외선 분석계(Non-Dispersive Infrared Gas Analyzer; NDIR)로 측정을 하며, HC의 측정에는 NDIR 또는 수소염이온화 분석계(Flame Ionization Detector; FID)가 사용되고, NO_x의 측정에는 NDIR 또는 비분산형자외선 분석계(Non-Dispersive Ultraviolet Gas Analyzer; NDUV) 혹은 그 둘 다 사용하고 있다.

측정장소나 측정지점은 조사의 목적, 조사대상이 되는 오염물질, 지형, 지리조건, 도로형태, 기상조건, 교통조건 등을 고려하여 선정된다. 일반적으로 대기오염 농도값이 고르지 못하여 수많은 자료를 수집해야 하므로 측정기간은 가능한 한 장기간 동안 측정하는 것이 바람직하다.

환경기준의 장기평가에서는 연간 6,000시간 이상의 측정을 해야만 되나 도로연변의 측정에서는 시간과 비용면에서 제약을 받기 때문에 측정시간을 단축하는 경우가 많으며, 대기확산조사에서는 1~2주 정도로 조사한다. 또 현황파악이나 환경기준과 비교하기 위하여 측정을 하는 경우에는 각 계절마다 연속 7일 이상 측정을 하거나 혹은 가까이 있는 상시감시지점의 값과 상관관계를 검토하여 연평균값을 예측할 수도 있다. 측정을 할 때는 측정대상이 되는 오염물질뿐만 아니라 대기오염에 큰 영향을 주는 기상조건(풍향, 풍속, 일사량, 온도, 습도, 기후 등)과 차종별 시간교통량, 평균주행속도 등과 같은 교통조건도 동시에 측정해야 한다.

측정점은 교차로 및 교통혼잡이 심한 도로에 연하여 인도의 바깥쪽 지상 1.2~2.0 m의 높이에서 샘플채취를 하고 평면적인 대기오염상태를 측정한다. 교차로는 4모퉁이의 인도 바깥쪽에 측점을 설치한다.

NDIR과 같은 연속측정에서는 채취된 시료를 bag에 담아서 여러 차례 측정을 한다. 그러기 위해서는 일정한 유속으로 일정한 시간 동안 채취할 수 있는 펌프와 비닐백이 붙은 채취백이 필요하다. 한 번의 시료 채취시간이 너무 짧으면 측정값의 변동이 크나 그렇다고 채취시간을 길게 잡으면 시간별 변화를 알 수가 없다.

20.1.5 배출가스의 확산

차량에서 배출된 배출가스는 바람에 의한 이류와 확산에 의해 농도가 엷어진다. 이류란 바람에 의해 오염물질이 바람이 불어 가는 방향으로 운반되는 것으로서 농도는 풍속에 비례해서 엷어진다. 풍속은 지면조도 때문에 수직방향으로 차이가 나며 일반적으로 지표면에 가까울수록 적다.

확산이란 난류에 의해 오염물질이 여러 방향으로 분산·희석되는 것으로서 난류는 풍속의 수직방향의 차이, 지면조도, 지형, 도로구조, 차량주행, 기온 등에 의해 생긴다.

기온의 수직방향 분포는 대기의 수직방향의 움직임에 크게 영향을 준다. 일반적으로 대기는 지표면에서 상공으로 감에 따라 기온이 낮아지지만 이 기온의 차이가 크면 이를 단열현상(adiabatic)이라 하고, 이때는 공기의 상·하이동이 크고, 따라서 바람의 힘도 크다. 이때의 대기상태를 불안정상태에 있다고 한다. 반면에 수직방향의 기온차가 적으면 공기의 상·하이동이 없고 바람도 없어 대기는 안정상태에 있다. 만약 고도에 따른 온도가 상층부가 높고 아래가 낮으면 이를 기온의 역전현상(inversion)이라 하고, 그 기층을 역전층이라 하며, 이때 대기는 극히 안정상태가 된다.

이와 같이 고도에 따른 기온의 체감률을 Lapse rate라고 하며, 이 값이 양이면 불안정 상태에 가깝고 음이면 안정상태에 가깝다. Lapse rate에 따라 대기의 안정도를 A에서부터 F까지 나타내고 있는데 이를 Pasquill 안정도라고 부른다. 〔그림 20-10〕은 Lapse rate와 Pasquill 안정도와의 관계를 나타낸 것이다. 〔그림 20-11〕은 점배출원(point source)을 가진 오염물질의 확산 패턴을 Pasquill 안정도에 따라 구분하여 나타낸 것이다.

대기의 안정도를 판단하기 위해서는 Lapse rate를 알아야 하나 이를 실제 측정하기가 어렵기 때문에 기상관측의 자료를 이용하여 예측하는 경우가 많다. 일본에서는 Pasquill 안정도를 지상 10 m에서의 풍속과 일사량 및 구름의 양에 의해 판단하는 방법을 쓴다.

대기의 안정도가 높고 수평방향의 바람이 없으면 오염된 대기가 확산되지 않아 차량에 의한 배출가스가 그 주위를 광범위하게 오염시킬 때가 있다. 심할 경우에는 도로로부터 400~500 m 떨어진 주택가에도 같은 오염농도를 나타내며 고도 100 m까지도 차이가 없을 수가 있다. 특히 도심지와 같이 고층빌딩이 밀접해 있는 지역에서는 이와 같은 현상이 더욱 심하다.

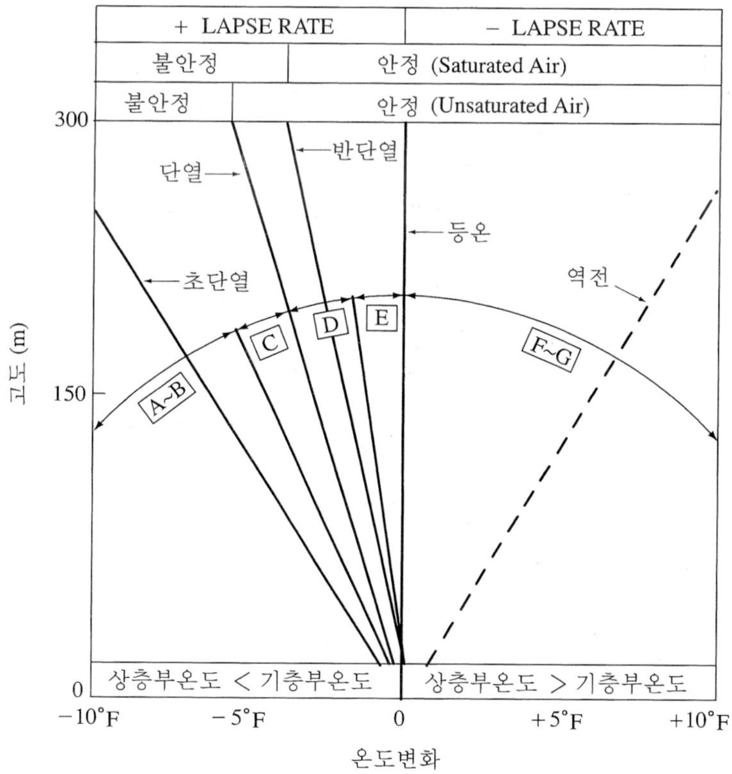

〔그림 20-10〕 Lapse rate와 Pasquill 안정도

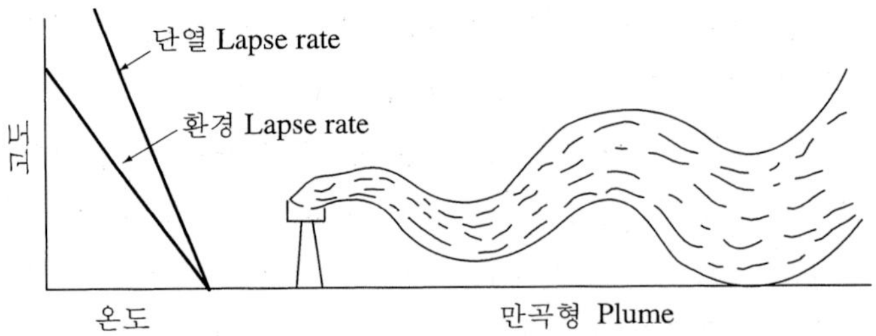

(가) Pasquill 안정도 "A-B" : 불안정

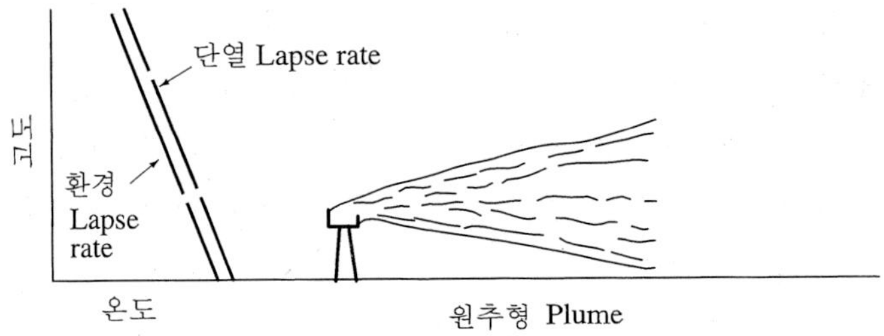

(나) Pasquill 안정도 "C-D" : 중립

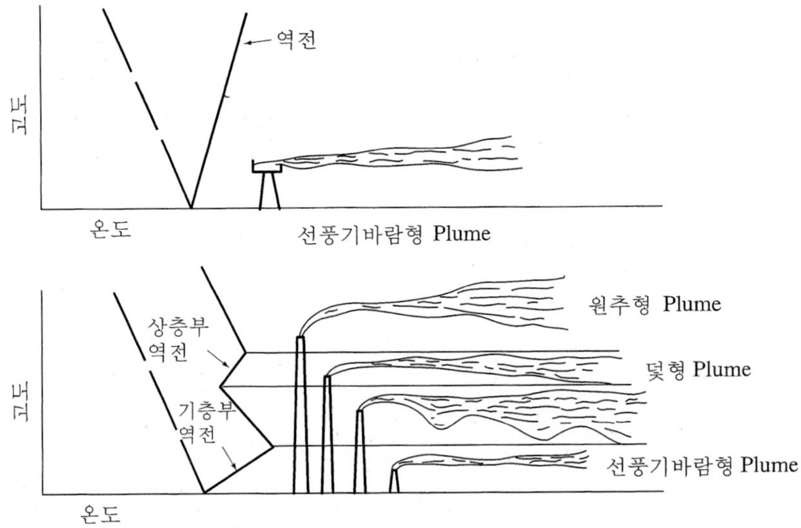

(다) Pasquill 안정도 "E-F-G" : 안정

〔그림 20-11〕 대기안정도와 **Plume** 형태(확산 특성)

이 외에도 광화학 smog현상과 같이 더욱 광역적인 배출가스의 확산현상이 있으나 이것에 대해서는 아직 깊이 연구된 바가 없다.

차량에 의한 배출가스가 확산되었을 때 도로 주위의 배출가스 농도변화는 각 지점마다 다르다. 〔그림 20-12〕는 도로차량에서 배출된 NO_x의 농도를 도로 끝에서 거리에 따라 나타낸 값이며 측점은 지상 1.5 m이다. 종축은 도로 끝에서의 농도를 1로 했을 때 해당거리에서의 농도비를 나타낸 것이다. 이 그림에서 볼 수 있는 바와 같이 평면도로에서는 도로 끝에서 약 20 m 떨어진 곳에서의 농도는 50%로 떨어지고 100 m 떨어지면 20% 정도 밖에 되지 않는다. 한편 성사된 도로는 거리의 증가에 따라 농도의 감소가 더욱 현저하며, 고가도로는 거리에 따른 농도변화가 비교적 적다.

〔그림 20-13〕은 도로 끝에서 12.5 m와 25 m 떨어진 지점에서 수직방향의 농도분포를 측정한 것이다. 이 그림에서 볼 수 있는 것은 도로 종류에 관계없이 노면의 약간 위, 즉

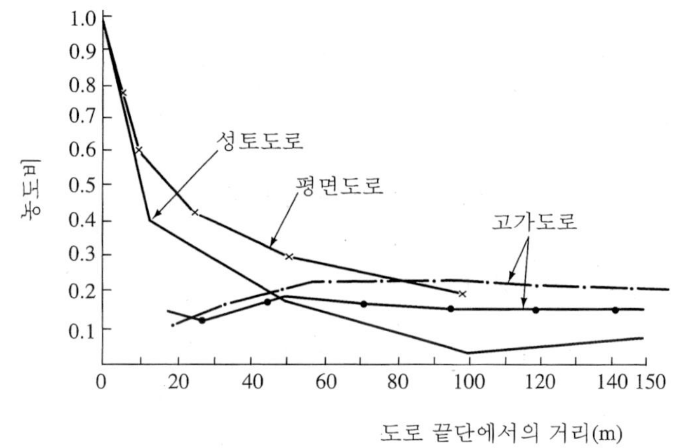

〔그림 20-12〕 자동차 배출가스의 거리감쇠(NO_x)

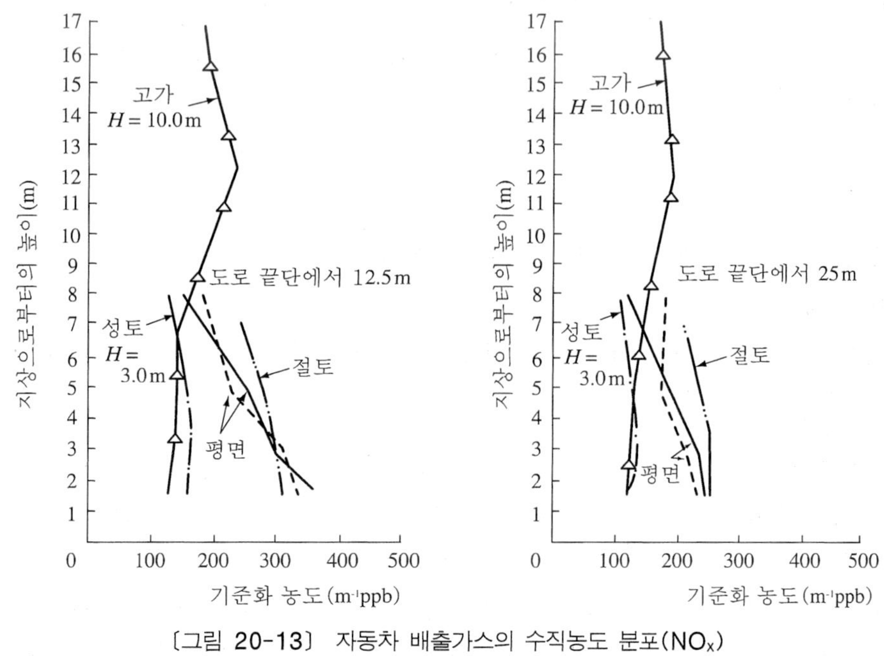

〔그림 20-13〕 자동차 배출가스의 수직농도 분포(NO_x)

배출가스 배출원의 위치정도의 높이에서 농도가 가장 크고 그 높이에서 수직방향으로 멀어짐에 따라 농도가 엷어진다. 또 도로 끝에서 멀리 떨어진 쪽이(25 m) 분포폭이 넓어 오염물질이 수직방향으로 더욱 확산되고 있음을 알 수 있다.

배출가스 농도의 시간별 변화는 배출가스의 종류에 관계없이 오전보다 오후가 더 높은 수치를 나타내는 경향이 있다.

20.1.6 대기오염의 예측기법

대기오염도를 예측하는 모형으로는 다음과 같은 것이 있다.

1 물리적 모형

① plume 모형 : 연류(煙流, plume)의 확산을 모형화한 것으로서, 확산공간이 정상적인 경우에 농도의 공간분포를 구하는 데 적합하고 계산이 용이하지만, 지형의 영향을 고려하지 않는다.

② puff 모형 : 연괴(煙塊, puff)의 확산을 모형화한 것으로서, 확산공간이 비정상적이고 무풍상태에서 농도의 공간분포를 구하는 데 적합하여 계산이 복잡하다.

③ box 모형 : 공간을 상자모양으로 분할하여 상자 내의 농도가 균일하다고 보고, 상자 내 오염물질량의 유출입을 계산하여 농도를 구하며, 광역오염의 계산에 적합하다.

④ 수직계산법 : 확산에 관한 미분방정식을 수치해석하는 방법이며, 지형의 영향이 있는 경우에도 적용이 되지만, 계산이 어렵고 파라미터 설정을 하는 데 세밀한 검토가 필요하다.

2 통계적 모형

① 회귀모형 : 과거의 자료로부터 농도와 배출원(源), 강도, 풍향, 풍속 등의 관계를 설정하여 장래의 농도를 예측한다.

② 경험에 의한 방법 : 과거의 농도와 기상패턴의 관계를 조사하여 경험적으로 예측하는 방법이다.

물리적 모형은 주로 높은 굴뚝의 연기에 확산이론을 적용시킨 점배출원 모형(point source model)에서 발전시킨 것이지만 도로상의 확산현상도 이론적으로는 이들 모형과 유사한 성격을 가지고 있기 때문에 이들의 모형을 적용한다.

대기 중의 오염물질은 바람에 의한 이동과 난류에 의해 확산된다. 이 난류확산이 농도차이에 비례하여 오염물질이 보존된다는 가정하에서 다음 식 (20.1)과 같은 확산방정식이 성립된다. 이 방정식의 해를 구하기 위한 근본적인 개념의 차이에 따라 다음에 설명하는 여러 가지 모형을 생각할 수 있다(이 중에서 plume 모형과 puff 모형이 가장 많이 사용되므로 이 두 가지에 대해서만 설명하기로 한다).

$$\frac{\partial C}{\partial t}+U\frac{\partial C}{\partial x}+V\frac{\partial C}{\partial y}+W\frac{\partial C}{\partial z}=\frac{\partial}{\partial x}\left(K_x\frac{\partial C}{\partial x}\right)+\frac{\partial}{\partial y}\left(K_y\frac{\partial C}{\partial y}\right)+\frac{\partial}{\partial y}\left(K_z\frac{\partial C}{\partial z}\right)+Q \tag{20.1}$$

여기서 C : 오염물질의 농도(g/m^3 또는 cc/m^3)

U, V, W : x, y, z 방향의 평균풍속(m/sec)

K_x, K_y, K_z : x, y, z 방향의 확산계수

Q : 오염물질의 배출강도(g/sec)

(바람의 방향이 도로와 평행이 아니면 g/sec · m)

(1) plume 모형

이 모형은 지형이 평탄하고 풍향, 풍속, 배출강도가 정상상태이며, 더구나 어느 정도의 풍속이 있고, 이류에 비해 x 방향(바람이 불어가는 방향)의 확산을 무시할 수 있는 경우에 대해서 확산방정식을 푸는 것이다.

지표면에 대한 반사는 완전반사로 하며, 확산폭의 모양에 따라 정규형과 비정규형으로 나눈다. 정규 plume 모형은 확산해 가는 오염물질의 농도가 〔그림 20-14〕에 나타난 바와 같이 풍향에 수직인 면 안에서 정규분포한다는 가정에 기초를 두고 있다. 이 분포의 표준편차 σ_y 및 σ_z를 확산폭이라 하여 대기의 안정도에 따라 여러 가지로 나타낼 수 있다.

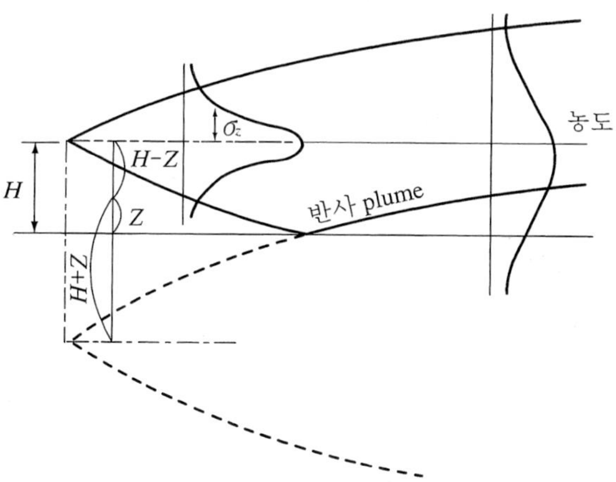

〔그림 20-14〕 plume 단면의 농도분포 표시방법

점배출원의 정규 plume 모형은 다음과 같은 식 (20.2)로 나타난다.

$$C(x,\ y,\ z) = \frac{Q}{2\pi\sigma_y\sigma_z U}\ \exp\left(\frac{-y^2}{2\sigma_y^{\ 2}}\right)\left[\exp\left\{-\frac{(H-Z)^2}{2\sigma_z^{\ 2}}\right\} + \exp\left\{-\frac{(H+Z)^2}{2\sigma_z^{\ 2}}\right\}\right] \quad (20.2)$$

여기서 $C(x,\ y,\ z)$: $(x,\ y,\ z)$ 점에서의 농도(ppm)

x : 풍향축에 나란한 풍하거리(m)

y : x축에 직각인 수평거리(m)

z : x축에 직각인 수직높이(m)

Q : 앞에서 정의한 것과 같음

H : 유효배출원의 높이(m)

σ_y : y축 방향의 확산폭(m)

σ_z : z축 방향의 확산폭(m)

U : 풍속(m/sec)

정규형 plume 모형의 확산폭은 Suttom, Pasquill, Gifford 등의 것이 있지만 이들은 주로 높은 점배출원을 대상으로 한 실험에 근거한 것이기 때문에 비교적 가까운 거리에서 지표면에 가까운 확산을 취급하는 자동차 배출가스의 확산에 적용하는 데는 약간의 문제가 있다. 이 모형을 이용하여 도로교통축의 배출가스 오염을 분석하는 과정은 다음 절에서 설명된다.

(2) puff 모형

이 모형은 배출원에서 연속적으로 배출되는 배출가스를 짧은 시간으로 나누어 그 짧은 시간 동안에 배출된 가스가 연괴(puff)로서 확산되어 가는 것이라고 생각한 것이다. 배출된 연괴는 〔그림 20-15〕에 나타낸 바와 같이 t시간 후에 $x,\ y,\ z$축 방향으로 각각 $\sigma_x,\ \sigma_y,\ \sigma_z$의 확산폭을 갖는 타원형의 단면을 가지는 연괴가 되어 시간이 경과함에 따라 연괴가 팽창되어 간다.

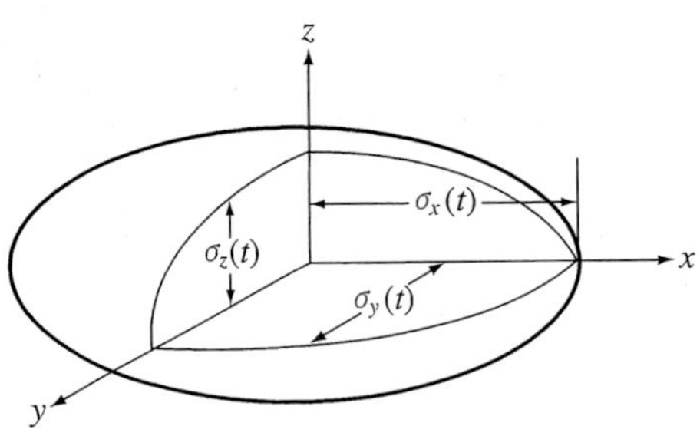

〔그림 20-15〕 puff의 개념도

일반적으로 이와 같은 연괴가 발생되는 것은 무풍에 가까운 상태에 있을 때이다. 점배출원에서 연속하여 일정한 비율로 배출되는 경우의 연괴 모형은 단시간의 연괴를 적분한 것과 같기 때문에 다음과 같은 식 (20.3)으로 나타난다.

$$C(x, y, z, T) = \int_0^T \frac{Q}{(2\pi)^{3/2}\sigma_y^2(t)\sigma_z(t)} \exp\left\{\frac{-(x^2+y^2)}{2\sigma_y^2(t)}\right\} \cdot \left[\exp\left\{-\frac{(H-Z)^2}{2\sigma_z^2(t)}\right\} + \exp\left\{-\frac{(H+Z)^2}{2\sigma_z^2(t)}\right\}\right] \cdot dt \quad (20.3)$$

여기서 $C(x, y, z, T)$: 배출 후 T시간의 (x, y, z)점에서의 농도
Q : 단위시간당 배출량(g/sec 또는 g/sec·m)
(풍향이 도로와 평행이 아닌 경우 : g/sec·m)
$\sigma_y(t)$: 배출 후 t시간 동안 수평방향의 확산 폭(m)
$\sigma_z(t)$: 배출 후 t시간 동안 수직방향의 확산 폭(m)
H : 배출원의 높이(m)

확산폭은 실측이 어려워 이에 대해서 알려진 것이 별로 없지만 일반적으로 배출된 후의 경과시간의 함수로 나타낸 Turner의 값을 많이 사용한다.

20.1.7 도로변의 대기오염 예측기법

도로교통에 의한 대기오염 평가는 도로 인근주민을 보호할 목적으로 오염수준을 낮추기 위해 교통량을 통제할 때나 혹은 새로운 도로를 건설할 때, 이에 따른 교통량의 변화로 인한 대기오염의 변화를 분석하기 위해서 조사지역의 배출가스 농도를 예측하는 것이다. 평가를 위한 수리적 분석은 도로축 분석(highway corridor analysis)과 중간규모 분석(mesoscale analysis)의 두 가지가 있다. 도로축이란 교통에 의해서 오염물질이 배출되는 지점에서부터 주위의 오염수준과 다시 같아지는 풍하방향의 어느 지점까지의 지역을 말한다. 중간규모란 도로신설로 인해서 교통량에 현저한 변화가 발생하는 지역을 말한다.

도로축 분석에서 CO가 광화학반응이 비교적 적기 때문에 확산을 추적하는 데 가장 적합한 배출가스로 사용된다. 중간규모 분석에서는 도로가 건설되었을 때와 건설되지 않았을 때의 오염물질량(톤/일)을 예측하는 것이다. 이 절에서는 도로축에서 배출가스의 시간당 농도를 예측하는 수리적 모형을 설명하는 데 그치기로 한다.

1 가정 및 관련자료

배출가스의 농도를 예측하는 수리 모형은 근본적으로 Gaussian 확산방정식에 기초를 두고 있다. 즉 도로를 운행하는 차량이 plume으로 배출하는 오염물질의 농도는 횡방향과

수직방향으로 정규분포된다. 점배출원에서 배출되는 plume의 확산방정식은 앞에서 설명한 바 있다. 그러나 움직이는 점배출원(차량)은 선배출원(line source)으로 볼 수 있으므로 이에 대한 방정식을 개발하기 위해 다음과 같은 가정을 한다.

① 분석기간 동안 도로상의 자동차로부터 계속적으로 배출가스가 배출된다.
② 대기의 안정도는 Pasquill의 안정도 분류와 Turner에 의해서 제안된 기상관측 자료로부터의 객관적인 안정도 분류체계를 따른다(후자에 대한 설명은 생략했다).
③ mixing cell의 개념을 사용한다. mixing cell이란 도로상에서 차량의 움직임에 의한 난류가 발생하여 오염물질이 균일하게 혼합된 부분을 말한다. mixing cell의 폭은 도로 한쪽의 갓길 끝단에서 다른 쪽 갓길 끝단까지이며(중앙분리대가 9 m 이하일 때), 높이는 3.6 m로 가정한다.
mixing cell 내의 오염물질은 풍하방향으로 Gaussian 확산을 하며 그 농도는 기상조건이나 대기의 안정도에 영향을 받지 않는다. 〔그림 20-16〕은 이와 같은 mixing cell의 개념도를 나타낸 것으로서 그림에서 보는 바와 같이 주위의 오염수준은 mixing cell에 포함되지 않는다.
④ 높이에 따른 풍속의 차이가 없다.
⑤ 건물이나 기타 도로변의 구조물을 통과하는 공기에 기체역학적인 효과가 발생하지 않는다.

도로축의 오염물질 농도를 예측하는 수리 모형에 사용되는 입력자료는 다음과 같다.

① 시간당 교통량
② 대형차량구성비와 평균주행속도의 함수로 나타낸 그 도로를 이용하는 차량의 배출계수
③ 기상 파라미터(대기의 안정도 및 이에 따른 발생의 확률)
④ 도로의 종류(평지부, 성토부, 절토부 도로)
⑤ 수평 및 수직분산 파라미터

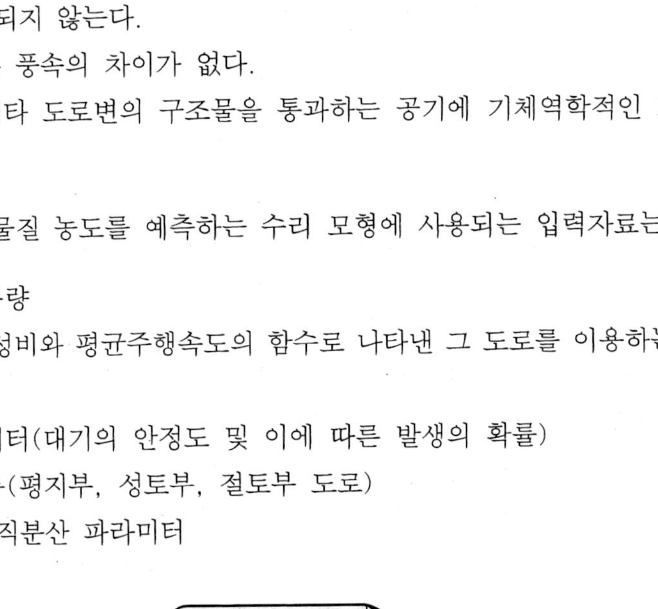

〔그림 20-16〕 mixing cell의 개념도

2 횡풍에 대한 계산

(1) mixing cell의 농도

도로의 중심선과 이루는 각이 12° 이상인 횡풍이 불 때 mixing cell 내에서의 오염물질 농도는 다음 식 (20.4)와 같이 구한다. 이때 안정도 등급은 어떤 것이나 상관이 없다.

$$C = \frac{1.06Q}{K \cdot U\sin\phi} \tag{20.4}$$

여기서 C : 오염물질의 농도(g/m^3)
Q : 배출원 강도($g/sec \cdot m$)
U : 풍속(m/sec), 최소값 : 1 m/sec
K : 경험계수, 약 4.24
ϕ : 도로중심선과 풍향이 이루는 각
1.06 : mixing cell의 높이와 농도와의 관계를 나타내는 경험계수

배출원 강도 Q를 계산하기 위해서는 다음 식 (20.5)와 같은 식을 사용한다.

$$Q = (2.77 \times 10^{-7}) \times (\text{시간당 교통량; vph}) \times (\text{배출계수; g/km}) \tag{20.5}$$

여기서의 배출계수는 차종 및 제작연도, 배출가스 배출기준, 대형차량구성비, 평균주행속도 등에 따라 달라진다. 앞에서 구한 g/m^3로 나타난 오염물질의 농도는 다음의 식을 이용하여 ppm으로 환산된다.

$$\text{ppm} = C(g/m^3) \times \frac{0.0245}{\text{배기가스 분자량}} \times 10^6 \tag{20.6}$$

(2) 높은 측정점에서의 농도

도로와 평행하지 않는 바람이 불 때 풍하방향의 오염물질 농도를 구하는 일반식은 다음과 같이 표현된다.

$$C = \frac{1}{2}\frac{4.24Q}{K\sigma_z U\sin\phi}\left[\exp\left(\frac{-Z_0^2}{2\sigma_z^2}\right)\right]\left[\exp\left\{-\frac{(Z+H)^2}{2\sigma_z^2}\right\} + \exp\left\{-\frac{(Z-H)^2}{2\sigma_z^2}\right\}\right] \tag{20.7}$$

여기서 C, Q, K, U, ϕ, Z, H는 앞의 여러 식에서 정의한 것과 같으며, Z_0는 절토된 도로의 절토깊이이다. 평탄한 도로나 성사된 도로의 경우 Z_0값은 0이다. 따라서 도로의 종류에 따라 식 (20.7)은 다음과 같이 된다.

① 평면도로의 경우 ($H=0,\ Z_0=0$)

$$C=\frac{4.24Q}{K\sigma_z U\sin\phi}\left[\exp\left(-\frac{Z^2}{2\sigma_z{}^2}\right)\right] \tag{20.8}$$

② 고가도로의 경우 ($H=H,\ Z_0=0$)

$$C=\frac{4.24Q}{2K\sigma_z U\sin\phi}\left[\exp\left\{-\frac{(Z+H)^2}{2\sigma_z{}^2}\right\}+\exp\left\{-\frac{(Z-H)^2}{2\sigma_z{}^2}\right\}\right] \tag{20.9}$$

③ 절토된 도로의 경우 ($H=0,\ Z_0=Z_0$)

$$C=\frac{4.24Q}{K\sigma_z U\sin\phi}\left[\exp\left(-\frac{Z_0^2}{2\sigma_z{}^2}\right)\right]\left[\exp\left(-\frac{Z^2}{2\sigma_z{}^2}\right)\right] \tag{20.10}$$

도로와 평행한 풍향일 때의 확산방정식은 이보다 복잡하므로 여기서 설명은 생략한다.

오염물질 농도의 예측은 원칙적으로 확산방정식을 이용하지만, 도로구조나 교통조건, 기상조건 등이 비슷한 곳에서 실측한 자료를 이용하여 통계적으로 농도를 예측할 수 있다. 예측되는 오염물질은 대개 CO와 NO_2이며, 연중 평균농도를 예측한다. 확산폭의 값은 주위가 평탄한 지형에 놓인 평면도로에서 지상 1.5 m에서 확산실험을 하여 얻기 때문에 이와 다른 조건에서는 잘 맞지 않을 수도 있으나 개략적인 값은 얻을 수 있다.

기상조건은 분석대상이 되는 도로 부근에서 장기간의 기상자료를 기초로 하여 설정되며, 그 내용은 다음과 같다.

- 유풍(풍속 1 m/sec 이상)과 무풍(풍속 1 m/sec 이하)의 출현빈도
- 유풍에서 시간별 평균풍속
- 유풍에서 시간별 풍속빈도
- 시간별 대기안정도

사용되는 교통조건은 시간별, 차종별 교통량과 시간별 평균주행속도 등이며 이들로부터 배출가스의 배출강도를 산정한다.

20.1.8 배출가스 감소대책

우리나라의 대기오염은 경제성장에 따른 석탄소비량의 증가로 1970년대에 들어서면서 사회문제로 대두되었고, 특히 1970년대 후반기 이후 급속한 자동차대수의 증가로 도시지역 및 간선도로 주변에서는 자동차배출가스로 인한 대기오염이 심각한 문제가 되기 시작했다.

자동차 배출가스를 줄이기 위하여 미국, 일본, 유럽 등 선진국에서는 엄격한 규제기준을 설정하여 그 대책을 강구하고 있으며, 우리나라에서도 자동차 배출가스 허용기준을 설정하여 규제하는 등 필요한 대책을 수립하여 대응해 나가고 있다.

NO_x와 HC 등은 태양광선의 자외선에 반응하여 광화학 스모그물질(Oxidants)을 형성하게 되는데, 이러한 배출가스는 전체배출량의 대부분이 자동차를 중심으로 하는 이동오염원으로부터 발생되고 있다.

서울의 경우 NO_x는 자동차 부문에서 전체의 약 83%, HC도 전체의 약 69%가 자동차 부문에서 발생되고 있다. 따라서 우리나라에서는 장·단기대책을 수립하여 자동차 배출가스를 저감시키려는 노력의 일환으로 1985년부터 상설매연 단속반을 설치하여 운행중인 자동차의 배출가스 단속을 하고 있으며, 신규제작차량에 대하여 배출가스 허용기준을 강화하여 저공해차량과 무연휘발유를 생산·보급하고 있다.

디젤차량에서 배출되는 입자상 물질인 매연을 저감시키기 위해서는 자동차정비업체, 검사기관, 운수업체 및 매연관련부품 생산업체의 현황과 문제점을 파악하고, 정부의 각 부처별 매연방지대책을 수립하여 1983년부터 이를 추진해 나가고 있다([표 20-4]).

〔표 20-4〕 각 기관별 매연방지 대책

업 무	주 요 내 용	주관부서
기준설정 및 매연단속	• 자동차 배출가스 허용기준 강화 • 운행자동차 매연단속 강화	환경부
자동차 검사 및 정비철저	• 자동차검사장의 배출가스 검사 철저유도 • 무허가 정비업소의 단속강화 • 노후차량의 조기대체	건설교통부 시·도
연료의 품질향상 및 규격조정	• 저유황 경유생산 공급 확대 • 정유소 유류제품의 품질확인제도 실시 • 정유소 유류탱크 청소의무화(연1회 이상)	산자부
자동차 배출가스 관련 부품에 대한 중점지도	• 자동차 부품지도 대상품목 지정 • 공해관련부품의 사전검사품목 지정	산자부
법규위반차량 단속	• 난폭운전, 과적, 과속, 기타법규 위반차량단속	행자부 경찰청
교통운영방법 개선	• 교통신호 시스템 개선 • 자동차의 도심지운행 억제 • 도심지의 자동차, 버스노선 재조정 • 버스정류장 간의 거리확대 조정 • 교통정체지역의 가변차로제 및 일반통행제 실시	시·도

이와 같은 각 부처별 대책을 시행한다 하더라도 단기간 내에 근본적인 해결을 하기는 어렵지만 장기적으로 볼 때 상당한 효과가 있을 것이다. 한편 정부는 1985년부터 상설매연

단속반을 설치하여 강력한 매연단속을 하고 있으며, 배출가스를 무료로 점검하고 차량정비에 관한 홍보활동도 추진하고 있다. 그러나 우리나라는 외국과는 달리 디젤자동차가 차지하는 비율이 높아 매연에 대한 대책이 매우 심각한 과제가 되고 있다. 뿐만 아니라 디젤자동차에서 배출되는 매연입자에는 수많은 화학물질이 흡수될 수 있기 때문에 매연입자가 인체의 폐 속에 들어갈 경우 암을 유발할 우려가 있어 촉매트랩 산화장치를 사용하거나 혼합연료를 사용하는 등 매연저감 기술개발에 역점을 두고 있다.

1 신규제작 및 수입자동차 배출가스 대책

(1) 배출가스 허용기준의 강화

자동차에 대한 배출가스는 도로운송차량법에 의해서 일부 규제되어 오다가 1977년 12월 31일 제정된 환경보전법에 의해서 신규제작 자동차와 운행중인 자동차의 배출가스 규제가 1980년 1월부터 시행되었다.

1984년 7월 1일부터는 자동차 배출가스 농도기준을 유럽국가들의 수준으로 강화하였으나, 자동차의 급격한 증가추세와 이에 따른 연료사용 및 교통량의 증가에 대비하고, 미국, 캐나다 등 국제시장에 국산자동차를 수출함에 따라 배출가스 농도기준을 미국, 일본 수준으로 더욱 강화하여 2003년에는 현재의 미국, 일본 등 선진국 수준의 기준에 도달되도록 하였다.

지난 1987년 7월 1일부터는 휘발유나 LPG를 사용하는 자동차에는 배출가스를 대폭 줄일 수 있는 촉매전환장치(catalytic converter)를 배출관에 부착해야 하며, 아울러 촉매기능을 유지하기 위해 무연휘발유를 사용하여야만 하게 되었다. 이러한 저공해 자동차에 부착될 촉매전환장치는 자동차 배출가스의 배출통로에 백금, 라듐 등 촉매를 사용함으로써 CO, HC 및 NO_x 등을 인체에 해가 없는 물질로 바꾸어 주기 때문에 대기오염을 크게 줄일 수 있다. 뿐만 아니라 유연휘발유를 무연휘발유로 바꾸어 줌으로써 중금속인 납화합물로 인한 대기오염을 크게 줄일 수 있다.

(2) 배출가스 검사체계의 확립

자동차 배출가스를 효과적으로 저감시키기 위해서는 배출가스 허용기준을 설정하여 그 기준을 지키도록 규제해 나가야 하는데, 이러한 규제를 효율적으로 하기 위해서는 자동차에 대한 배출가스 시험검사를 실시하고 그 시험방법도 엄격히 정해야 한다.

지금까지는 자동차 제작회사가 배출가스 시험장비와 시설을 갖추어, 제작자동차에 대한 배출가스 최초검사는 환경부 공무원의 입회하에 실시했다. 그 후 1987년 7월 배출가스 농도기준이 강화되면서부터는 시험방법도 미국에서 시행하고 있는 CVS(Constant Volume

Sampler) 방법에 의한 시험법을 적용하고, 시험검사제도도 촉매전환장치의 기능이 장거리 주행 동안 유지될 수 있도록 하기 위하여 80,000 km 주행시험 후 기준적합 여부를 판정하는 인증시험제도를 도입하였다. 또 운행 중의 촉매장치기능을 유지하고 소비자를 보호하기 위하여 배출가스장치의 성능보증과 결함시정제도를 도입하였다.

(3) 신규제작 및 수입자동차 시험검사방법 강화

정부에서는 신규제작 및 수입자동차 배출가스시험에 따르는 시험방법과 그 절차를 정한 '자동차배출가스 검사방법에 관한 규정'을 1980년 5월 1일 제정하였다. 지금까지 휘발유자동차에 대한 배출가스시험이 10모드 측정방법을 사용하여 이루어졌으나 1987년부터는 휘발유 및 LPG 자동차에 대한 시험방법이 CVS-75에 의한 측정으로 바뀌어졌다. 이 방법은 미국에서 개발되어 캐나다, 호주, 스웨덴 등에서 사용되고 있는 것으로서 냉간시동(cold start)시험과 열간시동(hot start)시험으로 이루어진다.

냉간시동시험과 열간시동시험은 각각 '과도기' 상태와 '안정화' 상태의 두 단계로 나누어지며, 과도기 상태인 첫째 단계는 운전계획표에서 예정된 운전모드로 5.78 km를 505초만에 주행하게 되며, 안정화 단계는 계획된 운전모드를 사용하여 6.29 km를 867초 동안 주행함으로써 전체운전시험은 1,372초가 걸리게 된다. 냉간시동시험이 끝난 후 10분간 엔진을 정지시킨 후에 냉간시동시험과 꼭같은 운전모드로 열간시동시험의 과도기단계시험을 거친다. 따라서 총 시험시간은 1,877초이며 총 주행거리는 17.85 km이다. 이와 같은 운전모드를 LA-4모드라고 한다(〔그림 20-17〕). 이러한 시험 동안 배출가스의 표본은 정량표본채집장치(constant volume sampler)에 의해서 연속적으로 균일한 부피의 표본을 채집하게 되며, 배출가스의 배출량은 표본배출가스의 농도와 시험기간 동안의 총 유량으로부터 구해진다.

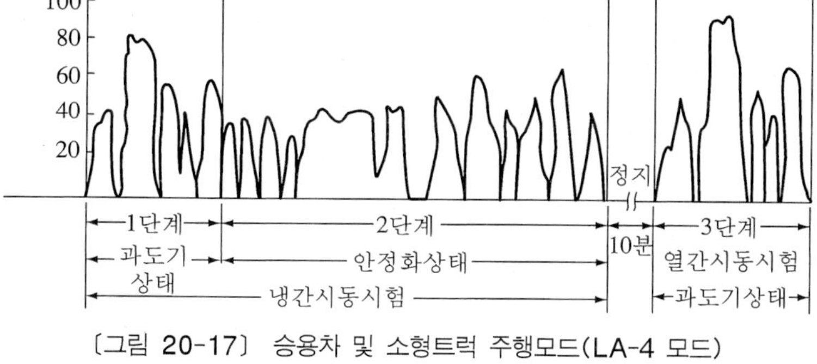

〔그림 20-17〕 승용차 및 소형트럭 주행모드(LA-4 모드)

이러한 LA-4모드는 최대주행속도가 90 kph까지 이르는 시험모드로서 최대속도 40 kph의 저속주행을 하는 10모드에 비해 주행저항이 크며, 급가속구간이 많고, 또 배출가스가 많이 배출되는 냉간시동상태까지 포함하기 때문에 종전의 10모드에 비해 시주행과 더욱 가까운 시험방법이다.

한편 디젤자동차의 배출가스시험에 사용되는 6모드는 〔그림 20-18〕과 같다.

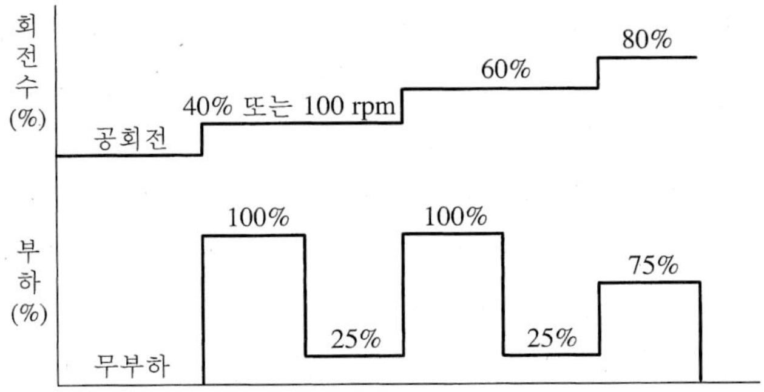

〔그림 20-18〕 경유엔진 배출가스 측정모드-6모드

2 운행중인 자동차의 배출가스 대책

정부에서는 자동차에서 배출되는 가스와 매연으로 인한 대기오염을 감소시켜 쾌적한 도시환경을 유지할 수 있도록 대기환경 보전법에 '운행중인 자동차의 배출가스 허용기준'을 규정하고 모든 자동차가 운행 중에 이 기준을 초과하여 운행하지 못하도록 하고 있다.

이에 따라 허용기준을 초과하여 운행하는 자동차를 단속하기 위하여 '운행중인 자동차 배출가스 단속지침'을 정하여 환경부, 치안본부 및 각 시·도에서 이 지침에 따라 단속을 실시하고 있으며, 1987년 7월 1일부터 저공해 자동차가 생산보급되면서 이러한 차량은 그 이전에 생산된 기존차량과 구분하여 엄격한 배출허용기준을 적용하고 있다.

자동차 배출가스로 인한 대기오염을 줄이기 위해서는 배출허용기준을 넘는 차량을 단속할 뿐만 아니라 자동차 제작회사, 운수업체 및 자가운전자 등 운전관계 종사자들에게 자동차로 인한 대기오염의 심각성을 깊이 인식시키는 교육 및 홍보활동도 매우 중요하다.

운행중인 자동차가 배출가스를 다량으로 배출하는 원인에는 정비불량, 과적(과승), 난폭운전 외에도 대도시지역의 도로조건 불량 및 교통운영방식의 결함 탓도 있다. 따라서 이의 개선을 위하여 관련부서 간의 유기적 협조체제를 구축하여 교통신호시스템 개선, 가변차로제 확대, 일방통행제 실시 등 교통운영방식을 개선하여 교통혼잡을 줄이고, 지하철 연계수송체계를 확립하며, 도심지 버스노선 조정 등 교통시스템을 개선하여 자동차의 배출가스를 저감시켜 나갈 방도를 최우선적으로 강구해야 한다.

20.2 교통소음

소음이라 함은 일반적으로 '원치 않는 음' 또는 '바람직하지 않는 음(필요 이상으로 큰 음과 같은)'을 말한다. 그러므로 소리를 발생시키는 모든 것은 소음원이 될 수 있다. 그러나 모든 소음원을 규제하기란 사실상 불가능하다. 따라서 소음·진동규제법에서는 소음에 대한 정의를 '기계, 기구 등에서 발생하는 강한 음'으로 규정하여 규제범위를 좁히고 있다.

소음공해는 인구의 증가와 도시집중, 생활양식의 변화 및 공업화의 실현 등으로 인간이 거주하는 곳이면 시간과 공간의 제약을 받지 않고 발생되고 있다. 이러한 소음은 신체적, 심리적으로 악영향을 끼쳐 정신적, 정서적으로 불안감을 조성하고 대화장애, 독서방해, 작업능률의 저해 등 그 피해가 증가되고 있다.

우리나라에서는 생활환경의 보전과 인간의 건강을 보호하기 위하여 소음환경기준을 정하고 있다. 이 기준은 행정상의 목표로 설정되는 것으로서, 개개의 소음발생원에 대한 직접적인 규제값으로서의 역할을 하는 것이 아니라 소음저감대책을 수립하는 데 목적을 두고 있다. 각 지역별로 기준을 정하여 소음도가 낮은 지역은 그 기준을 넘지 않도록 현상태를 유지하게 하고, 소음이 심하여 그 기준을 넘는 지역은 기준 이하가 되도록 소음의 배출규제나 지역규제대책을 수립한다. 우리나라의 소음환경기준은 〔표 20-5〕에서 보는 바와 같다.

〔표 20-5〕 소음환경기준 (단위 : L_{eq} dB(A))

지역구분	적용대상지역	기준	
		낮(06 : 0~22 : 00)	밤(22 : 00~06 : 00)
일반지역	"가" 지역	50	40
	"나" 지역	55	45
	"다" 지역	65	55
	"라" 지역	70	65
도로변지역	"가" 지역	65	55
	"나" 지역	70	60
	"다" 지역	75	70

주 : 지역의 구분

① "가" 지역 : 국토이용관리법 제6조의 규정에 의한 자연환경 보전지역, 관광휴양지역 및 취락지역 중 주거지구, 도시계획법 제17조의 규정에 의한 종합병원의 부지경계선에 50 m 이내의 지역, 교육법 제81조의 규정에 의한 학교부지경계에서 50 m 이내의 지역

② "나" 지역 : 국토이용관리법 제6조의 규정에 의한 취락지역 중 주거지역 이외의 지구, 도시계획법 시행령 제15조의 규정에 의한 주거지역 및 준주거지역

③ "다" 지역 : 도시계획법 제17조의 규정에 의한 상업지역, 도시계획법 시행령 제15조의 규정에 의한 준공업지역

④ "라" 지역 : 도시계획법 시행령 제15조의 규정에 의한 공업지역 및 전용공업지역, 국토이용관리법 제6조의 규정에 의한 공업지역

자동차, 기차, 비행기 등이 발생시키는 교통소음은 차량대수의 증가로 인해 점차 그 피해범위가 확대되고 있으며, 이외에 자동차엔진 및 차량구조 자체의 문제점과 주행상태(과속), 정비불량, 과적, 타이어, 도로구조 등에 의해 소음이 발생한다. 대체로 우리나라 도로교통소음의 양상은 도시의 경우 상・공업지역은 물론 도시의 주거지역까지 교통소음의 영향권 내에 있으며, 특히 고속도로 등 각종 도로망의 확장으로 농촌에 이르기까지 교통소음의 영향권이 확대되고 있다.

철도소음의 경우 기차의 엔진 및 경적소음과 주행시 궤도의 마찰음이 주요 발생원이나 현재의 제도상 규제되지 않고 있다. 더욱이 철도는 대부분 도심을 통과하고 있기 때문에 철도변에 위치한 많은 주택들이 소음공해를 받고 있다. 최근에는 항공기의 운행횟수증가와 공항, 활주로의 확장으로 인해 항공기에 의한 소음피해는 앞으로 계속적인 사회문제로 남을 가능성이 있다.

20.2.1 소음기준

음이란 사람의 귀에 감각을 일으키게 하는 외부로부터의 물리적 자극을 말한다. 이 자극은 탄성매질의 주기적인 밀도변화이지만, 일반적으로 말하는 음이란 공기를 매질로 하는 진동수 20~20,000 Hz의 밀도변화이다. 이 주파수보다 높거나 낮은 영역은 초음파 또는 초저주파로 불리는 것으로 사람의 청각으로는 감지되지 않는다.

주파수란 매초당 주기적인 진동수를 말하는 것으로서 Hertz(Hz)로 나타낸다. 파장이란 한 주파의 길이를 나타내는 것으로서, 소리의 전파속도를 C라 하고 주파수를 f, 파장을 λ라 할 때 $C = \lambda \cdot f$의 관계를 갖는다.

소리를 전파하는 매질로는 기체, 액체, 고체 어느 것이나 가능하며, 진동으로 인한 매질 어느 한 부분에 입장의 변위가 생기면 인접한 입자에 변위를 주어 파장이 전파되어 간다. 이는 매질이 탄성과 관성을 갖기 때문이며 따라서 전파속도는 매질의 종류와 상태에 따라 달라지고 진공 중에서는 이러한 전파가 발생하지 않는다.

공기 중에서 음파의 전파속도는 0 ℃, 1기압일 때 331.5 m/sec이며, 일반적으로 기온 t ℃에서의 음속 C는 다음과 같은 근사식으로 구한다.

$$C = 331.5\sqrt{1 + \frac{t}{273}} \fallingdotseq 331.5 + 0.61t \qquad (20.11)$$

1 음의 척도

음의 척도에는 그 물리적인 강약을 나타내는 물리적 척도와 감각적인 대소를 나타내는 감각적 척도가 있다. 물리적인 척도에는 음압 level, 음의 강도 level, 음원의 power level, octave band level이 있으며, 감각적 척도에는 음의 크기 level, 소음 level이 있다.

(1) 음압 Level(Sound Pressure Level : L_P)

음은 공기에 대한 주기적인 압력변화에 의하여 감각되는 것이다. 그때의 압력의 변화분을 음압이라고 하며, 이것을 다음과 같은 식을 이용하여 데시벨(dB) 척도로 나타낸 것이 음압 level(L_P)이다.

$$L_P = 20 \log_{10} \frac{P}{P_0} \text{ (dB)} \tag{20.12}$$

여기서 P_0는 1,000 Hz에서 정상인이 들을 수 있는 최소가청음압으로서 그 크기는 2×10^{-4} μbar(1 μbar = 1 dyne/ cm^2 = 1.02×10^{-3} g중/ cm^2)이며, P는 그 음의 압력이다.

(2) 음의 강도 Level(Sound Intensity Level : L_I)

음파의 진행방향에 수직인 단위면적을 단위시간에 통과하는 에너지의 크기를 음의 강도 I라고 한다. 앞에서 설명한 어떤 음의 음압을 P, 입자속도를 v라고 하면, 음의 강도는 다음과 같이 나타낼 수 있다.

$$I = \frac{P^2}{\rho c} = \rho c v^2 \tag{20.13}$$

여기서 ρ는 매질의 밀도, c는 음속으로서 ρc는 매질의 고유음향저항이다. 20 ℃에서 공기의 밀도를 1.205 kg/m^3, 음속을 343 m/sec라 하면 공기의 ρc는 41.3 dyne · sec/cm^3 = 0.042 g중 · sec/cm^{3}이다. 따라서 $I_0 = P_0{}^2/\rho c \doteqdot 10^{-16}$ watt/cm^2(1 watt/cm^2 = 10^7 dyne · cm/sec · cm^2) 또는 10^{-12} watt/m^{2}이다.

여기서 음의 강도 level(L_I)은 다음 식과 같이 나타낸다.

$$L_I = 10 \log_{10} \frac{I}{I_0} \text{ (dB)} \tag{20.14}$$

표준상태에서의 평면진행파에 대해서는 $I/I_0 = (P/P_0)^2$이므로 결국 L_I값과 음압 level L_P값이 같아지며 그 외의 영역에 대해서도 두 값은 비슷한 크기를 갖는다.

(3) 음원의 Power Level (L_W)

단위시간당 음원으로부터 방출되는 음향에너지의 크기를 dB로 나타낸 것을 음원의 Power Level(L_W)이라고 하며 다음과 같은 식으로 나타낸다.

$$L_W = 10 \log_{10} \frac{W}{W_0} \text{ (dB)} \tag{20.15}$$

음원으로부터 방출되는 에너지가 매초 w(와트)로 모든 방향으로 균등하게 방출된다면 음원으로부터 l [m] 만큼 떨어진 곳에 있는 1 m^2 면적을 통과하는 에너지 I는 반경 l인 구의 표면적이 $4\pi l^2$이므로 $I = w/4\pi l^2$이다. 또 기준 음향출력 W_0는 $W_0 = I_0 \times 1 \text{ m}^2 = 10^{-12}$와트로 한다. 따라서

$$\begin{aligned} L_W &= 10 \log_{10} \left(\frac{I \cdot 4\pi l^2}{I_0 \times 1} \right) \\ &= 10 \log_{10} \frac{I}{I_0} + 10 \log_{10} 4\pi l^2 \\ &= L_I + 10 \log_{10} 4\pi l^2 \\ &= L_I + 20 \log_{10} l + 11 \end{aligned}$$

앞에서도 언급한 바와 같이 $L_I \doteqdot L_P$이므로 위 식을 다시 쓰면,

$$L_P = L_W - 20 \log_{10} l - 11 \tag{20.16}$$

반사면을 가진 반(半)자유공간(반구)에서의 음압 level은 다음과 같다.

$$L_P = L_W - 10 \log_{10} 2\pi l^2 \doteqdot L_W - 20 \log_{10} l - 8 \tag{20.17}$$

일반적으로 단단한 지면상에서 음은 반구형상으로 확산된다고 생각하기 때문에 식 (20.17)을 적용한다.

(4) 음의 크기 Level(Loudness Level)

소리를 들었을 때 감각의 정도, 즉 주관적인 감각량을 음의 크기라고 한다. 음의 크기의 level을 나타내는 단위로는 phon을 사용한다. 1,000 Hz에서 어떤 음의 크기는 그 때의 음압 level값과 같은 phon값을 가진다고 가정을 하고(1,000 Hz에서 음압 level이 60 dB이면 그 음의 크기는 60 phon이라 한다), 1,000 Hz 이외의 음에 대해서는 1,000 Hz 음과 비교하여 같은 크기의 음이면 1,000 Hz에서의 phon과 같다고 본다. 예를 들어 [그림 20-19]에서 100 Hz 음의 음압 level이 70 dB일 때 음의 크기는 50 phon이다. 음압 level과 음의 크기 level과의 관계를 나타내는 이와 같은 도표를 등감곡선이라 하며, Fletcher-Munson의 등감곡선이 대표적으로 사용된다. 이 곡선은 소음계 등의 규격결정에 널리 사용된다. 0 phon은 음으로서 들을 수 있는 최저한도이며, 120 phon 이상의 음은 듣는 데 고통을 느낀다.

(5) 소음 Level

음의 물리적인 강도와 사람이 청각으로 느끼는 크기 사이에는 복잡한 관계가 있다. 따라서 음의 크기를 정확하게 나타낼 수 있는 척도를 정하거나 이를 측정하기 위한 측정기를 만들기가 매우 어렵다. 그러나 소음의 평가나 그 감소대책을 수립하기 위해서는 소음의 크기를 근사적으로 측정해야 한다. 소음의 크기를 측정하는 소음계로는 국제적으로 IEC (International Electrotechnical Commission) 규격이 있고 우리나라에도 한국공업규격(예컨대 KSC 1502, 보통소음계)이 있다. 소음 level이란 이와 같은 규격에 적합한 소음계로 측정한 값을 말한다.

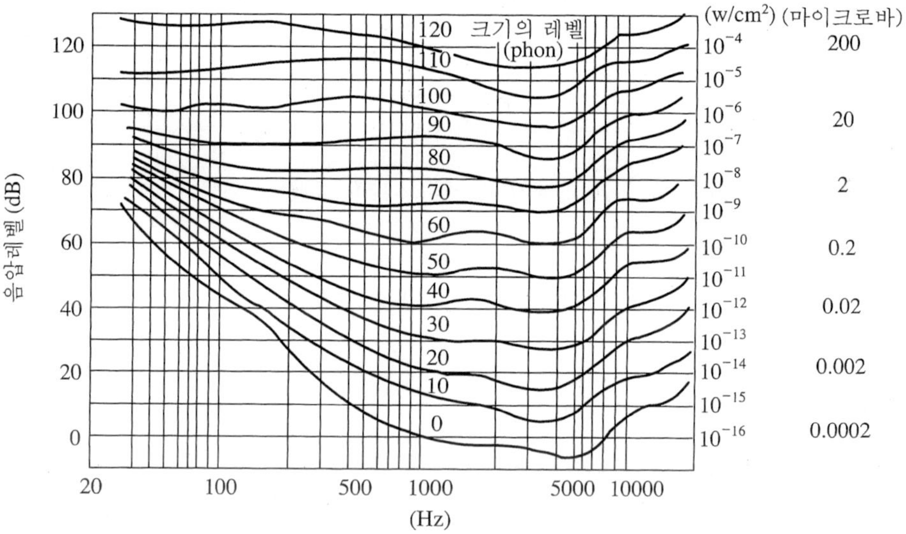

〔그림 20-19〕 Fletcher의 등감도곡선

소음계에는 *A*, *B* 및 *C* 3종의 청감보정회로가 내장되어 있으며 *A*는 40 phon의 등감곡선, *B*는 70 phon, *C*는 85 phon 이상의 등감곡선에 대응하고 있다. 따라서 level의 크기에 따라 *A*, *B*, *C*로 구분하여 사용하면 대략적인 음의 크기 level 값(phon 수)을 얻을 수 있다. 〔그림 20-20〕은 소음계특성의 기준형을 나타낸 것으로 가청주파수 범위에서 *A*, *B*, *C*각 회로의 주파수 response를 나타낸 것이다. 예를 들어 *A* 특성 곡선(40phon 기준)에서 100 Hz의 response가 −20 dB이란 말은, 100 Hz에서 음압레벨이 60 dB인 소음이 40 phon으로 들린다는 것이다.

그러나 근래에 와서 소음이 사람에게 미치는 영향은 음의 크기뿐만 아니라 '시끄러움'도 고려하게 되어, 보다 큰 음에 대해서도 *A* 특성을 사용하는 것이 측정값과 사람에 미치는 영향 간의 상관관계를 잘 설명하는 것으로 알려졌다. 따라서 세계적으로 소음 level은 모두 A 특성으로 측정하고 있기 때문에 소음이라고 하면 phon(A) 또는 dB(A)의 단위로 나타낸다. 즉 위의 예에서 100 Hz, 음압 level 80 dB의 소음이 실제 청각으로는 60 dB(A)로 들린다는 것이다.

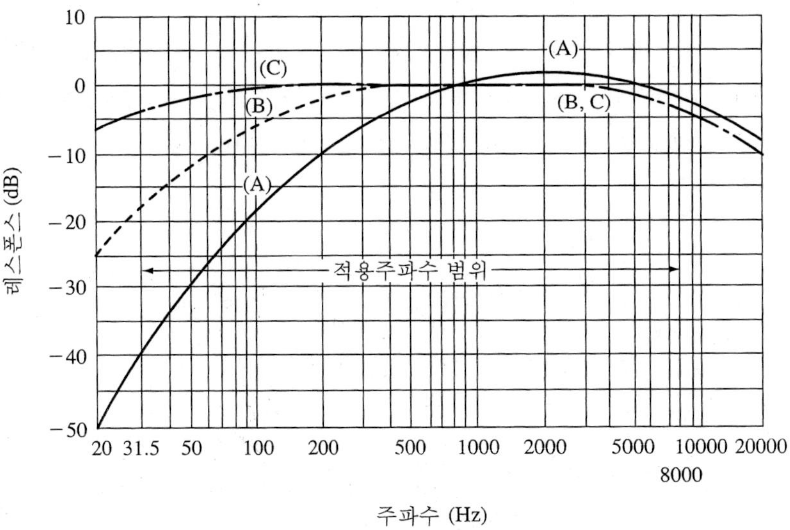

〔그림 20-20〕 소음계특성의 기본형

2 dB값의 계산

dB이란 소리의 어떤 양과 기준값과의 비를 상용대수화한 것이다. 따라서 소음과 같이 복합음의 크기를 구하거나 복합음의 크기에서 단음의 크기를 구하기 위해서는 복잡한 계산이 필요하다.

여러 개의 음원으로부터 나오는 각 음의 dB값을 알면 이들이 합해진 복합음의 dB을 알 수 있다. 예를 들어 개개 음의 크기를 L_1, L_2, ⋯, L_n dB이라고 하면 복합음의 크기 L은 다음 식과 같이 구한다.

$$L = 10 \log_{10}(10^{L_1/10} + 10^{L_2/10} + \cdots + 10^{L_n/10}) \quad (\text{dB}) \tag{20.18}$$

반대로 복합음의 크기 L을 알고, 또 이를 구성하고 있는 개개음들 중에서 어느 한 음의 크기를 모를 때도 위의 방법을 응용하면 된다. 예를 들어 두 개의 음으로 합성된 복합음의 크기가 L dB이고 그 중 어느 한 음의 크기가 L_1 dB일 때 나머지 한 음의 크기는 다음 식과 같이 구한다.

$$L_2 = 10 \log_{10}(10^{L/10} - 10^{L_1/10}) \quad (\text{dB}) \tag{20.19}$$

예제 20.2 크기가 20 dB, 30 dB, 40 dB인 세 음을 합한 복합음의 크기를 구하여라.

풀이

$$L = 10\log_{10}(10^{20/10} + 10^{30/10} + 10^{40/10})$$
$$= 10\log_{10}(11{,}100)$$
$$= 40.45\ \text{dB}$$

20.2.2 교통소음의 발생과 전파

교통소음의 대부분은 자동차에 의한 것으로서 차종, 차량구조, 주행속도, 주행방법, 도로 경사, 포장상태 등에 의해 그 크기가 달라진다. 자동차 소음에는 차내 소음과 차외 소음이 있으며, 여기서는 차외 소음만을 다룬다.

자동차가 발생시키는 소음은 동력 소음과 주행 소음으로 대별되며, 동력 소음에는 엔진음, 흡기음, 배기음, radiator fan음, 동력전달기관음 등이 포함되어 있으며, 엔진의 회전속도, torque 부하 등에 따라 그 크기가 달라진다. 주행 소음은 타이어 자체 및 타이어 노면 간에서 발생하는 음이기 때문에 타이어의 tread pattern, 타이어 강성, 주행속도, 하중, 노면상태 등에 따라 변한다. 일반적으로 정상적인 주행속도 범위에서는 타이어음이 동력 소음보다 크다.

1 도로 및 교통조건과 Power Level

자동차가 top gear로 일정한 속도를 유지하며 주행하고 있는 경우에는 속도와 소음 level 간에는 대략 다음과 같은 선형관계를 갖는다.

$$L_W = 0.2v + C \qquad \text{dB(A)} \tag{20.20}$$

여기서 v : 평균주행속도(40 kph 이상)
C : 상수(승용차; 85, 소형화물차; 87, 대형차량; 94)

만약 전체차량에 대한 평균 power level을 구하기 위해서는 차량 1대의 평균 음향에너지 W_a를 구하여 이에 대한 power level을 구한다. 즉,

$$W_a = \frac{W_1 \cdot A_1 + 3.2W_1 \cdot A_2 + 16W_1 \cdot A_3}{A_1 + A_2 + A_3} = W_1(a_1 + 3.2a_2 + 16a_3)$$

여기서 W_1 : 승용차 소음원의 power(소형화물차 및 대형차 소음원의 power는 승용차의 3.2배 및 16배로 한다)
A_1, A_2, A_3 : 승용차, 소형화물차, 대형차량대수
a_1, a_2, a_3 : 승용차, 소형화물차, 대형차량구성비 ($a_1 + a_2 + a_3 = 1.0$)

따라서 평균차량 1대의 소음원 power level은 다음과 같다.

$$L_W = 10\log\left(\frac{W_a}{W_0}\right) = 10\log\frac{W_1(a_1 + 3.2a_2 + 16a_3)}{W_0}$$
$$= 10\log\frac{W_1}{W_0} + 10\log(a_1 + 3.2a_2 + 16a_3)$$
$$= 0.2v + 85 + 10\log(a_1 + 3.2a_2 + 16a_3) \quad \text{dB(A)} \qquad (20.21)$$

승용차와 대형차만 있는 경우는 $L_W = 0.2v + 85 + 10\log(a_1 + 10a_3)$로 나타낸다($a_1 + a_3 = 1.0$).

경사진 도로를 주행하는 자동차의 소음 level은 주행조건에 따라 달라진다. 예를 들어 경사가 비교적 적고 경사구간에 진입하는 속도가 크면 top gear 그대로 등판할 수 있기 때문에 소음은 매우 적다. 반대로 경사가 크고 구간이 긴 경우에는 gear를 낮추게 되므로 소음은 크게 증가한다. 또 경사구간을 내려올 때 gear를 낮추어 engine brake를 사용할 경우에도 소음은 증가한다.

일반도로의 교외부에서 경사가 −5~5%, 구간길이가 100 m 이하인 경우에는 top gear로 등판할 수 있기 때문에 이 구간의 중간점에서 측정한 소음의 증가분은 다음과 같다.

$$\Delta L_i = \frac{1}{3}i \quad \text{dB(A)} \qquad (20.22)$$

여기서 ΔL_i : 평탄한 지형을 주행할 때의 소음 level과 비교한 증가분

i : 상향경사(%)

또 경사가 −7~7%이고 경사구간길이가 100 m 이상인 지방부 간선도로에서의 소음 level 증가분은 다음 식과 같다.

$$\Delta L_i = 0.3i + 0.1i^2 \quad \text{dB(A)} \qquad (20.23)$$

정상적으로 주행할 때 타이어에서 발생되는 소음은 tire tread의 모양에 따라 달라지는 pattern noise와 노면과의 충격으로 생기는 tire의 탄성진동에 의한 road noise가 있다. 노면이 평탄할수록 pattern noise가 커지고, 노면에 요철이 심할수록 road noise가 커진다. 이와 같은 현상에 대한 자료나 연구는 그다지 많지 않다.

가속할 때 발생하는 소음은 가속이 끝난 후 정상주행 때의 소음 level과 거의 같다. 일반도로에서의 가속 소음은 40 kph 속도로 정상적으로 주행할 때의 소음 level과 같으며, 고속도로에서의 가속 소음은 70 kph 속도로 정상주행할 때의 소음 level과 유사하다.

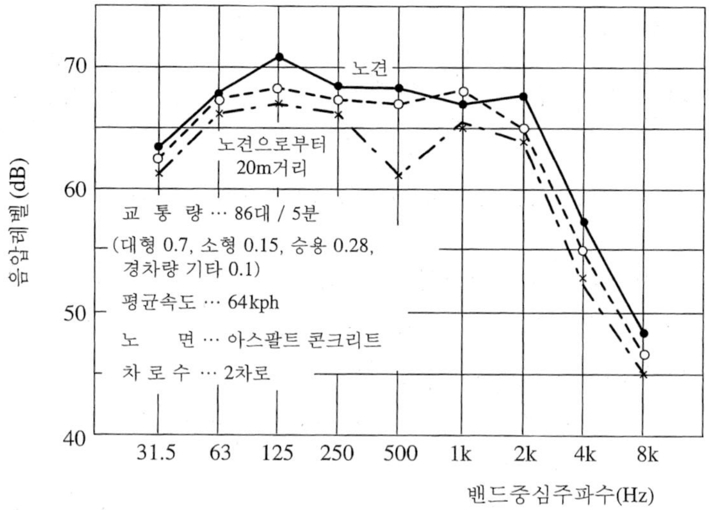

〔그림 20-21〕 연도 소음의 밴드 레벨

차량에서 방출되는 소음에는 방향성이 있다. 보통 측방의 level보다 상방의 level이 5~10 dB(A)만큼 적다. 따라서 도로변에서 측정한 값과 식 (20.17)을 사용하여 구한 power level(L_W)은 음원 power의 참값보다 약간 큰 값을 가진다.

차량소음의 주파수 구성은 차종에 따른 속도와 가속도 등에 따라 상당히 차이가 나며, 정상주행을 하는 일반국도 구간에서 측정한 주파수별 음압 level은 〔그림 20-21〕과 같다. 이와 같은 소음의 주파수 특성은 소음차폐, 흡음효과 등과 관련시켜 소음방지 대책을 수립하는 데 사용된다.

2 소음의 전파특성

음원으로부터 방출된 음은 기하학적으로 공간으로 확산되기 때문에 그 강도는 전파거리의 제곱에 비례해서 감쇠된다. 음의 감쇠는 이 밖에도 지형, 건물에 의한 차폐, 대기에 의한 흡수, 물체 표면에서의 스침, 기상요인 등에 의하여 추가감쇠가 일어난다.

자유공간에서 방출되는 점음원의 출력을 W라 할 때, 여기서 r만한 거리에 있는 관측점에서 단위면적당 단위시간에 통과하는 음의 energy, 즉 음의 강도는 I는 $W/4\pi r^2$이며, 음원의 power level을 L_W라고 할 때 관측점의 음압 level L_P는 $L_W - 20\log_{10}r - 11$이 되며, 반자유공간에서는 $L_P = L_W - 20\log_{10}r - 8$이 된다는 것은 앞에서도 설명한 바 있다. 만약 거리가 2배가 되면 이들 값에서 6 dB만큼 감쇠된다.

선음원의 출력을 W라 할 때 단위길이 당 방출되는 음의 방출면은 자유공간일 때 원통의 단위길이 당 표면적 $2\pi r$과 같으며, 반자유공간에서는 πr과 같기 때문에 음의 강도

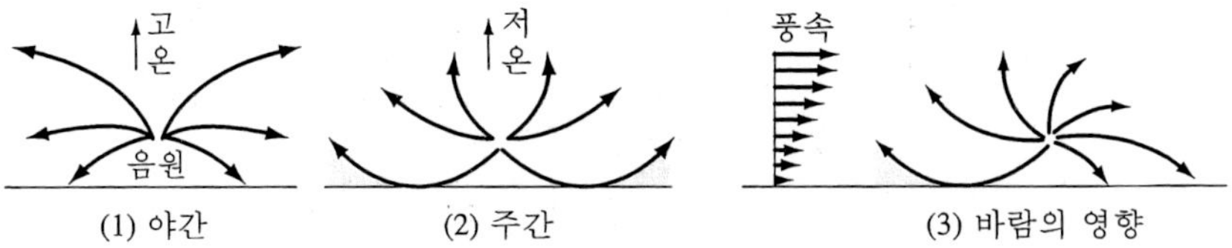

〔그림 20-22〕 기온차와 풍속차에 따른 음의 굴절

$I = W/2\pi r$ 또는 $W/\pi r$ 이다. 따라서 선음원에서 r 만한 거리에서의 음압 level은 $L_W - 10 \log r - 8$(자유 공간)과 $L_W - 10 \log r - 5$(반자유공간)이다. 만약 거리가 두 배가 되면 이들 값에서 각각 3 dB만큼 감쇠된다.

면(面)음원에서는 그 면이 무한히 넓다고 가정하면 음의 에너지 확산은 없고, 따라서 거리에 따른 감쇠가 생기지 않는다.

흡음성 물질의 표면 가까이 스쳐가는 음은 그 에너지의 일부를 소실하게 된다. 일반적으로 도로포장면에서는 0~5 dB/100 m, 보통지면에서는 5 dB/100 m, 풀밭에서는 5~10 dB/100 m의 감쇠가 일어난다.

강우나 강설로 인해서도 음의 전파에 변화가 온다. 또 지표면 상공의 온도나 풍속에 수직적인 변화가 있으면 전파방향이 굴곡된다. 〔그림 20-22〕는 기온, 풍속이 수직방향으로 경사를 가지고 있는 경우에 음의 전파모양을 나타낸 것이다. 기온이 역전(상공의 온도가 높은)하는 경우에는 상방을 향해서 방출된 음이 지상방향으로 밀어보내기 때문에 추가전파(부의 감쇠)가 일어나 멀리까지 음이 전달된다. 풍속은 일반적으로 상공으로 올라갈수록 빨라지기 때문에 풍하에서는 추가전파가 일어난다. 도로교통소음에서는 특수한 경우에만 이와 같은 영향을 고려한다.

20.2.3 교통소음의 예측기법

도로교통소음의 특징은 이동하는 소음원(자동차)이 측정점에 접근하였다가 통과하여 다시 멀어져가는 것이다. 즉 측정점의 소음 level은 점점 증가하여 최대가 되었다가 다시 적어지는 과정이 자동차 한 대 한 대에 대하여 반복되는 것이다. 이때 자동차 한 대 한 대의 소음발생 power는 시간과 위치에 따라 변하는 경우가 있기 때문에 측정점에서는 여러 자동차로부터 나온 소음이 동시에 도달된다. 따라서 측정점 부근의 교통밀도, power가 다른 차종구성비에 의하여 소음 level은 불규칙하고, 또 큰 폭으로 변한다. 이와 같이 불규칙하고 큰 폭으로 변하는 소음을 하나의 값으로 나타낼 때는 중앙값(median) L_{50}을 기준으로 사용한다.

도로교통소음의 예측기법에는 경험적 모형, 결정 모형, 확률 모형 등이 있다.

(1) 경험적 모형

도로의 소음 level을 실측하고, 아울러 교통조건, 도로조건 중에서 소음 level에 영향을 주는 요인을 찾아내어 소음 level과의 상관관계를 통계적으로 분석하여 예측하는 모형이다.

(2) 결정모형

소음 level에 영향을 주는 각 요인들이 이론적으로 소음에 어떤 영향을 주는가를 분석하여 관계식을 만들어 사용한다. 이 모형에는 점(点)음원 모형과 선(線)음원 모형이 있으며, 점음원 모형의 대표적인 것에는 다음에 설명하는 일렬등간격 모형이 있다. 선음원 모형은 교통량이 많아 자동차가 끊임없이 지나가는 경우에 적용하는 모형으로서 도로를 하나의 power(단위길이 당)를 갖는 균일한 음원으로 간주하며 다음과 같은 기본식을 가진다.

$$L = 10\log N + 20\log v - 10\log r + C \tag{20.24}$$

이 책에서는 이 결정모형을 중심으로 설명한다.

(3) 확률모형

결정 모형이 현상을 확정적(deterministic)으로 취급하는 데 비해서 확률 모형은 개개 자동차의 음원 power와 자동차의 차두간격을 확률적으로 취급한다. 즉 음원 power와 차두간격이 어떤 파라미터를 갖는 확률분포를 나타낸다고 보는 것이다.

1 결정모형의 이론

직선 도로상을 일정한 음향 power를 가진 자동차가 일정속도로 주행할 때 도로변에서의 소음 level을 예측하는 모형으로서 도로 및 도로 주위의 지형은 평탄하다고 본 것이다.

(1) 자동차 1대만 주행할 경우

자동차를 무지향성의 점음원으로 보고 지면을 음향적인 반사체로 가정을 할 때, 도로에서 l [m] 떨어진 측정점에서 음압 level은 $L_W - 8 - 20\log l$이다. [그림 20-23 (가)]에서 직선 AB 위로 자동차 P가 v [m/sec] 속도로 이동한다고 하면 $\overline{OP} = vt$이므로 $\overline{PC} = \sqrt{l^2 + (vt)^2}$이다. 따라서 C점에서의 음압 level은 다음과 같이 나타낼 수 있다.

$$L_P = L_W - 8 - 20\log l - 10\log\left\{1 + \left(\frac{vt}{l}\right)^2\right\} \tag{20.25}$$

(2) 여러 대의 차량이 등간격으로 주행할 경우

〔그림 20-23(나)〕에서 보는 바와 같이 자동차의 간격을 d라 하면 P_n에 위치한 자동차의 음압 level은 식 (20.25)와 마찬가지로 다음과 같이 나타낼 수 있다.

$$L_P(n) = L_W - 8 - 10 \log\{l^2 + (vt + nd)^2\} \tag{20.26}$$

따라서 모든 자동차로부터 나오는 음압 level은 다음과 같다.

$$\begin{aligned} L_P &= L_w - 8 + 10 \log \sum_{n=-x}^{x} \frac{1}{l^2 + (vt + nd)^2} \\ &= L_w - 8 - 20 \log l + 10 \log \pi \left(\frac{l}{d}\right) \frac{\sinh 2\pi \left(\frac{l}{d}\right)}{\cosh 2\pi \left(\frac{l}{d}\right) - \cos 2\pi \left(\frac{vt}{d}\right)} \end{aligned} \tag{20.27}$$

L_P의 최대값, 최소값, 중앙값(L_{50})은 (vt/d)에 0, 0.5, 0.25를 대입하여 얻는다. 예를 들어

$$\begin{aligned} L_{50} &= L_W - 8 - 20 \log l + 10 \log\left(\frac{\pi l}{d} \tanh \frac{2\pi l}{d}\right) \\ &= L_W + 10 \log\left(\frac{1}{2ld} \tanh \frac{2\pi l}{d}\right) \end{aligned} \tag{20.28}$$

차두간격 d를 교통량 N과 속도 v로부터 구하는 식은 $d = 1000 \cdot v/N$이다. $l/d <$ 1/10 범위에서 교통량이 두 배가 되면 식 (20.28)에서 L_{50}은 6 dB이 증가하고, $l/d >$ 1/4 범위에 있을 때는 교통량이 두 배 증가하면 3 dB이 증가한다.

거리에 의한 감쇠는 $l/d <$ 1/10 범위에서는 거리가 두 배가 되더라도 소음의 감쇠는 없으며(면음원의 경우와 동일), $l/d >$ 1/10 범위에서는 거리가 두 배 증가하면 소음은 3 dB 만큼 감쇠된다(선음원의 감쇠와 동일).

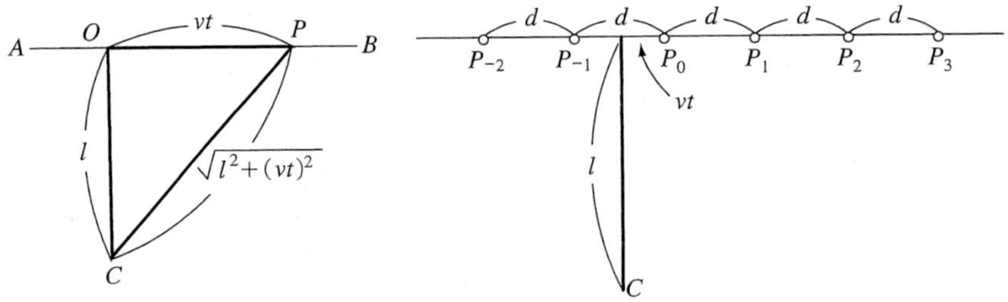

(가) 점음원 (나) 일렬등간격음원

〔그림 20-23〕 음원의 모형도

2 교통소음의 예측 및 평가

교통소음은 시간에 따라 불규칙하게 변하는 것이므로 그 평가는 단순한 물리적인 양뿐만 아니라 소음의 크기, 발생횟수, 지속시간, 소음레벨의 진동폭 등이 조합된 감각·심리적인 양으로서 다음과 같은 여러 가지 평가척도가 사용된다.

(1) 소음레벨의 중앙값 및 90% 범위(L_{50}, L_{90})

여러 가지 소음규제에 사용되는 값으로서 단위시간당 소음레벨의 누적빈도분포에서 50% 및 90%의 값을 말한다. 예를 들어 측정시간의 90%가 L_{90}값보다 적은 값을 가진다. 이 값을 구하기 위한 예측식은 다음에 설명하는 L_{eq}에서 함께 언급한다.

(2) 등가소음 Level(Equivalent Sound Level : L_{eq})

학교, 사무실 등과 같이 소음이 문제가 되는 시간이 24시간보다 짧은 경우는 그 문제가 되는 시간대 동안의 평균소음레벨을 구하여 평가한다. 이때 사용되는 L_{eq}값은 다음과 같이 구한다.

$$L_{eq} = 10\log\left(\frac{1}{T}\int_0^T 10^{L/10}\cdot dt\right) \tag{20.29}$$

여기서 L은 시간 t에서의 소음레벨 dB(A)이다. L_{eq}는 시간 T 동안 A 특성에 대한 소음에너지의 평균값을 나타내며 그 예측식은 다음과 같은 여러 가지를 사용하고 있다.

① 국립환경연구원 식(I)−도로 끝단에서 잘 맞으며 다음과 같은 적용식을 갖는다.

소형차 : $$L_C = 45 + 10\log\left(\frac{N_C}{r}\right) + 30\log\left(\frac{v}{50}\right) \tag{20.30}$$

대형차 : $$L_H = 53 + 10\log\left(\frac{N_H}{r}\right) + 30\log\left(\frac{v}{50}\right) \tag{20.31}$$

합성음 : $$L_{50} = 10\log(10^{L_C/10} + 10^{L_H/10}) \tag{20.32}$$

$$L_{eq} = L_{50}\times 1.12 - 5.36 \tag{20.33}$$

여기서 N_C, N_H : 소형차, 대형차의 교통량(vph)

r : 차량으로부터 관측점까지의 거리(m)

v : 주행속도(kph)

② 일본음향학회식−자동차 전용도로에서 1,000 vph 이상의 교통량에서 30~100 kph 속도일 때 수평방향으로 100 m 정도까지 잘 맞는다.

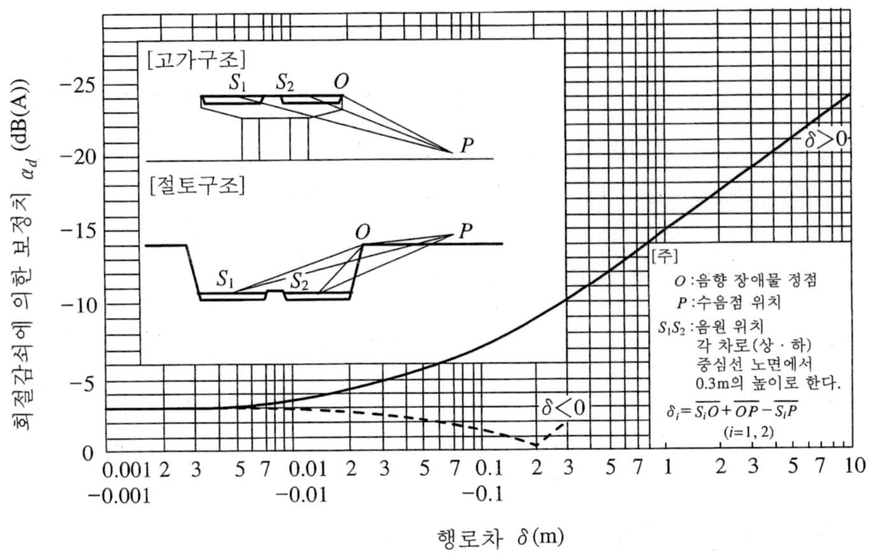

〔그림 20-24〕 회절감쇠에 의한 보정치(α_d)의 계산도표

$$L_{50} = L_W - 8 - 20 \log l + 10 \log\left(\frac{\pi l}{d} \tanh \frac{2\pi l}{2}\right) + \alpha_d + \alpha_i \tag{20.34}$$

이 식은 (20.28)을 보정한 것으로서 α_d는 소음의 회절에 대한 보정값이며, α_i는 도로주변 및 지표면조건에 대한 보정값이다. α_d값은 〔그림 20-24〕로부터, α_i값은 〔그림 20-25〕로부터 얻는다.

(3) 교통소음지수(Traffic Noise Index : *TNI*)

교통소음의 평가척도로서 영국 Building Research Station에서 제안한 것이며, 다음과 같은 식으로 나타낸다.

$$TNI = 4(L_{10} - L_{90}) + L_{90} - 30 \tag{20.35}$$

보통 일정시간(예컨대 1시간마다) sampling하여 그 시간에서의 L_{10}, L_{90}을 구하고 이들 각각의 24시간 평균을 구하여 위 식에 대입한다. 이 *TNI*값이 74이면 약 50%의 사람이 불쾌감을 호소한다고 알려져 있으며, 이 값이 도시지역의 표준치로 보고 있다.

(4) 주야소음레벨(Day-Night Sound Level : L_{DN})

주거지역이나 병원 등과 같이 낮은 물론이고 야간의 소음이 더욱 중요한 공해요인이 되는 경우에는 야간의 소음레벨에 가중치를 두어 평균한 L_{DN}값을 사용한다.

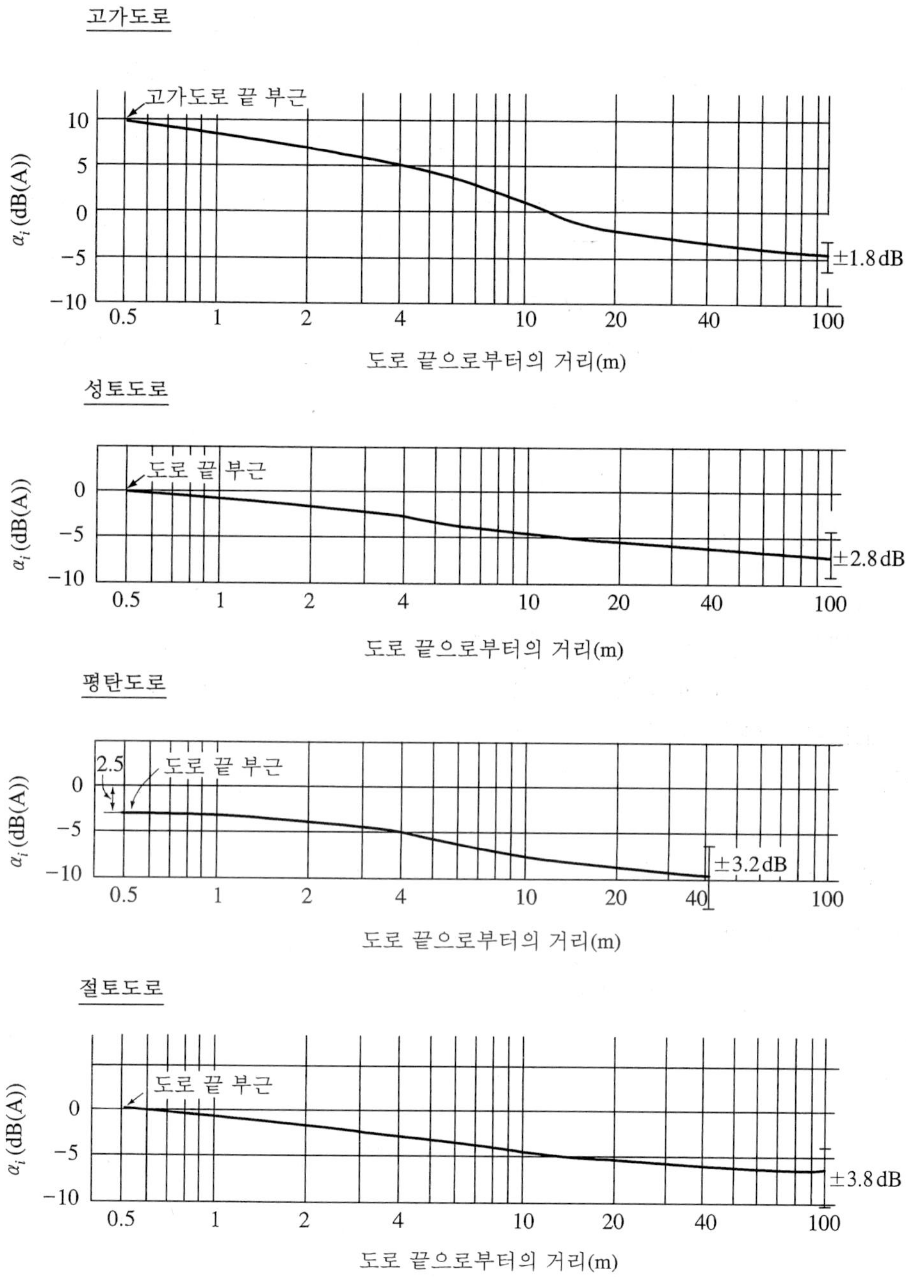

〔그림 20-25〕 보정치 α_i의 계산도표

$$L_{DN} = 10 \log \frac{1}{24} \{15[10^{L_d/10}] + 9[10^{L_n/10}]\} \tag{20.36}$$

여기서 L_d : 07:00~22:00까지의 15시간 동안의 L_{eq}

L_n : 22:00~07:00까지 9시간 동안의 L_{eq}

미국의 주택 및 도시개발부(Dept. of Housing and Urban Development)에서는 허용소음도 평가기준으로서 실외에서의 이 L_{DN}값을 사용하여 그 기준의 범위는 다음과 같다.

① 쾌적 ($L_{DN} \leq 65$ dB) : 소음이 약간의 관심거리일 수는 있지만 실내환경은 쾌적하며, 실외의 경우에는 레크레이션이나 놀이에 적합하다.

② 조금 불쾌 (65 dB $< L_{DN} <$ 75 dB) : 소음이 심하며 소음원과 수음점(受音點) 사이에 장벽(barrier)이 필요하기도 하며, 실내소음환경을 쾌적하게 하기 위해서는 건물에 방음장치를 해야 한다.

③ 불쾌 ($L_{DN} \geq 75$ dB) : 소음이 매우 심하며 건물의 방음에 많은 비용이 들고 실외소음환경은 매우 불쾌하다.

20.2.4 교통소음 저감대책

교통소음대책을 크게 나누면 차량 대책이나 교통규제 대책 등과 같은 발생원에 관한 대책, 방음벽 및 환경시설대 설치 등과 같은 도로구조물에 관한 대책, 집이나 학교 등의 방음공사, 도로변의 완충건축물 설치, 도로변 토지이용의 적정화 등과 같은 도로변 대책 등이 있다.

1 차량 대책

우리나라의 소음·진동규제법(1990. 8. 1 공포, 1991. 2. 1. 시행)에서는 운행 중인 차량과 신규제작 및 수입자동차의 소음허용기준을 정하여 규제하고 있다.

자동차 소음 시험방법은 가속주행소음, 배기소음 및 경적소음으로 구분하고 있으며 소음항목별 시험방법을 요약하면 다음과 같다.

(1) 가속주행소음 시험방법(신규제작 및 수입자동차에만 적용)

시험자동차를 사용하여 변속기어에서 엔진의 최고출력시 회전속도의 3/4의 회전속도로 주행할 경우의 속도, 또는 50 kph 정도의 속도로 소음측정 구간에 진입하고 이때 가속페달을 최고로 밟아 주행시키면서 기준선에서 수평방향으로 7.5 m 떨어진 지점에 지상 1.2 m 높이에 측정점을 설치하여 측정한다.

(2) 배기소음 시험방법(신규제작 및 수입자동차)

시험자동차의 변속기어를 중립위치로 놓고 공회전 상태에서 엔진 최고출력시 회전속도의 60%로 연속하여 10초 동안 무(無)부하상태로 가동시키는 동안의 최대소음값을 측정한다. 이때 소음측정기의 마이크로폰은 시험자동차배기관 개구부로부터 연직선으로 후방 20 m 떨어지고 지상으로부터 1.2 m되는 높이에 설치하여 측정을 한다.

(3) 배기소음 시험방법(운행중인 자동차)

시험자동차의 변속기어를 중립위치로 놓고 공회전 상태에서 엔진 최고출력시의 회전속도까지 4초 동안 부하 없이 급가속시켜 그 동안의 최대소음값을 측정한다. 이때 소음측정기의 마이크로폰은 시험자동차배기관 개구부 · 중심선에 45°의 각을 이루는 연장선상 0.5 m 떨어지고 지면과 평행하게 설치하여 측정한다.

(4) 경적소음 시험방법(신규제작 및 수입자동차, 운행중인 자동차)

시험자동차의 엔진을 정지시킨 상태에서 5초간 경음기를 울리면서 그 동안에 경적음의 최대값을 측정한다. 이때 소음측정기 마이크로폰은 시험자동차 앞 끝 표면으로부터 전방 2 m 떨어지고, 지상으로부터 1.2 m되는 높이에 설치하여 측정한다.

2 교통규제 대책

도로교통소음의 크기는 속도, 차종구성비, 교통량, 차량의 주행위치와 함께 수음점(受音点)까지의 거리 등에 영향을 받는다.

속도를 10 kph 정도로 줄이면 소음은 약 1 dB(A) 정도로 줄어든다. 교통량이 같다고 하더라도 소음의 power level이 큰 대형차의 혼입률이 크면 소음은 커진다. 따라서 대형차량을 다른 곳으로 우회시키면 소음을 크게 줄일 수 있다. 대형차량의 통행제한은 다른 소음저감 대책에 비해 상당히 큰 효과를 나타내지만 도로의 성질상 모든 도로에 적용할 수가 없기 때문에 이를 시행하기 위해서는 우회도로의 유무, 요일, 시간대 등을 충분히 고려하여 통행제한을 해야 한다.

그 밖에 4차로 이상의 도로에서는 대형차를 중앙차로 쪽으로 주행시켜 건물로부터 거리를 떨어지게 함으로써 다소의 소음저감효과를 기대할 수 있다. 또 신호등을 연동화하여 신호등에서의 가속소음을 어느 정도 줄일 수 있다.

3 도로구조 대책

소음발생원에 대한 대책과 병행하여 음의 전파경로에 대한 대책도 효과가 있다. 예를 들어 전파경로 내에 방음벽을 설치하여 음을 회절시키고, 전파경로를 연장함으로써 소음을 감쇠시킬 수 있다. 또한 지표면을 연하게 하여 음을 흡수하게도 한다.

도로의 구조를 성토, 절토, 또는 고가구조로 하여 감쇠효과를 기대할 수도 있으나 가장 일반적으로 사용되는 방법은 감쇠효과가 큰 방음벽이나 환경시설대 등을 설치하는 것이다.

방음벽은 음원으로부터 수음점까지의 거리가 짧고 거리에 따른 음의 감쇠를 그다지 기대할 수 없는 경우에 음의 전파경로 내에 벽을 설치하여 음을 차폐하여 소음을 감쇠시키는 시설이다.

방음벽에 의해서 감쇠되는 음의 크기는 음원 S, 벽의 상단 O 및 수음점 P로 이루어지는 3점의 기하학적 위치관계에 의해서 결정된다. 즉 〔그림 20-24〕 및 〔그림 20-26〕에서 보는 바와 같은 행로차(δ)에 의해서 구해진다. 일반적으로 회절에 의해서 감쇠되는 값은 이 행로차가 클수록, 주파수가 높을수록(파장이 짧을수록) 커진다.

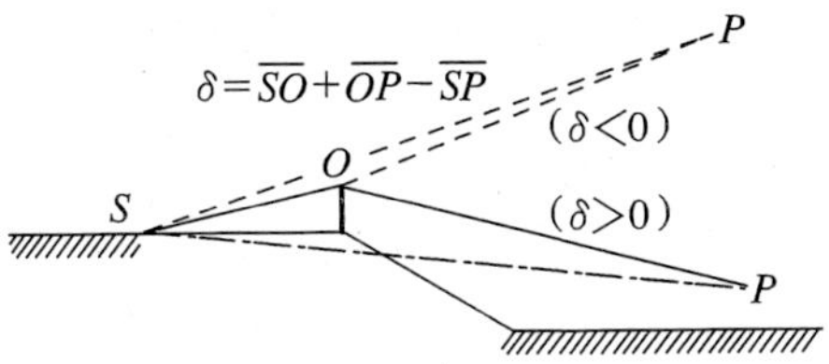

〔그림 20-26〕 방음벽에 의한 음의 감쇠

방음벽에는 반사성 방음벽과 흡음성 방음벽이 있다. 반사성 방음벽은 음을 벽면에 반사시키는 것으로서 반사되어 되돌아가는 쪽에 인가나 소음에 지장을 받는 것이 없어야 한다. 만약 도로 양쪽에 모두 방음벽을 설치해야 할 경우에는 반사성 방음벽보다는 흡음성 방음벽을 설치하는 것이 좋다.

방음벽이 연속적으로 설치되는 구간에서는 운전자가 느끼는 위화감 및 압박감을 완화시키기 위해서 방음벽 안쪽의 조경에 특히 신경을 써야 한다.

도로변에 방음용 성토를 한 것을 방음둑이라 하며 경우에 따라서는 여기에 나무를 심거나 방음벽을 설치하기도 한다. 이 방음둑의 기능은 방음벽과 마찬가지이지만 그 폭이 넓어 거리감쇠효과가 크고 방음뿐만 아니라 배기가스의 확산을 방지하는 데도 유리한 시설이다.

환경시설대는 간선도로의 바깥쪽에 폭이 넓은 부지를 확보하여 그 안에 식수대, 방음벽 등을 설치하고 필요한 경우에는 보도, 자전거, 측도 등을 배치하여 도로 주위의 생활환경을 보전할 수 있다.

20.3 교통진동

교통진동이란 자동차의 주행하중에 의해서 발생되는 지반의 진동을 말한다. 우리나라에서는 소음, 진동규제법에 의해서 교통소음을 일반소음과 함께 규제하고 있으며 진동배출 허용기준은 〔표 20-6〕과 같다.

〔표 20-6〕 진동배출 허용기준(도로 및 철도) dB(V)

구 분	주간 (06:00~22:00)	야간 (22:00~06:00)
주거지역, 녹지지역, 관리지역 중 취락지구 및 관광·휴양개발진흥지구, 자연환경보전지역, 학교·병원·공공도서관의 부지경계선으로부터 50미터 이내 지역	65	60
상업지역, 공업지역, 농림지역, 생산관리지역 및 관리지역 중 산업·유통개발진흥지구, 미고시지역	70	65

주 : 1. 관련시간대 : 낮은 8시간, 밤은 3시간으로 한다.
2. 지역별 구분은 국토이용관리법에 의하며, 도시지역도 도시계획법에 의한다.

교통진동을 측정하는 데는 진동 level계를 사용하여 수직방향의 진동 level, VL(dB)을 측정한다. VL은 다음 식 (20.37)에서 정의되는 가속도 level, V_AL에 〔그림 20-27〕에서 구한 인체감각보정 filter를 곱하여 구한다.

$$V_AL = 20 \log \frac{Ae}{A_0} \quad (\text{dB}) \tag{20.37}$$

여기서 Ae : 가속도의 값

A_0 : 10^{-3} cm/sec^2

교통진동의 평가에서 수직방향의 가속도를 이용하는 것은 사람이 수직방향의 진동을 민감하게 감지하기 때문이며, 특히 4~8 Hz의 수직진동에 민감하다는 것을 고려하여 위에서 말한 filter를 사용하여 보정한 값을 평가의 기준으로 삼는다.

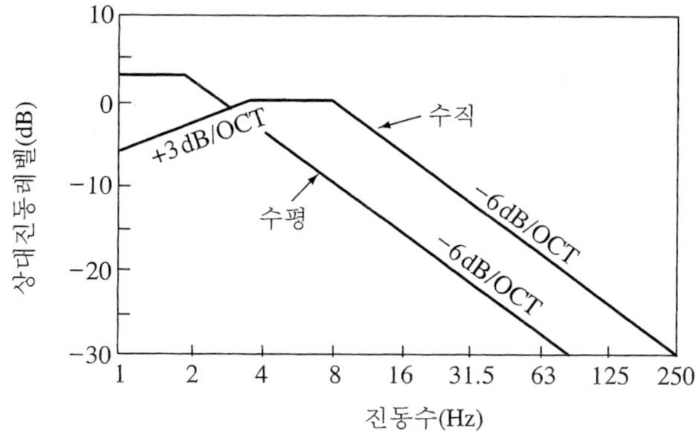

〔그림 20-27〕 인체감각보정 filter

측정을 할 때는 5초 간격으로 100회를 측정하여 그 누적빈도분포의 10% 값(L_{10})을 진동 level의 대표값으로 하고 있다. 만약 교통량이 200 vph보다 적고 차량 간격이 20초 이상이 되는 경우에는 차량이 통과한 시점의 전후 5초 이내에서 측정을 하고 나머지 측정값은 제외한다.

20.3.1 교통진동의 발생 및 전파

교통진동을 노면이 고르지 못하거나 요철이 있으므로 해서 차량의 충격하중이 지반에 작용하여 발생된다고 할 수 있다. 발생한 진동은 감쇠되면서 지반에 전파되고 건물 또는 그 내부의 사람에게까지 전달된다. 따라서 교통진동의 특성은 (i) 도로 끝단에서의 진동 level, (ii) 도로 끝단으로부터 떨어진 지점에서의 진동 level로 구분하여 생각할 수 있다.

1 도로 끝단에서의 진동 level

노면의 평탄성은 교통진동발생에 큰 영향을 준다. 일반적으로 노면이 평탄성을 나타내는 지표로서 3 m Profile Meter에 의한 도로종단방향의 노면요철의 표준편차 σ가 이용된다. 일본의 자료에 의하면 σ가 1 mm 증가함에 따라 진동 level은 약 4 dB 증가한다.

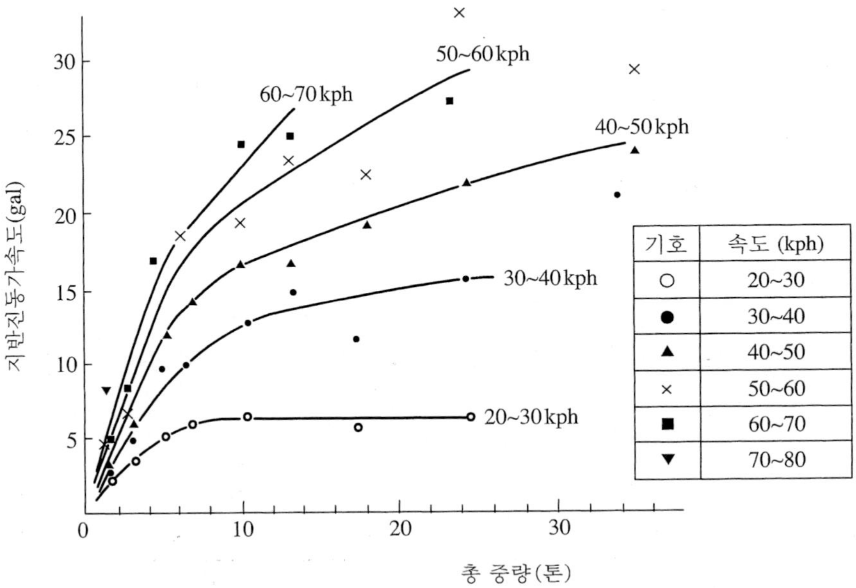

〔그림 20-28〕 차량속도 및 중량과 지반진동가속도의 관계

차량의 중량이 클수록, 속도가 클수록 도로 끝단의 진동 level은 커진다. 〔그림 20-28〕은 한 대의 차량이 주행할 때의 진동 level을 실측한 값을 나타낸다. 차량중량이 7톤 이하일 때는 차량중량이 증가함에 따라 지반의 진동가속도(global acceleration rate : gal)가 증가하지만, 7톤 이상에서는 증가경향이 급격히 약해진다.

교통량과 진동 level 간에도 밀접한 관계가 있다. 특히 대형차량의 교통량이 진동에 미치는 영향은 더욱 크다. 이에 관한 것은 뒤에서 다시 설명된다.

2 도로 끝단에서 떨어진 지점의 진동

교통진동은 주로 Rayleigh파에 의해 이루어지고 있으며, 이 파는 지반표면으로 전달되는 파로서 전파에 의한 감쇠가 비교적 적은 것이 특징이다. 전파거리가 멀어지면 일반적으로 확산과 매체 내부적인 효과로 인해 감쇠되며 이것을 거리감쇠라 부른다. 도로직각방향으로의 진동거리감쇠는 여러 가지 실험결과 다음과 같이 알려지고 있다.

① 도로 끝단에서의 진동 level이 높을수록 거리감쇠가 크다.
② 사질지반이 점토지반에 비해 거리감쇠가 크다.
③ 진동수가 클수록 거리감쇠가 크다.

20.3.2 교통진동의 예측

평면도로의 외측차로 중앙으로부터 5 m 지점의 L_{10}을 예측하는 방법으로서 다음과 같은 식을 사용한다.

$$L_{10} = 65\log(\log Q^*) + 0.2v + 4\log M + \alpha_\sigma + \alpha_f + 15 - \alpha_l \quad (20.38)$$

여기서 Q^* : 등가교통량(대/500초/차로) $\quad Q^* = \frac{500}{3600}(Q_1 + 12Q_2)/M$

Q_1 : 소형차량대수(vph)

Q_2 : 대형차량대수(vph)

M : 양방향차로수

v : 평균주행속도(kph)

α_σ : 노면 평탄성에 대한 보정치(dB) $\quad \alpha_\sigma = 4(\sigma - 2.2)$

σ : 노면 평탄 표준편차(mm)

α_f : 지반조건에 따른 보정치(dB) $\quad \alpha_f = \begin{cases} -6.6\log(4/f) + 3.6 & (f \le 4) \\ 3.6 & (4 \le f < 8) \\ -13.3\log(f/8) + 3.6 & (8 \le f) \end{cases}$

f : 지반전파 진동수(Hz)
α_l : 거리감쇠 보정치(dB)

평면도로의 외측차로 중앙으로부터 5~40 m 떨어진 곳에서의 진동감쇠값은 〔표 20-7〕에서 보는 바와 같다.

〔표 20-7〕 도로교통 진동의 거리감쇠 예측표 (dB)

기준점의 L_{10}(dB) / 지반종류	0~45	45~55	55~65
점토	1.3	2.0	3.1
모래	2.5		5.8

성토도로의 법면 바닥에서의 L_{10}은 앞에서 구한 값에 다음의 식에서 얻은 값을 더한다.

$$\sigma_e = -0.05A \tag{20.39}$$

여기서 A는 성토의 단면적(m^2)이다. 성토도로의 거리감쇠는 평면도로와 마찬가지로 〔표 20-7〕의 값을 사용한다.

고가도로에서의 진동예측은 다음 식을 사용하여 구한다.

$$L_{10} = 10 \log\{10^{L_1/10} + L^{L_2/10}\} \tag{20.40}$$

여기서 L_{10} : 기준점에서의 L_{10} 예측값(dB)이며, 기준점의 위치는 평면도로가 있는 경우는 평면도로의 외측차로 중앙으로부터 5 m 지점이고, 고가도로만 있는 경우는 측정하는 쪽의 교각중앙으로부터 5 m 지점이다.

L_1 : L_{10} 중에서 평면도로에 의한 부분

$$L_1 = \begin{cases} 0 \text{ (평면도로가 없을때)} \\ 65 \log(\log Q^*) + 0.2v + 4 \log M + \alpha_o + \alpha_f + 13 \text{(평면도로가 있을 때)} \end{cases}$$

L_2 : L_{10} 중에서 고가도로에 의한 부분

$$L_2 = \begin{cases} 60 \log(10 \log Q') + 0.2v' + 0.5H_p + 4 \log M' + \alpha_f + 7 \text{(평면도로가 없을 때)} \\ 60 \log(10 \log Q') + 0.2v' + 0.5H_p + 4 \log M' + \alpha_f + 6 \text{(평면도로가 있을 때)} \end{cases}$$

Q' : 고가도로의 3차종 분류 등가교통량(대/500초/차로)

$$Q' = \frac{500}{3600}(Q_0 + 2Q_1 + 12Q_2)/M'$$

Q_0, Q_1, Q_2 : 승용차, 소형화물차, 대형화물차의 교통량(vph)

M' : 고가도로의 양방향 차로수

v' : 고가도로에서의 평균주행속도(kph)

H_P' : 고가도로 신축 joint 앞 뒤 5 m(계 10 m) 구간내의 최대 요철량(mm)의 차이, 나머지 변수는 식 (20.38)에서 정의한 것과 같다.

20.3.3 교통진동 대책

교통진동을 경감시키는 대책으로는 노면을 평탄하게 하고, 포장구조를 개선하며, 성토, 지반개량, 교통규제를 실시하고 환경시설대, 방진벽, 방진구 등을 설치하는 것이다.

노면을 평탄하게 개량하면 교통진동을 줄이는 데 큰 효과가 있다. 노면요철의 표준편차가 1 mm 줄어들면 진동 level은 약 4 dB 정도 감소된다. 성토도로에서는 평면도로에 비해 진동이 적다. 그 원인은 일반적으로 굳게 다져진 성토 본체의 강성은 자연지반의 강성보다 높은 경우가 많아 진동발생이 적고, 성토도로에서는 차로로부터 도로 끝단(성토법면 하단)까지의 거리가 평면도로에 비해 길어 거리감쇠량이 커지기 때문이다. 또 지반개량공법은 연약지반의 진동을 경감시키는 데 효과가 있다.

교통규제에 의한 진동경감 대책으로는 속도제한, 차로제한, 중량제한 등이 있다. 속도와 중량을 줄이면 진동이 줄어든다는 것을 쉽게 알 수가 있다. 차로제한은 진동을 유발하는 차량을 도로 바깥 차로보다 안쪽 차로를 이용하게 하는 것으로서, 차로를 내측으로 하나씩 옮겨감에 따라 도로 끝단에서 측정한 진동 level은 60 dB 이하에서는 2~3.5 dB, 60 dB 이상에서는 6.5~7 dB 정도 감소한다고 알려지고 있다.

환경시설대에 의한 진동경감 효과는 거리감쇠 때문이다. 예를 들어 도로 끝단에 연하여 폭 20 m의 환경시설대가 설치되어 있고, 도로 끝단이 바깥 차로 중앙으로부터 5 m 지점에 있다고 가정하면, 환경시설대로 인한 진동경감 효과는 사질지반의 경우 L_{10}값이 도로 끝단에 비해 5.0~11.6 dB 정도 감소하고, 점토지반에서는 2.6~6.2 dB 감소하며, 환경시설대에 성토가 되어 있으면 진동은 더욱 감소한다.

공동구에 의한 진동감소 대책은 옛날부터 많이 사용되고 있는 방법이다. 구의 깊이가 파장의 1/4일 때 진동가속도는 약 50% 감소하고, 파장의 1/2일 때는 35%, 파장과 같을 때는 20% 정도 감소된다고 알려져 있다.

참 고 문 헌

1. U.S. Environmental Protection Agency, *Mobile Source Emission Factors*, Final Document, EPA 400/9-78-006, 1978.
2. Secretary of HEW to Us Congress pursuant to P.L 88-206 Clean Air Act, Second Report, 1965.
3. A.D. May and T.J. Clausen, *The Analysis and Evaluation of Selected Impacts of Traffic Management Strategies on Surface Streets*, ITS., University of California, Berkeley, 1976.
4. E. B. Lieberman and S. Cohen, "New Technique for Evaluating Urban Traffic Energy Consumption and Emissions", *TRR*. No.599., TRB., 1976.
5. 도철웅, *An Evaluation of Traffic Flow Performance Measures in A Linear Arterial Network*, Ph. D. dissertation, University of Wisconsin, 1978.
6. 환경처, '환경보전', 1988.
7. 환경처, '환경영향평가서 작성지침서', 1988. 11.
8. U.S. Environmental Protection Agency, *Impact Characterization of Noise Including Implications of Identifying and Achieving Levels of Cumulative Noise Exposure*, NTID. 73.4, July 1973.
9. U.S. EPA., *Information on Levels of Environmental Noise Requisite to protect public Health and Welfare with an Adequate Margin of Safety*, March 1974.
10. 일본교통공학연구회, '교통공학핸드북', 1983.

제 21 장 교통안전

교통사고는 선진사회가 직면하고 있는 주요한 사회문제의 하나가 되고 있다. 교통사고란 기후나 날씨처럼 통제가 불가능한 것이 아니기 때문에 체계적인 조사분석을 소홀히 해서는 안 된다. 교통사고분석의 대부분은 거시적으로 이루어지는 것이 많아 운전자나 승객 및 일반대중에게 큰 의미가 없는(직접적인 위해도와 상관없는) 숫자나 율(率)을 도표로 나타내는 데 그치는 수가 많다. 그 이유는 자료의 부족, 또 미시적 분석을 하자면 시간과 노력이 많이 들고, 경험이 많은 전문가의 노력이 크게 요구되기 때문이다.

교통이란 도로시설, 차량, 운전자 및 교통조건들이 함께 어우러져 있기 때문에 교통사고는 이와 같은 요소들 중에서 어느 하나만 불완전하여 일어나는 경우는 드물고 대개 불완전한 몇 가지 요소가 상호작용을 하여 일어난다고 볼 수 있다. 따라서 교통사고를 방지하는 데는 한 가지의 만병통치약과 같은 대책은 있을 수 없고 대부분 1차 원인과 근인(近因)을 따져 여러 가지 처방을 하게 된다. 전반적인 문제점에 대한 해결책을 수립하는 데는 여러 가지 요인들의 인과관계를 논리적으로 추적할 수 있는 능력이 있어야 한다. 그래서 교통사고가 분명히 어떤 원인에 의한 결과로 일어난 것이라고 판명이 되면 공학적이고 체계적인 분석이 뒤따라야 한다. 공학적인 해결책(운전자, 승객 및 보행자 심리학까지 포함하는 종합적인)을 수립하기 위해서는 각 교통수단의 일반적인 사고발생 특성과 주요 사고발생 조건에 관한 지식 및 예방활동과 사고조사 분석을 위한 수단이나 방법들에 관한 광범위한 지식을 필요로 한다.

이 장에서는 우리나라의 도로교통사고에 국한시켜 그 현황과 안전대책, 사고특성을 알아보고, 사고조사와 기록 및 사고분석방법, 사고방지 대책수립의 절차 등을 상술했다.

21.1 개 요

경제성장과 더불어 산업구조의 다원화와 경제·사회적 변화는 우리들의 생활에서 신속과 능률을 추구하고 있다. 편리한 교통수단의 등장으로 도시화를 가속시키고 있으며, 반대로 도시화의 결과로 빠르고 편리한 교통수단이 요구된다.

교통여건이란 관점에서 본 우리나라의 인구, 운전면허소지자 및 자동차 보유대수의 변화추세는 〔그림 21-1〕과 같다. 지난 10년간(1995~2004) 우리나라의 인구는 연평균 0.78% 증가했고 2004년도에는 4,800만 명이 되었으며, 그림에는 나타나지 않았지만 이 중에서 0~14세의 인구는 매년 감소하는 반면 65세 이상의 인구는 큰 증가율을 보이고 있어 인구구조가 점차 노령화되어 가는 추세이다.

운전면허소지자는 지난 10년간 연평균 6%의 증가율을 보여 2004년에는 2,290만 명에 달하고 있다. 이 중에서 여성의 운전면허소지의 비율은 해마다 증가하여 2004년도 운전면허소지자 중에서 약 37%가 여성으로 알려지고 있다.

자동차대수는 과거 10년간 연평균 6%의 증가율을 보였고, 특히 2004년에는 전년대비 4% 정도 증가하여 1,500만 대에 이르고 있다. 이들의 차종별 구성비율은 승용차가 70%이며, 화물차가 20.7%, 버스가 8.5%이다. 용도별로 보면 비사업용이 전체의 95%, 사업용이 5%를 차지하고 있다.

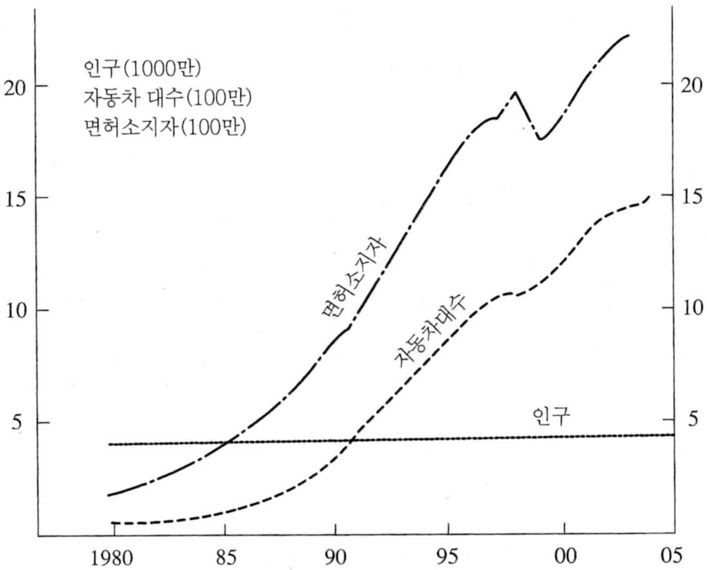

〔그림 21-1〕 교통여건의 변화추세

21.1.1 교통사고 현황

지난 10년간(1995~2004) 도로교통사고로 인한 사상자수는 총 380만 명이었으며, 2004년 한 해 동안만도 인명피해를 입은 교통사고가 약 25만 건이 발생했다. 교통사고로 인한 사망자는 1991년 13,429명으로 정점을 나타내다가 그 후 점차 감소하여 지금은 년간 사망자는 7,000~8,000명, 부상자는 350,000~400,000명의 수준에 이르고 있다. 다시 말하면 최근 우리나라에서 인명피해를 수반한 교통사고는 하루 평균 700여건이 발생하여 20여명이 사망하고 1,000여명이 부상을 당하는 셈이다. 이는 인구 10,000명당 일 년에 80여명이 사망 또는 부상당한 꼴이 된다. 교통사고로 인한 재산피해 또한 엄청나다. 지난 10년간 교통사고로 인한 재산피해액은 총 1조 5천억 원이었으며, 2004년 한 해의 재산피해액만도 4천억 원이 넘을 것으로 추정된다.

인명피해를 수반하지 않는 교통사고는 대개 당사자들 간의 합의에 의해 사고가 수습되기 때문에 통계에 나타나지는 않지만 그 발생건수도 상당히 많으리라 추정된다. 미국의 경우 주마다 차이가 있지만 대부분은 인명피해가 있든 없든 총 피해액이 100$를 넘으면 의무적으로 사고를 보고하게 되어 있다. 큰 사고와 경미한 사고의 비율을 Hemrich 법칙에 의해서 1 : 29로 본다면 우리나라에서 보고 되지 않는 사고건수는 엄청나게 많아질 것이다. 뿐만 아니라 실제 사고가 발생하지는 않았지만 사고가 날 뻔한 미연(未然)사고(near accident)까지도 고려한다면 그 숫자는 실로 엄청날 것이다. 미연사고란 사실상 운이 좋아 사고가 나지 않은 것뿐이지 실제 사고와 거의 마찬가지이므로 사고분석에 포함시켜야 한다. 미연사고의 빈도는 Hemrich 법칙에 의하면 큰 사고의 300배로 본다.

(1) 연도별 교통사고

우리나라는 1970년 이후 자동차 보유대수의 급격한 증가와 함께 교통사고는 꾸준히 증가하였으나 1988년을 기점으로 하여 그 증가세가 둔화되다가 1991년을 정점으로 하여 사고가 감소하기 시작하였으며, 현재는 매년 일정한 수준을 유지하고 있다. 이와 같은 현상은 교통안전에 대한 인식의 확산과 그 동안 시설개선에 투자한 결과가 아닌가 생각이 된다. 아무튼 이 사실에 주목하면서 현상을 면밀히 관찰하고 이 경향을 더욱 확대해 나가야 할 것이다. 〔그림 21-2〕는 우리나라의 교통사고 변화를 연도별로 나타낸 것이다.

(2) 교통사고의 국제비교

우리나라 자동차 교통사고의 심각성은 교통사고 통계의 국제비교를 통하여 보면 잘 알 수 있다. 〔표 21-1〕은 세계 각국의 현황을 나타낸 것이다. 이 표에서 볼 수 있듯이 우리나라의 교통사고는 우리나라의 경제적 수준에 걸맞지 않게 많음을 알 수 있다. 앞에서도 언급한 바와 같이 우리나라 교통사고의 증가추세가 차량증가가 계속되고 있음에도 불구하고 안정세를 유지하고 있음은 다행한 일이기는 하나 다른 나라에 비해 여전히 사고율은 높은 편이다. 우리나라의 자동차 보유대수가 지금과 같이 지속된다면 자동차 만 대당 사망자수는 앞으로 계속해서 현저히 감소하는 반면 인구 10만 명당 사망자수는 그다지 큰 변동을 보이지 않을 것이다.

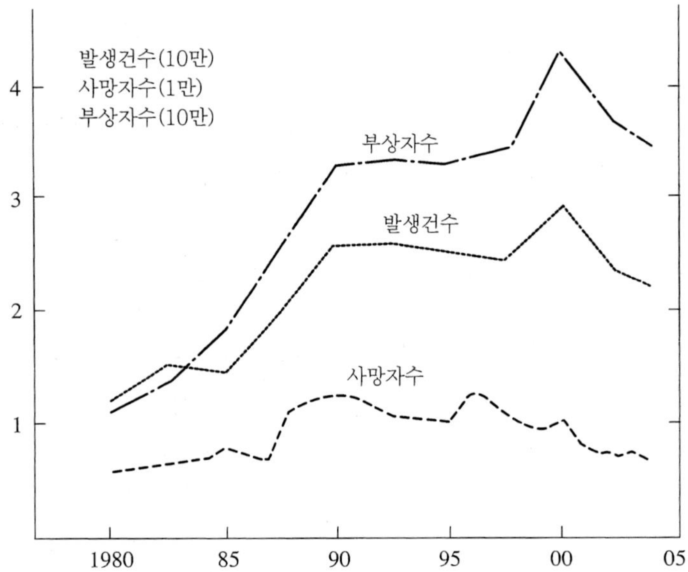

〔그림 21-2〕 교통사고 변화추세

〔표 21-1〕 교통사고의 국제비교

구분 / 국가	인구 천 명당 차량대수	인구 10만 명당 사망자수	자동차 만 대당 사망자수	교통사고 천건당 사망자수	인구 10만 명당 부상자수	연도
한국	305	15.0	4.4	30.1	785	2003
일본	519	9.2	1.8	16.5	678	1992
미국	797	17.8	2.2	43.5	654	1991
독일	600	14.3	2.4	4.9	639	1991
프랑스	504	16.8	3.3	64.6	360	1991
이탈리아	600	12.8	2.1	44.8	406	1992
캐나다	587	13.7	2.3	5.7	734	1992
남아프리카공화국	203	35.6	17.6	24.8	403	1991
벨기에	457	18.7	4.1	32.2	805	1991
헝가리	252	20.3	8.1	85.3	315	1992

21.1.2 교통안전정책

우리나라의 교통안전정책은 크게 제도적이며 계획적인 측면의 교통안전법(건설교통부)과 구체적이며 시행상의 측면이 강한 도로교통법(내무부)에 의존하고 있다. 교통안전에 관한 기본법인 '교통안전법'은 1979. 12. 28일 제정되어(법률 제3184호) 그 이전에는 거의 등한시되어 온 교통안전에 관한 법적, 제도적 장치가 마련되었다. 이 법은 교통안전을 확보하기 위한 정부와 국민의 의무, 위원회 구성, 운영, 종합계획의 수립 및 시행 등이 규정되어 있다.

반면에 '도로교통법'은 1961. 12. 31일(법률 제941호) 제정되었으며, 도로상에서 발생하는 모든 교통상의 위해를 방지, 제거하여 교통의 안전과 원활한 소통을 도모하는 데 목적을 두고 있다. 따라서 보행자 및 차량의 통행방법, 운전자 및 고용자의 의무, 사고발생의 조치, 운전면허 등에 관한 사항을 규정하고 있다.

〔표 21-2〕 교통안전 유관부처의 추진업무 내용

부처별	업무내용
행정자치부 (경찰청)	• 운전자 및 보행자 지도단속 • 교통안전시설정비 • 국민교통안전의식의 보급 • 운전면허 • 운전자관리 및 교육 • 지방도의 정비보수
재정경제부	• 보험제도의 개선
교육인적자원부	• 각급학교의 교통안전교육 및 학생지도
농림부	• 농업용 기계 안전관리
산업자원부	• 자동차부품 품질향상
건설교통부	• 도로(고속도로 및 국도)의 정비 • 중기의 안전관리 • 주차장 정비 • 운수업체 안전관리 • 사업용 차량 운행제도 개선 • 운수업체 종사자 근로조건 개선 • 자동차안정도 향상
보건복지부	• 긴급의료체계 정비
노동부	• 운수종사자 근로조건 및 환경개선
국정홍보처	• 대중매체를 통한 교통안전홍보
과학기술부	• 기상정보 전파체계의 구축

교통안전에 직접·간접으로 관련되는 업무가 여러 부처에 분산되어 독자적으로 시행되고 있어 이의 총괄조정과 계획의 종합이 어려워 그 해결책으로 교통안전법이 제정되었으나, 이 법은 선언적 의미의 효과는 있을지 모르나 교통안전업무는 여전히 분산되어 있어 교통안전을 효율적으로 확보할 수 있는 수단은 못 된다. [표 21-2]에서 보는 바와 같이 교통안전에 관한 유관부처의 추진업무내용을 보면 그 이유를 잘 알 수 있을 것이다.

1 교통안전법의 개요

교통안전법의 목적은 교통사고에 대하여 국가적 차원에서 적극적으로 대응하기 위하여 교통안전에 관한 정부 및 지방자치단체의 시책과 자동차, 철도차량, 선박, 항공기 등의 제조사업자, 운수사업 경영자, 보행자 및 일반국민의 의무를 명확히 규정하고, 교통안전대책을 효과적으로 추진하기 위한 체제의 확립과 종합적이며 계획적인 추진을 하는 데 필요한 기본적인 사항을 정함으로써 공공복리증진에 기여토록 하는 것이다.

교통사고가 발생하면 필연적으로 인명과 재산상의 손실을 가져오고, 교통질서의 혼란을 초래하게 되어 국가경제질서에 영향을 끼치고, 또 많은 경제적 손실이 발생하게 된다. 따라서 교통사고를 예방하여 교통안전을 확보함은 개인적, 가정적으로 평온과 안전을 견지함과 동시에 사회적, 국가적으로도 안녕과 질서를 유지함으로써 경제발전과 사회적 안정에 기여하게 된다는 것은 자명한 사실이다.

교통안전법의 적용대상은 교통안전과 관련 있는 모든 분야에 걸쳐 적용된다. 정부는 국민의 생명, 신체, 재산을 보호하도록 교통안전에 관한 종합적인 시책을 수립하여 실시해야 하며, 각 지방자치단체도 정부시책에 준하여 관할구역 내의 교통안전에 관한 시책을 펴도록 규정하고 있다.

도로, 철도, 궤도, 항만, 어항, 비행장시설을 설치하는 사람은 물론이고, 자동차, 선박, 철도차량, 항공기 등 수송장비를 제조하는 사람도 교통안전에 필요한 조치와 안전성 향상을 위해 노력을 하도록 규정하고 있다.

각 운수사업자는 자체의 안전계획을 수립하여 시행함은 물론이고, 안전운행 및 안전운항을 위하여 교통안전관리자를 선임하고 배치하도록 되어 있다. 교통안전관리자에 대해서는 뒤에 다시 설명된다.

자동차, 선박, 철도, 항공기 등의 운전자 및 조종사는 안전운행에 지장이 없도록 항상 점검을 해야 함은 물론 보행자에게 위해를 주지 않도록 각별히 유의해야 하며, 보행자와 일반국민은 교통안전에 관한 법령을 준수해야 함은 물론 정부 및 지방자치단체가 실시하는 각종 교통안전에 관한 시책에 적극 협조하도록 명시하고 있다.

2 교통안전 종합추진체계

교통안전법에 의하면 교통안전에 관한 각종 시책을 계획, 심의, 조정하기 위한 종합기구로서 중앙에 국무총리를 위원장으로 하는 교통안전정책 심의위원회를 설치하여 운영하도록 되어 있으며, 교통안전정책 심의위원회의 기능을 보좌하기 위하여 건설교통부장관을 위원장으로 하는 교통안전정책 조정위원회를 설치하여 각 부처 간의 교통안전업무를 사전에 조정하도록 하고 있다. 또 시도에는 시·도지사를 위원장으로 하는 교통안전대책 위원회를 설치 운영하고 있다. 이들 각 위원회의 구성과 기능은 〔그림 21-3〕과 같다.

3 교통안전계획 수립 및 시행체계

교통안전법에 의하면 교통안전에 관한 정책을 종합적·체계적으로 시행하기 위하여 교통안전 정책위원회에서는 5년마다 교통안전 기본계획을 수립하고, 이 기본계획에 따라 관련 중앙정부처에서는 매년 교통안전 시행계획을 수립·시행토록 하며, 시도에서는 매년 그 지역에 적합한 교통안전 세부시행계획을 수립·시행토록 함으로써 교통안전업무를 종합적·계획적으로 추진하도록 제도화하였다.

(1) 교통안전 기본계획

교통안전에 관해서 각 부처가 분담해서 시행하고 있는 각종 계획을 적극적이며 효율적, 체계적으로 시행하기 위하여 정부차원에서 수립하는 장기종합적인 계획으로서 교통안전 시행계획 및 세부시행계획 작성의 지침이 된다. 이 계획에 포함되는 내용은 다음과 같다.

- 안전시설 설치 및 보수와 신호, 표시시설 및 교통규제, 관제, 통신시설의 증설과 개량
- 차량, 선박 및 항공기의 교체, 정비 및 검사와 구조개선
- 운전자, 각급학교 학생 및 국민에 대한 교육, 홍보, 지도, 단속
- 위험물의 수송을 위한 시책
- 운전자, 승무원 및 안전기술요원의 수급과 근무조건 개선
- 교통사고로 인한 부상자, 조난자의 긴급구조 및 의료대책
- 교통사고피해자에 대한 적정한 손해배상의 보장

(2) 교통안전 시행계획

교통안전 기본계획에 따라 유관 중앙행정부서가 수립하는 1년간의 단기계획으로서 지방자치단체의 세부시행계획을 수립하는 데 지침이 된다. 이 계획에 포함되는 내용은 앞에서 나온 〔표 21-2〕와 같다.

교통안전정책 심의위원회(중앙)

* 위원장 : 국무총리
* 부위원장 : 재정경제부 장관, 건설교통부 장관
* 위원 : 중앙행정기관의 장(행정자치, 교육인적자원, 농림, 산업자원, 보건복지, 노동, 과학기술, 해양수산, 기획예산처, 국정홍보처)
* 기능 · 교통안전 기본계획 수립 시행
  · 주요 교통안전종합대책의 계획, 심의 시행

교통안전정책 실무위원회(중앙)

* 위원장 : 건설교통부 차관
* 부위원장 : 건설교통부 수송정책실장, 재경부 차관보
* 위원 : 국무총리실 경제조정관, 행자부 차관보, 교육부 학교정책실장, 과기부 과학기술정책실장, 농림부 차관보, 산자부 차관보, 복지부 기획관리 실 장, 노동부 기획관리실장, 해수부 차관보, 기획예산처 예산실장, 국정홍보처 차장, 청와대 교통담당비서관, 경찰청 차장, 철도공사사장, 교통안전공단 이사장, 도로교통안전공단 이사장, 대한손해보험협회 회장, 한국교통연구원장)
* 기능 · 교통안전 시행계획 수립
  · 교통안전정책 심의위원회 상정안건의 사전 조정
  · 교통안전정책 심의위원회 위임사항 처리

교통안전대책 위원회(지방)

* 위원장 : 각 시 · 도지사
* 부위원장 : 부시장 또는 부지사
* 위원 · 시도 내의 교통안전 세부시행계획 수립 및 시행
  · 시도 내의 주요 교통안전종합대책의 계획, 심의 시행

〔그림 21-3〕 교통안전 종합추진체계

(3) 교통안전 세부시행계획

교통안전 기본계획과 유관 중앙행정부서의 시행계획에 따라 시 · 도지사가 수립하는 1년

간의 단기계획으로서 그 지역의 실정에 적합하도록 수립되어야 하며, 그 내용과 범위는 육상교통에 한정된다.

(4) 교통안전계획

각 운수업체에서 수립하는 1년간의 단기계획으로서 여기에 포함되는 내용은 (i) 차량의 점검, 정비계획, (ii) 안전시설장비의 설치, 유지, 관리와 개선계획, (iii) 종업원에 대한 교통안전교육계획, (iv) 교통안전을 위한 자금계획 등이다.

(5) 교통안전계획 추진실적 등의 보고

각종 안전계획의 추진실적과 교통사고 현황을 보고하는 것이다. 운수업체는 이 두 가지를 관할관청에 보고하며, 관할관청 및 유관 중앙행정부서는 교통안전정책 심의위원회에 보고하도록 되어 있다. 교통안전계획의 추진실적 보고에 포함되어야 할 사항은 (i) 교통안전 시행계획의 세부사업별 추진실적(사업량, 예산집행실적, 부진사유, 향후대책 등), (ii) 시행계획 추진상의 문제점 및 대책 등이다. 교통사고 현황보고에 포함되어야 할 사항은 (i) 차량, 선박, 항공기의 종별 보유수, (ii) 연간 교통사고건수, 사망자, 부상자 및 재산피해 내역, (iii) 교통사고 원인분석, (iv) 대형사고의 경우 그 사고개황, 피해내용, 사고현장의 사진 등 참고자료, (v) 사고예방대책 등이다.

4 교통안전관리자

교통안전법은 운수업체로 하여금 교통안전관리를 체계적으로 하도록 상세히 규정하고 있으며, 특히 교통안전관리자를 두도록 규정했다. 안전관리자는 신규교육과 연수교육을 받아야 하며 이들의 임무는 (i) 안전관리 계획수립, (ii) 차량, 선박 및 항공기의 운행 전에 안전점검의 지도·감독, (iii) 도로조건, 노선조건, 항공조건 및 기상조건에 따른 안전운행에 필요한 조치, (iv) 종사원에 대한 교통안전 교육훈련의 실시 및 승무원 과로 방지, (v) 교통사고의 원인분석 및 사고통계의 유지 등이다. 이 법은 교통안전관리자를 두어야 하는 업체의 범위, 안전관리자의 인원수, 자격 등도 규정하고 있다.

5 안전운전관리자

도로교통법에 의해 규정된 안전운전관리자라 함은 비사업용 자동차를 10대 이상 보유한 사용자가 자동차의 안전에 관한 업무의 수행을 위하여 특별히 선임한 사람을 말한다. 이들은 도로교통안전에 관한 정기교육과 수시교육을 받아야 하며, 교육내용은 교통관계법령, 운행관리, 운전자관리, 차량관리, 교육심리, 교통사고의 처리 및 대책 등으로서 운전자 및 차량의 효율적인 관리를 통하여 안전운행을 확보할 수 있도록 구성되어 있다.

21.1.3 외국의 교통안전제도

1 미국의 교통안전제도

미국에서는 교통사고를 줄이기 위한 교통안전법령이 일찍이 제정·시행되고 있었으며, 특히 1969년에는 위험물의 수송사고를 방지하기 위하여 위험물운송법(Hazardous Material Transportation Act)을 제정하여 교통안전에 관한 다른 법에서 규제되지 않는 사항을 규제하기 시작했다. 또 철도사고를 예방하는 한편 철도사고 조사와 그 처리를 강화하기 위하여 1967년 철도안전법(Railroad Safety Act)을 제정하였다. 그 후 교통안전업무가 각 부처에 분산되어 있는 것을 통합·조정하기 위하여 또다시 독립안전원법(Independence Safety Board Act)을 제정하여 대통령 직속하에 교통안전원을 설치하게 되었다. 이 3가지 법률이 1974년까지 계속 보완을 거듭하여 오다가 1975년에는 이 3가지 법률을 합하여 교통안전법(Transpotation Safety Act)이란 하나의 명칭을 가지게 되었다. 즉 이 교통안전법에 속한 각 개별법은 그것대로의 명칭을 가지고 적용되면서도 통합법으로서는 교통안전법이라 불리고 있다.

그 법이 그것을 구성하고 있는 개별법에 대해 상위법으로서의 지위를 가지는 것은 아니지만 어느 정도 기본법과 같은 성격을 가지고 각 개별법과 유기적인 관계를 가지면서 서로 보완하는 역할을 담당하고 있다.

미국의 교통안전법의 체계는 각종 교통안전관계법의 시행을 뒷받침하기 위하여 우리나라의 시행령 또는 시행규칙과 같은 성격을 가진 연방규정시행령(Code of Federal Regulation; CFR)에 아주 세세한 면에까지 규정하고 있다. CFR의 교통편에는 연방교통부(DOT) 및 그 산하에 있는 기구에서부터 규칙제정의 절차와 항공, 해안경비, 철도 및 자동차에 관한 안전기준과 위험물 수송에 관한 취급세칙 등이 자세히 규정되어 있다.

(1) 교통안전기구

교통안전에 관한 법령이 실효를 거두기 위해 미국의 교통안전에 관한 기구는 강력한 체제로 조직되고 막강한 권한이 부여되고 있다. 연방정부의 교통안전기구로는 대통령 직속의 국립교통안전원(National Transportation Safety Board; NTSB)과 교통부의 환경 및 안전관리관(국장급으로서 그 밑에 안전계획담당관, 수송안전담당관, 교통환경담당관, 교통설비담당관, 직업안전담당관)이 있다. 그 밖에 교통부의 외청인 해안경비청(USCG), 연방항공청(FAA), 연방철도청(FRA), 연방도로청(FHWA), 연방도로안전청(FHTSA)에 각기

안전기구를 가지고 있다. 이 중에서 특히 중요한 국립교통안전원과 연방도로안전청을 소개하면 다음과 같다.

① 국립교통안전원 : 대통령 직속의 독립위원회로서 5인으로 구성되는 합의제 행정기관이다. 위원장과 상원의 인준을 받아 대통령이 임명하며, 준공법, 준사법적 기능을 가진 이 기구는 행정부에서 독립하여 독자적으로 운영되는 연방사고조사기관으로서 (i) 대형교통사고의 조사 및 원인규명, (ii) 교통안전성 개선을 위해 "권고(Recommendation)"를 하는 일, (iii) 부처 간 교통안전정책의 효율성 평가 및 교통안전업무의 총괄·조정, (iv) 교통안전정책에 관한 건의·권고, (v) 교통안전에 관한 대통령의 정책결정보좌, (vi) 안전문제에 대한 특별연구, (vii) 면허, 처분행위의 심판, (viii) 위험물 수송대책 및 여기에 사용되는 안전설비의 평가 등의 업무를 수행한다. 이 기관은 교통안전 관련 기관에 대한 직접적인 행정력이나 예산 배정 및 통제권을 가지고 있지는 않으나 해당기관은 이 안전원의 권고에 반드시 응답하도록 되어 있다.

② 연방도로안전청(Federal Highway Traffic Safety Administration; FHTSA) : 교통부의 외청으로서 자동차의 형식승인 및 제작감독, 타이어 및 부품의 형식개발, 운전사의 수급 및 면허업무, 기타 음주운전 방지대책 등의 업무를 관장한다. 이 기구는 안전기준을 판정하는 부서와 이 기준의 시행 여부를 확인하고 단속하는 부서가 강력한 계선형으로 조직되어 있으며, 산하지방청에서는 매우 실효성 있는 지도와 단속을 실시하고 있을 뿐만 아니라 위반자에 대해서는 영업정지처분, 운수면허취소, 벌과금 징수 등의 강력한 제재를 가하고 있다.

2 영국의 교통안전제도

도로교통에 관련된 모든 사항, 즉 도로시스템의 계획·건설, 교통과 관련된 모든 행정, 교통통제설비 및 안전시설에 관한 행정 등이 총괄되어 환경부라는 방대한 중앙정부기관에서 관장하고 있다. 도로교통안전과 관련된 모든 사항이 한 기구 속에서 협의·조정되고 있으며, 정책결정을 위해서는 현대화된 과학기술의 도움이 없이는 불가능하다는 것을 고려하여 각 부서에 차관보급의 전문가를 둔 것이 특징이다.

환경부의 주요 기능은 주택, 개발, 건설, 교통, 환경보존 등의 문제를 다루고 있으며, 내무부 내의 교통안전 행정기구로는 경찰국이 있다. 경찰은 도로교통법규 위반에 대한 단속권밖에 없으며, 운전면허행정도 환경부 소관이다.

환경부산하에 교통연구소(Transport Research Laboratory; TRL)가 있고, 그 안에 도로, 구조, 안전, 교통공학, 교통관리, 교통시스템의 연구부가 있다.

3 일본의 교통안전제도

일본도 1960년대의 급격한 교통사고 증가와 교통안전대책을 보다 종합적이고 체계적으로 추진해야 할 필요성을 느끼고 1970년에 교통안전대책 기본법을 제정하게 되었다. 이 법은 각 교통수단을 포괄하는 종합적인 교통안전대책을 강력히 추진할 시스템의 구축과 대형화 및 증가추세에 있는 교통사고를 예방하기 위해서는 국가차원의 정책사업으로 대응하여 공공복리증진에 기여해야 한다는 것을 목적으로 하고 있다.

이 법에 의해서 규제를 받고 있는 대상은 국가, 지방공공단체, 도로 및 교통시설의 설치자, 차량제조자, 차량사용자, 운전자, 보행자, 주민 등의 교통안전에 관한 사항이 총 망라되어 있다. 이 법에 의한 교통안전 추진체제를 보면 총리부에 중앙교통안전대책회의를 설치하여 총리대신을 회장으로 하고 관련 행정기관의 장인 국무대신을 위원으로 하며, 교통안전 기본계획을 수립하고 교통안전에 관한 종합적인 중요시책 및 계획에 관한 심의와 시행을 추진하고 있다. 각 지방에도 교통안전대책회의, 교통안전대책본부 및 교통안전협의회 등을 설치·운영토록 하고 있다.

교통안전업무를 수행하기 위한 행정기구로는 국가공안위원회의 경찰청에서 도로교통의 규제, 지도, 운전면허업무를 맡고, 철도, 해상, 항공교통안전은 운수성에서 관장하고 있으나, 교통안전대책 기본법 시행과 함께 이들 각 기관에 분산된 기능을 조정하여 시행하는 기구로서 총리부에 교통안전대책을 설치·운영하고 있다.

21.2 교통사고 유발요인

일반적으로 교통사고는 인적요인, 차량요인, 환경적 요인에 의해서, 또는 이들 상호간의 복합적 관계에 의해서 일어난다. 인적요인에는 운전자의 지능, 성격, 기질, 태도, 의욕, 기분, 피로, 질병, 약물, 시각, 청각, 연령, 성별, 근육운동기능 등과 같은 심리적 및 정신적 조건, 생리적 및 감각적 조건, 육체적 및 근육적 조건 등이 있다. 차량요인에는 차량의 성능, 결함, 그 차량에 대한 운전자의 숙달 정도 등이 있다. 환경적 요인으로는 도로, 교통조건, 명암, 일기, 온도 등의 자연조건과 직장, 가정과 같은 사회환경조건 등이 있다.

〔그림 21-4〕는 교통사고를 유발하는 요인들을 나타낸 것이다. 그러나 교통사고는 이와 같은 단일요인에 의해 발생하는 경우는 드물며, 대부분 둘 이상의 요인이 결합되거나 상승작용을 함으로써 사고가 발생한다.

〔표 21-3〕은 각 요인이 교통사고에 기여하는 비율을 나타냈다. 이 표에서 볼 수 있는 바와 같이 개개의 요인에 의한 사고율은 매우 적은 반면에, 대부분의 교통사고는 불완전

사고요인 → 사고원인 → 교통사고

구분	요인	내용
인적요인	신체, 생리, 심리, 적성, 습관, 태도 요인	· 운전자 또는 보행자의 신체적, 생리적 조건, 위험의 인지와 회피에 대한 판단, 심리적 조건 등에 관한 것 · 운전자의 적성과 자질, 운전습관, 내적 태도 등에 관한 것
차량요인		차량구조장치, 부속품 또는 적하에 관계된 사항
도로물리요인	도로구조	· 도로의 선형, 노면, 차로수, 노폭, 구배 등의 도로구조에 관한 것
	안전시설	· 신호기, 도로표지, 방호책 등 도로의 안전시설에 관한 것
환경요인	자연환경	· 천후(기상, 일광), 명암 등 자연조건에 관한 것
	교통환경	· 차량교통량, 차종구성, 보행자교통량 등 교통조건에 관한 것
	사회환경	· 일반국민, 운전자의 가정, 취업환경, 교통경찰관, 보행자 등의 교통도덕 등의 환경구조, 교통정책 및 행정법적 요인, 교통단속과 형사처벌 등에 관한 사회적 요인
	구조환경	· 정책부진, 교통여건변화, 노선버스운행의 비합리성, 고용인원부족, 차량점검 및 정비관리자와 운전자의 책임한계, 차량보안기준 위배, 노후차량, 불량품 판매 등의 구조적 요인

자료: 참고문헌(46)

〔그림 21-4〕 교통사고 유발요인

한 인적, 차량, 도로 및 환경조건이 결합되어 일어난다. 그러나 이와 같은 높은 기여율은 외국의 예에 비추어 볼 때 지나친 감이 있어 좀더 면밀한 통계적 분석이 필요하다.

21.2.1 인적요인

교통사고의 요인 중에서 인적요인을 포함하는 것이 거의 전부라 해도 과언이 아님은

〔표 21-3〕에서 보여주고 있다. 그러므로 교통사고를 이해하기 위해서는 운전자가 운전조작(driving task) 과정에서 필수적으로 반복되어 일어나는 정보처리과정, 즉 지각-반응과정(perception-reaction process)을 이해할 필요가 있다(교통공학원론 상권 3.3절 참조).

〔표 21-3〕 교통사고 유발요인별 비교

구분 / 요인	발생건수 (건)	구성비	사망자 (명)	치사율	부상자 (명)	치상률
계	257,194	100.0	11,640	4.5	325,943	126.7
① 인적	7,421	2.9	421	5.7	9,931	133.8
② 차량적	12	0.0	2	16.7	16	133.3
③ 도로환경적	14	0.0	2	14.3	26	185.7
①+②	436	0.2	28	6.4	506	116.1
①+③	7,645	3.0	585	7.6	9,226	120.7
②+③	50	0.9	1	2.0	57	114.0
①+②+③	241,616	93.9	10,599	4.4	306,181	126.7

주 : 차량적 원인은 차량의 구조적 결함이나 과적재 등의 원인을 말함.

$$치사율(\%) = \frac{사망자수}{교통사고건수} \times 100, \quad 치상률(\%) = \frac{부상자수}{교통사고건수} \times 100$$

자료 : 참고문헌 (1)

1 운전자의 정보처리과정

비단 운전자뿐만 아니라 보행자 및 모든 인간은 주위의 자극에 대하여 지각(perception)-식별(identification)-행동판단(judgement)-반응(reaction)과정을 거치면서 행동을 한다. 이러한 과정은 거의 대부분 운전경력과 훈련에 의해서 그 능력이 향상된다.

(1) 지각(perception)

자극을 접수하는 과정으로서 그 자극은 대부분 시각적인 자극이다. 운전자는 운전 중에 시야에 들어오는 정보를 탐색하고 운전에 관계되는 것은 선별하며, 선별된 자극에 시선의 초점을 집중시킨다.

초보운전자는 운전 도중에 시각적으로 접수되는 여러 정보 중에서 운전에 관계되는 정보만을 식별하는 능력이 적은 반면에, 노련한 운전자는 꼭 필요한 정보만을 선별하여 재빨리 반응하는 능력을 가진다. 따라서 초보운전자는 운전 중에 눈동자의 움직임이 빈번할 수밖에 없다.

초보운전자의 시각적 탐색활동은 매우 활발하고 오류가 많으며 시선 집중시간이 긴 반면에, 노련한 운전자는 중추신경계통의 작용이 빠르기 때문에 눈동자의 움직임이 더 활발하고 시선 집중시간이 짧다.

(2) 식별(identification)

그 자극을 식별하고 이해하는 과정으로서 식별대상은 그 물체뿐만 아니라 속도까지를 포함한다. 이와 같은 식별에 착오가 생기면 사고가 발생하기 쉽다. 예를 들어 야간 운전시 도로상의 웅덩이를 가로수 그림자로 잘못 식별하거나, 양방향 2차로 도로에서 추월시 다른 차량이나 자기 차량의 속도를 잘못 판단하면 사고가 발생한다.

일반적으로 눈에 익숙한 물체를 식별하는 데 걸리는 시간은 익숙하지 않은 물체를 식별하는 시간보다 짧다. 따라서 도로상의 위해요소를 예고하는 주의표지는 될수록 구체적으로(단순히 "위험" 주의표지 대신) 나타내 주면 식별시간을 줄일 수 있다.

(3) 행동판단(judgement)

위해요소에 대해서 취해야 할 적절한 행동(정지, 추월, 감속, 경적울림, 비켜감 등)을 결심하는 의사결정과정으로서 그 능력은 운전경험에 크게 좌우된다. 이 과정에서 착오가 생기면 결정적인 사고가 발생한다.

주의표시에 운전자가 취해야 할 행동을 구체적으로 명시하면 이와 같은 행동판단 시간을 현저히 줄일 수 있다(안전속도 표시, 경적울림, 추월가능구간 표시 등).

(4) 반응(reaction)

운전자의 육체적인 반응 및 이에 따라 차량의 작동이 시작되기 직전까지의 과정으로서 운전조작의 난이도에 따라 소요되는 시간이 틀리며, 중추신경계통이 예민한 사람일수록 반응능력이 크다.

이와 같은 일련의 지각-반응과정에서 착오를 줄이고 경과시간을 단축하는 것이 사고방지의 요체이다. 운전경험과 교육·훈련은 이러한 목표를 달성하는 데 큰 효과가 있다.

지각, 식별과정을 합해서 인지(cognition)과정이라고도 한다. 지각, 식별, 행동판단과정을 합해서 반사과정 또는 순반응과정이라고도 하며, 심리학에서 반응과정이란 바로 이 과정을 말한다.

운전기술이 있다고 반드시 안전운전을 한다는 보장은 없다. 모험심이나 교통법규 또는 교통질서를 지키고자 하는 의지의 강도에 따라 운전행태가 달라지기 때문이다.

중추신경계통의 능력을 저하시키는 요인으로는 알코올이나 약물복용, 피로 등이 있으며, 연령이 높아짐에 따라 이 능력도 현저히 감퇴된다.

2 연령 및 성별

교통사고나 법규위반 행위는 운전자의 연령이 높을수록 감소하지만 통행량(또는 통행길이)을 감안하여 비교한다면, 젊은층과 노년층의 사고율이 중간 연령층에 비해 높다. 연령에 따른 법규위반의 패턴도 다르다.

즉 젊은층은 모험심을 반영하는 속도위반이 많은 반면에, 나이든 운전자는 회전, 추월 및 통행권 양보 위반이 많다. 교통사고의 종류도 이러한 교통법규 위반의 종류와 무관하지 않을 것이다.

남성운전자는 여성운전자보다 사고를 더 많이 내지만 통행량을 감안한다면 그 차이는 미미하다. 통행량을 고려하더라도 기혼자는 미혼자보다 낮은 사고율을 나타낸다.

3 운전자 능력

교통사고에 영향을 주는 운전자의 육체적 능력에는 (i) 시력, (ii) 현혹 회복력, (iii) 시야, (iv) 색맹 또는 색약, (v) 청력, (vi) 지능, (vii) 기타 지체부자유 등 신체적 결함이 있다. 이와 같은 육체적 결함이 사고를 유발할 가능성이 상대적으로 높은 것은 사실이나 이러한 사람들은 자신의 결함을 알고 더 조심해서 운전하게 되므로 사고유발 가능성이 상쇄되는 것이 보통이다.

교통사고에 영향을 주는 운전자의 후천적 능력에는 i) 차량조작 능력, ii) 도로조건의 인식능력, iii) 교통조건의 인식능력, iv) 주의력, v) 성격 등이 있다. 이러한 요소들은 대부분 운전경험이나 교육에 의해서 그 능력이 향상될 수 있다.

4 운전자 성격 및 태도

〔표 21-4〕는 법규위반의 종류와 사고와의 관계를 나타낸다. 이와 같은 법규위반 행위는 고의적이거나 부주의로 인한 결과일 수 있다. 교통법규는 운전자의 법규위반 행위를 불가피하거나 이유가 있다고 보지 않고 객관적인 기준에 따라 책임을 묻고 있다. 그러나 법에서 요구하는 행동과 실제 보편적인 운전자가 취하는 행동 사이에 괴리가 있을 수 있다. 이와 같은 경우에는 법에서 요구하는 기준을 보편적인 운전자의 수준에 맞게 낮추어야 한다.

다시 말하면 고도로 숙련된 운전자나 극도의 조심성을 가지고 운전을 해야만 법규를 지킬 수 있는 교통여건이라면, 도로여건이나 교통안전시설 및 통제방법 등을 개선하여 보편적인 운전자가 합리적이며 적당한 긴장감을 가지고 운전하면서도 법에 저촉되지 않도록 해야 한다. 고도의 운전기술은 자랑스럽고 권장할 일이기도 하나 이것을 일반적인 기준으로 삼아서는 안 된다. 또 실제 운전자는 극도로 긴장하면서 조심스럽게 운전하지 않기 때문이다.

〔표 21-4〕 법규위반 내용별 발생건수 및 사망자 (1994와 2003 비교)

피 해 구 분		발생건수 (1994)	구성비	발생건수 (2003)	구성비
총 계		266,107	100%	240,832	100%
운전자 법규 위반	계	266,030	100%	240,832	99.6%
	과 로	24	0.0	1	0.0
	과 속	1,917	0.7	613	0.3
	앞지르기방법 위반	230	0.1	108	0.0
	앞지르기금지 위반	873	0.3	498	0.2
	중앙선 침범	17,806	6.7	16,959	7.0
	신 호 위 반	13,556	5.1	24,650	10.2
	안전거리 미확보	14,984	5.6	15,431	6.4
	일시정지 위반	468	0.2	194	0.1
	부당한 회전	3,973	1.5	2,043	0.8
	우선권양보 불이행	122	0.0	29	0.0
	진로양보 불이행	95	0.0	96	0.0
	안전운전 불이행	148,561	55.8	142,323	59.1
	난 폭 운 전	395	0.1	0	0.0
	교차로통행방법 위반	13,766	5.2	17,610	7.3
	보행자보호의무 위반	8,137	3.1	5,509	2.3
	차로 위반(진로변경)	273	0.1	309	0.1
	직진우회전진행방해	2,815	1.1	1,166	0.5
	철길건널목 통과방법	59	0.0	10	0.0
	긴급차피양의무 위반	46	0.0	3	0.0
	기 타	37,930	5.1	13,269	5.5
정 비 불 량		4	0.0	10	0.0
보 행 자 과 실		73	0.0	1	0.0

자료 : 참고문헌 (2)

똑같은 조건에서 운전을 하더라도 사고를 특히 많이 내는 사람이 있다. 이러한 사람들의 공통적인 특징은 다음과 같다.

- 행동기능-지나치게 동작이 빠르거나 늦다. 동작이 부정확하다.
- 판단기능-지식이나 경험이 부족하다. 상황 판단력이 뒤떨어진다. 지능이 낮다.
- 행동·판단기능의 불균형-충동 억제력이 부족하다.
- 성격·기질-자기중심적이다. 기분이 쉽게 변한다. 비협조적이다. 공격적이다. 자기억제력에 부족하다. 신경질적이다.

5 음 주

주취 정도는 혈액, 호흡 및 소변검사를 통해 쉽게 측정이 되므로 알코올과 교통사고와의 관계에 대해서 많은 연구가 있다. 혈중알코올 농도(blood alcohol level; BAL)가 0.05%까지는 진정효과가 있어 운전에 별 영향을 주지 않는다. 그러나 0.05부터 0.15%까지는 근육

운동의 조정능력이 줄어들고, 말이 많아지고, 공격적이며, 지나치게 활동적인 행동양상을 보인다. 이보다 더 높은 BAL에서는 자체판단력이 매우 약해지면서도 스스로는 정상적이라고 믿는다.

음주운전자는 시각적 탐색능력이 현저히 감퇴되고 속도에 대한 감각이 둔화되며, 차량조작에만 온 정신을 집중하기 때문에 주위환경에 반응하는 능력이 크게 저하된다.

〔표 21-5〕는 혈중알코올 농도와 주취상태의 관계를 나타낸다. 알코올은 주로 소장(小腸)에서 흡수되며, 흡수속도는 신진대사나 배설보다 훨씬 빠르기 때문에 알코올 섭취 후 1.5~2시간이면 BAL 값이 최대치를 보인다. 이 최고치에서 알코올의 흡수량과 분해량이 같게 되며, 더 이상 마시지 않는다면 BAL 값은 감소하게 된다.

흡수된 알코올은 오줌이나 호흡에 의해 배출되지만 대부분은 간에서 산화를 시켜 분해한다. 산화속도는 체중이나 사람에 따라 약간 차이가 나지만 특정 개인의 산화속도는 경과시간에 따라 대체로 일정하다. 〔표 21-6〕은 체중별 1시간당 알코올 분해율을 나타낸 것이다.

〔표 21-5〕 알코올 농도와 주취와의 관계

혈중알코올 농도	주 취 상 태
0.05% 이하	운전능력에는 별 영향이 없다. 평균인의 경우 맥주 작은 병 2병 또는 위스키 60 cc를 마신 경우에 해당한다.
0.05~0.15%	주취의 영향을 받게 된다. 평균인의 경우 맥주 작은 병 6병 또는 위스키 170 cc를 마신 경우에 해당한다.
0.15% 이상	모든 운전자가 주취의 영향을 받는다.
0.2% 〃	광란적으로 된다.
0.3% 〃	눈이 감기고 기력이 없어진다.
0.4% 〃	혼수상태에 빠진다.
0.5% 〃	사망한다.

주 : 사람에 따라 차이가 날 수 있음.

〔표 21-6〕 체중별 시간당 혈중알코올 농도 감소치

체중(kg)	시간당 BAL 감소치(%)
45	0.036
50	0.032
55	0.029
60	0.027
65	0.025
70	0.023
75	0.021
80	0.020
85	0.019
90	0.018

예제 21.1 체중 65 kg인 운전자에 대하여 사고 발생 2시간 후에 혈중알코올 농도를 측정하였더니 0.05%가 나왔다. 사고 당시의 혈중알코올 농도는 얼마로 추정되는가?

풀이
- 표에서 체중 65 kg인 사람의 BAL 감소량 = 0.025%
- 운전자의 사고당시 BAL = 0.05 + (0.025) × 2 = 0.10%

6 보행자

1994년도 전국의 교통사고로 인한 사망자 중에서 보행자는 43%에 이르며, 서울의 경우는 70%가 보행자 사망자로 밝혀졌다. 중상자도 전체 중상자의 45%(서울은 57%)가 보행자 중상자이다. 이 중에서 높은 연령층의 사고율은 더욱 심각하다.

각 연령층의 인구 만 명당 보행자 사망자수는 61세 이상이 25명, 보행자 부상자는 230명으로서 가장 높은 값을 나타낸다. 전체 보행자 사망자의 27%가 이 연령층에 속한다.

14세 이하의 어린이 교통사고도 매우 심각한 문제이다. 어린이 인구 만 명당 보행자 사망자수는 9명, 부상자는 340명이며, 전체 보행자 사망자의 16%가 어린이며, 전체 보행자 부상자의 30%가 어린이이다.

7 운전자 대책

사고방지를 위한 운전자 대책에는 즉각적인 방법과 지속적인 방법이 있다. 즉각적인 방법은 지도단속, 면허정지 또는 취소 등과 같은 법적인 강제력을 동원하는 것이며, 지속적인 방법은 안전교육, 안전관리 등과 같이 인간행동을 순치(馴致)시키거나 안전한 행동을 하게끔 동기를 부여하는 것이다.

(1) 교통지도 단속

교통법규는 안전운전을 위한 행동규범을 명시하고 있다. 모든 운전자는 다른 사람도 이와 같은 법규를 준수할 것이라고 믿는 '신뢰의 원칙'에 근거하여 운전을 한다. 따라서 교통법규를 위반하게 되는 경우에는 필연적으로 교통사고의 위험성(특히 법규를 준수하는 다른 사람에게 선의의 피해를 입히는)이 커지기 마련이다. 그러므로 교통규범에 어긋나는 행동, 즉 신뢰의 원칙을 깨뜨리는 위반행위를 지도하고 단속하는 일은 사고방지를 위해서 반드시 필요하다.

일반적으로 교통법규위반의 단속건수(동적위반의 단속)와 자동차 1만 대당 교통사고 사상자수는 상관관계가 매우 높기 때문에 교통지도 단속이 사고예방에 직접적인 효과가 있다고 볼 수 있다.

(2) 운전면허의 취소 및 정지

교통사고방지를 위한 즉각적인 방법의 또 하나는 운전면허의 자격제한, 운전면허의 취소 및 정지 등이 있다. 운전면허의 결격사유를 가진 사람은 18세 미만인 사람(오토바이는 16세 미만), 정신병자, 정신박약자, 간질환자, 시각장애자, 청각장애자, 말 못하는 사람, 마약, 대마, 향정신성의약품 또는 알코올 중독자, 대통령이 정하는 신체장애자 등을 말한다(도로교통법 제57조). 또 운전면허의 취소 및 정지의 대상으로는 위에서 열거한 결격사유를 가진 사람은 물론이고, 운전에 관한 법률, 규정, 처분을 위반한 사람이다(동법 제65조).

(3) 안전교육, 운전자관리

불안전한 운전행동이나 그 개연성을 직접적, 즉각적으로 제한하고 금지하여 사고발생을 억제하는 방법 이외에 간접적, 지속적인 방법으로 운전자나 자전거이용자, 보행자가 자발적으로 행동변화를 하게끔 하여 교통행동의 안전성 향상을 도모하기 위해서는 교육, 홍보 및 지도가 필요하다.

여기에는 모든 교통참가자가 알아두어야 할 사항에 관한 일반적인 안전교육과 사고성향을 가지고 있는 운전자에게 각 개인의 특성에 맞추어 실시하는 개별적인 안전지도가 있다. 또 운수업체는 교통안전관리자를 두도록 되어 있으며(교통안전법), 일정 규모 이상의 자동차를 가진 기업체 또는 회사(운수업체 제외)는 안전운전관리자를 두도록 하여(도로교통법) 운전자의 업무관리, 운행관리, 기술관리 등을 통하여 운전자관리 측면에서의 사고원인을 줄이도록 하고 있다.

21.2.2 차량, 교통시설 및 환경요인

차량의 기계적 결함에 의한 사고는 0.2%에도 미치지 못한다. 이들 사고의 원인은 대부분 제동장치의 고장으로 인한 것이며, 간접적인 원인은 부적절한 전조등으로 인해서 다른 차량의 사고를 유발하거나 후미등의 고장으로 인한 것이다.

도로구조와 교통안전시설이 교통사고에 미치는 영향은 사실상 인적요인에 못지않게 중요하다. 왜냐하면 불합리한 도로구조나 교통안전시설은 운전자에게 과도한 집중력을 요구하기 때문에 사고의 위험성이 높다. 앞에서도 언급한 바 있지만 도로구조와 안전시설은 보편적인 운전자가 보통수준의 주의력과 긴장감을 가지고 운전해도 사고가 나지 않게끔 설계되어야 한다.

도로조건과 교통운영에 따른 교통사고와의 관계는 다음 절에 상세히 설명된다.

기상조건이나 노면조건이 교통사고와 큰 연관성이 있다고 알려지고 있다. 특히 안개 낀 날의 치사율은 맑은 날에 비해 2.6배 높은 11.3%이며, 눈 오는 날과 비 오는 날의 치사율은 각각 7%, 6.2%에 달한다.

기타 운전자의 사회적인 환경이나 운전동기 등은 교통사고에 직접적인 영향을 주는 것이 아니고 간접적인 영향을 줄 뿐만 아니라 이들의 상관관계를 밝히기가 매우 어려우므로 여기서는 설명을 생략한다.

21.3 교통사고의 특성

교통사고는 차량을 운전하는 운전자와 도로 및 교통조건, 교통통제조건에 따라 크게 좌우된다. 따라서 이들 세 가지 요인들이 교통사고와 관련된 특성을 분석하면 사고방지 대책을 수립하는 데 도움이 된다.

교통사고의 특성을 분석하는 데 가장 유의해야 할 사실은 특성분석의 목적을 명확히 인식하는 일이다. 특성분석의 목적이 사고의 원인을 찾아내고 교통안전정책 및 전략을 수립하는 것이라면 단순하고 평면적인 통계숫자는 아무 의미가 없다. 예를 들어 여자운전자보다 남자운전자의 사고건수가 더 많다는 통계는 전체운전자 중에서 남·여운전자의 비율을 고려하지 않는다면 아무런 의미를 갖지 않으며 통계로서의 가치가 없다. 같은 이유로 해서 도로연장 1 km당 사고건수도 그 도로를 이용하는 교통량을 고려하지 않고는 의미가 없다. 극단적인 예로 비포장도로 1 km당 사고율이 포장도로 1 km당 사고율보다 낮다고 해서 비포장도로가 안전하다고 말할 수 없음은 분명하다. 각국의 차량 1만 대당 사고율의 비교도 마찬가지이다. 이 통계는 그 나름대로의 의미도 있으나 차량의 평균주행량을 고려해야만 더욱 의미 있는 통계가 된다. 차량이 아무리 많더라도 주행을 많이 하지 않으면 사고빈도가 적을 것이기 때문이다.

불행하게도 우리나라의 통계에는 이와 같이 사고율 평가기준을 잘못 선정함으로써 쓸모없는 통계가 대단히 많다. 그 이유는 근본적으로 기본적인 통계자료가 빈약하기 때문이다. 앞의 예에서 우리나라 차량의 연평균주행거리를 알아야만 주행 km·대당 사고율을 다른 나라와 비교할 수 있다. 차량 1만 대당 사고율이 같다고 하더라도 우리나라 차량과 같이 연평균주행거리가 외국보다 길다면 차량의 위험노출도를 나타내는 사고율이 오히려 낮을 수도 있다. 도로종류별(고속도로, 국도, 특별시도, 지방도, 시·군도) 사고율은 1 km당 사고건수를 비교해서는 안 되고 도로종류별 교통량을 고려해서 비교해야 되므로 도로종류별 평균통행량에 관한 통계가 없으면 사고율의 비교가 불가능하다.

21.3.1 일반적인 사고특성

1 교통주체의 사고율

교통사고에 연루된 당사자의 종류에 따른 사고건수 및 치사율은 〔표 21-7〕과 같다. 이 표에서 보는 바와 같이 가장 많은 사고는 자동차가 제1당사자와 제2당사자가 되는 충돌사고로서 전체사고건수의 약 58%를 차지하고 있다. 그 다음으로는 자동차가 보행자를 충격한 사고로서 전체사고 건수의 약 19%이다. 결국 자동차가 제1당사자가 된 사고가 전체의 약 93%를 차지하고 있다. 치사율로 볼 때 보행자 또는 경운기가 연루된 사고가 가장 높은 치사율을 보이고 있다.

〔표 21-7〕 사고당사자별 사고연루율 및 치사율 (2003)

제2당사자 / 제1당사자	자 동 차	이 륜 차	경 운 기	자 전 거	보 행 자	기 타	계
자동차	57.7 (1.2)	7.1 (2.1)	0.4 (8.4)	2.0 (4.2)	18.9 (5.8)	6.7 (7.7)	92.8 (2.8)
이륜차	1.1 (11.5)	0.2 (2.4)	0.0 (11.1)	0.1 (2.9)	1.1 (2.0)	0.3 (28.9)	2.9 (8.6)
경운기	0.1 (5.7)	0.0 (2.6)	-	-	0.0 (13.8)	0.0 (29.1)	0.1 (10.4)
자전거	0.1 (10.6)	-	-	-	0.1 (0.6)	0.1 (8.3)	0.2 (6.4)
보행자	0.0 (33.3)	-	-	-	0.0 (0.0)	-	0.0 (25.0)
기 타	1.6 (2.5)	0.2 (2.7)	0.0 (6.3)	0.2 (1.6)	1.6 (3.7)	0.4 (8.6)	3.9 (3.5)
계	60.6 (1.5)	7.5 (2.1)	0.4 (8.4)	2.3 (4.0)	21.7 (5.4)	7.4 (8.7)	100.0 (3.0)

주 : 1) 숫자는 전체사고건수에 대한 비율(%)

2) 괄호 안 숫자는 치사율 : $\frac{\text{사망자수}}{\text{사고건수}} \times 100(\%)$

3) 기타는 고정물체, 우마차, 열차와의 충돌 및 전복, 전도, 추락사고

〔표 21-8〕에서 볼 수 있는 바와 같이 차량 간의 사고는 전체교통사고의 59%를 차지하며 이 중에서도 추돌사고가 가장 많아 전체차량 간 사고의 21.5%를 차지한다. 그 다음으로는 전측면(前側面) 충돌사고로서 차량 간 사고의 5.5%를 차지한다. 차량 단독사고는 전체사고의 4%를 차지한다. 그러나 2003년도 통계에 따르면 모든 차량(자동차, 오토바이 등 포함)과 사람의 충돌사고는 전체사고의 37%에 달하며, 그 중에서 보행자가 도로를 횡단 중에 발생한 사고는 전체교통사고의 10%를 차지한다.

〔표 21-8〕 사고종류별 · 도로선형별 사고 (2003)

사고종류 \ 도로선형		사고건수	구성비	곡선 좌	곡선 우	직 선	기 타
차대사람	- 마주보고 통행 중	7,241	3.0	421	485	5,433	902
	- 등지고 통행 중	6,226	2.6	169	108	5,256	693
	- 도로횡단 중	24,912	10.3	719	357	22,912	929
	- 노상유희 중	1,004	0.4	16	5	950	33
	- 노상작업 중	273	0.1	8	5	241	19
	- 차도변 보행/정지	3,619	1.5	81	70	3,287	181
	- 보도통행 중	1,030	0.4	20	19	908	83
	- 기 타	45,133	18.7	583	645	41,858	2,047
	소 계	89,443	37.1	2,017	1,694	80,845	4,887
차대차	- 정면충돌	8,480	3.5	593	497	7,034	356
	- 추 돌	51,796	21.5	1,382	928	47,934	1,552
	- 전 측면	13,280	5.5	263	231	12,439	347
	- 추월시	970	0.4	52	44	842	32
	- 회전시	3,277	1.4	101	62	2,972	142
	- 후진시	1,548	0.6	42	25	1,370	111
	- 진로변경시	8,755	3.6	342	194	7,901	318
	- 교행시	11,956	5.0	547	303	10,807	299
	- 좌회전시	7,260	3.0	212	73	6,766	209
	- 우회전시	3,610	1.5	49	144	3,326	91
	- 기 타	30,900	12.8	349	645	29,371	544
	소 계	141,841	58.9	3,932	3,146	130,762	4,001
차량단독	- 시설물 충돌	2,086	0.9	212	173	1,632	69
	- 도로이탈, 추락	928	0.4	132	109	647	40
	- 기 타	6,517	2.7	323	245	5,543	406
	소 계	9,531	4.0	667	527	7,822	515
차대열차	- 건널목 횡단	17	0.0	0	1	16	0
	소 계	17	0.0	0	1	16	0
계		240,832	100	6,616	5,368	219,445	9,403
구 성 비			100	2.8	2.2	91.1	3.9

자료 : 참고문헌 (2)

2 도로종류별 사고율

도로종류별 사고발생 현황은 〔표 21-9〕에서 보는 바와 같다. 도로연장 1 km당 사고율을 보면 출입제한, 왕복분리, 혼합교통이 배제된 고속도로는 교통량이 다른 도로에 비해 많은 것을 감안할 때 사고율이 비교적 낮다고 볼 수 있다. 이와 같이 도로길이당 사고건수는 그 도로의 도로조건뿐만 아니라 교통량, 차종구성비 등과 같은 교통조건과도 크게 연관성이 있다.

〔표 21-9〕 도로종류별 사고발생 현황 (2003)

도로종류	연장(km)	사고건수(건)	사망(명)	부상(명)	사고건수(km당)	사망자(km당)	부상자(km당)	치사율(%)
고속도로	2,778	5,844	526	14,490	2.1	0.19	5.2	9.0
일반국도	14,235	53,101	2,463	89,749	3.7	0.17	6.3	4.6
특별·광역시도	17,130	68,276	1,009	99,255	4.0	0.06	5.8	1.5
지방도	17,485	14,890	742	23,824	0.9	0.04	1.4	5.0
시군도	45,625	95,612	2,425	145,121	2.1	0.05	3.2	2.5

반면에 치사율은 고속도로가 다른 도로에 비해 훨씬 높게 나타난다. 이때의 기준은 교통량과는 관계없이 사고건당 위험도를 나타낸 것이다. 미국의 경우를 보면 고속도로는 중앙분리대가 없는 4차로 도로에 비해 사고율이 25%밖에 되지 않으며, 2차로 도로의 50% 이하이다. 고속도로 가운데서도 사고율로 볼 때 사고율이 평균 이하인 도로의 특징은 넉넉한 도로폭을 가지고, 도로변의 연석이 없으며, 넓게 포장된 갓길, 상당히 긴 구간 동안 일관된 차로수를 가지며, 램프는 넓으면서도 오른편에 접속되고, 선형이 비교적 직선이나. 이와 같은 조건보다 조금이라도 못하면 사고율은 증가한다.

전반적인 도로망 체계를 볼 때 고속도로는 긴 통과교통이 이용하고, 간선도로와 집산도로는 중간 정도 또는 짧은 길이의 통과교통이 이용하며, 연속성이 없는 국지도로는 주변토지로의 접근기능을 할 때 그 지역 전반의 교통사고율은 매우 낮은 경향을 갖는다.

③ 사고발생지점별 사고율

전체교통사고의 22%가 교차로 내 또는 그 부근에서 일어나며 도로구간의 횡단보도 또는 그 부근에서 일어나는 사고까지 합하면 약 45%가 된다. 교차로 내에서의 사고는 주로 충돌사고(직각충돌이 많음)이며, 교차로 부근의 사고는 대부분 추돌사고이다.

커브지점에서의 사고는 주로 정면충돌사고가 많으며, 이는 커브지점에서 왼쪽으로 회전하는 차량이 커브지점의 중앙선을 침범함으로써 일어나는 사고가 대부분이다. 커브지점에서 왼쪽으로 회전하는 차량들의 거의 대부분이 이 지점에서 중앙선을 침범하고 있는 것을 우리 주위에서 쉽게 볼 수 있다는 것은 이와 같은 사실을 잘 설명하고 있다.

21.3.2 도로선형과 사고

① 평면선형

앞의 〔표 21-8〕에서 볼 수 있는 바와 같이 곡선선형을 가진 도로에서의 사고가 전체의 약 5%를 차지하나 이 자료 하나만 가지고는 곡선선형이 더 많은 사고를 일으킨다거나 더 적은 사고를 일으킨다고 말할 수는 없다. 왜냐하면 도로 중에서 직선과 곡선도로의 비율을 알 수 없기 때문이다(이를 비교하기 위해서는 차량 대·km당 사고율로 비교해야 한다). 그러나 곡선선형 중에서 오른쪽으로 굽은 도로에서의 사고가 왼쪽으로 굽은 도로에서 보다 사고를 많이 일으킨다.

도로선형과 사고율과의 관계는 우리나라의 통계에서 나타나지도 않거니와 여기에 대해서 연구한 것이 없기 때문에 외국의 연구결과를 예로 들기로 한다.

〔그림 21-5〕는 일본의 일반도로와 고속도로에서의 차량관련사고(차 대 차 및 차량단독사고)에 관한 조사결과를 나타낸 것이다.

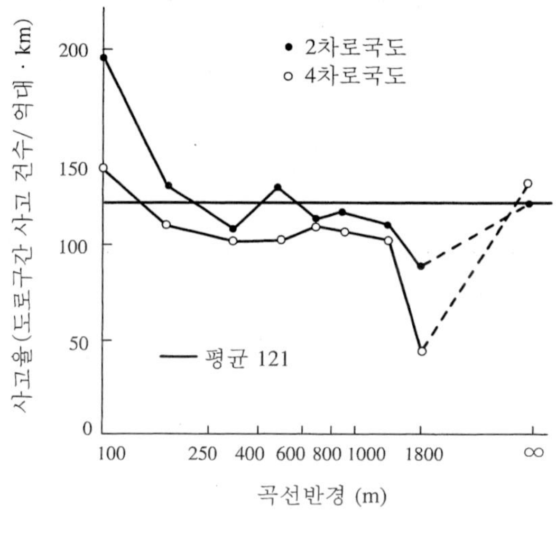

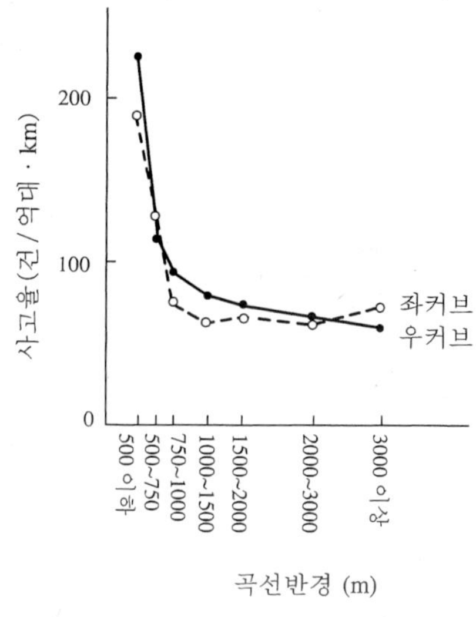

〔그림 21-5〕 곡선반경별 차량관련 사고율(일본)

그림에서 볼 수 있는 바와 같이 일반도로에서는 곡선반경이 100 m 이내일 때 사고율이 높고, 특히 2차로 도로에서는 그 경향이 강하게 나타난다. 고속도로에서도 마찬가지로 곡선반경 750 m를 경계로 하여 그 값이 적어짐에 따라 사고율이 높아지고, 그 경향은 오른쪽 굽은 곡선이나 왼쪽 굽은 곡선 간에 차이가 없다.

미국의 Kipp는 곡선반경과 사고율과의 관계를 〔표 21-10〕과 같이 나타냈으며,[6] 영국의 Granville도 이와 유사한 결과를 〔표 21-11〕과 같이 얻었다.[7]

독일의 Bitzel은 고속도로의 긴 곡선반경과 경사에 대한 사고율을 〔표 21-12〕와 같이 얻었다.[8] 이 표에서 볼 수 있는 바와 같이 비교적 평탄한 지형에서는 곡선반경이 400~1,000 m일 때의 사고율이 직선에 비해 2.5배 정도 높으나 6% 이상의 경사지형에서는 8배 정도 높다.

〔표 21-10〕 곡선반경과 사고율(Kipp)

곡선반경(m)	사고율(100만대 · km당)
570 이상	0.85
340~570	1.55
340 이하	2.41

곡선부의 개수가 많으면 사고율이 높을 것 같으나 반드시 그런 것은 아니다. 예를 들어 긴 직선구간 끝에 있는 곡선부는 짧은 직선구간 다음의 곡선부에 비해 사고율이 높다.

〔표 21-11〕 곡선반경과 사고율(Granville)

곡선반경(m)	사고율(100만대 · km당)
860 이상	1.6
430~860	1.9
285~430	2.2
170~285	2.4
115~170	8.5
115 이하	9.3

〔표 21-12〕 곡선반경 및 경사와 사고율(Bitzel)

곡선반경(m)	경사별 사고율(1억대 · km당)			
	0~2%	2~4%	4~6%	6~8%
4,000 이상	28	20	105	132
3,000~4,000	42	25	130	155
2,000~3,000	40	20	150	170
1,000~2,000	50	70	185	200
400~1,000	73	106	192	233

그러나 곡선구간과 사고율의 관계에서 한 가지 유의해야 할 사실은 곡선부에서의 사고율이 선형 때문만이 아니라 시거(視距), 편구배에 크게 좌우된다는 것이다. 예를 들어 Tanner의 연구에 의하면[9)] 선형을 개선한 결과 사고율이 80% 감소했으며, 시거를 개선하여 65%, 편구배를 증가시켜 60%의 사고감소율을 보였다.

곡선부에서 사고를 줄이는 데는 주의표지가 중요한 역할을 한다. 곡선부에서 일반적으로 사용되는 주의표지는 곡선부가 시작되는 지점 이전에 "안전속도"를 표시한 "도로 굽은 표지"이다. 〔표 21-13〕은 Kansas주의 모든 곡선부 도로에 그 곡선부 기준에 적합한 새로운 주의표지를 설치한 다음에 실시한 사전 · 사후조사의 결과를 나타낸 것이다.[40)]

곡선부가 종단경사와 중복되는 곳은 훨씬 더 사고 위험성이 크다. 곡선부는 또 미끄러짐 사고가 발생하기 쉬운 곳이다. 곡선부에서의 사고를 감소시키는 방법은 편구배를 개선하고, 시거를 확보하며, 속도표지와 시선유도표를 포함한 주의표지와 노면표지를 잘 설치하는 것이다.

〔표 21-13〕 표지개선에 따른 곡선부 사고변화(Kansas)

표　　지	사망 사고건수	사망자수	부상자 사고건수	부상자수
표지개선 이전	43	49	305	481
표지개선 이후	26	28	299	468

2 종단선형

일본의 예에 의하면 일반도로구간에서 종단경사가 6% 이상의 내리막길에서의 사고율이 매우 높고, 고속도로에서도 마찬가지로 내리막길에서의 사고율이 높으며, 일반적으로 종단경사가 커짐에 따라 사고율이 높아지는 경향이 있다. 미국에서의 연구에 의하면 340 m 이하의 곡선반경을 가진 곡선부에서 종단경사가 5% 이상일 때 높은 사고율(특히 미끄러짐 사고)을 보인다. 이와 같은 결과는 〔표 21-12〕에서 보인 독일의 결과와 유사하다.

종단선형이 자주 바뀌면 종단곡선의 정점에서 시거가 단축되어 사고가 일어나기 쉽다(〔표 21-14〕, 〔표 21-15〕 참조). 여기서 제한시거란 산악지에서의 시거가 120 m 이하인 경우를 말하며, 구릉지나 평지에서는 180 m 이하가 되는 시거를 말한다. 일반적으로 양호한 선형조건에서 제한시거가 불규칙적이면 평균사고율보다 훨씬 높은 사고율을 보인다.

〔표 21-14〕 시거와 사고율(2차로 도로)

시　거(m)	사고율(100만대 · km당)
240 이하	1.5
240～450	1.2
450～750	0.9
750 이상	0.7

자료 : 참고문헌 (10)

〔표 21-15〕 제한시거의 빈도와 사고율

제한시거 빈도(1 km당 개소)	사고율(100만대 · km당)
1 이하	2.3
1 ～ 2	2.4
2 ～ 3	1.9

자료 : 참고문헌 (11)

독일의 Bitzel도 고속도로에서의 종단경사와 사고율과의 관계를 〔표 21-16〕과 같이 나타냈다.[8)]

〔표 21-16〕 종단경사와 사고율(독일 고속도로)

경　　사 (%)	사 고 율(1억대 · km)
0 ~ 2	46.5
2 ~ 4	67.2
4 ~ 6	190.0
6 ~ 8	210.5

자료 : 참고문헌 (8)

21.3.3 횡단면과 사고

1 차로수

차로수와 사고율의 관계는 아직 명확히 규명된 바가 없다. 일반적으로 차로수가 많으면 사고율이 높았으나 이는 그 도로가 교통량이 많고, 교차로가 많으며, 또 도로변의 개발밀도가 높기 때문일 수도 있으므로 높은 사고율을 반드시 차로수의 영향 때문이라고 말할 수는 없다.

2 차로폭

차로폭과 사고율의 관계는 차로폭 확장의 경제적 타당성을 건설비용과 사고비용 감소를 비교해서 검토하는 데 매우 의미가 있다. Morrison은 여러 가지 차로폭을 가진 2차로 도로의 사고율을 조사한 결과 차로폭이 2.3~2.7 m인 도로보다 3.0 m인 도로의 사고율이 낮으며, 2.7 m의 차로를 3.0 m로 확장하는 데 소요되는 비용보다 사고감소로 인해 얻는 편익이 크기 때문에 경제적 타당성이 있다는 결론을 내렸다.[12)]

Cope는 380 km의 2차로 도로를 차로폭 2.7 m에서 3.3 m로 확장했을 때의 사전 · 사후조사를 통하여 〔표 21-17〕과 같은 결과를 얻었다.[13)] 이 표에 의하면 교통량이 많고 사고율이 높은 구간을 넓히면 그 효과가 더욱 크다는 것을 알 수 있다.

〔표 21-17〕 차로폭 확장과 사고율 감소(Cope)

당초 사고율(100만대 · km당)	사고율의 감소율(%)	당초교통량(대/일)
1.0 이하	21.5	2,170
1.0~1.2	25.2	2,284
1.3~1.5	34.4	2,700
1.6 이상	46.6	3,006

차로를 구획하는 노면표시를 하면 그렇지 못한 경우보다 사고건수가 33% 줄어든다는 연구결과도 있다.[39)]

3 갓 길

갓길이 넓으면 차량의 이동공간이 넓고, 시계(視界)가 넓으며, 고장 난 차를 주행차로 밖으로 치울 수가 있기 때문에 안전성이 큰 것은 확실하다. 또 갓길이 토사(土砂)나 자갈 또는 잔디보다는 포장된 노면이 더 안전하며, 포장이 되어 있지 않을 경우에는 건조하고 유지관리가 용이할수록 안전하다.

미국의 Virginia 주에서 차도폭 6 m 도로의 24 km 구간에 대하여 0.3~1.2 m의 갓길폭을 1.8 m로 확장하고 그 중 1.2 m를 포장했을 때의 사전·사후조사를 한 결과, 확장하기 이전 2년간의 사고는 102건 있었으나 확장한 후에는 69건으로 줄었으며, 이때 사전·사후의 사고율은 100만 대·km당 1.73건과 1.16건이었다.[14)] 그러나 이러한 결과는 노면표시를 어떻게 하느냐에 따라 어느 정도 변할 수 있다. 이 경우는 차도와 갓길을 단선의 흰색 페인트칠을 한 경우이다. 일반적으로 이와 같이 차도와 갓길을 구획하는 노면표시를 하면 사고가 감소한다.

4 중앙분리대

중앙분리대는 횡단형(mountable type), 억제형(deterring type), 방책형(nonmountable type)으로 나뉜다. 중앙분리대의 폭이 좁은 경우에는(2.4 m 이하) 일반적으로 억제형이나 방책형의 분리대를 설치하지만, 중앙분리대를 설치하지 않을 때에 비해 사고율이 그다지 감소하지 않는다. 왜냐하면 이 경우에는 중앙분리대를 넘을 수 없기 때문에 마주 오는 차량과의 충돌을 막을 수는 있지만 그 대신 분리대와의 충돌사고가 많이 발생한다. 반면에 횡단형을 설치하면 중앙분리대를 넘어서 마주 오는 차량과 충돌하는 위험성도 있지만, 그렇지 않고 원래의 주행선으로 안전하게 복귀하기도 쉽다. 일반적으로 AADT가 40,000~50,000인 도로에서 중앙분리대를 넘어서 정면충돌하는 비율과 다시 원래의 주행선으로 되돌아오는 비율은 1 : 8로 알려져 있다.[15)]

Moskowitz의 연구에 의하면 AADT가 25,000~130,000과 130,000 이상의 그룹에서 좁은 중앙분리대 내에 방호책(barrier)이 있는 경우와 없는 경우의 사고율을 비교했을 때, 교통량이 적은 그룹에서는 방호책이 있는 경우가 사고율이 높았다.[16)]

횡단형이 아닌 중앙분리대를 설치할 경우 분리대의 폭과 사고율과는 상관관계가 없다는 것은 여러 사람의 연구에서 밝혀졌다([그림 21-6]).[16), 17)]

그러한 횡단형의 경우는 사고와 분리대의 폭과는 밀접한 관계가 있다. 또 중앙분리대를 횡단하여 정면충돌한 사고의 전체사고건수에 대한 비율과 분리대폭과의 관계도 밀접하다. 즉 분리대의 폭이 넓을수록 분리대 횡단사고가 적고, 또 전체사고건수에 대한 정면충돌 사고의 비율도 낮다.

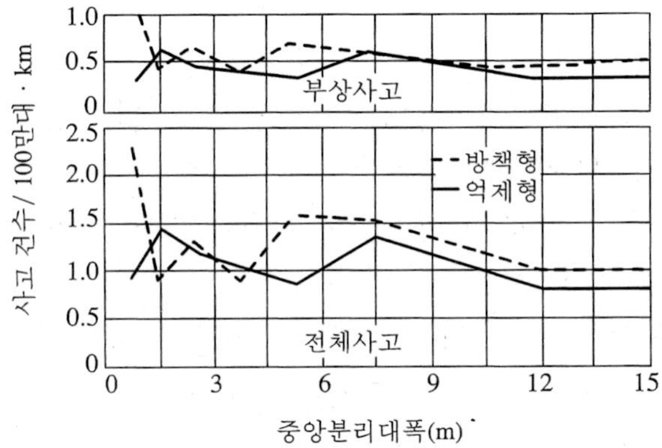

자료: 참고문헌(16), (17)

〔그림 21-6〕 중앙분리대폭과 사고율

결론적으로 분리대폭이 15 m 이내이면 분리대에 방호책을 설치하여 정면충돌사고를 줄일 수 있을 뿐만 아니라 분리대의 폭도 반으로 줄일 수 있다. 그러나 앞에서도 언급한 바와 같이 이와 같은 시설을 함으로써 교통량이 적은 경우에는 분리대충돌로 인한 사고율이 높아진다.

중앙분리대에 설치된 방호책은 사고를 방지한다기 보다는 사고의 유형을 변환시켜 주기 때문에(정면충돌사고를 차량단독사고로 변환시킴으로써 위험성이 덜하다) 효과적이다. 따라서 방호책은 다음과 같은 성질을 가져야 한다. 즉 (i) 횡단을 방지할 수 있어야 하고, (ii) 차량을 감속시킬 수 있어야 하며, (iii) 차량이 튕겨나지 않아야 하며, (iv) 차량의 손상이 적도록 해야 한다.

5 도로변

고속도로와 국도에서 발생하는 사고 가운데 상당한 부분이 차량의 주행선 일탈에서 발생하는 차량단독사고로서 전복되거나 도로변의 물체에 충돌한다. 따라서 도로변의 위해물, 특히 교량의 교대, 교각, 표지판지주, 전신주, 가로등기둥 등과 같은 인공물 등을 설치할 때 유의해야 한다. 특히 충돌을 방지하기 위해서 설치하는 가드레일이 오히려 장애물이 되는 수가 있으므로 설계할 때 이점에 유의해야 한다.

도로변의 가로수를 보호하기 위해서 교량의 접근부에 설치된 가드레일은 사고건수뿐만 아니라 그 위해도(危害度)를 감소시켜 준다. 그러나 가로수 그 자체도 위해물이 될 수도 있으므로 식재에 신경을 써야 한다. 이와 같은 위해물이 포장 끝으로부터 떨어진 거리와 사고율과의 관계는 아직 밝혀진 바가 없으나 인공위해물과 충돌에 의한 사고를 감소시키기 위해서 안전설계에 관한 연구가 외국에서 많이 나오고 있다.

6 교 량

교량의 폭과 교량포장면, 그리고 교량 접근부 등이 교통사고와 밀접한 관계가 있다. Fritts가 미국의회에 제출한 연구보고서에 의하면 교량의 폭이 교량접근로의 폭보다 0.3 m 이상 좁으면 1억대·km당 사고율은 63건이었고, 1.5 m 넓으면 36건, 1.5 m 이상 넓으면 8건밖에 되지 않았다.[18] 또다른 연구결과는 교량의 접근로 폭과 교량의 폭이 같을 때 사고율이 가장 낮다는 사실을 밝혔다. 이 두 가지의 폭이 서로 다른 경우에도 교통통제설비, 즉 표지나 시선유도표, 교량 끝단의 노면표시를 효과적으로 설치함으로써 사고율을 현저히 감소시킬 수 있다.

7 노면상태

도로의 노면상태는 도로형상이나 교통통제설비보다 사고발생에 기여도가 더 크다고 알려져 있다. 노면상태가 사고에 영향을 주는 것은 미끄러짐이다. 미끄러짐(skidding)에는 제동 전에 발생하여 운전자가 의도하는 바와 다른 방향이나 속도로 진행하는 것과 제동 동안에 발생하여 원하는 곳에서 정지할 수 없는 두 가지 경우가 있다. Pennsylvania Turnpike에서의 조사에 의하면 100만대·km당 사고율이 건조노면에서 1.1건, 젖은 노면 1.9건, 눈 덮인 노면 4.8건, 결빙노면 8.2건으로 나타났다.[19]

영국의 Giles와 Sabey의 연구는 이보다 더 흥미로운 결과를 나타냈다. 이 연구에 의하면 타이어와 노면의 횡방향 마찰계수가 0.55~0.6 정도에서 미끄러짐의 위험이 시작되며, 0.4~0.45에서는 위험성이 20배 증가하고, 마찰계수가 0.3~0.35가 되면 위험성이 300배 증가한다.[20]

Detroit시의 한 교차로에 대한 연구결과를 보면, 벽돌포장을 한 도로의 접근로에서 노면이 젖은 상태의 사고가 일 년에 32건(이 중 65%가 추돌사고)이던 것이 노면을 포장한 후 비 온 날의 사고가 8건으로 감소되었다.[21]

8 노면요철

사고를 방지하기 위해서는 노면처리를 비정상적으로 하는 방법도 있다. 예를 들어 포장면을 울퉁불퉁하게 만들어 운전자에게 주의를 환기시키는 방법이다. 이 방법은 중앙분리대나 갓길에 적용하여 운전자가 차로를 벗어나는 것을 경고하고, 곡선구간이나 교차로의 접근부에 설치하여 운전자에게 경각심을 갖도록 한다. 특히 "정지" 표지 이전에 설치하면 매우 효과가 있다.

21.3.4 교차로와 인터체인지에서의 사고

1 인터체인지

램프의 위치와 주도로의 평면 및 종단선형과의 관계, 기하설계요소가 사고에 큰 영향을 미친다는 것은 당연하다. 사고위험성이 높은 램프의 위치는 (i) 고가구조물 또는 종단곡선의 정점에 가려 잘 보이지 않는 유출램프의 접근부, (ii) 주도로의 가파른 상향경사에 유입램프가 접속되어 유입가속도가 현저히 낮을 때, (iii) 유입램프가 종단곡선 정점에 접속되어 유입하는 차량과 주도로 차량의 시거가 제약을 받는 곳이다.

주도로가 하향경사인 지점에 램프가 접속되거나 접속 후 보조차로를 가진 곳은 사고율이 비교적 높지 않은 반면에, 주도로의 볼록곡선의 정점이나 오목곡선의 바닥에 램프가 접속되면 높은 사고율을 보인다.

램프의 사고율은 주도로나 램프의 교통량과는 무관하며, 램프의 간격은 큰 램프를 띄엄띄엄 설치하는 것보다 작은 램프를 조밀하게 설치하는 것이 더 안전하다(두 경우에서 램프이용 교통량이 같다면).[22] 또 긴 감속·가속차로와 테이퍼가 사고율을 감소시킨다.

유출 및 유입램프의 접속위치가 통과교통류의 왼쪽에 있으면 오른편에 있을 때보다 사고율이 높은 것은 운전자의 대부분이 램프의 위치가 오른편에 있을 것이라고 예상하고 미리 마음의 준비를 하기 때문이다. 따라서 부득이 통과교통에서 유출램프로 분류되거나 유입램프에서 유입되는 위치가 왼쪽이면 감속·가속차로의 길이를 늘이고 표지판 설치를 잘 해야 한다.

2 교차로

도시 내의 교통사고는 상당한 부분이 교차로에서 발생을 하며, 이러한 사고의 유형과 건수는 교차로의 종류, 교차로의 기하구조, 교통량 및 교통통제설비에 좌우된다.

일반적으로 3지 교차로가 4지 교차로보다 사고율이 낮으며, 교통량이 많을수록 사고율이 낮다. 또 사고율은 주도로의 교통량보다 부도로(교차도로)의 교통량에 의해 더 크게 영향을 받는다. 마찬가지로 좌회전 교통량이 적을 때보다 많을 때가 오히려 사고율이 낮다.[23] 이와 같은 이유는 교차로를 통과하는 차량의 속도가 교통량이 많을수록 낮기 때문일 것이다.

교차로의 교통통제방법은 교통사고에 직접적인 영향을 미친다. 4방향 "정지" 표지로 운영되는 교차로의 사고율은 주도로의 교통량이 12,000 ADT 이상이면 크게 증가된다. 2방향 "정지" 표지의 교차로에서는 이와 반대로 주도로의 교통량이 증가함에 따라 사고율이 오히려 감소한다.[24] 동일한 연구에서 Syrek는 교차로 교통량과 통제방법에 따른 사고유형별 사고율의 변화를 사전·사후조사를 통하여 구하고, 그 결과를 [표 21-18]에 나타냈다.

〔표 21-18〕 교차로 운영방식에 따른 사고율 변화(2→4방향 "정지")

사 고 유 형	사 고 율(100만대당)			
	주도로 : 5,000대 : 부도로 : 3,000대		주도로 : 12,000대 이상	
	2방향 "정지"	4방향 "정지"	2방향 "정지"	4방향 "정지"
직각충돌	0.60	0.23	0.17	0.44
추 돌	0.07	0.15	0.05	0.34
좌회전충돌	0.05	0.04	0.04	0.07
계	0.72	0.42	0.26	0.85

자료 : 참고문헌 (24)

이 표에서 보는 바와 같이 4방향보다 2방향 "정지" 때의 추돌사고가 훨씬 많다.

4방향 "정지" 교차로를 신호화했을 때의 사전·사후조사 결과는 〔표 21-19〕에 나타나 있다. 이 표에서 보듯이 교통량이 적을 때는 신호화하는 것이 오히려 사고를 증대시킴을 알 수 있다(그러나 사상자수는 감소한다). 또 교차로를 신호화하면 직각충돌사고는 감소하지만 좌회전충돌사고는 증가하며, 교통량이 클 때 교차로를 신호화하면 직각충돌과 추돌사고를 크게 감소시키는 장점이 있다. 여기서 언급되는 신호는 모두 고정시간신호 때이며, 만약 교통대응방식을 사용하여 신호등을 연동시킨다면 추돌사고가 많이 줄어든다.

〔표 21-19〕 교차로 운영방식에 대한 사고율 변화(4방향 "정지" → 신호등)

사 고 유 형	사 고 율(100만대당)			
	주도로 : 8,000대 : 부도로 : 7,000대		주도로 : 15,000대 : 부도로 : 7,000대	
	4방향 "정지"	신 호 등	4방향 "정지"	신 호 등
직각충돌	0.35	0.30	0.44	0.30
추 돌	0.14	0.19	0.34	0.19
좌회전충돌	0.07	0.17	0.07	0.17
계	0.56	0.66	0.85	0.66

자료 : 참고문헌 (24)

Solomon의 연구에 의하면 교차로에 점멸등을 설치할 경우(주도로에 황색, 부도로에 적색) 모든 유형의 사고가 약 25% 감소하고 사상자수는 50% 정도 감소하는 것으로 나타났다. 이와 같은 효과는 교통량이 큰 교차로에서 보다 적은 교차로에서 더 크게 나타났다.[25)]

비보호좌회전(좌회전 차로는 있으나 좌회전 전용신호가 없는 경우)에 의한 사고는 좌회전 전용차로가 있는 보호좌회전 때의 사고율보다 3배 정도나 높다.

신호등을 측주식 횡형으로 설치하면 교통사고가 현저히 줄어든다는 연구보고도 있다.[26)]

교통운영의 기본요소인 안내표지는 노선을 명확히 나타내고, 될수록 많은 운전자에게 이해될 수 있게끔 설계되고 적절한 위치에 설치되어야 한다. Stevens의 연구에 의하면 문형식(overhead) 표지가 도로변 표지를 사용할 때보다 사고율이 훨씬 낮다는 것을 발견했으며, 이때의 사고는 대부분 측면충돌사고이었다.[27)]

정지표지나 신호등을 설치할 정도가 되지 않는 교차로의 부도로 접근로에는 양보표지를 설치하면 사고예방에 도움이 된다. Detroit시의 299개 교차로에서 양보표지를 설치한 후의 사전·사후조사를 실시한 결과 사고건수가 445건에서 214건으로 감소했다. 이 표지는 램프를 사용하여 고속도로에 진입하는 유입램프 쪽에 설치해도 큰 효과가 있다.[28)]

21.3.5 교통조건과 사고

평균일교통량(ADT)과 사고율과는 밀접한 관계가 있다는 것은 지금까지 여러 연구에서 밝혀진 바 있다. 〔그림 21-7〕은 이들 중 몇 가지의 연구결과를 나타낸 것이다. 그러나 이 결과는 비단 교통량뿐만 아니라 차로폭, 갓길폭, 시거 및 다른 요소가 사고에 미치는 영향도 포함된 것이기 때문에 연구한 사람이나 연구대상이 되는 도로에 따라 조금씩 차이가 날 수도 있다.

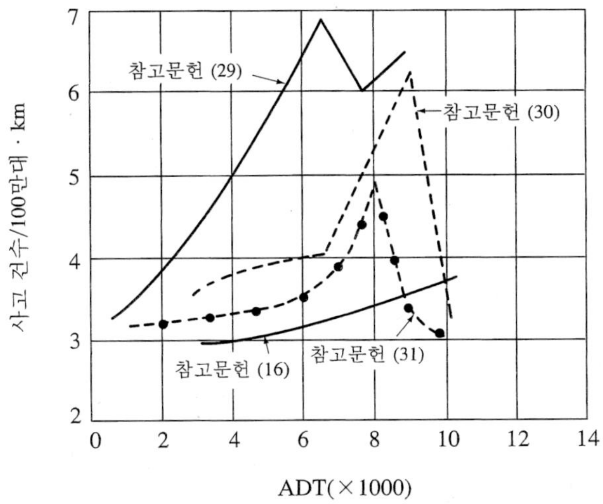

〔그림 21-7〕 교통량별 사고율

일교통량이 사고율과 관계가 있다면, 시간교통량도 사고율과 관계가 있다는 것을 의미한다. 따라서 교통량이 시간대별로 변함에 따라 사고율은 이와는 다른 패턴으로 변한다. 〔그림 21-8〕은 오후 9시~오전 6시 사이의 교통량이 다른 시간대에 비해서 훨씬 적을 것임에도 불구하고 차량 대·km당 사고율은 교통량이 많은 시간대보다 훨씬 높다는 것을 보여준다.

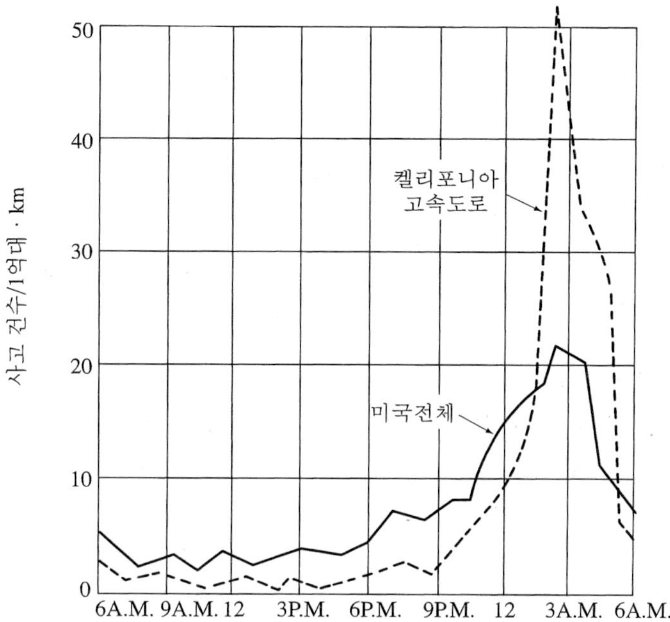

자료 : 참고문헌 (32)

(가)

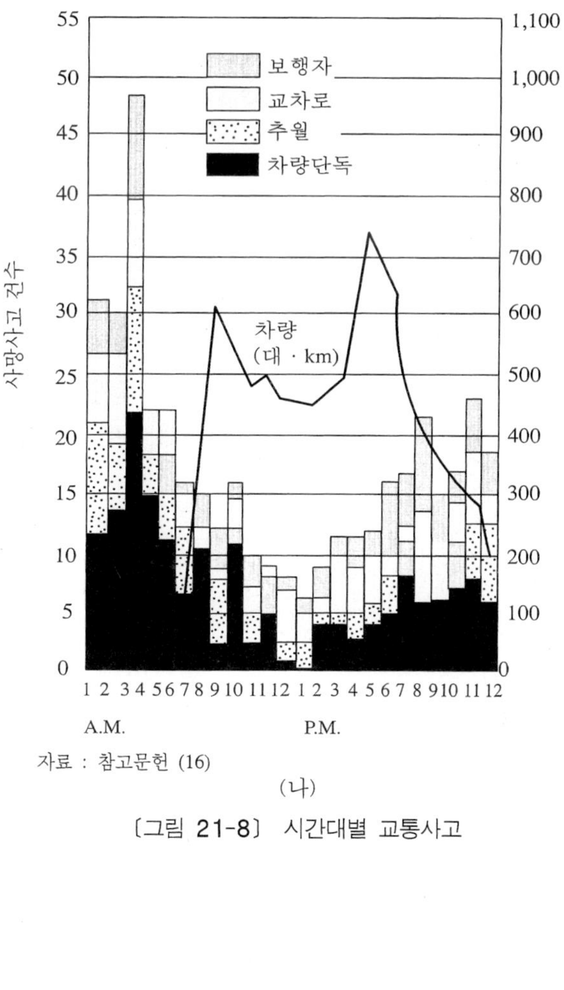

자료 : 참고문헌 (16)

(나)

〔그림 21-8〕 시간대별 교통사고

교통류 내의 차종구성에서 대형차량이 많으면 사고율이 높으며, 차량 간의 속도분포가 크면 마찬가지로 사고율이 높다. 낮 시간에는 소형트럭과 버스가 승용차나 대형트럭에 비해 사고율이 약간 높으며, 밤 시간에는 승용차와 대형트럭의 사고율이 높다.

속도와 사고율과의 관계는 참고문헌 (32)에 잘 나타나 있다. 이 연구에 따르면 잘 설계된 지방부 도로에서 속도가 클수록 사고율이 낮으나 속도가 어느 정도 이상 높아지면 사고율은 다시 증가한다. 그러나 부상자수는 속도가 높아질수록 늘어난다. 사고감소를 위해 속도제한구간을 설정하는 근거는 다음과 같다.

- 운전자는 표시된 제한속도보다는 교통이나 도로조건에 따라 합리적이며 안전하게 그들의 속도를 선택한다. 따라서 도로조건이나 교통조건에 적합한 속도보다 제한속도가 너무 낮거나 높으면 대부분의 운전자는 제한속도를 무시하는 경향이 있다.
- 속도제한이 효과적으로 이루어지기 위해서는 단속 가능할 정도이어야 한다. 따라서 제한속도는 대부분의 운전자가 그 속도를 자발적으로 지킬 수 있고, 단속은 단지 이를 지키지 않는 소수의 운전자를 대상으로 하게 되는 그러한 속도가 되어야 한다.
- 어떠한 속도제한도 그것이 시행되는 도로조건과 교통조건에 대해서만 타당성을 갖는다. 즉 제한속도는 일반적으로 좋은 기상조건과 비첨두시간에 대한 것이기 때문에 이와 다른 조건에서는 적절치가 않다.
- 실제현장의 속도와 도로의 특성, 도로변의 개발상태 및 특성, 그리고 그 도로의 사고자료를 기초로 하여 설정된 제한속도는 속도분포를 줄여서 균일한 교통류를 만들고, 결과적으로 사고를 줄인다.
- 사고는 속도 그 자체보다도 속도분포에 더 큰 영향을 받는다. 다시 말하면 사고는 차량들 상호간의 속도 차이에 의해 발생한다.

미국 North Carolina의 20 km 도로 구간에서는 실제 현장의 속도와 교차로에서의 임계속도에 기초를 두어 속도제한을 하여, 가능한 도로 및 교통조건에 적합하면서 높고 균일한 속도를 유지하도록 했다. 그 결과 사고율이 54% 감소했으며 부상자수는 70% 줄었다.[33]

21.3.6 도로운영과 사고

1 출입제한

주 교통류에의 출입이 특정지점에서만 허용되는 완전출입제한(full access control)은 지금까지 개발된 교통사고감소 방법 중에서 가장 효과적인 것이다. 완전출입제한된 도로는 출입제한이 없는 도로에 비해 사고율이 30~50% 정도밖에 되지 않는다. 그러나 이것은 단지 출입제한 때문만이 아니라, 출입이 허용되는 지점이라 하더라도 교차로를 입체화하

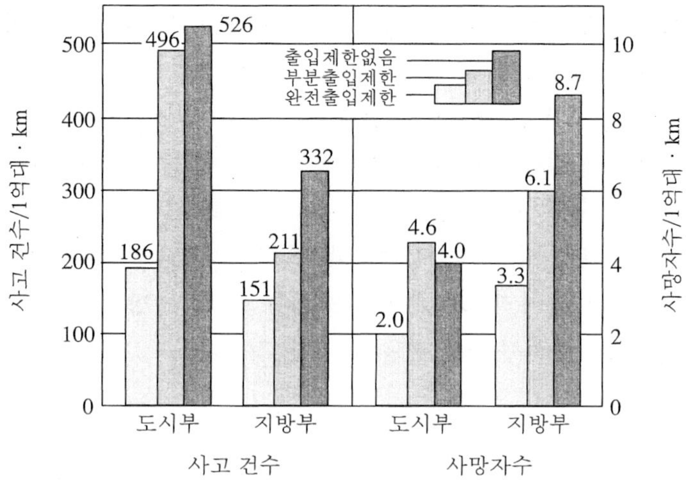

자료 : 참고문헌 (32)

〔그림 21-9〕 출입제한이 사고에 미치는 효과

거나 중앙분리대를 설치하는 것과 같은 설계상의 여러 가지 개선이 원인일 수 있다.

〔그림 21-9〕는 도시부 도로와 지방부 도로의 출입제한 정도에 따른 통행량 1억대 · km 당 사고건수와 사망자수를 나타낸 것이다. 이 그림에서 보는 바와 같이 사고건수는 도시부 도로가 훨씬 많은 반면 사망자수는 지방부 도로가 많다. 또 완전출입제한된 지방부 도로의 사망자수는 출입제한이 안 된 도로의 38%밖에 되지 않는다.[32)]

2 일방통행

일방통행도로는 안전성 측면에서 여러 가지 특성을 지니고 있다. 첫째 교차로에서의 상충지점수가 적으며, 둘째 대향교통이 없으므로 정면충돌이나 측면충돌사고가 없고, 셋째 회전차량을 추월할 수 있으므로 추돌사고의 가능성도 줄어들며, 넷째 신호시간을 연속 진행에 맞출 수 있으므로 정지수를 줄이고 차량군을 형성하여 교차로를 통과함으로써 횡단보행자나 횡단교통을 위한 시간간격을 마련할 수 있다.

Portland에서는 업무지구의 도로를 일방통행으로 한 결과 교통량이 8% 증가했는데도 불구하고 사고율은 45% 감소했음을 보였다.34) 그러나 경우에 따라서는 일방통행제를 막 실시하면 처음 얼마 동안은 사고율이 증가하나 시간이 경과할수록 사고율이 감소할 수도 있다. 그 이유는 그 도로를 운행하는 운전자가 일방통행제에 익숙해져 있지 않기 때문이기도 하지만, 표지나 주차방법, 신호등 등이 동시에 완벽하게 변경되지 않은 탓도 있다.

3 주 차

주차된 차량이나 주차면을 출입할 때에 사고위험성이 높은 것은 당연하다. 노상주차의 방법은 각도주차보다 평행주차일 때의 사고율이 50% 정도 더 낮다. 그 이유는 각도주차를 하면 주행할 수 있는 도로공간을 많이 차지하기 때문이다. 노상주차를 금지하면 사고는 훨씬 줄어든다. 지방부 도로는 노상주차가 금지되는 것이 일반적이지만 위락차량이나 긴급차량 또는 고장난 차량이 정지해 있을 때 사고가 많이 나므로, 이를 위한 갓길이나 도로폭을 넓히는 것이 타당할 수도 있다. 교차로 부근에 주차를 하면 사고가 현저하게 많아진다. 주차회전수(turnover) 역시 사고를 증가시킨다. 노상주차행동이 위험하다고 판단되면 시간제 주차를 하여 회전수를 높이기보다 온종일 주차할 수 있는 방법을 쓰는 것이 좋다. 마찬가지로 속도와 교통량이 주차사고에 영향을 미칠 것이다.

4 조 명

야간에 발생하는 사고에 의한 사망자수는 주간에 비해 더 많다. 통행량(억대 · km당)을 기준으로 비교한다면 야간사고율이 주간사고율에 비해 두 배가 넘으며, 지방부 도로에서는 이보다 더 크고, 위험한 특정 지역에서는 10배가 넘을 수도 있다. 시간대별 사고율의 변동은 〔그림 21-8〕에 나타나 있지만, 야간의 사고율이 높은 이유는 운전자의 피로 때문이기도 하나 대부분이 가로조명 때문이다. 이 가로조명은 교통사고를 방지하기 위한 목적도 있지만, 범죄예방이나 가로를 아름답게 꾸미려는 목적도 있다.

조도가 낮을 때는 조도를 조금만 증가시켜도 사고는 크게 줄어든다. 더구나 도시부에서는 교차로에서 보행자 사고가 크게 감소한다. 조도와 야간에 일어나는 사고율의 관계는 〔그림 21-10〕에서 보는 바와 같다.[45]

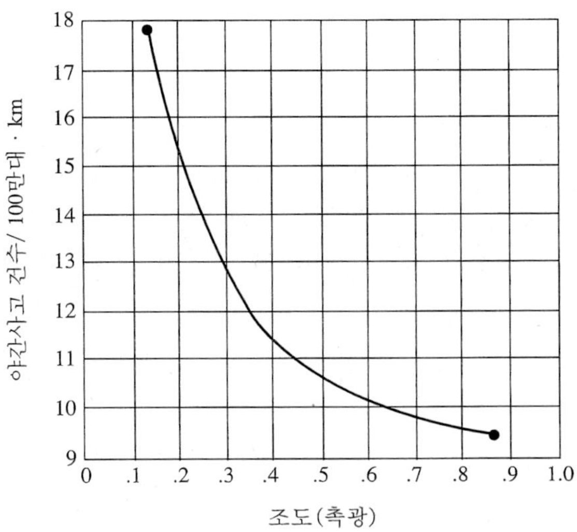

자료 : 참고문헌 (45)

〔그림 21-10〕 조도와 야간 사고율

경제적인 조명방법으로 많이 사용되는 것은 시간적 또는 공간적으로 조명을 달리하는 방법이다. 즉 야간사고가 많이 발생하는 시간대에 조도를 높이고 사고가 적은 시간대에는 조도를 낮추는 방법과 야간사고가 많이 발생하는 장소에 조명을 집중시키는 방법을 말한다. 후자의 경우로는 고속도로의 조명에서처럼 도로구간의 조명은 할 필요가 없으나 인터체인지에 조명을 집중시키는 예와 같은 것이다.

도로 포장면의 반사효과도 조명 못지않게 중요하다. Philadelphia에서의 경험에 의하면, 도로를 재포장한 후의 야간교통사고는 오히려 16% 증가했다. 그 이유는 재포장으로 마찰계수는 증가했으나 포장면이 빛을 반사하는 정도는 낮아지기 때문이었다.[35)]

21.3.7 철길건널목, 횡단보도, 학교 어린이 사고

1 철길건널목

철길건널목에서 횡단차량이나 보행자가 열차와 충돌하는 사고는 치사율이 매우 높기 때문에 일반적인 관심을 끌고 있으며, 이와 같은 사고를 방지하기 위한 교통통제대책이나 입체분리시설은 매우 긴 역사를 가지고 있다. 건널목에서의 횡단보호방법에는 신호수, 점멸등, 경보기, 차단기 등이 있다. 이들의 효과를 비교하기 위해서 차단기(자동)를 1.0으로 했을 때의 지표로 나타내면 다음과 같다.

자동 차단기	1.0
점 멸 기	0.2~0.4
경 보 기	0.1~0.2

2 횡단보도 및 인도

우리나라 전체사고율의 50% 이상이 보행자 관련사고이기 때문에 보행자의 안전성을 확보하기 위한 도로설계 및 교통통제방법이 끊임없이 모색되어 왔다. 횡단보행자의 횡단장소와 사고율을 이용하며 Glanville은 횡단위험도를 〔표 21-20〕과 같이 나타냈다.[7)]

〔표 21-20〕 횡단종류별 사고위험도

횡 단 형 태	위 험 도
횡단보도나 신호등이 아닌 곳 횡단	1.0
횡단신호등이 없는 횡단보호 횡단	0.89
대피소가 있고 횡단신호등이 없는 횡단보도 횡단	0.71
대피소가 없고 횡단신호등이 있는 횡단보도 횡단	0.53
대피소와 횡단신호등이 있는 횡단보도 횡단	0.36

자료 : 참고문헌 (7)

횡단보도의 노면표시는 여러 가지가 있으나 제브라(zebra) 식으로 표시된 횡단보도가 단순히 횡단보도 경계선만 표시한 것보다 사고율이 약 7% 정도 낮아진다.[36] 여기서 제브라 표시란 횡단보도 안에 연석과 평행한 흰색 줄을 일정한 간격으로 페인트 칠한 것을 말한다.

인도를 설치하면 보행자 사고가 감소하는 것은 당연하다. 인도 설치의 효과는 미국에서 인도가 대대적으로 설치될 때의 경험으로 비추어 보아 사고감소 효과가 약 30%를 상회하는 것으로 알려지고 있다.

3 보행자 전용신호

보행자 횡단이 많고 회전교통량이 많은 신호등 교차로에서 보행자의 안전을 위해 모든 접근로의 차량을 정지시키고 보행자만 도로를 횡단 또는 비스듬히 가로질러 가게 하는 보행자 전용신호를 사용할 수 있다. 미국의 Sacramento의 경험에 의하면 이를 설치할 경우 보행자 사고가 약 47% 줄고 차량사고도 15% 감소했다.[37]

4 학교 앞 어린이

어린 학생들의 교통사고는 교차로에서보다 블록 중간에서 훨씬 많이 발생한다. 학교 앞 횡당보호대책으로는 학생 순찰대, 수위, 경찰, 교통신호등을 이용하는 방법이 있다. 이들의 효과를 비교한 결과가 〔표 21-21〕에 잘 나타나 있다.[38]

〔표 21-21〕 학교 앞 횡단사고

통 제 방 법	횡단 학생수(일평균)	사고 건수(5~14세)
학생 순찰대	301	3
수 위	402	4
경 찰	350	5
교통신호등	315	12

자료 : 참고문헌 (38)

21.4 교통사고의 조사 및 기록

대부분의 교통사고는 운전자 또는 보행자의 부주의나 위험스런 행동 때문에 생긴다. 그러나 사고발생의 가능성과 그 사고의 피해정도는 적절한 교통통제설비를 사용하거나 도로설계를 개선함으로써 감소되는 수가 많다. 특정 지점의 교통통제설비나 도로의 기하설계를 개선하기 위해서는 그 지점에서의 교통사고에 대한 자료를 조사하고 기록하며, 이를 분석해서 필요한 개선책을 찾아내야 한다.

사고자료를 기록·보관하는 이유는 여러 가지가 있다. 종합된 통계자료는 단속, 교육, 정비, 차량검사, 응급의료서비스 및 도로개선을 위한 기술적인 목적 등에 사용되며, 개개의 사고자료는 경찰, 차량등록기관, 보험회사, 변호사, 법정, 차량 제조업자들이 사용한다.

교통전문가는 다음과 같은 목적으로 사고자료를 사용한다.

① 사고 잦은 지점을 정의하고 이를 파악하기 위하여
② 어떤 교통통제대책이 변경되었거나 도로가 개선된 곳에서 사전·사후조사를 하기 위하여(이것으로부터 표지, 신호등, 노면표시, 기하설계, 조명 등의 효과를 파악하고 사고방지 대책을 강구한다)
③ 교통통제설비를 설치해 달라는 주민들의 요구 타당성을 검토하기 위하여
④ 서로 다른 기하설계를 평가하고, 그 지역의 상황에 가장 적합한 도로, 교차로, 교통통제설비를 설계하거나 개발하기 위하여
⑤ 사고 잦은 지점을 개선하는 순위를 정하고, programming과 scheduling을 하기 위하여(교통공학적인 대책에 의해서 예방할 수 있는 사고유형별 건수 또는 비용에 기준을 두고)
⑥ 효과적인 사고감소(또는 예방)대책 비용의 타당성을 검토하기 위하여
⑦ 교통법규 및 용도지구(또는 지역)의 변경을 검토하기 위하여
⑧ 경찰의 교통감시 개선책의 타당성을 검토하기 위하여
⑨ 인도나 자전거도로 건설의 필요성을 판단하기 위하여
⑩ 주차 제한의 필요성이나 타당성을 검토하기 위하여
⑪ 가로조명 개선책의 타당성을 검토하기 위하여
⑫ 사고를 유발하는 운전자 및 보행자의 행동 중에서 교육으로 효과를 볼 수 있는 행동이 무엇인가를 파악하기 위하여
⑬ 종합적인 교통안전 프로그램에 소요되는 기금을 획득하는 데 도움을 주기 위하여

21.4.1 교통사고의 조사

교통사고가 발생하면 경찰이 사고조사를 하며 그 목적은, 첫째 사고발생에 대한 책임의 추궁 및 범죄(업무상 과실치사 또는 과실치상죄, 도로교통법령 위반 등)를 입증하는 데 있다. 이는 범죄수사이기 때문에 형사소송법에 의거하여 경찰 및 검찰에서 하며, 필요한 경우에는 사고당사자(피의자)의 체포, 증거물의 압수 등 강제수단이 동원되기도 한다. 둘째, 사고발생의 직접적 또는 간접적인 원인을 규명하여 사고발생의 실태를 파악함과 동시에 사고방지 대책을 수립하기 위한 기초자료를 수집한다. 경찰이 사고현장에서 조사활동을 실시할 경우 이 두 가지 목적을 동시에 달성할 필요가 있다.

사고조사는 사고발생 직후 그 현장에서 실시하는 경우가 많기 때문에 조사에 앞서 사고발생 직후의 상황을 보존하기 위해 필요한 조치, 즉 교통차단, 교통정리, 사고당사자 및 목격자를 확보해야 한다. 또 충돌지점, 당사자 및 당사차량의 정지위치와 상태, 사고조사에 필요한 물건 등의 위치를 명확히 하기 위해 줄자, 필기구, 사진기 등을 사용한다. 따라서 사고로 인한 부상자의 구호, 조사로 인한 교통지체 및 그로 인하여 연쇄적으로 사고가 일어나지 않도록 유의하여야 한다.

교통사고는 운전자(보행자), 차량, 도로 및 교통조건 등 여러 가지 요인이 복합적으로 작용하여 발생하는 것이 많기 때문에, 사고원인을 명확히 규명하고 통계적인 사고자료를 수집하기 위해서는 이들 요인을 종합적으로 정확히 조사할 필요가 있다. 필요로 하는 주요한 조사항목은 다음과 같다.

① 사고발생 년·월·일, 시간, 주야, 요일, 일기-when
② 사고발생 장소, 도로모양, 도로선형, 노면상태, 교통통제설비, 교통통제, 시거상태, 주위의 환경-where
③ 당사자의 이름, 성별, 나이, 주소, 직업, 행동상황, 사고당시까지의 운전시간, 과로 여부, 알코올 및 약물 사용 여부, 일상적인 운전빈도, 운전면허의 종류와 운전경험, 동승자 유무, 동반자 유무(보행자나 어린이의 경우), 차량등록번호, 제조회사, 년식, 자전거의 종류, 구조-who
④ 사고유형, 피해정도(사망사고, 부상사고 등)와 같은 사고의 종류 및 정도-what
⑤ 사고원인(직접적인 사고원인, 위반내용 등)-why
⑥ 상대방을 발견한 위치, 상대방의 상황, 회피행동 유무·종류·위치, 충돌·접촉 등의 위치, 최종정지 위치, 차량 등의 피해 상황, 사람의 피해 상황(피·가해부위, 부상상황 및 정도)-how
⑦ 혈흔, slip흔, 활흔(skid mark), 유리파편 등의 상황, 안전벨트·헬멧착용 여부, 차량검사, 보험, 건널목의 종류(철길건널목사고의 경우)

나중에 공학적인 사고분석을 하기 위해서는 사고차량의 원래의 진행방향을 조사해서 스케치해 두어야 한다. 또 충돌하지는 않았지만 사고발생에 원인이 된 차량에 대한 자료나 교통상황(추돌사고의 경우 대기행렬의 끝 부분의 교통상황)에 관한 자료를 서술식으로 작성해야 한다.

사고신고가 전화 또는 경찰서에 출두해서 이루어지는 경우에는 중요한 정보가 누락되는 경우가 많다. 경찰서에서는 되도록 많은 정보를 획득하도록 노력해야 한다.

21.4.2 교통사고 조사결과의 기록

교통사고 조사결과에 따라 작성되는 기록(보고)에는 크게 두 가지가 있다. 그 하나는 범죄수사를 위한 교통사고 조사보고서(실황조서)이고, 또 하나는 사고방지 대책을 수립하는데 기초자료가 되는 교통사고 통계원표이다. 여기서는 주로 사고분석에 사용되는 후자에 관해서만 언급하기로 한다.

1 용어의 정의

교통사고 통계원표의 작성대상이 되는 교통사고란 '도로교통법' 제45조에 규정된 '차량이 교통으로 인하여 사람을 사상하였거나 물건을 손괴(損壞)한' 교통사고를 말한다. 따라서 보행자 상호간의 사고 또는 열차 상호간의 사고는 도로교통법에 의한 교통사고로 취급되지는 않는다.

교통사고로 인한 인명피해에 있어서 '사망'이란 교통사고가 발생하여 30일 이내에 사망한 것을 말하며, '중상'이란 교통사고로 인하여 부상하여 3주 이상의 치료를 요하는 경우를 말하고, '경상'이란 5일~3주 미만의 치료를 요하는 경우이며, 5일 미만의 치료를 요하는 경우도 '부상신고'를 한다.

교통사고 통계원표에서 말하는 사고건수란, 하나의 사고유발 행위로 인하여 시간적・공간적으로 근접하며, 연속성이 있고, 상호관련하여 발생한 사고를 포괄하여 1건의 사고로 정의한다. 한 대의 차량이 다른 한 대의 차량 또는 한 사람의 보행자 혹은 도로상의 시설물에 충돌한 사고는 분명히 한 건의 사고로 취급하지만, 다중충돌과 같이 여러 대의 차량이 관련된 사고라도 사고상황에 따라 한 건의 사고로 취급될 수 있고 경우에 따라서는 여러 건의 사고로 취급될 수 있다.

사고에 연루된 당사자 중에서 사고발생에 관한 과실이 큰 운전자(보행자 포함)를 제1당사자, 과실이 비교적 가벼운 운전자를 제2당사자라 한다. 만약 과실이 비슷할 경우 신체상의 피해가 적은 쪽을 제1당사자, 많은 쪽을 제2당사자라 한다. 차량 단독사고인 경우에는 차량운전자가 항상 제1당사자가 되며 그 대상물을 제2당사자로 하고, 신체손상을 수반한 동승자는 제3당사자 또는 다른 동승자가 있을 때는 제4, 5… 당사자라 한다.

교통사고 통계원표에는 본표와 보충표가 있다. 본표에는 교통사고자료의 기본적인 사항의 사고발생 일시, 장소, 일기, 도로종류, 도로형상, 사고유형 등과 제1 및 제2당사자에 관한 사항을 기록하고(사고1건당 1매), 보충표에는 제3당사자 이상의 당사자가 있는 경우에 사용된다(1인 1매).

2 사고기록체계

교통사고자료는 각 지역마다 일률적인 기준에 따라 기록되는 것이 대단히 중요하다. 교통사고를 통일되게 분류하고, 조사하고, 기록하는 부서가 서로 긴밀히 협조하면 통일된 사고통계를 얻을 수 있다. 미국의 국가안전회의(National Safety Council; NSC)에서 사용하는 자동차사고 발생형태별 분류는 다음과 같다.

① 일탈사고(추락・이탈)
② 비충돌사고
- 전복. 전도사고
- 기타. 비충돌사고

③ 충돌사고
- 보행자
- 다른 차량
- 주차된 차량
- 열차
- 자전거
- 동물
- 고정물체
- 기타 물체와의 충돌

차량 간의 충돌사고는 다시 다음과 같은 통일된 기준으로 분류된다.

① 각도충돌 : 다른 방향으로 움직이는(대향방향은 제외) 차량 간의 충돌로서 주로 직각 충돌임
② 추　　돌 : 같은 방향으로 움직이는(주로 같은 차로 내에서) 차량 간의 충돌
③ 측면충돌 : 같은 방향 혹은 반대방향에서 움직이는(주로 다른 차로에서) 차량 간에 측면으로 스치는 사고
④ 정면충돌 : 반대방향에서 움직이는 차량 간의 충돌
⑤ 후진충돌
⑥ 기타

컴퓨터를 이용한 자료처리는 교통사고 문제에 접근하는 매우 효과적인 방법이다. 사고의 원인은 무수히 많기 때문에 많은 사고를 분류하고, 계산하고, 표로 나타내며, 이들의 상관관계를 분석하는 데는 컴퓨터가 필수적이다. 이러한 사고자료 처리체계를 도식으로 나타낸 것이 〔그림 21-11〕이다.

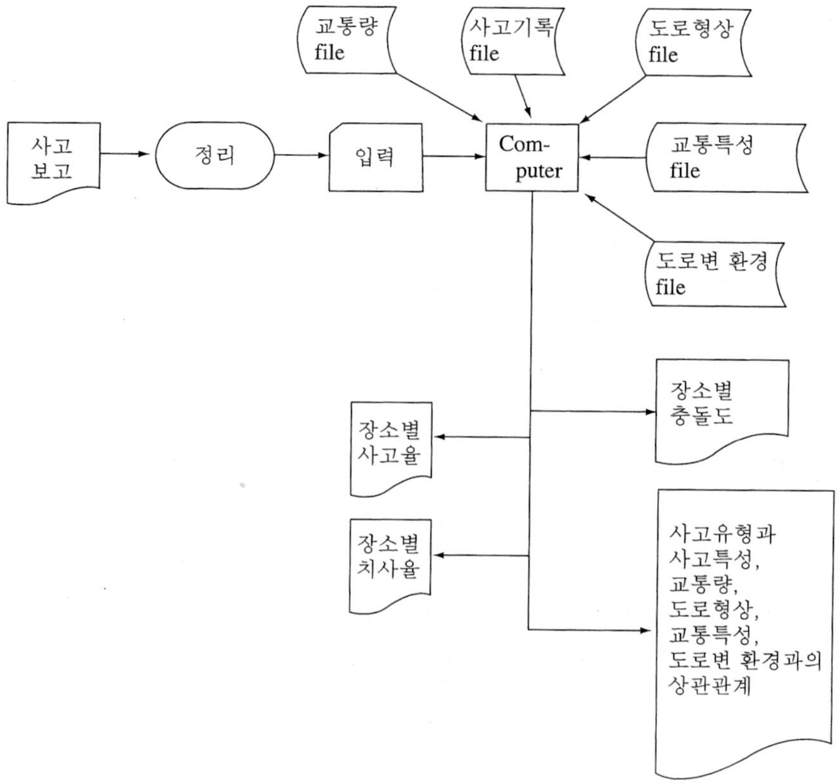

〔그림 21-11〕 사고자료 처리체계

이 그림에서 보는 바와 같이 자료를 file하기 전에 보고된 자료들을 보고 순서대로 전산기에 입력시킨다. 이들을 전산처리하면 다음과 같은 표를 언제든지 얻을 수 있다.

① 사고지점별 사고목록
② 사고 잦은 지점의 목록
③ 충돌도(collision diagram)를 그리는 데 필요한 세부자료
④ 도로종류, 기하설계, 포장상태, 주야간에 따른 사고빈도 또는 사고율 통계

그러나 computer에서 만들어 낸 이와 같은 자료는 교차로나 도로의 사고분석을 하는 데 사용하기에는 불충분하다. 또 사고발생시기로부터 이와 같은 자료를 얻는 데는 상당한 시간이 필요하다. 뿐만 아니라 사고발생에 기여한 주위환경을 적절히 고려하기가 힘들다(특히 교차로 및 충돌하지 않은 차량 사고). 따라서 사고건수가 비교적 적으면(일년에 5,000~10,000건) 전산기의 힘을 빌리지 않고 수작업으로도 자료처리가 가능하다.

3 교통사고자료 file

사고발생 장소가 어떤 교차로인지, 아니면 도로상의 한 지점인지를 알지 못하면 사고보

고서로서의 가치가 없다. 경찰의 사고자료 file은 일련번호를 붙여서 유지되며, 교통분석가는 이를 받아서 발생지점별로 file을 다시 작성하는 것이 좋다. 일반적으로 사용되는 장소별 filing 시스템은 다음과 같은 것이 있다.

① 인접교차로별 file : 모든 사고는 발생지점과 가장 가까운 교차로의 이름으로 file된다.
② 교차로별 file : 교차로의 법적범위(횡단보도 외측) 안에서 일어나는 사고만 그 교차로 이름으로 file되며 블록 중간(midblock)에서 발생하는 사고는 적절한 블록 중간 이름으로 file된다.
③ 30 m 법칙 : 교차로 중심점으로부터 30 m 이내에 일어나는 사고는 이 교차로 이름으로 file되며, 그 외 블록 중간 사고는 블록 중간 이름으로 file된다.
④ 500 m 법칙 : 교차로 중심점으로부터 500 m 이내에 일어나는 사고는 이 교차로 이름으로 file되며 블록 중간 사고는 위와 같다.
⑤ 노선 km · post별 file : 일반적으로 고속도로나 지방부 도로에서 발생하는 사고지점을 1 km의 1/10 또는 1/100 단위로 나타낸 지점표로 나타낸다.
⑥ 기여요인별 file : 사고발생에 기여하는 요인별로 file한다. 교차로에서 사고발생에 기여하는 요인은 교통통제설비, 회전이동류, 횡단보행자, 급작스런 선형 변화, 조명 등이며 블록 중간에서 사고발생에 기여하는 요인은 주차된 차량, 진출입로, 횡단보도가 아닌 곳에서 횡단하는 보행자 등이다. 이 방법이 교통안전을 위한 개선대책을 강구하는 데 가장 적합한 방법이다.
⑦ 격자형 좌표법 : 도로를 연하여 지점표를 설정하고 사고지점과 가장 가까운 지점표로 나타내거나 격자형 지도에 좌표로 표시하는 방법
⑧ 링크와 노드를 이용하는 법 : 모든 교차로에 노드번호를 부여하고 링크는 양단의 노드번호로 나타낸다.

사고지점 지도(spot map)는 사고의 집중 정도를 나타내는 것으로서, 특별한 상황을 조사하는 데 매우 유용하다. 예를 들어 보행자 사고나 주차된 차량에 대한 사고 및 경찰순찰 구역 등을 나타내는 데 사용된다. 지도상에 사고의 종류 또는 지명도에 따라 색깔이 다른 핀을 사용하며, 사고 많은 장소에는 다른 크기의 핀을 사용한다.

4 사고 잦은 지점 선정

앞에서 언급한 지점 또는 구간별 교통사고 자료 file로부터 사고가 많다고 추정되는 지점 또는 도로 구간을 선정하여 위험도 분석을 하여 '사고 잦은 지점'에 해당되는지 여부를 판정한다.

이때의 분석 구간은 앞에서 말한 교통사고 자료 file의 지점 또는 구간과 반드시 같을 필

요는 없다. 지점인 경우는 교차로나 짧은 교량이 분석지점이 되지만, 도로 구간의 경우는 구간의 길이와 사고건수를 고려하여 정해야 한다. 즉 분석기간을 짧게 하면 그 구간의 도로 및 교통조건의 특성이 명확해지는 반면에 분석대상이 되는 사고건수가 적어져 통계적인 의미를 찾을 수 없게 되고, 길게 하면 도로 및 교통특성이 불명확해지지만 사고건수가 많아지기 때문에 통계적으로 의미 있는 분석이 될 수 있다.

'사고 많은 장소'란 다른 유사한 조건을 가진 장소와 비교해서 사고율이 평균치보다 높은 곳을 말한다. 사고율이란 교차로나 짧은 교량인 경우 그 기준(노출기준 : exposure measure)을 특정시간 동안 그 교차로 또는 그 교량을 통과하는 차량대수로 한다. 교차로의 경우 일반적으로 사용되는 단위는 100만 대의 진입차량(million entering vehicles; MEV)이다. 도로 구간의 경우는 특정시간 동안 통행량을 기준으로 하여 그 단위는 1억 대 · km(100million vehicle kilometer; 100 MVK)이다.

한편으로 사고방지 대책에 같은 금액을 투자하더라도 사고건수가 많은 곳에 투자하는 것이 더 많은 사고예방을 할 수 있다. 그러나 사고건수가 적은 곳에 적은 비용을 투자한다는 것이 비용 · 효과 면에서 좋지 않다는 의미는 아니다. 따라서 사고방지를 위한 투자 우선순위를 검토하기 위해서는 사고건수와 사고율 두 가지를 함께 고려해야 한다. 사고 많은 장소를 선정하는 방법은 뒤의 위험도 분석에서 설명된다.

21.5 교통사고 분석

교통사고의 시간적 변화, 공간적 차이, 또는 사고요인에 따른 사고율을 비교분석하고, 사고 잦은 장소를 판별하며, 사고원인을 규명하는 것을 합해서 교통사고 분석이라 통칭한다.

오늘날 수많은 교통사고 건수와 이에 따른 방대한 사고자료를 컴퓨터의 도움 없이 분석하기란 불가능하다. 컴퓨터는 정확하고 효율적인 사고기록 시스템을 가능하게 할 뿐만 아니라 사고율과 사고통계를 낼 수 있고, 관련된 요인별로 이를 도표화함으로써 사고분석을 용이하게 한다.

사고분석을 할 경우 우선 그 분석의 목적을 명확히 하고, 자료의 수집, 정리, 분석과정, 분석방법 등을 미리 생각해 두어야 한다.

1 교통사고 분석의 목적

교통사고 분석의 궁극적인 목적은 사고를 감소시키고, 사고의 심각성(severity)를 감소시킴으로써 사람의 생명과 재산을 보호하기 위한 대책을 수립하는 것이다.

교통사고 분석의 일반적인 목적은 다음과 같다.

① 사고의 장소 및 시간의 변화에 따른 경험을 비교분석하여 국가의 안전정책수립과 예산획득 및 배정의 우선순위결정을 위한 기초자료로 활용
② 사고에 기여하는 요인을 찾아내어 교통안전대책을 수립하고, 소요예산을 책정하는 기초자료로 활용
③ 사고 많은 장소를 선별
④ 사고원인을 분석하여 사고방지책을 강구하거나 사고책임을 규명

교통사고 분석으로부터 안전정책이나 안전대책을 수립하는 데 필요한 다음과 같은 여러 가지 정보를 얻을 수 있다.

① 운전자 및 보행자
- 사고경력이 많은 운전자
- 육체적 및 심리검사결과와 사고의 관계
- 연령별 사고 발생률
- 거주지별 운전자 운전형태

② 차량조건
- 차량손상의 정도
- 차량특성과 사고발생의 관계
- 차량사고와 관련된 인명피해 정도와 피해부위

③ 도로조건 및 교통조건
- 도로의 특성과 사고발생 및 치사율과의 관계
- 도로조건 변화의 효과
- 교통안전시설의 효과
- 교통운영 방법, 차종구성비와 사고율의 관계

2 교통사고 분석의 종류

교통사고 분석의 종류에는 다음과 같은 3가지가 있다.

① 사고요인 분석
- 도로, 교통, 차량, 교통안전시설, 교통운영방법과 사고율과의 관계 파악
- 교통안전정책이나 사고방지 대책의 근거자료 및 소요예산 책정의 근거자료로 사용

② 특정 장소의 사고분석
- 사고 잦은 장소를 판별하고 그 장소의 사고특성을 파악하여 안전대책을 수립

③ 개별사고의 원인분석

- 사고 잦은 장소 또는 특정 사고에 대해서 그 원인을 분석하는 미시적 분석
- 사고방지 대책수립의 근거자료로 사용. 특정 사고의 사고유발 책임소재 규명

3 사고율 계산

사고분석을 위해 사용되는 노출기준(exposure measure)은 km^2, km, 1000 km, 인구 10만 명, 차량 만 대, 면허소지자수, 진입차량 100만대(MEV), 통행량 억대·km 등이다.

사고율을 계산할 때 사용되는 사고피해의 종류에는 상당한 기간(보통 3년, 최소 1년) 동안 조사된 사고건수, 사망자수, 부상자수, 사망사고 건수, 재산피해 등이다. 사고율을 비교할 때 이들 각각의 사고율을 계산해서 별도로 비교한다. 그러나 사망자수, 부상자수와 같이 피해의 빈도가 적을 경우에는 일반적으로 이들을 사용하지 않고 사고건수를 사용한다.

그러나 사망사고가 많은 장소와 부상사고가 많은 장소 또는 사고건수가 매우 많은 장소의 위험도를 서로 비교하기가 어렵다. 따라서 각 피해의 종류를 등가로 환산해서 하나의 피해단위로 나타내어(사망, 부상, 재산피해를 따로 비교하지 않고) 비교하는 방법이 있다.

부상사고 및 사망사고 1건당 전국의 평균비용을 재산피해만의 사고 1건당 평균피해액으로 나누어 부상사고 및 사망사고의 재산피해사고에 대한 가중치를 구한다. 이를 심각도계수(severity factor)라 하고, 이를 이용하여 분석대상장소의 재산피해 환산 건수, 즉 EPDO (Equivalent Property-Damage-Only) 사고 건수를 다음 식을 이용하여 나타낼 수 있다.

사망사고 건수의 심각도계수를 F_F, 부상자사고 건수의 심각도계수를 F_I라 하면,

$$\text{EPDO 사고 건수} = \text{사망사고 건수} \times F_F + \text{부상사고 건수} \times F_I + \text{재산피해만의 사고 건수} \tag{21.1}$$

이 방법이 매우 합리적인 방법이긴 하나 심각도계수에 대한 논란이 많아 잘 사용하지 않는다.

교통사고 분석에 가장 많이 사용되는 사고율은 다음과 같다.

① 차량 10,000대당 사고
② 인구 10만 명당 사고
③ 통행량 1억대·km 당 사고
④ 진입차량 100만대당 사고

처음 두 개의 사고율은 국가 또는 지역 간의 기본적인 사고통계 비교분석에 주로 사용되며, 도로 구간의 경우 통행량 1억대·km당 사고 건수 또는 교차로의 진입차량 100만대(MEV)당 사고 건수로 나타내는 사고율은 다음과 같은 공식으로 얻는다.

$$R_i = \frac{1억 \times A}{365 \times T \times V \times L} \quad \text{(도로구간)}$$

$$R_j = \frac{100만 \times A}{365 \times T \times V} \quad \text{(교차로)}$$

여기서 R_i = i 도로 구간의 사고율(1억대 · km당)

R_j = j 교차로의 사고율(진입차량 100만 대당)

A = 분석기간 동안의 사고 건수

T = 조사 및 분석기간(년)

V = AADT

L = 도로 구간의 길이(km)

4 기본적인 사고통계

국가, 지역 내, 지역 간, 도로종류별 사고통계나 사고발생 주체별 사고통계, 계절별 및 사고유형별 통계를 작성하여 비교하거나 사고발생의 경향을 파악하기 위한 가장 기초적인 자료이다. 이 통계는 국가 또는 지역의 안전정책을 수립하는 기초가 되며, 예산획득 및 배정을 위한 근거가 된다.

사고분석을 할 경우 우선 그 분석의 목적을 명확히 하고 자료의 수집, 정리, 분석과정, 분석방법 등을 미리 생각해 두어야 한다. 사고분석을 하는 목적은 어떤 지역 내의 사고특성을 파악하기 위한 것과 지역 간의 사고특성을 비교 · 평가하기 위한 것이 있으며, 또 특정 도로나 도로 구간의 사고특성 및 교차로의 사고특성을 파악하기 위한 것도 있다.

(1) 국가 또는 지역 내 사고특성 분석

지역 내의 사고특성을 파악하기 위한 분석은 전국 또는 시 · 도별로 교통사고 발생건수의 추이 및 사고발생 특성을 파악하기 위한 것으로 여기서 얻은 결과는 도로 및 교통행정의 기초자료가 된다.

이 분석은 교통사고 통계원표에 있는 조사항목 가운데 컴퓨터에 입력되어 있는 통계를 분석하는 것이 주가 되며(단순집계 또는 cross집계), 사고의 평가척도로는 사고건수, 사망사고 건수, 사망자수 등을 사용하며, 그 결과는 경찰청에서 '교통사고 통계분석' 및 '도로교통 안전백서' 등의 책자로 발간되고 있다. 중요한 분석내용은 교통사고의 연도별, 월별, 요일별, 시간별, 일기별, 지형별, 노선별, 도로형상별, 도로폭원별, 노면상태별, 사고유형별, 당사자별, 행동유형별, 운전자 · 보행자의 성별, 연령별, 면허취득 후의 경과년수별, 신체손상

정보별, 신체손상 부위별 사고발생 현황이며, 단순집계와 cross집계가 있다. 특수한 목적을 위해서는 사고 이외의 자료를 추가하여 보다 심도 있는 분석을 하지만, 이 분석결과로는 사고방지 대책을 수립하는 데 직접적인 도움을 줄 수 없는 평면적인 자료이다.

(2) 국가 간 또는 지역 간 사고특성 분석

지역 간의 사고특성을 비교·평가하기 위하여 행해지는 사고분석은 지역에 따라 서로 다른 도로조건 및 교통조건을 감안하여 비교한다. 즉 교통사고 발생에 영향을 주는 요인을 기준으로 하여 상대적인 평가를 한다. 이 기준에 사용되는 지표는 인구, 면적, 도로길이, 자동차 보유대수, 면허소지자수, 자동차주행 대·km 등이다. 이들을 이용한 일반화된 평가척도는 사고 건수/km^2, 사고 건수/인구 10만 명, 사고 건수/1,000 km, 사고 건수/차량만 대, 사고 건수/면허소지자수, 사고 건수/억대·km 등으로써 이들의 값을 사고율이라 한다. 또 인명피해의 크기를 나타내는 척도로 치사율이 있다. 이것은 일반적으로 인명피해 사고 100건당 사망자수로 나타낸다.

여기서 유의할 점은 위에서 언급한 평가척도는 통일된 것이 아니기 때문에 분석결과를 나타낼 때는 반드시 그 척도를 명시할 필요가 있다.

국가 간의 교통사고를 비교하기 위해서는 그 국가의 사회·경제·지역적 특성을 고려하여야 한다. 각국의 인구·차량보유대수·국민의 활동면적에 따른 사고율을 추정하는 방법론은 오래 전부터 시도된 것이었다.

영국의 Smeed 교수는 1949년에 유럽 20개국의 1938년 자료를 이용하여 교통사고 사망자 D, 자동차 보유대수 V, 인구 P와의 관계를 다음과 같은 모델로 나타냈다.

$$D = 0.003V\left(\frac{P}{V}\right)^{2/3}$$

이와 같은 관계식은 1960~1967년의 자료에 대해서도 거의 일치함을 보였다. 이 관계식은 같은 시기의 여러 나라 자료를 이용하여 구한 것이지만, 인구에 비해 자동차 보유대수가 현저히 적고 도로 및 교통조건이 열악한 개발도상국이나 후진국에 대해서는 잘 맞지 않아 지금은 거의 사용되지 않는다. 뿐만 아니라 산업화된 선진국이라 할지라도 시간이 경과함에 따라 이 모델에 사용된 계수가 조금씩 변하기 때문에 수십 년이 지난 현재의 상황을 설명하는 데 있어서 이 식을 사용하면 많은 오차가 생긴다.

김홍상 박사는 세계 각국(62개국)의 1980년도 자료를 이용하여 이들 각국을 인구 1,000명당 자동차 보유대수로 4개 그룹으로 cluster 분석을 하여 각 그룹에 대한 별도의 모델을 만들었다. 우리나라가 속한 그룹 ($V/P < 0.1$)의 관계식은 다음과 같이 나타냈다.[41)]

$$D = 0.00115(P)^{0.593}(V)^{0.316} \qquad (R^2 = 0.79)$$

그러나 이러한 모형식은 국민의 교통질서 의식의 변화나 교통시설의 확충 또는 교통단속의 강화 등 교통환경의 변화를 반영하지 못하는 단점이 있다. 실제로 이 추정식을 이용하여 1976부터 현재까지의 사망자를 예측한 결과 예측치와 실제값 간에 5~20%의 오차를 보이고 있다. 특히 우리나라의 경우 교통사고 사망자를 예측하기 위한 모델을 만든다는 것은 매우 어렵다. 그 이유는 선진국처럼 자동차화(motorization)가 완결되지 않아 인구증가에 비해 자동차 보유대수의 변화가 불규칙하며, 경찰의 교통단속 정도에 의해 교통사고 사망자수가 크게 영향을 받으며, 운전자의 운전형태가 정착되지 않았기 때문이라고 판단된다. 이와 같은 과도기를 지나면 상당한 정확도를 가진 예측 모형식을 만들 수 있으리라 생각된다. 그러나 이러한 연구에서 한 가지 주목할 만한 사실은 교통사고 사망자와 인구수 및 자동차 보유대수와는 큰 상관관계가 있다는 것이다. 또 선진국일수록(자동차화가 완성된) 자동차 보유대수와 교통사고 사망자와의 상관관계가 크고, 후진국일수록(자동차화가 미완성인) 인구수와 교통사고 사망자와의 상관관계가 크다.[41]

이와 같은 접근방법으로 모형식을 개발하며, 도로 및 교통안전시설, 교통운영방법의 적절성과 교통질서의 의식수준을 계량화하여 다른 나라의 그것과 비교할 수 있을 것이다.

(3) 도로 또는 도로 구간 사고특성 분석

특정 도로상에서 발생한 사고특성을 파악하기 위한 분석과 도로 간의 사고특성을 비교·평가하기 위한 분석 및 특정도로를 몇 개의 구간으로 분할하여 각 구간의 사고특성을 비교·평가하기 위한 분석이 있다. 여기서 도로란 고속도로, 국도, 지방도, 시·군도 등 도로종류별로 구분하기도 하고 고속도로, 간선도로, 집산도로, 국지도로 등 도로기능별로 구분하기도 한다.

도로의 사고분석은 지역의 경우와 마찬가지로 사고 건수/km 또는 사고 건수/1,000 km, 사고 건수/억대·km 등과 같은 평가척도를 사용하는 것이 일반적이다. 앞의 두 척도(도로길이당 사고건수)는 교통량이 비교적 동일한 도로에서만 사용하여 비교·평가할 수 있다.

도로 내의 구간평가에서는 구간을 어떻게 분할하느냐에 따라 다르지만, 단순히 1 km(또는 100 m, 500 m 등)로 분할하는 방법과 행정구역, 도로폭원, 교통량, 교통운영방법, 상가, 주택가 등 도로 주위의 교통환경별로 구분하여 동일한 환경 내에서 도로길이당 사고 건수를 비교하는 방법이 있다. 구간을 분할할 때, 구간을 짧게 하면 구간의 도로조건 및 교통조건의 특성이 명확해지지만 분석대상이 되는 사고 건수가 줄어들고, 구간을 길게 하면 그 특성이 불명확해지지만 사고 건수가 많아지기 때문에 이를 고려하여 구간을 정한다. 평가척도는 도로 간의 비교 때와 마찬가지이다.

(4) 교차로 사고특성 분석

사고자료가 발생장소별로 컴퓨터에 file되어 있기 때문에 각 교차로의 전체 사고 건수 및 사고유형별 사고 건수를 파악하면 사고 많은 교차로를 찾아내는 일이 어렵지 않다. 개별적 분석대상이 되는 사고 많은 교차로가 없는 경우에는(교차로당 사고 건수가 적기 때문에 유의한 분석을 할 수 없는 경우) 유사한 교차로를 한 group으로 묶어 많은 사고 건수를 대상으로 분석하는 수도 있다.

각 교차로를 상대적으로 비교·평가하는 경우에는 앞에서도 언급한 바와 같이 표준화된 척도로서 진입차량 100만 대(MEV)당 사고 건수를 사용한다. 보행자 횡단사고와 같이 진입차량대수만을 그 척도로 사용할 수 없는 경우에는 진입차량대수와 횡단보행자수를 곱하여 얻은 값을 기준으로 사용하는 수도 있다.

21.5.1 사고요인 분석

앞에서 언급한 기본적인 사고통계 비교분석은 국가 또는 지역의 교통안전 정책수립과 예산배정의 기초자료가 되는 평면적인 통계이므로 사고발생 요인과는 무관하다. 그러나 사고요인 분석은 교통사고에 영향을 주는 요인과 사고율의 관계를 분석하여, 사고발생률을 구체적으로 예측하거나 안전대책을 수립하고 예산을 책정하는 데 기초가 된다.

교통사고란 우발적으로 발생하는 매우 희귀한 현상이다. 따라서 발생한 교통사고를 하나하나 분석하여 일반적인 원인을 찾아보면 대부분의 사고가 우발적인 요인이 중복된 것으로 밖에 볼 수 없다. 그러나 많은 교통사고를 통계적으로 관찰하면, 하나하나의 사고는 우발성이 있지만 전체를 지배하는 규칙성을 찾아낼 수가 있다. 이 결과를 이용하여 사고발생원인을 감소 혹은 개선해 나가면 교통사고를 줄이게 된다.

교통사고는 몇 개의 원인이 결합되어 발생하지만 특히 도로조건 및 교통조건에 많은 영향을 받는다. 이들에 관한 연구는 외국에서는 많이 이루어지고 있으나 우리나라에서는 아직도 별로 이렇다 할 연구가 없는 실정이다. 이 부분에 대한 연구결과는 이 장의 2절에서 상세히 언급한 바 있어 여기서는 생략한다.

21.5.2 특정 장소의 사고분석

예산의 제약 때문에 교통사고가 특히 많이 발생하는 지점 또는 도로 구간을 찾아내어 그 장소가 과연 '사고 많은 장소', 즉 위험도가 높은 장소인가를 판별하고 그 장소의 사고특성을 파악하며 개선책을 모색하고 우선적으로 예산을 투입한다.

위험도를 평가하는 방법에는 다음과 같은 것이 있다.

(1) 사고건수법

주어진 어떤 값의 최소사고 건수보다 사고발생 건수가 많은 장소를 위험도가 높다고 판정한다. 이때 사용되는 평가척도는 그 지점의 사고 건수 또는 도로의 단위길이당 사고 건수이다. 주로 같은 종류의 도로를 비교할 때 사용한다. 사고 건수 대신 EPDO 사고 건수를 사용할 수도 있다.

사고의 발생빈도를 지도상에 핀을 꽂아 나타내는 사고지점 지도(spot map)방법은 경찰에서 많이 사용하는 것으로서, 사고 잦은 장소를 시각적으로 쉽게 판단할 수 있다. 지도상에 사고의 종류 또는 치사율에 따라 색깔이 다른 핀을 사용하며 사고 잦은 장소에는 다른 크기의 핀을 사용한다.

(2) 사고율법

MEV당 사고 또는 1억대 · km당 사고를 비교해서 그 크기 순으로 위험도가 높은 것으로 본다.

(3) 사고건수와 사고율법

사고건수와 사고율을 함께 사용한다. 예를 들어 1 MEV당 사고율이 150을 초과하고, 연간사고 건수가 5건을 초과하는 교차로나 교량을 '사고 많은 장소'로 선정한다. 도로 구간도 마찬가지로 사고 건수와 사고율이 주어진 어떤 값보다 많으면 '사고 잦은 장소'로 간주된다. 이와 같은 값은 국가 또는 어떤 지역의 사정에 비추어 경험적으로 결정된다.

(4) 전통적 통계방법

어느 장소의 사고 건수는 정규 확률분포를 따른다는 가정하에, 비교 대상이 되는 모든 장소들의 평균사고 건수나 평균사고율보다 현저히 높은 사고 건수나 사고율을 나타내는 장소를 사고 잦은 지점으로 선정한다. 정규분포에서 신뢰구간의 상한값 U_L은 다음과 같이 나타낼 수 있다.

$$U_L = \lambda + k \times S \tag{21.2}$$

여기서 U_L = 임계사고율(critical rate)

λ = 비교 대상인 모든 장소들의 평균사고 건수 또는 평균사고율

S = 모든 장소에 대한 평균사고 건수 또는 평균사고율의 표준편차

k = 신뢰수준에 따른 검정계수를 말하며 다음과 같은 값을 갖는다.

신뢰수준(%)	검정계수 k
50	0.0
80	0.842
90	1.282
95	1.645
98	2.054

실제사고율이 U_L보다 큰 경우 그 장소는 사고의 위험성이 다른 곳보다 큰 곳으로 간주되어 더욱 집중적인 분석을 필요로 한다.

예제 21.2 어느 도(道) 내에 있는 국도 어느 한 구간의 지난 한 해의 사고율은 210건/억대·km이었다. 이 도의 모든 국도의 평균사고율은 89건/억대·km이며 표준편차는 64건/억대·km이었다. 이 구간의 위험도, 즉 이 구간이 사고 많은 장소인지를 95% 신뢰수준에서 판정하라.

풀이

• 이 도의 임계사고율은 공식 (21.2)에서

$$U_L = \lambda + k \times S$$

$$= 89 + 1.645 \times 64 = 194 \text{ 건/억대·km이다.}$$

• 실제 사고율은 210건/억대·km이므로 이 구간은 사고 위험성이 높은 구간이라고 95% 신뢰성을 가지고 말할 수 있다.

(5) Rate-Quality Control법(평균사고율법)

앞의 전통적 통계방법의 변형으로서 지금까지 가장 많이 사용되는 방법이다. 다만 앞의 방법과 다른 점은 첫째, 사용되는 변수가 사고 건수가 아니라 사고율(1억대·km 또는 MEV당의 사고율)이며, 둘째, 여러 장소에서 발생하는 사고 건수는 Poisson 분포를 따른다는 가정을 하며, 셋째, 모든 장소에 대한 평균사고율이 아니라 유사한 특성을 갖는 장소의 평균사고율과 분석대상의 사고율을 비교한다는 것이다.

임의의 상황에서 교통사고가 발생할 확률은 1억대·km당(또는 1 MEV당) 평균사고 건수를 평균값(λ)으로 하는 Poisson 분포를 갖는다고 가정하면, 1억대·km당(또는 MEV당) x건의 사고가 발생할 확률 $P(x)$는 다음과 같이 나타낼 수 있다.

$$P_{(x)} = \frac{\lambda^x}{x!} e^{-\lambda}$$

이 분포의 신뢰구간의 상한값 U_L은 다음과 같다.

$$U_L = \lambda + k\sqrt{\frac{\lambda}{m}} + \frac{1}{2m} \tag{21.3}$$

여기서 U_L = 임계사고율(critical rate)

λ = 유사한 도로 및 교통조건을 갖는 모든 장소들의 평균사고율

m = 그 장소의 통행량(주행 억대·km 단위 또는 MEV 단위)

k = 신뢰수준에 따른 검정계수

실제사고율이 U_L보다 큰 경우 그 장소는 사고 잦은 지점으로 간주된다. 유사한 장소들의 평균사고율을 계산할 때 그 유사성에 대한 정의가 비교적 광범위하다. 예를 들어 전국적으로 교차로 형태(예를 들어 도시부의 간선도로와 집산도로가 교차하는)와 교통량이 유사한 장소들의 평균사고율을 사용할 수도 있다.

이처럼 유사한 장소들의 평균사고율은 직접 구하든가, 유사한 조건이 아니더라도 전국적, 지자체별 또는 도로 종류별로 중회귀모형식을 만들어 구할 수 있다.

예를 들어 $Y = b_0 + b_1X_1 + b_2X_2 + b_3X_3 + b_4X_4$와 같이 교통사고에 영향을 주는 도로조건 및 교통조건 요인 즉, 교통량, 주행속도, 차도폭원, 혼잡도를 설명변수로 하는 회귀모형식을 만들고, 이 회귀모형식에 해당 도로 구간의 도로 및 교통조건을 입력하여 이 유형의 도로 구간의 평균사고율을 예측한다.

예제 21.3 하루에 15,400대의 차량이 통행하는 200 m 구간의 도시간선도로에서 3년간의 교통사고는 23건으로서 이 중에서 8건은 인명피해를 수반한 사고였다. 이와 유사한 도로의 우리나라 평균사고 건수를 중회귀식을 사용하여 분석한 결과 1억대·km당 3년간 375건으로 이 중에서 120건이 인명피해 사고 건수이다. 이 도로 구간의 사고율을 구하고 이 구간의 위험도, 즉 이 구간이 사고 많은 장소인지를 판정하라. 단 인명피해사고의 가중치는 3으로 하며, 신뢰수준은 95 %로 한다.

풀이 ① 이 도로 구간의 사고율 계산

- 주행 대·km $= \dfrac{3\text{년} \times 356\text{일} \times 15,400\text{대} \times 0.2\ \text{km}}{1\text{억}} = 0.0337$(억대·km)
- 실제등가 사고 건수 $= (23-8) + 3 \times 8 = 39$건(등가물피사고)
- 실제사고율 $= \dfrac{39}{0.0337} = 1,160$건(1억대·km당)

② 임계사고율 계산

- 우리나라(이와 유사한 도로의) 평균사고율
  $=(375-120)+3\times 120=615$건(1억대 · km당)
- 임계사고율 $=615+1.645\sqrt{\frac{615}{0.0337}}+\frac{1}{2\times 0.0337}=852$건(1억대 · km당)

③ 위험도 계산 및 평가

위험도 $=1,160/852=1.4>1.0$

그러므로 이 도로 구간은 위험한 구간(사고 많은 장소)이다.

(6) 사고패턴 비교법

위험도를 평가하는 통계적 방법 가운데 또 하나는 교통사고의 특성이나 어떤 패턴을 예측하고 실제 사고패턴과의 통계적인 비교를 하는 방법이다. 예를 들어 어느 도로 구간과 그 구간 내의 특정 구간(곡선부 등)의 사고율의 비율을 전국적으로 유사한 장소의 평균적 비율과 통계적으로 비교하여 그 특정 구간의 위험도를 평가하거나, 어느 장소의 치사율과 전국적으로 유사한 장소의 평균치사율과 비교하여 그 특정 장소의 위험도를 평가하는 방법이다.

예를 들어 전체 구간의 사고예측값에 대한 특정 구간의 사고예측값의 비를 p라 하고 전 구간에서 발생한 실제 사고 건수를 n이라 할 때, a건의 사고가 해당구간에서 발생할 확률은 평균값 np, 분산 $np(1-p)$인 2항분포(binomial 분포)로 나타낼 수 있다. 여기서 n값이 매우 크면 이 분포는 평균 np, 분산 $np(1-p)$인 정규분포와 같아진다. 즉 해당구간에서의 실제 사고 건수를 a라 하면 표준정규분포 확률변수 Z는 다음과 같이 나타낼 수 있다. 여기서 $\hat{p}$는 해당 장소의 실제 비율이다.

$$Z=\frac{a-np}{\sqrt{np(1-p)}}=\frac{\hat{p}-p}{\sqrt{p(1-p)/n}} \tag{21.4}$$

이 식으로부터 주어진 신뢰구간의 상한값 U_L은 다음과 같이 나타낼 수 있다.

$$U_L=p+k\sqrt{\frac{p(1-p)}{n}} \tag{21.5}$$

여기서 $U_L=$ 임계사고패턴

$p=$ 유사한 도로 및 교통조건을 갖는 모든 장소들의 사고패턴

$n=$ 그 장소의 사고 건수 또는 사고율

$k=$ 신뢰수준에 따른 검정계수

예제 21.4 교통량이 거의 일정한 지방부 2차로 국도상 어느 2 km 구간의 지난 3년간 사고 발생 건수는 15건이었으며, 이 구간 내에 있는 200 m의 곡선구간에서의 사고는 5건이었다. 이러한 도로 및 교통조건을 변수로 한 전국적인 회귀모형식을 이용하여 예측한 결과는 전 구간 13건, 200 m 구간 1.5건이었다. 이 곡선구간이 신뢰수준 95%에서 사고 잦은 지점으로 간주될 수 있는지를 판정하라.

풀이

- 전국의 유사한 곡선부의 평균사고 비율 : $p = 1.5/13 = 0.115$
- 공식 (21.5)를 이용하여 임계사고패턴을 구하면

$$U_L = p + k\sqrt{\frac{p(1-p)}{n}}$$

$$= 0.115 + 1.645\sqrt{\frac{0.115 \times 0.885}{15}} = 0.25$$

- 실제 곡선구간의 사고비율은 $5/15 = 0.33$이므로 이 구간의 직선 대 곡선부의 사고발생 비율은 이와 유사한 전국 평균비율에 비해 높다. 즉 이 곡선부는 사고 많은 장소로 볼 수 있다.

(7) 교통상충법

과거에 발생한 사고조사 자료를 가지고 위험도를 평가할 때는 자료수집하는 데 적어도 1년 이상의 기간이 필요하고, 또 사고 많은 장소를 명확히 구분해 내기가 어렵다. 따라서 충돌가능기회가 높은 곳에서 교통사고가 많이 발생한다는 가정하에 어떤 장소에서 짧은 시간 동안 수시로 충돌에 근접하는 교통현상을 관측하여 그 장소의 사고 위험성을 평가할 수 있다. 이와 같은 방법을 상충조사방법(conflict technique)이라 한다.

차량과 차량, 또는 차량과 보행자가 그대로 진행을 하면 충돌이 일어나는 경우, 이를 피하기 위하여 어떤 행동을 할 때 이를 기피행동이라 하고 이때 상충(conflict)이 발생했다고 한다. 따라서 상충조사는 '한 장소에서 발생하는 상충은 사고 잠재성을 의미하며, 그 발생빈도는 사고 가능성의 척도가 되고, 또 상충의 종류는 잠재적 사고의 종류와 연관이 있다.'는 가정에 기초를 두고, 상충을 이용하여 사고의 위험성을 평가하기 위한 것이다. 충돌을 기피하기 위한 브레이크 작동(제동등화가 켜짐) 또는 진로변경 등이 가장 일반적인 기피행동이며, 충돌에 근접하는 정도에 따라 상충의 심각도를 구분한다. 또 적색 신호시 횡단보행자를 위한 브레이크 작동 및 기피행동과 관계는 없지만 사고와 결부되기 쉬운 위험행위나 교통규칙 위반행위도 상충의 정의에 포함시키는 사람도 있다.

사고 위험성을 평가하기 위한 상충조사방법의 신뢰성은 상충수와 사고건수의 상관관계 분석을 통하여 여러 사람들의 연구에서 검증된 바 있다. 교통상충조사에 관한 자세한 내용은 참고문헌 (42)에 잘 설명되어 있으며 교통공학원론(상)에서도 간단히 언급되어 있다.

'사고 많은 장소'로 선정이 되면 그 장소에 대한 사고발생 현황을 분석하고 문제점을 파악해야 한다. 이 단계에서 포함되어야 할 내용은 다음과 같다.

① 사고자료, 도로, 교통 및 주변지역에 대한 자료정리
② 현장에서의 도로 주변 상황, 교통 상황을 관찰 및 조사
③ 사고특성의 정리, 사고요인 검토 등 문제점 파악

1 자료정리

(1) 사고기록의 정리

충돌도를 그리는 것을 목적으로 될수록 많은 자료를 수집한다. 때문에 자료수집기간이 길어야 하나, 그 동안에 도로 및 교통조건이 변하면 쓸모없는 자료가 된다.

(2) 사고기록의 열람

사고보고서에 기재된 사고당사자의 진술이나 경찰관의 의견을 청취함으로써 사고발생과정, 당사자의 개인사정, 사고에 관련된 국지적 또는 구체적인 기상조건이나 도로 및 교통조건에 관한 정보를 얻는다.

(3) 도로 및 교통조건의 정리

충돌도에 대응하는 현황도를 그리고, 도로의 기하구조, 교통통제설비의 위치 및 설치이력을 기입한다. 또 각 접근로의 방향별 교통량, 보행자 교통량, 교통통제종류, 신호현시 등을 기록한다.

2 충돌도 및 현황도

사고 많은 장소의 어느 부분에서, 언제, 어떠한 형태로 사고가 발생하는가를 검토하고, 이에 적합한 사고방지 대책을 수립하는 데 중요한 기초자료로서 충돌도(collision diagram)를 작성한다. 이 충돌도는 사고발생장소의 사고현황을 전체적이며 구체적으로 나타내는 것이기 때문에 사고발생장소의 모양, 발생지점, 피해종류, 피해정도, 차종, 진행방향, 행동형태, 충돌형태, 발생일시, 발생시의 일기, 노면상태 등을 기록하여야 하며, 이를 위해 여러 가지 부호가 사용되고 있다(그림 5-4 참조).

〔그림 5-4〕의 예에서 보는 바와 같이 사고 많은 교차로일지라도 특정한 접근로에서만 사고가 빈발하는 경우가 많다. 마찬가지로 좌회전시의 측면충돌에 대해서는 좌회전 교통

류와 대향 직진교통류의 교차점별로, 또는 횡단보도를 횡단하는 중의 보행자 사고는 각 회단보도별로 사고특성을 분석하는 것이 필요하다. 이와 같이 하여 대상이 되는 교차로 접근로 및 사고유형이 분명해지면, 교통사고 통계원표의 '사고개요', '현장약도' 등을 참고하면서 상세히 분석하여 공통적인 사고원인을 규명한다. 충돌도는 도로 구간에 대해서도 같은 방법으로 작성한다.

교통사고는 도로 및 교통조건에 의해 크게 영향을 받으므로 충돌도를 작성할 때와 마찬가지로 이러한 주위의 여건을 종합하여 현황도(condition diagram)를 작성할 필요가 있다. 현황도에는 교차로의 정확한 모양, 도로폭원 등과 같은 도로의 기하구조, 교통통제설비의 위치, 교통통제방법, 교차로 주변의 상황 등을 기록하며, 마찬가지로 여러 가지 부호를 사용한다(〔그림 5-4〕 참조).

3 현장조사

교통사고는 하루 또는 어느 시간의 교통상황과 관계되는 것이 아니고, 어느 순간의 도로 및 교통상황에서 발생한다. 더욱이 같은 조건일지라도 당사자의 대응방법에 따라 사고발생 형태 및 피해정도가 달라진다. 따라서 사고자료를 분석하는 것만으로는 사고원인을 정확히 찾아낼 수 없다. 정확한 사고원인을 찾아내고 이에 대응하는 방지대책을 수립하기 위해서는 현장에 대한 면밀한 관찰이 필요하다. 현장조사를 할 때는 사고자료를 사전에 검토하여 사고특성을 이해한 후 다음과 같은 관찰 착안점을 정리해 주어야 한다.

① 도로 및 교통조건 : 타이어 흔, 노면상태, 노면경사 및 시계
② 교통통제설비 : 신호기 작동이 정상적인가, 황색신호에서의 상충 관찰, 시인성 점검(주·야간)
③ 이면도로의 이용 실태 : 이면도로를 이용하는 교통실태, 이에 대응하는 교통통제방법 관찰
④ 도로 주변 토지이용 실태 : 버스정거장 위치, 주·정차, 주변상점, 차고, 차량출입빈도
⑤ 도로이용자 행태 : 회전차량의 회전궤적, 정지위치, 보행자 및 자전거 이용특성

현장에서 얻은 정보는 도면에 기입하고 필요한 부분은 스케치 또는 사진촬영하여 나중에 이용한다.

4 문제점 파악

여러 가지 개별적이며 구체적인 장소에 대한 문제점을 파악하는 데는 담당자의 경험과 통찰력을 크게 요구한다. 지금까지 설명한 여러 가지 항목을 시행하고 다음 단계의 대책을

수립하는 데 있어서 적용 가능한 보조적인 방법에는 다음과 같은 것이 있다.

① 다양한 전문분야를 가진 조사반 편성 : 사고발생 즉시 현장에 출동하여 각자의 입장에서 사고발생과정을 규명
② 상충조사방법에 따른 조사 : 21.5.3절 참조
③ 조견표(早見表) 사용 : 사고유형과 사고원인과의 관계표를 미리 만들어 두었다가 문제점을 파악하고 대책을 수립하는 데 참고로 한다.
④ 사고발생과정의 논리분석 : 사고발생과정을 논리적으로 정리・기술하는 분석 방법으로서 Near-miss Scale of Danger, 분기분석, 행동의 연쇄모형 등이 있다.

21.5.3 개별사고의 원인분석

어느 특정사고에 대한 원인분석은 사고가 발생한 장소에서 조사한 사고조사 자료를 토대로 하여 그 사고의 원인을 규명하고, 사고를 유발한 당사자의 책임소재를 가리며, 나아가 그곳의 사고패턴을 유추하여 사고방지 대책을 수립하는 데 필요한 근거자료를 만들기 위함이다. 따라서 구체적인 사고원인을 찾아내기 위해서는 고도의 전문기술과 경험을 필요로 한다.

개별 교통사고의 원인분석은 충돌 전의 상황, 충돌시의 상황 및 충돌 후의 상황을 과학적으로 추론하는 데 있다. 이 단계에서 교통공학자는 교통사고를 재현(reconstruction)할 수 있는 전문성이 크게 요구된다.

21.6 교통사고 재현(reconstruction)

특정한 교통사고의 재현이란 사고 전의 상황과 사고 후의 상황에 관한 정보를 종합하여 사고 당시의 상황을 추정하는 것을 말한다.

사고재현을 위한 핵심적인 자료는 사고가 난 후 그 현장에서 수집되는 각종 자료들이다. 특히 활주흔(滑走痕, skid mark), 편주흔(偏走痕, yaw mark), 가속 또는 충돌흔적, 차량의 최종위치, 차량파손부위, 주변에 흩어진 유리파편, 노면상태, 도로조건 등은 사고를 재현하기 위한 결정적인 단서가 된다.

이와 같이 현장에서 얻을 수 있는 정보 이외에 운전자의 지각-반응과정과 여기에 소요되는 시간을 추정해야 할 경우도 있다.

이 절에서는 교통사고 재현에서 가장 기본적인 요소인 사고 전후의 속도를 역학적 원리를 이용하여 추정하는 방법에 관해서 중심적으로 다룬다.

교통사고는 크게 ① 충돌사고, ② 추락사고, ③ 곡선부 일탈사고로 대별될 수 있으며, 이들은 다시 사고 이전에 미끄러지는 경우와 미끄러지지 않는 경우로 나눌 수 있다.

21.6.1 동역학의 원리

교통사고의 재현에 많이 이용되는 역학의 원리는 에너지보존의 법칙, 일-에너지 원리, 운동량보존의 법칙 및 곡선부에서의 원심력과 마찰력 간의 관계이다.

1 일 · 에너지 원리

차량이 도로상에서 d(m)를 미끄러지는 동안 감속도 a(m/sec^2)가 일정하다면, 미끄러지는 동안에 한 일은 운동에너지의 변화량과 같다. 즉 미끄러지기 직전의 속도를 u_1, 미끄러진 후의 속도를 u_2 (m/sec)라 하고, 차량의 질량을 m(kg)이라 할 때, 미끄러지는 동안 한 일 W는 다음과 같이 나타낼 수 있다. 즉,

$$W = \frac{1}{2} m(u_1^2 - u_2^2) \tag{21.6}$$

또 이것은 F의 마찰저항력이 거리 d 동안 작용한 것과 같으므로,

$$W = F \cdot d = m \cdot a \cdot d \tag{21.7}$$

따라서 두 식을 정리하면 다음과 같다.

$$u_1^2 - u_2^2 = 2ad \tag{21.8}$$

마찰력 F는 물체의 무게 w에다 마찰계수 f를 곱한 것과 같고 $w = m \cdot g$이므로 식 (21.7)에서 $a = f \cdot g$이다.

만약 주행방향으로 s의 경사가 있다면 $a = (f + s) \cdot g$이며, 따라서 식 (21.8)은 다음과 같이 쓸 수 있다.

$$u_1^2 - u_2^2 = 254(f + s)d \tag{21.9}$$

여기서 u는 kph, s는 m/m, d는 m의 단위를 가진다.

2 운동량보존의 법칙

질량 m_A, m_B인 두 물체가 u_{A1}, u_{B1}의 속도로 충돌할 때 가진 운동량의 합은 충돌 후

에도 변하지 않는다. 충돌 후 두 물체의 속도를 u_{A2}, u_{B2}라 할 때,

$$m_A u_{A1} + m_B u_{B1} = m_A u_{A2} + m_B u_{B2} \tag{21.10}$$

만약 이 충돌이 완전비탄성충돌이라고 가정하면, 충돌 후 두 물체는 일체가 되어 움직이므로 위 식은 다음과 같이 된다.

$$m_A u_{A1} + m_B u_{B1} = (m_A + m_B)u_2 \tag{21.11}$$

3 편구배, 곡선반경, 마찰계수, 속도의 관계

이들 관계는 다음 식과 같으며 이에 대한 자세한 내용은 교통공학 상권, 식 (7.1)에 잘 설명되어 있다.

$$e + f = \frac{u^2}{127R} \tag{22.12}$$

여기서 e는 m/m, u는 kph, R은 m의 단위를 가진다.

21.6.2 미끄러짐의 재현

교통사고에서의 미끄러짐은 일반적인 감속상태가 아닌 최대감속상태이므로 당연히 활주흔이 나타나게 된다.

skid mark의 모양이나 길이는 교통사고 재현에서 가장 중요한 요소이다. 특히 skid mark의 길이는 사고당시의 속도를 추정하는 데 없어서는 안 될 자료이다.

활주흔의 길이는 4바퀴 모두 같은 길이를 나타내는 경우는 드물다. 그 이유는 급제동을 걸었을 때 모든 바퀴가 동시에 잠지기 않기 때문이다. 일반적으로 활주흔의 길이 중에서 가장 긴 길이를 사고 재현에 사용한다.

활주흔이 나타나다가 중간에 끊어지고 다시 시작되는 경우도 흔히 볼 수 있다. 이 경우는 중간에 끊어진 부분에서 바퀴가 미끄러지지 않고 굴러갔음을 의미하므로 실제 마찰저항은 활주흔 때만 작용한다고 볼 수 있다. 또 첫 활주흔의 끝 부분에서 속도와 두 번째 활주흔의 시작부분에서의 속도는 같다고 보아도 무방하므로(거리가 워낙 짧기 때문에 그 사이에서 속도변화는 없다고 본다), 두 활주흔의 길이를 합해서 하나의 활주흔 길이로 생각해도 좋다.

1 마찰계수 및 감속도 추정

식 (21.8)이나 (21.9)에서 감속도 또는 마찰계수와 활주흔의 길이를 알고 차량의 초기속도와 최종속도 중에서 어느 한 속도를 알면 나머지 속도를 구할 수 있다. 급정차시의 최대감속도는 미끄러지는 동안 항상 일정한 것은 아니지만, 일반적으로 균일한 감속도가 작용한다고 가정을 해도 무방하다. 마찰계수는 〔그림 3-3〕을 이용해서 대략적인 값을 구할 수 있으나, 사고현장에서 시험차량으로 직접 구할 수도 있다.

만약 노면이 주행방향으로 경사가 졌다면 경사값을 마찰계수와 합해서 중력의 가속도로 곱해 주어야 한다. 그러나 시험차량을 사용할 때는 시험차량이 경사방향으로 주행하여 시험한다면 시험차량의 활주흔에 경사의 영향이 포함되어 있으므로 별도의 경사를 고려할 필요가 없다.

예제 21.5 경사가 없고 건조한 PC콘크리트 노면을 주행중인 차량이 급정거할 때 생긴 활주흔의 길이가 30 m이었다. 〔그림 3-3〕을 이용하여 타이어-노면의 마찰계수와 최대감속도를 구하라. 또 급제동 직전의 초기속도를 구하라.

풀이

- 〔그림 3-3〕에서 속도 70～100 kph 범위의 $f = 0.62$
- 평균최대감속 : $a = f \cdot g = 0.62 \times 9.8 = 6.08 \text{ m/sec}^2$
- 식 (21.9)에서 최종속도 $u_2 = 0$이므로

$$u_1 = \sqrt{254 \times 0.62 \times 30} = 68.7 \text{ kph}$$

예제 21.6 앞의 예제에서 +7%의 경사구간에서 30 m의 활주흔이 생겼다면, 평균최대감속도와 급제동 직전의 초기속도는 얼마인가?

풀이

- 마찰계수 : $f = 0.62$, 경사 : $s = 0.07$
- 평균최대감속도 : $a = (f + s)g = (0.62 + 0.07) \times 9.8 = 6.76 \text{ m/sec}^2$
- 식 (21.9)에서

$$u_1 = \sqrt{254(0.62 + 0.07)(30)} = 72.5 \text{ kph}$$

예제 21.7 어느 도로를 주행 중이던 차량이 급정거할 때 생긴 활주흔의 길이가 35 m이었다. 마찰계수(또는 감속도)를 구하기 위하여 현장에서 시험차량으로 60 kph로 주행하다가 급정거한 결과 나타난 활주흔의 길이는 25 m이었다면 제동 직전의

초기속도는 얼마인가? 또 만약 이 활주흔이 +10% 경사구간에서 생긴 것이고 또 시험도 이 경사구간에서 행한 것이라면 초기속도는 얼마인가?

풀이

- 식 (21.8)에서 $u_2 = 0$
- 평균최대감속도 : $a = u_1^2/2d = (60/3.6)^2/(2\times25) = 5.56\ \text{m/sec}^2$
- 따라서 사고차량의 초기속도는

$$u_1 = \sqrt{2\times5.56\times35} = 19.73\ \text{m/sec} = 71\ \text{kph}$$

- 위의 감속도는 경사구간에서 실험한 것이므로 그 감속도에 이미 경사의 영향이 포함되어 있다. 따라서 초기속도는 71 kph로 변함이 없다.

예제 21.8 어느 도로를 주행하다 급정거한 차량의 활주흔을 조사한 결과 20 m가 나타난 다음 2 m 지나서 다시 10 m가 계속되었다. 이 차량의 제동 전 초기속도를 구하라. 단, 타이어－노면의 마찰계수는 0.7이며, 평탄한 구간이다.

풀이

- 식 (21.9)에서

$$u_1 = \sqrt{254(0.7)(20+10)} = 73\ \text{kph}$$

예제 21.9 급정거한 차량의 활주흔을 조사한 결과, 아스팔트 포장면에 35 m, 갓길에 15 m씩 걸쳐져 있었다. 급제동 직전의 초기속도를 구하라. 시험차량으로 시험한 마찰계수는 아스팔트 포장면에서 0.5, 토사노면의 갓길에서 0.6이었으며 경사는 없었다.

풀이

- 갓길 활주 시작점의 속도 = $\sqrt{254(0.6)(15)} = 47.8\ \text{kph}$
- 급제동 시작점의 초기속도

$$u_1^2 - (47.8)^2 = 254(0.5)(35)$$
$$u_1 = 82\ \text{kph}$$

21.6.3 충돌사고 재현

충돌은 정지해 있거나 같은 직선상에서 움직이는 다른 차량과의 충돌, 다른 방향에서 움직이는 차량과의 각도충돌, 고정된 물체와의 충돌로 나눌 수가 있다.

1 직선상의 충돌

충돌 전의 초기속도를 u_0, 충돌 순간의 속도를 u_1, 충돌 직후의 속도를 u_2라 하고, 충돌차량 A의 질량을 m_A, 피충돌차량의 질량을 m_B라 하고, 완전비탄성충돌이라 가정하면, 충돌 전후의 운동량방정식은 (21.11)과 같다.

만약 차량 A가 초기속도 u_{A0}에서 d_0만큼 미끄러진 후에 u_{A1}으로 충돌하고, 충돌 후 두 차량이 d_1만큼 미끄러진 후에 정지했다면, 식 (21.9)는 다음과 같다.

$$u_{A0}^2 = u_{A1}^2 + 254(f+s)d_0$$
$$u_2^2 = 254(f+s)d_1$$

완전탄성충돌 및 탄성충돌의 경우도 공식 (21.9)와 (21.10)을 이용할 수 있으나 아래 예제는 완전비탄성충돌의 경우만 다룬다.

예제 21.10 A차량이 주행 중 15 kph의 속도로 달리는 경운기를 뒤에서 추돌하여 10 m 미끄러져 정지하였다. 추돌하기 전에 A차량이 미끄러진 거리가 20 m이고, 차량의 무게는 1000 kg, 경운기의 무게는 100 kg이라 할 때, A차량의 초기속도를 구하라. 단 완전비탄성충돌이며, 마찰계수는 0.5이고 경사는 없다.

풀이
- $m_A = 1,000\ \text{kg} \qquad m_B = 100\ \text{kg}$

  $u_{A0} = ? \qquad u_{B0} = u_{B1} = 15\ \text{kph}$

  $d_{A0} = 20\ \text{m} \qquad d_2 = 10\ \text{m}$
- $u_2^2 = 254(f+s)d_2 = 254(0.5)(10) = 1,270$

  $u_2 = 35.64\ \text{kph}$
- $m_A u_{A1} + m_B u_{B1} = (m_A + m_B)u_2$

  $1,000u_{A1} + (100)(15) = (1,100)(35.64)$

  $u_{A1} = 37.7\ \text{kph}$
- $u_{A0}^2 - u_{A1}^2 = 254(f+s)d_{A0}$

  $u_{A0} = \sqrt{254(0.5)(20) + (37.7)^2} = 62.9\ \text{kph}$

예제 21.11 A차량이 주행 중 주차해 있는 B차량과 충돌하여 두 차량이 함께 15 m 미끄러져 정지하였다. A차량의 무게를 1,200 kg, B차량의 무게를 1,800 kg이라

하고 마찰계수는 0.5라 할 때 A 차량의 초기속도를 구하라. 단 완전비탄성충돌이라 가정한다.

풀이

- $m_A = 1,200$ kg $\quad m_B = 1,800$ kg

  $u_{A0} = ?$ $\quad u_{B0} = u_{B1} = 0$

  $d_2 = 15$ m

- $u_2^2 = 254(f+s)d_2 = 254(0.5)(15) = 1,905$

  $u_2 = 43.65$ kph

- $m_A u_{A1} + m_B u_{B1} = (m_A + m_B)u_2$

  $1,200 u_{A1} + (1,800)(0) = (3,000)(43.65)$

  $u_{A1} = 109$ kph

2 움직이는 차량과 각도충돌

A, B 두 차량이 그림과 같이 α의 각도로 충돌하여 정지하였다고 가정하자. 이때 운동량보존의 법칙을 x, y 분력으로 나누어 생각하면 다음과 같은 식을 얻을 수 있다.

$$m_A u_{A1} + m_B u_{B1} \cos \alpha = m_A u_{A2} \cos A + m_B u_{B2} \cos B$$

$$m_B u_{B1} \sin \alpha = m_A u_{A2} \sin A + m_B u_{B2} \sin B$$

이 식과 식(21.9)를 이용하여 u_{A1}, u_{B1} 및 u_{A0}, u_{B0}을 얻을 수 있다.

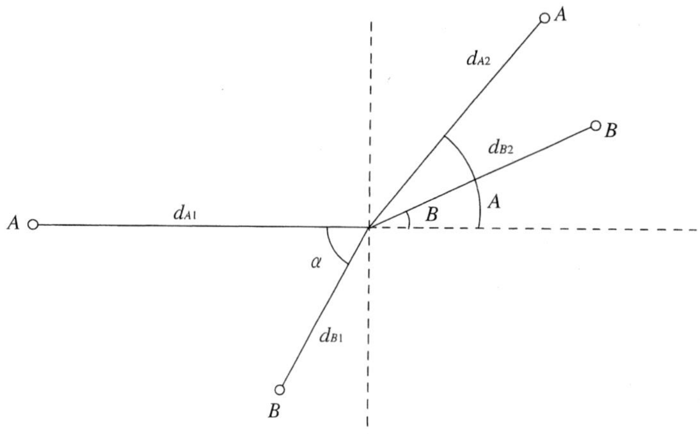

〔그림 21-12〕 주행차량과 움직이는 차량과의 충돌

완전비탄성충돌 및 탄성충돌의 경우도 같은 방법으로 분석이 가능하나 아래 예제는 완전탄성충돌의 경우만 다룬다.

예제 21.12 무게 1200 kg, 1800 kg인 A, B차량이 직각으로 충돌하여 그림과 같은 위치에서 정지하였다. 이때 $d_{A0}=40$ m, $d_{B0}=30$ m, $d_{A1}=20$ m, $d_{B1}=15$ m, $\angle A=60°$, $\angle B=30°$이었다. 완전탄성충돌이라 가정할 때 A, B차량의 초기속도를 구하여라. 단, 마찰계수는 0.5이다.

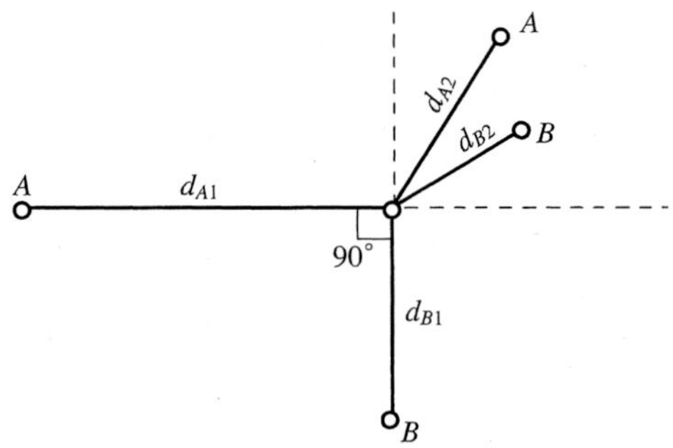

풀이

- $m_A=1,200$ kg $\quad m_B=1,800$ kg

  $\alpha=90°$, $\quad A=60°$, $\quad B=30°$
- $1,200\,u_{A1}+1,800\,u_{B1}\cos 90° = 1,200\,u_{A2}\cos 60° + 1,800\,u_{B2}\cos 30°$

  $1,800\,u_{B1}\sin 90° = 1,200\,u_{A2}\sin 60° + 1,800\,u_{B2}\sin 30°$
- 이를 간단히 하면

  $1,200\,u_{A1} = 600\,u_{A2} + 1,558.8\,u_{B2}$

  $1,800\,u_{B1} = 1,039.2\,u_{A2} + 900\,u_{B2}$
- 또 $u_{A2}^2 = 254(0.5)(20) = 2,540$에서

  $u_{A2} = 50.4$ kph

  $u_{B2}^2 = 254(0.5)(15) = 1,905$

  $u_{B2} = 43.6$ kph
- 따라서 $u_{A1} = 0.5u_{A2} + 1.299u_{B2} = (0.5)(50.4) + (1.299)(43.6) = 81.8$ kph

  $u_{B1} = 0.5773u_{A2} + 0.5u_{B2} = (0.5773)(50.4) + (0.5)(43.6) = 50.9$ kph
- 또 $u_{A0}^2 - u_{A1}^2 = 254(0.5)(40) = 5,080$

  $u_{B0}^2 - u_{B1}^2 = 254(0.5)(30) = 3,810$이므로

$$u_{A0}=\sqrt{5,080+81.8^2}=108.5 \text{ kph}$$

$$u_{B0}=\sqrt{3,810+50.9^2}=80 \text{ kph}$$

예제 21.13 앞의 예제에서 A, B의 충돌각도 $\alpha=120°$라면 A, B의 초기속도는 얼마인가?

풀이

- 앞의 예제에서 $u_{A2}=50.4$ kph $u_{B2}=43.6$ kph
- $1,200\,u_{A1}+1,800\,u_{B1}\cos 120°=1,200\,u_{A2}\cos 60°+1,800\,u_{B2}\cos 30°$

  $1,800\,u_{B1}\sin 120°=1,200\,u_{A2}\sin 60°+1,800\,u_{B2}\sin 30°$
- 이를 간단히 하면

  $1,200\,u_{A1}-900u_{B1}=600\,u_{A2}+1,558.8\,u_{B2}$

  $1,558.8\,u_{B1}=1,039.2\,u_{A2}+900u_{B2}$
- 따라서 $u_{A1}=u_{A2}+1.732u_{B2}=50.4+(1.732)(43.6)=125.9$ kph

  $u_{B1}=0.6667u_{A2}+0.5774u_{B2}=(0.6667)(50.4)+(0.5774)(43.6)=58.8$ kph
- 그러므로 $u_{A0}=\sqrt{5,080+125.9^2}=144.7$ kph

  $u_{B0}=\sqrt{3,810+58.8^2}=85.3$ kph

3 고정물체와의 충돌

차량이 고정물체와 충돌하는 경우는 고정물체가 충돌 후 미끄러지지 않기 때문에 마찰계수를 적용할 수 없어 식 (21.9)를 사용할 수 없다. 〔그림 21-13〕과 같이 차량이 d_1 거리를 미끄러진 후 전신주와 충돌하여 다시 d_2만큼 미끄러져 정지하였다면, 이때 전신주가 받는 횡하중을 w_p, 충격 후의 전신주 변위속도를 u_p라 할 때 다음과 같은 식이 성립된다.

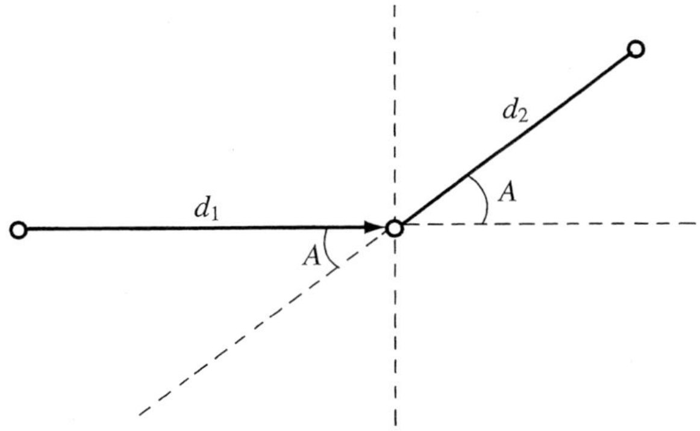

〔그림 21-13〕 주행차량과 고정물체와의 충돌

$$u_2 \cos A = \frac{w_p}{w_A} u_p \cos A + u_3$$

여기서 충돌시 충격흡수에 의한 에너지 손실이 없다고 가정을 하면 $u_p = 0$이 된다. 따라서

$$u_2 = u_3 / \cos A$$

$$u_3^2 = 2ad_2$$

$$u_1^2 = u_2^2 + 2ad_1$$

$$= 2ad_2 / \cos^2 A + 2ad_1$$

$$u_1 = \sqrt{245f(d_2/\cos^2 A + d_1)} \qquad (21.13)$$

이때의 u_1은 충격시의 에너지 손실이 없다고 가정한 속도이므로 에너지 손실을 고려하면 이 값보다 커진다. 따라서 식 (21.13)에서 구한 초기속도는 최저속도라 할 수 있다.

예제 21.14 주행중인 차량이 도로변의 가로수와 충돌하여 진행 방향에서 왼쪽으로 60°의 각도로 20 m 미끄러져 정지하였다. 충돌 전의 초기속도를 구하라. 마찰계수는 0.5이다.

풀이

- 식 (21.13)에서 $d_1 = 0$이므로

$$u_1 = \sqrt{254 \times 0.5(20/\cos^2 60^\circ)} = 101 \text{ kph}$$

- 따라서 충돌 전 초기속도는 최소한 101 kph 이상이다.

21.6.4 추락사고 재현

차량이 주행 중 또는 미끄러진 후 h만한 높이에서 추락한 경우의 초기속도는 다음 식에서 구할 수 있다. 추락시간을 t라 하면

$$h = \frac{1}{2} g t^2$$

$d = u_2 \times t$이므로

$$u_2^2 = \frac{4.9d^2}{h} \qquad (\text{m/sec})$$

$$= \frac{63.5d^2}{h} \qquad (\text{kph})$$

또 $u_1^2 - u_2^2 = 2ad_1$이므로

$$u_1 = \sqrt{63.5d^2/h + 254fd_1}$$

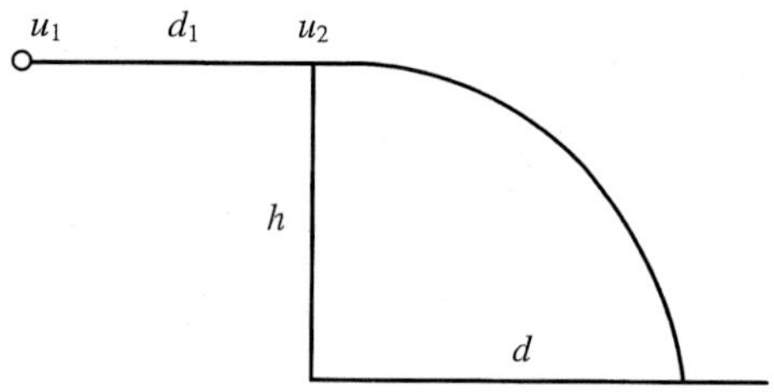

〔그림 21-14〕

예제 21.15 A차량이 20 m 거리를 미끄러진 후 10 m 높이의 언덕에서 추락하였다. 추락지점의 수직선 아래지점에서부터 추락지점까지의 수평거리가 30 m라면 초기속도는 얼마인가? 만약 미끄러짐이 없이 추락하였다면 초기속도는? 단, 마찰계수는 0.5.

풀이 $u_1 = \sqrt{63.5 \times 30^2/10 + 254 \times 0.5 \times 20} = 91$ kph

$u_1 = \sqrt{63.5 \times 30^2/10} = 75.6$ kph

21.6.5 곡선부 일탈사고의 재현

곡선부 일탈사고는 원심력이 편구배와 횡방향 마찰계수에 의한 저항을 이기지 못하여 바깥쪽으로 미끄러지면서 일어나거나, 운전자가 원심력에 의해서 몸체가 바깥쪽으로 쏠리므로 차량통제능력을 상실하여 핸들을 과대조작 혹은 과소조작함으로써 일어난다.

운전자가 차량을 안전하게 통제할 수 있는 능력은 원심가속도 (u^2/R)가 0.3 g 이내일 때이다. 원심가속도가 이 값을 초과하면 차량 자체가 곡선부를 일탈하지 않을지라도 운전자의 핸들조작능력이 저하되어 차량이 곡선부를 일탈하는 경우가 발생한다. 도로곡선부 설계에서 ($e + f$) 값을 0.3범위 이내로 하는 것도 이것 때문이다.

차량이 옆으로 미끄러져 생기는 편주흔은 나선형을 이루며, 연속되지 않고 끊어지는 경우가 많다. 또 뒷바퀴 자국이 앞바퀴 자국의 바깥쪽에 위치한다.

편주흔의 시작점을 발견하기란 매우 어려우나 앞바퀴나 뒷바퀴의 궤적이 달라지는 지점을 찾거나, 노면에 흙이나 모래가 있는 경우는 곡선부 바깥으로 밀리는 흔적을 의외로 쉽게 발견할 경우도 있다.

편주흔 끝 부분의 곡선반경은 속도가 줄어든 상태의 것이므로 별로 중요하지 않고, 편주가 시작되는 곳의 편주흔 곡선반경은 사고 재현의 매우 중요한 단서가 된다.

예제 21.16 곡선반경 200 m인 도로 구간에서 편주현상이 일어나 차량이 전복되는 사고가 발생하였다. 편주흔 시작점의 곡선반경이 300 m이고 편구배 2%, 횡방향 마찰계수가 0.3일 때, 편주가 시작되는 점에서 이 차량의 주행속도는 얼마인가? 만약 편주흔의 곡선반경을 측정할 수 없었다면 이 차량은 최소 얼마의 속도로 주행했겠는가?

풀이 식 (21.12)에서

$$u = \sqrt{127R(e+f)}$$

$$u = \sqrt{127(300)(0.3+0.02)} = 110 \text{ kph}$$

$$u = \sqrt{127(200)(0.32)} = 90 \text{ kph}$$

따라서 최소한 90 kph의 속도로 주행했다.

21.7 교통사고 방지대책

21.7.1 사고방지 대책의 기본과 절차

교통사고를 분석하고 이를 방지하는 대책을 수립하는 데는 많은 경험이 축적되고 정리되어야 하기 때문에, 여러 가지 방법을 쉽게 적용하거나 막연한 근거를 가지고 대응하는 자세는 배제되어야 한다. 대책을 수립함에 있어서 특히 유의해야 할 사항은 다음과 같다.

(1) 사고자료의 적용성 검토

사고자료는 사고대책을 검토하는 데 가장 직접적이고 유용한 정보이긴 하지만 적용할 때는 신뢰성, 유의성을 검토할 필요가 있다. 사고자료를 통계적으로 처리하여 여러 가지 요인이 사고에 미치는 영향을 명확히 규명하는 것이 중요한 일이기는 하나, 이 방법에도 한계가 있기 때문에 개별적이며 구체적인 문제장소에 대한 개선대책을 수립할 때는 사고원표에 의거하여 당사자나 경찰관의 진술 또는 보고를 검토하는 것이 필요하다.

(2) 현장관찰

교통사고는 그 발생장소에 따라 사고발생 형태가 다르다. 따라서 사고분석의 일반적인 방법론을 적용한다 하더라도 개별적인 사고장소의 특성을 모두 나타낼 수가 없으므로, 각 사고장소의 고유한 상황을 종합하여 적절한 대책을 마련하기 위해서는 사고현장을 자세히 관찰할 필요가 있다.

(3) 대책의 실현성

현실적으로 적용하는 대책은 매우 실현성이 높은 것이어야 한다.
사고방지 대책을 수립하는 일반적인 절차는 다음과 같다.

① 문제점이 있는 장소를 선정
② 문제장소를 분석하여 문제점 파악
③ 대책을 수립(대안작성 및 평가)
④ 대책을 시행
⑤ 추적조사 및 확인 : 경우에 따라서는 각 단계에서 feedback을 통하여 대책을 수립할 필요가 있다.

21.7.2 문제장소의 선정 및 분석

위험도 평가의 대상이 되는 문제장소에는 지점(도로망의 특수한 지점, 급커브 등), 교차로, 도로 구간이 있다. 문제장소를 발견하는 방법으로는 직접적인 사고자료에 의한 방법이 일반적이나 앞에서 언급한(21.5.1~3절) 방법이 사용되기도 한다. 이들 방법을 잘 이용하기 위해서는 각 기법의 기본전제와 적용상의 한계를 분명히 알아야 하는 것은 당연하다. 만약 많은 기법을 시행한 결과 사고 많은 장소가 나타나지 않을 때는 사고발생이 우연이라고 보아도 좋다.

앞에서 언급한 방법 외에도 사고자료에 의존하지 않는 방법으로는 미끄럼 시험(skid testing), 위험지표추출(hazard indicator reporting), 사고위험계수법(accident risk factor), 현장주행시험(field observation), 속도분포조사(speed distribution skew) 등이 있으며, 이외에 속도변화빈도 또는 차두간격과 사고율과의 상관관계에 기초를 둔 조사방법, 생리적 반응시험 등을 들 수 있다. 이들 대부분의 방법들을 사용하는 데는 실증적인 연구를 통하여 그 유효성과 적용한계를 명확히 해야 한다.

'사고 많은 장소'로 선정되면 이 장소의 문제점, 즉 사고를 유발하는 원인을 분석하게 되며, 그 방법은 앞의 21.5.4에서 설명한 바 있다.

21.7.3 사고방지 대책 수립

문제장소에 적용해야 할 대책 대안들 중에서 최적안을 선정하기 위해서는 사고의 내용에 따라 각 대책 대안의 효과를 파악하고 있거나 각 대안의 비교·평가방법이 확립되어 있어야 한다.

1 사고방지 대책의 효과

사고방지 대책을 시행한 사례는 수없이 많지만 이외에도 그 대책의 효과를 사전·사후 조사를 통하여 명확히 밝힌 예는 많지가 않다. 그 이유로는 사실상 여러 개의 대책을 동시에 적용하는 경우가 많고, 그러다 보면 한 대책이 다른 대책에 부작용을 미치거나 파급효과를 나타내는 경우가 있기 때문에 한 대책만의 효과를 독립적으로 파악하기가 어렵기 때문이다. 사고방지 대책으로서 많이 사용되는 방법은 주로 다음과 같은 것이다.

(1) 교차로

- 신호등 신설 및 증설
- 좌회전 전용신호 현시 사용
- "정지"표지 사용 및 시인성 개선
- 좌회전 전용차로 설치(중앙선 이전)
- 교차로접근로에 미끄럼방지 포장
- 신호현시방법 개선
- 보행자용 신호설치 및 신호시간 조정
- 교차로접근로의 노면표시 개선(진로변경 금지, 정지선 위치 개선, 좌회전 유도표시, 자전거 통행대 표시 등)
- 신호·표지의 시인성 향상(표지의 명료화, 신호기 hood 개선, 예고신호 설치 등)
- 입체분리시설(육교, 지하도) 설치

(2) 도로 구간

- 횡단보행 신호등 설치(차량용, 보행자용)
- 입체분리시설 설치(육교, 지하보도)
- 속도규제, 추월금지, U회전금지
- 중앙분리대시설 개선
- 보도·차도 분리
- 횡단억제용 방호책

- 차로, 중앙선 표시
- 시선유도표 설치(특히 곡선구간)
- 신호의 연동화

2 사고방지 대책대안의 작성 및 검토

사고방지를 위한 개선대안을 작성하여 검토하는 절차는 다음과 같다.

(1) 현장확인 및 검토

문제장소를 분석한 후 나타난 문제점을 확인하여 미처 파악하지 못한 사고요인이 없는가를 현장에서 관찰한다. 특히 교통운영의 관점에서 노면표시가 적절하게 되어 있는가, 신호등 및 표지의 시인성이 좋은가, 노면상태가 양호한가를 검토할 필요가 있다.

(2) 교통운영의 기본요건 검토

임상적 대책으로서의 구체적인 개선안을 검토하기 전에, 우선 기본적인 교통안전상의 결함 및 개선책을 검토한다. 예를 들어 교차로에서 교차로 면적의 적정화 및 교통류의 정리(상충수를 줄임)가 제대로 되어 있는가를 검토한 것을 기초로 하여 필요한 개선책을 마련함으로써 사고방지 효과를 증대시키는 경우도 많다.

교차로 면적을 적정화하기 위해서는 가각정리를 한다든가 도류화를 시키거나 정지선 및 횡단보도의 위치를 개선할 수 있고, 교통류 정리를 위해서는 통행방법의 개선, 신호현시방법조정, 도류화, 보행자와 차량의 분리 등의 대책을 동원한다. 이와 같은 개선은 교통공학(상)권 8장을 참조하면 좋다.

(3) 빈발하는 사고유형에 새로운 대책의 적용검토

교통운영의 기본여건을 충족시킨 다음, 문제점을 제거할 수 있는 새로운 대책을 마련한다. 이 경우 그 대책은 빈발하는 사고유형을 줄일 수는 있으나 다른 유형의 사고를 증가시키는 부작용도 있기 때문에 이를 유의해야 한다.

(4) 대책대안들의 비교검토

여러 가지 대책을 혼합한 대안을 2~3개 마련하고, 이를 현황도와 함께 검토한다. 이 경우 필요한 비용 외에 대책에 의해 일어나는 여러 가지 영향, 예를 들면 주변교통류의 변화, 보행자의 동선, 주변지역에 미치는 영향 등을 종합적으로 검토한다. 이때 비용·효과를 고려할 필요가 있다.

목적에 부합된 대책을 선정할 때 선정에서 제외된 대안도 실시단계에서 feedback시켜 인식하지 못했던 가치를 인정하게 되는 경우도 있으므로, 이와 같은 검토의 과정을 익혀두는 것이 바람직하다.

21.7.4 비용 · 효과 분석

교통사고로 인한 손실을 금액으로 환산하려는 시도는 구미 각국에서 1930년대에 이미 시작되어 현재 미국에서는 National Safety Council에서 발행하는 Accident Facts에 해마다 도로교통사고로 인한 손실액(accident costs)이 항목별로 발표되고 있다. 우리나라에서는 이와 같은 노력이 연구차원에서만 이루어지고 있을 뿐 정부의 공식적인 통계는 없다.

교통사고로 인하여 발생되는 손실로서 육체적이고 심적인 고통, 불쾌감, 슬픔 등 주관적인 손실을 제외하고 객관적인 손실은 다음과 같다.

- 당사자의 직접손실(수입감소, 의료비, 물자피해, 간호비용 등)
- 공공적 또는 공동적인 손실(사고처리비용, 구급서비스 내용, 재판비용, 보험업무비용, 경찰업무비용)
- 제3자의 손실(사고로 인한 시간 및 에너지 낭비, 부상자 문병을 위한 시간 · 교통비)

이들 손실은 부담자가 각기 다르고, 또 부담방법도 다르다. 또 개인적인 손실인지 사회적인 손실인지 명확히 정의되어 있지도 않다. 대부분의 나라에서는 이들 손실을 사회적 손실로 보고 있지만 이를 비용으로 환산하는 데 따른 사회적 비용의 정의가 나라마다 같지 않다. 일반적으로 사회적 비용이란 '객관적인 사회적 손실'로서 객관적인 가치가 부가되어 있는 사회적 재원이 교통사고 때문에 소비되는 부분을 금액으로 나타낸 것이다. 1989년의 교통사고를 대상으로 하여 객관적 사회적 비용을 계산하면 약 1조 2천억 원이 된다. 이 계산방법은 참고문헌 (43)에 잘 설명되어 있다.[43)]

교통사고 대책을 효율적으로 추진하기 위해서는 검토되고 있는 대책의 비용 · 효과 분석을 할 필요가 있다. 여기서 비용이란 개선책의 초기투자비용과 운영비용 및 유지관리비용을 말한다. 만약 분석기간 이후에 개선시설의 잔존가치(철거비용을 제외한)가 크면 이를 비용에서 빼 주어야 정확한 비용을 얻을 수 있다. 그러나 대부분의 개선시설은 잔존가치를 무시할 수 있다.

편익은 개선책 시행결과로 얻어지는 사고감소와 부차적인 효과를 말한다. 사고감소로 인한 편익은 사망, 부상, 재산피해의 평균비용을 이용하여 쉽게 얻을 수 있으나, 2차적인 편익을 구하기란 매우 어렵다. 사고 개선책의 2차적 편익으로서 계량화할 수 있는 것은 교차로에서 차량혼잡 감소로 인한 운행시간 단축에 따른 편익과 연료소모 감소에 따른 운행비용 감소편익이 있다. 도로 구간의 개선에서도 운행시간 단축편익과 운행비용 감소편익을 고려해야 한다.

비용 · 효과 분석을 하는 데 고려해야 할 중요한 사항은 다음과 같다.

① 분석기간 : 여느 경제성 분석에서와 마찬가지로 사고방지 대책의 서비스수명과 경제수명 중에서 짧은 것을 택한다. 그러나 이 기간은 신뢰할 수 있는 사고예측기간을 초과하면 의미가 없으므로 신뢰성을 가진 예측기간을 분석기간으로 삼을 때도 있다. 만약 이 기간 이내에 교통조건이 현저히 바뀌는 새로운 project(도로의 재건설 등)가 수행될 예정이라면, 그것이 시작되기 전까지를 분석기간으로 삼는다.
일반적으로 신호등, 가로등, 중앙분리대의 분석기간은 15년, 경고등(beacon), 방호책, 노면요철, 교통표지 등의 분석기간은 10년, 과속방지턱은 5년, 노면표시는 2년을 분석기간으로 한다.

② 효과분석 : 과거의 자료를 사용하여 앞으로의 대책의 효과를 예측할 수 있는 경우는 매우 적다. 즉 적용해 보지 않았든지 적용하였어도 자료를 얻을 수 없었든지, 혹은 포화상태에 가깝기 때문에 앞으로 기대할 수 있는 효과가 과거의 자료와 달라지는지 하기 때문이다. 간접적인 자료를 사용하여 매우 개략적인 예측을 할 필요도 있다.

③ 수확체감의 법칙 고려 : 사고방지 대책은 비용 · 효과 면에서 수확체감의 법칙을 따른다. 따라서 자금의 최적배분을 위하여 비용 · 효과의 관계를 구할 필요가 있다.

④ 대책의 조합분석 : 여러 가지의 대책이 동시에 추진되는 경우에는 하나의 대책이 갖는 효과와는 다른 효과가 나타난다. 개개의 대책이 갖는 효과를 예측하는 단계에서 다른 대책과 조합했을 때의 효과까지 고려한다는 것은 사실상 불가능하기 때문에 각 대책의 구체적인 내용과 예측의 근거를 명확히 밝혀 둘 필요가 있다.

예제 21.17 '사고 잦은 지점'을 개선하고자 한다. 현재의 하루 교통량이 20,000대이며 연 3%씩 증가가 예상된다. 지난 한 해의 교통사고는 사망 2명, 부상 120명, 사고건수 중 물피사고 건수 300건이었다. 사고방지 대책의 초기공사비용은 2억 원, 연간 유지관리 1,000만 원으로서 이 시설을 설치할 경우 사망자는 50% 감소, 부상자 20% 감소, 물피사고 건수 15% 감소가 예상된다(설치하지 않았을 때와 비교해서). 분석기간 5년, 이자율 10%, 잔존가치는 없다고 가정할 때 이 개선대책의 경제성 분석을 하라. 사고비용은 다음과 같으며, 2차 편익은 없다고 가정한다.

사 망 1인당 : 7,000만 원
부 상 1인당 : 500만 원
재산피해 1건당 : 60만 원

풀이 1. 사고감소로 인한 편익

1) 재산피해 감소로 인한 편익

(1) 연간 재산피해사고 감소 건수

개선책 실시 후 a년째의 재산피해사고 감소 건수를 P_a라 하면,

P_a=(실시 전의 사고 건수) × (교통량 증가로 인한 사고 증가 비율)
× (개선책으로 인한 사고 감소율)

따라서

$$P_1 = 300건 \times 1.03 \times 0.15 = 46.35건$$
$$P_2 = 300건 \times (1.03)^2 \times 0.15 = 47.74건$$
$$P_3 = 300건 \times (1.03)^3 \times 0.15 = 49.17건$$
$$P_4 = 300건 \times (1.03)^4 \times 0.15 = 50.65건$$
$$P_5 = 300건 \times (1.03)^5 \times 0.15 = 52.17건$$

일반식 : $P_a = 300 \times (1.03)^a \times 0.15 = 45(1.03)^a$(건)

(2) 연간 편익(현재가로 환산)

a년째의 편익을 현재가로 나타내면,

$$BP_a = 45(1.03)^a \times 60만\ 원 \times \frac{1}{(1.1)^a}$$
$$= 2,700만\ 원 \times \frac{1}{(1.068)^2}$$

(3) 재산피해사고 감소로 인한 총 편익

$$B_p = \sum_1^5 BP_a = 2,700만\ 원 \times \sum_1^5 \frac{1}{(1.068)^a}$$
$$= 2,700 \times 4.122$$
$$= 11,130만\ 원$$

2) 부상자 감소로 인한 편익

앞의 일반식을 이용하면,

(1) a년째의 부상자 감소 인원수

$$I_a = 120건 \times (1.03)^a \times 0.2 = 24(1.03)^a$$

(2) a년째의 편익(현재가)

$$BI_a = 24(1.03)^a \times 500만\ 원 \times \frac{1}{(1.1)^a}$$

$$= 12,000\text{만 원} \times \frac{1}{(1.068)^a}$$

(3) 부상자 감소로 인한 총 편익

$$B_I = \sum_1^5 BI_a = 12,000\text{만 원} \times 4.122$$
$$= 49,464\text{만 원}$$

3) 사망자 감소로 인한 편익

앞의 풀이를 일반식으로 나타내면,

$$B = (\text{실시 전의 사고}) \times (\text{실시 후 감소율}) \times (\text{단위사고 비용}) \times \sum_1^a \left(\frac{\text{교통량 증가비율}}{\text{자본증식 비율}} \right)^a$$

따라서 $B_F = (2)(0.5)(7,000\text{만 원}) \times \sum_1^5 \frac{1}{(1.068)^a}$

$$= 7,0000 \times 4.122$$
$$= 28,854\text{만 원}$$

∴ 사고감소로 인한 총 편익 = 11,130 + 49,464 + 28,854
= 89,448만 원

2. 비 용

비용의 현재가는

$$2\text{억 원} + 1,000\text{만 원} \ (P/A)_5^{10\%} = 23,791\text{만 원}$$

여기서 $(P/A)_5^{10\%}$는 균등액현가계수(uniform series present worth factor)로서, 연균등액을 현재가로 환산하는 계수이다.

3. 분 석

이 개선사업은 순편익이 89,448 − 23,791 = 654,657만 원으로서 시행할 가치가 있는 사업이다. 이 사업의 B/C비는 3.76이다. 만약 개선대안이 2개 이상이면 순편익이 큰 사업이 더 나은 사업이다. B/C비가 더 크다고 해서 반드시 더 좋은 사업이 아님에 유의해야 한다(17장 5절 참조).

〔표 21-22〕는 일본에서 몇 개의 교통사고 방지대책에 대한 비용·효과 분석을 한 결과를 나타낸 것이다.[41)]

〔표 21-22〕 교통안전대책의 비용·효과 분석 (일본, 1979년도 기준)

대 책		비 고
1. 미끄럼방지포장 (신호교차로 접근로 40 m)	1.8만 엔	• 동경 시내 주요 도로 12개 교차로 24개 접근로, 교통량 약 50,000대/12시간
2. 인도, 자전거도 신설	660만 엔	• 국도 102개소, 연장 78.2 km, 교통량 1~2만대/일
3. 우회전(우리나라의 경우 좌회전) 전용신호 신설	2.2만 엔	• 기옥현 주요 도로상의 사고 많은 교차로 4개소 16 접근로, 사고 건수 43건/년(4교차로)
4. 신호기증설(양면등화)	1.5만 엔	• 기옥현 주요 도로상의 사고 많은 교차로 5개소 8접근로, 사고 건수 43건/년(5교차로)
5. 지도·단속 강화	4.1만 엔	• 동경시 주요 도로 4노선 52.2 km에 대한 교통경찰 증원, 5,340인·시간/년
6. 교통안전교육, 홍보 (유아교통안전, 집단활동)	64만 엔 (사상자 1명당)	• 1973~1979년의 유형현 유아 사고자료
7. 보행자 및 자전거의 야광 반사장구 착용	28만 엔	• 궁기현의 보행자, 자전거 야간 사고자료. 반사재 내용년수를 2년으로 가정
8. 오토바이의 전조등·주간등화	190만 엔	• 태본현의 오토바이 사고자료, 신형차 제조단계에서 항상 점등하도록 하는 구조
9. 안전벨트 착용	80만 엔	• 기부현 자료, 착용률 75%

21.7.5 대책 실시 및 실시 후의 평가

선정된 대책을 실시할 때 유의해야 할 사항은 다음과 같다.

- 다른 도로계획과 어긋나지 않을 것
- 도로이용자와 도로 인근주민의 의견, 관련 행정기관의 의견을 수렴할 것
- 여러 가지 대책을 혼용하는 경우에는 어느 대책을 먼저 실시하면 융통성이 적어지는 경우가 있으므로 이에 유의할 것
- 교통섬을 설치할 때는 사전에 페인트나 교통 cone 또는 모래주머니 등을 이용하며 실험적으로 실시해 본 다음 그 결과를 재검토한 후에 본격적으로 구조물을 설치하는 것이 바람직하다.

대책을 실시한 후에도 계속해서 그 장소에 대한 사후조사를 실시하여 그 대책이 기대하는 효과를 발휘하고 있는지를 확인할 필요가 있다. 대책 실시 후의 시가에 필요한 정보는 대책의 종류, 실시장소, 실시시기, 실시기관, 실시비용, 실시 이전의 사고 현황, 문제점의 내용, 대책의 선정이유, 사전평가 결과 등이다.

사전·사후조사를 하기 위해서는 우선 대책을 실시함에 따라 교통류가 어떻게 변했는가,

또는 예기치 않은 일이 일어나고 있지 않는가를 현장에서 관찰할 필요가 있다. 이때 video camera, memo, motion camera 등을 이용하면 편리하다. 앞에서 언급한 상충조사방법을 이때 사용해도 좋다. 사전·사후조사에서 대책의 불합리한 점이 발견되면 즉시 수정을 하고, 사전·사후조사로 대책의 효과를 판정하려면 통계상 의미가 있는 조사기간 및 사고건수를 대상으로 해야 한다. 조사기간은 사전 1년과 사후 어느 정도의 기간이 지난 후부터 1년으로 해야 한다. 왜냐하면 대책이 시행된 후 사람들이 그 대책에 순응할 때까지의 경과기간은 대상기간에서 제외해야 하기 때문이다.

사전·사후조사와 다른 조사방법으로는 유사지점 비교가 있다. 이 방법은 대책이 실시된 지점과 비슷한 장소(대책을 실시하지 않은 상태에서)를 선정하여 두 곳의 차이를 비교하는 방법이지만 실제로 비슷한 장소를 찾기가 매우 어렵다.

실시한 대책의 효과를 평가할 때 비교되는 것은 사전·사후의 교통사고이다. 이때 구체적인 평가척도로는 사고건수, 사고율, 피해정도, 사고비용, 비용 대 효과 등을 사용할 수 있다. 평가방법으로는 사전·사후의 차 또는 율을 사용하거나 이 두 가지를 함께 사용하기도 한다. 사전·사후의 평가척도상에 큰 차이가 있을 경우에는 두 상황의 지표(예를 들어 교통량)를 표준화해야 할 필요가 생긴다. 또 사고건수가 적을 경우에는 그 사고가 우연발생의 가능성이 있어 통계상의 평가를 어렵게 할 수도 있다. 따라서 조사기간을 될수록 길게 하여 우연발생의 가능성을 줄이고 통계적 평가가 가능토록 해야 한다.

어느 특정 사고유형을 줄이기 위해 실시하는 대책이라도 그 사고유형뿐만 아니라 다른 사고유형도 비교하여 그 대책이 다른 유형의 사고를 오히려 증가시키지 않는가를 평가해야 한다.

이러한 과정에서 얻어진 정보나 측정의 결과는 이후 사고방지 대책을 수립하는 데 중요한 자료가 되기 때문에 정확하게 유지·보관되어야 한다. 사고를 분석하고 대책대안을 검토하며, 실시하는 구체적인 방법은 문제장소의 현실조건 및 제약에 따라 각양각색이기 때문에 사례를 참고할 때는 각 사례의 조건 및 제약 등을 충분히 이해한 후에야 참고가 가능하다.

사용 가능한 전반적인 교통안전대책에는 〔표 21-23〕과 같은 것들이 있다.

〔표 21-23〕 교통안전대책 일람표

적용대상	적용구분	안 전 대 책
도로이용자	1. 구급서비스	1. 구급서비스의 시스템의 정비 • 전문의사 양성 • 구급의료시설의 지역적 배분 • 종합병원의 구급 부분 강화 • 구급통신 시스템의 강화 • 구급자동차의 증강 • 구급차에 의한 승차 의무화 • 부상자 신속 이송 2. 구급 요령 보급 및 지원활동 강화 • 구급요원에 대한 구급수당 지급 • 부상자 구조 시민훈련 • 구급함 휴대 의무화(차량) • 비상전화 설치(일반도로) • 아마추어 무선에 의한 긴급연락체계 구축 3. 사고처리방법의 연구개발(조기회복, 조직 등)
	2. 교육 · 홍보활동	1. 운전자 교육 · 훈련 강화 • 교통사범에 대한 교정교육 강화 • 운전자 교육(면허갱신시 교육내용 강화, 초보운전자 교육) • 자전거, 보행자의 교육기회 확충, 내용의 충실 2. 홍보, 교통안전활동의 강화 • 가정에 대한 홍보 • 교통안전운동의 강화(일수, 회수 증가) • 교통안전에 관한 일반홍보활동 강화 • 표창제도 확충 • 교통안전을 목적으로 한 민간단체의 육성, 지도 3. 직업운전자 대책 강화 • 직업운전자 조직화 • 직업운전자 노동조건 향상 • 안전운전관리자 증원 • 자동차 운송업자에 대한 감독 · 지도 강화
	3. 초보운전자	1. 초보운전자교육의 강화
	4. 교통지도 및 단속	1. 단속의 중점화, 합리화, 형평화 • 주 · 정차 단속강화(간선, 교차로 부근, 도로 구간, 뒷골목) • 야간단속강화 • 도로무단사용단속(도로점유물, 노점) • 과적재 단속 • 승강, 하역방법 적정화 • 정비불량 차량 가두단속(타이어, 브레이크 등) • 실질 위험행위 중점단속 • 직업, 반직업운전자 중점단속 • 시민이 공감하는 단속방침 강화 • 효과적인 단속기술 개발

〔표 21-23〕 (계 속)

적용대상	적용구분	안 전 대 책
도로이용자	4. 교통지도 및 단속	2. 교통통제의 이해, 합리화 • 제한속도 • 차로변경 • 추월금지 • 오토바이에 2인 동승 규제 • 자전거 인도이용 가능 • 주요 도로로 선택적 유입유도 • 화물차 통행로지정 • 종합적인 통제방법 사용 • 보행자몰 확장(시간규제) • 쇼핑가 확장(시간규제) • 통근, 통학로 지정(시간규제) • 이면도로 대책(통과교통 규제) • 택시 승차거부 금지 3. 지도 · 감시활동 강화 • 경찰의 효과적인 활용
	5. 자전거, 보행자	1. 자전거, 보행자 야광반사복 착용 2. 횡단시설 강화(적용구분 7과 중복) 3. 자전거, 보행자 중점교육 (학교, 지역 사회, 적용구분 2와 중복) 4. 자전거 통행로 확보(적용구분 7과 중복) 5. 보행자 공간 확보(적용구분 4와 중복) 6. 자전거 구조기준 강화(바퀴야광, 거울) 7. 자전거이용자 헬멧착용 의무화
	6. 오토바이	1. 전조등의 야간점등 의무화 2. 승차자 헬멧착용 의무화 3. 2단 정지선 설치 4. 운전기술향상(교육, 면허강화) 5. 야광반사 의무화 6. 차축등 설치
	7. 도로시설	1. 우회도로, 환상도로 및 고속도로 증설 2. 도로선형, 폭원 개선 3. 횡단시설 개설 4. 건널목 입체화 5. 건널목 안전시설 정비 6. 낙석 방호책 보강 7. 도시가로조명 확충 8. 노면보수(미끄럼방지 시설 설치) 9. 중앙분리대 방호책의 강화(횡단방지) 10. 교차로 개선 • 시거확보 • 이면도로 교차점 가각정리 • 도류화 11. 보도 신설 12. 자전거도로 신설 13. 버스정류장의 정차구역 설치(2차로 도로) 14. 가드레일 설치

〔표 21-23〕 (계 속)

적용대상	적용구분	안 전 대 책
도 로	8. 도로 및 교통조건	1. 노면표시 개선(자전거통행대 설치) 2. 이면도로 교차점의 표시 3. 자전거통행방법 지시표시 4. 버스정거장 위치적정화 5. 옥외광고물 규제(신호등 및 표지와 혼동되지 않게) 6. 안전속도 표시(내리막길, 급커브) 7. 속도초과차량에 대한 속도경고 장치 8. 도로교통정보의 확충 9. 자전거주차장의 정비 10. 규제표시 정비(적용구분 10과 중복) 11. 안내표지 정비(적용구분 10과 중복) 12. 공원의 정비
	9. 도로변 장애물	1. 도로변 장애물에 충돌완충재, 야광반사화 2. 가드레일 개선, 식수대 설치
	10. 교통운영	1. 신호제어방법의 고급화 • 연동화 • 보행자 횡단신호 증설 및 연동화 • 버스우선신호의 강화 • 자유횡단교차로(scramble)화 • 좌회전신호 설치 2. 신호시인성 향상(신호기 증설, 양면신호)
차 량	11. 차 량	1. 방향지시기, 브레이크의 개선 (대형트럭의 side winker, 브레이크 등) 2. 대형트럭의 보조 mirror 설치 3. 트럭 뒷면의 색깔규제(어두운 색 사용금지) 4. 대형트럭 운전좌석을 낮게 5. 유류탱크의 재배치 6. 승용차 및 봉고의 뒷 wiper 의무화 7. 이상 접근경보장치 개발 8. 안전벨트 미착용시 엔진가동 불능 9. 안정성이 높은 자동차 개발 10. 각 자동차의 안전도 비교공표, 정보제공 11. 미끄럼이 없는 디스크 프레이트 개발
기 타	12. 제 도	1. 안전벨트착용 의무화 2. 유아승차 보호대책 강구(뒷좌석에) 3. 면허제도개선 • 실질적인 안전운전교육 • 면허연령상향 • 임시면허제도 실시(본 면허 이전에 일정기간 임시면허) • 사고다발운전자 운전면허 영구적 취소 4. "사고 잦은 지점" 대책강화 5. 도로공사시 안전대책강화 6. 고장차량에 대한 구조 및 서비스 향상 7. 오토바이 검사제도

참고문헌

1. 경찰청, 도로교통안전백서
2. 도로교통안전협회, 교통사고 통계분석
3. 교통신보사, 한국교통연감
4. 도철웅, 교통사고의 원인요소 개선 및 감소대책, 교통안전진흥공단, 1986.
5. 일본교통공학연구회, 교통공학핸드북, 1983.
6. O. L.Kipp, *Minnesota Roadside Survey : Progress Report on Accident, Access Point and Advertising Sign Study in Minnesota*, HRB. Bulletin No. 38, 1951.
7. W. H. Glanville, *Road Safety any Road Research*, Royal Society of Art, 1951.
8. I. F. Bitzel, *Effect of Motorway Design on Accidents in Germany*, 1956.
9. J. C. Tanner, *Comparisons of Accidents before and after Improvements to Bends and to the Alignment of Roads*, Road Safety and Traffic Review, Vol. 8, No. 2, 1960.
10. J. C. Young, *Building Safety into Our Road System*, California Traffic Safety Conference, Proceedings, 1950.
11. H. C. Hilts, *Safety on Essential Element of Highway Engineering Design Practices*, Highway Engineering Conference, Univ. of Utah, Proceedings, 1947.
12. R. L. Morrison, *The Effect of Pavement Widths upon Accidents*, HRB. Proceedings, 1934.
13. A. J. Cope, *Traffic Accident Experience-Before and After Pavement Widening*, Traffic Engineering, Vol. 26, No. 3, 1955.
14. Virginia Dept. of Highway, *Accident Analysis, Before and After Accident Study, Widening and Surface Treating of Shoulders*, 1955.
15. The Automotive Safety Foundation, *Traffic Control and Roadway Elements-their relationship to Highway Safety*, 1963.
16. K. Moskowitz and W. E. Schaefer, *California Median Study*, HRB. Bulletin, No. 266, 1958.

17. F. W. Hurd, *Accident Experience with Traversable Medians of Different Widths*, HRB. Bulletin, No. 137, 1956.
18. C. E. Fritts, *Let's Build Safety into our Highways*, Public Safety, Vol. 47, No. 5, 1955.
19. Pennsylvania Turnpike Joint Safety Research Group, *Accident Causation*, Westinghouse Air Brake Company, 1954.
20. C. G. Giles and B. E. Sabey, *Skidding as a Factor in Accidents on the Roads of Great Britain*, International Skid Prevention Conference, Proceedings, 1958.
21. Detroit, Dept. of Streets and Traffic, *Effect of Resurfacing on Accidents*, Michigan Ave and Clark St., 1959.
22. G. Langsner, *Accident Experience at Ramps-Exits and Entrances-Preceding and Beyond Interchange Structure*, AASHO Committee on Design, 1959.
23. J. W. McDonald, *Relation between Number of Accidents and Traffic Volume at Divided-Highway Intersections*, HRB, Bulletin, No. 74, 1953.
24. D. Syrek, *Accident Rates at Intersections*, Traffic Engineering, Vol. 25, 1955.
25. D. Solomon, *Traffic Signals and Accidents in Michigan*, Public Road, Vol. 30, No. 10, 1959.
26. Detroit, Dept. of Streets and Traffic, *Before and After Accident Study at 25 Newly Modernized Signal Locations*, 1955.
27. D. F. Stevens, *Accident Reduction through Directional Signing*, California Street and Highway Conference, Univ. of California, Proceedings, 1958.
28. Detroit, Dept. of Streets and Traffic, *One Year Before and After Study at Yield Sign Locations*, 1958.
29. D. M. Belmont, *Effect of Average Speed and Volume on Motor-Vehicle Accidents on Two-Lane Tangents*, HRB. Proceedings, 1953.
30. M. S. Raff, *Interstate Highway Accident Study*, HRB. Bulletin No. 74, 1953.
31. A. H. Vey, *Relationship between Daily Traffic and Accident Rates*, American City, Vol. 52, No. 9, 1937.
32. U. S. Dept. of Commerce, *The Federal Role in Highway Safety*, 1959.
33. Joint Committee on Street and Highway Traffic Engineering Functions and Administration, *Traffic Engineering Functions and Administration*, AASHO, American Public Works Association, ITE, 1948.
34. J. E. Benneth, *One-way's Safest in Portland*, Oregon, Public Safety, Vol. 43, No. 2,

1953.

35. Notional Safety Council, Committee on Night Traffic Hazards, *Visibility vs. Traffic Accidents*, Chicago, 1939.
36. W. H. Glanville, *Safety on the Road*, Royal Society of Arts, Journal, vol. 102, 1954.
37. American Automobile Association, Foundation for Traffic Safety, *Planned Pedestrian Program*, 1959.
38. HRB., Committee on Traffic Control and Protection at Urban and Rural School Zones, Report, 1941.
39. California, Legislature, Assembly, Interim Committee on Transportation and Commerce, *Hearing on Problem Areas in Freeway Design in Relation to Accidents*, 1956.
40. C. R. McCamment, *New Kansas Curve Signs Reduce Deaths*, Traffic Engineering, Vol. 29, No. 5, 1959.
41. 김홍상, *Methoden zur Beschreibung des Unfallgeschehens*(교통사고의 기술방법에 관한 연구), 독일 칼스루에 공과대학 박사학위논문, 1987.
42. ITE., *Manual of Traffic Engineering Studies*, 1976.
43. 도로교통안전협회/ALAN ROSS, 한국교통안전연구 최종보고서, 1984.
44. 일본교통정책연구소, 교통사고방지제대책의 비용 대 효과분석과 관련 조사연구보고서, 1980.
45. F. D. Wyatt and E. Lozano, *Effect of Street Lighting on Night Traffic Accident Rate*, HRB., Bulletin No. 146, 1956.
46. 도로교통안전협회, 교통안전개선사업을 위한 기본설계지침, 1987.

찾 아 보 기

ㄱ

ㄴ

ㄷ

ㄹ

ㅁ

ㅂ

ㅈ

ㅊ

ㅋ

ㅌ

ㅍ

ㅎ

▮ 저자 약력

□ 도철웅 □

· 육군사관학교 졸업
· 서울대학교 공과대학 토목공학과 졸업(공학사)
· 美 University of Maryland 대학원 졸업(교통공학 석사)
· 美 University of Wisconsin 대학교 졸업(교통공학 박사)

· 육사 교수부장, 토목공학과 교수
· 서울시 도시계획 심의위원
· 건설교통부, 서울시, 인천시 교통영향평가 심의위원
· 건설교통부, 서울시, 인천시 도시교통정책 심의위원
· 건설교통부, 서울시, 경기도 건설기술 심의위원
· 건설교통부, 서울시 건축위원
· 건설교통부 경부고속철도 사업평가자문 위원장
· 대한교통학회 회장
· 대한토목학회 부회장

· 現 건설교통부 민간투자 심사위원장
· 現 건설교통부 대도시권 광역교통위원
· 現 건설교통부 도로정책 심의위원
· 現 한국철도기술공단 자문위원
· 現 국가기술자격제도 심의위원회 전문위원
· 現 서울시 지명위원
· 現 한국교통연구원 감사
· 現 한양대학교 교통공학과 교수